한국산업인력공단 주관, 시행

2025
전 기 기 능 사 필 기
최근 8개년 기출문제 (기본서 포함)

테스트나라검정연구회 편저
감수 임정용 (전기기능장)

이노 books

감수 임정용 (전기기능장)

직업능력개발 훈련교사 1급
교육훈련 경력 18년 이상
전기 기능장
특급 전기공사기술자
특급 전력기술 감리원
고용노동부 위탁 직업능력개발 교재편찬 다수
직업능력개발HRD위원 활동

2025 전기기능사 필기 기본서 + 최근 8년간 기출문제

발행일 2025년 01월 15일
편저자 테스트나라 검정연구회
감수 임정용 (전기기능장)
발행인 송주환
발행처 이노Books
출판등록 301-2011-082
주소 서울시 중구 퇴계로 180-15(필동1가 21-9번지 뉴동화빌딩 119호)
전화 (02) 2269-5815
팩스 (02) 2269-5816
홈페이지 www.innobooks.co.kr
ISBN 979-11-91567-54-0 [13560]
정가 17,000원

차례
Contents

Memo

시험 전 반드시 챙겨야 할
핵심요약 144선

1	자유전자	① 일정 영역 내에서 움직임이 자유로운 전자 ② 외부의 자극에 의해 쉽게 궤도를 이탈한 것 ③ (−) 대전상태 : 자유전자가 과잉된 상태 ④ (+) 대전상태 : 자유전자를 제거한 상태 ⑤ 중성상태 : 양자와 전자의 수가 동일한 상태
2	반도체	① 도체와 부도체의 중간영역에 속한다. ② 반도체의 저항값은 부(−)의 온도계수 특성을 가진다. ③ 온도가 상승함에 따라 저항은 감소 ④ 규소(Si), 게르마늄(Ge), 셀렌 등이 있으며, 정류, 증폭, 변환 등의 기능을 가진다.
3	전기량 (전하량)	① 기호 : Q ② 단위 : 쿨롱[C] ③ 전기량은 $Q = I \times t [C]$ ④ 1[C]은 전류 1암페어가 1초 동안 흘렀을 때 이동한 전하의 양을 나타낸다. 즉, 단위시간 당 전하의 양 ⑤ 같은 종류의 전하는 서로 반발, 다른 종류의 전하는 서로 흡인
4	온도계수	온도계수란 어떤 양(量)이 온도에 따라서 변화할 때, 온도 변화에 대한 그 양의 변화 정도를 나타낸다. ① 정(+)특성 온도계수 : 도체, 즉 금속 ② 부(−)특성 온도계수 : 반도체, 서미스터, 전해질, 방전관, 탄소
5	전기력선의 성질	① 각 지점에 작은 양(+)전하를 놓을 때 그것이 받는 전기력의 방향을 이은 선이다. ② 전기력선의 밀도는 전계의 세기와 같다. ③ 전기력선은 불연속 ④ 정전하(+)에서 부전하(−) 방향으로 연결된다. ⑤ 전기력선은 전하가 없는 곳에서 연속 ⑥ 도체 내부에는 전기력선이 존재 안함 ⑦ 전기력선은 전위가 높은 곳에서 낮은 곳으로 향한다. ⑧ 대전, 평형 상태시 전하는 표면에만 분포 ⑨ 서로 다른 두 전기력선은 교차하지 않는다. ⑩ 전기력선은 도체 표면(등전위면)에 수직 ⑪ 단위 전하에서는 $\dfrac{1}{\epsilon_0}$개의 전기력선이 출입한다.
6	콘덴서 합성정전용량	① 직렬접속 : $\dfrac{1}{C} = \dfrac{1}{C_1} + \dfrac{1}{C_2} [1/F]$, $\quad C = \dfrac{1}{\dfrac{1}{C_1} + \dfrac{1}{C_2}} = \dfrac{C_1 \times C_2}{C_1 + C_2} [F]$ ② 병렬접속 : $C = C_1 + C_2 [F]$

7	정전에너지	콘덴서에 전압을 가하여 충전했을 때 그 유전체 내에 축적되는 에너지 $W = \frac{1}{2}CV^2 = \frac{1}{2}\frac{Q^2}{C} = \frac{1}{2}QV[J]$ (C : 정전용량[F], Q : 전기량[C], V : 전위차[V])
8	정전력	$F = 9 \times 10^9 \times \frac{Q_1 Q_2}{r^2}$ 정전력 F는 Q_1과 Q_2 전하의 곱에 비례하고 Q_1과 Q_2의 거리 r의 제곱에 반비례한다.
9	쿨롱의 법칙	① 두 개의 전하 사이에 작용하는 작용력은 전하의 크기를 각각 곱한 것에 비례하고 전하간 거리의 제곱에 반비례 ② 정전기력 $F = \frac{Q_1 Q_2}{4\pi\epsilon_0\epsilon_s r^2} = 9 \times 10^9 \times \frac{Q_1 Q_2}{\epsilon_s r^2}[N]$ $\begin{cases} F : 정전기력[N] \\ Q_1, Q_2 : 전기량[C] \\ r : 두 전하 사이의 거리[m] \\ \epsilon(=\epsilon_0\epsilon_s) \to 진공 시 \epsilon_0 = 8.855 \times 10^{-12}[F/m] \\ \qquad\qquad 진공 시(공기중) \epsilon_s (비유전율) = 1 \end{cases}$ (F > 0 : 반발력, F < 0 : 흡인력) ③ 진공중에서의 정전력 $F = \frac{Q_1 Q_2}{4\pi\epsilon_0 r^2} = 9 \times 10^9 \times \frac{Q_1 Q_2}{r^2}[N]$
10	전계(전기장)의 세기	① 구(점) $E = \frac{Q}{4\pi\epsilon_0\epsilon_s r^2} = 9 \times 10^9 \times \frac{Q}{\epsilon_s r^2}[V/m]$ ② 원통 $E = \frac{Q_1}{2\pi\epsilon_0\epsilon_s r}[V/m]$ ③ 무한 평면 $E = \frac{\rho}{2\epsilon_0\epsilon_s}[V/m]$
11	자성체	① 상자성체 : 인접 영구자기 쌍극자의 방향이 규칙성이 없는 재질, 알루미늄(Al), 망간(Mn), 백금(Pt), 주석(Sn), 산소(O_2), 질소(N_2) 등 $\mu_s > 1$ (μ_s : 비투자율) ② 강자성체 : 인접 영구자기 쌍극자의 방향이 동일 방향으로 배열하는 재질, 철(Fe), 니켈(Ni), 코발트(Co) $\mu_s \geq 1$ (μ_s : 비투자율) ③ 반자성체 : 영구자기 쌍극자가 없는 재질, 비스무트(Bi), 탄소(C), 규소(Si), 납(Pb), 아연(Zn), 황(S), 안티몬(sb), 구리(Cu) 등 $\mu_s < 1$ (μ_s : 비투자율)
12	자석의 일반적인 성질	① 하나의 자성체에 N극과 S극을 가지고 있다. ② 금속을 끌어당기는 힘을 자기라 하고, 자기를 가지고 있는 물체를 자석이라 한다. ③ 자석은 상자성체, 즉 철, 니켈, 코발트 등을 흡인한다. ④ 1개의 자석에는 N극과 S극이 동시에 존재하며 N극은 북쪽, S극은 남쪽을 가리킨다. ⑤ 양 자극의 세기는 서로 같다. ⑥ 자력은 비자성체, 즉 유리나 종이 등을 투과한다. ⑦ 자기유도작용에 의해 자석이 아닌 금속을 자석으로 만들 수 있다. ⑧ 임계온도 이상으로 가열하면 자석으로서의 성질이 없어진다.

13	자기에 관한 쿨롱의 법칙	① 두 자극 사이에 작용하는 힘(F)은 두 자극의 세기(m)의 곱에 비례하고 두 자극 사이의 거리(r)의 제곱에 반비례한다. ② $F = \dfrac{m_1 m_2}{4\pi\mu_0 r^2}[N] = 6.33 \times 10^4 \times \dfrac{m_1 m_2}{r^2}[N]$ (μ_0 : 진공의 투자율) (m_1, m_2[Wb] : 각각의 자극의 세기, r[m] : 자극간의 거리 F[N] : 상호간에 작용하는 자기력) ※ μ_0 : 진공의 투자율 $= 4\pi \times 10^{-7}$[H/m] → ($\mu = \mu_0\mu_s$) μ_s = 비투자율(진공시 $\mu_s = 1$)
14	자기장의 세기	$H = \dfrac{1}{4\pi\mu_0\mu_r} \cdot \dfrac{m_1}{r^2}[AT/m]$ 또는 [N/Wb] $= 6.33 \times 10^4 \times \dfrac{m}{\mu_r r^2}[AT/m]$ 또는 [N/Wb]
15	비오-사바르의 법칙	① 전류에 의해 발생되는 자장의 크기는 전류의 크기와 전류가 흐르고 있는 도체와 교차하려는 점까지의 거리에 의해 결정 ② 자계 내 전류 도선이 만드는 자장의 세기 $dH = \dfrac{I \, dl \sin\theta}{4\pi r^2}[AT/m]$
16	앙페르의 오른나사 법칙	① 전류가 만드는 자계의 방향을 찾아내기 위한 법칙 ② 전류가 흐르는 방향(+) → (−)으로 오른손 엄지손가락을 향하면, 나머지 손가락은 자기장의 방향이 된다. ③ ⊙ : 전류가 지면의 뒷면에서 표면으로 나오는 방향 ④ ⊗ : 전류가 지면의 표면에서 뒷면으로 들어가는 방향
17	전류에 의한 자계의 세기	① 무한장 직선 전류에 의한 자계 : 전류 I에 비례하고 r에 반비례한다. 자기장의 세기 $H = \dfrac{I}{2\pi r} \propto \dfrac{1}{r}[AT/m]$ (H : 자장의 세기, r : 거리, I : 직선에 흐르는 전류) ② 원형코일 중심의 자장의 세기 $H = \dfrac{NI}{2a}[AT/m]$ (N : 코일의 감은 횟수, I : 코일의 전류, a : 원형코일의 반지름) ③ 환상 솔레노이드 자기장의 세기 $H = \dfrac{NI}{l} = \dfrac{NI}{2\pi a}[AT/m]$ ④ 무한장 솔레노이드 자기장의 세기 $H = \dfrac{NI}{l} = nI[AT/m]$ n : 단위 길이당 권수[회/m][T/m]
18	플레밍의 왼손 법칙	① 전자력의 방향을 결정하는 법칙 ·엄지 : 힘의 방향(전자력) ·검지 : 자기장의 방향(자속밀도) ·중지 : 전류의 방향(전류) ② 응용한 대표적인 것은 전동기
19	전자유도작용	코일 중을 통과하는 자속이 변화하면 자속을 방해하려는 방향으로 기전력(유도기전력)이 생기는 현상 $e = -L\dfrac{di}{dt}[V]$ (비례상수 L은 자기인덕턴스)

20	렌츠의 자기유도 법칙	① 기전력은 자속 변화를 방해하는 방향으로 전류가 흐름 ② $e = -L\dfrac{di}{dt}[V]$ (비례상수 L은 자기 인덕턴스)
21	플레밍의 오른손 법칙	① 자기장 속에서 도선이 움직일 때 자기장의 방향과 도선이 움직이는 방향으로 유도기전력의 방향을 결정하는 규칙 ② 발전기의 원리와도 관계가 깊다.
22	코일의 접속	① 직렬접속 ·가동접속(정방향) (M의 부호가 (+)) → $L = L_1 + L_2 + 2M$ ·차동접속(역방향) (M의 부호가 (−)) → $L = L_1 + L_2 - 2M$ ② 병렬접속 ·가동접속 (분모의 M 부호가 (−)) → $L = \dfrac{L_1 L_2 - M^2}{L_1 + L_2 - 2M}$ ·차동접속 (분모의 M 부호가 (+)) → $L = \dfrac{L_1 L_2 - M^2}{L_1 + L_2 + 2M}[H]$
23	히스테리시스 곡선	횡축은 자계의 세기, 종축은 자속밀도 ① 히스테리시스 곡선이 종축(자속밀도)과 만나는 점은 잔류 자기(잔류 자속밀도(B_r)) ② 히스테리시스 곡선이 횡축(자계의 세기)과 만나는 점은 보자력(H_e)를 표시한다.
24	전류	$I[A]$(암페어), $I = \dfrac{Q}{t}[A]$, $[C/\sec]$ → (Q : 전기량$[C]$, t : 시간$[s]$)
25	전압	단위 정전하(1[C])가 회로의 두 점 사이를 이동할 때 얻는 또는 잃는 에너지 $V = \dfrac{W}{Q}[J/C]$, $[V]$ → (Q : 전기량$[C]$, W : 일의양$[J]$)
26	전압과 전류 측정	① 전압계 : 부하 또는 전원과 병렬로 연결 ② 전류계 : 부하 또는 전원과 직렬로 연결
27	저항	① 전류가 흐를 때, 전류의 흐름을 막는 정도 ② 단위는 옴$[\Omega]$ ③ 1$[\Omega]$이란 1[V]의 전압을 가한 때, 1[A]의 전류가 흐르는 도체의 저항 ④ 길이에 비례하고 단면적에 반비례 $R = \rho \dfrac{l}{S}[\Omega]$ → (l : 길이, S : 단면적, ρ : 저항률(고유저항))
28	컨덕턴스	·전기저항 R의 역수 ·컨덕턴스 $G = \dfrac{1}{R} = \dfrac{S}{\rho l} = k\dfrac{S}{l}\left[\dfrac{1}{\Omega}\right]$ 또는 $[℧]$ (l : 길이, S : 단면적, ρ : 저항률(고유저항), k : 도전율)
29	옴의 법칙	·전류의 크기는 전압에 비례하고, 도체의 저항에 반비례 ·전류 $I = \dfrac{V}{R}[A]$　·전압 $V = RI[V]$　·저항 $R = \dfrac{V}{I}[\Omega]$
30	저항의 접속	① 직렬접속 : $R_0 = R_1 + R_2 + \dots\dots + R_n[\Omega]$ ② 병렬접속 : $R = \dfrac{1}{\dfrac{1}{R_1} + \dfrac{1}{R_2} + \dots\dots + \dfrac{1}{R_n}}[\Omega]$

31	휘트스톤 브리지	① 미지의 저항을 측정하는 장치 ② $Z_2 Z_3 = Z_1 Z_4$ (휘트스톤 브리지의 평형조건)
32	배율기	① 직렬로 연결한 저항을 배율기라고 한다. ② $V_2 = V_1 \left(1 + \dfrac{R_m}{r}\right)$ 　(V_2 : 측정할 전압$[V]$　V_1 : 전압계의 눈금$[V]$ 　R_m : 배율기 저항　　　r : 전압계 내부저항)
33	분류기	① 병렬로 연결한 저항을 분류기라고 한다. ② $I_2 = I_1 \left(1 + \dfrac{r}{R_m}\right)[A]$ 　(I_2 : 측정할 전류값$[A]$　I_1 : 전류계의 눈금$[A]$ 　R_m : 분류기 저항　　　r : 전류계 내부저항)
34	주파수	1[sec] 동안에 발생하는 사이클의 수 단위 $f = \dfrac{1}{T}[Hz]$　　(T : 주기)
35	각속도	① 1[sec] 동안의 각의 변화율 ② $\omega = 2\pi f[rad/s]$　(f : 주파수)
36	위상, 위상차	주파수가 동일한 2개 이상의 교류 사이의 시간적인 차 $v = V_m \sin\omega t$　　　　　→ 기준　　(v : 순시값, V_m : 최대값) $v_1 = V_m \sin(\omega t - \theta_1)$　→ 뒤짐 $v_2 = V_m \sin(\omega t + \theta_2)$　→ 앞섬
37	평균값, 실효값	① 평균값 : 교류의 순시치를 시간에 대해서 평균한 값을 말한다. 　$V_{av} = \dfrac{2V_m}{\pi} \fallingdotseq 0.637 \times V_m$　　(V_m : 최대값) ② 실효값 ・주기 파형에서 열 효과의 크고, 작음을 나타내는 값 ・일반적으로 교류의 전류, 전압은 실효값 ・실효값은 V, I로 표시한다. ・$V = \dfrac{V_m}{\sqrt{2}} \fallingdotseq 0.707\, V_m[V]$
38	파형률 파고율	① 파형률 : 교류 파형의 실효값을 평균값으로 나눈 값, 파형의 기울기의 정도 　파형률 $= \dfrac{\text{실효값}}{\text{평균값}} = \dfrac{V}{V_m}$ ② 파고율 ・교류 파형의 최댓값을 실효값으로 나눈 값 ・각종파형의 날카로움의 정도를 나타내기 위한 것 ・파고율 $= \dfrac{\text{최대값}}{\text{실효값}} = \dfrac{V_m}{V}$
39	인덕턴스(L)만의 회로	① 유도성리액턴스 : $X_L = \omega L = 2\pi f L[\Omega]$ ② 전류가 전압보다 위상이 90도 뒤지므로 L을 지상소자
40	정전용량(C)만의 회로	① 용량성리액턴스 : $X_C = \dfrac{1}{wC} = \dfrac{1}{2\pi f C}[\Omega]$ ② 전류위상이 전압위상보다 90도 앞서므로 C를 진상소자라고 한다.

41	전류 위상	① $wL > \dfrac{1}{wC}$, 리액턴스는 용량성, 전류위상이 전압위상보다 앞선다. 　지상회로 $(\theta > 0)$ ② $wL < \dfrac{1}{wC}$, 리액턴스는 유도성, 전류위상이 전압위상보다 뒤진다. 　진상회로 $(\theta < 0)$ ③ $wL = \dfrac{1}{wC}$, 리액턴스는 0, 전류와 전압위상은 같다. 직렬 공진회로
42	교류 전력	① 유효전력 : 실제로 에너지를 소비하는 전력, 단위 [W] ② 무효전력 : 일에는 실제로 관여하지 않는 전력, 단위 [Var] ③ 피상전력 : 교류회로에 인가된 전압(V)과 전류(I)의 곱, 단위 [VA]
43	유효전력	① 실제로 에너지를 소비하는 전력 ② 교류회로의 유효전력 　$P = VI\cos\theta = I^2 R = \dfrac{V^2}{R}[W]$ 　(V : 전압, I : 전류, θ : V와 I간의 위상차, R : 저항
44	무효전력	무효전력 $P_r = VI\sin\theta = I^2 X = \dfrac{V^2}{X}[Var]$
45	역률	역률 $\cos\theta = \dfrac{\text{유효전력}(P)}{\text{피상전력}(P_a)}$
46	Y결선 (성형결선)	① 선간전류는 상전류와 크기 및 위상이 같다. $I_l = I_p$ ② 선간전압은 상전압의 $\sqrt{3}$ 배, 위상은 상전압보다 30° 앞선다. 　$V_l = \sqrt{3}\,V_p \angle 30^\circ$ ③ 소비전력 $P = 3V_p I_p \cos\theta = 3\dfrac{V_l}{\sqrt{3}} I_l \cos\theta = \sqrt{3}\,V_l I_l \cos\theta$
47	$\triangle$ 결선 (환상결선)	① 선간전류는 상전류의 $\sqrt{3}$ 배이고, 위상은 상전류보다 30° 뒤진다. 　$I_l = \sqrt{3}\,I_p \angle -30^\circ$ ② 선간전압과 상전압의 크기 및 위상은 같다. $V_l = V_p$ ③ 소비전력 $P = 3V_p I_p \cos\theta = 3V_l \dfrac{I_l}{\sqrt{3}} \cos\theta = \sqrt{3}\,V_l I_l \cos\theta$
48	줄의 법칙	① 전류에 의해 생기는 열량은 전류의 세기의 제곱, 도체의 전기저항, 전류가 흐른 　시간에 비례 ② 이 열은 [J]이나 [cal] 단위로 나타낼 수 있다. ⑤ 줄열은 $Q = I^2 R[J] = 0.24 I^2 R\,t\,[cal]$
49	펠티에효과	① 두 종류 금속 접속면에 전류를 흘리면 접속점에서 열의 흡수 또는 발생이 일어 　나는 현상 (제벡효과와 반대되는 현상) ② 펠티에효과는 전자 냉동기의 원리에 이용된다.
50	패러데이 법칙	① 전기분해에 의해 석출되는 물질의 석출량 $w[g]$은 전해액 속을 통과한 전기량 　$Q[C]$에 비례한다. ② 석출량 $w = kQ = kIt[g]$ 　(w : 석출량$[g]$, k : 전기화학 당량I : 전류, t : 통전시간 [sec])

02 | 전기기기 핵심 62선

1. 직류기

1	렌츠의 전자유도 법칙	유도기전력은 유도전류의 발생 원인이 되는 자기력선속의 변화를 방해하려는 방향으로 발생
2	직류 발전기의 구조	① 계자, 전기자, 정류자로 구성, 이를 직류 발전기의 3요소 ② 계자 : 자속을 만드는 부분 ③ 전기자 : 기전력을 유도하는 부분 ④ 정류자 : 유도된 기전력 교류를 직류로 변화시켜주는 부분

3. 전기자권선법 (중권과 파권의 비교)

항목	단중 중권	단중 파권
a(병렬 회로수)	a=p(극수와 같다)	a=2(항상 2이다)
b(브러시수)	P(극수와 같다)	2혹은 P(극수만큼)
균압환(균압접속)	4극 이상 필요	불필요
용도	대전류, 저전압	소전류, 고전압

4	유기기전력	$E=p\varnothing n\dfrac{z}{a}=p\varnothing\dfrac{N}{60}\dfrac{z}{a}=K\varnothing N[\mathrm{V}]$ z : 총 도체수, a : 병렬회로 수, n : 회전수(rps), N : 회전수(rpm) p : 극수, $K=\dfrac{pz}{a}$: 기계상수
5	전기자 반작용	① 영향 ·회전방향으로 중성축 이동 (편자작용(자속왜곡)) ·정류에 악영향을 끼침 ·브러시에서 섬락이 발생 ·주자속이 감소 (감자작용) ·유도 기전력의 저하 ② 방지대책 ·브러시 이동(브러시 위치를 전기적 중성점으로 이동) ·보극을 설치 ·보상권선 설치
6	타여자발전기	① 계자와 전기자가 별개의 독립적으로 되어 있는 발전기 ② 발전기 외부에 별도의 여자장치가 있다.
7	직권 발전기 (자여자발전기)	① 계자와 전기자 그리고 부하가 직렬로 구성 ② $I=I_a=I_s$이다. ③ 단자전압 $V=E-I_aR_a-I_sR_s=E-I_a(R_a+R_s)[V]$
8	외부특성곡선	부하 전류 (I)와 단자전압(V)과의 변화의 관계

9	분권발전기 (자여자발전기)	① 전기자와 계자 권선이 병렬로 구성, 전기화학용 전원, 전지의 충전용 동기기의 여자용으로 사용 ② 전기자전류 $I_a = I_f + I$ ③ 단자전압 $V = E - I_a R_a [V]$
10	복권발전기 (자여자발전기)	① 과복권($V_0 < V$) : 급전선의 전압강하 보상용으로 사용 ② 평복권($V_0 = V$) · 전압과 전부하 전압이 동일 · 단자전압의 변화가 가장 적다. ③ 차동복권 : 수하특성, 용접용 (V_0 : 무부하 단자 전압, V : 정격전압)
11	자여자 발전기의 전압 확립	① 계자에 잔류자기가 있을 것 ② 회전자의 방향은 잔류자기와 같은 방향일 것 (잔류자기의 방향과 회전자 방향이 동일할 것) ③ 무부하곡선이 자기포화 곡선에 있을 것 ④ 임계저항 > 계자저항
12	전압변동률	$$\epsilon = \frac{V_0 - V_n}{V_n} \times 100 [\%]$$ (V_0 : 무부하 시 전압, V_n : 정격(부하) 시 전압)
13	직류발전기의 병렬운전조건	① 극성이 같을 것 ② 정격전압이 같을 것 ③ 두 발전기의 외부 특성이 약간의 수하 특성을 가질 것
14	직류전동기	① 역기전력 : $E = \frac{z}{a} p \varnothing n [V] = K \varnothing n$ $\rightarrow \left(K = \frac{z}{a} p \right)$ ③ 직류전동기의 속도 : $n = \frac{E}{K \varnothing} [rps]$
15	직류전동기 속도	① 타여자 : $n = \frac{E}{K \varnothing} = \frac{V - I_a R_a}{K \varnothing}$ ② 분권 : $n = \frac{E}{K \varnothing} = \frac{V - I_a R_a}{K \varnothing}$ ③ 직권 : $n = \frac{V - I_a (R_a + R_s)}{K \varnothing} [rps]$
16	직류 전동기 속도제어	① 계자제어법 · 계자제어법은 계자자속 $\varnothing$를 변화시키는 방법 · 효율이 좋다. · 속도제어 범위가 좁다. · 정출력 제어 방식이다. ② 저항제어법 · 정토크 가변 속도 제어 방식이다. · 속도 제어 범위가 좁고, 효율이 나쁘다.

16	직류 전동기 속도제어	③ 전압제어법 ·광범위한 속도 제어가 가능하다. ·정역운전 가능 ·정토크 제어 방식이다. ·워어드레오너드 방식(권상기, 엘리베이터, 기중기 등) ·일그너 방식(가변속 대용량 제관기에 사용) ·워어드레오너드 방식이 가장 효율이 좋다.
17	전동기 제동	① 발전제동 : 전동기를 발전기로 동작시켜 저항에서 열로 소비 ② 회생제동 : 전동기에 유기되는 역기전력을 전원으로 반환 (권상기, 엘리베이터, 기중기 등으로 물건을 내릴 때 또는 전기기관차나 전차가 언덕을 내려가는 경우에 사용) ③ 역상제동 : 전기자의 접속을 반대로 바꾸어 회전 방향과 반대의 토크를 발생시켜 급정지 (급정지 시 가장 좋다)
18	손실	① 가변손(부하손) : 동손, 표유 부하손 ② 고정손(무부하손) : 철손(히스테리시스손, 와류손), 기계손(마찰손, 풍손) ※ 표유부하손 : 측정이나 계산으로 구할 수 없는 손실로 부하 전류가 흐를 때 도체 또는 철심내부에서 생기는 손실
19	효율	① 실측 효율 $\eta = \dfrac{출력}{입력} \times 100[\%]$ ② 발전기(변압기) 규약효율 $\eta_g = \dfrac{출력}{출력 + 손실} \times 100[\%]$ → (출력위주) ③ 전동기(모터) 규약효율 $\eta_m = \dfrac{입력 - 손실}{입력} \times 100[\%]$ → (입력위주) ④ 최대효율조건 : 부하손=고정손

2. 동기기

20	동기속도	동기속도 $N_s = \dfrac{120f}{p}[rpm]$ (N_s : 동기속도[rpm], f : 유기기전력의 주파수[Hz], p : 극수)
21	동기 발전기의 유기기전력	$E = 4.44fw\varnothing = 4.44k_w fW\varnothing\,[V]$ (E : 기전력, $\varnothing$: 자속, W : 코일의 권수 $\quad k_w = k_d \times k_p$($k_w$: 권선계수, k_d : 분포권계수, k_p : 단절권계수)
22	동기발전기의 전기자 권선법	① 전절권 : 코일 간격을 극 간격과 똑같이 하는 권선법 ② 단절권 : 코일 간격을 극 간격보다 짧게 하는 권선법 ※ 전절권보다 단절권을 채용하면 고조파가 제거된다.
23	동기발전기의 전기자 반작용	① 횡축반작용 ·전기자전류와 유기기전력이 동상인 경우 ·편자작용(교차자화작용)이 일어난다. (전기자 전류와 유기기전력이 동상) ·부하 역률이 1($\cos\theta = 1$)인 경우의 전기자 반작용 ② 직축반작용 ·전기자전류가 유기기전력보다 $90°$ 뒤질 때(지상) 감자작용이 일어난다. ·전기자전류가 유기기전력보다 $90°$ 앞설 때(진상) 증자작용(자화작용)이 일어난다.

24	동기발전기의 출력	① 1상의 출력 $P = \dfrac{EV}{Z_s}\sin(\alpha+\delta) - \dfrac{V^2}{Z_s}\sin\alpha$ $Z_s \fallingdotseq x_s$, $\alpha \fallingdotseq 0$라 하면 $P \fallingdotseq \dfrac{EV}{x_s}\sin\delta[\text{W}]$ (E: 1상의 유기기전력, V : 단자) ② 3상의 출력 $P_s = \dfrac{E_l V_l}{x_s}\sin\delta \times 10^{-3}[kW]$ (E_l : 선간 기전력[V], V_l : 선간전압[V], δ : 부하각)
25	단락비	① 단락비 $K_s = \dfrac{I_{f1}}{I_{f2}} = \dfrac{I_s}{I_n} = \dfrac{100}{\%Z_s}$ (K_s : 단락비, I_s : 3상단락전류$[A]$, I_n : 정격전류$[A]$, I_f : 계자전류$[A]$) ② 단락비가 큰 동기기 장점 : 안정도가 높다. 전압변동률이 작다. 전기자 반작용이 작다. 공극과 계자기자력이 크다. ③ 단락비가 큰 동기기 단점 : 철손이 크다. 중량이 무겁고 설비비가 비싸다. 단락전류가 커진다. 효율이 나쁘다.
26	단락곡선	계자전류를 증가시킬 때 단락전류의 변화곡선, 계자 전류와 단락전류와의 관계곡선이다.
27	동기발전기의 무부하포화곡선	계자전류(I_f)와 무부하 단자전압(V_1)과의 관계곡선을 말한다.
28	퍼센트 동기임피던스	$\%Z = \dfrac{1}{\text{단락비}(K_s)} \times 100[\%]$
29	동기발전기의 병렬운전 조건	① 기전력의 크기가 같을 것 ② 기전력의 위상이 같을 것 ③ 기전력의 주파수가 같을 것 ④ 기전력의 파형이 같을 것 ⑤ 기전력의 상회전이 일치할 것 ※기전력의 크기가 서로 같지 않을 때 순환전류 발생 ※기전력의 위상이 같지 않을 때 유효횡류(동기화 전류) 발생
30	난조	① 발전기 회전자가 동기 속도를 찾지 못하고 심하게 진동하게 되어 차후 탈조가 일어나는 이러한 현상 ② 난조 방지법 : 자극면에 제동권선을 설치, 속도조절기(조속기)의 감도를 적당히 조정, 회로의 저항을 작게
31	동기전동기의 특성	① 장점 · 속도가 일정하다. · 언제나 역률 1로 운전할 수 있다. · 효율이 좋다. · 공극이 크고 기계적으로 튼튼하다. ② 단점 · 기동시 토크를 얻기가 어렵다. · 속도 제어가 어렵다. · 구조가 복잡하다. · 난조가 일어나기 쉽다. · 가격이 고가이다. · 직류 전원 설비가 필요하다.
32	동기전동기의 토크	토크 $\tau = \dfrac{P}{\omega} = \dfrac{P}{2\pi \times \dfrac{N_s}{60}} \times \dfrac{1}{9.8} = 0.975\dfrac{P}{N_s}[kg \cdot m]$

33	위상특성곡선
	(V곡선)
		① 여자전류를 감소시키면 역률은 뒤지고 전기자전류는 증가한다.
		   (부족여자 → 리액터)
		② 여자전류를 증가시키면 역률은 앞서고 전기자전류는 증가한다.
		   (과여자 → 콘덴서)
		③ $\cos\theta=1$일 때 전기자전류가 최소다.

3. 변압기

34	변압기의 유기기전력	① 1차 유기기전력 $E_1 = 4.44 f_1 N_1 \varnothing_m$
		② 2차 유기기전력 $E_2 = 4.44 f_1 N_2 \varnothing_m$
		   E_1 : 1차 기전력, E_2 : 2차 기전력, N_1 : 1차 권선, N_2 : 2차 권선
		   f : 주파수[Hz], $\varnothing_m$: 최대 자속[Wb]

35	권수비 (전압비)	① 두 기전력의 비를 전압비(=권수비)라고 한다. ② 권수비 $a = \dfrac{E_1}{E_2} = \dfrac{V_1}{V_2} = \dfrac{N_1}{N_2} = \dfrac{I_2}{I_1} = \sqrt{\dfrac{R_1}{R_2}}$
36	변압기유 구비조건	① 절연내력이 클 것 ② 점도가 낮을 것 ③ 인화점이 높고 응고점이 낮을 것 ④ 다른 재질에 화학 작용을 일으키지 않을 것 ⑤ 변질하지 말 것
37	열화방지	① 절연유의 절연내력과 냉각효과가 감소하여 침전물이 발생하는 현상 ② 열화 방지책 : 변압기유의 열화를 방지하기 위해 변압기 상부에 콘서베이터 설치, 질소봉입장치설치, 흡착제(실리카 젤)-브리더 설치

38	변압기의 손실	① 무부하손
		   ·철손(P_i)=(히스테리시스손(P_h)(80[%]))+맴돌이전류손(P_e)(20[%]))
		   ·구리손
		   ·유전체손
		   ·표유부하손
		② 부하손 : 동손(P_c)+표유부하손 → (대부분은 동손)
		※ 손실 중 부하손의 대부분은 동손이며 무부하손의 대부분을 차지하는 것은 철손이다.

39	변압기 냉각방식	·건식자냉식(공기에 의해 자연 냉각) ·건식풍냉식(송풍기 이용 냉각) ·유입자냉식(기름의 대류 적용) ·유입풍냉식(방열기 및 송풍기 이용) ·유입수냉식(기름 및 냉각관 이용) ·송유자냉식(기름을 강제적으로 순환) ·송유풍랭식(기름 및 펌프, 외부의 냉각장치) ·송유수냉식(유닛쿨러를 탱크 주위에 설치)

40	전압변동률	① 전압변동률 $\epsilon = \dfrac{V_{20} - V_{2n}}{V_{2n}} \times 100$
		   (V_{20} : 무부하 2차 단자 전압, V_{2n} : 정격 2단자 전압)
		② 전압변동률 $\epsilon = p\cos\theta_2 + q\sin\theta_2$
		   (p : 퍼센트저항강하, q : 퍼센트리액턴스강하)
		③ 전압변동률의 최대값 $\epsilon_{\max} = \sqrt{p^2 + q^2}$ [%]
		④ 전압변동률이 최대가 되는 부하의 역률 $\cos\theta = \dfrac{p}{\sqrt{p^2+q^2}}$

41	변압기 효율	① 전부하 효율 $\eta = \dfrac{\text{출력}}{\text{출력} + \text{전체손실}} \times 100$ ② 변압기 규약효율 $\eta_g = \dfrac{P}{P + P_i + P_c} \times 100$ (P : 변압기 정격출력, P_i : 철손, P_c : 동손) ③ 최대효율 : $\eta_{\max} = \dfrac{\text{최대효율시출력}}{\text{최대효율시출력} + 2P_i} \times 100$ 변압기가 최대 효율을 가질 때는 철손과 동손이 같을 때 ($\eta_{\max} : P_c = P_i$)
42	변압기 3상 결선	① $\triangle - \triangle$결선 : 60[kV] 이하의 계통에서 사용 ② $\triangle - Y$결선 : 승압용 ③ $Y - \triangle$결선 : 강압용 ④ $V - V$결선 : $\triangle$결선에 비하여 V 결선의 출력은 57.7[%]밖에 되지 않는다.
43	병렬운전조건	① 극성이 같을 것 ② 정격 전압과 권수비가 같을 것 ③ 퍼센트 저항 강하와 리액턴스 강하가 같을 것 ④ 부하 분담시 용량에는 비례하고 퍼센트 임피던스 강하에는 반비례할 것 ⑤ 3상은 위 4가지 조건 외에 상회전 방향 및 위상 변위가 같을 것
44	보호계전기	① 과전류계전기 ・정정치 이상의 전류에 의해 동작 ・용량이 작은 변압기의 단락 보호용으로 주 보호방식으로 사용 ② 차동계전기 ・변압기 1차 전류와 2차 전류의 차에 의해 동작 ・변압기 내부 고장 보호에 사용 ③ 비율차동계전기 ・1차 전류와 2차 전류차의 비율에 의해 동작 ・변압기 내부 고장 보호에 사용 ④ 부흐홀츠 계전기 ・변압기 고장보호 ・변압기와 콘서베이터 연결관 도중에 설치

4. 유도기

45	동기속도 슬립 회전속도	① 동기속도 $N_s = \dfrac{120f}{p}$[rpm] $\rightarrow$ (f : 주파수, p : 극수, N_s : 동기속도) ② 슬립 $s = \dfrac{N_s - N}{N_s}$ ($0 \leqq s \leqq 1$) $\rightarrow$ (s : 슬립, N_s : 동기속도, N : 회전속도) ③ 회전 속도 $N = (1-s)N_s = (1-s)\dfrac{120f}{p}$ [rpm]
46	권선형 유도전동기 기동법	① 기동은 농형 전동기보다 뛰어나고 중부하 때에도 원활히 기동 ③ 2차 저항기법(비례추이 이용) ④ 게르게스법
47	농형 유도전동기 기동법	① 전전압기동법 : 5[kW] 이하 소용량에서는 기동장치 없이 직접 전전압 공급 ② $Y - \triangle$기동법 : 기동시는 Y결선, 정격속도에 이르면 $\triangle$결선 (5~15[kW]) ③ 기동보상기법 : 공급전압을 낮추어 기동시키는 방법 (15[kW]~50[kW]) ④ 리액터기동법 : 전동기의 단자 사이에 리액터를 삽입해서 기동, 기동 완료 후에 리액터를 단락하는 방법, 토크 효율이 나쁘고, 기동 토크가 작게 되는 결점

48	유도전동기의 전력 변환식	① 2차 구리손(동손) : $P_{c2} = sP_2 = \dfrac{s}{1-s}P_0\,[W]$ ② 2차 출력 : $P_0 = (1-s)P_2\,[W] \rightarrow (P_2 : 2$차 입력$)$ ③ 2차 효율 : $\eta_2 = \dfrac{P_0}{P_2} = 1-s = \dfrac{N}{N_s} \times 100\,[\%]$
49	토크	① 토크 $\tau = 0.975\dfrac{P_0}{N}[kg \cdot m] \rightarrow (P_0 :$ 전부하 출력, $N :$ 유도전동기 속도$)$ ② 토크 $\tau = 0.975\dfrac{(1-s)P_2}{(1-s)N_s} = 0.975\dfrac{P_2}{N_2}[kg \cdot m] = 9.55\dfrac{P_2}{N_2}[N \cdot m]$ $\rightarrow (1[N \cdot m] = \dfrac{1}{9.8}[kg \cdot m])$ $(P_2 : 2$차입력, $N_2 :$ 동기속도$)$
50	비례추이	① 권선형 유도전동기는 2차에 외부 저항을 삽입할 수 있다. ② 기동시 외부 저항을 증가시키면 기동 토크는 증가, 기동전류는 감소 ③ 2차 저항 $r_2{'}$를 변화해도 최대 토크는 변하지 않는다. ④ 유도전동기에서 비례추이를 할 수 없는 것은 출력, 효율, 2차 동손
51	제동	① 회생제동 : 발생전력을 전원으로 반환하면서 제동하는 방식 ② 역상제동 : 3상중 2상의 결선을 바꾸어 역회전시킴으로 제동시키는 방식, 전동기 급제동시 사용 ③ 발전제동 : 발생전력을 내부에서 열로 소비하는 제동방식
52	원선도	① 출력, 슬립, 효율, 역률 등의 여러 특성을 도형으로 표현 ② 원선도 작도 시 필요한 시험 ・무부하 시험 : 무부하의 크기와 위상각 및 철손 ・구속 시험(단락 시험) : 단락전류의 크기와 위상각 ・고정자 저항 측정 ③ 구할 수 있는 것 : 최대출력, 조상설비용량, 송수전 효율, 수전단 역율 ④ 구할 수 없는 것 : 기계적 출력, 기계손
53	기동토크 큰 순서	반발기동형 〉 반발유도형 〉 콘덴서기동형 〉 분상기동형 〉 셰이딩코일형

5. 정류기

54	반도체의 종류	① 순수(진성) 반도체 : 도체와 부도체의 중간영역, 보통 4족(가)있는 원소, 규소(Si), 게르마늄(Ge) ② 불순물 반도체 : 진성 반도체 속에 미량의 불순물(5가 또는 3가)을 포함한 반도체 ・N형 반도체 : 4가 원소(순수 반도체 : 실리콘(Si), 게르마늄(Ge)) + 5가 원소의 원자(불순물 : 인(P), 비소(As), 안티몬(Sb)) ・P형 반도체 : 4가 원소(순수 반도체 : Si, Ge) + 3가 원소(불순물 : 붕소(B), 갈륨(Ga), 인듐(In))
55	PN 접합 다이오드	① N형과 P형 반도체를 접합하여 한 방향으로 전류를 흐르게 한다. ② 온도가 높아지면 순방향 전류가 증가한다. ③ 정류비가 클수록 정류특성은 좋다. ④ 순방향 저항은 작고, 역방향 저항은 매우 크다. ⑤ 순방향 전압은 P형에 (+), N형에 (−) 전압을 가함을 말한다. ⑥ 역방향 전압에서는 극히 작은 전류만이 흐른다. ⑦ 대표적 응용 작용은 정류작용을 한다.

56	정류회로	① 단상반파 : $V_d = \dfrac{V_m}{\pi} = \dfrac{\sqrt{2}\,V}{\pi} = 0.45\,V$ (V_d :직류측의 전압, I_d :전류의 평균치) ② 단상전파 : $V_d = \dfrac{2\sqrt{2}\,V}{\pi} = 0.9\,V\,[V]$
57	맥동률	① 정류된 성분 속에 포함되어 있는 교류성분의 정도 ② 맥동률 $v = \sqrt{\dfrac{(I_s)^2 - (I_{av})^2}{I_{av}}} \times 100 \quad \rightarrow \quad (I_s$: 실효값, I_{av} : 평균값) ③ 맥동류의 크기 : 단상반파 〉 단상전파 〉 3상반파 〉 3상전파
58	SCR	단방향 3단자 소자, pnpn 구조, 아크가 생기지 않으므로 열의 발생이 적고, 역률각 이하에서는 제어가 되지 않는다.
59	TRIAC	양방향성 3단자 사이리스터, On/Off 위상 제어, 교류기의 회전수 제어, 냉장고, 전기담요의 온도 제어에 활용
60	GTO	역저지 3극 사이리스터, 자기소호 기능이 가장 좋은 소자로 유도전동기 구동용 PWM 제어, VVVF 인버터로 활용
61	IGBT	대전류·고전압의 전기량을 제어할 수 있는 자기소호형 소자
62	전력변환장치	① 컨버터(정류기 : 순변환 장치) : $AC \rightarrow DC$ 로 변환해 주는 장치 ② 인버터(역변환장치) : $DC \rightarrow AC$ 로 변환해 주는 장치 ③ 사이클로 컨버터 : 고정 $AC \rightarrow$ 가변 AC 로 바꿔주는 전력 변환 장치 ④ 초퍼 : 고정 $DC \rightarrow$ 가변 DC 로 바꿔주는 전력 변환 장치

1	절연전선의 종류	① IV : 600[V] 비닐절연전선 ② DV : 인입용 비닐절연전선 ③ OW : 옥외용 비닐절연전선 ④ HIV : 600[V] 내열비닐절연전선
2	누전차단기	① 사용전압 60[V]를 초과하는 저압의 금속제 외함을 가지는 기계 기구에 전기를 공급하는 전로에 자기가 발생하였을 때 자동적으로 전로를 차단 ② 대지전압 150[V] 초과 300[V] 이하의 저압 전로 인입구에는 인체 감전 보호용 누전차단기 설치
3	과전류차단기의 설치장소	① 고압 및 특별고압 전로 ② 간선의 전원측 전선 및 보호상 필요로 하는 곳
4	전기 공구와 기구	① 클리퍼 : 펜치로 절단하기 힘든 굵은 전선을 절단할 때 사용 ② 프레셔 툴(눌러 붙임(압착) 펀치) : 전선에 눌러 붙임 단자 접속 시 사용 ③ 벤더 : 각종 형강, 파이프, 철판, 철근 등의 굽힘 가공에 사용하는 성형기 ④ 오스터 : 금속관에 나사를 내기 위한 공구 ⑤ 홀소, 노크아웃펀치 : 배전반, 분전반, 풀박스 등의 전선관 인출을 위한 인출공을 뚫는 공구 ⑥ 리머 : 금속관을 쇠톱이나 커터로 끊은 다음 관 안을 다듬는 기구 ⑦ 피시 테이프 : 배관에 전선을 입선할 때 사용하는 평각 강철선 ⑧ 와이어 게이지 : 철사의 지름이나 전선의 굵기를 호칭지름 또는 게이지 번호로 검사하는 데 사용
5	전선 접속 시 주의 사항	① 전선의 전기 저항을 증가시키지 않는다. ② 전선의 인장하중을 20[%] 이상 감소시키지 말아야 한다. ③ 전선 접속시 절연내력은 접속전의 절연내력 이상으로 절연 하여야 한다.
6	직선접속	① 트위스트 직선 접속 : 단면적 $6[mm^2]$ 이하의 가는 단선 (알루미늄전선의 접속법으로 적합하지 않다.) ② 브리타니아 직선 접속 : $10[mm^2]$ 이상의 굵은 단선 직선 접속법이다.
7	분기접속	① 트위스트 분기 접속 : 단면적 $6[mm^2]$ 이하의 가는 전선 분기 접속법이다. ② 브리타니아 분기 접속 : $10[mm^2]$ 이상의 굵은 단선의 분기 접속법이다.
8	쥐꼬리접속	박스 내에서 가는 전선을 접속할 때 적합하다.
9	리노테이프	① 노란색 : 배전반, 분전반, 변압기, 전동기 단자 부근 절연에 사용 ② 검정색 : 접착성이 없으나 절연성, 보온성 및 내유성이 있으므로 연피 케이블의 접속 시에 사용

10	애자공사	전선 상호간격		전선과 조영재 사이		전선과 지지점간의 거리	
		400[V] 미만	400[V] 이상	400[V] 미만	400[V] 이상	400[V] 미만	400[V] 이상
		6[cm] 이상	6[cm] 이상	2.5[cm] 이상	2.5[cm] 이상 습기 4.5[cm]	조영재의 윗면 옆면일 경우 2[m] 이하	6[m] 이하

11	합성수지관공사	① 관 상호간 및 박스와는 삽입하는 깊이를 관 바깥지름의 1.2배(접착제 사용하는 경우 0.8배) 이상으로 견고하게 접속할 것 ② 관의 지지점간의 거리는 1.5[m] 이하로 할 것(단 내규사항 그 지지점은 관단, 관과 박스와의 접속점 및 관상호 접속점에서 0.3[m] 정도가 바람직하다.)

12	금속관공사	① 전선은 절연전선(옥외용 비닐 절연전선(OW) 제외)일 것 ② 콘크리트 매설시 1.2[mm] 이상 ③ 단면적의 총합계가 관내 단면적의 32[%]가 되도록 선정 ④ 금속관을 구부릴 때 구부러진 금속관 내경은 금속관 안지름의 6배 이상 ⑤ 굽힘 반지름 $r = 6d + \left(\dfrac{D}{2}\right)$ (d : 금속 전선관의 안지름, D : 금속 전선관의 바깥지름)

13	가요전선관공사	① 가요전선관 상호 접속은 플레시블 커플링, 스플릿 커플링을 사용한다. ② 금속관제 가요전선관과 금속전선관의 접속하는 곳에 콤비네이션커플링을 사용 ③ 제1종 가요전선관은 두께 0.8[mm] 이상, 단면적 $2.5[mm^2]$ 이상의 나연동선 ④ 1종 가요전선관을 구부릴 때 곡률반지름은 관 안지름의 6배 이상

14	금속덕트공사	① 전선은 절연전선(옥외용 비닐 절연전선(OW) 제외)일 것 ② 금속덕트에 넣은 전선은 전선 피복절연물을 포함한 단면적 합계가 덕트 단면적의 20[%] 이하일 것(단, 전광표시장치, 출퇴표시등 또는 제어회로 등은 50[%] 이하) ③ 금속덕트 안에는 전선에 접속점이 없도록 할 것 ④ 금속덕트는 폭이 4[cm]를 넘고 두께가 1.2[mm] 이상이 철판 또는 금속제로 제작한 것일 것

15	전압의 구분	① 저압 : 직류 1500[V] 이하, 교류 1000[V] 이하 ② 고압 : 직류 1500[V], 교류 1000[V]를 넘고 7000[V] 이하인 것 ③ 특별고압 : 7000[V]를 넘는 것

16	과전류 차단기용 퓨즈	정격전류의 구분	시 간	정격전류의 배수	
				불용단 전류	용단 전류
		4[A] 이하	60분	1.5배	2.1배
		4[A] 초과 16[A] 미만	60분	1.5배	1.9배
		16[A] 이상 63[A] 이하	60분	1.25배	1.6배
		63[A] 초과 160[A] 이하	120분	1.25배	1.6배
		160[A] 초과 400[A] 이하	180분	1.25배	1.6배
		400[A] 초과	240분	1.25배	1.6배

17	분기회로의 보안	① 저압옥내 간선과의 분기점에서 전선의 길이가 3[m] 이하인 곳에 분기회로의 개폐기 및 과전류 차단기를 시설할 것 ② 과전류 차단기의 정격전류가 35[%]를 넘고 55[%] 미만인 경우에는 8[m] 이내에 분기회로의 개폐기 및 과전류 차단기를 시설할 것 ③ 과전류 차단기의 정격전류가 55[%] 이상인 경우는 시설자의 임의대로 분기회로의 개폐기 및 과전류 차단기를 시설할 수 있다.
18	수용률 부등률 부하율	① 수용률 : 최대 수용전력과 부하설비 정격용량 합계의 비로서 보통 1보다 작다. (1보다 크면 과부하) $$수용률 = \frac{최대수용전력}{부하설비용량합계} \times 100\ [\%]$$ ② 부등률 : 2개 이상의 부하간 수용전력의 관계로서 최대 전력의 발생시각 또는 발생 시기의 분산을 나타내는 지표이다. (부등률 ≥ 1) $$부등률 = \frac{각 부하의 최대수용전력의 합계}{각 부하를 종합하였을 때의 최대수용전력(합성최대수용전력)}$$ ③ 부하율 : 어느 기간 중에 평균전력과 그 기간 중에서의 최대 전력과의 비 $$부하율 = \frac{평균수용전력}{최대수용전력} \times 100[\%]$$
19	옥내 간선의 시설	① 전동기 등의 정격전류 합계가 50[A] 이하인 경우 : $I_0 = I_M \times 1.25 + I_H$ ② 전동기 등의 정격전류 하계가 50[A]를 넘는 경우 : $I_0 = I_M \times 1.1 + I_H$ I_0 : 간선의 허용전류 [A], I_M : 전동기 정격전류 [A], I_H : 전열기 정격전류 [A], I_f : 개폐기 및 과전류 차단기의 퓨즈 용량 [AF/AT]
20	전로의 절연저항	<table><tr><th>전로의 사용전압의 구분</th><th>DC 시험전압</th><th>절연 저항값</th></tr><tr><td>SELV 및 PELV</td><td>250</td><td>0.5[MΩ]</td></tr><tr><td>FELV, 500[V] 이하</td><td>500</td><td>1[MΩ]</td></tr><tr><td>500[V] 초과</td><td>1000</td><td>1[MΩ]</td></tr></table>
21	변압기 중성점 접지의 접지저항	① 일반적으로 변압기의 고압·특고압측 전로 1선 지락전류로 150을 나눈 값과 같은 저항 값 이하 : $R = \frac{150}{I}[\Omega] \rightarrow (I$: 1선지락전류) ② 보호 장치의 동작이 1~2초 이내 : $R = \frac{300}{I}[\Omega]$ ③ 보호 장치의 동작이 1초 이내 : $R = \frac{600}{I}[\Omega]$
22	이웃 연열(연접) 인입선	① 한 수용장소의 인입선에서 분기하여 지지물을 거치지 않고 다른 수용장소의 인입구에 이르는 부분의 전선 (저압에서만 시설할 수 있다) ② 인입선에서 분기하는 점으로부터 100[m]를 넘지 않을 것 ③ 폭 5[m]를 넘는 도로를 횡단하지 않을 것
23	가공인입선	가공전선로의 지지물로부터 다른 지지물을 거치지 아니하고 수용장소의 붙임점에 이르는 가공전선

24	저압 이웃 연결 인입선의 시설	① 인입선에서 분기하는 점으로부터 100[m]를 넘는 지역에 미치지 않을 것 ② 폭 5[m]를 넘는 도로를 횡단하지 않을 것 ③ 다른 수용가의 옥내를 통과하지 않을 것 ④ 전선은 지름 2.6[mm] 경동선 사용(단, 지지물 간 거리가 15[m] 이하인 경우 2.0[mm] 경동선을 사용한다.)

25	지지물의 시설	① 16[m] 이하이고, 설계하중 6.8[KN] 이하인 철근콘크리트주, 목주
		  ㉮ 전체 길이 15[m] 이하인 경우 : 전체 길이$\times\frac{1}{6}$ 이상 매설
		  ㉯ 전체 길이 15[m]를 초과하는 경우 : 2.5[m] 이상 매설
		② 16[m] 이상 20[m] 이하, 설계하중 6.8[KN] 이하인 철근콘크리트주는 지반이 약한 곳 이외의 장소 : 2[m] 이상 매설
		③ 14[m] 이상 20[m] 이하, 설계하중 6.8[KN] 초과 9.8[KN] 이하의 철근콘크리트주
		  ㉮ 15[m] 이하인 경우 : 전체 길이$\times\frac{1}{6}+0.3[m]$ 이상 매설
		  ㉯ 15[m] 초과하는 경우 : $2.5+0.3[m]$ 이상 매설

26	저압 및 고압 가공전선의 높이

구분	높이	
1. 도로를 횡단	지표상 6[m] 이상	
2. 철도, 궤도를 횡단	궤조면상 6.5[m] 이상	
3. 횡단보도교위에 시설	저압가공전선	노면상 3.5[m] 이상 (저압절연전선 3[m] 이상)
	고압가공전선	노면상 3.5[m] 이상
기타 (1,2,3 이외의 장소)	지표상 5[m] 이상 (다리하부나 전기철도용 급전선은 지표상 3.5[m]로 감한다.)	

27	차단기의 종류	유입차단기	OCB	소호실에서 아크에 의한 절연유 분해 가스의 열전도 및 압력에 의한 blast를 이용해서 차단

27	차단기의 종류	유입차단기	OCB	소호실에서 아크에 의한 절연유 분해 가스의 열전도 및 압력에 의한 blast를 이용해서 차단
		기중차단기	ACB	대기 중에서 아크를 길게 해서 소호실에서 냉각 차단
		자기차단기	MBB	대기중에서 전자력을 이용하여 아크를 소호실 내로 유도해서 냉각 차단
		공기차단기	ABB	압축된 공기를 아크에 불어 넣어서 차단
		진공차단기	VCB	고진공 중에서 전자의 고속도 확산에 의해 차단
		가스차단기	GCB	고성능 절연 특성을 가진 특수 가스(SF_6)를 이용해서 차단

28	정격차단용량	① 단상의 경우 : 정격차단용량=정격전압×정격차단전류 ② 3상의 경우 : 정격차단용량[MVA]$=\sqrt{3}\times$정격전압[kV]×정격차단전류[kA]

29	특수 장소 공사	① 폭연성 면지 : 400[V] 미만 금속관공사, 케이블공사
		② 가연성 면지 : 합성수지관공사, 금속관공사, 케이블공사 (두께 2[mm] 미만의 합성수지전선관 및 콤바인덕트관을 사용하는 것을 제외)
		③ 가연성 가스 : 금속관공사, 케이블공사 (캡타이어케이블 제외)
		④ 위험물 : 합성수지관공사, 금속관공사, 케이블공사
		⑤ 화약류 저장소
		·전로의 대지전압은 300[V] 이하일 것
		·전기 기계기구는 전폐형일 것
		·개폐기 및 과전류 차단기에서 화약류 저장소까지는 케이블을 사용하여 지중에 시설한다.
		⑥ 흥행장의 시설 : 저압 옥내배선, 전구선, 이동전선은 사용전압 400[V] 미만
30	조명방식	① 직접조명 : 특정한 장소만을 하향광속 90[%] 이상이 되도록 설계
		② 간접조명 : 그림자가 없고 눈부심이 적으나 큰 조도에는 비경제적임
		③ 전반확산조명 : 조명기구의 40~60[%] 정도의 빛이 위와 아래로 고르게 향하는 조명 방식으로 사무실, 학교 등에 적합
31	실지수	① 실(room)의 특징을 나타내는 계수
		② 실지수 $K = \dfrac{X \cdot Y}{H(X+Y)}$
		(K : 실지수, X : 방의 폭[m], Y : 방의 길이[m]
		H : 작업면에서 조명기구 중심까지 높이[m])
32	조도	① 평균 조도 $E = \dfrac{F \times N \times U}{A \times D}$ [lx]
		(F : 광속[lm], U : 조명률[%], N : 조명기구 개수, E : 조도[lx]
		A : 면적[m^2], D : 감광보상률)
		② 조도(E)에 대한 최소 필요 등수(N) $N = \dfrac{E \times A}{F \times U \times M}$

과목별 핵심 요약

1과목 : 전기이론

2과목 : 전기기기

3과목 : 전기설비

1장 | 정전기와 콘덴서

핵심 **01** 원자와 분자

1 원자

· 원소의 화학적 상태를 특징짓는 최소 기본 단위
· 양성자는 '+' 전하, 전자는 '−' 전하
· 중성자는 전하가 없다.
· 양성자와 전자의 수는 동일
· 원자는 전기적으로 중성이 된다.

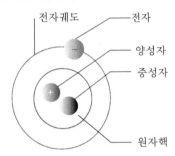

[원자 모형]

$$
원자 \begin{cases} 원자핵 \begin{cases} 양성자 \begin{cases} 전하 : +1.602 \times 10^{-19}[C] \\ 질량 : 1.673 \times 10^{-27}[kg] \end{cases} \\ 중성자 \begin{cases} 전하 : 없다(0) \\ 질량 : 1.675 \times 10^{-27}[kg] \end{cases} \end{cases} \\ 전\quad자 \begin{cases} 전하 : -1.602 \times 10^{-19}[C] \\ 질량 : 9.107 \times 10^{-31}[kg] \end{cases} \end{cases}
$$

[원자를 구성하는 요소의 질량 및 전하량]

기출 다음 중 가장 무거운 것은? (13/5)

① 양성자의 질량과 중성자의 질량의 합
② 양성자의 질량과 전자의 질량의 합
③ 중성자의 질량과 전자의 질량의 합
④ 원자핵의 질량과 전자의 질량의 합

[원자핵의 질량 순위] 중성자 〉 양성자 〉 전자
· 중성자 : $1.675 \times 10^{-27}[kg]$
· 양성자 : $1.673 \times 10^{-27}[kg]$
· 전　자 : $9.107 \times 10^{-31}[kg]$
④ (원자핵(양성자+중성자)+전자) 〉 ① (양성자+중성자) 〉
③ (중성자+전자) 〉 ② (양성자+전자)

【정답】④

---

2 분자

· 물질 고유의 성질을 가진 최소 단위이다.
· 몇 개의 원자가 화학적으로 결합된 원자의 결합체

3 이온

전하를 띤 입자를 말한다.

양이온	(+) 전하를 띠는 입자이다.
음이온	(−) 전하를 띠는 입자이다.

4 자유전자

· 일정 영역 내에서 움직임이 자유로운 전자다.
· 외부의 자극에 의해 쉽게 궤도를 이탈한 것
· 반도체가 여러 가지 전기적 작용을 하게한다.
· 자유전자의 상태는 다음과 같다.

(−) 대전상태	중성인 물체에 외부에서 자유전자가 주어진 상태, 자유전자가 과잉된 상태라고도 한다.
(+) 대전상태	중성인 물체에 외부에서 자유전자를 제거한 상태
중성상태	양자와 전자의 수가 동일한 상태

5 최외각전자

원자핵을 둘러싸는 전자궤도의 모임을 전자각(전자 껍질)이라고 하며, 그 중에서도 가장 바깥쪽에 있는 전자각의 전자를 최외각전자라고 한다.

핵심 02 도체와 부도체

1 도체

· 저항이 매우 작아 전기나 열을 잘 전달하는 물체
· 금속, 흑연, 은, 구리, 알루미늄 등이 있다.
· (+)의 온도계수를 가진다.

※[온도계수] 어떤 양(量)이 온도에 따라서 변화할 때, 온도 변화에 대한 그 양의 변화 정도를 나타낸다. 정(+) 온도계수(도체, 즉 금속), 부(−) 온도계수(반도체, 서미스터, 전해질, 방전관, 탄소

2 부도체(절연체)

· 저항이 커서 전기나 열을 잘 전달하지 못하는 물체
· 절연체 중 분극현상이 일어나는 물체로 콘덴서와 같이 전하를 저장할 때 사용
· 페놀수지, 종이, 유리, 고무, 유리, 수소, 헬륨 등

3 반도체

· 도체와 부도체의 중간영역
· 반도체의 저항값은 부(−)의 온도계수 특성을 가진다.
· 온도가 상승함에 따라 저항은 감소
· 정류, 증폭, 변환 등의 기능을 가진다.
· 규소(Si), 게르마늄(Ge), 셀렌 등

핵심 03 정전기 현상

1 정전기와 동전기

① 정전기 : 연속적으로 흐르지 않는 전기
　(예, 마찰전기)
② 동전기 : 전기에너지와 같이 연속적으로 흐르는 전기

2 대전

어떤 물질이 정상 상태보다 전자의 수가 많거나 적어져서 물체가 전기를 띠는 현상

3 전하

· 물체가 대전되었을 때 물체가 가지고 있는 전기
· 전하는 도체 표면에만 존재한다.
· 같은 종류의 전하는 서로 반발하고 다른 종류의 전하는 서로 흡인한다.

④ 전기량(전하량)

· 전하가 가지고 있는 전기의 양
· 1[C]은 전류 1암페어가 1초 동안 흘렀을 때 이동한 전하의 양(단위시간 당 전하의 양)
· 기호(Q), 단위(쿨롱[C])
· 전기량 $Q = I \times t[C]$ → (I : 전류, t : 시간)

⑤ 정전유도

· 대전하고 있지 않은 절연된 물체 A에 대전한 물체 B를 접근시키면 B에 가까운 쪽에 B와 다른 부호의, 먼 쪽에 같은 부호의 전하가 A에 나타난다.
· B를 멀리 하면 A는 중화하여 원래의 대전하고 있지 않는 상태로 되돌아간다.

[A와 B가 가까운 상태]

[A와 B가 멀리 떨어져 있는 상태]

핵심 **04** **콘덴서**

① 콘덴서의 특성

· 전하를 축적하기 위한 전기회로 소자(캐패시터)
· 직류와 교류가 섞여 있는 전류에서 교류를 분리하는 데 쓰인다.

· 직류 전류를 차단하고 교류 전류를 통과 시키려는 목적으로 사용

① 기호와 단위 : $C[F]$ (Farad : 패럿)
② 전기량 : $Q = CV[C]$

여기서, C : 정전용량[F], V : 전위[V]

② 콘덴서의 종류

구분	유전체 및 전극	용량	용도 및 특징
전해 콘덴서	산화피막	고용량	· 평활회로, 저주파 바이패스 · 직류에만 사용
탄탈 콘덴서	탄탈륨	고용량	· 온도 무관 · 주파수 특성이 좋다. · 고주파 회로에 사용 · 가격이 비쌈
마일러 콘덴서	폴리에스테르 필름	저용량	· 극성이 없다. · 가격 저렴 · 정밀하지 못함
세라믹 콘덴서	티탄산바륨	저용량	· 극성이 없다. · 아날로그 회로
바리콘	공기	조절 가능	· 라디오의 방송을 선택하는 곳에 사용 · 주파수에 따라 용량 가변 가능
트리머	세라믹	조절 가능	주파수에 따라 용량 가변 가능

② 단위 체적당 저장되는 에너지(평행판 콘덴서)

$$W_0 = \frac{1}{2}ED = \frac{1}{2}\epsilon E^2 = \frac{D^2}{2\epsilon}[\text{J/m}^3] \qquad \rightarrow (D=\epsilon E)$$

(E : 전계의 세기[V/m], D : 전속밀도[C/m²])

기출 2[kV]의 전압으로 충전하여 2[J]의 에너지를 축적하는 콘덴서의 정전용량은? (10/2)

   ① 0.5[μF]   ② 1[μF]

   ③ 2[μF]   ④ 4[μF]

[정전에너지] $W = \frac{1}{2}CV^2[\text{J}]$, 정전용량 $C = \frac{2W}{V^2}[\text{F}]$

$$\therefore C = \frac{2W}{V^2} = \frac{2\times 2}{(2\times 10^3)^2} = 1\times 10^{-6}[F] = 1[\mu F]$$

$\rightarrow (\mu(\text{마이크로}) = 10^{-6})$

【정답】②

---

2 정전에너지밀도(W_ω)

$$W_\omega = \frac{W}{Sd} = \frac{1}{2}\epsilon E^2 [\text{J/m}^3]$$

$$= \frac{1}{2}DE = \frac{1}{2}\epsilon E^2 = \frac{1}{2}\frac{D^2}{\epsilon}[\text{J/m}^3] \quad \rightarrow (D=\epsilon E)$$

(E : 전계의 세기[V/m], D : 전속밀도[C/m²])

기출 전계의 세기 50[V/m], 전속밀도 100[C/m^2]인 유전체의 단위 체적에 축적되는 에너지는? (12/4)

   ① 2[J/m^3]   ② 250[J/m^3]

   ③ 2500[J/m^3]   ④ 5000[J/m^3]

[축적되는 에너지밀도] $W_w = \frac{1}{2}D\cdot E[\text{J/m}^3]$

(E : 전계의 세기, D : 전속밀도)

전계의 세기(E)=50[V/m], 전속밀도(D)=100[C/m^2]

$$W_w = \frac{1}{2}D\cdot E[\text{J/m}^3] = \frac{1}{2}\times 100 \times 50 = 2500[\text{J/m}^3]$$

【정답】③

핵심 06 코일(Inductor)

1 코일

도선을 나선형으로 감아 놓은 것, 또는 부품

① 기호 : $L[H]$

② 단위 : 헨리(Henry)

2 유도기전력의 크기 (페러데이 법칙)

코일에 전류가 흘러 자속이 변하면 자속을 방해하려는 방향으로 유도기전력이 발생하는 작용이다.

유도기전력의 크기 $\left| e = -L\frac{di}{dt} \right| [V]$

(L : 인덕턴스, di : 전류의 변화량, dt : 시간의 변화량)

3 자기인덕턴스(L)

코일의 자기유도 능력의 정도

$$L = \frac{N\varnothing}{I}[H]$$

(N : 코일의 감은 횟수, $\varnothing$: 자속, I : 전류)

4 상호인덕턴스(M)

자속의 변화에 대하여 가까이 놓인 다른 코일에 유도기전력을 발생하는 정도

두 코일간의 상호인덕턴스 $M = k\sqrt{L_1 \times L_2}$

(k : 결합계수(누설자속이 없을 때 $k=1$))

5 코일의 성질

·전류의 변화를 안정시키려고 하는 성질

·전원 노이즈 차단 기능

① 상호유도작용 : 두 코일을 가까이 하면 한쪽 코일의 전력을 다른 쪽 코일에 전달할 수 있다. (예, 변압기)

② 전자석의 성질 : 코일에 전류가 흐르면 철이나 니켈을 흡착하는 자석의 성질을 띤다. (예, 릴레이, 스피커)

③ 공진하는 성질 : 코일과 콘덴서를 조합하여 특정한 주파수만을 통과시키는 필터회로에 이용된다.

⑥ 유도기전력의 방향 (렌츠의 법칙)

· 전자유도작용에 의해 회로에 발생하는 유도기전력은 항상 자속의 변화를 방해하는 방향으로 흐른다.

· 패러데이 법칙에서 (−)부호로 나타낸다.

· $e = -L\dfrac{di}{dt}[V]$ → (L : 자기인덕턴스)

기출 $L = 0.05[H]$의 코일에 흐르는 전류가 $0.05[sec]$ 동안에 $2[A]$가 변했다. 코일에 유도되는 기전력[V]은?

(12/4)

① $0.5[V]$ ② $2[V]$
③ $10[V]$ ④ $25[V]$

[코일의 유도기전력] $\left| e = -L\dfrac{di}{dt} \right|[V]$

(L : 자기인덕턴스, dt : 시간 변화량, di : 전류 변화량)

$e = L\dfrac{di}{dt}[V] = 0.05 \times \dfrac{2}{0.05} = 2[V]$ 【정답】 ②

핵심 **07** | **쿨롱의 법칙**

① 쿨롱의 법칙

두 개의 전하(Q_1, Q_2) 사이에 작용하는 작용력은 전하(전기량)의 크기를 각각 곱한 것에 비례하고 전하간 거리(r[m])의 제곱에 반비례한다.

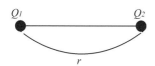

여기서, Q_1, Q_2 : 전하량[C], r : 거리[m]

② 정전력

정전력 $F = \dfrac{1}{4\pi\epsilon_0} \cdot \dfrac{Q_1 Q_2}{\epsilon_s r^2} = 9 \times 10^9 \times \dfrac{Q_1 Q_2}{\epsilon_s r^2}[N]$

→ ($\epsilon_0 = 8.855 \times 10^{-12}$, $\dfrac{1}{4\pi\epsilon_0} = 8.99 \times 10^9 ≒ 9 \times 10^9$)

여기서, Q_1, Q_2 : 전하량(전기량)[C]
       r : 전하 사이의 거리[m]

ϵ_0 : 진공중의 유전율($= 8.855 \times 10^{-12}[F/m]$)

ϵ_s : 비유전율(진공중 $\epsilon_s = 1$)   → ($\epsilon = \epsilon_0 \epsilon_s$)

기출 공기 중에 $10[\mu C]$과 $20[\mu C]$을 $1[m]$ 간격으로 놓을 때 발생되는 정전력[N]은?

(16/4)

① 1.8 ② 2.2
③ 4.4 ④ 6.3

[두 점전하 사이에 발생하는 힘(정전력)]

$F = 9 \times 10^9 \times \dfrac{Q_1 Q_2}{r^2}[N]$

$= 9 \times 10^9 \times \dfrac{10 \times 10^{-6} \times 20 \times 10^{-6}}{1^2} = 1.8[N]$

【정답】 ①

---

③ 진공 중에서의 정전기력

① 정전기전력 $F = 9 \times 10^9 \times \dfrac{Q_1 Q_2}{r^2}[N]$

→ (진공중의 비유전율은 1, 즉 $\epsilon_s = 1$)

② $F > 0$ → 반발력, $F < 0$ → 흡인력

※[유전율(ϵ)]

① 유전율($\epsilon = \epsilon_0 \epsilon_s$)의 단위는 $[C^2/N \cdot m^2]$ 또는 $[F/m]$

② 진공중의 유전율(ϵ_0) $= 8.855 \times 10^{-12}[F/m]$ → ($\epsilon_s = 1$)

③ 공기 중이나 진공중의 비유전율(ϵ_s)=1$[F/m]$

④ 물질의 유전율 ϵ = 비유전율(ϵ_s) × 진공의 유전율(ϵ_0)

기출 비유전율이 9인 물질의 유전율은 약 얼마인가? (09/5)

① $80 \times 10^{-12}[F/m]$ ② $80 \times 10^{-8}[F/m]$
③ $1 \times 10^{-12}[F/m]$ ④ $1 \times 10^{-8}[F/m]$

[유전율] ϵ = 비유전율(ϵ_s) × 진공중 유전율(ϵ_0)[F/m]

→ ($\epsilon_0 = 8.855 \times 10^{-12}[F/m]$)

$\epsilon = 9 \times 8.855 \times 10^{-12} ≒ 80 \times 10^{-12}[F/m]$

【정답】 ①

핵심 08 전기장(전계)

1 전기장

· 전하로 인한 전기력이 미치는 공간

· 전기장의 세기는 전기장 내의 한 점에 단위 양전하 (+1[C])를 놓았을 때 그 전하가 받는 전기력의 크기로 정한다.

· 전기장의 방향은 고전위인 양극에서 저전위인 음극으로 향한다.

· 도체 표면의 전기장은 그 표면에 수직이다.

기출 전기장에 대한 설명으로 옳지 않은 것은?

(08/1 09/2 12/5)

① 대전(帶電)된 무한장 원통의 내부 전기장은 0이다.
② 대전된 구(球)의 내부 전기장은 0이다.
③ 대전된 도체 내부의 전하 및 전기장은 모두 0이다.
④ 도체 표면의 전기장은 그 표면에 평행이다.

[전기장] ④ 도체 표면의 전기장은 그 표면에 수직이다.

【정답】④

---

2 한 개의 점전하에 의한 전계(전기장)의 세기(E)

· $Q[C]$의 전하로부터 $r[m]$ 떨어진 P점에 1[C]의 전하에 작용하는 힘

· Q가 정(+)일 경우 화살표는 외부로 향하고, Q의 부호가 부(−)일 경우에는 화살표는 0점으로 향한다.

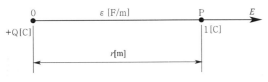

전계의 세기 $E = \frac{1}{4\pi\epsilon_0} \cdot \frac{Q}{\epsilon_s r^2} = 9 \times 10^9 \cdot \frac{Q}{\epsilon_s r^2} [\text{V/m}]$

3 구(점) 전하에 의한 전계의 세기

$Q[C]$의 전하로부터 $r[m]$ 떨어진 점에 1[C]의 전하를 놓았을 때 이 1[C]의 전하에 작용하는 힘, 단위는 [V/m]

전계의 세기 $E = \frac{Q}{4\pi\epsilon_0\epsilon_s r^2} = 9 \times 10^9 \frac{Q}{\epsilon_s r^2} [\text{V/m}]$

4 정전력(F)과 전계의 세기(E)

전계의 세기 E의 전기장 중에 Q[C]의 전하가 있을 때 받는 힘으로 쿨롱의 법칙에 의하여 +1[C]인 때의 Q배가 되므로 다음과 같이 나타낼 수 있다.

① 정전력 $F = E \cdot Q[N]$

② 전계의 세기 $E = \frac{F}{Q}[N/C]$

③ 전하량 $Q = \frac{F}{E}[C]$

5 전기력선

· 전기력선의 밀도는 전계의 세기와 같다.

· 전기력선은 불연속

· 정전하(+)에서 부전하(−) 방향으로 연결된다.

· 서로 다른 두 전기력선은 교차하지 않으며, 전하가 없는 곳에서 연속

· 도체 내부에는 전기력선이 존재 안함

· 전기력선은 전위가 높은 곳에서 낮은 곳으로 향한다.

· 전기력선은 도체 표면(등전위면)에 수직

· 단위 전하에서는 $\frac{1}{\epsilon_0}$ 개의 전기력선이 출입한다.

기출 다음 중 전기력선의 성질로 틀린 것은?

(08/2)

① 전기력선은 양전하에서 나와 음전하에서 끝난다.
② 전기력선의 접선 방향이 그 점의 전장의 방향이다.
③ 전기력선의 밀도는 전기장의 크기를 나타낸다.
④ 전기력선은 서로 교차한다.

[전기력선의 설질] ④ 서로 다른 두 전기력선은 교차하지 않는다.

【정답】④

---

6 전기력선의 수

전기량	매질의 종류	전기력선의 수
1[C] (단위 점전하)	진공(공기)	$N=\dfrac{1}{\epsilon_0}$
	유전율 ϵ인 매질	$N=\dfrac{1}{\epsilon}=\dfrac{1}{\epsilon_0\epsilon_s}$
$Q[C]$	진공(공기)	$N=\dfrac{Q}{\epsilon_0}$
	유전율 ϵ인 매질	$N=\dfrac{Q}{\epsilon}=\dfrac{Q}{\epsilon_0\epsilon_s}$

핵심 09 전속 및 전속밀도

1 전속

· 전속은 전기력선의 집합
· 전속은 양(+)전하에서 시작하여 음(−)전하에서 끝난다.
· Q[C]의 전하로부터는 Q[C]의 전속이 나온다.
· 전속이 나오는 곳이나 끝나는 곳에서는 전속과 같은 전하가 있다.
· 금속판에 출입하는 경우 그 표면에 수직으로 출입한다.

2 전속밀도

전속밀도는 면적당 발산되는 전속의 수로 정의한다.

전속밀도 $D=\dfrac{Q}{S}=\dfrac{Q}{4\pi r^2}=\epsilon E=\epsilon_0\epsilon_s E[C/m^2]$

여기서, D : 전속밀도, Q : 전기량[C], S : 표면적[m^2]
　　　　r : 구의 반지름[m], E : 전계의 세기[V/m]
　　　　ϵ : 유전율($\epsilon=\epsilon_0\epsilon_s$)

> **기출** 표면 전하밀도 $\sigma[C/m^2]$로 대전된 도체 내부의 전속 밀도는 몇 [C/m^2]인가? (09/5 11/5 18/3)
>
> ① $\epsilon_0 E$　　　　② 0
>
> ③ σ　　　　④ $\dfrac{E}{\epsilon_0}$

> [전속밀도] $D=\epsilon E[C/m^2]$
> (D : 전속밀도, E : 전계의 세기[V/m], ϵ : 유전율)
> 도체 내부에서는 전기력선이 없으므로($E=0$) 도체 내부의 전속밀도 $D=\epsilon E[C/m^2]$에서 $D=\epsilon E=0$
>
> 【정답】②

핵심 10 전위

1 전위

전계의 세기가 0인 무한 원점으로부터 임의의 점까지 단위 정전하(+1[C])를 이동시킬 때 필요한 일의 양

전위 $V=\dfrac{Q}{4\pi\epsilon r}=\dfrac{Q}{4\pi\epsilon_0\epsilon_s}[V]$

(V : 전위[V], Q : 전기량[C], ϵ : 유전율($=\epsilon_0\epsilon_s$)
　r : 전하로부터의 거리[m])

2 전위차

· 전기장 안의 두 점 사이의 전위의 차(전압)
· 단위는 V(볼트) 또는 [J/C]이다.

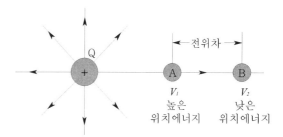

(V_1 : A점의 전위, V_2 : B점의 전위
　r_1 : 전하 Q로부터 A까지의 거리
　r_2 : 전하 Q로부터 B까지의 거리)

① 전위 $V_1=\dfrac{Q}{4\pi\epsilon_0\epsilon_s r_1}[V]\rightarrow(V_1$: 높은 위치 에너지)
　　　$V_2=\dfrac{Q}{4\pi\epsilon_0\epsilon_s r_2}[V]\rightarrow(V_2$: 낮은 위치 에너지)

② 전위차 $V_d=V_1-V_2=\dfrac{Q}{4\pi\epsilon_0\epsilon_s}\left(\dfrac{1}{r_1}-\dfrac{1}{r_2}\right)[V]$

③ Q[C]의 전기량이 두 점 사이를 이동하여 W[J]의 일을 하였을 때의 두 점 사이의 전위차 $V=\dfrac{W}{Q}[J/C]=[V]$

기출 그림과 같이 공기 중에 놓인 $2 \times 10^{-8}[C]$의 전하에서 2[m] 떨어진 점 P와 1[m] 떨어진 점 Q와의 전위차는?

(13/2)

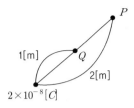

① 80[V]　　　　② 90[V]

③ 100[V]　　　④ 110[V]

[두 지점 사이의 전위차]

$$V_d = V_1 - V_2 = \frac{Q}{4\pi\epsilon_0\epsilon_s}\left(\frac{1}{r_1} - \frac{1}{r_2}\right)[N]$$

Q(전하) : $2 \times 10^{-8}[C]$, 거리(r_Q) : 1[m], 거리(r_P) : 2[m],

$$V_d = V_Q - V_P = \frac{Q}{4\pi\epsilon_0}\left(\frac{1}{r_Q} - \frac{1}{r_P}\right) \quad \rightarrow (\frac{1}{4\pi\epsilon_0} \fallingdotseq 9 \times 10^9)$$

$$= 9 \times 10^9 \times 2 \times 10^{-8} \times \left(\frac{1}{1} - \frac{1}{2}\right) = 90[V]$$

【정답】②

③ 등전위면

· 등전위면이란 전계 내에서 동일한 전위의 점을 연결하여 얻어지는 면을 말한다.

· 서로 다른 전위를 가진 등전위면은 교차하지 않는다.

· 정전기적 상태에서 도체 표면은 등전위면이다.

· 등전위면과 전기력선은 수직으로 교차한다.

기출 등전위면과 전기력선과의 교차 관계는? (06/2 10/5 15/4)

① 직각으로 교차한다.　　② 30°로 교차한다.

③ 45°로 교차한다.　　　④ 교차하지 않는다.

[등전위면] 등전위면과 전기력선은 <u>수직으로 교차</u>

【정답】①

1 전류

· 전류는 전하의 흐름이다.

· 전류는 양극에서 음극으로 흐른다(전자의 이동 방향과 반대).

· 도체의 단면을 단위 시간 1[sec]에 이동하는 전하(Q)의 양

· 단위는 [A], [mA]　　　→ (1[A]=1000[mA])

· 전류 $I = \frac{Q}{t}[C/\sec]$　→ (Q : 전하[C], t : 시간[sec])

① 직류(DC) : 전류의 크기와 방향이 일정하다.

② 교류(AC) : 전류의 크기가 시간에 따라 주기적으로 변한다.

③ 주파수(f) : 1초 동안 일정한 모양의 파형이 반복되는 횟수

주파수 $f = \frac{1}{T}[Hz]$　　　→ (T : 주기)

※1[A] : 1초 동안 도선의 한 단면을 6.25×10^{18}개의 전자가 통과할 때 전류의 세기

2 전압

· 전기 회로에 전류를 흐르게 하는 능력으로 두 점 사이의 전위차라고도 한다.

· 단위는 V(볼트)를 사용한다.

· 어떤 도체에 Q[C]의 전기량이 이동하여 W[J]의 일을 했을 때의 전위차

· 전위차 $V = \frac{W}{Q}[J/C], [V]$

※[기전력] 전류를 계속 흘릴 수 있도록 전위차를 만들어 주는 힘으로 기호는 E, 단위는 V(볼트)를 사용한다.

기출 Q[C]의 전기량이 도체를 이동하면서 한 일을 W[J]이라 했을 때 전위차 V[V]를 나타내는 관계식으로 옳은 것은? (15/2)

① $V = QW$
② $V = \dfrac{W}{Q}$
③ $V = \dfrac{Q}{W}$
④ $V = \dfrac{1}{QW}$

[전압(전위)의 세기] 단위 정전하가 이동하여 한 일 전위차
$V = \dfrac{W}{Q}[V]$ → (Q : 전기량, W : 일) 【정답】②

3 저항

· 전기회로에서 전류의 흐름을 방해하는 정도
· 기호는 R, 단위는 Ω (옴)을 사용한다.
· 1[Ω]이란 1[V]의 전압을 가했을 때 1[A]의 전류가 흐르는 저항

① 전기저항 : $R = \rho \dfrac{l}{A}[\Omega]$

(ρ : 고유저항률, A : 단면적, l : 전선의 길이)

② 고유저항(ρ) : 단위 체적당($1[m^3]$) 물질이 갖는 저항을 나타낸다.

③ 전도율(도전율) : 고유 저항의 역수로 전류를 잘 흐리는 정도를 나타낸다.

도전율 $\sigma = \dfrac{1}{\rho}[\mho/m]$

기출 도체의 전기저항에 대한 설명으로 옳은 것은? (10/5 19/1)

① 길이와 단면적에 비례한다.
② 길이와 단면적에 반비례한다.
③ 길이에 비례하고 단면적에 반비례한다.
④ 길이에 반비례하고 단면적에 비례한다.

[전기저항] $R = \dfrac{l}{\sigma A} = \rho \dfrac{l}{A}[\Omega]$

→ (σ : 도전율, ρ : 고유저항)
도체의 전기저항(R)은 길이(l)에 비례하고 단면적(A)에 반비례한다. 【정답】③

2장   전기와 자기장

핵심 01 자석에 의한 자기현상

1 영구자석

· 외부로부터 전기에너지를 공급받지 않아도 자성을 안정되게 유지
· 하나의 자성체에 N극과 S극을 가지고 있다.
· 재료로는 잔류자기와 보자력이 모두 큰 것

2 전자석

· 전류가 흐르면 자기화되고, 전류를 끊으면 자기화되지 않은 원래의 상태로 되돌아가는 자석
· 전류의 방향에 따라 N극과 S극이 결정
· 전자석은 암페어의 오른나사 법칙을 따른다.

3 영구자석과 전자석의 차이

영구자석	전자석
· 세기 조정이 불가능하다.	· 세기 조정이 가능하다.
· 자석의 극 방향을 바꿀 수 없다.	· 자석의 극 방향을 바꿀 수 있다(전류의 방향에 따라 극이 결정된다).
· 자력을 없앨 수 없다.	· 자력을 없앨 수 있다.
· 자석의 기능을 제거할 수 없다.	· 자석의 기능을 제거할 수 있다.

4 자석의 일반적인 성질

· 같은 극끼리는 반발, 다른 극끼리는 끌어당긴다.
· 양 자극의 세기는 서로 같다.
· 자석은 강자성체, 즉 철, 니켈, 코발트 등을 흡인한다.
· 자력은 비자성체, 즉 유리나 종이 등을 투과한다.
· 자극으로부터 자력선이 나온다.
· 자력선은 N극에서 나와 S극으로 향한다.
· 자력이 강할수록 자기력선의 수가 많다.
· 임계온도 이상으로 가열하면 자석으로서의 성질이 없어진다.

기출 다음 중에서 자석의 일반적인 성질에 대한 설명으로 틀린 것은?

(08/2 12/1)

① N극과 S극이 있다.
② 자력선은 N극에서 나와 S극으로 향한다.
③ 자력이 강할수록 자기력선의 수가 많다.
④ 자석은 고온이 되면 자력이 증가한다.

[자석의 설질] ④ 자석은 고온이 되면 자력이 감소한다.

【정답】④

핵심 02 자성체

1 자성체

자계 내에 놓았을 때 자석화 되는 물질

2 상자성체

- 자석에 접근시킬 때 반대의 극이 생겨 서로 당기는 금속, 알루미늄(Al), 망간(Mn), 백금(Pt), 주석(Sn), 산소(O_2), 질소(N_2) 등
- $\mu_s > 1$ → (μ_s : 비투자율)

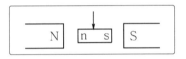

3 강자성체

- 상자성체 중 자화의 강도가 큰 금속
- 철(Fe), 니켈(Ni), 코발트(Co) 등
- $\mu_s \geq 1$

---

4 반자성체

- 자석을 접근시킬 때 같은 극이 생겨 서로 반발하는 금속
- 비스무트(Bi), 탄소(C), 규소(Si), 납(Pb), 아연(Zn), 황(S), 안티몬(sb), 구리(Cu) 등
- 자기장의 세기가 가장 크다.
- $\mu_s < 1$

기출 자극 가까이에 물체를 두었을 때 자화되는 물체와 자석이 그림과 같은 방향으로 자화되는 자성체는?

(16/1 18/4 19/4)

① 상자성체　　　② 반자성체
③ 강자성체　　　④ 비자성체

[반자성체] 자석을 접근시킬 때 같은 극이 생겨 서로 반발하는 금속, 영구자기 쌍극자가 없는 재질, 비스무트(Bi), 탄소(C), 규소(Si), 납(Pb), 야연(Zn), 황(S), 구리(Cu)

【정답】②

핵심 03 자기에 관한 쿨롱의 법칙

1 자기에 관한 쿨롱의 법칙

두 자극 사이에 작용하는 힘(F)은 두 자극의 세기(m)의 곱에 비례하고 두 자극 사이의 거리(r)의 제곱에 반비례

2 자기력

$$F = \frac{1}{4\pi\mu} \times \frac{m_1 m_2}{r^2} = 6.33 \times 10^4 \times \frac{m_1 m_2}{r^2}[\text{N}]$$

$\mu(= \mu_0 \mu_s)$: 투자율(진공 시 $\mu_s = 1$, $\mu_0 = 4\pi \times 10^{-7}$)
m_1, m_2[Wb] : 각 자극의 세기, r[m] : 자극간의 거리
F[N] : 상호간에 작용하는 자기력

기출1 2개의 자극 사이에 작용하는 힘의 세기는 무엇에 반비례 하는가? (12/4)

① 전류의 크기 ② 자극 간의 거리의 제곱
③ 자극의 세기 ④ 전압의 크기

[쿨롱의 법칙] 두 자극 사이에 작용하는 힘(F)은 두 자극의 세기 (m_1, m_2)의 곱에 비례하고 두 자극 사이의 거리(r)의 제곱에 반비례
【정답】 ②

기출2 $m_1 = 4 \times 10^{-5}$[Wb], $m_2 = 6 \times 10^{-3}$[Wb], $r = 10$[cm] 이면 두 자극 m_1, m_2 사이에 작용하는 힘은 약 몇 [N]인가? (15/5)

① 1.52 ② 2.4
③ 24 ④ 152

[두 자극 사이에 작용하는 힘(자기력)]

$$F = \frac{1}{4\pi\mu} \times \frac{m_1 m_2}{r^2} = 6.33 \times 10^4 \times \frac{m_1 m_2}{r^2} [N]$$

$$= 6.33 \times 10^4 \times \frac{4 \times 10^{-5} \times 6 \times 10^{-3}}{0.1^2} = 1.52[N]$$

【정답】 ①

핵심 04 자기장의 성질

1 자기장

임의의 자석에 의한 자기적인 힘이 미치는 공간을 자기 장, 자장 또는 자계라고 한다.

2 자기장의 세기(H)

· 자계내의 임의의 점에 단위 자하 +1[Wb]를 놓았을 때 작용하는 힘의 크기 및 방향을 그 점에 대한 자기 장의 세기라 한다.
· 자계의 단위는 [N/Wb]이지만, 일반적으로 [AT/m] 를 사용한다.
· $H = \dfrac{1}{4\pi\mu_0} \times \dfrac{m \times 1}{\mu_s r^2}$[AT/m] 또는 [N/Wb]

$\quad = 6.33 \times 10^4 \times \dfrac{m}{\mu_s r^2}$[AT/m] 또는 [N/Wb]

$\quad \rightarrow (\dfrac{1}{4\pi\mu_0} = \dfrac{1}{4\pi \times 4\pi \times 10^{-7}} = 6.33 \times 10^4)$

기출 어느 자기장에 의하여 생기는 자기장의 세기를 2배 로 하려면 자극으로부터의 거리를 몇 배로 하여야 하는가? (18/4)

① $\sqrt{2}$ 배 ② $\dfrac{1}{\sqrt{2}}$ 배

③ 2배 ④ $\dfrac{1}{2}$ 배

[자기장의 세기] $H = \dfrac{1}{4\pi\mu} \times \dfrac{m}{r^2}[AT/m]$

(μ : 투자율, m : 자극의 세기, r : 거리)

$H \propto \dfrac{1}{r^2}$ 에서 $r \propto \dfrac{1}{\sqrt{H}}$, 자기장의 세기를 2배로 하면

$r = \dfrac{1}{\sqrt{H}} = \dfrac{1}{\sqrt{2}}$
【정답】 ②

---

3 자기력

· 자기장의 세기가 H인 공간에 점자극 m을 놓았을 때 점자극에 작용하는 힘
· 쿨롱의 법칙에 의한다.
· 자기력(점자극에 작용하는 힘) $F = mH[N]$

기출 공기 중 자장의 세기가 40[AT/m]인 곳에 $8 \times 10^{-3}[Wb]$ 의 자극을 놓으면 작용하는 힘[N]은? (18/2)

① 0.16 ② 0.32
③ 0.43 ④ 0.56

[자기장의 세기와 자극 사이에 작용하는 힘(자기력)]
자기력 $F = Hm[N]$,
자장의 세기(H) : 40[AT/m], 자극(m) : $8 \times 10^{-3}[Wb]$
$F = mH = 8 \times 10^{-3} \times 40 = 0.32[N]$ 【정답】 ②

---

4 자기력선

· 자기력선은 N극에서 시작하여 S극에서 끝난다.
· 자장 안에서 임의의 점에서의 자기력선의 접선방향은 그 접점에서의 자기장의 방향을 나타낸다.
· 자장 안에서 임의의 점에서의 자기력선 밀도는 그 점 에서의 자장의 세기를 나타낸다.
· 두 개의 자기력선은 서로 반발하며 교차하지 않는다.

⑤ 자기력선의 수

전기량	매질의 종류	전기력선의 수
1[Wb] (단위 점자하)	진공(공기)	$N=\dfrac{1}{\mu_0}$
	투자율 μ인 매질	$N=\dfrac{1}{\mu}=\dfrac{1}{\mu_0\mu_s}$
$m[Wb]$	진공(공기)	$N=\dfrac{m}{\mu_0}$
	투자율 μ인 매질	$N=\dfrac{m}{\mu}=\dfrac{m}{\mu_0\mu_s}$

⑥ 자기모멘트

· 자석의 길이와 자극 세기의 곱을 자기모멘트라 한다.

· 자기모멘트 $M=ml[Wb\cdot m]$

· 자석의 토크(회전력) $T=MH\sin\theta[N\cdot m]$

$$=mlH\sin\theta[N\cdot m]$$

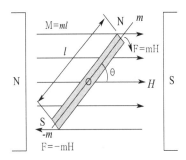

[자기모멘트]

여기서, M : 자기 모멘트

T : 자석의 토크(회전력)

m : 자극의 세기

l : 자석의 길이

H : 자계의 세기

기출 자극의 세기가 20[Wb]인 길이 15[cm]의 막대자석의
자기 모멘트는 몇 [Wb·m]인가? (08/2)
① 0.45　② 1.5　③ 3.0　④ 6.0

[자기모멘트] $M=ml[Wb\cdot m]$
M : 자기모멘트, m : 자극의 세기, l : 자석의 길이
자극의 세기(m) : 20[Wb], 길이(l) : 15[cm](=0.15[m])
$M=ml=20\times0.15=3[Wb\cdot m]$

【정답】③

핵심 05 전류에 의한 자장의 세기

① 앙페르의 오른나사 법칙

· 전류가 만드는 자계의 방향을 찾아내기 위한 법칙

· 전류가 흐르는 방향((+) → (−))으로 오른손 엄지손가
락을 향하면, 나머지 손가락은 자기장의 방향이 된다.

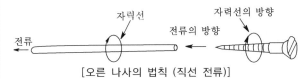

[오른 나사의 법칙 (직선 전류)]

① ⊙ : 전류가 지면의 뒷면에서 표면으로 나오는 방향

② ⊗ : 전류가 지면의 표면에서 뒷면으로 들어가는 방향

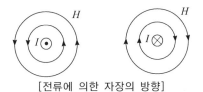

[전류에 의한 자장의 방향]

기출 전류에 의해 만들어지는 자기장의 자기력선 방향을
간단하게 알아내는 방법은? (15/4)
① 플레밍의 왼손 법칙
② 렌츠의 자기유도 법칙
③ 앙페르의 오른나사 법칙
④ 패러데이의 전자유도 법칙

[앙페르의 오른나사 법칙] 전류에 의해 만들어지는 자기장의
자기력선 방향을 간단하게 알아내는 방법
① 플레밍의 왼손 법칙 : 자계 내에서 전류가 흐르는 도선에
작용하는 힘
② 렌츠의 자기유도 법칙 : 유도기전력과 유도전류는 자기장
의 변화를 상쇄하려는 방향으로 발생한다.
④ 패러데이의 전자유도법칙 : 유도기전력의 크기는 코일을
관통하는 자속(자기력선속)의 시간적 변화율과 코일의 감
은 횟수에 비례한다. 【정답】③

---

② 비오-사바르의 법칙

· 자계 내 전류 도선이 만드는 자장의 세기
· 도선에 전류 $I[A]$가 흐를 때, 도선상의 미소길이 dl부분에 흐르는 전류에 의하여 거리 r만큼 떨어진 점 P에서의 자계의 세기 dH

$$dH = \frac{Idl\sin\theta}{4\pi r^2}[\text{AT/m}] \quad (\theta : dl과\ 거리\ r이\ 이루는\ 각)$$

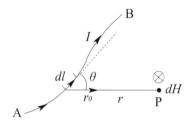

기출 전류에 의한 자기장의 세기를 구하는 비오-사바르의 법칙을 옳게 나타낸 것은? (14/5)

① $\Delta H = \frac{I\Delta l\sin\theta}{4\pi r^2}[\text{AT/m}]$

② $\Delta H = \frac{I\Delta l\sin\theta}{4\pi r}[\text{AT/m}]$

③ $\Delta H = \frac{I\Delta l\cos\theta}{4\pi r}[(AT/m]$

④ $\Delta H = \frac{I\Delta l\cos\theta}{4\pi r^2}[\text{AT/m}]$

[비오-사바르의 법칙]

$$\Delta H = \frac{I\Delta l\sin\theta}{4\pi r^2}[\text{AT/m}] \quad \rightarrow \quad dH = \frac{Idl\sin\theta}{4\pi r^2}[\text{AT/m}]$$

【정답】①

③ 직선 전류에 의한 자장의 세기

자기장의 세기 $H = \frac{I}{2\pi r}[AT/m])$

자기장의 세기는 전류 I에 비례하고 거리 r에 반비례
여기서, r : 거리, I : 직선에 흐르는 전류

④ 원형 코일 중심의 자장의 세기

자장의 세기 $H = \frac{NI}{2a}[AT/m]$

여기서, N : 코일의 감은 횟수, I : 코일의 전류
　　　a : 원형코일의 반지름

기출 평균 반지름이 10[cm]이고 감은 횟수 10회의 원형 코일에 5[A]의 전류를 흐르게 하면 코일 중심의 자장의 세기[AT/m]는? (16/2 17/2)

① 250 　　　② 500
③ 750 　　　④ 1000

[원형코일 중심의 자장의 세기] $H = \frac{NI}{2a}[\text{AT/m}]$

반지름(a) : 10[cm], 감은 횟수(N) : 10회, 전류(A) : 5[A

$$H = \frac{NI}{2a} = \frac{10 \times 5}{2 \times 10 \times 10^{-2}} = 250[\text{AT/m}]$$

$$\rightarrow (10[\text{cm}] = 10 \times 10^{-2}[\text{m}])$$

【정답】①

⑤ 환상 솔레노이드에 의한 자장의 세기

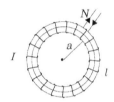

내부 자기장의 세기 $H = \frac{NI}{l} = \frac{NI}{2\pi a}[AT/m]$

여기서, N : 코일의 권수, I : 전류[A], a : 반지름
　　　　l : 자로(자속의 통로)의 길이[m])

$$H \propto N \propto I \propto \frac{1}{l}$$

기출 길이 2[m]의 균일한 자로에 8000회의 도선을 감고 10[mA]의 전류를 흘릴 때 자로의 자장의 세기는? (10/5)

① 4[AT/m] 　　　② 16[AT/m]
③ 40[AT/m] 　　　④ 160[AT/m]

[환상솔레노이드 자기장의 세기] $H = \frac{NI}{l}[\text{AT/m}]$

길이(l) : 2[m], 감은횟수(N) : 8000회, 전류(I) : 10[mA]

$$H = \frac{NI}{l} = \frac{8000 \times 10 \times 10^{-3}}{2} \quad \rightarrow \quad ([\text{mA}] = 10^{-3}[\text{A}])$$

$$= 40[\text{AT/m}]$$

【정답】③

6 무한장 솔레노이드에 의한 자장 세기

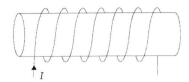

① 무한장 솔레노이드의 외부 자계의 세기 : 0
② 내부 자기장의 세기 : $H = nI[AT/m]$

여기서, n : 단위 길이당 코일의 권수[회/m][T/m]

$$(n = \frac{N}{l})$$

I : 솔레노이드에 흐르는 전류

7 도체가 자기장에서 받는 힘

플레밍의 왼손 법칙에 의해 힘의 크기가 결정된다.

① 선전류(자계중 전류)에 작용하는 힘

$$F = BIl\sin\theta [N]$$

(B : 자속밀도, I : 도체의 전류, l : 도체의 길이)

② 평행도선 간에 작용하는 힘

$$F = \frac{\mu_0 I_1 I_2}{2\pi r} = \frac{2I_1 I_2}{r} \times 10^{-7}[N/m] \qquad \rightarrow (\mu_0 = 4\pi \times 10^{-7})$$

※ 도선의 전류가 같은 방향으로 흐르면 흡인(인력), 다르면 반발(척력))

※ 플레밍의 왼손 법칙 : 도체가 자기장에서 받고 있는 힘의 방향을 알 수 있으며 전동기 회전의 원리가 된다.
(엄지 : 힘(F)의 방향, 검지 : 자기장(B), 중지 : 전류(I))

[기출] 공기 중에서 10[cm] 간격을 유지하고 있는 2개의 평행 도선에 각각 5[A]의 전류가 동일한 방향으로 흐를 때 도선 1[m]당 발생하는 힘의 크기[N]는?　(14/4 18/3)

① 2×10^{-4}　　② 2×10^{-5}
③ 5×10^{-4}　　④ 5×10^{-5}

[평행도선 단위 길이당 작용하는 힘]

$$F = \frac{\mu_0 I_1 I_2}{2\pi r} = 4\pi \times 10^{-7} \frac{I_1 I_2}{2\pi r} = \frac{2I_1 I_2}{r} \times 10^{-7}[N/m]$$

(진공 시의 $\mu_0 = 4\pi \times 10^{-7}$), 도체간 거리(r) : 10[cm]
두 전류(I_1, I_2) : 각각 5[A]

$$F = \frac{2I_1 I_2}{r} \times 10^{-7}[N/m] = \frac{2 \times 5 \times 5}{0.1} \times 10^{-7} = 5 \times 10^{-5}[N/m]$$

【정답】④

---

1 자기회로(자로)

자속의 통로를 자기회로하고 하며, 간단히 자로라고도 한다.

단위 [AT/Wb]

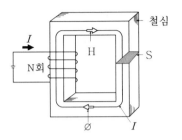

2 기자력(F)

기자력(F)이란 자속($\varnothing$)을 발생하게 하는 근원

$$F = NI[AT]$$

[기출] 단면적 5[cm^2], 길이 1[m], 비투자율 10^3인 환상 철심에 600회의 권선을 감고 이것에 0.5[A]의 전류를 흐르게 한 경우 기자력은?　(14/4)

① 100[AT]　　② 200[AT]
③ 300[AT]　　④ 400[AT]

[기자력] $F = NI[AT]$
권수(N) : 600회, 전류(A) : 0.5[A]
$F = NI = 600 \times 0.5 = 300[AT]$　　【정답】③

---

3 자기저항(R_m)

$$R_m = \frac{l}{\mu S}[AT/Wb]$$

여기서, N : 코일의 권수, I : 코일의 전류, l : 평균자로
μ : 투자율, B : 자속밀도, $\varnothing$: 자속, S : 단면적

※ 자기저항은 자기회로의 길이에 비례, 자로의 단면적과 투자율의 곱에 반비례

4 옴의 법칙

· 옴의 법칙은 기자력(F)과 자속($\varnothing$), 그리고 자기저항(R_m)의 관계를 말한다.

· N회 감은 코일에 전류 I를 흘렸을 때의 자속이 만들어 지는데 이때 만들어지는 자속은 기자력($F = NI$)에 비례하고 자기저항(R_m)에 반비례

---

① 자속 $\varnothing = \dfrac{NI}{R_m}[Wb]$

② 기자력 $F = NI = R_m\varnothing\,[AT]$

⑤ 자속밀도(B)

· 단위 면적을 수직으로 지나는 자기력선의 수를 자속
밀도라고도 하며, 자기장의 크기를 나타내는데 사용

· 단위는 웨버[Wb/m²], 가우스(G) 또는 테슬라(T)를
사용한다.   → $(1[T] = 1[Wb/m^2])$

· 자속밀도 $B = \dfrac{\varnothing}{S} = \dfrac{m}{S}[Wb/m^2]$

→ $(B = \mu H = \mu_0\mu_s H[Wb/m^2])$

※자속밀도는 투자율에 비례하고 자계의 세기에 비례

기출 비투자율이 1인 환상철심 중의 자장의 세기가 H[AT/m]
이었다. 이때 비투자율이 10인 물질로 바꾸면 철심의
자속밀도[Wb/m^2]는?   (10/2)

  ① $\dfrac{1}{10}$ 로 줄어든다.   ② 10배 커진다.

  ③ 50배 커진다.   ④ 100배 커진다.

[자속밀도(B)] $B = \mu H = \mu_0\mu_s H[Wb/m^2]$
(μ_0 : 진공중의 투자율, μ_s : 비투자율, H : 자장의 세기)
· 비투자율($\mu_s = 1$) → $B_1 = \mu_0 \times 1 \times H[Wb/m^2]$
· 비투자율($\mu_s = 10$) → $B_2 = \mu_0 \times 10 \times H[Wb/m^2]$
그러므로 $\dfrac{B_2}{B_1} = \dfrac{10}{1} = 10[배]$ 【정답】②

핵심 07 | 히스테리시스 곡선과 손실

① 자화곡선

· 철과 같은 물체를 자화시켜 자계와 자속밀도의 관계
를 나타낸 곡선이다.

· 자계를 점점 더 세계 인가하면 철이 자화되는 과정에
서 발생하는 자속밀도가 점점 증가하다가 어느 시점
이 되면 포화된다.

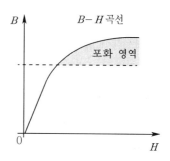

② 히스테리시스 곡선

· 그래프에서 $+H_m$에서 $-H_m$으로 변화시키면 자속밀도
(B) 또한 $+B_m$에서 $-B_m$까지 변화하여 하나의 폐곡선
을 이루는 현상

· 횡축은 자계의 세기(H), 종축은 자속밀도(B)

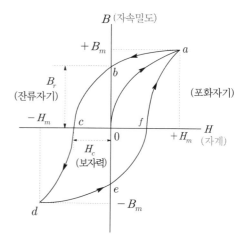

① 잔류 자기(잔류 자속밀도(B_r)) : 히스테리시스 곡선
이 종축(자속밀도)과 만나는 점

② 보자력(H_c) : 히스테리시스 곡선이 횡축(자계의 세
기)과 만나는 점

기출 히스테리시스 곡선의 ㉠가로축(횡축)과 ㉡세로축(종
축)은 무엇을 나타내는가?   (08/4 10/1)
  ① ㉠ 자속 밀도, ㉡ 투자율
  ② ㉠ 자기장의 세기, ㉡ 자속밀도
  ③ ㉠ 자화의 세기, ㉡ 자기장의 세기
  ④ ㉠ 자기장의 세기, ㉡ 투자율

[히스테리시스 곡선]
· 가로축 : 히스테리시스 곡선이 횡축(자계의 세기)
· 세로측 : 히스테리시스 곡선이 종축(자속밀도)
                【정답】②

❸ 히스테리시스 손실

철심을 사용한 코일에 교류 전류를 흘리면 철심의 히스테리시스 루프 면적에 비례하는 양의 잃는 에너지

히스테리시스손(철손) $P_h = \eta f B_m^{1.6} v[\text{W}]$

여기서, η : 히스테리시스 상수, f : 주파수, v : 체적

      B_m : 최대 자속밀도

❹ 히스테리시스 곡선, 영구자석, 전자석과의 관계

종류	영구자석	전자석
잔류자기(B_r)	크다	크다
보자력(H_c)	크다	작다
히스테리시스 손 (히스테리시스 곡선 면적)	크다	작다

❶ 전계

전계	
전 하	Q[C]
유전율	$\epsilon = \epsilon_0 \epsilon_s [F/m]$ 진공중의 유전율 : $\epsilon_0 = 8.855 \times 10^{-12} [F/m]$ 비유전율 : ϵ_s(공기중, 진공시 $\epsilon_s \fallingdotseq 1$)
쿨롱의 법칙	$F = \dfrac{Q_1 Q_2}{4\pi \epsilon r^2} = 9 \times 10^9 \dfrac{Q_1 Q_2}{\epsilon_s r^2} [N]$
전계의 세기	$E = \dfrac{F}{Q} = \dfrac{Q}{4\pi \epsilon_0 r^2} = 9 \times 10^9 \dfrac{Q}{r^2} [V/m]$
전위	$V = \dfrac{Q}{4\pi \epsilon_0 r} = 9 \times 10^9 \dfrac{Q}{r} [V]$
전속밀도	$D = \epsilon_0 E [C/m^2]$

❷ 자계

자계	
자극	m[wb]
투자율	$\mu = \mu_0 \mu_s [H/m]$ 진공중의 투자율 : $\mu_0 = 4\pi \times 10^{-7} [H/m]$ 비투자율 : μ_s(진공, 공기중 $\mu_s = 1$)
쿨롱의 법칙	$F = \dfrac{m_1 m_2}{4\pi \mu_0 r^2} = 6.33 \times 10^4 \times \dfrac{m_1 m_2}{\mu_s r^2} [N]$
자계의 세기	$H = \dfrac{F}{m} = \dfrac{m}{4\pi \mu_0 r^2} = 6.33 \times 10^4 \times \dfrac{m}{r^2} [A]$
자위	$U = \dfrac{m}{4\pi \mu_0 r} = 6.33 \times 10^4 \times \dfrac{m}{r} [A]$
자속밀도	$B = \mu_0 H [wb/m^2]$

기출 히스테리시스손은 최대 자속밀도 및 주파수의 각각 몇 승에 비례하는가?   (07/5 15/1)

① 최대자속밀도: 1.6, 주파수: 1.0

② 최대자속밀도: 1.0, 주파수: 1.6

③ 최대자속밀도: 1.0, 주파수: 1.0

④ 최대자속밀도: 1.6, 주파수: 1.6

[히스테리시스손] $P_h = f \eta B_m^{1.6} V[W]$

주파수에 비례, 최대 자속밀도의 1.6승에 비례

【정답】①

기출 전기와 자기의 요소를 서로 대칭되게 나타내지 않은 것은?   (19/1)

① 전계-자계   ② 전속-자속

③ 유전율-투자율   ④ 전속밀도-자기량

[전계와 자계의 특성 비교]

④ 전속밀도는 자속밀도에 해당한다.

【정답】④

3장 전자력과 전자유도

핵심 01 자장속에서 전류가 받는 힘

1 전자력

· 전류와 자장 사이에 작용하는 힘

· 전자력 작용을 응용한 대표적인 것은 전동기

· 플레밍의 왼손법칙, 전자력의 방향을 결정

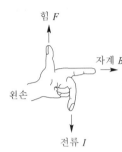

· 엄지 : 힘의 방향(전자력)
· 검지 : 자기장의 방향(자속밀도)
· 중지 : 전류의 방향(전류)

[기출] 플레밍의 왼손법칙에서 전류의 방향을 나타내는 손가락은? (12/2 16/4)

① 약지   ② 중지

③ 검지   ④ 엄지

[플레밍의 왼손법칙] 전류의 방향(전류) : 중지

【정답】 ②

---

2 전자력의 크기

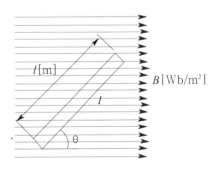

① 자기장과 코일이 직각일 때

전자력 $F = BIl$ [N]

② 자기장과 코일이 직각이 아닌 경우

전자력 $F = BIl \sin\theta$ [N]

[기출] 자속밀도가 2[Wb/m²]인 평등 자기장 중에 자기장과 30[°]의 방향으로 길이 0.5[m]인 도체에 8[A]의 전류가 흐르는 경우 전자력[N]은? (16/2)

① 8   ② 4

③ 2   ④ 1

[전자력의 크기] $F = BIl \sin\theta$ [N]

자속밀도(B) : 2[Wb/m²], θ : 30[°], 길이(l) : 0.5[m], 전류 (A) : 8[A]

$F = BIl \sin\theta = 2 \times 8 \times 0.5 \times 0.5 = 4$[N]   ($\sin 30 = \frac{1}{2} = 0.5$)

【정답】 ②

---

3 코일에 작용하는 회전력(토크)

회전력(토크) $\tau = BINS \cos\theta$ [N·m]

여기서, B[Wb/m²] : 자속밀도

θ : 자기장의 방향과 각도

N : 권수, $a \times b = S$[m²] : 면적

I[A] : 도체 C의 전류, l[m] : 경사진 길이

[기출] 자속밀도 B=0.2[Wb/m²]의 자장 내에 길이 2[m], 폭 1[m], 권수 5회의 구형 코일이 자장과 30°의 각도로 놓여 있을 때 코일이 받는 회전력은? (단, 이 코일에 흐르는 전류는 2[A]이다.) (12/2 16/5)

① $\sqrt{\dfrac{3}{2}}$ [N·m]   ② $\dfrac{\sqrt{3}}{2}$ [N·m]

③ $2\sqrt{3}$ [N·m]   ④ $\sqrt{3}$ [N·m]

[자계 내에서 코일의 회전력] $\tau = NBIS \cos\theta$ [N·m]

$\tau = NBIS \cos\theta$ [N·m]

$= 5 \times 0.2 \times 2 \times 2 \times 1 \times \cos 30° = 2\sqrt{3}$ [N·m]

→ ($\cos 30 = \dfrac{\sqrt{3}}{2}$, 면적 S = 가로 × 세로(= 길이 × 폭))

【정답】 ③

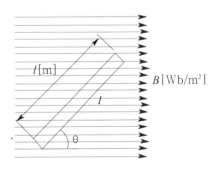의 레이블: t[m], B[Wb/m²], l, θ

1 전자력의 작용

· 2개의 도체에 동일한 방향의 전류(I_1, I_2)가 흐르면 흡인력이 작용한다.

· 2개의 도체에 반대 방향의 전류가 흐르면 반발력이 작용한다.

2 전자력의 크기

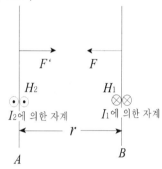

① I_1에 의해 생기는 자계의 세기 $H_1 = \dfrac{I_1}{2\pi r}$ [AT/m]

② 도체 B가 받는 힘 $F = B_1 I_2$[N/m]

→ (공기중에서 자속밀도 $B_1 = \mu_0 H_1$이므로)

$$F = \mu_0 H_1 I_2 = \frac{\mu_0 I_1 I_2}{2\pi r} [N/m] \qquad → (H_1 = \tfrac{I_1}{2\pi r})$$

③ 도체 A가 받는 힘 $F' = B_2 I_1 = \mu_0 H_2 I_1 = \dfrac{\mu_0 I_1 I_2}{2\pi r}$ [N/m]

④ 결국 $F = F'$가 되어 전류 도체 A와 B가 받는 힘은 서로 같다.

$$F = F' = \frac{\mu_0 I_1 I_2}{2\pi r} = \frac{2 I_1 I_2}{r} \times 10^{-7} [N/m]$$

→ ($\mu_0 = 4\pi \times 10^{-7}[H/m]$)

기출 평행한 두 도선 간의 전자력은?　(14/5)

　① 거리 r에 비례한다.　② 거리 r에 반비례한다.

　③ 거리 r^2에 비례한다.　④ 거리 r^2에 반비례한다.

· ·

[두 도체가 받는 힘] $F = F' = \dfrac{\mu_0 I_1 I_2}{2\pi r}$[N/m]

　　　　　→ (전류 두 도체가 받는 힘은 서로 같다.)
전자력은 투자율 μ_0에 비례, 거리 r에 반비례한다.

【정답】②

---

1 전자유도 작용

· 그림 (a)와 같이 코일 중을 통과하는 자속이 변화하면 코일에 기전력(유도기전력)이 생기는 현상
즉, 자석을 상하로 움직이면 코일을 통하는 자속이 변화하여 전자유도에 의해서 기전력이 발생한다.

· 그림 (b)는 전자석을 사용한 전자유도를 보인 것이다.

· 전자유도 법칙으로는 패러데이의 법칙과 렌츠의 법칙이 있다.

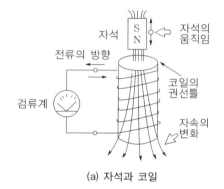

(a) 자석과 코일

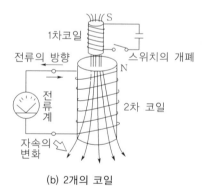

(b) 2개의 코일

2 유도기전력의 크기 (패러데이 법칙)

· 코일을 관통하는 자속을 변화시킬 때 코일에 유도기전력이 발생하는 현상

· 기전력의 크기를 결정

· 유도기전력의 크기는 폐회로에 쇄교하는 자속의 시간적 변화율과 코일의 감은 횟수에 비례한다.

· 자속 ∅가 N회의 코일을 통과할 때 유도기전력

· 유도기전력의 크기 $\left| e = -N\dfrac{d\phi}{dt} \right|$ [V]

기출 패러데이의 전자 유도 법칙에서 유도 기전력의 크기는 코일을 지나는 (①)의 매초 변화량과 코일의 (②)에 비례한다. ①과 ②에 해당하는 것은?   (11/2)

① ① 자속 ② 굵기   ② ① 자속 ② 권수
③ ① 전류 ② 권수   ④ ① 전류 ② 굵기

[페러데이의 전자유도법칙] 유도기전력의 크기는 코일을 관통하는 자속(자기력선속)의 시간적 변화율과 코일의 감은 횟수에 비례한다.

유도기전력 $e = N\dfrac{d\phi}{dt}$ [V]   【정답】②

3 유도기전력의 방향 (렌츠의 법칙)

· 전자유도에 의해 발생하는 기전력은 자속 변화를 방해하는 방향으로 발생

· 유도기전력의 크기 e를 나타내는 식에 음(–)의 기호를 붙여 표현한다.

· 기전력의 방향을 결정

· 유도기전력 $e = -N\dfrac{d\phi}{dt}$ [V]

여기서, N : 코일의 감은 횟수, $d\varnothing$: 자속의 변화량
dt : 시간의 변화량

기출 다음에서 나타내는 법칙은?   (16/2)

유도기전력은 자신이 발생 원인이 되는 자속의 변화를 방해하려는 방향으로 발생한다.

① 렌쯔의 법칙   ② 플레밍의 오른손법칙
③ 패러데이의 법칙   ④ 줄의 법칙

[렌츠의 자기유도 법칙] 유도 기전력은 자신이 발생 원인이 되는 자속의 변화를 방해하려는 방향으로 발생   【정답】①

4 플레밍의 오른손 법칙

· 자기장 속에서 도선이 움직일 때 자기장의 방향과 도선이 움직이는 방향으로 유도기전력의 방향을 결정하는 규칙

· 발전기의 원리와도 관계가 깊다.

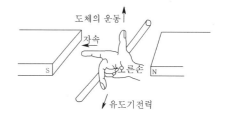

· 엄지 : 도체의 운동방향
· 검지 : 자속의 방향
· 중지 : 기전력의 방향

5 직선 운동에 의한 유도기전력

자속밀도 $B[Wb/m^2]$, 자장의 길이 $l[m]$, 자속의 방향에 대한 각도 θ를 가지면서 속도 $v[m/\sec]$로 운동시킬 때 도체에 발생하는 유도기전력(e)

유도기전력 $e = Blv\sin\theta[V]$

기출 자속밀도 B[Wb/mm²]되는 균등한 자계 내에서 길이 $l[m]$의 도선을 자계에 수직인 방향으로 운동시킬 때 도선에 $e[V]$의 기전력이 발생한다면 이 도선의 속도 [m/s]는?   (13/4)

① $\dfrac{Bl\sin\theta}{e}$ ② $\dfrac{e}{Bl\sin\theta}$

③ $Ble\sin\theta$ ④ $Ble\cos\theta$

[유도기전력] $e = Blv\sin\theta[V]$에서

도선의 속도 $v = \dfrac{e}{Bl\sin\theta}[m/s]$ 【정답】②

핵심 **04 자기유도와 자기인덕턴스**

1 자기유도

코일에 흐르는 전류가 변화하면 그에 따라 자속이 변화하므로 전자유도에 의해서 코일 내에 유기기전력이 발생, 이것을 자기유도라 한다.

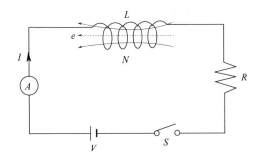

② 자기인덕턴스(L)

전자유도작용에 의해 발생하는 기전력의 크기는 전류의 시간적인 변화율에 비례

① 유기기전력의 크기

$$e = \left| -L\frac{dI}{dt} \right| = \left| -N\frac{d\varnothing}{dt} \right| [V] \qquad \rightarrow \left(L = \frac{N\varnothing}{I} \right)$$

여기서, L : 자기인덕턴스, N : 권수

$\varnothing$: 자속, I : 전류, t : 시간

② $N\varnothing = LI$에서

자기(자체)인덕턴스 $L = \dfrac{N\varnothing}{I}$[Wb/A] 또는 [H]

기출 권수 300회의 코일에 6[A]의 전류가 흘러서 0.05[Wb]의 자속이 코일을 지난다고 하면, 이 코일의 자체인덕턴스는 몇 [H]인가?   (14/5 16/1)

① 0.25   ② 0.35

③ 2.5   ④ 3.5

[자기인덕턴스] $L = \dfrac{N\varnothing}{I}[H]$ $\rightarrow (N\varnothing = LI)$

권수(N) : 300회, 전류(A) : 6[A], 자속($\varnothing$) : 0.05[Wb]

$L = \dfrac{N\varnothing}{I} = \dfrac{300 \times 0.05}{6} = 2.5[H]$ 【정답】③

---

③ 환상솔레노이드에서의 자기인덕턴스

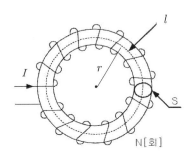

N[회]

---

① 환상솔레노이드의 자속

$$\varnothing = BS = \mu HS = \mu\frac{NI}{l}S[\text{Wb}]$$

여기서, S : 단면적, μ : 투자율

     l : 도체의 길이, N : 권수, I : 전류

     $\varnothing$: 자속

② 자기인덕턴스 $L = \dfrac{N\varnothing}{I} = \dfrac{\mu SN^2}{l}$[H]

$\rightarrow (N\varnothing = LI)$

기출1 환상솔레노이드에 감겨진 코일에 권회수를 3배로 늘리면 자체 인덕턴스는 몇 배로 되는가?   (16/2)

① 3   ② 9

③ 1/3   ④ 1/9

[환상솔레노이드 자체 인덕턴스] $L = \dfrac{\mu SN^2}{l}[H]$

권수 N을 3배하면 인덕턴스 L은 9배가 된다.

【정답】②

기출2 권수가 150인 코일에서 2초간에 1[Wb]의 자속이 변화한다면, 코일에 발생 되는 유도기전력의 크기는 몇 [V]인가?   (15/4 21/1)

① 50   ② 75

③ 100   ④ 150

[유도기전력] $e = -N\dfrac{d\phi}{dt}[V]$

$\rightarrow$ (자속($\varnothing$)이 N회의 코일을 통과할 때)

여기서, N : 코일의 감의 횟수, $d\varnothing$: 자속의 변화량

         dt : 시간의 변화량

권수(N) : 150, 시간변화량(dt) : 2초

자속의 변화량($d\varnothing$) : 1[Wb]

$\therefore e = \left| -N\dfrac{d\varnothing}{dt} \right| = \left| -150 \times \dfrac{1}{2} \right| = 75[V]$ $\rightarrow$ (크기는 절대값)

【정답】②

---

1 결합계수

두 코일 간의 전자적인 결합의 정도를 나타내는 것으로, 다음 식으로 나타내어진다.

① 결합계수 $k = \dfrac{M}{\sqrt{L_1 \times L_2}}$

여기서, L_1, L_2 : 양 코일의 자기 인덕턴스[H]

M : 양 코일 간의 상호 인덕턴스[H])

② 실제로는 양 코일 간에는 누설자속이 있으므로 k의 값은 0 < k < 1의 범위에 있다.

③ 코일이 직교(교차)일 경우 k=0

④ 누설자속이 없으면 k=1

기출 자기인덕턴스 200[mH], 450[mH]인 두 코일의 상호 인덕턴스는 60[mH]이다. 두 코일의 결합계수는?

(12/2 15/1)

① 0.1   ② 0.2   ③ 0.3   ④ 0.4

[결합계수] $k = \dfrac{M}{\sqrt{L_1 \times L_2}} = \dfrac{60}{\sqrt{200 \times 450}} = 0.2$

【정답】②

---

2 자기인덕턴스(L)와 상호인덕턴스(M)의 관계

① $M = k\sqrt{L_1 \times L_2}$ →   (k : 결합 계수)

② 누설자속이 없는 경우 $M = \sqrt{L_1 \times L_2}$ → ($k=1$)

③ 누설자속이 존재하는 경우 $M = k\sqrt{L_1 \times L_2}$

여기서, L_1, L_2 : 자기인덕턴스, M : 상호인덕턴스

기출 자체 인덕턴스가 각각 L_1[H], L_2[H]인 두 원통 코일이 서로 직교하고 있다. 두 코일 사이의 상호 인덕턴스[H]는?

(12/5 18/2)

① $L_1 + L_2$ ② $L_1 L_2$

③ 0   ④ $\sqrt{L_1 L_2}$

[자기인덕턴스와 상호인덕턴스의 관계]

$M = k\sqrt{L_1 \times L_2}\,[H]$ → (k : 결합계수)

코일이 직교(= 교차 = 90°)일 경우 $k=0$

$\therefore M = 0 \times \sqrt{L_1 \times L_2} = 0$

【정답】③

---

1 직렬접속

① 합성인덕턴스 $L_0 = L_1 + L_2 \pm 2M$ [H]

※ 자기력선에 영향을 받지 않을 경우 $L = L_1 + L_2$

② 가동접속(정방향) (M의 부호가 (+))

$L = L_1 + L_2 + 2M$ → (M : 상호인덕턴스)

③ 차동접속(역방향) (M의 부호가 (−))

$L = L_1 + L_2 - 2M$

2 병렬접속

① 합성인덕턴스 $L_0 = \dfrac{L_1 L_2 - M^2}{L_1 + L_2 \pm 2M}$

② 가동접속 (분모의 M 부호가 (−))

합성인덕턴스 $L = \dfrac{L_1 L_2 - M^2}{L_1 + L_2 - 2M}$

③ 차동접속 (분모의 M 부호가 (+))

합성인덕턴스 $L = \dfrac{L_1 L_2 - M^2}{L_1 + L_2 + 2M}[H]$

기출 두 코일의 자체 인덕턴스를 L_1[H], L_2[H]라 하고 상호 인덕턴스를 M이라 할 때, 두 코일을 자속이 동일한 방향과 역방향이 되도록 하여 직렬로 각각 연결하였을 경우, 합성인덕턴스의 큰 쪽과 작은 쪽의 차는?

(14/2)

① M   ② 2M   ③ 4M   ④ 8M

[코일의 직렬연결 시 합성인덕턴스]

$L_0 = L_1 + L_2 \pm 2M$

1. 합성인덕턴스의 큰 쪽 $L_0 = L_1 + L_2 + 2M$

2. 합성인덕턴스의 작은 쪽 $L_0 = L_1 + L_2 - 2M$

→ (상호인덕턴스가 +일 때와 −일 때의 차를 구한다.)

$\therefore (L_1 + L_2 + 2M) - (L_1 + L_2 - 2M) = 4M$

【정답】③

---

1 코일에 축적되는 에너지

코일에 전류가 흐르면 코일 주위에 자기장을 발생시켜 전자에너지를 저장

전자에너지 $W = \frac{1}{2}LI^2[J]$ $\rightarrow$ (L : 자기인덕턴스)

2 단위 체적 당 축적되는 에너지(W_0)

$$W_0 = \frac{1}{2}BH = \frac{1}{2}\mu H^2 = \frac{B^2}{2\mu}[\text{J/m}^3] \rightarrow (B = \mu H)$$

여기서, B : 자속밀도, μ : 투자율, H : 자계의 세기

기출 자체인덕턴스 20[mH]의 코일에 30[A]의 전류를 흘릴 때 저축되는 에너지는? (15/5 17/4)

① 1.5[J] ② 3[J]

③ 9[J] ④ 18[J]

[코일에 축적되는 에너지] $W = \frac{1}{2}LI^2[J]$

$W = \frac{1}{2}LI^2 = \frac{1}{2} \times 20 \times 10^{-3} \times 30^2 = 9[J]$

$\rightarrow$ (단위가 $[J]$이므로 $[mH]$를 $[H]$로환산)

【정답】 ③

4장 직류회로

1 전하(전기량)

· 물체가 갖는 전기량

· 전자 1개가 가지는 전기적인 양을 전하량이라고 한다.

① 기호 : Q

② 단위 : [C](쿨롱)

③ 전하량 : $-1.602 \times 10^{-19}[C]$

④ 전하의 질량 : $9.11 \times 10^{-31}[\text{kg}]$

2 기전력

단위 전하 당 한 일, 단위는 볼트(V)

3 전원

전기의 공급원

4 부하

전원으로부터 전기를 공급받아 에너지를 소비하는 것

1 전류

· 전류는 전하의 흐름이다.

· 전류는 양극에서 음극으로 흐른다(전자의 이동 방향과 반대).

· 도체의 단면을 단위시간 1[sec]에 이동하는 전하(Q)의 양

· 단위 A(암페어), mA(밀리암페어)

· 1[A]란 1초 동안 도선의 한 단면을 6.25×10^{18}개의 전자가 통과할 때 전류의 세기

※직류(DC) : 전류의 크기와 방향이 일정하다.
※교류(AC) : 전류의 크기가 시간에 따라 주기적으로 변한다.

② 전류의 크기

$$I = \frac{Q}{t} [A],\ [C/\sec]$$

(Q : 전기량$[C]$, I : 전류$[A]$, t : 시간$[s]$)

기출 어떤 전지에서 5[A]의 전류가 10분간 흘렀다면 이 전지에서 나온 전기량은? (10/2 12/2)

① 0.83[C]   ② 50[C]

③ 250[C]   ④ 3000[C]

[전기량] $I = \frac{Q}{t} [A]$ 에서 전기량 $Q = It[C]$

$Q = It = 5 \times 10 \times 60 = 3000[C]$

→ 1[A]가 1초 동안 전류의 이동이므로 분을 초로 변경해 준다. 10[분]=10×60[초]

【정답】④

---

③ 전압

· 단위 정전하(1[C])가 회로의 두 점 사이를 이동할 때 얻는 또는 잃는 에너지
· 두 점간의 전위에너지 차(전위차)를 전압이라고 한다.
· 단위 전하당(Q)의 에너지 또는 일(W)로 표현하기도
① 단위 : [V]

② 전압의 크기 : $V = \frac{W}{Q} [J/C],\ [V]$

→ (Q : 전기량$[C]$, W : 일의양$[J]$)

※1[V] : 두 점 사이를 1[C]의 전하가 이동하는데 필요한 에너지가 1[J]일 때 전위차이다.
※1[W] : 1초 동안 주고 또는 받는 에너지가 1[J]일 때의 전력

---

03 전기저항

① 전기저항

· 전류가 흐를 때, 전류의 흐름을 막는 정도
· 저항은 길이에 비례하고 단면적에 반비례
· 1[Ω]은 1[V]의 전압을 가한 때, 1[A]의 전류가 흐르는 도체의 저항

· 단위 옴[Ω]

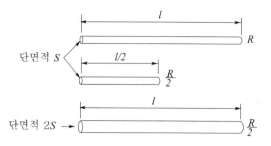

※[전기저항의 4가지 요소] 물질의 종류, 물질의 단면적, 물질의 길이, 온도

② 고유저항(저항률)

① 전기저항 : $R - \rho \frac{l}{S} = \rho \frac{l}{\pi r^2} [\Omega]$

② 저항률(고유저항) : $\rho = \frac{RS}{l} [\Omega \cdot m]$

여기서, l : 길이, S : 단면적, ρ : 저항률(고유저항)

r : 반지름

기출 어떤 도체의 길이를 2배로 하고 단면적을 1/3로 했을 때의 저항은 원래 저항의 몇 배가 되는가? (08/2 08/5 15/1)

① 3배   ② 4배

③ 6배   ④ 9배

[전기저항] $R = \rho \frac{l}{S} [\Omega]$

여기서, l : 길이, S : 단면적, ρ : 저항률(고유저항)

· 길이가 2배로 증가 : $2l$

· 단면적 $\frac{1}{3}$ 배로 감소 : $\frac{1}{3} S$

$R' = \rho \frac{2l}{\frac{1}{3} S} = 6 \times \rho \frac{l}{S} [\Omega]$, 따라서 저항은 6배가 증가한다.

【정답】③

---

③ 저항의 온도계수

① 정(+)특성 온도계수 : 온도가 상승하면 저항의 증가하는 특성. 도체, 즉 구리, 알루미늄 등
② 부(−)특성 온도계수 : 온도가 상승하면 저항이 감소하는 특성. 반도체(규소, 실리콘), 서미스터, 전해질, 방전관, 탄소 등이 있다.

③ 온도에 따른 저항 계산식 : $t[℃]$에서 $T[℃]$로 되면

$$R_T = R_t[1 + \alpha_t(T - t)][\Omega]$$

여기서, α_t : $t[℃]$에서 온도계수

기출 주위 온도 0[℃]에서의 저항이 20[Ω]인 연동선이 있다. 주위 온도가 50℃로 되는 경우 저항은? (단, 0℃에서 연동선의 온도계수는 $a_0 = 4.3 \times 10^{-3}$이다.)　　(10/1)

① 약 22.3[Ω]　　　② 약 23.3[Ω]

③ 약 24.3[Ω]　　　④ 약 25.3[Ω]

[저항의 온도계수] $R_T = R_t[1 + \alpha_t(T - t)][\Omega]$

→ (α_t : $t[℃]$에서 온도계수)

$$R_{20} = R_0[1 + a_0 \times (t_{20} - t_0)]$$
$$= 20[1 + (4.3 \times 10^{-3}) \times (50 - 0)] = 24.3[\Omega]$$

【정답】 ③

---

4 도전율(k)

· 저항률에 대한 전류가 흐르기 쉬운 정도

· 고유저항(저항률)의 역수로서 표시

① 단위 : $[℧/m]$

② 도전율 : $k = \dfrac{1}{\rho}[℧/m]$

5 컨덕턴스(G)

전기저항 R의 역수

① 단위 : $[1/\Omega]$, 또는 모우$[℧]$를 사용

② 컨덕턴스 : $G = \dfrac{1}{R} = \dfrac{S}{\rho l} = k\dfrac{S}{l}\left[\dfrac{1}{\Omega}\right]$ 또는 $[℧]$

여기서, l : 길이, S : 단면적, ρ : 저항률, k : 도전율

핵심 **04** **옴의 법칙과 전압강하**

1 옴의 법칙

도체에 흐르는 전류는 도체에 가해지는 전압에 비례하고, 도체의 저항에 반비례

① 전류 : $I = \dfrac{V}{R}[A]$

---

② 전압 : $V = RI[V]$

③ 저항 : $R = \dfrac{V}{I}[\Omega]$

2 각 저항에서의 전압강하

각 저항에서의 전압강하란 전류가 흐르고 있는 동안에 각 저항의 양 끝단에서의 전압의 낮아짐 현상

직렬저항 회로	· 각 저항에 걸리는 전압은 저항에 비례 · 저항에 흐르는 전류는 일정
병렬저항 회로	· 각 저항에 걸리는 전압은 저항에 관계없이 일정 · 전류는 저항에 반비례 · $I_1 = \dfrac{V}{R_1} = \dfrac{R_{th}}{R_1}I[A]$

기출 다음 ( )안의 알맞은 내용으로 옳은 것은?　(16/4)

회로에 흐르는 전류의 크기는 저항에 (㉮)하고, 가해진 전압에 (㉯)한다.

① ㉮ 비례, ㉯ 비례　　② ㉮ 비례, ㉯ 반비례

③ ㉮ 반비례, ㉯ 비례　④ ㉮ 반비례, ㉯ 반비례

[옴의 법칙] 전류의 크기는 도체의 저항에 반비례하고 전압에 비례한다.

전류 $I = \dfrac{V}{R}[A]$ → (V : 전압[V], R : 저항[Ω])

【정답】 ③

핵심 **05** **저항의 접속**

1 저항 직렬접속 (전류가 일정)

① 합성저항 : $R_0 = R_1 + R_2 + \cdots\cdots + R_n[\Omega]$

→ $\left(R = \displaystyle\sum_{k=1}^{n} R_k\right)$

② 전체 전류 : $I = \dfrac{E}{R} = \dfrac{E}{R_1 + R_2 + \cdots\cdots + R_n}$

2 전압 분배의 법칙

R_1, R_2 각 단자에 걸리는 전압을 E_1, E_2라고 하면, 각 저항에 걸리는 전압은 저항에 비례한다. (직렬이므로 전류 일정)

① $E_1 = IR_1 = \dfrac{E}{R}R_1 = \dfrac{R_1}{R_1 + R_2}E$

② $E_2 = IR_2 = \dfrac{E}{R}R_2 = \dfrac{R_2}{R_1 + R_2}E$

$$※ I = \dfrac{E}{R} \qquad\qquad → (R = R_1 + R_2)$$

기출 직류 250[V]의 전압에 두 개의 150[V]용 전압계를 직렬로 접속하여 측정하면 각 계기의 지시값 V_1, V_2는 각각 몇 [V]인가? (단, 전압계의 내부저항은 R_1=6[kΩ], R_2=4[kΩ]이다.)　(19/4 12/2)

① V_1=250, V_2=150 　② V_1=150, V_2=100

③ V_1=100, V_2=150 　④ V_1=150, V_2=250

[전압 분배 법칙(직렬접속)]

· $V_1 = \dfrac{R_1}{R_1 + R_2} \times V[V]$

· $V_2 = \dfrac{R_2}{R_1 + R_2} \times V[V]$

여기서, V : 전체전압, R_1 : 전압 V_1에 걸리는 저항
R_2 : 전압 V_2에 걸리는 저항

· $V_1 = \dfrac{R_1}{R_1 + R_2} \times V = \dfrac{6}{6+4} \times 250 = 150[V]$

· $V_2 = \dfrac{R_2}{R_2 + R_1} \times V = \dfrac{4}{4+6} \times 250 = 100[V]$

【정답】②

3 저항 병렬접속 (전압 일정)

① 합성저항 : $R = \dfrac{1}{\dfrac{1}{R_1} + \dfrac{1}{R_2} + \cdots\cdots + \dfrac{1}{R_n}}[\Omega]$

② 전체 전류 : $I = \dfrac{E}{R} = \dfrac{E}{\dfrac{R_1 + R_2}{R_1 \cdot R_2}} = \dfrac{R_1 \cdot R_2}{R_1 + R_2}E[A]$

4 전류 분배의 법칙

R_1, R_2가 병렬로 연결된 회로에서 R_1, R_2에 흐르는 전류를 각각 I_1, I_2라 할 때 각 저항에 흐르는 전류 I_1, I_2는 각 저항에 반비례한다. 　→ (병렬이므로 전압 일정)

① $I_1 = \dfrac{E}{R_1} = \dfrac{RI}{R_1} = \dfrac{\dfrac{R_1 R_2}{R_1 + R_2}I}{R_1} = \dfrac{R_2}{R_1 + R_2}I$

② $I_2 = \dfrac{E}{R_2} = \dfrac{RI}{R_2} = \dfrac{\dfrac{R_1 R_2}{R_1 + R_2}I}{R_2} = \dfrac{R_1}{R_1 + R_2}I$

$$※ E = IR \qquad\qquad → (R = \dfrac{R_1 R_2}{R_1 + R_2}[\Omega])$$

기출 그림과 같은 회로에서 4[Ω]에 흐르는 전류[A] 값은?
　(11/4)

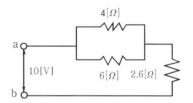

① 0.6 　　② 0.8

③ 1.0 　　④ 1.2

[전류분배의 법칙] $I_1 = \dfrac{R_2}{R_1 + R_2}I[A]$ 　→ (병렬 접속)

(I : 전체 전류, R : 합성저항)

1. 4[Ω]과 6[Ω]의 병렬 합성저항 $R = \dfrac{24}{4+6} = 2.4[\Omega]$

2. 앞에서 구한 2.4[Ω]과 2.6[Ω]의 직렬합성저항
$R = 2.4 + 2.6 = 5[\Omega]$, 따라서 전체 저항은 5[$\Omega$]이다.

3. 전전류 $I = \dfrac{V}{R}[A]$에서 전압 10[V], 합성저항 5[Ω]이므로
$I = \dfrac{V}{R} = \dfrac{10}{5} = 2[A]$

4. 전류분배의 법칙에 의해 저항 4[Ω] 부분의 전류를 구한다.

전류분배의 법칙 $I_1 = \dfrac{R_2}{R_1 + R_2}I[A]$에서

전전류 I=2[A]이므로 $I_1 = \dfrac{6}{4+6} \times 2 = 1.2[A]$

【정답】④

1 컨덕턴스의 직렬접속

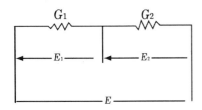

① 합성 콘덕턴스 $G[\mho]$

$$G = \frac{1}{R} = \frac{1}{\dfrac{1}{G_1} + \dfrac{1}{G_2}} = \frac{G_1 G_2}{G_1 + G_2}[\mho]$$

② $E_1 = \dfrac{G_2}{G_1 + G_2}E[\mathrm{V}]$

③ $E_2 = \dfrac{G_1}{G_1 + G_2}E[\mathrm{V}]$

2 컨덕턴스의 병렬접속

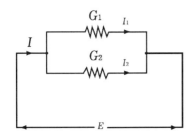

① 합성콘덕턴스 : $G = G_1 + G_2[\mho]$

② 전류 : $I = GE = (G_1 + G_2)E$

③ $I_1 = G_1 E = G_1 \dfrac{I}{G_1 + G_2} = \dfrac{G_1}{G_1 + G_2}I$

④ $I_2 = G_2 E = G_2 \dfrac{I}{G_1 + G_2} = \dfrac{G_2}{G_1 + G_2}I$

기출 그림의 단자 1-2에서 본 노튼 등가회로의 개방단 컨덕턴스는 몇 $[\mho]$인가? (15/1)

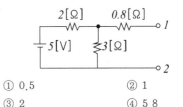

① 0.5　　　　　② 1
③ 2　　　　　　④ 5.8

[직·병렬 합성 컨덕턴스]

1. $2[\Omega]$과 $3[\Omega]$이 병렬접속이므로

합성저항 $R_1 = \dfrac{1}{\dfrac{1}{2} + \dfrac{1}{3}} = \dfrac{6}{5}[\Omega]$

2. $0.8[\Omega]$과 $\dfrac{6}{5}[\Omega]$이 직렬접속이므로

저항 $R = 0.8 + \dfrac{6}{5} = 2[\Omega]$이다.

3. 컨덕턴스는 저항의 역수 이므로

컨덕턴스 $G = \dfrac{1}{R} = \dfrac{1}{2} = 0.5[\mho]$이다.

【정답】①

핵심 07 키르히호프 법칙

1 키르히호프의 제1법칙 (전류법칙)

임의 절점(node)에서 유입·유출하는 전류의 총계는 0,

즉 $\displaystyle\sum_{k=1}^{n} I_k = 0$

$I_1 + I_4 = I_2 + I_3 + I_5 \;\rightarrow\; I_1 - I_2 - I_3 + I_4 - I_5 = 0$

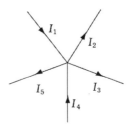

2 키르히호프의 제2법칙 (전압법칙)

폐회로를 따라 한 바퀴 돌 때 그 회로의 기전력(E)의 총합은 각 저항에 의한 전압강하(IR)의 총합과 같다.

즉, $\displaystyle\sum_{k=1}^{n} E_k = \sum_{k=1}^{m} I_k R_k$

기출 "회로의 접속점에서 볼 때, 접속점에 흘러 들어오는 전류의 합은 흘러 나가는 전류의 합과 같다."라고 정의되는 법칙은?

(17/3 16/1 09/4)

① 키르히호프의 제1법칙
② 키르히호프의 제2법칙
③ 플레밍의 오른손 법칙
④ 앙페르의 오른나사 법칙

[키르히호프 제1법칙] 접합점법칙 또는 **전류법칙**이라고 한다. 회로 내의 어느 점을 취해도 그곳에 흘러들어오거나(+) 흘러 나가는(−) 전류를 양음의 부호를 붙여 구별하면, **들어오고 나가는 전류의 총계는 0이 된다.**

【정답】①

---

③ 맥스웰 브리지 : 자기인덕턴스 측정
④ 켈빈 더블 브리지 : 저저항 측정, 권선저항 측정
⑤ 절연저항계 : 고저항 측정
⑥ 콜라우시 브리지 : 전해액 및 접지저항을 측정한다.

기출 그림의 브리지 회로에서 평형이 되었을 때의 C_X는?

(12/2 14/2)

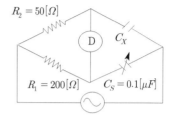

① $0.1[\mu F]$ 　② $0.2[\mu F]$
③ $0.3[\mu F]$ 　④ $0.4[\mu F]$

[휘트스톤 브리지의 평형조건] 대각으로의 곱이 같으면 회로가 평형

$R_1 = 200[\Omega]$, $R_2 = 50[\Omega]$, $C_S = 0.1[\mu F]$

$$R_2 \cdot \frac{1}{j\omega C_S} = R_1 \cdot \frac{1}{j\omega C_X}$$

$$50 \times \frac{1}{0.1} = 200 \times \frac{1}{C_X} \quad \rightarrow \quad \therefore C_X = 0.4[\mu F]$$

(C_X, C_S가 임피던스값이므로 C_X는 $\frac{1}{j\omega C_X}$로 C_S는 $\frac{1}{j\omega C_S}$로)

【정답】④

핵심 08 **휘트스톤 브리지**

1 전위의 평형 (휘트스톤 브리지)

· 미지의 저항을 측정하는 장치
· 브리지회로에서 대각으로의 곱이 같으면 회로가 평형
  이므로 검류계(G)에는 전류가 흐르지 않는다. 이러한
  상태를 평형상태라고 한다.
· 휘트스톤 브리지의 평형조건은 $Z_2 Z_3 = Z_1 Z_4$

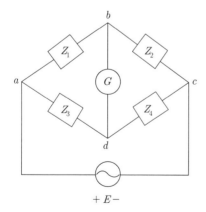

$+ E -$

전문가 Tip

[브리지 회로의 종류]
① 휘트스톤 브리지 : 중저항 측정
② 빈브리지 : 가청 주파수 측정

핵심 09 **전지의 접속**

1 전지의 직렬접속

전류 $I = \dfrac{nE}{nr + R}[A]$　　　→ (합성저항 $R_0 = nr$)

여기서, I : 전류
　　　　n : 전지의 직렬 개수
　　　　R : 부하저항,
　　　　r : 내부저항
　　　　E : 전지의 기전력

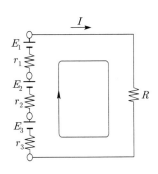

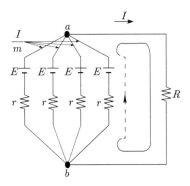

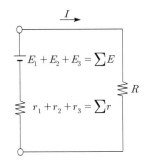

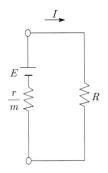

기전력 1.5[V], 내부저항 0.2[Ω]인 전지 5개를 직렬로
접속하여 단락시켰을 때의 전류[A]는?   (12/1)

① 1.5[A]   ② 2.5[A]

③ 6.5[A]   ④ 7.5[A]

[전지의 직렬접속 시의 전류] $I = \dfrac{nE}{nr+R}[A]$

(n : 개수, R : 부하저항, r : 내부저항, E : 기전력)

$I = \dfrac{nE}{nr+R} = \dfrac{5 \times 1.5}{5 \times 0.2} = 7.5[A]$

→ (부하저항(R)에 대한 언급이 없으므로 $R=0$)

【정답】 ④

내부저항이 0.1[Ω]인 전지 10개를 병렬연결하면,
전체 내부저항은?   (10/1 12/5)

① 0.01[Ω]   ② 0.05[Ω]

③ 0.1[Ω]   ④ 1[Ω]

[전지의 병렬결합 시 합성저항] $R = \dfrac{r}{n}$

내부저항(r) : 0.1[Ω], 전지의 개수(n) : 10개

전체 내부저항 $R = \dfrac{r}{n} = \dfrac{0.1}{10} = 0.01[Ω]$

【정답】 ①

2 전지의 병렬접속

$I = \dfrac{E}{\dfrac{r}{m} + R}[A]$ → (합성저항 $R_0 = \dfrac{r}{m}$)

여기서, m : 전지의 병렬 개수

  R : 부하저항

  r : 내부저항

  E : 전지의 기전력

핵심 10 전압, 전류의 측정

1 전압과 전류 측정

① 전압계 : 회로의 2점 사이의 전위차를 볼트로 측정할
  수 있는 계기로 부하 또는 전원과 병렬로 연결

② 전류계 : 전기회로의 전류를 측정하기 위해 계기로
  부하 또는 전원과 직렬로 연결

2 배율기

전압의 측정 범위를 확대하기 위하여 전압계에 직렬로 저항을 연결($V_1 < V_2$), 큰 저항에 큰 전압이 걸리므로 전압계 외부에 큰 저항을 직렬 연결한다.

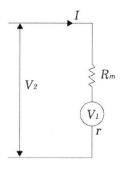

배율 $m = \dfrac{V_1}{V_2} = \dfrac{R_m}{r} + 1 \rightarrow \left(V_2 = V_1 \left(1 + \dfrac{R_m}{r} \right) \right)$

여기서, V_1 : 전압계의 눈금[V], V_2 : 측정할 전압[V]

R_m : 배율기 저항, r : 전압계 내부저항)

3 분류기

· 전류의 측정 범위를 확대하기 위하여 저항을 병렬로 연결 ($I_1 < I_2$)

· 병렬로 연결한 저항을 분류기라고 한다.

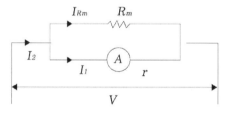

· $I_2 = I_1 \left(1 + \dfrac{r}{R_m} \right)$ [A]

여기서, I_1 : 전류계의 눈금[A], I_2 : 측정할 전류값[A]

R_m : 분류기 저항, r : 전류계 내부저항

| 기출 | 어떤 전압계의 측정 범위를 10배로 하자면 배율기의 저항을 전압계 내부저항의 몇 배로 하여야 하는가? |

(06/4 17/3)

① 10 　　② 1/10 　　③ 9 　　④ 1/9

[배율기, 배율(m)] 배율 $m = \dfrac{V_2}{V_1} = \dfrac{R_m}{r} + 1$

여기서, V_2 : 측정할 전압[V], V_1 : 전압계의 눈금[V]
　　　　R_m : 배율기 저항, r : 전압계 내부저항

※ 배율기의 배율 m=10

$m = \dfrac{V_2}{V_1} = \left(1 + \dfrac{R_m}{r} \right) \rightarrow R_m = r(m-1) = r(10-1) = 9r$

즉, 내부저항의 9배
【정답】③

5장　교류회로

핵심 01 정현파(사인파) 교류

1 정현파(사인파) 교류의 정의

· 시간에 따라 크기와 방향이 주기적으로 변하는 전류, AC(alternating current)로 표시한다.

· 일반 전력은 대표적인 사인파 교류이다.

· 고조파가 없으므로 왜형률은 0이다.

2 정현파 교류 기전력의 발생

· 전기자 도체의 회전으로 N극에서 S극으로 흐르던 자속을 끊으면 기전력이 발생하게 된다.

· 크기와 방향은 플레밍의 오른손 법칙에 의하여 결정

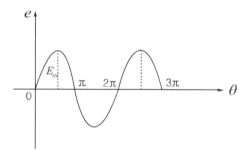

· 기전력 $e = 2Blv\sin\theta$ [V]

여기서, $v[m/\sec]$: 전기자 도체의 회전속도

$B[Wb/m^2]$: 자속밀도, l : 전기자 도체의 길이

θ : 자장의 방향과 전기자 도체가 이루는 각

3 주기 및 주파수

사이클 (Cycle)	한 주기 동안 이동된 파형의 과정을 1사이클이라고 한다.
주기(T)	1사이클(Cycle)의 변화에 소요되는 시간, 단위(sec)
주파수(f) (Frequency)	1초[sec] 동안에 발생하는 사이클의 수 단위(상용 주파수 : 60[Hz]) $T = \dfrac{1}{f}$[sec] $\rightarrow f = \dfrac{1}{T} = \dfrac{\omega}{2\pi}$[$Hz$]

각속도(ω) (각주파수)	1초[sec] 동안의 각의 변화율 각속도 $\omega = 2\pi f = \dfrac{2\pi}{T}$[rad/s]
전기각(θ)	회전운동 시 t[sec]동안 발생하는 각의 변화율, 발전기의 전기자 도체가 자장과 이루는 각 $\theta = \omega t$[rad]
	전기각 ωt[rad]인 발전기에서의 유도기전력 $e = 2Blv\sin\theta = V_m\sin\omega t$[V]

기출 주파수 100[Hz]의 주기는?　　　　(08/2 10/5 17/4)

① 0.01[sec]　　　　　② 0.6[sec]

③ 1.7[sec]　　　　　④ 6000[sec]

[주기] $T = \dfrac{1}{f}$[sec] → (f : 주파수)

$T = \dfrac{1}{100} = 0.01$[sec]　　　　　【정답】①

핵심　**02**　**위상과 위상차**

1 위상(θ)

하나의 전기적 파의 어떤 임의의 기점에 대한 상대적인 위치

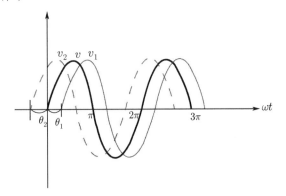

2 위상차

· 주파수가 동일한 2개 이상의 교류 사이의 0의 값에 대한 시간적인 차

· v_2는 v보다 위상 θ_2만큼 앞선다.

· v_1은 v보다 위상 θ_1만큼 뒤진다.

① $v = V_m\sin\omega t$　　　　　→ 기준

② $v_1 = V_m\sin(\omega t - \theta_1)$　→ θ_1만큼 뒤짐

③ $v_2 = V_m\sin(\omega t + \theta_2)$　→ θ_2만큼 앞섬

3 동상 (동위상)

2개 이상의 교류 파형에서 그 크기가 0이 될 때의 시점이 같은 교류를 동상(위상이 같다)이라고 한다.

기출 [보기]에서 전압을 기준으로 할 때 전류의 위상차는?

(06/2 11/1)

[보기]　$v = V_m\sin(wt + 30°)$[V]
　　　　$i = I_m\sin(wt - 30°)$[A]

① 60° 뒤진다.　　　　② 60° 앞선다.

③ 30° 뒤진다.　　　　④ 30° 앞선다.

[위상차] 주어진 전압과 전류에서 $t = 0$ 대입

$v = V_m\sin 30°$[V], 　$i = I_m\sin(-30°)$[A]

전류의 위상차 $= -30 - (30) = -60°$

따라서 전류는 전압보다 60° 뒤진다.

【정답】①

핵심　**03**　**정현파 교류의 크기**

1 순시값

· 시시각각으로 변화하는 교류에서 임의의 순간 t에서의 전압이나 전류의 크기값

· $v(t)$, $i(t)$로 표시

· 순시값 $v(t) = V_m\sin\theta = V_m\sin(\omega t + \theta)$[V]

2 최대값

· 순시값 중에서 가장 큰 값

· V_m, I_m으로 표시

· 최대값 $V_m = \sqrt{2}\,V$[V] → (V : 실효값)

③ 평균값

교류의 순시치를 시간에 대해서 평균한 값으로 최대값
의 $\frac{2}{\pi}$ 배이다.

평균값 $V_{av} = \frac{2V_m}{\pi} ≒ 0.637 \times V_m$

④ 실효값

· 주기 파형에서 열 효과의 크고, 작음을 나타내는 값

· 일반적으로 교류의 전류, 전압은 실효값

· 실효값은 V, I로 표시한다.

· 실효값 $V = \frac{V_m}{\sqrt{2}} ≒ 0.707\, V_m[V]$

⑤ 파형률

· 교류 파형의 실효값을 평균값으로 나눈 값

· 파형의 기울기 정도

· 파형률 = $\frac{실효값}{평균값} = \frac{V}{V_{av}}$

⑥ 파고율

· 각종 파형의 날카로움의 정도를 나타내기 위한 것

· 파고율 = $\frac{최대값}{실효값} = \frac{V_m}{V}$

⑦ 정현파 전압(전파)에 대하여

① 파형률 = $\frac{V}{V_{av}} = \frac{\frac{V_m}{\sqrt{2}}}{\frac{2V_m}{\pi}} = \frac{\pi}{2\sqrt{2}} = 1.111$

② 파고율 = $\frac{V_m}{V} = \frac{V_m}{\frac{V_m}{\sqrt{2}}} = \sqrt{2} = 1.414$

⑧ 파형의 평균값, 실효값, 파형률, 파고율

명칭	파형	평균값	실효값	파형률	파고율
정현파 (전파)		$\frac{2V_m}{\pi}$	$\frac{V_m}{\sqrt{2}}$	1.11	$\sqrt{2}$
정현파 (반파)		$\frac{V_m}{\pi}$	$\frac{V_m}{2}$	$\frac{\pi}{2}$	2
구형파 (전파)		V_m	V_m	1	1
구형파 (반파)		$\frac{V_m}{2}$	$\frac{V_m}{\sqrt{2}}$	$\sqrt{2}$	$\sqrt{2}$
삼각파 (톱니파)		$\frac{V_m}{2}$	$\frac{V_m}{\sqrt{3}}$	$\frac{2}{\sqrt{3}}$ = 1.156	$\sqrt{3}$

1 벡터(정지벡터) 표시법

· 정현파 교류의 크기와 위상을 벡터로 나타내는 방법

$$A = a + jb \qquad \rightarrow (j = \sqrt{-1},\ j^2 = -1)$$

· 크기(실효값)는 화살표의 크기

· 위상(편각 θ)은 기준선과 이루는 각

  (+ : 위상이 θ만큼 빠름, − : 위상이 θ만큼 늦음)

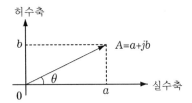

① $a = A\cos\theta$

② $b = A\sin\theta$

기출 다음 중 복소수의 값이 다른 것은? (12/5)

① $-1 + j$ ② $-j(1+j)$

③ $(-1-j)/j$ ④ $j(1+j)$

- - -

[복소수의 값]

② $-j(1+j) = -j - j^2 = -j - (-1) = -j + 1$

③ $\dfrac{-1-j}{j} = \dfrac{(-1-j) \times j}{j \times j} = \dfrac{-j+1}{-1} = j - 1$

④ $j(1+j) = j + j^2 = j - 1$ 【정답】②

---

2 극형식법 (극좌표법)

정현파 교류의 크기와 위상을 극형식으로 나타내는 방법

① $A = |A| \angle \pm\theta$

② 크기 : 실효값(화살표의 크기)

③ 위상 : 편각 θ

④ 극형식법=크기(실효값) $\angle$ 위상(편각 θ)

3 복소수법

· 정현파 교류의 크기와 위상을 복소수로 표시하는 방법

· 실수부와 허수부로 구성

$$A = a + jb \qquad \rightarrow (a,\ b : 실수)$$

---

① 공액 복소수 : $\overline{A}$ 또는 A^*로 나타내며

   복소수 $a + jb$의 공액 복소수는 $a - jb$이다.

② 크기 : 실효값 ($|A| = \sqrt{a^2 + b^2}$)

③ 위상 : 편각 θ ($\theta = \tan^{-1}\dfrac{b}{a}$)

기출 복소수 3+j4의 절대값은 얼마인가? (11/1)

① 2 ② 4

③ 5 ④ 7

- - -

[복소수의 절대값] $A = a + jb$의 절대값 $|A| = \sqrt{a^2 + b^2}$

따라서 $|A| = \sqrt{3^2 + 4^2} = 5$ 【정답】③

---

4 삼각함수법

정현파 교류의 크기와 위상을 cos, sin으로 표시하는 방법

① $A = |A| (\cos\theta + j\sin\theta)$

② 크기(실효값) $|A| = \sqrt{a^2 + b^2}$

③ 위상(편각 θ) 실수부는 cos, 허수부는 sin으로 표시

④ 삼각함수법=크기(실효값)$(\cos\theta + \sin\theta)$

5 임피던스의 복소수 표시법

임피던스 $Z = \dfrac{V}{I} = R + jX [\Omega]$

(R : 저항, 허수부 X : 리액턴스)

6 어드미턴스의 복소수 표시법

어드미턴스 $Y = \dfrac{1}{Z} = \dfrac{1}{R + jX}$

$$= \dfrac{R}{R^2 + X^2} - j\dfrac{X}{R^2 + X^2} = G - jB$$

$$= Y \angle -\theta [\mho]$$

핵심 05 저항(R)만의 회로

1 저항(R)만의 회로 및 벡터 그림

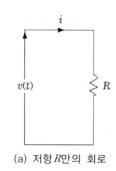

(a) 저항 R만의 회로

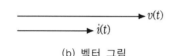

(b) 벡터 그림

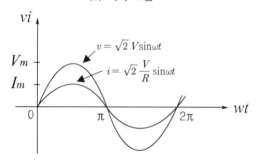

(c) 전압과 전류의 파형

R만의 회로에 교류 전압 $v = \sqrt{2}\,V\sin\omega t\,[V]$를 인가했을 때 흐르는 전류 i는 서로 위상이 같다.

인가 전압 $v = V_m\sin\omega t = \sqrt{2}\,V\sin\omega t\,[V]$

2 저항(R)만의 회로의 특징

임피던스 $Z = R$

임피던스의 허수부가 존재하지 않는다.

① 순시 전류 $i = \dfrac{v}{R} = \dfrac{V_m\sin\omega t}{R} = \sqrt{2}\,\dfrac{V\sin\omega t}{R}$
$\qquad\qquad\qquad\qquad\qquad \rightarrow (V_m = \sqrt{2}\,V)$

② 최대전류 $I_m = \dfrac{V_m}{R}$

③ 실효 전류 $I = \dfrac{V}{R}$

④ 전류 위상 $\theta = 0°$

※전류와 전압의 위상은 같다. 즉, 동상

기출 전기저항 25[Ω]에 50[V]의 사인파 전압을 가할 때 전류의 순시값은? (단, 각속도 $\omega = 377$[rad/sec]임)

(10/4)

① $2\sin377t$[A]   ② $2\sqrt{2}\cdot\sin377t$[A]

③ $4\sin377t$[A]   ④ $4\sqrt{2}\cdot\sin377t$[A]

[저항(R)만의 회로]

순시값 $v = V_m\sin\omega t = \sqrt{2}\,V\sin\omega t \rightarrow (V_m = \sqrt{2}\,V)$

여기서, V_m : 최대값, V : 실효값

순시전류 $i = \dfrac{v}{R}$ 에서

$v = V_m\sin\omega t = \sqrt{2}\,V\sin\omega t$ 이므로

$i = \dfrac{\sqrt{2}\,V\sin\omega t}{R} = \dfrac{50\sqrt{2}\,\sin377t}{25} = 2\sqrt{2}\,\sin377t\,[A]$

【정답】②

핵심 06 인덕턴스(L)만의 회로

1 회로 및 벡터 그림

L만의 회로에 교류전류 $i = \sqrt{2}\,I\sin\omega t\,[A]$를 인가했을 때 흐르는 전류 i는 인가전압 v보다 $\dfrac{\pi}{2}$[rad]만큼 뒤짐

인가전류 $i = \sqrt{2}\,I\sin\omega t\,[A]$

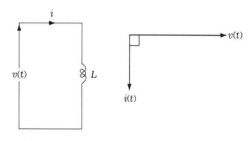

(a) 인덕턴스(L)만의 회로   (b) 벡터 그림

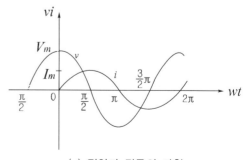

(c) 전압과 전류의 파형

2 주요 특징

① 순시전압 $v = L\dfrac{di}{dt} = \sqrt{2}\,\omega L I \sin\left(\omega t + \dfrac{\pi}{2}\right)[V]$

② 전압 $V = \omega L I\,[V]$

③ 전류 $I = \dfrac{V}{\omega L}[A] \qquad \rightarrow (V,\ I : 실효값)$

④ 유도성 리액턴스 $X_L = \omega L = 2\pi f L\,[\Omega]$

> ※임피던스와 리액턴스와의 차이점은 임피던스는 벡터이고,
> 리액턴스는 스칼라이다.
>
> ※리액턴스 $X > 0$ (유도성)이고, $X < 0$ (용량성)이다.

⑤ 순시 전류 $i = \dfrac{V_m \sin\omega t}{jwL} = \dfrac{V_m}{\omega L}\sin\left(\omega t - \dfrac{\pi}{2}\right)[A]$

⑥ 최대 전류 $I_m = \dfrac{V_m}{\omega L}$

⑦ 코일에 축적되는 에너지 $W_L = \dfrac{1}{2}LI^2\,[J]$

> ※전류가 전압보다 위상이 $\dfrac{\pi}{2}[rad]$(90도) 뒤지므로 L을
> 지상소자

기출1 자체인덕턴스가 1[H]인 코일에 200 [V], 60[Hz]의
사인파 교류 전압을 가했을 때 전류와 전압의 위상차
는? (단, 저항성분은 무시한다.) (16/1)

① 전류는 전압보다 위상이 $\dfrac{\pi}{2}$ [rad]만큼 뒤진다.

② 전류는 전압보다 위상이 π[rad]만큼 뒤진다.

③ 전류는 전압보다 위상이 $\dfrac{\pi}{2}$ [rad]만큼 앞선다.

④ 전류는 전압보다 위상이 π[rad]만큼 앞선다.

[코일(L)만의 회로] 코일만의 회로에서는 전류가 전압보다 늦
게 되는 지상회로이다. 90도, 즉 $\pi/2$ 만큼 전류는 전압보다
위상이 뒤진다. 【정답】①

기출2 자체 인덕턴스 0.1[H]의 코일에 5[A]의 전류가 흐르고
있다. 축적되는 전자 에너지는? (11/1)

① 0.25[J]　　　　② 0.5[J]

③ 1.25[J]　　　　④ 2.5[J]

> [코일에 축적되는 전자 에너지] $W_L = \dfrac{1}{2}LI^2[J]$
>
> $W_L = \dfrac{1}{2}LI^2 = \dfrac{1}{2}\times 0.1 \times 5^2 = 1.25[J]$
>
> 　　　　　　　　　　　　　　　　　　【정답】③

핵심 07 | 정전용량(C)만의 회로

1 회로 및 벡터 그림

C만의 회로에 교류전압 $v = \sqrt{2}\,V\sin\omega t\,[V]$를 인가했을
때 흐르는 전류 i는 인가전압 v보다 $\dfrac{\pi}{2}$[rad]만큼 위상이
앞선 전류가 흐른다.

인가전압 $v = \sqrt{2}\,V\sin\omega t\,[V]$

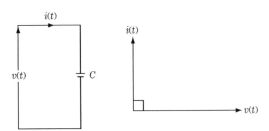

(a) 정전용량(C)만의 회로　　(b) 벡터 그림

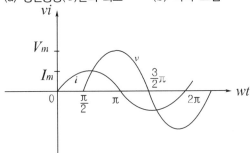

(c) 전압과 전류의 파형

2 주요 특징

① 순시전류 $i_c = \dfrac{V_m \sin\omega t}{\dfrac{1}{j\omega C}} = \omega C V_m \sin(\omega t + 90°)[A]$

② 최대전류 $I_m = \omega C V_m$

③ 실효전류 $I = \omega C V$

> ※전류 위상이 전압 위상보다 90도 앞서므로 C를 진상소자
> 라고 한다.

④ 용량성 리액턴스 $X_C = \dfrac{1}{\omega C} = \dfrac{1}{2\pi f C}[\Omega]$

⑤ 콘덴서의 축적 에너지 $W_c = \dfrac{1}{2} C V^2 [J]$

기출 어떤 회로의 소자에 일정한 크기의 전압으로 주파수를 2배로 증가시켰더니 흐르는 전류의 크기가 2배로 되었다. 이 소자의 종류는?　　　(18/3)

① 저항　　　　　　② 코일
③ 콘덴서　　　　　④ 다이오드

[정전용량(C)만의 회로]

용량성 리액턴스 $X_C = \dfrac{1}{\omega C} = \dfrac{1}{2\pi f C}[\Omega]$

주파수를 2배로 하면 리액턴스(X_C)값이 1/2로 작아지므로 회로에 흐르는 전류는 2배가 된다.

【정답】③

핵심 **08** $R-L$ 직렬회로

■ 회로 및 벡터 그림

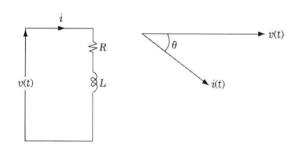

저항 $R[\Omega]$과 인덕턴스 $L[H]$의 코일을 접속한 회로로 저항 $R[\Omega]$과 유도성 리액턴스 $\omega L[\Omega]$이 회로에 흐르는 전류의 크기를 제한하는 작용을 한다.

■ 주요 특징

① 임피던스 $Z = R + j\omega L = R + jX_L[\Omega]$

② 임피던스 크기 $|Z| = \sqrt{R^2 + X_L^2}$

③ 위상 $\theta = \tan^{-1}\dfrac{X_L}{R} = \tan^{-1}\dfrac{\omega L}{R}$

---

④ 순시전류 $i(t) = \dfrac{v}{Z} = \dfrac{V_m \sin wt}{|Z| \angle \theta}$

$$= \dfrac{V_m}{\sqrt{R^2 + X_L^2}} \sin(wt - \theta)$$

⑤ 유도성 순시전류

$$i(t) = \dfrac{V_m \sin wt}{\sqrt{R^2 + (\omega L)^2} \angle \tan^{-1}\dfrac{\omega L}{R}}$$

⑥ 용량성 순시전류

$$i(t) = \dfrac{V_m \sin \omega t}{\sqrt{R^2 + \left(\dfrac{1}{\omega C}\right)^2} \angle \tan^{-1}\dfrac{-\dfrac{1}{\omega C}}{R}}$$

$$\rightarrow (X_L = \omega L, \ X_C = \dfrac{1}{\omega C})$$

⑦ 최대전류 $I_m = \dfrac{V_m}{\sqrt{R^2 + X_L^2}}$

⑧ 실효전류 $I = \dfrac{V}{\sqrt{R^2 + X_L^2}} = \dfrac{V}{\sqrt{R^2 + (\omega L)^2}}[A]$

⑨ 역률 $\cos\theta = \dfrac{R}{Z} = \dfrac{R}{\sqrt{R^2 + X_L^2}}$

※전류가 전압보다 위상이 $\theta = \tan^{-1}\dfrac{\omega L}{R}$만큼 뒤진다.

$(\theta = \tan^{-1}\dfrac{\omega L}{R} = \tan^{-1}\dfrac{X_L}{R})$ (유도성, 지상전류)

기출 $R = 5[\Omega]$, $L = 30[mH]$의 RL 직렬회로에 V=200 [V], f=60[Hz]의 교류전압을 가할 때 전류의 크기는 약 몇 [A]인가?　　　(16/1)

① 8.67　　　　　　② 11.42
③ 16.17　　　　　④ 21.25

[RL 직렬회로]

임피던스의 크기 $|Z| = \sqrt{R^2 + X_L^2}$, 전류 $i = \dfrac{v}{Z}$

유도성 리액턴스 $X_L = \omega L = 2\pi f L[\Omega]$

(R : 저항, X_L : 유도성 리액턴스, Z : 임피던스 L : 리액턴스, ω : 각속도, f : 주파수)

· $X_L = \omega L = 2\pi f L = 2\pi \times 60 \times 30 \times 10^{-3} ≒ 11.31[\Omega]$

· $|Z| = \sqrt{R^2 + X_L^2} = \sqrt{5^2 + 11.31^2} = 12.36[\Omega]$

∴전류 $i = \dfrac{v}{Z} = \dfrac{200}{12.36} = 16.17[A]$ 　　　【정답】③

---

1 $R-C$ 직렬회로의 주요 특징

저항 $R[\Omega]$과 정전용량 $C[F]$인 콘덴서를 직렬로 접속한 회로로 저항 $R[\Omega]$과 용량성 리액턴스 $\dfrac{1}{\omega C}[\Omega]$인 회로에 흐르는 전류의 크기를 제한하는 작용을 한다.

① 임피던스 크기

$$|Z| = \sqrt{R^2 + X_C^2} = \sqrt{R^2 + \left(\dfrac{1}{\omega C}\right)^2}\,[\Omega]$$

② 위상 $\theta = \tan^{-1}\dfrac{X_C}{R} = \tan^{-1}\dfrac{1}{\omega CR}$ [rad]

③ 전류 $I = \dfrac{V}{\sqrt{R^2 + X_C^2}} = \dfrac{V}{\sqrt{R^2 + \left(\dfrac{1}{\omega C}\right)^2}}$ [A]

※전류 I가 전압 V보다 위상 θ만큼 앞선다(용량성, 진상 전류)

④ 역률 $\cos\theta = \dfrac{R}{|Z|} = \dfrac{R}{\sqrt{R^2 + X_C^2}} = \dfrac{R}{\sqrt{R^2 + \left(\dfrac{1}{\omega C}\right)^2}}$

기출 저항이 9$[\Omega]$이고, 용량 리액턴스가 12$[\Omega]$인 직렬 회로의 임피던스$[\Omega]$는?

　　　　　　　　　　　　　　　　　　　　　(13/5)

　　① 3$[\Omega]$　　　　　　② 15$[\Omega]$

　　③ 21$[\Omega]$　　　　　　④ 108$[\Omega]$

$[R-C$ 직렬회로$]$ 임피던스 $Z = R - jX_c = \sqrt{R^2 + X_c^2}\,[\Omega]$
　　　　→ (리액턴스 부가 $-$이면 용량성(X_C))
　　　　→ (리액턴스 부가 $+$이면 유도성(X_L))
여기서, Z : 임피던스, R : 저항, X_C : 용량성 리액턴스
임피던스 $Z = R - jX_c = 9 - j12[\Omega] = \sqrt{9^2 + 12^2} = 15[\Omega]$

　　　　　　　　　　　　　　　　　　　　　【정답】 ②

---

1 주요 특징

① $\omega L = \dfrac{1}{\omega C}$ (직렬공진)인 경우 : 전류와 전압은 동상

이때, 임피던스는 최소가 되며 역률이 1이다.

(병렬 공진에서는 임피던스가 최대).

② $\omega L > \dfrac{1}{\omega C}$ (유도성)인 경우 : $\theta > 0$이 되어 유도성 회로 (지상회로)

③ $\omega L < \dfrac{1}{\omega C}$ (용량성)인 경우 : $\theta < 0$이 되어 용량성 회로 (진상 회로)

2 $\omega L > \dfrac{1}{\omega C}$ (유도성, 지상전류)인 경우

① 임피던스의 크기 $|Z| = \sqrt{R^2 + (X_L - X_C)^2}\,[\Omega]$

② 임피던스의 위상 $\theta = \tan^{-1}\dfrac{X}{R} = \tan^{-1}\dfrac{X_L - X_C}{R}$ [rad]

③ 역률 $\cos\theta = \dfrac{R}{|Z|} = \dfrac{R}{\sqrt{R^2 + (X_L - X_C)^2}}$

3 $\omega L < \dfrac{1}{\omega C}$ (용량성, 진상전류)인 경우

① 임피던스의 크기 $|Z| = \sqrt{R^2 + (X_C - X_L)^2}\,[\Omega]$

② 임피던스의 위상 $\theta = \tan^{-1}\dfrac{X_C - X_L}{R}$ [rad]

③ 역률 $\cos\theta = \dfrac{R}{|Z|} = \dfrac{R}{\sqrt{R^2 + (X_C - X_L)^2}}$

4 $\omega L = \dfrac{1}{\omega C}$ (직렬공진)인 경우

직렬 공진이란 임피던스의 허수부가 0이 되는 것을 말하며, 임피던스가 R성분만 남으므로 전압과 전류가 동상

※전압과 전류의 위상은 같다.

① 임피던스 $Z = R[\Omega]$
② 전압 $V = RI = ZI[V]$
③ 전류 $I = \dfrac{V}{R}$ [A] (최대전류)
④ 역률 $\cos\theta = \dfrac{R}{Z} = \dfrac{R}{R} = 1$
⑤ 공진주파수 f_r

$$\omega L = \dfrac{1}{\omega C} \quad \rightarrow \quad \omega^2 LC = 1 \quad \rightarrow \quad \omega = \dfrac{1}{\sqrt{LC}}$$

$$\therefore f_r = \dfrac{1}{2\pi\sqrt{LC}}\,[\text{Hz}] \qquad\qquad \rightarrow (\omega = 2\pi f)$$

<table>
<tr><td>기출</td><td colspan="2">저항 R=15[Ω], 자체 인덕턴스 L=35[mH], 정전용량</td></tr>
</table>

기출 저항 R=15[Ω], 자체 인덕턴스 L=35[mH], 정전용량 C=300[μF]의 직렬회로에서 공진주파수 f_r는 약 얼마[Hz] 인가?　(11/4 18/4)

① 40　　② 50　　③ 60　　④ 70

[$R-L-C$ 직렬회로] 공진주파수 $f_r = \dfrac{1}{2\pi\sqrt{LC}}$

공진주파수 $f_r = \dfrac{1}{2\pi\sqrt{35\times10^{-3}\times300\times10^{-6}}} \fallingdotseq 50[\text{Hz}]$

$\rightarrow ([mH]=10^{-3}[H],\ [\mu F]=10^{-6}[F])$

【정답】②

핵심 11 RLC 병렬회로 및 어드미턴스

1 어드미턴스

임피던스 Z의 역수 $Y=\dfrac{1}{Z}$을 어디미턴스라고 하며 [℧] (모우)라는 단위를 이용한다.

① 임피던스 $Z=R+j\left(\omega L-\dfrac{1}{\omega C}\right)=R+jX[\Omega]$

② 어드미턴스 $Y=G+jB$

여기서, G(실수부) : 콘덕턴스, B(허수부) : 서셉턴스)

회로	임피던스	어드미턴스
저항 회로	R[Ω] (저항)	$\dfrac{1}{R}$[℧] (콘덕턴스)
유도성 회로	$j\omega L[\Omega]$ (유도성의 리액턴스)	$-j\dfrac{1}{\omega L}$[℧] (유도성의 서셉턴스)
용량성 회로	$-j\dfrac{1}{\omega C}[\Omega]$ (용량성의 리액턴스)	$j\omega C$[℧] (용량성의 서셉턴스)

2 어드미턴스의 접속

① 직렬접속 합성어드미턴스 $Y_0 = \dfrac{Y_1 Y_2}{Y_1+Y_2}$[℧]

② 병렬접속 합성어드미턴스 $Y_0 = Y_1+Y_2$[℧]

핵심 12 $R-L$ 병렬회로

1 회로 및 벡터 그림

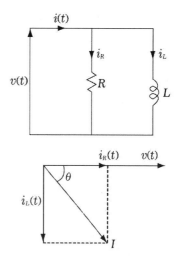

2 주요 특징

① 어드미턴스 $Y=Y_1+Y_2=\dfrac{1}{R}-j\dfrac{1}{X_L}=\dfrac{1}{R}-j\dfrac{1}{wL}$

② 어드미턴스 크기

$|Y|=\sqrt{\left(\dfrac{1}{R}\right)^2+\left(\dfrac{1}{X_L}\right)^2}=\sqrt{\left(\dfrac{1}{R}\right)^2+\left(\dfrac{1}{\omega L}\right)^2}$[℧]

③ 위상 $\theta=\tan^{-1}\dfrac{\dfrac{1}{\omega L}}{\dfrac{1}{R}}=\tan^{-1}\dfrac{R}{\omega L}$[rad]

④ 전류 $i(t) = Yv$

$= \sqrt{\left(\dfrac{1}{R}\right)^2+\left(\dfrac{1}{wL}\right)^2}\ \angle-\theta \cdot V_m\sin wt$

$= V_m\sqrt{\left(\dfrac{1}{R}\right)^2+\left(\dfrac{1}{wL}\right)^2}\ \sin(wt-\theta)$

※전류가 전압보다 위상이 $\theta=\tan^{-1}\dfrac{R}{wL}$ 만큼 늦다(유도성, 지상전류).

⑤ 역률 $\cos\theta = \dfrac{\dfrac{1}{R}}{|Y|}=\dfrac{\dfrac{1}{R}}{\sqrt{\left(\dfrac{1}{R}\right)^2+\left(\dfrac{1}{wL}\right)^2}}$

$=\dfrac{X_L}{\sqrt{R^2+X_L^2}}$

⑥ 무효율 $\sin\theta = \dfrac{\dfrac{1}{\omega L}}{|Y|} = \dfrac{\dfrac{1}{\omega L}}{\sqrt{\left(\dfrac{1}{R}\right)^2 + \left(\dfrac{1}{\omega L}\right)^2}}$

$\qquad\qquad = \dfrac{R}{\sqrt{R^2 + (\omega L)^2}} = \dfrac{R}{\sqrt{R^2 + X_L^2}}$

기출 3[Ω]의 저항과, 4[Ω]의 유도성 리액턴스의 병렬회로가 있다. 이 병렬회로의 임피던스는 몇 [Ω] 인가?

(17/1)

① 1.7 ② 2.4 ③ 3.2 ④ 5

[$R-L$ 병렬회로] 어드미턴스 크기 $|Y| = \sqrt{\left(\dfrac{1}{R}\right)^2 + \left(\dfrac{1}{X_L}\right)^2}$

(Y : 어드미턴스, R : 저항, X_L : 유도성 리액턴스)

① 어드미턴스 $Y = \sqrt{\left(\dfrac{1}{R}\right)^2 + \left(\dfrac{1}{X_L}\right)^2}$

$\qquad\qquad = \sqrt{\left(\dfrac{1}{3}\right)^2 + \left(\dfrac{1}{4}\right)^2} = \dfrac{5}{12}$

② $Y = \dfrac{1}{Z}$ → 임피던스 $Z = \dfrac{1}{Y} = \dfrac{12}{5} = 2.4[\Omega]$

【정답】②

핵심 **13** $R-C$ **병렬회로**

1 회로 및 벡터 그림

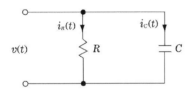

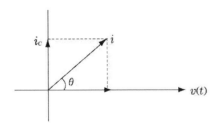

---

2 주요 특징

① 어드미턴스 $Y = Y_1 + Y_2 = \dfrac{1}{R} + j\omega C[\mho] = |Y|\angle\theta$

② 어드미턴스 크기 $|Y| = \sqrt{\left(\dfrac{1}{R}\right)^2 + (\omega C)^2}[\mho]$

③ 위상 $\theta = \tan^{-1}\dfrac{\omega C}{\dfrac{1}{R}} = \tan^{-1}\omega CR[\text{rad}]$

④ 전류 $i(t) = Yv$

$\qquad = \sqrt{\left(\dfrac{1}{R}\right)^2 + (\omega C)^2} \angle\theta \cdot V_m\sin\omega t$

$\qquad = V_m\sqrt{\left(\dfrac{1}{R}\right)^2 + (\omega C)^2} \ \sin(\omega t + \theta)[\text{A}]$

※ 전류가 전압보다 위상이 $\theta = \tan^{-1}\omega CR$ 만큼 앞선다(용량성, 진상전류).

⑤ 역률 $\cos\theta = \dfrac{G}{|Y|}$

$\qquad\qquad = \dfrac{1}{\sqrt{1 + (\omega CR)^2}}$

⑥ 무효율 $\sin\theta = \dfrac{B}{|Y|} = \dfrac{\omega C}{\sqrt{\left(\dfrac{1}{R}\right)^2 + (\omega C)^2}}$

$\qquad\qquad = \dfrac{\omega RC}{\sqrt{1 + (\omega RC)^2}} = \dfrac{R}{\sqrt{R^2 + X^2}}$

기출 그림과 같은 RC 병렬회로의 위상각 θ는? (16/4)

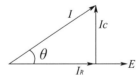

① $\tan^{-1}\dfrac{\omega C}{R}$ 　　　　② $\tan^{-1}\omega CR$

③ $\tan^{-1}\dfrac{R}{\omega C}$ 　　　　④ $\tan^{-1}\dfrac{1}{\omega CR}$

[$R-C$ 병렬회로] 위상각(θ) $\tan\theta = \dfrac{I_C}{I_R} = \dfrac{\omega CV}{\dfrac{V}{R}} = \omega CR$

∴ $\theta = \tan^{-1}\omega CR$

【정답】②

1 회로

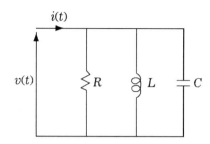

① $\omega L > \dfrac{1}{\omega C}$: 리액턴스는 용량성이 되므로 전류위상

이 전압위상보다 앞선다. 지상회로 $(\theta > 0)$

② $\omega L < \dfrac{1}{\omega C}$: 리액턴스는 유도성이 되므로 전류위상

이 전압위상보다 뒤진다. 진상회로 $(\theta < 0)$

③ $\omega L = \dfrac{1}{\omega C}$: 리액턴스는 0 이므로 전류와 전압위상

은 같다.

이때, 회로는 공진상태가 되므로 공진전류는 최소가

되며 역률이 1이다. (직렬공진에서는 전류가 최대)

2 $\omega L > \dfrac{1}{\omega C}$ 인 경우

① 어드미턴스의 크기 $|Y| = \sqrt{\left(\dfrac{1}{R}\right)^2 + \left(\omega C - \dfrac{1}{\omega L}\right)^2}$

$= \sqrt{\left(\dfrac{1}{R}\right)^2 + \left(\dfrac{1}{X_C} - \dfrac{1}{X_L}\right)^2}\,[\mho]$

② 어드미턴스의 위상 $\theta = \tan^{-1}R\left(\omega C - \dfrac{1}{\omega L}\right)$

$= \tan^{-1}\dfrac{\dfrac{1}{X_C} - \dfrac{1}{X_L}}{Y}\,[\text{rad}]$

③ 전류 $i(t) = Yv$

$= \sqrt{\left(\dfrac{1}{R}\right)^2 + \left(\omega C - \dfrac{1}{\omega L}\right)^2}\ \angle\ \theta \cdot V_m \sin \omega t$

$= V_m\sqrt{\left(\dfrac{1}{R}\right)^2 + \left(\omega C - \dfrac{1}{\omega L}\right)^2}\ \sin(\omega t + \theta)$

④ 역률 $\cos\theta = \dfrac{\dfrac{1}{R}}{|Y|} = \dfrac{\dfrac{1}{R}}{\sqrt{\left(\dfrac{1}{R}\right)^2 + \left(\omega C - \dfrac{1}{\omega L}\right)^2}}$

⑤ 무효율 $\sin\theta = \dfrac{\omega C - \dfrac{1}{\omega L}}{\sqrt{\left(\dfrac{1}{R}\right)^2 + \left(\omega C - \dfrac{1}{\omega L}\right)^2}}$

3 $\omega L < \dfrac{1}{\omega C}$ 인 경우

① 어드미턴스의 크기 $|Y| = \sqrt{\left(\dfrac{1}{R}\right)^2 + \left(\dfrac{1}{X_L} - \dfrac{1}{X_C}\right)^2}$

② 어드미턴스의 위상 $\theta = \tan^{-1}\dfrac{\dfrac{1}{X_L} - \dfrac{1}{X_C}}{Y}$

$= \tan^{-1}R\left(\dfrac{1}{\omega L} - \omega C\right)[\text{rad}]$

③ 역률 $\cos\theta = \dfrac{\dfrac{1}{R}}{|Y|} = \dfrac{\dfrac{1}{R}}{\sqrt{\left(\dfrac{1}{R}\right)^2 + \left(\dfrac{1}{\omega L} - \omega C\right)^2}}$

4 $\omega L = \dfrac{1}{\omega C}$ (병렬 공진)

① 어드미턴스 $Y = \dfrac{1}{R}[\mho]$

② 전류 $I = \dfrac{V}{R}[A]$ (최대 전류)

> ※ R만의 회로이므로 전압과 전류의 위상은 같다.

③ 역률 $\cos\theta = \dfrac{\dfrac{1}{R}}{Y} = \dfrac{\dfrac{1}{R}}{\dfrac{1}{R}} = 1$

④ 공진주파수 f_r

$\dfrac{1}{\omega L} = \omega C \rightarrow \omega^2 LC = 1\ \rightarrow \omega = \dfrac{1}{\sqrt{LC}}$

$\therefore f_r = \dfrac{1}{2\pi\sqrt{LC}}[\text{Hz}]$　　　　$\rightarrow\ (\omega = 2\pi f)$

기출 그림의 병렬공진회로에서 공진주파수 $f_0[Hz]$는? (15/1)

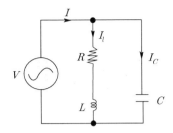

① $f_0 = \dfrac{1}{2\pi}\sqrt{\dfrac{R}{L} - \dfrac{1}{LC}}$

② $f_0 = \dfrac{1}{2\pi}\sqrt{\dfrac{L^2}{R^2} - \dfrac{1}{LC}}$

③ $f_0 = \dfrac{1}{2\pi}\sqrt{\dfrac{1}{LC} - \dfrac{L}{R}}$

④ $f_0 = \dfrac{1}{2\pi}\sqrt{\dfrac{1}{LC} - \dfrac{R^2}{L^2}}$

[$R-L-C$ 병렬회로의 공진주파수]

공진조건 $\omega C = \dfrac{\omega L}{R^2 + (\omega L)^2}$ 에서 $R^2 + w^2 L^2 = \dfrac{L}{C}$

$\omega^2 = \dfrac{1}{LC} - \dfrac{R^2}{L^2}$

$\omega = \sqrt{\dfrac{1}{LC} - \dfrac{R^2}{L^2}} \rightarrow 2\pi f = \sqrt{\dfrac{1}{LC} - \dfrac{R^2}{L^2}}$ $\rightarrow (\omega = 2\pi f)$

$\therefore f = \dfrac{1}{2\pi}\sqrt{\dfrac{1}{LC} - \dfrac{R^2}{L^2}}$ 【정답】④

핵심 **15** | **교류전력**

1 교류전력이란?

· 교류회로의 전력, 즉 교류회로의 단위 시간당의 에너지
· 단위 기호는 W(와트)를 사용한다.

2 순시전력

각 순간에 소비되는 전력

순시전력 $p = vi$

3 유효전력 (P)

· 전원에서 부하로 전달되어 소비되는 전기 에너지

· 단위 [W]

· 실제로 에너지를 소비하는 전력

---

① 유효전력 $P = VI\cos\theta = I^2 R = \dfrac{V^2}{R}[W]$

여기서, V : 전압, I : 전류, R : 저항

θ : V와 I간의 위상차

② 유효전력 $P = \dfrac{V^2}{R}$: 저항 R만 있을 때 사용

③ 유효전력 $P = I^2 R$: 리액턴스가 함께 있을 때 사용

기출 유효전력의 식으로 옳은 것은? (단, E는 전압, I는 전류 θ는 위상각이다.) (15/1)

① $EI\cos\theta$ ② $EI\sin\theta$

③ $EI\tan\theta$ ④ EI

[단상 교류전력] 유효전력 $P = EI\cos\theta[W]$

【정답】①

---

4 무효전력 (P_r)

· 전원측과 에너지를 주고받을 뿐 일에는 실제로 관여하지 않는다.

· 에너지를 소비하지 않는다.

· 단위 [Var]

· 무효전력 $P_r = VI\sin\theta = I^2 X = \dfrac{V^2}{X}[Var]$

여기서, X : 리액턴스

기출 무효전력에 대한 설명으로 틀린 것은? (15/2)

① $P = VI\cos\theta$ 로 계산된다.

② 부하에서 소모되지 않는다.

③ 단위로는 Var를 사용한다.

④ 전원과 부하 사이를 왕복하기만 하고 부하에 유효하게 사용되지 않는 에너지이다.

[단상 교류전력의 무효전력(P_r)] $P_r = VI\sin\theta[Var]$

※ 유료전력 $P = VI\cos\theta[W]$ 【정답】①

---

5 피상전력 (P_a)

· 단지 회로에 인가된 전압(V)과 전류(I)의 크기만으로 표현되는 전압

· 단위 [VA] (Volt Ampere)

· 교류회로에 인가된 전압(V)과 전류(I)의 곱

· 교류 전력에서 전기기기의 용량을 표시하는 전력

· 피상전력 $P_a = VI = I^2|Z|$

$$= \frac{P}{\cos\theta} = \frac{P_r}{\sin\theta} = \sqrt{P^2 + P_r^2} \,[\text{VA}]$$

6 역률

· 피상전력(P_a)과 유효전력(P) 사이에는 저항의 경우와 똑같은 위상차 θ가 발생

· 역률은 피상전력(P_a)에 대한 유효전력(P)의 비

· 역률 $\cos\theta = \dfrac{\text{유효전력}(P)}{\text{피상전력}(P_a)} = \dfrac{P}{VI} = \dfrac{R}{Z}$

7 무효율

· 어떤 일을 하지 않는 전기 에너지가 전원과 부하 사이를 끊임없이 왕복, 그의 크기를 나타내는 것이 무효 전력

· 단위 [Var]

· 무효율 $\sin\theta = \dfrac{\text{무효전력}(P_r)}{\text{피상전력}(P_a)} = \dfrac{P_r}{VI} = \dfrac{X}{Z}$

핵심 **16** 대칭 3상 교류의 발생과 표시법

1 3상 교류의 발생

위상이 120도씩 차이가 나는 각주파수가 같은 3개의 정현파 교류

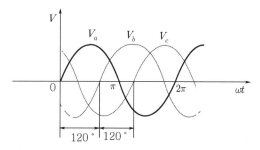

2 3상 교류의 순시값

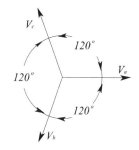

① $V_a = \sqrt{2}\,V\sin\omega t\,[V]$

② $V_b = \sqrt{2}\,V\sin(\omega t - 120°)\,[V]$

③ $V_c = \sqrt{2}\,V\sin(\omega t - 240°)\,[V]$

3 3상 교류의 벡터 표시

$V_a + V_b + V_c = 0$

4 대칭 3상 교류의 조건

· 각 상의 기전력의 크기가 같을 것

· 각 상의 주파수의 크기가 같을 것

· 각 상의 위상차가 각각 $\frac{2}{3}\pi$[rad]일 것

기출 대칭 3상 교류의 조건에 해당하지 않는 것은?

(06/5 10/1 14/5 17/3)

① 기전력의 크기가 같다.
② 주파수가 같다.
③ 위상차는 각각 60°씩 생긴다.
④ 파형이 같다.

[대칭 3상 교류의 조건]

③ 위상차는 각각 120°($\frac{2}{3}\pi$[rad])씩 생긴다.

【정답】③

핵심 17 대칭 3상 교류 Y결선(성형)

1 결선도

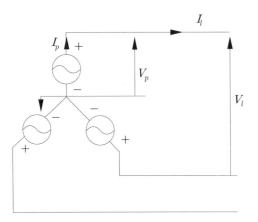

(I_l : 선전류, V_l : 선간전압, I_p : 상전류, V_p : 상전압)

2 선전류

$$I_l = I_p$$

선전류는 상전류와 크기 및 위상이 같다.

---

3 선간전압

$$V_l = \sqrt{3}\, V_p \angle 30°$$

선간전압은 상전압의 $\sqrt{3}$ 배

위상은 상전압보다 30° 앞선다.

4 소비전력

$$P = \sqrt{3}\, V_l I_l \cos\theta = 3 V_p I_p \cos\theta = 3 I_p^2 R \text{[W]}$$

기출 선간전압 210[V], 선전류 10[A]의 Y결선 회로가 있다. 상전압과 상전류는 각각 얼마인가?

(14/2)

① 121[V], 5.77[A]   ② 122[V], 10[A]
③ 210[V], 5.77[A]   ④ 210[V], 10[A]

[3상 교류의 Y결선의 선간전압, 상전압]

· $V_l = \sqrt{3}\, V_P$ → $V_p = \dfrac{V_l}{\sqrt{3}}$ [V]

1. 상전압 $V_p = \dfrac{V_l}{\sqrt{3}} = \dfrac{210}{\sqrt{3}} \fallingdotseq 122$[V]

2. Y결선에서 선전류의 위상과 크기는 상전류와 같다.
   즉, $I_l = I_p$. 그러므로 상전류 $I_p = 10$[A]

【정답】②

핵심 18 대칭 3상 교류 △ 결선(환형)

1 결선도

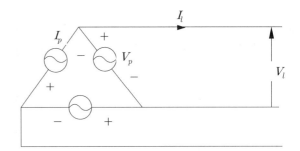

2 선전류

$$I_l = \sqrt{3}\, I_p \angle -30°$$

선전류는 상전류의 $\sqrt{3}$ 배이고

위상은 상전류보다 30° 뒤진다.

3 선간전압

$$V_l = V_p$$

선간전압과 상전압의 크기 및 위상은 같다.

4 소비전력

$$P = \sqrt{3}\, V_l I_l \cos\theta = 3 V_p I_p \cos\theta = 3 I_p^2 R\,[\text{W}]$$

> ※ Y결선, △결선 모두 3상 전력식은 $\sqrt{3}\, VI \cos\theta$ 이며, 이때 V, I 는 선간전압, 선간전류이며 θ는 전압과 전류의 위상 차이다.

5 대칭 3상 교류의 전압과 전류의 관계

항목	Y결선	△결선
전압	$V_l = \sqrt{3}\, V_P \angle 30$	$V_l = V_p$
전류	$I_l = I_p$	$I_l = \sqrt{3}\, I_P \angle -30$

여기서, I_l : 선전류, V_l : 선간전압, I_p : 상전류
V_p : 상전압

기출 △결선의 전원에서 선전류가 40[A]이고 선간전압이 220[V]일 때의 상전류는?   (10/2 14/5)

① 13[A]　　　　② 23[A]
③ 69[A]　　　　④ 120[A]

[△결선(환형)] △결선시 Y결선에 비해 선전류가 상전류보다 $\sqrt{3}$배 크다. (선간전압과 상전압은 같다.)
· 선전류 $I_l = \sqrt{3}\, I_p\,[A]$ → (I_l : 선전류, I_p : 상전류)
· 상전류 $I_p = \dfrac{I_l}{\sqrt{3}} = \dfrac{40}{\sqrt{3}} = 23.09[A]$　　【정답】②

핵심 **19** **대칭 3상 교류 V결선**

1 V결선이란?

△결선된 3상 전원 중 1상을 제거한 상태, 즉 2개상의 전원만을 이용하여 3상 부하에 전력을 공급하여 운전하는 결선법

---

① 상전압 $V_p = V_l$

② 상전류 $I_p = I_l$

③ 출력 $P_v = \sqrt{3}\, V_l I_l \cos\theta = \sqrt{3}\, V_p I_p \cos\theta\,[W]$

④ 출력비 $= \dfrac{V결선출력(P_v)}{△결선출력(P_\triangle)}$

$$= \frac{\sqrt{3}\, V_l I_l}{3 V_p I_p} \cos\theta = \frac{\sqrt{3}}{3} = 0.577$$

⑤ 이용률 $= \dfrac{V결선허용용량(P_v)}{2대 허용용량(P_2)}$

$$= \frac{\sqrt{3}\, VI}{2VI} = \frac{\sqrt{3}}{2} = 0.866$$

기출 변압기에서 V결선의 이용률은?   (00/1 13/2 17/4)

① 0.577　　　　② 0.707
③ 0.866　　　　④ 0.977

[V결선시 이용률]
V결선시 이용률은 $\dfrac{\sqrt{3} \times 1대 용량}{2 \times 1대 용량} = \dfrac{\sqrt{3}}{2} = 0.866$

【정답】③

핵심 **20** **대칭 3상 전력**

1 대칭 3상 전력이란?

평형3상회로의 전력 P는 부하의 결선 상태에 관계없이 항상 다음과 같이 각각의 전력을 나타낼 수 있다.

2 피상전력 (P_a)

임피던스 부하 Z에서 소비하는 전력

$$P_a = \sqrt{3}\, V_l I_l = 3 V_p I_p = 3 I_p^2 Z_p\,[\text{VA}]$$

3 유효전력(P) (소비전력, 평균전력)

저항부하 R에서 소비하는 전력

$$P = \sqrt{3}\, V_l I_l \cos\theta = 3 V_p I_p \cos\theta = 3 I_p^2 R\,[\text{W}]$$

4 무효전력 (P_r)

리액턴스 부하 X에서 소비하는 전력

$P_r = \sqrt{3}\ V_l I_l \sin\theta = 3 V_p I_p \sin\theta = 3 I_p^2 R [\mathrm{Var}]$

($\sin\theta$: 무효율)

5 역률($\cos\theta$)

피상전력(P_a)에 대한 유효전력 P의 비

$\cos\theta = \dfrac{P}{P_a} = \dfrac{R}{Z}$

기출 3상 교류회로의 선간전압이 13200[V], 선전류가 800[A], 역률 80[%] 부하의 소비전력은 약 몇 [MW]인가?

(16/1)

① 4.88   ② 8.45

③ 14.63   ④ 25.34

[대칭 3상 교류의 소비전력] $P = \sqrt{3}\ V_l I_l \cos\theta [\mathrm{W}]$

$P = \sqrt{3}\ V_l I_l \cos\theta$

$\quad = \sqrt{3} \times 13200 \times 800 \times 0.8 = 14,631,936 [\mathrm{W}]$

$\quad = 14632[\mathrm{kW}] = 14.632[\mathrm{MW}]$

$\rightarrow (\mathrm{mega[M]} = 10^6 = 1,000,000)$

【정답】③

핵심 **21 저항의 Y, △ 접속 및 변환**

1 $Y \rightarrow \triangle$ 변환

① $R_{ab} = \dfrac{R_a R_b + R_b R_c + R_c R_a}{R_c} [\Omega]$

② $R_{bc} = \dfrac{R_a R_b + R_b R_c + R_c R_a}{R_a} [\Omega]$

③ $R_{ca} = \dfrac{R_a R_b + R_b R_c + R_c R_a}{R_b} [\Omega]$

2 $\triangle \rightarrow Y$ 변환

① $R_a = \dfrac{R_{ab} R_{ca}}{R_{ab} + R_{bc} + R_{ca}} [\Omega]$

② $R_b = \dfrac{R_{ab} R_{bc}}{R_{ab} + R_{bc} + R_{ca}} [\Omega]$

③ $R_c = \dfrac{R_{bc} R_{ca}}{R_{ab} + R_{bc} + R_{ca}} [\Omega]$

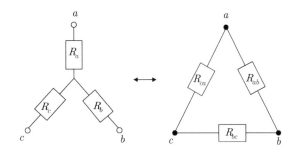

3 평형 회로에서의 결선 변환

① $Y \rightarrow \triangle$ 변환 : Y결선에 비하여 저항값이 3배로 증가한다. 즉, $R_\triangle = 3 R_Y$

② $\triangle \rightarrow Y$ 변환 : △결선에 비하여 저항값이 $\dfrac{1}{3}$ 배로 감소한다. 즉, $R_Y = \dfrac{1}{3} R_\triangle$

기출 평형 3상 교류 회로에서 △부하의 한 상의 임피던스가 $Z_\triangle$일 때, 등가 변환한 Y부하의 한 상의 임피던스 Z_Y는 얼마인가?

(08/1 09/4 15/2)

① $Z_Y = \sqrt{3}\ Z_\triangle$ ② $Z_Y = 3 Z_\triangle$

③ $Z_Y = \dfrac{1}{\sqrt{3}} Z_\triangle$ ④ $Z_Y = \dfrac{1}{3} Z_\triangle$

[평형회로에서의 결선변환]

1. $\triangle \rightarrow Y$변환 : △ 결선에 비하여 저항값이 $\dfrac{1}{3}$ 배로 감소한다.

    즉, $R_Y = \dfrac{1}{3} R_\triangle$

2. $R_Y = \dfrac{1}{3} R_\triangle$ 에서 $R = Z$이므로 $Z_Y = \dfrac{1}{3} Z_\triangle$

【정답】④

---

1 1전력계법

단상전력계 1개를 이용하여 3상 전력을 측정하는 방법

유효전력 $P = 3W_1[W]$

2 2전력계법에 의한 3상 전력 측정

단상 전력계 2대로 3상전력을 계산하는 법

① 유효전력 $P = |W_1| + |W_2|$

② 무효전력 $P_r = \sqrt{3}(|W_1 - W_2|)$

③ 피상전력 $P_a = \sqrt{P^2 + P_r^2} = 2\sqrt{W_1^2 + W_2^2 - W_1 W_2}$

④ 역률 $\cos\theta = \dfrac{P}{P_a} = \dfrac{W_1 + W_2}{2\sqrt{W_1^2 + W_2^2 - W_1 W_2}}$

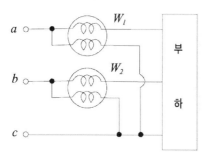

3 3전력계법

단상전력계 3개를 이용하여 3상 전력을 측정하는 방법

유효 전력 $P = W_1 + W_2 + W_3[W]$

기출 2전력계법으로 3상 전력을 측정하였더니 전력계의 지시값이 $P_1 = 450[W]$, $P_2 = 450[W]$이였다. 이 부하의 전력[W]은 얼마인가? (11/5 13/4 15/4 16/4)

① 450　　　　② 900

③ 1350　　　　④ 1560

[3상 교류의 2전력계법] 부하전력은 유효전력이므로

$P = W_1 + W_2 = P_1 + P_2[W]$

(P_1 : W_1의 지시값, P_2 : W_2의 지시값)

$P_1 = 450[W]$, $P_2 = 450[W]$

$P = P_1 + P_2[W] = 450 + 450 = 900[W]$ 　　【정답】②

---

1 비정현파 교류회로의 의미]

· 파형이 정현파가 아닌 파의 총칭, 왜파라고 함

· 비정현파를 여러 개의 정현파 합으로 표현할 수 있는데, 이는 푸리에 분석으로 나타낼 수 있다.

· 구형파, 3각파, 대형파 등의 파형을 가리켜 일반적으로 비정현파라고 한다.

정현파 (전파)	정현파 (반파)	구형파 (전파)	구형파 (반파)	삼각파 (톱니파)

전문가 Tip

[비정현파의 발생원인]

① 교류발전기에서의 전기자반작용에 의해

② 변압기에서의 철심의 자기포화 및 히스테리시스 현상에 의해

③ 다이오드의 비직선성에 의해 발생.

2 비정현파의 구성

비정현파=직류성분+기본파+고조파로 구성

$$f(t) = a_0 + \sum_{n=1}^{\infty} a_n \cos n\omega t + \sum_{n=1}^{\infty} b_n \sin n\omega t$$

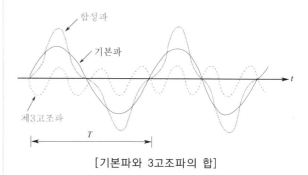

[기본파와 3고조파의 합]

① 직류성분(평균값) $a_0 = \dfrac{2}{T}\displaystyle\int_0^T f(t)\,dt$

② cos항 $a_n = \dfrac{2}{T}\displaystyle\int_0^T f(t)\cos n\omega t\,dt$

③ sin항 $b_n = \dfrac{2}{T}\displaystyle\int_0^T f(t)\sin n\omega t\,dt$

기출 비사인파 교류의 일반적인 구성이 아닌 것은?

(08/5 11/2 14/1 18/2)

① 기본파   ② 직류성분
③ 고조파   ④ 삼각파

[비사인파의 구성] 비사인파 = 고조파+기본파+직류성분
【정답】④

---

3 실효값

① $i(t) = I_0 + \displaystyle\sum_{n=1}^{\infty} I_{mn}\sin(n\omega t + \theta_n)$

$= I_0 + \sqrt{2}\displaystyle\sum_{n=1}^{\infty} I_n\sin(n\omega t + \theta_n)$

② $v(t) = V_0 + \displaystyle\sum_{n=1}^{\infty} V_{mn}\sin(n\omega t)$

$= V_0 + \sqrt{2}\displaystyle\sum_{n=1}^{\infty} V_n\sin(n\omega t)$ 으로 부터

③ 실효값 $I = \sqrt{I_0^2 + \left(\dfrac{I_{m1}}{\sqrt{2}}\right)^2 + \left(\dfrac{I_{m2}}{\sqrt{2}}\right)^2 + \cdots + \left(\dfrac{I_{mn}}{\sqrt{2}}\right)^2}$

$= \sqrt{I_0^2 + I_1^2 + I_2^2 + \cdots\cdots I_n^2}$

④ 실효값 $V = \sqrt{V_0^2 + V_1^2 + V_2^2 + \cdots\cdots + V_n^2}$

기출 비정현파의 실효값을 나타낸 것은?   (12/1 15/1)
① 최대파의 실효값
② 각 고조파의 실효값의 합
③ 각 고조파의 실효값의 합의 제곱근
④ 각 고조파의 실효값의 제곱의 합의 제곱근

[비정현파의 실효값]
$I = \sqrt{\text{각파의 실효값 제곱의 합}}$
$= \sqrt{I_0^2 + I_1^2 + I_2^2 + \cdots\cdots + I_n^2}$ 【정답】④

---

4 왜형률 (일그러짐)

비정현파가 정현파를 기준으로 어느 정도 일그러졌는
지를 표시하는 척도로 사용

왜형률 $D = \dfrac{\text{전고조파의 실효값}}{\text{기본파의 실효값}}$

$= \dfrac{\sqrt{V_2^2 + V_3^2 + \cdots + V_n^2}}{V_1}$

※정현파는 기본파만 있고 고조파가 없으므로 왜형률은 0이다.

기출 기본파의 3[%]인 제3고조파와 4[%]인 제5고조파, 1[%]인 제7고조파를 포함하는 전압파의 왜형률은?

(11/2)

① 약 2.7[%]   ② 약 5.1[%]
③ 약 7.7[%]   ④ 약 14.1[%]

[비사인파의 비정현파의 왜형률]
$D = \dfrac{\text{전고조파의 실효값}}{\text{기본파의 실효값}}\times 100 = \dfrac{\sqrt{I_2^2 + I_3^2 + \cdots + I_n^2}}{I_1}\times 100$
[기본파를 1로 할 경우]
3고조파 : 기본파의 3[%]=0.03
5고조파 : 기본파의 4[%]=0.04
7고조파 : 기본파의 1[%]=0.01
$D = \dfrac{\sqrt{I_3^2 + I_5^2 + I_7^2}}{I_1}\times 100$
$= \dfrac{\sqrt{0.03^3 + 0.04^2 + 0.01^2}}{1}\times 100 = 5.1[\%]$
【정답】②

---

5 비정현파 교류의 전력

비정현파의 교류전력은 직류분과 각 고조파 전력의 합

① 유효전력 $P = V_0 I_0 + \displaystyle\sum_{n=1}^{\infty} V_n I_n\cos\theta_n[\mathrm{W}]$

② 무효전력 $P_r = \displaystyle\sum_{n=1}^{\infty} V_n I_n\sin\theta_n[\mathrm{Var}]$

③ 피상전력

$P_a = \sqrt{V_0^2 + V_1^2 + \cdots + V_n^2}\sqrt{I_0^2 + I_1^2 + \cdots + I_n^2}$

$= VI[\mathrm{VA}]$

④ 역률 $\cos\theta = \dfrac{P}{P_a} = \dfrac{P}{VI}$

6 비정현파 교류 전압

$$v(t) = V_0 + \sqrt{2}\,v_1 \sin\omega t + \sqrt{2}\,v_3 \sin 3\omega t + \sqrt{2}\,v_5 \sin 5\omega t$$

7 비정현파 임피던스

① 기본파의 임피던스 $Z_1 = \sqrt{R^2 + (\omega L)^2}\,[\Omega]$

② 제3고조파의 임피던스 $Z_3 = \sqrt{R^2 + (3\omega L)^2}\,[\Omega]$

③ 제5고조파의 임피던스 $Z_5 = \sqrt{R^2 + (5\omega L)^2}\,[\Omega]$

8 비정현파 전류

① $i(t) = I_0 + \sqrt{2}\,I_1 \sin(\omega t - \theta_1) + \sqrt{2}\,I_3 \sin(3\omega t - \theta_3)$
$\qquad + \sqrt{2}\,I_5 \sin(5\omega t - \theta_5)$

② 기본파의 전류 $I_1 = \dfrac{V_1}{Z_1} = \dfrac{V_1}{\sqrt{R^2 + (\omega L)^2}}\,[A]$

③ 제3고조파의 전류 $I_3 = \dfrac{V_3}{Z_3} = \dfrac{V_3}{\sqrt{R^2 + (3\omega L)^2}}\,[A]$

④ 제5고조파의 전류 $I_5 = \dfrac{V_5}{Z_5} = \dfrac{V_5}{\sqrt{R^2 + (5\omega L)^2}}\,[A]$

⑤ 전체 전류 $I = \sqrt{I_1^2 + I_3^2 + I_5^2}\,[A]$

※기본파 : 비사인파에서 주파수가 f인 파
※고조파 : 주파수가 기본파의 n배인 파동을 제3 또는 제5 고조
파라고 한다.

---

1 과도현상의 개념

① 정상상태 : 저항 R과 리액턴스 X로 구성된 회로 등에서 t=0인 시간을 기준으로 하여 스위치를 개폐할 경우, 스위치 개폐직후 회로에 흐르기 시작한 전류가 어느 일정한 시간 후 더 이상 변화하지 않는 크기에 도달하는 상태

② 과도상태 : 스위치 개폐 직전의 정상 상태에서 스위치 개폐 직후의 정상 상태에 이르는 기간 동안, 시간에 따라 변화하는 전류가 흐르는 상태

③ 과도현상 : 스위치 개폐 직후의 과도 기간에 나타나는 전압이나 전류의 여러 가지 변화 현상

2 R-L 직렬회로

① 전체전류(i)=정상전류(i_s)+과도전류(i_t)

전체전류 $i = \dfrac{E}{R}\left(1 - e^{\frac{R}{L}t}\right)[A]$

② 정상전류 $i_s = \dfrac{E}{R}\,[A]$

③ 과도전류 $i = i_t = \dfrac{E}{R}\left(1 - e^{\frac{R}{L}t}\right)[A]$

④ 시정수(τ) : 스위치를 ON한 후 정상전류의 63.2[%]에 도달하는데 걸리는 시간

시정수 $\tau = \dfrac{L}{R}\,[\text{sec}]$

3 R-C 직렬회로

① 충전전류 : 스위치를 ON한 직후부터 콘덴서 C의 충전 특성으로 인한 정상전류가 0[A]가 되기까지에 나타나는 과도전류

충전전류 $i = \dfrac{E}{R}\left(1 - e^{\frac{R}{L}t}\right)[A]$

② 초기전류 : 스위치를 ON하는 순간 회로에 흐르는 전류

초기전류 $i = \dfrac{E}{R}\,[A]$

③ 시정수(τ) : 스위치를 ON한 후 초기전류의 36.8[%]로 감소하는데 걸리는 시간

시정수 $\tau = RC\,[\text{sec}]$

※시정수가 크면 과도현상이 오래 지속되고, 작으면 짧아진다.

기출 RC 직렬 회로에서의 시정수 RC와 과도 현상과의 관계로 옳은 것은? (17/4)

① 시정수 RC의 값이 클수록 과도현상은 빨리 사라진다.
② 시정수 RC의 값이 클수록 과도현상은 오랫동안 지속된다.
③ 시정수 RC의 값이 작을수록 과도현상은 천천히 사라진다.
④ 시정수 RC의 값은 과도현상의 지속시간과 관계가 없다.

[시정수] 과도상태에서 정상상태로 되는데 걸리는 시간, 시정수가 크면 과도현상이 오래 지속되고, 작으면 짧아진다.

【정답】②

핵심 01 전류의 발열작용

1 줄의 법칙

· 전선에 전류가 흐르면 열이 발생하는 현상

· 전류에 의해 생기는 열량은 전류의 세기의 제곱, 도체
  의 전기저항, 전류가 흔른 시간에 비례

· 열은 [J]이나 [cal] 단위로 나타낼 수 있다.

· 단위 시간당 줄열 $Q = I^2 R [J]$

· 줄열 $Q = 0.24 Pt [cal]$

$$= 0.24 I^2 R \, t = 0.24 \, VIt = 0.24 \frac{V^2}{R} t \, [cal]$$

여기서, P : 전력[W], I : 전류[A], V : 전압[V]

R : 저항[Ω], t : 시간[sec])

※ 1[J] = 0.24[cal], 1[cal]=4.2[J]

기출 저항이 10[Ω]인 도체에 1[A]의 전류를 10분간 흘렸다
면 발생하는 열량은 몇 [kcal]인가? (15/1)

① 0.62   ② 1.44

③ 4.46   ④ 6.24

[줄의 법칙] 줄열 $Q = 0.24 I^2 Rt \, [cal]$

저항(R) : 10[Ω], 전류(I) : 1[A], 시간(t) : 10분(10×60[초])

$Q = 0.24 I^2 Rt$
$= 0.24 \times 1^2 \times 10 \times 10 \times 60 = 1440 [cal] = 1.44 [kcal]$

【정답】②

---

2 전력 (P)

단위 시간 동안 전기장치에 공급되는 전기에너지

단위로는 [W](와트)=[J/sec]

전력 $P = \dfrac{W}{t} [J/s] = \dfrac{QV}{t} = VI [W]$

여기서, W : 전력량, Q : 전기량, V : 전위

t : 시간[sec])

3 전력량(W)

일정 시간 동안 전류가 행한 일 또는 공급되는 전기에너
지의 총량

단위로는 [J], [$W \cdot sec$]를 사용한다.

전력량(일의 양) $W = Pt [W \cdot sec]$

※1[$W \cdot sec$] = 1[J]

1[Wh] = 3600[$W \cdot sec$] = 3600[J]

1[kWh] = 1000[Wh] = 3.6×10^6 [J]

4 제벡 효과

· 폐회로에 열기전력이 발생하여 열전류가 흐르는 현상
  으로 이때 연결한 금속 루프를 열전대라 한다.

· 열전대의 종류로는 철-콘스탄탄, 구리-콘스탄탄, 크
  로멜-알루멜, 백금-백금로듐 등이 있다.

5 펠티에 효과

· 제벡 효과와 반대되는 현상

· 두 종류 금속 접속면에 전류를 흘리면 접속점에서 열
  의 흡수 또는 발생이 일어나는 현상

· 펠티에 효과는 전자 냉동기의 원리에 이용된다.

기출 두 금속을 접속하여 여기에 전류를 흘리면, 줄열
외에 그 접점에서 열의 발생 또는 흡수가 일어나는
현상은? (06/5 07/1 11/2 15/4)

① 줄효과   ② 홀효과

③ 제벡효과   ④ 펠티에효과

[펠티에 효과] 두 종류 금속 접속면에 전류를 흘리면 접속점에
서 열의 흡수 또는 발생이 일어나는 현상

【정답】④

---

1 페러데이의 법칙

- 전기분해에 의해 석출되는 물질의 석출량 $w[g]$은 전해액 속을 통과한 전기량 $Q[C]$에 비례한다.

  석출량 $W = kQ = kIt[g]$

  여기서, W : 석출량$[g]$, k : 전기화학 당량

  I : 전류, t : 통전시간 [sec], Q : 전기량

- 총전기량이 같으면, 물질의 석출량은 그 물질의 전기화학당량에 비례

- 전기분해 법칙과 전자기유도 법칙이 이에 해당한다.

기출 황산구리 용액에 10[A]의 전류를 60분간 흘린 경우 이때 석출되는 구리의 양은? (단, 구리의 전기화학당량은 0.3293×10^{-3} [g/c]임) (10/4)

① 약 1.97[g] ② 약 5.93[g]
③ 약 7.82[g] ④ 약 11.86[g]

[전기분해의 석출량] $W = kQ = kIt[g]$

$W = kIt[g] = 0.3293 \times 10^{-3} \times 10 \times 60 \times 60 = 11.8548[g]$

【정답】④

---

2 1차 전지 (볼타전지)

- 충전이 불가능한 일회용 전지
- 음극에서는 전자를 내어 놓는 산화반응, 양극은 전자를 얻어 환원반응
- 볼타전지, 망간건전지, 수은건전지, 표준전지 등

① (−)극 : $Zn \rightarrow Zn^{2+} + 2e^-$

② (+)극 : $\begin{aligned} Zn^{2+} + 4NH_3 &\rightarrow Zn(NH_3)_4^{2+} \\ 2H^+ + 2e^- &\rightarrow H_2 \end{aligned}$

$H_2 + 2MnO_2 \rightarrow Mn_2O_3 + H_2O$

🔧 전문가 Tip

① 분극작용 : 볼타 전지로부터 전류를 얻게 되면 양극의 표면이 수소 기체에 의해 둘러싸이게 되는 현상이다. 유전체가 이 현상을 나타낸다.

---

② 국부작용 : 전극의 불순물로 인하여 기전력이 감소하는 현상

③ 전기화학당량 : 전기분해에서 1쿨롱[C]의 전기량으로 전극에 석출되는 원자 또는 원자단의 질량(g수)을 그 원자 또는 원자단의 전기화학 당량이라고 한다. 1[g] 당량을 석출하는데 필요한 전기량은 물질에 관계없이 같다.

3 망간전지(망가니즈 전지)

- 가장 널리 사용되는 대표적인 1차전지이다.
- 급방전에 적합하지 않다.
- 전등이나 전화 및 소형 라디오 등에 사용된다.

① 양극 : C(탄소봉), 음극 : Zn

② 전해액 : 염화암모니아(NH_4Cl)

③ 감극제 : MnO_2

④ 기전력 : 1.5~1.6[V]

4 수은전지

- 소형으로 전기용량이 큰 것을 만들 수 있다.
- 사용중 전압이 일정하다.

① 양극 : Ni, 음극 : Zn

② 전해액 : 수산화칼륨(KOH)

③ 감극제 : 산화수은(HgO)

④ 기전력 : 1.3~1.4[V]

※[감극제] 분극현상에 의한 전압강하를 막기 위해 사용된다.

5 2차전지의 종류 및 특징

- 충전과 방전을 교대로 반복할 수 있는 전지
- 납축전지, 니켈·카드뮴 전지, 리튬이온전지 등

6 납축전지

① 화학 반응식

$$PbO_2 + 2H_2SO_4 + Pb \underset{\overset{\leftarrow \text{충전}}{}}{\overset{\text{방전}}{\rightleftharpoons}} PbSO_4 + 2H_2O + PbSO_4$$

| 양극 | 전해액 | 음극 | | 양극 | 전해액 | 음극 |

② 충전 시 전해액 : 묽은 황산($2H_2SO_4$)

　（농도 27~30[%], 비중 1.2~1.3의 묽은 황산 ）

③ 공칭전압 : 2.0[V/cell]

④ 공칭용량 : 10[Ah]

⑤ 방전종료전압 : 1.8[V]

기출 납축전지의 전해액은?　　　　(10/2 13/2 13/4 17/2)

　① 염화암모늄 용액　　　② 묽은황산

　③ 수산화칼륨　　　　　④ 염화나트륨

[납축전지 화학반응식] 충전 시 전해액 : 묽은황산(H_2SO_4)

【정답】②

---

7 알칼리축전지

① 화학반응식

$$2NiOOH + 2H_2O + Cd \underset{\text{충전}}{\overset{\text{방전} \rightarrow}{\Leftrightarrow}} Ni(OH)_2 + Cd(OH)_2$$

양극　전해액　음극　　　양극판　음극판

② 공칭전압 : 1.2[V/cell]

③ 공칭용량 : 5[Ah]

8 알칼리 축전지의 장점과 단점

· 충·방전 특성이 양호하다.

· 방전시 전압 변동이 적다.

· 수명이 길다(연축전지의 3~4배).

· 사용 온도 범위가 넓다.

· 가격이 비싸다.

· 연축전지보다 공칭전압이 낮다.

기출 알칼리축전지의 대표적인 축전지로 널리 사용되고
있는 2차 전지는?　　　　　　　　　(16/1)

　① 망간전지　　　　　② 산화은 전지

　③ 페이퍼 전지　　　　④ 니켈 카드뮴 전지

[2차전지] 납축전지, 니켈카드뮴 전지, 리튬이온전지 등이 있다.

【정답】④

---

9 축전지의 용량

일정한 전류로 연속 방전하여 방전종료전압이 될 때까지 사용할 수 있는 양이다.

축전지 용량[Ah]=방전전류[A]×장전시간[h]

※[방전종료전압] 축전지를 어떤 전압 이하로 방전해서는 안 되는
　전압

기출 10[A]의 전류로 6시간 방전할 수 있는 축전지의
용량은?　　　　　　　　　　　　　　(12/1)

　① 2[Ah]　　　　　　　② 15[Ah]

　③ 30[Ah]　　　　　　　④ 60[Ah]

[축전지의 용량] [Ah]=방전전류[A]×방전시간[h]
방전전류 : 10[A], 방전시간 : 6시간
축전지의 용량=10×6=60[Ah]

【정답】④

---

10 축전지의 직렬연결

· 용량(전류)은 한 개일 때와 동일하고 전압은 배가 된다.

· 2개 이상의 축전지를 직렬 연결할 때에는 서로 다른
　극과 연결한다.

11 축전지의 병렬연결 방법

· 용량(전류)은 2배이고, 전압은 1개일 때와 동일

· 2개 이상의 축전지를 병렬 연결할 때에는 서로 같은
　극과 연결한다.

1장 직류기기

핵심 01 직류발전기의 기초

1 직류기란?

· 직류발전기와 직류전동기를 총칭

· 직류발전기는 기계적인 에너지를 전기적인 에너지로 변화시키는 것

· 직류전동기는 전기적인 에너지를 기계적인 에너지로 바꾸는 것

2 직류발전기

렌츠의 전자유도법칙과 플레밍의 오른손 법칙에 의하여 기전력(전압)을 발생

3 렌츠의 전자유도 법칙

유도기전력은 유도전류의 발생 원인이 되는 자기력선속의 변화를 방해하려는 방향으로 발생하는데 이를 렌츠의 법칙이라 한다.

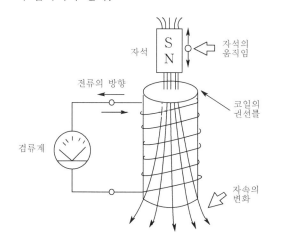

$$e = - N\frac{d\varnothing}{dt}\ [V]$$

(패러데이의 법칙 : 기전력의 크기)

(렌츠의 법칙 : 기전력의 방향)

4 플레밍오른손법칙

· 자계 내에서 도선을 왕복 운동시키면 도선에 기전력이 유기된다.

· 자기장 속에서 도선이 움직일 때 자기장의 방향과 도신이 움직이는 빙향으로 유도기전력의 방향을 결정하는 규칙

· 발전기의 원리

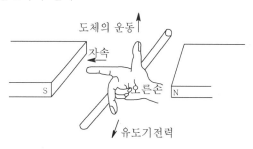

5 직류발전기의 원리

· 전자유도작용에 의해 교류기전력을 얻으며, 직류발전기는 교류발전기의 슬립링 대신에 정류자를 설치하여 직류전원을 얻는다.

· 플레밍의오른손법칙에 따라 기전력이 유기된다.

① 기전력의 순시치 $e = Blv\sin\theta\,[V]$

여기서, B : 자속밀도 $[wb/m^2]$

l : 도체의 유효길이 [m]

v : 도체의 회전속도 [m/s])

[직류발전기와 교류발전기의 차이]

직류발전기와 교류발전기의 차이는 정류자가 있느냐 없느냐에 있다.

즉, 발전기에 정류자가 있으면 직류 발전기이고, 정류자가 없으면 교류 발전기가 된다.

기출 플레밍(Fleming)의 오른손 법칙에 따르는 기전력이 발생하는 기기는?　(07/1 08/4)

① 교류발전기　　　② 교류전동기

③ 교류정류기　　　④ 교류용접기

[플레밍오른손법칙] 발전기 원리

※플레밍의 왼손법칙 : 전동기 원리　　　【정답】①

※성층이란 맴돌이 전류손(와류손)과 히스테리시스손의 손실을 적게 하기 위하여 규소가 함유(3~4[%])된 규소 강판을 겹쳐서 적층시킨 것이다.

4 정류자(Commutator)

· 전기자에 유도된 기전력 교류를 직류로 변화시켜주는 부분

· 브러시와 함께 정류작용을 한다.

5 브러시(Brush)

· 정류자에 접촉하여 정류자와 함께 정류작용을 한다.

· 전기자 권선과 외부회로 접속

· 브러시에는 탄소질과 흑연질이 있다.

핵심 02 2 직류발전기의 구조

1 직류발전기 구성 3요소

직류발전기는 크게 계자, 전기자, 정류자로 구성

2 계자(Field)

계자는 계자권선, 계자철심, 자극 및 계철로 구성

자속($\varnothing$)을 만드는 부분

① 계자권선 : 계자철심이 감겨져 있고, 이 권선에 전류가 흐르면 자속이 발생, 둥근 구리선이나 평각 구리선 사용

② 계자철심 : 계자권선으로 자극을 만드는 부분

3 전기자(Amature)

· 전기자 권선, 전기자 철심, 정류자 및 회전축으로 구성

· 기전력을 유도하는 부분

· 전기자 철심은 0.35~ 0.5[mm] 두께의 규소강판으로 성층하여 만든다.

기출1 직류발전기에서 자속을 만드는 부분은 어느 것인가?　(14/2)

① 계자철심　　　② 정류자

③ 브러시　　　④ 공극

[직류기의 계자] 계자는 계자권선, 계자철심, 자극 및 계철로 구성, 자속($\varnothing$)을 만드는 부분　　　【정답】①

기출2 정류자와 접촉하여 전기자권선과 외부 회로를 연결하는 역할을 하는 것은?　(09/4 15/1)

① 계자　　　② 전기자

③ 브러시　　　④ 계자철심

[직류기의 브러시] 브러시는 정류자에 접촉하여 정류자와 함께 정류작용을 하며, 전기자권선과 외부회로 접속

【정답】③

---

1 전기자 권선

- 환상권(×)
  - 고상권 ┬ 개로권(×)
  - └ 폐로권 ┬ 단층권(×)
    - └ 이층권 ┬ 중권(병렬권)
      - └ 파권(직렬권)–단절권

- 직류기는 기전력을 안정되게 하기 위해 고상권, 폐로권, 2층권, 중권(병렬권), 파권(직렬권), 단절권을 선택한다.

권선법	선택	주요 특징
환상권	×	환상철심에 권선을 안팎으로 감은 것
고상권	O	원통형 철심의 표면에서만 권선이 왔다 갔다 하도록 만든 것
개로권	×	외부 회로에 접속되어야만 비로소 폐회로가 되는 권선으로 직류기의 권선은 전부 폐로권이다.
폐로권	O	어떤 점에서 출발하여도 권선도체를 따라가면 출발점에 되돌아와서 닫혀지고 폐회로가 된다.
단층권	×	슬롯 1개에 코일변 1개만을 넣는 방법
2층권	O	높은 기전력을 얻기 위해 슬롯 1개에 상·하 2층으로 코일변을 넣는 방법이다.
중권 (병렬권)	O	중권의 병렬회로 수는 극수와 같다. (대전류, 저전압 계통에 적당)
파권 (직렬권)	O	파권의 병렬회로 수는 극수에 관계없이 2개뿐이다. (소전류, 고전압 계통에 적당)
단절권	O	극간격과 권선 간격이 서로 다르다. (정현파 발생)
전절권	O	극간격과 권선간격이 서로 같다. (고조파 발생)

2 중권과 파권의 비교

항목	중권(병렬권)	파권(직렬권)
a(병렬 회로수)	$a = p$(극수와 같다)	$a = 2$(항상 2이다)
b(브러시수)	p(극수와 같다)	2혹은 p(극수만큼)
균압환(균압접속)	4극 이상 필요	불필요
용도	대전류, 저전압	소전류, 고전압

전문가 Tip

[균압환(균압접속)]

① 중권에서 전기자 권선이 국부적으로 파열하는 것을 방지하기 위한 것으로 전기자권선 등전위의 점을 저항이 적은 도선으로 접속하여 순환전류가 전부 이 도선을 통하게 하여 권선의 파열을 막아주는 접속을 말한다. 따라서 브러시에서 불꽃을 방지할 수 있다.

② 파권으로 하면 균압환이 필요 없다.

기출 8극 파권 직류발전기의 전기자 권선의 병렬 회로수[a]는 얼마로 하고 있는가?　(07/4 15/2)
　① 1　　② 2　　③ 6　　④ 8

[직류기의 전기자권선법] 단중 파권의 병렬회로수(a)는 항상 2이다.　【정답】②

1 유도기전력

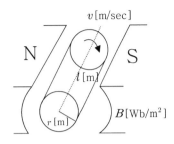

① 도체 1개의 유도기전력 $e=vBl\sin\theta[V]$

② 도체 1개에 유기되는 최대기전력

$$e=vBl=\frac{2\pi rN}{60}\times\frac{p\varnothing}{2\pi rl}\times l=\frac{p\varnothing N}{60}[V]$$

③ 회전자 주변속도 $v=\pi Dn=2\pi rn=2\pi r\frac{N}{60}[m/sec]$

④ 자속밀도 $B=\dfrac{전체\ 자속}{원통\ 표면적}=\dfrac{p\varnothing}{2\pi rl}[Wb/m^2]$

⑤ 전체 유도기전력

$$E=e\times\frac{Z}{a}=p\varnothing\frac{N}{60}\frac{Z}{a}=\frac{pZ}{60a}\varnothing N=K_1\varnothing N[V]$$

여기서, Z : 전기자 총 도체수, a : 병렬회로 수

　　　　p : 극수, N : 회전수(rpm)

　　　　$\varnothing$: 매극당 자속수, B : 자속 밀도

　　　　$K_1=\dfrac{pZ}{60a}$: 기계상수

※직류 발전기의 유도 기전력은 자속과 회전수에 비례한다.
즉, $E\propto\varnothing(N일정)$, $E\propto N(\varnothing일정)$

기출 직류 분권발전기가 있다. 전기자 총도체수 220, 매극의 자속수 0.01[Wb], 극수 6, 회전수 1500[rpm] 일 때 유기기전력은 몇 [V]인가? (단, 전기자 권선은 파권이다.)　　(11/4 16/2)

① 60　　　　　　② 120

③ 165　　　　　④ 240

[직류 발전기의 전체 유도기전력] $E=\dfrac{pZ}{60a}\varnothing N[V][V]$

총도체수(Z) : 220, 매극당 자속수($\varnothing$) : 0.01
극수(p) : 6, 회전수(N) : 1500

$$E=\frac{Zp\varnothing N}{60a}[V]=\frac{220\times6\times0.01\times1500}{2\times60}=165[V]$$

　　　→ (파권의 병렬 회로수는 항상 2이다.)

【정답】③

1 전기자반작용이란?

· 전기자에 흐르는 전류에 의해서 발생된 전기자 자속이 계자의 자속에 영향을 주는 현상

· 전기자 반작용이 생기면, 주자속이 왜곡(일그러지는 현상, 즉 편자 작용)되고 감소(감자작용)하게 된다.

※[편자] 한쪽으로 기울어지는 현상

2 전기자반작용의 영향

· 회전방향으로 중성축 이동 (편자작용(자속왜곡))

· 정류에 악영향을 끼침

· 브러시에서 섬락이 발생

· 주자속이 감소(감자작용)

· 유도기전력의 저하

3 전기자반작용의 방지대책

방지대책	영향
브러시 이동	발전기의 경우에는 브러시의 위치를 중성축에서 회전 방향으로 앞서게 하면 양호한 정류를 얻을 수 있다. ※전동기에서는 브러시를 회전방향과 반대방향으로 이동하면 양호한 정류를 얻을 수 있다.
보상권선 설치	전기자 도체의 전류와 반대 방향의 전류를 통하여 전기자 기전력을 소멸시킨다.
보극 설치	직류기에서 보극을 두는 가장 주된 목적은 정류 작용을 돕고 전기자 반작용을 약화시킨다.

기출 직류 발전기에서 전기자 반작용을 없애는 방법으로 옳은 것은?　　　　　　　(14/4 17/2)

① 브러시 위치를 전기적 중성점이 아닌 곳으로 이동시킨다.
② 보극과 보상 권선을 설치한다.
③ 브러시의 압력을 조정한다.
④ 보극은 설치하되 보상 권선은 설치하지 않는다.

[전기자반작용을 없애는 방법]
① 브러시 위치를 전기적 중성점으로 이동시킨다.
③ 브러시의 압력과는 관계가 없다.
④ 보극과 보상 권선을 설치한다.　　　　【정답】②

핵심　06　직류발전기의 정류작용

1 정류작용이란?

직류발전기의 전기자권선 안에 유기되는 교류기전력을 직류로 변환하는 작용

2 정류주기

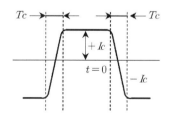

[코일 내의 전류 변화]

· 위 그림의 T_c사이에 $+I_c$에서 $-I_c$로 변환한다. 이 정류 변화를 나타내는 곡선을 정류곡선이라 한다.

· 이때 시간을 정류주기라고 한다. 즉, 코일이 브러시에 단락된 순간부터 단락이 끝날 때까지의 시간 (0.5~2 [m/s])

3 정류곡선

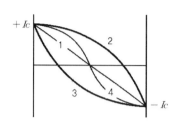

[정류 변화 곡선]

① 직선 정류	가장 이상적인 정류 곡선
② 부족 정류	브러시 뒤쪽에서 불꽃이 발생 (보극 小)
③ 과정류	브러시 앞부분에 불꽃이 발생 (보극 大)
④ 정현 정류	전류가 정현파로 표시되는 것으로 전류가 완만하므로 브러시 전단과 후단의 불꽃 발생은 방지할 수 있다. (보극이 적당)

4 정류 개선(양호한 정류) 대책

· 평균 리액턴스 전압이 작을 것(보극 설치(전압 정류 역할))
· 인덕턴스(L)을 작게 할 것(단절권, 분포권 채용)
· 정류 주기가 클 것
· 브러시의 접속저항이 클 것(탄소브러시 설치(저항정류 역할))

기출 다음의 정류곡선 중 브러시의 후단에서 불꽃이 발생하기 쉬운 것은?　　　　　　　(15/4)

① 직선정류　　　　② 정현파정류
③ 과정류　　　　　④ 부족정류

[정류 변화 곡선]
① 직선정류 : 가장 이상적인 정류곡선이다.
② 정현파정류 : 브러시 전단과 후단의 불꽃발생은 방지할 수 있다.
③ 과정류 : 브러시 앞부분에 불꽃이 발생
④ 부족정류 : 브러시 뒤쪽에서 불꽃이 발생　　　【정답】④

1 분류 방법

· 계자의 전류를 흘려주는 여자 방식에 따라 타여자 발전기와 자여자발전기로 분류된다.

· 여자 방식에 따른 직류발전기의 분류

2 타여자발전기

· 발전기 외부의 다른 전원에서 여자전류를 공급하여 계자를 여자시키는 발전기

· 계자와 전기자가 별개의 독립적으로 되어 있는 발전기

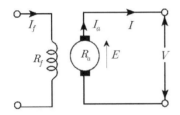

여기서, I_f : 계자전류, R_f : 계자저항

$\quad\quad$ I_a : 전기자전류

$\quad\quad$ R_a : 전기자저항, E : 유기기전력

$\quad\quad$ V : 단자전압, I : 부하전류

· 부하의 변화에 따라 계자전류는 영향을 받지 않으므로 항상 일정하게 되어 자속($\varnothing$)도 일정하게 된다.

· 내부 발전기의 기전력을 이용하여 여자전류를 공급

· 계자철심에 잔류자기가 없다.

① 전기자전류 $I_a = I$

② 유기기전력 $E = V \pm I_a R_a$

③ 단자전압 $V = E - I_a(R_a + R_s)$

④ 무부하시 $I_a = I = 0$ 이므로 단자전압 $V_0 = E$ 가 된다.

기출 직류발전기에서 계자철심에 잔류자기가 없어도 발전을 할 수 있는 발전기는? $\quad$ (07/1 09/5)

$\quad$ ① 분권발전기 $\quad\quad$ ② 직권발전기

$\quad$ ③ 복권발전기 $\quad\quad$ ④ 타여자발전기

[타여자발전기의 특징]
· 내부 발전기의 기전력을 이용하여 여자전류를 공급한다.
· 잔류자기가 없다. $\quad\quad\quad\quad\quad\quad$ 【정답】④

3 자여자발전기

· 자여자발전기는 발전기 자체에서 발생한 잔류자기에 의해 계자를 여자시키는 발전기

· 직권발전기, 분권발전기, 복권발전기 등이 있다.

① 직권발전기

$\quad$ · 계자와 전기자 그리고 부하가 직렬로 구성

$\quad$ · 전기자에서 발생한 기전력으로 주자극에 계자전류를 흘리는 발전기

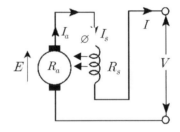

정상 상태 (부하 존재시)	· 부하전류 $I = I_a = I_s$ · 유기기전력 $E = V + I_a R_a + I_a R_s = V + I_a(R_a + R_s)$ · 단자전압 $V = E - I_a(R_a + R_s)[V]$
무부하 상태 (발전 불능)	· 계자전류가 흐르지 않으므로 여자가 안된다. · 부하전류 $I = 0 \rightarrow I_s = 0 \rightarrow E = 0$ · 무부하 포화곡선은 존재하지 않는다.

$\quad$ 여기서, I_s : 직권계자전류, R_s : 직권계자저항

$\quad\quad\quad$ I_a : 전기자전류, R_a : 전기자저항

$\quad\quad\quad$ E : 유기기전력, V : 단자전압, I : 부하전류

② 분권발전기

$\quad$ · 타여자 발전기와 같이 전압변동률이 적으므로 정전압 발전기로 분류

- 스스로 여자하므로 별도의 여자 전원이 필요 없다.
- 전기자와 계자권선이 병렬로 구성
- 계자 저항기를 사용하여 전압을 조정할 수 있으므로 전기 화학용 전원, 전지의 충전용 동기기의 여자용으로 사용

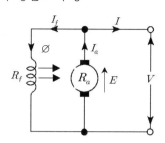

정상 상태 (부하 존재시)	$\cdot I_a = I_f + I$ $\cdot V = I_f R_f$ $\cdot E = V + I_a R_a = I_f R_f + I_a R_a [V]$
무부하 상태 (발전 불능)	·전기자전류 $I_a = I_f + I$에서 $I = 0$이므로 $I_n = I_f$ ·단자전압 $V = I_f R_f$ ·무부하 운전 금지 (계자권선의 소손 발생 우려) ·유도기전력 $E = V + I_a R_a [V]$ $\qquad = I_f R_f + I_f R_a [V]$

여기서, I_f : 계자전류, R_f : 계자저항

$\quad\quad\ I_a$: 전기자전류, R_a : 전기자저항

$\quad\quad\ E$: 유기기전력, V : 단자전압

$\quad\quad\ I$: 부하전류

③ 복권발전기

전기자와 계자권선의 직병렬 접속하며, 직권계자자속과 분권계자자속이 더해지는 가동복권과 상쇄되는 차동복권으로 나누어진다.

㉮ 외분권 복권발전기

㉠ 전기자전류 $\quad I_a = I_s = I_f + I, \ I = \dfrac{P}{V}[A]$

㉡ 단자전압 $\ V = E - I_a R_a - I_s R_s = E - I_a(R_a + R_s)$

㉢ 유기기전력 $\ E = V + I_a(R_a + R_s)$

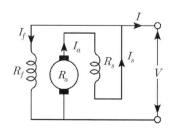

㉯ 내분권 복권발전기

㉠ 전기자전류 $\ I_a = I_f + I_s, \ I_s = I$

㉡ 단자전압 $\ V = E - I_a R_a - I_s R_s$

㉢ 유기기전력 $\ E = V + I_a R_a + I_s R_s$

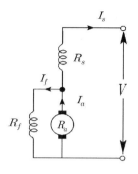

㉰ 가동(화동) 복권발전기

- 직권계자권선에 의한 자속과 분권계자권선에 의한 자속이 서로 합해져서 전체 유도기전력을 증가시키는 발전기
- 분권계자에 흐르는 전류의 변화 상태에 따라 과복권, 평복권, 부족 복권 발전기로 분류된다.

과복권 발전기	·무부하시 보다 전부하시 출력전압이 높도록 설계 ($V_0 < V$) ·급전선의 전압강하 보상용으로 사용
평복권 발전기	·무부하시와 전부하시 출력전압을 같게 설계 ($V_0 = V$) ·단자전압의 변화가 가장 적다.
부족 복권 발전기	무부하시 보다 전부하시 출력전압이 낮도록 설계 ($V_0 > V$) 여기서, V_0 : 무부하단자전압 $\qquad\qquad V$: 정격전압

㉱ 차동 복권발전기

직권계자코일의 전류와 분권계자코일의 전류가 반대 방향일 때 직권계자의 자속과 분권계자의 자속이 서로 상쇄되는 발전기이다. 용접용 발전기가 이에 속한다.

[자여자 발전기의 전압 확립 조건]

잔류자기에 의한 기전력 발생으로 계자전류가 증가하여 단자전압이 상승, 정격전압이 확립되기 위한 조건

① 계자에 잔류자기가 있을 것

② 회전자의 방향은 잔류자기와 같은 방향일 것
  (잔류자기의 방향과 회전자 방향이 동일할 것)

③ 무부하 곡선이 자기포화 곡선에 있을 것

④ 임계저항 〉 계자저항

기출 전기자저항 0.1[Ω], 전기자전류 104[A], 유도기전력 110.4[V]인 직류분권발전기의 단자전압[V]은?

(07/5 08/5 09/2 12/4)

① 110　　② 106　　③ 102　　④ 100

[직류분권발전기의 단자전압(무부하시)] $V = E - R_a I_a [V]$

→ (부하에 대한 언급이 없으므로 무부하로 계산한다)

$V = E - R_a I_a [V] = 110.4 - 0.1 \times 104 = 100[V]$

【정답】④

핵심　08　직류발전기의 특성곡선

1 무부하 특성곡선

정격속도에서 무부하 상태의 I_f(계자전류)와 E(유기기전력)와의 관계를 나타내는 곡선으로 무부하 특성곡선이라고 한다.

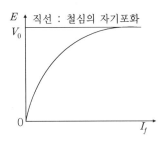

2 부하특성곡선 ($V - I_f$와의 관계 곡선)

· 정격속도에서 I(부하전류)를 정격값으로 유지했을

때, I_f(계자전류)와 V(단자전압)와의 관계를 나타내는 곡선으로 I의 값으로는 정격값의 $\frac{3}{4}$, $\frac{1}{2}$ 등을 사용

· 타여자발전기든 자여자발전기든 부하특성은 같은 특성을 갖는다.

· R_f감소 → I_f 증가 → ∅증가 → E증가 → V증가. 따라서 모든 직류발전기는 계자전류를 변화시키면, 부하에 걸리는 단자전압이 비례해서 변화한다.

3 외부특성곡선 ($V - I$와의 관계 곡선)

정격속도에서 부하전류 I와 단자전압 V가 정격값이 되도록 I_f(계자전류)를 조정한 후, 계자회로의 저항을 일정하게 유지하면서 부하전류 I를 변화시켰을 때 I와 V의 관계를 나타내는 곡선

① 타여자발전기 외부특성곡선 : 회전속도, 여자전류를 일정하게 유지하고 부하전류

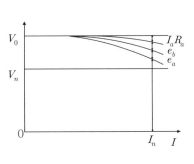

(I)의 변화에 대한 단자전압(V_0)의 변화의 관계

여기서, $I_a R_a$: 전기자저항에 의한 전압강하

　　　　e_a : 브러시 접촉 저항에 의한 전압강하

　　　　e_b : 전기자반작용에 의한 전압강하

　　　　I_n : 정격전류(전부하시 전류)

　　　　V_n : 정격전압

② 복권발전기 외부특성곡선

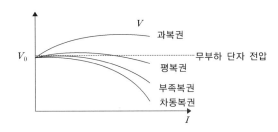

여기서, V_0 : 무부하 단자 전압, V : 정격 전압

4 직류발전기 각 곡선의 관계

구 분	횡축	종축	조건
무부하특 곡선	I_f (계자전류)	$V(=E))$	$N=$ 일정 $I=0$
부하특성곡선	I_f (계자전류)	V (단자전압)	$N=$ 일정 $I=$ 일정
외부특성곡선	I(전류)	V (단자전압)	$N=$ 일정, $I_f=$ 일정

기출 직류발전기의 무부하 특성 곡선은?   (12/5 18/4)

① 부하전류와 무부하 단자전압과의 관계이다.
② 계지전류의 부하전류와의 관계이다.
③ 계자전류와 무부하 단자전압과의 관계이다.
④ 계자전류와 회전력과의 관계이다.

[무부하특성곡선] 정격속도에서 무부하 상태의 계자전류(I_f)와 유기지전력(E)와의 관계를 나타내는 곡선을 무부하특성곡선 또는 무부하포화곡선이라고 한다. (I_f : 계자전류 [A], E : 유기기전력)   【정답】③

핵심 **09** **직류발전기의 특성**

1 전압변동률 (ϵ)

$$\epsilon = \frac{V_0 - V_n}{V_n} \times 100[\%]$$

① $V_0 > V_n$ 일 때는 $\epsilon(+)$값
② $V_0 \fallingdotseq V_n$ 일 때는 $\epsilon = 0$
③ $V_0 < V_n$ 일 때는 $\epsilon(-)$값

여기서, V_0 : 무부하단자전압, V_n : 정격전압

$\epsilon(+)$	타여자, 분권, 부족, 차동복권
$\epsilon = 0$	평복권
$\epsilon(-)$	직권, 과복권

※전압변동률이 가장 작은 직류발전기는 가동복권발전기

기출 발전기를 정격 전압 220[V]로 운전하다가 무부하로 운전하였더니, 단자 전압이 253[V]가 되었다. 이 발전기의 전압 변동률은 몇 [%]인가?   (09/4 16/2)

① 15[%]   ② 25[%]   ③ 35[%]   ④ 45[%]

[발전기의 전압변동률(ϵ)] $\epsilon = \dfrac{V_0 - V_n}{V_n} \times 100[\%]$

$\epsilon = \dfrac{V_0 - V_n}{V_n} \times 100 = \dfrac{253 - 220}{220} \times 100[\%] = 15[\%]$

【정답】①

2 속도변동률 (ϵ)

$$\epsilon = \frac{N_0 - N_n}{N_n} \times 100[\%]$$

여기서, N_0 : 무부하 시 회전수
N_n : 정격부하에서의 회전수

3 직류발전기의 병렬운전 조건

· 극성이 같을 것
· 정격전압이 같을 것
· 두 발전기의 외부특성이 약간의 수하특성을 가질 것
· 복권 발전기와 직권 발전기는 꼭 균압선을 설치하고 병렬운전을 하여야 한다(안정운전).

※ 균압선이 필요한 발전기 : 직권발전기, 복권발전기(평복권)
※ 복권발전기는 직권계자권선이 있으므로 균압선 없이는 안정된 병렬운전을 할 수 없다.

기출 직류 복권 발전기를 병렬 운전할 때 반드시 필요한 것은?   (12/2 13/1 13/4 15/4)

① 과부하 계전기
② 균압선
③ 용량이 같을 것
④ 외부특성 곡선이 일치 할 것

[직류발전기의 병렬운전] 복권발전기(평복권)와 직권 발전기는 꼭 균압선을 설치하고 병렬운전을 하여야 한다.
【정답】②

1 직류전동기의 원리

· 직류전동기는 직류전력(전기적 에너지)을 기계적 동력(기계적 에너지)으로 변환시키는 장치
· 구조는 직류발전기와 같다.
· 직류전동기의 원리는 플레밍의 왼손법칙에 의해 증명된다.

기출 다음 중 전동기의 원리에 적용되는 법칙은? (12/5 15/2)

① 렌츠의 법칙　　② 플레밍의 오른손 법칙
③ 플레밍의 왼손 법칙　④ 옴의 법칙

[직류전동기의 원리] 플레밍의 왼손 법칙
① 렌츠의 법칙 : 자속의 변화에 의한 유도 기전력의 방향 결정
② 플레밍 오른손법칙 : 발전기 원리
④ 옴의 법칙 : 전류의 크기는 도체의 저항에 반비례하고 전압에 비례한다.　　　　【정답】③

---

2 직류전동기의 분류

· 직류 전동기의 종류에는 여자 방식에 따라 자여자 방식과 타여자 방식으로 분류
· 자여자 방식으로는 분권, 직권, 복권 전동기(가동복권, 차동복권)로 분류된다.

3 타여자전동기의 특성 및 용도

· 전원과 극성을 반대로 할 경우 회전 방향이 반대로 되는 특성
· 속도를 광범위하게 조정 가능
· 압연기, 권상기, 크레인, 엘리베이터 등에 사용

기출 속도를 광범위하게 조정할 수 있으므로 압연기나 엘리베이터 등에 사용되는 직류전동기는? (12/5 23/03)

① 직권전동기　　　② 분권전동기
③ 타여자전동기　　④ 가동복권전동기

[직류전동기의 용도]
① 직권전동기 : 전차, 권상기, 크레인
② 분권전동기 : 펌프, 환기용 송풍기, 공작기계
③ 타여자전동기 : 압연기, 크레인, 엘리베이터
④ 가동복권전동기 : 공작기계, 공기압축기
　　　　　　　　　　　　　　　　【정답】③

---

4 자여자전동기의 특성 및 용도

① 분권전동기
　· 극성을 반대로 하면 회전방향 불변
　· 속도는 부하가 증가할수록 감소하는 특성
　· 정속도 특성
　· 부하가 변하더라도 계자전류는 항상 일정
　· 토크는 부하전류에 비례
　· 펌프, 환기용 송풍기, 공작기계 등에 사용

② 직권전동기
　· 극성을 반대로 하면 회전방향 불변
　· 부하가 증가하면 속도는 감소
　· 기동시 기동 토크가 크다.
　· 계자권선과 전기자권선이 직렬로 접속
　· 무부하 운전을 할 수 없다.
　· 토크는 전기자전류의 자승에 비례한다.
　· 부하와 벨트구동을 하지 않는다.
　· 전차, 권상기, 크레인 등에 사용

※ 직류직권 전동기는 운전 중 벨트가 벗겨지면 무부하 상태가 되어 위험 속도가 된다.

③ 복권전동기
　· 기동토크가 크므로 크레인, 엘리베이터, 공작기계, 공기압축기 등에 사용
　· 차동복권, 가동복권이 있다.

차동복권	과부하시 속도 상승 우려, 기동 시 차동 작동하는 직권으로 동작
가동복권	부하 전류 증가에 따라 회전 속도 감소비가 크고, 토크 증가율이 큼

직류전동기에서 무부하가 되면 속도가 대단히 높아져서 위험하기 때문에 무부하 운전이나 벨트를 연결한 운전을 해서는 안 되는 전동기는? (13/4 18/1 18/4)

① 직권전동기   ② 복권전동기
③ 타여자전동기   ④ 분권전동기

[직류직권전동기의 특성] 직류직권전동기는 운전 중 벨트가 벗겨지면 무부하 상태가 되어 위험 속도가 된다.

【정답】①

기출 직류 전동기에서 전부하 속도가 1500[rpm], 속도 변동률이 3[%]일 때 무부하 회전 속도는 몇 [rpm]인가? (12/2)

① 1455   ② 1410
③ 1545   ④ 1590

[직류전동기의 속도변동률] $\epsilon = \dfrac{N_0 - N}{N} \times 100$

(ϵ : 속도 변동률, N : 정격회전수, N_0 : 무부하 회전수)

속도변동률 $\epsilon = \dfrac{N_0 - N}{N} \times 100$에서

$N_0 = \left(\dfrac{\epsilon}{100} + 1\right)N = \left(\dfrac{3}{100} + 1\right) \times 1500 = 1545[rpm]$

【정답】③

핵심 11 직류전동기의 특성

1 직류전동기의 역기전력(E)

전동기에서 자장 내에 전류가 흐르는 코일은 힘을 받아 회전하게 되는데 자장 내에서 운동하는 코일에는 전압이 유기된다. 이때 발생되는 전압은 전류가 흐르도록 가해진 전압에 반대가 되기 때문에 역기전력(E)이라고 한다.

$E = V - R_a I_a = \dfrac{pZ}{a} \varnothing \dfrac{N}{60} = K_1 \varnothing N [V]$ → ($K_1 = \dfrac{pZ}{60a}$)

2 직류전동기의 회전수(속도)

회전수(속도) $N = \dfrac{E}{K_1 \varnothing} = \dfrac{V - R_a I_a}{K_1 \varnothing}$[rpm]

직류전동기 속도(회전수)는 자속에 반비례하고, 역기전력에 비례

3 직류전동기의 속도변동률(ϵ)

$\epsilon = \dfrac{N_0 - N_n}{N_n} \times 100[\%]$

여기서, N_0 : 무부하 시 회전수(속도)
N_n : 정격부하 시의 회전수(속도)

핵심 12 직류전동기의 속도 특성

1 타여자전동기 속도

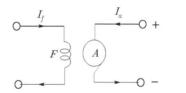

A: 전기자
F: 계자권선
I_a : 전기자전류
I_f : 계자전류

※ 계자권선이 전기자와 전기적으로 무관하다.

속도 $N = \dfrac{E}{K_1 \varnothing} = \dfrac{V - I_a R_a}{K_1 \varnothing}$ → ($K_1 = \dfrac{pZ}{60a}$)

자속 $\varnothing$가 일정하므로 정속도 특성을 가지고 있다.

2 분권전동기의 속도

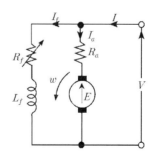

속도 $N = \dfrac{E}{K_1 \varnothing} = \dfrac{V - I_a R_a}{K_1 \varnothing}$ [rpm]

$\rightarrow (E(역기전력) = V - R_a I_a [\mathrm{V}])$

① 정상 상태(부하 존재) : 전동기에 인가되는 정격전압 V가 일정한 상태에서 부하전류 I가 증가하면 $I_a R_a$만큼 속도는 감소한다.

즉, 부하 $\uparrow \rightarrow I \uparrow \rightarrow I_a \uparrow \rightarrow N \downarrow$, $\therefore I \propto \dfrac{1}{N}$

계자저항 $R_f \uparrow \rightarrow I_f \downarrow \rightarrow \varnothing_f \downarrow \rightarrow N \uparrow$

② 부족여자 특성

· 정격전압 인가 상태에서 계자 회로의 단선 등에 의한 속도 특성,

· 정격전압 무여자일 때이다.

· $I_f = 0 \rightarrow \varnothing = 0 \rightarrow n = \infty$가 되어 위험하다.

· 계자 회로에는 퓨즈 설치 불가

기출 직류전동기의 속도 제어에서 자속을 2배로 하면 회전수는? (13/2)

① 1/2로 줄어든다.　　② 변함이 없다.
③ 2배로 증가한다.　　④ 4배로 증가한다.

[직류전동기의 속도] $N = k \dfrac{E}{\varnothing} = k \dfrac{V - R_a I_a}{\varnothing}$ [rpm]

속도 $N \propto \dfrac{1}{\varnothing}$, 자속이 2배로 증가하면 속도는 1/2로 줄어든다.

【정답】①

---

3 직권전동기의 속도

속도 $N = \dfrac{V - I_a(R_a + R_s)}{K_1 \varnothing}$ [rpm]

또는 $I_a = I_s = I$ 가 되어 계자전류와 자속 $\varnothing$는 정비례하므로

$N = \dfrac{V - I_a(R_a + R_s)}{K_1 I}$ [rpm]로 나타낼 수 있다.

여기서, N : 회전수(속도), E : 역기전력

V : 단자 전압(인가전압), $\varnothing$: 자속

R_a : 전기자 저항, R_s : 기동 저항

I_a : 전기자 전류, K_1 : 상수 $(= \dfrac{pZ}{60a})$

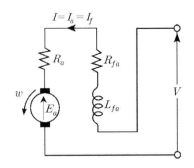

① 정상 상태(부하 존재) : 부하 $\uparrow \rightarrow I \uparrow \rightarrow N \downarrow$, $I \propto \dfrac{1}{N}$

속도와 부하 전류 I가 반비례하게 되어 직권 전동기의 속도 특성은 반비례 특성을 갖는다.

② 정격 전압, 무부하 상태에서의 속도 특성

· $I = I_s = I_a = 0 \rightarrow N = \infty$ (위험 상태)

· 벨트 운전 금지

4 가동 복권전동기

속도 변동률이 분권 전동기보다 큰 반면에 기동토크도 크므로 크레인, 엘리베이터 등에 이용된다.

5 직류전동기의 속도 특성 곡선

· 직류 전동기 중 부하 변화에 따라 속도 변동이 가장 큰 전동기는 직권 전동기이다.

· 직류 전동기 중 부하 변화에 따라 속도 변동이 가장 작은 전동기는 차동 복권 전동기 이다.

· 직류 전동기에서 가장 정속도인 전동기는 타여자 전동기이다.

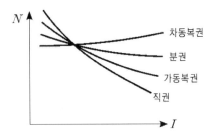

기출 다음 그림에서 직류분권전동기의 속도특성곡선은?

(10/1 18/3)

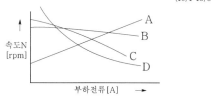

① A ② B
③ C ④ D

[직류전동기의 속도특성곡선]

A : 차동복권전동기 B : 분권전동기
C : 가동복권전동기 D : 직권전동기

【정답】②

핵심 13 직류전동기의 토크 특성

1 직류전동기 토크

· 단자전압(V)을 일정하게 유지한 상태에서 부하전류 (I)와 토크(τ)와의 관계를 나타낸 것

· 토크(τ)의 단위는 $[kg \cdot m]$이나 $[N \cdot m]$이다.

기출 다음 중 토크(회전력)의 단위는?

(06/5 08/4 10/1)

① [rpm] ② [W]

③ [N·m] ④ [N]

[토크의 단위] 토크의 단위 : [kg·m], [N·m]

$1[N \cdot m] = \dfrac{1}{9.8}[kg \cdot m]$

【정답】③

2 타여자전동기의 토크

토크 $\tau = \dfrac{pZ\varnothing I_a}{2\pi a} = K_2 \varnothing I_a [N \cdot m]$ $\rightarrow (K_2 = \frac{pZ}{2\pi a})$

$= \dfrac{1}{9.8} K_2 \varnothing I_a [kg \cdot m]$

토크(τ)는 부하전류(I_a)에 비례, 즉 $\tau \propto I_a$

---

3 분권전동기의 토크

① 토크(회전력) $\tau = \dfrac{pZ}{2\pi a}\varnothing I_a = \dfrac{EI_a}{2\pi n} = K_2 \varnothing I_a [N \cdot m]$

$\rightarrow (K_2 = \frac{pZ}{2\pi a})$

$\tau = \dfrac{EI_a}{\omega} = \dfrac{P}{\omega} = \dfrac{P}{2\pi n} [N \cdot m] \rightarrow (P = EI_a)$

$\rightarrow (\omega = 2\pi n = 2\pi \frac{N}{60})$

$\tau = \dfrac{P}{2\pi \frac{N}{60}} = 9.55 \dfrac{P}{N}[N \cdot m] = 0.975 \dfrac{P}{N}[kg \cdot m]$

$\rightarrow (1[kg \cdot m] = 9.8[N \cdot m])$

② 분권전동기의 토크 $\tau \propto P \propto I \propto \dfrac{1}{N}$

※모든 전동기의 토크는 출력(P)에 비례하고 속도(N)에 반비례한다.

기출 직류전동기에서 극수가 4, 전기자도체의 총수가160, 한 극의 자속수는 0.01[Wb], 부하전류 100[A]일 때, 이 전동기의 발생토크[N·m]는? (단, 병렬회로수는 극수와 같다.)

(16/5)

① 16.8 ② 1.95
③ 25.5 ④ 29.8

[직류분권전동기의 토크] $\tau = \dfrac{pZ\varnothing I_a}{2\pi a}[N \cdot m]$

$\tau = \dfrac{pZ}{2\pi a}\varnothing I_a = \dfrac{4 \times 160}{2\pi \times 4} \times 0.01 \times 100 = 25.5[N \cdot m]$

【정답】③

4 직권전동기 토크

① 직권전동기는 $I_a = I_s = I$가 되고 $I_s \propto \varnothing$ 로써 정비례하게 되므로 $\tau \propto \varnothing I_a$에서 $\tau \propto I_s I_a \propto I_a^2 \propto I^2$

② $\tau \propto \dfrac{1}{N}$ 을 $\tau \propto I^2$에 대입하면, $\tau \propto \dfrac{1}{N^2}$

③ 직권전동기의 토크 $\tau \propto I^2 \propto \dfrac{1}{N^2}$

여기서, E : 역기전력, R_a : 전기자저항, I_a : 전기자전류
Z : 전동기 총도체수, V : 단자전압(인가전압)
$\varnothing$: 자속, N : 회전수, a : 병렬회로수, p : 극수
P : 전동기의 출력)

5 직류전동기의 토크특성곡선

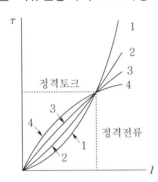

1. 직권 전동기
2. 가동(화동) 복권 전동기
3. 분권 전동기
4. 차동 복권 전동기

핵심 14 직류전동기의 운전

1 직류전동기의 기동

기동 전류 $I_s = \dfrac{V-E}{R_a+R_s} = \dfrac{V}{R_a+R_s}$ → (R_s : 기동 저항)

→ (∵ 기동시 역기전력 $E=0$)

· 기동시 기동 전류는 작을 것

· 기동전류의 최대값은 전부하 전류의 1.5~2배 이내로
제한한다. 즉, $I_s = (1.5 \sim 2)I_n$

· 기동시 기동토크가 클 것

· 모든 전동기의 토크와 속도는 반비례, 따라서 기동시
속도가 최소가 되어야 기동토크는 최대가 된다.

2 직류전동기 속도 제어

직류전동기의 속도 $N = \dfrac{E}{K\varnothing} = \dfrac{V-R_aI_a}{K\varnothing}$ [rpm]

→ ($K = \dfrac{pZ}{60a}$)

계자제어법	·계자 자속 ∅를 변화시키는 방법 ·정출력 제어 방식이다. ·속도 제어 범위가 좁다. ·효율이 좋다.
직렬저항 제어법	·R_a의 값을 변하게 하여 전압강하 R_aI_a를 변화시키는 방법 ·정토크 가변 속도 제어 방식이다. ·속도 제어 범위가 좁다. ·효율이 가장 나쁘다.
전압제어법	·단자 전압 V를 변화시키는 방법 ·정토크 제어 방식이다. ·광범위한 속도 제어가 가능하다. ·손실이 적다. ·정역운전 가능 ·설비비 많이 든다. ·워드레오나드 방식이 가장 효율이 좋다.

전압제어법 상세:

	워드레오나드	·광범위한 속도 조정 가능 ·효율 양호 ·권상기, 엘리베이터, 기중기
	정지 레오나드	·SCR 이용
	일그너 방식	·Fly-Wheel 효과 이용 ·대용량 제관기에 사용 ·부하 변동이 심한 경우 (제철용 압연기)
	초퍼 제어 방식	·직류 초퍼 이용

기출 전기자 전압을 전원 전압으로 일정히 유지하고, 계자 전류를 조정하여 자속 ∅[Wb]를 변화시킴으로써 속도를 제어 하는 제어법은?　(13/2 18/4)

① 계자제어법　　② 전기자전압제어법
③ 저항제어법　　④ 전압제어법

────────────────────────

[직류 전동기의 속도 제어법]
③ 저항제어법 : 전압강하를 변화시키는 방법
④ 전압제어법 : 공급전압을 변화시키는 방법

【정답】①

3 직류전동기의 역회전

직류전동기의 역회전은 계자권선이나 전기자권선 중 어느 한 권선 극성(전류 방향)만 반대 방향으로 접속 변경한다.

토크　$\tau = K\varnothing I_a = K(-\varnothing)(-I_a)[\mathrm{N \cdot m}]$

※계자권선과 전기자권선의 극성을 동시 변경하면 회전 방향은 변하지 않음)

4 직류전동기의 제동

발전제동	운전 중인 전동기를 전원으로부터 분리 발전기로 동작시켜 운동에너지를 전력으로 변환하여 그 전력을 전기자 회로에 접속한 부하 저항에서 소비시키는 제동 방식
회생제동	·운전 중인 전동기를 전원으로부터 분리하면 발전기로 동작 ·발전기에 의해 발생된 전력을 제동용 전원으로 사용 ·권상기, 엘리베이터, 기중기 등으로 물건을 내릴 때 또는 전기기관차나 전차가 언덕을 내려가는 경우에 사용
역상제동 (역전제동) (플러깅)	·전기자 회로의 극성을 반대로 접속하여 그 때 발생하는 역 토크를 이용 제동시키는 방법 ·급정지 시 가장 좋다.

기출 다음 제동 방법 중 급정지 하는데 가장 좋은 제동방법은?　(08/2 15/5)

① 발전제동　　② 회생제동
③ 역전제동　　④ 단상제동

────────────────────────

[역전제동] 급정지 하는데 가장 좋은 제동방법
① 발전제동 : 발전기에 의해 발생된 전력을 열로 소비
② 회생제동 : 권상기, 엘리베이터, 기중기 등으로 물건을 내릴 때, 전차가 언덕을 내려가는 경우에 사용
④ 단상제동 : 고정자에 단상전압을 걸어주고 회전자 회로에 저항을 연결하여 제동하는 방법

【정답】③

핵심 15 직류전동기의 손실

1 가변손(부하손)

부하에 따라 변화하는 손실

① 동손(P_c) : 전기자동손, 계자동손

　　㉮ 전기자동손　$P_a = I_a^2 R_a [W]$

　　㉯ 계자동손　$P_f = I_f^2 R_f$

② 브러시손

③ 표유부하손 : 철손, 기계손, 동손 이외의 손실

2 고정손(무부하손)

부하에 관계없이 항상 일정한 손실

① 철손(P_i)

　　· 동손(분권계자권선 동손, 타여자권선 동손)

　　· 히스테리시스손 ($P_h \propto f B^{1.6}[W]$)

　　· 와류손(맴돌이 전류손) ($P_e \propto f^2 B^2 t^2 [W]$)

② 기계손(P_m) : 마찰손, 풍손

3 총손실(P_l)

총손실=철손+기계손+동손+표유부하손

$P_l = P_i + P_m + P_c + P_s$

4 표유부하손(P_s)

무부하손과 부하손을 제외한 손실, 즉 측정이나 계산으로 구할 수 없는 손실로 부하전류가 흐를 때 도체 또는 철심 내부에서 생기는 손실

> ※[최대효율 조건] 가변손(부하손)=고정손(무부하손)
> ※손실 중 부하손의 대부분은 동손이며 무부하손의 대부분을 차지하는 것은 철손이다.

기출 동기기 손실 중 무부하손(no load loss)이 아닌 것은?

(16/2 17/4)

① 풍손　　　　　② 와류손
③ 전기자 동손　　④ 베어링 마찰손

[고정손(무부하손)]
· 철손(히스테리시스손, 와류손(맴돌이 전류손))
· 기계손(마찰손, 풍손)　　　　　【정답】③

핵심 16 직류전동기의 효율

1 실측효율(η)

$$\eta = \frac{출력}{입력} \times 100[\%]$$

2 규약효율

· 실제로 측정하여 구한 효율, 즉 실측효율에 대하여 정해진 규약에 따라서 구한 손실을 바탕으로 하여 산출하는 효율
· 규약효율은 실제로 부하를 걸지 않아도 되므로 대용량기의 효율을 산정하는데 좋다.

① 발전기(변압기) 규약효율(η_g) $= \dfrac{출력}{출력 + 손실} \times 100[\%]$

→ (출력 위주)

② 전동기(모터) 규약효율(η_m) $= \dfrac{입력 - 손실}{입력} \times 100[\%]$

→ (입력 위주)

기출 출력 10[kW], 효율 80[%]인 기기의 손실은 약 몇 [kW]인가?

(08/5 10/1 17/4)

① 0.6[kW]　　　　② 1.1[kW]
③ 2.0[kW]　　　　④ 2.5[kW]

[직류 전동기의 규약효율] $\eta_m = \dfrac{출력}{출력 + 손실} \times 100[\%]$

손실 $= \dfrac{출력}{\eta_m} - 출력 = \dfrac{10}{0.8} - 10 = 2.5[\text{kW}]$　　【정답】④

핵심 17 직류전동기의 토크 측정, 시험

1 전동기의 토크 측정

① 보조 발전기법
② 프로니브레니크법 : 소형기에서 측정
③ 전기 동력계법 : 원동기의 출력 측정

2 온도 시험

① 실부하법
② 변환부하법 : 홉킨슨법, 볼론델법, 카프법

핵심 18 특수 직류기

1 특수 직류기

단극 발전기, 승압기, 전기 동력계, 증폭기, 로젠베르그 발전기, 직류 스테핑 모터 등이 있다.

2 직류 스테핑 모터

· 가속, 감속이 용이하다.
· 정 · 역운전과 변속이 쉽다.
· 위치 제어가 용이하고 오차가 적다.
· 브러시 슬립링 등이 없고 유지 보수가 적다.
· 오버슈트 전류의 문제가 있다.

- 정지하고 있을 때 유지토크가 크다.
- 교류동기서보모터에 비하여 효율이 훨씬 좋고, 큰 토크를 발생한다.
- 전동기의 출력을 이용 속도, 거리, 방향 등을 정확하게 제어할 수 있다.
- 입력되는 각 전기 신호에 따라 규정된 각만큼 회전한다.
- 수치제어 장치를 결합한 자동화 공작 기계나 산업용 로봇, 프린터나 복사기, OA 기기 등 정밀한 서보기구에 많이 사용된다.

기출 직류 스테핑 모터(DC stepping motor)의 특징이다. 다음 중 가장 옳은 것은? (06/1 15/1)
 ① 교류 동기 서보 모터에 비하여 효율이 나쁘고 토크 발생도 작다.
 ② 입력되는 전기신호에 따라 계속하여 회전한다.
 ③ 일반석인 공작 기계에 많이 사용된다.
 ④ 출력을 이용하여 특수기계의 속도, 거리, 방향 등을 정확하게 제어할 수 있다.

[직류스테핑모터의 특징]
① 교류 동기 서보 모터에 비하여 효율이 좋고 토크 발생도 크다.
② 입력되는 전기신호에 따라 규정된 각 만큼 회전한다.
③ 정밀한 서보기구에 많이 사용된다.
【정답】④

2장   동기기

핵심 01 동기발전기 원리 및 구조(3∅)

1 동기발전기의 원리

- 회전자 도체에 직류전류를 흘려주어 자속을 발생시킨 후 회전자를 원동기의 회전력을 이용하여 일정한 속도로 회전시키면 고정자권선에는 각각 크기는 같고 위상차가 120°인 평형 3상 교류기전력이 발생하게 된다.

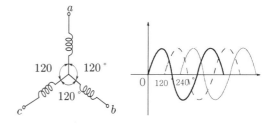

- 동기발전기의 전기자는 Y결선으로 한다.
- 플레밍의 오른손 법칙에 의하여 기전력이 유기된다.

기출 3상 동기발전기의 상간 접속을 Y결선으로 하는 이유 중 틀린 것은? (16/1)
 ① 중성점을 이용할 수 있다.
 ② 선간전압이 상전압의 $\sqrt{3}$ 배가 된다.
 ③ 선간전압에 제3고조파가 나타나지 않는다.
 ④ 같은 선간전압의 결선에 비하여 절연이 어렵다.

[동기기의 전기자 결선을 Y결선으로 하는 이유]
④ 전기자가 고정되어 있으므로 절연이 용이하다.
【정답】④

---

2 동기기의 구조

① 계자(회전자) : 자속을 만들어 주는 부분이다.
② 전기자(고정자) : 계자에서 발생된 자속을 끊어서 기전력을 유기하는 부분이다. Y결선
③ 여자기 : 여자방식은 직류 타여자 방식으로 DC 100~120, 200~250[V]를 인가한다.

④ 베어링 : 축받이

⑤ 냉각장치 : 공랭식(소용량), 수냉식(중·대용량), 수소 냉각 방식(고속기 대용량)

전문가 Tip

[수소 냉각 방식(공냉식)]

장점	① 풍손은 약 1/10로 감소된다.
	② 공기냉각으로 하는 것에 비해 약 25[%] 출력이 증가한다.
	③ 코로나에 의한 손상이 없다.
단점	① 방폭 설비를 갖추어야 한다.
	② 설비비가 고가가 된다.

핵심 02 동기속도와 주파수와의 관계

1 동기속도(N_s) 및 주파수

극수 p인 다극기에는 1회전 마다 $\dfrac{p}{2}$[Hz] 사이클로 교류 기전력을 발생

① 주파수 $f = \dfrac{p}{2} \cdot n = \dfrac{pN_s}{120}$ [Hz]

② 동기속도 $N_s = \dfrac{120f}{p}$ [rpm]

　여기서, N_s : 동기속도[rpm], p : 극수, f : 주파수[Hz]

기출 8극 900[rpm]의 교류발전기로 병렬 운전하는 극수 6의 동기 발전기의 회전수는?　　(14/4 18/2)

① 975[rpm]　　　② 900[rpm]

③ 1200[rpm]　　　④ 1800[rpm]

[동기발전기의 속도(회전수)] $N_s = \dfrac{120f}{p}$ [rpm]

· $f = \dfrac{N_s \, p}{120} = \dfrac{900 \times 8}{120} = 60$[Hz]

· $N_s = \dfrac{120f}{p} = \dfrac{120 \times 60}{6} = 1200$[rpm]　　【정답】③

핵심 03 동기발전기의 분류

1 회전자에 의한 분류

회전 계자형	·전기자를 고정자로 하고, 계자극을 회전자로 한 것
	·고전압, 대전류 용
	·구조 간단, 튼튼하며 절연이 용이
회전 전기자형	·계자극을 고정자로 하고, 전기자를 회전자로 한 것
	·저압용, 소전류용, 특수 발전기에 사용
유도자형	·계자극과 전기자를 모두 고정자로 하고 권선이 없는 회전자. 즉, 유도자를 회전자로 한 것
	·수백~수천[Hz]의 고주파 발전기

전문가 Tip

[동기발전기를 회전계자형으로 하는 이유]

① 기계적인 측면

·계자의 철의 분포가 전기자에 비하여 크므로, 계자가 회전 시 더 안정적이다.

·원동기 측면에서 보면 구조가 간단한 계자를 회전시키는 것이 더 유리하다.

② 전기적인 측면

·교류전압인 전기자보다 직류전압인 계자를 회전시키는 것이 위험성이 작다.

·교류전압인 전기자가 고정되어 있으므로 절연이 용이하다.

2 원동기에 의한 분류

① 수차발전기 : 직축형, 돌극형 회전자로 저속도 (100~150[rpm]) 발전기로 수력발전에 사용된다. 우산형 발전기가 있다.

② 터빈발전기 : 횡축형, 원통형 회전자로 고속도 발전기(1000~1200[rpm])로 화력 발전, 원자력 발전에 사용된다.

③ 엔진발전기 : 디젤엔진, 가스터빈 엔진 등을 이용한 발전기로 자가용 전기설비에 사용된다.

3 상수에 의한 분류

① 단상발전기 : 단상교류를 발생하는 발전기

② 다상발전기 : 2상 이상의 교류를 발생하는 발전기, 보통 3상발전기가 전력용에 사용

4 회전자 형태에 의한 분류

① 돌극형(철극형)

　・계자철심이 돌출된 형식으로 공극이 불균형하므로 자속분포가 일정하지 않아, 전기자 반작용 리액턴스가 증가

　・극수가 많다.

　・저속기(수차발전기)에 적용된다.

② 비돌극형(원통형)

　・공극이 일정하므로 자속분포가 균일하다.

　・극수가 적다(2극, 4극).

　・고속기(터빈 발전기)에 적용된다.

기출 동기발전기를 회전계자형으로 하는 이유가 아닌 것은? 　　　　　　　　　　　　　　(14/4 17/1)

① 고전압에 견딜 수 있게 전기자 권선을 절연하기가 쉽다.

② 전기자 단자에 발생한 고전압을 슬립링 없이 간단하게 외부 회로에 인가할 수 있다.

③ 기계적으로 튼튼하게 만드는데 용이하다.

④ 전기자가 고정되어 있지 않아 제작비용이 저렴하다.

[동기발전기] 회전계자형으로 하는 이유

④ 전기자가 고정되어 있으므로 절연이 용이하다.

【정답】④

핵심 04 동기발전기 전기자 권선법

1 동기발전기 전기자 권선법

고상권, 페로권, 이층권, 중권(병렬권), 단절권, 분포권 채용

---

2 단절권

・코일 간격을 극 간격보다 짧게 하는 권선법

・단절권은 고조파를 제거로 인한 파형개선과 동량의 감소에 의해 기계가 축소된다.

・전절권에 비해 유기되는 기전력이 적고 가격이 저렴

① 단절권의 합성기전력 $=2e\sin\dfrac{\beta\pi}{2}$

② 단절비율$(\beta)=\dfrac{\text{코일의 간격}}{\text{극 간격}}=\dfrac{\text{코일의 간격}}{\text{전 슬롯수/극수}}$

③ 단절계수$(K_d)=\dfrac{\text{단절권의 합성 기전력}}{\text{전절권의 합성 기전력}}$

$\qquad = \sin\dfrac{\beta\pi}{2} < 1$

④ n차 고조파의 단절계수 $K_d = \sin\dfrac{n\beta\pi}{2} < 1$

기출 동기 발전기의 전기자 권선을 단절권으로 하면? 　　　　　　　　　　　　　　(06/1 15/2)

① 고조파를 제거한다.　② 절연이 잘 된다.

③ 역률이 좋아진다.　④ 기전력을 높인다.

[동기발전기의 전기자 권선법(단절권)] 전기자권선으로 전절권보다 단절권을 채용하면 고조파가 제거된다.

【정답】①

---

3 분포권

・매극 매상의 도체를 2개 이상의 슬롯에 각각 분포시켜서 권선하는 법 (1극, 1상, 슬롯 2개)

・고조파를 제거하기 위해서 이 권선법을 사용

・집중권에 비해 합성 유기 기전력이 감소

・기전력의 고조파 제거에 의한 파형이 좋아 진다.

・권선의 누설 리액턴스가 감소한다.

・과열을 방지 및 통풍에 효과적이다.

・집중권에 비해 유기 기전력이 감소한다.

※[집중권] 매극 매상의 도체를 한 개의 슬롯에 집중시켜서 권선하는 법이다. (1극, 1상, 슬롯 1개)

① 분포 계수(K_p)=$\dfrac{\text{분포권의 합성기전력}}{\text{집중권의 합성기전력}}$

$$=\frac{\sin\dfrac{\pi}{2m}}{q\sin\dfrac{\pi}{2mq}}<1$$

② n차 고조파 분포계수 $K_p=\dfrac{\sin\dfrac{n\pi}{2m}}{q\sin\dfrac{n\pi}{2mq}}<1$

③ 매극 매상의 슬롯 간격(a)

$$a=\frac{\pi}{\text{상수}\times\text{매극 매상의 슬롯수}}=\frac{\pi}{mq}$$

(m : 상수, q : 매극 매상의 슬롯수)

④ 매극 매상의 슬롯 수 $q=\dfrac{\text{총슬롯수}}{\text{극수}\times\text{상수}}$

기출 6극 36슬롯 3상 동기 발전기의 매극, 매상당, 슬롯수는?

(13/2 16/4)

① 2　　② 3　　③ 4　　④ 5

[동기발전기]

매극 매상당 슬롯수 $q=\dfrac{\text{슬롯수}}{\text{극수}\times\text{상수}}=\dfrac{36}{6\times3}=2$

【정답】①

---

4 권선계수(K_w)

· 권선계수 $K_w=K_d\times K_p<1$

→ (k_d : 분포권계수, k_p : 단절권계수)

· 단절계수와 분포계수의 곱

· 분포권, 단절권으로 하면 권선계수는 1보다 작다.

· 집중권, 전절권으로 하면 권선계수는 1이 된다.

핵심　05　동기발전기의 유기기전력

1 동기발전기 유기기전력(E)

$$E=4.44\ fN\varnothing k_w=4.44fN\varnothing k_d k_p\,[V]$$

여기서, f : 주파수, $\varnothing$: 자속

　　　　N : 직렬로 접속된 코일의 권수

　　　　k_w : 권선계수($=k_d\times k_p$)

---

2 한 상의 직렬권수(N)

$$N=\frac{\text{총슬롯수}\times\text{한슬롯당 도체수}}{\text{상수}\times2}$$

$$=\frac{\text{총슬롯수}\times\text{코일 권수}}{3\text{상}}$$

※정격전압, 공칭전압, 단자전압, 실효값 : 선간전압

· Y결선 : $V=\sqrt{3}\times4.44fN\varnothing K_w[V]$

· △결선 : $V=4.44fN\varnothing K_w[V]$

핵심　06　동기발전기의 전기자반작용

1 전기자반작용이란?

3상 부하전류(전기자전류)에 의한 회전자속이 계자자속에 영향을 미치는 현상

2 교차자화작용(횡축반작용)

· 전기자전류와 유기기전력이 동상인 경우

· 편자작용(교차자화작용)이 일어난다.

· 부하역률이 1($\cos\theta=1$)인 경우의 전기자반작용

3 직축반작용(감자작용)

전기자전류가 유기기전력보다 90[°] 뒤질 때(지상) 감자작용이 일어난다.

4 자화작용(증자작용)

전기자전류가 유기기전력보다 90[°] 앞설 때(진상) 증자작용(자화작용)이 일어난다.

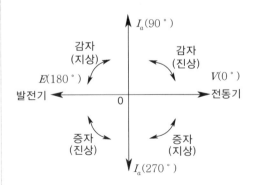

→ (위상 : 반시계방향)

※동기전동기의 전기자반작용은 동기발전기와 반대

기출 동기발전기의 전기자반작용에 대한 설명으로 틀린 사항은?

(11/5 18/1)

① 전기자반작용은 부하 역률에 따라 크게 변화된다.
② 전기자전류에 의한 자속의 영향으로 감자 및 자화현상과 편자현상이 발생된다.
③ 전기자반작용의 결과 감자현상이 발생될 때 반작용 리액턴스의 값은 감소된다.
④ 계자자극의 중심축과 전기자전류에 의한 자속이 전기적으로 90˚을 이룰 때 편자현상이 발생된다.

[동기발전기의 전기자반작용] ③ 전기자반작용의 결과 감자현상이 발생될 때 반작용 리액턴스의 값은 <u>증가</u>된다.

【정답】③

핵심 07 동기임피던스와 동기리액턴스

1 동기임피던스

전기자저항과 전기자반작용 리액턴스의 합

$Z_s = r_a + jx_s[\Omega] \rightarrow (r_a$: 전기자저항, x_s : 동기리액턴스)

2 동기리액턴스

전기자반작용 리액턴스와 전기자 누설리액턴스의 합

$x_s = x_a + x_l[\Omega]$

여기서, x_a : 전기자반작용 리액턴스

$\quad x_l$: 전기자누설리액턴스)

핵심 08 동기발전기의 출력

1 단상발전기의 출력(P)

$P = VI\cos\theta = \dfrac{EV}{x_s}\sin\delta[W]$ $\qquad \rightarrow (E\sin\delta = x_s I\cos\theta)$

여기서, δ : 부하각(위상각 90˚에서 최대)

---

2 3상발전기의 출력

$$P_{s3} = \frac{\sqrt{3}\,E\sqrt{3}\,V}{x_s}\sin\delta = \frac{3EV}{x_s}\sin\delta[W]$$

여기서, E : 1상의 유기기전력, V : 단자전압

$\quad x_s$: 동기리액턴스, δ : 부하각)

3 최대 출력 부하각(δ)

돌극기는 대체로 $60˚(\dfrac{\pi}{3})$ 부근에서 최대 출력이 되고,

비돌극기의 출력은 $90˚(\dfrac{\pi}{2})$에서 최대가 된다.

기출 동기발전기에서 비돌극기의 출력이 최대가 되는 부하각(power angle)은?

(14/2)

① 0˚   ② 45˚
③ 90˚   ④ 180˚

[동기발전기의 출력] $P_s = \dfrac{EV}{X_s}\sin\delta$

여기서, E : 1상의 유기기전력, V : 단자전압
$\quad \delta$: 부하각, X_s : 동기리액턴스

비돌극형은 $\dfrac{\pi}{2}$에서 최대, 돌극형은 $\dfrac{\pi}{3}$에서 최대값을 갖는다.

【정답】③

핵심 09 동기발전기의 특성

1 무부하 포화곡선

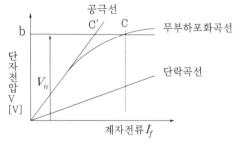

계자전류(I_f)와 무부하 단자전압(V_1)과의 관계 곡선

① $I_f\uparrow \rightarrow \varnothing\uparrow \rightarrow E\uparrow$

② 포화계수(포화율) $\delta = \dfrac{cc'}{bc'}$

2 단락곡선

계자전류를 증가시킬 때 단락전류의 변화 곡선, 계자
전류(I_f)와 단락전류(I_s)와의 관계 곡선

① 단락전류 $I_s = \dfrac{E}{x_s}$

(1∅ 의 경우이고, x_s : 동기리액턴스)

② $I_f \uparrow \rightarrow \varnothing \uparrow$ (자기포화) $\rightarrow x_s \downarrow \rightarrow I_s \uparrow$

> ※단락곡선이 직선적으로 변화하는 것은 철심의 자기포화 때
> 문이다.

3 지락단락전류

지락단락전류 $I_s = \dfrac{E}{x_l + x_a} = \dfrac{E}{x_s} ≒ \dfrac{E}{Z_s}$

여기서, E : 유도기전력, I_s : 3상단락전류

Z_s : 동기임피던스, x_s : 동기리액턴스

x_a : 전기자반작용 리액턴스

x_l : 전기자누설리액턴스

· 지속단락전류의 크기 제한은 전기자 반작용 리액턴스가

· 지속단락전류의 크기가 일정한 것은 전기자반작용 때문

4 돌발단락전류(I_s)

단락전류 $I_s = \dfrac{E}{x_l}[A]$

돌발단락전류의 크기를 제한하는 것은 전기자 누설리
액턴스이다.

---

10 단락비와 동기임피던스

1 단락비(K_s)

단락비는 무부하 포화시험과 3상 단락시험으로부터 구
할 수 있다.

단락비 $K_s = \dfrac{I_{f1}}{I_{f2}} = \dfrac{I_s}{I_n} = \dfrac{100}{\%Z_s}$

여기서, I_{f1} : 정격전압을 유지하는데 필요한 계자전류

I_{f2} : 단락전류를 흐르는데 필요한 계자전류

I_s : 3상단락전류[A], I_n : 정격전류[A]

$\%Z_s$: 퍼센트동기임피던스

① 단락비가 큰 기계(철기계)의 장 · 단점

장점	단점
·동기임피던스가 작다. ·전압변동률이 작다. ·공극이 크다. ·전기자반작용이 작다. ·계자의 기자력이 크다. ·전기자 기자력은 작다. ·출력이 향상 ·안정도가 높다. ·자기여자 방지	·철손이 크다. ·효율이 나쁘다. ·설비비가 고가이다. ·단락전류가 커진다.

② 단락비가 작은 기계(동기계)는 철기계와 상반된 특성
을 가지나 발전기 특성면에서 단락비가 큰 기계보다
는 특성이 떨어진다.

③ 수차 발전기 단락비 0.9~1.2

④ 터빈 발전기 단락비 0.6~1.0

기출 정격이 10000[V], 500[A], 역률 90[%]의 3상 동기발
전기의 단락전류 I_s[A]는? (단, 단락비는 1.3으로
하고, 전기자저항은 무시한다.) (15/4)
① 450 ② 550
③ 650 ④ 750

[동기 발전기의 단락비] $K_s = \dfrac{I_s(3상단락전류)}{I_n(정격전류)}$

3상 단락전류 $I_s = I_n \times K_s = 500 \times 1.3 = 650[A]$

【정답】③

2 퍼센트동기임피던스

① $Z_s = \dfrac{E_n}{I_s} = \dfrac{\dfrac{V_n}{\sqrt{3}}}{I_s} = \dfrac{V_n}{\sqrt{3}\,I_s}[\Omega] \rightarrow (E_n = \dfrac{V_n}{\sqrt{3}})$

② $\%Z_s = \dfrac{I_n \times Z_s}{E_n} \times 100[\%] = \dfrac{Z_s I_n}{\dfrac{V_n}{\sqrt{3}}} \times 100[\%]$

> ※퍼센트동기임피던스는 단락비의 역수

③ $\%Z_s = \dfrac{1}{K_s} \times 100[\%]$

④ $K_s = \dfrac{100}{\%Z_s}[\text{P·U}] \;\rightarrow\; (K_s : \text{단락비})$

여기서, I_n : 정격전류, I_s : 단락전류

Z_s : 동기임피던스, V_n : 정격전압

E_n : 동기발전기의 유도기전력,

기출 단락비가 1.2인 동기발전기의 %동기 임피던스는 약 몇 [%]인가? (07/5)

① 68   ② 83   ③ 100   ④ 120

[동기발전기의 %동기임피던스]

$\%Z_s = \dfrac{Z_s I_n}{E_n} \times 100 = \dfrac{1}{K_s} \times 100[\%]$

여기서, E_n : 정격상전압$[V]$, I_s : 3상단락전류$[A]$
I_n : 정격전류$[A]$, K_s : 단락비

$\%Z_s = \dfrac{1}{K_s} \times 100[\%] = \dfrac{100}{1.2} = 83[\%]$ 【정답】②

핵심 11 동기발전기의 전압변동률

1 동기발전기의 전압변동률(ϵ)

$\epsilon = \dfrac{V_0 - V_n}{V_n} \times 100[\%]$

여기서, V_0 : 무부하 시 전압, V_n : 정격(부하) 시 전압)

기출 정격전압 220[V]의 동기발전기를 무부히로 운전하였을 때의 단자전압이 253[V]이었다. 이 발전기의 전압변동률은? (10/2)

① 13[%]   ② 15[%]

③ 20[%]   ④ 33[%]

[동기발전기의 전압변동률] $e = \dfrac{V_0 - V_n}{V_n}[\%]$

$e = \dfrac{253 - 220}{220} \times 100 = 15[\%]$ 【정답】②

핵심 12 동기발전기의 병렬운전

1 동기발전기의 병렬운전 조건

· 기전력의 크기가 같을 것

· 기전력의 위상이 같을 것

· 기전력의 주파수가 같을 것

· 기전력의 파형이 같을 것

· 기전력의 상회전 방향이 일치할 것

기출 동기발전기의 병렬운전 조건이 아닌 것은?

(14/2 15/2 15/5 16/2 17/1 17/2 17/4 18/3)

① 유도기전력의 크기가 같을 것
② 동기발전기의 용량이 같을 것
③ 유도기전력의 위상이 같을 것
④ 유도기전력의 주파수가 같을 것

[동기발전기의 병렬 운전 조건] 동기발전기의 병렬운전 조건과 용량과는 관계가 없다.   【정답】②

---

2 병렬운전 조건 불만족 시 나타나는 현상

① 기전력의 크기가 서로 같지 않을 때
· 기전력의 차 때문에 순환전류가 발생
· 무효순환전류 또는 무효횡류라고 한다.
· 무효순환전류 $I_c = \dfrac{E_1 - E_2}{2Z_s} = \dfrac{E_r}{2Z_s}$
· 권선 가열
· 고압 측에 감자작용이 생긴다.

② 기전력의 위상이 같지 않을 때
유효순환전류(동기화전류)가 흐른다.
유효순환전류(동기화전류) $I_s = \dfrac{2E}{2X} \sin\dfrac{\theta}{2}[A]$

③ 기전력의 주파수가 같지 않을 때
단자전압 변동, 권선 가열

④ 기전력의 파형이 같지 않을 때
고조파 무효순환전류 발생

> **기출** 병렬운전 중인 두 동기발전기의 유도기전력이 2000[V], 위상차 60[°], 동기리액턴스 100[Ω] 이다. 유효순환전류[A]는? (14/1)
>
> ① 5　　　② 10　　　③ 15　　　④ 20
>
> ──────────────
>
> [동기발전의 병렬운전 시 기전력의 위상이 다를 경우]
> 유효순환전류(동기화전류) $I_s = \dfrac{2E}{2X}\sin\dfrac{\theta}{2}$ [A]
>
> $I_s = \dfrac{2000}{100}\sin\dfrac{60}{2} = 20 \times 0.5 = 10[A]$　　$\rightarrow (\sin 30 = 0.5)$
>
> 　　　　　　　　　　　　　　　　　　　　【정답】②

핵심 ## 13 동기발전기의 자기여자

① 자기여자 현상

무부하로 운전하는 동기발전기를 장거리 송전선로 등에 접속한 경우, 발전기의 잔류자기로 인한 전압 때문에 90°의 앞선 전류가 흐르므로, 전기자반작용은 자화작용을 하여 단자전압이 높아지고 충전전류도 늘게 된다. 이때 단자전압이 계속해서 높아지게 되는 현상을 자기여자라 한다.

② 자기여자 현상의 발생원인

정전용량에 의한 진상전류

③ 자기여자 현상의 방지대책

· 발전기 2대 또는 3대를 병렬로 모선에 접속한다.
· 수전단에 동기조상기를 접속하고 이것을 부족여자로 하여 지상전류를 공급한다.
· 송전선로의 수전단에 변압기를 접속한다.
· 수전단에 리액턴스를 병렬로 접속한다.
· 발전기의 단락비를 크게 한다.

핵심 ## 14 동기발전기의 안정도

① 정태안정도

여자를 일정하게 유지하고 부하를 서서히 증가하는 경우 탈조하지 않고 어느 범위까지 안정하게 운전할 수 있는 정도

② 동태안정도

발전기를 송전선에 접속하고 자동 전압조정기(AVR)로 여자전류를 제어하며 발전기 단자전압이 정전압으로 안정하게 운전할 수 있는 정도를 말한다.

③ 과도안정도

부하의 급변, 선로의 개폐, 접지, 단락 등의 고장 또는 기타의 원인에 의해서 운전상태가 급변하여도 계통이 안정을 유지하는 정도를 말한다.

④ 안정도 향상 대책

· 동기임피던스를 작게 한다.
· 속응여자방식을 채택한다.
· 회전자에 플라이휠을 설치하여 관성 모멘트를 크게
· 정상임피던스는 작고, 영상, 역상임피던스를 크게
· 단락비를 크게 한다.

> **기출** 동기기 운전 시 안정도 증진법이 아닌 것은? (14/2 15/2)
>
> ① 단락비를 크게 한다.
> ② 회전부의 관성을 크게 한다.
> ③ 속응여자방식을 채용한다.
> ④ 역상 및 영상임피던스를 작게 한다.
>
> ──────────────
>
> [동기기 안정도 향상 대책]
> ④ 역상 및 영상임피던스를 <u>크게</u> 한다.
>
> 　　　　　　　　　　　　　　　　　　　　【정답】④

⑤ 난조현상

병렬운전하고 있는 부하가 갑자기 급변하는 경우 발전기는 동기화력에 의해 새로운 부하에 대응하는 부하각으로 변화하고, 순간 속도가 동기속도 전후로 진동하는 현상

6 난조 발생 원인

- 조속기의 감도가 예민한 경우
- 부하 변동이 심한 경우
- 관성모멘트가 작은 경우
- 계자에 고조파가 유기된 경우
- 각속도가 일정하지 않는 경우

7 난조 방지법

- 자극면에 제동 권선을 설치
- 조속기의 감도를 적당히 조정
- 관성 모멘트를 크게 할 것 (Fly wheel부착)
- 회로의 저항을 작게
- 고조파의 제거 (단절권, 분포권 채용)

전문가 Tip

[제동권선의 역할]

① 난조방지

② 기동토크 발생

③ 불평형 부하시의 전류, 전압파형 개선

④ 송전선의 불평형 단락시의 이상 전압 방지

기출 병렬운전 중인 동기 발전기의 난조를 방지하기 위하여 자극면에 유도전동기의 농형권선과 같은 권선을 설치하는데 이 권선의 명칭은? (14/2 15/2)

① 계자권선 　② 제동권선

③ 전기자권선 　④ 보상권선

[동기기 제동권선의 역할]

1. 선로가 단락할 경우 이상전압 방지
2. 기동토크 발생
3. 난조 방지
4. 불평형 부하시의 전류, 전압을 개선 【정답】②

---

1 동기전동기의 회전 원리

- 동기전동기는 회전계자형의 동기발전기와 거의 같은 구조
- 기동 및 제어용으로 자극면에 농형 권선이 설치되어 있다.

2 동기전동기 기동법

- 동기전동기는 동기속도에서만 토크를 발생하므로 기동시 $N=0$에서 기동토크가 발생하지 않으므로 기동을 시켜주어야 한다.

※동기전동기의 기동토크는 영(0)이다.

- 동기전동기의 기동법으로는 자기기동법, 유도전동기법 등이 있다.

자기기동법	・제동권선을 계자극면에 설치하여 기동토크를 발생시켜 기동하는 방식 ・정격전압의 30~50[%] 정도로 저압을 가해 기동 ・계자권선을 단락시켜서 기동
유도전동기법	유도전동기 또는 직류전동기를 사용하여 기동시킨다.

기출 동기전동기를 자기기동법으로 기동시킬 때 계자 회로는 어떻게 하여야 하는가? (12/2 14/4)

① 단락시킨다. 　② 개방시킨다.

③ 직류를 공급한다. 　④ 단상교류를 공급한다.

[동기전동기의 자기기동법] 동기전동기를 자기기동법으로 기동시킬 때 계자회로를 단락시켜 기동한다.

【정답】①

1 출력

① 1상출력 $P = \dfrac{E \cdot V}{X_s}\sin\delta\,[W]$

② 3상출력 $P_{\varnothing 3} = 3 \cdot P = 3 \times \dfrac{E \cdot V}{X_s}\sin\delta\,[W]$

2 토크(τ)

$\left(\dfrac{60}{2 \times 3.14} = 9.55 \right)$

① $\tau = \dfrac{P}{\omega} = \dfrac{P}{2\pi \times \dfrac{N_s}{60}} = 9.55 \times \dfrac{P}{N_s}\,[N \cdot m]$

② $\tau = \dfrac{P}{\omega} = \dfrac{P}{2\pi \times \dfrac{N_s}{60}} = 0.975 \times \dfrac{P}{N_s}\,[kg \cdot m]$

$\rightarrow \left([N \cdot m] = \dfrac{1}{9.8}[kg \cdot m] \right)$

[기출] 3상 동기 전동기의 토크에 대한 설명으로 옳은 것은?

(14/1 16/5)

① 공급전압 크기에 비례한다.
② 공급전압 크기의 제곱에 비례한다.
③ 부하각 크기에 반비례한다.
④ 부하각 크기의 제곱에 비례한다.

[동기전동기] 토크 $\tau = \dfrac{P}{\omega}$, 출력 $P = \dfrac{EV}{X_s}\sin\delta\,[W]$

(V : 단자전압, E : 기전력, ω : 각속도, δ : 부하각)

토크 $\tau = \dfrac{VE}{\omega X_s}\sin\delta\,[N \cdot m]$ 이므로

토크(τ)는 전압(V)의 크기에 비례한다. **【정답】①**

---

3 동기와트

전동기 속도가 동기 속도일 때 토크 τ와 출력 P는 정비례하므로 토크의 개념을 와트로도 환산할 수 있다. 이때 이 와트를 동기 와트라고 하며 곧 토크를 의미한다.

동력 $P = \omega \cdot \tau\,[kg \cdot m] = 2\pi \cdot \dfrac{N_s}{60} \cdot 9.8 \cdot \tau\,[N \cdot m]$
$= 1.026 N_s \cdot \tau\,[W]$

4 위상특성곡선(V곡선)

· 공급 전압 V와 부하를 일정하게 유지하고 계자 전류 I_f 변화에 대한 전기자 전류 I_a의 변화 관계를 그린 곡선

· 계자전류를 증가시키면 부하전류의 위상이 앞서고, 계자전류를 감소하면 전기자전류의 위상은 뒤진다.

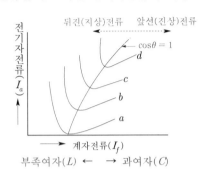

[동기전동기 위상 특성 곡선]

· $\cos\theta = 1$일 때 전기자전류가 최소다.

· a번 곡선으로 운전 중 출력이 증가하면 곡선은 상향이 되어 부하가 가장 클 때가 d번 곡선이다.

① 부족여자 : 여자전류를 감소시키면 역률은 뒤지고(지상) 전기자전류는 증가한다. → (리액터(L) 작용)

② 과여자 : 여자전류를 증가시키면 역률은 앞서고(진상) 전기자전류는 증가한다. → (콘덴서(C) 작용)

[기출] 동기전동기의 계자전류를 가로축에 전기자전류를 세로축으로 하여 나타낸 V곡선에 관한 설명으로 옳지 않은 것은?

(13/4)

① 위상특성곡선이라 한다.
② 곡선의 최저점은 역률 1에 해당한다.
③ 부하가 클수록 V 곡선은 아래쪽으로 이동한다.
④ 계자전류를 조정하여 역률을 조정할 수 있다.

[동기전동기의 위상특성곡선]
③ 부하가 클수록 V 곡선은 <u>위쪽</u>으로 이동한다.

【정답】③

5 동기전동기 전기자반작용

① 교차자화작용 : 전기자전류와 공급전압이 동위상일 경우

② 자화작용(증자작용) : 전기자전류가 공급전압보다 90[°] 뒤진 경우 (지상)

③ 감자작용 : 전기자전류가 공급전압보다 90[°] 앞선 경우 (진상)

※동기 발전기의 전기자반작용은 동기전동기와 반대

기출 동기전동기의 공급전압에 앞선 전류는 어떤 작용을 하는가? (13/4)

① 역률작용   ② 교차자화작용

③ 증자작용   ④ 감자작용

[동기전동기 전기자반작용]

② 교차자화작용 : 전기자 전류와 공급 전압이 동위상일 경우

③ 자화작용(증자작용) : 전기자 전류가 공급 전압보다 90[°] 뒤진 경우(지상)

④ 감자작용 : 전기자 전류가 공급 전압보다 90° 앞선 경우 (진상)

【정답】④

· 가격이 고가이다.

· 직류전원 설비가 필요하다. (직류여자방식)

3 동기전동기의 용도

① 저속도 대용량 : 분쇄기, 압축기, 송풍기, 쇄목기, 동기조상기

② 소용량 : 시계, 오실로그래프, 전송사진

핵심 17 동기전동기의 장·단점

1 장점

· 속도가 일정하다(동기 속도로 운전, 정속도 특성).

· 역률 조정이 가능하다(역률 $1(\cos\theta = 1)$로 운전할 수 있다).

· 효율이 좋다.

· 공극이 크고 기계적으로 튼튼하다.

2 단점

· 기동토크가 작다.

· 속도 제어가 어렵다.

· 구조가 복잡하다.

· 난조가 일어나기 쉽다.

기출 동기전동기에 대한 설명으로 옳지 않은 것은? (13/5 18/4)

① 정속도 전동기로 비교적 회전수가 낮고 큰 출력이 요구되는 부하에 이용된다.

② 난조가 발생하기 쉽고 속도제어가 간단하다.

③ 전력계통의 전류세기, 역률 등을 조정할 수 있는 동기조상기로 사용된다.

④ 가변 주파수에 의해 정밀속도 제어 전동기로 사용된다.

[동기전동기의 장·단점]

② 난조가 발생하기 쉽고 속도제어가 어렵다.

【정답】②

핵심 01 | 변압기의 원리 및 이론

1 변압기의 원리

· 패러데이-렌쯔의 전자유도작용을 이용하여 교류전압과 전류의 크기를 변성하는 장치
· 2개 이상의 전기회로와 1개 이상의 공통 자기회로로 구성
· 보통 두 대의 전기회로 중 한쪽을 전원에 접속하고 다른 한쪽은 부하에 접속하면 전력은 자기회로를 통하여 부하에 전달된다.
① 1차측 : 전원에 접속된 권선을 1차권선
② 2차측 : 부하에 접속된 권선을 2차권선

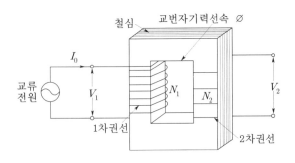

기출 다음 중 변압기의 원리와 관계있는 것은? (06/2 07/2 14/5)

① 전기자반작용　　② 전자유도작용
③ 플레밍의 오른손 법칙　　④ 플레밍의 왼손 법칙

[변압기의 원리] 변압기는 페러데이 전자유도작용을 이용한다.
【정답】②

2 유기기전력

성층 철심에 2개의 권선을 감고 1차 권선을 전원에 접속하면 1차와 2차 권선에는 전자유도 작용에 의해 기전력이 유기된다.
① 1차 유기기전력 $E_1 = 4.44fN_1\varnothing_m$
② 2차 유기기전력 $E_2 = 4.44fN_2\varnothing_m$
　여기서, N_1 : 1차권선, N_2 : 2차권선, f : 주파수[Hz]
　　　　$\varnothing_m$: 최대 자속밀도[Wb])

기출 다음 중 변압기에서 자속과 비례하는 것은? (11/4)

① 권수　　② 주파수
③ 전압　　④ 전류

[변압기의 유기기전력] $E = 4.44fN_n\varnothing_m [V]$
자속은 전압과 비례하고, 주파수 및 권수에는 반비례한다.
【정답】③

3 권수비(전압비)

권수비 $a = \dfrac{E_1}{E_2} = \dfrac{V_1}{V_2} = \dfrac{N_1}{N_2} = \dfrac{I_2}{I_1}$

$\qquad = \sqrt{\dfrac{R_1}{R_2}} = \sqrt{\dfrac{Z_1}{Z_2}} = \sqrt{\dfrac{L_1}{L_2}}$

여기서, a : 권수비(=전압비), E_1 : 1차 기전력
　　　E_2 : 2차기전력, N_1 : 1차권선, N_2 : 2차권선
　　　R_1 : 1차저항, R_2 : 2차저항, I_1 : 1차 부하전류
　　　I_2 : 2차부하전류, Z_1 : 1차임피던스
　　　Z_2 : 2차임피던스

기출 변압기의 권수비가 60일 때 2차측 저항이 0.1[Ω]이다. 이것을 1차로 환산하면 몇 [Ω]인가? (16/4)

① 310　　② 360
③ 390　　④ 410

[변압기의 권수비] $a = \dfrac{N_1}{N_2} = \dfrac{V_1}{V_2} = \dfrac{I_2}{I_1} = \sqrt{\dfrac{R_1}{R_2}} = \sqrt{\dfrac{Z_1}{Z_2}}$

권수비$(a)=60$, 2차전압(R_2) : 0.1[Ω]

$60 = \sqrt{\dfrac{R_1}{0.1}} \rightarrow 3600 = \dfrac{R_1}{0.1}$ ∴ $R_1 = 360$ 　【정답】②

4 변류비

변압기의 2차 권선에 부하 임피던스를 접속하면 2차 부하 전류가 흐르고, 이 전류에 의해서 생긴 기자력을 상쇄하도록 1차 부하 전류가 흐른다. 이 1차 부하 전류와 2차 부하 전류와의 비를 변류비라 한다.

변류비 $= \dfrac{I_1}{I_2}$ 　→ (권수비의 역수, 권수비 $a = \dfrac{I_2}{I_1} = \dfrac{V_1}{V_2}$)

5 변압기의 정격

① 정격출력 $= V_{2n} \times I_{2n} [VA]$

   (V_{2n} : 정격 2차전압[V], I_{2n} : 정격 2차전류[A])

② 정격 1차전압 $V_{1n} = a \times V_{2n} [V]$

③ 정격 1차전류 $I_{1n} = \dfrac{1}{a} \times I_{2n} [A]$

기출 변압기의 정격출력으로 맞는 것은? (14/5)

① 정격 1차전압 × 정격 1차전류
② 정격 1차전압 × 정격 2차전류
③ 정격 2차전압 × 정격 1차전류
④ 정격 2차전압 × 정격 2차전류

[변압기의 정격] 정격출력 $= V_{2n} \times I_{2n} [VA]$

여기서, V_{2n} : 정격 2차전압[V], I_{2n} : 정격 2차전류[A]

【정답】④

핵심 02 변압기의 구성

1 철심

· 히스테리시스손이 작은 규소강판을 사용

· 규소 함유량은 3~4[%] 정도이고 두께는 0.3~0.6 [mm] 정도

· 변압기는 철심의 형태에 따라 내철형, 외철형, 분포 철심형, 권철심형 등으로 분류한다.

내철형	권선 안에 철심
외철형	철심 안에 권선
권철심형	· 철심의 형태가 권선의 형태 · 규소 강띠를 테이프 감듯 감아 놓은 것

기출 변압기 철심에는 철손을 적게 하기 위하여 철이 몇 [%]인 강판을 사용하는가? (12/2)

① 약 50~55[%]　　② 약 60~70[%]
③ 약 76~86[%]　　④ 약 96~97[%]

[변압기의 구성] 철심은 철손을 적게 하기 위하여 규소가 함유 (3~4[%])된 규소강판을 사용, 철은 96~97[%] 함유

【정답】④

2 코일

· 변압기 권선에는 동선 또는 동각선이 사용

· 철심과 코일의 배치에 따라서 내철형 변압기, 외철형 변압기로 구분

3 부싱

부싱은 고압 측과 저압 측 단자를 외부로 인출할 때 도체를 변압기 외함과 절연시키는 장치이다.

단일형 부싱	30[kV] 이하에 사용
콤파운드 부싱	단일형 보다 절연내력이 우수
유입형 부싱	60[kV]~161[kV] 정도까지 널리 채용
콘덴서 부싱	60[kV] 이상 초고압 계통에 유리

4 변압기유(절연유)

변압기의 기름은 절연 및 냉각 매체의 역할, 광유 사용

5 변압기유(절연유)가 갖추어야 할 성능

· 절연내력이 클 것

· 점도가 낮을 것

· 인화점이 높고 응고점이 낮을 것

· 다른 재질에 화학 작용을 일으키지 않을 것

· 변질하지 말 것

6 변압기유(절연유)의 열화 현상

절연유의 절연내력과 냉각효과가 감소하여 침전물이 발생하는 현상

7 열화 방지책

· 변압기 상부에 콘서베이터 설치

· 질소봉입장치설치

· 흡착제(실리카겔)-브리더 설치

※컨서베이터 : 컨서베이터는 변압기 상부에 설치된 원통형의 유조(기름통)로서 높은 온도의 기름이 직접 공기와 접촉하는 것을 방지하여 기름의 열화를 방지하는 것이다.

기출 변압기에 콘서베이터(conservator)를 설치하는 목적은? (12/2 18/2)

① 열화 방지 ② 코로나 방지
③ 강제 순환 ④ 통풍 장치

[변압기 컨서베이터] 변압기 상부에 설치, 기름의 열화방지
【정답】①

---

8 변압기에 사용되는 절연물

Y종	·목면, 명주, 종이로 구성 ·최고 허용온도 90[℃] ·저 전압기기
A종	·목면, 명주, 종이로 구성 ·최고 허용온도 105[℃] ·유입 변압기
E종	·에폭시수지면, 종이적층품 ·최고 허용온도 120[℃] ·대용량 기기
B종	·마이카 접착재료 이용 ·최고 허용온도 130[℃] ·건식 변압기, 고압 전동기, 몰드 변압기
F종	·알키드수지 접착재료 이용 ·최고 허용온도 155[℃] ·고전압기기, 건식 변압기, 몰드 변압기
H종	·규소 수지 재료 이용 ·최고 허용온도 180[℃] ·건식 변압기, 용접기
C종	·생마이카, 석면 재료 이용 ·최고 허용온도 180[℃] 초과 ·마이카, 도자기, 유리 특수기기

기출 다음 중 ( )속에 들어갈 내용은? (16/1)

유입변압기에 많이 사용되는 목면, 명주, 종이 등의 절연재료는 내열등급 ( )으로 분류되고, 장시간 지속하여 최고 허용온도 ( )℃를 넘어서는 안 된다.

① Y종 - 90 ② A종 - 105
③ E종 - 120 ④ B종 - 130

[변압기의 절연재료] 【정답】②

---

9 변압기의 냉각 방식

건식자냉식 (AN)	·공기에 의해 자연적으로 냉각 ·소용량의 변압기
건식풍냉식 (AF)	·송풍기를 이용하여 강제 통풍 ·변압기 하부에 송풍기 설치
유입자냉식 (ONAN)	·변압기에서 발생한 열을 기름의 대류 작용에 의해 외함에 전달하고 외함에서 열을 대기로 발산시키는 방식 ·보수가 간단, 가장 널리 쓰임(주상변압기). ·10[MVA] 미만
유입풍냉식 (ONAF)	·송풍기로 강제 통풍시켜 냉각 ·10~60[MVA] 미만
유입수냉식 (OFWF)	·상부 기름에 냉각관을 두어 이것에 냉각수를 순환시켜 냉각하는 방식 ·대용량 변압기에 사용한다.
송유자냉식 (OFAN)	기름을 강제적으로 순환시키는 방법
송유풍냉식 (OFAF)	·변압기 외함 내에 들어있는 기름을 펌프를 이용하여 외부에 있는 냉각 장치로 보내서 냉각시킨 다음 냉각된 기름을 다시 외함 내부로 공급하는 방식 ·냉각 효과가 크다. ·60[MVA] 이상
송유수냉식 (ONWF)	유닛쿨러를 탱크 주위에 설치하여 냉각
유입송유식 (FOA, FOW)	·외함 내에 있는 가열된 기름을 순환펌프에 의해 외부의 수냉식 냉각기 및 풍냉식 냉각기에 의해 냉각시켜 다시 외함 내에 유입시키는 방식 ·30000[kV] 이상의 대용량 변압기에 사용하는 냉각 방식

기출 변압기 외함 내에 들어 있는 기름을 펌프를 이용하여 외부에 있는 냉각 장치로 보내서 냉각시킨 다음, 냉각된 기름을 다시 외함의 내부로 공급하는 방식으로, 냉각효과가 크기 때문에 30000[kVA] 이상의 대용량 변압기에서 사용하는 냉각 방식은? (09/4)

① 건식풍냉식 ② 유입자냉식
③ 유입풍냉식 ④ 유입송유식

[변압기의 냉각장치] 【정답】④

---

1 여자전류 (무부하전류)

· 여자전류는 철손전류와 자화전류로 구성

· 변압기의 여자전류가 일그러지는 이유는 자기 포화와 히스테리시스 현상 때문이다.

① 여자전류 $I_0 = I_i + I_\varnothing$

② 크기 $|I_0| = \sqrt{I_i^2 + I_\varnothing^2}$

여기서, I_i : 철손전류, $I_\varnothing$: 자화전류

2 등가회로

등가회로란 복잡한 전기회로를 등가임피던스를 사용하여 간단히 변화시킨 회로를 말한다.

※등가임피던스 : 내부에 기전력을 포함하지 않는 회로망

① 2차를 1차로 환산한 등가회로

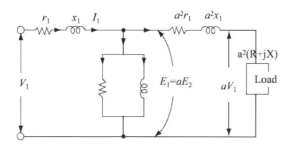

㉮ 권수비 $a = \dfrac{V_1}{V_2}$ 에서 전압 $V_1 = a V_2$

㉯ 권수비 $a = \dfrac{I_2}{I_1}$ 에서 전류 $I_1 = \dfrac{I_2}{a}$

㉰ 임피던스 $Z_1 = a^2 Z_2$

② 1차를 2차로 환산한 등가회로

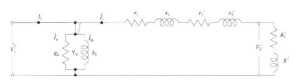

㉮ 전압 $V_2 = \dfrac{V_1}{a}$

㉯ 전류 $I_2 = a V_1$

㉰ 임피던스 $Z_2 = \dfrac{Z_1}{a^2}$

2차를 1차로 환산	1차를 2차로 환산
$V_1 = a V_2$	$V_2 = \dfrac{1}{a} V_1$
$I_1 = \dfrac{1}{a} I_2$	$I_2 = a I_1$
$Z_1 = a^2 Z_2$	$Z_2 = \dfrac{1}{a^2} Z_1$

> **기출** 복잡한 전기회로를 등가 임피던스를 사용하여 간단히 변화시킨 회로는? (14/2)
> ① 유도회로 ② 전개회로
> ③ 등가회로 ④ 단순회로

[등가회로] 복잡한 전기회로를 등가임피던스를 사용하여 간단히 변화시킨 회로 【정답】③

1 전압변동률(ϵ)

변압기의 전압변동률은 2차측의 전압의 변화를 기준으로 산출

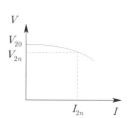

① 전압변동률 $\epsilon = \dfrac{V_{20} - V_{2n}}{V_{2n}} \times 100$

여기서, V_{20} : 무부하 2차 단자전압

V_{2n} : 정격2단자전압 I_{2n} : 2차 정격전류

θ : V_{2n}과 I_{2n}의 위상차

p : %저항강하, q : %리액턴스강하

② 전압변동률 $\epsilon = p\cos\theta_2 \pm q\sin\theta_2$

→ (지상(뒤짐)부하시 : +, 진상(앞섬)부하시 : −, 언급이 없으면 +)

여기서, p : %저항강하, q : %리액턴스강하

③ %저항강하 $p = \dfrac{I_{2n} \times r_2}{V_{2n}} \times 100 = \dfrac{P_s}{P_n} \times 100 [\%]$

④ %리액턴스강하 $q = \dfrac{I_{2n} \times x_2}{V_{2n}} \times 100 [\%]$

⑤ %임피던스강하

$$z = \frac{I_{2n} \times Z_{21}}{V_{2n}} \times 100 = \frac{V_s}{V_{1n}} \times 100 = \sqrt{p^2 + q^2} \, [\%]$$

여기서, V_s : 임피던스전압

2 최대 전압변동률($\epsilon_{\max}$)

① 역률 100[%]일 때($\cos\theta = 1$, $\sin\theta = 0$)

$$\epsilon = p$$

② $\theta + \varnothing = 90^0 (\cos\theta \neq 1)$ 일 때 전압변동률 최대

$$\epsilon_{\max} = \sqrt{p^2 + q^2}$$

③ 전압변동률이 최대가 되는 부하의 역률

$$\cos\theta = \frac{p}{\sqrt{p^2 + q^2}}$$

기출 변압기에서 퍼센트 저항강하 3[%], 리액턴스 강하 4[%]일 때 역률 0.8(지상)에서의 전압 변동률은?

(06/4 10/1 17/2)

① 2.4[%]   ② 3.6[%]

③ 4.8[%]   ④ 6.0[%]

[변압기의 전압변동률] $\epsilon = p\cos\theta \pm q\sin\theta$
→ (지상(뒤짐)부하시 : +, 진상(앞섬)부하시 : −, 언급이 없으면 +)
$\sin\theta = \sqrt{1 - \cos^2\theta} = \sqrt{1 - 0.8^2} = 0.6$
$\epsilon = p\cos\theta + q\sin\theta$ ∴ $\epsilon = 3 \times 0.8 + 4 \times 0.6 = 4.8[\%]$

【정답】③

핵심 **05** 임피던스전압, 임피던스와트

1 임피던스전압

· 2차측을 단락하고 변압기 1차측에 정격전류(I_{1n})가 흐를 때까지만 1차 측에 인가하는 전압

· 임피던스전압으로 변압기임피던스를 구한다.

① 임피던스전압 $V_s = I_{1n} \times Z_{12}$

② 변압기임피던스 $Z_{12} = \dfrac{V_s}{I_{1n}} [\Omega]$

여기서, I_{1n} : 1차 정격전류, Z_{12} : 변압기임피던스

기출 변압기의 임피던스전압이란? (11/5 15/4)

① 정격전류가 흐를 때 변압기내의 전압강하
② 여자전류가 흐를 때 2차측 단자전압
③ 정격전류가 흐를 때 2차측 단자전압
④ 2차 단락전류가 흐를 때 변압기내의 전압강하

[변압기의 임피던스전압] 2차측을 단락하고 변압기 1차측에 정격전류가 흐를 때까지만 인가하는 전압 【정답】①

---

2 임피던스와트(P_s)

임피던스전압을 걸 때 발생하는 전력
(단락 시 존재하는 와트는 전부 동손이다.)

임피던스와트 $P_s = I_{1n}^2 \, r_{12} [W]$ → (동손)

전문가 Tip

[변압기 시험]

① 무부하 시험 : 철손, 여자전류 측정
② 구속 시험(단락 시험) : 동손(임피던스 와트), 임피던스 전압 측정, 전압변동률 계산
③ 변압기 절연내력 시험 : 가압시험, 충격전압시험, 유도시험, 오일의 절연파괴전압시험 등이 있다

기출 변압기의 무부하 시험, 단락 시험에서 구할 수 없는 것은?

(16/4 18/1)

① 동손   ② 철손
③ 절연내력   ④ 전압 변동률

[변압기의 시험]
1. 무부하 시험 : 철손, 여자전류 측정
2. 단락 시험(구속 시험) : 동손(임피던스 와트), 임피던스 전압 측정, 전압변동률 계산 【정답】③

핵심 6 변압기의 손실

1 무부하손 (고정손)

고정손의 대부분은 철손이다.

철손(P_i) = 히스테리시스손(P_h) + 와류손(P_e)

① 히스테리시스손 : $P_h = \delta_h f v B_m^{1.6}$[W/kg]

히스테리시스손은 자속밀도의 1.6승에 비례, 주파수의 1승에 비례한다.

주파수가 증가하면 히스테리시스손이 감소하므로 철손이 감소하고 따라서 여자전류가 감소하게 된다.

② 와류손(P_e) (맴돌이 전류손)

㉮ $P_e = \delta_e (f k_f B_m t)^2$[W/kg]

㉯ 강판의 두께 t는 일정하므로 $P_e \propto f^2 B^2 \propto t^2$

δ_h : 히스테리시스 정수

δ_e : 재료에 의한 정수, f : 주파수[Hz]

B_m : 자속밀도, t : 철판의 두께[m], v : 체적

k_f : 파형률

※와류손은 전압의 2승에 비례할 뿐이고 주파수와는 무관

$\rightarrow (P_e = \delta_e (t k_f f B_m)^2 = \delta_e (t k_f f \frac{E}{f})^2 = \delta_e (t k_f E)^2$

$\rightarrow (B \propto \frac{E}{f})$

2 부하손 (가변손)

동손+표유부하손이며, 대부분은 동손

동손(P_c) = 임피던스 와트$(P_s) \propto I$(부하전류)^2

기출 변압기의 손실에 해당되지 않는 것은? (11/2)

① 동손 ② 와전류손

③ 히스테리시스손 ④ 기계손

[변압기의 손실] ·무부하손(=철손) ·부하손(=동손)

철손=히스테리시스손+와류손

※④ 기계손 : 회전기의 손실 【정답】④

핵심 7 변압기의 효율

1 실측효율(η)

부하를 접속한 상태에서 측정

실측효율 $\eta = \dfrac{출력}{입력} \times 100$[%]

2 규약효율

정격출력, 무부하손, 부하손

① 규약효율 $\eta_g = \dfrac{출력}{출력 + 전체손실} \times 100$[%]

→ (전체 손실=철손 + 동손)

$= \dfrac{V_2 I_2 \cos\theta}{V_2 I_2 \cos\theta + P_i + P_c} \times 100$[%]

여기서, V_2, I_2 : 정격 2차 전압 및 전류, P_i : 철손

P_c : 동손, $\cos\theta$: 부하 역률

② $\dfrac{1}{m}$ 부하(부분 부하) 시 효율(정격 출력의 $\dfrac{1}{m}$의 효율)

$$\eta_{\frac{1}{m}} = \dfrac{\dfrac{1}{m} P}{\dfrac{1}{m} P + P_i + \left(\dfrac{1}{m}\right)^2 \times P_c} \times 100[\%]$$

기출 정격출력 20[kVA], 정격전압에서 철손 150[W], 정격전류에서 동손 200[W]의 단상변압기에 뒤진 역률 0.8인 어느 부하를 걸었을 경우 효율이 최대라 한다. 이때 부하율은 약 몇 [%]인가? (18/2)

① 75 ② 87 ③ 90 ④ 97

[변압기 $\dfrac{1}{m}$ 부하에서의 최대 효율 조건] $\dfrac{1}{m} = \sqrt{\dfrac{P_i}{P_c}}$

$\dfrac{1}{m} = \sqrt{\dfrac{P_i}{P_c}} = \sqrt{\dfrac{150}{200}} = \sqrt{0.75} = 0.866 = 87$[%]

【정답】②

3 최대효율

① 전부하 시의 최대 효율 : 철손과 동손이 같을 때 $(P_i = P_c)$

$$\eta_{\max} = \dfrac{최대효율시 출력}{최대효율시 출력 + 2P_i} \times 100[\%]$$

② $\frac{1}{m}$ 부하(부분 부하) 시의 최대 효율 : 철손과 동손이

같을 때 이므로 위의 공식에서 $P_i = \left(\frac{1}{m}\right)^2 P_c$이므로

$$\frac{1}{m} = \sqrt{\frac{P_i}{P_c}}$$

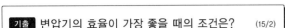
4 전일효율

전일 효율이란 하루의 출력 전력량과 입력 전력량의 비

전일효율 $\eta_r = \dfrac{1일중\ 출력\ 전력량}{1일중\ 입력\ 전력량} \times 100[\%]$

$$\eta_r = \frac{\sum T \times P}{\sum T \times P + 24P_i + \sum T \times P_c} \times 100[\%]$$

핵심 **8** **변압기의 3상 결선**

1 3상 결선의 종류

· Y-Y 결선, Y-△ 결선, △-△ 결선, △-Y 결선

· 이 외에도 2대 또는 3대를 이용한 V 결선 및 T 결선
등 여러 가지가 사용되고 있다.

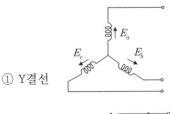

① Y결선

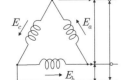

② △결선

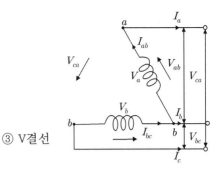

③ V결선

△결선된 변압기의 한 대가 고장으로 제거되어 V결
선으로 공급할 때의 결선 법

2 △-△결선

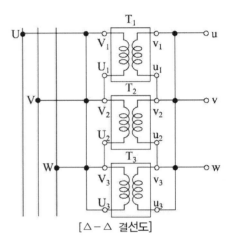

[△-△ 결선도]

· △-△ 결선법은 배전용으로 적당

· 단상 변압기 3대중 1대의 고장이 생겼을 때 2대로 V결
선하여 사용할 수 있다.

· 외부에 고조파 전압이 나오지 않으므로 통신장애의 염
려가 없다.

· 중성점을 접지할 수 없으므로 지락사고의 검출이 곤
란하다.

· 기전력의 파형이 왜곡되지 않는다.

· 절연상의 문제로 60[kV] 이하의 계통에서 사용

① 선전류 $I_l = \sqrt{3}\, I_p \angle -30$

선전류(I_l)는 2차 권선에 흐르는 상전류(I_p)의 $\sqrt{3}$ 배
이고 30^0 위상이 뒤진다.

② 선간전압 $V_l = V_p \angle 0°$

상전압(V_p)과 선간전압(V_l)의 크기가 같고 동상

③ 출력 $P = \sqrt{3}\, V_l I_l = 3 V_p I_p = 3 P_1$

　여기서, P_1 : 단상 변압기 한 대의 용량

❸ Y-Y 결선

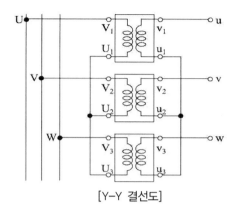

[Y-Y 결선도]

· 승압용 변압기에 유리하며, 소전류 고전압 계통에 유리
· 이상 전압으로부터 변압기를 보호
· 코일에서 발생되는 열이 작다.
· 상전압이 선간전압의 $1/\sqrt{3}$ 배 이므로 절연이 용이하다.
· 2차측에 3고조파 전압이 나타난다.
· 큰 유도장해로 인하여 거의 사용하지 않는다.
· Y결선은 V결선으로 할 수 없다.

① 선간전압 $V_l = \sqrt{3}\, V_p \angle 30°$

　선간전압(V_l)은 상전압(V_p)의 $\sqrt{3}$ 배이고 상전압 보다 위상이 $30°$ 앞선다.

② 선전류 $I_l = I_p \angle 0°$

　선전류(I_l)는 상전류(I_p)와 크기가 같고 위상이 동상

┌───┐
│ **기출** 송배전계통에 거의 사용되지 않는 변압기 3상 결선방
│ 　　　 식은?　　　　　　　　　　　　　　　　(14/1)
│
│ 　① Y-△　　　　　　② Y-Y
│ 　③ △-Y　　　　　　④ △-△
├───┤
│ [변압기 3상결선 (Y-Y결선)] 큰 유도장해로 인하여 거의 사
│ 용하지 않는다.　　　　　　　　　　　　【정답】②
└───┘

❹ Y-△(강압용), △-Y(승압용) 결선

정격 출력 $P = \sqrt{3}\, V_l I_l = 3 V_p I_p [kVA]$

여기서, V_l : 선간전압, V_p : 상전압, I_l : 선전류

　　　　I_p : 상전류

· △-Y, Y-△에서는 전압과 전류의 위상차가 $30°$
· 중성점을 접지할 수 있고 다른 한쪽은 제3고조파에 의한 영향을 없애주는 장점
· $Y-\triangle$은 강압용
· $\triangle - Y$은 승압용
· Y결선의 중성점을 접지할 수 있으므로 이상 전압으로 부터 변압기를 보호할 수 있다.

❺ V-V 결선

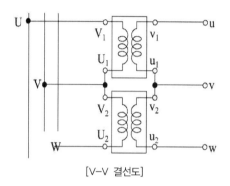

[V-V 결선도]

① 선간전압 $V_l = V_p$

② 선전류 $I_l = I_p$

③ 출력 $P_V = \sqrt{3}\, P_1 [VA]$ 　　　　→ $(P_1 = VI)$

④ 2대 V 결선시 이용률

　이용률 $= \dfrac{\sqrt{3} \times 1\text{대 용량}}{2 \times 1\text{대 용량}} = \dfrac{\sqrt{3}}{2} = 0.866 = 86.6[\%]$

　여기서, V_l : 선간전압, V_p : 상전압, I_l : 선전류

　　　　I_p : 상전류, P_V : V결선시 출력

　　　　P_1 : 단상 변압기 한 대의 용량

※△결선에 비하여 V 결선의 출력은 57.7[%] 밖에 되지 않는다. 즉,

$$\frac{P_V}{P_\triangle} = \frac{\sqrt{3} \times 1\text{대 출력}}{3 \times 1\text{대 출력}} = \frac{\sqrt{3}}{3} = 0.577$$

┌───┐
│ **기출** 변압기 2대를 V결선 했을 때의 이용률은 몇 [%]인가?
│ 　　　　　　　　　　　　　　　　　(13/2 17/4)
│
│ 　① 57.7[%]　　　　　② 70.7[%]
│ 　③ 86.6[%]　　　　　④ 100[%]
├───┤
│ [변압기의 2대의 V결선 시 이용률]
│ $\dfrac{\sqrt{3} \times 1\text{대 용량}}{2 \times 1\text{대 용량}} = \dfrac{\sqrt{3}}{2} = 0.866$, 즉 86.6[%]　【정답】③
└───┘

1 감극성 변압기

우리나라 표준

감극성 일 때 V의 지시값 $V = V_1 - V_2$

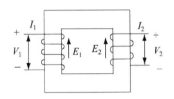 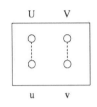

2 가극성 변압기

1차와 2차 권선에 유기되는 전압의 극성이 서로 반대

가극성 일 때 V의 지시값 $V = V_1 + V_2$

여기서, V_1 : 고압측 전압, V_2 : 저압측 전압

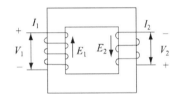 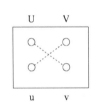

기출 권수비 30인 변압기의 저압측 전압이 8[V]인 경우 극성시험에서 가극성과 감금성의 전압차는 몇 [V] 인가? (14/1)

① 24 　　② 16 　　③ 8 　　④ 4

[변압기의 극성 시험]
· 감극성인 경우 지시값 $V_1 = V_h - V_l$
· 가극성인 경우 지시값 $V_2 = V_h + V_l$
　여기서, V_h : 고압측 전압, V_l : 저압측 전압
· 가극성과 감금성의 전압차 V는 $V_2 - V_1$이므로
　$V = (V_h + V_l) - (V_h - V_l) = 2V_l = 2 \times 8 = 16[V]$

【정답】②

---

1 3상을 2상으로 변환하는 결선법

① 스코트 결선(T결선) : 이용률 86.6[%], 전기 철도
② 메이어 결선
③ 우드 브리지 결선

2 3상을 6상으로 변환하는 결선법

① 2차 2종 Y결선
② 2차 2종 △결선
③ 대각 결선
④ 포크(Fork) 결선 (6상 측 부하가 수은 정류기 부하일 경우)

기출 3상 전원에서 2상 전원을 얻기 위한 변압기의 결선 방법은? (06/5 11/1)

① △ 　　② Y 　　③ V 　　④ T

[변압기 결선의 상수변환 (T결선)] 3상 전원에서 2상 전력을 얻기 위한 결선 　　　　　　　　　　　【정답】④

---

1 변압기의 병렬운전 조건

① 극성이 같을 것
　→ 불일치 : 2차 권선의 순환회로에 2차 기전력의 합이 가해지므로, 2차 권선의 소손 발생이 일어날 수 있다.
② 1, 2차 정격 전압과 각 변압기의 권수비가 같을 것
　→ 불일치 : 2차 기전력의 크기가 서로 다르므로, 그 차에 의해서 권선의 순환회로에 순환전류가 흘러서 권선의 과열 발생이 일어난다.
③ 각 변압기의 퍼센트 임피던스 강하와 저항과 리액턴스비가 같을 것
　→ 불일치 : 부하 분담 불균형에 의한 과부하 발생 및 변압기 용량의 합만큼 부하 전력을 공급할 수 없다.

④ 각 변위(1, 2차 유도전압 간의 위상차)가 같을 것

　→ 불일치 : 각 변압기의 전류 간에 위상차가 생겨서 동손이 증가하게 된다.

⑤ 상회전 방향이 같을 것 (3∅)

⑥ 부하 분담시 용량에는 비례하고 퍼센트 임피던스 강하에는 반비례할 것

2 부하분담

변압기 병렬운전시 부하 분담은 누설임피던스에 역비례하며, 변압기의 용량에 비례

$$\frac{I_A}{I_B} = \frac{[kVA]A}{[kVA]B} \times \frac{\%Z_B}{\%Z_A}$$

여기서, I_A : A 변압기의 정격전류

　　　　 I_B : B 변압기의 정격전류

　　　　 $\%Z_A$: A 변압기의 %임피던스

　　　　 $\%Z_B$: B 변압기의 %임피던스

　　　　 $[kVA]A$: A 변압기의 정격용량

　　　　 $[kVA]B$: B 변압기의 정격용량

3 3상 변압기의 병렬 운전의 결선 조합

3상 변압기의 병렬운전이 가능한 결선과 불가능한 결선은 다음 표와 같다.

병렬운전 가능	병렬운전 불가능
· △-△와 △-△	· △-△와 △-Y
· Y-Y와 Y-Y	· Y-Y와 △-Y
· Y-△와 Y-△	
· △-Y와 △-Y	
· △-△와 Y-Y	
· V-V와 V-V	

기출 3상 변압기의 병렬운전이 불가능한 결선 방식으로 짝지은 것은?　　　　　　　　　(13/5 17/2 18/1)

① △-△ 와 Y-Y　　　② △-Y 와 △-Y

③ Y-Y 와 Y-Y　　　④ △-△ 와 △-Y

[변압기의 병렬운전 불가능] △-△와 △-Y, Y-Y와 △-Y 는 변압기의 병렬운전 시 위상차가 발생하므로, 순환전류가 흘러서 과열 및 소손이 발생할 수 있다.　　【정답】④

핵심 **12** **특수 변압기**

1 3상변압기

① 3상변압기란?

· 1대로 3상변압을 할 수 있는 변압기

· 합성자속은 위상차 120˚ 차가 발생하므로 중앙 부분의 철심을 제거할 수 있다.

② 3상변압기의 장점

· 사용 철의 량이 적고 철손도 적어지므로 효율이 좋다.

· 자재 절약, 중량 감소, 비용 절감, 설치 면적 절약

· Y, △ 결선을 변압기 내에서 하므로 부싱이 절약된다.

③ 3상변압기의 단점

· 1상에만 고장이 생겨도 그 변압기를 사용할 수 없게 된다.

· 대용량의 것은 수송이 힘들다.

· 설치 뱅크가 적을 때는 예비기의 설치비용이 크다.

· 단상변압기로의 사용이 불가능하다.

2 단권변압기

① 단권변압기의 주요 특징

1차 및 2차 권선의 일부분이 공통으로 이루어진 변압기로 누설자속이 적고, 전압변동률이 작다.

㉮ 권수비(전압비) : $a = \frac{V_1}{V_2} = \frac{N_1}{N_1 + N_2}$

㉯ 변수비(전류비) : $\frac{1}{a} = \frac{I_1}{I_2} = \frac{N_1 + N_2}{N_1}$

㉰ 부하용량(정격용량) $P_l = V_2 I_2$

㉱ 자기용량(직렬 권선 용량) $P_s = (V_2 - V_1)I_2$

㉲ $\frac{자기용량}{부하용량} = \frac{(V_2 - V_1)I_2}{V_2 I_2} = \frac{V_2 - V_1}{V_2} = \frac{V_h - V_l}{V_h}$

여기서, V_l : 저압측 전압, 　V_h : 고압측 전압

② 단권변압기 3상결선

㉮ 단권변압기 1대 : $\frac{자기용량}{부하용량} = \frac{V_h - V_l}{V_h}$

㉯ 단권변압기(Y결선) : $\frac{V_h - V_l}{V_h}$

ⓓ 단권변압기(△결선) : $\dfrac{V_h^2 - V_l^2}{\sqrt{3}\,V_h\,V_l}$

ⓔ 단권변압기(V결선) : $\dfrac{2}{\sqrt{3}}\left(\dfrac{V_h - V_l}{V_h}\right)$

기출 3,000/3,300[V]인 단권변압기의 자기용량은 약 몇 [kVA]인가? (단, 부하는 1,000[kVA]이다.)　(08/4)

① 90　　② 70　　③ 50　　④ 30

[단권 변압기의 자기용량] $\dfrac{\text{자기용량}}{\text{부하용량}} = \dfrac{V_h - V_l}{V_h}$

자기용량 = 부하용량 $\dfrac{V_h - V_L}{V_h}$

$= 1000 \times \dfrac{3300 - 3000}{3300} \fallingdotseq 90[kVA]$　　【정답】①

---

3 3권선변압기

① 3권선 변압기의 주요 특징

한 변압기의 철심에 3개의 권선이 있는 변압기

ⓐ $E_2 = \dfrac{N_2}{N_1}E_1,\quad E_3 = \dfrac{N_3}{N_1}E_1$

ⓑ $I_1 = \dfrac{N_2}{N_1}I_2 + \dfrac{N_3}{N_1}I_3$

여기서, E_1, E_2, E_3 : 1차, 2차, 3차 기전력

N_1, N_2, N_3 : 1차, 2차, 3차 권선수

② 3권선 변압기의 용도

· Y-Y-△ 결선을 하여 제3고조파를 제거할 수 있다.

· 조상기를 접속하여 송전선의 전압과 역률을 조정

· 발전소에서 소내용 전력 공급이 가능하다.

기출 3권선 변압기에 대한 설명으로 옳은 것은?　(14/4)

① 한 개의 전기회로에 3개의 자기회로로 구성되어 있다.

② 3차권선에 조상기를 접속하여 송전선의 전압조정과 역률개선에 사용된다.

③ 3차권선에 단권변압기를 접속하여 송전선의 전압 조정에 사용된다.

④ 고압배전선의 전압을 10[%] 정도 올리는 승압용이다.

[3권선 변압기] 조상기를 접속하여 송전선의 전압과 역률을 조정　　【정답】②

---

4 누설변압기(정전류변압기)

· 수하특성(정전류 특성), 전압변동과 누설리액턴스가 크다.

· 용접용 변압기에 사용한다.

※[수하특성] 전압이 변해도 전류가 크게 변하지 않는 특성

5 계기용 변성기

① 계기용 변압기(PT)

· 계기용 변압기(PT)의 2차측에는 전압계를 연결

· 전압계를 시설할 때 고압회로와 전압계 사이에 시설

· 계기용변압기의 2차 표준은 110[V]이다.

· 변압기의 1차 및 2차 전압을 각각 V_1, V_2, 권수를 n_1, n_2 라 하면 $V_1 = \dfrac{n_1}{n_2}V_2$의 관계가 있으므로 2차 전압을 보통 전압계 V로 측정하면 1차 전압이 알려진다.

② 계기용 변류기(CT)

· 계기용변류기(CT)의 2차측에는 전류계를 연결

· 회로의 대전류를 소전류(5[A])로 변성하여 계기나 계전기에 전류원 공급

· 변압기의 1차 및 2차 전류를 각각 I_1, I_2, 권수를 n_1, n_2 라 하면 $I_1 = \dfrac{n_2}{n_1}I_2$의 관계가 있으므로 2차 전류를 보통 전류계로 측정하면 1차 전류를 알 수 있다.

· 배전반의 전류계, 전력계, 역률계 등 각종 계기 및 차단기 트립 코일의 전원으로 사용

기출 계기용 변압기의 2차측 단자에 접속하여야 할 것은?

(08/5 13/4 17/2)

① O.C.R　　　② 전압계

③ 전류　　　　④ 전열부하

[변압기의 보호계전기]

· 계기용 변압기(PT)의 2차측에는 전압계

· 계기용 변류기(CT)의 2차측에는 전류계를 연결

【정답】②

■ 보호계전기의 동작시한 별 분류

① 순한시 특성 : 최초 동작전류 이상의 전류가 흐르면 즉시 동작하는 특징

② 반한시 특성 : 동작전류가 커질수록 동작 시간이 짧게 되는 특징

③ 정한시 특성 : 동작전류의 크기에 관계없이 일정한 시간에 동작하는 특징

④ 반한시정한시 특성 : 동작 전류가 적은 동안에는 동작 전류가 커질수록 동작 시간이 짧게 되고 어떤 전류 이상이면 동작전류의 크기에 관계없이 일정한 시간에 동작하는 특성

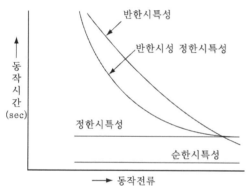

[동작 시간에 따른 보호계전기의 종류]

■ 보호계전기의 기능상 분류

과전류 계전기	·정정치 이상의 전류에 의해 동작 ·용량이 작은 변압기의 단락 보호용으로 주 보호방식으로 사용
과전압 계전기	·전압이 일정한 값 이상일 때 동작
차동 계전기	·변압기 1차 전류와 2차 전류의 차에 의해 동작 ·변압기 내부 고장 보호에 사용
비율 차동 계전기	·1차 전류와 2차 전류차의 비율에 의해 동작 ·변압기 내부 고장 보호에 사용
거리 계전기	·전압과 전류의 크기 및 위상차를 이용 ·154[kV] 계통 이상의 송전선로 후비 보호와 345[kV] 변압기의 후비 보호
주파수 계전기	·주파수가 미리 정해진 값에 도달했을 때 동작 ·저주파수 계전기, 과주파수 계전기
재폐로 계전기	·회로를 자동적으로 재폐 ·낙뢰, 수목 접촉, 섬락 등 순간적인 사고로 계통에서 분리된 구간을 신속히 계통에 투입시킴으로써 계통의 안정도를 향상
선택 단락 계전기	평행 2회선 송전선로에서 1회선 단락 사고가 발생하였을 때 2중방향동작계전기를 사용해서 선로의 단락 고장 회선을 선택 차단
방향 계전기	일정한 방향으로 일정값 이상의 단락 전류가 흘렀을 경우 동작
부흐홀츠 계전기	·변압기 내부 고장으로 인한 절연유의 온도 상승 시 발생하는 유증기를 검출하여 경보 및 차단을 하기 위한 계전기 ·변압기 고장보호 ·변압기와 콘서베이터 연결관 도중에 설치

■ 보호계전기 시험 시 유의 사항

· 시험회로 결선시 교류와 직류 확인

· 극성이 바르게 결선 되었는가를 확인

· 영점의 정확성 확인

· 계전기 시험 장비의 오차 확인

기출1 전력용 변압기의 내부 고장 보호용 계전 방식은?

(08/5 13/4 17/2)

① 역상계전기   ② 차동계전기

③ 접지계전기   ④ 과전류계전기

[차동계전기] 변압기 내부 고장 보호에 사용

【정답】②

기출2 부흐홀츠 계전기의 설치 위치로 가장 적당한 것은?

(08/5 13/4)

① 변압기 주 탱크 내부

② 콘서베이터 내부

③ 변압기 고압측 부싱

④ 변압기 주 탱크와 콘서베이터 사이

[부흐홀츠 계전기]
·변압기 고장보호
·변압기와 콘서베이터 연결관 도중에 설치

【정답】④

4장 유도전동기

1 아라고의 원판 (회전 원리)

· 전자유도의 법칙, 즉 도체가 영구자석의 자속(ϕ)을 끊으면 기전력이 유기되며, 이 기전력의 방향은 플레밍의 오른손 법칙에 따른다.

· 기전력에 의해 도체에는 맴돌이 전류가 흘러 자속(ϕ)을 만든다. 이 자속은 플레밍의 왼손 법칙에 의해 힘(F)이 발생하여 회전하게 된다. 이처럼 도체(원통 도체)는 자석의 회전방향을 따라 회전하게 되는데, 이것이 3상유도전동기의 회전 원리이다.

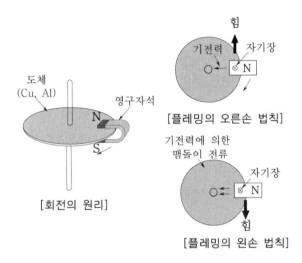

[회전의 원리]

[플레밍의 오른손 법칙]

[플레밍의 왼손 법칙]

2 회전자기장의 발생

① 3상유도전동기 : 3상 교류전원 인가 → 회전자계 발생
② 단상유도전동기 : 단상 교류전원 인가 → 교번자계 발생

1 고정자

· 유도전동기의 회전하지 않는 부분
· 틀, 철심(상층 규소강판), 권선(2층권, 3상권선)으로 구성

2 회전자

· 유도전동기의 회전하는 부분
· 축, 철심, 권선으로 구성
· 농형 회전자, 권선형 회전자가 있다.

농형 회전자	· 구조 간단, 보수용이 · 효율 좋음 · 속도조정 곤란 · 기동토크 작음(대형 운전 곤란) ※ 농형 회전자에 비뚤어진 홈을 쓰는 이유는 소음을 줄이기 위해서이다.
권선형 회전자	· 기동이 쉬움 · 속도 조정 용이 · 기동토크가 크고 비례추이가 가능한 구조 · 중형, 대형에서 많이 사용

3 공극

고정자와 회전자 사이에 여자전류는 적게, 가능한 좁게 구성(역률 및 효율 증대)한다.

기출 농형 회전자에 비뚤어진 홈을 쓰는 이유는? (12/4)
① 출력을 높인다.
② 회전수를 증가시킨다.
③ 소음을 줄인다.
④ 미관상 좋다.

[유도전동기의 농형 회전자] 농형 회전자에 비뚤어진 홈을 쓰는 이유는 소음을 줄이기 위해서이다.

【정답】③

---

1 유도전동기의 종류

① 단상유도전동기 : 분상기동형, 콘덴서기동형, 영구콘덴서, 세이딩코일형 등이 있다.
② 3상유도전동기 : 보통 농형, 특수 농형(이중형, 심구형), 권선형 유도 전동기

2 유도전동기의 특징

- 전원을 쉽게 얻을 수 있다.
- 구조가 간단하고, 값이 싸며 튼튼하다.
- 취급이 용이하다.
- 부하 변화에 대하여 정속도 특성을 가진다.

핵심 04 | 유도전동기의 회전수와 슬립

1 전동기의 회전속도

① 동기속도 $N_s = \dfrac{120f}{p}[\text{rpm}]$

② 상대속도 $N_s - N = sN_s$

③ 회전자 회전속도 $N = (1-s)N_s = (1-s)\dfrac{120f}{p}[\text{rpm}]$

2 속도와 토크 특성

① $s\uparrow \rightarrow N\downarrow \rightarrow \varnothing\uparrow \rightarrow I_2\uparrow \rightarrow \tau\uparrow$

② $s\downarrow \rightarrow N\uparrow \rightarrow \varnothing\downarrow \rightarrow I_2\downarrow \rightarrow \tau\downarrow$

여기서, f : 주파수, p : 극수, N_s : 동기 속도,

$\varnothing$: 자속, N : 회전자 회전 속도, s : 슬립,

τ : 토크, I_2 : 전류

> **기출** 주파수 60[Hz]의 회로에 접속되어 슬립 3[%], 회전수 1164[rpm]으로 회전하고 있는 유도전동기의 극수는?
> (16/4)
> ① 4   ② 6   ③ 8   ④ 10
>
> ----
>
> [유도전동기의 회전수] $N = \dfrac{120f}{p}(1-s)[\text{rpm}]$
>
> 극수 $p = \dfrac{120f(1-s)}{N}$
>
> ∴ 극수 $p = \dfrac{120 \times 60 \times 0.97}{1164} = 6$극　　　　　【정답】②

3 슬립(s)

전동기의 회전속도를 나타내는 상수(손실률 역할)

---

① 슬립 $s = \dfrac{\text{동기속도} - \text{회전자속도}}{\text{동기속도}} = \dfrac{N_s - N}{N_s}$

② 정회전시 슬립의 범위 $0 \leqq s < 1$

> ※유도발전기의 슬립 : $0 > s$

③ $s = 1$: N=0이어서 전동기가 정지 상태

④ $s = 0$: $N = N_s$, 전동기 동기속도로 회전(무부하 상태)

⑤ 전부하시의 슬립
  - 소용량(5~10[%])
  - 중용량 및 대용량(2.5~5[%])

⑥ 역회전시 슬립 $s' = \dfrac{N_s - (-N)}{N_s}$

> ※같은 용량에서는 저속도의 슬립이 고속도의 것보다 크다.
> ※같은 정격일 때는 권선형이 농형보다 슬립이 약간 크다.
> ※[슬립이 생기는 이유] 유도 전동기는 동기속도 보다 항상 늦게 회전하게 되는데, 이것이 유도전동기의 슬립이 생기는 이유이다.

> **기출** 단상 유도전동기의 정회전 슬립이 s이면 역회전 슬립은 어떻게 되는가?
> (11/2 18/2)
> ① 1-s   ② 2-s
> ③ 1+s   ④ 2+s
>
> ----
>
> [유도전동기의 상대속도 및 역회전 시 슬립] $s' = \dfrac{N_s - (-N)}{N_s}$
>
> ·상대속도 $N_s - N = sN_s$
>
> (N_s : 동기속도, N : 회전속도, s : 슬립)
>
> $s' = \dfrac{N_s - (-N)}{N_s} = \dfrac{N_s + N}{N_s} = \dfrac{N_s + (N_s - sN_s)}{N_s}$
>
> $= \dfrac{2N_s - sN_s}{N_s} = \dfrac{N_s(2-s)}{N_s} = (2-s)$　　【정답】②

핵심 05 | 유도전동기의 유도기전력(E)

1 정지 시 유도기전력 ($s = 1$)

① 1차권선 유도기전력 $E_1 = 4.44f_1N_1\varnothing K_{\omega 1}[V]$

② 2차권선 유도기전력 $E_2 = 4.44f_2N_2\varnothing K_{\omega 2}[V]$

③ $f_1 = f_2$ (정지 상태)

④ 권수비 $a = \dfrac{E_1}{E_2} = \dfrac{k_{\omega1}N_1}{k_{\omega2}N_2}$ → (K_ω : 권선계수)

2 운전 시 유도 기전력 (슬립 s로 회전 시)

① $E_1 = 4.44f_1N_1\varnothing K_{\omega1}[V]$

② $E_2 = 4.44f_2N_2\varnothing K_{\omega2}[V] = 4.44sf_1N_2\varnothing K_{\omega2}[V]$

$$\rightarrow (N_s - N = sN_s)$$

③ $E_{2s} = 4.44f_1N_2\varnothing K_{\omega2}$

④ $f_2 = sf_1$ (슬립 주파수)

여기서, f_2 : 회전자 기전력 주파수, f_1 : 전원 주파수

⑤ $E_{2s} = sE_2$

⑥ 권수비 $a' = \dfrac{E_1}{E_{2s}} = \dfrac{E_1}{sE_2} = \dfrac{a}{s} = \dfrac{K_{\omega1}N_1}{sK_{\omega2} - N_2}$

기출 정지된 유도전동기가 있다. 1차권선에서 1상의 직렬 권선 회수가 100회이고, 1극당의 평균자속이 0.02[Wb], 주파수가 60[Hz]이라고 하면, 1차권선의 1상에 유도되는 기전력의 실효값은 약 몇 [V]인가? (단, 1차권선 계수는 1로 한다.)   (09/4)

① 377[V]   ② 533[V]

③ 635[V]   ④ 730[V]

[유도 전동기의 1차권선의 유도기전력 (정지시)]

$E_1 = 4.44f N\varnothing\, k_{\omega1}[V]$

1차권선계수($K_{\omega1}$)=1이면 정지 시이므로 $s = 1$

$E_1 = 4.44f N\varnothing\, k_{\omega1} = 4.44 \times 60 \times 100 \times 0.02 \times 1 = 533[V]$

【정답】②

핵심 **06 유도전동기의 전력 변환**

1 유도전동기의 입력

유도전동기의 입력은 1차 저항손, 철손, 2차 입력(1차 출력)의 합으로 나타낸다.

2 2차전류

① 정지 시 $I_2' = \dfrac{E_2}{\sqrt{r_2^2 + x_2^2}}[A]$

② 회전시 $I_2 = \dfrac{sE_2}{\sqrt{r_2^2 + (sx_2)^2}} = \dfrac{E_2}{\sqrt{\left(\dfrac{r_2}{s}\right)^2 + x_2^2}}$

$$= \dfrac{E_2}{\sqrt{(r_2 + R)^2 + x_2^2}}[A]$$

※[등가저항] 전부하 토크와 같은 토크로 기동하기 위한 외부 저항

$R = \dfrac{1-s}{s}r_2$

기출 유도전동기의 2차에 있어 E_2가 127[V], r_2가 0.03 [Ω], x_2가 0.05[Ω], s가 5[%]로 운전하고 있다. 이 전동기의 2차 전류 I_2는? (단, s는 슬립, x_2는 2차 권선 1상의 누설리액턴스, r_2는 2차 권선 1상의 저항, E_2는 2차 권선 1상의 유기 기전력 이다.)   (11/1)

① 약 201[A]   ② 약 211[A]

③ 약 221[A]   ④ 약 231[A]

[유도전동기의 2차전류(회전시)] $I_2 = \dfrac{sE_2}{\sqrt{r_2^2 + (sx_2)^2}}[A]$

여기서, r_2 : 2차 권선 1상의 저항

E_2 : 2차 권선 1상의 유기 기전력

x_2 : 2차 권선 1상의 누설리액턴스, s : 슬립

$I_2 = \dfrac{sE_2}{\sqrt{r_2^2 + (sx_2)^2}} = \dfrac{0.05 \times 127}{\sqrt{0.03^2 + (0.05 \times 0.05)^2}} ≒ 211[A]$

【정답】②

---

3 2차 입력 (1차 출력 : P_2)

① $P_2 = P_0(\text{2차출력}) + P_{c2}(\text{2차동손}) + P_l(\text{기타 손실})$

② $P_2 = I_2^2\dfrac{r_2}{s}[W]$

4 2차 동손 (저항손 : P_{c2})

$P_{c2} = sP_2 = \dfrac{s}{1-s}P_0$

∴전동기 슬립 $s = \dfrac{\text{2차동손}(P_{c2})}{\text{2차입력}(P_2)}$

기출 회전자 입력 10[kW], 슬립 4[%]인 3상 유도전동기의
2차 동손은 몇 [kW]인가? (08/2 09/4)

① 9.6 ② 4

③ 0.4 ④ 0.2

[유도전동기의 2차 동손] $P_{c2} = sP_2[W]$

2차 동손 $P_{c2} = sP_2 = 0.04 \times 10 = 0.4[kW]$ 【정답】③

5 2차출력 (=2차입력−2차 동손 =기계적 출력)

$$P_0 = P_2 - P_{c2} = I_2^2 R[W]$$

$$= (1-s)P_2 = \frac{N}{N_s}P_2 = I_2^2 R[W]$$

[2차입력과 2차출력과의 관계]

(P_2 : 2차입력(=1차출력=동기와트), P : 전기적인 출력
P_0 : 2차출력(기계적인출력))

6 2차 효율 (회전자 효율)

$$\eta_2 = \frac{P_0}{P_2} = 1 - s = \frac{N}{N_s} \times 100[\%]$$

※전동기의 효율은 언제나 2차 효율보다 작다.

7 유도 전동기의 정격 출력

정격 출력 (부하 용량)	
단상	$P = VI \cdot \cos\theta \cdot \eta$
3상	$P = \sqrt{3} VI \cdot \cos\theta \cdot \eta \rightarrow (\cos\theta : 역률, \ \eta : 효율)$

핵심 07 3상 유도전동기의 토크 특성

1 3상 유도전동기의 토크

① 토크 $\tau = 0.975\frac{P_0}{N}[kg \cdot m] = 9.55\frac{P_0}{N}[N \cdot m]$

$$P_0 = \omega\tau = \frac{2\pi N}{60}\tau[W] \rightarrow (\omega = 2\pi n = 2\pi\frac{N}{60} = 2\pi f)$$

$$\tau = \frac{60}{2\pi}\frac{P_0}{N} = 9.55\frac{P_0}{N}[N \cdot m]$$

$$= 0.975\frac{P_0}{N}[kg \cdot m]$$

$$\rightarrow 1[N \cdot m] = \frac{1}{9.8}[kg \cdot m]$$

② 2차입력 $P_2 = 1.026N_s\tau[W]$

여기서, P_0 : 전부하 출력, N : 회전속도, P_2 : 2차입력

N_s : 동기속도, τ : 토크

③ 동기와트 : 동기속도로 회전할 때 2차입력을 토크로
표시한 것

동기와트 $P_2 = 1.026N_s\tau[W]$

④ 토크와 공급전압의 관계

$$P_2 = E_2 I_2 \cos\theta_2 = E_2 \times \frac{E_2}{\sqrt{\left(\frac{r_2}{s}\right)^2 + x_2^2}} \times \frac{\frac{r_2}{s}}{\sqrt{\left(\frac{r_2}{s}\right)^2 + x_2^2}}$$

$$= \frac{E_2^2}{\left(\frac{r_2}{s}\right)^2 + x^2} \times \frac{r_2}{s}[W] \rightarrow \therefore \tau \propto E_2^2$$

2 토크와 슬립과의 관계

① 슬립과 전류 $I_2 = \frac{sE_2}{\sqrt{r_2^2 + (sx_2)^2}}[A]$

② 슬립과 토크 $\tau = K_0 \frac{sE_2^2 r_2}{r_2^2 + (sx_2)^2}[N \cdot m]$

③ 최대 토크 $\tau_m = K_0 E_2^2 \frac{1}{2x_2}[N \cdot m]$

※최대 토크는 2차저항(r_2)이나 슬립(s)에 관계없이 일정

④ 최대 토크시 슬립

$$s_t = \frac{r_2'}{\sqrt{r_1^2 + (x_1 + x_2')^2}} = \frac{r_2'}{x_1 + x_2'} = \frac{r_2}{x_2}$$

⑤ 최대 출력 $P_m = \frac{V^2}{2(r_1 + r_2' + x_1 + x_2')}[W]$

⑥ 최대 출력시 슬립 $s_p = \dfrac{r_2'}{r_2' + \sqrt{(r_1+r_2')^2+(x_1+x_2')^2}}$

[기출] 슬립이 일정한 경우 유도전동기의 공급 전압이 $\dfrac{1}{2}$로 감소되면 토크는 처음에 비해 어떻게 되는가? (15/4)

① 2배가 된다.　　　　② 1배가 된다.

③ $\dfrac{1}{2}$로 줄어든다.　　④ $\dfrac{1}{4}$로 줄어든다.

[유도전동기의 슬립과 토크] $\tau = k_0 \dfrac{sE_2^2 r_2}{r_2 + (sx_2)^2}[N \cdot m]$

공급전압(E_2)이 1/2로 감소

$\tau = k_0 \dfrac{s\left(\dfrac{E_2}{2}\right)^2 r_2}{r_2 + (sx_2)^2} = \dfrac{1}{4} \times k_0 \dfrac{sE_2^2 r_2}{r_2 + (sx_2)^2}[N \cdot m]$ 【정답】④

핵심 08 | 비례추이

1 비례추이란?

· 비례추이란 2차회로 저항(외부저항)의 크기를 조정함으로써 슬립을 바꾸어 속도와 토크를 조정하는 것

· 최대 토크는 불변

① $\dfrac{r_2}{s_m} = \dfrac{r_2+R}{s_t}$

② 기동시(전부하 토크로 기동) 외부 저항 $R = \dfrac{1-s}{s}r_2$

여기서, r_2 : 2차 권선의 저항, R : 2차 외부 회로 저항
s_m : 최대 토크 시 슬립, s_t : 기동시 슬립

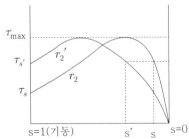

2 비례추이의 주요 특징

· 권선형 유도전동기는 2차에 외부 저항을 삽입할 수 있다.

· 속도-토크 곡선에 2차 합성저항의 변화에 비례하여 이동하는 것

· 2차저항 r_2를 변화해도 최대 토크는 변하지 않는다.

· 기동시 외부저항을 증가시키면 슬립 증가, 기동토크 증가, 기동전류 감소

· 비례추이는 권선형 유도전동기의 기동법(기동 저항 기법) 및 속도 제어에 이용된다.

비례추이 할 수 있는 것	비례추이 할 수 없는 것
1차 입력, 1차 전류, 2차 전류, 역률, 동기 와트, 토크	출력, 효율, 2차 동손

[기출] 다음 중 유도전동기에서 비례추이를 할 수 있는 것은? (14/4 17/4)

① 출력　　　　② 2차 동손

③ 효율　　　　④ 역률

[유도전동기의 비례추이]
· 비례추이 할 수 있는 것 : 1차 입력, 1차 전류, 2차 전류, 역률, 동기 와트, 토크
· 비례추이 할 수 없는 것 : 출력, 2차동손, 효율
【정답】④

핵심 09 | 유도전동기의 원선도

1 원선도란?

출력, 슬립, 효율, 역률 등의 특성을 도형으로 표현

2 원선도 작도 시 필요한 시험

① 무부하 시험 : 무부하의 크기와 위상각 및 철손

② 구속 시험(단락 시험) : 단락전류의 크기와 위상각

③ 고정자 권선의 저항 측정 시험 : 2차동손

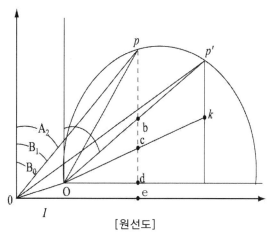

[원선도]

여기서, p : 전부하점, p' : 단락점, de : 철손
　　　　cd : 1차 동손, bc : 2차 동손, pb : 2차 출력
　　　　pe : 전입력, pb : 2차 입력

③ 원선도에서 구할 수 있는 것과 없는 것

구할 수 있는 것	구할 수 없는 것
·최대출력 ·조상설비용량 ·송수전 효율 ·수전단 역율	·기계적 출력, ·기계손

④ 원선도의 특성

① 전부하효율 $\eta = \dfrac{2차\ 출력}{전입력} = \dfrac{pb}{pe}$

② 2차효율 $\eta_2 = \dfrac{2차\ 출력}{2차\ 입력} = \dfrac{pb}{pc}$

③ 슬립 $s = \dfrac{2차\ 동손}{2차\ 입력} = \dfrac{bc}{pc}$

기출 3상 유도전동기의 원선도를 그리려면 등가회로의 정수를 구할 때 몇 가지 시험이 필요하다. 이에 해당되지 않는 것은? (10/2)

① 무부하시험　　② 고정자권선의 저항 측정
③ 회전수 측정　　④ 구속시험

[3상 유도전동기의 원선도 작성시 필요한 시험]
① 무부하시험 : 무부하의 크기와 위상각 및 철손
② 고정자권선의 저항 측정 시험 : 2차동손
④ 구속시험(단락시험) : 단락전류의 크기와 위상각

【정답】③

---

❶ 권선형 유도전동기 기동법

기동은 농형전동기보다 뛰어나고 중부하 때에도 원활히 기동

등가부하저항 $R = \dfrac{(1-s)r}{s}$

여기서, r : 회전자저항, s : 전부하 시의 슬립

2차저항 기동법	·2차회로에 가변저항기를 접속하고 비례추이의 원리에 의하여 큰 기동 토크를 얻고 기동전류도 억제된다. ·비례추이 이용
게르게스법	·3상 권선형 유도전동기의 2차회로 중 한 개가 단선 된 경우 슬립 s=50[%] 부근에서 더 이상 가속되지 않는 현상 ·게르게스 현상을 이용해 기동하는 방법

기출 권선형에서 비례추이를 이용한 기동법은? (08/5 15/4)

① 리액터 기동법　　② 기동보상기법
③ 2차저항 기동법　　④ Y-△ 기동법

[3상 유도전동기의 기동법] ①, ②, ④는 농형 유도전동기 기동법
【정답】③

---

❷ 농형 유도전동기의 기동법

전전압기동법 (직입기동)	·정격전압을 직접 가하여 기동하는 방법 ·5[kW] 이하 소용량에서는 기동장치 없이 직접 전전압 공급
Y-△ 기동법	·기동시는 Y결선, 정격속도에 이르면 △ 결선 ·Y로 기동시 △ 기동시에 비해 기동 전류는 1/3, 기동 토크도 1/3로 감소한다. ·5~15[kw] 정도 전동기에 주로 사용
기동보상기법	·공급전압을 낮추어 기동시키는 방법 ·기동전류를 제한하도록 한 장치를 기동보상기라 한다. ·기동보상기의 탭(Tap) 전압은 50[%], 65[%], 80[%] ·15[kw]~50[kW] 정도의 농형 전동기

리액터기동법	·전동기의 단자 사이에 리액터를 삽입해서 기동, 기동 완료 후에 리액터를 단락하는 방법 ·가속이 부드럽게 되는 이점 ·토크 효율이 나쁘고, 기동 토크가 작게 되는 결점 ·5[kw]~15[kW]

기출 5.5[Kw], 200[V] 유도전동기의 전전압 기동시의 기동 전류가 150[A]이었다. 여기에 Y-△ 기동시 기동전류는 몇 [A]가 되는가? (12/1 12/5 17/1)

① 50　　② 70　　③ 87　　④ 95

[농형 유도전동기의 Y-△ 기동법]
Y로 기동시 △기동시에 비해 기동전류는 1/3, 기동토크도 1/3로 감소한다. 즉, $I_Y = \dfrac{1}{3}I_\Delta = \dfrac{1}{3} \times 150 = 50[A]$

【정답】 ①

핵심 11　유도전동기의 속도 제어

1 유도전동기의 속도 제어

속도 제어 방법은 $N = (1-s)N_s = (1-s)\dfrac{120f}{p}[\text{rpm}]$이므로 슬립, 주파수, 극수의 3가지 중에서 어느 하나를 바꾸는 방법밖에 없고 주파수와 극수는 간단한 방법으로 바꿀 수 없으므로 비교적 슬립을 변경시켜 제어한다.
① 농형 유도전동기 : 극수변환법, 주파수제어법, 전압제어법
② 권선형 유도전동기 : 2차저항 제어법, 2차여자 제어법

2 극수변경법 (농형 유도전동기 전용)

· $N_s = \dfrac{120f}{p}$ 에서 극수를 변환시켜 속도를 조절하는 방식
· 농형 전동기에 쓰이는 방법이며 권선형에는 거의 쓰이지 않는다.
· 극수를 바꾸는 방법은 다음과 같다.

1. 극수가 다른 2개의 권선을 같은 홈(slot)에 넣은 방법
2. 권선의 접속을 바꾸어서 극수를 바꾸는 방법
3. 1과 2를 합한 방법

3 주파수 제어 (인버터 제어)

· 전원의 주파수 변경으로 속도를 제어하는 방법
· 3상 농형 유도전동기의 속도 제어에 사용
· 인견공업에 사용되는 포트 전동기나 선박의 전기 추진용 유도전동기에 사용
· 인버터(inverter)를 이용한 속도 제어

4 2차저항 제어법 (슬립 제어)

· 토크의 비례추이를 이용한 속도 제어
· 2차 회로에 저항을 넣어 같은 토크에 대한 슬립을 변화시키는 방법
· 2차동손이 증가하고 효율이 나빠지는 결점
· 소·중형 권선형 유도전동기

5 2차여자 제어 (슬립 제어)

· 유도전동기의 회전자에 슬립 주파수의 전압을 공급하여 속도 제어
· 대용량 권선형 유도전동기

6 종속법 (권선형)

극수가 서로 다른 2대의 유도전동기를 종속시켜 전체 극수를 달리하여 속도를 제어
① 직렬종속 : 두 전동기의 극수의 합으로 속도가 변한다.

$N = \dfrac{120f}{p_1 + p_2}[\text{rpm}]$

② 차동종속 : 두 전동기의 극수의 차로 속도가 변한다.

$N = \dfrac{120f}{p_1 - p_2}[\text{rpm}]$

③ 병렬종속 : 두 전동기의 극수의 평균치로 속도가 변환

$N = \dfrac{120f}{\dfrac{p_1 + p_2}{2}} = \dfrac{2 \times 120f}{p_1 + p_2}[\text{rpm}]$

[3상 유도전동기의 제동법(회생제동)] 전동기의 유도기전력을 전원전압보다 크게 하여 이때 발생전력을 전원으로 반환하면서 제동하는 방식 【정답】④

[유도전동기의 속도 제어법 (직렬종속법)] $N = \dfrac{120f}{p_1 + p_2}$ [rpm]

$N = \dfrac{120f}{p_1 + p_2} = \dfrac{120 \times 50}{12 + 8} = 300[\text{rpm}] = \dfrac{300}{60} = 5[\text{rps}]$

【정답】①

핵심 **12** **유도전동기의 제동**

1 회생제동

전동기의 전원을 접속한 상태에서 전동기의 유도기전력을 전원 전압보다 크게 하여 이때 발생전력을 전원으로 반환하면서 제동하는 방식, 전원 측에 반환

2 발전제동

· 직류전동기는 전기자 회로를 전원에서 끊고 저항을 접속
· 유도전동기는 1차권선에 직류를 통하고 2차 측(회전자)은 단락
· 발생 전력을 내부에서 열로 소비하는 제동 방식

3 역상제동 (역전제동)

· 3상중 2상의 결선을 바꾸어 역회전시킴으로 제동
· 전동기 급제동시 사용
· 강한 역토크 발생

4 단상제동

권선형 유도전동기의 고정자에 단상 전압을 걸어주고 회전자회로에 저항을 연결하여 제동시키는 방식

핵심 **13** **유도전동기의 이상 현상**

1 크로우링 현상

· 농형 유도전동기에서 일어나는 현상
· 전동기 회전자가 정격속도에 이르지 못하고 도중에서 주저앉아 버리는 현상
· 방지책 : 사구(skew slot)

※[사구(skew slot)] 전동기에서 skew라 하면 전동기의 축방향으로 슬롯을 똑바르게 배치하는 것이 아니라 비스듬하게 배치한다는 의미이다. 이유는 슬롯에 의한 코깅 토크를 줄여서 전동기의 회전을 부드럽게 하기 위해서이다.

2 게르게스(Gerges) 현상

· 3상 유도전동기를 무부하 또는 경부하 운전 중 한 상이 결상이 되어도 전동기가 소손되지 않고 정격속도의 1/2 배의 속도에서 운전되는 현상
· 게르게스 현상의 슬립은 대략 0.5의 값을 갖는다.

핵심 **14** **단상 유도전동기 특징 및 종류**

1 단상 유도전동기의 특징

· 기동 시 기동토크가 존재하지 않으므로, 기동장치(보조권선)가 필요하다. (※주권선 : 운전에 필요한 토크)
· 슬립이 0이 되기 전에 토크는 미리 0이 된다.
· 2차저항이 증가되면 최대 토크는 감소한다(비례추이할 수 없다).
· 2차저항 값이 어느 일정 값 이상이 되면 토크는 부(−)

2 단상 유도전동기의 종류

반발기동형	·회전자권선의 전부 혹은 일부를 브러시를 통해 단락시켜 기동하는 방식 ·기동토크가 가장 크다. ·브러시 이동으로 속도 제어 및 역전이 가능
반발유도형	·반발기동형의 회전자권선(동용)에 농형권선(운전용)을 병렬하여 사용하는 방식 ·기동토크가 크다. ·속도변화가 크다.
콘덴서기동형	·진상용 콘덴서의 90[°] 앞선 전류에 의한 회전계자를 발생시켜 기동하는 방식 ·역률과 효율이 좋다. ·선풍기, 냉장고 등 소형 가전기기에 사용
분상기동형	·불평형 2상 전동기로서 기동하는 방법 ·팬, 송풍기 등에 사용 ·역회전시키기 위해서는 기동권선(보조권선)이나 운전권선의 어느 한 권선의 단자 접속을 반대로 한다.
영구콘덴서 기동형	·기동 시나 운전 시 항상 콘덴서를 기동권선과 직렬로 접속시켜 기동하는 방식 ·구조가 간단하고 역률이 좋다. ·선풍기, 냉장고 등에 사용
세이딩코일형	·운전 중에도 세이딩 코일에 전류가 계속 흐르므로 효율과 역률이 매우 좋지 않다. ·구조 간단, 기동토크 작음, 효율과 역률이 떨어짐, 회전 방향을 바꿀 수 없는 결점 ·수십 와트 이하의 소형전동기에 사용
모노사이클릭 기동전동기	·각 권선에 불평형 3상 전류를 흘려 기동 ·수십 [W]까지의 소형의 것에 한한다.

3 단상 유도 전동기의 기동 토크가 큰 순서

① 반발 기동형

② 반발 유도형

③ 콘덴서 기동형

④ 콘덴서 전동기

⑤ 분상 기동형

⑥ 세이딩 코일형

⑦ 모노사이클릭 기동 전동기

핵심 15   3상 유도전압조정기

1 단상 유도전압조정기

·교번자계 이용

·입력 전압과 출력 전압의 위상이 같다.

·단락권선이 설치되어 있다.

·단락권선은 리액턴스로 인한 전압강하를 방지하기 위한 것으로 1차 권선과 90° 의 위상각을 가지고 있다.

2 3상 유도전압조정기

·회전자계 이용

·입력과 출력 전압의 위상차가 있다.

·단락권선이 없다.

3 단상과 3상 유도조정기의 공통점

·1차권선(분로권선)과 2차권선(직렬권선)이 분리

·회전자의 위상각으로 전압이 조정된다.

·원활한 전압 조정 가능

4 전압 조정 범위

회전자의 위상각 a를 0~180° 범위 안에서 조정하여 전압 조정하며 이때 2차로 나오는 전압 V_2

① 단상 전압조정기 $V_2 = V_1 + E_2 \cos a$[V]

    ㉮ $a = 0$[°]일 때 $V_2 = V_1 + E_2$

    ㉯ $a = 90$[°]일 때 $V_2 = V_1$

    ㉰ $a = 180$[°]일 때 $V_2 = V_1 - E_2$

② 3상 전압조정기 $V_2 = \sqrt{3}\,(V_1 \pm E_2)$[V]

여기서, V_2 : 2차전압, V_1 : 1차전압, E_2 : 조정전압

      a : 회전자위상각

핵심 01 반도체(Semiconductor)

1 순수(진성)반도체

· 도체와 부도체의 중간 영역에 속한다.

· 순수 반도체는 보통 4족(가)있는 원소

· 최외각 전자 수가 4개인 원소

· 규소(Si), 게르마늄(Ge), 실리콘, 산화구리 등

2 불순물 반도체

진성반도체 속에 미량의 불순물(5가 또는 3가)을 포함한 반도체

N형 반도체	· 4가의 진성반도체 중에 5가 원소의 원자(불순물)를 미량 혼입한 불순물 반도체 · 주 반송자는 전자 ※ 4가 원소 : 실리콘(Si), 게르마늄(Ge) 　5가 원소 : 인(P), 비소(As), 안티몬(Sb)
P형 반도체	· 4가의 진성반도체 중에 극미량의 3가 원소(불순물)를 넣은 반도체 · 주 반송자는 정공 ※ 3가원소 : 붕소(B), 갈륨(Ga), 인듐(In)

※ [반송자] 진성반도체에서는 같은 수의 자유전자와 정공이 발생되고, 또 이들에 의해서 전기가 전도된다. 전기를 전도하는 전자와 정공을 반송자라 한다.

※ [정공]
① 결합전자의 이탈로 생긴 전자의 빈공간을 말한다. 이탈한 전자를 자유전자라 한다.
② 정공은 P형 반도체의 전기 전도의 주된 역할을 하는 반송자이다.

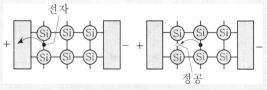

※ N형 반도체의 주반송자는 전자이다.

기출 N형반도체의 주반송자는 어느 것인가? (13/4)
① 도우너　　　　② 정공
③ 억셉터　　　　④ 전자

[반도체의 주반송자]
1. 정공 : P형 반도체의 주반송자
2. 전자 : N형 반도체의 주반송자　　　　【정답】④

핵심 02 다이오드의 종류 및 특성

1 PN접합다이오드

· N형과 P형 반도체를 접합하여 한 방향으로 전류를 흐르게 한다.

· 온도가 높아지면 순방향 전류가 증가한다.

· 정류비가 클수록 정류특성은 좋다.

· 순방향 저항은 작고, 역방향 저항은 매우 크다.

· 순방향 전압은 P형에 (+), N형에 (−) 전압을 가함을 말한다.

· 역방향 전압에서는 극히 작은 전류만이 흐른다.

· 대표적 응용 작용은 정류작용을 한다.

2 제너다이오드 (정전압다이오드)

· 제너 항복에 의한 전압 포화 특성 이용

· 정전압다이오드라고도 한다.

· 일정한 전압을 얻을 목적으로 사용되는 소자이다.

3 기타 다이오드

① 발광다이오드 : 디지털 디스플레이 시계나 계산기와 같이 숫자나 문자를 표기하기 위해서 사용하는 전류를 흘려 빛을 발산하는 반도체 소자

② 바렉스다이오드(가변 용량 다이오드) : P−N 접합에서 역 바이어스 시 전압에 광범위하게 변화하는 다이오드의 공간 전하를 이용한다.

③ 터널다이오드(에사끼 다이오드) : 불순물의 함량을 증가시켜 공간 전하 영역의 폭을 좁혀 터널 효과가 나타나도록 한 것이다.

※[다이오드의 정특성] 직류전압을 걸었을 때 다이오드에 걸리는 전압과 전류의 관계

기출 반도체로 만든 PN접합은 무슨 작용을 하는가?

(07/1 08/1 13/1)

① 정류작용   ② 발진작용
③ 증폭작용   ④ 변조작용

[PN접합다이오드] 전압의 안전을 위해 사용한다. 즉, PN 접합은 정류작용을 한다. 【정답】①

핵심 03 다이오드 정류회로

1 단상 반파 정류회로 (반파 정현파)

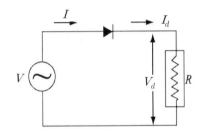

① 맥동률이 가장 큼

② 전압 최대값 $V_m = \sqrt{2}\,V[V]$

③ 직류 분 전압(다이오드 전압강하를 고려하지 않은 경우)

$$V_d = \frac{V_m}{\pi} = \frac{\sqrt{2}\,V}{\pi} = 0.45\,V[V]$$

④ 직류 분 전압(다이오드 전압강하를 고려한 경우)

$$V_d = \frac{\sqrt{2}}{\pi}(V-v)[V], \quad V = \frac{\pi}{\sqrt{2}}(V_d+v)[V]$$

⑤ 첨두역전압(PIV)$=\sqrt{2}\,V \rightarrow (V:$ 교류전압의 실효값)

기출 3상 전파 정류회로에서 전원 250[V]일 때 부하에 나타나는 전압[V]의 최대값은?

(15/1)

① 약 177   ② 약 292
③ 약 354   ④ 약 433

[3상 전파 정류회로의 전압 최대값] $V_m = \sqrt{2}\,V[V]$

$V_m = \sqrt{2}\,V = 250 \times \sqrt{2} \fallingdotseq 354[V]$ 【정답】③

2 단상 전파 정류회로 (전파 정현파)

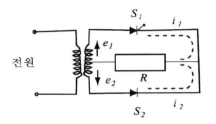

① 직류전력 $P_d = V_d \times I_d = 0.9^2 I\,V = 0.9^2 \frac{V^2}{R}$

② 직류전압(다이오드 전압강하를 고려하지 않은 경우)

$$V_d = \frac{2\sqrt{2}}{\pi}V = 0.9\,V[V]$$

③ 직류전압(다이오드 전압강하를 고려한 경우)

$$V_d = \frac{2\sqrt{2}}{\pi}(V-v), \quad V = \frac{\pi}{\sqrt{2}}(V_d+v)$$

④ 첨두역전압(PIV)$=2\sqrt{2}\,V \rightarrow (V:$ 교류전압의 실효값)

여기서, V_d : 부하의 단자전압 , I_d : 부하전류

V : 교류전압의 실효값

기출 교류 전압의 실효값이 200[V]일 때 단상 반파 정류에 의하여 발생하는 직류 전압의 평균값은 약 몇 [V]인가?

(07/2)

① 45   ② 90   ③ 105   ④ 110

[단상 반파 (직류 분 전압의 평균값)] $V_d = \frac{\sqrt{2}}{\pi}V = 0.45\,V$

$V_d = \frac{\sqrt{2}}{\pi}V = 0.45\,V[V] = 0.45 \times 200 = 90[V]$

【정답】②

3 단상 브리지 정류회로

· 정류소자 4개를 사용해서 그림과 같이 접속한다.

· 다이오드 2개가 들어오거나 나가는 두 점을 부하에 연결하고, 나머지 두 점은 전원에 연결한다.

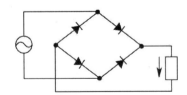

① 직류전압 $V_d = \dfrac{2}{\pi} V_m = \dfrac{2\sqrt{2}}{\pi} V = 0.9 V [V]$

② 직류전류 $I_d = \dfrac{V_d}{R}$

③ 첨두역전압(PIV)= $\sqrt{2}\, V$

4 3상 반파 정류 회로

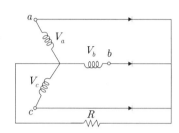

직류전압 $V_d = \dfrac{3\sqrt{3}}{\sqrt{2}\,\pi} V = 1.17 V [V]$

5 3상 전파 정류회로 (3상 브리지회로)

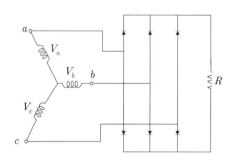

① 맥동률이 가장 작음

② 직류전압 $V_d = \dfrac{3\sqrt{2}}{\pi} V = 1.35 V [V]$

③ 전압의 최대값 $V_m = \sqrt{2}\, V [V]$

6 맥동률

정류된 성분 속에 포함되어 있는 교류 성분의 정도

① 맥동률 $v = \sqrt{\dfrac{(I_s)^2 - (I_{av})^2}{I_{av}}} \times 100$

여기서, I_s : 실효값, I_{av} : 평균값

② 맥동류의 크기

단상반파 〉 단상전파 〉 3상반파 〉 3상전파

7 정류회로 방식의 비교

종류	단상 반파	단상 전파	3상 반파	3상 전파
직류출력	$V_d = 0.45 V$	$V_d = 0.9 V$	$V_d = 1.17 V$	$V_d = 2.34 V$
맥동률[%]	121	48	17.7	4.04
정류효율	40.5	81.1	96.7	99.8
맥동주파수	f	$2f$	$3f$	$6f$

1. 단상 : 선 두 가닥, 3상 : 선 3가닥
2. 반파 : 다이오드오 1개, 전파 : 다이오드 2개 이상

기출 다음 정류 방식 중에서 맥동 주파수가 가장 많고 맥동률이 가장 작은 정류 방식은 어느 것인가? (07/2)

　① 단상 반파식　　　② 단상 전파식
　③ 3상 반파식　　　④ 3상 전파식

[3상 전파 정류의 맥동주파수 및 맥동률]
① 맥동주파수 : $6f$ (가장 많다.)
② 맥동률 : 4.40 (가장 작다.)

【정답】④

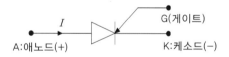

1 사이리스터의 구조

SCR(실리콘 제어 정류 소자) 또는 사이리스터라고 불림

A:애노드(+)　　I　　G(게이트)　　K:케소드(−)

2 사이리스터의 동작

사이리스터는 4층 이상의 PN 접합을 갖고, 전기자 회로의 off(개로)의 상태로부터 on(폐로)의 상태로서 바뀜 또는 그 역의 바뀜을 할 수 있는 반도체 스위치

① SCR turn on 조건
　· 양극과 음극 간에 브레이크오버 전압 이상의 전압인가
　· 게이트에 래칭 전류 이상의 전류가 흐를 때
② SCR turn off 조건
　· 애노드의 극성을 부(−)로 한다

· 애노드에 역전압이 인가되거나, 유지전류 이하가 될 때

※[브레이크오버 전압] 사이리스터에서 양극, 음극간 전압이 낮으면 비도통 특성을 나타내지만, 전압을 높이면 갑자기 전류가 증가하기 시작하여 끝없이 흐르려고 한다. 이 전압을 브레이크오버 전압이라 한다.

※[turn on 시간] 게이트 전류를 가하여 도통 완료까지의 시간

※[래칭 전류] SCR을 turn on 시키기 위하여 게이트에 흘려야 할 최소 전류(80[mA])

※[유지 전류] SCR이 on 상태를 유지하기 위한 최소 전류

[기출] 통전 중인 사이리스터를 턴 오프(turn off) 하려면?
(14/2)

① 순방향 Anode 전류를 유지전류 이하로 한다.

② 순방향 Anode 전류를 증가시킨다.

③ 게이트 전압을 0 또는 -로 한다.

④ 역방향 Anode 전류를 통전한다.

·····

[사이리스터의 턴오프] 유지전류 이하로 되면 턴오프(turn off)된다.

【정답】 ①

핵심 **05** **사이리스터(SCR)의 종류**

1 SCR

· 단방향성 3단자 소자이다.

· pnpn 구조

· 정류 작용을 할 수 있다.

· 고속도의 스위칭 작용을 할 수 있다.

· 아크가 생기지 않으므로 열의 발생이 적다.

· 과전압, 고온에 약하다.

· 교류전압 제어(백열등 조광 제어)

· 인버터(형광등 고주파 점등, 교류 전동기 속도제어)

[기출] SCR의 특성 중 적합하지 않은 것은?
(06/1 09/1)

① pnpn 구조로 되어있다.

② 정류 작용을 할 수 있다.

③ 정방향 및 역방향의 제어 특성이 있다.

④ 고속도의 스위칭 작용을 할 수 있다.

·····

[SCR의 특징] ③ 단방향성 3단자 소자이다.

【정답】 ③

---

2 LASCR

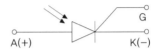

광신호를 이용하여 트리거 시킬 수 있는 단일 방향성 3단자 사이리스터

3 GTO

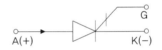

· 역저지 3극 사이리스터

· 자기소호 기능이 가장 좋은 소자

· GTO는 직류 전압을 가해서 게이트에 정의 펄스를 주면 off에서 on으로, 부의 펄스를 주면 그 반대인 on에서 off로의 동작이 가능하다.

※[자기소호 능력] 게이트 신호에 의해서 턴온, 턴오프가 가능한 것을 말한다. 그러한 소자의 종류로는 BJT, GTO, POWER MOSPET 등이 있다.

---

4 SCS

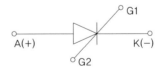

· 역저지 4극(단자) 사이리스터

· SCR과 같은 4층 구조이며, 제어전극을 양극측과 음극측으로 만든 4단자 구조이다.

· 한 쪽의 전극에 적당한 바이어스를 거는 것에 따라 다른 쪽의 제어감도를 바꿀 수 있다.

5 SSS

· 쌍방향성 2단자 사이리스터
· SSS(Silicon Symmertrical Switch)는 트라이액에서 PNPN의 4측을 PNPNP의 5층으로 하여 게이트를 없 앤 2단자 구조의 5층 다이오드라고도 한다.
· 동작특성은 순·역 양방향으로 도통하는 성질을 갖고 있다.
· 교류 스위치, 조광 장치 등에 쓰인다.

6 DIAC

쌍방향성 2단자 교류 제어용 소자

7 트라이액(TRIAC)

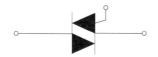

· 쌍방향성 3단자 사이리스터
· SCR 2개를 역병렬로 접속
· 순·역 양방향으로 게이트 전류를 흐르게 하면 도통하 는 성질
· On/Off 위상 제어, 교류회로의 전압, 전류를 제어할 수 있다.
· 냉장고, 전기담요의 온도 제어 및 조광장치 등에 쓰인다.

기출 SCR 2개를 역병렬로 접속한 그림과 같은 기호의 명칭은?　(07/1 09/4)

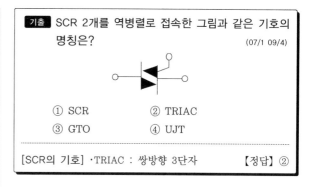

① SCR　　② TRIAC
③ GTO　　④ UJT

[SCR의 기호] ·TRIAC : 쌍방향 3단자　【정답】②

8 IGBT

· 대전류, 고전압의 전기량을 제어할 수 있는 자기소호 형 소자
· 소스에 대한 게이트의 전압으로 도통과 차단을 제어
· 게이트 구동 전력이 매우 낮다.

9 사이리스터의 종류

방향성	단자	명칭	응용 예
단방향성 (역저지)	3단자	SCR	정류기 인버터
		LASCR	정지스위치 및 응용스위치
		GTO	초퍼 직류스위치
	4단자	SCS	2개의 게이트를 가진다.
양방향성	2단자	SSS	조광장치, 교류스위치
		DIAC	교류 제어용 소자
	3단자	TRIAC	조광장치, 교류스위치

기출 3단자 사이리스터가 아닌 것은?　(15/1)

① SCS　　② SCR
③ TRIAC　　④ GTO

[SCR의 특징] 역저지 4극(단자) 사이리스터
【정답】①

1 단상 반파 정류회로

직류전압 $E_d = \dfrac{\sqrt{2}}{\pi}E = 0.45E$, $I_d = \dfrac{E_d}{R}$

여기서, E_d : 직류 분 전압, E : 교류전압의 실효치

2 단상 전파 정류회로

① 저항만의 부하

$$E_d = \frac{2\sqrt{2}}{\pi}E\left(\frac{1+\cos\alpha}{2}\right) = 0.45E(1+\cos\alpha)$$

② 유도성부하

$$E_d = \frac{2\sqrt{2}}{\pi}E\cos\alpha = 0.9E\cos\alpha$$

3 3상 반파 정류회로

직류전압 $E_d = \dfrac{3\sqrt{6}}{2\pi}E\cos\alpha = 1.17E\cos\alpha$

4 3상 전파 정류회로

직류전압 $E_d = \dfrac{3\sqrt{2}}{2\pi}E\cos\alpha = 1.35E\cos\alpha$

기출. 교류 전압의 실효값이 200[V]일 때 단상 반파 정류에 의하여 발생하는 직류 전압의 평균값은 약 몇 [V]인가?　(07/2)

① 45　② 90　③ 105　④ 110

[단상 반파 교류전압의 실효값] $E_d = \dfrac{\sqrt{2}}{\pi}E = 0.45E[V]$

(E_d : 직류측 부하전압의 평균치, E) : 교류전압의 실효값)

$E_d = 0.45E = 0.45 \times 200 = 90[V]$ 　【정답】②

---

1 컨버터 (정류기 : 순변환 장치)

· $AC \rightarrow DC$로 변환해 주는 장치
· 직류전동기의 속도 제어

2 인버터(역변환 장치)

· $DC \rightarrow AC$로 변환해 주는 장치
· 가변전압 가변주파수로 교류전동기의 속도 제어

3 사이클로 컨버터

· 고정 $AC \rightarrow$ 가변 AC로 바꿔주는 전력 변환 장치
· 주파수 f_1에서 바로 주파수 f_2로 변환하는 장치

4 초퍼

고정 $DC \rightarrow$ 가변 DC로 바꿔주는 전력 변환 장치

기출 직류전동기의 제어에 널리 응용되는 직류-직류 전압 제어 장치는?　(13/5 16/2)

① 인버터　② 컨버터
③ 초퍼　④ 전파정류

[전력 변환 장치]
① 인버터 : $DC \rightarrow AC$로 변환
② 컨버터 : $AC \rightarrow DC$로 변환
③ 초퍼 : 고정 $DC \rightarrow$ 가변 DC
④ 전파정류 : 교류의 정부 양파를 이용한 정류로, 반파 정류에 대한 말이다.　【정답】③

---

1. 전기설비기술기준에서 사용하고 있는 용어 중 어려운 전문용어를 쉬운 우리말로 바꿔야 할 필요성 제기
2. 주요 내용은 아래와 같다.

개정 전	개정	개정 전	개정
(동기)조상기	**무효 전력 보상 장치**	스테인레스	스테인리스
감안	고려	실드(실드가스)	보호(보호가스)
개거(開渠))	개방 수로	싸이클	주기
개로	열린 회로	**압착**	**눌러 붙임**
경간	**지지물 간 거리**	**연접**	**이웃 연결**
곡률반경	곡선 반지름	염해	염분 피해
공차	허용오차	**외주**	**바깥 둘레**
교량	**다리**	원추형	원뿔형
교점	교차점	유수	흐르는 물
국부적	부분적	**유희용**	**놀이용**
굴곡부	굽은 부분	**이격거리**	**간격**
근가(根架)	전주 버팀대	이도(弛度)	처짐 정도
금구류	금속 부속품	인류(引留)	잡아당김
내경	**안지름**	자소성	자기소화성
외경	**바깥지름**	자중	자체중량
내성	견디는 성질	장간 애자	간 애자
도괴	넘어지거나 무너짐	장방형	직사각형
동(선)	**구리(선)**	재페로	재연결
룩스(lx)	**럭스(lx)**	**적색**	**빨간색**
리드선	연결선	적절한(히)	삭제
마커	표지	**전식**	**전기부식**
말구(末口)	**위쪽 끝**	점퍼선	연결선
말단	**끝부분**	**조가용선**	**조가선**
망상	**그물형**	**조사(장치)**	**빛쬠(장치)**
메시	**그물망**	**조속기(조속장치)**	**속도조절기**
방청	녹방지	**지선**	**지지선**
방폭형	**폭발 방지형**	**지주**	**지지기둥**
배기	공기 배출	**천정**	**천장**
백색	**흰색**	**병가**	**병행설치**

개정 전	개정	개정 전	개정
부대	부유식 구조물	청색	파란색
분말	가루	충분한(히)	삭제
분진	먼지	커넥터	접속기
블레이드	날개	커버	덮개
비자동	수동	키	스위치
사양	규격	트라프	트로프
섬락	불꽃방전	폐로	닫힌회로
수밀형	수분 침투 방지형	표면직하	표면 바로 아래
수트리	수분 침투 균열	황색	노란색
수평 횡 하중	수평 가로 하중	흑색	검정색

1장 전기설비의 개요

핵심 01 용어의 정리

1 전기설비 용어

① 발전소 : 발전기, 원동기, 연료전기, 태양전지 등을 시설하여 전기를 발생하는 곳(단, 비상용 예비전원, 휴대용 발전기 제외)

② 변전소 : 구외에서 전송된 전기를 변압기, 정류기 등에 의해 변성하여 구외로 전송 하는 곳(구외에서 전송되는 5만[V] 이상의 전기를 변성하는 곳 포함)

③ 개폐소 : 발전소 상호간, 변전소 상호간 또는 발전소와 변전소간 5만[V] 이상의 송전선로를 연결 또는 차단하기 위한 전기설비

④ 급전소 : 전력 계통의 운용에 관한 지시를 하는 곳

⑤ 전선로 : 발전소, 변전소, 개폐소 이와 유사한 곳 및 전기사용장소 상호 간의 전선 및 이를 지지하거나 보장하는 시설물 (단, 전차선, 소세력 회로, 출퇴 표시 회로의 전선은 제외한다.)

⑥ 인입선 : 가공인입선 및 수용장소의 조영물의 옆면 등에 시설하는 것으로 그 수용장소의 인입구에 이르는 부분의 전선

⑦ 가공인입선 : 가공전선로의 지지물로부터 다른 지지물을 거치지 아니하고 수용장소의 붙임점에 이르는 가공전선을 말한다(가공전선로의 전선을 말한다.)

⑧ 이웃 연결 인입선 : 한 수용장소의 인입선에서 분기하여 지지물을 거치지 않고 다른 수용장소의 인입구에 이르는 부분의 전선. 저압에서만 시설할 수 있다.

⑨ 옥측전선 : 옥외의 전기 사용장소에서 그 전기 사용장소에서의 전기 사용을 목적으로 조영물에 고정시켜 시설하는 전선

⑩ 관등회로 : 방전등용 안정기(방전등용 변압기를 포함)로부터 방전관까지의 전로

⑪ 접근상태 : 제1차 접근상태 및 제2차 접근상태

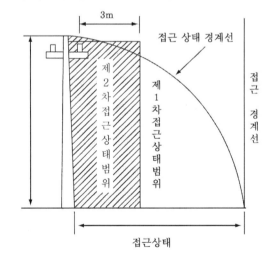

㉮ 제1차 접근상태 : 가공전선이 다른 시설물과 접근하는 경우에 가공전선이 다른 시설물의 위쪽 또는 옆쪽에 수평거리로 가공전선로의 지지물의 지표상의 높이에 상당하는 거리 안에 시설되는 상태 (수평거리로 3[m] 미만인 곳에 시설되는 것을 제외한다.)

④ 제2접근상태 : 가공전선이 다른 시설물과 접근하는 경우에 그 가공전선이 다른 시설물의 위쪽 또는 옆쪽에서 수평거리로 3[m] 미만인 곳에 시설되는 상태

⑫ 약전류전선 : 약전류전기의 전송에 사용하는 전기도체, 절연물로 피복한 전기도체, 절연물로 피복한 위를 보호피복으로 보안한 전기도체, 소세력 회로의 전선 또는 출퇴표시등 회로의 전선

⑬ 지지물 : 목주, 철주, 철근 콘크리트주 및 철탑과 이와 유사한 시설물로서 전선, 약전류 전선 또는 광섬유 케이블을 지지하는 것을 주된 목적으로 하는 것

⑭ 조상설비 : 무효전력을 조정하는 전기기계기구

⑮ 지중관로 : 지중 전선로, 지중 약전류 전선로, 지중 광섬유 케이블 선로, 지중에 시설하는 수관 및 가스관과 이와 유사한 것 및 이들에 부속하는 지중함 등

⑯ 대지전압

㉮ 비접지식(3.3, 6.6[kV]) 선로 : 전선과 임의의 다른 전선 사이의 전압,

㉯ 접지식(22.9, 154, 345[kV]) 선로 : 전선과 대지 간의 전압

② 전압의 종별

저압	직류	1.5[kV] 이하
	교류	1[kV] 이하인 것
고압	직류	1.5[kV]를 넘고 7[kV] 이하인 것
	교류	1[kV]를 넘고 7[kV] 이하인 것
특별고압		7[kV]를 초과하는 것

기출 다음 중 특별 고압은? (08/2 15/5 21/1)

① 1000[V] 이하
② 1500[V] 이하
③ 1000[V] 초과, 7000[V] 이하
④ 7000[V] 초과

[특별 고압] 7[kV]를 초과하는 것 **【정답】④**

2장 | 배선재료와 공구

핵심 01 | 전선 및 케이블

① 전선 및 케이블의 종류 및 구비조건

① 전선 및 케이블의 종류

전선에는 나전선, 절연전선, 코드전선, 저압케이블, 고압케이블, 제어용케이블 등의 종류가 있다.

② 전선 및 케이블의 구비조건

· 도전율이 크고 고유 저항은 작아야 한다.
· 기계적 강도 및 가요성(유연성)이 풍부해야 한다.
· 내구성이 커야 한다.
· 비중 또는 밀도는 작아야 한다.
· 시공 및 보수가 용이해야 한다.
· 경제적일 것

기출 다음 중 전선의 구비조건으로 틀린 것은? (19/3)

① 도전율이 클 것
② 기계적인 강도가 강할 것
③ 비중이 클 것
④ 내구성이 있을 것

[전선의 구비 조건] 비중이 <u>작아야</u> 한다.
  【정답】③

---

② 전선의 식별

상(문자)	색상
L1	갈색
L2	검은색
L3	회색
N	파란색
보호도체	녹색-노란색

③ 절연전선

① 절연전선이란?

· 선의 도체를 적당한 절연재료를 이용하여 피복을 한 전선

- 보통 장소에서의 애자공사 및 몰드공사
- 가공 배선 선로
- 금속덕트공사에 의한 노출배선
- 금속덕트공사, 플로어덕트공사 등의 매입배선

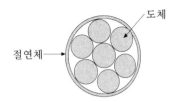

② 절연전선의 종류 및 특징

명칭	약호	용도
600[V] 고무절연전선	RB	600[V] 이하의 옥내배선용
600[V] 비닐절연전선	IV (W6)	600[V] 이하의 옥내배선용
인입용 비닐 절연전선	DV	저압가공 인입배선
옥외용 비닐 절연전선	OW	저압가공 배전선로
600[V] 내열비닐절연전선	HIV	내열이 요구되는 600[V] 이하 옥내배선
600[V] 폴리에틸렌절연전선	IE	600[V] 이하 옥내배선
형광등 전선	FI	형광등용 안정기의 2차배선
접지용 비닐절연전선	GV	접지용 전선
네온전선	N	네온사인 배선

기출 옥외용 비닐절연전선의 약호는?　　　(06/2 14/1)

① OW　　　② DV
③ IV　　　④ VV

[비닐 절연전선의 약호]
② DV : 인입용 비닐절연전선
③ IV : 옥내용 비닐절연전선
④ VV : 비닐절연 비닐외장케이블　　　【정답】①

4 나전선

- 전선의 절연피복이 없는 전선
- 철선과 알루미늄선은 염해에 약하므로 해안지방에서는 사용하지 않는다.

- 이동 기중기, 놀이용 전차 등에 전기를 공급하기 위한 접촉 전선
- 철선, 동선, 동복강선, 강심알루미늄연선, 중공전선

① 단선
- 단심의 도선(1개의 도체로 이루어진 전선)
- 전선의 크기는 직경(mm)으로 표시
- 전선의 종류로는 1.5, 2.5, 4,..

② 연선
- 단선을 꼬아 합친 것
- 동심 연선, 복합 연선, 결속 연선, 평형 연선, 중공 연선
- 가선공사에 용이하다.
- 전선의 굵기는 공칭단면적(mm^2)으로 표시
⑦ 총소선수 $N = 3n(n+1) + 1$
⑭ 바깥지름 $D = (2n+1)d$
⑭ 단면적 $S = sN = \dfrac{\pi d^2}{4} \times N = \dfrac{\pi D^2}{4}$

(n : 층수(가운데 한 가닥은 층수에 포함하지 않는다.
6의 배수로 배열, 즉 1열 6가닥, 2열 12가닥....)
d : 소선의 지름(mm), S : 소선의 단면적(mm^2)
D : 바깥지름(mm)

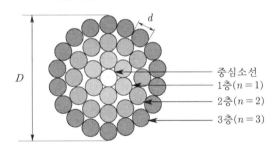

중심소선
1층($n=1$)
2층($n=2$)
3층($n=3$)

기출 연선 결정에 있어서 중심 소선을 뺀 층수가 2층이다. 소선의 총수 N은 얼마인가?　　　(14/1 16/1)
① 45　　② 39　　③ 19　　④ 9

[소선의 총수] $N = 1 + 3n(n+1)$
소선의 층수(n) : 2층
$N = 1 + 3n(n+1) = 1 + 6 \times 3 = 19$　　　【정답】③

③ 구리선
⑦ 경동선
- 순도 99.9[%]의 전기동을 상온에서 압연 처리한 전선

- 인장강도가 커서 가공선로에 쓰임
- 인장강도 35~45[kg/mm^2]
- 고유저항 $\rho = \dfrac{1}{55}[\Omega \mathrm{mm}^2/m]$

㉯ 연동선
- 상온에서 가공한 동선을 약 600[℃]의 가열로 속에서 가열하여 서서히 식혀서 만든 것
- 경동선에 비해 전기저항이 낮고 유연성 및 가공성이 뛰어나다.
- 주로 옥내배선에 쓰인다.
- 인장강도 20~25[kg/mm^2]
- 고유저항 $\rho = \dfrac{1}{58}[\Omega \, mm^2/m]$

전문가 Tip

[전선의 공칭단면적이란?]
① 연소선의 각 단면적의 합계치에 가까운 정수치나 소수치로 나타내는 단면적
② 연선의 굵기를 나타낸다.
③ 전선의 실제 단면적과 반드시 같지 않다.
④ 단위는 [mm^2]로 표시한다.

기출 전선의 공칭단면적에 대한 설명으로 옳지 않은 것은?
(13/4 18/1)

① 소선 수와 소선의 지름으로 나타낸다.
② 단위는 [mm^2]로 표시한다.
③ 전선의 실제 단면적과 같다.
④ 연선의 굵기를 나타내는 것이다.

[전선의 공칭단면적]
③ 전선의 실제 단면적과 <u>반드시 같지 않다.</u>

【정답】③

---

5 코드

- 코드란 가는 연동선을 수십개 꼬아서 고무로 씌운 다음 그 위에 면사 또는 종이를 감은 것을 심선으로 하고 그 위를 다시 면사 등으로 조밀하게 편조한 것
- 전구선이나 저압의 이동용 전선으로 사용된다.

- 코드에는 크게 옥내 코드(심선에 고무절연)와 기구용 비닐 코드(심선에 비닐절연)로 나뉜다.

① 고무 코드
  공칭단면적 0.5~5.5[mm^2]의 주석 도금한 연동 연선의 심선에 고무를 이용해 절연을 하고, 겉을 실로 편조

② 비닐 코드
  - 공칭단면적 0.5~2.0[mm^2]의 주석 도금한 연동 연선에 염화 비닐 수지로 절연한 전선
  - 옥내 300[V] 이하 전기기구에 쓰인다.
  - 라디오, 선풍기 등 소형 전기·전자 기구

③ 전열기용 코드
  - 고무 코드의 겉면을 화학적으로 안정하고 내열성이 우수한 석면을 처리한 코드
  - 주로 전기난로, 전기밥솥, 전기담요 등과 같은 전열기구 등에 사용

④ 캡타이어 코드
  - 무명 테이프, 비닐 또는 고무로 피복한 연선 두 가닥을 나란히 붙여서 비닐이나 고무로 절연 피복한 전선이다.
  - 캡타이어 코드는 피복이 튼튼하며 절연성이 좋고 물과 약품에 강하고 잘 휘어지지 않는다.
  - 비닐 캡타이어, 무명 캡타이어 두 종류가 있다.
  - 옥내 교류 300[V] 이하의 소형 전기기계기구 등에 사용

6 전력케이블

① 전력케이블의 구조
  고무, 비닐 등으로 독자적으로 절연된 여러 개의 도체를 모아서 연피, 알루미늄테이프 등의 피복으로 감싼 선

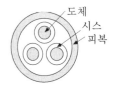
도체 / 시스 / 피복

※케이블에 사용되는 약어
- R : 고무
- V : 비닐
- C : 가교 폴리에틸렌
- B : 부틸 고무
- E : 폴리에틸렌
- N : 클로로플렌

② 전력케이블의 종류 및 용도

명칭	약호	용도
비닐절연비닐시스케이블	VV	600[V] 이하 저압 회로에 사용
고무절연클로로프렌외장케이블	RN	·내후성 및 기계적 특성이 우수 ·사용조건이 가혹한 곳도 견딤
무기절연케이블	MI	중량물의 압력이나 기계적 충격을 받는 장소
폴리에틸렌 절연 비닐시스케이블	EV	·전기 특성이 우수, 내약품성이 우수 ·저압에서 특별 고압에 이르기까지 널리 사용
가교 폴리에틸렌 비닐 외장 케이블	CV	·전력 케이블의 대표격, 가장 널리 사용 ·저압에서 특별 고압에 이르기까지 널리 사용
부틸고무절연클로로프렌외장케이블	BN	내열성이 우수, 안정된 성능, 광범위한 사용
코크리트 직매용 폴리에틸렌절연비닐외장케이블	CV-EV	600[V] 이하의 일반 상업용 또한 주거용으로 사용되는 배전용 전선 또는 조명용으로 사용
난연케이블	TFF-CV	트레이 배선으로 사용하며 석유화단지, 지하 전력구 덕트나 일반 노출 배선으로 사용

▼ 캡타이어케이블

① 캡타이어케이블의 특징

· 기계적 성질에 중점을 둔 케이블
· 이동용 전선으로 실외 등에서 거칠게 사용
· 저압에서는 제2종, 제3종, 제4종을 고압에서는 고압용 제3종 사용
· 공칭단면적은 최소 0.75~1000[mm²]
· 표준길이 200[m]

② 캡타이어케이블의 심선의 식별

2심	검정색, 흰색
3심	검정색, 흰색, 빨강색(또는 녹색)
4심	검정색, 흰색, 빨강색, 녹색
5심	검정, 흰색, 빨강색, 녹색, 노랑

③ 구조 및 고무의 질에 따른 분류

1종	표면 피복을 캡타이어 고무를 사용, 전기공사에 사용하지 않는다.
2종	1종보다 우수한 캡타이어 고무를 사용한 것
3종	캡타이어 고무 피복 중간에 면포를 넣어 강도를 보강한 것
4종	3종과 같이 각 심선 사이를 고무로 채워서 보강한 것

④ 캡타이어케이블의 공칭단면적 및 길이

㉮ 공칭단면적 : 최소 0.75~최대 1000[mm²]
㉯ 표준길이 : 200[m]

⑤ 캡타이어케이블의 용도

전기적 성질보다 기계적 성질이 우수해 주로 광산, 농사, 의료, 수중, 무대 등의 이동용 케이블에 사용

8 연피케이블

- 심선이 외부 습기의 영향을 받지 않도록 연피를 씌운 케이블
- 연피가 외부로부터 손상을 받을 우려가 없는 곳이나 부식의 우려가 없는 관로식 지중전선로 등에 사용
- 연피 케이블이 구부려지는 곳은 케이블의 바깥지름의 12배 이상으로 한다. 단, 금속관에 넣어 시설할 시에는 15배 이상으로 한다.
- 연피 케이블의 접속에는 빈드시 리노테이프를 사용

기출 연피 케이블의 접속에 반드시 사용되는 테이프는?

(11/1 13/2 18/4)

① 고무테이프　　② 비닐테이프
③ 리노테이프　　④ 자기융착테이프

[연피케이블의 접속] 연피 케이블의 접속에는 반드시 리노테이프를 사용한다.　　**【정답】** ③

핵심 02　배선의 재료

1 개폐기

개폐기 시설은 R, S, T, N상의 모든 각 극에 설치를 한다.

① 나이프 스위치
- 손으로 핸들을 조작하여 전로를 개폐하는 스위치
- 전선의 접속 수에 따라 단극, 2극, 3극
- 나이프를 투입하는 방향에 따라 단투, 쌍투
- 정격전압 250[V]

단투		
단극(SPST)	2극(DPST)	3극(TPST)

쌍투		
단극(SPDT)	2극(DPDT)	3극(TPDT)

② 커버나이프 스위치
- 나이프 스위치 충전부를 커버로 덮은 것
- 합선, 높은 전류가 들어오면 퓨즈가 녹아 전기의 흐름을 차단
- ㉮ 정격전압 : 250[V]
- ㉯ 전선 접속수 : 2극, 3극
- ㉰ 투입 방법 : 단투, 쌍투

③ 점멸 스위치
- 가정용 전등에서는 매 등기구마다 점멸 기구를 전압 측 전선에 설치할 것
- 1개의 점멸기에 속하는 등기구수는 6개 이내로 할 것
- 여관이나 호텔 객실의 입구는 1분, 일반 주택 및 아파트 현관에는 3분 이내에 소등되는 타임스위치를 시설할 것

㉮ 점멸 스위치의 종류 및 용도

텀블러 스위치	·노브를 상하로 움직여 점멸하는 스위치 ·실내등이나 소형 전기 기구의 점멸에 사용
로타리 스위치	·노브를 좌우로 돌려 개로, 폐로 또는 강약 조절
누름단추 스위치	·기동(시동)이나 정지에 사용 ·손가락으로 누르는 동안에는 동작상태, 손가락을 떼면 복귀
풀 스위치	·끈을 당겨서 전등의 점멸을 하는 단극 스냅 스위치 ·끈을 당기면 한번은 개로, 다음은 폐로로 되는 것을 말한다.

캐노피 스위치	·캐노피(상자체) 안에 부착하여 끈을 잡아 당겨 on, off ·가정용 형광등
코드 스위치	·코드 중간에 부착하여 회로를 개폐하는 것 ·전기담요, 전기방석, 선풍기, 전기스텐드 등에 사용한다.
팬던트 스위치	·전등을 하나씩 따로 점멸하는 곳에 사용 ·파랑 버튼을 누르면 개로, 반대쪽의 하얀 버튼을 누르면 폐로
도어 스위치	·문의 개폐에 따라 전기회로를 이었다 끊었 다 하는 장치 ·자동차문, 현관문, 금고문 등에 사용
타임 스위치	·기호 : $\boxed{TS}$ ·전기기구에 부착되어 자동적으로 개폐되 는 스위치
플로트 스위치	·기호 : $\textcircled{\bullet}_F$ ·수조 수면 높이는 Floatless 스위치의 전 극봉이 감지하여 수면 높이를 조절
3로 스위치	·기호 : $\bullet_3$ ·3개의 단자를 가진 전환용 스냅 스위치 ·한 개의 전등을 2곳에서 동시에 점멸이 가 능한 스위치이다. S_3 •──//─ ◯ ─//─• S_3 전원 빗금선(/)은 전선의 수를 나타낸 다. 즉, //(선 2줄), ///(선 3줄)

④ 점멸기(●) 기호

  ⊙ 용량의 표시 방법

    ·10[A]는 방기하지 않는다.

    ·15[A] 이상은 전류값을 방기한다. 보기 ●₁₅A

  ⊙ 극수의 표시 방법

    ·단극은 방기하지 않는다.

    ·2극 또는 3로, 4로는 각각 2P 또는 3, 4의 숫자를
방기한다. 보기 ●₂ₚ ●₃

  ⊙ 방수형은 WP를 방기 보기 ●_WP

  ⊙ 방폭형은 EX를 방기 보기 ●_EX

  ⊙ 플라스틱은 P를 방기 보기 ●_P

  ⊙ 타이머 붙이는 T를 방기 보기 ●_T

기출 전등 한 개를 2개소에서 점멸하고자 할 때 옳은 배선은?

(10/5 12/5 17/2 19/1)

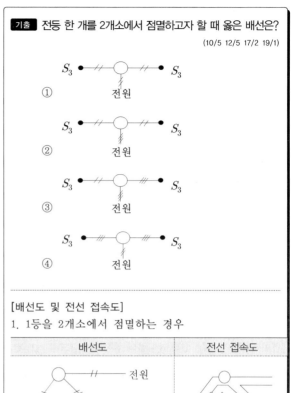

[배선도 및 전선 접속도]

1. 1등을 2개소에서 점멸하는 경우

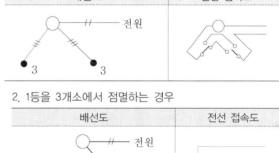

배선도	전선 접속도

2. 1등을 3개소에서 점멸하는 경우

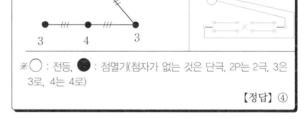

배선도	전선 접속도

※ ◯ : 전등, ● : 점멸기(첨자가 없는 것은 단극, 2P는 2극, 3은
3로, 4는 4로)

【정답】④

2 소켓(socket)

① 소켓이란?

소켓이란 코드의 끝 단 등에 부착하여 전구를 끼우
기 위한 것으로 점멸장치의 유무에 따라 키소켓과
키리스 소켓으로 분류할 수 있다.

② 소켓의 분류

명칭	용도
모걸 소켓	300[W] 이상, 점멸장치가 없다.
베이스 소켓	200[W] 이하 전구에서 사용
로제트 (rosette)	절연 전선과 코드를 접속하는데 사용하며, 천장에 설치, 로제트에서 나온 전선은 소켓에 연결하여 사용
리셉터클	코드없이 벽이나 천장에 설치 리셉터클

❸ 플러그

① 플러그의 형태

2극용과 3극용 플러그, 2극용에는 평행형과 T형

② 코드 접속기

· 코드와 코드를 서로 접속할 때 사용

· 플러그와 커넥터 바디로 구성

③ 멀티탭

하나의 콘센트에서 동시에 많은 전기기구를 사용할 수 있는 구조의 접속기

[멀티탭]

④ 테이블 탭

· 1개의 콘센트에서 몇 개의 전기기구를 동시에 사용할 경우에 사용

· 코드의 앞 끝에 2~4개의 삽입구가 있는 기구

기출 코드 상호간 또는 캡타이어케이블 상호간을 접속하는 경우 가장 많이 사용되는 기구는? (13/4)

① 코드접속기　　　② T형접속기

③ 와이어커넥터　　④ 박스용커넥터

[코드접속기속] 코드와 코드를 서로 접속할 때 사용하는 것
※와이어커넥터 : 쥐꼬리 접속한 후 정선 박스내에서 접속과 절연을 위해 사용　　　【정답】①

---

❹ 콘센트

① 콘센트의 형태

· 전기기구와 배선과의 접속에 사용하는 접속기

· 벽이나 기둥의 표면에 부착하는 노출형 콘센트

· 벽이나 기둥에 매입하여 시설하는 매입형 콘센트

② 콘센트의 종류

종류	특징
방수용 콘센트(WP)	물이 들어가지 않도록 덮개가 부착되어 있는 구조
플로어 콘센트	플로어 덕트 공사 시에 바닥에 설치하는 콘센트
턴 로그 콘센트	플러그가 빠지지 않도록 90° 정도를 돌려서 놓을 수 있도록 되어 있다.

③ 콘센트의 심벌

심벌		적요
	⊙	천장에 부착하는 경우
	⊙	바닥에 부착하는 경우
벽붙이 콘센트	20A	용량의 표시 방법은 다음과 같다. ·15[A]는 방기하지 않는다. ·20[A] 이상은 암페어 수를 방기
	2	2구 이상인 경우는 구수를 방기
	3P	3극 이상인 것은 극수를 방기, 3극은 3P, 4극은 4P
	LK	빠짐 방지형
	T	걸림형
	E	접지극 붙이
	ET	접지단자 붙이
	EL	누전 차단기 붙이
	EX	방폭형은 EX를 방기한다.
	H	의료용은 H를 방기한다
	WP	방수형은 WP를 방기한다.

다음 중 방수형 콘센트의 심벌은? (09/1 12/4)

① 　　②

③ 　　④

[콘센트 심벌]

① : 콘센트　　② ● : 비상용 조명(백열등)

④ : 접지극붙이　　　　　　　【정답】③

5 누전차단기(ELB)

① 누전차단기 설치 목적

누전차단기는 지락차단장치의 하나로 누전, 감전 등의 재해를 방지하기 위해 설치하며, 누전 및 이상 전류 발생 시 이상을 감지하고 회로를 차단시키는 적용을 한다.

② 누전 차단기의 설치

㉮ 사람이 쉽게 접촉될 우려가 있는 장소에 시설하는 사용전압 50[V]를 초과하는 저압의 금속제 외함을 가지는 기계 기구에 전기를 공급하는 전로에 지기가 발생하였을 때 자동적으로 전로를 차단하는 누전 차단기 설치

㉯ 주택의 구내에 시설하는 대지전압 150[V] 초과 300[V] 이하의 저압 전로 인입구에는 인체 감전 보호용 누전차단기를 설치

기출 사람이 쉽게 접촉 하는 장소에 설치하는 누전차단기의 사용전압 기준은 몇 [V] 초과인가? (15/4)

① 50　　② 110

③ 150　　④ 220

[콘센트 심벌] 사람이 쉽게 접촉될 우려가 있는 장소에 시설하는사용전압 50[V]를 초과하는 저압의 금속제 외함을 가지는 기계 기구에 전기를 공급하는 전로에 자기가 발생하였을 때 자동적으로 전로를 차단하는 누전차단기 등을 설치

【정답】①

6 과전류 차단기

① 과전류 차단기란?

전로에 단락전류나 과부하 전류 발생시 자동적으로 전로를 차단하여 보호하는 장치

② 과전류 차단기의 종류

· 전자석 차단기

· 바이메탈 차단기

· 전자석 바이메탈 혼합형 차단기

③ 과전류차단기의 설치

㉮ 고압 또는 특고압의 전로에 단락이 생긴 경우에 동작하는 과전류차단기는 이것을 시설하는 곳을 통과하는 단락전류를 차단하는 능력을 가지는 것이어야 한다.

㉯ 고압 또는 특고압의 과전류차단기는 그 동작에 따라 그 개폐상태를 표시하는 장치가 되어있는 것이어야 한다.

㉰ 고압 및 특별고압 전로

㉱ 전선 및 기계·기구를 보호하기 위한 인입구, 간선의 전원측 전선

㉲ 분기점 및 보호상 필요로 하는 곳

④ 과전류 차단기의 시설 제한

㉮ 접지공사의 접지선

㉯ 접지공사를 한 저압 가공 전로의 접지측 전선

㉰ 다선식 전로의 중성선

⑤ 저압 전로에 사용하는 과전류 차단기의 시설
과전류차단기로 저압전로에 사용하는 퓨즈는 [표]에서 정한 시간 내에 용단될 것

정격전류의 구분	시간	정격전류의 배수	
		불용단 전류	용단 전류
4[A] 이하	60분	1.5배	2.1배
4[A] 초과 16[A] 미만	60분	1.5배	1.9배
16[A] 이상 63[A] 이하	60분	1.25배	1.6배
63[A] 초과 160[A] 이하	120분	1.25배	1.6배
160[A] 초과 400[A] 이하	180분	1.25배	1.6배
400[A] 초과	240분	1.25배	1.6배

⑥ 산업용·배선용 차단기

과전류차단기로 저압전로에 사용하는 산업용 배선용 차단기는 표에 적합한 것이어야 한다. 다만, 일반인이 접촉할 우려가 있는 장소(세대내 분전반 및 이와 유사한 장소)에는 주택용 배선차단기를 시설하여야 한다.

정격전류의 구분	시간	정격전류의 배수 (모든 극에 통전)	
		부동작 전류	동작 전류
63[A] 이하	60분	1.05배	1.3배
63[A] 초과	120분	1.05배	1.3배

⑦ 주택용·배선용 차단기

㉮ 순시트립에 따른 구분

형	순시트립 범위
B	$3I_n$ 초과 ~ $5I_n$ 이하
C	$5I_n$ 초과 ~ $10I_n$ 이하
D	$10I_n$ 초과 ~ $20I_n$ 이하

비고 1. B, C, D: 순시트립전류에 따른 차단기 분류
　　 2. I_n: 차단기 정격전류

㉯ 과전류트립 동작시간 및 특성

정격전류의 구분	시간	정격전류의 배수 (모든 극에 통전)	
		부동작 전류	동작 전류
63 A 이하	60분	1.13배	1.45배
63 A 초과	120분	1.13배	1.45배

⑧ 고압용 퓨즈

㉮ 포장 퓨즈 : 정격전류의 1.3배에 견디고 2배의 전류로 120분 이내 용단되는 것. 고압 전류 제한 퓨즈일 것

㉯ 비포장 퓨즈 : 정격전류의 1.25배에 견디고 2배의 전류로 2분 안에 용단되는 것일 것

기출 다음 중 과전류 차단기를 설치하는 곳은? (13/4 18/4)
① 간선의 전원측 전선
② 접지공사의 접지선
③ 다선식 전로의 중성선
④ 접지공사를 한 저압 가공 전선로의 접지측 전선

[과전류 차단기 설치 제한]
② 접지공사의 접지선
③ 다선식 전로의 중성선
④ 접지공사를 한 저압 가공 전선로의 접지측 전선
【정답】①

핵심 03 전기설비에 관한된 공구

① 전기 공사용 공구

① 펜치

[펜치]

· 절단용 공구
· 동선류 및 철선의 절단, 전선의 접속, 전선의 바인드 등에 사용

② 클리퍼

펜치로 절단하기 힘든 굵은 전선을 절단할 때 사용

③ 드라이버

· 나사못, 작은 나사를 돌려 박기 위해 사용
· 애자, 배선 기구, 조명 기구 등 시설할 때

④ 전공칼 및 와이어스트리퍼

전선과 전선을 연결 시 피복을 벗길 때 사용

㉮ 전공칼 : 전선의 피복물을 벗겨 내기 위한 도구

㉯ 와이어 스트리퍼 : 자동으로 피복물을 벗긴다.

[와이어스트리퍼]

⑤ 플라이어

· 나사 너트를 죌 때 사용
· 펌프 플라이어, 롱노즈 플라이어 등

⑥ 스패너

볼트나 너트를 죄거나 푸는 데 사용하는 공구로 멍키 스패너와 잉글리시 스패너가 있다.

[플라이어]

㉮ 멍키 스패너 : 주둥이를 자유로이 조절할 수 있는 스패너

㉯ 잉글리시 스패너 : 주둥이를 조절할 수 없는 스패너로 양구 스패너와 단구 스패너가 있다.

[멍키스패너]

[잉글리시스패너]

⑦ 프레셔툴(눌러 붙임 펀치)

전선에 눌러 붙임 단자 접속 시 사용되는 공구로 종류로는 수동식과 유압식이 있다.

[프레셔툴]

⑧ 벤더

각종 형강, 파이프, 철판, 철근 등의 굽힘 가공에 사용하는 성형기

⑨ 오스터

• 금속관에 나사를 내기 위한 공구
• 래칫과 다이스로 구성

⑩ 노크아웃펀치

배전반, 분전반, 풀박스 등의 전선관 인출을 위한 인출공을 뚫는 공구

[노크아웃펀치]

⑪ 홀소

녹아웃 펀치와 같은 용도로 배전반, 분전반 등에 구멍을 뚫을 때 사용

⑫ 리머

금속관을 쇠톱이나 커터로 끊은 다음 관 안을 다듬는 기구

⑬ 파이프렌치

• 금속관을 부설할 때에 나사를 돌리는 공구
• 파이프렌치, 체인 파이프렌치 등이 있다.

[파이프렌치]

• 주로 지름 100[mm] 이하의 철관을 장치할 때에 사용

⑭ 파이프커터

소구경의 동관을 절단하는 데 쓰이는 손공구로 강관 용도 있다.

⑮ 토치램프

전선 접속 시 납땜과 합성수지관의 가공에 고온으로 가열할 때 사용하는 장치로 종류로는 알코올용, 가솔린용

⑯ 피시 테이프

배관에 전선을 입선할 때 사용하는 평각 강철선

⑰ 쇠톱

• 다양한 두께의 금속 및 전선관을 자르는 데 사용하는 톱으로 날과 틀로 구성되어 있다.
• 종류로는 200, 250, 300[mm] 등이 있다.

기출1 피시 테이프(fish tape)의 용도는?　　　　(06/4 10/5)

① 전선을 테이핑 하기 위해서 사용
② 전선관의 끝마무리를 위해서 사용
③ 배관에 전선을 넣을 때 사용
④ 합성수지관을 구부릴 때 사용

[피시 테이프] 배관에 전선을 입선할 때 사용하는 평각 강철선 사용　　【정답】③

기출2 금속관에 나사를 내기 위한 공구는?　　　(12/1)

① 오스터　　　　② 토치램프
③ 펜치　　　　④ 유압식 벤더

[오스터] 금속관에 나사를 내기 위한 공구
　　　　　　　　　　　　　　　【정답】①

---

2 측정 공구

① 와이어 게이지

철사의 지름이나 전선의 굵기를 호칭지름 또는 게이지 번호로 검사하는 데 사용하는 도구

② 마이크로미터

전선의 굵기, 철판, 구리판 등의 두께 등을 0.01[mm] 단위까지 측정할 수 있는 측정 기구

[마이크로미터]

③ 버니어캘리퍼스

어미자와 아들자의 눈금을 이용하여 물체의 두께, 깊이, 안지름 및 바깥지름 등을 측정할 수 있는 공구

[버니어캘리퍼스]

④ 회로시험기 (멀티테스터기)

· 전압, 전류, 저항 등 측정 및 도통 시험

· 직 · 교류용이 있다.

⑤ 접지저항계 (어스테스터기)

접지 저항을 측정한다.

⑥ 절연저항계 (메거)

절연 저항 측정에 사용되는 계기

기출 다음 중 옥내에 시설하는 저압 전로와 대지 사이의 절연저항 측정에 사용되는 계기는? (11/2 16/5 17/3)

① 멀티테스터　　② 메거
③ 어스테스터　　④ 훅온미터

[메거] 절연저항 측정에 사용되는 계기
① 멀티테스터(회로시험기) : 전압, 전류, 저항 등 측정 및 도통 시험
③ 어스테스터(접지 저항계) : 접지 저항을 측정

【정답】②

핵심 01　**전선 접속 시 주의사항**

1 전선 접속 시 주의 사항

· 전선의 전기저항을 증가시키지 않는다.

· 전선의 인장하중을 20[%] 이상 감소시키지 말아야 한다.

· 전선 접속 시 절연내력은 접속전의 절연내력 이상으로 절연 하여야 한다.

· 전선 접속 부분의 테이프 감기는 나선형으로 반폭씩 겹쳐서 2회 이상(힙 4겹) 감아 준다.

· 전선과 기구 단자 접속 시 나사를 덜 죄었을 경우 발생할 수 있는 위험으로는 누전, 화재, 저항 증가, 과열 등을 들 수 있다.

2 나전선 상호 또는 나전선과 절연전선, 캡타이어케이블 또는 케이블과 접속하는 경우

· 전선의 세기를 20[%] 이상 감소시키지 아니할 것

· 접속부분은 접속관 기타의 기구를 사용할 것

3 절연전선 상호, 절연전선과 코드, 캡타이어케이블 또는 케이블과 접속하는 경우

· 절연효력이 있는 접속기를 사용한다.

· 절연효력이 있는 것으로 충분히 피복한 것

4 코드 상호, 캡타이어케이블 상호, 케이블 상호 또는 이를 상호 접속하는 경우

· 코드 접속기, 접속함 기타의 기구를 사용할 것

5 도체와 알루미늄을 사용하는 전선과 동(동합금을 포함한다)을 사용하는 전선을 접속하는 등 전기화학적 성질이 다른 도체를 접속하는 경우

· 접속부분에는 전기적 부식이 생기지 아니할 것

6 두 개 이상의 전선을 병렬로 사용하는 경우

· 각 전선의 굵기는 구리 50[mm²] 이상 또는 알루미늄 70[mm²] 이상으로 하고 전선은 같은 도체, 같은 재료, 같은 길이 및 같은 굵기의 것을 사용할 것

· 같은 극의 각 전선은 동일한 터미널러그에 완전히 접속할 것

· 병렬로 사용하는 전선에는 각각에 퓨즈를 설치하지 말 것

· 교류회로에서 병렬로 사용하는 전선은 금속관 안에 전자적 불평형이 생기지 않도록 시설할 것

기출 전선을 접속할 경우의 설명으로 틀린 것은? (15/4)

① 접속 부분의 전기 저항이 증가되지 않아야 한다.
② 전선의 세기를 80[%] 이상 감소시키지 않아야 한다.
③ 접속 부분은 접속 기구를 사용하거나 납땜을 하여야 한다.
④ 알루미늄 전선과 동선을 접속하는 경우, 전기적 부식이 생기지 않도록 해야 한다.

[전선의 접속] ② 전선의 세기를 20[%] 이상 감소시키지 않아야 한다.   【정답】②

핵심 02 | 전선의 피복 벗기기

1 사용 도구

전선의 피복을 벗길 때에는 전공칼이나 와이어 스트리퍼를 이용

2 방법

· 절연전선의 피복의 한쪽을 손으로 잡은 후 다른 손으로 전공칼을 밖으로 향하여 잡고 연필 깎듯이 피복을 벗긴다.

· 와이어 스트리퍼를 이용할 경우, 전선의 지름에 알맞은 구멍을 선택

핵심 03 | 단선의 직선 접속

1 트위스트 직선 접속

· 단면적 6[mm²] 이하의 가는 단선

· 트위스트 접속법은 알루미늄 전선의 접속법으로 적합하지 않다.

1. 두 심선의 접속 부분을 서로 겹치고 한 선을 펜치로 잡은 후 심선을 2~3회 정도 성기게 감는다.
2. 2~3회 정도 감은 심선을 직각으로 세워 상대편 전선에 5~6회 정도 조밀하게 감고 나머지 부분은 자르고 잘 오므린다.
3. 다른 쪽도 같은 방법으로 실시한다.

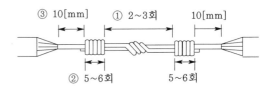

③ 10[mm]   ① 2~3회   10[mm]
② 5~6회   5~6회

2 브리타니아 직선 접속

10[mm²] 이상의 굵은 단선 직선 접속법이다.

1. 두 심선의 접속 부분을 서로 겹치고, 심선 위에 약 120[mm] 길이의 첨선을 댄다.
2. 1[mm] 정도 되는 조인트선의 중간을 전선 접속 부분의 중간에 대고 2회 정도 성기게 감은 다음, 심선의 양쪽을 조밀하게 감는데, 감은 전체의 길이가 전선 직경의 15배 이상 되도록 한다.
3. 두 심선의 남은 끝을 각각 위로 세우고 양 끝의 조인트선을 본선에만 5회 정도 감고 첨선과 함께 꼬아서 8[mm] 정도 남기고 자른다.
4. 위로 세운 심선을 잘라 낸다.

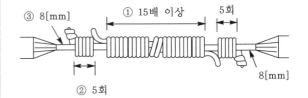

③ 8[mm]   ① 15배 이상   5회
② 5회   8[mm]

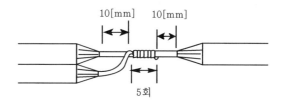

5회

10[mm] 10[mm]

기출 단선의 굵기가 6[mm²] 이하인 전선을 직선 접속할
때 주로 사용하는 접속법은?   (23/4 15/4)

① 트위스트 접속   ② 브리타니아 접속
③ 쥐꼬리 접속   ④ T형 커넥터 접속

[전선의 접속]
① 트위스트 접속 : 6[mm²] 이하의 가는 단선 직선 접속
② 브리타니아 접속 : 10[mm²] 이상의 굵은 단선 직선 접속
                                            【정답】①

핵심 04 연선의 직선 접속

1 브리타니아 접속

연선의 중심 소선을 제거한 다음, 첨선과 접속선을 이
용하여 단선의 브리타니아 직선 접속과 같은 방법으로
접속하는 방법

2 단권 직선 접속(우산형 접속)

연선의 중심 소선을 제거한 다음 연선의 소선 자체를
하나씩 하나씩 나누어 감아서 접속하는 방법

3 복권 직선 접속

연선의 중심 소선을 제거한 후 연선의 소선 전체를 한꺼
번에 감아서 접속하는 방법

핵심 05 단선의 분기 접속

1 트위스트 분기 접속

단면적 6[mm²] 이하의 가는 전선 분기 접속법

1. 본선 30[mm] 정도, 분기선 120[mm] 정도로 심선의
   피복을 벗긴다.
2. 본선에 분기선을 1회 정도 성기게 감는다.
3. 분기선을 수직으로 세워 본선에 5회 정도 조밀하게
   감고 남는 부분은 잘라낸다.

---

2 브리타니아 분기 접속

10[mm²] 이상의 굵은 단선의 분기 접속법이다.

1. 본선과 분기선 모두 70[mm] 정도로 심선의 피복을
   벗긴다.
2. 본선과 분기선 사이에 첨선을 삽입한 후 조인트 선을
   접속한다.

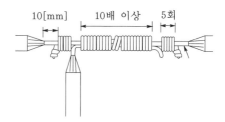

10[mm]   10배 이상   5회

핵심 06 쥐꼬리 접속

1 쥐꼬리 접속

박스 내에서 가는 전선을 접속할 때 적합하다.

2 두 단선의 쥐꼬리 접속

1. 두 전선은 50[mm] 정도로 피복을 벗긴다.
2. 두 전선을 합쳐 펜치로 잡은 다음, 심선을 벌리고
   1회 비틀어 놓는다.   → (심선의 각도 90노)
3. 펜치로 꼰 심선의 끝을 잡고 심선을 잡아당기면서
   1~2회 더 감는다.
4. 와이어커넥터를 사용할 경우에는 심선을 2~3회 정
   도 꼰 다음 끝을 잘라내고, 테이프 감기를 할 때에는
   심선을 4회 이상 꼰 다음, 5[mm] 정도 안으로 구부
   려 놓는다.

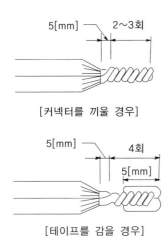

[커넥터를 끼울 경우]

[테이프를 감을 경우]

3 와이어 커넥터를 이용한 쥐꼬리 접속

· 금속관 공사나 합성수지관 공사 시 박스 내에서 전선을 접속하는 경우에 이용한다.

· 접속하려는 전선의 심선이 2~3 가닥인 경우, 전선의 피복을 10[mm] 정도 벗기고 심선을 나란히 합쳐 소형 와이어 커넥터를 끼워 넣어 전선을 접속한다.

4 터미널러그를 이용한 쥐꼬리 접속

· 접속하려는 심선 끝을 납땜 등으로 고정시킨 후 볼트 등을 이용하여 접속하는 방법이다.

· 굵은 전선을 박스 안 등에서 접속할 때 이용한다.

> ※[와이어 커넥터] 쥐꼬리 접속한 후 정선 박스 내에서 접속과 절연을 위해 사용
> ※[터미널 러그] 전선 끝에 납땜, 기타 방법으로 붙이는 쇠붙이

5 링슬리브를 이용한 접속

· 접속하려는 전선의 피복을 링슬리브보다 10[mm] 정도 더 길게 벗긴다.

· 전선을 나란히 하여 링슬리브의 눌러 붙임 홈에 넣고 눌러 붙임 펜치 단자나 커넥터 단자 등을 전선에 접합하는 공구)로 눌러 붙인다.

· 선단을 구부릴 때는 슬리브가 변형되면서 내부 전선의 이완이 생길 수 있으므로 전용 공구를 사용한다.

> ※[링슬리브] 회전축 등을 둘러싸도록 축 바깥 둘레에 끼워서 사용되는 비교적 긴 통형의 부품

> **기출** 박스 내에서 가는 전선을 접속할 때에는 어떤 방법으로 접속하는가? (08/2 17/4)
>
> ① 트위스트 접속   ② 쥐꼬리 접속
> ③ 브리타니어 접속   ④ 슬리브 접속
>
> ---
>
> [전선의 접속]
> ① 트위스트 접속 : 2.6[mm] 이하의 단선의 경우 사용
> ③ 브리타니아 접속 : 3.2[mm] 이상의 굵은 단선인 경우에 적용
> ④ 슬리브 접속 : 매킨타이어 슬리브를 사용하여 상호 도선을 접속하는 방법. 관로 구간에서 케이블 접속점이 맨홀 등이 아닌 경우에 접속부를 보호하기 위하여 사용하는 접속관
> 【정답】②

핵심 07 납땜과 테이프

1 납땜

· 굵은 전선을 박스 안에서 접속할 경우 사용한다.

· 접속하려는 심선 끝을 납땜으로 고정시킨 다음 볼트 등을 이용하여 접속한다.

> ※주석과 납의 합금으로, 주석 40~60[%], 융점 210~250[℃]의 것이 널리 쓰인다.

2 테이프

① 면테이프 : 검은색의 점착성이 강한 고무혼합물을 양면에 함침시킨 테이프로 접착성이 강하고 절연성이 우수하다. 심선에 직접 닿지 않게 테이핑 한다.

② 고무테이프 : 절연성 고무 혼합물을 압연하여 가황한 다음 그 표면에 접착제를 바른 것으로 전선, 케이블의 접속부 절연에 사용한다. 테이핑 시 1.2배 정도 늘려서 사용한다.

③ 비닐테이프
  · 염화비닐수지에 가소제를 첨가한 연질 염화비닐수지 필름에 점착제를 도포하여 테이프 모양으로 만든 것.
  · 한 면에 접착제를 바른 것과 바르지 않은 것이 있다.

- 접착제가 없는 것의 테이핑 시에는 끝에 열을 가하여 융착시킨 후 사용한다.
- 검은색, 흰색, 회색, 파랑색, 녹색, 노랑색, 갈색, 주황색, 빨강색 등 9종류

④ 리노테이프
- 면테이프의 양면에 절연성 니스를 몇 번 칠하여 건조시킨 것
- 노란색(배전반, 분전반, 변압기, 전동기 단자 부근 절연에 사용)
- 검정색(접착성이 없으나 절연성, 보온성 및 내유성이 있으므로 연피 케이블의 접속 시에 사용)

⑤ 자기 융착 테이프
- 합성수지와 합성고무를 주성분으로 하여 만든 판상의 것을 압연 처리한 다음 적당한 격리물과 함께 감아서 만든 것이다.
- 테이프를 감을 때 약 1.2배 정도 늘려서 감으면 서로 융착되어 완전한 접속이 된다.
- 사용 장소로는 비닐시스케이블, 클로로프렌 시스케이블의 접속에 사용한다.

기출 접착력은 떨어지나 절연성, 내온성, 내유성이 좋아 연피 케이블의 접속에 사용되는 테이프는?

(13/2 18/4)

① 고무 테이프   ② 리노 테이프
③ 비닐 테이프   ④ 자기 융착 테이프

[리노테이프] 절연성, 내온성, 내유성이 있으므로 연피 케이블의 접속에 사용된다. 【정답】②

4장   옥내배선 공사

핵심 01   전압 및 전선

1 전압을 표현하는 용어

① 공칭전압 : 전선로를 대표하는 선간전압
② 정격전압 : 실제로 사용하는 전압 또는 전기기구 등에 사용되는 전압
③ 대지전압 : 측정점과 대지 사이의 전압

2 사용 전선

① 전압 옥내배선은 다음 중 하나에 적합한 것을 사용하여야 한다.
   1. 단면적 $2.5[mm^2]$ 이상의 연동선 또는 이와 동등 이상의 강도 및 굵기의 것
   2. 단면적이 $1[mm^2]$ 이상의 미네럴인슈레이션(MI) 케이블, 단 전광표시장치, 출퇴표시등 기타 유사한 장치 제어회로등에 사용하는 배선은 $1.5[mm^2]$ 이상 연동선
② 전구선 또는 이동전선은 단면적 $0.75[mm^2]$ 이상의 코드 또는 캡타이어케이블

3 사용 전압 및 시설 장소에 따른 공사 분류

시설 장소 / 사용 전압		400[V] 미만	400[V] 이상
전개된 장소	건조한 장소	애자공사 합성수지몰드 공사 금속덕트 공사 버스덕트 공사 라이팅덕트 공사	애자공사 금속덕트 공사 버스덕트 공사
	기타의 장소	애자공사 버스덕트공사	애자공사
점검할 수 있는 은폐 장소	건조한 장소	애자공사 합성수지몰드 공사 금속몰드 공사 금속덕트 공사 버스덕트 공사 셀롤라덕트 공사 평형보호층 공사 라이팅덕트 공사	애자공사 금속덕트 공사 버스덕트 공사
	기타의 장소	애자공사	애자공사

사용 전압 시설 장소		400[V] 미만	400[V] 이상
점검할 수 없는 은폐 장소	건조한 장소	플로어덕트 공사 셀롤라덕트 공사	

핵심 02 저압 옥내 배선공사의 분류

1 애자공사

① 전선은 절연전선(옥외용 비닐절연전선 및 인입용 비닐절연전선을 제외)일 것

② 전선 상호 간의 간격은 6[cm] 이상일 것

③ 애자공사에 사용되는 애자는 절연성, 난연성, 내구성의 것이어야 한다.

④ 전선과 조영재 사이의 간격은 다음 표에 의한다.

전선 상호 간격		전선과 조영재 사이		전선과 지지점간의 거리	
400[V] 미만	400[V] 이상	400[V] 미만	400[V] 이상	400[V] 미만	400[V] 이상
6[cm] 이상		2.5[cm] 이상	4.5[cm] 이상 (건조한 장소 2.5[cm])	조영재의 윗면 옆면일 경우 2[m] 이하	6[m]이하

⑤ 사용 애자 구비조건

· 충분한 기계적 강도를 가질 것

· 절연내력이 클 것

· 누설전류가 적을 것

· 난연성(연소하기 어려운 재료의 성질), 내수성이 클 것

※애자의 바인드법

① 일자 바인드법 : 10[mm^2] 이하의 전선

② 십자 바인드법 : 16[mm^2] 이상의 전선

다음 중 애자공사에 사용되는 애자의 구비조건과 거리가 먼 것은? (09/2 17/2)

① 광택성   ② 절연성

③ 난연성   ④ 내수성

[애자공사] 애자공사에 사용되는 애자는 절연성, 난연성, 내수성의 것이어야 한다. 【정답】①

---

2 합성수지몰드공사

① 전선은 절연전선(옥외용 비닐 절연전선 제외)일 것

② 합성수지 몰드 안에는 전선에 접속점 없을 것

③ 합성수지 몰드의 홈의 폭, 깊이는 3.5[cm] 이하일 것

(단, 사람이 쉽게 접촉할 우려가 없도록 시설 시 폭 5[cm] 이하의 것을 사용할 수 있다.)

④ 몰드 두께는 2[mm] 이상

※몰드공사의 공통 내용

① 전선은 절연전선(옥외용 비닐절연전선 제외)일 것

② 몰드 안에는 전선에 접속점 없을 것

사람의 접촉 우려가 있는 합성수지제 몰드는 홈의 폭 및 깊이가 (㉠)[cm] 이하로 두께는 (㉡)[mm] 이상의 것이어야 한다. ( )안에 들어갈 내용으로 알맞은 것은? (14/2 19/1)

① ㉠ 3.5, ㉡ 1   ② ㉠ 5, ㉡ 1

③ ㉠ 3.5, ㉡ 2   ④ ㉠ 5, ㉡ 2

[합성수지몰드 공사] 합성수지 몰드는 홈의 폭 및 깊이가 3.5[cm] 이하, 두께가 2[mm] 이상으로 쉽게 파손되지 않아야 한다. 【정답】③

---

3 합성수지관공사

① 전선은 절연전선(옥외용 비닐 절연전선을 제외)일 것

② 전선은 연선일 것. 다만, 다음의 것은 적용하지 않는다.

1. 짧고 가는 합성수지관에 넣은 것

2. 단면적 10[mm^2]

(알루미늄선은 단면적 16[mm^2]) 이하의 것

③ 전선은 합성수지관 안에서 접속점이 없도록 할 것

④ 중량물의 압력 또는 현저한 기계적 충격을 받을 우려가 없도록 시설할 것

⑤ 관 상호간 및 박스와는 삽입하는 깊이를 관 바깥지름의 1.2배(접착제 사용하는 경우 0.8배) 이상으로 견고하게 접속할 것

⑥ 1본의 길이 4[m]이며, 관의 두께는 2.0[mm] 이상일 것

⑦ 관의 지지점간의 거리는 1.5[m] 이하

⑧ 관의 굵기 : 14, 16, 22, 28, 36, 42, 54, 70, 82, 100, 104, 125

※[합성수지관 구부리기]
① 직각 구부리기 : 90° 구부릴 때에는 곡률빈지름을 관 안지름의 6배 이상으로 한다.
② 오프셋 구부리기 : 곡률반지름을 안지름의 6배 이상으로 한다

기출 합성수지관 상호 및 관과 박스는 접속 시에 삽입하는 깊이를 관 바깥지름의 몇 배 이상으로 하여야 하는가? (단, 접착제를 사용하지 않은 경우이다.) (09/5 12/1 15/1)
① 0.6배   ② 0.8배
③ 1.2배   ④ 1.6배

[합성수지관공사] 관 상호간 및 박스와는 삽입하는 깊이를 관 바깥지름의 1.2배(접착제 사용하는 경우 0.8배) 이상으로 견고하게 접속할 것 　　　　　　【정답】③

---

④ 금속관공사

① 목조 이외의 조영물에만 시설한다.

② 전선은 절연전선 (옥외용 비닐절연전선을 제외)일 것

③ 전선은 연선일 것. 다만, 다음의 것은 적용하지 않는다.
　1. 짧고 가는 금속관에 넣은 것
　2. 단면적 10[mm^2](알루미늄선은 단면적 16[mm^2]) 이하의 것

④ 관의 지지점간의 거리는 2[m] 이하

⑤ 1본의 길이 3.66[m]

⑥ 전선관의 두께
　1. 콘크리트 매설시 1.2[mm] 이상

2. 기타 1[mm] 이상

3. 길이 4[m] 이하인 것을 건조하고 전개된 곳에 시설하는 경우에는 0.5[mm] 이상

⑦ 전선관과의 접속 부분의 나사는 5턱 이상 완전히 나사 결합이 될 수 있는 길이일 것

⑧ 전선은 금속관 안에서 접속점이 없도록 할 것

⑨ 관의 끝 부분에는 전선의 피복을 손상 방지를 위해 부싱 사용

⑩ 관에는 kec140에 준하여 접지공사를 할 것. 다만, 사용전압이 400[V] 미만으로서 다음 중 하나에 해당하는 경우에는 그러하지 아니하다.
　1. 관의 길이가 4[m] 이하인 것을 건조한 장소에 시설하는 경우
　2. 옥내배선의 사용전압이 직류 300[V] 또는 교류 대지전압 150[V] 이하로서 그 전선을 넣는 관의 길이가 8[m] 이하인 것을 사람이 쉽게 접촉할 우려가 없도록 시설하는 경우 또는 건조한 장소에 시설하는 경우

⑪ 굽힘 반지름 $r = 6d + \left(\dfrac{D}{2}\right)$

여기서, d : 금속 전선관의 안지름
　　　　 D : 금속 전선관의 바깥지름

⑫ 전선관의 굵기 및 호칭

	안지름에 가까운 짝수로 호칭	
후강전선관	굵기	16, 22, 28, 36, 42, 54, 70, 82, 92, 104[mm]
	길이	3.6[m] (※금속관 1본의 길이 : 3.6[m])
박강전선관	바깥지름에 가까운 홀수로 호칭	
	굵기	15, 19, 25, 31, 39, 51, 63, 75[mm]
	길이	3.6[m]
알루미늄 전선관	바깥지름에 가까운 홀수로 호칭한다.	
	굵기	19, 25, 31, 3, 51, 63, 75[mm]

5 금속몰드공사

① 전선은 절연전선(옥외용 비닐절연 전선을 제외)일 것

② 금속몰드 안에는 전선에 접속점이 없도록 할 것

③ 금속몰드의 사용전압이 400 V 이하로 옥내의 건조한 장소로 전개된 장소 또는 점검할 수 있는 은폐장소에 한하여 시설할 수 있다

④ 황동제 또는 동제의 몰드는 폭이 50[㎜] 이하, 두께 0.5[㎜] 이상인 것일 것

⑤ 몰드에는 kec140의 규정에 준하여 접지공사를 할 것. 다만, 다음 중 하나에 해당하는 경우에는 그러하지 아니하다.

　1. 몰드의 길이가 4[m] 이하인 것을 시설하는 경우

　2. 옥내배선의 사용전압이 직류 300[V] 또는 교류 대지 전압이 150[V] 이하로서 그 전선을 넣는 관의 길이가 8[m] 이하인 것을 사람이 쉽게 접촉할 우려가 없도록 시설하는 경우 또는 건조한 장소에 시설하는 경우

6 가요전선관공사

① 전선은 절연전선(옥외용 비닐 절연전선을 제외)일 것

② 전선은 연선일 것. 다만, 단면적 10[mm^2](알루미늄선은 단면적 16[mm^2]) 이하인 것은 그러하지 아니하다.

③ 가요전선관 안에는 전선에 접속점이 없도록 할 것

④ 관의 지지점간의 거리는 1[m] 이하

⑤ 가요전선관은 2종 금속제 가요전선관일 것. 다만, 전개된 장소 또는 점검할 수 있는 은폐된 장소에는 1종 가요전선관을 사용할 수 있다.

⑥ 1종 금속제 가요 전선관은 두께 0.8[mm] 이상인 것일 것

⑦ 가요전선관공사는 ked140에 준하여 접지공사를 할 것.

※[가요 전선관에 사용된 주요 부품]

① 스플릿 커플링 : 가요전선관 상호 접속 시 사용하는 공구

② 콤비네이션 커플링 : 금속관제 가요전선관과 금속전선관의 접속하는 곳에 사용하는 공구

③ 앵글박스 커넥터 : 건물의 모서리(직각)에서 가요 전선관을 박스에 연결할 때 필요한 접속기

7 금속덕트공사

① 전선은 절연전선 (옥외용 비닐절연전선을 제외)일 것

② 금속덕트에 넣은 전선의 단면적(절연피복의 단면적을 포함한다)의 합계는 덕트의 내부 단면적의 20[%] (전광표시 장치·출퇴표시등 기타 이와 유사한 장치 또는 제어회로 등의 배선만을 넣는 경우에는 50[%]) 이하일 것

③ 금속덕트 안에는 전선에 접속점이 없도록 할 것

④ 금속덕트는 폭이 40[㎜]를 초과하고 또한 두께가 1.2[㎜] 이상인 철판 또는 금속제로 제작

⑤ 지지점간 거리는 3[m] 이하(취급자 이외의 자가 출입할 수 없는 곳에서 수직으로 붙이는 경우 6[m] 이하)

⑥ 덕트의 끝부분은 막을 것

⑦ 덕트는 물이 고이는 낮은 부분을 만들지 않도록 시설할 것

⑧ 덕트는 kec 211과 140에 준하여 접지공사를 할 것.

기출 금속덕트 배선에 사용하는 금속덕트의 철판 두께는 몇 [mm] 이상 이어야 하는가? (13/1)

① 0.8 ② 1.2

③ 1.5 ④ 1.8

[금속덕트공사] 금속 덕트는 두께는 1.2[mm] 이상인 철판으로 제작하여야 한다. **【정답】②**

---

8 버스덕트공사

① 덕트 상호 간 및 전선 상호 간은 견고하고 또한 전기적으로 완전하게 접속할 것

② 덕트를 조영재에 붙이는 경우에는 덕트의 지지점 간의 거리를 3[m] 아하

③ 취급자 이외의 자가 출입할 수 없도록 설비한 곳에서 수직으로 붙이는 경우에는 6[m]

④ 덕트(환기형의 것을 제외)의 끝부분은 막을 것

⑤ 버스덕트 내부에 물이 침입하여 고이지 아니하도록 할 것

⑥ 습기가 많은 장소 또는 물기가 있는 장소에 시설하는 경우에는 옥외용 버스덕트를 사용하고 버스덕트 내부에 물이 침입하여 고이지 아니하도록 할 것

⑦ 덕트는 kec140에 준하여 접지공사를 할 것

기출 버스덕트 공사에서 덕트를 조영재에 붙이는 경우에 덕트의 지지점간의 거리를 몇 [m] 이하로 하여야 하는가? (11/5)

① 3 ② 4.5

③ 6 ④ 9

[버스덕트 공사] 금속덕트는 두께 1.2[mm] 이상인 철판으로 제작하여야 하며 덕트를 조영재에 붙이는 경우에는 덕트의 지지점간 거리를 3[m] 이하로 하여야 한다.

【정답】①

---

9 라이팅덕트공사

① 덕트 상호 간 및 전선 상호 간은 견고하게 또한 전기적으로 완전히 접속할 것

② 덕트는 조영재에 견고하게 붙일 것

③ 덕트의 지지점 간의 거리는 2[m] 이하로 할 것

④ 덕트의 끝부분은 막을 것

⑤ 덕트의 개구부는 아래로 향하여 시설할 것

⑥ 덕트는 조영재를 관통하여 시설하지 아니할 것

⑦ 덕트를 사람이 용이하게 접촉할 우려가 있는 장소에 시설하는 경우에는 전로에 지락이 생겼을 때에 자동적으로 전로를 차단하는 장치를 시설할 것

기출 라이팅 덕트 공사에 의한 저압 옥내배선 시 덕트의 지지점간의 거리는 몇 [m] 이하로 해야 하는가?

(11/4 16/2 17/1)

① 1.0 ② 1.2 ③ 2.0 ④ 3.0

[라이팅덕트 공사] 덕트 지지점간 거리는 2[m] 이하일 것

【정답】③

---

10 플로어덕트공사

① 전선은 절연전선(옥외용 비닐 절연전선을 제외)일 것

② 전선은 연선일 것. 다만, 단면적 $10[mm^2]$(알루미늄선은 단면적 $16[mm^2]$) 이하인 것은 그러하지 아니하다.

③ 덕트는 두께 2[mm] 이상의 강판으로 제작하고 아연 도금하거나 에나멜 피복할 것

④ 플로어덕트 안에는 전선에 접속점이 없도록 할 것

기출 플로어덕트공사에서 금속제 박스는 강판이 몇 [mm] 이상 되는 것을 사용하여야 하는가? (11/2)

① 2.0 ② 1.5 ③ 1.2 ④ 1.0

[플로어덕트공사] 덕트는 두께 2[mm] 이상의 강판으로 제작하고 아연 도금하거나 에나멜 피복할 것

【정답】①

🔟🔢 셀룰러덕트공사

① 전선은 절연전선(옥외용 비닐 절연전선을 제외)일 것
② 전선은 연선일 것. 다만, 단면적 10[mm^2](알루미늄선은 단면적 16[mm^2]) 이하의 것은 그러하지 아니하다.
③ 셀룰러덕트 안에는 전선에 접속점을 만들지 아니할 것. 다만, 전선을 분기하는 경우 그 접속점을 쉽게 점검할 수 있을 때에는 그러하지 아니하다.

🔢 케이블공사

① 전선은 케이블 및 캡타이어케이블일 것
② 중량물의 압력 또는 현저한 기계적 충격을 받을 우려가 있는 곳에 시설하는 케이블에는 적당한 방호 장치를 할 것
③ 전선을 조영재의 아랫면 또는 옆면에 따라 붙이는 경우에는 전선의 지지점 간의 거리를 케이블은 2[m](사람이 접촉할 우려가 없는 곳에서 수직으로 붙이는 경우에는 6[m]) 이하 캡타이어케이블은 1[m] 이하로 하고 또한 그 피복을 손상하지 아니하도록 붙일 것
④ 콘크리트 안에는 전선에 접속점을 만들지 아니할 것

🔢 케이블트레이공사

① 전선은 연피케이블, 알루미늄피 케이블 등 난연성 케이블 또는 기타 케이블(적당한 간격으로 연소방지 조치를 하여야 한다) 또는 금속관 혹은 합성수지관 등에 넣은 절연전선을 사용하여야 한다.
② 케이블트레이 안에서 전선을 접속하는 경우에는 전선 접속부분에 사람이 접근할 수 있고 또한 그 부분이 측면 레일 위로 나오지 않도록 하고 그 부분을 절연처리 하여야 한다.
③ 케이블트레이의 종류로는 사다리형, 바닥밀폐형, 펀칭형, 그물망형, 채널형 등이 있다.
④ 케이블트레이의 선정
  1. 케이블 트레이의 안전율은 1.5 이상
  2. 전선의 피복 등을 손상시킬 돌기 등이 없이 매끈하여야 한다.
  3. 금속재의 것은 적절한 방식처리를 한 것이거나 내식성 재료의 것이어야 한다.
  4. 비금속제 케이블 트레이는 난연성 재료의 것이어야 한다.

🔢 저압 옥내 간선의 선정

① 전동기 등의 정격전류의 합계가 50[A] 이하인 경우에는 그 정격전류의 합계의 1.25배
② 전동기 등의 정격전류의 합계가 50[A]를 초과하는 경우에는 그 정격전류의 합계의 1.1배

🔢 옥내에 시설하는 저압 접촉전선 공사

① 전선의 바닥에서의 높이는 3.5[m] 이상일 것
② 인장강도 11.2[kN] 이상인 것일 것(단, 400[V] 이하의 경우는 인장강도 3.44[kN] 이상의 것 또는 지름 3.2[mm] 이상의 경동선(단면적 8[mm^2]) 이상일 것
③ 전선 지지점간의 거리는 6[m] 이하일 것
④ 전선 상호간의 간격은 전선을 수평으로 배열하는 경우 14[cm] 이상, 기타의 경우는 20[cm] 이상
⑤ 전선과 조영재와의 간격은 습기가 있는 곳은 4.5[cm] 이상, 기타의 곳은 2.5[cm] 이상일 것
⑥ 400[V] 이상에서 지름 6[mm]의 경동선으로 28[mm^2] 이상

> **기출** 저압 크레인 또는 호이스트 등의 트롤리선을 애자공사에 의하여 옥내의 노출장소에 시설하는 경우 트롤리선의 바닥에서의 최소 높이는 몇 [m] 이상으로 설치하는가?   (16/514/1)
> ① 2   ② 2.5   ③ 3   ④ 3.5
>
> [옥내에 시설하는 저압 접촉전선 공사] 전선의 바닥에서의 높이는 3.5[m] 이상일 것   【정답】④

🔢 일반 배선의 종류

명칭	기호
천장 은폐 배선	————————
바닥 은폐 배선	‒ ‒ ‒ ‒ ‒ ‒
노출 배선	- - - - - - - - - -
바닥 노출 배선	‒‒‒‒‒
지중 매설 배선	‒ · ‒ · ‒ · ‒ ·

핵심 03 고압 옥내 배선

1 고압 옥내 배선의 공사 방법

애자공사(건조한 장소로서 전개된 장소), 케이블공사, 케이블트레이공사에 의한다.

① 애자공사(건조한 장소로서 전개된 장소에 한한다)

전압	전선과 조영재 사이의 간격	전선 상호 간격	조영재의 상면 또는 측면	
			상면 또는 측면	지지점 간의 거리
고압	5[cm] 이상	8[cm] 이상	2[m] 이하	6[m] 이하

1. 전선 : 공칭단면적 6$[mm^2]$ 이상의 연동선 또는 이와 동등 이상의 세기 및 굵기의 특·고압 절연전선

② 케이블공사 (전선 : 케이블)

③ 케이블트레이공사

1. 난연성 케이블(연피케이블, 알루미늄피케이블)

2. 기타 케이블 (적당한 간격으로 연소 방지 조치)

2 이동전선의 시설

① 전선은 고압용 캡타이어케이블일 것

② 이동전선과 전기기계기구와의 볼트 조임, 기타의 방법에 의하여 견고하게 접속할 것

③ 이동전선에 전기를 공급하는 전로에는 전용의 개폐기 및 과전류 차단기를 각 극에 시설하고, 또한 지락이 생겼을 때에 자동적으로 전로를 차단하는 장치를 시설할 것

핵심 04 배선 재료

엔트런스 캡	금속관 공사시 저압 가공 인입선의 인입구에서 빗물 침입 방지용으로 사용된다.
커플링	관상호를 접속한다.
유니온 커플링	금속관 상호를 접속한다.
절연 부싱	전선의 피복을 보호하기 위해 관 끝에 취부한다.
노멀밴드	금속관 공사에서 직각이나 굴곡 장소에서 관을 배관할 때 사용. 금속관 공사에서 콘크리트에 매입 및 노출 시에 사용하는 부속품이다.
펌프 플라이어	금속관 공사에서 로크너트를 조일 때 시용히는 공구
로크너트	금속관 공사 시 금속 전선관을 박스에 고정 시킬 때 사용한다.
접지 클램프	금속관 공사 시 관을 접지하는 데 사용
오스터	금속관 끝에 나사를 내는 공구
유니버셜 엘보	철근 콘크리트 건물에 노출 금속관 공사를 할 때 직각으로 굽히는 곳에 사용되는 금속관 재료
링리듀서보	아웃렛 박스 등의 녹아웃의 지름이 관의 지름보다 클 때에 관을 박스에 고정 시키기 위해 쓰는 재료
피쉬테이프	배관에 전선을 입선시 사용한다.
새들 또는 행거	금속관을 조영재에 따라서 시설하는 경우 견고하게 지지하는 공구

전동기 정격전류[A]	간선 허용전류[A]	과전류차단기 정격전류[A]
50[A] 이하	전동기의 합×1.25	전선허용전류×3
50[A] 초과	전동기의 합×1.1	전선허용전류×3

5장   기계 기구의 전기 시설

핵심 01 간선의 보안

1 옥내 간선의 시설

간선이란 인입 개폐기 또는 변전실 배전반에서 분기 개폐기까지의 전선

2 간선의 허용 전류

① 전동기 등의 정격전류 합계가 50[A] 이하인 경우

$$I_a \geq (\sum I_M \times 1.25) + \sum I_H + \sum I_L$$

② 전동기 등의 정격전류 합계가 50[A]를 넘는 경우

$$I_a \geq (\sum I_M \times 1.1) + \sum I_H + \sum I_L$$

3 간선보호용 과전류 차단기 시설

① 간선보호용 과전류 차단기는 그 간선의 허용전류 이하인 정격전류의 것을 사용

② 간선에 전동기 등이 설치된 경우

전동기 등이 접속되는 경우는 전동기 정격전류 3배에 다른 기기의 정격전류를 가산한 값 이하인 것 (그 값이 저압 옥내간선 허용전류의 2.5배를 넘는 경우에는 그 허용전류의 2.5배 이하)

· 정격전류 $I_0 = (\sum I_M \times 3) + I_H + I_L$

· 정격전류 $I_0 = I_a$의 ×2.5배 한 값을 초과해서는 안 된다.

· 두 개의 I_0 값 중 작은 값으로 선택

여기서, I_a : 간선의 허용전류 [A], I_M : 전동기 정격전류 [A]

I_H : 전열기 정격전류 [A], I_L : 전등 정격전류 [A]

I_0 : 간선 보호용 과전류차단기 정격전류

기출 저압 옥내전로에서 전동기의 정격전류가 60[A]인 경우 전선의 허용전류[A]는 얼마 이상이 되어야 하는가?   (13/4 19/4)

① 66   ② 75   ③ 78   ④ 90

[과전류 차단기 시설]
① 전동기 등의 정격전류의 합계가 50[A] 이하인 경우에는 그 정격전류의 합계의 1.25배
② 전동기 등의 정격전류의 합계가 50[A]를 초과하는 경우에는 그 정격전류의 합계의 1.1배

따라서 $I_a = 60 \times 1.1 = 66[A]$ 【정답】①

---

4 과전류 차단기 설치 생략이 가능한 경우

① 간선의 허용전류가 과전류차단기의 정격전류의 55[%] 이상인 경우

② 간선의 허용전류가 과전류차단기의 정격전류의 35[%] 이상이고 가는 간선의 길이가 80[cm] 이하인 경우

③ 굵은 간선의 3[m]에 가는 간선을 접속 시

핵심 02 분기회로의 시설

1 분기회로의 시설

① 간선에서 분기하여 분기 과전류 차단기를 거쳐서 부하에 이르는 회로를 분기회로라고 한다.

② 저압옥내 간선과의 분기점에서 전선의 길이가 3[m] 이하인 곳에 분기회로의 개폐기 및 과전류 차단기를 시설할 것

2 부하의 상정

[건물의 종류에 대응한 표준 부하]

건축물의 종류	표준부하 [VA/m²]
복도, 계단, 세면장, 창고, 다락	5
공장, 공회당, 사원, 교회, 극장, 영화관, 연회장	10
기숙사, 여관, 호텔, 병원, 학교, 음식점, 다방, 대중목욕탕	20
사무실, 은행, 상점, 이발소, 미장원	30
주택, 아파트,	40

기출 배선설계를 위한 전등 및 소형 전기기계기구의 부하용량 산정 시 건축물의 종류에 대응한 표준부하에서 원칙적으로 표준부하를 20[VA/m²]으로 적용하여야 하는 건축물은? (09/5 13/2 15/4)

① 교회, 극장   ② 호텔, 병원
③ 은행, 상점   ④ 아파트, 미용원

[건물의 종류에 대응한 표준 부하]
① 교회, 극장 : 10[VA/m²]
③ 은행, 상점 : 30[VA/m²]
④ 아파트, 미용원 : 30[VA/m²]   【정답】②

핵심 03 전동기의 과부하 보호 장치

1 전동기의 과부하 보호 장치 시설

① 옥내에 시설하는 0.2[kW]를 넘는 전동기에는 과부하 전류나 단락 전류와 같은 과전류가 발생하는 경우 자동으로 감지하여 차단 또는 경보하는 장치를 시설하여야 한다.

② 다음의 경우에는 예외로 할 수 있다.
   1. 상시 취급자가 감시할 수 있는 위치에 시설하는 경우
   2. 전동기가 소손될 수 있는 과전류가 생길 우려가 없는 경우

3. 과전류 차단기의 정격전류가 16[A] 이하 또는 배선용 차단기 20[A] 이하인 경우

2 전동기 과부하 보호 장치의 종류

① 마그넷스위치(전자개폐기) : 저전압에도 동작하는 스위치로 열동형 과전류 계전기와 조합하여 사용하는 스위치이다.

② 전동기용 퓨즈 : 단시간의 과전류에는 동작하지 않고, 사용 중 과전류에 의하여 회로를 차단하는 특성을 가진 퓨즈로 정격전류는 2~16[A]까지 있다.

③ 플로트스위치(float switch) : 학교, 공장, 빌딩 등의 옥상에 설비되어 있는 급수 펌프에 설치된 전동기 운전용 마그넷 스위치와 조합하여 사용하는 스위치이다.

핵심 04 부하 설비 용량 산정

1 수용률

최대 수용전력과 부하설비 정격용량 합계의 비로서 보통 1보다 작다. (1보다 크면 과부하)

① $수용률 = \dfrac{최대수용전력}{부하설비용량합계} \times 100$ [%]

② 최대수용전력 = 설비용량 × 수용률[kW]

③ 주요 건물의 간선 수용률

건물의 종류	수용률[%]
주택, 기숙사, 여관, 호텔, 병원, 창고	50
학교, 사무실, 은행	70

2 부등률

2개 이상의 부하간 수용전력의 관계로서 최대 전력의 발생 시각 또는 발생 시기의 분산을 나타내는 지표이다.

① 부등률 ≥ 1

② $부등률 = \dfrac{각부하의최대수용전력의합계}{최대수용전력(합성최대수용전력)}$

3 부하율

어느 기간 중에 평균전력과 그 기간 중에서의 최대 전력과의 비로 부하율이 높을수록 설비가 효율적으로 사용되고 있다는 것

$$부하율 = \frac{평균 수용 전력}{최대 수용 전력} \times 100[\%]$$

$$= \frac{총 전력량 \div 총 시간}{최대 부하} \times 100[\%]$$

4 변압기 용량

① 변압기용량 $= \dfrac{설비용량 \times 수용률}{부동률 \times 역률} \times 여유율$

(여유율은 보통 10[%] 정도의 여유를 둔다.)

② 합성최대전력 $= \dfrac{설비용량 \times 수용률}{부동률}$

기출 각 수용가의 최대 수용 전력이 각각 5[kW], 10[kW], 15[kW], 22[kW]이고, 합성 최대 수용전력이 50[kW]이다. 수용가 상호간의 부등률은 얼마인가? (08/5 11/5)

① 1.04   ② 2.34

③ 4.25   ④ 6.94

[부하설비의 부등률]

$$부등률 = \frac{각개수용전력의 합}{합성최대전력} = \frac{\sum(설비용량 \times 수용률)}{합성최대용량}$$

$$부등률 = \frac{5+10+15+22}{50} = 1.04 \qquad \text{【정답】①}$$

---

④ 특고압 가공전선과 저고압 가공전선의 병행 설치에 따라 저압 가공 전선의 특고압 가공 전선과 동일 지지물에 시설되는 부분에 접지공사를 하는 경우의 접지점

⑤ 중성점이 접지된 특고압 가공선로의 중성선에 25[kV] 이하인 특고압 가공전선로의 시설에 따라 다중 접지를 하는 경우의 접지점

⑥ 파이프라인 등의 전열장치에 사용한 소구경관에 접지공사를 하는 경우의 접지점

⑦ 저압전로와 사용전압이 300[V] 이하의 저압전로를 결합하는 변압기의 2차측 전로에 접지공사를 하는 경우의 접지점

2 절연시킬 수 없는 부분

① 시험용 변압기

② 전력 반송용 결합 리액터

③ 전기 울타리용 전원장치

④ 엑스선 발생장치(엑스선관, 엑스선관용 변압기, 음극 가열용 변압기 및 이의 부속 장치와 엑스선관 회로의 배선)

⑤ 전기방식용 양극

⑥ 단선식 전기철도의 귀선

⑦ 전기욕기·전기로, 전기보일러, 전해조 등 대지로부터 절연하는 것이 기술상 곤란한 것

핵심 05 전로의 절연

1 대지로부터 절연하지 않아도 되는 경우

전로는 다음 이외에는 대지로부터 절연하여야 한다.

① 옥내에 시설하는 저압 접촉전선 공사 또는 아크 용접장치의 시설에 따라 저압전로에 접지공사를 하는 경우의 접지점

② 전로의 중성점을 접지하는 경우의 접지점

③ 계기용 변성기의 2차측 전로에 접지공사를 하는 경우의 접지점

핵심 06 전로의 절연저항

1 전로의 절연저항

· 전류가 도체에서 절연물을 통하여 다른 충전부나 기기의 케이스 등에서 새는 경로의 저항이다.

· 절연저항이 저하하면 감전이나 과열에 의한 화재 및 쇼크 등의 사고가 뒤따른다.

· 절연저항은 클수록 좋다.

· 전로의 절연저항이 몇 [MΩ]인가를 측정하여 사용 상

태에서의 누설전류의 크기를 확인하는 방법이다.

· 전로의 절연저항 $= \dfrac{정격전압}{누설전류}$

· 절연저항 측정은 메거(영구자석과 교차코일로 구성)를 이용한다.

❷ 절연저항의 측정 목적

· 전기설비 기술기준에 적합한가 여부의 판정
· 절연내력 시험의 예비 시험
· 절연 열화 상황을 판단하기 위한 정기적 측정

❸ 저압 전로의 절연저항

① 사용전압이 저압인 전로에서 정전이 어려운 경우 등 절전저항 측정이 곤란한 경우에는 누설전류를 1[mA] 이하로 유지하여야 한다.
② 사용전압이 저압인 전선 상호간 및 전로와 대지간의 절연저항은 개폐기 또는 과전류차단기로 구분할 수 있는 전로마다 다음 표에서 정한 값 이상이어야 한다.

❹ 전로의 사용전압에 따른 절연저항값

전로의 사용전압의 구분	DC 시험전압	절연 저항값
SELV 및 PELV	250	0.5[MΩ]
FELV, 500[V] 이하	500	1[MΩ]
500[V] 초과	1000	1[MΩ]

※특별저압(Extra Low Voltage : 2차 전압이 AC 50[V], DC 120[V] 이하)으로 SELV(비접지 회로 구성) 및 PELV(접지회로 구성)은 1차와 2차가 전기적으로 절연된 회로, FELV는 1차와 2차가 전기적으로 절연되지 않은 회로

SPD 또는 기타 기기 등은 측정 전에 분리시켜야 하고, 부득이하게 분리가 어려운 경우에는 시험전압을 250[V] DC로 낮추어 측정할 수 있지만 절연저항값은 1[MΩ] 이상이어야 한다.

> **기출** 440[V] 옥내 배선에 연결된 전동기 회로의 절연저항의 최소값은 얼마인가?
> ① 0.1[MΩ]　　　　② 0.2[MΩ]
> ③ 0.4[MΩ]　　　　④ 1[MΩ]

> **[전로의 사용전압에 따른 절연저항값]**
>
> | 전로의 사용전압의 구분 | DC 시험전압 | 절연저항값 |
> |---|---|---|
> | SELV 및 PELV | 250[V] | 0.5[MΩ] |
> | FELV, 500[V] 이하 | 500[V] | 1[MΩ] |
> | 500[V] 초과 | 1000[V] | 1[MΩ] |
>
> 【정답】④

절연내력 시험

❶ 고압 및 특별고압 전로의 절연내력 시험전압

① 저압 전선로 중 절연 부분의 전선과 대시 사이 및 전선의 심선 상호 간의 절연저항은 사용 전압에 대한 누설전류가 최대 공급전류의 1/2000을 넘지 않도록 하여야한다.

$$누설전류 \ I_g \leq 최대공급전류 \times \frac{1}{2000} [A]$$

② 절연저항 측정이 곤란한 경우에는 누설전류를 1[mA] 이하로 유지하여야 한다.
③ 고압 및 특고압의 전로에 연속하여 10분간 가하여 절연내력을 시험하였을 때에 이에 견디어야 한다. 다만, 직류인 경우 2배의 전압

❷ 고압 및 특별고압 전로의 절연내력 시험전압

권선의 종류		시험 전압	시험 최소 전압
7[kV] 이하	권선	1.5배	500[V]
7[kV] 넘고 25[kV] 이하	다중접지식	0.92배	
7[kV] 넘고 60[kV] 이하	비접지방식	1.25배	10,500[V]
60[kV]초과	비접지	1.25배	
	접지식	1.1배	75000[V]
60[kV] 넘고 170[kV] 이하	중성점 직접지식	0.72배	
170[kV] 초과	중성점 직접지식	0.64배	

3 회전기 및 정류기의 절연내력

종류		시험 전압	시험 방법
회전기	발전기, 전동기, 무효전력 보상장치 7[kV] 이하	1.5배	권선과 대지 사이에 연속하여 10분간 가한다.
	7[kV] 이상	1.25배	
	회전 변류기	1배의 교류 전압	
정류기	최대사용전압이 60[kV] 이하	1배의 교류 전압	충전 부분과 외함 간에 연속하여 10분간 가한다.
	최대사용전압이 60[kV] 초과	1.1배의 교류 전압 또는 1.1배의 직류 전압	교류측 및 직류 고전압측 단자와 대지 사이에 연속하여 10분간 가한다.

4 시험 방법

① 고압/특고압 전선로 : 전로와 대지 사이
② 회전기 : 권선과 대지간
③ 변압기 : 권선과 다른 권선간, 권선과 다른 권선, 철심 또는 외함간
④ 기구 : 충전 부분과 대지간

기출 최대 사용 전압이 220[V]인 3상 유도전동기가 있다. 이것의 절연내력시험 전압은 몇 [V]로 하여야 하는가? (16/4)

① 330 ② 500 ③ 750 ④ 1050

[전로의 절연저항 및 절연내력] 사용전압이 7000[V] 이하는 전로와 대자 간에 연속하여 10분간 사용전압의 1.5배 전압을 인가하여 이에 견디어야 하다. (500[V] 미만으로 되는 경우에는 500[V]) 【정답】②

핵심 08 접지공사

1 접지시스템 구성요소

① 접지시스템은 접지극, 접지도체, 보호도체 및 기타 설비로 구성한다.

---

② 접지극은 접지도체를 사용하여 주 접지단자에 연결하여야 한다.

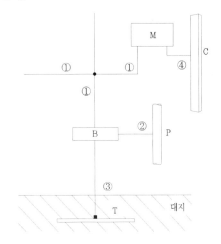

① : 보호도체(PE)
② : 주 등전위 본딩도체
③ : 접지선
④ : 보조 등전위 본딩도체
B : 주 접지 단자
M : 노출도전성부분(또는 기기)
C : 계통의 도전성 부분
P : 금속제 수도관 등
T : 접지극

기출 다음 중 접지시스템의 구성요소에 해당되지 않는 것은?

① 접지극 ② 보호도체
③ 접지도체 ④ 절연도체

[접지시스템의 시설] 접지시스템은 접지극, 접지도체, 보호도체 및 기타 설비로 구성 【정답】④

---

2 접지시스템 요구사항

① 접지시스템은 다음에 적합하여야 한다.
  1. 전기설비의 보호 요구사항을 충족하여야 한다.
  2. 지락전류와 보호도체 전류를 대지에 전달할 것. 다만, 열적, 열·기계적, 전기·기계적 응력 및 이러한 전류로 인한 감전 위험이 없어야 한다.
  3. 전기설비의 기능적 요구사항을 충족하여야 한다.

② 접지저항 값은 다음에 의한다.
  1. 부식, 건조 및 동결 등 대지환경 변화에 충족하여야 한다.

2. 인체감전보호를 위한 값과 전기설비의 기계적 요구에 의한 값을 만족하여야 한다.

3 접지 시스템 구분

① 계통접지 : 전력 계통의 이상 현상에 대비하여 대지와 계통을 접속

② 보호접지 : 감전 보호를 목적으로 기기의 한 점 이상을 접지

③ 피뢰시스템 접지 : 뇌격전류를 안전하게 대지로 방류하기 위한 접지

4 접지시스템의 시설 종류

① 단독접지 : 특·고압 계통의 접지극과 저압 접지계통의 접지극을 독립적으로 시설하는 접지방식

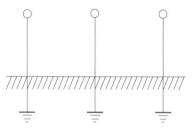

② 공통접지 : 특·고압 접지계통과 저압 접지계통을 등전위 형성을 위해 공통으로 접지하는 방식

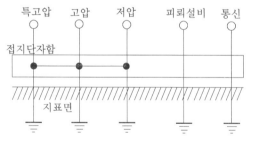

③ 통합접지 : 계통접지, 통신접지, 피뢰접지의 접지극을 통합하여 접지하는 방식

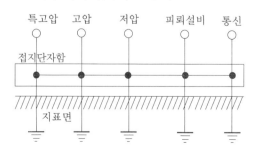

5 접지극의 시설 및 접지저항

① 접지극은 다음의 방법 중 하나 또는 복합하여 시설하여야 한다.
   1. 콘크리트에 매입 된 기초 접지극
   2. 토양에 매설된 기초 접지극
   3. 토양에 수직 또는 수평으로 직접 매설된 금속전극 (봉, 전선, 테이프, 배관, 판 등)
   4. 케이블의 금속외장 및 그 밖에 금속피복
   5. 지중 금속구조물(배관 등)
   6. 대지에 매설된 철근콘크리트의 용접된 금속 보강재. 다만, 강화콘크리트는 제외한다.

② 접지극의 매설방법
   1. 접지극은 매설하는 토양을 오염시키지 않아야 하며, 가능한 다습한 부분에 설치한다.
   2. 접지극은 지표면으로부터 지하 75[cm] 이상으로 하되 동결 깊이를 감안하여 매설 깊이를 정해야 한다.
   3. 접지선을 철주 기타의 금속체를 따라 시설하는 경우에는 접지극을 철주의 밑면으로부터 30[cm] 이상 깊이에 매설하는 경우 이외에는 접지극을 지중에서 금속체로부터 1[m] 이상 이격할 것

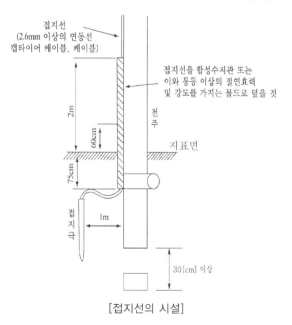

[접지선의 시설]

③ 접지시스템 부식에 대한 고려사항
   1. 접지극에 부식을 일으킬 수 있는 폐기물 집하장 및 번화한 장소에 접지극 설치는 피해야 한다.

2. 서로 다른 재질의 접지극을 연결할 경우 전기부식을 고려하여야 한다.

3. 콘크리트 기초접지극에 접속하는 접지도체가 용융아연도금강제인 경우 접속부를 토양에 직접 매설해서는 안 된다.

④ 수도관 등을 접지극으로 사용하는 경우

지중에 매설되어 있고 대지와의 전기저항 값이 3[Ω] 이하의 값을 유지하고 있는 금속제 수도관로가 다음에 따르는 경우 접지극으로 사용이 가능하다.

1. 관내경의 크기가 75[mm] 이상 또는 이로부터 분기한 안지름 75[mm] 미만인 금속체 수도관의 분기점으로부터 5[m] 이내의 부분에서 할 것. 단, 대지 간의 전기저항치가 2[Ω] 이하인 경우에는 분기점으로부터 거리는 5[m]를 넘을 수 있다.

2. 대지와의 사이에 전기저항 값이 2[Ω] 이하인 값을 유지하는 건물의 철골, 기타의 금속제는 이를 비접지식 고압전로에 시설하는 기계기구의 철대 또는 금속제 외함에 실시하는 비접지식 고압전로와 저압전로를 결합하는 변압기의 저압전로에 시설하는 접지공사의 접지극으로 사용할 수 있다.

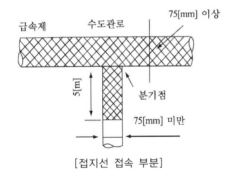

[접지선 접속 부분]

6 접지도체

① 접지도체의 선정

㉮ 접지도체의 단면적은 큰 고장전류가 접지도체를 통하여 흐르지 않을 경우

1. 구리는 6[mm^2] 이상
2. 철제는 50[mm^2] 이상

㉯ 접지도체에 피뢰시스템이 접속되는 경우

1. 구리 16[mm^2] 이상
2. 철 50[mm^2] 이상

② 적용 종류별 접지선의 최소 단면적

㉮ 특고압·고압 전기설비용 접지도체는 단면적 6[mm^2] 이상의 연동선 또는 동등 이상의 단면적 및 강도를 가져야 한다.

㉯ 중성점 접지용 접지도체는 공칭단면적 16[mm^2] 이상의 연동선 또는 동등 이상의 단면적 및 세기를 가져야 한다. 다만, 다음의 경우에는 공칭단면적 6[mm^2] 이상의 연동선 또는 동등 이상의 단면적 및 강도를 가져야 한다.

1. 7[kV] 이하의 전로
2. 사용전압이 25[kV] 이하인 특고압 가공전선로. 다만, 중성선 다중접지식의 것으로서 전로에 지락이 생겼을 때 2초 이내에 자동적으로 이를 전로로부터 차단하는 장치가 되어 있는 것

㉰ 접지도체는 지하 75[cm] 부터 지표 상 2[m] 까지 부분은 합성수지관(두께 2[mm] 미만의 합성수지제 전선관 및 가연성 콤바인덕트관은 제외) 또는 이와 동등 이상의 절연효과와 강도를 가지는 몰드로 덮어야 한다.

㉱ 이동하여 사용하는 전기기계기구의 금속제 외함

1. 특고압·고압 : 단면적이 10[mm^2] 이상
2. 저압 : 0.75[mm^2] 이상. 다만, 다심(연선) 1.5[mm^2] 이상

⑦ 상도체와 보호도체의 단면적

① 보호도체의 최소 단면적

상도체의 단면적 S (mm^2, 구리)	보호도체의 최소 단면적(mm^2, 구리)	
	보호도체의 재질	
	상도체와 같은 경우	상도체와 다른 경우
S ≤ 16	S	$(k_1/k_2) \times S$
16 〈 S ≤ 35	16(a)	$(k_1/k_2) \times 16$
S 〉 35	S(a)/2	$(k_1/k_2) \times (S/2)$

② 차단시간이 5초 이하인 경우에만 다음 계산식을 적용한다.

$$S = \frac{\sqrt{I^2 t}}{k}$$

(S : 단면적(mm^2), I : 예상 고장전류 실효값[A]

t : 보호장치의 동작시간[s], k : 계수

a : 도체의 최소 단면적은 중성선과 동일하게 적용)

⑧ 변압기 중성점 접지의 접지저항

① 전로의 중성점 접지공사 목적

1. 보호장치의 확실한 동작확보
2. 이상전압의 억제
3. 대지전압 저하
4. 고 · 저압 혼촉 방지

② 변압기의 중성점접지 저항값

㉮ 일반적으로 변압기의 고압 · 특고압측 전로 1선 지락전류로 150을 나눈 값과 같은 저항 값 이하

$R = \frac{150}{I}[\Omega]$: 특별한 보호 장치가 없는 경우

(I : 1선지락전류)

㉯ 1초 초과 2초 이내에 고압 · 특고압 전로를 자동으로 차단하는 장치를 설치할 때는 300을 나눈 값 이하

$R = \frac{300}{I}[\Omega]$: 보호 장치의 동작이 1~2초 이내

㉰ 1초 이내에 고압 · 특고압 전로를 자동으로 차단하는 장치를 설치할 때는 600을 나눈 값 이하

$R = \frac{600}{I}[\Omega]$: 보호 장치의 동작이 1초 이내

---

⑨ 피뢰기의 시설

① 피뢰기의 기능

· 전력설비기기를 이상 전압인 뇌서지 및 개폐서지로부터 보호

· 단자 전압이 이상 전압 침입으로 일정전압 이상으로 올라갔을 때 신속하게 동작하여 보호레벨 이하로 이상 전압 억제

· 이상 전압을 처리 후 원상태로 자동으로 회복(속류 차단)

② 피뢰기의 구비 조건

㉮ 이상 전압이 내습하여 신속히 방전

㉯ 제한 전압이 낮을 것

㉰ 속류 차단 능력이 우수할 것

㉱ 경력 변화가 없을 것

㉲ 반복 동작 특성이 변화하지 말아야 할 것

③ 피뢰기의 시설 및 위치

㉮ 발·변전소 또는 이에 준하는 장소의 가공 전선 인입구, 인출구

㉯ 가공 전선로에 접속하는 특고 배전용 변압기의 고압 및 특별 고압 측

㉰ 고압 및 특고 가공 전선로에서 공급받는 수용장소 인입구

㉱ 가공 전선로와 지중 전선로가 접속되는 곳

㉲ 접지저항 10[Ω] 이하

④ 피뢰침의 적용범위

㉮ 전기전자설비가 설치된 건축물 · 구조물로서 낙뢰로부터 보호가 필요한 것 또는 지상으로부터 높이가 20[m] 이상인 것

㉯ 저압전기전자설비

㉰ 고압 및 특고압 전기설비

⑤ 외부 피뢰시스템 전기설비

㉮ 수뢰부 시스템

㉯ 인하도선 시스템

㉰ 접지시스템

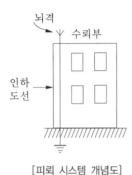

[피뢰 시스템 개념도]

6장   전선로 및 배전선 공사

핵심 01 전선로

1 전선로란?

발전소, 변전소, 개폐소 이와 유사한 곳 및 전기사용장소 상호간의 전선 및 이를 지지하거나 보장하는 시설물 (단, 전차선, 소세력 회로, 출퇴 표시 회로 전선은 제외)

2 전선로의 종류

가공전선로, 옥측전선로, 옥상전선로, 지중전선로, 터널내전선로, 수상전선로, 수저전선로 등이 있다.

※수저 전선로나 물밑 전선로는 같은 표현이고 해저 전선로나 산간 전선로는 없다.

3 가공전선로

발전소 등에서 발전된 전력이나 변전소 등에서 변성된 전력을 목주나 철근콘크리트주와 같은 지지물을 통하여 수용가 등으로 전송하기 위한 가공전선

① 가공전선로의 굵기

400[V] 미만	① 절연전선 : 인장강도 2.3[KN] 이상의 것 또는 2.6[mm] 이상의 경동선 ② 나전선(중성선) : 인장강도 3.43 [KN] 이상의 것 또는 지름 3.2 [mm]의 경동선
400[V] 이상 (고압)	① 시가지내 : 인장강도 8.01[KN] 이상의 것 또는 5.0[mm] 이상의 경동선 ② 시가지외 : 인장강도 5.26[KN] 이상의 것 또는 4.0[mm] 이상의 경동선
특별고압	① 시가지내 : 10만[V] 미만 인장강도 21.67 [KN] 이상의 연선 또는 55[mm^2] 이상의 경동연선 10만[V] 이상 인장강도 58.84 [KN] 이상의 연선 또는 150[mm^2] 이상의 경동연선 ② 시가지외 : 인장강도 8.71[KN] 이상의 연선 또는 22[mm^2] 이상의 경동연선

② 가공전선의 안전율

- 경동선 또는 내열등 합금선은 2.2 이상
- 기타의 전선은 2.5 이상

③ 고압 가공전선 등의 병행설치

- 저압 가공전선을 고압 가공전선의 아래로 하고 별개의 완금류에 시설할 것
- 저압 가공전선과 고압 가공전선 사이의 간격은 0.5[m] 이상일 것

④ 가공전선로의 지지물 간 거리(경간)의 제한

지지물의 종류	표준 지지물 간 거리[m]	장경간[m]	저·고압 보안 공사	특고 제1종 보안공사	특고 제2,3종 보안공사
목주, A종 철주, 철근 콘크리트주	150	300	100	사용불가	100
B종 철주, 철근 콘크리트주	250	500	150	150	200
철탑	600		400	400 (단주 300)	400 (단주 300)

기출 고압 가공 전선로의 지지물로 철탑을 사용하는 경우 지지물 간 거리(경간)는 몇 [m] 이하이어야 하는가? (09/2 16/1)

① 150　　　　　② 300　　　　　③ 500　　　　　④ 600

[가공전선로 지지물 간 거리(경간)의 제한]
① 목주, A종 철주, A종 콘크리트주 : 150[m]　　② B종 철주, B종 콘크리트주 : 250[m]　　③ 철탑 : 600[m]

【정답】④

---

⑤ 가공전선로 높이

구분		저압, 고압	특별 고압
도로		지표상 6[m] 이상	6[m]
철도, 궤도		궤조면상 6.5[m] 이상	6.5[m]
횡단보도교위	저압	노면상 3.5[m] 이상 (절연전선 3[m] 이상)	4[m]
	고압	노면상 3.5[m] 이상	
기타		지표상 5[m] 이상	5[m] (35[kV] 이하)

⑥ 가공전선로의 가공지선

가공지선에는 인장강도 8.01[kN] 이상의 나선 또는 지름 5[mm] 이상의 나경동선

⑦ 가공전선로 지지물의 강도

저압 가공전선로의 지지물은 목주인 경우에는 풍압하중의 1.2배의 하중, 기타의 경우에는 풍압하중에 견디는 강도를 가지는 것이어야 한다.

⑧ 가공전선 및 지지물의 시설

1. 가공전선로의 지지물은 다른 가공전선, 가공약전류전선, 가공광섬유케이블, 약전류전선 또는 광섬유케이블 사이를 관통하여 시설하여서는 아니 된다.

2. 가공전선은 다른 가공전선로, 가공전차전로, 가공약전류전선로 또는 가공광섬유케이블선로의 지지물을 사이에 두고 시설하여서는 아니 된다.

⑨ 가공전선로 지지물의 승탑 및 승주방지

발판 볼트 등을 지표상 1.8[m] 미만에 시설하여서는 안 된다. 지상 1.8[m] 지점에서 180° 방향에 0.45[m]씩 간격으로 설치한다. 다만 다음의 경우에는 그러하지 아니하다

1. 발판 볼트를 내부에 넣을 수 있는 구조

2. 지지물에 승탑 및 승주 방지 장치를 시설한 경우

3. 지지물 주위에 취급자 이외의 자가 출입할 수 없도록 울타리 담 등을 시설할 경우

4. 지지물이 산간 등에 있으며 사람이 쉽게 접근할 우려가 없는 곳

⑩ 가공전선과 최소 간격(이격거리)

건조물과 조영재의 구분		저압	고압	25[kV] 이하
건조물	상부 조영재 위쪽	2[m]	2[m]	3[m]
	상부 조영재 옆쪽, 아래쪽, 기타	1.2[m]	1.2[m]	1.5[m]
다른 시설물	상부 조영재 위쪽	2[m]	2[m]	3[m]
	상부 조영재 옆쪽, 아래쪽, 기타	60[cm]	80[cm]	2[m]
도로	도로, 횡단보도교, 철도, 궤도	3[m]	3[m]	3[m]
	삭도, 지주전차선	60[cm]	80[cm]	2[m]
	저압전차선로 또는 특고압전선과 지지물 및 가공약전류전선로	30[cm]	60[cm]	1[m]
가공전선과 약전류전선 등과 접근교차 또는 특고압가공전선과 저압, 고압, 가공전선 및 전차선의 접근교차		60[cm]	80[cm]	2[m]
안테나와의 접근교차		60[cm]	80[cm]	2[m]
식물과의 간격		접촉하지 않음		1.5[m]

※[건조물] 사람이 거주 또는 근무하거나 빈번히 출입하거나 모이는 조영물

※[다른 시설물] 건조물이나 도로 등을 제외한 간판, 동상 등과 같은 별도의 시설물

4 가공인입선 공사

① 가공인입선의 구분

㉮ 인입선 : 가공인입선 및 수용장소의 조영물의 옆면 등에 시설하는 것으로 그 수용장소의 인입구에 이르는 부분의 전선

㉯ 가공인입선 : 가공전선로의 지지물로부터 다른 지지물을 거치지 아니하고 수용장소의 붙임점에 이르는 가공전선을 말한다(가공전선로의 전선을 말한다).

② 선로 긍장

전선로의 지정된 구간의 수평 거리로 50[m] 이하일 것

③ 저압 가공인입선의 시설

인장강도 2.30[kN] 이상, 지름 2.6[mm] 이상의 인입용 비닐절연전선.

다만, 지지물 간 거리(경간) 15[m] 이하인 경우는 인장강도 1.25 [kN] 이상, 지름 2[mm] 이상의 인입용 비닐절연전선일 것

④ 고압 가공인입선의 시설

인장강도 8.01[kN] 이상의 고압절연전선, 특고압 절연전선 또는 지름 5[mm] 이상의 경동선의 고압 절연전선, 특고압 절연전선

⑤ 가공인입선의 높이

전압 지표상의 높이	저압	고압	특별고압
도로(노면상)	5[m]	6[m]	6[m]
철도, 궤도(궤도면상)	6.5[m]	6.5[m]	6.5[m]
횡단보도교	3[m]	3.5[m]	4[m]
교통에 지장이 없는 경우	3[m]	3.5[m]	4[m]

5 이웃 연결(연접) 인입선

① 이웃 연결 인입선이란?

· 한 수용장소의 인입선에서 분기하여 지지물을 거치지 않고 다른 수용장소의 인입구에 이르는 부분의 전선. 저압에서만 시설할 수 있다.

· 행거의 간격은 50[cm] 이하로 시설한다.

② 저압 이웃연결 인입선의 시설

ⓐ 전선은 절연전선 또는 케이블일 것.

ⓑ 전선이 케이블인 경우 이외에는 인장강도 2.30[kN] 이상, 지름 2.6[mm] 이상의 인입용 비닐절연전선(단, 지지물 간 거리가 15[m] 이하인 경우는 인장강도 1.25[kN] 이상, 지름 2[mm] 이상의 인입용 비닐절연전선일 것). 이외의 시설은 다음에 의한다.

　1. 인입선에서 분기하는 점으로부터 100[m]를 넘는 지역에 미치지 않을 것

　2. 폭 5[m]를 넘는 도로를 횡단하지 않을 것

　3. 다른 수용가의 옥내를 통과하지 않을 것

　4. 전선은 절연전선, 다심형 전선 또는 케이블일 것

　5. 전선은 지름 2.6[mm] 이상의 인입용 비닐절연전선

기출 저압 이웃 연결 인입선의 시설과 관련된 설명으로 틀린 것은? (11/1 14/4 17/1)

① 옥내를 통과하지 아니할 것
② 전선의 굵기는 1.5[㎟] 이하 일 것
③ 폭 5[m]를 넘는 도로를 횡단하지 아니할 것
④ 인입선에서 분기하는 점으로부터 100[m]를 넘는 지역에 미치지 아니할 것

[저압 이웃 연결(연접) 인입선] 인장강도 2.30[kN] 이상, 지름 2.6[mm] 이상, 지지물 간 거리가 15[m] 이하인 경우는 인장강도 1.25[kN] 이상, 지름 2[mm] 이상　　　【정답】②

핵심 02 **배전선 공사**

1 지지물

① 지지물의 목적

목주, 철주, 철근 콘크리트주, 철탑과 이와 유사한 시설물로서 전선, 약전류 전선 또는 광섬유 케이블을 지지하는 것이 주된 목적

② 지지물의 안전율

　1. 기초 안전율은 2.0 이상

　2. 이상 시 상정하중이 가하여지는 경우의 그 이상 시 상정하중에 대한 철탑의 기초에 대하여는 1.33

기출 가공 전선로의 지지물에 하중이 가하여지는 경우에 그 하중을 받는 지지물의 기초의 안전율은 일반적으로 얼마 이상이어야 하는가? (10/4 16/4 17/3)

① 1.5　　② 2.0　　③ 2.5　　④ 4.0

[지지물의 안전율] 가공선로 시시물의 <u>기초 안전율은 2 이상</u>이어야 한다. 단, 이상 시 상정하중은 철탑인 경우는 1.33이다. 　　【정답】②

---

2 목주

① 목주의 말구 지름 : 12[cm] 이상

② 목주의 지름 증가율 : $\frac{9}{1000}$ 이상

3 철근콘크리트 주

① A종 : 전장이 16[m] 이하 설계 하중이 6.8[kg] 이하인 것

② B종 : A종 이외의 것

③ 철근콘크리트주의 지름 증가율 : $\frac{1}{75}$ 이상

④ 철주, 철근콘크리트 주 또는 철탑의 사용 목적에 따른 지지물의 분류

직선형	선로의 직선부분, 수평각도가 3도 이하인 곳에 사용
보강형	전선로의 직선 부분을 보강하는데 사용
각도형	전선로중 수평각도가 3도 넘는 장소에 사용 ① B형 철탑 : 수평 각도가 20도 이하인 장소 ② C형 철탑 : 수평 각도가 30도 이하인 장소
내장형	지지물 간 거리의 차가 클 때 사용한다.
인류형	인류하는 곳에 사용하는 것
특수철탑	표준 철탑을 사용할 수 없을 때 사용

※[지지물 간 거리(경간)] 전주와 전주 사이의 직선거리

※[인류형] 전선이 와서 끝나는 마지막 전주에는 한쪽의 전선만 걸리므로 버틸 수 있는 지지선을 반대 방향에 설치하거나, 지지선이 없어도 버틸 수 있도록 충분한 강도가 필요한데 이러한 철탑을 인류형 철탑이라고 한다.

4 지지물의 풍압 하중(수직 투영 면적 1[m²]에 대한 풍압)

① 갑종 풍압하중

풍압을 받는 구분		구성재의 수직 투영 면적
목주		588[Pa]
철주	원형의 것	588[Pa]
	삼각형 또는 마름모형	1412[Pa]
	4각형의 것	1117[Pa]
철근 콘크리트주	원형의 것	588[Pa]
	기타의 것	882[Pa]
철탑	원형의 것	588[Pa]
	기타의 것	1117[Pa]

② 을종 풍압하중
- 전선 주위의 두께 6[mm]
- 비중 0.9의 빙설이 부착된 상태
- 갑종 × $\frac{1}{2}$

③ 병종 풍압하중
- 빙설이 적은 지역
- 갑종 × $\frac{1}{2}$

5 배전선로용 완금

- 가공선로를 지지하기 위해 전주에 가로로 설치하여 전선을 가설할 수 있게 만든 구조물
- 아연 도금을 한 앵글을 많이 사용
- 완금이 상하로 움직이는 것을 방지하기 위하여 암타이 사용

① 가공전선로의 장주에 사용되는 완금의 표준 길이

전선의 개수	특고압	고압	저압
2	1800	1400	900
3	2400	1800	1400

6 배전선로용 애자

① 애자 사용 목적
전선로나 전기기기의 나선 부분을 절연하고 동시에 기계적으로 유지 또는 지지하기 위하여 사용되는 절연체이다.

② 애자의 종류

현수애자	철탑용으로 인류하는 곳이나 분기하는 곳에 사용하는 애자
내무애자	태풍 때의 오손에 견딜 목적으로 사용. 특히 해안 지역 등 염해에 견디는 애자
핀애자	가공 전선의 직선 부분을 지지하기 위한 애자
지지애자	발전소나 변전실 등에서 모선이나 단로기 등을 지지하기 위한 애자
가지애자	전선로를 다른 방향으로 돌리는 경우에 사용
노브(놉)애자	옥내 배선의 은폐 또는 건조하고 전개된 곳의 노출 공사에 사용. 전선을 건물의 기둥·벽(조영재) 등으로부터 분리시키기 위해 사용
인류애자	가공전선이나 가공인입선 등이 끝나는 부분에서 전선을 인류하여 인류용 조명재에 고정·지지하기 위한 애자, 저압·고압 인류애자
내장애자	내장 부위에 사용되는 애자로, 전선의 방향으로 설비되어 전선의 장력을 지지하기 위한 애자
지선애자	지지선의 상부와 하부를 전기적으로 절연하기 위하여 사용되는 애자
구형애자	지지선의 중간에 넣어 감전으로부터 보호한다.

> **기출** 옥내 배선의 은폐, 또는 건조하고 전개된 곳의 노출공
> 사에 사용하는 애자는? (11/2)
>
> ① 현수 애자   ② 놉(노브) 애자
> ③ 긴 애자   ④ 구형 애자
>
> ---
>
> [애자의 종류(놉(노브) 애자)] 옥내 배선의 은폐 또는 건조하고
> 전개된 곳의 노출 공사에 사용   **【정답】②**

7 지지선(지선)

· 전선로의 안정성을 증가시키고 지지물의 강도를 보강하기 위하여 철탑을 제외한 지지물 등에 설치하는 금속선으로 전선로의 수평장력이 가까운 곳에 설치

· 가공전선로의 지지물로 사용하는 철탑은 지지선을 사용하여 강도를 분담시켜서는 아니 된다.

· 가공전선로의 지지물로 사용하는 철주 또는 철근 콘크리트주는 그 철주 또는 철근 콘크리트주가 지지선을 사용하지 아니하는 상태에서 풍압하중의 1/2 이상의 풍압하중에 견디는 강도를 가지는 경우 이외에는 지지선을 사용하여 그 강도를 분담시켜서는 아니 된다.

① 지지선의 시설 목적

· 전선로의 안정성을 증대시키고자 할 때
· 지지물의 강도를 보강시키고자 할 때
· 전선로가 건조물과 접근할 경우 보안을 이루고자 할 때
· 불평형 하중에 대한 평형을 이루고자 할 때

② 지지선의 종류

보통지지선	전선로가 끝나는 부분에 설치하는 지지선
수평지지선	토지의 상황이나 기타 사유로 인하여 보통지지선을 시설할 수 없을 때 전주와 전주간 또는 전주와 지지기둥 간에 시설하는 지지선
공동지지선	지지물 사이에 지지물 간 거리의 차가 비교적 짧은 부분에 설치하는 지지선
Y지지선	다단의 크로스 암이 설치되고 또한 장력이 클 때와 H주일 때 보통 지지선을 2단으로 부설하는 지지선
궁지지선	건물 등이 인접하여 있어 비교적 장력이 적고 타 종류의 지지선 설치가 곤란한 장소 등에서 설치

③ 가공전선로의 지지물에 시설하는 지지선의 조건

1. 지지선의 안전율은 2.5 이상일 것 (목주, A종 경우 1.5)
2. 허용 인장 하중의 최저는 4.31[kN]
3. 지지선에 연선을 사용할 경우에는 소선은 3가닥 이상의 연선일 것
4. 소선의 지름이 2.6[mm] 이상의 금속선
5. 소선의 지름이 2[mm] 이상인 아연도강연선으로서 소선의 인장강도 6.8[kN/mm^2] 이상
6. 지중의 부분 및 지표상 30[cm]까지의 부분에는 내식성이 있는 것 또는 아연 도금한 철봉을 사용한다.

④ 지지선의 시설 높이

㉮ 도로를 횡단하는 경우 : 지표상 5[m] 이상
㉯ 교통지장 없는 경우 : 4.5[m] 이상
㉰ 보도의 경우 : 2.5[m] 이상

> **기출** 가공전선로의 지지물에 시설하는 지지선은 지표상
> 몇 [cm]까지의 부분에 내식성이 있는 것 또는 아연도
> 금을 한 철봉을 사용하여야 하는가?? (14/2)
>
> ① 15   ② 20   ③ 30   ④ 50
>
> ---
>
> [가공전선로의 지지물] 지중의 부분 및 지표상 30[cm]까지의 부분에는 내식성이 있는 것 또는 아연 도금한 철봉을 사용한다.
>   **【정답】③**

8 장주

장주란 지지물에 전선이나 개폐기 등을 고정시키기 위하여 완목, 완금, 애자 등을 장치하는 것을 말한다.

① 장주 작업 시 고려 사항

· 작업이 간단할 것
· 전선, 기구 등이 튼튼하게 고정될 것
· 혼촉, 누전의 우려가 없을 것
· 경제적이고 미관이 좋을 것

② 장주의 종류

보통 장주, 창출 장주, 편출 장주, 래크 장주

9 완목, 완금(완철), 암타이 공사

① 볼트 : 완목이나 완금을 목주에 붙일 경우

② 암밴드 : 철근콘크리트주에 완금을 고장시키기 위한 밴드

③ 암타이밴드 : 암타이를 지지물에 고장시키기 위한 밴드

④ 암타이 : 완목이나 완금의 상하 이동방지를 위한 금구류

⑤ 행거밴드 : 지지물 위에 설치하는 변압기의 고정

10 건주

목주나 철근콘크리트 주와 같은 지지물을 땅에 세우는 것을 말한다.

① 전체 길이가 16[m] 이하이고, 설계하중 6.8[kN] 이하인 철근콘크리트주, 목주

⑦ 전체 길이 15[m] 이하인 경우 : 전체 길이 $\times \frac{1}{6}$ 이상 매설

⑪ 전체 길이 15[m]를 초과하는 경우 : 2.5[m] 이상 매설

⑭ 지반이 약한 장소 : 지중 50[cm] 정도에 근가를 실시한다.

② 전체 길이가 16[m] 이상 20[m] 이하, 설계하중 6.8[kN] 이하인 철근콘크리트주

지반이 약한 곳 이외의 장소는 2.8[m] 이상 매설

③ 전체 길이가 14[m] 이상 20[m] 이하, 설계하중 6.8[kN] 초과 9.8[kN] 이하의 철근콘크리트주

⑦ 전체 길이 15[m] 이하인 경우 :

전체 길이 $\times \frac{1}{6} + 0.3[m]$ 이상 매설

⑪ 전체 길이 15[m] 초과하는 경우 :

$2.5 + 0.3[m]$ 이상 매설

기출 A종 철근 콘크리트주의 길이가 9[m]이고, 설계 하중이 6.8[kN]인 경우 땅에 묻히는 깊이는 최소 몇 [m] 이상이어야 하는가? (06/2 08/4 16/2)

① 1.2 ② 1.5 ③ 1.8 ④ 2.0

[철근콘크리트주 땅에 묻히는 깊이]

설계하중 6.8[KN] 이하, 전체 길이 15[m] 이하

콘크리트주 매설 깊이 $= \left(전체길이 \times \frac{1}{6} \right)[m]$

$= \left(9 \times \frac{1}{6} \right) = 1.5[m]$ 이상 【정답】②

---

11 기계기구의 시설

① 특별고압 배전용 변압기의 시설

1. 특별고압 전선에 특별 고압 절연전선 또는 케이블을 사용할 것

2. 변압기의 1차 전압은 35[kV] 이하, 2차 전압은 저압 또는 고압일 것

3. 변압기의 특고압 측에는 개폐기 및 과전류 차단기를 시설할 것

4. 변압기의 2차 측이 고압 경우에는 개폐기를 시설하고 쉽게 개폐할 수 있도록 할 것

② 고압용 기계기구의 시설

⑦ 시가지외 : 지표상 4[m] 이상의 높이에 시설

⑪ 시가지 : 지표상 4.5[m] 이상의 높이에 시설

⑭ 기계기구 주위에 사람이 접촉할 우려가 없도록 적당한 울타리를 설치

③ 아크를 발생하는 기구의 시설

고압용 또는 특고압용의 개폐기·차단기·피뢰기 기타 이와 유사한 기구로서 동작 시에 아크가 생기는 것은 목재의 벽 또는 천장 기타의 가연성 물체로부터 정한 값 이상 이격하여 시설하여야 한다.

⑦ 고압용 : 1[m] 이상 이격

⑪ 특고압용 : 2[m] 이상 이격

④ 특별고압용 기계기구의 시설

1. 지표상 최소 높이는 5[m] 이상으로 할 것

2. 울타리의 높이와 울타리로부터 충전부분까지의 거리의 합계 또는 지표상의 높이는 다음 표와 같다.

전압	높이
35[kV] 이하	5[m]
35[kV] 넘고 160[kV] 이하	6[m]
160[kV] 이상	[거리의 합계] • 6[m]에 160[kV]를 넘는 10[kV] 또는 그 단수마다 12[cm]를 더한 값 　거리의 합계 = 6 + 단수 × 12[cm] • 단수 = $\dfrac{\text{사용전압}[kV] - 160}{10}$

⑤ 기계기구의 철대 및 외함의 접지

　㉮ 전로에 시설하는 기계기구의 철대 및 금속제 외함에는 kec140에 의한 접지공사를 하여야 한다.

　㉯ 접지 공사의 생략 조건

　　1. 사용 전압이 직류 300[V] 또는 교류 대지 전압 150[V] 이하 기계 기구를 건조 장소 시설

　　2. 저압용 기계 기구를 그 전로에 지기 발생 시 자동 차단하는 장치를 시설한 저압 전로에 접속하여 건조한 곳에 시설하는 경우

　　3. 저압용 기계 기구를 건조한 목재의 마루 등 이와 유사한 절연성 물건 위에서 취급 경우

　　4. 철대 또는 외함 주위에 적당한 절연대 설치한 경우

　　5. 외함 없는 계기용 변성기가 고무, 합성 수지 기타 절연물로 피복한 경우

　　6. 2중 절연되어 있는 구조의 기계 기구

　　7. 저압용 기계 기구에 전기 공급하는 전원 측에 절연 변압기(2차 300[V] 이하, 용량 3[kV] 이하를 시설하고 변압기 부하 측의 전로를 접지하지 않는 경우)

　　8. 인체 감전 보호용 누전 차단기(정격 감도 전류 30[mA] 이하, 동작 시간 0.03[s] 이하의 전류 동작형)를 개별 기계 기구 또는 개별 전로에 시설한 경우

12 지중전선로의 시설

전선에 케이블을 사용하고 관로식, 암거식 또는 직접 매설식에 의할 것

① 직접 매설식

　㉮ 차량 기타 중량물의 압력을 받을 우려가 있는 장소에는 1.0[m] 이상

　㉯ 기타 장소에는 60[cm] 이상

　㉰ 지중 전선을 견고한 트로프 기타 방호물에 넣어 시설하여야 한다.

② 관로식

　㉮ 매설 깊이를 1.0[m]이상

　㉯ 중량물의 압력을 받을 우려가 없는 곳은 60[cm] 이상으로 한다.

③ 암거식

　암거식 의하여 시설하는 경우에는 견고하고 차량 기타 중량물의 압력에 견디는 것을 사용할 것

④ 지중전선의 간격

　㉮ 저·고압 지중전선과 약전류전선 : 30[cm] 이상

　㉯ 특고 지중전선과 약전류전선 : 60[cm] 이상

　㉰ 특고 지중전선과 가연성 유독성관 : 1[m] 이상, (기타의 관 : 30[cm] 이상)

　㉱ 특고 지중전선과 저·고압 지중전선 : 30[cm] 이상

기출 지중전선로를 직접 매설식에 의하여 시설하는 경우 차량, 기타 중량물의 압력을 받을 우려가 있는 장소의 매설 깊이는? (10/5)

① 0.6[m] 이상　　　　② 1.2[m] 이상

③ 1.5[m] 이상　　　　④ 2.0[m] 이상

[지중전선로의 시설] 직접 매설식에 의하는 경우 매설 깊이는 차량 기타 중량물의 압력을 받을 우려가 있는 장소 1.2[m] 이상, 기타 0.6[m] 이상으로 견고한 트로프 기타 방호 등에 넣어 시설할 것　　　　　　　　　　　　【정답】②

13 지중함의 시설

폭발성 또는 연소성의 가스가 침입할 우려가 있는 것에 시설하는 지중함으로서 그 크기가 1[m^3] 이상인 것에는 통풍장치나 기타 가스를 방산시키기 위한 적당한 장치를 시설할 것

14 배전반 공사

각종의 계기, 계전기, 제어 스위치 등을 집중 설치하고 이들에 의해 기기의 상태를 정확하게 파악하여 적당히 조작 보호를 하는 임무를 가진 것을 말한다.

① 배전반, 분전반, 제어반

  ㉮ 배전반 : ⊠

  ㉯ 분전반 : ◣

  ㉰ 제어반 : ▶◀

  ㉱ 직류용은 그 뜻을 방기한다.

  ㉲ 재해방지전원 회로용 배전반 등인 경우는 2중 틀로 하고 필요에 따라 종별을 방기한다.

    보기 ⊠ 1종   ◣ 2종

② 배전반의 구성

  ㉮ 측정장치(전력계통 감시) : 전압계, 전류계, 전력계, 무효전력계, 역률계, 주파수계

  ㉯ 제어장치(기기류의 조작) : 차단기, 단로기, 전압조정기

  ㉰ 보호장치(기기류의 보호) : 과전류차단기, 비율차동계전기

  ㉱ 고장상태 및 종류를 표시하는 고장 표시기 및 신호 등

  ㉲ 계기, 계전기 등의 보수를 위한 시험용 단자대

③ 배전반 설치 장소

  · 습기가 없고 조작 및 유지보수가 용이한 노출된 장소

  · 취급자 이외의 사람이 쉽게 출입할 수 없는 장소

  · 전기회로를 쉽게 조작할 수 있는 장소

  · 개폐기를 쉽게 개폐할 수 있는 장소

④ 배전반의 종류

  ㉮ 데드 프런트식 배전반

    · 기계와 개폐기의 조작 핸들만이 나타나고 충전 부분은 배전반 이면에 장치한 것

    · 수직형, 포우스트형, 벤치형, 조합형 등이 있다.

    · 고압 수전반 고압전동기 운전반 등에 사용된다.

  ㉯ 라이브 프런트식 배전반

    · 개폐기가 표면에 나타나 있다.

    · 수직형이 있다.

    · 저압 간선용

  ㉰ 폐쇄식 배전반(큐비클형)

    공장, 빌딩 등의 전기실 등에 사용되며, 조립형, 장갑형 등이 있다.

    ㉠ 조립형 : 차단기 등을 철재함에 조립하여 사용

    ㉡ 장갑형 : 점유 면적이 좁고, 운전 보수에 안전함으로 공장, 빌딩 등의 전기실에 많이 사용

15 분전반 공사

간선에서 각 기계·기구로의 선을 분배하는 곳이므로 주개폐기, 분기개폐기, 자동차단기를 설치하기 위해 시설

① 분전반의 시설 원칙

  1. 난연성 합성수지로 된 것은 두께 1.5[mm] 이상으로 내 아크일 것

  2. 강판제인 것은 두께 1.2[mm] 이상이어야 한다. 다만, 가로 또는 세로 길이가 30[cm] 이하인 것은 두께 1.0[mm] 이상으로 할 수 있다.

  3. 분전반의 이면에는 배선 및 기구를 배치하지 말 것

  4. 차단기나 차단기 가까운 곳에 각각의 전압을 표시하는 명판을 붙일 것

② 전선의 굵기 및 거터스페이스

전선의 굵기[mm^2]	거터스페이스[mm]
38 이하	75 이상
100 이하	100 이상
250 이하	150 이상
400 이하	200 이상
600 이하	250 이상
1000 이하	300 이상

※[거터스페이스] 분전함 안에서 전선을 위, 아래로 자유롭게 구부리기 위해 비워두는 빈 공간

핵심 03   수·변전 설비

1 수·변전설비란?

전력 회사에서 전력을 수전하여 필요한 사용 전압으로
변전하고, 이를 필요한 곳으로 배전하기 위한 장치, 기
기로 구성되는 설비

① 고압 수변전 설비 : 고압으로 수전하면서 변압기·배
　전반 등을 사용하여 저압으로 배전할 수 있게 만든
　전기설비이다.

② 특고압 수변전 설비 : 특고압으로 수전하면서 변압
　기·배전반 등을 사용하여 고압이나 저압으로 배전
　할 수 있게 만든 전기설비이다.

2 건축적 고려사항

① 장비 반입 및 반출 통로가 확보되어야 한다.

② 유지보수가 용이한 넓이를 갖고 장비에 대해 충분한
　유효 높이를 확보한다.

③ 수·변전 관련 설비실(발전기실, 축전지실, 무정전
　전원장치실)이 있는 경우 이와 가까워야 한다.

④ 수·변전실은 불연재료의 구조로 구획하고, 출입구
　는 방화문으로 한다.

3 전기적 고려사항

① 수전 전원의 인입이 편리한 위치

② 사용부하의 중심에 가깝고, 간선의 배선이 용이한 곳

③ 용량의 증설에 대비한 면적을 확보할 수 있는 장소

④ 전압 변동이 작아야 한다.

4 수·변전설비의 구성 기기

명칭	약호	심벌(단선도)	용도(역할)
케이블 헤드	CH		가공전선과 케이블 종단 접속
피뢰기	LA		낙뢰나 혼촉 사고 등 이상 전압에 대해서 선로와 기기를 보호할 목적
단로기	DS		무부하시 선로 개폐, 회로의 접속 변경
전력퓨즈	PF		부하 전류 통전 및 과전류, 단락 전류 차단
계기용 변압 변류기	MOF	MOF	전력량을 적산하기 위하여 고전압과 대전류를 저전압, 소전류로 변성
전류계용 전환 개폐기	AS		1대의 전류계로 3상 전류를 측정하기 위하여 사용
전압계용 전환 개폐기	VS		1대의 전압계로 3상 전압을 측정하기 위하여 사용
전류계	A	A	전류 측정 계기
전압계	V	V	전압 측정 계기
계기용 변압기	PT		고전압을 저전압(110[V])으로 변성 계기나 계전기에 전압원 공급
계기용 변류기	CT	CT CT	대전류를 소전류(5[A])로 변성 계기나 계전기에 전류원공급
영상변류기	ZCT	ZCT	지락전류(영상전류)의 검출 1차 정격 200[mA] 2차 정격 1.5[mA]
접지계전기	GR	G R	영상전류에 의해 동작하며, 차단기 트립코일 여자

명칭	약호	심벌 (단선도)	용도(역할)
교류차단기	CB		부하전류 및 단락전류의 개폐
과전류 계전기	OCR	OCR	정정치 이상의 전류에 의해 동작
트립 코일	TC		보호계전기 신호에 의해 차단기 개로
전력용 콘덴서	SC	SC	진상 무효 전력을 공급하여 역률 개선
직렬 리액터	SR		제5고조파 제거 파형개선
방전 코일	DC	DC SC	콘덴서 개방시 잔류 전하 방전 및 콘덴서 투입시 과전압 방지
컷아웃 스위치	COS		기계 기구(변압기)를 과전류로부터 보호
		※ PF(전력퓨즈)와 심벌 동일 300[kVA] 이상 : PF 300[kVA] 이하 : COS으로 표기	

6 차단기(CB)

평상시에는 부하전류, 선로의 충전전류, 변압기의 여자전류 등을 개폐하고, 고장시에는 보호계전기의 동작에서 발생하는 신호를 받아 단락전류, 지락전류, 고장전류 등을 차단한다.

① 소호 원리에 따른 차단기의 종류

종류		소호원리
명칭	약어	
유입차단기	OCB	소호실에서 아크에 의한 절연유 분해 가스의 열전도 및 압력에 의한 blast를 이용해서 차단
기중차단기	ACB	대기 중에서 아크를 길게 해서 소호실에서 냉각 차단 (저압에서만 사용)
자기차단기	MBB	대기중에서 전자력을 이용하여 아크를 소호실 내로 유도해서 냉각 차단
공기차단기	ABB	압축된 공기를 아크에 불어 넣어서 차단
진공차단기	VCB	고 진공 중에서 전자의 고속도 확산에 의해 차단
가스차단기	GCB	고성능 절연 특성을 가진 특수 가스(SF_6)를 이용해서 차단

기출 특고압 수전설비의 결선기호와 명칭으로 잘못된 것은? (10/4)

① CB : 차단기 ② DS : 단로기
③ LA : 피뢰기 ④ LF : 전력퓨즈

[수전설비의 결선기호] PF : 전력퓨즈

【정답】④

---

5 단로기(DS)

단로기는 부하전류의 개폐를 하지 않는 것을 원칙을 하나 선로의 충전전류와 변압기의 여자전류 및 경부하전류 등의 미약한 전류를 개폐할 경우에 사용된다.

전문가 Tip

[SF_6 가스의 특징]

① 물리적, 화학적 성질
· 무색, 무취, 불연성의 가스이므로 폭발의 위험이 없다.
· 열 전달성이 뛰어나다(공기의 약 1.6배).
· 열적 안전성이 뛰어나다.
· SF6 가스를 봉입한 안전 밀폐 구조이므로 열화가 거의 없다.
· 변압기 내부의 보수, 점검이 필요 없다.
· 유입변압기보다 10% 정도 가볍다.
· 저소음이다.

전문가
Tip

② 전기적 성질

· 소호 능력이 우수하다.
· 절연 회복이 빠르다.
· 절연 내력이 높다(평등 전계 중에서 1기압에서 공기
의 2.5배~3.5배, 3기압에서는 기름과 같은 레벨의
절연 내력을 갖고 있음)

기출1 차단기 문자 기호 중 'OCB'는? (16/4)

① 진공차단기   ② 기중차단기
③ 자기차단기   ④ 유입차단기

[차단기의 기호]
① 진공차단기 : VCB   ② 기중차단기 : ACB
③ 자기차단기 : MBB   【정답】④

기출2 가스 절연 개폐기나 가스 차단기에 사용되는 가스인
SF_6의 성질이 아닌 것은? (07/5 08/4 10/5)

① 연소하지 않는 성질이다.
② 색깔, 독성, 냄새가 없다.
③ 절연유의 1/140로 가볍지만 공기보다 5배 무겁다.
④ 공기의 25배 정도로 절연 내력이 낮다.

[SF_6의 성질] 공기의 2.5배~3.5배 정도로 절연 내력이 높다.
【정답】④

핵심 **04 계기용 변성기**

1 계기용변압기(PT)

· 계기용변압기(PT)의 2차측에는 전압계를 연결
· 전압계를 시설할 때 고압회로와 전압계 사이에 시설
· 계기용변압기의 2차 표준은 110[V]이다.

① 계기용변압기 목적

고전압을 저전압(110[V])으로 변성하여 계기나 계
전기에 전압원 공급

② 계기용변압기 용도

· 배전반의 전압계, 전력계, 주파수계 등 각종 계기
및 표시등의 전원으로 사용
· 고전압을 저전압(110[V])으로 변성하여 계기나
계전기에 전압원 공급
· 교류 전압의 확대 측정에 사용하고 정격 2차 전압
은 110[V]이다.
· 변압기의 1차 및 2차 전압을 각각 , V_1, V_2, 권수
를 n_1, n_2라 하면 $V_1 = \dfrac{n_1}{n_2} V_2$

㉮ PT의 접속(3상 3선식) : V결선(2대)
㉯ PT의 접속(3상 4선식) : Y결선(3대)

2 계기용변류기(CT)

계기용변류기(CT)의 2차측에는 전류계를 연결

① 목적

회로의 대전류를 소전류(5[A])로 변성하여 계기나
계전기에 전류원 공급

② 용도

· 배전반의 전류계, 전력계, 역률계 등 각종 계기
및 차단기 트립 코일의 전원으로 사용
· PT의 접속대전류를 소전류(5[A])로 변성, 계기
나 계전기에 전류원 공급
· 변압기의 1차 및 2차 전류을 각각 I_1, I_2, 권수를
n_1, n_2라 하면 $I_1 = \dfrac{n_2}{n_1} I_2$의 관계가 있으므로 2차 전
류를 보통 전류계로 측정하면 1차 전류를 알 수 있다.

기출 다음 설명 중 틀린 것은? (11/4 14/2)

① 3상 유도 전압조정기의 회전자 권선은 분로권선
이고, Y결선으로 되어 있다.
② 디프 슬롯형 전동기는 냉각효과가 좋아 기동 정지
가 빈번한 중·대형 저속기에 적당하다.
③ 누설 변압기가 네온사인이나 용접기의 전원으로
알맞은 이유는 수하특성 때문이다.
④ 계기용 변압기의 2차 표준은 110/220[V]로 되어 있다.

[계기용변압기(PT)] 계기용 변압기의 2차 표준은 110[V]로 되어
있다. 【정답】④

---

3 영상변류기(ZCT)

고압전로에 지락사고가 생겼을 때 지락전류를 검출하는데 사용

① 1차정격 영상전류 : 200[mA]

② 2차 정격 영상전류 : 1.5[mA]

4 계기용 변압변류기(MOF)

· 계기용 변압기와 변류기를 조합한 것으로 전력 수급용 전력량을 측정하기 위하여 사용된다.

· 전력량계 적산을 위해서 PT, CT를 한 탱크 속에 넣은 것

· 고전압 대전류 등의 전기량 측정을 위한 계기용 변성기

기출 고압전로에 지락사고가 생겼을 때 지락전류를 검출하는데 사용하는 것은? (14/4)

① CT   ② ZCT

③ MOF   ④ PT

[영상변류기(ZCT)] 지락전류(영상전류)를 검출하는데 사용
③ MOF(계기용 변압 변류기) : 고전압과 대전류를 저전압, 소전류로 변성 　【정답】②

---

1 전력용 콘덴서 (병렬 콘덴서)

역률 개선을 목적으로 사용하며, 부하와 병렬로 접속한다. 일명 병렬 콘덴서라고도 한다.

2 역률계선을 위한 콘덴서의 용량

부하에 병렬로 삽입하여 개선역률을 지상 90[%] 이상 유지하여야 한다.

콘덴서 용량 $Q = P(\tan\theta_1 - \tan\theta_2)[kVA]$

$$= P\left(\frac{\sin\theta_1}{\cos\theta_1} - \frac{\sin\theta_2}{\cos\theta_2}\right)$$

$$= P\left(\frac{\sqrt{1-\cos^2\theta_1}}{\cos\theta_1} - \frac{\sqrt{1-\cos^2\theta_2}}{\cos\theta_2}\right)$$

여기서, P : 전력량, $\cos\theta_1$: 개선 전의 역률
$\cos\theta_2$: 개선 후의 역률

---

3 방전코일(Discharge coil : DC)

전력용 콘덴서를 회로로부터 개방하였을 때 전하가 잔류함으로써 일어나는 위험의 방지와 재투입 할 때 콘덴서에 걸리는 과전압의 방지를 위하여 설치한다.

4 직렬리액터(Series Reactor : SR)

고조파의 발생으로 야기되는 문제점(파형의 일그러짐)을 보완(제5고조파 제거)하기 위하여 콘덴서용 직렬리액터를 설치운용

기출 150[kW]의 수전설비에서 역률을 80[%]에서 95[%]로 개선하려고 한다. 이때 전력용 콘덴서의 용량은 약 몇 [kVA]인가? (14/5)

① 63.2   ② 126.4

③ 133.5   ④ 157.6

[역률개선을 위한 전력용 콘덴서의 용량]

$$Q = P\left(\frac{\sqrt{1-\cos^2\theta_1}}{\cos\theta_1} - \frac{\sqrt{1-\cos^2\theta_2}}{\cos\theta_2}\right)[kVA]$$

$$= 150 \times \left(\frac{\sqrt{1-0.8^2}}{0.8} - \frac{\sqrt{1-0.95^2}}{0.95}\right)$$

$$= 150 \times (0.75 - 0.329) = 63.15[kVA] \quad 【정답】①$$

7장 특수 장소의 옥내 배선 공사

1 먼지(분진) 위험장소

① 폭연성 먼지

1. 설비를 금속관 공사 또는 케이블 공사(캡타이어 케이블 제외)

2. 케이블 공사에 의하는 때에는 케이블 또는 미네럴인슈레이션케이블을 사용하는 경우 이외에는 관 기타의 방호 장치에 넣어 사용할 것

② 가연성 먼지

1. 합성수지관 공사, 금속관 공사, 케이블 공사

2. 합성수지관과 전기기계기구는 관 상호간 및 박스와는 관을 삽입하는 깊이를 관의 바깥지름의 1.2배(접착제를 사용하는 경우에는 0.8배) 이상

3. 5턱 이상 나사 조임

기출 폭연성 먼지가 존재하는 곳의 금속관 공사에 관 상호 및 관과 박스의 접속은 몇 턱 이상의 죔 나사로 시공하여야 하는가? (06/4 07/4 08/1 08/4 08/5 10/2 11/5 12/4 13/1 14/2 17/3)

① 2턱 　　　　　② 3턱
③ 4턱 　　　　　④ 5턱

[폭연성 먼지가 있는 금속관 공사] 관 상호 및 관과 박스의 접속은 5턱 이상의 죔 나사로 시공 　【정답】④

---

2 위험물 등이 존재하는 장소

1. 셀룰로이드, 성냥, 석유, 기타 위험물이 있는 곳의 배선은 금속관 공사, 케이블 공사, 합성수지관 공사에 의하여야 한다.

2. 이동전선은 접속점이 없는 0.6/1[kV EP] 고무 절연 클로로프렌 캡타이어케이블 또는 0.6/1[kV] 비닐 절연 비닐캡타이어케이블을 사용

기출 셀룰로이드, 성냥, 석유류 등 기타 가연성 위험물질을 제조 또는 저장하는 장소의 배선으로 잘못된 배선은? (07/4 07/5 08/4 09/1 13/2 13/5 15/1 16/1 16/2 17/3)

① 금속관 배선 　　　　② 합성수지관 배선
③ 플로어덕트 배선 　　④ 케이블 배선

[위험물 등이 있는 곳에서의 저압의 시설] 셀룰로이드, 성냥, 석유, 기타 위험물이 있는 곳의 저압 옥내 배선은 금속관 공사, 케이블 공사, 합성수지관공사에 의하여야 한다. 　【정답】③

---

3 화약류 저장소 등의 위험장소

1. 전로에 대지 전압은 300[V] 이하일 것

2. 전기기계기구는 전폐형의 것일 것

3. 케이블을 전기기계기구에 인입할 때에는 인입구에서 케이블이 손상될 우려가 없도록 시설할 것.

4. 전용 개폐기 및 과전류 차단기를 각 극에 취급자 이외의 자가 쉽게 조작할 수 없도록 시설하고 또한 전로에 지락이 생겼을 때에 자동적으로 전로를 차단하거나 경보하는 장치를 시설하여야 한다.

기출 화약고 등의 위험장소의 배선 공사에서 전로의 대지 전압은 몇 [V] 이하로 하도록 되어 있는가? (07/2 09/5 10/5 11/4 12/1 15/4 17/1 17/2 17/4 19/2 23/1)

① 300 　　　　　② 400
③ 500 　　　　　④ 600

[화약류 저장소 등의 위험장소] 전로의 대지전압은 300[V] 이하일 것 　【정답】①

---

4 전시회, 쇼 및 공연장의 전기설비

1. 무대, 무대마루 밑, 오케스트라 박스, 영사실 기타 사람이나 무대 도구가 접촉할 우려가 있는 곳에 시설하는 저압 옥내배선, 전구선 또는 이동전선은 사용전압이 400[V] 미만이어야 한다.

2. 배선용 케이블은 최소 단면적 $1.5[mm^2]$의 구리 도체

3. 무대마루 밑에 시설하는 전구선은 300/300[V] 편조 고무코드 또는 0.6/1[㎸ EP] 고무 절연 클로로프렌 캡타이어케이블이어야 한다.

기출 무대 무대마루 밑, 오케스트라 박스, 영사실, 기타 사람이나 무대 도구가 접촉할 우려가 있는 장소에 시설하는 저압옥내 배선, 전구선 또는 이동전선은 최고 사용전압이 몇 [V] 미만 이어야 하는가?

(07/5 10/1 10/2 12/2 13/5 14/4 14/5 16/4 16/5 18/1 19/4)

① 100   ② 200

③ 400   ④ 700

[전시회, 쇼 및 공연장의 전기설비] 무대, 무대마루 밑, 오케스트라 박스 및 영사실 기타 사람이나 무대 도구가 접촉할 우려가 있는 곳에 시설하는 저압옥내선, 전구선 또는 이동전선은 사용전압이 400[V] 미만일 것 【정답】 ③

5 사람이 상시 통행하는 터널 안의 배선의 시설

1. 전선은 공칭단면적 2.5[mm²]의 연동선과 동등 이상의 세기 및 굵기의 절연전선(옥외용 비닐 절연전선 및 인입용 비닐 절연전선을 제외한다)

2. 설치높이는 노면상 2.5[m] 이상으로 할 것

3. 애자공사에 의해 시설할 것

4. 전로에는 터널의 입구에 가까운 곳에 전용 개폐기를 시설할 것

6 광산 기타 갱도안의 시설

1. 저압 배선은 케이블배선에 의하여 시설할 것

2. 사용전압이 400[V] 미만인 저압 배선에 공칭단면적 2.5[mm²] 연동선과 동등 이상의 세기 및 굵기의 절연전선(옥외용 비닐 절연전선 및 인입용 비닐 절연전선을 제외한다)을 사용

3. 방호장치의 금속제 부분, 금속제의 전선 접속함 및 케이블의 피복에 사용하는 금속체에는 kec 140에 준하는 접지공사

4. 전로에는 갱 입구에 가까운 곳에 전용 개폐기를 시설할 것

7 터널 등의 전구선 또는 이동전선 등의 시설

1. 400[V] 이하의 경우에는 공칭 단면적 0.75[mm²] 이상의 300/300[V] 편조 고무코드 또는 0.6/1[㎸] EP 고무 절연 클로로프렌 캡타이어케이블일 것.

2. 사람이 쉽게 접촉할 우려가 없도록 시설하는 경우에는 단면적 0.75[mm²] 이상의 연동연선을 사용하는 450/750[V] 내열성에틸렌아세테이트 고무 절연전선(출구부의 전선의 간격이 10[mm] 이상인 전구 소켓에 부속하는 전선은 단면적이 0.75[mm²] 이상인 450/750[V] 내열성에틸렌아세테이트 고무 절연전선 또는 450/750[V] 일반용 단심 비닐 절연전선)을 사용할 수 있다.

3. 이동전선은 300/300[V] 편조 고무코드, 비닐 코드 또는 캡타이어케이블일 것

4. 특고압의 이동전선은 터널 등에 시설해서는 안 된다.

기출 습기가 많은 장소 또는 물기가 있는 장소의 바닥 위에서 사람이 접촉될 우려가 있는 장소에 시설하는 사용 전압이 400[V] 미만인 전구선 및 이동전선은 단면적이 최소 몇 [mm²] 이상인 것을 사용하여야 하는가?

(07/4)

① 0.75   ② 1.25

③ 2.0   ④ 3.5

[터널 등의 전구선 또는 이동전선 등의 시설] 400[V] 이하의 경우에는 공칭단면적 0.75[mm²] 이상의 300/300[V] 편조 고무코드 또는 0.6/1[㎸] EP 고무 절연 클로로프렌 캡타이어케이블일 것 【정답】 ①

8 의료장소의 안전을 위한 보호 설비

1. 전원측에 이중 또는 강화절연을 한 비단락보증 절연변압기를 설치하고 그 2차측 전로는 접지하지 말 것.

2. 비단락보증 절연변압기의 2차측 정격전압은 교류 250[V] 이하로 하며 공급방식 및 정격출력은 단상 2선식, 10[kVA] 이하로 할 것.

3. 3상 부하에 대한 전력공급이 요구되는 경우 비단락보증 3상 절연변압기를 사용할 것.

4. 그룹 1과 그룹 2의 의료장소에 무영등 등을 위한 특별 저압(SELV 또는 PELV)회로를 시설하는 경우에는 사용전압은 교류 실효값 25[V] 또는 직류 비맥동 60[V] 이하로 할 것.

5. 의료장소의 전로에는 정격감도전류 30[mA] 이하, 동작시간 0.03초 이내의 누전차단기를 설치할 것.

1 전기울타리 시설

전기울타리는 목장·논밭 등 옥외에서 가축의 탈출 또는 야생짐승의 침입을 방지하기 위하여 시설하는 경우를 제외하고는 시설해서는 안 된다.

1. 전로의 사용전압은 250[V] 이하

2. 사람이 쉽게 출입하지 아니하는 곳에 시설할 것

3. 전선은 인장강도 1.38[kN] 이상의 것 또는 지름 2[mm] 이상의 경동선일 것

4. 전선과 이를 지지하는 기둥 사이의 간격은 25[mm] 이상일 것

5. 전선과 다른 시설물(가공 전선을 제외한다) 또는 수목과의 간격은 30[cm] 이상일 것

6. 위험표시판은 다음과 같이 시설하여야 한다.

　　가. 크기는 100[mm]×200[mm] 이상일 것

　　나. 경고판 양쪽면의 배경색은 노란색일 것

　　다. 글자색은 검은색이어야 하고
　　　　글자는 "감전주의 : 전기울타리" 일 것

　　라. 글자는 지워지지 않아야 하고 경고판 양쪽에 새겨져야 하며, 크기는 25[mm] 이상일 것

7. 전기울타리에 전기를 공급하는 전로에는 쉽게 개폐할 수 있는 곳에 전용 개폐기를 시설하여야 한다.

8. 전기울타리의 접지전극과 다른 접지 계통의 접지전극의 거리는 2[m] 이상이어야 한다.

9. 가공전선로의 아래를 통과하는 전기울타리의 금속부분은 교차지점의 양쪽으로부터 5[m] 이상의 간격을 두고 접지하여야 한다.

기출 목장의 전기울타리에 사용하는 경동선의 지름은 최소 몇 [mm] 이상 이어야 하는가? (08/2)

① 1.6　　　　　② 2.0

③ 2.6　　　　　④ 3.2

[전기울타리 시설] 전선은 인장강도 1.38[kN] 이상의 것 또는 지름 2[mm] 이상의 경동선일 것 　【정답】②

---

2 전기욕기

1. 사용전압이 10[V] 이하

2. 욕기내의 전극간의 거리는 1[m] 이상일 것

3. 배선은 공칭단면적 $2.5[mm^2]$ 이상의 연동선과 이와 동등이상의 세기 및 굵기의 절연전선(옥내용 비닐절연전선을 제외) 이나 케이블 또는 공칭단면적이 $1.5[mm^2]$ 이상의 캡타이어케이블을 합성수지관배선, 금속관배선 또는 케이블배선에 의하여 시설하거나 또는 공칭단면적이 $1.5[mm^2]$ 이상의 캡타이어 코드를 합성수지관이나 금속관에 넣고 관을 조영재에 견고하게 고정하여야 한다.

4. 전기욕기용 전원장치로부터 욕기안의 전극까지의 전선 상호 간 및 전선과 대지 사이의 절연저항 값은 $0.1[M\Omega]$ 이상이어야 한다.

3 전기온상 등의 시설

1. 전로의 대지전압은 300[V] 이하일 것

2. 발열선은 그 온도가 80[℃]를 넘지 않도록 시설 할 것

3. 발열선을 공중에 시설하는 경우는 발열선을 애자로 전개된 곳에 시설하고 발열선 상호 간의 간격은 3[cm] (함 내에 시설하는 경우는 2[cm]) 이상일 것

4. 발열선과 조영재 사이의 간격은 2.5[cm] 이상으로 할 것

4 수중조명등

1. 절연변압기의 1차측 전로의 사용전압은 400[V] 미만

2. 절연변압기의 2차측 전로의 사용전압은 150[V] 이하

3. 수중조명등의 절연변압기는 그 2차측 전로의 사용전

압이 30[V] 이하인 경우는 1차권선과 2차권선 사이에 금속제의 혼촉방지판을 설치하고, kec140에 준하여 접지공사를 하여야 한다.

4. 수중조명등의 절연변압기의 2차측 전로의 사용전압이 30[V]를 초과하는 경우 지락이 발생하면 자동적으로 전로를 차단하는 정격감도전류 30[mA] 이하의 누전차단기를 시설하여야 한다.

5. 절연 변압기의 2차 측 전로에는 개폐기 및 과전류차단기를 각 극에 시설할 것

5 전격살충기

1. 전격살충기는 지표 또는 바닥에서 3.5[m] 이상의 높은 곳에 시설할 것.

2. 단, 2차측 개방 전압이 7[kV] 이하의 절연변압기를 사용하고 또한 보호격자의 내부에 사람의 손이 들어갔을 경우 또는 보호격자에 사람이 접촉될 경우 절연변압기의 1차측 전로를 자동적으로 차단하는 보호장치를 시설한 것은 지표 또는 바닥에서 1.8[m] 까지 감할 수 있다.

3. 전격살충기의 전격격자와 다른 시설물(가공전선은 제외한다) 또는 식물과의 간격은 0.3[m] 이상일 것

6 놀이용(유희용) 전차

1. 변압기의 1차 전압은 400[V] 미만

2. 변압기의 2차 전압은 150[V] 이하로 할 것

3. 전원장치의 2차측 단자의 최대사용전압은 직류의 경우 60[V] 이하, 교류의 경우 40[V] 이하일 것

4. 접촉전선은 제3레일 방식에 의하여 시설할 것

5. 놀이용 전차에 전기를 공급하는 접촉전선과 대지 사이의 절연저항은 사용전압에 대한 누설전류가 레일의 연장 1[km]마다 100[mA]를 넘지 않도록 유지하여야 한다.

6. 놀이용 전차안의 전로와 대지 사이의 절연저항은 사용전압에 대한 누설전류가 규정 전류의 5,000분의 1을 넘지 않도록 유지하여야 한다.

7 전기 집진장치

1. 전선은 케이블을 사용하여야 한다.

2. 케이블은 손상을 받을 우려가 있는 곳에 시설하는 경우에는 적당한 방호장치를 하여야 한다.

3. 케이블의 피복에 사용하는 금속체에는 kec140의 규정에 준하여 접지공사를 하여야 한다.

8 아크 용접기

1. 용접변압기는 절연변압기일 것

2. 용접변압기의 1차측 전로의 대지전압은 300[V] 이하일 것

3. 용접변압기의 1차측 전로에는 용접 변압기에 가까운 곳에 쉽게 개폐할 수 있는 개폐기를 시설할 것

9 교통신호등의 시설

1. 교통신호등 제어장치의 2차측 배선의 최대사용전압은 300[V] 이하이어야 한다.

2. 전선은 케이블인 경우 이외에는 공칭단면적 2.5 $[mm^2]$ 연동선과 동등 이상의 세기 및 굵기의 450/750[V] 일반용 단심 비닐절연전선 또는 450/750[V] 내열성에틸렌아세테이트 고무절연전선일 것

3. 조가선은 인장강도 3.7[kN]의 금속선 또는 지름 4[mm] 이상의 아연도철선을 2가닥 이상 꼰 금속선을 사용할 것

4. 전선의 지표상의 높이는 2.5[m] 이상일 것

5. 교통신호등의 제어장치 전원 측에는 전용 개폐기 및 과전류차단기를 각 극에 시설하여야 한다.

6. 교통신호등 회로의 사용전압이 150[V]를 넘는 경우는 전로에 지락이 생겼을 경우 자동적으로 전로를 차단하는 누전차단기를 시설할 것

> **기출** 전기설비기술규정에서 교통신호등 회로의 사용전압
> 이 몇 [V]를 초과하는 경우에는 지락 발생 시 자동적으
> 로 전로를 차단하는 장치를 시설하여야 하는가? (16/4)
> ① 50   ② 100
> ③ 150   ④ 200
>
> ---
>
> [교통 신호등의 시설] 교통신호등 회로의 사용전압이 <u>150[V]</u>
> 를 넘는 경우에 전로에 지기가 생겼을 때에 자동적으로 전로를
> 차단하는 장치를 시설할 것   【정답】③

🔟 도로 등의 전열장치

1. 전로의 대지전압은 300[V] 이하일 것

2. 발열선에 직접 접속한 전선은 미네럴인슈레이션(MI)
   케이블, 클로로크렌 외장케이블 등 발열선 접속용
   케이블일 것

3. 발열선은 그 온도가 80[℃] 이하 를 넘지 아니하도록
   시설할 것. 다만, 도로 또는 옥외주차장에 금속피복
   을 한 발열선을 시설할 경우에는 발열선의 온도를
   120[℃] 이하로 할 수 있다.

4. 발열선을 콘크리트 속에 매입하여 시설하는 경우 이
   외에는 발열선 상호 간의 간격을 5[cm] 이상

11 소세력 회로

소세력 회로란 전자 개폐기의 조작회로 또는 초인벨·
경보벨 등에 접속하는 전로

1. 최대 사용전압이 60[V] 이하인 것

2. 절연변압기의 사용전압은 대지전압 300[V] 이하

3. 절연변압기의 2차 단락전류 및 과전류차단기의 정격
   전류

소세력 회로의 최대 사용전압의 구분	2차 단락전류	과전류 차단기의 정격전류
15[V] 이하	8[A]	5[A]
15[V] 초과 30[V] 이하	5[A]	3[A]
30[V] 초과 60[V] 이하	3[A]	1.5[A]

12 전기부식 방지 시설

1. 사용전압은 직류 60[V] 이하일 것

2. 양극은 지중에 매설하거나 수중에서 쉽게 접촉할 우
   려가 없는 곳에 시설할 것

3. 지중에 매설하는 양극의 매설깊이는 75[cm] 이상일 것

4. 수중에 시설하는 양극과 그 주위 1[m] 이내의 거리에
   있는 임의점과의 사이의 전위차는 10[V]를 넘지 아니
   할 것

5. 지표 또는 수중에서 1[m] 간격의 임의의 2점간의 전위
   차가 5[V]를 넘지 아니할 것

6. 전선은 케이블인 경우 이외에는 지름 2[mm]의 경동선
   일 것

> **기출** 지중 또는 수중에 시설하는 양극과 피방식체 간의 전기부
> 식 방지 시설에 대한 설명으로 틀린 것은? (11/5)
> ① 사용 전압은 직류 60[V] 초과 일 것
> ② 지중에 매설하는 양극은 75[cm] 이상의 깊이일 것
> ③ 수중에 시설하는 양극과 그 주위 1[m] 안의 임의
>   의 점과의 전위차는 10[V]를 넘지 않을 것
> ④ 지표에서 1[m] 간격의 임의의 2점간의 전위차가
>   5[V]를 넘지 않을 것
>
> ---
>
> [전기 부식방지 시설] 사용 전압은 직류 60[V] <u>이하</u> 일 것
>   【정답】①

핵심 01 조명설비의 기본

1 조명의 요건

① 조도 : 일반적인 작업실(사무실과 같은)에서 적합한 만족도는 약 200[lx] 정도이다.

② 휘도 분포 : 휘도분포는 균일한 것이 좋다.

③ 눈부심(글레어) : 심리적으로 영향을 주거나 피로감이 커지게 되는 불쾌글레어를 갖지 않도록 해야 한다.

④ 그림자 : 지장이 되는 그림자는 없도록 한다.

⑤ 분광분포 및 연색성 : 일반적으로 낮은 조도 레벨에서는 색온도가 낮은 따뜻한 빛이 좋고, 조도가 높아지면 색온도가 높은 흰색광으로 한다.

2 조명기구 배치에 의한 분류

① 전반조명방식 : 작업면 전반에 균등한 조도를 갖게 하는 방식, 공장, 학교, 사무실 등에서 채용

② 국부조명방식 : 작업면의 필요한 개소만 고조도로 하는 방식

③ 국부적 전반조명방식 : 국부조명+전반조명

3 조명기구 배광에 의한 분류

① 직접조명 : 광원으로부터의 빛이 거의 직접 작업면에 조사되는 것으로서, 반사갓에 의한 조명이다. 직접 조명기구는 특정한 장소만을 하향광속 90[%] 이상이 되도록 설계된 조명기구이다.

② 간접조명 : 전등의 빛을 천장면에 조사시켜 반사광으로 조명하므로, 효율은 나쁘지만, 차분하고 그늘이 없는 조명이 되므로 분위기를 중요시하는 장소에 적합하다. 그림자가 없고 눈부심이 적으나 큰 조도에는 비경제적임

③ 전반확산조명 : 간접조명과 직접조명의 중간 방식이다. 적당한 직접광과 반사에 의한 확산광이 얻어지므로 입체감이 있다. 조명기구의 40~60[%] 정도의 빛이 위와 아래로 고르게 향하는 조명 방식

④ 반직접조명 : 반간접조명과 반대의 방식이다.

⑤ 반간접조명 : 대부분의 전등의 빛이 천장면으로 조사되지만, 아래 방향으로도 어느 정도의 빛을 조사하는 방식이다.

⑥ 광천장조명 : 천장 전면을 발광면으로 하는 조명으로서, 재료는 유백색 합성수지판이 사용된다.

분류	직접 조명	반직접 조명	전반확산 조명	반간접 조명	간접 조명
상반부 광속(%)	0~10	10~40	40~60	60~90	90~100
하반부 광속(%)	100~90	90~60	60~40	40~10	10~0
특징	·조명률 크다. ·경제적 ·공장	·방 전체가 밝다. ·글레어가 비교적 적다. ·사무실, 학교 등에 적합			그림자가 적고 글레 어 적은 조 명이 가능

기출 조명기구를 반간접 조명방식으로 설치하였을 때 위(상방향)로 향하는 광속의 양[%]은? (14/5)

① 0~10   ② 10~40

③ 40~60   ④ 60~90

[반간접조명 방식] 상반부광속 : 60~90

【정답】④

핵심 02 조명 계산의 기본

1 광속(F[lm])

광원으로부터 발산되는 빛의 양

단위 루멘(lm), 기호 F

2 광도(I[cd]) [17/4]

광원에서 어떤 방향에 대한 단위 입체각 ω[sr]당 발산되는 광속으로서 광원의 세기

단위 칸델라(cd), 기호 L(Luminous of Intensity)

광도 $I = \dfrac{F}{\omega}[cd]$

여기서, F : 광속, ω : 입체각, I : 광도

❸ 조도(E[lx])

어떤 면의 단위 면적당 입사 광속으로서 피조면의 밝기를 나타낸다.

단위 룩스(lx), 기호 E(Intensity of Illumination)

조도 $E = \dfrac{F}{A}$[lx]

여기서, $A[m^2]$: 면적, 입사광속 F[lm]

> ※1[lx] : 1$[m^2]$의 피조면에 들어가는 광속이 1[lm]일 때의 조도를 1[lx]라 한다.

❹ 휘도(L[sb])

일정한 넓이를 가진 광원 또는 빛의 반사체 표면의 밝기를 나타내는 양

단위 니트(nt) 또는 스틸브(sb), 기호 L(luminance)

> ※[완전 확산면] 휘도가 어느 방향에서 보더라도 같은 표면

❺ 광속 발산도(R[rlx])

광원의 단위 면적으로부터 발산하는 광속으로서 광원 혹은 물체의 밝기

단위 래드룩스(rlx), 기호 M(Luminious)

광속 발산도 $M = \dfrac{F}{A}$

여기서, $A[m^2]$: 면적, F[lm] : 입사광속

❻ 감광보상률(D)

광속의 감소를 미리 예상하여 소요 광속의 여유를 두는 정도로 항상 1보다 큰 값이다.

감광보상률 $D = \dfrac{1}{M}$

여기서, M : 유지율(보수율), D : 감광보상률 ($D > 1$)

> ※감광보상률의 역수를 유지율 혹은 보수율이라고 한다.

❼ 램프의 효율(η)

$\eta = \dfrac{F}{P}$[lm/W]

여기서, P : 소비전력[W], F : 광원의 광속[lm]

핵심 03 옥내 조명설계

❶ 광원의 높이

광원의 높이(H) = 천장의 높이 - 작업면의 높이

❷ 등기구의 간격

① 등기구~등기구 : $S \leq 1.5H$

→ (직접, 전반조명의 경우)

② 등기구~벽면 : $S_0 \leq \dfrac{1}{2}H$

→ (벽면을 사용하지 않을 경우)

❸ 실지수의 결정

실지수란 실(room)의 특징을 나타내는 계수로서 조명기구의 형상, 배광이 조명대상에 유효하게 된 구조인지를 나타낸다.

실지수 $K = \dfrac{X \cdot Y}{H(X + Y)}$

여기서, K : 실지수, X : 방의 폭[m]

　　　　Y : 방의 길이[m]

　　　　H : 작업면에서 조명기구 중심까지 높이[m]

　　　　(H = 천정의 높이 – 작업면의 높이)

기출 가로 20[m], 세로 18[m], 천장의 높이 3.85[m], 작업면의 높이 0.85[m], 간접조명방식인 호텔 연회장의 실지수는 약 얼마인가?　(15/5)

① 1.16　　　　　② 2.16

③ 3.16　　　　　④ 4.16

[실지수] 실지수(K) = $\dfrac{XY}{H(X+Y)}$

① 작업면에서 천장까지의 높이(H)

　H = 천장의 높이 – 작업면의 높이 = 3.85 – 0.85 = 3[m]

② 실지수(K) = $\dfrac{XY}{H(X+Y)} = \dfrac{20 \times 18}{3 \times (20+18)} = 3.16$

【정답】③

---

4 평균 조도

① 평균 조도 $E = \dfrac{F \times N \times U}{A \times D} = \dfrac{F \times N \times U \times M}{A}$ [lx]

② 조도(E)에 대한 최소 필요 등수(N)

　등수 $N = \dfrac{E \times A}{F \times U \times M} = \dfrac{E \times A \times D}{F \times U}$

　여기서, F : 광속[lm], U : 조명률[%], M : 보수율

　　　　N : 조명기구 개수, E : 조도[lx]

　　　　A : 면적[m^2], D : 감광 보상률(= $\dfrac{1}{M}$)

5 조명률

조명률이란 사용 광원의 전 광속과 작업 면에 입사하는 광속의 비를 말한다.

조명률 $U = \dfrac{F}{F_o} \times 100$[%]

여기서, F : 작업 면에 입사하는 광속[lm]

　　　　F_o : 광원의 총 광속[lm]

---

6 보수율

조도(초기 조도), 램프교체와 조명기구 청소 직전의 조도(대상물의 최저 조도) 사이의 비

보수율 $M = M_t \times M_f \times M_d$

여기서, M_t : 램프 사용시간에 따른 효율 감소

　　　　M_f : 조명기구 사용시간에 따른 효율 감소

　　　　M_d : 램프 및 조명기구 오염에 따른 효율 감소

핵심　04　조도 계산

1 거리 역제곱의 법칙

조도 $E = \dfrac{I}{r^2}$ [lx]

조도 E는 광도 I에 비례하고 거리 r의 제곱에 반비례

2 입사각 여현의 법칙

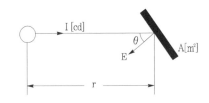

· 조도 $E = \dfrac{I}{r^2} \cos\theta$ [lx]

3 조도의 구분

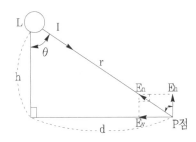

① 법선조도 $E_n = \dfrac{I}{r^2}$ [lx]

② 수평면 조도 $E_h = E_n \cos\theta = \dfrac{I}{r^2} \cos\theta$ [lx]

③ 수직면 조도 $E_v = E_n \sin\theta = \dfrac{I}{r^2} \sin\theta$ [lx]

기출 60[cd]의 점광원으로부터 2[m]의 거리에서 그 방향과 직각인 면과 30° 기울어진 평면위의 조도[lx]는?

(13/1 13/4)

① 11 ② 13 ③ 15 ④ 19

[수평면 조도] $E_h = E_n \cos\theta = \frac{I}{r^2}\cos\theta [\mathrm{lx}]$

(I : 광원, r : 거리, θ : 직각인 면과 이루는 각)

$E_h = \frac{I}{r^2}\cos\theta$ $\rightarrow \left(\cos 30 = \frac{\sqrt{3}}{2} = 0.866\right)$

$= \frac{60}{2^2}\cos 30 = 15 \times 0.866 = 12.99 \fallingdotseq 13[\mathrm{lx}]$

【정답】②

---

3 에스컬레이터 전동기의 용량

무게가 G인 물체를 경사면을 따라 밀어 올리는데 소요되는 동력

$$P = \frac{9.8 \times G \times v \times \sin\theta \times \beta}{\eta} = \frac{G \times V \times \sin\theta \times \beta}{6.12\eta}[W]$$

여기서, G : 적재하중[kg], v : 속도[m/sec]

η : 종합효율, β : 승객유입률, V : 속도[m/min]

4 엘리베이터용 전동기의 용량

$$P = \frac{KVW}{6120\eta}[kW]$$

여기서, P : 전동기 용량[kW], η : 엘리베이터 효율

V : 승강속도[m/min], K : 계수(평형률)

W : 직재하중[kg](기계의 무게는 포함하지 않음)

핵심 05 전동기의 용량 계산

1 펌프용 전동기의 용량

$$P = 9.8\frac{Q'[m^3/\sec]HK}{\eta} = \frac{Q[m^3/\min]HK}{6.12\eta}[\mathrm{kW}]$$

여기서, P : 전동기의 용량[kW], Q' : 양수량[$m^3/\sec$]

Q : 양수량[$m^3/\min$], H : 양정(낙차)[m]

η : 펌프효율, K : 여유계수(1.1~1.2 정도)

2 권상용 전동기의 용량

$$P = \frac{WV}{6.12\eta}[\mathrm{kW}]$$

여기서, W : 권상하중[ton] V : 권상속도[$m/\min$]

η : 권상기 효율

기출 기중기로 200[t]의 하중을 1.5[m/min]의 속도로 권상할 때 소요되는 전동기 용량은? (단, 권상기의 효율은 70[%] 이다.)

(10/1 11/1)

① 약 35[kW] ② 약 50[kW]
③ 약 70[kW] ④ 약 75[kW]

[권상용 전동기의 용량] $P = \frac{WV}{6.12\eta}[\mathrm{kW}]$

(W : 권상하중[ton], V : 권상속도[$m/\min$], η : 권상기 효율)

$P = \frac{WV}{6.12\eta} = \frac{200 \times 1.5}{6.12 \times 0.7} = 70.03[kW]$

【정답】③

Memo

Part
03

최근 8년간 기출문제
(2024~2017)

01. 어떤 도체에 5초간 4[C]의 전하가 이동했다면 이 도체에 흐르는 전류는?

① $0.12 \times 10^3 [mA]$　② $0.8 \times 10^3 [mA]$

③ $1.25 \times 10^3 [mA]$　④ $8 \times 10^3 [mA]$

|문|제|풀|이|

[전류의 크기] 어떤 도체의 단면을 단위시간 1[sec]에 이동하는

전하(Q)의 양 $I = \dfrac{Q}{t}[A]$　　　→ ($Q = I \cdot t$)

시간(t) : 5초, 전하(Q) : 4[C]

∴ 흐르는 전류 $I = \dfrac{Q}{t} = \dfrac{4}{5} = 0.8[A] = 0.8 \times 10^3 [mA]$

→ (단위에 주의 할 것)

【정답】②

02. 전압계 및 전류계의 측정 범위를 넓히기 위하여 사용하는 배율기와 분류기의 접속 방법은?

① 배율기는 전압계와 병렬접속, 분류기는 전류계와 직렬접속

② 배율기는 전압계와 직렬접속, 분류기는 전류계와 병렬접속

③ 배율기 및 분류기 모두 전압계와 전류계에 직렬접속

④ 배율기 및 분류기 모두 전압계와 전류계에 병렬접속

|문|제|풀|이|

[배율기] 배율기는 **전압계**의 측정범위를 넓히기 위한 목적으로 사용하는 것으로서, 회로에 **전압계와 직렬**로 저항 (배율기)을 접속하고 측정

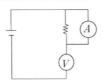

[분류기] 분류기는 **전류계**의 측정범위를 넓히기 위하여 **전류계에 병렬**로 접속하는 저항기를 말한다.

【정답】②

03. 기전력이 $V_0 [V]$, 내부저항이 $r[\Omega]$인 n개의 전지를 병렬 연결하였다. 단자전압을 옳게 나타낸 것은?

① 기전력 V_0와 똑같다.

② $n V_0 [V]$이다.

③ $\dfrac{V_0}{n}[V]$이다.

④ $n^2 V_0 [V]$이다.

|문|제|풀|이|

[전지의 연결]

1. 전지 n의 직렬연결

① 저항 : $R = nr$

② 전압 : $V = n V_0 [V]$

③ 전류 : $I = \dfrac{n V_0}{nr}[A]$

2. 전지 n의 병렬연결

① 저항 : $R = \dfrac{r}{n}$

② 전압 : $V = V_0 [V]$

③ 전류 : $I = \dfrac{V_0}{\dfrac{r}{n}}[A]$

【정답】①

04. 다음 중 망간 건전지의 양극으로 무엇으로 사용하는가?

① 아연판　　　　② 구리판

③ 탄소막대　　　④ 묽은황산

|문|제|풀|이|

[망간 건전지] 망간 전자의 **양극으로 탄소막대**, 음극으로는 아연판을 사용, 전해질은 염화암모니아(NH_4Cl)　　【정답】③

05. 서로 다른 종류의 안티몬과 비스무트의 두 금속을 접속하여 여기에 전류는 통하면, 줄열 외에 그 접점에서 열의 발생 또는 흡수가 일어난다. 이와 같은 현상은?

① 제3금속의 법칙　　② 제벡효과

③ 페르미효과　　　　④ 펠티에효과

|문|제|풀|이|

[펠티에효과] 두 종류 금속 접속면에 **전류**를 흘리면 접속점에서 **열의 흡수, 발생**이 일어나는 효과　　→ (냉장고의 원리)

※[제벡효과] 서로 다른 두 종류의 금속선을 접합하여 폐회로를 만든 후 두 접합점의 **온도**를 달리하였을 때, 폐회로에 **열기전력**이 발생하여 열전류가 흐르게 된다. 이러한 현상을 제벡효과라 하며 이때 연결한 금속 루프를 열전대라 한다.　　→ (온도계의 원리)

【정답】④

06. 콘덴서의 정전용량에 대한 설명으로 틀린 것은?

① 전압에 반비례한다.

② 이동 전하량에 비례한다.

③ 극판의 넓이에 비례한다.

④ 극판의 간격에 비례한다.

|문|제|풀|이|

[콘덴서의 정전용량] $C = \dfrac{Q}{V} = \dfrac{\epsilon S}{d} = \dfrac{\epsilon_0 \epsilon_s S}{d}[F]$

여기서, Q : 전기량[C], V ; 전위차[V], d : 전극의 거리[m]
　　　ϵ : 유전율($= \epsilon_0 \epsilon_s$), S : 전극의 면적[m²]

∴정전용량(C)은 **극판의 간격**($d[m]$)에 **반비례**한다.

【정답】④

07. 기전력 1.5[V], 용량이 20[Ah]인 축전지 5개를 직렬로 접속하여 사용할 때 기전력은 7.5[V]가 된다. 이때 용량은 어떻게 되는가?

① 20[Ah]　　　　② 25[Ah]

③ 30[Ah]　　　　④ 40[Ah]

|문|제|풀|이|

[용량] 직렬연결이므로 용량은 변화가 없다.

→ (병렬연결 : $20 \times 5 = 100[Ah]$)

【정답】①

08. 공기 중에서 $4[\mu C]$과 $8[\mu C]$의 두 전하 사이에 작용하는 정전력이 7.2[N] 일 때 두 전하 사이의 거리는 얼마인가?

① $0.1[m]$　　　　② $0.2[m]$

③ $0.3[m]$　　　　④ $0.4[m]$

|문|제|풀|이|

[두 전하 사이에 작용하는 힘(쿨롱의 법칙)]

$$F = \frac{1}{4\pi\epsilon_0} \times \frac{Q_1 \cdot Q_2}{r^2} = 9 \times 10^9 \times \frac{Q_1 \cdot Q_2}{r^2}[N]$$

$7.2[N] = 9 \times 10^9 \times \dfrac{4 \times 10^{-6} \times 8 \times 10^{-6}}{r^2}$ 에서 r을 구한다.

$$\therefore r = \sqrt{\frac{9 \times 10^9 \times 3 \times 10^{-5} \times 8 \times 10^{-5}}{7.2}} = 0.2[m]$$

→ (이럴 경우 4개의 보기를 하나씩 식에 넣어 보는 것이 더 빠르다.)

【정답】②

09. 자속밀도 1[Wb/m^2]은 몇 [gauss]인가?

① $4\pi \times 10^{-7}$　　　　② 10^{-6}

③ 10^4　　　　　④ $\dfrac{4\pi}{10}$

|문|제|풀|이|

[자속밀도] $1[\text{Wb}/m^2] = \dfrac{10^8 [\text{max}]}{10^4 [\text{cm}^2]} = 10^4 [\text{max}/\text{cm}^2 = \text{gauss}]$

【정답】③

10. 자기회로에서 자기저항이 5,000[AT/Wb]이고 기자력이 50,000[AT]이라면 자속[Wb]은?

① 10　　② 20　　③ 25　　④ 30

|문|제|풀|이|

[자속] $\phi = \dfrac{F}{R_m}[Wb]$　　　　→ ($F = NI = R\varnothing\,[AT]$)

여기서, R_m : 철심에서 만들어지는 자기저항, F : 기자력

$\therefore \phi = \dfrac{F}{R_m} = \dfrac{50,000}{5,000} = 10[Wb]$　　【정답】①

11. 다음 중 비유전율이 가장 작은 것은?

① 공기   ② 염화비닐

③ 운모   ④ 산화티탄 자기

|문|제|풀|이|

[비유전율] 어떤 물질이 전기장에 얼마나 잘 반응하는지를 나타내는 지표로 공기(비유전율=1)를 기준으로 한다.

유전체	비유전율(ϵ_s)	유전체	비유전율(ϵ_s)
진공	**1.000**	운모	6.7
공기	**1.00058**	유리	3.5~10
종이	1.2~1.6	물(증류수)	80
폴리에틸렌	2.3	산화티탄	100
변압기유	2.3~2.4	로셀염	100~1000
고무	2.0~3.5	티탄산바륨자기	100~3000

【정답】①

12. 자기회로의 길이가 l, 단면적이 A, 투자율이 μ일 때 자기저항을 나타낸 것은 무엇인가?

① 투자율과 면적에 반비례하고 길이에 비례

② 투자율과 면적에 비례하고 길이에 반비례

③ 투자율과 면적, 그리고 길이에 비례

④ 투자율과 면적, 그리고 길이에 반비례

|문|제|풀|이|

[자기저항(R_m)] $R_m = \dfrac{l}{\mu A}\,[AT/Wb]$

여기서, N : 코일의 권수, I : 코일의 전류, l : 평균자로

μ : 투자율, B : 자속밀도, $\varnothing$: 자속, A : 단면적

【정답】①

13. 물질에 따라 자석과 전혀 반응하지 않는 물질을 무엇이라 하는가?

① 강자성체   ② 상자성체

③ 반자성체   ④ 비자성체

|문|제|풀|이|

[자석의 일반적인 성질]

1. 하나의 자성체에 N극과 S극을 가지고 있다.

2. 금속을 끌어당기는 힘을 자기라 하고, 자기를 가지고 있는 물체를 자석이라 한다.

3. 자석은 강자성체, 즉 철, 니켈, 코발트 등을 흡인한다.

4. 1개의 자석에는 N극과 S극이 동시에 존재하며 N극은 북쪽, S극은 남쪽을 가리킨다.

5. 양 자극의 세기는 서로 같다.

6. **자력은 비자성체, 즉 유리나 종이 등을 투과한다.**

7. 자기유도작용에 의해 자석이 아닌 금속을 자석으로 만들 수 있다.

8. 임계온도 이상으로 가열하면 자석으로서의 성질이 없어진다.

【정답】④

14. 공심(空心) 솔레노이드 내부 자기장의 세기가 500 [AT/m]일 때, 자속밀도 [Wb/m^2]는 얼마인가?

① $2\pi \times 10^{-3}[Wb/m^2]$ ② $2\pi \times 10^{-4}[Wb/m^2]$

③ $2\pi \times 10^{-5}[Wb/m^2]$ ④ $2\pi \times 10^{-6}[Wb/m^2]$

|문|제|풀|이|

[자속밀도] $B = \dfrac{\varnothing}{S} = \mu H$

$\rightarrow$ (공심일 경우 $B = \mu_0 H$, $\mu_0 = 4\pi \times 10^{-7}$)

$\rightarrow$ (환상솔레노이드의 자속 $\varnothing = BS = \mu HS = \mu \dfrac{NI}{l} S [Wb]$)

여기서, S : 단면적, μ : 투자율, B : 자속밀도, l : 도체의 길이

N : 권수, I : 전류

$\therefore$ 공심일 경우 자속밀도

$B = \mu_0 H = 4\pi \times 10^{-7} \times 500 = 2\pi \times 10^{-4}[Wb/m^2]$

【정답】②

15. 자체인덕턴스가 각각 $L_1[H]$, $L_2[H]$인 두 원통 코일이 서로 직교하고 있다. 두 코일 사이의 상호인덕턴스[H]는?

① $L_1 + L_2$ ② $L_1 L_2$

③ 0   ④ $\sqrt{L_1 L_2}$

|문|제|풀|이|

[코일의 상호인덕턴스] $M = k\sqrt{L_1 L_2}\,[H]$

여기서, L_1, L_2 : 자기인덕턴스, k : 결합계수

코일이 직교(= 교차 $= 90°$)일 경우 $k = 0$

$\therefore M = 0 \times \sqrt{L_1 L_2} = 0$

※결합계수(k)

1. 일반적인 결합 시 : $0 < k < 1$

2. 미결합 시(직교) : $k = 0$

3. 완전 결합 시(누설자속이 없다) : $k = 1$

【정답】③

16. 전압 100[V], 저항 8[Ω], 유도리액턴스 6[Ω]이 직렬로 연결되어 있을 때 흐르는 전류와 역률은 얼마인가?

① 10, 0.5　　② 10, 0.8

③ 8, 0.5　　④ 8, 0.8

|문|제|풀|이|

[교류 시의 전류 및 역률]

1. 교류 시의 전류 $I = \dfrac{V}{Z} = \dfrac{V}{\sqrt{R^2 + X^2}} = \dfrac{100}{\sqrt{64 + 36}} = 10[A]$

2. 역률 $\cos\theta = \dfrac{R}{Z} = \dfrac{8}{10} = 0.8$ 　　【정답】②

17. 어드미턴스 Y_1과 Y_2를 병렬로 연결하면 합성 어드미턴스는 얼마인가?

① $Y_1 + Y_2$ 　　② $\dfrac{Y_1 Y_2}{Y_1 + Y_2}$

③ $Y_1 - Y_2$ 　　④ $\dfrac{Y_1 Y_2}{Y_1 - Y_2}$

|문|제|풀|이|

[어드미턴스의 접속]

1. 직렬접속 합성 어드미턴스 $Y_0 = \dfrac{Y_1 Y_2}{Y_1 + Y_2}[\mho]$

2. **병렬**접속 합성 어드미턴스 $Y_0 = Y_1 + Y_2[\mho]$

【정답】①

18. 1[kWh]는 몇 [J]인가?

① $3.6 \times 10^5 [J]$ 　　② $3.6 \times 10^6 [J]$

③ $3.6 \times 10^7 [J]$ 　　④ $3.6 \times 10^8 [J]$

|문|제|풀|이|

[일의 양(W)] $W = Pt[W \cdot \sec] = Pt[J]$

여기서, W : 일[J], t : 시간[sec], P : 전력[W]

$1[h] = 3600[\sec]$ 이므로

∴ $1[kWh] = 1 \times 1000[W] \times 3600[\sec]$

$= 3,600,000[W \cdot \sec] = 3.6 \times 10^6[J]$

【정답】②

19. 교류회로에서 무효전력의 단위는?

① [W]　　② [VA]

③ [Var]　　④ [V/m]

|문|제|풀|이|

[교류전력]

유효전력 (소비전력)	·실제로 소비되는 전력 ·단위는 [W]
무효전력	·무효분에서 소비되는 전력 ·단위는 [Var]
피상전력	·전체적으로 나타내는 전력 ·단위는 [VA]

※④ [V/m] : 전기장의 세기 　　【정답】③

20. 비정현파를 발생하는 원인과 거리가 먼 것은?

① 전기자반작용　　② 히스테리시스 현상

③ 옴의 법칙　　④ 철심의 자기포화

|문|제|풀|이|

[비정현파의 발생원인]

1. 교류발전기에서의 전기자반작용에 의해

2. 변압기에서의 철심의 자기포화 및 히스테리시스 현상에 의해

3. 다이오드의 비직선성에 의해 발생. 　　【정답】③

※비정현파
　1. 파형이 정현파가 아닌 파의 총칭. 왜파라고 함
　2. 구형파, 3각파, 대형파 등의 파형을 가리켜 일반적으로 비정현파라고 한다.
　3. 비정현파=직류성분+기본파+고조파로 구성

21. 직류 발전기의 정격전압 100[V], 무부하전압 104[V]이다. 이 발전기의 전압변동률 ϵ[%]는?

① 1　　② 3

③ 4　　④ 9

|문|제|풀|이|

[발전기의 전압변동률(ϵ)] $\epsilon = \dfrac{V_{R0} - V_R}{V_R} \times 100[\%]$

여기서, V_R : 정격전압, V_{R0} : 무부하전압

정격전압(V) : 100[V], 무부하 전압(V_{R0}) : 104[V]

$\epsilon = \dfrac{V_{R0} - V_R}{V_R} \times 100 = \dfrac{104 - 100}{100} \times 100[\%] = 4[\%]$ 　【정답】③

22 직류기의 고정손으로 가장 많이 차지하는 것은?

① 마찰손 ② 풍손

③ 철손 ④ 와류손

|문|제|풀|이|

[고정손(무부하손)] 부하에 관계없이 항상 일정한 손실

1. 철손(P_i)
   · 동손(분권계자권선 동손, 타여자권선 동손)
   · 히스테리시스손
   · 와류손(맴돌이 전류손)
2. 기계손(P_m) : 마찰손, 풍손 　　　【정답】③

23. 직류전동기를 기동할 때 전기자전류를 제한하는 가감저항기를 무엇이라 하는가?

① 단속기 ② 제어기

③ 가속기 ④ 기동기

|문|제|풀|이|

[기동기] 직류전동기의 기동 시동장치로서 기동할 때 전기기자에 직렬로 외부 저항을 넣어 전류를 제한하고 전동기가 회전할 때 역기전력이 발생되므로 **전류가 감소하고 외부저항이 감소**된다.
　　　【정답】④

24. 직류 직권전동기의 회전수를 $\frac{1}{3}$ 로 줄이면 토크는 어떻게 되는가?

① 2배 증가 ② 3배 증가

③ 4배 증가 ④ 9배 증가

|문|제|풀|이|

[직류 직권전동기] 직류 직권전동기 토크(T)와 속도(N)와의 관계

$$T \propto \frac{1}{N^2} \rightarrow T \propto \frac{1}{\left(\frac{1}{3}N\right)^2} = 9\frac{1}{N^2}$$

※직류 분권전동기 $T \propto \frac{1}{N}$ 　　　【정답】④

25. 직류 직권전동기의 특징에 대한 설명으로 틀린 것은?

① 부하전류가 증가하면 속도가 크게 감소된다.
② 기동토크가 작다.

③ 무부하 운전이나 벨트를 연결한 운전은 위험하다.
④ 계자권선과 전기자권선이 직렬로 접속되어 있다.

|문|제|풀|이|

[직류 직권전동기의 특성]

·토크 $\tau \propto I^2 \propto \frac{1}{N^2}$

·기동토크가 부하전류의 제곱에 비례하고 속도의 제곱에 반비례
·전동기 기동 시 속도를 감소시키면 **큰 기동 토크를 얻을 수 있다**.
·무부하 운전을 할 수 없다.
·부하와 벨트 구동을 하지 않는다. 　　　【정답】②

26. 변압기에 대한 설명 중 틀린 것은?

① 전압을 변성한다.

② 전력을 발생하지 않는다.

③ 정격출력은 1차측 단자를 기준으로 한다.

④ 변압기의 정격용량은 피상전력으로 표시한다.

|문|제|풀|이|

[변압기]

1. 1차측 : 전원에 접속된 권선을 1차권선
2. 2차측 : 부하(출력)에 접속된 권선을 2차권선
　　　【정답】③

27. 다음 중 분권전동기의 토크와 회전수의 관계를 올바르게 표시한 것은?

① 반비례 ② 비례

③ 제곱에 반비례 ④ 제곱에 비례

|문|제|풀|이|

[분권전동기의 토크] $\tau = \frac{pZ}{2\pi a}\varnothing I_a = \frac{EI_a}{2\pi n}[N\cdot m]$

$$\rightarrow (n = \frac{N}{60})$$

여기서, E : 역기전력, I_a : 전기자전류

　　Z : 전동기 총도체수, $\varnothing$: 자속, $n(=\frac{N}{60})$: 회전수

　　a : 병렬회로수, p : 극수

∴분권전동기의 토크 $\tau \propto I \propto \frac{1}{N}$

※직권전동기의 토크 $\tau \propto I^2 \propto \frac{1}{N^2}$ 　　　【정답】①

28. 변압기의 권수비가 60일 때 2차측 저항이 0.1[Ω]이다. 이것을 1차로 환산하면 몇 [Ω]인가?

① 310   ② 360

③ 390   ④ 410

|문|제|풀|이|

[변압기의 권수비(a)] $a = \dfrac{N_1}{N_2} = \dfrac{V_1}{V_2} = \dfrac{I_2}{I_1} = \sqrt{\dfrac{R_1}{R_2}} = \sqrt{\dfrac{Z_1}{Z_2}}$

권수비(a) : 60, 2차 저항(R_2) : 0.1[Ω]

$a = \sqrt{\dfrac{R_1}{R_2}} \rightarrow 60 = \sqrt{\dfrac{R_1}{0.1}} \rightarrow 3600 = \dfrac{R_1}{0.1}$ ∴ $R_1 = 360$

【정답】②

29. 변압기의 성층 철심 강판 재료의 규소 함량은 대략 몇 [%]인가?

① 약 1~2[%]   ② 약 4~5[%]

③ 약 96~97[%]   ④ 약 70~73[%]

|문|제|풀|이|

[전기자 철심] 전기자 철심은 철손을 적게 하기 위하여 **규소가 함유(4~5[%])된** 규소강판을 사용하여 히스테리시스손을 작게 하며, 0.35~0.5[mm] 두께로 여러 장 겹쳐서 성층하여 와류손을 감소시킨다.

※철 : 약 96~97[%]   【정답】②

30. 3상 100[kVA], 13200/200[V] 변압기의 저압측 선전류의 유효분은 약 몇 [A] 인가? (단, 역률은 80[%]이다.)

① 100   ② 173

③ 230   ④ 260

|문|제|풀|이|

[변압기의 저압측 선전류 및 유효전류]

1. 저압측 선전류 $I_2 = \dfrac{P}{\sqrt{3}\,V_2}[A]$ $\rightarrow (P = \sqrt{3}\,VI)$

2. 유효전류 $I = I_2 \cos\theta [A]$

(P : 전력, V_2 : 전압, $\cos\theta$: 역률)

전력(P) : 100[kVA], 전압(V) : 200[V], 역률($\cos\theta$) : 80[%]

$I_2 = \dfrac{P}{\sqrt{3}\,V_2} = \dfrac{100 \times 10^3}{\sqrt{3} \times 200} = 288.68[A]$

∴유효전류 $I = I_2 \cos\theta = 288.68 \times 0.8 = 230.94[A]$ 【정답】③

31. 변압기의 부하전류 및 전압이 일정하고 주파수만 낮아지면?

① 철손이 증가한다.

② 동손이 증가한다.

③ 철손이 감소한다.

④ 동손이 감소한다.

|문|제|풀|이|

[변압기]

부하전류가 일정하면 동손 I^2R는 변화가 없다. 철손은 거의 히스테리시스손과 와류손의 합이다.

와전류손과 히스테리시스손을 P_e, P_h라 하면

$P_e = f^2 B^2 t^2$, $P_h = B^{1.6} f$, $E = f \cdot B$

∴$P_e = E^2$, $P_h = E^{1.6} \cdot f^{-1.6}$

동일 전압에서 주파수가 감소하면 철손은 증가한다.

【정답】①

32. 부흐홀츠 계전기로 보호되는 기기는?

① 발전기   ② 변압기

③ 전동기   ④ 회전 변류기

|문|제|풀|이|

[변압기 고장보호] 부흐홀츠계전기, 비율차동계전기, 차동계전기

※부흐홀츠계전기 : 변압기 고장 보호, 변압기와 콘서베이터 연결관 도중에 설치

【정답】②

33. 동기와트 P_2, 출력 P_0, 슬립 s, 동기속도 N_s, 회전속도 N, 2차동손 P_{2c}일 때 2차 효율 표기로 틀린 것은?

① $1-s$ ② $\dfrac{P_{2c}}{P_2}$

③ $\dfrac{P_0}{P_2}$ ④ $\dfrac{N}{N_s}$

|문|제|풀|이|

[유도전동기의 2차효율] $\eta_2 = \dfrac{P_0}{P_2} = \dfrac{(1-s)P_2}{P_2} = \dfrac{N}{N_s}$

여기서, P_2 : 2차입력, s : 슬립, P_0 : 2차출력

N_s : 동기속도, N : 회전속도   【정답】②

34. 1대의 출력이 100[kVA]인 단상 변압기 2대로 V결선하여 3상 전력을 공급할 수 있는 최대전력은 몇 [kVA] 인가?

① 100
② $100\sqrt{2}$
③ $100\sqrt{3}$
④ 200

|문|제|풀|이|
[변압기 V결선]

1. 단상 변압기 3대로 $\triangle - \triangle$결선 운전 중 1대의 변압기 고장 시 V-V결선으로 운전된다.
2. V결선 시 변압기용량(2대의 경우) $P_v = \sqrt{3}\,P_1$

$\qquad\qquad\rightarrow (P_1$는 변압기 한 대의 용량)

$\therefore P_v = \sqrt{3}\,P_1 = 100\sqrt{3}\,[kVA]$

※ $P_\triangle = 3P_1$　　　　　　　　　　　　　【정답】③

---

35. 유도전동기의 동기속도 n_s, 회전속도 n일 때 슬립은?

① $s = \dfrac{n_s - n}{n}$
② $s = \dfrac{n - n_s}{n}$

③ $s = \dfrac{n_s - n}{n_s}$
④ $s = \dfrac{n_s + n}{n_s}$

|문|제|풀|이|

[유도전동기의 슬립] $s = \dfrac{N_s - N}{N_s}$

1. 동기속도 $N_s = \dfrac{120f}{p}[\mathrm{rpm}]$

2. 상대속도 $N_s - N = sN_s$

$\therefore$슬립 $s = \dfrac{N_s - N}{N_s}$

여기서, N_s : 동기속도, N : 회전자속도, f : 주파수
　　　　p : 극수, s : 슬립　　　　　　【정답】③

---

36. 3상 유도 전동기의 Y-Δ 기동시 기동토크와 기동전류는 전전압 기동시의 몇 배가 되는가?

① $\dfrac{1}{\sqrt{3}}$
② $\sqrt{3}$

③ $\dfrac{1}{3}$
④ 3

|문|제|풀|이|

[유도전동기 $Y-\triangle$ 기동] $Y-\triangle$ 기동 시에는 1차가 Y결선이 되므로 1차 각 상에는 정격전압의 $\dfrac{1}{\sqrt{3}}$의 전압이 가해지고 토크는 전압의 제곱에 비례하므로 $\left(\dfrac{1}{\sqrt{3}}\right)^2 = \dfrac{1}{3}$ 배이다.

【정답】③

---

37. 동기발전기를 계통에 병렬로 접속시킬 때 관계없는 것은?

① 주파수
② 위상
③ 전압
④ 전류

|문|제|풀|이|
[동기발전기]

1. 동기발전기는 교류 발전기
2. 동기발전기를 계통에 병렬로 연결할 경우 **주파수, 위상, 전압 등이 동기화** 되어야 한다.

※용량(전류)은 달라도 된다.　　　　　　【정답】④

---

38. 다음 중 제동권선에 의한 기동토크를 이용하여 동기전동기를 기동시키는 방법은?

① 저주파기동법
② 고주파기동법
③ 기동전동기법
④ 자기기동법

|문|제|풀|이|

[동기전동기의 기동법] 동기전동기의 기동법으로는 자기기동법, 유도전동기법 등이 있다.

1. 자기기동법 : **기동토크를 적당한 값으로 유지**하기 위하여 변압기 탭에 의해 정격전압의 30~50[%] 정도로 저압을 가해 기동을 한다.
2. 유도전동기법 : 유도전동기 또는 직류 전동기를 사용하여 기동시킨다.　　　　　　　　　　　　　【정답】④

---

39. 양 방향으로 전류를 흘릴 수 있는 양방향 소자는?

① SCR
② GTO
③ TRIAC
④ MOSFET

[각종 반도체 소자의 비교]
1. 방향성
 ㉮ 양방향성(쌍방향) 소자 : DIAC, **TRIAC**, SSS
 ㉯ 역저지(단방향성) 소자 : SCR, LASCR, GTO, SCS
2. 극(단자)수
 ㉮ 2극(단자) 소자 : DIAC, SSS, Diode
 ㉯ 3극(단자) 소자 : SCR, LASCR, GTO, TRIAC
 ㉰ 4극(단자) 소자 : SCS 【정답】③

40. 단상 전파 정류회로에서 직류 전압의 평균값으로 가장 적당한 것은? (단, E는 교류 전압의 실효값)

① 1.35E[V]   ② 1.17E[V]

③ 0.9E[V]   ④ 0.45E[V]

|문|제|풀|이|
[직류 평균전압]
1. 단상반파 : $E_d = 0.45E[V]$
2. 단상전파 : $E_d = 0.9E[V]$
3. 3상반파 : $E_d = 1.17E[V]$
4. 3상전파 : $E_d = 1.35E[V]$ 【정답】③

※[정류회로 방식의 비교]

종류	단상 반파	단상 전파	3상 반파	3상 전파
직류출력	$E_d = 0.45E$	$E_d = 0.9E$	$E_d = 1.17E$	$E_d = 2.34E$
맥동률[%]	121	48	17.7	4.04
정류효율	40.5	81.1	96.7	99.8
맥동주파수	f	$2f$	$3f$	$6f$

1. 단상 : 선 두 가닥, 3상 : 선 3가닥
2. 반파 : 다이오드 1개, 전파 : 다이오드 2개 이상

41. 다음 중 전선의 약호 중 H가 나타내는 것은?

① 연동선   ② 경동선

③ 네온전선   ④ 형광등전선

|문|제|풀|이|
[전선의 약호]
① 연동선 : A   ② 경동선 : H
③ 네온전선 : N   ④ 형광등전선 : Fl
【정답】②

42. 다음 중 옥외용 가교폴리에틸렌절연전선의 약호는 무엇인가?

① OC   ② OE

③ OW   ④ NV

|문|제|풀|이|
[전선의 약호]
① OC : 옥외용 가교폴리에틸렌절연전선
② OE : 옥외용 폴리에틸렌 절연전선
③ OW : 옥외용 비닐절연전선
④ NV : 비닐절연 네온전선 【정답】①

43. 전선의 굵기를 측정하는 공구는?

① 권척   ② 메거

③ 와이어 게이지   ④ 와이어 스트리퍼

|문|제|풀|이|
[와이어 게이지] 전선의 굵기를 측정
※① 권척 : 가늘고 얇은 천이나 쇠 따위에 눈금을 새겨 만든 띠 모양의 긴 자
 ② 메거 : 절연저항 측정에 사용된다.
 ④ 와이어 스트리퍼 : 절연전선의 피복 절연물을 벗기는 자동 공구
【정답】③

44. 다음 중 금속 전선관의 호칭을 맞게 기술한 것은?

① 박강, 후강 모두 안지름으로 [mm]로 나타낸다.
② 박강은 안지름, 후강은 바깥지름으로 [mm]로 나타낸다.
③ 박강은 바깥지름, 후강은 안지름으로 [mm]로 나타낸다.
④ 박강, 후강 모두 바깥지름으로 [mm]로 나타낸다.

|문|제|풀|이|
[후강 전선관]
·**안지름의 크기에 가까운 짝수**
·두께 2[mm] 이상
·길이 3.6[m]
·16, 22, 28, 36, 42, 54, 72, 80, 92, 104(c)
[박강 전선관]
·**바깥지름의 크기에 가까운 홀수**
·두께 1.2[mm] 이상
·길이 3.6[m]
·15, 19, 25, 31, 39, 51, 63, 75(c) 【정답】③

45. 버스덕트공사에 의한 배선, 또는 옥외 배선 사용 전압이 저압인 경우 시설 기준에 대한 설명으로 틀린 것은?

① 덕트의 내부에 먼지가 침입하지 아니하도록 할 것
② 덕트의 끝부분은 막을 것
③ 습기가 많은 장소에 시설하는 경우에는 옥외용 버스덕트를 사용하지 말 것
④ 덕트 상호 간 및 전선 상호 간은 견고하고 또한 전기적으로 완전하게 접속할 것

|문|제|풀|이|⋯⋯⋯⋯⋯⋯⋯⋯⋯⋯⋯⋯⋯⋯⋯⋯⋯⋯⋯⋯⋯

[버스덕트공사]

1. 덕트 상호 간 및 전선 상호 간은 견고하고 또한 전기적으로 완전하게 접속할 것
2. 덕트를 조영재에 붙이는 경우에는 덕트의 지지점 간의 거리를 3[m] 이하로 하고 견고하게 붙일 것
3. 취급자 이외의 자가 출입할 수 없도록 설비한 곳에서 수직으로 붙이는 경우에는 **6[m] 이하**
4. 덕트(환기형의 것을 제외)의 끝부분은 막을 것
5. 덕트(환기형의 것을 제외한다)의 내부에 먼지가 침입하지 아니하도록 할 것
6. 버스덕트 내부에 물이 침입하여 고이지 아니하도록 할 것
7. **습기가 많은 장소 또는 물기가 있는 장소에 시설하는 경우에는 옥외용 버스덕트를 사용**하고 버스덕트 내부에 물이 침입하여 고이지 아니하도록 할 것　　　　　【정답】③

46. 점유 면적이 좁고 운전 보수에 안전하며 공장, 빌딩 등의 전기실에 많이 사용되는 배전반은 어떤 것인가?

① 데드프런트형　　　② 수직형
③ 큐비클형　　　　　④ 라이브프런트형

|문|제|풀|이|⋯⋯⋯⋯⋯⋯⋯⋯⋯⋯⋯⋯⋯⋯⋯⋯⋯⋯⋯⋯⋯

[폐쇄식 배전반(Cubicle type)] 큐비클 또는 메탈 클래드라 하며, 조립형, 장갑형 등이 있다.

1. 조립형 : 차단기 등을 철재함에 조립하여 사용
2. 장갑형 : 회로별로 모선, 계기용변성기, 차단기 등을 하나의 함내에 장치. 점유 면적이 좁고, 운전 보수에 안전함으로 **공장, 빌딩 등의 전기실에 많이 사용**　　　　　【정답】③

47. 사람의 접촉 우려가 있는 합성수지제몰드는 홈의 폭 및 깊이가 (㉠)[cm] 이하로 두께는 (㉡)[mm] 이상의 것이어야 한다. (　)안에 들어갈 내용으로 알맞은 것은?

① ㉠ 3.5, ㉡ 1　　　② ㉠ 5, ㉡ 1
③ ㉠ 3.5, ㉡ 2　　　④ ㉠ 5, ㉡ 2

|문|제|풀|이|⋯⋯⋯⋯⋯⋯⋯⋯⋯⋯⋯⋯⋯⋯⋯⋯⋯⋯⋯⋯⋯

[합성수지몰드공사]

·합성수지 몰드는 홈의 폭 및 **깊이가 3.5[cm] 이하**
·합성수지 몰드 공사에 사용되는 합성수지는 **두께가 2[mm] 이상**으로 쉽게 파손되지 않아야 한다.
·사람이 쉽게 접촉할 우려가 없도록 시설하는 경우에는 폭이 5[cm] 이하
·합성수지 몰드 안에서는 전선에 접속점이 없도록 시설한다.　　　　　【정답】③

48. 가연성 먼지에 전기설비가 발화원이 되어 폭발의 우려가 있는 곳에 시설하는 저압 옥내배선 공사방법이 아닌 것은?

① 금속관 공사
② 케이블 공사
③ 애자공사
④ 두께 2[mm] 이상의 합성수지관 공사

|문|제|풀|이|⋯⋯⋯⋯⋯⋯⋯⋯⋯⋯⋯⋯⋯⋯⋯⋯⋯⋯⋯⋯⋯

[가연성 먼지가 많은 장소에서의 시설] 가연성 먼지에 전기설비가 발화원이 되어 폭발할 우려가 있는 곳에 시설하는 저압 옥내전기설비는 **합성수지관 공사**(두께 2[mm] 미만의 합성수지전선관 및 콤바인덕트관을 사용하는 것을 제외한다.) **금속관 공사** 또는 **케이블 공사**에 의할 것　　　　　【정답】③

49. 단상 2선식 옥내배전반 회로에서 접지 측 전선의 색깔로 옳은 것은?

① 갈색　　　　　　② 빨간색
③ 회색　　　　　　④ 녹색–노란색

|문|제|풀|이|

[전선의 식별]

상(문자)	색상
L1	갈색
L2	검정색
L3	회색
N	파란색
보호도체(접지선)	녹색-노란색 혼용

【정답】④

50. 목장의 전기울타리에 사용하는 경동선의 지름은 최소 몇 [mm] 이상 이어야 하는가?

① 1.6   ② 2.0

③ 2.6   ④ 3.2

|문|제|풀|이|

[전기울타리의 시설]
1. 전기울타리는 사람이 쉽게 출입하지 아니하는 곳에 시설할 것
2. 전기울타리를 시설하는 곳에는 사람이 보기 쉽도록 적당한 간격으로 위험표시를 할 것
3. 전선은 인장강도 1.38[kN] 이상의 것 또는 **지름 2[mm] 이상의 경동선**일 것
4. 전선과 이를 지지하는 기둥 사이의 간격은 2.5[cm] 이상일 것
5. 전선과 다른 시설물(가공 전선을 제외한다) 또는 수목 사이의 간격은 30[cm] 이상일 것
6. 전기울타리에 전기를 공급하는 전로에는 쉽게 개폐할 수 있는 곳에 전용 개폐기를 시설하여야 한다.
7. 전기울타리용 전원 장치에 전기를 공급하는 전로의 사용전압은 250[V] 이하 　　　　　　【정답】②

51. 셀룰로이드, 성냥, 석유류 등 기타 가연성 위험물질을 제조 또는 저장하는 장소의 배선 방법이 아닌 것은?

① 배선을 금속관배선, 합성수지관배선 또는 케이블배선에 의할 것

② 금속관은 박강전선관 또는 이와 동등이상의 강도가 있는 것을 사용할 것

③ 두께가 2[mm] 미만의 합성수지제 전선관을 사용할 것

④ 합성수지관배선에 사용하는 합성수지관 및 박스 기타 부속품은 손상될 우려가 없도록 시설할 것

|문|제|풀|이|

[위험물 등이 있는 곳에서의 저압의 시설] 셀룰로이드·성냥·석유, 기타 위험물이 있는 곳의 배선은 합성수지관공사(두께 **2[mm] 미만의 합성수지 전선관 및 난연성이 없는 콤바인 덕트관**을 사용하는 것을 **제외**한다), 금속관 공사, 케이블 공사, 경질 비닐관 공사에 의하여야 한다. 　　　　　　【정답】③

52. 가공 전선로의 지지물을 지지선으로 보강하여서는 안 되는 것은?

① 목주

② A종 철근콘크리트주

③ B종 철근콘크리트주

④ 철탑

|문|제|풀|이|

[지지선] 전선로의 안정성을 증가시키고 지지물의 강도를 보강하기 위하여 **철탑을 제외**한 지지물 등에 설치하는 금속선으로 전선로의 수평장력이 가까운 곳에 설치
1. 가공전선로의 지지물로 사용하는 **철탑은 지지선을 사용하여 강도를 분담시켜서는 아니 된다.**
2. 가공전선로의 지지물로 사용하는 철주 또는 철근 콘크리트주는 그 철주 또는 철근 콘크리트주가 지지선을 사용하지 아니하는 상태에서 풍압하중의 1/2 이상의 풍압하중에 견디는 강도를 가지는 경우 이외에는 지지선을 사용하여 그 강도를 분담시켜서는 아니 된다. 　　　　　　【정답】④

53. 지지물에 전선 그 밖의 기구를 조정하기 위하여 완금, 완목, 애자 등을 장치하는 것을 무엇이라 하는가?

① 건주   ② 가선

③ 장주   ④ 경간

|문|제|풀|이|

[지지물]
① 건주 : 전주를 세우는 것
② 가선 : 세운 전주에 전선을 시설하는 것
③ 장주 : 지지물에 **완금, 애자** 등을 장치하는 것
④ 경간 : 전주와 전주 사이의 직선 거리

【정답】③

54. 정격전류가 60[A]인 주택의 전로에 정격전류의 1.45 배의 전류가 흐를 때 주택에 사용하는 배선용 차단기는 몇 분 내에 자동적으로 동작하여야 하는가?

① 10분 이내
② 30분 이내
③ 60분 이내
④ 120분 이내

|문|제|풀|이|

[과전류트립 동작시간 및 특성(주택용 배선차단기)]

정격전류의 구분	시간	정격전류의 배수 (모든 극에 통전)	
		부동작 전류	동작 전류
63[A] 이하	60분	1.13배	1.45배
63[A] 초과	120분	1.13배	1.45배

【정답】 ③

55. OW 전선을 사용하는 저압 구내 가공인입전선으로 전선의 길이가 15[m]를 초과하는 경우 그 전선의 지름은 몇 [mm] 이상을 사용하여야 하는가?

① 1.6
② 2.0
③ 2.6
④ 3.2

|문|제|풀|이|

[가공인입전선]

절연전선, 다심형전선, 케이블
① 저압 : **케이블 이외에 지름 2.6[mm]경동선 사용** (단, 경간이 15[m] 이하인 경우 2.0[mm]경동선 사용)
② 고압 : 인장강도 8.0[KN] 이상, 지름 5.0[mm]의 고압 절연전선, 케이블
③ 특별고압 : 케이블 (단, 10만[V] 이하)

※OW : 옥외용 비닐절연전선 【정답】 ③

56. 지중전선로를 직접 매설식에 의하여 시설하는 경우 차량, 기타 중량물의 압력을 받을 우려가 있는 장소의 매설 깊이[m]는?

① 0.6[m] 이상
② 1.0[m] 이상
③ 1.5[m] 이상
④ 2.0[m] 이상

|문|제|풀|이|

[지중 선로의 시설]

1. 지중전선로는 전선에 케이블을 사용하고 또한 관로식, 암거식 또는 직접 매설식에 의하여 시설하여야 한다.
2. 지중 전선로를 직접 매설식에 의하여 시설하는 경우에는 매설 깊이를 **차량 기타 중량물의 압력을 받을 우려가 있는 장소에는 1.0[m]** 이상, 기타 장소에는 60[cm] 이상으로 하고 또한 지중 전선을 견고한 트라프 기타 방호물에 넣어 시설하여야 한다.

【정답】 ②

57. 고압 전로에 지락사고가 생겼을 때 지락전류를 검출하는데 사용하는 것은?

① CT
② ZCT
③ MOF
④ PT

|문|제|풀|이|

[ZCT(영상 변류기)] 지락사고 시 지락전류(영상전류)를 검출
① CT(계기용 변류기) : 회로의 1차 측의 대전류를 2차 측의 소전류(5[A])로 변성하여 계기나 계전기에 전류원 공급
③ MOF(계기용 변압 변류기, 계기용 변성기) : 계기용 변압기와 변류기를 조합한 것으로 전력 수급용 전력량을 측정하기 위하여 사용된다.
④ 계기용 변압기(PT) : 1차 측의 고전압을 2차 측의 저전압(110[V])으로 변성하여 계기나 계전기에 전압원 공급

【정답】 ②

58. 고압 배전선에 주상변압기 2차 측에 실시하는 변압기 중성점접지공사의 접지저항값을 계산하는 식으로 옳은 것은? (단, 보호장치의 동작이 1~2초 이내)

① $R = \dfrac{150}{I_g}[\Omega]$
② $R = \dfrac{300}{I_g}[\Omega]$
③ $R = \dfrac{600}{I_g}[\Omega]$
④ $R = \dfrac{750}{I_g}[\Omega]$

|문|제|풀|이|

[변압기 중성점 접지의 접지저항]

1. 특별한 보호 장치가 없는 경우 : $R = \dfrac{150}{I_g}[\Omega]$

2. 보호 장치의 동작이 **1~2초 이내** : $R = \dfrac{300}{I_g}[\Omega]$

3. 보호 장치의 동작이 1초 이내 : $R = \dfrac{600}{I_g}[\Omega]$

여기서, I_g : 1선지락전류 【정답】②

59. 전력회사가 수용가의 인입구에 설치하여, 미리 정한 값 이상의 전류가 흘렀을 때 일정시간 내의 동작으로 정전시키기 위한 장치는?

① 전류 제한기   ② 계기용 변압기

③ 계기용 변류기   ④ 전류계용 절환 개폐기

|문|제|풀|이|

[전류 제한기] 전력회사가 수용가의 인입구에 설치하여, 미리 정한 값 이상의 전류가 흘렀을 때 일정시간 내의 동작으로 정전시키기 위한 장치

② 계기용 변압기 : 고전압을 저전압(110[V])으로 변성하여 계기나 계전기에 전압원 공급

③ 계기용 변류기] 교류 배전반에서 전류가 많이 흘러 전류계를 직접 주 회로에 연결할 수 없을 때 사용

④ 전류계용 절환 개폐기 : 상용전원의 이상 발생시 축전지나 비상 발전기로부터 부하에 전력을 공급한다.

【정답】①

60. 보호를 요하는 회로의 전류가 어떤 일정한 값(정정값) 이상으로 흘렀을 때 동작하는 계전기는?

① 비율차동계전기   ② 과전압계전기

③ 차동계전기   ④ 과전류계전기

|문|제|풀|이|

[과전류계전기(OCR)] 보호를 요하는 회로의 **전류**가 어떤 **일정한 값(정정값) 이상**으로 흘렀을 때 동작

① 비율 차동 계전기 : 1차 전류와 2차 전류차의 비율에 의해 동작

② 과전압 계전기 : 전압이 일정한 값 이상으로 되었을 때 동작

③ 차동 계전기 : 변압기 1차 전류와 2차 전류의 차에 의해 동작

【정답】④

01. 전기 전도도가 좋은 순서대로 도체를 나열한 것은?

① 은 → 구리 → 금 → 알루미늄

② 구리 → 금 → 은 → 알루미늄

③ 금 → 구리 → 알루미늄 → 은

④ 알루미늄 → 금 → 은 → 구리

|문|제|풀|이|

[전기전도도]

도체	도전율[℧/m]
은	6.2×10^7
구리	5.8×10^7
금	4.2×10^7
알루미늄	3.5×10^7

【정답】①

02. 다음 중 가장 무거운 것은?

① 양성자의 질량과 중성자의 질량의 합

② 양성자의 질량과 전자의 질량의 합

③ 중성자의 질량과 전자의 질량의 합

④ 원자핵의 질량과 전자의 질량의 합

|문|제|풀|이|

[원자핵의 질량 순위] 중성자 〉 양성자 〉 전자

1. 중성자 : 1.675×10^{-27}[kg]

2. 양성자 : 1.673×10^{-27}[kg]

3. 전자 : 9.107×10^{-31}[kg]

④ (원자핵(양성자+중성자)+전자) 〉 ① (양성자+중성자) 〉 ③ (중성자+전자) 〉 ② (양성자+전자) 　　　　【정답】④

03. 전위차계로 전위를 측정하였다. B점의 전위가 100[V]이고 D점의 전위가 60[V]일 때 $4[\Omega]$에 흐르는 전류는?

① 5[A]

② $\dfrac{15}{7}[A]$

③ $\dfrac{20}{7}[A]$

④ 20[A]

|문|제|풀|이|

[전류 분배의 법칙(저항 병렬 연결)]

R_1, R_2가 병렬 연결 시

· $I_1 = \dfrac{R_2}{R_1+R_2} I$ → 저항 R_1에 흐르는 전류

· $I_2 = \dfrac{R_1}{R_1+R_2} I$ → 저항 R_2에 흐르는 전류

1. B점과 D점 사이의 전위차가 40[V]이므로 점 B와 D에 사이에 흐르는 전류는 $I = \dfrac{V}{R} = \dfrac{40}{5+3} = 5[A]$이다.

2. 전류 분배의 법칙에 의하여 ($R_1 = 3[\Omega]$, $R_2 = 4[\Omega]$) 저항 $4[\Omega]$에 흐르는 전류는 5[A]이므로

$I_2 = \dfrac{R_1}{R_1+R_2} \times I = \dfrac{3}{3+4} \times 5 = \dfrac{15}{7}[A]$　　【정답】②

04. "회로의 접속점에서 볼 때, 접속점에 흘러 들어오는 전류의 합은 흘러 나가는 전류의 합과 같다."라고 정의되는 법칙은?

① 키르히호프의 제1법칙

② 키르히호프의 제2법칙

③ 플레밍의 오른손 법칙

④ 앙페르의 오른나사 법칙

|문|제|풀|이|

[키르히호프 제1법칙] 접합점법칙 또는 **전류법칙**이라고 한다. 회로 내의 어느 점을 취해도 그곳에 흘러들어오거나(+) 흘러나가는 (−) 전류를 음양의 부호를 붙여 구별하면, **들어오고 나가는 전류의 총계는 0이 된다.**　　【정답】①

※② 키르히호프 제2법칙 : 폐회로 법칙, 고리법칙 또는 전압법칙이라고
　　　한다. 임의의 닫힌 회로(폐회로)에서 회로 내의 모든 전위차의 합은
　　　0이다.

③ [플레밍의 오른손법칙(발전기 원리)]
　　자기장 속에서 도선이 움직일 때 자기장
　　의 방향과 도선이 움직이는 방향으로 유
　　도 기전력 또는 유도 전류의 방향을 결정
　　하는 규칙이다.

　　1. 엄지 : 운동의 방향
　　2. 검지 : 자속의 방향
　　3. 중지 : 기전력의 방향

④ 앙페르(Amper)의 오른손(오른나사) 법칙
　　전류가 만드는 자계의 방향을 찾아내기 위한 법칙

　　전류가 흐르는 방향(+ → -)으로 오른손 엄지손가락을 향하면, 나머
　　지 손가락은 자기장의 방향이 된다.

05. 전기분해를 통하여 석출된 물질의 양은 통과한 전기량 및 화학당량과 어떤 관계인가?

① 전기량과 화학당량에 비례한다.
② 전기량과 화학당량에 반비례한다.
③ 전기량에 비례하고 화학당량에 반비례한다.
④ 전기량에 반비례하고 화학당량에 비례한다.

|문|제|풀|이|

[패러데이 법칙] 전기분해에 의해 석출되는 물질의 석출량 $w[g]$은
전해액 속을 통과한 전기량 $Q[C]$에 비례한다.

$w = kQ = kIt[g]$

여기서, w : 석출량$[g]$,　k : 전기화학당량,　I : 전류
　　　　t : 통전시간 $[sec]$　　　　　　　　　【정답】①

06. 중첩의 원리를 이용하여 회로를 해석할 때 전류원과 전압원은 각각 어떻게 하여야 하는가?

① 전류원 개방, 전압원 단락
② 전류원 개방, 전압원 개방
③ 전류원 단락, 전압원 단락
④ 전류원 단락, 전압원 개방

|문|제|풀|이|

[중첩의 원리] 한 회로망 내에 다수의 전원(전류원, 전압원)이
동시에 존재할 때 각 지로에 흐르는 전류는 전원이 각각 단독으
로 존재할 때 흐르는 전류의 벡터 합과 같다.

1. 전류원은 개방(open)
2. 전압원은 단락(short)　　　　　　　　　　　　　　【정답】①

07. 220[V]용 100[W] 전구와 200[W] 전구를 직렬로 연결하여 220[V]의 전원에 연결하면?

① 두 전구의 밝기가 같다.
② 100[W]의 전구가 더 밝다.
③ 200[W]의 전구가 더 밝다.
④ 두 전구 모두 안 켜진다.

|문|제|풀|이|

[소비전력] $P = I^2 R = \dfrac{V^2}{R}$ [W]

1. 소비전력 $P = \dfrac{V^2}{R}$ 에서

　· 100[W] 일 때의 저항 $R_{100} = \dfrac{V^2}{P} = \dfrac{220^2}{100} = 484[\Omega]$

　· 200[W] 일 때의 저항 $R_{200} = \dfrac{V^2}{P} = \dfrac{220^2}{200} = 242[\Omega]$

2. 직렬연결이므로 전류는 일정하다.
　이때 소비전력은 $P = I^2 R$이므로 소비전력과 저항은 비례한다. 따라
　서 **저항이 큰 쪽이 소비전력이 많아 더 밝다.**　　　【정답】②

08. 공기 중에서 4[μC]과 8[μC]의 두 전하 사이에 작용하는 정전력이 7.2[N] 일 때 두 전하 사이의 거리는 얼마인가?

① 0.1[m]　　　　　　　② 0.2[m]
③ 0.3[m]　　　　　　　④ 0.4[m]

|문|제|풀|이|

[두 전하 사이에 작용하는 힘(쿨롱의 법칙)]

$F = \dfrac{1}{4\pi\epsilon_0} \times \dfrac{Q_1 \cdot Q_2}{r^2} = 9 \times 10^9 \times \dfrac{Q_1 \cdot Q_2}{r^2} [N]$

$7.2[N] = 9 \times 10^9 \times \dfrac{4 \times 10^{-6} \times 8 \times 10^{-6}}{r^2}$ 에서 r을 구합니다.

$\therefore r = \sqrt{\dfrac{9 \times 10^9 \times 3 \times 10^{-5} \times 8 \times 10^{-5}}{7.2}} = 0.2[m]$

　　→ (이럴 경우 4개의 보기를 하나씩 식에 넣어 보는 것이 더 빠르다.)
　　　　　　　　　　　　　　　　　　　　　　　　【정답】②

09. 그림과 같이 공기 중에 놓인 2×10^{-8}[C]의 전하에서 2[m] 떨어진 점 P와 1[m] 떨어진 점 Q와의 전위차는?

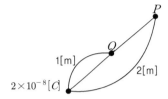

① 80[V]　　　　② 90[V]

③ 100[V]　　　 ④ 110[V]

|문|제|풀|이|

[P, Q점의 전위차] 전위 $V = \dfrac{Q}{4\pi\epsilon_0 r}$

전위차 $V_{PQ} = V_Q - V_P = \dfrac{Q}{4\pi\epsilon_0}\left(\dfrac{1}{r_Q} - \dfrac{1}{r_P}\right)$

$\qquad\qquad = 9 \times 10^9 \times 2 \times 10^{-8} \times \left(\dfrac{1}{1} - \dfrac{1}{2}\right) = 90[V]$

【정답】②

10. 정전흡인력에 대한 설명 중 옳은 것은?

① 정전흡인력은 전압의 제곱에 비례한다.

② 정전흡인력은 극판 간격에 비례한다.

③ 정전흡인력은 극판 면적의 제곱에 비례한다.

④ 정전흡인력은 쿨롱의 법칙으로 직접 계산된다.

|문|제|풀|이|

[정전흡인력(F)] $F = \dfrac{1}{2}\epsilon_0 E^2 = \dfrac{1}{2}\epsilon_0\left(\dfrac{V}{d}\right)^2 = \dfrac{\epsilon_0 V^2}{2d^2}[N/m^2]$

$\qquad\qquad \rightarrow (\text{전계의 세기 } E = \dfrac{V}{l} = \dfrac{V}{d}[V/m])$

$\therefore F \propto V^2$, 정전흡입력은 전압의 제곱에 비례한다.

【정답】①

11. $3[\mu F]$, $4[\mu F]$, $5[\mu F]$의 3개의 콘덴서를 병렬로 연결된 회로의 합성정전용량은 얼마인가?

① $1.2[\mu F]$　　　　② $3.6[\mu F]$

③ $12[\mu F]$　　　　 ④ $36[\mu F]$

|문|제|풀|이|

[콘덴서 합성정전용량(병렬)] 콘덴서 병렬접속의 합성정전용량은
$C_p = C_1 + C_2 + C_3 = 3 + 4 + 5 = 12[\mu F]$　　　【정답】③

12. 다음 중 평행판 콘덴서의 정전용량을 늘리는 방법으로 옳은 것은?

① 유전율이 작다.

② 유전율과는 관계가 없다.

③ 전극의 면적이 넓다.

④ 전극의 거리가 크다.

|문|제|풀|이|

[평행판 콘덴서 정전용량] $C = \dfrac{\epsilon \cdot S}{d}[F]$

여기서, S : 전극 면적$[m^2]$, d : 전극의 거리$[m]$
$\qquad\quad \epsilon$: 유전율$(\epsilon = \epsilon_0\epsilon_s$, ϵ_0 : 8.855×10^{-12}[F/m])

【정답】③

13. 용량을 변화시킬 수 있는 콘덴서는?

① 바리콘　　　　② 마일러 콘덴서

③ 전해 콘덴서　　④ 세라믹 콘덴서

|문|제|풀|이|

[콘덴서의 종류]

① 바리콘
　・라디오의 방송을 선택하는 곳에 사용
　・주파수에 따라 **용량 가변 가능**

② 마일러 콘덴서 : 얇은 폴리에스테르 필름의 양면에 금박을 대고 원통형으로 감은 것으로 극성이 없다는 것이 특징이다.

③ 전해 콘덴서 : 전기 분해를 응용하여 양극 금속의 표면에 산화 피막을 만들고, 그것을 감싸듯이 음극을 붙인 것으로, 페이스트 모양의 전해액에 의한 습식과 증착반도체에 의한 건식이 있다.

④ 세라믹 콘덴서 : 유전율이 높은 산화타이늄이나 타이타늄산 바륨 등의 자기(세라믹스)를 유전체로 하는 콘덴서

※가변콘덴서에는 바리콘, 트리머 등이 있다.　　　【정답】①

14. 공기 중 +1[Wb]의 자극에서 나오는 자력선의 수는 몇 개인가?

① 6.33×10^4　　　　② 7.958×10^5

③ 8.855×10^3　　　　④ 1.256×10^6

|문|제|풀|이|
[자력선의 수(가우스의 정리)] 진공 중에서 $m[Wb]$의 자하로부터 나

오는 자력선의 수는 $N = \dfrac{m}{\mu_0} = \dfrac{1}{\mu_0} = \dfrac{1}{4\pi \times 10^{-7}} = 7.958 \times 10^5 [개]$

$\rightarrow$ (m : 자극의 세기)

【정답】②

15. 평균 반지름 10[cm]이고 감은 횟수 10회의 원형코
일에 20[A]의 전류를 흐르게 하면 코일 중심의
자기장의 세기는 몇 [AT/m]인가?

① 10[AT/m] ② 20[AT/m]

③ 1000[AT/m] ④ 2000[AT/m]

|문|제|풀|이|

[원형코일 중심의 자기장의 세기] $H = \dfrac{NI}{2r}[AT/m]$

여기서, N : 권수, I : 전류, r : 반지름(m)

∴자기장의 세기 $H = \dfrac{NI}{2r} = \dfrac{10 \times 20}{2 \times 10^{-2}} = 1000[AT/m]$

※환상코일 중심의 자기장의 세기

$H = \dfrac{NI}{l} = \dfrac{NI}{2\pi a}[AT/m]$

여기서, a : 반지름, l : 자로(자속의 통로)의 길이[m]

【정답】③

16. 어느 코일에 0.5[A]의 전류가 흐르고 축적되는 에너
지가 0.2[J]일 때 자기인덕턴스는 얼마인가?

① 1 ② 1.6

③ 2 ④ 2.6

|문|제|풀|이|

[코일에 축적되는 에너지] $W = \dfrac{1}{2}LI^2[J]$ $\rightarrow$ (L : 자기인덕턴스)

$W = \dfrac{1}{2}LI^2[J]$에서 $0.2 = \dfrac{1}{2}L \times 0.5^2 \rightarrow L = 1.6$

※콘덴서에 축적되는 에너지 $W_c = \dfrac{1}{2}CV^2$ 【정답】②

17. 1000[Hz]에서 30[Ω]인 콘덴서를 2000[Hz]에서
사용하면 리액턴스가 어떻게 되는가?

① 15 ② 30

③ 45 ④ 60

|문|제|풀|이|

[용량성 리액턴스] $X_C = \dfrac{1}{\omega C} = \dfrac{1}{2\pi f C}[\Omega]$

용량성 리액턴스는 주파수에 반비례하므로 15[Ω]이다.

$\rightarrow$ (주파수가 2배 증가, 리액턴스는 $\dfrac{1}{2}$배, 즉 15[Ω]

【정답】①

18. 대칭 3상 △결선에서 선전류와 상전류와의 위상
관계는?

① 상전류가 $\dfrac{\pi}{3}$[rad] 앞선다.

② 상전류가 $\dfrac{\pi}{3}$[rad] 뒤진다.

③ 상전류가 $\dfrac{\pi}{6}$[rad] 앞선다.

④ 상전류가 $\dfrac{\pi}{6}$[rad] 뒤진다.

|문|제|풀|이|

[변압기의 3상 △결선] 선전류(I_l)는 2차 권선에 흐르는 상전류(I_p)
의 $\sqrt{3}$배이고 30° 위상이 뒤진다. 즉, **상전류가 30도 앞선다.**

항목	Y결선	△결선
전압	$V_l = \sqrt{3}\,V_P \angle 30$	$V_l = V_p$
전류	$I_l = I_p$	$I_l = \sqrt{3}\,I_P \angle -30$

여기서, V_l(선간전압), V_P(상전압), I_l(선전류), I_p(상전류)

【정답】③

19. 정현파 교류의 왜형률(distortion factor)은?

① 0 ② 0.1212

③ 0.2273 ④ 0.4834

|문|제|풀|이|

[왜형률(일그러짐)] 비정현파가 정현파를 기준으로 어느 정도 일
그러졌는지를 표시하는 척도로 사용

$D = \dfrac{\text{전고조파의 실효값}}{\text{기본파의 실효값}} = \dfrac{\sqrt{I_2^2 + I_3^2 + \cdots + I_n^2}}{I_1}$

※ 정현파 교류는 기본파만 존재하므로 왜형률은 0이다.

【정답】①

20. 3상 220[V], △결선에서 1상의 부하가 $Z = 8 + j6[\Omega]$ 이면 선전류[A]는?

① 11　　　　　　　② $22\sqrt{3}$

③ 22　　　　　　　④ $\dfrac{22}{\sqrt{3}}$

|문|제|풀|이|

[△ 결선의 특징 및 임피던스]

· 선간전압 $V_l = V_p[V]$　　· 선전류 $I_l = \sqrt{3}\,I_p[A]$

· 임피던스 $Z = R + jX[\Omega]$ 에서 $|Z| = \sqrt{R^2 + X^2}$

(V_p : 상전압, I_p : 상전류, V_l : 선간전압, I_l : 선전류

R : 저항, X : 리액턴스)

전압 : 220[V](△결선이므로 $V_l = V_p = 220[V]$)

임피던스 $Z = 8 + j6[\Omega]$

1. 선간전압 $V_l = V_p = 220[V]$

2. 선전류 $I_l = \sqrt{3}\,I_p[A]$

3. 한상의 임피던스 $\dot{Z} = 8 + j6[\Omega] \rightarrow |Z| = \sqrt{8^2 + 6^2} = 10[\Omega]$

∴ 선전류 $I_l = \sqrt{3}\,I_p = \sqrt{3} \times \dfrac{V_p}{Z} = \sqrt{3} \times \dfrac{220}{10} = 22\sqrt{3}\,[A]$

→ $\left(Z = \dfrac{V}{I} \text{에서 } I = \dfrac{V}{Z}[A] \right)$

【정답】②

21. 직류발전기를 구성하는 부분 중 정류자란?

① 전기자와 쇄교하는 자속을 만들어 주는 부분

② 자속을 끊어서 기전력을 유기하는 부분

③ 전기자권선에서 생긴 교류를 직류로 바꾸어 주는 부분

④ 계자권선과 외부 회로를 연결시켜 주는 부분

|문|제|풀|이|

[직류기의 3요소]

1. 계자 : 자속을 만들어 주는 부분

2. 전기자 : 도체에 기전력을 유기하는 부분

3. 정류자 : 만들어진 기전력 **교류를 직류로 반환**하는 부분

【정답】③

22. 전기자저항 0.1[Ω], 전기자전류 104[A], 유도기전력 110.4[V]인 직류 분권발전기의 단자전압[V]은?

① 110　　② 106　　③ 102　　④ 100

|문|제|풀|이|

[직류 분권발전기의 단자전압] $V = E - R_a I_a[V]$

→ (유도기전력 $E = V + R_a I_a[V]$)

여기서, I_a : 전기자전류, R_a : 전기자저항, E : 유도기전력

∴ 단자전압 $V = E - R_a I_a[V] = 110.4 - 104 \times 0.1 = 100[V]$

【정답】④

23. 속도를 광범위하게 조정할 수 있으므로 압연기나 엘리베이터 등에 사용되고 일그너방식 또는 워드 레오나드 방식의 속도제어에 사용하는 경우에 주 전동기로 사용하는 전동기는?

① 직권전동기　　② 분권전동기

③ 타여자전동기　　④ 가동복권전동기

|문|제|풀|이|

[워드레오나드]

1. 전압제어법　　　　2. 광범위한 속도 조정 가능

3. 효율 양호　　　　4. 권상기, 엘리베이터, 기중기

[직류전동기의 용도]

① 직권전동기 : 전차, 권상기, 크레인

② 분권전동기 : 펌프, 환기용 송풍기, 공작기계

③ 타여자전동기 : **압연기**, 크레인, **엘리베이터**

④ 가동복권전동기 : 공작기계, 공기압축기

※1. 광범위하다 : 타여자전동기　　2. 일정하다 : 분권전동기

3. 힘이 세다 : 직권전동기　　　　【정답】③

24. 변압기에서 퍼센트저항강하 3[%], 리액턴스강하 4[%]일 때 역률 0.8(지상)에서의 전압변동률은?

① 2.4[%]　　　　　　② 3.6[%]

③ 4.8[%]　　　　　　④ 6.0[%]

|문|제|풀|이|

[변압기 전압변동률(ϵ)] $\epsilon = p\cos\theta \pm q\sin\theta[\%]$

→ (지상(뒤짐)부하시 : +, 진상(앞섬)부하시 : -, 언급이 없으면 +)

여기서, p : 퍼센트 저항강하, q : 퍼센트 리액턴스강하

$\cos\theta$: 역률

퍼센트 저항강하 : 3[%], 리액턴스 강하 : 4[%], 역률 : 0.8(지상)

∴ $\epsilon = p\cos\theta + q\sin\theta \rightarrow (\sin\theta = \sqrt{1 - \cos^2\theta} = \sqrt{1 - 0.8^2} = 0.6)$

$= 3 \times 0.8 + 4 \times 0.6 = 4.8[\%]$　　　　【정답】③

25. 변압기의 성층 철심 강판 재료의 철의 함량은 대략 몇 [%]인가?

① 약 1~2[%]   ② 약 4~5[%]

③ 약 96~97[%]   ④ 약 70~73[%]

|문|제|풀|이|

[전기자 철심] 전기자 철심은 철손을 적게 하기 위하여 규소가 함유(4~5[%])된 규소강판을 사용하여 히스테리시스손을 작게 하며, 0.35~0.5[mm] 두께로 여러 장 겹쳐서 성층하여 와류손을 감소시킨다.

※철 : 약 96~97[%]   【정답】③

---

26. 직류 직권전동기의 회전수를 $\frac{1}{3}$로 줄이면 토크는 어떻게 되는가?

① 2배 증가   ② 3배 증가

③ 4배 증가   ④ 9배 증가

|문|제|풀|이|

[직류 직권전동기] 직류 직권전동기 토크(T)와 속도(N)와의 관계

$$T \propto \frac{1}{N^2} \;\rightarrow\; T \propto \frac{1}{\left(\frac{1}{3}N\right)^2} = 9\frac{1}{N^2}$$

※직류 분권전동기 $T \propto \frac{1}{N}$ 【정답】④

---

27. 다음 그림은 직류 발전기의 분류 중 어느 것에 해당되는가?

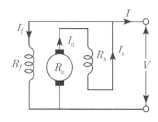

① 분권발전기   ② 직권발전기

③ 자석발전기   ④ 복권발전기

|문|제|풀|이|

[복권발전기] 전기자와 계자권선의 직·병렬접속하며, 직권계자자속과 분권계자자속이 더해지는 가동복권과 상쇄되는 차동복권으로 나누어진다.   【정답】④

---

28. 3상 변압기의 병렬 운전 시 병렬 운전이 불가능한 결선 조합은?

① Δ-Δ 와 Y-Y   ② Δ-Y 와 Δ-Y

③ Y-Y 와 Y-Y   ④ Δ-Δ 와 Δ-Y

|문|제|풀|이|

[변압기의 병렬 운전 불가능]

Δ-Δ와 Δ-Y, Y-Y와 Δ-Y는 변압기의 병렬운전 시 위상차가 발생하므로, 순환전류가 흘러서 과열 및 소손이 발생할 수 있다. 따라서 **병렬운전이 불가능**하다.

※Δ와 Y를 더해서 홀수가 나오면 안 된다. Δ와 Y의 개수가 홀수가 나오면 위상차가 발생하기 때문에 병렬접속을 할 수 없다.

【정답】④

---

29. 20[kVA]의 단상 변압기 2대를 사용하여 V-V결선으로 하고 3상 전원을 얻고자 한다. 이때 여기에 접속시킬 수 있는 3상 부하의 용량은 약 몇 [kVA]인가?

① 34.6   ② 44.6

③ 54.6   ④ 66.6

|문|제|풀|이|

[3상 변압기의 V-V결선 출력] $P_V = \sqrt{3}\,P_1$

여기서, P_V : V결선시 출력, P_1 : 단상 변압기 한 대의 용량
20[kVA] 용량의 단상 변압기 2대를 V-V결선

$\therefore P_v = \sqrt{3}\,P_1[\mathrm{kVA}] = \sqrt{3} \times 20 = 34.6[\mathrm{kVA}]$

※$P_\Delta = 3P_1$ 【정답】①

---

30. 유도전동기가 회전하고 있을 때 생기는 손실 중에서 구리손이란?

① 브러시의 마찰손

② 베어링의 마찰손

③ 표유부하손

④ 1차, 2차의 권선의 저항손

|문|제|풀|이|

[구리손(동손)]

2차 동손 (=저항손 : P_{c2})   【정답】④

31. 농형유도 전동기의 기동법과 가장 거리가 먼 것은?

① 기동보상기법   ② 2차저항 기동법

③ 전전압 기동법   ④ Y—△ 기동법

|문|제|풀|이|

[유도전동기의 기동법]
1. 권선형유도전동기 : 2차 측에 코일이 있는 것
   · **2차저항기동법**(비례추이 이용)
   · 게르게스법
2. 농형유도전동기 : 2차 측에 코일이 없는 것
   · 전전압기동 : 5[kW] 이하 소용량
   · Y-△ 기동 : 5~15[kw]

     토크 $\frac{1}{3}$ 배 감소, 기동전류 $\frac{1}{3}$ 배 감소

   · 기동보상기법
   · 리액터기동법
   · 콘도르파법   【정답】②

32. 200[V], 50[Hz], 8극, 15[KW]의 3상 유도전동기에서 전부하 회전수가 720[rpm]이면 이 전동기의 2차효율은 몇 [%]인가?

① 86   ② 96

③ 98   ④ 100

|문|제|풀|이|

[전동기의 2차효율] $\eta_2 = \dfrac{P}{P_2} = \dfrac{(1-s)P_2}{P_2} = \dfrac{N}{N_s}$

1. 동기속도 $N_s = \dfrac{120f}{p} = \dfrac{120 \times 50}{8} = 750[rpm]$

2. 슬립 $s = \dfrac{N_s - N}{N_s} = \dfrac{750 - 720}{750} = 0.04$

여기서, N_s : 동기속도, N : 회전수, p : 극수, s : 슬립

∴$\eta_2 = 1 - s = 1 - 0.04 = 0.96 = 96[\%]$ 【정답】②

33. 60[Hz], 2극, 유도전동기의 슬립이 10[%]라면 회전수는 몇 [rpm]인가?

① 1240   ② 2240

③ 3240   ④ 4240

|문|제|풀|이|

[유도전동기 동기속도] $N_s = \dfrac{N}{(1-s)} = \dfrac{120f}{p}[rpm]$

주파수(f) : 60[Hz], 극수(p) : 4극, 슬립(s) : 10[%]

동기속도 $N_s = \dfrac{120f}{p} = \dfrac{120 \times 60}{2} = 3600[rpm]$

∴회전속도 $N = (1-s)N_s = (1-0.1) \times 3600 = 3240[rpm]$

         【정답】③

34. 고압 전동기 철심의 강판 홈(slot)의 모양은?

① 반폐형   ② 개방형

③ 반구형   ④ 밀폐형

|문|제|풀|이|

[전동기 철심의 강판]
1. 저압 : 반폐형
2. 고압 : 개방형   【정답】②

35. 3상4극 60[MVA], 역률 0.8, 60[Hz], 22.9[kV] 수차 발전기의 전부하 손실이 1600[kW]이면 전부하 효율[%]은?

① 90   ② 95

③ 97   ④ 99

|문|제|풀|이|

[변압기의 전부하 효율 및 수차발전기의 출력]

변압기의 전부하 효율 $\eta = \dfrac{출력}{출력 + 전체손실} \times 100$

수차 발전기의 출력 $P = P_a \cos\theta[MW]$

여기서, P_a : 출력, $\cos\theta$: 역률

출력(P_a) : 60[MVA], 역률($\cos\theta$) : 0.8, 전부하손실 : 1600[kW]

1. 수차 발전기의 출력 $P = P_a \cos\theta = 60 \times 0.8 = 48[MW]$

2. 손실 1600[kW]=1.6[MW]

3. 효율 $\eta = \dfrac{출력}{출력 + 전체손실} \times 100 = \dfrac{48}{48 + 1.6} \times 100 ≒ 97[\%]$

         【정답】③

36. 동기임피던스 5[Ω]인 2대의 3상 동기발전기의 유도기전력에 100[V]의 전압 차이가 있다면 무효순환전류[A]는?

① 10[A]   ② 15[A]

③ 20[A]   ④ 25[A]

|문|제|풀|이|

[동기발전기의 무효순환전류] 기전력의 차 때문에 순환전류가 발생

$$I_c = \frac{E_1 - E_2}{2Z_s} = \frac{E_r}{2Z_s} [A]$$

$$\therefore I_c = \frac{E_r}{2Z_s} = \frac{100}{2 \times 5} = 10[A]$$

※동기 발전기 병렬 운전 조건 및 조건이 다른 경우

병렬 운전 조건	조건이 맞지 않는 경우
・기전력의 크기가 같을 것 ・기전력의 위상이 같을 것 ・기전력의 주파수가 같을 것 ・기전력의 파형이 같을 것	・무효순환전류(무효횡류) ・동기화전류(유효횡류) ・동기화전류 ・고주파 무효순환전류

【정답】①

---

37. 동기발전기의 병렬운전 조건이 아닌 것은?

① 기전력의 크기가 같을 것

② 기전력의 위상이 같을 것

③ 기전력의 주파수가 같을 것

④ 기전력의 용량이 같을 것

|문|제|풀|이|

[동기발전기의 병렬운전 조건 및 조건이 다를 경우]

1. 기전력이 같아야 한다. ≠ (효순환전류(무효횡류)가 흐른다)

2. 위상이 같아야 한다. ≠ (동기화전류(유효횡류)가 흐른다)

3. 파형이 같아야 한다. ≠ (고조파 무효순환 전류가 흐른다)

4. 주파수가 같아야 한다. ≠ (동기화전류가 교대로 주기적으로 흐른다)

※병렬운전에는 용량, 출력, 회전수 등은 같지 않아도 된다.

【정답】④

---

38. 디지털 디스플레이 시계나 계산기와 같이 숫자나 문자를 표기하기 위해서 사용하는 전류를 흘려 빛을 발산하는 반도체 소자는 무엇인가?

① 제너다이오드   ② 바렉스다이오드

③ 터널다이오드   ④ 발광다이오드

|문|제|풀|이|

[발광다이오드(LED)] 디지털 디스플레이 시계나 계산기와 같이 숫자나 문자를 표기하기 위해서 사용하는 전류를 흘려 빛을 발산

하는 반도체 소자

#① 제너다이오드 : 정전압 다이오드라고도 하며, 전압을 일정하게 유지하기 위한 전압 제어 소자로 널리 사용된다.

② 바렉스다이오드 : 과도 전압, 이상 전압에 대한 회로 보호용으로 사용되는 소자

③ 터널다이오드 : 불순물의 함량을 증가시켜 공간 전하 영역의 폭을 좁혀 터널 효과가 나타나도록 한 것이다.

【정답】④

---

39. SCR 2개를 역병렬로 접속한 그림과 같은 기호의 명칭은?

① SCR   ② TRIAC

③ GTO   ④ UJT

|문|제|풀|이|

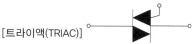

[트라이액(TRIAC)]

・쌍방향성 3단자 사이리스터

・SCR 2개를 역병렬로 접속

・순·역 양방향으로 게이트 전류를 흐르게 하면 도통하는 성질

・On/Off 위상 제어, 교류회로의 전압, 전류를 제어할 수 있다.

・냉장고, 전기담요의 온도 제어 및 조광장치 등에 쓰인다.

※[각종 반도체 소자의 비교]

방향성	명칭	단자	기호	응용 예
역저지 (단방향) 사이리스터	SCR	3단자		정류기 인버터
	LASCR			정지스위치 및 응용스위치
	GTO			쵸퍼 직류스위치
	SCS	4단자		
쌍방향성 사이리스터	SSS	2단자		초광장치, 교류스위치
	TRIAC	3단자		초광장치, 교류스위치
	역도통			직류효과

※128페이지 [05 사이리스터의 종류] 참조

【정답】②

40. 다음 중 인입용 비닐절연전선을 나타내는 약호는?

① OW ② EV

③ DV ④ NV

|문|제|풀|이|

1. OW : 옥외용 비닐절연전선
2. **DV : 인입용 비닐절연전선**
3. IV : 옥내용 비닐절연전선
4. VV : 비닐절연 비닐외장케이블
5. NV : 클로로프렌 절연 비닐 외장 케이블

【정답】③

41. 제어 정류기의 용도는 무엇인가?

① 교류 – 교류 변환

② 직류 – 교류 변환

③ 교류 – 직류 변환

④ 직류 – 직류 변환

|문|제|풀|이|

[정류기의 특성]

1. AC-DC 컨버터(**위상제어정류기**) : 직류전동기의 속도 제어
2. DC-AC 인버터 : 교류전동기의 속도 제어
3. DC-DC 컨버터(직류초퍼회로) : 직류전동기의 속도 제어
4. AC-AC 컨버터(사이클로컨버터) : 가변 주파수, 가변 출력 전압 발생

【정답】③

42. 다음 중 나전선 상호간 또는 나전선과 절연전선 접속 시 접속부분의 전선의 세기는 일반적으로 어느 정도 유지해야 하는가?

① 80[%] 이상 ② 70 [%]이상

③ 60[%] 이상 ④ 50 [%]이상

|문|제|풀|이|

[나전선 상호간의 접속] 나전선 상호간의 접속인 경우에는 전선의 세기를 20[%] 이상 감소시키지 않아야 한다. 즉, **80[%] 이상을 유지**해야 한다.

【정답】①

43. 다음 중 금속전선관 부속품이 아닌 것은?

① 록너트 ② 노말밴드

③ 커플링 ④ 앵글커넥터

|문|제|풀|이|

[금속전선관 부속품]

① 록너트 : 금속 전선관을 박스에 고정 시킬 때 사용
② 노말밴드 : 배관이 90도로 꺾이는 곳에 사용
③ 커플링 : 옥외 등 온도 차가 큰 장소에 노출 배관을 할 때 사용
※④ 앵글커넥터 : 금속제가요전선관 접속에 사용되는 부품이다.

【정답】④

44. 노출장소 또는 점검 가능한 은폐장소에 제2종가요 전선관을 시설하고 제거하는 것이 자유로울 경우의 곡률 반지름은 안지름의 몇 배 이상으로 하여야 하는가?

① 2 ② 3

③ 5 ④ 6

|문|제|풀|이|

[가요 전선관의 곡률 반지름]

·1종 가요 전선관을 구부릴 경우 곡률반지름은 관 안지름의 6배 이상으로 하여야 한다.
·2종가요전선관을 구부릴 경우 노출 장소 또는 점검 가능한 장소에서 시설 제거하는 것이 **자유로운 경우 관 안지름의 3배 이상**으로 하여야 하며, 노출 장소 또는 점검이 가능한 은폐 장소에서 시설하고 제거하는 것이 부자유하거나 또는 점검이 불가능할 경우는 관 안지름의 6배 이상으로 한다.

【정답】②

45. 금속관공사에서 노크아웃의 지름이 금속관의 지름 보다 큰 경우에 사용하는 재료는?

① 로크너트 ② 부싱

③ 콘넥터 ④ 링리듀서

|문|제|풀|이|

[금속관 공사]

① 로크너트 : 금속 전선관을 박스에 고정 시킬 때 사용한다.
② 부싱 : 전선의 손상을 막기 위해 접속하는 곳마다 넣는 캡이므로 기구를 연결하는 전선마다 양 단에 넣는다.
④ **링리듀서 : 지름이 다른 관을 잇는 장치**

【정답】④

46. 전선의 공칭단면적에 대한 설명으로 옳지 않은 것은?

① 소선 수와 소선의 지름으로 나타낸다.

② 단위는 [mm²]로 표시한다.

③ 전선의 실제단면적과 같다.

④ 연선의 굵기를 나타내는 것이다.

|문|제|풀|이|

[전선의 공칭단면적] 연소선의 각 단면적의 합계치에 가까운 정수치나 소수치로 나타내는 단면적으로, 전선의 연선의 굵기를 나타낸다. **전선의 실제 단면적과 반드시 같지 않다.**

【정답】③

47. 합성수지관 상호 및 관과 박스는 접속 시에 삽입하는 깊이를 관 바깥지름의 몇 배 이상으로 하여야 하는가? (단, 접착제를 사용하지 않은 경우이다.)

① 0.2 ② 0.5

③ 1 ④ 1.2

|문|제|풀|이|

[합성수지관 공사] 관 상호간 및 박스와는 삽입하는 깊이를 관 **바깥지름의 1.2배**(단, 접착제 사용하는 경우 0.8배) 이상으로 견고하게 접속할 것

【정답】④

48. 다음 중 버스덕트의 종류가 아닌 것은?

① 플로어 버스덕트

② 피더 버스덕트

③ 트롤리 버스덕트

④ 플러그인 버스덕트

|문|제|풀|이|

[버스덕트의 종류]

명칭	비고
피더 버스덕트	도중에 부하를 접속하지 아니한 것
플러그인 버스덕트	도중에 부하 접속용으로서 꽂음플러그를 만든 것
트롤리 버스덕트	도중에 이동부하를 접속할 수 있도록 트롤리 접속식 구조로 한 것

【정답】①

49. 1종 금속몰드 배선공사를 할 때 동일 몰드 내에 넣는 전선수는 최대 몇 본 이하로 하여야 하는가?

① 3 ② 5

③ 10 ④ 12

|문|제|풀|이|

[금속몰드 배선공사] 같은 몰드 내에 전선을 넣는 경우의 전선 수는

1. **1종 금속몰드에 넣는 전선 수는 10본 이하로 할 것**

2. 2종 금속몰드에 넣는 전선 수는 전선 피복절연물을 포함한 관단면적의 총합계가 몰드내 단면적의 20[%] 이하가 되도록 할 것

【정답】③

50. 화약고에 시설하는 전기설비에서 전로의 대지전압은 몇 [V] 이하로 하여야 하는가?

① 100[V] ② 150[V]

③ 300[V] ④ 400[V]

|문|제|풀|이|

[화약류 저장소에서 전기설비의 시설]

화약류 저장소 안에는 백열전등이나 형광등 또는 이에 전기를 공급하기 위한 공작물에 한하여 다음과 같이 시설할 수 있다.

1. 전로의 **대지전압은 300[V] 이하**일 것

2. 전기기계기구는 전폐형의 것일 것

3. 케이블을 전기기계기구에 인입할 때에는 인입구에서 케이블이 손상될 우려가 없도록 시설할 것

【정답】③

51. 점유 면적이 좁고 운전, 보수에 안전하므로 공장, 빌딩 등의 전기실에 많이 사용되며, 큐비클형이라고 불리는 배전방식은?

① 라이브프런트식 ② 데드 프런드식

③ 포우스트형 ④ 폐쇄식

|문|제|풀|이|

[폐쇄식 배전반(큐비클형)] 4면을 폐쇄하여 만든 것으로 점유 면적이 좁고 운전, 보수에 안전하므로 공장, 빌딩 등의 전기실에 많이 사용되며 종류로는 조립형과 장갑형이 있다.

【정답】④

52. 일반적으로 학교 건물이나 은행 건물 등의 간선의 수용률은 얼마인가?

① 50[%] ② 60[%]
③ 70[%] ④ 80[%]

|문|제|풀|이|

[주요 건물의 간선 수용률]

건물의 종류	수용률([%])
주택, 기숙사, 여관, 호텔, 병원, 창고	50
학교, 사무실, 은행	70

【정답】③

53. 다음 중 접지저항의 측정에 사용되는 측정기의 명칭은?

① 회로시험기 ② 변류기
③ 검류기 ④ 어스테스터

|문|제|풀|이|

[어스테스터] 접지저항의 측정에 사용되는 측정기
① 회로시험기 : 전기회로의 상태와 성능을 점검하고 평가하는 데 사용되는 도구
② 변류기 : 교류의 큰 전류에서 그것에 비례하는 작은 전류를 얻는 장치
③ 검류기 : 전류의 유무와 방향을 측정하는 장치

【정답】④

54. 사람이 접촉될 우려가 있는 곳에 시설하는 경우 접지극은 지하 몇 [cm] 이상의 깊이에 매설하여야 하는가?

① 30 ② 45 ③ 50 ④ 75

|문|제|풀|이|

[접지극의 매설방법] 접지선을 사람이 접촉할 우려가 있는 장소에 시설할 경우에는 다음과 같이 한다.
1. **접지극은 지하 75[cm] 이상** 깊이에 매설한다.
2. 접지선은 철주 기타 금속체에 따라 시설할 경우에는 접지극을 지중에서 그 금속체로부터 1[m] 이상 떼어 매설한다.
3. 접지선은 지하 75[cm]에서 지표상 2[m]까지 부분을 합성수지관 또는 이와 동등 이상의 절연효력 및 강도가 있는 것으로 덮을 것
4. 접지선에는 절연전선(옥외용 비닐절연전선을 제외), 캡타이어 케이블 또는 케이블(통신용 케이블 제외)을 사용할 것

【정답】④

55. 논이나 기타 지반이 약한 곳에 건주 공사 시 전주의 넘어짐을 방지하기 위해 시설하는 것은?

① 완금 ② 근가(전주버팀대)
③ 완목 ④ 행거밴드

|문|제|풀|이|

[배전 선로용 재료와 기구]
① 완금 : 가공선로를 지지하기 위해 전주에 가로로 설치하여 전선을 가설할 수 있게 만든 구조물
③ 완목 : 전선, 애자를 부착시키는 횡목. 2선용, 4선용, 6선용, 8선용 등이 있다.
④ 행거밴드 : 철근콘크리트 전주에 변압기를 고정할 때 사용

【정답】②

56. 조명공학에서 사용되는 칸델라(cd)는 무엇의 단위인가?

① 광도 ② 조도
③ 광속 ④ 휘도

|문|제|풀|이|

[단위]
① 광도 : 칸델라(cd) ② 조도 : 럭스(lx),
③ 광속 : 루맨(lm) ④ 휘도 : 니트(nt)

【정답】①

57. 고압 보안공사 시 고압 가공전선로의 거리는 철탑의 경우 얼마 이하이어야 하는가?

① 100[m] ② 150[m]
③ 400[m] ④ 600[m]

|문|제|풀|이|

[고압 보안공사]

지지물 종류	지지물 간 거리[m]
목주, A종 철주, A종 철근콘크리트주	100
B종 철주, B종 철근콘크리트주	150
철탑	400

【정답】③

58. 다음 중 과전압계전기의 약호는 무엇인가?

① OCR   ② OVR

③ UVR   ④ GR

|문|제|풀|이|

[과전압계전기(OVR)] 전압이 일정한 값 이상으로 되었을 때 동작

※① 과전류계전기(OCR) : 정정치 이상의 전류에 의해 동작

  ③ 부족전압계전기(UVR) : 전압이 정정치 이하로 떨어졌을 경우 동작

  ④ 접지계전기(GR) : 영상전류에 의해 동작   【정답】②

59. 실링 · 직접부착등을 시설하고자 한다. 배선도에 표기할 그림기호로 옳은 것은?

① ├─Ⓝ   ② ⊗

③ Ⓒ︎ⓛ   ④ Ⓡ

|문|제|풀|이|

[실링라이트(Celling Light)] 천장에 부착하는 기구와 천장 속에 설치하는 기구를 말하며 배선용 기호는 Ⓒⓛ를 사용한다.

※① ├─Ⓝ : 일반벽부등, ② ⊗ : 외부등, ④ Ⓡ : 백열등

【정답】③

60. 한국전기설비규정(KEC)에 의해 그림과 같이 분기회로 (S_2)의 보호장치 (P_2)는 (P_2)의 전원 측에서 분기점(O) 사이에 다른 분기회로 또는 콘센트의 접속이 없고, 단락의 위험과 화재 및 인체에 대한 위험성이 최소화 되도록 시설된 경우, 분기회로의 보호장치 (P_2)는 분기회로의 분기점(O)으로부터 몇 [m] 까지 이동하여 설치할 수 있는가?

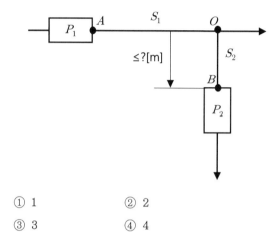

① 1   ② 2

③ 3   ④ 4

|문|제|풀|이|

[과부하 보호장치의 설치 위치] 분기회로의 보호장치 (P_2)는 분기회로의 분기점(O)으로부터 3[m] 까지 이동하여 설치할 수 있다.

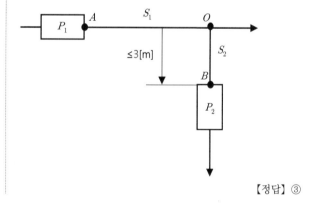

【정답】③

01. R_1=2[Ω], R_2=4[Ω], R_3=6[Ω]의 저항 3개를 병렬로 접속한 회로에 10[A]의 전류가 흐른다면 이때 R_1 저항에 흐르는 전류[A]는 얼마인가?

① 2.45   ② 2

③ 5   ④ 5.45

|문|제|풀|이|

[옴의 법칙] $I = \dfrac{V}{R}[A]$

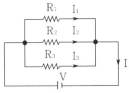

저항 R_1=2[Ω], R_2=4[Ω], R_3=6[Ω], I(전체)=10[A]

→ (병렬이므로 전압은 일정하다.)

1. 합성저항(병렬) :

$$R_0 = \dfrac{1}{\dfrac{1}{R_1} + \dfrac{1}{R_2} + \dfrac{1}{R_3}} = \dfrac{R_1 \times R_2 \times R_3}{(R_2 \times R_3) + (R_1 \times R_3) + (R_1 \times R_2)}$$

$$= \dfrac{2 \times 4 \times 6}{(4 \times 6) + (2 \times 6) + (2 \times 4)} = \dfrac{48}{44} = 1.09[Ω]$$

2. 전압 : $V = IR = 10 \times 1.09 = 10.9[V]$

$\therefore I_1 = \dfrac{V}{R_1} = \dfrac{10.9}{2} = 5.45[A]$ 【정답】④

02. 전압계 및 전류계의 측정 범위를 넓히기 위하여 사용하는 배율기와 분류기의 접속 방법은?

① 배율기는 전압계와 병렬접속, 분류기는 전류계와 직렬접속

② 배율기는 전압계와 직렬접속, 분류기는 전류계와 병렬접속

③ 배율기 및 분류기 모두 전압계와 전류계에 직렬접속

④ 배율기 및 분류기 모두 전압계와 전류계에 병렬접속

|문|제|풀|이|

[배율기] 배율기는 **전압계**의 측정범위를 넓히기 위한 목적으로 사용하는 것으로서, 회로에 **전압계와 직렬**로 저항(배율기)을 접속하고 측정

[분류기] 분류기는 **전류계**의 측정범위를 넓히기 위하여 **전류계에 병렬**로 접속하는 저항기를 말한다.

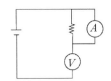

【정답】②

03. 어떤 구리 도체의 지름이 2.6[mm], 길이가 1000[m], 구리저항 $1.69 \times 10^{-8}[Ωm]$일 때 구리선의 저항은 얼마인가?

① 3.18   ② 4.18

③ 2.18   ④ 5.18

|문|제|풀|이|

[전기저항] $R = \rho \dfrac{l}{A}[Ω]$

여기서, ρ : 고유저항률, A : 단면적, l : 전선의 길이

구리선의 저항 $R = \rho \dfrac{l}{A} = 1.69 \times 10^{-8} \dfrac{1000}{\pi \times (1.3 \times 10^{-3})^2} = 3.18$

$\rightarrow (A = \pi r^2)$

【정답】①

04. 100[V], 100[W] 전구의 필라멘트 저항은 몇 [Ω]인가?

① 1   ② 10

③ 100   ④ 1000

|문|제|풀|이|..
[필라멘트의 저항]

1. 전력 $P = VI = \dfrac{V^2}{R}[W]$

2. 저항 $R = \dfrac{V^2}{P}[\Omega] = \dfrac{100^2}{100} = 100[\Omega]$ 【정답】③

05. 세변의 저항 $R_a = R_b = R_c = 15[\Omega]$인 Y결선 회로가 있다. 이것과 등가인 $\triangle$결선 회로의 각 변의 저항은 몇 $[\Omega]$ 인가?

① 5 　　　　② 10

③ 25 　　　　④ 45

|문|제|풀|이|..
[Y → △ 시의 저항] Y결선을 △결선으로 변경하면 **저항의 값은 3배**가 된다.

∴ $R_\triangle = 3 \cdot R_Y = 3 \times 15 = 45[\Omega]$ 【정답】④

06. $R_1[\Omega], R_2[\Omega], R_3[\Omega]$의 저항 3개를 직렬 접속했을 때 R_2에 걸리는 전압 [V]은?

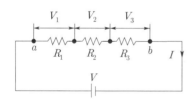

① $\dfrac{R_1 R_2}{R_1 + R_2 + R_3} V$ 　　　② $\dfrac{R_2}{R_1 + R_2 + R_3} V$

③ $\dfrac{1}{R_1 + R_2 + R_3} V$ 　　　④ $\dfrac{R_3 - R_1}{R_1 + R_2 + R_3} V$

|문|제|풀|이|..
[전압] $V = IR[V]$

· 직렬 합성저항 $R_0 = R_1 + R_2 + R_3[\Omega]$

· 전류 $I = \dfrac{V}{R} = \dfrac{V}{R_1 + R_2 + R_3}[A]$

∴ R_2에 걸리는 전압 $V_2 = IR_2 = \dfrac{VR_2}{R_1 + R_2 + R_3}[V]$

※병렬연결 시 합성저항

$R = \dfrac{1}{\dfrac{1}{R_1} + \dfrac{1}{R_2} + \dfrac{1}{R_3} + \cdots\cdots + \dfrac{1}{R_n}}[\Omega]$ 【정답】②

07. 전기분해에 의해서 석출되는 물질의 양은 전해액을 통과한 총 전기량과 같으며, 그 물질의 화학당량에 비례한다. 이것을 무슨 법칙이라 하는가?

① 줄의 법칙 　　　② 플레밍의 법칙

③ 키르히호프의 법칙 　　④ 패러데이의 법칙

|문|제|풀|이|..
[전기분해의 패러데이 법칙] $w = kIt[g]$

여기서, w : 석출량$[g]$, k : 전기화학 당량

　　　　I : 전류, t : 통전시간 [sec]

※ 패러데이의 전자유도 법칙 $e = -N\dfrac{d\varnothing}{dt}[V]$ 【정답】④

08. 물질에 따라 자석과 전혀 반응하지 않는 물질을 무엇이라 하는가?

① 강자성체 　　　② 상자성체

③ 반자성체 　　　④ 비자성체

|문|제|풀|이|..
[자석의 일반적인 성질]

1. 하나의 자성체에 N극과 S극을 가지고 있다.
2. 금속을 끌어당기는 힘을 자기라 하고, 자기를 가지고 있는 물체를 자석이라 한다.
3. 자석은 강자성체, 즉 철, 니켈, 코발트 등을 흡인한다.
4. 1개의 자석에는 N극과 S극이 동시에 존재하며 N극은 북쪽, S극은 남쪽을 가리킨다.
5. 양 자극의 세기는 서로 같다.
6. **자력은 비자성체, 즉 유리나 종이 등을 투과한다.**
7. 자기유도작용에 의해 자석이 아닌 금속을 자석으로 만들 수 있다.
8. 임계온도 이상으로 가열하면 자석으로서의 성질이 없어진다.

【정답】④

09. 전류 10[A], 전압 100[V], 역률 0.6인 단상부하의 전력은 몇 [W]인가?

① 800 　　　　② 600

③ 1000 　　　　④ 1200

|문|제|풀|이|

[소비전력] $P = VI\cos\theta[W]$

여기서, V : 전압, : 전류, $\cos\theta$: 역률

전압(V) : 100[V], 전류(I) : 10[A], 역률($\cos\theta$) : 0.6

∴$P = VI\cos\theta = 100 \times 10 \times 0.6 = 600[W]$

【정답】②

10. 저항이 10[Ω]인 도체에 1[A]의 전류를 10분간 흘렸다면 발생하는 열량은 몇 [kcal]인가?

① 0.62 　　　　② 1.44

③ 4.46 　　　　④ 6.24

|문|제|풀|이|

[줄의 법칙에 의해 저항에 발생하는 열량] $Q = 0.24I^2Rt[cal]$

저항(R) : 10[Ω], 전류(I) : 1[A], 시간(t) : 10[분]=10×60[sec]

∴열량 $Q = 0.24I^2Rt = 0.24 \times 1^2 \times 10 \times 10 \times 60$

$= 1440[cal] = 1.44[kcal]$ 　　　　【정답】②

11. 다음 중 비투자율이 가장 작은 것은?

① 철 　　　　② 니켈

③ 코발트 　　　　④ 은

|문|제|풀|이|

[자성체의 종류별 전자의 배열 상태]

자성체의 종류		비투자율
강자성체		$\mu_s \gg 1$
상자성체		$\mu_s > 1$
역자성체	반자성체	$\mu_s < 1$
	반강자성체	

※ 투자율 $\mu = \mu_0\mu_s$ → (μ_0 : 진공 시 투자율, μ_s : 비투자율)

1. 강자성체 : 철, 니켈, 코발트

2. 상자성체 (약자성체) : 알루미늄, 망간, 백금, 주석, 산소, 질소

【정답】④

12. 자기력선의 설명 중 맞는 것은?

① 자기력선은 자석의 N극에서 시작하여 S극에서 끝난다.

② 자기력선은 상호간에 교차한다.

③ 자기력선은 자석의 S극에서 시작하여 N극에서 끝난다.

④ 자기력선은 가시적으로 보인다.

|문|제|풀|이|

[자기력선의 성질]

1. 자기력선은 자석의 **N극에서 출발하여 S극에서 끝난다.**

2. 자기력선은 **상호 교차하지 않는다.**

3. 같은 방향의 자기력선까지는 서로 반발력이 작용한다.

【정답】①

13. 공심 솔레노이드의 내부 자계의 세기가 500 [AT/m] 일 때 자속밀도는 몇 $[\text{Wb/m}^2]$인가?

① 5.28×10^{-4} 　　　　② 6.28×10^{-4}

③ 7.28×10^{-4} 　　　　④ 8.28×10^{-4}

|문|제|풀|이|

[자속밀도] $B = \mu H = \mu_0\mu_s H[\text{Wb/m}^2]$

1. 공심 솔레노이드 내부 자계의 세기 $H = 500[AT/m]$

2. 공심일 때 자속밀도 $B = \mu_0 H = 4\pi \times 10^{-7} \times H[\text{Wb/m}^2]$

$\longrightarrow (\mu_0 = 4\pi \times 10^{-7})$

∴$B = 4\pi \times 10^{-7} \times 500 = 6.28 \times 10^{-4}[\text{Wb/m}^2]$

【정답】②

14. $e = 100\sqrt{2} \cdot \sin\left(100\pi t - \frac{\pi}{3}\right)[V]$인 정현파 교류전압의 주파수는 얼마인가?

① 50[Hz] 　　　　② 60[Hz]

③ 100[Hz] 　　　　④ 314[Hz]

|문|제|풀|이|

[정현파 교류의 순시값] $v(t) = V_m\sin(\omega t)$, $\omega = 2\pi f[\text{rad/s}]$

여기서, V_m : 최대값, ω : 각속도, f : 주파수, t : 시간

$e = 100\sqrt{2} \cdot \sin\left(100\pi t - \frac{\pi}{3}\right)[V]$에서 $\omega = 100\pi$이다.

∴$\omega = 2\pi f = 100\pi \rightarrow f = \frac{100\pi}{2\pi} = 50[Hz]$ 　　　【정답】①

15. 인덕턴스 0.5[H]에 주파수가 60[Hz]이고 전압이 220[V]인 교류 전압이 가해질 때 흐르는 전류는 약 몇 [A]인가?

① 0.59 ② 0.87
③ 0.97 ④ 1.17

|문|제|풀|이|

[전류] $I = \dfrac{V}{Z} = \dfrac{V}{X_L} = \dfrac{V}{\omega L} = \dfrac{V}{2\pi f L}\,[A]$

$\qquad\qquad\qquad \rightarrow$ (유도성 리액턴스 $X_L = \omega L = 2\pi f L\,[\Omega]$)

(X_L, ωL : 유도성 리액턴스, V : 전압(실효값), I : 전류(실효값)

f : 주파수, L : 인덕턴스)

인덕턴스(L) : 0.5[H], 주파수(f) : 60[Hz], 전압(V) : 220[V]

$\therefore I = \dfrac{V}{X_L} = \dfrac{V}{2\pi f L} = \dfrac{220}{2\times 3.14 \times 60 \times 0.5} = 1.17\,[A]$ 【정답】④

16. 교류에서 피상전력 60[VA], 무효전력 36[Var]라면 유효전력은 몇 [W]인가?

① 35 ② 48
③ 54 ④ 67

|문|제|풀|이|

[교류전력] 유효전력 $P = \sqrt{P_a^2 - P_r^2}\,[W]$

$\qquad\qquad\qquad \rightarrow (P_a = \sqrt{P^2 + P_r^2}\,[VA])$

여기서, P : 유효전력, P_a : 피상전력, P_r : 무효전력

$\therefore$ 유효전력 $P = \sqrt{P_a^2 - P_r^2} = \sqrt{60^2 - 36^2} = 48\,[W]$

※66~67페이지 [15 교류전력] 참조   【정답】②

17. △ 결선인 3상유도전동기의 상전압과 상전류를 측정했더니 200[V]와 30[A]였다. 이 3상유도전동기의 선간전압과 선전류의 크기는 얼마인가?

① 200, 30 ② $200 \times \sqrt{3}$, 30
③ 200, $\sqrt{3} \times 30$ ④ $200 \times \sqrt{3}$, $\sqrt{3} \times 30$

|문|제|풀|이|

[△ 결선(환상결선)]

1. 선간전류는 상전류의 $\sqrt{3}$ 배이고, 위상은 상전류보다 30˚ 뒤진다.

즉, $I_l = \sqrt{3}\,I_p \angle -30°$

2. 선간전압과 상전압의 크기 및 위상은 같다. $V_l = V_p$

$\therefore V_l = V_p \rightarrow V_l = 200\,[V]$

$\quad I_l = \sqrt{3}\,I_p \rightarrow I_l = \sqrt{3} \times 30\,[A]$ 【정답】③

18. 최대값이 200[V]인 정현파 교류의 평균값은?

① 약 70.7[V] ② 약 100[V]
③ 약 127.3[V] ④ 약 141.4[V]

|문|제|풀|이|

[파형의 평균값, 실효값, 파형률, 파고율]

파형	실효값	평균값	파형률	파고율
정현파	$\dfrac{V_m}{\sqrt{2}}$	$\dfrac{2V_m}{\pi}$	1.11	1.414
정현반파	$\dfrac{V_m}{2}$	$\dfrac{V_m}{\pi}$	1.57	2
삼각파	$\dfrac{V_m}{\sqrt{3}}$	$\dfrac{V_m}{2}$	1.15	1.73
구형반파	$\dfrac{V_m}{\sqrt{2}}$	$\dfrac{V_m}{2}$	1.41	1.41
구형파	V_m	V_m	1	1

여기서 V_m : 최대값

정현파 교류의 평균값이므로

$\dfrac{2V_m}{\pi} = \dfrac{2 \times 200}{\pi} \fallingdotseq 127.3\,[V]$ 【정답】③

19. 직류전동기의 규약 효율은 어떻게 표현하는가?

① $\dfrac{출력}{입력} \times 100\,[\%]$

② $\dfrac{출력}{출력 + 손실} \times 100\,[\%]$

③ $\dfrac{출력}{입력 - 손실} \times 100\,[\%]$

④ $\dfrac{입력 - 손실}{입력} \times 100\,[\%]$

|문|제|풀|이|

[규약효율]

1. **전동기(모터)**는 입력위주로 규약효율 $\eta_m = \dfrac{입력 - 손실}{입력} \times 100$

$\qquad\qquad\qquad \rightarrow$ (전동기: 전기 입력이므로 입력 2번)

2. 발전기, 변압기는 출력위주로 규약효율 $\eta_g = \dfrac{출력}{출력 + 손실} \times 100$

$\qquad\qquad\qquad \rightarrow$ (발전기: 전기 출력이므로 출력 2번)

【정답】④

20. $R = 4[\Omega]$, $\omega L = 3[\Omega]$의 직렬회로에

$V = 100\sqrt{2}\sin\omega t + 30\sqrt{2}\sin 3\omega t\,[V]$의 전압을 가

할 때 전력은 약 몇 [W]인가?

① 1170[W]　　　　② 1563[W]

③ 1637[W]　　　　④ 2116[W]

|문|제|풀|이|

[비정현파 교류의 전력] $P = VI\cos\theta = I^2 R = \dfrac{V^2}{R}[W]$

1. 기본파에서의 전류

$$I_1 = \frac{V_1}{Z_1} = \frac{V_1}{\sqrt{R^2 + (wL)^2}} = \frac{100}{\sqrt{4^2 + 3^2}} = 20[A]$$

$$\rightarrow\ (\,V_m = 100\sqrt{2}\,,\ \text{실효값}\ \ V = \frac{V_m}{\sqrt{2}}\,)$$

2. 제3고조파에서의 전류

$$I_3 = \frac{V_3}{Z_3} = \frac{V_3}{\sqrt{R^2 + (3wL)^2}} = \frac{30}{\sqrt{4^2 + (3\times3)^2}} = 3.05[A]$$

$\therefore$ 전력 $P = I^2 R$에서

$$= I_1^2 R + I_3^2 R = 20^2 \times 4 + 3.05^2 \times 4 \fallingdotseq 1637[W]$$

【정답】③

21. 교류의 파형률이란?

① $\dfrac{\text{최대값}}{\text{실효값}}$　　　　② $\dfrac{\text{평균값}}{\text{실효값}}$

③ $\dfrac{\text{실효값}}{\text{평균값}}$　　　　④ $\dfrac{\text{실효값}}{\text{최대값}}$

|문|제|풀|이|

[파형률] 실효값을 평균값으로 나눈 값으로 비정현파의 파형 평활도를 나타내는 것이다.

$$\text{파형률} = \frac{\text{실효값}}{\text{평균값}} = \frac{V}{V_{av}} = \frac{I}{I_{av}}$$

※[파고율] 교류 파형에서 최대값을 실효값으로 나눈 값으로 각 종 파형의 날카로움의 정도. 즉, $\text{파고율} = \dfrac{\text{최대값}}{\text{실효값}} = \dfrac{V_m}{V} = \dfrac{I_m}{I}$

【정답】③

22. 직류발전기에서 계자의 주된 역할은?

① 기전력을 유도한다.

② 자속을 만든다.

③ 정류작용을 한다.

④ 정류자면에 접촉한다.

|문|제|풀|이|

[직류기의 3요소] 계자, 전기자, 정류자

1. **계자 : 자속을 만들어 주는 부분**

2. 전기자 : 도체에 기전력을 유기하는 부분

3. 정류자 : 만들어진 기전력 교류를 직류로 반환하는 부분

【정답】②

23. 보극이 없는 직류기 운전 중 중성점의 위치가 변하지 않는 경우는?

① 과부하　　　　② 전부하

③ 중부하　　　　④ 무부하

|문|제|풀|이|

[직류기] 직류기에서 전기자반작용을 줄이기 위해 보극을 설치한다. 따라서 보극이 없으면 중성점의 위치가 변하게 된다. 그러나 직류기의 운전 중 **중성점의 위치가 변하지 않는다는 것은 무부하일 때**이다.　　　　【정답】④

24. 직류 직권전동기에서 벨트를 걸고 운전하면 안 되는 것은?

① 벨트가 벗겨지면 위험속도로 도달하므로

② 손실이 많아지므로

③ 직결하지 않으면 속도 제어가 곤란하므로

④ 벨트의 마멸 보수가 곤란하므로

|문|제|풀|이|

[직류 직권전동기] 직류 직권전동기는 운전 중 벨트가 벗겨지면 무부하 상태가 되어 위험 속도에 도달할 수 있으므로 **부하와 벨트 구동을 하지 않는다**.　　　　【정답】①

25. 직류 전동기의 속도 제어에서 자속을 2배로 하면 회전수는?

① 1/2로 줄어든다.　　　　② 변함이 없다.

③ 2배로 증가한다.　　　　④ 4배로 증가한다.

|문|제|풀|이|
[직류 전동기의 속도] $N = \dfrac{E}{k_1 \varnothing} = \dfrac{V - R_a I_a}{k_1 \varnothing} [rpm]$

$$\rightarrow (N \propto \dfrac{1}{\varnothing}, \ k_1 = \dfrac{pz}{60a})$$

여기서, $\varnothing$: 자속, I_a : 전기자전류, R_a : 전기자저항

V : 단자전압, E : 역기전력　　　　【정답】①

26. 코일 주위에 전기적 특성이 큰 에폭시 수지를 고진공으로 침투시키고, 다시 그 주위를 기계적 강도가 큰 에폭시 수지로 몰딩한 변압기는?

① 건식변압기　　　　② 유입변압기

③ 몰드변압기　　　　④ 타이변압기

|문|제|풀|이|
[몰드변압기] 몰드 변압기는 권선 전체를 **에폭시수지에 의하여 함침 또는 주형된 고체절연 방식**을 채택하고 있고, 에폭시수지에 실리카 등의 무기질 충전제를 배합하든가 유리섬유의 기본재를 함침하고 있어 유입변압기 수준의 우수한 절연 특성과 H종 건식변압기의 방재성을 겸비한 것이라 할 수 있다.

【정답】③

27. 단자전압이 3300[V], 권수비가 15인 변압기의 2차 전압은 몇 [V]인가?

① 100　　　　② 220

③ 310　　　　④ 430

|문|제|풀|이|
[변압기 2차 전압]

권수비 $a = \dfrac{V_1}{V_2} \rightarrow V_2 = \dfrac{V_1}{a} = \dfrac{3300}{15} = 220[V]$

【정답】②

28. 부흐홀츠 계전기로 보호되는 기기는?

① 발전기　　　　② 변압기

③ 전동기　　　　④ 회전 변류기

|문|제|풀|이|
[변압기 고장보호] 부흐홀츠계전기, 비율차동계전기, 차동계전기

※부흐홀츠계전기 : 변압기 고장 보호, 변압기와 콘서베이터 연결관 도중에 설치

【정답】②

29. 변압기유의 구비조건으로 틀린 것은?

① 냉각효과가 클 것

② 응고점이 높을 것

③ 절연내력이 클 것

④ 고온에서 화학반응이 없을 것

|문|제|풀|이|
[변압기 질연유의 구비 조건]

·절연 저항 및 절연 내력이 클 것

·절연 재료 및 금속에 화학 작용을 일으키지 않을 것

·인화점이 높고(130도 이상) **응고점이 낮을(-30도) 것**

·점도가 낮고(유동성이 풍부) 비열이 커서 냉각 효과가 클 것

·고온에 있어 석출물이 생기거나 산화하지 않을 것

·열팽창 계수가 적고 증발로 인한 감소량이 적을 것

【정답】②

30. 낮은 전압을 높은 전압으로 승압할 때 일반적으로 사용되는 변압기의 3상 결선방식은?

① $\Delta - \Delta$　　　　② $\Delta - Y$

③ $Y - Y$　　　　④ $Y - \Delta$

|문|제|풀|이|
[$Y - \Delta$, $\Delta - Y$ 결선의 특징]

1. Y결선과 △ 결선의 장점을 모두 가지고 있는 결선이다.

2. $Y - \Delta$ 결선은 강압용으로 사용되고 $\Delta - Y$**는 승압용으로** 사용된다.

3. 1차와 2차 위상차는 30°이다.　　　　【정답】②

31. 3상유도전동기의 속도제어 방법 중 인버터(inverter)를 이용한 속도 제어법은?

① 극수변환법   ② 전압제어법

③ 초퍼제어법   ④ 주파수제어법

|문|제|풀|이|

[인버터제어] 인버터를 이용하여 가변 전압 **가변주파수로** 속도 제어 및 기동을 하는 방법이다.

※① 극수변환법 : 극수를 조절
 ② 전압제어법 : 직류 전동기의 제어법
 ③ 초퍼제어법 : 직류 전동기의 제어법   【정답】④

---

32. 대전류 · 고전압의 전기량을 제어할 수 있는 자기소호형 소자는?

① FET   ② Diode

③ Triac   ④ IGBT

|문|제|풀|이|

[IGBT] 대전류 · 고전압의 전기량을 제어할 수 있는 자기소호형 소자

※① FET : 전계 효과 트랜지스터, 일반 트랜지스터가 전류를 증폭시키는 데 비해 FET는 전압을 증폭시킨다.
 ② Diode : 전류를 한 방향으로만 흐르게 하고, 그 역방향으로 흐르지 못하게 하는 성질을 가진 반도체 소자의 명칭
 ③ Triac : 순·역 양방향으로 게이트 전류를 흐르게 하면 도통하는 성질   【정답】④

---

33. 유도전동기에서 회전자속도가 0이라면 슬립 값은 어떻게 되는가?

① 1   ② 0.1

③ 0.2   ④ 0.3

|문|제|풀|이|

[유도전동기]

1. 동기속도 $N_s = \dfrac{120f}{p}$[rpm]

2. 상대속도 $N_s - N = sN_s$

3. 슬립 $s = \dfrac{N_s - N}{N_s}$ → $s = \dfrac{N_s - 0}{N_s} = 1$

【정답】①

---

34. 유도전동기의 동작원리로 옳은 것은?

① 전자유도와 플레밍의 왼손법칙

② 전자유도와 플레밍의 오른손법칙

③ 정전유도와 플레밍의 왼손법칙

④ 정전유도와 플레밍의 오른손법칙

|문|제|풀|이|

[유도전동기] 기전력에 의해 도체에는 맴돌이 전류가 흘러 자속(∅)을 만든다. 이 자속은 플레밍의 왼손 법칙에 의해 힘(F)이 발생하여 회전하게 된다. 이처럼 도체(원통 도체)는 자석의 회전 방향을 따라 회전하게 되는데, 이것이 3상유도전동기의 회전 원리이다.

※1. 전자유도 : 도체의 주변에서 자기장을 변화시켰을 때 전압이 유도되어 전류가 흐르는 현상
 2. 정전유도 : 물체A의 전기 때문에 물체B의 표면에 전기가 나타나는 현상

【정답】①

---

35. 동기전동기의 자기기동에서 계자권선을 단락하는 이유는?

① 기동이 쉽다.

② 기동권선으로 이용한다.

③ 고전압의 유도를 방지한다.

④ 전기자반작용을 방지한다.

|문|제|풀|이|

[동기전동기 자기기동법] 제동권선을 기동권선으로 하여 기동토크를 얻는 방법이다. 보통 기동 시에는 계자권선 중에 **고전압이 유도**되어 절연을 파괴하므로 방전저항을 접속하여 단락 상태로 기동한다.   【정답】③

---

36. 동기기 운전 시 안정도 증진법이 아닌 것은?

① 단락비를 크게 한다.

② 회전부의 관성을 크게 한다.

③ 속응여자방식을 채용한다.

④ 동기임피던스를 크게 한다.

|문|제|풀|이|
[동기기의 안정도 증진법]
· **동기임피던스를 작게** 한다.
· 속응 여자 방식을 채택한다.
· 회전자에 플라이 휠을 설치하여 관성 모멘트를 크게 한다.
· 정상 임피던스는 작고, 영상, 역상 임피던스를 크게 한다.
· 단락비를 크게 한다.　　　　　　　　　　　　【정답】④

37. 3상 동기발전기에 무부하전압 보다 90도 뒤진 전기
자전류가 흐를 때 전기자반작용은?

① 감자작용을 한다.

② 증자작용을 한다.

③ 교차자화작용을 한다.

④ 자기여자작용을 한다.

|문|제|풀|이|
[3상 동기발전기의 전기자반작용]

역 률	부 하	전류와 전압과의 위상	작 용
역률 1	저항	I_a가 E와 동상인 경우	교차자화작용 (횡축반작용)
뒤진(지상) 역률 0	유도성 부하	I_a가 E보다 $\pi/2$**(90도) 뒤지 는 경우**	**감자작용** (자화반작용)
앞선(진상) 역률 0	용량성 부하	I_a가 E보다 $\pi/2$(90도) 앞서 는 경우	증자작용 (자화작용)

여기서, I_a : 전기자전류, E : 유기기전력

※[전기자반작용] 동기전동기의 전기자반작용은 동기발전기와 반대

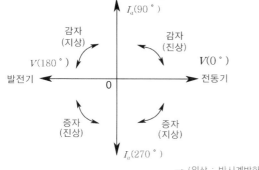

　　　　　　　　　→ (위상 : 반시계방향)
　　　　　　　　　　　　　　　　　　【정답】①

38. 동기발전기를 병렬 운전할 때, 기전력 위상이 다를
때 나타나는 현상으로 옳은 것은?

① 무효순환전류가 흐른다.

② 무효전력이 생긴다.

③ 동기화전류가 흐른다.

④ 출력이 요동하고 권선이 가열된다.

|문|제|풀|이|
[동기 발전기의 병렬 운전] 기전력의 위상이 같지 않을 때는 **동기화전류(유효횡류)가 흘러** 위상이 앞선 발전기는 뒤지게, 위상이 뒤진 발전기는 앞서도록 작용하여 동기 상태를 유지한다.

※기전력의 **크기**가 서로 같지 않을 때 : 무효순환전류(무효횡류)가 흐른다.
　　　　　　　　　　　　　　　　　　【정답】③

39. 반파 정류회로에서 변압기 2차전압의 실효치를
$E(V)$라 하면 직류 전류 평균치는? (단, 정류기의
전압강하는 무시한다.)

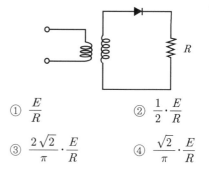

① $\dfrac{E}{R}$　　　　　② $\dfrac{1}{2} \cdot \dfrac{E}{R}$

③ $\dfrac{2\sqrt{2}}{\pi} \cdot \dfrac{E}{R}$　　　④ $\dfrac{\sqrt{2}}{\pi} \cdot \dfrac{E}{R}$

|문|제|풀|이|
[단상 반파 정류회로]

1. 직류 분 전압(전압강하 무시) $V_d = \dfrac{\sqrt{2}E}{\pi}[V]$

2. 직류 전류 평균값 $I_d = \dfrac{E_d}{R} = \dfrac{\dfrac{\sqrt{2}}{\pi}E}{R} = \dfrac{\sqrt{2}E}{\pi R}[A]$

여기서, E_d : 직류분(평균치) 전압, E : 전압 실효값[V]
　　　　I_d : 직류분(평균치) 전류, R : 저항[Ω])

※1. 단상 : 선 두 가닥, 3상 : 선 3가닥
　2. 반파 : 다이오드 1개, 전파 : 다이오드 2개 이상
　　　　　　　　　　　　　　　　　　【정답】④

40. 그림은 전력제어 소자를 이용한 위상제어 회로이다. 전동기의 속도를 제어하기 위해서 '가' 부분에 사용되는 소자는?

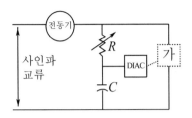

① 전력용 트랜지스터

② 제너다이오드

③ 트라이액

④ 레귤레이터 78XX 시리즈

|문|제|풀|이|

[TRIAC] 전원이 사인파 교류 입력이므로 쌍방향성 3단자 사이리스터인 TRIAC를 사용한다.　　　　【정답】③

41. 전력케이블 중에서 CV케이블은 무엇인가?

① 고무절연클로로프렌외장케이블

② 폴리에틸렌절연외장케이블

③ 부틸고무절연클로로프렌외장케이블

④ 가교 폴리에틸렌 비닐 외장 케이블

|문|제|풀|이|

[전력 케이블의 종류]

① 고무절연클로로프렌외장케이블 : RN

② 폴리에틸렌절연외장케이블 : EV

③ 부틸고무절연클로로프렌외장케이블 : BN

④ 가교 폴리에틸렌 비닐 외장 케이블 : CV

※136페이지 [② 전력케이블의 종류 및 용도] 참조

　　　　　　　　　　　　　　　　【정답】④

42. 다음 중 옥외용 비닐절연전선을 나타내는 약호는?

① OW　　　　② EV

③ DV　　　　④ NV

|문|제|풀|이|

1. **OW : 옥외용 비닐절연전선**

2. DV : 인입용 비닐절연전선

3. IV : 옥내용 비닐절연전선

4. VV : 비닐절연 비닐외장케이블

5. NV : 클로로프렌 절연 비닐 외장 케이블　　　【정답】①

43. 쥐꼬리접속 시 2개의 심선은 몇 도의 각도로 벌려야 하는가?

① 30　　　　② 45

③ 60　　　　④ 90

|문|제|풀|이|

[쥐꼬리접속]

1. 박스 내에서 가는 전선을 접속할 때 적합하다.

2. 쥐꼬리접속 시 **심선의 각도는 90도**이다.

※144페이지 [03 단선의 직선 접속] 참조　　　【정답】④

44. 전선의 접속 부분에 대한 설명으로 틀린 것은?

① 접속 부분에 대한 전기저항을 20[%] 이상 증가되도록 하여야 한다.

② 전선의 인장하중을 20[%] 이상 감소시키지 말아야 한다.

③ 접속 부분에 전선 접속 기구를 사용한다.

④ 전선 접속 시 절연내력은 접속전의 절연내력 이상으로 절연 하여야 한다.

|문|제|풀|이|

[전선 접속 시 주의 사항]

· 전선의 **전기저항을 증가시키지 않는다.**

· 전선의 인장하중을 20[%] 이상 감소시키지 말아야 한다.

· 전선 접속 시 절연내력은 접속전의 절연내력 이상으로 절연 하여야 한다.

· 전선 접속 부분의 테이프 감기는 나선형으로 반폭씩 겹처서 2회 이상(합 4겹) 감아 준다.

· 전선과 기구 단자 접속 시 나사를 덜 죄었을 경우 발생할 수 있는 위험으로는 누전, 화재, 저항 증가, 과열 등을 들 수 있다.　　　　　　　　　　　　　　　【정답】①

45 전기 기계 기구 단자를 접속하는 경우에 진동 등으로 인하여 헐거워질 염려가 있는 곳에는 어떤 것을 사용하여 접속하여야 하는가?

① 평와셔 2개를 끼운다.

② 스프링와셔를 끼운다.

③ 코드패스너를 끼운다.

④ 링슬리브를 끼운다.

|문|제|풀|이|

[스프링와셔] 진동이 있는 기계 기구의 단자에 전선을 접속할 때 진동을 완화하기 위해 스프링와셔를 사용한다. 스프링와셔를 사용함으로써 힘조절 실패를 방지할 수 있다. 【정답】②

※[평와셔] 가장 기본적인 와셔, 볼트 또는 너트 조임 부품 사이에 들어가 압력 분산

46. 전선의 굵기를 측정하는 공구는?

① 권척 ② 메거

③ 와이어 게이지 ④ 와이어 스트리퍼

|문|제|풀|이|

[와이어 게이지] 전선의 굵기를 측정

※① 권척 : 가늘고 얇은 천이나 쇠 따위에 눈금을 새겨 만든 띠 모양의 긴 자

② 메거 : 절연저항 측정에 사용된다.

④ 와이어 스트리퍼 : 절연전선의 피복 절연물을 벗기는 자동 공구 【정답】③

47. 합성수지관 1본의 길이는 몇 [m]인가?

① 3 ② 3.6

③ 4 ④ 4.6

|문|제|풀|이|

[합성수지관 공사] 합성수지관 1본의 길이 : 4[m]

※금속관 1본의 길이 : 3.6[m] 【정답】③

48. 애자사용공사에서 전선의 지지점 간의 거리는 전선을 조영재의 위면 또는 옆면에 따라 붙이는 경우에는 몇 [m] 이하인가?

① 1 ② 2

③ 2.5 ④ 3

|문|제|풀|이|

[애자사용 공사 시 전선과 조영재 사이의 간격]

전압		전선과 조영재와의 간격	전선 상호 간격	전선 지지점간의 거리	
				조영재의 상면 또는 측면	조영재에 따라 시설하지 않는 경우
저압	400[V] 미만	2.5[cm] 이상	6[cm] 이상	2[m] 이하	–
	400[V] 이상	건조한 장소	2.5[cm] 이상			6[m] 이하
		기타의 장소	4.5[cm] 이상			

【정답】②

49. 금속전선관의 종류에서 후강전선관 최대 굵기는 몇 [mm]인가?

① 75 ② 80

③ 92 ④ 104

|문|제|풀|이|

[금속전선관의 종류]

1. 후강전선관

·안지름의 크기에 가까운 **짝수**

·두께 2[mm] 이상

·길이 3.6[m]

·16, 22, 28, 36, 42, 54, 72, 80, 92, **104[mm]**

2. 박강전선관

·바깥지름의 크기에 가까운 **홀수**

·두께 1.2[mm] 이상

·길이 3.6[m]

·15, 19, 25, 31, 39, 51, 63, 75[mm] 【정답】④

50. 교통신호등의 제어장치로부터 신호등의 전구까지의 전로에 사용하는 전압은 몇 [V] 이하인가?

① 60 ② 100

③ 300 ④ 440

|문|제|풀|이|

[교통신호등의 시설]

1. 2차측 배선의 **최대사용전압은 300[V] 이하**

2. 전선은 케이블을 제외하고 공칭면적 2.5[mm^2]의 연동선

3. 전선의 지표상의 높이는 2.5[m] 이상 【정답】③

51. 폭연성 먼지 또는 화약류의 가루가 전기설비 발화원이 되어 폭발할 우려가 있는 곳에 시설하는 저압 옥내전기설비의 저압 옥내배선 공사는?

① 금속관 공사   ② 합성수지관 공사

③ 가요전선관 공사   ④ 애자공사

|문|제|풀|이|

[먼지 위험장소 공사]
1. **폭연성 먼지** : 설비를 **금속관 공사 또는 케이블 공사**(캡타이어 케이블 제외)
2. 가연성 먼지 : 합성수지관 공사, 금속관 공사, 케이블 공사(합성수지관과 전기기계기구는 관 상호간 및 박스와는 관을 삽입하는 깊이를 관의 바깥지름의 1.2배(접착제를 사용하는 경우에는 0.8배) 이상
3. 5턱 이상 나사 조임   【정답】①

52. 가공전선로의 지지물에 시설하는 지지선(지선)에 연선을 사용할 경우 소선 수는 몇 가닥 이상이어야 하는가?

① 3가닥   ② 5가닥

③ 7가닥   ④ 9가닥

|문|제|풀|이|

[지지선(지선)의 시설] 지지선 지지물의 강도 보강
1. 안전율 2.5 이상
2. 최저 인장 하중 4.31[kN]
3. 2.6[mm] 이상의 금속선을 **3조 이상** 꼬아서 사용
4. 지중부분 및 지표상 30[cm]까지의 부분은 아연도금 철봉 등을 사용

※[주요 안전율]
  1.33 : 이상시 상정하중 철탑의 기초   1.5 : 케이블트레이, 안테나
  2.0 : 기초 안전율   2.2 : 경동선/내열동 합금선
  2.5 : 지선, ACSD, 기타 전선   【정답】①

53. 전로의 중성점을 접지하는 목적으로 해당되지 않는 것은?

① 보호 장치의 확실한 동작확보

② 부하전류의 일부를 대지로 흐르게 하여 전선을 절약한다.

③ 이상전압의 억제

④ 대지전압의 저하

|문|제|풀|이|

[변압기 중성점 접지의 목적]
1. 보호장치의 확실한 동작확보
2. 이상전압의 억제
3. 대지전압 저하
4. 고·저압 혼촉 방지   【정답】②

54. 욕실 등 인체가 물에 젖어 있는 상태에서 전기를 사용하는 장소에 콘센트를 시설하는 경우의 인체감전보호용 누전차단기의 정격감도전류와 동작시간은 얼마인가?

① 15[mA], 0.03초   ② 30[mA], 0.03초

③ 15[mA], 0.3초   ④ 30[mA], 0.3초

|문|제|풀|이|

[콘센트의 시설] 「전기용품 및 생활용품 안전관리법」의 적용을 받는 인체감전보호용 누전차단기(**정격감도전류 15[mA] 이하, 동작시간 0.03초 이하의 전류동작형**인 것에 한한다) 또는 절연변압기(정격용량 3[kVA] 이하인 것에 한한다)로 보호된 전로에 접속하거나, 인체감전보호용 누전차단기가 부착된 콘센트를 시설하여야 한다.   【정답】①

55. 논이나 기타 지반이 약한 곳에 건주 공사 시 전주의 넘어짐을 방지하기 위해 시설하는 것은?

① 완금   ② 근가(전주버팀대)

③ 완목   ④ 행거밴드

|문|제|풀|이|

[배전 선로용 재료와 기구]
① 완금 : 가공선로를 지지하기 위해 전주에 가로로 설치하여 전선을 가설할 수 있게 만든 구조물
③ 완목 : 전선, 애자를 부착시키는 횡목. 2선용, 4선용, 6선용, 8선용 등이 있다.
④ 행거밴드 : 철근콘크리트 전주에 변압기를 고정할 때 사용   【정답】②

56. 특고압 가공전선로의 지지물에 시설하는 통신선 또는 이에 직접 접속하는 통신선 중 옥내에 시설하는 부분은 몇 [V] 초과 저압 옥내 배선을 규정에 준하여 시설하여야 하도록 하고 있는가?

① 100   ② 200

③ 300   ④ 400

|문|제|풀|이|⋯⋯⋯⋯⋯⋯⋯⋯⋯⋯⋯⋯⋯

[특고압 가공전선로 전선 첨가 설치 통신선에 직접 접속하는 옥내 통신선의 시설] 특고압 가공전선로의 지지물에 시설하는 통신선(광섬유 케이블을 제외한다) 또는 이에 직접 접속하는 통신선 중 옥내에 시설하는 부분은 **400[V] 초과**의 저압옥내 배선시설에 준하여 시설하여야 한다.   【정답】④

57. 저압 가공전선과 고압 가공전선을 동일 지지물에 시설하는 경우 상호 간격은 몇 [cm] 이상이어야 하는가?

① 20[cm]   ② 30[cm]

③ 40[cm]   ④ 50[cm]

|문|제|풀|이|⋯⋯⋯⋯⋯⋯⋯⋯⋯⋯⋯⋯⋯

[저·고압 가공전선 등의 병행설치] 저압 가공 전선과 고압 가공전선을 동일 지지물에 시설하는 경우

1. 저압 가공전선을 고압 가공전선의 아래로 하고 별개의 완금류에 시설한다.
2. **간격은 50[cm] 이상**으로 한다. 단, 고압 가공전선이 케이블인 경우는 30[cm] 이상 이격하면 된다.
    【정답】④

58. 최대 광도 $I[\text{cd}]$인 평면판 광원으로부터 방출하는 구의 전광속($F[\text{lm}]$)을 구하는 계산식은?

① $F = \pi I$ ② $F = \pi^2 I$

③ $F = 4\pi I$ ④ $F = 4\pi I^2$

|문|제|풀|이|⋯⋯⋯⋯⋯⋯⋯⋯⋯⋯⋯⋯⋯

[광원]

1. 구광원(백열전구)의 광속 $F = 4\pi I$
2. 평면광원(면광원) 광속 $F = \pi I$
3. 원통광원(형광등) $F = 4\pi^2 I$ 【정답】③

59. 전등 한 개를 2개소에서 점멸하고자 할 때 옳은 배선은?

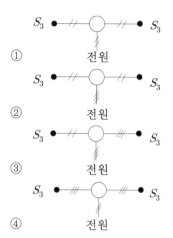

|문|제|풀|이|⋯⋯⋯⋯⋯⋯⋯⋯⋯⋯⋯⋯⋯

[배선도 및 전선 접속도]

1. 1등을 2개소에서 점멸하는 경우

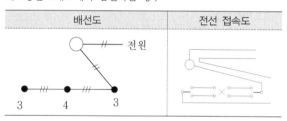

배선도	전선 접속도

2. 1등을 3개소에서 점멸하는 경우

배선도	전선 접속도

※ ○ : 전등, ● : 점멸기(첨자가 없는 것은 단극, 2P는 2극, 3은 3로, 4는 4로), ●● : 콘센트   【정답】④

60. 기계장비나 프로세서를 제어하는 산업용 컴퓨터는 무엇인가?

① PLC   ② PCL

③ PLL   ④ CPU

|문|제|풀|이|⋯⋯⋯⋯⋯⋯⋯⋯⋯⋯⋯⋯⋯

[PLC(Programmade Logic Controller)] 컴퓨터(CPU)를 사용하여 시퀀스를 프로그램화한 것으로 소형화, 고기능화, 저렴화, 고속화가 쉽고 신뢰도가 높으며 수리, 유지·보수가 간단하다.
    【정답】①

01. 다음 설명 중 틀린 것은?

① 같은 부호의 전하끼리는 반발력이 생긴다.

② 정전유도에 의하여 작용하는 힘은 반발력이다.

③ 정전용량이란 콘덴서가 전하를 축적하는 능력을 말한다.

④ 콘덴서는 전압을 가하는 순간은 콘덴서는 단락상태가 된다.

|문|제|풀|이|......

[정전유도] 대전하고 있지 않은 절연된 물체 A에 대전한 물체 B를 접근시키면 **B에 가까운 쪽에 B와 다른 부호, 먼 쪽에 같은 부호**의 전하가 A에 나타난다.

※② 정전유도에 의하여 작용하는 힘은 **흡인력**이다.

【정답】②

02. 10[V]의 전위차로 가속된 전자의 운동에너지는 몇 [J]인가?

① $1.6 \times 10^{-20}[J]$ ② $1.6 \times 10^{-19}[J]$

③ $1.6 \times 10^{-18}[J]$ ④ $1.6 \times 10^{-17}[J]$

|문|제|풀|이|......

[일의양(W)] 일의양(전자의 운동에너지) $W = eV[J]$

여기서, e : 전하량, V : 전위차[V]

기본전하량(e) : $1.6 \times 10^{-19}[C]$, 전위차 : 100[V]

$W = eV[J] = 1.6 \times 10^{-19} \times 10 = 1.6 \times 10^{-18}[J]$ 【정답】③

03. 액체류가 파이프 등 내부에서 유동할 때 액체와 관벽 사이에 정전기가 발생하는 현상을 무엇이라 하는가?

① 마찰에 의한 대전

② 박리에 의한 대전

③ 유동에 의한 대전

④ 충돌대전

|문|제|풀|이|......

[대전현상]

① 마찰에 의한 대전 : 두 물체의 마찰이나 접촉위치의 이동으로 전하의 분리 및 재배열이 일어나서 정전기가 발생하는 현상

② 박리에 의한 대전 : 선로 밀착되어 있는 물체가 떨어질 때 전하의 분리가 일어나 정전기가 발생하는 현상

③ **유동에 의한 대전** : 액체류가 파이프 등 내부에서 **유동할 때 액체와 관벽 사이에 정전기가 발생**하는 현상

④ 충돌대전 : 액체류, 기체류, 고체류 등이 작은 분출구를 통해 공기중으로 분출될 때 이들의 충돌로 발생하는 현상

【정답】③

04. 그림에서 A와 B 사이의 합성저항은 몇 [Ω] 인가?

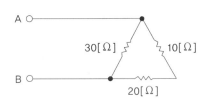

① 15   ② 20

③ 25   ④ 30

|문|제|풀|이|......

[합성저항]

1. 10[Ω]과 20[Ω] 직렬연결 : $R_1 = 10 + 20 = 30[\Omega]$

2. 1의 30[Ω]과 30[Ω] 병렬연결 : $R_2 = \dfrac{30 \times 30}{30 + 30} = 15[\Omega]$

※합성저항

1. 직렬 합성저항(전류 일정) : $R_0 = R_1 + R_2 + \cdots\cdots + R_n[\Omega]$

2. 병렬 합성저항(전압 일정) $R_0 = \dfrac{1}{\dfrac{1}{R_1} + \dfrac{1}{R_2} + \cdots\cdots + \dfrac{1}{R_n}}[\Omega]$

【정답】①

05. 10[Ω] 저항 5개를 가지고 얻을 수 있는 가장 작은 합성저항 값은?

① 1[Ω]   ② 2[Ω]   ③ 3[Ω]   ④ 4[Ω]

|문|제|풀|이|

[합성저항]

1. 최소값 : 병렬 합성저항 $R_p = \cfrac{1}{\cfrac{1}{R}+\cfrac{1}{R}+\cfrac{1}{R}+\cfrac{1}{R}+\cfrac{1}{R}} = \cfrac{1}{5}R$

2. 최대값 : 직렬접속 : $R_s = R+R+R+R+R = 5R$

10[Ω] 저항 5개를 모두 병렬로 접속할 때 가장 작은 합성저항을 얻을 수 있다.

∴ 병렬시 합성저항 $R = \cfrac{1}{5}R = \cfrac{10}{5} = 2[\Omega]$ 【정답】②

06. 구리선의 길이를 2배로의 표시 이상 늘리면 저항은 처음의 몇 배가 되는가? (단, 구리선의 체적은 일정함)

① 2배   ② 4배
③ 8배   ④ 16배

|문|제|풀|이|

[전선의 전기저항] $R = \rho \cfrac{l}{S}[\Omega]$

여기서, l : 길이, S : 단면적, ρ : 저항률(고유저항)

저항은 길이에 비례하고 단면적에 반비례, 즉 길이를 2배로 하면 단면적은 $\cfrac{1}{2}$ 배가 되므로

$R = \sigma \cfrac{2 \times l}{\left(\cfrac{1}{2}\right)S} = 4\sigma \cfrac{l}{S}$ → 저항은 4배가 된다.   【정답】②

07. 1[W·sec]와 같은 것은?

① 1[J]   ② 1[F]
③ 1[kcal]   ④ 860[kWh]

|문|제|풀|이|

[일] $W = P \times t[J]$

여기서, W : 일[J], P : 전력[W], t : 시간[sec]

$W[J] = P[W] \times t[\text{sec}]$ ∴ $J = W \cdot \text{sec}$ 【정답】①

08. 단상 100[V]에서 100[W]의 전력을 소비하는 전열기의 전압을 10[%] 증가시키면 소비전력은 어떻게 되는가?

① 121   ② 221
③ 321   ④ 421

|문|제|풀|이|

[전력] $P = \cfrac{V^2}{R}[W]$

전력 $P = \cfrac{V^2}{R}$ → (전압을 10[%] 증가, 즉 1.1[V])

$= \cfrac{(1.1V)^2}{R} = 1.21\cfrac{V^2}{R} \to 1.21P = 1.21 \times 100 = 121[W]$ 【정답】①

09. 줄의 법칙에서 발생하는 열량의 계산식이 옳은 것은?

① $H = 0.24RI^2t[\text{cal}]$

② $H = 0.024RI^2t[\text{cal}]$

③ $H = 0.24RI^2[\text{cal}]$

④ $H = 0.024RI^2[\text{cal}]$

|문|제|풀|이|

[줄의 법칙] 전선에 전류가 흐르면 열이 발생하는 현상

1. 단위 시간당 줄열 $Q = I^2R[J]$

2. 줄열 $Q = 0.24I^2Rt[\text{cal}]$ 【정답】①

10. 다음 중 불평등 전장에서 국부적인 방전 현상을 무엇이라 하는가?

① 불꽃   ② 코로나
③ 아크   ④ 글로부

|문|제|풀|이|

[코로나현상] 전선 주위의 공기 절연이 **국부적으로 파괴**되어 낮은 소리나 엷은 빛을 내면서 방전하게 되는 현상을 코로나 방전이고 한다. 공기의 전위경도는 아래와 같다.

· 직류(DC)인 경우 30[KV/cm]
· 교류(AC)인 경우 21.1[kV/cm]   【정답】②

11. 초산은($AgNO_3$) 용액에 1[A]의 전류를 2시간 동안 흘렸다. 이때 은의 석출량[g]은? (단, 은의 전기화학당량은 1.1×10^{-3}[g/C]이다.)

① 5.44   ② 6.08

③ 7.92   ④ 9.84

|문|제|풀|이|

[전기분해에 의한 물질의 석출량(w)] $w = kQ = kIt$[g]

(w : 석출량[g], k : 전기화학당량, I : 전류, t : 통전시간 [sec])

전류(I) : 1[A], 시간(t) : 2시간(=2×3600)

은의 전기화학당량 : 1.1×10^{-3}[g/C]

$\therefore w = kIt[g] = 1.1 \times 10^{-3} \times 1 \times (2 \times 3600) = 7.92[g]$

【정답】③

12. 2×10^{-6}[C]의 점전하로부터 1[m] 떨어진 곳의 전계의 세기는 몇 [V/m]인가?

① 15,000   ② 18,000

③ 25,000   ④ 28,000

|문|제|풀|이|

[전계의 세기] $E = \dfrac{F}{Q} = \dfrac{Q}{4\pi\epsilon_0 r^2} = 9 \times 10^9 \dfrac{Q}{r^2}$[V/m]

$\therefore E = 9 \times 10^9 \dfrac{Q}{r^2} = 9 \times 10^9 \times \dfrac{2 \times 10^{-6}}{1^2} = 18,000[V/m]$

【정답】②

13. 다음 회로의 합성정전용량은 [μF]는?

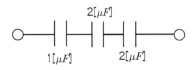

① $\dfrac{1}{2}$ ② $\dfrac{1}{3}$

③ $\dfrac{1}{4}$ ④ $\dfrac{1}{5}$

|문|제|풀|이|

[직·병렬 합성정전용량]

1. 직렬 합성정전용량 $C_s = \dfrac{1}{\dfrac{1}{C_1} + \dfrac{1}{C_2} + \dfrac{1}{C_3}}$[F]

2. 병렬 합성정전용량 $C_p = C_1 + C_2 + C_3$[F]

여기서, C : 콘덴서

$\therefore$ 합성정전용량 $C_t = \dfrac{1}{\dfrac{1}{1} + \dfrac{1}{2} + \dfrac{1}{2}} = \dfrac{1}{2}$[$\mu F$]

【정답】①

14. 무한장 직선 도체에서 전류가 I[A], 거리가 r[m] 만큼 떨어진 점의 자기의 세기는 얼마인가?

① $H = \dfrac{I}{2\pi r}$[AT/m]

② $H = \dfrac{I}{2\pi r^2}$[AT/m]

③ $H = \dfrac{I}{\pi r}$[AT/m]

④ $H = \dfrac{I}{\pi r^2}$[AT/m]

|문|제|풀|이|

[무한 직선에서 자계의 세기] $H = \dfrac{I}{2\pi r}$[AT/m]

【정답】①

※ 1. 환상솔레노이드

① 내부자계 $H = \dfrac{NI}{2\pi a}$[AT/m]

② 외부자계 H=0

2. 무한장 솔레노이드에서 자계의 세기

① 내부자계 $H = \dfrac{NI}{l}$[AT/m]

② 외부자계 H=0

3. 원형 코일

자계의 세기 $H = \dfrac{NI}{2a} = \dfrac{I}{2a}$[AT/m]

15. 다음 그림에서 ( )안에 알맞은 극성은 무엇인가?

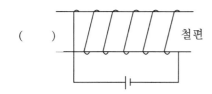

① N극과 S극이 교번한다.

② S극

③ N극

④ 극의 변화가 없다.

[전류의 방향과 극성] 오른손 4개의 손가락은 전류의 방향, 엄지는 N극을 나타낸다.

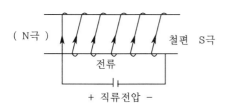

【정답】③

16. 공기 중에서 자속밀도 3[Wb/m²]의 평등 자장 속에 길이 10[cm]의 직선 도선을 자장의 방향과 직각으로 놓고 여기에 4[A]의 전류를 흐르게 하면 이 도선이 받는 힘은 몇 [N]인가?

① 0.5   ② 1.2

③ 2.8   ④ 4.2

[도체에 작용하는 힘(전자력)] $F = BIl\sin\theta[N]$

자속밀도(B) : 3[Wb/m²], 도선의 길이(l) : 10[cm]=0.1[m]

도선과 자장의 방향과의 각(θ) : 직각(90), 전류(I) : 4[A]

$\therefore F = BIl\sin\theta = 3 \times 4 \times 0.1 \times 1 = 1.2[N]$ → ($\sin 90 = 1$)

【정답】②

17. 교류의 크기를 교류와 동일한 일을 하는 직류의 크기로 바꿔서 나타낸 값은?

① 순시값   ② 평균값

③ 실효값   ④ 최대값

[실효값(effective value)] 소비되는 전력량이 같은 경우 이때의 직류값을 정현파 교류의 실효값으로 정의한다.

1. $V = \dfrac{V_m}{\sqrt{2}} \fallingdotseq 0.707\,V_m[V]$ → (V_m : 최대값)

2. $I = \dfrac{I_m}{\sqrt{2}} \fallingdotseq 0.707\,I_m[A]$ → (I_m : 최대값)

※ ① 순시값 : 시간의 변화에 따라 순간순간 나타나는 정현파의 값을 의미한다.
    ② 평균값 : 교류의 순시치를 시간에 대해서 평균한 값

【정답】③

18. 그림과 같은 RL 병렬회로에서 $R=25[\Omega]$, $\omega L=100/3[\Omega]$ 일 때, 200[V]의 전압을 가하면 코일에 흐르는 전류 $I_L[A]$은?

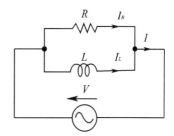

① 3.0   ② 4.8

③ 6.0   ④ 8.2

[RL 병렬 회로] 전류 $I_L = \dfrac{V}{X_L}[A]$, $X_L = \omega L$

여기서, V : 전압[V], X_L : 유도성 리액턴스

저항(R) : 25[Ω], 유도성 리액턴스(ωL) : 100/3[Ω]

$\therefore I_L = \dfrac{V}{X_L} = \dfrac{200}{\dfrac{100}{3}} = \dfrac{600}{100} = 6[A]$ 【정답】③

19. 평형 3상 교류회로에서 Y결선할 때 선간전압 380[V], 선간전류 10[A] 일 때 상전압과 상전류는 얼마인가?

① 220[V], 17.3[A] ② 380[V], 10[A]

③ 220[V], 10[A] ④ 380[V], 17.3[A]

|문|제|풀|이|

[대칭 3상 교류의 전압과 전류의 관계]

항목	Y결선	△결선
전압	$V_l = \sqrt{3}\, V_P \angle 30$	$V_l = V_p$
전류	$I_l = I_p$	$I_l = \sqrt{3}\, I_p \angle -30$

여기서, I_l : 선간전류, V_l : 선간전압, I_p : 상전류
V_p : 상전압

∴1. 상전압 $V_p = \dfrac{V_l}{\sqrt{3}} = \dfrac{380}{\sqrt{3}} = 220[V]$

2. 상전류 $I_p = I_l = 10[A]$ 【정답】③

20. $R = 5[\Omega]$, $L = 2[H]$인 직렬회로의 시정수(시상수)는 얼마인가?

① 0.1[s] ② 0.2[s]

③ 0.3[s] ④ 0.4[s]

|문|제|풀|이|

[R–L직렬회로의 시정수] $T = \dfrac{L}{R}[s]$

∴시정수 $T = \dfrac{L}{R} = \dfrac{2}{5} = 0.4[s]$

※1. R–C회로의 시정수 $T = RC[s]$

2. R–L–C직렬회로의 시정수 $T = \dfrac{L}{R}[s]$ 【정답】④

21. 6극 직렬권(파권) 발전기의 전기자 도체 수 300, 매극 자속 0.02[Wb], 회전수 900[rpm]일 때 유도기전력(V)은?

① 90 ② 110

③ 220 ④ 270

|문|제|풀|이|

[직류기의 유도기전력(E)] $E = \dfrac{z}{a} \times p \cdot \varnothing \times \dfrac{N}{60}[V]$

여기서, z : 전기자 총 도체수, a : 병렬회로 수
N : 회전수(rpm), p : 극수, $\varnothing$: 매극당 자속수

극수(P) : 6극, 도체수(Z) : 300, 매극 자속($\varnothing$) 0.02[Wb]
회전수(N) : 900[rpm]

∴$E = \dfrac{z}{a} p \cdot \varnothing \dfrac{N}{60}[V] = \dfrac{300 \times 6 \times 0.02 \times 900}{60 \times 2} = 270[V]$

→ (직렬권은 파권, 파권의 병렬회로수(a)는 항상 2이다.) 【정답】④

22. 부하의 저항을 어느 정도 감소시켜도 전류는 일정하게 되는 수하특성을 이용하여 정전류를 만드는 곳이나 아크용접 등에 사용되는 직류발전기는?

① 직권발전기 ② 분권발전기

③ 가동복권발전기 ④ 차동복권발전기

|문|제|풀|이|

[차동복권발전기] 전기 용접기용 발전기로 가장 적당한 것은 차동복권형 발전기로 **차동복권형 발전기의 수하특성을 이용**한다. 【정답】④

23. 3상 동기전동기의 토크에 대한 설명으로 옳은 것은?

① 공급전압 크기에 비례한다.

② 공급전압 크기의 제곱에 비례한다.

③ 부하각 크기에 반비례한다.

④ 부하각 크기의 제곱에 비례한다.

|문|제|풀|이|

[동기전동기] 토크 $\tau = \dfrac{P}{\omega}[N \cdot m]$, 출력 $P = \dfrac{EV}{X_s} \sin\delta[W]$

여기서, V : 단자전압, E : 기전력, ω : 각속도, δ : 부하각

토크 $\tau = \dfrac{VE}{\omega X_s} \sin\delta[N \cdot m]$ 이므로

토크(τ)는 단자전압(V)의 크기에 비례한다. 【정답】①

24. 전기기기의 효율 중 발전기의 규약효율 η_g는? (단, 입력 P, 출력 Q, 손실 L로 표현한다.)

① $\eta_g = \dfrac{P-L}{P} \times 100[\%]$

② $\eta_g = \dfrac{P-L}{P+L} \times 100[\%]$

③ $\eta_g = \dfrac{PQ}{P} \times 100[\%]$

④ $\eta_g = \dfrac{Q}{Q+L} \times 100[\%]$

|문|제|풀|이|.........

[규약효율] 전기기기의 효율을 각종 손실을 따로따로 측정 또는 계산해서 구한 효율을 말한다.

1. 전동기(모터)는 입력 위주로 규약효율 $\eta_m = \dfrac{P-L}{P} \times 100$

→ (전동기: 전기 입력이므로 입력 2번)

2. **발전기, 변압기**는 출력 위주로 규약효율 $\eta_g = \dfrac{Q}{Q+L} \times 100$

→ (발전기: 전기 출력이므로 출력 2번)

【정답】④

25. 직류 분권전동기의 회전수(N)와 토크(τ)와의 관계는?

① $\tau \propto \dfrac{1}{N}$ ② $\tau \propto \dfrac{1}{N^2}$

③ $\tau \propto N$ ④ $\tau \propto N^{\frac{3}{2}}$

|문|제|풀|이|.........

[직류 직권전동기]

1. 직류 **분권전동기**의 토크 특성 : $r \propto \dfrac{1}{N}$

2. 직류 직권전동기의 토크 특성 : $r \propto \dfrac{1}{N^2}$

【정답】①

26. 직류 발전기에서 전기자권선이 중권인 경우 균압환을 설치하는 가장 큰 이유는?

① 난조방지

② 불꽃방지

③ 전기자반작용 방지

④ 전파 장해의 방지

|문|제|풀|이|.........

[균압환] 전기자 병렬회로수가 많아지게 되면 각 병렬회로 사이에 기전력이 불평형이 생기기 쉽다. 이로인해 브러시 **불꽃과 온도가** 상승된다. 이를 **방지**하기 위해 균압환을 설치한다.

【정답】②

|참|고|.........

[전기자 권선의 중권과 파권의 비교]

비교 항목	단중 중권	단중 파권
전기자의 병렬 회로수	극수와 같다. ($a=p$)	극수에 관계없이 항상 2 이다. ($a=2$)
브러시 수	극수와 같다. ($B=p=a$)	2개로 되나, 극수만큼의 브러시를 둘 수 있다. ($B=2, B=p$)
균압 접속	4극 이상이면 **균압 접속**을 해야 한다.	균압접속은 필요 없다.
전기자 도체의 굵기, 권수, 극수가 모두 같을 때	저전압, 대전류를 얻을 수 있다.	소전류, 고전압을 얻을 수 있다.

27. 60[Hz]의 변압기에 50[Hz]의 같은 전압을 가했을 때 자속밀도는 60[Hz] 때와 비교할 때 어떻게 되는가?

① $\dfrac{6}{5}$ ② $\dfrac{5}{6}$

③ $\left(\dfrac{6}{5}\right)^2$ ④ $\left(\dfrac{6}{5}\right)^{1.6}$

|문|제|풀|이|.........

[변압기에서의 유기기전력] $e = 4.44 f N \varnothing_m k_m$

e가 일정할 경우

주파수가 60[Hz]에서 50[Hz]로 낮아질 경우 자속밀도는 커진다.

$\therefore \dfrac{f_{50}}{f_{60}} = \dfrac{\varnothing_{m\,60}}{\varnothing_{m\,50}} = \dfrac{60}{50} = \dfrac{6}{5}$

【정답】①

28. 다음 설명의 (㉠), (㉡)에 들어갈 내용으로 옳은 것은?

> 히스테리시스 곡선에서 종축과 만나는 점은 (㉠)이고, 횡축과 만나는 점은 (㉡)이다.

① ㉠ 보자력, ㉡ 잔류자기
② ㉠ 잔류자기, ㉡ 보자력
③ ㉠ 자속밀도, ㉡ 자기저항
④ ㉠ 자기저항, ㉡ 자속밀도

|문|제|풀|이|

[히스테리시스 곡선 (B-H 곡선)]
· 히스테리시스 곡선이 **종축(자속밀도)**과 만나는 점은 **잔류자기**(잔류 자속밀도(B_r))
· 히스테리시스 곡선이 **횡축(자계의 세기)**과 만나는 점은 **보자력**(H_c)를 표시한다.

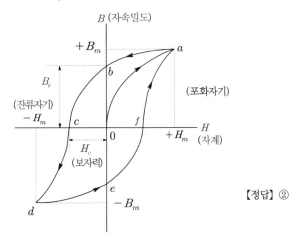

【정답】②

29. 변압기유로 쓰이는 절연유에 요구되는 성질이 아닌 것은?

① 점도가 클 것
② 비열이 커 냉각 효과가 클 것
③ 절연재료 및 금속재료에 화학작용을 일으키지 않을 것
④ 인화점이 높고 응고점이 낮을 것

|문|제|풀|이|

[변압기 절연유의 구비 조건]
1. 절연 저항 및 절연 내력이 클 것
2. 절연 재료 및 금속에 화학 작용을 일으키지 않을 것
3. 인화점이 높고(130도 이상) 응고점이 낮을(-30도) 것
4. **점도가 낮고**(유동성이 풍부) 비열이 커서 냉각 효과가 클 것
5. 고온에 있어 석출물이 생기거나 산화하지 않을 것
6. 열팽창 계수가 적고 증발로 인한 감소량이 적을 것

【정답】①

30. 변압기 V결선의 특징으로 틀린 것은?

① 고장시 응급처치 방법으로 쓰인다.
② 단상변압기 2대로 3상전력을 공급한다.
③ 부하 증가 시 예상되는 지역에 시설한다.
④ V결선 시 출력은 △결선 시 출력과 그 크기가 같다.

|문|제|풀|이|

[변압기 V결선의 특징) 전압(기전력)] V결선은 △결선에 비해 **출력이 57.74[%]로 저하**된다. 【정답】④

※V결선 : △ 결선된 3상 전원 중 1상을 제거한 상태, 즉 2개상의 전원만을 이용하여 3상 부하에 전력을 공급하여 운전하는 결선법으로 △결선에 비해 출력이 57.74[%]로 저하된다.

31. 200[V], 50[Hz], 4극, 15[KW]의 3상 유도전동기에서 전부하 회전수가 1,320[rpm]이면 이 전동기의 2차효율은 몇 [%]인가?

① 66
② 75
③ 88
④ 97

|문|제|풀|이|

[전동기의 2차효율] $\eta_2 = \dfrac{P}{P_2} = \dfrac{(1-s)P_2}{P_2} = \dfrac{N}{N_s}$

1. 동기속도 $N_s = \dfrac{120f}{p} = \dfrac{120 \times 50}{4} = 1500[rpm]$

2. 슬립 $s = \dfrac{N_s - N}{N_s} = \dfrac{1500 - 1320}{1500} = 0.12$

여기서, N_s : 동기속도, N : 회전수, p : 극수, s : 슬립

$\therefore \eta_2 = 1 - s = 1 - 0.12 = 0.88 = 88[\%]$ 【정답】③

32. 다음 중 기동토크가 가장 큰 전동기는?

① 분상기동형　　　② 콘덴서모터형

③ 세이딩코일형　　④ 반발기동형

|문|제|풀|이|

[단상 유도전동기] 기동토크가 큰 것부터 배열하면 다음과 같다.
반발기동형 〉 반발유도형 〉 콘덴서기동형 〉 분상기동형 〉 세이딩코
일형(또는 모노 사이클릭 기동형)　　　　　　　【정답】④

33. 3상유도전동기의 원선도를 그리는데 필요하지 않은 것은?

① 지행 측정　　　② 무부하시험

③ 구속시험　　　④ 슬립 측정

|문|제|풀|이|

[원선도 작성에 필요한 시험]
1. 무부하시험 : 무부하의 크기와 위상각 및 철손
2. 구속시험(단락시험) : 단락전류의 크기와 위상각
3. 저항 측정 시험 : 2차동손　　　　　　　　　【정답】④

|참|고|

[원선도에서 구할 수 있는 것과 없는 것]

구할 수 있는 것	구할 수 없는 것
·최대 출력 ·조상설비 용량 ·송수전 효율 ·수전단 역율	·기계적 출력 ·기계손(풍손+마찰손)

34. 다음 중 유도전동기에서 비례추이를 할 수 있는 것은?

① 출력　　　　　② 2차 동손

③ 효율　　　　　④ 역률

|문|제|풀|이|

[비례추이의 특징]
· 최대토크는 불변
· 슬립이 증가하면 : 기동전류는 감소, 기동토크는 증가

$$\frac{r_2}{s_m} = \frac{r_2 + R}{s_t}$$

1. 비례추이 할 수 없는 것 : 출력, 2차동손, 효율
2. 비례추이 할 수 있는 것 : 1차 입력, 1차 전류, 2차 전류, **역률**,
동기와트, 토크　　　　　　　　　　　　　　【정답】④

35. 반도체 소자 중에서 3단자 사이리스터가 아닌 것은?

① GTO　　　　　② TRIAC

③ SCR　　　　　④ SCS

|문|제|풀|이|

[정류소자의 종류 및 특징]

방향성	명칭	단자	기호	응용 예
역저지 (단방향) 사이리스터	SCR	3단자		정류기 인버터
	LASCR			정지스위치 및 응용스위치
	GTO			쵸퍼 직류스위치
	SCS	4단자		
쌍방향성 사이리스터	SSS	2단자		초광장치, 교류스 위치
	TRIAC	3단자		초광장치, 교류스 위치
	역도통			직류효과

【정답】④

36. 무효 전력 보상 장치(동기 조상기)를 부족여자로 운전 하면 어떻게 되는가?

① 콘덴서로 작용한다.

② 리액터로 작용한다.

③ 여자전압의 이상 상승이 발생한다.

④ 일부 부하에 대하여 뒤진 역률을 보상한다.

|문|제|풀|이|

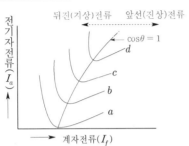

[위상특성곡선]

1. 여자전류를 감소시키면 역률은 뒤지고 전기자전류는 증가한다.
→ (부족여자 : 리액터(L) 작용)

2. 여자전류를 증가시키면 역률은 앞서고 전기자전류는 증가한다.
→ (과여자 : 콘덴서(C)로 작용)

【정답】②

37. SCR 2개를 역병렬로 접속한 그림과 같은 기호의 명칭은?

① SCR
② TRIAC
③ GTO
④ UJT

|문|제|풀|이|

[트라이액(TRIAC)]
· 쌍방향성 3단자 사이리스터
· **SCR 2개를 역병렬로 접속**
· 순·역 양방향으로 게이트 전류를 흐르게 하면 도통하는 성질
· On/Off 위상 제어, 교류회로의 전압, 전류를 제어할 수 있다.
· 냉장고, 전기담요의 온도 제어 및 조광장치 등에 쓰인다.

※[각종 반도체 소자의 비교]

방향성	명칭	단자	기호	응용 예
역저지 (단방향) 사이리스터	SCR	3단자		정류기 인버터
	LASCR			정지스위치 및 응용스위치
	GTO			쵸퍼 직류스위치
	SCS	4단자		
쌍방향성 사이리스터	SSS	2단자		초광장치, 교류스위치
	TRIAC	3단자		초광장치, 교류스위치
	역도통			직류효과

※128페이지 [05 사이리스터의 종류] 참조

【정답】②

38. 정격이 10000[V], 500[A], 역률 90[%]의 3상 동기 발전기의 단락전류 I_s[A]는? (단, 단락비는 1.3으로 하고, 전기자저항은 무시한다.)

① 450
② 550
③ 650
④ 750

|문|제|풀|이|

[동기발전기의 단락비] $K_s = \dfrac{I_s(3상단락전류)}{I_n(정격전류)}$

정격전류(I_n) : 500[A], 단락비(K_s)=1.3

$K_s = \dfrac{I_s}{I_n}$ 에서 ∴3상 단락전류 $I_s = I_n \times K_s = 500 \times 1.3 = 650[A]$

【정답】③

39. SCR에서 gate 단자의 반도체는 일반적으로 어떤 형을 사용하는가?

① N형
② P형
③ NP형
④ PN형

|문|제|풀|이|

[SCR(Silicon Controlled Rectifier)] SCR은 일반적으로 타입이 P-Gate 사이리스터이며 제어 전극인 게이트(G)가 캐소드(K)에 가까운 쪽의 **P형 반도체** 층에 부착되어 있는 3단자 단일 방향성 소자이다.

【정답】②

40. $E = \sqrt{2} \sin \omega t$의 정현파 전압을 가질 때 직류 평균 값 1.17E[V]인 회로가 어떻게 되는가?

① 단상반파   ② 단상전파

③ 3상반파   ④ 3상전파

|문|제|풀|이|

[직류 평균전압]

1. 단상반파 : $E_d = 0.45E[V]$
2. 단상전파 : $E_d = 0.9E[V]$
3. 3상반파 : $E_d = 1.17E[V]$
4. 3상전파 : $E_d = 1.35E[V]$ 【정답】③

※[정류회로 방식의 비교]

종류	단상 반파	단상 전파	3상 반파	3상 전파
직류출력	$E_d = 0.45E$	$E_d = 0.9E$	$E_d = 1.17E$	$E_d = 2.34E$
맥동률[%]	121	48	17.7	4.04
정류효율	40.5	81.1	96.7	99.8
맥동주파수	f	$2f$	$3f$	$6f$

1. 단상 : 선 두 가닥, 3상 : 선 3가닥
2. 반파 : 다이오드오 1개, 전파 : 다이오드 2개 이상

41. 접지선의 절연전선 색상은 특별한 경우를 제외하고는 어느 색으로 표시를 하여야 하는가?

① 빨간색   ② 노란색

③ 녹색-노란색   ④ 검정색

|문|제|풀|이|

[전선의 식별]

상(문자)	색상
L1	갈색
L2	검정색
L3	회색
N(중성선)	파란색
보호도체(접지선)	**녹색-노란색 혼용**

【정답】③

42. 옥외용 비닐절연전선의 약호는?

① NRI   ② NF

③ OW   ④ NR

|문|제|풀|이|

[비닐절연전선의 약호]

NR	450/750[V] 일반용 단심 비닐절연전선
NF	450/750[V] 일반용 유연성 단심 비닐절연전선
NFI	300/500[V] 기기 배선용 유연성 단심 비닐절연전선
NRI	300/500[V] 기기 배선용 단심 비닐절연전선
OW	**옥외용 비닐절연전선**
DV	인입용 비닐절연전선
FL	형광방전등용 비닐절연전선
GV	접지용 비닐절연전선
NV	비닐절연 네온절연전선

【정답】③

43. 인입용 비닐절연전선의 공칭단면적 8[mm^2]되는 연선의 구성은 소선의 지름이 1.2[mm] 일 때 소선 수는 몇 가닥으로 되어 있는가?

① 3   ② 4

③ 6   ④ 7

|문|제|풀|이|

[공칭단면적, 전선의 총소선수] $N = \dfrac{4A}{\pi d^2}$ → (d : 소선의 지름)

공칭단면적 $A = \dfrac{\pi d^2}{4} \times N[mm^2]$

공칭단면적 : 8[mm^2], 소선의 지름(d) : 1.2[mm]

공칭단면적 $A = \dfrac{\pi d^2}{4} \times N[mm^2]$에서

$8 = \dfrac{\pi \times 1.2^2}{4} N \rightarrow \therefore N = \dfrac{32}{\pi \times 1.2^2} = 7$ → ($\pi = 3.14$)

【정답】④

44. 연선 결정에 있어서 중심 소선을 뺀 층수가 3층이다. 전체 소선수는?

① 91 ② 61

③ 37 ④ 19

|문|제|풀|이|

[소선의 총수] $N = 1 + 3n(n+1) \rightarrow$ (n : 소선의 층수)

소선의 층수(n) : 3층

∴ 소선의 총수 $N = 1 + 3n(n+1) = 1 + 9 \times 4 = 37$

【정답】③

45. S형 슬리브에 의한 전선을 접속 시 몇 번 이상을 꼬아 접속해야 하는가?

① 2 ② 4

② 6 ④ 8

|문|제|풀|이|

[S형 슬리브 접속]

1. S형 슬리브 접속은 **2~3회 꼬아서 접속**한다.
2. 전선의 끝은 슬리브 끝에서 조금 나오는 것이 좋다
3. S형 슬리브는 단선, 연선 어느 것에도 사용할 수 있다
4. S형 슬리브는 직선접속, 분기접속 모두 가능하다

※슬리브접속 : 단선과 연선의 교차 지점을 접속하는 제품으로 메쉬형 접지 등 다양한 부분에서 사용되고 있다. 슬리브 접속은 단선과 연선 접속 모두 가능하며, 종류로는 C형과 S형 슬리브가 있다. 【정답】①

46. 관과 박스 접속 시에 사용하는 공구는 무엇인가?

① 스플릿 커플링

② 콤비네이션 커플링

③ 앵글박스 커넥터

④ 오스터

|문|제|풀|이|

[접속 시 사용 공구]

① 스플릿 커플링 : 가요전선관 상호 접속 시 사용하는 공구
② 콤비네이션 커플링 : 금속관제 가요전선관과 금속전선관의 접속하는 곳에 사용하는 공구

③ 앵글박스 커넥터 : 건물의 모서리(직각)에서 전선관을 박스에 연결할 때 필요한 접속기
④ 오스터 : 금속관 끝에 나사를 내는 공구

【정답】③

47. 굵은 전선을 절단할 때 사용하는 전기공사용 공구는?

① 프레셔툴 ② 녹아웃펀치

③ 파이프커터 ④ 클리퍼

|문|제|풀|이|

[클리퍼] 굵은 전선을 절단할 때 사용하는 공구

※① 프레셔툴 : 솔더리스 터미널 눌러 붙임 공구
　② 노크아웃펀치 : 분전반, 풀박스 등의 전선관 인출을 위한 인출공을 뚫는 공구
　③ 파이프커터 : 금속관을 절단하는 공구 【정답】④

48. 다음 중 금속 전선관의 호칭을 맞게 기술한 것은?

① 박강, 후강 모두 안지름으로 [mm]로 나타낸다.

② 박강은 안지름, 후강은 바깥지름으로 [mm]로 나타낸다.

③ 박강은 바깥지름, 후강은 안지름으로 [mm]로 나타낸다.

④ 박강, 후강 모두 바깥지름으로 [mm]로 나타낸다.

|문|제|풀|이|

[후강 전선관]
· **안지름**의 크기에 가까운 **짝수**
· 두께 2[mm] 이상
· 길이 3.6[m]
· 16, 22, 28, 36, 42, 54, 72, 80, 92, 104

[박강 전선관]
· **바깥지름**의 크기에 가까운 **홀수**
· 두께 1.2[mm] 이상
· 길이 3.6[m]
· 15, 19, 25, 31, 39, 51, 63, 75 【정답】③

49. 다음 중 애자공사에 사용되는 애자의 구비조건과 거리가 먼 것은?

① 광택성   ② 절연성
③ 난연성   ④ 내수성

|문|제|풀|이|

[애자의 구비 조건]
· 충분한 기계적 강도를 가질 것
· 절연내력이 클 것
· 누설전류가 적을 것
· **절연성, 난연성(연소하기 어려운 재료의 성질), 내수성**이 클 것
【정답】①

50. 합성수지관 상호 및 관과 박스는 접속 시에 삽입하는 깊이를 관 바깥지름의 몇 배 이상으로 하여야 하는가? (단, 접착제를 사용하지 않은 경우이다.)

① 0.2   ② 0.5
③ 1   ④ 1.2

|문|제|풀|이|

[합성수지관 공사] 관 상호간 및 박스와는 삽입하는 깊이를 관 **바깥지름의 1.2배**(단, 접착제 사용하는 경우 0.8배) 이상으로 견고하게 접속할 것
【정답】④

51. 합성수지관을 새들 등으로 지지하는 경우 지지점간의 거리는 몇 [m] 이하 인가?

① 1.5   ② 2.0
③ 2.5   ④ 3.0

|문|제|풀|이|

[합성수지관 공사]
1. 전선은 절연전선(OW제외)일 것
2. 전선은 연선일 것
　(단선은 지름 1.6[mm] 이상으로 하고 지름 3.2[mm] 이상은 연선으로 한다(AL선은 4[mm] 이상)).
3. 관 안에는 전선 접속점이 없을 것

4. 관의 두께는 2.0[mm] 이상일 것
5. 관 상호간 및 박스와는 삽입하는 깊이를 관 바깥지름의 1.2배(접착제 사용하는 경우 0.8배) 이상으로 견고하게 접속할 것
6. **관의 지지점간의 거리는 1.5[m] 이하로 할 것** (단 내규사항 그 지지점은 관단, 관과 박스와의 접속점 및 관상호 접속점에서 0.3[m] 정도가 바람직하다.)
【정답】①

|참|고|

[기타 지지점 간의 거리]
1. 합성수지관공사 : 15[m]
2. 애자공사 : 2[m]
3. 금속관공사 : 2[m]
4. 덕트공사 : 3[m]
5. 라이팅덕트공사 : 2[m]
6. 케이블공사 ; 2[m]
7. 캡타이어케이블공사 : 1[m]
8. 가요전선관공사 : 1[m]

52. 다음 중 박강전선관의 표준굵기[mm]가 아닌 것은?

① 15[mm]   ② 25[mm]
③ 35[mm]   ④ 39[mm]

|문|제|풀|이|

[전선관의 굵기 및 호칭]

후강전선관	· 두께 2[mm] 이상의 전선관 · 안지름에 가까운 짝수로 호칭	
	굵기	16, 22, 28, 36, 42, 54, 70, 82, 92, 104[mm]
	길이	3.6[m] (※금속관 1본의 길이 : 3.6[m])
박강전선관	· 두께 1.1[mm] 이상의 얇은 전선관 · 바깥지름에 가까운 홀수로 호칭	
	굵기	**15, 19, 25, 31, 39, 51, 63, 75[mm]**
	길이	3.6[m]
알루미늄 전선관	바깥지름에 가까운 홀수로 호칭한다.	
	굵기	19, 25, 31, 3, 51, 63, 75[mm]

【정답】③

53. 무대, 무대마루 밑, 오케스트라 박스 및 영사실 기타 사람이나 무대 도구가 접촉할 우려가 있는 곳에 시설하는 저압 옥내배선, 전구선 또는 이동전선의 사용전압은 몇 [V] 미만인가?

① 200
② 300
③ 400
④ 600

|문|제|풀|이|

[전시회, 쇼 및 공연장의 전기설비]

·무대, 무대마루 밑, 오케스트라 박스 및 영사실 기타 사람이나 무대 도구가 접촉할 우려가 있는 곳에 시설하는 저압 옥내배선, 전구선 또는 이동전선은 **사용전압이 400[V] 미만**일 것

·배선용 케이블은 최소 단면적 1.5[mm^2]의 구리 도체

【정답】③

54. 점유 면적이 좁고 운전 보수에 안전하며 공장, 빌딩 등의 전기실에 많이 사용되는 배전반은 어떤 것인가?

① 데드프런트형
② 수직형
③ 큐비클형
④ 라이브프런트형

|문|제|풀|이|

[폐쇄식 배전반(Cubicle type)] 큐비클 또는 메탈 클래드라 하며, 조립형, 장갑형 등이 있다.

1. 조립형 : 차단기 등을 철재함에 조립하여 사용
2. 장갑형 : 회로별로 모선, 계기용변성기, 차단기 등을 하나의 함내에 장치. 점유 면적이 좁고, 운전 보수에 안전함으로 공장, 빌딩 등의 전기실에 많이 사용

【정답】③

55. 지중에 매설되어 있는 금속제 수도관로는 접지공사의 접지극으로 사용할 수 있다. 이때 건물의 철골, 기타의 금속제를 비접지식 고압전로에 시설하는 기계기구의 철대 또는 금속제 외함에 실시하는 비접지식 고압전로와 저압전로를 결합하는 변압기의 저압전로에 시설하는 접지공사의 접지극 수도관로는 대지와의 접지저항치가 얼마 이하여야 하는가?

① 1[Ω]
② 2[Ω]
③ 3[Ω]
④ 4[Ω]

|문|제|풀|이|

[수도관 등의 접지극]

1. 대지와의 사이에 전기저항값이 3[Ω] 이하인 값을 유지하는 건물의 철골 기타의 금속체

2. 대지와의 사이에 전기저항 값이 2[Ω] **이하**인 값을 유지하는 건물의 철골, 기타의 금속제는 이를 비접지식 고압전로에 시설하는 기계기구의 철대 또는 금속제 외함에 실시하는 비접지식 고압전로와 저압전로를 결합하는 변압기의 저압전로에 시설하는 접지공사의 접지극으로 사용할 수 있다.

【정답】②

56. 계전기가 설치된 위치에서 고장이 발생한 구간까지 임피던스에 비례하여 동작하는 계전기는?

① 비율차동계전기
② 거리계전기
③ 방향 계전기
④ 부족전압 계전기

|문|제|풀|이|

[거리 계전기]

·거리계전기는 전압과 전류를 입력량으로 하여 전압과 전류의 비가 일정값 이하로 될 경우 동작하는 계전기이다.

·이 비는 계전기에서 본 **임피던스라고 하며 임피던스는** 송전선 거리의 전기적 척도이므로 거리계전기라고 한다.

·종류로는 임피던스형 계전기, 리액턴스형 계전기, Mho(모우)형 계전기, 오옴형 계전기, off-set MHO형 계전기, 4변형 리액턴스 계전기 등이 있다.

|참|고|

[보호계전기의 기능상의 분류]

거리 계전기	전압과 전류의 크기 및 위상차를 이용, 고정 점까지의 거리를 측정하는 계전기
비율차동계전기	·1차 전류와 2차 전류 차의 비율에 의해 동작 ·변압기 내부 고장 보호에 사용
방향 계전기	어느 일정한 방향으로 일정값 이상의 단락 전류가 흘렀을 경우 동작
부족전압계전기	전압이 정정치 이하로 떨어졌을 경우 동작

【정답】②

57. 주상변압기의 2차 측 중성점을 접지하는 목적으로 해당되지 않는 것은?

① 보호 장치의 확실한 동작확보

② 부하전류의 일부를 대지로 흐르게 하여 전선을 절약한다.

③ 이상전압의 억제

④ 대지전압의 저하

|문|제|풀|이|

[변압기 중성점 접지의 목적]

1. 보호장치의 확실한 동작확보
2. 이상전압의 억제
3. 대지전압 저하
4. 고ㆍ저압 혼촉 방지   【정답】②

58. 다음 표는 고압 가공전선과 저압 가공전선 등 또는 그 지지물 사이의 간격을 나타낸 것이다. (   ) 안에 알맞은 것은?

저압 가공전선 등 또는 그 지지물의 구분	간 격
저압 가공전선 등	( )[m] (고압 가공전선이 케이블인 경우에는 0.4[m])
저압 가공전선 등의 지지물	0.6[m] (고압 가공전선이 케이블인 경우에는 0.3[m])

① 0.6   ② 0.8

③ 0.9   ④ 1

|문|제|풀|이|

[고압 가공전선 등과 저압 가공전선 등의 접근 또는 교차 (KEC 332.16)]

저압 가공전선 등 또는 그 지지물의 구분	간격
저압 가공전선 등	**0.8[m]** (고압 가공전선이 케이블인 경우에는 0.4[m])
저압 가공전선 등의 지지물	0.6[m] (고압 가공전선이 케이블인 경우에는 0.3[m])

【정답】②

59. 선택지락계전기의 용도를 옳게 설명한 것은?

① 단일회선에서 접지전류의 대소의 선택

② 단일회선에서 접지전류의 방향의 선택

③ 단일회선에서 접지사고 지속시간의 선택

④ 다회선에서 접지고장 회선의 선택

|문|제|풀|이|

[선택지락계전기(SGR)] **병행 2회선 이상 송전선로**에서 한쪽의 1회선에 지락사고가 일어났을 경우 이것을 검출하여 고장 회선만을 선택 차단할 수 있는 계전기   【정답】④

60. 전동기 보호용 과전류 보호장치를 생략할 수 없는 곳은 어디인가?

① 상시 취급자가 감시할 수 있는 위치에 시설하는 경우

② 전동기와 대지 간 접지가 되어 있는 경우

③ 구조나 부하의 성질로 보아 전동기가 손상될 수 있는 과전류가 생길 우려가 없는 경우

④ 단상전동기로써 그 전원측 전로에 시설하는 과전류 차단기의 정격전류가 16[A] 이하인 경우

|문|제|풀|이|

[과전류보호 장치의 생략 가능한 4가지]

1. 전동기의 출력이 0.2[kW] 이하일 경우
2. 전동기를 운전 중 상시 취급자가 감시할 수 있는 위치에 시설하는 경우
3. 전동기의 구조나 부하의 성질로 보아 전동기가 손상될 수 있는 과전류가 생길 우려가 없는 경우
4. 단상전동기로써 그 전원측 전로에 시설하는 과전류 차단기의 정격전류가 16[A](배선차단기는 20[A]) 이하인 경   【정답】②

01. 0.2[℧]의 컨덕턴스를 가진 저항체에 3[A]의 전류를 흘리려면 몇 [V]의 전압을 가하면 되겠는가?

① 5   ② 10   ③ 15   ④ 20

|문|제|풀|이|‥‥‥‥‥‥‥‥‥‥‥‥‥‥‥‥‥

[오옴의 법칙] 전압 $V = RI[V]$

컨덕턴스 $G = \dfrac{1}{R}[℧] \rightarrow V = I \times \dfrac{1}{G}$

$\therefore V = I \times \dfrac{1}{G} = 3 \times \dfrac{1}{0.2} = 15[V]$ 【정답】③

02. 2[A], 500[V]의 회로에서 역률 80[%]일 때 유효전력은 몇 [W]인가?

① 600   ② 800

③ 1,000   ④ 1,200

|문|제|풀|이|‥‥‥‥‥‥‥‥‥‥‥‥‥‥‥‥‥

[교류 전력의 유효전력(P)] $P = I^2 R = VI\cos\theta\,[W]$

여기서, V : 전압[V], I : 전류[A], R : 저항[Ω], $\cos\theta$: 역률

전류(A) : 2[A], 전압(V) : 500[V], 역률($\cos\theta$) : 80[%]

$\therefore P = VI\cos\theta\,[W] = 500 \times 2 \times 0.8 = 800[W]$ 【정답】②

03. 전자 1개의 질량은 몇 [kg]인가?

① $1.675 \times 10^{-27}[kg]$ ② $1.673 \times 10^{-27}[kg]$

③ $9.107 \times 10^{-21}[kg]$ ④ $9.107 \times 10^{-31}[kg]$

|문|제|풀|이|‥‥‥‥‥‥‥‥‥‥‥‥‥‥‥‥‥

[원자를 구성하는 요소의 질량 및 전하량]

원자 $\begin{cases} \text{원자핵} \begin{cases} \text{양성자} \begin{cases} \text{전하} : +1.602 \times 10^{-19}[C] \\ \text{질량} : 1.673 \times 10^{-27}[kg] \end{cases} \\ \text{중성자} \begin{cases} \text{전하} : \text{없다}(0) \\ \text{질량} : 1.675 \times 10^{-27}[kg] \end{cases} \end{cases} \\ \text{전자} \begin{cases} \text{전하} : -1.602 \times 10^{-19}[C] \\ \text{질량} : 9.107 \times 10^{-31}[kg] \end{cases} \end{cases}$

【정답】④

04. 상전압 300[V]의 3상 반파 정류회로의 직류전압은 약 몇 [V]인가?

① 520[V]   ② 350[V]

③ 260[V]   ④ 50[V]

|문|제|풀|이|‥‥‥‥‥‥‥‥‥‥‥‥‥‥‥‥‥

[정류회로 및 제어기기]

정류 종류	단상 반파	단상 전파	3상 반파	3상 전파
직류출력	$E_d = 0.45E$	$E_d = 0.9E$	$E_d = 1.17E$	$E_d = 1.35E$
맥동률[%]	121	48	17.7	4.04
정류효율	40.5	81.1	96.7	99.8
맥동주파수	f(60Hz)	$2f$	$3f$	$6f$

여기서, E_d : 직류전압, E : 전원전압(교류실효값)

→ (직류=정류분)

상전압(교류 실효값) : 300[V]

$\therefore V_d = 1.17E = 1.17 \times 300 = 350.86[V]$ 【정답】②

05. 한국전기설비규정(KEC)에 의한 전압의 구분에서 고압에 대한 설명으로 가장 옳은 것은?

① 직류는 1500[V]를, 교류는 1000[V] 이하인 것

② 직류는 1500[V]를, 교류는 1000[V] 이상인 것

③ 직류는 1500[V]를, 교류는 1000[V]를 초과하고, 7[kV] 이하인 것

④ 7[kV]를 초과하는 것

|문|제|풀|이|‥‥‥‥‥‥‥‥‥‥‥‥‥‥‥‥‥

[전압의 종별] 저압, 고압 및 특고압의 범위

분류	전압의 범위
저압	· 직류 : 1500[V] 이하 · 교류 : 1000[V] 이하
고압	· **직류 : 1500[V]**를 초과하고 **7[kV]** 이하 · **교류 : 1000[V]**를 초과하고 **7[kV]** 이하
특고압	· 7[kV]를 초과

【정답】③

06. 금속몰드 배선공사에 대한 설명으로 틀린 것은?

① 몰드에는 kec140의 규정에 준하여 접지공사를 할 것

② 접속점을 쉽게 점검할 수 있도록 시설할 것

③ 사용전압이 400[V] 이하로 옥내의 건조한 장소로 전개된 장소 또는 점검할 수 없는 은폐장소에 시설할 수 있다.

④ 몰드 안의 전선을 외부로 인출하는 부분은 몰드의 관통 부분에서 전선이 손상될 우려가 없도록 시설할 것

|문|제|풀|이|

[금속몰드 공사]

· 전선은 절연전선(옥외용 비닐절연 전선을 제외)일 것

· 금속몰드 아에는 전선에 **접속점이 없도록** 할 것

· 금속몰드의 **사용전압이 400[V]** 이하로 옥내의 건조한 장소로 전개된 장소 또는 **점검할 수 있는 은폐장소**에 한하여 시설할 수 있다.

· 황동제 또는 동제의 몰드는 폭이 50[mm] 이하, 두께 0.5[mm] 이상인 것일 것

· 몰드에는 kec140의 규정에 준하여 접지공사를 할 것. 다만, 다음 중 하나에 해당하는 경우에는 그러하지 아니하다.
1. 몰드의 길이가 **4[m] 이하**인 것을 시설하는 경우
2. 옥내배선의 사용전압이 직류 300[V] 또는 교류 대지 전압이 150[V] 이하로서 그 전선을 넣는 관의 길이가 8[m] 이하인 것을 사람이 쉽게 접촉할 우려가 없도록 시설하는 경우 또는 건조한 장소에 시설하는 경우 **【정답】③**

---

07. 1대의 출력이 70[kVA]인 단상 변압기 2대로 V결선하여 3상 전력을 공급할 수 있는 최대전력은 몇 [kVA] 인가?

① 100

② $70\sqrt{2}$

③ $70\sqrt{3}$

④ 200

|문|제|풀|이|

[변압기 V결선]

1. 단상 변압기 3대로 △−△결선 운전 중 1대의 변압기 고장 시 V−V결선으로 운전된다.

2. V결선 시 변압기용량(2대의 경우) $P_v = \sqrt{3}\,P_1$

$\rightarrow$ (P_1는 변압기 한 대의 용량)

$\therefore P_v = \sqrt{3}\,P_1 = 70\sqrt{3}\,[kVA]$

※ $P_\triangle = 3P_1$ **【정답】③**

---

08. 자기회로에서 자기저항이 2,000[AT/Wb]이고 기자력이 50,000[AT]이라면 자속[Wb]은?

① 50   ② 20   ③ 25   ④ 10

|문|제|풀|이|

[자속] $\phi = \dfrac{F}{R_m}[Wb]$ $\rightarrow$ ($F = NI = R\phi\,[AT]$)

여기서, R_m : 철심에서 만들어지는 자기저항, F : 기자력

$\therefore \phi = \dfrac{F}{R_m} = \dfrac{50,000}{2,000} = 25\,[Wb]$ **【정답】③**

---

09. 동기발전기의 전기자권선을 단절권으로 하면?

① 고조파를 제거한다.

② 절연이 잘 된다.

③ 역률이 좋아진다.

④ 기전력을 높인다.

|문|제|풀|이|

[동기발전기의 전기자 권선을 단절권으로 하면]

· 코일 간격을 극 간격보다 짧게 하는 권선법

· **고조파 제거**로 인한 **파형개선**과 동량의 감소에 의해 기계가 축소된다.

※ 95페이지 [04 동기발전기 전기자 권선법] 참조

【정답】①

---

10. 1차권수 6000, 2차권수 200인 변압기의 전압비는?

① 10   ② 30

③ 60   ④ 90

|문|제|풀|이|

[변압기의 권수비(전압비)] $a = \dfrac{N_1}{N_2} = \dfrac{V_1}{V_2} = \dfrac{I_2}{I_1} = \sqrt{\dfrac{R_1}{R_2}} = \sqrt{\dfrac{Z_1}{Z_2}}$

1차권수(N_1) : 6000, 2차권수(N_2) : 200

$\therefore$ 전압비 $a = \dfrac{N_1}{N_2} = \dfrac{6000}{200} = 30$

※ 권수(N), 전압(V), 전류(I) 중 하나로 가장 많이 출제 됨

【정답】②

11. 변압기 내부 고장 시 발생하는 기름의 흐름 변화를 검출하는 부흐홀츠계전기의 설치위치로 알맞은 것은?

① 변압기 본체

② 변압기의 고압 측 부싱

③ 컨서베이터 내부

④ 변압기 본체와 컨서베이터를 연결하는 파이프

|문|제|풀|이|……………………………………

[부흐홀쯔계전기(변압기 보호)]

·변압기 내부 고장으로 인한 절연유의 온도 상승 시 발생하는 유증기를 검출하여 경보 및 차단을 하기 위한 계전기

·변압기 고장보호

·**변압기와 콘서베이터 연결관 도중**에 설치

※컨서베이터 : 컨서베이터는 변압기 상부에 설치된 원통형의 유조(기름통)로서 높은 온도의 기름이 직접 공기와 접촉하는 것을 방지하여 기름의 열화를 방지하는 것이다.

※115페이지 [2. 보호계전기의 기능상 분류] 참조

【정답】④

12. 그림에서 A와 B 사이의 합성저항은 몇 [Ω] 인가?

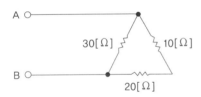

① 15

② 20

③ 25

④ 30

|문|제|풀|이|……………………………………

[합성저항]

1. 10[Ω]과 20[Ω] 직렬연결 : $R_1 = 10 + 20 = 30[\Omega]$

2. 1의 30[Ω]과 30[Ω] 병렬연결 : $R_2 = \dfrac{30 \times 30}{30 + 30} = 15[\Omega]$

※합성저항

1. 직렬 합성저항(전류 일정) : $R_0 = R_1 + R_2 + \cdots\cdots + R_n [\Omega]$

2. 병렬 합성저항(전압 일정) $R_0 = \dfrac{1}{\dfrac{1}{R_1} + \dfrac{1}{R_2} + \cdots\cdots + \dfrac{1}{R_n}}[\Omega]$

【정답】①

13. 두 코일의 자체인덕턴스를 $L_1[H]$, $L_2[H]$라 하고 상호인덕턴스를 M이라 할 때, 두 코일을 자속이 동일한 방향과 역방향이 되도록 하여 직렬로 각각 연결하였을 경우, 합성인덕턴스의 큰 쪽과 작은 쪽의 차는?

① M

② 2M

③ 4M

④ 8M

|문|제|풀|이|……………………………………

[직렬 합성인덕턴스] $L_0 = L_1 + L_2 \pm 2M$

여기서, L_1, L_2 : 자체인덕턴스, M : 상호인덕턴스

  + : 가동(동일한 방향), − : 차동(역방향)

상호인덕턴스가 +(가동)일 때와 −(차동)일 때의 차를 구한다.

즉, $(L_1 + L_2 + 2M) - (L_1 + L_2 - 2M) = 4M$

※47페이지 [06 코일의 접속] 참조

【정답】③

14. 다음 그림에서 A와 B 사이의 합성저항은 몇 [Ω]인가?

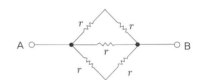

① 2r[Ω]

② $\dfrac{r}{2}[\Omega]$

③ 3r[Ω]

④ $\dfrac{r}{3}[\Omega]$

|문|제|풀|이|……………………………………

[합성저항]

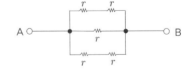

1.

2. r과 r이 직렬일 경우 : r+r=2r

3. 2r, r, 2r이 병렬이므로

$$\therefore r_0 = \dfrac{1}{\dfrac{1}{r_1} + \dfrac{1}{r_2} + \dfrac{1}{r_3}} = \dfrac{1}{\dfrac{1}{2r} + \dfrac{1}{r} + \dfrac{1}{2r}} = \dfrac{2r}{4} = \dfrac{r}{2}[\Omega]$$

【정답】②

15. 비례추이를 이용하여 속도제어가 되는 전동기는?

① 권선형유도전동기

② 농형유도전동기

③ 직류분권전동기

④ 동기전동기

|문|제|풀|이|

[3상권선형유도전동기]
· 2차저항기동법(**비례추이 이용**)
· 게르게스법

※② 농형유도전동기 속도제어 : 극수변환법, 주파수제어법, 전압 제어법
　③ 직류분권전동기 : 계자제어, 전압제어
　④ 동기전동기 : 속도제어가 어렵다.　　　　　**【정답】①**

16. 자극의 세기가 m[Wb]인 길이 l[m]의 막대자석의 자기모멘트를 나타내는 올바른 식은?

① $M = m\frac{1}{l}[Wb \cdot m]$　　　② $M = \frac{1}{m}l[Wb \cdot m]$

③ $M = m + l[Wb \cdot m]$　　　④ $M = m \cdot l[Wb \cdot m]$

|문|제|풀|이|

[자기모멘트]
· 자석의 길이(l)와 자극 세기(m)의 곱을 자기모멘트라 한다.
· **자기모멘트** $M = ml[Wb \cdot m]$
여기서, M : 자기 모멘트, m : 자극의 세기, l : 자석의 길이

※자석의 토크(회전력) $T = MH\sin\theta[N \cdot m]$
　　　　　　　　　　　$= mlH\sin\theta[N \cdot m]$
여기서, T : 자석의 토크(회전력), H : 자계의 세기
　　　　　　　　　　　　　　　　　　　　　　【정답】④

17. 회전자 입력 10[kW], 슬립 3[%]인 3상 유도전동기의 2차동손은 몇 [kW]인가?

① 9.6　　② 4　　③ 0.3　　④ 0.2

|문|제|풀|이|

[3상 유도전동기의 2차동손] $P_{c2} = sP_2[W]$
여기서, s : 슬립, P_2 : 2차 입력(회전자 입력)
회전자입력(2차입력) : 10[kW], 슬립 : 3[%]
∴ $P_{c2} = sP_2 = 0.03 \times 10 = 0.3[kW]$　　**【정답】③**

18. 직류분권전동기에 무부하전압이 108[V], 전압변동률이 8[%]라면 정격전압은 몇 [V]인가?

① 100　　② 150　　③ 200　　④ 250

|문|제|풀|이|

[전압변동률] $\epsilon = \frac{V_0 - V_n}{V_n} \times 100[\%]$

여기서, V_0 : 무부하 시 전압, V_n : 정격(부하) 시 전압

$\epsilon = \frac{V_0 - V_n}{V_n} \times 100 \rightarrow \frac{108 - V_n}{V_n} \times 100 = 8$

∴ $V_n = 100[V]$　　　　　　　　　　　**【정답】①**

19. 점유 면적이 좁고 운전 보수에 안전하며 공장, 빌딩 등의 전기실에 많이 사용되는 배전반은 어떤 것인가?

① 데드프런트형　　　② 수직형

③ 큐비클형　　　　　④ 라이브프런트형

|문|제|풀|이|

[폐쇄식 배전반(Cubicle type)] 큐비클 또는 메탈 클래드라 하며, 조립형, 장갑형 등이 있다.
1. 조립형 : 차단기 등을 철재함에 조립하여 사용
2. 장갑형 : 회로별로 모선, 계기용변성기, 차단기 등을 하나의 함내에 장치. 점유 면적이 좁고, 운전 보수에 안전함으로 공장, 빌딩 등의 전기실에 많이 사용　　　　　**【정답】③**

20. 200[V], 10[kW] 3상유도전동기의 전류는 몇 [A]인가? 단, 유도전동기의 효율과 역률은 0.85이다.

① 10　　　　　　　② 20

③ 30　　　　　　　④ 40

|문|제|풀|이|

[3상 유도전동기의 정격출력] $P = \sqrt{3} VI \cdot \cos\theta \cdot \eta$
여기서, $\cos\theta$: 역률, η : 효율

∴ 전류 $I = \frac{P}{\sqrt{3} V \times \cos\theta \times \eta} = \frac{10 \times 10^3}{\sqrt{3} \times 200 \times 0.85 \times 0.85} = 40[A]$

※[단상 유도전동기의 정격출력] $P = VI \cdot \cos\theta \cdot \eta$

　　　　　　　　　　　　　　　　　　　　　【정답】④

21. 전선을 종단 겹침용 슬리브에 의해 종단 접속할 경우 소정의 눌러 붙임(압착) 공구를 사용하여 보통 몇 개소를 눌러 붙임(압착) 하는가?

① 1 　　　 ② 2 　　　 ③ 3 　　　 ④ 4

|문|제|풀|이|

[종단 겹침용 슬리브에 의한 접속] 눌러 붙임(압착) 공구를 사용하여 보통 **2개소**를 눌러 붙인다. 　　　　【정답】②

22. 2대의 동기발전기 A, B가 병렬운전하고 있을 때 A기의 여자전류를 증가시키면 어떻게 되는가?

① A기의 역률은 낮아지고 B기의 역률은 높아진다.

② A기의 역률은 높아지고 B기의 역률은 낮아진다.

③ A, B 양 발전기의 역률이 높아진다.

④ A, B 양 발전기의 역률이 낮아진다.

|문|제|풀|이|

[동기발전기 병렬운전] 여자전류를 증가시키면 A기의 기전력이 커지므로 무효순환전류는 90° 뒤진 전류가 흐른다.
반면에 B기에서는 90° 앞선 전류가 흐르므로 **A기의 역률은 낮아지고 B기의 역률은 높아**진다. 　【정답】①

23. 공심(空心) 솔레노이드 자기장의 세기가 4000 [AT/m]일 때, 자속밀도 [Wb/m^2]는 얼마인가?

① $16\pi \times 10^{-3}[Wb/m^2]$　② $16\pi \times 10^{-4}[Wb/m^2]$

③ $16\pi \times 10^{-5}[Wb/m^2]$　④ $16\pi \times 10^{-6}[Wb/m^2]$

|문|제|풀|이|

[자속밀도] $B = \dfrac{\varnothing}{S} = \mu H$

$\rightarrow$ (공심일 경우 $B = \mu_0 H$, $\mu_0 = 4\pi \times 10^{-7}$)

$\rightarrow$ (환상솔레노이드의 자속 $\varnothing = BS = \mu H S = \mu \dfrac{NI}{l} S [Wb]$)

여기서, S : 단면적, μ : 투자율, B : 자속밀도, l : 도체의 길이
　　　 N : 권수, I : 전류

∴공심일 경우 자속밀도

　$B = \mu_0 H = 4\pi \times 10^{-7} \times 4000 = 16\pi \times 10^{-4}[Wb/m^2]$

【정답】②

24. 전주외등을 전주에 부착하는 경우 전주외등은 하단으로부터 몇 [m] 이상 높이에 시설하여야 하는가?

① 3.0 　　 ② 3.5 　　 ③ 4.0 　　 ④ 4.5

|문|제|풀|이|

[전주외등] 대지전압 300[V] 이하 백열전등이나 수은등을 배전선로의 지지물 등에 시설하는 등

1. 기구 인출선 도체 단면적 : $0.7[mm^2]$ 이상

2. 중량 : 부속 금구류를 포함하여 100[kg] 이하

3. 기구 부착 높이 : 하단에서 **지표상 4.5[m] 이상**
   (단, 교통에 지장이 없을 경우 3.0[m] 이상)

4. 돌출 수평거리 : 1.0[m] 이상 　　　　【정답】④

25. 박스에 금속 전선관을 고정할 때 사용하는 것은?

① 유니언커플링　　　② 로크너트

③ 부싱　　　　　　　④ C형엘보

|문|제|풀|이|

[로크너트] **금속 전선관을 박스에 고정** 시킬 때 사용한다.

① 유니언 커플링 : 관의 양측을 돌려서 접촉할 수 없는 경우 사용

③ 부싱 : 전선의 손상을 막기 위해 접속하는 곳마다 넣는 캡이므로 기구를 연결하는 전선마다 양 단에 넣는다.

④ C형 엘보(곡관) : 노말벤드(전선관 직경 32[mm] 이상) 보다 곡률이 작으며 곡부에 덮게가 있는 경우도 있다.

【정답】②

26. 다음 중 정속도 전동기에 속하는 것은?

① 유도전동기　　　② 직권전동기

③ 분권전동기　　　④ 교류정류자전동기

|문|제|풀|이|

[정속도 전동기] 공급 전압, 주파수 또는 그 쌍방이 일정한 경우에는 부하에 관계없이 일정 또는 거의 일정한 회전 속도로 동작하는 전동기를 이른다. **직류 분권전동기**, 동기전동기 등이 있다.

【정답】③

27. 직류 직권전동기에서 벨트를 걸고 운전하면 안 되는 것은?

① 벨트가 벗겨지면 위험속도로 도달하므로

② 손실이 많아지므로

③ 직결하지 않으면 속도 제어가 곤란하므로

④ 벨트의 마멸 보수가 곤란하므로

|문|제|풀|이|

[직류 직권전동기] 직류 직권전동기는 운전 중 벨트가 벗겨지면 무부하 상태가 되어 위험 속도에 도달할 수 있으므로 **부하와 벨트 구동을 하지 않는다.** 【정답】①

28. 동기전동기의 특징으로 틀린 것은?

① 전 부하효율이 양호하다.

② 부하의 역률을 조정할 수가 있다.

③ 공극이 좁으므로 기계적으로 튼튼하다.

④ 부하가 변하여도 같은 속도로 운전할 수 있다.

|문|제|풀|이|

[동기전동기의 특징]

·언제나 역률 1로 운전할 수 있다. ·속도(N_s)가 일정하다.

·기동토크가 작다. ·역률을 조정할 수 있다.

·유도전동기에 비해 효율이 좋다.

·**공극이 크고 기계적으로 튼튼**하다.

·별도의 기동장치가 필요하기 때문에 가격이 비싸다. (단점) 【정답】③

29. 직류발전기의 철심을 규소 강판으로 성층하여 사용하는 주된 이유는?

① 브러시에서의 불꽃방지 및 정류개선

② 맴돌이 전류손과 히스테리시스손의 감소

③ 전기자 반작용의 감소

④ 기계적 강도 개선

|문|제|풀|이|

[성층] 직류 발전기의 철심은 맴돌이 전류와 히스테리시스손 현상에 의한 철손을 적게 하기 위하여 0.35~0.5[mm] 규소 강판을 성층하여 만든다.

1. 규소강판 : 와류손 ↓, 히스테리시스손 ↓, 투자율 ↓, 기계적 강도↓

2. 성층 : 와류손(맴돌이전류)↓ 【정답】②

30. 한국전기설비규정(KEC)에 의한 접지도체 전선 색상은 무슨 색인가?

① 갈색 ② 검정색

③ 파란색 ④ 녹색-노란색

|문|제|풀|이|

[전선의 식별]

상(문자)	색상
L1	갈색
L2	검정색
L3	회색
N	파란색
보호도체	**녹색-노란색**

【정답】④

31. 200[V], 50[Hz], 4극, 15[KW]의 3상 유도전동기에서 전부하일 때의 회전수가 1320[rpm]이면 2차 효율은 몇 [%]인가?

① 78 ② 88 ③ 96 ④ 98

|문|제|풀|이|

[전동기의 2차효율] $\eta_2 = (1-s) \times 100[\%]$

$$\rightarrow (\eta_2 = \frac{P}{P_2} = (1-s) = \frac{N}{N_s})$$

동기속도 $N_s = \frac{120f}{p} = \frac{120 \times 50}{4} = 1500[rpm]$

슬립 $s = \frac{N_s - N}{N_s} = \frac{1500 - 1320}{1500} = 0.12$

$\therefore \eta_2 = (1-s) \times 100 = (1-0.12) \times 100 = 0.88 \times 100 = 88[\%]$

【정답】②

32. 교류에서 피상전력 60[VA], 무효전력 36[Var]라면 유효전력은 몇 [W]인가?

① 35 ② 48 ③ 54 ④ 67

|문|제|풀|이|

[교류전력] 유효전력 $P = \sqrt{P_a^2 - P_r^2}[W]$

$$\rightarrow (P_a = \sqrt{P^2 + P_r^2}[VA])$$

여기서, P : 유효전력, P_a : 피상전력, P_r : 무효전력

$\therefore$ 유효전력 $P = \sqrt{P_a^2 - P_r^2} = \sqrt{60^2 - 36^2} = 48[W]$

※66~67페이지 [15 교류전력] 참조 【정답】②

33. 다음 중 변압기 무부하손의 대부분을 차지하는 것은?

① 유전체손   ② 동손

③ 철손   ④ 저항손

|문|제|풀|이|
[고정손(무부하손)] 손실 중 **무부하손의 대부분을 차지하는 것은 철손**이다.
1. 철손: 분권계자권선 동손, 타여자권선 동손, 히스테리시스손, 와류손
  ㉮ 동손 $P_c = I^2 R[W]$
  ㉯ 히스테리시스손 $P_h = f v \eta B^{1.6} [W/m^3]$
  ㉰ 와류손 $P_e = f^2 B^2 t^2 [W]$
2. 기계손 : 마찰손(브러시 마찰손, 베어링 마찰손), 풍손
※부하손(가변손) : 부하손의 대부분은 동손이다.
  1. 전기저항손(동손)
  2. 계자저항손(동손)
  3. 브러시손
  4. 표유부하손(철손, 기계손, 동손 이외의 손실)

【정답】③

34. 전류의 발열작용에 관한 법칙으로 가장 알맞은 것은?

① 옴의 법칙   ② 패러데이의 법칙

③ 줄의 법칙   ④ 키르히호프의 법칙

|문|제|풀|이|
[줄의 법칙] 전선에 전류가 흐르면 열이 발생하는 현상이며 단위 시간당 줄열 $Q = I^2 R[J]$, 줄열 $Q = 0.24 I^2 R t [cal]$
※① 옴의 법칙 : 전류의 크기는 도체의 저항에 반비례한다.
  전류 $I = \dfrac{V}{R}[A]$, 전압 $V = RI[V]$, 저항 $R = \dfrac{V}{I}[\Omega]$
② 패러데이의 법칙 : 전기분해에 의해 석출되는 물질의 석출량 $w[g]$은 전해액 속을 통과한 전기량 $Q[C]$에 비례한다.
④ [키르히호프 제1법칙] 접합점법칙 또는 전류법칙이라고 한다. 회로 내의 어느 점을 취해도 그곳에 흘러들어오거나(+) 흘러나가는(−) 전류를 음양의 부호를 붙여 구별하면, 들어오고 나가는 전류의 총계는 0이 된다.
[키르히호프 제2법칙] 폐회로 법칙, 고리법칙 또는 전압법칙이라고 한다. 임의의 닫힌 회로(폐회로)에서 회로 내의 모든 전위차의 합은 0이다.

【정답】③

35. 사용전압이 고압과 저압이 있는 가공전선을 병행설치 할 때 저압전선의 위치는 어디에 설치해야 하는가?

① 고압전선 상부에 설치

② 고압전선 하부에 설치한다.

③ 상·하부 어디든 상관없다.

④ 저·고압전선을 같은 위치에 설치한다.

|문|제|풀|이|
[고·저압 전선의 병행설치] 저압 전선과 고압 전선을 병행설치할 때 **저압 전선은 고압 전선의 아래**에 위치해야 한다. 이는 저압 전선의 절연이 손상되어 고압 전선과 접촉할 경우, 고압 전류가 저압 전선으로 흘러 감전 사고가 발생할 수 있기 때문입니다.

【정답】②

36. 저압 가공인입선을 시설할 때 경동선의 최소 굵기는 몇 [mm]인가?

① 2.4   ② 2.5   ③ 2.6   ④ 2.7

|문|제|풀|이|
[저압 가공인입선의 시설]
1. 전선은 절연전선 또는 케이블일 것
2. 전선이 케이블인 경우 이외에는 인장강도 2.30[kN] 이상의 것 또는 지름 **2.6[mm] 이상의 경동선**(인입용 비닐절연전선) 일 것 다만, 지지물 간 거리가 15[m] 이하인 경우는 인장강도 1.25[kN] 이상의 것 또는 지름 2.0[mm] 이상의 인입용 비닐절연전선일 것.

【정답】③

37. 자체인덕턴스 L_1, L_2 상호인덕턴스 M인 두 코일의 결합계수가 1이면 어떤 관계가 되는가?

① $M = L_1 \times L_2$ ② $M = \sqrt{L_1 \times L_2}$

③ $M = L_1 \sqrt{L_2}$ ④ $M > \sqrt{L_1 \times L_2}$

|문|제|풀|이|
[상호인덕턴스(M)] 자속의 변화에 대하여 가까이 놓인 다른 코일에 유도기전력을 발생하는 정도
$M = k\sqrt{L_1 L_2}$ → (k : 결합계수(누설자속이 없을 때 $k = 1$))
$M = k\sqrt{L_1 L_2}$ 에서 결합계수 $k = 1$이므로 $M = \sqrt{L_1 L_2}$

【정답】②

38. 저항이 3[Ω], 자체인덕턴스가 10.6[mH]인 이 회로가 직렬로 접속이 되어 있고 주파수 60[Hz], 500[V] 교류전압을 인가했을 때 전류는 몇 [A]인가?

① 10   ② 50

③ 100   ④ 150

|문|제|풀|이|........................

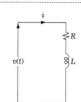

[$R-L$ 직렬회로]

저항 $R[\Omega]$과 인덕턴스 $L[H]$의 코일을 접속한 회로로 저항 $R[\Omega]$과 유도성리액턴스 $X_L(=\omega L)[\Omega]$이 회로에 흐르는 전류의 크기를 제한하는 작용을 한다.

1. 전류 $I = \dfrac{V}{Z} = \dfrac{V}{\sqrt{R^2 + X_L^2}}[A]$

2. 자체인덕턴스 [mH]를 [Ω]으로 바꾼다. 즉, 유도성리액턴스 $(X_L(=\omega L)[\Omega])$로 바꾼다. $\rightarrow (w = 2\pi f)$

$\quad X_L = \omega L = 2\pi f L = 2 \times 3.14 \times 60 \times 10.6 \times 10^{-3} = 4[\Omega]$

$\therefore I = \dfrac{V}{\sqrt{R^2 + X_L^2}} = \dfrac{500}{\sqrt{3^3 + 4^2}} = 100[A]$ 【정답】③

---

39. 전선의 굵기를 측정하는 공구는?

① 권척   ② 메거

③ 와이어 게이지   ④ 와이어 스트리퍼

|문|제|풀|이|........................

[와이어 게이지] 전선의 굵기를 측정

※① 권척 : 가늘고 얇은 천이나 쇠 따위에 눈금을 새겨 만든 띠 모양의 긴 자
　② 메거 : 절연저항 측정에 사용된다.
　④ 와이어 스트리퍼 : 절연전선의 피복 절연물을 벗기는 자동 공구
                                        【정답】③

---

40. 접지극을 동봉으로 사용하는 경우 길이는 최소 몇 [m] 이상이어야 하는가?

① 0.6[m]   ② 1.2[m]

③ 0.9[m]   ④ 0.75[m]

|문|제|풀|이|........................

[접지선의 접속]
1. 접지봉

㉠ **동봉, 동피복강봉** : 지름 8[mm], **길이 0.9[m]** → (기본 동(구리))
㉡ 철봉 : 지름 12[mm], 길이 0.9[m] 이상의 아연도금을 한 것

2. 접지판
　㉠ 동판 : 두께 0.7[mm], 넓이 900[cm^2]
　㉡ 동복강판: 두께 1.6[mm], 넓이 250[cm^2]

3. 접속
　㉠ 동판단자 : 동테르 및 용접을 사용
　㉡ 리드선 : 비닐 테이프   【정답】③

---

41. 정전용량이 6[μF], 3[μF]인 콘덴서 2개를 직렬로 했을 때의 합성정전용량은 몇 [μF]인가?

① 2   ② 4

③ 6   ④ 8

|문|제|풀|이|........................

[콘덴서의 합성정전용량(직렬)] $C_0 = \dfrac{1}{\dfrac{1}{C_1} + \dfrac{1}{C_2}} = \dfrac{C_1 \times C_2}{C_1 + C_2}[F]$

                               → (합성저항(R)과 반대)

여기서, C : 콘덴서의 정전용량
콘덴서 정전용량 : 6[μF], 3[μF]

$\therefore C_0 = \dfrac{C_1 \times C_2}{C_1 + C_2} = \dfrac{6 \times 3}{6 + 3} = \dfrac{18}{9} = 2[\mu F]$

※콘덴서 합성정전용량(병렬) $C = C_1 + C_2[F]$ 【정답】①

---

42. 진공 시의 투자율은 얼마인가?

① $4\pi \times 10^{-5}[H/m]$ ② $4\pi \times 10^{-6}[F/m]$

③ $4\pi \times 10^{-7}[H/m]$ ④ $4\pi \times 10^{-8}[F/m]$

|문|제|풀|이|........................

[투자율(자계)] $\mu = \mu_0 \mu_s [H/m]$

1. 진공중의 투자율 : $\mu_0 = 4\pi \times 10^{-7}[H/m]$

2. 비투자율 : μ_s(진공, 공기 중 $\mu_s = 1$)

※유전율(전계) $\epsilon = \epsilon_0 \epsilon_s [F/m]$
　1. 진공중의 유전율 : $\epsilon_0 = 8.855 \times 10^{-12}[F/m]$
　2. 비유전율 : ϵ_s(공기중, 진공시 $\epsilon_s \fallingdotseq 1$)

※42페이지 [08 전계와 자계의 특징 비교] 참조   【정답】③

43. 폭발성 먼지(분진)가 존재하는 위험 장소에 금속관 공사에 있어서 관 상호 및 관과 박스의 접속은 몇 턱 이상의 나사 조임으로 시공하여야 하는가?

① 6턱　　② 3턱　　③ 4턱　　④ 5턱

|문|제|풀|이|

[폭연성 먼지(분진) 위험장소] 금속관배선에 의하는 때에는 다음에 의하여 시설할 것.
1. 금속관은 박강 전선관 또는 이와 동등 이상의 강도를 가지는 것일 것.
2. 박스 기타의 부속품 및 풀박스는 쉽게 마모·부식 기타의 손상을 일으킬 우려가 없는 패킹을 사용하여 먼지가 내부에 침입하지 아니하도록 시설할 것.
3. 관 상호 간 및 관과 박스 기타의 부속품·풀박스 또는 전기기계기구와는 **5턱 이상 나사조임**으로 접속하는 방법 기타 이와 동등 이상의 효력이 있는 방법에 의하여 견고하게 접속하고 또한 내부에 먼지가 침입하지 아니하도록 접속할 것.　　【정답】 ④

44. 자기회로와 전기회로의 대응 관계가 잘못된 것은?

① 자속 ↔ 전속
② 기자력 ↔ 기전력
③ 투자율 ↔ 도전율
④ 자계의 세기 ↔ 전계의 세기

|문|제|풀|이|

[전기회로와 자기회로의 비교]
1. 자기회로 : **자속**을 발생시키는 회로
2. 전기회로 : **전류**를 흐르게 하는 회로

※전기회로와 자기회로의 비교

전기회로		자기회로	
기전력	$V = IR[V]$	기자력	$F = \varnothing R_m$ $= NI[AT]$
전류	$I = \dfrac{V}{R}[A]$	자속	$\varnothing = \dfrac{F}{R_m}[Wb]$
전기저항	$R = \dfrac{V}{I} = \dfrac{l}{kS}[\Omega]$	자기저항	$R_m = \dfrac{F}{\varnothing}$ $= \dfrac{l}{\mu S}[AT/n]$
도전율	$k[\mho/m]$	투자율	$\mu[H/m]$
전계	$E[V/m]$	자계	$H[A/m]$
전류밀도	$i[A/m^2]$	자속밀도	$B[Wb/m^2]$

【정답】 ①

45. 1[C]의 전하에 100[N]의 힘이 작용했다면 전기장의 세기는 몇 [N/m]인가?

① 10　　　　② 50
③ 100　　　④ 200

|문|제|풀|이|

[전기장의 세기] $E = \dfrac{F}{Q}[N/C]$ → (정전력 $F = E \cdot Q[N]$)

여기서, Q : 전하량[C], F : 힘[N]

$\therefore E = \dfrac{F}{Q} = \dfrac{100}{1} = 100[N/m]$　　　【정답】 ③

46. 온도 변화에 용량의 변화가 거의 없어 온도에 의한 용량 변화가 엄격한 회로나 주파수가 높은 회로에 사용되며 비교적 가격이 비싼 콘덴서의 종류는?

① 마일러 콘덴서　　② 마이카 콘덴서
③ 전해 콘덴서　　　④ 탄탈 콘덴서

|문|제|풀|이|

[탄탈콘덴서] 온도에 의한 용량 변화가 엄격한 회로나 어느 정도 주파수가 높은 회로에 사용되며 비교적 가격이 비싼 콘덴서

※콘덴서의 종류

구분	유전체 및 전극	용량	용도 및 특징
전해 콘덴서	산화피막	고용량	·평활회로, 저주파 바이패스 ·직류에만 사용
탄탈 콘덴서	**탄탈륨**	**고용량**	·**온도 무관** ·**주파수 특성이 좋다.** ·**고주파 회로에 사용** ·**가격이 비쌈**
마일러 콘덴서	폴리에스테르 필름	저용량	·극성이 없다. ·가격 저렴 ·정밀하지 못함
세라믹 콘덴서	티탄산바륨	저용량	·극성이 없다. ·아날로그 회로
바리콘	공기	조절 가능	·라디오의 방송을 선택하는 곳에 사용 ·주파수에 따라 용량 가변 가능
트리머	세라믹	조절 가능	주파수에 따라 용량 가변 가능

【정답】 ④

47. 화약고에 시설하는 전기설비에서 전로의 대지전압은 몇 [V] 이하로 하여야 하는가?

① 100[V] ② 150[V]
③ 300[V] ④ 400[V]

|문|제|풀|이|

[화약류 저장소에서 전기설비의 시설]
화약류 저장소 안에는 백열전등이나 형광등 또는 이에 전기를 공급하기 위한 공작물에 한하여 다음과 같이 시설할 수 있다.
1. 전로의 **대지전압은 300[V] 이하**일 것
2. 전기기계기구는 전폐형의 것일 것
3. 케이블을 전기기계기구에 인입할 때에는 인입구에서 케이블이 손상될 우려가 없도록 시설할 것　【정답】③

48. 계자에서 발생하는 자속을 전기자에 골고루 분포시켜 주는 역할을 하는 것은?

① 브러시 ② 정류자
③ 철심 ④ 공극

|문|제|풀|이|

[직류기의 공극(air gap)] 공극은 직류기의 전기자와 계자 사이의 공간(소형 3mm, 대형 6~8mm)으로 계자에 의해 만들어진 자속(∅)이 공기 중에 골고루 퍼지게 해서 전기자에 공급하는 역할을 한다.　【정답】④

49. 그림에서 R-L 직렬회로에 흐르는 전류는 몇 [A]인가?

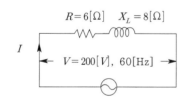

① 10 ② 20
③ 25 ④ 40

|문|제|풀|이|

[R-L직렬회로] 전류 $I = \dfrac{V}{Z}[A]$

1. 임피던스 $Z = 6 + j8[\Omega]$
   → $|Z| = \sqrt{R^2 + X_L^2} = \sqrt{36 + 64} = 10[\Omega]$
2. 전류 $I = \dfrac{V}{Z} = \dfrac{200}{10} = 20[A]$　【정답】②

50. 다이오드를 사용한 정류회로에서 다이오드를 여러 개 직렬로 연결하여 사용하는 경우의 설명으로 옳은 것은?

① 다이오드를 과전류로부터 보호할 수 있다.
② 다이오드를 과전압으로부터 보호할 수 있다.
③ 부하출력의 맥동률을 감소시킬 수 있다.
④ 낮은 전압, 전류에 적합하다.

|문|제|풀|이|

[다이오드 직·병렬 연결]
1. 직렬연결 : 다이오드를 여러 개 **직렬로 연결**하면 **전압분배**가 이루어지므로 **과전압으로부터 다이오드를 보호**할 수 있다.
2. 병렬연결 : 다이오드를 여러 개 **병렬로 연결**하면 **전류가 분산**되어 **과전류로부터 다이오드를 보호**할 수 있다.　【정답】②

51. 주파수 60[Hz], 최대값이 200[V], 위상 0도인 전류의 순시값으로 맞는 것은?

① $200\sin(100\pi t)[V]$ ② $200\sin(110\pi t)[V]$
③ $200\sin(120\pi t)[V]$ ④ $200\sin(130\pi t)[V]$

|문|제|풀|이|

[순시값] 시간의 변화에 따라 순간순간 나타나는 정현파의 값을 의미
1. 순시값 $v = V_m \sin\theta = V_m \sin wt$ → (V_m : 최대값)
2. 반시계 방향으로 θ(위상)만큼 이동했을 때의 순시값
   $v_1 = V_m \sin(wt + \theta)$
∴순시값 $v_1 = V_m \sin(wt + \theta) = V_m \sin(2\pi ft + \theta)$　→ ($\omega = 2\pi f$)
   $= 200\sin(2\pi \times 60t + 0) = 200\sin(120\pi t)[V]$
　【정답】③

52. R-L-C 직렬회로에서 임피던스[Z]의 크기를 나타내는 식은?

① $R^2 + (X_L^2 - X_C^2)$ ② $R^2 - (X_L^2 - X_C^2)$
③ $\sqrt{R^2 + (X_L + X_C)^2}$ ④ $\sqrt{R^2 + (X_L - X_C)^2}$

|문|제|풀|이|

[$R-L-C$ 직렬회로의 임피던스] $Z = R + j(X_L - X_C)$
여기서, R : 저항, X_L : 유도성 리액턴스, X_C : 용량성 리액턴스
∴$|Z| = \sqrt{R^2 + (X_L - X_C)^2}[\Omega]$　【정답】④

53. 다음 중 지중전선로의 매설 방법이 아닌 것은?

① 관로식   ② 암거식

③ 직접 매설식   ④ 행거식

|문|제|풀|이|

[지중선로의 시설]
1. 지중전선로는 전선에 케이블을 사용하고 또한 **관로식, 암거식** 또는 **직접 매설식**에 의하여 시설하여야 한다.
2. 지중 전선로를 직접 매설식에 의하여 시설하는 경우에는 매설 깊이를 차량 기타 중량물의 압력을 받을 우려가 있는 장소에는 1.0[m] 이상, 기타 장소에는 60[㎝] 이상으로 하고 또한 지중 전선을 견고한 트라프 기타 방호물에 넣어 시설하여야 한다.

【정답】④

54. 일반적으로 가공전선로의 지지물에 취급자가 오르고 내리는데 사용하는 발판 볼트 등은 지표상 몇 [m] 미만에 시설하여서는 아니 되는가?

① 0.75   ② 1.2   ③ 1.8   ④ 2.0

|문|제|풀|이|

[가공전선로 지지물의 승탑 및 승주방지]
발판 볼트 등은 1.8[m] 미만에 시설하여서는 안 된다. 다만 다음의 경우에는 그러하지 아니하다.
1. 발판 볼트를 내부에 넣을 수 있는 구조
2. 지지물에 승탑 및 승주 방지 장치를 시설한 경우
3. 취급자 이외의 자가 출입할 수 없도록 울타리 담 등을 시설할 경우
4. 산간 등에 있으며 사람이 쉽게 접근할 우려가 없는 곳

【정답】③

55. 가공 전선로의 지지물을 지지선으로 보강하여서는 안 되는 것은?

① 목주
② A종 철근콘크리트주
③ B종 철근콘크리트주
④ 철탑

|문|제|풀|이|

[지지선] 전선로의 안정성을 증가시키고 지지물의 강도를 보강하기 위하여 **철탑을 제외**한 지지물 등에 설치하는 금속선으로 전선로의 수평장력이 가까운 곳에 설치

1. 가공전선로의 지지물로 사용하는 **철탑은 지지선을 사용하여 강도를 분담시켜서는 아니 된다.**
2. 가공전선로의 지지물로 사용하는 철주 또는 철근 콘크리트주는 그 철주 또는 철근 콘크리트주가 지지선을 사용하지 아니하는 상태에서 풍압하중의 1/2 이상의 풍압하중에 견디는 강도를 가지는 경우 이외에는 지지선을 사용하여 그 강도를 분담시켜서는 아니 된다.

【정답】④

56. 버스덕트공사에 의한 배선, 또는 옥외 배선 사용 전압이 저압인 경우 시설 기준에 대한 설명으로 틀린 것은?

① 덕트의 지지점 간의 거리를 3[m] 이하
② 덕트의 끝부분은 막을 것
③ 습기가 많은 장소에 시설하는 경우에는 옥외용 버스덕트를 사용하고 버스덕트 내부에 물이 침입하여 고이지 아니하도록 할 것
④ 취급자 이외의 자가 출입할 수 없도록 설비한 곳에서 수직으로 붙이는 경우에는 4[m] 이하

|문|제|풀|이|

[버스덕트공사]
1. 덕트 상호 간 및 전선 상호 간은 견고하고 또한 전기적으로 완전하게 접속할 것
2. 덕트를 조영재에 붙이는 경우에는 덕트의 지지점 간의 거리를 3[m] 이하로 하고 견고하게 붙일 것
3. 취급자 이외의 자가 출입할 수 없도록 설비한 곳에서 수직으로 붙이는 경우에는 **6[m] 이하**
4. 덕트(환기형의 것을 제외)의 끝부분은 막을 것
5. 버스덕트 내부에 물이 침입하여 고이지 아니하도록 할 것
6. 습기가 많은 장소 또는 물기가 있는 장소에 시설하는 경우에는 옥외용 버스덕트를 사용하고 버스덕트 내부에 물이 침입하여 고이지 아니하도록 할 것

【정답】④

57. 일반적으로 절연체를 서로 마찰시키면 이들 물체는 전기를 띠게 된다. 이와 같은 현상은?

① 분극(polarization)
② 대전(electrification)
③ 정전(electrostatic)
④ 코로나(corona)

|문|제|풀|이|

[대전(electrification)] 어떤 물질이 정상 상태보다 전자의 수가 많거나 적어져서 전기를 띠는 현상

※① 분극(polarization) : 유전체를 전기장 내에 놓으면 양전하는 전기장의 방향으로 미세한 양만큼 이동하고 음전하는 전기장과 반대 방향으로 이동한다.

③ 정전(electrostatic) : 전하와 같이 정태(靜態)에 있는 전기

④ 코로나(corona) : 전선에 어느 한도 이상의 전압을 인가하면 전선 주위에 공기절연이 국부적으로 파괴되어 엷은 불꽃이 발생하거나 소리가 발생하는 현상

【정답】②

58. 한국전기설비기술규정에 의하여 저압전로에 사용하는 산업용 배선차단기의 정격전류 50[A]가 흐르고 있을 때 트립하는 전류는 정격전류의 몇 배에서 트립되어야 하는가?

① 1.3배 ② 1.05배
③ 2.3배 ④ 2.05배

|문|제|풀|이|

[과전류트립 동작시간 및 특성(산업용·배선용 차단기)]

정격전류	시간	정격전류의 배수 (모든 극에 통전)	
		부동작 전류	동작 전류
63[A] 이하	60분	1.05배	1.3배
63[A] 초과	120분	1.05배	1.3배

※트립 전류(동작전류) : 동작해서 회로를 개로 시키는 것

【정답】①

59. 전등 한 개를 2개소에서 점멸하고자 할 때 옳은 배선은?

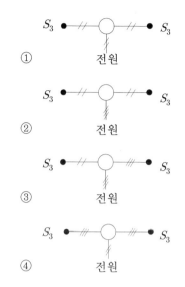

|문|제|풀|이|

[배선도 및 전선 접속도]

1. 1등을 2개소에서 점멸하는 경우

배선도	전선 접속도
(전원, 3, 3)	

2. 1등을 3개소에서 점멸하는 경우

배선도	전선 접속도
(전원, 3, 4, 3)	

※ ○ : 전등, ● : 점멸기(첨자가 없는 것은 단극, 2P는 2극, 3은 3로, 4는 4로), ●● : 콘센트

【정답】④

60. 보호장치의 종류 및 특성에서 과부하전류 및 단락전류 겸용 보호장치, 과부하 전용 보호장치, 그리고 단락전류 전용 보호장치를 설치하는 조건이 틀린 것은?

① 과부하전류 및 단락전류 모두를 보호하는 장치는 그 보호장치 설치 점에서 예상되는 단락전류를 포함한 모든 과전류를 차단 및 투입할 수 있는 능력이 있어야 한다.

② 과부하전류 전용 보호장치의 차단용량은 그 설치 점에서의 예상 단락전류 값 이상으로 할 수 있다.

③ 단락전류 전용 보호장치는 과부하 보호를 별도의 보호장치에 의하거나, 과부하 보호장치의 생략이 허용되는 경우에 설치할 수 있다.

④ 단락전류 전용 보호장치 예상 단락전류를 차단할 수 있어야 하며, 차단기인 경우에는 이 단락전류를 투입할 수 있는 능력이 있어야 한다.

|문|제|풀|이|

[보호장치의 종류 및 설치 조건]

1. 과부하전류 및 단락전류 겸용 보호장치
   과부하전류 및 단락전류 모두를 보호하는 장치는 그 보호장치 설치 점에서 예상되는 단락전류를 포함한 모든 과전류를 차단 및 투입할 수 있는 능력이 있어야 한다.
2. 과부하전류 전용 보호장치
   과부하전류 전용 보호장치의 차단용량은 그 설치 점에서의 **예상 단락전류 값 미만**으로 할 수 있다.
3. 단락전류 전용 보호장치
   단락전류 전용 보호장치는 과부하 보호를 별도의 보호장치에 의하거나, 과부하 보호장치의 생략이 허용되는 경우에 설치할 수 있다. 이 보호장치는 예상 단락전류를 차단할 수 있어야 하며, 차단기인 경우에는 이 단락전류를 투입할 수 있는 능력이 있어야 한다.

【정답】②

전기기능사 필기 기출문제

01. 전압계 및 전류계의 측정 범위를 넓히기 위하여 사용하는 배율기와 분류기의 접속 방법은?

① 배율기는 전압계와 병렬접속, 분류기는 전류계와 직렬접속

② 배율기는 전압계와 직렬접속, 분류기는 전류계와 병렬접속

③ 배율기 및 분류기 모두 전압계와 전류계에 직렬접속

④ 배율기 및 분류기 모두 전압계와 전류계에 병렬접속

|문|제|풀|이|

[배율기] 배율기는 **전압계**의 측정범위를 넓히기 위한 목적으로 사용하는 것으로서, 회로에 전압계와 **직렬**로 저항(배율기)을 접속하고 측정

[분류기] 분류기는 **전류계**의 측정범위를 넓히기 위하여 전류계에 **병렬**로 접속하는 저항기를 말한다.　　　　【정답】②

02. 전원이 6[V]인 회로에 0.5[℧]의 컨덕턴스가 접속되어 있다. 이 회로에 흐르는 전류는 어떻게 되는가?

① 1　　　　　　② 3

③ 5　　　　　　④ 7

|문|제|풀|이|

[회로에 흐르는 전류] $I = \dfrac{V}{R}[A]$

1. 저항 : 컨덕턴스를 저항으로 환산

$G = \dfrac{1}{R}$ 이므로 전항 R=2[Ω]

2. 회로에 흐르는 전류 $I = \dfrac{V}{R} = \dfrac{6}{2} = 3[A]$　　【정답】②

03. 정전용량이 같은 콘덴서 10개가 있다. 이것을 직렬 접속할 때의 값은 병렬 접속할 때의 값보다 어떻게 되는가?

① 1/10로 감소한다.　② 1/100로 감소한다.

③ 10배로 증가한다.　④ 100배로 증가한다.

|문|제|풀|이|

[콘덴서의 합성 정전용량]

1. 직렬 합성용량 $C_s = \dfrac{1}{n\dfrac{1}{C}} = \dfrac{1}{n}C = \dfrac{C}{10}$

　여기서, n : 콘덴서의 개수

2. 병렬 합성용량 $C_p = nC = 10C$

$\therefore \dfrac{C_s}{C_p} = \dfrac{\dfrac{C}{n}}{nC} = \dfrac{\dfrac{C}{10}}{10C} = \dfrac{1}{100}$

따라서 직렬접속 시 병렬접속 시 보다 1/100로 감소한다.
　　　　　　　　　　　　　　　　　　　　【정답】②

04. 기전력이 1.5[V], 내부저항 0.2[Ω]인 전지 10개를 직렬로 연결하고 4.5[Ω]의 저항을 가진 전구에 연결할 때 전구에 흐르는 전류는 몇 [A]인가?

① 2　　② 2.3　　③ 4　　④ 5

|문|제|풀|이|

[전지의 직렬접속]　전류 $I = \dfrac{nE}{nr + R}[A]$

　　　(r : 내부저항, R : 외부저항, n : 전지개수)

1.5×10=15[V]　　　　　4.5[Ω]
0.2×10=2[Ω]

$\therefore I = \dfrac{nE}{nr + R} = \dfrac{15}{2 + 4.5} = 2.3[A]$　　　【정답】②

05. 220[V], 60[W] 전등 10개를 20시간 사용했을 때 전력량은 몇 [kWh]인가?

① 10   ② 12   ③ 24   ④ 16

|문|제|풀|이|

[전력량] $W = Pt[Wh]$ → (P : 전력, t : 시간)

∴ 전력량 $W = 60 \times 10 \times 20 = 12000[Wh] = 12[kWh]$ 【정답】②

06. 1[cal]는 몇 [J]인가?

① 0.24   ② 2.4

③ 3.5   ④ 4.2

|문|제|풀|이|

[줄의 법칙]]

1[J] = 0.24[cal]

1[cal]=4.2[J]   【정답】④

07. 전기분해를 통하여 석출된 물질의 양은 통과한 전기량 및 화학당량과 어떤 관계인가?

① 전기량과 화학당량에 비례한다.
② 전기량과 화학당량에 반비례한다.
③ 전기량에 비례하고 화학당량에 반비례한다.
④ 전기량에 반비례하고 화학당량에 비례한다.

|문|제|풀|이|

[페러데이 법칙] 전기분해에 의해 석출되는 물질의 석출량 $w[g]$은 전해액 속을 통과한 전기량 $Q[C$에 비례한다.

$w = kQ = kIt[g]$

여기서, w : 석출량$[g]$, k : 전기화학당량, I : 전류
       t : 통전시간 [sec]   【정답】①

08. 서로 다른 종류의 안티몬과 비스무트의 두 금속을 접속하여 여기에 전류는 통하면, 줄열 외에 그 접점에서 열의 발생 또는 흡수가 일어난다. 이와 같은 현상은?

① 제3금속의 법칙   ② 제벡효과

③ 페르미효과   ④ 펠티에효과

|문|제|풀|이|

[펠티에효과] 두 종류 금속 접속면에 **전류**를 흘리면 접속점에서 **열의 흡수, 발생**이 일어나는 효과

※[제벡효과] 서로 다른 두 종류의 금속선을 접합하여 폐회로를 만든 후 두 접합점의 **온도**를 달리하였을 때, 폐회로에 **열기전력**이 발생하여 열전류가 흐르게 된다. 이러한 현상을 제벡효과라 하며 이때 연결한 금속 루프를 열전대라 한다.   【정답】④

09. 전기력선의 밀도를 이용해서 주로 대칭 정전기의 세기를 구하기 위해서 이용되는 법칙은 무엇인가?

① 쿨롱의 법칙   ② 키르히호프의 법칙
③ 가우스의 정리   ④ 줄의 법칙

|문|제|풀|이|

[가우스의 정리] 폐곡면 내의 전 전하에 대해 폐곡면을 통과하는 **전기력선의 수 또는 전속과의 관계**를 수학적으로 표현한 식을 가우스 정리라고 한다.

※① 쿨롱의 법칙] 힘 $F = \dfrac{Q_1 Q_2}{4\pi\epsilon_0 r^2}[N]$

     정전력은 전하에 곱에 비례하고 거리 제곱에 반비례한다.
② [키르히호프 제1법칙] 접합점법칙 또는 전류법칙이라고 한다. 회로 내의 어느 점을 취해도 그곳에 흘러들어오거나(+) 흘러나가는(−) 전류를 음양의 부호를 붙여 구별하면, 들어오고 나가는 전류의 총계는 0이 된다.
     [키르히호프 제2법칙] 폐회로 법칙. 고리법칙 또는 전압법칙이라고 한다. 임의의 닫힌 회로(폐회로)에서 회로 내의 모든 전위차의 합은 0이다.
④ [줄의 법칙 : 전선에 전류가 흐르면 열이 발생하는 현상이며
     단위 시간당 줄열 $Q = I^2 R[J]$, 줄열 $Q = 0.24 I^2 R \, t[cal]$
         【정답】③

10. 다음 중 자기차폐와 가장 관계가 깊은 것은?

① 상자성체   ② 강자성체
③ 반자성체   ④ 비투자율이 1인 자성체

|문|제|풀|이|

[자기차폐]

1. 자기차폐란 투자율이 큰 **강자성체**로 내부를 감싸서 내부가 외부 자계의 영향을 받지 않도록 하는 것을 말한다.
2. 강자성체로는 철, 니켈, 코발트 등이 있다.

         【정답】②

11. 진공 시의 유전율은 어떻게 되는가?

① $4\pi \times 10^{-7}[\mathrm{H/m}]$ ② $4\pi \times 10^{-7}[\mathrm{F/m}]$

③ $8.855 \times 10^{-12}[\mathrm{F/m}]$ ④ $8.855 \times 10^{-12}[\mathrm{H/m}]$

|문|제|풀|이|

[유전율(전계)] $\epsilon = \epsilon_0 \epsilon_s[\mathrm{F/m}]$

1. 진공 시의 유전율 $\epsilon_0 = 8.855 \times 10^{-12}[\mathrm{F/m}]$
2. 비유전율 : ϵ_s(공기중, 진공시 $\epsilon_s \fallingdotseq 1$)

※[투자율(자계)] $\mu = \mu_0 \mu_s[\mathrm{H/m}]$

1. 진공중의 투자율 : $\mu_0 = 4\pi \times 10^{-7}[\mathrm{H/m}]$
2. 비투자율 : μ_s(진공, 공기 중 $\mu_s = 1$)

→ (숫자 및 단위에 주의할 것)

※42페이지 [07 전계와 자계의 특징 비교] 참조   【정답】③

12. 환상 철심에 감은 코일에 5[A]의 전류를 흘려서 2000[AT]의 기자력을 발생시키고자 한다면 코일의 권수는 몇 회로 하는 것이 좋은가?

① 200   ② 300

③ 400   ④ 500

|문|제|풀|이|

[기자력(F)] 기자력(F)이란 자속($\varnothing$)을 발생하게 하는 근원

기자력 $F = NI[AT] \rightarrow (N : $ 권수, $I : $전류)

$\therefore$ 권수 $N = \dfrac{F}{I} = \dfrac{2000}{5} = 400$회   【정답】③

13. 비유전율이 큰 산화티탄 등을 유전체로 사용한 것으로 극성이 없으며 가격에 비해 성능이 우수하여 널리 사용되고 있는 콘덴서의 종류는?

① 마일러 콘덴서   ② 마이카 콘덴서

③ 전해 콘덴서   ④ 세라믹 콘덴서

|문|제|풀|이|

[세라믹 콘덴서] 비유전율이 큰 산화티탄 등을 유전체로 사용한 것으로 **극성이 없으며 가격에 비해 성능이 우수**하여 널리 사용된다.

※콘덴서의 종류

구분	유전체 및 전극	용량	용도 및 특징
전해 콘덴서	산화피막	고용량	· 평활회로, 저주파 바이패스 · 직류에만 사용
탄탈 콘덴서	탄탈륨	고용량	· 온도 무관 · 주파수 특성이 좋다. · 고주파 회로에 사용 · 가격이 비쌈
마일러 콘덴서	폴리에스테르 필름	저용량	· 극성이 없다. · 가격 저렴 · 정밀하지 못함
세라믹 콘덴서	티탄산바륨	저용량	· 극성이 없다. · 아날로그 회로
바리콘	공기	조절 가능	· 라디오의 방송을 선택하는 곳에 사용 · 주파수에 따라 용량 가변 가능
트리머	세라믹	조절 가능	주파수에 따라 용량 가변 가능

【정답】④

14. 평균 반지름 10[cm]이고 감은 횟수 10회의 원형코일에 20[A]의 전류를 흐르게 하면 코일 중심의 자기장의 세기는 몇 [AT/m]인가?

① 10[AT/m]   ② 20[AT/m]

③ 1000[AT/m]   ④ 2000[AT/m]

|문|제|풀|이|

[원형코일 중심의 자기장의 세기]

$H = \dfrac{NI}{2r}[AT/m]$

여기서, N : 권수, I : 전류, r : 반지름(m)

$\therefore$ 자기장의 세기 $H = \dfrac{NI}{2r} = \dfrac{10 \times 20}{2 \times 10 \times 10^{-2}} = 1000[AT/m]$

※환상코일 중심의 자기장의 세기

$H = \dfrac{NI}{l} = \dfrac{NI}{2\pi a}[AT/m]$

여기서, a : 반지름, l : 자로(자속의 통로)의 길이[m]

【정답】③

15. 자기인덕턴스가 각각 $L_1[H]$, $L_2[H]$의 두 원통 코일이 서로 직교하고 있다. 두 코일간의 상호인덕턴스는?

① $L_1 + L_2$ ② $L_1 \times L_2$

③ 0   ④ $\sqrt{L_1 L_2}$

|문|제|풀|이|

[두 코일 간의 상호인덕턴스] $M = k\sqrt{L_1 L_2}\,[H]$

여기서, k : 결합계수

직교(= 교차 $90°$) 시 $k = 0$이므로 $M = 0 \times \sqrt{L_1 L_2} = 0$

※결합계수(k)

1. 양 코일 간에 누설자속이 있으면 k값은 0 < k < 1의 범위

2. 누설자속이 없으면 k=1

3. 코일이 직교(교차)일 경우 k=0   【정답】③

16. 다음 중 RLC 직렬회로의 공진조건으로 옳은 것은?

① $\dfrac{1}{\omega L} = \omega C + R$ ② 직류전원을 가할 때

③ $\omega L = \omega C$ ④ $\omega L = \dfrac{1}{\omega C}$

|문|제|풀|이|

[R-L-C 직렬회로의 공진조건]

1. $X_L = X_C$ → $\omega L = \dfrac{1}{\omega C}$ (직렬공진)인 경우 : 전류와 전압은 동상

2. 이때, 임피던스는 최소가 되며 역률이 1이다.
   (병렬 공진에서는 임피던스가 최대).

※1. $\omega L > \dfrac{1}{\omega C}$ (유도성)인 경우 : $\theta > 0$이 되어 유도성 회로 (지상 회로)

2. $\omega L < \dfrac{1}{\omega C}$ (용량성)인 경우 : $\theta < 0$이 되어 용량성 회로 (진상 회로)

【정답】④

17. 어떤 교류전압의 주파수가 60[Hz], 실효값이 20[V]일 때 순시값으로 옳은 것은?

① $20\sqrt{2}\sin(120\pi t)[V]$

② $20\sqrt{3}\sin(120\pi t)[V]$

③ $20\sqrt{2}\sin(150\pi t)[V]$

④ $20\sqrt{3}\sin(150\pi t)[V]$

|문|제|풀|이|

[순시값] 시간의 변화에 따라 순간순간 나타나는 정현파의 값을 의미한다.

순시값 $v = V_m \sin\theta = V_m \sin\omega t = \sqrt{2}\,V\sin(2\pi ft)$

$\rightarrow (V_m$: 최대값, 실효값 $v = \dfrac{V_m}{\sqrt{2}})$

$\therefore$ 순시값 $v = \sqrt{2}\,V\sin(2\pi ft) = 20\sqrt{2}\sin(120\pi t)[V]$

【정답】①

18. 정격전압 100[V], 전기자전류 10[A], 전기자저항 1[Ω], 회전수 1800[rpm]인 전동기의 역기전력은 몇 [V]인가?

① 90   ② 100

③ 110   ④ 186

|문|제|풀|이|

[직류전동기의 역기전력] $E = V - I_a R_a[V]$ → $(V = E + I_a R_a[V])$

여기서, E : 역기전력, R_a : 전기자저항, I_a : 전기자전류
        V : 정격전압(인가전압)

정격전압(V) : 100[V], 전기자전류(I_a) : 10[A]

전기자저항(R_a) : 1[Ω], 회전수(N) : 1800[rpm]

$\therefore E = V - I_a R_a = 100 - 10 \times 1 = 90[V]$ 【정답】①

19. 주기적인 구형파 신호의 성분은 어떻게 되는가?

① 성분 분석이 불가능 하다.

② 직류분 만으로 합성된다.

③ 무수히 많은 주파수의 합성이다.

④ 교류 합성을 갖지 않는다.

|문|제|풀|이|

[구형파] 주기적인 구형파는 기본파+직류분+고조파의 합성이다.

명칭	파형	평균값	실효값	파형률	파고율
구형파 (전파)		V_m	V_m	1	1
구형파 (반파)		$\dfrac{V_m}{2}$	$\dfrac{V_m}{\sqrt{2}}$	$\sqrt{2}$	$\sqrt{2}$

【정답】③

20. 전원과 부하가 다같이 Δ결선된 3상 평형회로가 있다. 상전압이 200[V], 부하임피던스가 $Z = 6 + j8[\Omega]$인 경우 선전류는 몇 [A]인가?

① 20 ② $\dfrac{20}{\sqrt{3}}$

③ $20\sqrt{3}$ ④ $10\sqrt{3}$

|문|제|풀|이|

[Δ결선 시의 선전류, 선간전압 및 임피던스]

·선전압 $V_l = V_p[V]$

·선전류 $I_l = \sqrt{3}\,I_p[A]$

·임피던스 $Z = R + jX = \sqrt{R^2 + X^2}[\Omega]$

　여기서, I_l : 선전류, V_l : 선전압, I_p : 상전류

　　　　　V_p : 상전압, R : 저항, X : 리액턴스

1. 신전압 $V_l = V_p = 200[V]$

2. 한 상의 임피던스 $Z = 6 + j8[\Omega] \rightarrow |Z| = \sqrt{6^2 + 8^2} = 10[\Omega]$

∴선전류 $I_l = \sqrt{3}\,I_p = \sqrt{3} \times \dfrac{V_p}{Z} = \sqrt{3} \times \dfrac{200}{10} = 20\sqrt{3}[A]$

$\rightarrow \left(I = \dfrac{V}{Z}[A]\right)$

【정답】③

21. $R = 4[\Omega]$, $\omega L = 3[\Omega]$의 직렬회로에

$V = 100\sqrt{2}\sin\omega t + 30\sqrt{2}\sin 3\omega t[V]$의 전압을 가할 때 전력은 약 몇 [W]인가?

① 1170[W] ② 1563[W]

③ 1637[W] ④ 2116[W]

|문|제|풀|이|

[비정현파 교류의 전력] $P = VI\cos\theta = I^2 R = \dfrac{V^2}{R}[W]$

1. 기본파에서의 전류

$I_1 = \dfrac{V_1}{Z_1} = \dfrac{V_1}{\sqrt{R^2 + (wL)^2}} = \dfrac{100}{\sqrt{4^2 + 3^2}} = 20[A]$

$\rightarrow (V_m = 100\sqrt{2}\,,\ \text{실효값}\ V = \dfrac{V_m}{\sqrt{2}})$

2. 제3고조파에서의 전류

$I_3 = \dfrac{V_3}{Z_3} = \dfrac{V_3}{\sqrt{R^2 + (3wL)^2}} = \dfrac{30}{\sqrt{4^2 + (3\times 3)^2}} = 3.05[A]$

∴전력 $P = I^2 R$에서

$= I_1^2 R + I_3^2 R = 20^2 \times 4 + 3.05^2 \times 4 ≒ 1637[W]$

【정답】③

22. 직류발전기를 구성하는 부분 중 전기자의 역할은 무엇인가?

① 전기자와 쇄교하는 자속을 만들어 주는 부분

② 자속을 끊어서 기전력을 유기하는 부분

③ 전기자권선에서 생긴 교류를 직류로 바꾸어 주는 부분

④ 계자권선과 외부 회로를 연결시켜 주는 부분

|문|제|풀|이|

[직류기의 구성 요소]

1. 계자 : 자속을 만들어 주는 부분

2. 전기자 : 도체에 **기전력을 유기**하는 부분

3. 정류자 : 만들어진 기전력 교류를 직류로 반환하는 부분

4. 브러시(Brush) : 전기자 권선과 외부히로 접속

【정답】②

23. 직류 직권전동기의 회전수를 반으로 줄이면 토크는 어떻게 되는가?

① 2배 증가 ② 3배 증가

③ 4배 증가 ④ 9배 증가

|문|제|풀|이|

[직류 직권전동기] 직류 직권전동기 토크(T)와 속도(N)와의 관계

$T \propto \dfrac{1}{N^2} \rightarrow T \propto \dfrac{1}{\left(\dfrac{1}{2}N\right)^2} = 4\dfrac{1}{N^2}$

※직류 분권전동기 $T \propto \dfrac{1}{N}$

【정답】③

24. 직류 전동기에서 무부하가 되면 속도가 대단히 높아져서 위험하기 때문에 무부하 운전이나 벨트를 연결한 운전을 해서는 안 되는 전동기는?

① 직권전동기 ② 복권전동기

③ 타여자전동기 ④ 분권전동기

|문|제|풀|이|

[직류 직권 전동기] 직류 직권전동기는 운전 중 **벨트가 벗겨지면 무부하 상태**가 되어 위험 속도가 된다. 　　【정답】①

25. 직류전동기의 규약 효율은 어떻게 표현하는가?

① $\dfrac{출력}{입력} \times 100[\%]$

② $\dfrac{출력}{출력+손실} \times 100[\%]$

③ $\dfrac{출력}{입력-손실} \times 100[\%]$

④ $\dfrac{입력-손실}{입력} \times 100[\%]$

|문|제|풀|이|

[규약효율]

[규약효율]

1. **전동기(모터)**는 입력위주로 규약효율 $\eta_m = \dfrac{입력-손실}{입력} \times 100$

→ (전동기: 전기 입력이므로 입력 2번)

2. 발전기, 변압기는 출력위주로 규약효율 $\eta_g = \dfrac{출력}{출력+손실} \times 100$

→ (발전기: 전기 출력이므로 출력 2번)

【정답】④

26. 동기발전기의 무부하 포화곡선에 대한 설명으로 옳은 것은?

① 정격전류와 단자전압의 관계이다.

② 정격전류와 정격전압의 관계이다.

③ 계자전류와 정격전압의 관계이다.

④ 계자전류와 단자전압의 관계이다.

|문|제|풀|이|

[동기발전기 무부하 포화곡선] 계자전류(I_f)와 무부하 단자전압 (V_1)과의 관계 곡선

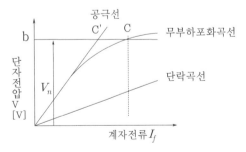

【정답】④

27. 다음 그림은 직류 발전기의 분류 중 어느 것에 해당되는가?

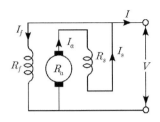

① 분권발전기　　② 직권발전기

③ 자석발전기　　④ 복권발전기

|문|제|풀|이|

[복권발전기] 전기자와 계자권선의 직·병렬접속하며, 직권계자자속과 분권계자자속이 더해지는 가동복권과 상쇄되는 차동복권으로 나누어진다.　　【정답】④

28. 다음 (　　) 안에 들어갈 알맞은 말은 무엇인가?

> (　　)은 고압 회로의 전압을 이에 비례하는 낮은 전압으로 변성해 주는 것이다.

① 관통형변압기　　② 계기용변류기

③ 계기용변압기　　④ 권선형변류기

|문|제|풀|이|

[계기용변압기(PT 또는 VT)]

1. 고전압을 저전압(110[V])으로 변성하여 계기나 계전기에 전압원 공급

2. 회로에 병렬로 접속한다.

※② 계기용 변류기(CT) : 대전류를 소전류(5[A])로 변성, 계기나 계전기에 전류원 공급　　【정답】③

29. 12극 3상 동기발전기가 있다. 기계각 15도에 대응하는 전기각은 어떻게 되는가?

① 30　　　② 60　　　③ 90　　　④ 120

|문|제|풀|이|

[전기각] 전기각 = 기계각 $\times \dfrac{p}{2}$

∴전기각 = 기계각 $\times \dfrac{p}{2} = 15 \times \dfrac{12}{2} = 90$　　【정답】③

30. 변압기의 1차권수가 80회, 2차권수가 320회 일 때, 2차 측 전압이 100[V]일 경우 1차 측의 전압은 몇 [V]인가?

① 25 　　② 50 　　③ 75 　　④ 100

|문|제|풀|이|

[변압기의 권수비]

권수비 $a = \dfrac{E_1}{E_2} = \dfrac{V_1}{V_2} = \dfrac{N_1}{N_2} = \dfrac{I_2}{I_1}$

여기서, a : 권수비, V_1 : 1차전압, V_2 : 2차전압

　　　　 N_1 : 1차권선, N_2 : 2차 권선

$a = \dfrac{N_1}{N_2} = \dfrac{80}{320} = \dfrac{1}{4} \rightarrow a = \dfrac{E_1}{E_2}$ 에서 $\dfrac{1}{4} = \dfrac{E_1}{100}$ $\therefore E_1 = 25[V]$

【정답】①

31. 히스테리시스 곡선의 ㉠가로축(횡축)과 ㉡세로축 (종축)은 무엇을 나타내는가?

① ㉠ 자속밀도, ㉡ 투자율
② ㉠ 자기장의 세기, ㉡ 자속밀도
③ ㉠ 자화의 세기, ㉡ 자기장의 세기
④ ㉠ 자기장의 세기, ㉡ 투자율

|문|제|풀|이|

[히스테리시스 곡선 (B-H 곡선)]

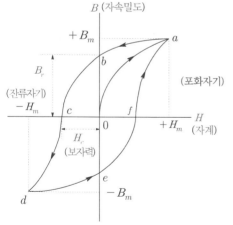

1. 히스테리시스 곡선이 **종축(자속밀도)**과 만나는 점은 **잔류 자기**(잔류 자속밀도(B_r))

2. 히스테리시스 곡선이 **횡축(자계의 세기)**과 만나는 점은 **보자 력**(H_c)를 표시한다.

※41~42쪽 [07 히스테리시스 곡선과 손실] 참조 　　　【정답】②

32. 변압기유의 열화방지와 관계가 가장 먼 것은?

① 브리더 　　　　② 컨서베이터
③ 불활성 질소 　　④ 부싱

|문|제|풀|이|

[컨서베이터] **컨서베이터**는 변압기의 기름이 공기와 접촉되면 불용성 침전물이 생기는 것을 방지하기 위해서 변압기 상부에 설치된 원통형의 유조(기름통)로서, 그 속에는 1/2 정도의 **기름 (불활성 질소)**이 들어 있고 주변압기 외함 내의 기름과는 가는 **파이프(브리더)**로 연결되어 있다. 높은 온도의 기름이 직접 공기 와 접촉하는 것을 방지하여 기름의 **열화를 방지**하는 것이다.

※ 부싱은 전선의 손상을 막기 위해 접속하는 곳마다 넣는 캡이므로 기구를 연결하는 전선마다 양 단에 넣는다. 　　　【정답】④

33. 3상 유도전동기의 회전 방향을 바꾸려면 어떻게 해야 하는가?

① 전원의 극수를 바꾼다.
② 전원의 주파수를 바꾼다.
③ 계자전류나 전기자전류 둘 중 하나의 접속을 바꾼다.
④ 3상 전원 3선 중 두선의 접속을 바꾼다.

|문|제|풀|이|

[3상 유도전동기] 3상 유도전동기의 회전방향을 바꾸기 위해서는 상회전을 반대로 하면 된다. 상회전을 반대로 하기 위해서는 **3선중 2선의 위치를 서로 교환**하면 된다. 　　　【정답】④

34. 3상 동기전동기 자기기동법에 관한 사항 중 틀린 것은?

① 기동토크를 적당한 값으로 유지하기 위하여 변압기 탭에 의해 정격전압의 80[%] 정도로 저압을 가해 기동을 한다.
② 기동토크는 일반적으로 적고 전부하토크의 40~60[%] 정도이다.
③ 제동권선에 의한 기동토크를 이용하는 것으로 제 동권선은 2차권선으로서 기동토크를 발생한다.
④ 기동할 때에는 회전자속에 의하여 계자권선 안에 는 고압이 유도되어 절연을 파괴할 우려가 있다.

|문|제|풀|이|

[동기전동기 자기기동법] 기동토크를 적당한 값으로 유지하기 위 하여 변압기 탭에 의해 **정격전압의 30~50[%] 정도로 저압**을 가해 기동을 한다. 　　　【정답】①

35. 그림은 동기기의 위상특성곡선을 나타낸 것이다. 전기자전류가 가장 작게 흐를 때의 역률은?

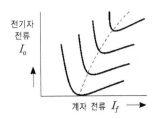

① 1

② 0.9(진상)

③ 0.9(지상)

④ 0

|문|제|풀|이|

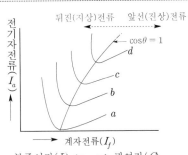

[위상특성곡선]
부족여자(L) ← → 과여자(C)

1. 여자전류를 감소시키면 역률은 뒤지고 전기자전류는 증가한다.
   → (부족여자 : 리액터(L) 작용)
2. 여자전류를 증가시키면 역률은 앞서고 전기자전류는 증가한다.
   → (과여자 : 콘덴서(C)로 작용)
3. V곡선에서 **역률=1($\cos\theta = 1$)일 때 전기자전류가 가장 작게** 흐른다. 【정답】①

36. 동기기의 전기자 권선법이 아닌 것은?

① 2층권/단절권

② 단절권/분포권

③ 2층권/분포권

④ 단층권/전절권

|문|제|풀|이|

[동기기의 권선법] 동기기 전기자 권선법은 **2층권, 단절권, 분포권** 사용
1. 전절권이란 코일 간격이 극 간격과 같은 것이다.
2. 단절권이란 코일 간격이 극 간격보다 작은 것이다.
3. 동기기에는 **단층권과 전절권은 사용하지 않는다.**
   【정답】④

37. 동기 발전기의 전기자반작용 중에서 전기자전류에 의한 자기장의 축이 항상 주자속의 축과 수직이 되면서 자극편 왼쪽에 있는 주자속은 증가시키고, 오른쪽에 있는 주자속은 감소시켜 편자작용을 하는 전기자반작용은?

① 증자작용

② 감자작용

③ 교차자화작용

④ 직축반작용

|문|제|풀|이|

[교차자화작용(횡축반작용, 편자작용)]
· 전기자전류와 유기기전력이 동상인 경우
· 편자작용(교차자화작용)이 일어난다.
· 부하역률이 1($\cos\theta = 1$)인 경우의 전기자반작용

※동기발전기 전기자반작용

역률	부하	전류와 전압과의 위상	작용
역률 1	저항	I_a가 E와 동상인 경우	교차자화작용 (횡축반작용, 편자작용)
뒤진 역률 0	유도성 부하	I_a가 E보다 $\pi/2$(90도) 뒤지는 경우	감자작용 (자화반작용)
앞선 역률 0	용량성 부하	I_a가 E보다 $\pi/2$(90도) 앞서는 경우	증자작용 (자화작용)

I_a : 전기자전류, E : 유기기전력 【정답】③

38. 단상 전파 사이리스터 정류회로에서 부하가 큰 인덕턴스가 있는 경우, 점호각이 60°일 때의 정류전압은 약 몇 [V]인가? (단, 전원측 전압의 실효값은 100[V]이고 직류측 전류는 연속이다.)

① 141

② 100

③ 85

④ 45

|문|제|풀|이|

[단상 전파 정류회로] 직류출력 $E_d = 0.9E[V]$

여기서, E_d : 직류전압, E : 전원전압 → (E : 전원전압)

∴ $E_d = 0.9E\cos\alpha = 0.9 \times 100 \times \cos60° = 45[V]$

※[정류회로 방식의 비교]

종류	단상 반파	단상 전파	3상 반파	3상 전파
직류출력	$E_d = 0.45E$	$E_d = 0.9E$	$E_d = 1.17E$	$E_d = 1.35E$
맥동률[%]	121	48	17.7	4.04
정류효율	40.5	81.1	96.7	99.8
맥동주파수	f	$2f$	$3f$	$6f$

1. 단상 : 선 두 가닥, 3상 : 선 3가닥
2. 반파 : 다이오드 1개, 전파 : 다이오드 2개 이상 【정답】④

39. 다음 중 비선형 소자는 무엇인가?

① 저항   ② 인덕터

③ 다이오드   ④ 커패시터

|문|제|풀|이|

[선형소자, 비선형소자]

1. 선형소자 : 전압과 전류의 비례 관계를 따르는 소자, 즉 전압이 일정하게 증가하면 전류도 일정하게 증가한다.
   선형소자는 저항기, 인덕터, 커패시터 등이 있다.

2. **비선형소자** : 전압과 전류의 비례 관계를 따르지 않는 소자, 즉, 전압이 일정하게 증가하더라도 전류가 일정하게 증가하지 않는다.
   비선형소자는 **다이오드**, 트랜지스터, 스위칭 소자 등이 있다.

【정답】③

40. SCR 2개를 역병렬로 접속한 그림과 같은 기호의 명칭은?

① SCR   ② TRIAC

③ GTO   ④ UJT

|문|제|풀|이|

[트라이액(TRIAC)]
· 쌍방향성 3단자 사이리스터
· **SCR 2개를 역병렬로 접속**

· 순·역 양방향으로 게이트 전류를 흐르게 하면 도통하는 성질
· On/Off 위상 제어, 교류회로의 전압, 전류를 제어할 수 있다.
· 냉장고, 전기담요의 온도 제어 및 조광장치 등에 쓰인다.

※[각종 반도체 소자의 비교]

방향성	명칭	단자	기호	응용 예
역저지 (단방향) 사이리스터	SCR	3단자		정류기 인버터
	LASCR			정지스위치 및 응용스위치
	GTO			쵸퍼 직류스위치
	SCS	4단자		
쌍방향성 사이리스터	SSS	2단자		초광장치, 교류스위치
	TRIAC	3단자		초광장치, 교류스위치
	역도통			직류효과

※128페이지 [05 사이리스터의 종류] 참조   【정답】②

41. 다음 중 인입용 비닐절연전선을 나타내는 약호는?

① OW   ② EV

③ DV   ④ NV

|문|제|풀|이|

1. OW : 옥외용 비닐절연전선
2. **DV : 인입용 비닐절연전선**
3. IV : 옥내용 비닐절연전선
4. VV : 비닐절연 비닐외장케이블
5. NV : 클로로프렌 절연 비닐 외장 케이블   【정답】③

42. 옥내배선공사를 할 때 연동선을 사용할 경우 전선의 최소 굵기[mm²]는?

① 1.5   ② 2.5   ③ 4   ④ 6

|문|제|풀|이|

[저압 옥내배선의 사용전선] 저압 옥내배선의 **사용전선은 2.5** [mm²] **연동선**이나 $1[mm^2]$ 이상의 MI 케이블이어야 한다.

【정답】②

43. 건조한 장소에 시설하는 진열장 안에 400[V] 미만인 저압 옥내배선 시 외부에서 보기 쉬운 곳에 사용하는 전선은 단면적이 몇 $[mm^2]$ 이상의 코드 또는 캡타이어케이블이어야 하는가?

① $0.75[mm^2]$ ② $1.25[mm^2]$

③ $2[mm^2]$ ④ $3.5[mm^2]$

|문|제|풀|이|

[저압 옥내배선의 사용전선] 진열장, 진열장 안에 $0.75[mm^2]$ **이상**의 코드 또는 캡타이어 케이블이어야 한다.   【정답】①

44. 전선을 접속하는 경우 전선의 강도는 몇 [%] 이상 감소시키지 않아야 하는가?

① 10   ② 20   ③ 40   ④ 80

|문|제|풀|이|

[전선의 접속] 전선을 접속하는 경우 전선의 강도는 80[%] 이상 유지(즉, **20[%] 이상 감소시키지 말 것**)   【정답】②

45. 접지선의 절연전선 색상은 특별한 경우를 제외하고는 어느 색으로 표시를 하여야 하는가?

① 빨간색   ② 노란색

③ 녹색-노란색   ④ 검정색

|문|제|풀|이|

[전선의 식별]

상(문자)	색상
L1	갈색
L2	검정색
L3	회색
N(중성선)	파란색
보호도체(접지선)	**녹색-노란색 혼용**

【정답】③

46. 전선의 접속법에서 두 개 이상의 전선을 병렬로 사용하는 경우의 시설기준으로 틀린 것은?

① 각 전선의 굵기는 구리인 경우 $50[mm^2]$ 이상이어야 한다.

② 각 전선의 굵기는 알루미늄인 경우 $70[mm^2]$ 이상이어야 한다.

③ 병렬로 사용하는 전선은 각각에 퓨즈를 설치할 것

④ 동극의 각 전선은 동일한 터미널러그에 완전히 접속할 것

|문|제|풀|이|

[전선의 접속법(두 개 이상의 전선을 병렬로 사용하는 경우)]

1. 각 전선의 굵기는 구리 $50[mm^2]$ 이상 또는 알루미늄 $70[mm^2]$ 이상으로 하고 전선은 같은 도체, 같은 재료, 같은 길이 및 같은 굵기의 것을 사용할 것
2. 같은 극의 각 전선은 동일한 터미널러그에 완전히 접속할 것
3. 병렬로 사용하는 전선에는 **각각에 퓨즈를 설치하지 말 것**
4. 교류회로에서 병렬로 사용하는 전선은 금속관 안에 전자적 불평형이 생기지 않도록 시설할 것 【정답】③

47. 배전반 및 분전반과 연결된 배관을 변경하거나 이미 설치되어 있는 캐비닛에 구멍을 뚫을 때 필요한 공구는?

① 오스터   ② 클리퍼

③ 토치램프   ④ 녹아웃펀치

|문|제|풀|이|

[녹아웃펀치] 스위치박스에 전선관용 구멍을 뚫기 위해 녹아웃펀치를 사용한다.

※① 오스터 : 금속관 끝에 나사를 내는 공구로 래칫과 다이스로 구성

② 클리퍼 : 굵은 전선을 절단할 때 사용하는 공구

③ 토치램프 : 합성수지관을 구부릴 때 사용한다. 【정답】④

48. 애자공사에서 전선 상호 간의 간격은 몇 [cm] 이상이어야 하는가?

① 4   ② 5   ③ 6   ④ 8

|문|제|풀|이|

[애자공사]

· 옥외용 비닐 절연 전선(OW) 및 인입용 비닐 절연 전선(DV)을 제외한 절연 전선을 사용할 것
· **전선 상호간의 간격은 6[cm] 이상일 것**
· 전선과 조명재의 간격
  -400[V] 미만은 2.5[cm] 이상
  -400[V] 이상의 저압은 4.5[cm] 이상 【정답】③

49. 금속전선관의 종류에서 후강전선관 규격[mm]이 아닌 것은?

① 16   ② 19   ③ 28   ④ 36

|문|제|풀|이|

[금속전선관의 종류]

1. 후강전선관
  · 안지름의 크기에 가까운 **짝수**
  · 두께 2[mm] 이상
  · 길이 3.6[m]
  · 16, 22, 28, 36, 42, 54, 72, 80, 92, 104[mm]
2. 박강전선관
  · 바깥지름의 크기에 가까운 **홀수**
  · 두께 1.2[mm] 이상
  · 길이 3.6[m]
  · 15, 19, 25, 31, 39, 51, 63, 75[mm] 【정답】②

50. 금속몰드공사는 사용전압이 몇 [V] 이하의 배선을 사용하는가?

① 200[V] ② 400[V]

③ 600[V] ④ 800[V]

|문|제|풀|이|

[금속몰드공사]

1. 전선은 절연전선(옥외용 비닐절연 전선을 제외)일 것
2. 금속몰드 안에는 전선에 접속점이 없도록 할 것
3. 금속몰드의 사용전압이 **400[V] 이하**로 옥내의 건조한 장소로 전개된 장소 또는 점검할 수 있는 은폐장소에 한하여 시설할 수 있다
5. 황동제 또는 동제의 몰드는 폭이 50[mm] 이하, 두께 0.5[mm] 이상인 것일 것
6. 몰드에는 kec140의 규정에 준하여 접지공사를 할 것

【정답】②

51. 화약류 등의 위험장소에서 전기설비 시설에 관한 내용으로 옳은 것은?

① 전로의 대지전압을 400[V] 이하 일 것
② 전기기계기구는 개방형을 사용할 것
③ 화약류 저장소 안의 전기설비에 전기를 공급하는 전로에는 화약류 저장소 안에 전용 개폐기 및 과전류 차단기를 설치할 것
④ 케이블을 전기기계기구에 인입할 때에는 인입구에서 케이블이 손상될 우려가 없도록 시설할 것

|문|제|풀|이|

[화약류 저장소에서 전기설비의 시설]

화약류 저장소 안에는 전기설비를 시설하여서는 아니 된다. 다만, 백열전등이나 형광등 또는 이들에 전기를 공급하기 위한 전기설비는 다음 각 호에 따라 시설하는 경우에는 그러하지 아니하다.

1. 전로의 대지 전압은 **300[V] 이하**일 것
2. 전기기계기구는 **전폐형**의 것일 것
3. 케이블을 전기기계기구에 인입할 때에는 인입구에서 케이블이 손상될 우려가 없도록 시설할 것
4. 전용의 과전류 개폐기 및 과전류 차단기는 **화약류 저장소 이외의 곳에 시설**하고 누전차단기, 누전경보기를 시설
5. 각 개폐기 및 차단기에서 지정 장소까지는 케이블로 시설

【정답】④

52. 가공전선로의 지지물에 시설하는 지지선(지선)에 연선을 사용할 경우 소선 수는 몇 가닥 이상이어야 하는가?

① 3가닥 ② 5가닥

③ 7가닥 ④ 9가닥

|문|제|풀|이|

[지지선(지선)의 시설] 지지선 지지물의 강도 보강

1. 안전율 2.5 이상
2. 최저 인장 하중 4.31[kN]
3. 2.6[mm] 이상의 금속선을 **3조 이상** 꼬아서 사용
4. 지중부분 및 지표상 30[cm]까지의 부분은 아연도금 철봉 등을 사용

※[주요 안전율]

1.33 : 이상시 상정하중 철탑의 기초   1.5 : 케이블트레이, 안테나
2.0 : 기초 안전율   2.2 : 경동선/내열동 합금선
2.5 : 지선, ACSD, 기타 전선

【정답】①

53. 가공전선로의 지지물에 지지선(지선)을 사용해서는 안 되는 곳은?

① 목주 ② A종 철근콘크리트주

③ A종 철주 ④ 철탑

|문|제|풀|이|

[가공 전선로의 지지물] 가공전선로의 지지물로 사용하는 **철탑**은 지지선을 사용하여 강도를 분담시켜서는 아니 된다.

【정답】④

54. 선로의 도중에 설치하여 회로에 고장전류가 흐르게 되면 자동적으로 고장전류를 감지하여 스스로 차단하는 차단기의 일종으로 단상용과 3상용으로 구분되어 있는 것은?

① 리클로저 ② 선로용 퓨즈

③ 섹셔널라이저 ④ 자동구간 개폐기

|문|제|풀|이|

[리클로저(recloser)] 리클로저는 자체 탱크 내에 보호계전기와 차단기의 기능을 종합적으로 수행할 수 있는 장치가 있어서 사고 검출 및 자동차단과 재폐로까지 할 수 있는 보호장치이다.

【정답】①

55. 가공전선의 지지물에 승탑 또는 승강용으로 사용하는 발판 볼트 등은 지표상 몇 [m] 미만에 설치하여서는 안 되는가?

① 1.2[m]   ② 1.5[m]

③ 1.6[m]   ④ 1.8[m]

|문|제|풀|이|

[가공전선로 지지물의 철탑 오름 및 전주 오름 방지] 발판 볼트 등은 **1.8[m] 미만**에 시설하여서는 안 된다. 다만 다음의 경우에는 그러하지 아니하다.

·발판 볼트를 내부에 넣을 수 있는 구조
·지지물에 승탑 및 승주 방지 장치를 시설한 경우
·취급자 이외의 자가 출입할 수 없도록 울타리 담 등을 시설할 경우
·산간 등에 있으며 사람이 쉽게 접근할 우려가 없는 곳

【정답】④

---

56. 전주의 길이가 15[m]인 지지물을 건주하는 경우에 땅에 묻히는 최소 깊이는 몇 [m]인가? (단, 설계하중이 6.8[kN] 이하이다.)

① 1.5   ② 2.0

③ 2.5   ④ 3.5

|문|제|풀|이|

[건주 시 땅에 묻히는 깊이]

설계하중 전장	6.8[kN] 이하	6.8[kN] 초과 ~9.8[kN] 이하	9.8[kN] 초과 ~14.72[kN] 이하
15[m] 이하	**전장 × 1/6[m] 이상**	전장 × 1/6+0.3[m] 이상	–
15[m] 초과	2.5[m] 이상	2.8[m] 이상	–
16[m] 초과 ~20[m] 이하	2.8[m] 이상	–	–
15[m] 초과 ~18[m] 이하	–	–	3[m] 이상
18[m] 초과	–	–	3.2[m] 이상

∴ 땅에 묻히 깊이는 $15 \times \frac{1}{6} = 2.5[m]$

【정답】③

---

57. 다음 중 벽붙이 콘센트를 표시한 올바른 그림 기호는 무엇인가?

① (그림)   ② (그림)

③ (그림)   ④ (그림)

|문|제|풀|이|

[콘센트 심벌]

① (그림) : 콘센트(천장에 부착)

② (그림) : 바닥에 부착하는 경우

③ (그림) : 벽붙이 콘센트

④ (그림) : 비상용 조명(백열등)   【정답】③

---

58. 실내 전반 조명을 하고자 한다. 작업대로부터 광원의 높이가 2.4[m]인 위치에 조명기구를 배치할 때 벽에서 한 기구 이상 떨어진 기구에서 기구간의 거리는 일반적인 경우 최대 몇 [m]로 배치하여 설치하는가? (단, S≦1.5[H]를 사용하여 구하도록 한다.)

① 1.8   ② 2.4

③ 3.2   ④ 3.6

|문|제|풀|이|

[등기구의 간격 (등기구~등기구)]

등기구~등기구 : $S \leq 1.5H$ → (직접, 전반조명의 경우)

광원의 높이(H) : 2.4[m]

기구에서 기구간의 거리 $S \leq 1.5H = 1.5 \times 2.4 = 3.6[m]$

【정답】④

59. 가공케이블 시설시 조가선에 금속테이프 등을 사용하여 케이블 외장을 견고하게 붙여 조가하는 경우 나선형으로 금속테이프를 감는 간격은 몇 [㎝] 이하를 확보하여 감아야 하는가?

① 50   ② 30

③ 20   ④ 10

|문|제|풀|이|⋯⋯⋯⋯⋯⋯⋯⋯⋯⋯⋯⋯⋯⋯

[특고압 가공 케이블의 시설] 조가선에 접속시키고 그 위에 쉽게 부식되지 아니하는 금속테이프 등을 **20[㎝] 이하**의 간격을 유지시켜 나선형으로 감아 붙일 것

※조가선에 **행거**에 의하여 시설할 것. 이 경우에 행거의 간격은 **50[cm] 이하**로 하여 시설하여야 한다.　　　　【정답】③

---

60. 기동 시 발생하는 기동전류에 대해서 동작하지 않는 퓨즈의 종류로 옳은 것은?

① 발전기용 퓨즈   ② 전동기용 퓨즈

③ A종 퓨즈   ④ B종 퓨즈

|문|제|풀|이|⋯⋯⋯⋯⋯⋯⋯⋯⋯⋯⋯⋯⋯⋯

[전동기용 퓨즈] 기동 시 발생하는 기동전류에 대해서 동작하지 않는 퓨즈

＊③ A종 퓨즈는 저압 배선용의 고리 퓨즈, 통형 퓨즈 또는 플러그 퓨즈로써 그 특성이 배선용 차단기에 가깝고 최소 용단전류가 정격전류의 110[%]와 135[%] 사이에 있는 것을 말한다.

④ B종 퓨즈는 저압 배선용의 고리 퓨즈, 통형 퓨즈 또는 플러그 퓨즈로써 용단전류가 정격전류의 130[%]와 160[%] 사이에 있는 것을 말한다.
　　　　　　　　　　　　　　　　【정답】②

01. R_1=2[Ω], R_2=4[Ω], R_3=6[Ω]의 저항 3개를 병렬로 접속한 회로에 10[A]의 전류가 흐른다면 이때 R_1 저항에 흐르는 전류[A]는 얼마인가?

① 2.45 　　② 2

③ 5 　　④ 5.45

|문|제|풀|이|

[옴의 법칙] $I=\dfrac{V}{R}$[A]

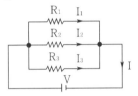

저항 R_1=2[Ω], R_2=4[Ω], R_3=6[Ω], I(전체)=10[A]

→ (병렬이므로 전압은 일정하다.)

1. 합성저항(병렬) :

$$R_0=\dfrac{1}{\dfrac{1}{R_1}+\dfrac{1}{R_2}+\dfrac{1}{R_3}}=\dfrac{R_1\times R_2\times R_3}{(R_2\times R_3)+(R_1\times R_3)+(R_1\times R_2)}$$

$$=\dfrac{2\times 4\times 6}{(4\times 6)+(2\times 6)+(2\times 4)}=\dfrac{48}{44}=1.09[\Omega]$$

2. 전압 : $V=IR=10\times 1.09=10.9$[V]

$$\therefore I_1=\dfrac{V}{R_1}=\dfrac{10.9}{2}=5.45[A]$$　　　　【정답】④

02. 물질 중의 「자유전자가 과잉된 상태」란?

① (−) 대전상태 　② 발열상태

③ 중성상태 　④ (+) 대전상태

|문|제|풀|이|

[자유전자]
· 일정 영역 내에서 움직임이 자유로운 전자
· 외부의 자극에 의해 쉽게 궤도를 이탈한 것
① (−) 대전상태 : **자유전자가 과잉된 상태**
④ (+) 대전상태 : 자유전자를 제거한 상태
③ 중성상태 : 양자와 전자의 수가 동일한 상태

※대전(electrification)] 어떤 물질이 정상 상태보다 전자의 수가 많거나 적어져서 전기를 띠는 현상　　　　【정답】①

03. $R-L$ 직렬 회로로에 직류 전압 100[V]를 가했더니 전류가 흘러서 25[A]가 만들어졌다. 여기에 교류전압 100[V], 60[Hz]를 가했더니 전류가 10[A] 흘렀다. 유도성 리액턴스는 몇 [Ω]인가?

① 6.73[Ω] 　　② 9.82[Ω]

③ 8.72[Ω] 　　④ 9.27[Ω]

|문|제|풀|이|

[$R-L$ 직렬회로의 유도성 리액턴스(X_L)]

$$X_L=\sqrt{Z^2-R^2}$$　　　→ ($Z=\sqrt{R^2+X_L^2}$)

여기서, Z : 임피던스, R : 저항

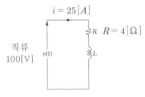

1. 직류 저항을 구한다. $R=\dfrac{V}{I}=\dfrac{100}{25}=4[\Omega]$

2. 교류 임피던스를 구한다. $Z=\dfrac{V}{I}=\dfrac{100}{10}=10[\Omega]$

3. 유도성 리액턴스 $X_L=\sqrt{Z^2-R^2}=\sqrt{10^2-4^2}=9.27[\Omega]$

【정답】④

04. 1[eV]는 몇 [J] 인가?

① $1.602 \times 10^{-19}[J]$ ② $1 \times 10^{-10}[J]$

③ $1[J]$ ④ $1.16 \times 10^4[J]$

|문|제|풀|이|

[1[eV]] 전위차가 1[V]인 두 점 사이에서 하나의 기본 전하를 옮기는데 필요한 일이다. 즉, 전자 1개의 전하량 1.602×10^{-19}이므로

$$1[eV] = 1[e] \times 1[V] = 1.602 \times 10^{-19}[C \cdot V]$$
$$= 1.602 \times 10^{-19}[J]$$

【정답】①

05. 다음과 같은 회로에서 3[Ω]의 저항에 흐르는 전류는 몇 [A]인가?

① 0.65[A]

② 0.82[A]

③ 1.72[A]

④ 1.87[A]

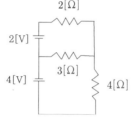

|문|제|풀|이|

[중첩의 원리]

1. 4[V] 단락

㉠ 2[V]에 의한 합성저항을 구한다.

$$R_{2[V]} = 2 + \frac{3 \times 4}{3+4} = 3.71[\Omega] \quad \rightarrow (전압의 방향에 주의)$$

㉡ 2[V]에 흐르는 전류 $I_{2[V]} = \frac{2}{3.71} = 0.54$

㉢ 3[Ω]에 흐르는 전류 → (전류 분배의 법칙)

$$\rightarrow I_{3[\Omega]} = \frac{R_3}{R_3 + R_2} I_{2[V]} = \frac{3}{3+2} 0.54 = 0.32[A]$$

2. 2[V] 단락

㉠ 4[V]에 의한 합성저항을 구한다.

$$R_{4[V]} = 4 + \frac{3 \times 2}{3+2} = 5.2[\Omega] \quad \rightarrow (전압의 방향에 주의)$$

㉡ 4[V]에 흐르는 전류 $I_{4[V]} = \frac{4}{5.2} = 0.77$

㉢ 3[Ω]에 흐르는 전류 → (전류 분배의 법칙)

$$\rightarrow I_{3[\Omega]} = \frac{R_3}{R_3 + R_4} I_{4[V]} = \frac{3}{3+4} 0.77 = 0.33[A]$$

∴ 전체전류 $I = I_{2[V]} + I_{4[V]} = 0.32 + 0.33 = 0.65[A]$

【정답】①

06. 다음 그림에서 A와 B 사이의 합성저항은 몇 [Ω]인가?

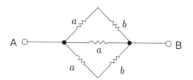

① $\frac{a+ab}{3a+b}[\Omega]$ ② $\frac{a+ab}{2a+b}[\Omega]$

③ $\frac{a^2+ab}{2a+b}[\Omega]$ ④ $\frac{a^2+ab}{3a+b}[\Omega]$

|문|제|풀|이|

[합성저항]

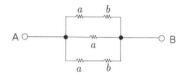

1.

2. a와 b가 직렬일 경우 : $a+b$

3. $a+b$, a, $a+b$가 병렬이므로

$$\therefore r_0 = \frac{1}{\frac{1}{a+b} + \frac{1}{a} + \frac{1}{a+b}} = \frac{1}{\frac{a+(a+b)+a}{(a+b)a}} = \frac{a^2+ab}{3a+b}[\Omega]$$

【정답】④

07. 납축전지가 완전히 충전되면 양극은 무엇으로 변하는가?

① $PbSO_4$ ② PbO_2

③ H_2SO_4 ④ Pb

|문|제|풀|이|

[연축전지]

1. 화학 반응식

$$PbO_2 + 2H_2SO_4 + Pb \underset{\overleftarrow{충전}}{\overset{방전}{\rightarrow}} PbSO_4 + 2H_2O + PbSO_4$$

양극 전해액 음극 양극 전해액 음극

2. 충전 시 전해액 : 묽은 황산(H_2SO_4)

3. 공칭전압 : 2.0[V/cell]

4. 공칭용량 : 10[Ah]

5. 방전 종료 전압 : 1.8[V]

【정답】②

08. 황산구리($CuSO_4$) 전해액에 2개의 구리판을 넣고 전원을 연결하였을 때 음극에서 나타나는 현상으로 옳은 것은?

① 변화가 없다.

② 구리판이 두터워진다.

③ 구리판이 얇아진다.

④ 수소 가스가 발생한다.

|문|제|풀|이|
[황산구리 전기분해]
1. 양극 : 산화반응에 의해 구리가 사용되므로 얇아진다.
2. 음극 : 환원반응에 의해 **구리** 이온이 부착 되므로 **두터워진다**.

【정답】②

09. 줄의 법칙에서 발생하는 열량의 계산식이 옳은 것은?

① $H = 0.24 R I^2 t [\text{cal}]$

② $H = 0.024 R I^2 t [\text{cal}]$

③ $H = 0.24 R I^2 [\text{cal}]$

④ $H = 0.024 R I^2 [\text{cal}]$

|문|제|풀|이|
[줄의 법칙] 전선에 전류가 흐르면 열이 발생하는 현상
1. 단위 시간당 줄열 $Q = I^2 R [J]$
2. 줄열 $Q = 0.24 I^2 R t [\text{cal}]$

【정답】①

10. 2[kV]의 전압으로 충전하여 2[J]의 에너지를 축적하는 콘덴서의 정전용량은?

① $0.5 [\mu F]$ ② $1 [\mu F]$

③ $2 [\mu F]$ ④ $4 [\mu F]$

|문|제|풀|이|
[정전용량] $C = \dfrac{2W}{V^2} [F]$ → (정전에너지 $W = \dfrac{1}{2} CV^2$)

$\therefore C = \dfrac{2W}{V^2} = \dfrac{2 \times 2}{(2 \times 10^3)^2} = 1 \times 10^{-6} [F] = 1 [\mu F]$ 　【정답】②

11. 전기력선의 성질을 설명한 것으로 옳지 않은 것은?

① 전기력선의 방향은 전기장의 방향과 같으며, 전기력선의 밀도는 전기장의 크기와 같다.

② 전기력선은 서로 교차한다.

③ 전기력선은 등전위면에 수직으로 출입한다.

④ 전기력선은 양전하에서 음전하로 이동한다.

|문|제|풀|이|
[전기력선의 성질]
1. 단위전하(1[C])에서는 $\dfrac{1}{\epsilon_0} = 36\pi \times 10^9 = 1.13 \times 10^{11}$ 개의 전기력선이 발생한다.

2. Q[C]의 전하에서(진공시) 전기력선의 수 N= $\dfrac{Q}{\epsilon_0}$ 개의 전기력선이 발생한다(단위 전하시 $N = \dfrac{1}{\epsilon_0}$)

3. 정전하(+)에서 부전하(−) 방향으로 연결된다.
4. 전기력선은 등전위면과 직교한다.
5. 도체 내부에는 전기력선이 없다.
6. 전기력선은 도체의 표면에서 수직으로 출입한다.
7. 전기력선은 스스로 폐곡선을 만들지 않는다.
8. **서로 다른 두 전기력선은 교차하지 않는다.**

【정답】②

12. $20[\mu F]$과 $30[\mu F]$의 콘덴서를 병렬로 접속한 후 100[V]의 전압을 가했을 때 전 전하량은 몇 [C] 인가?

① 20×10^{-4} ② 30×10^{-4}

③ 40×10^{-4} ④ 50×10^{-4}

|문|제|풀|이|
[콘덴서 병렬접속 시의 전하량(Q)] $Q = CV [C]$
여기서, Q : 전하량[C], V : 전압[V], C : 정전용량[F]
$20[\mu F]$과 $30[\mu F]$의 콘덴서 병렬접속
전압(V) : 100[V]
병렬 시 정전용량 $C = C_1 + C_2 = 20 + 30 = 50 [\mu F]$
$\therefore Q = CV = 50 \times 10^{-6} \times 100 = 50 \times 10^{-4} [C]$ → ($\mu = 10^{-6}$)

【정답】④

13. 자기회로와 전기회로의 대응 관계가 잘못된 것은?

① 자속 ↔ 전류

② 기자력 ↔ 기전력

③ 투자율 ↔ 유전율

④ 자계의 세기 ↔ 전계의 세기

|문|제|풀|이|

[전기회로와 자기회로의 비교]

1. 자기회로 : **자속**을 발생시키는 회로
2. 전기회로 : **전류**를 흐르게 하는 회로

※전기회로와 자기회로의 비교

전기회로		자기회로	
기전력	$V = IR[V]$	기자력	$F = \varnothing R_m$ $= NI[AT]$
전류	$I = \dfrac{V}{R}[A]$	자속	$\varnothing = \dfrac{F}{R_m}[Wb]$
전기저항	$R = \dfrac{V}{I} = \dfrac{l}{kS}[\Omega]$	자기저항	$R_m = \dfrac{F}{\varnothing}$ $= \dfrac{l}{\mu S}[AT/r]$
도전율	$k[\mho/m]$	**투자율**	$\mu[H/m]$
전계	$E[V/m]$	자계	$H[A/m]$
전류밀도	$i[A/m^2]$	자속밀도	$B[Wb/m^2]$

【정답】 ③

14. 그림과 같이 I[A]의 전류가 흐르고 있는 도체의 미소 부분 $\triangle l$의 전류에 의해 이 부분이 r[m] 떨어진 지점 P의 자기장 $\triangle H$[A/m]는?

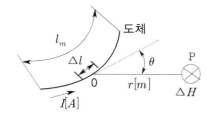

① $\triangle H = \dfrac{I^2 \triangle l \sin\theta}{4\pi r^2}$

② $\triangle H = \dfrac{I \triangle l^2 \sin\theta}{4\pi r}$

③ $\triangle H = \dfrac{I^2 \triangle l \sin\theta}{4\pi r}$

④ $\triangle H = \dfrac{I \triangle l \sin\theta}{4\pi r^2}$

|문|제|풀|이|

[비오사바르의 법칙(자계의 세기)] $dH = \dfrac{I \triangle l \sin\theta}{4\pi r^2}[AT/m]$

→ (θ : $\triangle l$과 거리 r이 이루는 각)

1. 자계 내 전류 도선이 만드는 자장의 세기
2. 도선에 전류 $I[A]$가 흐를 때, 도선상의 미소길이 $\triangle l$부분에 흐르는 전류에 의하여 거리 r만큼 떨어진 점 P에서의 자계의 세기

$$dH = \dfrac{I \triangle l \sin\theta}{4\pi r^2}[AT/m]$$

【정답】 ④

15. 환상솔레노이드 내부의 자기장의 세기에 관한 설명으로 옳은 것은?

① 자기장의 세기는 권수에 반비례한다.

② 자기장의 세기는 권수, 전류, 평균 반지름과는 관계가 없다.

③ 자기장의 세기는 평균 반지름에 비례한다.

④ 자기장의 세기는 전류에 비례한다.

|문|제|풀|이|

[환상솔레노이드 내부의 자기장의 세기]

$$H = \dfrac{NI}{l} = \dfrac{NI}{2\pi r}[AT/m]$$

여기서, N : 권수, I : 전력$[A]$, l : 길이$[m]$, r : 반지름

자기장의 세기 H는 권수(N), 전력(I)에 비례하고 길이(l)에 반비례

※1. 무한장 직선 자기장의 세기 $H = \dfrac{I}{2\pi r}[AT/m]$

2. 원형코일 중심의 자장의 세기 $H = \dfrac{NI}{2a}[AT/m]$

→ (a : 원형코일의 반지름)

3. 무한장 솔레노이드 자기장의 세기 $H = \dfrac{NI}{l} = nI[AT/m]$

→ (n : 단위 길이당 권수[회/m][T/m])

【정답】 ④

16. 자체인덕턴스가 L_1, L_2인 두 코일을 직렬로 접속하였을 때 합성인덕턴스를 나타내는 식은? (단, 두 코일간의 상호인덕턴스는 M이라고 한다.)

① $L_1 + L_2 \pm M$

② $L_1 - L_2 \pm M$

③ $L_1 + L_2 \pm 2M$

④ $L_1 - L_2 \pm 2M$

|문|제|풀|이|

[코일의 합성인덕턴스] $L_0 = L_1 + L_2 \pm 2M$

여기서, L : 자기인덕턴스, M : 상호인덕턴스

→ (+ : 가동결합, - : 차동결합)

【정답】 ③

17. $i = 200\sqrt{2}\sin(\omega t + 30)$[A]를 복소수로 표시하면?

① 173.2   ② $j100$

③ $173.2 \times j200$ ④ $173.2 \times j100$

|문|제|풀|이|

[순시값을 복소수로 표시하는 방법]
1. 전압인 경우
$$V = V_s \angle \theta = V_s(\cos\theta + j\sin\theta) \rightarrow (V_s: \text{전압 실효값}, \ \theta: \text{위상차})$$
2. 전류인 경우
$$I = I_s \angle \theta = I_s(\cos\theta + j\sin\theta) \rightarrow (I_s: \text{전류 실효값})$$

$$\rightarrow (I_s = \frac{I_m}{\sqrt{2}} = \frac{200\sqrt{2}}{\sqrt{2}} = 200[A])$$

$$\therefore I = 200\angle\frac{\pi}{2} = 200(\cos30 + j\sin30) = 173.2 + j100[A]$$

$$\rightarrow (\cos30 = 0.87, \ \sin30 = 0.5)$$

【정답】④

18. 2전력계법으로 3상 전력을 측정할 때 지시값이 P_1 =200[W], P_2=200[W]이었다. 부하전력(W)은?

① 200   ② 400   ③ 600   ④ 800

|문|제|풀|이|

[2전력계법 부하전력(=유효전력)] $P = P_1 + P_2[W]$

여기서, P_1, P_2 : 지시값

지시값 : P_1=200[W], P_2=200[W]

$\therefore P = P_1 + P_2[W] = 200 + 200 = 400[W]$

※[2전력계법] 2전력계법은 2개의 전력계로 3상 전력 측정하는 방법이다.
   1. 유효전력 $P = P_1 + P_2[W]$
   2. 무효전력 $P_r = \sqrt{3}(P_1 - P_2)[Var]$
   3. 피상전력 $P_a = 2\sqrt{P_1^2 + P_1^2 - P_1P_2}$
   4. 역률 $\cos\theta = \dfrac{P_1 + P_2}{2\sqrt{P_1^2 + P_2^2 - P_1P_2}}$ 【정답】②

19. 전기자저항 0.1[Ω], 전기자전류 104[A], 유도기전 력 110.4[V]인 직류 분권발전기의 단자전압[V]은?

① 110   ② 106

③ 102   ④ 100

|문|제|풀|이|

[직류 분권발전기의 단자전압] $V = E - R_a I_a[V]$

$\rightarrow$ (유도기전력 $E = V + R_a I_a[V]$

여기서, I_a : 전기자전류, R_a : 전기자저항, E : 유도기전력

$\therefore$ 단자전압 $V = E - R_a I_a[V] = 110.4 - 104 \times 0.1 = 100[V]$

【정답】④

20. 그림과 같은 평형 3상 △회로를 등가 Y결선으로 환산하면 각 상의 임피던스는 몇 [Ω]이 되는가? (단, Z는 12[Ω] 이다.)

① 48[Ω]

② 36[Ω]

③ 4[Ω]

④ 3[Ω]

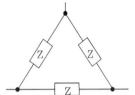

|문|제|풀|이|

[등가변환 △→Y 임피던스] $Z_Y = \dfrac{1}{3}Z_\triangle$ [Ω]

$\therefore Z_Y = \dfrac{1}{3}Z_\triangle = \dfrac{1}{3} \times 12 = 4[\Omega]$

즉, 3개의 임피던스 값이 동일한 경우

1. △결선을 Y결선으로 변경하면 1/3배 → $Z_Y = \dfrac{1}{3}Z_\triangle$ [Ω]

2. Y결선을 △결선으로 변경하면 3배 → $Z_\triangle = 3Z_Y$ [Ω]

【정답】③

21. 직류기에 있어서 불꽃 없는 정류를 얻기 위한 방법 이 아닌 것은?

① 보상권선을 설치한다.

② 보극을 설치한다.

③ 브러시의 접촉저항을 크게 한다.

④ 리액턴스 전압을 크게 한다.

|문|제|풀|이|

[불꽃없는 정류를 하려면]
·**리액턴스 전압이 낮아야 한다.**
·정류주기가 길어야 한다.
·브러시의 접촉저항이 커야한다 : 탄소브러시 사용
·보극, 보상권선을 설치한다.   【정답】④

22. 어느 회로의 전류가 다음과 같을 때, 이 회로에 대한 전류의 실효값(A)은?

$$i = 3 + 10\sqrt{2}\sin\left(\omega t - \frac{\pi}{6}\right) + 5\sqrt{2}\sin\left(3\omega t - \frac{\pi}{3}\right)[A]$$

① 11.6 ② 23.2
③ 32.2 ④ 48.3

|문|제|풀|이|

[비정현파의 교류의 전류 실효값]

$i = I_0 + \sum_{n=1}^{\infty} I_n \sin(n\omega t + \theta_n)$ 으로부터

실효값 $I = \sqrt{I_0^2 + I_1^2 + I_2^2 \cdots\cdots I_n^2}\,[A]$

여기서, I_0 : 기본파 전류, I_n : n고조파 전류

$i = 3 + 10\sqrt{2}\sin\left(\omega t - \frac{\pi}{6}\right) + 5\sqrt{2}\sin\left(3\omega t - \frac{\pi}{3}\right)[A]$

$$\rightarrow \left(I_m = \sqrt{2}\,I \rightarrow I = \frac{I_m}{\sqrt{2}}\right)$$

주어진 식에 의해 $I_0 = 3$, $I_1 = 10$, $I_3 = 5$

따라서 $I = \sqrt{I_0^2 + I_1^2 + I_3^2} = \sqrt{3^2 + 10^2 + 5^2} = \sqrt{134} = 11.6$

【정답】①

23. 속도를 광범위하게 조정할 수 있으므로 압연기나 엘리베이터 등에 사용되고 일그너방식 또는 워드 레오나드 방식의 속도제어에 사용하는 경우에 주 전동기로 사용하는 전동기는?

① 직권전동기 ② 분권전동기
③ 타여자전동기 ④ 가동복권전동기

|문|제|풀|이|

[직류전동기의 용도]
① 직권전동기 : 전차, 권상기, 크레인
② 분권전동기 : 펌프, 환기용 송풍기, 공작기계
③ 타여자전동기 : **압연기**, 크레인, **엘리베이터**
④ 가동복권전동기 : 공작기계, 공기압축기

※1. 광범위하다 : 타여자전동기
  2. 일정하다 : 분권전동기
  3. 힘이 세다 : 직권전동기   【정답】③

24. 직류 분권발전기가 있다. 전기자 총도체수 220, 극수 6, 회전수 1500[rpm] 일 때 유기기전력이 165[V]이면 매극의 자속수는 몇 [Wb]인가? (단, 전기자권선은 파권이다.)

① 0.01 ② 1.2
③ 1.5 ④ 2

|문|제|풀|이|

[자속] $\varnothing = \frac{E60a}{zpN}$ → (유기기전력 $E = \frac{zp\varnothing N}{60a}[V]$)

여기서, p : 극수, z : 도체수, a : 병렬회로수, N : 회전수(rpm)

파권이므로 $a = 2$

∴ 자속 $\varnothing = \frac{E60a}{zpN} = \frac{165 \times 60 \times 2}{220 \times 6 \times 1500} = 0.01$ 【정답】①

25. 복권발전기의 병렬운전을 안전하게 하기 위해서 두 발전기의 전기자와 직권 권선의 접촉점에 연결 하여야 하는 것은?

① 집전환 ② 균압선
③ 안정저항 ④ 브러시

|문|제|풀|이|

[직류 복권 발전기의 균압선] 균압모선은 **직류발전기의 병렬운전을 안정**하기 위해서 **설치**한다. 따라서 복권 발전기는 직권 계자권선이 있으므로 균압선 없이는 안정된 병렬 운전을 할 수 없다.   【정답】②

26. 직류 직권전동기의 회전수를 반으로 줄이면 토크는 어떻게 되는가?

① 2배 증가 ② 3배 증가
③ 4배 증가 ④ 9배 증가

|문|제|풀|이|

[직류 직권전동기] 직류 직권전동기 토크(T)와 속도(N)와의 관계

$$T \propto \frac{1}{N^2} \rightarrow T \propto \frac{1}{\left(\frac{1}{2}N\right)^2} = 4\frac{1}{N^2}$$

※직류 분권전동기 $T \propto \frac{1}{N}$ 【정답】③

27. 6극 중권의 직류전동기가 있다. 자속이 0.04[Wb]
이고 전기자도체수 284, 부하전류 60[A], 토크
108.48[N/m], 회전수 800[rpm]일 때 출력은 어떻
게 되는가?

① 7,823[W]　　② 8,157[W]

③ 9,087[W]　　④ 10,127[W]

|문|제|풀|이|⎯⎯⎯⎯⎯⎯⎯⎯⎯⎯⎯⎯⎯⎯

[직류 전동기의 출력] $P = \frac{N \times T}{9.55}[W]$　→ (N : 회전수)

→ (토크 $T = (0.975 \times 9.8) \times \frac{P}{N} = 9.55 \times \frac{P}{N}[N \cdot m]$)

$\therefore P = \frac{N \times T}{9.55} = \frac{800 \times 108.48}{9.55} = 9,087[W]$

※1. 토크 $T = 0.975 \frac{P}{N}[kg \cdot m]$

　　2. 토크 $T = (0.975 \times 9.8) \times \frac{P}{N} = 9.55 \times \frac{P}{N}[N \cdot m]$

【정답】③

28. 변압기의 성층 철심 강판 재료의 규소 함량은 대략
몇 [%]인가?

① 약 1~2[%]　　② 약 4~5[%]

③ 약 7~8[%]　　④ 약 9~10[%]

|문|제|풀|이|⎯⎯⎯⎯⎯⎯⎯⎯⎯⎯⎯⎯⎯⎯

[전기자 철심] 전기자 철심은 철손을 적게 하기 위하여 **규소가 함유
(4~5[%])**된 규소강판을 사용하여 히스테리시스손을 작게 하며,
0.35~0.5[mm] 두께로 여러 장 겹쳐서 성층하여 와류손을 감소시킨다.

※철 : 약 96~97[%]　　**【정답】②**

29. 단락비가 큰 동기 발전기에 대한 설명으로 틀린
것은?

① 단락전류가 크다.

② 동기임피던스가 작다.

③ 전기자반작용이 크다.

④ 공극이 크고 전압변동률이 작다.

|문|제|풀|이|⎯⎯⎯⎯⎯⎯⎯⎯⎯⎯⎯⎯⎯⎯

[단락비(K_s)] 단락비는 무부하 포화시험과 3상 단락시험으로부
터 구할 수 있다.

단락비 $K_s = \frac{I_{f1}}{I_{f2}} = \frac{I_s}{I_n} = \frac{100}{\%Z_s}$

여기서, I_{f1} : 정격전압을 유지하는데 필요한 계자전류

　　　　I_{f2} : 단락전류를 흐르는데 필요한 계자전류

　　　　I_s : 3상단락전류[A], I_n : 정격전류[A]

　　　　$\%Z_s$: 퍼센트동기임피던스

[단락비가 큰 기계(철기계)의 장·단]

장점	단점
·동기임피던스가 작다.	·철손이 크다.
·전압변동률이 작다.	·효율이 나쁘다.
·공극이 크다.	·설비비가 고가이다.
·**전기자반작용이 작다.**	·단락전류가 커진다.
·계자의 기자력이 크다.	
·전기자기자력은 작다.	
·출력이 향상	
·안정도가 높다.	
·자기여자 방지	

※단락비가 크다는 것은 전기적으로 좋다는 의미
※98~99페이지 [10 단락비와 동기임피던스] 참조

【정답】③

30. 6600/220[V]인 변압기의 1차에 2850[V]를 가하
면 2차전압[V]은?

① 90　　② 95

③ 120　　④ 105

|문|제|풀|이|⎯⎯⎯⎯⎯⎯⎯⎯⎯⎯⎯⎯⎯⎯

[변압기의 권수비] 권수비 $a = \frac{E_1}{E_2} = \frac{V_1}{V_2} = \frac{N_1}{N_2} = \frac{I_2}{I_1}$

여기서, a : 권수비, V_1 : 1차전압, V_2 : 2차전압

　　　N_1 : 1차권선, N_2 : 2차 권선

1차권선(N_1) : 6600[V], 2차권선(N_2) : 220[V]
1차전압(V_1) : 2850[V])

권수비 $a = \frac{N_1}{N_2} = \frac{6600}{220} = 30$이므로

$a = \frac{V_1}{V_2}$ 에서　2차전압 $V_2 = V_1 \times \frac{1}{a} = \frac{2850}{30} = 95[V]$

【정답】②

31. 일정 전압 및 일정 파형에서 주파수가 상승하면 변압기 철손은 어떻게 변하는가?

① 증가한다.

② 감소한다.

③ 불변이다.

④ 어떤 기간 동안 증가한다.

|문|제|풀|이|

[철손] $P_i = k\dfrac{V^2}{f}$　　　　→ (V : 전압,　f : 주파수)

철손은 주파수에 **반비례**한다.　　　　　　　【정답】②

32. 단권변압기의 특징으로 틀린 것은?

① 권선이 하나인 변압기로서 용량을 줄일 수 있다.

② 동손이 감소한다.

③ 승압용 변압기로만 사용 가능하다.

④ 전압변동률이 작다.

|문|제|풀|이|

[단권변압기] 1대의 변압기, 즉 한 개의 권선으로 전압을 변성하는 변압기로 1개의 권선으로 변안기 1차 권선과 변압기 2차 권선을 대체하는 변압기를 말한다.

→ 단권변압기는 **승압용 변압기와 감압용 변압기**로 쓸 수가 있으나 주로 승압용 변압기로 사용된다.

※ 일반적인 단상 변압기는 2권선 변압기이다. (3권선 변압기도 있다)

【정답】③

33. 4극 , 24슬롯 표준 농형 3상 유도전동기의 매극 매상당 슬롯수는?

① 2　　　　　　　② 3

③ 4　　　　　　　④ 5

|문|제|풀|이|

[유도전동기의 매극, 매상당, 슬롯수(q)] $q = \dfrac{\text{슬롯수}}{\text{극수}\times\text{상수}}$

극수(p) : 4, 슬롯수 : 24, 상수 : 3상

∴매극, 매상당, 슬롯수 $q = \dfrac{\text{슬롯수}}{\text{극수}\times\text{상수}} = \dfrac{24}{4\times3} = 2$

【정답】①

34. 유도전동기에서 슬립이 0이란 것은 어느 것과 같은가?

① 유도전동기가 동기속도로 회전한다.

② 유도전동기가 정지 상태이다.

③ 유도전동기가 전부하 운전 상태이다.

④ 유도제동기의 역할을 한다.

|문|제|풀|이|

[슬립] 전동기의 속도 N[rpm]와 동기속도 N_s[rpm]의 속도차를 N_s에 대한 비율을 슬립(slip)이라 한다.

슬립 $s = \dfrac{N_s - N}{N_s}$　　　　→ (s의 범위는 $0 \leq s \leq 1$ 이다.)

1. $s = 1$이면 N=0이어서 전동기가 정지 상태

2. $s = 0$이면 $N = N_s$가 되어 **전동기가 동기속도로 회전**하며, 이 경우는 이상적인 무부하 상태이다.　　　　【정답】①

35. 교류 전동기를 기동할 때 그림과 같은 기동 특성을 가지는 전동기는? (단, 곡선 (1)~(5)는 기동 단계에 대한 토크 특성 곡선이다.)

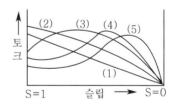

① 반발유도전동기

② 2중농형 유도전동기

③ 3상 분권정류자전동기

④ 3상 권선형 유도전동기

|문|제|풀|이|

[권선형 유도전동기의 비례추이] 2차 회로저항(외부 저항)의 크기를 조정함으로써 슬립을 바꾸어 속도와 토크를 조정하는 것이다.

최대 토크는 불변　　　　　　　　　　　　　【정답】④

36. 다음 중 3상 유도전동기에서 비례추이를 하지 않는 것은?

① 동기와트 ② 토크
③ 효율 ④ 역률

|문|제|풀|이|

[비례추이] 2차회로 저항(외부 저항)의 크기를 조정함으로써 슬립을 바꾸어 속도와 토크를 조정하는 것

1. 비례추이의 특징
   · 최대토크는 불변
   · 슬립이 증가하면 : 기동전류는 감소, 기동토크는 증가

$$\frac{r_2}{s_m} = \frac{r_2 + R}{s_t}$$

2. 비례추이 할 수 있는 것 : 1차 입력, 1차 전류, 2차 전류, 역률, 동기 와트, 토크
3. 비례추이 할 수 없는 것 : 출력, 2차동손, **효율**

【정답】③

37. 동기발전기의 돌발단락전류를 주로 제한하는 것은?

① 누설리액턴스 ② 역상리액턴스
③ 동기리액턴스 ④ 권선저항

|문|제|풀|이|

[누설리액턴스] 전기적 반작용에 의한 순간적인 **돌발단락 시 전류를 제한**하는 것은 누설리액턴스이다.

\#영구 단락전류 억제 : 동기리액턴스 **【정답】①**

38. 그림은 동기기의 위상특성곡선을 나타낸 것이다. 전기자전류가 가장 작게 흐를 때의 역률은?

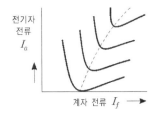

① 1 ② 0.9(진상)
③ 0.9(지상) ④ 0

|문|제|풀|이|

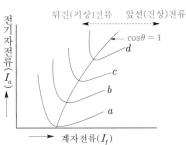

[위상특성곡선]
부족여자(L) ← → 과여자(C)

1. 여자전류(I_f)를 감소시키면 역률은 뒤지고 전기자전류는 증가한다.
→ (부족여자 : 리액터(L)로 작용)
2. 여자전류(I_f)를 증가시키면 역률은 앞서고 전기자전류는 증가한다.
→ (과여자 : 콘덴서(C)로 작용)
3. V곡선에서 **역률=1($\cos\theta = 1$)일 때 전기자전류가 가장 작게** 흐른다.
【정답】①

39. 옥내배선의 접속함이나 박스 내에서 접속할 때 주로 사용하는 접속법은?

① 슬리브 접속 ② 쥐꼬리 접속
③ 트위스트 접속 ④ 브리타니아 접속

|문|제|풀|이|

[전선의 접속]
1. 슬리브 접속 : 매킨타이어 슬리브를 사용하여 상호 도선을 접속하는 방법. 관로 구간에서 케이블 접속점이 맨홀 등이 아닌 경우에 접속부를 보호하기 위하여 사용하는 접속관
2. **쥐꼬리 접속** : **박스 내**에서 가는 전선을 접속할 때 적합하다.
3. 트위스트 접속 : 6[mm^2] 이하의 가는 단선 직선 접속
4. 브리타니아 접속 : 10[mm^2] 이상의 굵은 단선 직선 접속
5. 와이어 커넥터 접속 : 납땜과 테이프가 필요 없이 접속할 수 있고 누전의 염려가 없다.

\#144~145 [03 단선의 직선 접속] 참조 **【정답】②**

40. 반도체 내에서 정공은 어떻게 생성되는가?

① 결합전자의 이탈 ② 자유전자의 이동
③ 접합 불량 ④ 확산용량

|문|제|풀|이|

[정공] 정공이란 **결합전자의 이탈**로 생긴 **전자의 빈공간**을 말한다. 이탈한 전자를 자유전자라 한다.

P형 반도체의 주반송자는 정공이다. **【정답】①**

41. 전파정류회로의 브리지 다이오드 회로를 나타낸 것은? (단, 왼쪽은 입력 오른쪽은 출력이다)

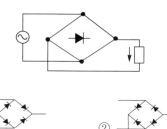

①

②

③

④

|문|제|풀|이|

[브리지 다이오드(전파정류기)]

1. 4개의 다이오드를 브리지 형태로 연결한 회로
2. 다이오드 2개가 들어오거나 나가는 두 점을 부하에 연결하고, 나머지 두 점은 전원에 연결한다.
3. (+)극성의 전압, 혹은 (-)극성의 전압이 입력되어도 전부 동일한 극성으로 출력하는 특징이 있다. 【정답】①

42. 전력케이블 중에서 CV케이블은 무엇인가?

① 고무절연클로로프렌외장케이블
② 폴리에틸렌절연외장케이블
③ 부틸고무절연클로로프렌외장케이블
④ 가교 폴리에틸렌 비닐 외장 케이블

|문|제|풀|이|

[전력 케이블의 종류]

① 고무절연클로로프렌외장케이블 : RN
② 폴리에틸렌절연외장케이블 : EV
③ 부틸고무절연클로로프렌외장케이블 : BN
④ 가교 폴리에틸렌 비닐 외장 케이블 : CV

※136페이지 [② 전력케이블의 종류 및 용도] 참조
【정답】④

43. 단선의 접속에서 전선의 굵기가 6[mm^2] 이하의 가는 전선을 직선 접속할 때 어떤 방법으로 하는가?

① 슬리브 접속　　② 우산형 접속
③ 트위스트 접속　　④ 브리타니아 접속

|문|제|풀|이|

[전선의 접속]

1. **트위스트 접속** : **6[mm^2] 이하**의 가는 단선 직선 접속
2. 브리타니아 접속 : 10[mm^2] 이상의 굵은 단선 직선 접속
【정답】③

44. 금속관을 가공할 때 절단된 내부를 매끈하게 하기 위하여 사용하는 공구의 명칭은?

① 리머　　② 프레셔 툴
③ 오스터　　④ 녹아웃 펀치

|문|제|풀|이|

[리머] 금속관을 가공할 때 절단된 **내부를 매끈하게 하기 위하여 사용**하는 공구이다. 매끈하게 다듬질 된 구멍에 사용하는 볼트를 리머 볼트라고 한다.

※② 프레셔 툴 : 솔더리스 터미널 눌러 붙임 공구
　③ 오스터 : 금속관 끝에 나사를 내는 공구, 래칫과 다이스로 구성
　④ 녹아웃 펀치 : 스위치박스에 전선관용 구멍을 뚫기 위해 녹아웃 펀치를 사용한다.

※153페이지 [04 배선 재료] 참조
【정답】①

45. 가요전선관 공사에서 가요전선관의 상호 접속은 무엇을 사용하는가?

① 컴비네이션커플링
② 스플릿커플링
③ 더블커넥터
④ 앵글커넥터

|문|제|풀|이|

[스플릿커플링] 가요전선관의 상호접속
[컴비네이션커플링] 가요전선관과 금속관 접속
【정답】②

46. 셀룰로이드, 성냥, 석유류 등 기타 가연성 위험물질을 제조 또는 저장하는 장소의 배선 방법이 아닌 것은?

① 배선을 금속관배선, 합성수지관배선 또는 케이블배선에 의할 것

② 금속관은 박강전선관 또는 이와 동등이상의 강도가 있는 것을 사용할 것

③ 두께가 2[mm] 미만의 합성수지제 전선관을 사용할 것

④ 합성수지관배선에 사용하는 합성수지관 및 박스 기타 부속품은 손상될 우려가 없도록 시설할 것

|문|제|풀|이|

[위험물 등이 있는 곳에서의 저압의 시설] 셀룰로이드·성냥·석유류, 기타 위험물이 있는 곳의 배선은 합성수지관공사(두께 **2[mm] 미만의 합성수지 전선관 및 난연성이 없는 콤바인 덕트관**을 사용하는 것을 **제외**한다), 금속관 공사, 케이블 공사, 경질 비닐관 공사에 의하여야 한다.　　　　　　　　　　　【정답】③

47. 금속덕트에 전광표시장치·출퇴표시등 또는 제어회로 등의 배선에 사용하는 전선만을 넣을 경우 금속덕트의 크기는 전선의 피복절연물을 포함한 단면적의 총합계가 금속덕트 내 단면적의 몇 [%] 이하가 되도록 선정하여야 하는가?

① 20[%]　　　　　② 30[%]

③ 40[%]　　　　　④ 50[%]

|문|제|풀|이|

[금속덕트공사]

1. 전선은 절연전선(옥외용 비닐절연전선을 제외)일 것
2. 금속덕트에 넣은 전선의 단면적(절연피복의 단면적을 포함한다)의 합계는 덕트의 내부 단면적의 20[%](**전광표시 장치·출퇴표시등 기타 이와 유사한 장치 또는 제어회로 등의 배선만을 넣는 경우에는 50[%]) 이하**일 것
3. 금속덕트 안에는 전선에 접속점이 없도록 할 것
4. 금속덕트는 폭이 40[mm]를 초과하고 또한 두께가 1.2[mm] 이상인 철판 또는 금속제로 제작
5. 지지점간 거리는 3[m] 이하(취급자 이외의 자가 출입할 수 없는 곳에서 수직으로 붙이는 경우 6[m] 이하)
6. 덕트의 끝부분은 막을 것
7. 덕트는 물이 고이는 낮은 부분을 만들지 않도록 시설할 것
　　　　　　　　　　　　　　　　【정답】④

48. 캡타이어케이블을 조영재에 시설하는 경우로써 새들 스테이플 등으로 지지하는 경우 그 지지점의 거리는 얼마로 하여야 하는가?

① 1[m] 이하　　　　② 1.5[m] 이하

③ 2.0[m] 이하　　　④ 2.5[m] 이하

|문|제|풀|이|

[케이블공사] 전선을 조영재의 아랫면 또는 옆면에 따라 붙이는 경우에는 전선의 지지점 간의 거리를 케이블은 2[m](사람이 접촉할 우려가 없는 곳에서 수직으로 붙이는 경우에는 6[m]) 이하 **캡타이어 케이블은 1[m] 이하**로 하고 또한 그 피복을 손상하지 아니하도록 붙일 것

※전선과 조영재 사이 지지점의 거리

1. 애자공사 2[m]　　　　　2. 합성수지관공사 1.5[m]
3. 금속관공사 2[m]　　　　4. 금속덕트공사 3[m]
5. 라이팅덕트공사 2[m]　　6. 케이블공사 2[m]

　　　　　　　　　　　　　　　　【정답】①

49. 사용전압 400[V] 이상, 건조한 장소로 점검할 수 있는 은폐된 곳에 저압 옥내배선 시 공사할 수 없는 방법은?

① 금속몰드공사　　　② 금속덕트공사

③ 버스덕트공사　　　④ 애자공사

|문|제|풀|이|

[사용전압 및 시설 장소에 따른 공사 분류]

시설장소	사용전압	400[V] 미만	400[V] 이상
전개된 장소	건조한 장소	애자공사, 합성수지몰드공사, 금속덕트공사, 버스덕트공사, 라이팅덕트공사	애자공사, 금속덕트공사, 버스덕트공사
	기타의 장소	애자공사 버스덕트공사	애자공사
점검할 수 있는 은폐장소	건조한 장소	애자공사 합성수지 몰드공사, 금속몰드공사, 금속덕트공사, 버스덕트공사, 셀룰라덕트공사, 평형보호층공사, 라이팅덕트공사	**애자공사 금속덕트공사 버스덕트공사**
	기타의 장소	애자공사	애자공사
점검할 수 없는 은폐장소	건조한 장소	플로어덕트공사 셀룰라덕트공사	

　　　　　　　　　　　　　　　　【정답】①

50. 설치 면적과 설치비용이 많이 들지만 가장 이상적이고 효과적인 진상용 콘덴서 설치 방법은?

① 수전단 모선에 설치

② 수전단 모선과 부하 측에 분산하여 설치

③ 부하 측에 분산하여 설치

④ 가장 큰 부하 측에만 설치

|문|제|풀|이|

[전력용 콘덴서(진상용 콘덴서)의 설치 방법]

1. 부하 전원 측에 설치하는 방법
2. 부하와 병렬로 일괄해서 설치하는 방식(모선설치)
3. 부하 끝부분에 설치하는 방식

이들 중 **부하 측에 분산하여 설치**방법의 장점으로는 전력손실의 저감, 전체의 역률을 일정하게 유지할 수 있어 **가장 이상적**이다. 반면, 단점으로는 콘덴서 이용률이 저하하고 설치비용이 많이 든다는 것이다.

[전력용 콘덴서(진상용 콘덴서)의 설치 목적]

1. 전력손실 감소
2. 전압강하(율) 감소
3. 수용가의 전기요금
4. 변압기설비 여유율 증가
5. 부하의 역률 개선
6. 공급설비의 여유 증가, 안정도 증진　　　　　【정답】③

51. 다음 중 옥내에 시설하는 저압 전로와 대지 사이의 절연저항 측정에 사용되는 계기는?

① 멀티테스터　　　　② 메거

③ 어스테스터　　　　④ 훅온미터

|문|제|풀|이|

[메거] **절연저항 측정**에 사용되는 계기

※① 멀티테스터(Multimeter)는 전압, 전류, 저항, 주파수, capacitance, 온도 등을 측정할 수 있는 계측기입니다.
③ 어스테스터 : 접지저항을 측정한다.
④ 훅온미터(Clamp Meter)는 전선이나 케이블의 전류를 측정하기 위한 계측기입니다.　　　　　　　　　　　　　【정답】②

52. 고압 배전선에 주상변압기 2차 측에 실시하는 변압기 중성점접지공사의 접지저항값을 계산하는 식으로 옳은 것은? (단, 보호장치의 동작이 1~2초 이내)

① $R = \dfrac{150}{I_g}[\Omega]$　　　　② $R = \dfrac{300}{I_g}[\Omega]$

③ $R = \dfrac{600}{I_g}[\Omega]$　　　　④ $R = \dfrac{750}{I_g}[\Omega]$

|문|제|풀|이|

[변압기 중성점 접지의 접지저항]

1. 특별한 보호 장치가 없는 경우 : $R = \dfrac{150}{I_g}[\Omega]$

2. 보호 장치의 동작이 **1~2초 이내** : $R = \dfrac{300}{I_g}[\Omega]$

3. 보호 장치의 동작이 1초 이내 : $R = \dfrac{600}{I_g}[\Omega]$

　여기서, I_g : 1선지락전류　　　　　　　　【정답】②

53. 접지극 공사방법에 대한 설명 중 바람직하지 못한 것은?

① 동판을 사용하는 경우에는 두께 $0.7[mm]$이상, 면적 $900[cm^2]$ 편면 이상이어야 한다.

② 동봉, 동피복강봉을 사용하는 경우에는 지름 $8[mm]$ 이상, 길이 $0.9[m]$ 이상이어야 한다.

③ 철봉을 사용하는 경우에는 지름 $12[mm]$ 이상, 길이 $0.9[m]$ 이상의 아연 도금한 것을 사용한다.

④ 접지선과 접지극을 접속하는 경우에는 납과 주석의 합금으로 땜하여 접속한다.

|문|제|풀|이|

[접지선의 접속]

1. 접지봉
　㉠ 동봉, 동피복강봉 : 지름 8[mm], 길이 0.9[m] → (기본 동(구리))
　㉡ 철봉 : 지름 12[mm], 길이 0.9[m] 이상의 아연도금을 한 것
2. 접지판
　㉠ 동판: 두께 0.7[mm], 넓이 900[cm^2]
　㉡ 동복강판: 두께 1.6[mm], 넓이 250[cm^2]
3. 접속
　㉠ 동판단자 : 동테르 및 용접을 사용
　㉡ 리드선 : 비닐 테이프

※납땜은 납피복 케이블 이외에는 허용하지 않는다.

【정답】④

54. 저압 가공인입선이 횡단보도교 위에 시설되는 경우 노면상 몇 [m] 이상의 높이에 설치되어야 하는가?

① 3 　　　② 4

③ 5 　　　④ 6

|문|제|풀|이|

[가공 인입선 시설시 전선의 높이]

지표상의 높이 \ 전압	저압	고압	특별고압
도로(노면상)	5[m]	6[m]	6[m]
철도, 궤도(궤도면상)	6.5[m]	6.5[m]	6.5[m]
횡단보도교	**3[m]**	3.5[m]	4[m]
교통에 지장이 없는 경우	3[m]	3.5[m]	4[m]

【정답】①

55. 전기설비기술규정에서 가공전선로의 지지물에 하중이 가하여 지는 경우에 그 하중을 받는 지지물의 기초의 안전율은 얼마 이상인가?

① 0.5 　　② 1 　　③ 1.5 　　④ 2

|문|제|풀|이|

[가공전선로 지지물의 기초 안전율] 가공 전선로 지지물의 **기초 안전율은 2 이상**이어야 한다. 단, 이상 시 상정 하중은 철탑인 경우는 1.33이다.

※[주요 안전율]
1.33 : 이상시 상정하중 철탑의 기초 　　1.5 : 케이블트레이, 안테나
2.0 : 기초 안전율 　　2.2 : 경동선/내열동 합금선
2.5 : 지선, ACSD, 기타 전선 　　　　【정답】④

56. 주상변압기 설치 시 사용하는 것은?

① 완금밴드 　　　② 행거밴드

③ 지지선밴드 　　④ 암타이밴드

|문|제|풀|이|

[밴드 종류 및 용도]
1. 행거밴드 : 철근콘크리트 전주에 **변압기를 고정**할 때 사용
2. 암밴드 : 철근콘크리트주에 완금을 고정시키기 위한 밴드
3. 암타이밴드 : 암타이를 고장시키기 위한 밴드

※① 완금밴드는 전선이나 케이블을 연결하기 위해 사용되는 금속 밴드입니다.
　③ 지지선밴드(Tape Band)는 전선이나 케이블의 단락이나 접촉 불량을 방지하기 위해 사용되는 부속품 　　　【정답】②

57. 다음 중 배전반 및 분전반을 넣은 강판제로 만든 함의 최소 두께는?

① 1.2[mm] 이상 　　② 1.5[mm] 이상

③ 2.0[mm] 이상 　　④ 2.5[mm] 이상

|문|제|풀|이|

[배전반 및 분기반을 넣은 함의 규격]
1. 난연성 합성수지로 된 것 : 두께 1.5[mm] 이상으로 내아크성인 것이어야 한다.
2. **강판제** : 두께 **1.2[mm] 이상**이어야 한다. 다만, 가로 또는 세로 길이가 30[cm] 이하인 것은 두께 1.0[mm] 이상으로 할 수 있다.
3. 목재함 : 두께 1.2[cm] 이상으로 불연성 물질을 안에 바른 것
【정답】①

58. 가로 20[m], 세로 18[m], 천장의 높이 3.85[m], 작업면의 높이 0.85[m], 간접조명방식인 호텔 연회장의 실지수는 약 얼마인가?

① 1.16 　　　② 2.16

③ 3.16 　　　④ 4.16

|문|제|풀|이|

[옥내 조명설계시의 실지수] 실지수 $K = \dfrac{XY}{H(X+Y)}$

여기서, K : 실지수, X : 방의 폭[m], Y : 방의 길이[m],
H : 작업면에서 조명기구 중심까지 높이[m]

$\therefore$ 실지수 $= \dfrac{XY}{H(X+Y)} = \dfrac{20 \times 18}{(3.85-0.85) \times (20+18)} = 3.16$

→ (조명기구의 높이(H)=천장의 높이-작업면의 높이)
【정답】③

59. 최소 동작값 이상의 구동 전기량이 주어지면 일정 시한으로 동작하는 계전기는?

① 반한시 계전기

② 정한시 계전기

③ 역한시 계전기

④ 반한시-정한시 계전기

|문|제|풀|이|

[보호계전기의 특징]

1. 순한시 특징 : 최초 동작전류 이상의 전류가 흐르면 즉시 동작하는 특징

2. 반한시 특징 : 동작전류가 커질수록 동작 시간이 짧게 되는 특징

3. **정한시 특징 : 동작전류의 크기에 관계없이 일정한 시간에 동작하는 특징**

4. 반한시 정한시 특징 : 동작 전류가 적은 동안에는 동작전류가 커질수록 동작 시간이 짧게 되고 어떤 전류 이상이면 동작전류의 크기에 관계없이 일정한 시간에 동작하는 특성

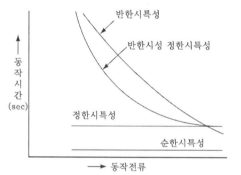

【정답】②

60. 한 개의 전등을 두 곳에서 점멸할 수 있는 배선으로 옳은 것은?

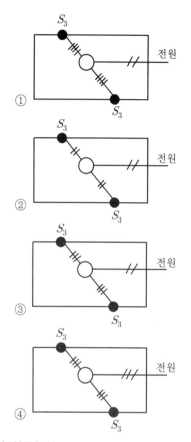

|문|제|풀|이|

[배선도 및 전선 접속도]

1. 1등을 2개소에서 점멸하는 경우

배선도	전선 접속도
(전원, 3, 3)	(접속도)

2. 1등을 3개소에서 점멸하는 경우

배선도	전선 접속도
(전원, 3, 4, 3)	(접속도)

※ ◯ : 전등, ● : 점멸기(첨자가 없는 것은 단극, 2P는 2극, 3은 3로, 4는 4로), ●● : 콘센트

【정답】③

01. 도체계에서 임의의 도체를 일정 전위(일반적으로 영전위)의 도체로 완전 포위하면 내부와 외부의 전계를 완전히 차단할 수 있는데 이를 무엇이라 하는가?

① 핀치효과
② 톰슨효과
③ 정전차폐
④ 자기차폐

|문|제|풀|이|

[정전차폐] 도체가 정전유도가 되지 않도록 **도체 바깥을 포위하여 접지함**으로써 정전유도를 **완전 차폐**하는 것

① 핀치효과 : 반지름 a인 액체 상태의 원통상 도선 내부에 균일하게 전류가 흐를 때 도체 내부에 자장이 생겨 로렌츠의 힘으로 전류가 원통 중심 방향으로 수축하려는 효과
② 톰슨효과 : 동일한 금속 도선의 두 점간에 온도차를 주고, 고온 쪽에서 저온 쪽으로 전류를 흘리면 도선 속에서 열이 발생되거나 흡수가 일어나는 이러한 현상을 톰슨효과라 한다.
④ 자기차폐 : 투자율이 큰 강자성체로 내부를 감싸서 내부가 외부 자계의 영향을 받지 않도록 하는 것을 말한다.

【정답】③

02. 동기전동기의 계자전류를 가로축에, 전기자 전류를 세로축으로 하여 나타낸 V곡선에 관한 설명으로 옳지 않은 것은?

① 위상특성곡선이라 한다.
② 부하가 클수록 V곡선은 아래쪽으로 이동한다.
③ 곡선의 최저점은 역률 1에 해당한다.
④ 계자전류를 조정하여 역률을 조정할 수 있다.

|문|제|풀|이|

[위상 특성 곡선(V곡선)] 공급 전압 V와 부하를 일정하게 유지하고 계자 전류 I_f 변화에 대한 전기자전류 I_a의 변화 관계를 그린 곡선

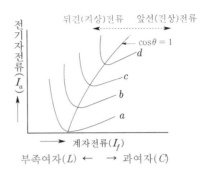

1. 계자전류(I_f)를 증가시키면 부하전류의 위상이 앞서고, 계자전류를 감소하면 전기자전류의 위상은 뒤진다.
2. $\cos\theta=1$일 때 전기자전류가 최소다. 즉, **부하가 클수록 V 곡선은 위쪽으로 이동**한다.
3. a번 곡선으로 운전 중 출력이 증가하면 곡선은 상향이 되어 부하가 가장 클 때가 d번 곡선이다.　　　【정답】②

03. 3상 동기기에 제동권선을 설치하는 주된 목적은?

① 출력을 증가시키기 위해
② 난조를 방지하기 위해
③ 역률을 개선하기 위해
④ 효율을 증가시키기 위해

|문|제|풀|이|

[제동권선의 역할]
1. 선로가 단락할 경우 이상전압 방지
2. 기동토크 발생
3. **난조 방지**
4. 불평형 부하시의 전류·전압을 개선　　　【정답】②

04. 다음 중 변압기의 원리와 관계있는 것은?

① 전기자반작용

② 전자유도 작용

③ 플레밍의 오른손 법칙

④ 플레밍의 왼손 법칙

|문|제|풀|이|

[변압기의 원리] 변압기는 **페러데이 전자유도작용**을 이용하여 교류 전압과 전류의 크기를 변성하는 장치

※전자유도작용 : 코일 중을 통과하는 자속이 변화하면 자속을 방해하려는 방향으로 기전력(유도기전력)이 생기는 현상

$$e = -L\frac{di}{dt}[V] \quad \text{(비례상수 } L \text{은 자기인덕턴스)}$$

※① 전기자반작용 : 전기 회로에 전류가 흐를 때 발생하는 자속의 변화로 인해 발생하는 힘

③ 플레밍외 오른손법칙(발전기 원리) : 지기장 속에서 도신이 움직일 때 자기장의 방향과 도선이 움직이는 방향으로 유도기전력 또는 유도전류의 방향을 결정하는 규칙이다.

㉮ 엄지 : 운동의 방향,

㉯ 검지 : 자속의 방향,

㉰ 중지 : 기전력의 방향

④ 플레밍의 왼손법칙 : 자계(H)가 놓인 공간에 길이 l[m]인 도체에 전류(I)를 흘려주면 도체에 왼손의 엄지 방향으로 전자력(F)이 발생한다.

㉮ 엄지 : 힘의 방향,

㉯ 인지 : 자계의 방향,

㉰ 중지 : 전류의 방향

【정답】②

05. 200[V], 50[Hz], 4극, 15[KW]의 3상 유도전동기에서 전부하일 때의 회전수가 1320[rpm]이면 2차 효율은 몇 [%]인가?

① 78　　② 88　　③ 96　　④ 98

|문|제|풀|이|

[전동기의 2차효율] $\eta_2 = (1-s) \times 100[\%]$

$$\rightarrow (\eta_2 = \frac{P}{P_2} = (1-s) = \frac{N}{N_s})$$

여기서, P_2 : 2차입력, N_s : 동기속도, s : 슬립

동기속도 $N_s = \frac{120f}{p} = \frac{120 \times 50}{4} = 1500[rpm]$

슬립 $s = \frac{N_s - N}{N_s} = \frac{1500 - 1320}{1500} = 0.12$

$\therefore \eta_2 = (1-s) \times 100 = (1-0.12) \times 100 = 0.88 \times 100 = 88[\%]$

【정답】②

06. 다음 중 박강전선관의 표준굵기[mm]가 아닌 것은?

① 15[mm]　　② 25[mm]

③ 35[mm]　　④ 39[mm]

|문|제|풀|이|

[전선관의 굵기 및 호칭]

후강전선관	・두께 2[mm] 이상의 전선관 ・안지름에 가까운 짝수로 호칭	
	굵기	16, 22, 28, 36, 42, 54, 70, 82, 92, 104[mm]
	길이	3.6[m] (※금속관 1본의 길이 : 3.6[m])
박강전선관	・두께 1.1[mm] 이상의 얇은 전선관 ・바깥지름에 가까운 홀수로 호칭	
	굵기	**15, 19, 25, 31, 39, 51, 63, 75[mm]**
	길이	3.6[m]
알루미늄 전선관	바깥지름에 가까운 홀수로 호칭한다.	
	굵기	19, 25, 31, 3, 51, 63, 75[mm]

【정답】③

07. 3상 동기발전기에서 전기자 전류와 무부하 유도 기전력보다 $\frac{\pi}{2}$[rad] 앞선 경우(X_c만의 부하)의 전기자 반작용은?

① 증자작용　　② 횡축반작용

③ 감자작용　　④ 편자작용

|문|제|풀|이|

[증자작용(자화작용)] 전기자전류가 유기기전력보다 90[°] 앞설 때(진상) 증자작용(자화작용)이 일어난다.

※동기발전기 전기자반작용

역률	부하	전류와 전압과의 위상	작용
역률 1	저항	I_a가 E와 동상인 경우	교차자화작용 (횡축반작용, 편자작용)
뒤진 역률 0	유도성 부하	I_a가 E보다 $\pi/2$(90도) 뒤지는 경우	감자작용 (자화반작용)
앞선 역률 0	**용량성 부하**	I_a가 E보다 $\pi/2$(90도) 앞서는 경우	**증자작용 (자화작용)**

I_a : 전기자전류, E : 유기기전력

【정답】①

08. 전부하슬립 5[%], 2차저항손 5.26[kW]인 3상유도 전동기의 2차입력은 몇 [kW]인가?

① 2.63 ② 5.26
③ 105.2 ④ 226.5

|문|제|풀|이|

[2차입력(P_2)] $P_2 = \dfrac{P_{c2}}{s}[kW]$ → (2차동손 $P_{c2} = s \cdot P_2$)

∴2차입력 $P_2 = \dfrac{P_{c2}}{s} = \dfrac{5.26}{0.05} = 105.2[kW]$ 【정답】③

09. 권선형 유도전동기에서 토크를 일정하게 한 상태로 회전자권선에 2차저항을 2배로 하면 슬립은 몇 배가 되겠는가?

① $\sqrt{2}$ 배 ② 2배
③ $\sqrt{3}$ 배 ④ 4배

|문|제|풀|이|

[유도전동기] 토크 $T = P_2 = \dfrac{E_2^2 \dfrac{r_2}{s}}{\left(\dfrac{r_2}{s}\right)^2 + x_2^2}[W]$

권선형 유도전동기는 2차저항을 조정함으로써 최대 토크는 변하지 않는 상태에서 슬립으로 속도조절이 가능하며 **슬립과 2차저항은 비례관계**가 성립하므로 2배가 된다. 【정답】②

10. 직류 발전기 중 무부하 전압과 전부하 전압이 같도록 설계된 직류 발전기는?

① 분권 발전기 ② 직권 발전기
③ 평복권 발전기 ④ 차동복권 발전기

|문|제|풀|이|

[직류발전기의 전압변동률] $\epsilon = \dfrac{V_0 - V_n}{V_n} \times 100[\%]$

여기서, V_0 : 무부하전압, V_n : 전부하전압

1. $\epsilon(+)$: 타여자, 분권, 부족복권, 차동복권 발전기
2. $\epsilon(0)$: **평복권 발전기** ($V_0 = V_n$)
3. $\epsilon(-)$: 직권, 과복권 발전기

여기서, V_0 : 무부하 단자 전압, V_n : 정격전압(전부하 전압)

【정답】③

11. 동기임피던스 5[Ω]인 2대의 3상 동기발전기의 유도기전력에 100[V]의 전압 차이가 있다면 무효순환전류[A]는?

① 10[A] ② 15[A]
③ 20[A] ④ 25[A]

|문|제|풀|이|

[동기발전기의 무효순환전류] 기전력의 차 때문에 순환전류가 발생

$I_c = \dfrac{E_1 - E_2}{2Z_s} = \dfrac{E_r}{2Z_s}[A]$

∴$I_c = \dfrac{E_r}{2Z_s} = \dfrac{100}{2 \times 5} = 10[A]$

※동기 발전기 병렬 운전 조건 및 조건이 다른 경우

병렬 운전 조건	조건이 맞지 않는 경우
·기전력의 크기가 같을 것 ·기전력의 위상이 같을 것 ·기전력의 주파수가 같을 것 ·기전력의 파형이 같을 것	·무효순환전류(무효횡류) ·동기화전류(유효횡류) ·동기화전류 ·고주파 무효순환전류

【정답】①

12. 콘덴서의 정전용량에 대한 설명으로 틀린 것은?

① 전압에 반비례한다.
② 이동 전하량에 비례한다.
③ 극판의 넓이에 비례한다.
④ 극판의 간격에 비례한다.

|문|제|풀|이|

[콘덴서의 정전용량] $C = \dfrac{Q}{V} = \dfrac{\epsilon S}{d} = \dfrac{\epsilon_0 \epsilon_s S}{d}[F]$

여기서, Q : 전기량[C], V : 전위차[V], d : 전극의 거리[m]
ϵ : 유전율($= \epsilon_0 \epsilon_s$), S : 전극의 면적[m^2]

∴정전용량(C)은 **극판의 간격**($d[m]$)에 **반비례**한다.

【정답】④

13. 주파수 50[Hz]인 철심의 단면적은 60[Hz]의 몇 배인가?

① 1.0 ② 0.8
③ 1.2 ④ 1.5

|문|제|풀|이|

[기전력의 실효값] $E = 4.44fN_1\varnothing_m = 4.44fNBA[V]$

$$\rightarrow (\varnothing_m = BA[Wb])$$

여기서, f : 주파수[Hz], A : 철심의 단면적[m^2], N : 코일의 권수[회], $\varnothing$: 자속[Wb], B : 자속밀도 [Wb/m^2], A : 철심의 단면적 [m^2]

∴ 철심의 단면적(A)과 주파수(f)는 반비례 → $A = \dfrac{1}{f}$ 이므로

$$x : \frac{1}{50} = A : \frac{1}{60} \rightarrow x = \frac{60}{50}A = 1.2A$$

【정답】③

14. 전주외등을 전주에 부착하는 경우 전주외등은 하단으로부터 몇 [m] 이상 높이에 시설하여야 하는가? (단, 전주외등은 1500[V] 고압 수은등이다.)

① 3.0 ② 3.5 ③ 4.0 ④ 4.5

|문|제|풀|이|

[전주외등] 대지전압 300[V] 이하 백열 전등이나 수은등을 배전선로의 지지물 등에 시설하는 등

1. 기구 인출선 도체 단면적 : $0.7[mm^2]$ 이상
2. 중량 : 부속 금구류를 포함하여 100[kg] 이하
3. 기구 부착 높이 : **하단에서 지표상 4.5[m] 이상**
   (단, 교통에 지장이 없을 경우 3.0[m] 이상)
4. 돌출 수평 거리 : 1.0[m] 이상

【정답】④

15. 교류회로에서 양방향 점호(ON)를 이용하며, 위상제어를 할 수 있는 소자는?

① TRIAC ② GTO
③ SCR ④ IGBT

|문|제|풀|이|

[반도체 소자의 비교]
1. 방향성
   · **양방향성(쌍방향) 소자** : DIAC, **TRIAC**, SSS
   · 역저지(단방향성) 소자 : SCR, LASCR, GTO, SCS

2. 단자 수
   · 2단자 소자 : DIAC, SSS, Diode
   · 3단자 소자 : SCR, LASCR, GTO, TRIAC
   · 4단자 소자 : SCS

【정답】①

16. 가공전선로의 지지물에 시설하는 지지선의 안전율은 2.5 이상으로 하여야 한다. 이 경우 허용최저인 장하중[kN]은 얼마 이상으로 하여야 하는가?

① 2.16 ② 4.31
③ 6.18 ④ 9.8

|문|제|풀|이|

[가공전선로의 지지물에 시설하는 지지선]
1. 지지선의 안전율은 2.5 이상일 것(목주, A종 경우 1.5), **허용인 장 하중의 최저는 4.31[KN]**으로 한다.
2. 지지선에 연선을 사용할 경우에는
   · 소선은 3가닥 이상의 연선일 것
   · 소선의 지름이 2.6[mm] 이상의 금속선을 사용한 것이거나 소선의 지름이 2[mm] 이상인 아연도강연선으로서 소선의 인장강도 6.8[KN/mm^2] 이상인 것을 사용한다.
3. 지중의 부분 및 지표상 30[cm]까지의 부분에는 내식성이 있는 것 또는 아연 도금한 철봉을 사용한다.
4. 지지선의 근가는 지지선의 인장 하중에 충분히 견디도록 시설할 것

【정답】②

17. 하나의 콘센트에 두 개 이상의 플러그를 꽂아 사용할 수 있는 기구는?

① 코드 접속기 ② 멀티탭
③ 테이블 탭 ④ 아이언 플러그

|문|제|풀|이|

[멀티탭] 하나의 콘센트로 여러 가지의 기구를 사용
① 코오드 접속기 : 코오드를 상호 접속할 때 사용한다.
③ 테이블탭 : 코드 길이가 짧아 코드 길이를 연장하여 사용할 때 사용
④ 아이언 플러그 : 온탕기나 전기다리미 등에 사용한다.

【정답】②

18. 자극 가까이에 물체를 두었을 때 전혀 자화되지 않는 물체는?

① 상자성체
② 반자성체
③ 강자성체
④ 비자성체

|문|제|풀|이|

[비자성체] 물질에 따라서 자석에 **아무런 반응도 보이지 않는 물체**
① 상자성체 : 인접 영구자기 쌍극자의 방향이 규칙성이 없는 재질, 알루미늄(Al), 망간(Mn), 백금(Pt), 주석(Sn), 산소(O_2), 질소(N_2), 텅스텐(W) 등
② 반자성체 : 영구자기 쌍극자가 없는 재질, 비스무트(Bi), 탄소(C), 규소(Si), 납(Pb), 아연(Zn), 황(S), 구리(Cu), 물(H_2O), 안티몬(Sb) 등
③ 강자성체 : 상자성체 중 자화의 강도가 큰 금속, 철(Fe), 니켈(Ni), 코발트(Co)　　　　　　　　　　　　　**【정답】 ④**

19. 소세력 회로의 전선을 조영재에 붙여 시설하는 경우에 틀린 것은?

① 전선은 금속제의 수관, 가스관 또는 이와 유사한 것과 접촉하지 아니하도록 시설할 것
② 전선은 코드, 캡타이어케이블 또는 케이블일 것
③ 전선이 손상을 받을 우려가 있는 곳에 시설하는 경우에는 적당한 방호장치를 할 것
④ 전선의 굵기는 2.5[mm²] 이상일 것

|문|제|풀|이|

[소세력 회로의 배선] 전자 개폐기의 조작회로 또는 초인벨·경보벨 등에 접속하는 전로로서 최대 사용전압이 60[V] 이하인 것으로 소세력 회로의 전선을 조영재에 붙여 시설하는 경우에는 다음에 의하여 시설하여야 한다.
1. 전선은 케이블(통신용 케이블을 포함한다)인 경우 이외에는 **공칭단면적 1[mm²] 이상**의 연동선 또는 이와 동등 이상의 세기 및 굵기의 것일 것.
2. 전선은 코드·캡타이어케이블 또는 케이블일 것
3. 전선이 손상을 받을 우려가 있는 곳에 시설하는 경우에는 적절한 방호장치를 할 것.
4. 전선을 금속망 또는 금속판을 사용한 목조 조영재에 시설하는 경우에는 전선을 방호장치에 넣어 시설하는 경우 및 전선에 캡타이어케이블 또는 케이블(통신용 케이블을 포함한다)을 사용하는 경우 이외에는 다음과 같이 시설한다.
5. 전선은 금속제의 수관·가스관 또는 이와 유사한 것과 접촉되지 않도록 시설할 것.　　　　　　　　**【정답】 ④**

20. 고압 가공전선로의 전선의 조수가 3조일 때 완금의 길이는?

① 1200[mm]
② 1400[mm]
③ 1800[mm]
④ 2400[mm]

|문|제|풀|이|

[가공 전선로의 장주에 사용되는 완금의 표준 길이(mm)]

전선의 개수	특고압	고압	저압
2	1800	1400	900
3	2400	**1800**	1400

【정답】 ③

21. 최대 사용전압이 70[kV]인 중성점 직접접지식 전로의 절연내력 시험전압은 몇 [V]인가?

① 35000[V]
② 42000[V]
③ 44800[V]
④ 50400[V]

|문|제|풀|이|

[전로의 절연저항 및 절연내력]

(최대 사용전압의 배수)

권선의 종류		시험 전압	시험 최소 전압
7[kV] 이하	권선	1.5배	500[V]
7[kV] 넘고 25[kV] 이하	다중접지식	0.92배	
7[kV] 넘고 60[kV] 이하	비접지방식	1.25배	10,500[V]
60[kV]초과	비접지	1.25배	
	접지식	1.1배	75000[V]
60[kV] 넘고 170[kV] 이하	**중성점 직접지식**	**0.72배**	
170[kV] 초과	중성점 직접지식	0.64배	

60[kV] 초과 170[kV] 이하 중성점 직접 접지식의 시험전압은 0.72배
∴절연내력 시험저압　$V = 70000 \times 0.72 = 50,400[V]$

【정답】 ④

22. 저압 가공 인입선에서 금속관공사로 옮겨지는 곳 또는 금속관으로부터 전선을 뽑아 전동기 단자 부분에 접속할 때 전선 보호를 위해 관 끝에 설치하는 것은?

① 터미널 캡
② 애자커버
③ 와이어 통
④ 데드엔드 커버

|문|제|풀|이|

[터미널 캡] 저압 가공 인입선에서 금속관공사로 옮겨지는 곳 또는 금속관으로부터 전선을 뽑아 전동기 단자 부분에 접속할 때 사용, A형, B형이 있다.

② 애자커버 : 활선작업 시 특고핀이나 라인포스트애자 절연을 통해 작업자의 부주의로 전선에 접촉되어도 감전사고가 발생하지 않는 절연 덮개

③ 와이어통 : 활선을 움직이거나 작업권 밖으로 밀어 낼 때 또는 활선을 다른 장소로 옮길 때 사용하는 활선 공구

④ 데드엔드 커버 : 가공 배선전선로에서 활선 작업 시 작업자가 현수애자 등에 접촉하여 발생하는 안전사고 예방을 위해 전선 작업 개소의 애자 등의 충전부를 방호하기 위한 절연 커버이다.

【정답】①

23. 자속을 발생시키는 원칙을 무엇이라 하는가?

① 기자력
② 전자력
③ 기전력
④ 정전력

|문|제|풀|이|

[기자력] 자기회로에서 자속($\varnothing$)을 발생시키기 위한 힘을 기자력이라고 한다. ($F = NI = R_m \varnothing [AT]$, $\varnothing = \dfrac{NI}{R_m}[Wb]$)

② 전자력 : 전류와 자장 사이에 작용하는 힘, 전자력 작용을 응용한 대표적인 것은 전동기
→ (플레밍의 왼손법칙, 전자력의 방향을 결정)

③ 기전력 : 전류를 계속 흘릴 수 있도록 전위차를 만들어 주는 힘으로 기호는 E, 단위는 V(볼트)를 사용한다.

④ 정전력 : 두 점전하 사이에 발생하는 힘

$F = 9 \times 10^9 \times \dfrac{Q_1 Q_2}{r^2}[N]$

【정답】①

24. 다음 [보기] 중 금속관, 애자, 합성수지 및 케이블공사가 모두 가능한 특수 장소를 옳게 나열한 것은?

[보기]
㉠ 화약고 등의 위험 장소
㉡ 습기가 많은 장소
㉢ 위험물 등이 존재하는 장소
㉣ 불연성 먼지가 많은 장소

① ㉠, ㉡
② ㉠, ㉢
③ ㉡, ㉣
④ ㉢, ㉣

|문|제|풀|이|

[특수 장소의 공사]

종류	금속관 공사	케이블 공사	합성수지 관공사	애자공사
폭연성 먼지	○	○	×	×
가연성 먼지	○	○	○	×
가연성 가스	○	○	×	×
위험물	○	○	○	×
폭연성, 가연성 이외의 먼지	○	○	○	○

【정답】③

25. 가연성 먼지에 전기설비가 발화원이 되어 폭발의 우려가 있는 곳에 시설하는 저압 옥내배선 공사방법이 아닌 것은?

① 금속관 공사
② 케이블 공사
③ 애자공사
④ 두께 2[mm] 이상의 합성수지관 공사

|문|제|풀|이|

[가연성 먼지가 많은 장소에서의 시설] 가연성 먼지에 전기설비가 발화원이 되어 폭발할 우려가 있는 곳에 시설하는 저압 옥내 전기설비는 **합성수지관 공사**(두께 2[mm] 미만의 합성수지전선관 및 콤바인덕트관을 사용하는 것을 제외한다.) **금속관 공사** 또는 **케이블 공사**에 의할 것

【정답】③

26. 직류 직권전동기의 회전수를 1/3로 줄이면 토크는 어떻게 되는가?

① 2배 증가　　　② 3배 증가

③ 4배 증가　　　④ 9배 증가

|문|제|풀|이|

[직류 직권전동기] 직류 직권전동기 토크(T)와 속도(N)와의 관계

$$T \propto \frac{1}{N^2} \rightarrow \frac{1}{\left(\frac{1}{3}N\right)^2} = \frac{1}{\frac{1}{9}N^2} = 9\frac{1}{N^2}$$

※직류 분권전동기 $T \propto \frac{1}{N}$

【정답】④

27. 전압계 및 전류계의 측정 범위를 넓히기 위하여 사용하는 배율기와 분류기의 접속 방법은?

① 배율기는 전압계와 병렬접속, 분류기는 전류계와 직렬접속

② 배율기는 전압계와 직렬접속, 분류기는 전류계와 병렬접속

③ 배율기 및 분류기 모두 전압계와 전류계에 직렬접속

④ 배율기 및 분류기 모두 전압계와 전류계에 병렬접속

|문|제|풀|이|

[배율기] 배율기는 **전압계**의 측정범위를 넓히기 위한 목적으로 사용하는 것으로서, 회로에 전압계와 **직렬**로 저항(배율기)을 접속하고 측정

[분류기] 분류기는 **전류계**의 측정범위를 넓히기 위하여 전류계에 **병렬**로 접속하는 저항기를 말한다. 　　【정답】②

28. $30[\mu F]$과 $40[\mu F]$의 콘덴서를 병렬로 접속한 후 100[V]의 전압을 가했을 때 전 전하량은 몇 [C] 인가?

① 17×10^{-4}　　　② 34×10^{-4}

③ 56×10^{-4}　　　④ 70×10^{-4}

|문|제|풀|이|

[콘덴서 병렬접속 시의 합성정전용량(C) 및 전하량(Q)]

전하량 $Q = CV[C]$

정전용량(병렬접속) $C_p = C_1 + C_2$

여기서, Q : 전하량[C], 전압(V) : 전압[V], C : 정전용량[F]

$30[\mu F]$과 $40[\mu F]$의 콘덴서 병렬접속

전압(V) : 100[V]

1. 정전용량 $C = C_1 + C_2 = 30 + 40 = 70[\mu F]$

2. 전하량 $Q = CV[C]$

∴ $Q = CV = 70 \times 10^{-6} \times 100 = 70 \times 10^{-4}[C]$　　→ $(\mu = 10^{-6})$

【정답】④

29. 저항과 코일이 직렬 연결된 회로에서 직류 220[V]를 인가하면 20[A]의 전류가 흐르고, 교류 220[V]를 인가하면 10[A]의 전류가 흐른다. 이 코일의 리액턴스[Ω]는?

① 약 19.05[Ω]　　　② 약 16.06[Ω]

③ 약 13.06[Ω]　　　④ 약 11.04[Ω]

|문|제|풀|이|

[리액턴스] $X_L = \sqrt{Z^2 - R^2}[\Omega]$　　→ $(Z = \sqrt{R^2 + X_L^2})$

1. $R-L$직렬회로에서 직류를 인가한 경우, 코일(L)은 무시

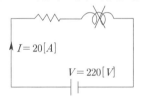

→ 저항 $R = \dfrac{V}{I} = \dfrac{220}{20} = 11[\Omega]$

2. $R-L$직렬회로에서 교류를 인가한 경우 저항(R)과 코일(L)이 직렬접속

→ 임피던스 $Z = \dfrac{V}{I} = \dfrac{220}{10} = 22[\Omega]$

3. 위의 두 식에 의해 리액턴스를 구하면

$X_L = \sqrt{Z^2 - R^2} = \sqrt{22^2 - 11^2} = 19.05[\Omega]$　　【정답】①

30. 종류가 다른 두 금속을 접합하여 폐회로를 만들고 두 접합점의 온도를 다르게 하면 이 폐회로에 기전력이 발생하여 전류가 흐르게 되는 현상을 지칭하는 것은?

① 줄의 법칙(Jpule's law)

② 톰슨 효과(Thomson effect)

③ 펠티어 효과(Peltier effect)

④ 제벡 효과(seebeck effect)

|문|제|풀|이|

[제벡 효과] 서로 다른 두 종류의 금속선을 접합하여 폐회로를 만든 후 두 접합점의 온도를 달리하였을 때, **폐회로에 열기전력이 발생하여 열전류가 흐르게 된다.** 이러한 현상을 제벡 효과라 하며 이때 연결한 금속 루프를 열전대라 한다.

※① 줄의 법칙 : 전선에 전류가 흐르면 열이 발생하는 현상
  ② 톰슨 효과 : 동일 종류 금속 접속면에서의 열전 현상
  ③ 펠티에효과 : 두 종류 금속 접속면에 전류를 흘리면 접속점에서 열의 흡수, 발생이 일어나는 효과 【정답】④

31. 용량이 45[Ah]인 납축전지에서 3[A]의 전류를 연속하여 얻는다면 몇 시간 동안 이 축전지를 이용할 수 있는가?

① 10시간   ② 15시간

③ 30시간   ④ 45시간

|문|제|풀|이|

[축전지 용량[Ah]] 축전지 용량=방전전류[A]×방전시간[h]
출전지용량 : 45[Ah], 방전전류 : 3[A]

$\therefore$ 방전시간$(t) = \dfrac{용량[Ah]}{전류[A]} = \dfrac{45}{3} = 15$시간

【정답】②

32. 단선의 굵기가 6[mm^2] 이하인 전선을 직선접속할 때 주로 사용하는 접속법은?

① 트위스트 접속   ② 브리타니아 접속

③ 쥐꼬리 접속   ④ T형 커넥터 접속

|문|제|풀|이|

[전선의 접속]

1. **트위스트 접속** : 6[mm^2] **이하**의 가는 단선 직선 접속
2. 브리타니아 접속 : 10[mm^2] 이상의 굵은 단선 직선 접속
3. 쥐꼬리 접속 : 박스 내에서 가는 전선을 접속할 때 적합하다. 【정답】①

33. 코드나 케이블 등을 기계 기구의 단자 등에 접속할 때 몇 [mm^2]가 넘으면 그림과 같은 터미널러그(눌러 붙임 단자)를 사용하여야 하는가?

① 4

② 6

③ 8

④ 10

|문|제|풀|이|

[터미널러그] 전선 끝에 납땜, 기타 방법으로 붙이는 쇠붙이, 주로 굵은 전선(6[mm^2] **이상**)과 기계 기구의 단자의 접속을 완전하게 하기 위하여 사용된다. 【정답】②

34. 자속밀도 0.5[Wb/m^2]의 자장 안에 자장과 직각으로 20[cm]의 도체를 놓고 이것에 10[A]의 전류를 흘릴 때 도체가 50[cm] 운동한 경우의 한 일은 몇 [J]인가?

① 0.5   ② 1   ③ 1.5   ④ 5

|문|제|풀|이|

[일의 양(W)] $W = F \cdot d[J]$
도체가 자기장에서 받는 $F = BIl\sin\theta[N]$
여기서, B : 자속밀도, I : 도체에 흐르는 전류, l : 도체의 길이
          d : 도체가 이동한 거리
자속밀도(B) : 0.5[Wb/m^2], 도체의 길이(l) : 20[cm]=0.2[m]
전류(I) : 10[A], 도체가 이동한 거리(d) : 50[cm]=0.5[m]
$F = IBl\sin\theta[N] = 10 \times 0.5 \times 0.2 \times \sin 90 = 1[N]$ → (sin90° = 1)
$\therefore$ 일의양 $W = Fd = 1 \times 0.5 = 0.5[J]$ 【정답】①

35. 접지저항 측정방법으로 가장 적당한 것은?

① 절연저항계 ② 전력계

③ 교류의 전압, 전류계 ④ 콜라우시 브리지

|문|제|풀|이|

[브리지 회로의 종류]
1. 휘트스톤브리지 : 중저항 측정
2. 빈브리지 : 가청 주파수 측정
3. 맥스웰브리지 : 자기 인덕턴스 측정
4. 켈빈더블브리지 : 저저항 측정, 권선저항 측정
5. 절연저항계 : 고저항 측정
6. **콜라우시 브리지** : 전해액 및 **접지저항을 측정**한다.

【정답】④

36. 다음 중 비정현파가 아닌 것은?

① 삼각파 ② 사각파

③ 사인파 ④ 펄스파

|문|제|풀|이|

[비정현파] 정현파가 아닌 교류파를 통칭하여 비정현파라 하며, 구형파, 사각파, 삼각파, 또는 펄스 등을 말한다.

비정현파 = 직류분 + 기본파(사인파) + 고조파

※정현파=사인파 【정답】③

37. 30[W] 전열기에 220[V], 주파수 60[Hz]인 전압을 인가한 경우 부하에 나타나는 평균전압은 몇 [V]인가?

① 40[V] ② 140[V]

③ 200[V] ④ 240[V]

|문|제|풀|이|

[전압의 평균값] $V_{av} = \frac{2}{\pi} V_m [V]$

최대값 $V_m = 220\sqrt{2}$ → ($V_m = \sqrt{2}\,V$, V : 실효값)

$\therefore V_{av} = \frac{2}{\pi} V_m = \frac{2}{\pi} 220\sqrt{2} = 198 ≒ 200[V]$ 【정답】③

38. 다음 중 과전류 차단기를 설치하는 곳은?

① 간선의 전원 측 전선

② 접지공사의 접지선

③ 다선식 전로의 중성선

④ 접지공사를 한 저압 가공전선로의 접지 측 전선

|문|제|풀|이|

[과전류 차단기 설치 제한]
1. 각종 접지공사의 접지선
2. 다선식 전로의 중성선
3. 접지공사를 한 저압 가공전선로의 접지 측 전선

【정답】①

39. 지지선(지선)의 중간에 넣는 애자의 명칭은?

① 핀애자 ② 구형애자

③ 인류애자 ④ 내장애자

|문|제|풀|이|

[애자의 종류]
① 핀애자 : 선로의 직선주에 사용
② 구형애자 : **지지선(지선)의 중간에 넣어** 감전으로부터 보호한다.
③ 인류애자 : 선로의 끝부분에 인류하는 곳에 사용
④ 내장애자 : 내장 부위에 사용되는 애자로, 전선의 방향으로 설비되어 전선의 장력을 지지한다. 【정답】②

40. 공기 중에서 자속밀도 3[Wb/㎡]의 평등 자장 속에 길이 10[cm]의 직선 도선을 자장의 방향과 직각으로 놓고 여기에 4[A]의 전류를 흐르게 하면 이 도선이 받는 힘은 몇 [N]인가?

① 0.5 ② 1.2 ③ 2.8 ④ 4.2

|문|제|풀|이|

[도체에 작용하는 힘(전자력)] $F = BIl\sin\theta[N]$
자속밀도(B) : 3[Wb/㎡], 도선의 길이(l) : 10[cm]=0.1[m]
도선과 자장의 방향과의 각(θ) : 직각(90), 전류(I) : 4[A]
$\therefore F = BIl\sin\theta = 3 \times 4 \times 0.1 \times 1 = 1.2[N]$ → ($\sin 90 = 1$)

【정답】②

41. 전선의 전기저항 초기값을 R_1이라 하고 이 전선의 반지름을 2배로 하면 전기저항 R은 초기값의 몇 배인가?

① $4R_1$ 　　　② $4R_1$

③ $\dfrac{1}{2}R_1$ 　　　④ $\dfrac{1}{4}R_1$

|문|제|풀|이|

[전기저항] $R = \rho\dfrac{l}{A} = \rho\dfrac{l}{\pi r^2}[\Omega]$

여기서, l : 길이, A : 단면적, r : 반지름, ρ : 저항률(고유저항)

초기값 $R_1 = \rho\dfrac{l}{\pi r^2}[\Omega]$

$\therefore R = \rho\dfrac{l}{\pi(2r)^2} = \rho\dfrac{l}{4\pi r^2} = \dfrac{1}{4}R_1[\Omega]$ 　【정답】④

42. 다음 중 일반용 단심비닐절연전선을 나타내는 약호는?

① FL   　　　② NV

③ NF   　　　④ NR

|문|제|풀|이|

[배선용 비닐절연전선 약호]

NR	450/750[V] **일반용 단심 비닐절연전선**
NF	450/750[V] 일반용 유연성 단심 비닐절연전선
NFI	300/500[V] 기기 배선용 유연성 단심 비닐절연전선
NRI	300/500[V] 기기 배선용 단심 비닐절연전선
OW	옥외용 비닐절연전선
DV	인입용 비닐절연전선
FL	형광방전등용 비닐절연전선
GV	접지용 비닐절연전선
NV	비닐절연 네온절연전선

【정답】④

43. 기전력이 1.5[V], 내부저항 0.5[Ω]인 전지 5개를 직렬로 연결하고 2.5[Ω]의 저항을 가진 전구에 연결할 때 전구에 흐르는 전류는 몇 [A]인가?

① 1   　② 1.5   　③ 2   　④ 2.5

|문|제|풀|이|

[전지의 직렬접속]　전류 $I = \dfrac{nE}{nr+R}[A]$

여기서, r : 내부저항, R : 외부저항, n : 전지개수

1.5×5=7.5[V]
0.5×5=2.5[Ω]　　　2.5[Ω]

$\therefore I = \dfrac{nE}{nr+R} = \dfrac{5\times1.5}{5\times0.5+2.5} = 1.5[A]$ 　【정답】②

44. 금속관공사 시 관과 관을 접속할 때 사용하는 커플링을 접속할 때 사용되는 공구는?

① 부싱   　　　② 녹아웃펀치

③ 파이프커터   　　　④ 파이프렌치

|문|제|풀|이|

[파이프렌치] 금속관을 부설할 때에 **나사를 돌리는 공구**

① 부싱 : 부싱은 전선의 손상을 막기 위해 접속하는 곳마다 넣는 캡이므로 기구를 연결하는 전선마다 양 단에 넣는다.

② 녹아웃펀치 : 배전반, 분전반, 풀박스 등의 전선관 인출을 위한 인출공을 뚫는 공구

③ 커플링 : 금속관 상호 접속용으로 관이 고정되어 있거나 관 자체를 돌릴 수 없을 때 금속관 상호 접속에 사용된다.

【정답】④

45. C[F]의 콘덴서에 W[J]의 에너지를 축적하기 위해서는 몇 [V]의 충전전압이 필요한가?

① $V = \sqrt{\dfrac{W}{C}}$ 　　　② $V = \sqrt{\dfrac{2W}{C}}$

③ $V = \sqrt{\dfrac{W}{2C}}$ 　　　④ $V = \sqrt{\dfrac{2C}{W}}$

|문|제|풀|이|

[충전전압]　$V = \sqrt{\dfrac{2W}{C}}$ 　　　→ (축적에너지　$W = \dfrac{1}{2}CV^2[J]$)

여기서, W : 축적에너지, C : 정전용량, V : 충전전압

$\therefore$ 충전전압　$V = \sqrt{\dfrac{2W}{C}}[V]$ 　【정답】②

46. 그림과 같이 3상 유도전동기를 접속하고 3상 대칭 전압을 공급할 때 각 계기의 지시가 $W_1 = 2.6[kW]$, $W_2 = 6.4[kW]$, $V = 200[V]$, $A = 32.19[A]$이었다면 부하의 역률은?

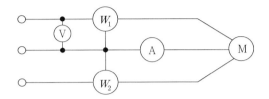

① 0.577   ② 0.807

③ 0.867   ④ 0.926

|문|제|풀|이|

[3상 전력 측정 (2전력계법)]
1. 유효전력 $P = |W_1| + |W_2|[W]$
2. 무효전력 $P_r = \sqrt{3}(|W_1 - W_2|)[Var]$
3. 피상전력 $P_a = \sqrt{P^2 + P_r^2} = 2\sqrt{W_1^2 + W_2^2 - W_1 W_2}[VA]$
4. 역률 $\cos\theta = \dfrac{P}{P_a} = \dfrac{W_1 + W_2}{2\sqrt{W_1^2 + W_2^2 - W_1 W_2}}$

$W_1 = 2.6[kW]$, $W_2 = 6.4[kW]$, $V = 200[V]$, $A = 32.19[A]$

∴역률 $\cos\theta = \dfrac{W_1 + W_2}{2\sqrt{W_1^2 + W_2^2 - W_1 W_2}}$

$\quad = \dfrac{2.6 + 6.4}{2\sqrt{2.6^2 + 6.4^2 - 2.6 \times 6.4}} = 0.807$ 【정답】②

47. 고장 시의 불평형 차전류가 평형 전류의 어떤 비율 이상으로 되었을 때 동작하는 계전기는?

① 과전압계전기   ② 과전류계전기

③ 전압차동계전기   ④ 비율차동계전기

|문|제|풀|이|

[변압기 내부 고장 검출]
1. 전류차동 계전기 : 변압기 고압측과 저압측에 설치한 CT 2차 전류의 차를 검출하여 변압기 내부 고장을 검출하는 방식의 계전기
2. **비율차동 계전기** : 발전기나 변압기 등의 내부 고장 발생 시 CT 2차 측의 억제 코일에 흐르는 부하 전류와 동작 코일에 흐르는 1차전류의 **오차가 일정 비율 이상일 경우**에 동작하는 계전기
3. 부흐홀츠 계전기 : 변압기 내부 고장으로 인한 절연유의 온도 상승 시 발생하는 유증기를 검출하여 경보 및 차단을 하기 위한 계전기   【정답】④

48. 3상 유도전동기의 운전 중 급속 정지가 필요할 때 사용하는 제동방식은?

① 단상제동   ② 회생제동

③ 발전제동   ④ 역상제동

|문|제|풀|이|

[역상제동] 3상중 2상의 결선을 바꾸어 역회전시킴으로 제동시키는 방식이다. **급정지 시 가장 좋다.**
① 단상제동 : 고정자에 단상전압을 걸어주고 회전자 회로에 저항을 연결하여 제동하는 방법
② 회생제동 : 전동기의 전원을 접속한 상태에서 전동기에 유기되는 역기전력을 전원 전압보다 크게 하여 이때 발생하는 전력을 전원으로 반환하면서 제동하는 방식
③ 발전제동 : 발생전력을 내부에서 열로 소비하는 제동방식을 발전제동이라고 한다.   【정답】④

49. 변압기의 무부하손을 가장 많이 차지하는 것은?

① 표유부하손   ② 풍손

③ 철손   ④ 동손

|문|제|풀|이|

[고정손(무부하손)] 손실 중 무부하손의 대부분을 차지하는 것은 **철손**이다.
1. **철손**(P_i) = 히스테리시스손(P_h) + 와류손(P_e)
2. 히스테리시스손 $P_h = \delta_h f V B_m^{1.6}[W/kg]$
3. 와류손 $P_e = \delta_e (f k_f B_m t)^2[W/kg]$

※부하손(가변손) : 부하손의 대부분은 동손이다.
  1. 전기저항손(동손)
  2. 계자저항손(동손)
  3. 브러시손
  4. 표유부하손(철손, 기계손, 동손 이외의 손실)   【정답】③

50. 전기장의 단위로 맞는 것은?

① V   ② J/C

③ N·m/C   ④ V/m

|문|제|풀|이|

[전기장(전장, 전계)] 전하로 인한 전기력이 미치는 공간
단위 [V/m]   【정답】④

51. 전기 기기의 철심 재료로 규소 강판을 많이 사용하는 이유로 가장 적당한 것은?

① 와류손을 줄이기 위해

② 맴돌이 전류를 없애기 위해

③ 히스테리시스손을 줄이기 위해

④ 구리손을 줄이기 위해

|문|제|풀|이|

[전기자 철심] 전기자 철심은 **히스테리시스손을 줄이기 위해** 0.35~0.5[mm] 두께의 규소강판으로 성층하여 만든다.

성층이란 맴돌이 전류(와류손)와 히스테리시스손의 손실을 적게 하기 위하여 규소가 함유(3~4[%])된 규소 강판을 겹쳐서 적층시킨 것이다.

【정답】③

52. 변전소의 전력기기를 시험하기 위하여 회로를 분리하거나 또는 계통의 접속을 바꾸거나 하는 경우에 사용되는 것은?

① 나이프 스위치   ② 차단기

③ 퓨즈   ④ 단로기

|문|제|풀|이|

[단로기(DS : Disconnecting Switch)]

1. 무부하(차단기로 차단됨) 상태의 전로를 개폐

2. 단로기는 기기의 **점검 및 유지보수**를 할 때 회로를 개폐하는 장치로서 부하전류를 차단하는 능력이 없기 때문에 전류가 흐르는 상태에서 차단하면 매우 위험하다.

※차단기(CS : Circuit Breaker) : 정상적인 부하전류를 개폐하거나 또는 기기나 계통에서 발생한 고장전류를 차단하여 고장개소를 제거할 목적으로 사용된다.

【정답】④

53. 두 개의 평행한 도체가 진공 중(또는 공기 중)에 20[cm] 떨어져 있고, 100[A]의 같은 크기의 전류가 흐르고 있을 때 1[m] 당 발생하는 힘의 크기[N]는?

① 0.05   ② 0.01

③ 50   ④ 100

|문|제|풀|이|

[평행 도체 사이에 작용하는 힘]

$$F = \frac{\mu_0 I_1 I_2}{2\pi r} = \frac{2I_1 I_2}{r} \times 10^{-7} [N/m] \quad \rightarrow (\mu_0 = 4\pi \times 10^{-7})$$

$$\therefore F = \frac{2I_1 I_2}{r} \times 10^{-7} = \frac{2 \times 100 \times 100}{0.2} \times 10^{-7} = 10^{-2} = 0.01[N/m]$$

【정답】②

54. 다음 그림에서 ( )안에 알맞은 극성은 무엇인가?

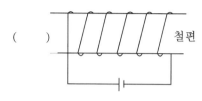

① N극과 S극이 교번한다.

② S극

③ N극

④ 극의 변화가 없다.

|문|제|풀|이|

[전류의 방향과 극성] 오른손 4개의 손가락은 전류의 방향, 엄지는 N극을 나타낸다.

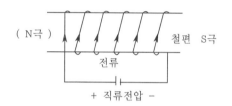

【정답】③

55. 변압기 결선에서 Y-Y 결선의 특징이 아닌 것은?

① 고조파 포함   ② 중성점 접지 가능

③ V-V 결선 가능   ④ 절연이 용이

|문|제|풀|이|

[Y-Y 결선]

·승압용 변압기에 유리하며, 소전류 고전압 계통에 유리

·이상 전압으로부터 변압기를 보호

·코일에서 발생되는 열이 작다.

·상전압이 선간전압의 $1/\sqrt{3}$ 배 이므로 절연이 용이하다.

·2차 측에 3고조파 전압이 나타난다.

·중성점 접지가 가능하다.

·**Y결선은 V결선으로 할 수 없다.**

·큰 유도장해로 인하여 거의 사용하지 않는다.

※③ V-V 결선 가능 → △결선

【정답】③

56. 긴 직선 도선에 i의 전류가 흐를 때 이 도선으로부터 r만큼 떨어진 곳의 자장의 세기는?

① 전류 i에 반비례하고 r에 비례한다.

② 전류 i에 비례하고 r에 반비례한다.

③ 전류 i의 제곱에 반비례하고 r에 반비례한다.

④ 전류 i에 반비례하고 r의 제곱에 반비례한다.

|문|제|풀|이|

[직선 도선 주위의 자장의 세기] 직선상 도체에 전류 i가 흐를 때 거리 r인 점의 자장의 세기 $H = \dfrac{i}{2\pi r}[AT/m]$

$\therefore H \propto i(\text{전류}),\ H \propto \dfrac{1}{r(\text{거리})}$ 【정답】②

57. 전주를 건주할 경우에 A종 철근콘크트주의 길이가 10[m]이면 땅에 묻는 표준 깊이는 최저 약 몇 [m]인가? (단, 설계하중이 6.8[kN] 이하이다.)

① 2.5 ② 3.0

③ 1.7 ④ 2.4

|문|제|풀|이|

[건주 시 땅에 묻히는 깊이]

설계하중 전장	6.8[kN] 이하	6.8[kN] 초과 ~9.8[kN] 이하	9.8[kN] 초과 ~14.72[kN] 이하
15[m] 이하	전장 × 1/6[m] 이상	전장 × 1/6+0.3[m] 이상	–
15[m] 초과	2.5[m] 이상	2.8[m] 이상	–
16[m] 초과 ~20[m] 이하	2.8[m] 이상	–	–
15[m] 초과 ~18[m] 이하			3[m] 이상
18[m] 초과	–	–	3.2[m] 이상

$\therefore$ 땅에 묻히 깊이는 $10 \times \dfrac{1}{6} = 1.67[m]$ 【정답】③

58. 일반적으로 절연체를 서로 마찰시키면 이들 물체는 전기를 띠게 된다. 이와 같은 현상은?

① 분극(polarization)

② 대전(electrification)

③ 정전(electrostatic)

④ 코로나(corona)

|문|제|풀|이|

[대전(electrification)] 어떤 물질이 정상 상태보다 전자의 수가 많거나 적어져서 전기를 띠는 현상

※① 분극(polarization) : 유전체를 전기장 내에 놓이면 양전하는 전기장의 방향으로 미세한 양만큼 이동하고 음전하는 전기장과 반대 방향으로 이동한다.

③ 정전(electrostatic) : 전하와 같이 정태(靜態)에 있는 전기

④ 코로나(corona) : 전선에 어느 한도 이상의 전압을 인가하면 전선 주위에 공기절연이 국부적으로 파괴되어 엷은 불꽃이 발생하거나 소리가 발생하는 현상 【정답】②

59. 정전용량 $C[\mu F]$의 콘덴서에 충전된 전하가 $q = \sqrt{2}\,Q\sin\omega t[C]$와 같이 변화하도록 하였다면 이 때 콘덴서에 흘러들어가는 전류의 값은?

① $i = \sqrt{2}\,\omega Q\sin\omega t$

② $i = \sqrt{2}\,\omega Q\cos\omega t$

③ $i = \sqrt{2}\,\omega Q\sin(\omega t - 60°)$

④ $i = \sqrt{2}\,\omega Q\cos(\omega t - 60°)$

|문|제|풀|이|

[콘덴서의 전류] 정전용량($C[F]$)의 특징은 전류가 전압(또는 전하량)보다 위상이 90° 앞선다. 따라서 $i = \sqrt{2}\,\omega Q\cos\omega t$로 표현할 수 있다. 【정답】②

60. COS용 완철의 설치규정에서 설치위치는 최하단 전력선용 완철에서 몇 [m] 하부에 설치하여야 하는가?

① 0.56 ② 0.75

③ 0.9 ④ 1.2

|문|제|풀|이|

[COS용 완철의 설치규정]

1. 설치 위치 : COS용 완철의 설치위치는 최하단 전력선용 완철에서 **0.75[m] 하부**에 설치하여야 한다.

2. 설치 방향 : 선로방향(전력선 완철과 직각 방향)으로 설치하고 COS는 건조물 측에 설치하는 것이 바람직하다. 【정답】②

01. 1[eV]는 몇 [J] 인가?

① $1.602 \times 10^{-19}[J]$ ② $1 \times 10^{-10}[J]$

③ $1[J]$ ④ $1.16 \times 10^{4}[J]$

|문|제|풀|이|

[1[eV]] 전위차가 1[V]인 두 점 사이에서 하나의 기본 전하를 옮기는데 필요한 일이다. 즉, 전자 1개의 전하량 1.602×10^{-19} 이므로
$1[eV] = 1[e] \times 1[V] = 1.6 \times 10^{-19}[C \cdot V] = 1.6 \times 10^{-19}[J]$

【정답】①

02. 정격전압에서 1[kW]의 전력을 소비하는 저항에 정격의 90[%] 전압을 가했을 때, 전력은 몇 [W]가 되는가?

① $630[W]$ ② $780[W]$

③ $810[W]$ ④ $900[W]$

|문|제|풀|이|

[전열기의 소비전력] $P = VI = \dfrac{V^2}{R}[W]$ $\rightarrow (I = \dfrac{V}{R})$

같은 전열기이므로 내부 저항은 일정하고 전압만 바뀌므로 전열기의 소비전력은 전열기에 가해지는 **전압의 제곱에 비례**한다.
즉, $\left(\dfrac{P'}{P}\right) = \left(\dfrac{V'}{V}\right)^2$

$\therefore P' = \left(\dfrac{V'}{V}\right)^2 \times P = \left(\dfrac{0.9 \times V}{V}\right)^2 \times 1000 = 810[W]$

【정답】③

03. 다음 회로에서 10[Ω]에 걸리는 전압은 몇[V]인가?

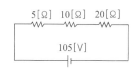

① 2   ② 10

③ 20   ④ 30

|문|제|풀|이|

[전압] $V = IR[V]$

1. 직렬연결 시 합성저항 $R = R_1 + R_2 + R_3[\Omega]$
   $R = 5 + 10 + 20 = 35[\Omega]$

2. 전류 $I = \dfrac{V}{R} = \dfrac{105}{35} = 3[A]$

$\therefore$ 저항 10[Ω]에 걸리는 전압(V) $V = IR = 3 \times 10 = 30[V]$

【정답】④

04. 중첩의 원리를 이용하여 회로를 해석할 때 전류원과 전압원은 각각 어떻게 하여야 하는가?

① 전류원 개방, 전압원 단락

② 전류원 개방, 전압원 개방

③ 전류원 단락, 전압원 단락

④ 전류원 단락, 전압원 개방

|문|제|풀|이|

[중첩의 원리] 한 회로망 내에 다수의 전원(전류원, 전압원)이 동시에 존재할 때 각 지로에 흐르는 전류는 전원이 각각 단독으로 존재할 때 흐르는 전류의 벡터 합과 같다.
1. 전류원은 개방(open)
2. 전압원은 단락(short)

【정답】①

05. 5[Wh]는 몇 [J]인가?

① 720   ② 1800

③ 7200   ④ 18000

|문|제|풀|이|

[일의 양(W)] $W = Pt[W \cdot \sec] = Pt[J]$

여기서, W : 일[J], t : 시간[sec], P : 전력[W]
$1[h] = 3600[\sec]$ 이므로 $1[Wh] = 3600[W \cdot \sec] = 3600[J]$
$\therefore 5[Wh] = 5[W] \times 3600[\sec] = 18000[W \cdot \sec] = 18000[J]$

【정답】④

06.
4[l]의 물을 15[℃]에서 90[℃] 높이는데 1[kW]의 커피포트를 이용하여 30분간 가열하였다. 이 커피포트의 효율의 몇 [%]인가?

① 50.7   ② 69.8

③ 70.5   ④ 80.6

|문|제|풀|이|

[전열기의 효율] $\eta = \dfrac{mc(T_1 - T_2)}{860PH}$ → $(P = \dfrac{mc(T_1 - T_2)}{860H\eta})$

여기서, c : 물의 비열(항상 1이다), m : 질량

T : 온도, P : 소비전력, H : 시간

∴효율 $\eta = \dfrac{mc(T_1 - T_2)}{860PH} = \dfrac{4 \times 1 \times (90 - 15)}{860 \times 1 \times 0.5} = 69.8$ 【정답】②

07.
그림에서 폐회로에 흐르는 전류는 몇 [A] 인가?

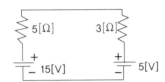

① 1   ② 1.25

③ 2   ④ 2.5

|문|제|풀|이|

[폐회로에 흐르는 전류] $I = \dfrac{V}{R}[A]$

1. 저항 : R=5[Ω]+3[Ω]=8[Ω] → (직렬연결)
2. 전압(전위차) : V=15−5=10[V] → (서로 마주보고 있으므로)

∴폐회로에 흐르는 전류 $I = \dfrac{V}{R} = \dfrac{10}{8} = 1.25[A]$ 【정답】②

08.
같은 저항 4개를 그림과 같이 연결하여 a−b간에 일정 전압을 가했을 때 소비전력이 가장 큰 것은 어느 것인가?

① a ⚬—R—R—R—R—⚬ b

② a ⚬—R—R— (R 병렬 2개) —⚬ b

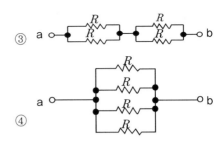

③ a ●—(R 병렬 2개)—(R 병렬 2개)—⚬ b

④ a —(R 병렬 4개)— ⚬ b

|문|제|풀|이|

[소비전력(P)] $P = VI = I^2R = \dfrac{V^2}{R}[W]$

여기서, V : 전압, I : 전류, R : 저항

$P = \dfrac{V^2}{R}[W]$에서

전압이 일정하므로 저항(R)값에 따라 소비전력이 변한다. 즉, **소비전력은 저항에 반비례**한다.

각 회로의 저항을 구하면

① $R_{ab} = R + R + R + R = 4R$

② $R_{ab} = R + R + \dfrac{1}{\dfrac{1}{R} + \dfrac{1}{R}} = \dfrac{5R}{2}$

③ $R_{ab} = \dfrac{1}{\dfrac{1}{R} + \dfrac{1}{R}} + \dfrac{1}{\dfrac{1}{R} + \dfrac{1}{R}} = R$

④ $R_{ab} = \dfrac{1}{\dfrac{1}{R} + \dfrac{1}{R} + \dfrac{1}{R} + \dfrac{1}{R}} = \dfrac{R}{4}$

∴저항의 가장 작은 것이 소비전력은 가장 크다. 【정답】④

09.
묽은황산(H_2SO_4) 용액에 구리(Cu)와 아연(Zn)판을 넣으면 전지가 된다. 이때 양극(+)에 대한 설명으로 옳은 것은?

① 구리판이며 수소 기체가 발생한다.

② 구리판이며 산소 기체가 발생한다.

③ 아연판이며 산소 기체가 발생한다.

④ 아연판이며 수소 기체가 발생한다.

|문|제|풀|이|

[전지] 묽은 황산(H_2SO_4) 용액에 구리(Cu)와 아연(Zn)판을 넣으면 전지가 된다.

1. 양극(+) : 구리판 $2H^+ + 2e^- \rightarrow H_2$
2. 음극(−) : 아연판 $Zn \rightarrow Zn^{2+} + 2e^-$ 【정답】①

10. 도체계에서 임의의 도체를 일정 전위(일반적으로 영전위)의 도체로 완전 포위하면 내부와 외부의 전계를 완전히 차단할 수 있는데 이를 무엇이라 하는가?

① 핀치효과   ② 톰슨효과

③ 정전차폐   ④ 자기차폐

|문|제|풀|이|⎯⎯⎯⎯⎯⎯⎯⎯⎯⎯

[정전차폐] 도체가 정전유도가 되지 않도록 도체 바깥을 포위하여 접지함으로써 정전유도를 완전 차폐하는 것

① 핀치효과 : 반지름 a인 액체 상태의 원통상 도선 내부에 균일하게 전류가 흐를 때 도체 내부에 자장이 생겨 로렌츠의 힘으로 전류가 원통 중심 방향으로 수축하려는 효과

② 톰슨효과 : 동일한 금속 도선의 두 점간에 온도차를 주고, 고온 쪽에서 저온 쪽으로 전류를 흘리면 도선 속에서 열이 발생되거나 흡수가 일어나는 이러한 현상을 톰슨효과라 한다.

④ 자기차폐 : 투자율이 큰 강자성체로 내부를 감싸서 내부가 외부 자계의 영향을 받지 않도록 하는 것을 말한다.

【정답】③

11. 다음 중 쿨롱의 법칙으로 옳은 것은 무엇인가?

① $F = \dfrac{1}{4\pi\mu_0} \times \dfrac{m_1 m_2}{r} [N]$

② $F = \dfrac{1}{4\pi\mu_0} \times \dfrac{m_1 m_2}{r^2} [N]$

③ $F = 4\pi\mu_0 \times \dfrac{m_1 m_2}{r} [N]$

④ $F = 4\pi\mu_0 \times \dfrac{m_1 m_2}{r^2} [N]$

|문|제|풀|이|⎯⎯⎯⎯⎯⎯⎯⎯⎯⎯

[자기 쿨롱의 법칙] 두 자극 사이에 작용하는 힘(F)은 두 자극의 세기(m)의 곱에 비례하고 두 자극 사이의 거리(r)의 제곱에 반비례

$$F = \frac{1}{4\pi\mu_0} \times \frac{m_1 m_2}{r^2} [N] = 6.33 \times 10^4 \frac{m_1 m_2}{r^2}$$

여기서, $F[N]$: 상호간에 작용하는 자기력

μ_0 : 진공중의 투자율($4\pi \times 10^{-7}$)

m_1, m_2 [Wb] : 각 자극의 세기

r [m] : 자극간의 거리

【정답】②

12. 1[C]의 전하에 100[V]의 전압을 가했을 때 두 점 사이를 이동할 때 한 일의 양은 몇 [J]인가?

① 10   ② 50

③ 100   ④ 200

|문|제|풀|이|⎯⎯⎯⎯⎯⎯⎯⎯⎯⎯

[일의 양(전자의 운동 에너지)] $W = eV[J]$

여기서, e : 전하량(기본전하량 : $1.6 \times 10^{-19}[C]$), V : 전위차[V]

$\therefore W = eV[J] = 1 \times 100 = 100[J]$

【정답】③

13. 유전율의 단위는?

① F/m   ② V/m

③ C/m^2 ④ H/m

|문|제|풀|이|⎯⎯⎯⎯⎯⎯⎯⎯⎯⎯

[유전율] $\epsilon = \epsilon_0 \epsilon_s [F/m]$

※② 전계(E[V/m]), ③ 전하밀도($D[c/m^2]$), ④ 투자율(μ[H/m])

【정답】①

14. 정전용량이 10[μF]인 콘덴서 2개를 병렬로 했을 때의 합성정전용량은 직렬로 했을 때의 합성정전 용량 보다 어떻게 되는가?

① 1/4로 줄어든다.   ② 1/2로 줄어든다.

③ 2배로 늘어난다.   ④ 4배로 늘어난다.

|문|제|풀|이|⎯⎯⎯⎯⎯⎯⎯⎯⎯⎯

[콘덴서의 합성정전용량]

· 병렬 합성정전용량 $C_p = nC[F]$

· 직렬 합성정전용량 $C_s = \dfrac{1}{n\dfrac{1}{C}} = \dfrac{1}{n}C[F]$

여기서, C : 콘덴서의 정전용량, n : 콘덴서의 개수

콘덴서 개수(n) : 2개, 정전용량 : 10[μF]

1. 병렬 합성정전용량 $C_p = nC = 2 \times 10 = 20[\mu F]$

2. 직렬 합성정전용량 $C_s = \dfrac{1}{n}C = \dfrac{10}{2} = 5[\mu F]$

$\therefore \dfrac{C_p}{C_s} = \dfrac{20}{5} = 4 \rightarrow$ 즉, 직렬로 했을 때의 합성정전용량보다 4배로 늘어난다.

【정답】④

15. 자기회로의 길이 l[m], 단면적 A$[m^2]$, 투자율 μ [H/m] 일 때 자기저항 R[AT/Wb]을 나타내는 것은?

① $R=\dfrac{\mu l}{A}[AT/Wb]$ ② $R=\dfrac{A}{\mu l}[AT/Wb]$

③ $R=\dfrac{\mu A}{l}[AT/Wb]$ ④ $R=\dfrac{l}{\mu A}[AT/Wb]$

|문|제|풀|이|

[자기저항] $R=\dfrac{l}{\mu A}[AT/Wb]$

여기서, l : 길이, A : 단면적, μ : 투자율
따라서 길이 l에 비례하고 단면적 A와 투자율 μ에 반비례한다.
【정답】④

16. 자극의 세기가 m[Wb]인 길이 l[m]의 막대자석의 자기모멘트를 나타내는 올바른 식은?

① $M=m\dfrac{1}{l}[Wb\cdot m]$ ② $M=\dfrac{1}{m}l[Wb\cdot m]$

③ $M=m+l[Wb\cdot m]$ ④ $M=m\cdot l[Wb\cdot m]$

|문|제|풀|이|
[자기모멘트]
·자석의 길이(l)와 자극 세기(m)의 곱을 자기모멘트라 한다.
· **자기모멘트** $M=ml[Wb\cdot m]$
여기서, M : 자기 모멘트, m : 자극의 세기, l : 자석의 길이

※자석의 토크(회전력) $T=MH\sin\theta[N\cdot m]=mlH\sin\theta[N\cdot m]$
  (T : 자석의 토크(회전력), H : 자계의 세기)
【정답】④

17. 환상솔레노이드에 감겨진 코일에 권회수를 3배로 늘리면 자체인덕턴스는 몇 배로 되는가?

① 3 ② 9
③ 1/3 ④ 1/9

|문|제|풀|이|

[환상솔레노이드 자체인덕턴스] $L=\dfrac{\mu SN^2}{l}$[H]

여기서, S : 단면적, l : 도체의 길이, N : 권수
  $\mu(=\mu_0\mu_r)$: 투자율(진공 시 $\mu_r=1$, $\mu_0=4\pi\times10^{-7}$)
∴권수 N을 3배로 늘리면 자체인덕턴스 L은 9배(N^2)가 된다.
【정답】②

18. 저항 3[Ω], 유도리액턴스 4[Ω]의 직렬회로에 교류 100[V]를 가할 때 흐르는 전류와 위상각은 얼마인가?

① 14.3[A], 37° ② 14.3[A], 53°
③ 20[A], 37° ④ 20[A], 53°

|문|제|풀|이|

[전류] $I=\dfrac{V}{Z}[A]$

∴전류 $I=\dfrac{V}{Z}=\dfrac{100}{5}=20[A]$
  → (임피던스 $Z=R+jX_L=3+j4$
    $=\sqrt{R^2+X_L^2}=\sqrt{3^2+4^2}=5[\Omega]$)

[위상각] $\tan\theta=\dfrac{X_L}{R}$

∴위상각 $\tan\theta=\dfrac{X_L}{R}=\dfrac{4}{3}=1.33$ → $\theta=\tan^{-1}1.33≒53°$
【정답】④

19. 어느 코일에 0.1초 동안에 1[A]의 전류가 흘렀을 때 코일에 유도되는 기전력이 20[V]이면 코일의 자체인덕턴스는 몇 [H]인가?

① 1 ② 2 ③ 3 ④ 4

|문|제|풀|이|

[자체인덕턴스] $L=e\dfrac{t}{I}[H]$ → (유도기전력 $e=L\dfrac{I}{t}[V]$)
여기서, L : 인덕턴스, I : 전류, t : 시간

∴$L=e\dfrac{t}{I}=20\times\dfrac{0.1}{1}=2[H]$
【정답】②

20. 단상 100[V]에서 1[kW]의 전력을 소비하는 전열기의 저항이 10[%] 감소하면 소비전력은 몇 [kW]가 되는가?

① 1.1 ② 2.5
③ 4 ④ 4.12

|문|제|풀|이|

[전력] $P = \dfrac{V^2}{R}[kW]$

전력 $P = \dfrac{V^2}{R} = \dfrac{V^2}{0.9R} = 1.1\dfrac{V^2}{R} = 1.1P$

∴전력이 1[kW]이므로 $1 \times 1.1 = 1.1[kW]$ 【정답】①

21. 전기자저항 0.1[Ω], 전기자전류 104[A], 유도기전
력 110.4[V]인 직류 분권발전기의 단자전압[V]은?

① 110

② 106

③ 102

④ 100

|문|제|풀|이|

[직류 분권발전기의 단자전압] $V = E - R_a I_a[V]$

→ (유도기전력 $E = V + R_a I_a[V]$)

여기서, I_a : 전기자전류, R_a : 전기자저항, E : 유도기전력

∴단자전압 $V = E - R_a I_a[V] = 110.4 - 104 \times 0.1 = 100[V]$

【정답】④

22. 직류기에 전기자권선을 중권으로 하였을 때 다음
중 틀린 것은 무엇인가?

① 전기자권선의 병렬 회로수는 극수와 같다.

② 브러시 수는 항상 2이다.

③ 전압이 낮고 비교적 전류가 큰 기계에 적합하다.

④ 균압선이 필요하다.

|문|제|풀|이|

[전기자권선법의 중권과 파권의 비교]

	단중중권	단중파권
병렬 회로수(a)	P(극수)	2
브러시 수(b)	P	2 또는 P
균 압 선	필요	필요 없음
용 도	대전류, 저전압	소전류, 고전압

② 중권일 경우 브러시 수는 P이다. 【정답】②

23. 다음 중 분권전동기의 토크와 회전수의 관계를 올바
르게 표시한 것은?

① 반비례

② 비례

③ 제곱에 반비례

④ 제곱에 비례

|문|제|풀|이|

[분권전동기의 토크] $\tau = \dfrac{pZ}{2\pi a}\varnothing I_a = \dfrac{EI_a}{2\pi n}[N \cdot m]$

→ $\left(n = \dfrac{N}{60}\right)$

여기서, E : 역기전력, I_a : 전기자전류

Z : 전동기 총도체수, $\varnothing$: 자속, $n\left(=\dfrac{N}{60}\right)$: 회전수

a : 병렬회로수, p : 극수

∴분권전동기의 토크 $\tau \propto I \propto \dfrac{1}{N}$

※직권전동기의 토크 $\tau \propto I^2 \propto \dfrac{1}{N^2}$ 【정답】①

24. 다음 그림과 같은 분권발전기에서 계자전류(I_f)가
6[A], 전기자전류(I_a)가 100[A]라면 부하전류(I)는
어떻게 되겠는가?

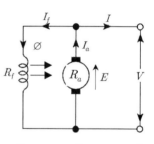

① 90 ② 91 ③ 93 ④ 94

|문|제|풀|이|

[분권발전기]

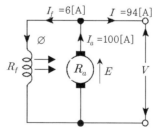

(I_f : 계자전류, I_a : 전기자전류, I : 부하전류)

그림에서 전기자전류 $I_a = I + I_f$

∴부하전류 $I = I_a - I_f = 100 - 6 = 94[A]$ 【정답】④

25. 다음 그림에서 직류 분권전동기의 속도특성 곡선은?

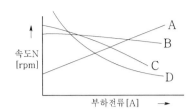

① A
② B
③ C
④ D

|문|제|풀|이|
[속도특성 곡선]
A : 차동복권전동기   B : 분권전동기
C : 가동복권전동기   D : 직권전동기
※직류 분권전동기 : 속도가 일정하게 유지된다.
【정답】②

26. 직류전동기에서 전부하속도가 1200[rpm], 속도변동률이 2[%]일 때 무부하 회전속도는 몇 [rpm]인가?

① 1410
② 1224
③ 1045
④ 1190

|문|제|풀|이|
[무부하 회전속도] $N_0 = \frac{N\epsilon}{100} + N$

$\rightarrow$ (속도변동률 $\epsilon = \frac{N_0 - N}{N} \times 100$)

여기서, N : 정격회전수, N_0 : 무부하 회전수

$\therefore$무부하 회전속도 $N_0 = \frac{N\epsilon}{100} + N = \frac{1200 \times 2}{100} + 1200 = 1224[rpm]$
【정답】②

27. 6600/220[V]인 변압기의 1차에 2850[V]를 가하면 2차전압[V]은?

① 90
② 95
③ 120
④ 105

|문|제|풀|이|
[변압기의 권수비] 권수비 $a = \frac{E_1}{E_2} = \frac{V_1}{V_2} = \frac{N_1}{N_2} = \frac{I_2}{I_1}$

여기서, a : 권수비, V_1 : 1차전압, V_2 : 2차전압
N_1 : 1차권선, N_2 : 2차 권선
1차권선(N_1) : 6600[V], 2차권선(N_2) : 220[V]
1차전압(V_1) : 2850[V])

권수비 $a = \frac{N_1}{N_2} = \frac{6600}{220} = 30$이므로

$a = \frac{V_1}{V_2}$에서   2차전압 $V_2 = V_1 \times \frac{1}{a} = \frac{2850}{30} = 95[V]$
【정답】②

28. 직류 분권전동기의 회전방향을 바꾸기 위해 일반적으로 무엇의 방향을 바꾸어야 하는가?

① 전원
② 주파수
③ 계자저항
④ 전기자전류

|문|제|풀|이|
[직류 분권전동기] 직류분권전동기의 회전방향을 바꾸기 위해서는 **전류의 방향이나 계자의 극성 중 하나만 바꿔**주면 된다.
【정답】④

29. 변압기의 콘서베이터의 사용 목적은?

① 일정한 유압의 유지
② 과부하로부터의 변압기 보호
③ 냉각 장치의 효과를 높임
④ 변압 기름의 열화 방지

|문|제|풀|이|
[변압기의 컨서베이터] 컨서베이터는 변압기의 상부에 설치된 원통형의 유조(기름통)로서, 그 속에는 1/2 정도의 기름이 들어 있고 주변압기 외함 내의 기름과는 가는 파이프로 연결되어 있다. 변압기 부하의 변화에 따르는 호흡 작용에 의한 변압기 기름의 팽창, 수축이 콘서베이터의 상부에서 행하여지게 되므로 높은 온도의 기름이 직접 공기와 접촉하는 것을 방지하여 **기름의 열화를 방지**하는 것이다.
【정답】④

30. 수·변전 설비의 고압회로에 걸리는 전압을 표시하기 위해 전압계를 시설할 때 고압 회로와 전압계 사이에 시설하는 것은?

① 관통형 변압기　　② 계기용 변류기

③ 계기용 변압기　　④ 권선형 변류기

|문|제|풀|이|
[계기용 변압기(PT 또는 VT)] 고전압을 저전압(110[V])으로 변성하여 계기나 계전기에 전압원 공급

※② 계기용 변류기(CT) : 대전류를 소전류(5[A])로 변성, 계기나 계전기에 전류원 공급　　　　　　【정답】③

31. 절연유를 충만시킨 외함 내에 변압기를 수용하고 오일의 대류작용에 의해서 철심 및 권선에서 발생한 열을 외함에 전달하며 외함의 방산이나 대류에 의하여 열을 대기로 방산시키는 변압기의 냉각방식은 어떻게 되는가?

① 건식풍냉식　　② 유입자냉식

③ 유입풍냉식　　④ 유입송유식

|문|제|풀|이|
[유입자냉식] 변압기의 본체를 절연유로 채워진 외함 내에 넣어 **대류작용**에 의해 발생된 열을 외기중으로 방산시키는 방식

① 건식풍냉식 : 건식 변압기에 송풍기를 사용하여 강제로 통풍시켜 냉각효과를 크게 하는 방식

③ 유입풍냉식 : 유입 변압기에 방열기를 부착시키고 송풍기에 의해 강제 통풍시켜 냉각 효과를 증대시킨 방식

④ 유입송유식 : 외함 내에 있는 가열된 기름을 순환 펌프에 의해 외부의 수냉식 냉각기 및 풍냉식 냉각기에 의해 냉각시켜 다시 외함 내에 유입시키는 방식　　　　　　【정답】②

32. 단상유도전동기의 정회전 슬립이 s이면 역회전 슬립은?

① 1−s　　② 1+s

③ 2−s　　④ 2+s

|문|제|풀|이|
[유도 전동기의 상대속도 및 역회전 시 슬립] $s' = (2-s)$

1. 정회전 시 슬립 $s = \dfrac{N_s - N}{N_s}$　→ (s의 범위 : $0 \leqq s \leqq 1$)

2. 역회전 시 슬립 $s' = \dfrac{N_s - (-N)}{N_s}$　→ (s의 범위 : $0 \leqq s' \leqq 2$)

∴역회전시 슬립 $s' = \dfrac{N_s - (-N)}{N_s} = \dfrac{N_s + N}{N_s}$

→ (상대속도 $N_s - N = sN_s$)

$= \dfrac{N_s + (1-s)N_s}{N_s} = \dfrac{(2-s)N_s}{N_s} = (2-s)$

【정답】③

33. 유도전동기의 슬립을 측정하는 방법으로 옳은 것은?

① 전압계법　　② 전류계법

③ 평형브리지법　　④ 스트로보스코프법

|문|제|풀|이|
[슬립의 측정법] 슬립의 측정법에는 **회전계법, 직류밀리볼트계법, 수화기법, 스트로보스코프법** 등이 있다.　　　　【정답】④

34. 역률과 효율이 좋아서 가정용 선풍기, 전기세탁기, 냉장고 등에 주로 사용되는 것은?

① 분상기동형 전동기

② 콘덴서기동형 전동기

③ 반발기동형 전동기

④ 셰이딩코일형 전동기

|문|제|풀|이|
[콘덴서기동형] 역률과 효율이 좋아서 선풍기, 냉장고 등 소형 가전기기에 사용

① 분상기동형 전동기 : 불평형 2상 전동기로서 기동하는 방법으로 팬, 송풍기 등에 사용

③ 반발기동형 전동기 : 기동토크가 크고 속도변화가 크다.

④ 셰이딩코일형 전동기 : 구조가 간단하고 기동토크가 작아 효율과 역률이 떨어진다. 특히, 회전 방향을 바꿀 수 없는 결점이 있으며 수십 와트 이하의 소형전동기에 사용

【정답】②

35. 60[Hz]의 동기전동기가 2극일 때 동기속도는 몇 [rpm]인가?

① 7200　　　　② 4800

③ 3600　　　　④ 2400

|문|제|풀|이|

[동기전동기의 동기속도] $N_s = \dfrac{120f}{p}$

여기서, p : 극수, f : 주파수

$\therefore$ 동기속도 $N_s = \dfrac{120f}{p} = \dfrac{120 \times 60}{2} = 3600[rpm]$

【정답】③

---

36. 무효 전력 보상 장치(동기 조상기)를 부족여자로 운전하면 어떻게 되는가?

① 콘덴서로 작용한다.

② 리액터로 작용한다.

③ 여자전압의 이상 상승이 발생한다.

④ 일부 부하에 대하여 뒤진 역률을 보상한다.

|문|제|풀|이|

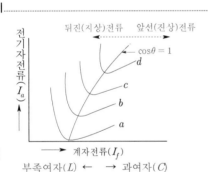

[위상특성곡선]

1. 여자전류를 감소시키면 역률은 뒤지고 전기자전류는 증가한다.
　　　　　　　→ (부족여자 : 리액터(L) 작용)
2. 여자전류를 증가시키면 역률은 앞서고 전기자전류는 증가한다.
　　　　　　　→ (과여자 : 콘덴서(C)로 작용)
【정답】②

---

37. 단상 전파 정류회로에서 교류 입력이 100[V]이면 직류 출력은 약 몇 [V]인가?

① 45　　　　② 67.5

③ 90　　　　④ 135

|문|제|풀|이|

[단상 전파 정류회로] 직류출력 $E_d = 0.9E[V]$

여기서, E_d : 직류전압, E : 전원전압

$\therefore$ 직류출력 $E_d = 0.9E[V] = 0.9 \times 100 = 90[V]$

※[정류회로 방식의 비교]

종류	단상 반파	단상 전파	3상 반파	3상 전파
직류출력	$E_d = 0.45E$	$E_d = 0.9E$	$E_d = 1.17E$	$E_d = 1.35E$
맥동률[%]	121	48	17.7	4.04
정류효율	40.5	81.1	96.7	99.8
맥동주파수	f	$2f$	$3f$	$6f$

1. 단상 : 선 두 가닥, 3상 : 선 3가닥
2. 반파 : 다이오드 1개, 전파 : 다이오드 2개 이상

【정답】③

---

38. 그림은 동기기의 위상특성곡선을 나타낸 것이다. 전기자전류가 가장 작게 흐를 때의 역률은?

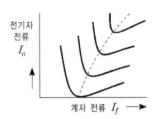

① 1　　　　② 0.9(진상)

③ 0.9(지상)　　　　④ 0

|문|제|풀|이|

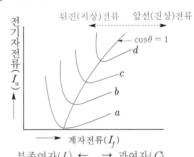

[위상특성곡선]

1. 여자전류(I_f)를 감소시키면 역률은 뒤지고 전기자전류는 증가한다.
　　　　　　　→ (부족여자 : 리액터(L)로 작용)
2. 여자전류(I_f)를 증가시키면 역률은 앞서고 전기자전류는 증가한다.
　　　　　　　→ (과여자 : 콘덴서(C))로 작용
3. V곡선에서 역률=1($\cos\theta = 1$)일 때 전기자전류가 가장 작게 흐른다.
【정답】①

39. SCR에서 gate 단자의 반도체는 일반적으로 어떤 형을 사용하는가?

① N형   ② P형

③ NP형   ④ PN형

|문|제|풀|이|

[SCR(Silicon Controlled Rectifier)]

SCR은 일반적으로 타입이 P-Gate 사이리스터이며 제어 전극인 게이트(G)가 캐소드(K)에 가까운 쪽의 P형 반도체 층에 부착되어 있는 3단자 단일 방향성 소자(pnpn 구조)이다.

【정답】②

40. 다음 중 전력 제어용 반도체 소자가 아닌 것은?

① LED   ② TRIAC

③ GTO   ④ IGBT

|문|제|풀|이|

[사이리스터(제어용 반도체 소자)의 종류]

방향성	단자	명칭	응용 예
단방향성 (역저지)	3단자	SCR	정류기 인버터
		LASCR	정지스위치 및 응용스위치
		GTO	초퍼 직류스위치
	4단자	SCS	2개의 게이트를 가진다.
양방향성	2단자	SSS	조광장치, 교류스위치
		DIAC	교류 제어용 소자
	3단자	TRIAC	조광장치, 교류스위치

※LED : 발광다이오드   【정답】①

41. 다음 중 단선의 브리타니아 직선 접속에 사용되는 것은?

① 조인트선   ② 파라핀선

③ 바인드선   ④ 에나멜선

|문|제|풀|이|

[브리타니아 단선 직선 접속] $10[mm^2]$ 이상의 굵은 단선 직선 접속법이다.

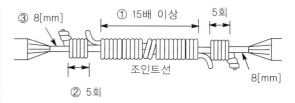

1. 두 심선의 접속 부분을 서로 겹치고, 심선 위에 약 120[mm] 길이의 첨선을 댄다.

2. 1[mm] 정도 되는 **조인트선**의 중간을 전선 접속 부분의 중간에 대고 2회 정도 성기게 감은 다음, 심선의 양쪽을 조밀하게 감는데, 감은 전체의 길이가 전선 직경의 15배 이상 되도록 한다.

3. 두 심선의 남은 끝을 각각 위로 세우고 양 끝의 조인트선을 본선에만 5회 정도 감고 첨선과 함께 꼬아서 8[mm] 정도 남기고 자른다.

4. 위로 세운 심선을 잘라 낸다.   【정답】①

42. 건조한 장소에 시설하는 진열장 안에 400[V] 미만인 저압 옥내배선 시 외부에서 보기 쉬운 곳에 사용하는 전선은 단면적이 몇 $[mm^2]$ 이상의 코드 또는 캡타이어케이블이어야 하는가?

① $0.75[mm^2]$ ② $1.25[mm^2]$

③ $2[mm^2]$ ④ $3.5[mm^2]$

|문|제|풀|이|

[저압 옥내배선의 사용전선] 진열장, 진열장 안에 $0.75[mm^2]$ **이상의 코드 또는 캡타이어 케이블이어야 한다.** 【정답】①

43. 단선의 접속에서 전선의 굵기가 $6[mm^2]$ 이하의 가는 전선을 직선 접속할 때 어떤 방법으로 하는가?

① 슬리브 접속   ② 우산형 접속

③ 트위스트 접속   ④ 브리타니아 접속

|문|제|풀|이|

[전선의 접속]

1. 트위스트 접속 : $6[mm^2]$ 이하의 가는 단선 직선 접속

2. 브리타니아 접속 : $10[mm^2]$ 이상의 굵은 단선 직선 접속

※144~145 [03 단선의 직선 접속] 참조   【정답】③

44. 나전선 등의 금속선에 속하지 않는 것은?

① 경동선(지름 12[mm] 이하의 것)

② 연동선

③ 동합금선(단면적 35[mm^2] 이하의 것)

④ 경알루미늄선(단면적 35[mm^2] 이하의 것)

|문|제|풀|이|

[금속선]

① 경동선(지름 12[mm] 이하의 것)

② 연동선

③ **동합금선(단면적 25[mm^2] 이하의 것)**

④ 경알루미늄선(단면적 35[mm^2] 이하의 것)　　【정답】③

45. 전선을 기구 단자에 접속할 때 진동 등의 영향으로 헐거워질 우려가 있는 경우에 사용하는 것은?

① 눌러 붙임 단자　　② 코드페스너

③ 십자머리 볼트　　④ 스프링와셔

|문|제|풀|이|

[스프링와셔] 진동이 있는 기계 기구의 단자에 전선을 접속할 때 진동을 완화하기 위해 스프링와셔를 사용한다. 스프링와셔를 사용함으로써 힘조절 실패를 방지할 수 있다.

※① 눌러 붙임 단자 : 눌러 붙임 단자는 전선끼리 또는 전선과 단자대를 전기적으로 접합할 때 사용되는 부품　　【정답】④

46. 마그네슘, 알루미늄, 티탄 등의 먼지가 많거나 또는 화약류의 가루가 전기설비 발화원이 되어 폭발할 우려가 있는 곳에 시설하는 저압 옥내전기설비의 시설방법으로 틀린 것은?

① 사용전압이 400[V] 이상인 방전등을 제외한다.

② 출퇴표시등 회로의 전선은 금속관 공사 또는 케이블 공사에 의한다.

③ 금속관 상호 간 및 관과 박스, 관과 전기기계 기구와는 5턱 이상 나사 조임으로 접속한다.

④ 캡타이어케이블을 사용할 수 있다.

|문|제|풀|이|

[먼지가 많은 장소에서의 저압의 시설]

1. 사용전압이 400[V] 이상인 방전 등을 제외한다.

2. 출퇴 표시등 회로의 전선은 금속관 공사 또는 케이블 공사(**캡타이어 케이블을 사용하는 것을 제외**한다)에 의할 것.

3. 관 상호 간 및 관과 박스 기타의 부속품·풀박스 또는 전기기계기구와는 5턱 이상 나사 조임으로 접속할 것.

【정답】④

47. 다음 중 박강전선관의 표준 굵기가 아닌 것은?

① 15[mm]　　② 25[mm]

③ 35[mm]　　④ 39[mm]

|문|제|풀|이|

[전선관의 굵기 및 호칭]

후강전선관	· 두께 2[mm] 이상의 전선관 · 안지름에 가까운 짝수로 호칭	
	굵기	16, 22, 28, 36, 42, 54, 70, 82, 92, 104[mm]
	길이	3.6[m] (※금속관 1본의 길이 : 3.6[m])
박강전선관	· 두께 1.1[mm] 이상의 얇은 전선관 · 바깥지름에 가까운 홀수로 호칭	
	굵기	15, 19, 25, 31, 39, 51, 63, 75[mm]
	길이	3.6[m]
알루미늄 전선관	바깥지름에 가까운 홀수로 호칭한다.	
	굵기	19, 25, 31, 3, 51, 63, 75[mm]

【정답】③

48. 다음 약호 중에서 MI가 나타내는 것은?

① 미네럴인슈레이션(MI)케이블

② 미네럴인서트(MI)케이블

③ 머지인슈레이션(MI)케이블

④ 머지인서트(MI)케이블

|문|제|풀|이|

[MI] 미네럴인슈레이션 케이블　　【정답】①

49. 후강전선관의 관 호칭은 (⊙) 크기로 정하여 (ⓒ)로 표시하는데 ⊙, ⓒ에 들어갈 내용으로 옳은 것은?

① ⊙ 안지름   ⓒ 홀수
② ⊙ 안지름   ⓒ 짝수
③ ⊙ 바깥지름   ⓒ 홀수
④ ⊙ 바깥지름   ⓒ 짝수

|문|제|풀|이|
[후강전선관] 후강전선관은 두께가 두꺼운 전선관으로 **관호칭은 안지름의 짝수로 표시**한다.   【정답】②

50. 600[V] 이하의 저압 회로에 사용하는 비닐절연 비닐외장케이블의 약칭으로 맞는 것은?

① VV   ② EV
③ FP   ④ CV

|문|제|풀|이|
[비닐절연비닐외장케이블의 약칭]
① VV : 600[V] 비닐절연비닐외장케이블
② EV : 폴리에틸렌절연비닐시스케이블
③ FP : 내화케이블
④ CV : 600[V] 가교폴리에틸렌절연비닐시스케이블
【정답】①

51. 부식성 가스 등이 있는 장소에 전기설비를 시설하는 방법으로 적합하지 않은 것은?

① 애자사용 배선 시 부식성 가스의 종류에 따라 절연전선인 DV전선을 사용한다.
② 애자사용 배선에 의한 경우에는 사람이 쉽게 접촉될 우려가 없는 노출장소에 한 한다.
③ 애자사용배선 시 부득이 나전선을 사용하는 경우에는 전선과 조영재와의 거리를 4.5[cm] 이상으로 한다.
④ 애자사용 배선 시 전선의 절연물이 상해를 받는 장소는 나전선을 사용할 수 있으며, 이 경우는 바닥 위 2.5[m]이상 높이에 시설한다.

|문|제|풀|이|
[애자공사]
1. **옥외용비닐절연전선(OW) 및 인입용비닐절연전선(DV)을 제외**한 절연전선을 사용할 것
2. 전선 상호간의 간격은 6[cm] 이상일 것
3. 전선과 조명재의 간격
　 －400[V] 미만은 2.5[cm] 이상
　 －400[V] 이상의 저압은 4.5[cm] 이상   【정답】①

52. 화약고 등의 위험장소의 배선공사에서 전로의 대지 전압은 몇 [V] 이하로 하도록 되어 있는가?

① 300   ② 400
③ 500   ④ 600

|문|제|풀|이|
[화약류 저장소에서 전기설비의 시설]
화약류 저장소 안에는 백열전등이나 형광등 또는 이에 전기를 공급하기 위한 공작물에 한하여 다음과 같이 시설할 수 있다.
1. 전로의 **대지전압은 300[V] 이하**일 것
2. 전기기계기구는 전폐형의 것일 것
3. 케이블을 전기기계기구에 인입할 때에는 인입구에서 케이블이 손상될 우려가 없도록 시설할 것   【정답】①

53. 전기 울타리의 시설에 관한 다음의 내용 중 틀린 것은?

① 수목 사이의 간격은 30[cm] 이상일 것
② 전선의 지름 2[mm] 이상의 경동선일 것
③ 전선과 이를 지지하는 기둥 사이의 간격은 2[cm] 이상일 것
④ 사용 전압은 250V] 이하 일 것

|문|제|풀|이|
[전기울타리 시설]
1. 전로의 사용전압은 250[V] 이하
2. 사람이 쉽게 출입하지 아니하는 곳에 시설할 것
3. 전선은 인장강도 1.38[kN] 이상의 것 또는 지름 2[mm] 이상의 경동선일 것
4. 전선과 이를 지지하는 **기둥 사이의 간격은 2.5[cm] 이상**일 것
5. 전선과 다른 시설물(가공 전선을 제외한다) 또는 수목과의 간격은 30[cm] 이상일 것   【정답】③

54. 접지극 공사방법에 대한 설명 중 바람직하지 못한 것은?

① 동판을 사용하는 경우에는 두께 0.7[mm]이상, 면적 $900[cm^2]$ 편면 이상이어야 한다.

② 동봉, 동피복강봉을 사용하는 경우에는 지름 8[mm] 이상, 길이 0.9[m] 이상이어야 한다.

③ 철봉을 사용하는 경우에는 지름 12[mm] 이상, 길이 0.9[m] 이상의 아연 도금한 것을 사용한다.

④ 접지선과 접지극을 접속하는 경우에는 납과 주석의 합금으로 땜하여 접속한다.

|문|제|풀|이|

[접지선의 접속]

1. 접지봉
    ㉠ 동봉, 동피복강봉 : 지름 8[mm], 길이 0.9[m] → (기본 동(구리))
    ㉡ 철봉 : 지름 12[mm], 길이 0.9[m] 이상의 아연도금을 한 것
2. 접지판
    ㉠ 동판 : 두께 0.7[mm], 넓이 $900[cm^2]$
    ㉡ 동복강판 : 두께 1.6[mm], 넓이 $250[cm^2]$
3. 접속
    ㉠ 동판단자 : 동테르 및 용접을 사용
    ㉡ 리드선 : 비닐 테이프

※납땜은 납피복 케이블 이외에는 허용하지 않는다.

【정답】④

55. 피뢰설비 공사에 대한 설명으로 옳지 않은 것은 무엇인가?

① 돌침부는 풍압하중에 견딜 수 있어야 한다.

② 피뢰도선에서 구리선의 단면적은 $20[mm^2]$ 이상 이어야 한다.

③ 접지극은 0.75[m] 이상으로 매설해야 한다.

④ 뇌서지 전류를 대지로 방전시키기 위한 접지를 설치해야 된다.

|문|제|풀|이|

[피뢰설비] 낙뢰의 재해를 방지하는 설비로서 접지극·피뢰도선과 돌침부로 구성되어 있는 피뢰침 설비와 접지극·피뢰도선과 용마루도체(등상도체)로 구성된 건축설비가 있으며, 건물의 높이가 20[m]를 초과하는 부분은 뇌격으로부터 보호하기 위해 피뢰침을 설치한다.

1. 건축물의 보호각도는 60도 이내(위험물저장소는 45도 이내)로 한다.
2. **피뢰도선의 굵기는 $30[mm^2]$ 이상**의 구리선으로 한다.
3. 접지저항치는 10[Ω] 이하로 한다. 단, 철근콘크리트 빌딩 등에서 건물기초의 접지저항치가 5[Ω] 이하일 때는 이것으로 대용할 수 있다. 【정답】②

56. 지중에 매설되어 있는 금속제 수도관로는 접지공사의 접지극으로 사용할 수 있다. 이때 수도관로는 대지와의 접지저항치가 얼마 이하이어야 하는가?

① 1[Ω] ② 2[Ω]

③ 3[Ω] ④ 4[Ω]

|문|제|풀|이|

[수도관 등의 접지극] 대지와의 사이에 전기저항값이 3[Ω] 이하인 값을 유지하는 건물의 철골 기타의 금속체 【정답】③

57. 고압 배전선에 주상변압기 2차 측에 실시하는 변압기 중성점접지공사의 접지저항값을 계산하는 식으로 옳은 것은? (단, 보호장치의 동작이 1~2초 이내)

① $R = \dfrac{150}{I_g}[\Omega]$ ② $R = \dfrac{300}{I_g}[\Omega]$

③ $R = \dfrac{600}{I_g}[\Omega]$ ④ $R = \dfrac{750}{I_g}[\Omega]$

|문|제|풀|이|

[변압기 중성점 접지의 접지저항]

1. 특별한 보호 장치가 없는 경우 : $R = \dfrac{150}{I_g}[\Omega]$

2. 보호 장치의 동작이 1~2초 이내 : $R = \dfrac{300}{I_g}[\Omega]$

3. 보호 장치의 동작이 1초 이내 : $R = \dfrac{600}{I_g}[\Omega]$

여기서, I_g : 1선지락전류   【정답】②

58. 가공전선로의 지지물에 시설하는 지지선의 안전율은 얼마 이상 이어야 하는가?

① 3.5 ② 3.0

③ 2.5 ④ 1.0

|문|제|풀|이|
[가공전선로의 지지물에 시설하는 지지선]

1. **지지선의 안전율은 2.5 이상** 일 것(목주, A종 경우 1.5), 허용인장하중의 최저는 4.31[KN]으로 한다.
2. 지지선에 연선을 사용할 경우에는
   · 소선은 3가닥 이상의 연선일 것
   · 소선의 지름이 2.6[mm] 이상의 금속선을 사용한 것이거나 소선의 지름이 2[mm] 이상인 아연도강연선으로서 소선의 인장강도 6.8[KN/mm^2] 이상인 것을 사용하는 경우는 그러하지 아니하다.
   · 지중의 부분 및 지표상 30[cm]까지의 부분에는 내식성이 있는 것 또는 아연 도금한 철봉을 사용한다.

※[주요 안전율]
1.33 : 이상시 상정하중 철탑의 기초   1.5 : 케이블트레이, 안테나
2.0 : 기초 안전율   2.2 : 경동선/내열동 합금선
2.5 : 지선, ACSD, 기타 전선   【정답】③

59. 다음 중 사람이 통행하는 터널 안 전선로의 시설 방법 중 틀린 것은 무엇인가?

① 저압일 경우 전선은 지름 2.6[mm] 이상의 경동선의 절연전선
② 레일면상 또는 노면상 2.2[m] 이상으로 한다.
③ 저압 배선을 케이블공사로 한다.
④ 전선은 인장강도 2.30[kN] 이상의 절연전선

|문|제|풀|이|
[사람이 통행하는 터널 내의 전선]

저압	① 전선 : 인장강도 2.30[kN] 이상의 절연전선 또는 지름 2.6[mm] 이상의 경동선의 절연전선 ② 설치 높이 : 레일면상 또는 **노면상 2.5[m] 이상** ③ 케이블 공사
고압	전선 : 케이블공사 　(특고압전선은 시설하지 않는 것을 원칙으로 한다.)

【정답】②

60. 형광등 용 안정기의 약호로 옳은 것은?

① F ② H

③ N ④ M

|문|제|풀|이|
[형광등[F]]

1. 용량을 표시하는 경우는 램프의 크기(형)×램프수로 표시한다. 또 용량 앞에 F를 붙인다. 【보기】F32, F32×2
2. 용량 외에 기구수를 표시하는 경우는 램프의 크기(형)×램프수-기구 수로 표시한다. 【보기】F32×2-3 (형광등 32[W] 2등용 등기구 3개)

※② H : 수은등 　③ N : 나트륨등
④ M : 메탈 할라이드등 　【정답】①

01. 히스테리시스 곡선의 횡축과 종축은 어느 것을 나타내는가?

① 자기장의 크기와 자속밀도
② 투자율과 자속밀도
③ 투자율과 잔류자기
④ 자기장의 크기와 보자력

|문|제|풀|이|

[히스테리시스 곡선 (B-H 곡선)]

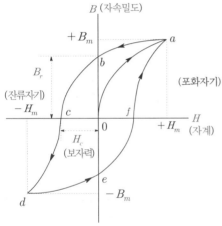

1. 히스테리시스 곡선이 **종축(자속밀도)**과 만나는 점은 **잔류자기**(잔류 자속밀도(B_r))

2. 히스테리시스 곡선이 **횡축(자계의 세기)**과 만나는 점은 **보자력(H_c)**를 표시한다.　　　　【정답】①

02. 전기자저항 0.1[Ω], 전기자전류 104[A], 유도기전력 110.4[V]인 직류 분권발전기의 단자전압은 몇 [V]인가?

① 98
② 100
③ 102
④ 105

|문|제|풀|이|

[직류 분권발전기의 단자전압] $V = E - R_a I_a [V]$

$\rightarrow$ (유기기전력 $E = V + I_p R_a [V]$)

여기서, I_a : 전기자전류, R_a : 전기자저항, E : 유기기전력
　　　　V : 단자전압

∴단자전압 $V = E - R_a I_a = 110.4 - 0.1 \times 104 = 100[V]$
　　　　　　　　　　　　　　　　　　　　【정답】②

03. 다음 중 단상 유도전동기의 기동방법 중 기동토크가 가장 큰 것은?

① 분상기동형
② 반발유도형
③ 콘덴서기동형
④ 반발기동형

|문|제|풀|이|

[단상 유도전동기의 토크] 단상 유도전동기의 기동토크가 큰 것부터 배열하면 다음과 같다.

반발기동형 > 반발유도형 > 콘덴서기동형 > 분상기동형 > 세이딩 코일형(또는 모노 사이클릭 기동형)　　　【정답】④

04. 고압 전로에 지락사고가 생겼을 때 지락전류를 검출하는데 사용하는 것은?

① CT
② ZCT
③ MOF
④ PT

|문|제|풀|이|

[ZCT(영상 변류기)] 지락사고 시 지락전류(영상전류)를 검출
① CT(계기용 변류기) : 회로의 1차 측의 대전류를 2차 측의 소전류(5[A])로 변성하여 계기나 계전기에 전류원 공급
③ MOF(계기용 변압 변류기, 계기용 변성기) : 계기용 변압기와 변류기를 조합한 것으로 전력 수급용 전력량을 측정하기 위하여 사용된다.
④ 계기용 변압기(PT) : 1차 측의 고전압을 2차 측의 저전압(110[V])으로 변성하여 계기나 계전기에 전압원 공급
　　　　　　　　　　　　　　　　　　　　【정답】②

05. 평균 반지름 10[cm]이고 감은 횟수 10회의 원형코 일에 20[A]의 전류를 흐르게 하면 코일 중심의 자기장의 세기는 몇 [AT/m]인가?

① 10[AT/m]　　　② 20[AT/m]

③ 1000[AT/m]　　④ 2000[AT/m]

|문|제|풀|이|

[원형코일 중심의 자기장의 세기]

$$H = \frac{NI}{2r} [AT/m]]$$

여기서, N : 권수, I : 전류, r : 반지름(m)

∴ 자기장의 세기 $H = \dfrac{NI}{2r} = \dfrac{10 \times 20}{2 \times 10 \times 10^{-2}} = 1000[AT/m]$

※환상코일 중심의 자기장의 세기

$H = \dfrac{NI}{l} = \dfrac{NI}{2\pi a} [AT/m]$

(a : 반지름, l : 자로(자속의 통로)의 길이[m])　　**【정답】③**

---

06. 물질에 따라서 자석에 아무런 반응도 보이지 않는 물체를 무엇이라고 하는가?

① 반자성체　　　② 상자성체

③ 비자성체　　　④ 가역성체

|문|제|풀|이|

[자성체]

1. 상자성체 : 인접 영구자기 쌍극자의 방향이 규칙성이 없는 재질, 알루 미늄(Al), 망간(Mn), 백금(Pt), 주석(Sn), 산소(O_2), 질소(N_2) 등

     ↓ 자화되는 물체

 | N | | s n | | S |

2. 반(역)자성체 : 영구자기 쌍극자가 없는 재질, 비스무트(Bi), 탄소(C), 규소(Si), 납(Pb), 아연(Zn), 황(S), 구리(Cu), 물 (H_2O), 안티몬(Sb) 등

     ↓ 자화되는 물체

 | N | | n s | | S |

3. 가역성체 : 모양은 변하나 본질은 변하지 않는 물체

4. 비자성체 : 물질에 따라서 자석에 아무런 반응도 보이지 않는 물체　　**【정답】③**

---

07. 단상 유도전동기의 정회전 슬립이 s이면 역회전 슬립은 어떻게 되는가?

① 1−s　　　② 2−s

③ 1+s　　　④ 2+s

|문|제|풀|이|

[유도 전동기의 상대속도 및 역회전 시 슬립] $s' = 2 - s$

1. 상대속도 $N_s - N = sN_s$

2. 역회전시 슬립 $s' = \dfrac{N_s - (-N)}{N_s}$

여기서, N_s : 동기속도, N : 회전속도, s : 슬립

$s' = \dfrac{N_s - (-N)}{N_s} = \dfrac{N_s + N}{N_s} = \dfrac{N_s + (N_s - sN_s)}{N_s}$

         → $(N = N_s - sN_s)$

$= \dfrac{2N_s - sN_s}{N_s} = \dfrac{N_s(2 - s)}{N_s} = (2 - s)$　　**【정답】②**

---

08. 변압기 내부고장에 대한 보호용으로 가장 많이 사용되는 계전기는?

① 과전류 계전기　　② 압력 계전기

③ 비율차동 계전기　④ 임피던스 계전기

|문|제|풀|이|

[차동(비율차동)계전기] 변압기의 양쪽 전류 차이에 의해 동작 하는 계전기로 **변압기 내부 고장 보호**에 사용

① 과전류 계전기 : 용량이 작은 변압기의 단락 보호용으로 주 보호 방식으로 사용

② 압력계전기 : 변압기 내부 사고 시 가스 발생으로 충격성의 이상 압력 상승이 생기므로 이 압력 상승을 바로 검출 및 차단

④ 임피던스 계전기 : 거리 계전기로, 동작 임계 전압은 임피던스의 절대값 에만 관계하고 임피던스의 위상각에는 본질적으로 관계가 없는 것

※거리계전기 : 송전선에 사고가 발생했을 때 고장 구간의 전류를 차단하는 작용을 하는 계전기　　**【정답】③**

09. 유도전동기에서 슬립이 0이란 것은 어느 것과 같은가?

① 유도전동기가 동기속도로 회전한다.

② 유도전동기가 정지 상태이다.

③ 유도전동기가 전부하 운전 상태이다.

④ 유도제동기의 역할을 한다.

|문|제|풀|이|

[슬립] 전동기의 속도 N[rpm]와 동기속도 N_s[rpm]의 속도차를 N_s에 대한 비율을 슬립(slip)이라 한다.

슬립 $s = \dfrac{N_s - N}{N_s}$ → (s의 범위는 $0 \leqq s \leqq 1$ 이다.)

1. $s = 1$이면 N=0이어서 전동기가 정지 상태

2. $s = 0$이면 $N = N_s$가 되어 **전동기가 동기속도로 회전**하며, 이 경우는 이상적인 무부하 상태이다. 【정답】①

10. 고압 가공전선이 도로를 횡단하는 경우 전선의 지표상 높이는 몇 [m] 이상으로 시설하여야 하는가?

① 4[m]　　　② 6[m]

③ 8[m]　　　④ 10[m]

|문|제|풀|이|

[저압 및 고압 가공전선의 높이]

구분	높이
도로 횡단	지표상 6[m] 이상
철도, 궤도 횡단	궤조면상 6.5[m] 이상
횡단보도교 위	노면상 3.5[m] 이상
일반 장소	지표상 5[m] 이상

【정답】②

11. 동기전동기의 자기기동에서 계자권선을 단락하는 이유는?

① 기동이 쉽다.

② 기동권선으로 이용한다.

③ 고전압의 유도를 방지한다.

④ 전기자반작용을 방지한다.

|문|제|풀|이|

[동기전동기 자기기동법] 제동권선을 기동권선으로 하여 기동토크를 얻는 방법이다. 보통 기동 시에는 계자권선 중에 **고전압이 유도**되어 절연을 파괴하므로 방전저항을 접속하여 단락 상태로 기동한다. 【정답】③

12. 지지선의 중간에 넣는 애자는?

① 저압 핀애자　　② 구형애자

③ 인류애자　　　④ 내장애자

|문|제|풀|이|

[애자의 종류]

① 저압 핀애자 : 선로의 직선주에 사용

② 구형애자 : **지지선의 중간에 넣어** 감전으로부터 보호한다.

③ 인류애자 : 선로의 끝부분에 인류하는 곳에 사용

④ 내장애자 : 내장 부위에 사용되는 애자로, 전선의 방향으로 설비되어 전선의 장력을 지지한다. 【정답】②

13. 동기발전기의 돌발단락전류를 주로 제한하는 것은?

① 누설리액턴스　　② 역상리액턴스

③ 동기리액턴스　　④ 권선저항

|문|제|풀|이|

[누설리액턴스] 전기적 반작용에 의한 순간적인 **돌발단락 시 전류를 제한**하는 것은 누설리액턴스이다.

※영구 단락전류 억제 : 동기리액턴스 【정답】①

14. 선택지락계전기의 용도를 옳게 설명한 것은?

① 단일회선에서 접지전류의 대소의 선택

② 단일회선에서 접지전류의 방향의 선택

③ 단일회선에서 접지사고 지속시간의 선택

④ 다회선에서 접지고장 회선의 선택

|문|제|풀|이|

[선택지락계전기(SGR)] **병행 2회선 이상 송전선로**에서 한쪽의 1회선에 지락사고가 일어났을 경우 이것을 검출하여 고장 회선만을 선택 차단할 수 있는 계전기 【정답】④

15. 폭연성 먼지 또는 화약류의 가루가 전기설비 발화원이 되어 폭발할 우려가 있는 곳에 시설하는 저압 옥내전기설비의 저압 옥내배선 공사는?

① 금속관 공사   ② 합성수지관 공사

③ 가요전선관 공사   ④ 애자공사

|문|제|풀|이|

[먼지 위험장소 공사]

1. **폭연성 먼지** : 설비를 **금속관 공사 또는 케이블 공사**(캡타이어 케이블 제외)

2. 가연성 먼지 : 합성수지관 공사, 금속관 공사, 케이블 공사(합성수지관과 전기기계기구는 관 상호간 및 박스와는 관을 삽입하는 깊이를 관의 바깥지름의 1.2배(접착제를 사용하는 경우에는 0.8배) 이상

3. 5턱 이상 나사 조임

【정답】①

---

16. 전선과 기구 단자 접속 시 나사를 덜 죄었을 경우 발생할 수 있는 위험과 거리가 먼 것은?

① 누전   ② 화재 위험

③ 과열 발생   ④ 저항 감소

|문|제|풀|이|

[전선의 접속] 전선과 기구 단자 접속 시 나사를 덜 죄었을 경우 발생할 수 있는 위험으로 **전기저항 증가**로 인한 **과열 및 화재**, **누설전류 발생** 등이 일어난다. 【정답】④

---

17. 서로 다른 종류의 안티몬과 비스무트의 두 금속을 접합하여 여기에 전류를 통하면, 줄열 외에 그 접점에서 열의 발생 또는 흡수가 일어난다. 이와 같은 현상은?

① 펠티에 효과   ② 제벡효과

③ 제3금속의 법칙   ④ 열전효과

|문|제|풀|이|

[펠티에효과] 두 종류 금속 접속면에 전류를 흘리면 **접속점에서 열의 흡수·발생이 일어나는 효과**

※② 제벡효과 : 서로 다른 두 종류의 금속선을 접합하여 폐회로를 만든 후 두 접합점의 온도를 달리하였을 때, 폐회로에 열기전력이 발생하여 열전류가 흐르게 된다.

③ 제3금속의 법칙 : 금속 A와 B로 만든 열전쌍과 접점 사이에 임의의 금속 C를 연결해도 C의 양 끝의 접점의 온도를 똑같이 유지하면 회로의 열기전력은 변화하지 않는다.

---

④ 열전효과 : 제벡효과, 펠티에효과, 톰슨효과의 세 가지 열과 전기의 상관현상을 총칭하여 열전효과라 한다. 【정답】①

---

18. 직류전동기의 전기자에 가해지는 단자전압을 변화하여 속도를 조정하는 제어법이 아닌 것은?

① 워드레오나드 방식   ② 일그너 방식

③ 직·병렬제어   ④ 계자제어

|문|제|풀|이|

[직류 전동기의 속도 제어]

구분	제어 특성	특징
계자제어법	**계자전류의 변화**에 의한 자속의 변화로 속도 제어	속도 제어 범위가 좁다.
전압제어법	·**공급전압 V를 변화** ·정토크 제어 －워드 레오나드 방식 －일그너 방식	·제어 범위가 넓다. ·손실이 적다. ·정역운전 가능 ·설비비 많이 듬
저항제어법	전기자 회로의 **저항 변화**에 의한 속도 제어법	효율이 나쁘다.

③ 직·병렬 제어 : 주전동기의 **단자전압을 변화**시켜 차량의 속도 제어를 하는 방법 【정답】④

---

19. 3상유도전동기의 원선도를 그리는데 필요하지 않은 것은?

① 저항 측정   ② 무부하시험

③ 구속시험   ④ 슬립 측정

|문|제|풀|이|

[원선도 작성에 필요한 시험]

1. 무부하시험 : 무부하의 크기와 위상각 및 철손

2. 구속시험(단락시험) : 단락전류의 크기와 위상각

3. 저항 측정 시험 : 2차동손

|참|고|

[원선도에서 구할 수 있는 것과 없는 것]

구할 수 있는 것	구할 수 없는 것
·최대 출력 ·조상설비 용량 ·송수전 효율 ·수전단 역율	·기계적 출력 ·기계손(풍손+마찰손)

【정답】④

20. 저압 이웃 연결 인입선의 시설과 관련된 설명으로 틀린 것은?

① 옥내를 통과하지 아니할 것

② 전선의 굵기는 $1.5[mm^2]$ 이하 일 것

③ 폭 5[m]를 넘는 도로를 횡단하지 아니할 것

④ 인입선에서 분기하는 점으로부터 100[m]를 넘는 지역에 미치지 아니할 것

|문|제|풀|이|

[저압 이웃 연결(연접) 인입선 시설]

1. 전선은 절연전선 또는 케이블일 것.

2. 전선이 케이블인 경우 이외에는 인장강도 2.30[kN] 이상의 것 또는 **지름 2.6[mm] 이상**의 인입용 비닐절연전선일 것. 다만, 지지물 간 거리가 15[m] 이하인 경우는 인장강도 1.25[kN] 이상의 것 또는 지름 2[mm] 이상의 인입용 비닐절연전선일 것.

3. 인입선에서 분기하는 점으로부터 100[m]를 초과하는 지역에 미치지 아니할 것

4. 폭 5[m]를 초과하는 도로를 횡단하지 아니할 것

5. 옥내를 통과하지 아니할 것

※이웃 연결(연접) 인입선 : 한 수용 장소의 인입선에서 분기하여 지지물을 거치지 않고 다른 수용 장소의 인입구에 이르는 부분의 전선 　【정답】②

21. 절연전선으로 가선된 배전선로에서 활선 상태인 경우 전선의 피복을 벗기는 것은 매우 곤란한 작업이다. 이런 경우 활선 상태에서 전선의 피복을 벗기는 공구는?

① 전선 피박기　　② 애자커버

③ 와이어 통　　④ 데드엔드 커버

|문|제|풀|이|

[전선 피박기] 활선 상태에서 전선의 피복을 벗기는 기구

② 애자커버 : 활선작업 시 특고핀이나 라인포스트애자 절연을 통해 작업자의 부주의로 전선에 접촉되어도 감전사고가 발생하지 않는 절연 덮개

③ 와이어통 : 활선을 움직이거나 작업권 밖으로 밀어 낼 때 또는 활선을 다른 장소로 옮길 때 사용하는 활선 공구

④ 데드엔드 커버 : 가공 배전선전로에서 활선 작업 시 작업자가 현수애자 등에 접촉하여 발생하는 안전사고 예방을 위해 전선 작업 개소의 애자 등의 충전부를 방호하기 위한 절연 커버이다.

【정답】①

22. 1대의 출력이 100[kVA]인 단상 변압기 2대로 V결선하여 3상 전력을 공급할 수 있는 최대전력은 몇 [kVA] 인가?

① 100　　② $100\sqrt{2}$

③ $100\sqrt{3}$　　④ 200

|문|제|풀|이|

[변압기 V결선]

1. 단상 변압기 3대로 $\triangle - \triangle$결선 운전 중 1대의 변압기 고장 시 V-V결선으로 운전된다.

2. V결선 시 변압기용량(2대의 경우) $P_v = \sqrt{3}\,P_1$

　　　→ (P_1는 변압기 한 대의 용량)

$\therefore P_v = \sqrt{3}\,P_1 = 100\sqrt{3}\,[kVA]$

※$P_\triangle = 3P_1$　　【정답】③

23. 220[V]용 100[W] 전구와 200[W] 전구를 직렬로 연결하여 220[V]의 전원에 연결하면?

① 두 전구의 밝기가 같다.

② 100[W]의 전구가 더 밝다.

③ 200[W]의 전구가 더 밝다.

④ 두 전구 모두 안 켜진다.

|문|제|풀|이|

[소비전력] $P = I^2 R = \dfrac{V^2}{R}[W]$

1. 소비전력 $P = \dfrac{V^2}{R}$ 에서

· 100[W] 일 때의 저항 $R_{100} = \dfrac{V^2}{P} = \dfrac{220^2}{100} = 484[\Omega]$

· 200[W] 일 때의 저항 $R_{200} = \dfrac{V^2}{P} = \dfrac{220^2}{200} = 242[\Omega]$

2. 직렬연결이므로 전류는 일정하다.
이때 소비전력은 $P = I^2 R$이므로 소비전력과 저항은 비례한다.
따라서 **저항이 큰 쪽이 소비전력이 많아 더 밝다.**

【정답】②

24. 3상 동기전동기 자기기동법에 관한 사항 중 틀린 것은?

① 기동토크를 적당한 값으로 유지하기 위하여 변압기 탭에 의해 정격전압의 80[%] 정도로 저압을 가해 기동을 한다.

② 기동토크는 일반적으로 적고 전부하토크의 40~60[%] 정도이다.

③ 제동권선에 의한 기동토크를 이용하는 것으로 제동권선은 2차권선으로서 기동토크를 발생한다.

④ 기동할 때에는 회전자속에 의하여 계자권선 안에는 고압이 유도되어 절연을 파괴할 우려가 있다.

|문|제|풀|이|

[동기전동기 자기기동법] 기동토크를 적당한 값으로 유지하기 위하여 변압기 탭에 의해 **정격전압의 30~50[%] 정도로 저압**을 가해 기동을 한다. 【정답】①

25. 플로어덕트공사의 설명 중 옳지 않은 것은?

① 덕트 상호 및 덕트와 박스 또는 인출구와 접속은 견고하고 전기적으로 완전하게 접속하여야 한다.

② 덕트의 끝 부분을 막는다.

③ 덕트 및 박스 기타 부속품은 물이 고이는 부분이 없도록 시설 하여야 한다.

④ 플로어덕트는 접지공사를 생략할 수 있다.

|문|제|풀|이|

[플로어덕트공사]

1. 전선은 절연전선(옥외용 비닐 절연전선을 제외)일 것
2. 전선은 연선일 것. 다만, 단면적 $10[mm^2]$(알루미늄선은 단면적 $16[mm^2]$) 이하인 것은 그러하지 아니하다.
3. 플로어덕트 안에는 전선에 접속점이 없도록 할 것. 다만, 전선을 분기하는 경우에 접속점을 쉽게 점검할 수 있을 때에는 그러하지 아니하다.
4. 덕트는 kec140에 준하는 접지공사를 할 것
【정답】④

26. 자기인덕턴스가 각각 L_1, L_2[H]의 두 원통 코일이 서로 직교하고 있다. 두 코일간의 상호인덕턴스는?

① $L_1 + L_2$ 　② $L_1 \times L_2$

③ 0 　④ $\sqrt{L_1 L_2}$

|문|제|풀|이|

[두 코일 간의 상호인덕턴스] $M = k\sqrt{L_1 L_2}[H]$
여기서, k : 결합계수
직교(= 교차 = 90°) 시 $k = 0$이므로 $M = 0 \times \sqrt{L_1 L_2} = 0$

#결합계수(k)

1. 양 코일 간에 누설자속이 있으면 k값은 0 < k < 1의 범위
2. 누설자속이 없으면 k=1
3. 코일이 직교(교차)일 경우 k=0 【정답】③

27. 단선의 접속에서 전선의 굵기가 $6[mm^2]$ 이하의 가는 전선을 직선 접속할 때 어떤 방법으로 하는가?

① 슬리브 접속 　② 우산형 접속

③ 트위스트 접속 　④ 브리타니아 접속

|문|제|풀|이|

[전선의 접속]

1. **트위스트 접속** : $6[mm^2]$ **이하**의 가는 단선 직선 접속
2. 브리타니아 접속 : $10[mm^2]$ 이상의 굵은 단선 직선 접속

※144~145페이지 [03 단선의 직선 접속] 참조 【정답】③

28. 변압기 절연내력 시험 중 권선의 층간 절연시험은?

① 충격전압시험 　② 무부하시험

③ 가압시험 　④ 유도시험

|문|제|풀|이|

[변압기 절연내력 시험] 절연 내력 시험에는 가압시험, 충격전압시험, 유도시험, 오일의 절연파괴전압시험 등이 있다. 이중 **권선의 층간 절연시험은 유도시험**이다.

① 충격전압 시험 : 충격 전압에 의한 내전압, 불꽃방전전압, 절연 파괴 시험의 총칭이다.

② 무부하 시험 : 무부하 운전에 의한 시험을 말하며, 무부하손을 측정할 수 있다. 【정답】④

29. 가우스의 정리는 무엇을 구하는 데 사용하는가?

① 자장의 세기   ② 자위

③ 전장의 세기   ④ 전위

|문|제|풀|이|

[가우스의 정리] 폐곡면 내의 전 전하에 대해 폐곡면을 통과하는 **전기력선의 수 또는 전속과의 관계**를 수학적으로 표현한 식을 가우스 정리라고 한다.

1. 모든 폐곡면에서 나가는 전기력선의 수는 그 폐곡면에 포함된 전하의 총합의 $\dfrac{1}{\epsilon}$

$$\int_s E \cdot dS = \frac{Q}{\epsilon_0} \quad \rightarrow \text{적분형}$$

여기서, E : 전계(전장)의 세기

2. 임의 점에서 전기력선의 발산량은 그 점에서의 체적 전하밀도의 $\dfrac{1}{\epsilon_0}$

$$\text{div} E = \nabla \cdot E = \frac{\rho}{\epsilon_0} \quad \rightarrow \text{미분형} \qquad \text{【정답】③}$$

30. 다음 중 박강전선관의 표준 굵기가 아닌 것은?

① 16[mm]   ② 19[mm]

③ 25[mm]   ④ 39[mm]

|문|제|풀|이|

[전선관의 굵기 및 호칭]

후강전선관	· 두께 2[mm] 이상의 전선관 · 안지름에 가까운 짝수로 호칭	
	굵기	16, 22, 28, 36, 42, 54, 70, 82, 92, 104[mm]
	길이	3.6[m] (※금속관 1본의 길이 : 3.6[m])
박강전선관	· 두께 1.1[mm] 이상의 얇은 전선관 · 바깥지름에 가까운 **홀수**로 호칭	
	굵기	15, 19, 25, 31, 39, 51, 63, 75[mm]
	길이	3.6[m]
알루미늄 전선관	바깥지름에 가까운 홀수로 호칭한다.	
	굵기	19, 25, 31, 3, 51, 63, 75[mm]

【정답】①

31. 동기임피던스 5[Ω]인 2대의 3상 동기발전기의 유도기전력에 100[V]의 전압 차이가 있다면 무효순환전류[A]는?

① 10[A]   ② 15[A]

③ 20[A]   ④ 25[A]

|문|제|풀|이|

[동기발전기의 무효순환전류] $I_c = \dfrac{E_1 - E_2}{2Z_s} = \dfrac{E_r}{2Z_s}[A]$

$$\therefore I_c = \frac{E_r}{2Z_s} = \frac{100}{2 \times 5} = 10[A] \qquad \text{【정답】①}$$

32. 흥행장의 저압 공사에서 잘못된 것은?

① 무대용의 콘센트 박스, 플라이덕트 및 보더라이트의 금속제 외함에는 접지를 하여야 한다.

② 무대 마루 밑 오케스트라 박스 및 영사실의 전로에는 전용 개폐기 및 과전류 차단기를 시설할 필요가 없다.

③ 플라이덕트는 조영재 등에 견고하게 시설하여야 한다.

④ 플라이덕트 내의 전선을 외부로 인출할 경우는 제1종 캡타이어 케이블을 사용한다.

|문|제|풀|이|

[특수 장소의 공사(개폐기 및 과전류 차단기)]

1. 무대, 무대마루 밑, 오케스트라 박스 및 영사실의 전로에는 전용 **개폐기 및 과전류 차단기를 시설**하여야 한다.

2. 무대용의 콘센트 박스, 플라이덕트 및 보더라이트의 금속제 외함에는 접지공사를 하여야 한다.

3. 비상 조명을 제외한 조명용 분기회로 및 정격 32[A] 이하의 콘센트용 분기회로는 정격 감도 전류 30[mA] 이하의 누전차단기로 보호하여야 한다. 　　　　　　　　【정답】②

33. 어드미턴스의 실수부는 무엇이라 하는가?

① 임피던스 　　② 컨덕턴스

③ 리액턴스 　　④ 서셉턴스

|문|제|풀|이|
[교류회로]
1. 직렬회로
- 임피던스 $Z = Z_1 + Z_2 + Z_3 + \cdots + Z_n$
$$= (R_1 + R_2 + \cdots + R_n) + j(X_1 + X_2 + \cdots + X_n)$$
$$= R + jX \quad \rightarrow \text{(R : 저항, X : 리액턴스)}$$
- 역률 $\cos\theta = \dfrac{R}{Z} = \dfrac{R}{\sqrt{R^2 + X^2}}$

2. 병렬회로
- 어드미턴스 $Y = Y_1 + Y_2 + \cdots + Y_n$
$$= (G_1 + G_2 + \cdots + G_n) + j(B_1 + B_2 + \cdots + B_n)$$
$$= G + jB \quad \rightarrow \text{(G : 컨덕턴스, B : 서셉턴스)}$$
- 역률 $\cos\theta = \dfrac{G}{Y} = \dfrac{X}{\sqrt{R^2 + X^2}}$ 　　【정답】②

34. 연선 분기접속은 접속선을 브리타니나 접속과 소선 자체를 이용하여 접속하는 방법이 있는데 다음 중 소선자체를 이용하는 방법이 아닌 것은?

① 단권분기 접속 　　② 복권분기 접속

③ 직권분기 접속 　　④ 분할분기 접속

|문|제|풀|이|
[전선의 접속] 연선 분기 접속을 브리타니나 접속으로 할 경우 종류는 다음에 의한다.
1. 분권분기 접속 : 첨선과 접속선을 이용한 접속 방법
2. 단권분기 접속 : 소선 자체를 이용한 접속 방법
3. 복권분기 접속 : 소선을 분할하여 주어진 소선을 이용하여 감는 방법
4. 분할분기 접속 : 첨선과 접속선을 이용한 분할 접속 방법
　　【정답】③

35. 설치 면적과 설치비용이 많이 들지만 가장 이상적이고 효과적인 진상용 콘덴서 설치 방법은?

① 수전단 모선에 설치

② 수전단 모선과 부하 측에 분산하여 설치

③ 부하 측에 분산하여 설치

④ 가장 큰 부하 측에만 설치

|문|제|풀|이|
[전력용 콘덴서(진상용 콘덴서)의 설치 방법]
1. 부하 전원 측에 설치하는 방법
2. 부하와 병렬로 일괄해서 설치하는 방식(모선설치)
3. 부하 끝부분에 설치하는 방식
　　이들 중 **부하 측에 분산하여 설치**방법의 장점으로는 전력손실의 저감, 전체의 역률을 일정하게 유지할 수 있어 가장 이상적이다. 반면, 단점으로는 콘덴서 이용률이 저하하고 설치비용이 많이 든다는 것이다.
[전력용 콘덴서(진상용 콘덴서)의 설치 목적]
1. 전력손실 감소
2. 전압강하(율) 감소
3. 수용가의 전기요금
4. 변압기설비 여유율 증가
5. 부하의 역률 개선
6. 공급설비의 여유 증가, 안정도 증진 　　【정답】③

36. 자연 공기 내에서 개방할 때 접촉자가 떨어지면서 자연 소호되는 방식을 가진 차단기로 저압의 교류 또는 직류차단기로 많이 사용되는 것은?

① 유입차단기 　　② 자기차단기

③ 가스차단기 　　④ 기중차단기

|문|제|풀|이|
[소호원리에 따른 차단기의 종류]
1. 기중차단기(ACB) : **대기 중**에서 아크를 길게 해서 소호실에서 냉각 차단, 소형 경량화가 장점이며 **저압용 차단기**로 사용
2. 유입차단기(OCB) : 소호실에서 아크에 의한 절연유 분해 가스의 열전도 및 압력에 의한 높은 압력과 가스를 만들어 차단
3. 자기차단기(MBB) : 대기중에서 전자력을 이용하여 아크를 소호실 내로 유도해서 냉각 차단
4. 가스차단기(GCB) : 고성능 절연 특성을 가진 특수 가스(SF_6)를 이용해서 차단
5. 진공차단기(VCB) : 진공 중에서 전자의 고속도 확산에 의해 차단
6. 공기차단기(ABB) : 압축된 공기를 아크에 불어 넣어서 차단
　　【정답】④

37. 다음 기호 중 DIAC의 기호는?

|문|제|풀|이|

[정류기 및 정류회로]

② TRIAC   ③ SCR   ④ UJT

【정답】①

※127~129페이지 [04 사이리스터(SCR) 구조 및 동작] 참조

38. 분전반 및 배전반은 어떤 장소에 설치하는 것이 바람직한가?

① 전기회로를 쉽게 조작할 수 있는 장소

② 개폐기를 쉽게 개폐할 수 없는 장소

③ 은폐된 장소

④ 이동이 심한 장소

|문|제|풀|이|

[배전반 설치 장소]

1. 습기가 없고 조작 및 유지보수가 용이한 노출된 장소
2. 취급자 이외의 사람이 쉽게 출입할 수 없는 장소
3. 전기회로를 쉽게 조작할 수 있는 장소
4. 개폐기를 쉽게 개폐할 수 있는 장소

【정답】①

39. 다음 중 자기저항에 영향을 미치는 성질이 아닌 것은?

① 길이   ② 면적

③ 투자율   ④ 전류

|문|제|풀|이|

[자기저항] $R_m = \dfrac{l}{\mu A}[AT/Wb]$

여기서, l : 길이, A : 단면적, μ : 투자율

따라서 길이 l에 비례하고 단면적 A와 투자율 μ에 반비례한다.

【정답】④

40. R_1과 R_2가 병렬연결이고 전체전류 I가 흐르고 있을 때, R_2에 흐르는 전류 I_2는 얼마인가?

① $\dfrac{R_2}{R_1 + R_2}I$ ② $\dfrac{R_1}{R_1 + R_2}I$

③ $\dfrac{R_1 + R_2}{R_2}I$ ④ $\dfrac{R_1 + R_2}{R_1}I$

|문|제|풀|이|

[병렬 시의 합성저항]

1. $R = \dfrac{1}{\dfrac{1}{R_1} + \dfrac{1}{R_2}} = \dfrac{R_1 \times R_2}{R_1 + R_2}[\Omega]$

2. $V = I \times R = I \times \dfrac{R_1 \times R_2}{R_1 + R_2}[V]$

$\therefore I_2 = \dfrac{V}{R_2} = \dfrac{1}{R_2} \times \dfrac{R_1 \times R_2}{R_1 + R_2} \times I = \dfrac{R_1}{R_1 + R_2} \times I[A]$

【정답】②

41. 네온 방전등의 관등회로 배선을 애자공사로 하는 경우 전선 상호 간의 간격은 얼마인가?

① 3[cm]   ② 6[cm]

③ 9[cm]   ④ 12[cm]

|문|제|풀|이|

[옥내의 네온 방전등 공사]

1. 방전등용 변압기는 네온 변압기일 것
2. 관등회로의 배선은 전개된 장소 또는 점검할 수 있는 은폐된 장소에 시설할 것
3. 관등회로의 배선은 애자공사에 의하여 시설하고 또한 다음에 의할 것
   ㉠ 전로의 대지전압은 300[V] 이하
   ㉡ 전선은 네온 전선일 것
   ㉢ 전선은 조영재의 옆면 또는 아랫면에 붙일 것
   ㉣ 전선의 지지점 간의 거리는 1[m] 이하일 것
   ㉤ 전선 상호 간의 간격은 6[cm] 이상일 것
   ㉥ 애자는 절연성, 난연성 및 내수성이 있는 것일 것
   ㉦ 전선과 조영재 사이의 간격은 노출장소에서 다음 표에 따를 것

사용 전압의 구분	간격
6000[V] 이하	2[cm] 이상
6000[V] 넘고 9000[V] 이하	3[cm] 이상
9000[V]를 넘는 것	4[cm] 이상
점검할 수 있는 은폐된 장소	6[cm] 이상

【정답】②

42. 대전에 의해 물체가 띠고 있는 전기를 무엇이라고 하는가?

① 원자   ② 전하
③ 정전유도   ④ 대전체

|문|제|풀|이|

[전하] 전하란 물체가 띠고 있는 정전기의 양으로 모든 전기현상의 근원이 되는 실체이다. 양전하와 음전하로 구성되어 있으며 전하가 이동하는 것이 전류이다.
1. 전하의 단위 : [C]
2. 양자의 전하 : $+1.602 \times 10^{-19}[C]$
2. 전자의 전하 : $-1.602 \times 10^{-19}[C]$ 【정답】②

43. 전선 접속 시 사용되는 슬리브(Sleeve)의 종류가 아닌 것은?

① D형   ② S형
③ E형   ④ P형

|문|제|풀|이|

[슬리브의 종류] 슬리브(Sleeve)의 종류로는 **S형, E형, P형, 매킹 타이어** 슬리브 등이 있다.   【정답】①

44. 굵은 전선이나 케이블을 절단할 때 사용되는 공구는?

① 클리퍼   ② 펜치
③ 나이프   ④ 플라이어

|문|제|풀|이|

[클리퍼] 전선의 단면적이 $25[mm^2]$ 이상의 굵은 전선은 클리퍼를 사용하여 절단한다.
② 펜치 : 구리선류 및 철선의 절단, 전선의 접속, 전선의 바인드 등에 사용
③ 나이프 : 전선의 피복 절연물을 벗길 때 사용한다.
④ 플라이어 : 나사 너트를 죌 때 사용   【정답】①

45. 6극 36슬롯 3상 동기발전기의 매극 매상당 슬롯수는?

① 2   ② 3
③ 4   ④ 5

|문|제|풀|이|

[동기발전기의 매극, 매상당, 슬롯수(q)] $q = \dfrac{슬롯수}{극수 \times 상수}$

극수(p) : 6, 슬롯수 : 36, 상수 : 3상

∴ 매극, 매상당, 슬롯수 $q = \dfrac{슬롯수}{극수 \times 상수} = \dfrac{36}{6 \times 3} = 2$

【정답】①

46. 금속관공사에서 노크아웃의 지름이 금속관의 지름보다 큰 경우에 사용하는 재료는?

① 로크너트   ② 부싱
③ 콘넥터   ④ 링리듀서

|문|제|풀|이|

[금속관 공사]
① 로크너트 : 금속 전선관을 박스에 고정 시킬 때 사용한다.
② 부싱 : 전선의 손상을 막기 위해 접속하는 곳마다 넣는 캡이므로 기구를 연결하는 전선마다 양 단에 넣는다.
④ 링리듀서 : **지름이 다른 관을 잇는 장치**   【정답】④

47. 변압기의 규약 효율은?

① $\dfrac{출력}{입력} \times 100[\%]$

② $\dfrac{출력}{출력 + 손실} \times 100[\%]$

③ $\dfrac{출력}{입력 - 손실} \times 100[\%]$

④ $\dfrac{입력 + 손실}{입력} \times 100[\%]$

|문|제|풀|이|

[규약효율]

1. 전동기(모터)는 입력위주로 규약효율 $\eta_m = \dfrac{입력 - 손실}{입력} \times 100$
     → (전동기: 전기 입력이므로 입력 2번)

2. **발전기, 변압기**는 출력위주로 규약효율 $\eta_g = \dfrac{출력}{출력 + 손실} \times 100$
     → (발전기: 전기 출력이므로 출력 2번)

【정답】②

48. 1[W · sec]와 같은 것은?

① 1[J] ② 1[F]

③ 1[kcal] ④ 860[kWh]

|문|제|풀|이|

[일] $W = P \times t[J]$

여기서, W : 일$[J]$, P : 전력$[W]$, t : 시간[sec]

$W[J] = P[W] \times t[\text{sec}]$ $\therefore J = W \cdot \text{sec}$

【정답】①

49. 금속전선관 작업에서 나사를 낼 때 필요한 공구는 어느 것인가?

① 파이프 벤더 ② 볼트클리퍼

③ 오스터 ④ 파이프 렌치

|문|제|풀|이|

[오스터] 금속관 끝에 나사를 내는 공구, 래칫과 다이스로 구성

① 파이프 벤더 : 파이프를 원호상으로 굽히는 기계

② 볼트클리퍼 : 어닐링 철선 등의 절단 공구의 일종으로, 절단 전용의 대형 펜치와 같은 기능을 갖는다.

④ 파이프 렌치 : 배관의 이음에서 소켓 · 유니언 등을 끼울 때 그 외 배관의 접속작업 시에 배관을 고정 또는 돌려서 나사 이음하는 데 사용 【정답】③

50. 자기인덕턴스 $L = 0.2[H]$, $I = 5[A]$일 때 코일에 축적된 에너지는 몇 [J]인가?

① 0.25 ② 0.5

③ 2.5 ④ 5

|문|제|풀|이|

[코일에 축적된 에너지] $W = \frac{1}{2}LI^2[J]$

여기서, L : 자기인덕턴스[H], I : 전류[A]

$\therefore W = \frac{1}{2}LI^2 = \frac{1}{2} \times 0.2 \times 5^2 = 2.5[J]$ 【정답】③

51. 부흐홀츠 계전기로 보호되는 기기는?

① 발전기 ② 변압기

③ 전동기 ④ 회전 변류기

|문|제|풀|이|

[변압기 고장보호] 부흐홀츠계전기, 비율차동계전기, 차동계전기

※부흐홀츠계전기 : 변압기 고장 보호, 변압기와 콘서베이터 연결관 도중에 설치

【정답】②

52. 보극이 없는 직류전동기의 브러시 위치를 무부하 중성점으로부터 이동시키는 이유와 이동 방향은?

① 정류작용이 잘 되게 하기 위해 전동기 회전 방향으로 브러시를 이동한다.

② 정류작용이 잘 되게 하기 위해 전동기 회전 반대 방향으로 브러시를 이동한다.

③ 유기기전력을 증가시키기 위해 전동기 회전 방향으로 브러시를 이동한다.

④ 유기기전력을 증가시키기 위해 전동기 회전 반대 방향으로 브러시를 이동한다.

|문|제|풀|이|

[직류기] 직류기에서 부하전류가 흐른 상태에서의 중성축을 전기적 중성축이라고 한다. 보극이 없는 전동기의 경우 **정류를 양호**하게 하기 위해 **회전 방향과 반대 방향**으로 기하학적 중성축(무부하 시 중성축)을 이동시킨다. 【정답】②

53. 투자율의 단위는?

① [H/m] ② [J/sec]

③ [F/m] ④ [AT/m]

|문|제|풀|이|

[단위]

① [H/m] : 투자율 단위

② [J/sec] : 전력량(W)의 단위

③ [F/m] : 유전율 단위

④ [AT/m] : 자기장의 단위 【정답】①

54. 전기 저항이 작고, 부드러운 성질이 있어 구부리기가 용이하므로 주로 옥내 배선에 사용하는 구리선의 명칭은?

① 경동선　　　　② 연동선

③ 합성 연선　　　④ 중공 전선

|문|제|풀|이|

[구리선의 종류]

1. 경동선
   · 순도 99.9[%]의 전기동을 상온에서 압연 처리한 전선
   · 인장강도가 커서 옥외전선로에 쓰임
   · 인장강도 : $35 \sim 45[\text{kg/mm}^2]$

2. 연동선
   · 경동선에 비해 전기저항이 낮고 유연성 및 가공성이 뛰어나다.
   · 주로 **옥내배선**에 쓰인다.
   · 인장강도 : $20 \sim 25[\text{kg/mm}^2]$　　　【정답】②

---

55. 직류전동기의 속도제어법이 아닌 것은?

① 전압제어법　　　② 계자제어법

③ 저항제어법　　　④ 주파수제어법

|문|제|풀|이|

[직류전동기의 속도제어법 비교] 속도 $N = K \dfrac{V - I_a R_a}{\varnothing}$

구분	제어 특성	특징
계자제어법	계자전류의 변화에 의한 자속의 변화로 속도 제어	속도 제어 범위가 좁다.
전압제어법	정토크 제어 -워드 레오나드 방식 -일그너 방식	·제어 범위가 넓다. ·손실이 적다. ·정역운전 가능 ·설비비가 많이 든다.
저항제어법	전기자 회로의 저항 변화에 의한 속도 제어법	효율이 나쁘다.

※④ 주파수제어법 : 3상 농형유도전동기의 속도제어법

【정답】④

---

56. 자기인덕턴스 2[H], 전류를 1초 사이에 1[A]만큼 변하게 할 때 유도기전력[V]은?

① 0.2　　　　② 2

③ 20　　　　④ 200

|문|제|풀|이|

[인덕턴스에 전류가 흐를 때의 유도기전력] $e = L\dfrac{di}{dt}[\text{V}]$

여기서, L : 자기인덕턴스, t : 시간, i : 전류

$\therefore$유도인덕턴스 $e = L\dfrac{di}{dt} = 2 \times \dfrac{1}{1} = 2[\text{V}]$

【정답】②

---

57. 가연성 먼지에 전기설비가 발화원이 되어 폭발의 우려가 있는 곳에 시설하는 저압 옥내배선 공사방법이 아닌 것은?

① 금속관 공사

② 케이블 공사

③ 애자공사

④ 두께 2[mm] 이상의 합성수지관 공사

|문|제|풀|이|

[가연성 먼지가 많은 장소에서의 시설] 가연성 먼지에 전기설비가 발화원이 되어 폭발할 우려가 있는 곳에 시설하는 저압 옥내전기설비는 **합성수지관 공사**(두께 2[mm] 미만의 합성수지전선관 및 콤바인덕트관을 사용하는 것을 제외한다.) **금속관 공사** 또는 **케이블 공사**에 의할 것　　　【정답】③

---

58. 변압기유로 쓰이는 절연유에 요구되는 성질이 아닌 것은?

① 점도가 클 것

② 비열이 커 냉각 효과가 클 것

③ 절연재료 및 금속재료에 화학작용을 일으키지 않을 것

④ 인화점이 높고 응고점이 낮을 것

|문|제|풀|이|

[변압기 절연유의 구비 조건]

1. 절연 저항 및 절연 내력이 클 것
2. 절연 재료 및 금속에 화학 작용을 일으키지 않을 것
3. 인화점이 높고(130도 이상) 응고점이 낮을(−30도) 것
4. **점도가 낮고**(유동성이 풍부) 비열이 커서 냉각 효과가 클 것
5. 고온에 있어 석출물이 생기거나 산화하지 않을 것
6. 열팽창 계수가 적고 증발로 인한 감소량이 적을 것

【정답】①

59. 최대 사용전압이 70[kV]인 중성점 직접접지식 전로의 절연내력 시험전압은 몇 [V]인가?

① 35000[V]　　　② 42000[V]

③ 44800[V]　　　④ 50400[V]

|문|제|풀|이|
[전로의 절연저항 및 절연내력]

(최대 사용전압의 배수)

권선의 종류		시험 전압	시험 최소 전압
7[kV] 이하	권선	1.5배	500[V]
7[kV] 넘고 25[kV] 이하	다중접지식	0.92배	
7[kV] 넘고 60[kV] 이하	비접지방식	1.25배	10,500[V]
60[kV]초과	비접지	1.25배	
	접지식	1.1배	75000[V]
60[kV] 넘고 170[kV] 이하	중성점 직접지식	0.72배	
170[kV] 초과	중성점 직접지식	0.64배	

60[kV] 초과 170[kV] 이하 중성점 직접 접지식의 시험전압은 0.72배

∴ 절연내력 시험저압 $V = 70000 \times 0.72 = 50,400[V]$

【정답】④

60. 교류회로에서 무효전력의 단위는?

① [W]　　　② [VA]

③ [Var]　　　④ [V/m]

|문|제|풀|이|
[교류회로 전력의 단위]

① [W] : 유효전력　　　② [VA] : 피상전력

③ [Var] : 무효전력

※④ [V/m] : 전기장의 세기

【정답】③

01. 키르히호프의 법칙을 이용하여 방정식을 세우는 방법으로 잘못된 것은?

① 키르히호프의 제1법칙을 회로망의 임의의 한 점에 적용한다.

② 각 폐회로에서 키르히호프의 제2법칙을 적용한다.

③ 각 회로의 전류를 문자로 나타내고 방향을 가정한다.

④ 계산결과 전류가 +로 표시된 것은 처음에 정한 방향과 반대방향임을 나타낸다.

|문|제|풀|이|

[키르히호프의 법칙]
④ 계산결과 전류가 **+로 표시**된 것은 처음에 정한 방향과 **같은** 방향임을 나타낸다.

※계산결과 처음에 정한 방향과 반대 방향이면 전류가 −로 표시된다.

【정답】④

02. 다음 회로에서 a, b 간의 합성저항은?

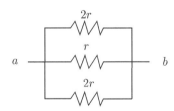

① $\frac{r}{2}[\Omega]$

② $\frac{r}{3}[\Omega]$

③ $\frac{r}{4}[\Omega]$

④ $\frac{r}{5}[\Omega]$

|문|제|풀|이|

[병렬 연결 시의 합성저항] $R = \dfrac{1}{\dfrac{1}{R_1} + \dfrac{1}{R_2} + \dfrac{1}{R_3}}[\Omega]$

$R = \dfrac{1}{\dfrac{1}{R_1} + \dfrac{1}{R_2} + \dfrac{1}{R_3}} = \dfrac{1}{\dfrac{1}{2r} + \dfrac{1}{r} + \dfrac{1}{2r}} = \dfrac{r}{2}[\Omega]$ 【정답】①

03. 전원 100[V]의 가전제품에 100[W] 5개, 60[W] 5개, 20[W] 10개, 1[kW] 전열기 1대를 동시에 병렬로 접속하면 전체 전류[A]는 어떻게 되는가?

① 15

② 17

③ 19

④ 20

|문|제|풀|이|

[전류] $I = \dfrac{P}{V}[A]$ → ($P = VI[W]$)

여기서, P : 전력[W], V : 전압[V]
1. 전압 100[V]
2. 전력의 합 : $(100 \times 5) + (60 \times 5) + (20 \times 10) + (1000 \times 1) = 2000[W]$

∴전류 $I = \dfrac{P}{V} = \dfrac{2000}{100} = 20[A]$ 【정답】④

04. 500[Ω]의 저항에 1[A]의 전류가 1분 동안 흐를 때에 발생하는 열량은 몇 [cal]인가?

① 3,600

② 5,000

③ 6,200

④ 7,200

|문|제|풀|이|

[줄의 법칙] 열량 $H = 0.24Pt = 0.24I^2Rt[cal]$

∴$H = 0.24I^2Rt = 0.24 \times 1^2 \times 500 \times 60 = 7200[cal]$

【정답】④

05. 서로 다른 종류의 안티몬과 비스무트의 두 금속을 접속하여 여기에 전류는 통하면, 줄열 외에 그 접점에서 열의 발생 또는 흡수가 일어난다. 이와 같은 현상은?

① 제3금속의 법칙
② 제벡효과
③ 페르미효과
④ 펠티에효과

|문|제|풀|이|
[펠티에효과] 두 종류 금속 접속면에 전류를 흘리면 **접속점에서 열의 흡수, 발생이 일어나는 효과**

※[제벡효과] 서로 다른 두 종류의 금속선을 접합하여 폐회로를 만든 후 두 접합점의 온도를 달리하였을 때, 폐회로에 열기전력이 발생하여 열전류가 흐르게 된다. 이러한 현상을 제벡효과라 하며 이때 연결한 금속 루프를 열전대라 한다.　　　　　　　　　　　　　　　　**【정답】④**

06. 다음 보기에서 정전기가 발생하는 대전의 종류가 아닌 것은?

① 마찰대전
② 박리대전
③ 반응대전
④ 유동대전

|문|제|풀|이|
[정전기 대전의 종류] 마찰대전, 박리대전, 유동대전, 분출대전, 충돌대전, 파괴대전　　　　　　　　　　　　　　　**【정답】③**

07. 그림에서 $C_1=1[\mu F]$, $C_2=2[\mu F]$, $C_3=2[\mu F]$일 때 합성 정전용량은 몇 $[\mu F]$ 인가?

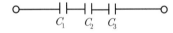

① 1/2
② 1/5
③ 3
④ 5

|문|제|풀|이|
[콘덴서의 직렬 합성정전용량] $C=\dfrac{1}{\dfrac{1}{C_1}+\dfrac{1}{C_2}+\dfrac{1}{C_3}}[\mu F]$

$C_1=1[\mu F]$,　$C_2=2[\mu F]$,　$C_3=2[\mu F]$

$\therefore C=\dfrac{1}{\dfrac{1}{C_1}+\dfrac{1}{C_2}+\dfrac{1}{C_3}}=\dfrac{1}{\dfrac{1}{1}+\dfrac{1}{2}+\dfrac{1}{2}}=\dfrac{1}{2}[\mu F]$

※콘덴서 병렬접속의 합성 정전용량 $C_p=C_1+C_2+C_3[\mu F]$
　　　　　　　　　　　　　　　　　　　【정답】①

08. 자기저항은 자기회로의 길이에 (㉠) 하고 자로의 단면적과 투자율의 곱에 (㉡)한다." ( )에 들어갈 말은?

① ㉠ 비례, ㉡ 반비례
② ㉠ 반비례, ㉡ 비례
③ ㉠ 비례, ㉡ 비례
④ ㉠ 반비례, ㉡ 반비례

|문|제|풀|이|
[자기저항] $R=\dfrac{l}{\mu A}[AT/Wb]$

여기서, l : 길이, A : 단면적, μ : 투자율
따라서 길이 l에 비례하고 단면적 A와 투자율 μ에 반비례한다.
　　　　　　　　　　　　　　　　　　　【정답】①

09. 다음 중에서 자석의 일반적인 성질에 대한 설명으로 틀린 것은?

① N극과 S극이 있다.
② 자력선은 N극에서 나와 S극으로 향한다.
③ 자력이 강할수록 자기력선의 수가 많다.
④ 자석은 고온이 되면 자력이 증가한다.

|문|제|풀|이|
[자석의 주요 성질]
1. 금속을 끌어당기는 힘을 자기(磁氣)라 하고, 자기를 가지고 있는 물체를 자석이라 한다.
2. 자석은 상자성체, 즉 철, 니켈, 코발트 등을 흡인한다.
3. 1개의 자석에는 N극과 S극이 동시에 존재하며 N극은 북쪽, S극은 남쪽을 가리킨다.
4. 같은 극끼리는 서로 반발하고 다른 극끼리는 서로 흡인한다. 또 양 자극의 세기는 서로 같다.
5. 자력은 비자성체, 즉 유리나 종이 등을 투과한다.
6. 자기유도작용에 의해 자석이 아닌 금속을 자석으로 만들 수 있다.
7. **임계온도 이상으로 가열하면 자석으로서의 성질이 없어진다.**
　　　　　　　　　　　　　　　　　　　【정답】④

10. 자속밀도가 2[Wb/㎡]인 평등 자기장 중에 자기장과 30[°]의 방향으로 길이 0.5[m]인 도체에 8[A]의 전류가 흐르는 경우 전자력[N]은?

① 8 ② 4
③ 2 ④ 1

|문|제|풀|이|

[전자력의 크기] $F = BIl\sin\theta[N]$

여기서, B : 자속밀도$[Wb/m^2]$, I : 도체에 흐르는 전류$[A]$
　　　　l : 도체의 길이$[m]$, θ : 자장과 도체가 이루는 각

자속밀도(B) : 2[Wb/㎡], 자기장과 도체가 이루는 각(θ) : 30[°]

도체의 길이(l) : 0.5[m], 도체에 흐르는 전류(I) : 8[A]

$\therefore F = BIl\sin\theta[N] = 2 \times 8 \times 0.5 \times 0.52 = 4.16 \doteqdot 4[N]$

【정답】②

11. 평행한 두 도체에 같은 방향의 전류가 흘렀을 때 두 도체 사이에 작용하는 힘은 어떻게 되는가?

① 반발력이 작용한다.
② 힘은 0이다.
③ 흡인력이 작용한다.
④ 1/(2π r)의 힘이 작용한다.

|문|제|풀|이|

[평행도선 단위 길이 당 작용하는 힘]

$$F = \frac{\mu_0 I_1 I_2}{2\pi r} = 4\pi \times 10^{-7} \frac{I_1 I_2}{2\pi r} = \frac{2I_1 I_2}{r} \times 10^{-7} [N/m]$$

1. 플레밍 왼손법칙에 의해 **전류의 방향이 같으면 흡인력**
2. 전류의 방향이 다르면 반발력　　　　　　【정답】③

12. 플레밍의 왼손법칙에서 엄지손가락이 뜻하는 것은?

① 자기력선속의 방향
② 힘의 방향
③ 기전력의 방향
④ 전류의 방향

|문|제|풀|이|

[플레밍의 왼손법칙] 자기장 속에 있는 도선에 전류가 흐를 때 자기장의 방향과 도선에 흐르는 전류의 방향으로 도선이 받는 **힘의 방향(엄지)**을 결정하는 규칙이다.

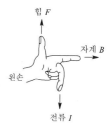

※플레밍의 오른손법칙 : 자기장 속에서 도선이 움직일 때 자기장의 방향과 도선이 움직이는 방향으로 유도 기전력 또는 유도 전류의 방향을 결정하는 규칙이다.

【정답】②

13. 단위 길이 당 권수 100회인 무한장 솔레노이드에 10[A]의 전류가 흐를 때 솔레노이드 외부의 자장의 세기[AT/m]는?

① 0 ② 10
③ 100 ④ 1,000

|문|제|풀|이|

[무한장 솔레노이드 외부 자기장의 세기] $H = 0$

※무한장솔레노이드 내부의 자기장의 세기 $H = nI[AT/m]$
　여기서, H : 자기장의 세기, n : 단위 길이당 권수, I : 전력

【정답】①

14. 자체인덕턴스가 0.01[H]인 코일에 100[V], 60[Hz]의 사인파 전압을 가할 때 유도리액턴스는 약 몇 [Ω]인가?

① 3.77 ② 6.28
③ 12.28 ④ 37.68

|문|제|풀|이|

[코일의 유도리액턴스] $X_L = \omega L = 2\pi f L[\Omega]$ 　　→ ($\omega = 2\pi f$)

여기서, ω : 각속도, L : 자체인덕턴스, f : 주파수

$\therefore X_L = 2\pi f L = 2\pi \times 60 \times 0.01 = 3.77[\Omega]$

【정답】①

15. $v = 100\sqrt{2}\sin\left(120\pi t + \dfrac{\pi}{4}\right)[V]$

$i = 100\sin\left(120\pi t + \dfrac{\pi}{2}\right)[A]$인 경우 전류는 전압

보다 위상이 어떻게 되는가?

① $\dfrac{\pi}{2}[rad]$ 만큼 앞선다.

② $\dfrac{\pi}{2}[rad]$ 만큼 뒤진다.

③ $\dfrac{\pi}{4}[rad]$ 만큼 앞선다.

④ $\dfrac{\pi}{4}[rad]$ 만큼 뒤진다.

|문|제|풀|이|

[전류와 전압의 위상]

1. 전압 $V = 100 \angle \dfrac{\pi}{4}[rad]$

2. 전류 $I = \dfrac{100}{\sqrt{2}} \angle \dfrac{\pi}{2}[rad]$

→ (순시값 $v(t) = V_m\sin\theta = V_m\sin(\omega t + \theta)[V]$)

→ (실효값 $V = \dfrac{V_m}{\sqrt{2}}[V]$)

3. $I = \dfrac{100}{\sqrt{2}} \angle \dfrac{\pi}{4} + \dfrac{\pi}{4}$

∴전류가 전압보다 $\dfrac{\pi}{4}[rad]$ 만큼 앞선다. 【정답】③

16. 그림의 회로에서 전압 100[V]의 교류전압을 가했
을 때 전력은?

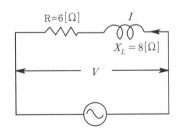

① 10[W] ② 60[W]

③ 100[W] ④ 600[W]

|문|제|풀|이|

[전력, 임피던스, 전류]

1. 전력 $P = VI[W] = I^2 R[W]$ → ($V = IR[V]$)

2. 임피던스 $Z = \sqrt{R^2 + X_L^2}[\Omega]$

3. 전류 $I = \dfrac{V}{Z}[A]$

여기서, P : 전력[W], V : 전압[V], R : 저항[Ω], I : 전류[A]
Z : 임피던스[Ω], X_L : 리액턴스[Ω]

전압(V) : 100[V], 저항(R) : 6[Ω], 리액턴스(X_L) : 8[Ω]

임피던스 $Z = \sqrt{R^2 + X_L^2} = \sqrt{6^2 + 8^2} = 10[\Omega]$

전류 $I = \dfrac{V}{Z} = \dfrac{100}{10} = 10[A]$

∴전력 $P = I^2 R[W] = 10^2 \times 6 = 600[W]$ → (저항에서 소비된 전력)
  【정답】④

17. 전원과 부하가 다같이 Δ결선된 3상 평형회로가 있다.
상전압이 200[V], 부하임피던스가 $Z = 6 + j8[\Omega]$인
경우 선전류는 몇 [A]인가?

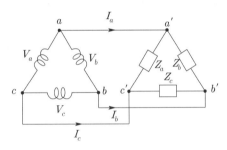

① 20 ② $\dfrac{20}{\sqrt{3}}$

③ $20\sqrt{3}$ ④ $10\sqrt{3}$

|문|제|풀|이|

[Δ결선 시의 선전류, 선간전압 및 임피던스]

·선전압 $V_l = V_p[V]$ ·선전류 $I_l = \sqrt{3}\,I_p[A]$

·임피던스 $Z = R + jX = \sqrt{R^2 + X^2}[\Omega]$

여기서, I_l : 선전류, V_l : 선전압, I_p : 상전류
V_p : 상전압, R : 저항, X : 리액턴스

1. 선전압 $V_l = V_p = 200[V]$

2. 한 상의 임피던스 $Z = 6 + j8[\Omega]$ → $|Z| = \sqrt{6^2 + 8^2} = 10[\Omega]$

∴선전류 $I_l = \sqrt{3}\,I_p = \sqrt{3} \times \dfrac{V_p}{Z} = \sqrt{3} \times \dfrac{200}{10} = 20\sqrt{3}[A]$

→ ($I = \dfrac{V}{Z}[A]$) 【정답】③

18. 다음 중 무효전력의 단위는 어느 것인가?

① [W]　　　　　② [Var]

③ [kW]　　　　④ [VA]

|문|제|풀|이|

[교류전력]

유효전력 (소비전력)	·실제로 소비되는 전력 ·단위는 [W]
무효전력	·무효분에서 소비되는 전력 ·단위는 [Var]
피상전력	·전체적으로 나타내는 전력 ·단위는 [VA]

【정답】②

19. 비정현파를 여러 개의 정현파의 합으로 표시하는 방법은?

① 키르히호프의 법칙　　② 노튼의 법칙

③ 푸리에 분석　　　　　④ 테일러의 분석

|문|제|풀|이|

[비정현파]

1. 비정현파란 정형파로부터 일그러진 파형을 총칭
2. 비정현파 교류=직류분+기본파+고조파
3. 푸리에 급수 표현식

$$f(t) = a_0 + \sum_{n=1}^{\infty} a_n \cos nwt + \sum_{n=1}^{\infty} b_n \sin nwt$$

여기서, a_0 : 직류분(평균값),

　　　　$n=1 \rightarrow \cos \omega t,\ \sin \omega t$: 기본파

　　　　$n=2,\ n=3,\ n=4, \ldots$: n고조파

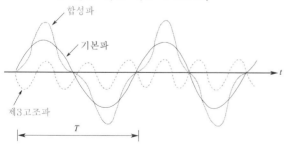

[기본파와 3고조파의 합]

【정답】③

20. 교류의 파형률이란?

① $\dfrac{최대값}{실효값}$　　　　② $\dfrac{평균값}{실효값}$

③ $\dfrac{실효값}{평균값}$　　　　④ $\dfrac{실효값}{최대값}$

|문|제|풀|이|

[파형률] 실효값을 평균값으로 나눈 값으로 비정현파의 파형 평활도를 나타내는 것이다.

$$파형률 = \frac{실효값}{평균값} = \frac{V}{V_{av}} = \frac{I}{I_{av}}$$

※[파고율] 교류 파형에서 최대값을 실효값으로 나눈 값으로 각 종 파형의 날카로움의 정도. 즉, $파고율 = \dfrac{최대값}{실효값} = \dfrac{V_m}{V} = \dfrac{I_m}{I}$

【정답】③

21. 직류기 브러시의 종류가 아닌 것은?

① 탄소질 브러시　　② 흑연질 브러시

③ 실리콘브러시　　④ 금속흑연질 브러시

|문|제|풀|이|

[브러시의 종류 및 적용]

1. 탄소질 브러시 : 소형기, 저속기
2. 흑연질 브러시 : 대전류, 고속기
3. 전기 흑연질 브러시 : 일반 직류기
4. 금속 흑연질 브러시 : 저전압, 대전류　　　【정답】③

22. 정격전압 100[V], 전기자전류 10[A], 전기자저항 1[Ω], 회전수 1800[rpm]인 전동기의 역기전력은 몇 [V]인가?

① 90　　　　　② 100

③ 110　　　　④ 186

|문|제|풀|이|

[직류전동기의 역기전력] $E = V - I_a R_a[V]$　$\rightarrow (V = E + I_a R_a[V])$

여기서, E : 역기전력, R_a : 전기자저항, I_a : 전기자전류

　　　　V : 정격전압(인가전압)

정격전압(V) : 100[V], 전기자전류(I_a) : 10[A]

전기자저항(R_a) : 1[Ω], 회전수(N) : 1800[rpm]

$\therefore E = V - I_a R_a = 100 - 10 \times 1 = 90[V]$　　　【정답】①

23. 직류발전기의 무부하특성곡선에 대한 설명으로 옳은 것은?

① 부하전류와 무부하 단자전압과의 관계이다.

② 계자전류와 부하전류와의 관계이다.

③ 계자전류와 무부하 단자전압과의 관계이다.

④ 계자전류와 회전력과의 관계이다.

|문|제|풀|이|

[무부하 특성 곡선] 정격속도에서 무부하 상태의 **계자전류(I_f)와 단자전압(V)과의 관계**를 나타내는 곡선을 무부하특성곡선 또는 무부하포화곡선이라고 한다. (I_f : 계자전류 [A], V : 단자전압[V])

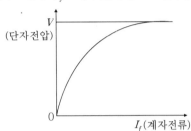

【정답】③

24. 다음 직류전동기 중에서 속도변동률이 가장 작은 것은?

① 직권전동기   ② 분권전동기

③ 차동복권전동기   ④ 가동복권전동기

|문|제|풀|이|

[직류 전동기 속도변동률이 큰 순서]
직권전동기 > 가동복권전동기 > 분권전동기 > 차동복권전동기 > 타여자전동기 순이다.   【정답】③

25. 3,300/220[V] 변압기의 1차에 20[A]의 전류가 흐르면 2차전류는 몇 [A]인가?

① 1/30   ② 1/3

③ 30   ④ 300

|문|제|풀|이|

[권수비] $a = \dfrac{E_1}{E_2} = \dfrac{N_1}{N_2} = \dfrac{I_2}{I_1} = \sqrt{\dfrac{Z_1}{Z_2}} = \sqrt{\dfrac{R_1}{R_2}} = \sqrt{\dfrac{L_1}{L_2}}$

1. 권수비 $a = \dfrac{V_1}{V_2} = \dfrac{3300}{220} = 15$

2. $a = \dfrac{I_2}{I_1}$ → $\therefore I_2 = a \times I_1 = 15 \times 20 = 300[A]$

【정답】④

26. 변압기의 성층 철심 강판 재료의 규소 함량은 대략 몇 [%]인가?

① 약 1~2[%]   ② 약 4~5[%]

③ 약 7~8[%]   ④ 약 9~10[%]

|문|제|풀|이|

[전기자 철심] 전기자 철심은 철손을 적게 하기 위하여 **규소가 함유(4~5[%])**된 규소강판을 사용하여 히스테리시스손을 작게 하며, 0.35~0.5[mm] 두께로 여러 장 겹쳐서 성층하여 와류손을 감소시킨다.

※철 : 약 96~97[%]   【정답】②

27. 다음 중 변압기 무부하손의 대부분을 차지하는 것은?

① 유전체손   ② 동손

③ 철손   ④ 저항손

|문|제|풀|이|

[고정손(무부하손)] 손실 중 **무부하손의 대부분을 차지하는 것은 철손**이다.

1. 철손: 분권계자권선 동손, 타여자권선 동손, 히스테리시스손, 와류손

    ㉮ 동손 $P_c = I^2 R[W]$

    ㉯ 히스테리시스손 $P_h = f v \eta B^{1.6}[W/m^3]$

    ㉰ 와류손 $P_e = f^2 B^2 t^2 [W]$

2. 기계손 : 마찰손(브러시 마찰손, 베어링 마찰손), 풍손

※부하손(가변손) : 부하손의 대부분은 동손이다.

    1. 전기저항손(동손)

    2. 계자저항손(동손)

    3. 브러시손

    4. 표유부하손(철손, 기계손, 동손 이외의 손실)

【정답】③

28. 변압기유가 구비해야 할 조건은?

① 절연내력이 클 것

② 인화점이 낮을 것

③ 응고점이 높을 것

④ 비열이 작을 것

|문|제|풀|이|⎯⎯⎯⎯⎯⎯⎯⎯⎯⎯⎯⎯⎯⎯⎯

[변압기 절연유의 구비 조건]

1. 절연저항 및 절연내력이 클 것
2. 절연 재료 및 금속에 화학 작용을 일으키지 않을 것
3. **인화점이 높고(130도 이상) 응고점이 낮을(−30도) 것**
4. 점도가 낮고(유동성이 풍부) **비열이 커서** 냉각 효과가 클 것
5. 고온에 있어 석출물이 생기거나 산화하지 않을 것
6. 열팽창 계수가 적고 증발로 인한 감소량이 적을 것

【정답】①

29. 낮은 전압을 높은 전압으로 승압할 때 일반적으로 사용되는 변압기의 3상 결선방식은?

① $\Delta - \Delta$ ② $\Delta - Y$

③ $Y - Y$ ④ $Y - \Delta$

|문|제|풀|이|⎯⎯⎯⎯⎯⎯⎯⎯⎯⎯⎯⎯⎯⎯⎯

[$Y - \Delta$, $\Delta - Y$ 결선의 특징]

1. Y결선과 Δ 결선의 장점을 모두 가지고 있는 결선이다.
2. $Y - \Delta$결선은 강압용으로 사용되고 $\Delta - Y$**는 승압용**으로 사용된다.
3. 1차와 2차 위상차는 30°이다.

【정답】②

30. 수·변전 설비의 고압 회로에 걸리는 전압을 표시하기 위해 전압계를 시설할 때 고압 회로와 전압계 사이에 시설하는 것은?

① 관통형 변압기   ② 계기용 변류기

③ 계기용 변압기   ④ 권선형 변류기

|문|제|풀|이|⎯⎯⎯⎯⎯⎯⎯⎯⎯⎯⎯⎯⎯⎯⎯

[계기용 변압기(PT)] 고전압을 저전압(110[V])으로 변성하여 계기나 계전기에 전압원 공급

※② 계기용 변류기(CT) : 대전류를 소전류(5[A])로 변성, 계기나 계전기에 전류원 공급

【정답】③

31. 유도전동기에서 슬립이 가장 큰 상태는?

① 무부하 운전 시

② 경부하 운전 시

③ 정격부하 운전 시

④ 기동 시

|문|제|풀|이|⎯⎯⎯⎯⎯⎯⎯⎯⎯⎯⎯⎯⎯⎯⎯

[슬립(s)]

1. $s = \dfrac{N_s - N}{N_s} \times 100[\%]$ $\rightarrow (N = N_s(1-s))$

여기서, s : 슬립, N_s : 동기속도[rpm], N : 회전속도[rpm]

2. 슬립의 범위 $0 \le s \le 1$

· $s = 1$이면 N=0이어서 전동기가 정지 상태(**출발하려고 할 때 (즉, 기동 시)**)

· $s = 0$이면 $N = N_s$, 전동기가 동기속도로 회전(무부하 상태)

· 전부하시의 슬립은 소용량은 10~5[%], 중용량 및 대용량은 5~2.5[%] 정도

· 같은 용량에서는 저속도의 것이 고속도의 것보다 크다.

· 같은 정격일 때는 권선형이 농형보다 슬립이 약간 크다.

【정답】④

32. 동기발전기의 3상 단락곡선은 무엇과 무엇의 관계 곡선인가?

① 계자전류와 단락전류

② 정격전류와 계자전류

③ 여자전류와 계자전류

④ 정격전류와 단락전류

|문|제|풀|이|⎯⎯⎯⎯⎯⎯⎯⎯⎯⎯⎯⎯⎯⎯⎯

[단락곡선] 계자전류를 증가시킬 때 단락전류의 변화 곡선, 계자전류(I_f)와 단락전류(I_s)와의 관계 곡선

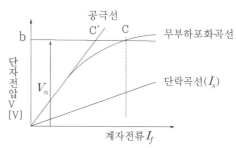

【정답】①

33. 유도전동기의 슬립을 측정하는 방법으로 옳은 것은?

① 전압계법　　　② 전류계법

③ 평형브리지법　　④ 스트로보스코프법

|문|제|풀|이|

[유도전동기의 슬립 측정법] 슬립의 측정법에는 **회전계법, 직류밀리볼트계법, 수화기법, 스트로보스코프법** 등이 있다.

【정답】④

34. 200[V], 50[Hz], 8극, 15[KW]의 3상 유도전동기에서 전 부하 회전수가 720[rpm]이면 이 전동기의 2차효율은 몇 [%]인가?

① 86　　　② 96

③ 98　　　④ 100

|문|제|풀|이|

[전동기의 2차효율] $\eta_2 = \dfrac{P}{P_2} = \dfrac{(1-s)P_2}{P_2} = \dfrac{N}{N_s}$

1. 동기속도 $N_s = \dfrac{120f}{p} = \dfrac{120 \times 50}{8} = 750[rpm]$

2. 슬립 $s = \dfrac{N_s - N}{N_s} = \dfrac{750 - 720}{750} = 0.04$

∴전동기 2차 효율 $\eta_2 = 1 - s = 1 - 0.04 = 0.96 = 96[\%]$

【정답】②

35. 단락비가 큰 동기발전기를 설명하는 일 중 틀린 것은?

① 동기임피던스가 작다.

② 단락전류가 크다.

③ 전기자반작용이 크다.

④ 공극이 크고 전압변동률이 작다.

|문|제|풀|이|

[단락비(K_s)] 단락비는 무부하 포화시험과 3상 단락시험으로부터 구할 수 있다.

단락비 $K_s = \dfrac{I_{f1}}{I_{f2}} = \dfrac{I_s}{I_n} = \dfrac{100}{\%Z_s}$

여기서, I_{f1} : 정격전압을 유지하는데 필요한 계자전류

I_{f2} : 단락전류를 흐르는데 필요한 계자전류

I_s : 3상단락전류[A], I_n : 정격전류[A]

$\%Z_s$: 퍼센트동기임피던스

[단락비가 큰 기계(철기계)의 장·단]

장점	단점
·동기임피던스가 작다.	·철손이 크다.
·전압변동률이 작다.	·효율이 나쁘다.
·공극이 크다.	·설비비가 고가이다.
·**전기자반작용이 작다.**	·단락전류가 커진다.
·계자의 기자력이 크다.	
·전기자기자력은 작다.	
·출력이 향상	
·안정도가 높다.	
·자기여자 방지	

※단락비가 크다는 것은 전기적으로 좋다는 의미
※97~98페이지 [10 단락비와 동기임피던스] 참조

【정답】③

36. 단상 반파 정류회로의 전원전압 200[V], 부하저항이 10[Ω]이면 부하전류는 약 몇 [A]인가?

① 4　　　② 9

③ 13　　　④ 18

|문|제|풀|이|

[단상 반파 정류회로의 부하전류] $I_d = \dfrac{0.45E}{R_L}[A]$

전원전압 $E = 200[V]$, $R_L = 10[\Omega]$

∴부하전류 $I_d = \dfrac{0.45E}{R_L} = \dfrac{0.45 \times 200}{10} = 9[A]$

※[정류회로 방식의 비교]

종류	단상 반파	단상 전파	3상 반파	3상 전파
직류출력	$E_d = 0.45E$	$E_d = 0.9E$	$E_d = 1.17E$	$E_d = 1.35E$
맥동률[%]	121	48	17.7	4.04
정류효율	40.5	81.1	96.7	99.8
맥동주파수	f	$2f$	$3f$	$6f$

1. 단상 : 선 두 가닥, 3상 : 선 3가닥
2. 반파 : 다이오드 1개, 전파 : 다이오드 2개 이상

【정답】②

37. 2대의 동기발전기 A, B가 병렬운전하고 있을 때 A기의 여자전류를 증가 시키면 어떻게 되는가?

① A기의 역률은 낮아지고 B기의 역률은 높아진다.
② A기의 역률은 높아지고 B기의 역률은 낮아진다.
③ A, B 양 발전기의 역률이 높아진다.
④ A, B 양 발전기의 역률이 낮아진다.

|문|제|풀|이|

[동기발전기 병렬운전] 여자전류를 증가시키면 A기의 기전력이 커지므로 무효순환전류는 90°뒤진 전류가 흐른다.
반면에 B기에서는 90°앞선 전류가 흐르므로 **A기의 역률은 낮아지고 B기의 역률은 높아**진다. 　　　　　　　　　【정답】①

38. 단락비가 1.2인 동기발전기의 %동기임피던스는 약 몇 [%]인가?

① 68　　　　　　　② 83
③ 100　　　　　　　④ 120

|문|제|풀|이|

[%동기임피던스] $\%Z_s = \dfrac{Z_s I_n}{E_n} \times 100 = \dfrac{1}{K_s} \times 100 [\%]$

여기서, E_n : 정격상전압$[V]$, I_s : 3상단락전류$[A]$
　　　　I_n : 정격전류$[A]$, K_s : 단락비

$\therefore \%Z_s = \dfrac{1}{K_s} \times 100[\%] = \dfrac{100}{1.2} = 83[\%]$ 　　【정답】②

39. pn접합다이오드의 대표적 응용 작용은?

① 증폭작용　　　　　② 발진작용
③ 정류작용　　　　　④ 변조작용

|문|제|풀|이|

[PN접합다이오드] 전압의 안전을 위해 사용한다. 즉, PN 접합은 정류작용을 한다. 　　　　　　　　　　　【정답】③

40. 단선의 직선접속 방법 중에서 트위스트 접속의 용도는 무엇인가?

① $5.5[mm^2]$ 이하의 가는 단선 직선 접속
② $6[mm^2]$ 이하의 가는 단선 직선 접속
③ $6.5[mm^2]$ 이상의 굵은 단선 직선 접속
④ $10[mm^2]$ 이상의 굵은 단선 직선 접속

|문|제|풀|이|

[단선의 직선 접속]

1. 트위스트 접속 : $6[mm^2]$ 이하의 가는 단선 직선 접속
2. 브리타니아 접속 : $10[mm^2]$ 이상의 굵은 단선 직선 접속

※144페이지 [03 단선의 직선 접속] 참조　　　　【정답】②

41. 트라이액(TRIAC)의 기호는?

|문|제|풀|이|
[각종 반도체 소자의 비교]

방향성	명칭	단자	기호	응용 예
역저지 (단방향) 사이리스터	SCR	3단자		정류기 인버터
	LASCR			정지스위치 및 응용스위치
	GTO			쵸퍼 직류스위치
	SCS	4단자		
쌍방향성 사이리스터	SSS	2단자		초광장치, 교류스위치
	TRIAC	3단자		초광장치, 교류스위치
	역도통			직류효과

※④  : IGBT 　　　　　　　　【정답】②

42. 다음 중 지중전선로의 매설 방법이 아닌 것은?

① 관로식   ② 암거식

③ 직접 매설식   ④ 행거식

|문|제|풀|이|

[지중선로의 시설]

1. 지중전선로는 전선에 케이블을 사용하고 또한 **관로식, 암거식** 또는 **직접 매설식**에 의하여 시설하여야 한다.
2. 지중 전선로를 직접 매설식에 의하여 시설하는 경우에는 매설 깊이를 차량 기타 중량물의 압력을 받을 우려가 있는 장소에는 1.0[m] 이상, 기타 장소에는 60[㎝] 이상으로 하고 또한 지중 전선을 견고한 트라프 기타 방호물에 넣어 시설하여야 한다.

【정답】④

43. 전선과 기구 단자 접속 시 나사를 덜 죄었을 경우 발생할 수 있는 위험과 거리가 먼 것은?

① 누전   ② 화재 위험

③ 과열 발생   ④ 저항 감소

|문|제|풀|이|

[전선과 기구 단자 접속] 전선과 기구 단자 접속 시 나사를 덜 죄었을 경우 발생할 수 있는 위험으로 **전기저항 증가로 인한 과열 및 화재, 누설전류 발생** 등이 일어난다.

【정답】④

44. 쥐꼬리접속 시 심선의 각도는 몇 도인가?

① 30   ② 45

③ 60   ④ 90

|문|제|풀|이|

[쥐꼬리접속]

1. 박스 내에서 가는 전선을 접속할 때 적합하다.
2. 쥐꼬리접속 시 심선의 각도는 90도이다.

※144페이지 [03 단선의 직선 접속] 참조   【정답】④

45. 다음 중 금속관공사의 설명으로 잘못된 것은?

① 교류회로는 1회로의 전선 전부를 동일 관 내에 넣는 것을 원칙으로 한다.

② 교류회로에서 전선을 병렬로 사용하는 경우에는 관 내에 전자적 불평형이 생기지 않도록 시설한다.

③ 금속관 내에서는 절대로 전선접속점을 만들지 않아야 한다.

④ 관의 두께는 콘크리트에 매입하는 경우 1[mm] 이상이어야 한다.

|문|제|풀|이|

[금속관 공사] 금속관 공사에서 관의 두께는 다음에 의하여 시설할 것

1. **콘크리트 매설시 1.2[mm] 이상**
2. 기타 1[mm] 이상   【정답】④

46. 금속덕트에 전광표시장치·출퇴표시등 또는 제어회로 등의 배선에 사용하는 전선만을 넣을 경우 금속덕트의 크기는 전선의 피복절연물을 포함한 단면적의 총합계가 금속덕트 내 단면적의 몇 [%] 이하가 되도록 선정하여야 하는가?

① 20[%]   ② 30[%]

③ 40[%]   ④ 50[%]

|문|제|풀|이|

[금속덕트공사]

1. 전선은 절연전선(옥외용 비닐절연전선을 제외)일 것
2. 금속덕트에 넣은 전선의 단면적(절연피복의 단면적을 포함한다)의 합계는 덕트의 내부 단면적의 20[%](**전광표시 장치·출퇴 표시등 기타 이와 유사한 장치 또는 제어회로 등의 배선만을 넣는 경우에는 50[%]**) 이하일 것
3. 금속덕트 안에는 전선에 접속점이 없도록 할 것
4. 금속덕트는 폭이 40[mm]를 초과하고 또한 두께가 1.2[mm] 이상인 철판 또는 금속제로 제작
5. 지지점간 거리는 3[m] 이하(취급자 이외의 자가 출입할 수 없는 곳에서 수직으로 붙이는 경우 6[m] 이하)
6. 덕트의 끝부분은 막을 것
7. 덕트는 물이 고이는 낮은 부분을 만들지 않도록 시설할 것

【정답】④

47. 접지선의 절연전선 색상은 특별한 경우를 제외하고는 어느 색으로 표시를 하여야 하는가?

① 빨간색 　　　　② 노란색
③ 녹색−노란색 　④ 검정색

|문|제|풀|이|
[전선의 식별]

상(문자)	색상
L1	갈색
L2	검정색
L3	회색
N(중성선)	파란색
보호도체(접지선)	녹색−노란색 혼용

【정답】③

48. 금속덕트는 두께가 몇 [mm] 이상의 철판으로 해야 하는가?

① 1[mm] 　　　② 1.2[mm]
③ 1.5[mm] 　　④ 1.8[mm]

|문|제|풀|이|
[금속덕트공사]
1. 전선은 절연전선(옥외용 비닐절연전선을 제외)일 것
2. 금속덕트 안에는 전선에 접속점이 없도록 할 것
3. 금속덕트는 **폭이 40[mm]**를 초과하고 또한 **두께가 1.2[mm] 이상**인 철판 또는 금속제로 제작　　　【정답】②

49. 소맥분, 전분 기타 가연성의 먼지가 존재하는 곳의 저압 옥내배선공사 방법 중 적당하지 않은 것은?

① 애자공사 　　　② 합성수지관공사
③ 케이블공사 　　④ 금속관공사

|문|제|풀|이|
[먼지가 많은 장소에서의 저압의 시설] 폭연성 먼지나 화약류의 가루가 존재하는 곳의 배선은 **금속관 공사, 합성수지관공사, 케이블 공사(캡타이어케이블 제외)**에 의할 것　　　【정답】①

50. 화약고 등의 위험장소의 배선 공사에서 전로의 대지전압은 몇 [V] 이하로 하도록 되어 있는가?

① 300 　　　② 400
③ 500 　　　④ 600

|문|제|풀|이|
[화약류 저장소에서 전기설비의 시설]
화약류 저장소 안에는 백열전등이나 형광등 또는 이에 전기를 공급하기 위한 공작물에 한하여 다음과 같이 시설할 수 있다.
1. 전로의 **대지 전압은 300[V] 이하**일 것
2. 전기기계기구는 전폐형의 것일 것
3. 케이블을 전기기계기구에 인입할 때에는 인입구에서 케이블이 손상될 우려가 없도록 시설할 것　　【정답】①

51. 일반적으로 분기회로의 개폐기 및 과전류 차단기는 저압옥내간선과의 분기시점에 전선의 길이가 몇 [m] 이하의 곳에 시설하여야 하는가?

① 3[m] 　　　② 4[m]
③ 5[m] 　　　④ 8[m]

|문|제|풀|이|
[분기회로의 시설] 저압 옥내 간선과의 분기점에서 **전선의 길이가 3[m] 이하**인 곳에 개폐기 및 과전류 차단기를 시설하여야 한다.
【정답】①

52. 지중에 매설되어있는 금속제 수도관로는 접지공사의 접지극으로 사용할 수 있다. 이때 수도관로는 대지와의 접지저항치가 얼마 이하여야 하는가?

① 1[Ω] 　　　② 2[Ω]
③ 3[Ω] 　　　④ 4[Ω]

|문|제|풀|이|
[수도관 등의 접지극] 대지와의 사이에 전기 저항값이 3[Ω] 이하인 값을 유지하는 건물의 철골 기타의 금속체
【정답】③

53. 전로에 시설하는 기계기구의 철대 및 금속제 외함에는 접지공사를 하여야 하나 그렇지 않은 경우가 있다. 접지공사를 하지 않아도 되는 경우에 해당되는 것은?

① 철대, 또는 외함의 주위에 적당한 절연대를 설치하는 경우

② 사용전압이 직류 300[V]인 기계 기구를 습한 곳에 시설하는 경우

③ 교류 대지전압이 300[V]인 기계 기구를 건조한 곳에 시설하는 경우

④ 저압용의 기계 기구를 사용하는 전로에 지기가 생겼을 때 그 전로를 자동적으로 차단하는 장치가 없는 경우

|문|제|풀|이|

[외함 접지공사를 생략해도 되는 경우]

1. 사용전압이 **직류 300[V]** 또는 교류 대지전압이 150[V] 이하인 기계기구를 **건조한 곳**에 시설하는 경우

2. 저압용의 기계기구를 그 저압전로에 지락이 생겼을 때에 그 전로를 자동적으로 차단하는 장치를 시설한 저압전로에 접속하여 건조한 곳에 시설하는 경우

3. 저압용의 기계기구를 건조한 목재의 마루 기타 이와 유사한 절연성 물건 위에서 취급하도록 시설하는 경우

4. 철대 또는 외함의 주위에 적당한 절연대를 설치하는 경우

5. 외함이 없는 계기용 변성기가 고무·합성수지 기타의 절연물로 피복한 것일 경우

6. 전기용품안전관리법의 적용을 받는 2종 절연의 구조로 되어 있는 기계기구를 시설하는 경우

7. 저압용의 기계기구에 전기를 공급하는 전로의 전원측에 절연변압기를 시설하고 또한 그 절연변압기 부하측의 전로를 접지하지 아니하는 경우

8. 물기 있는 장소 이외의 장소에 시설하는 저압용의 개발 기계기구에 전기를 공급하는 전로에 전기용품안전관리법의 적용을 받는 **인체 감전보호용 누전차단기**(정격 감도 전류 30[mA] 이하, 동작 시간 0.03[s] 이하의 전류 동작형)**를 개별 기계 기구 또는 개별 전로에 시설한 경우**   【정답】①

54. A종 철근콘트리트주의 전장이 15[m]인 경우에 땅에 묻히는 깊이는 최소 몇 [m] 이상으로 해야 하는가? (단, 설계하중은 6.8[kN] 이하이다.)

① 2.5   ② 3.0

③ 3.5   ④ 4.0

|문|제|풀|이|

[건주 시 땅에 묻히는 깊이]

전장 \ 설계하중	6.8[kN] 이하	6.8[kN] 초과 ~9.8[kN] 이하	9.8[kN] 초과 ~14.72[kN] 이하
15[m] 이하	전장 × 1/6[m] 이상	전장 × 1/6+0.3[m] 이상	–
15[m] 초과	**2.5[m] 이상**	2.8[m] 이상	–
16[m] 초과 ~20[m] 이하	2.8[m] 이상	–	–
15[m] 초과 ~18[m] 이하	–	–	3[m] 이상
18[m] 초과	–	–	3.2[m] 이상

【정답】①

55. 과전류차단기로 저압 전로에 사용하는 정격전류가 70[A]이면 몇 분 이내에 용단되어야 되는가?

① 60분   ② 120분

③ 180분   ④ 240분

|정|답|및|해|설|

[과전류차단기로 저압전로에 사용하는 퓨즈]

정격전류의 구분	시간 (분)	정격전류의 배수	
		불용단 전류	용단 전류
4[A] 이하	60분	1.5배	2.1배
4[A] 초과 16[A] 미만	60분	1.5배	1.9배
16[A] 이상 63[A] 이하	60분	1.25배	1.6배
63[A] 초과 160[A] 이하	**120분**	1.25배	1.6배
160[A] 초과 400[A] 이하	180분	1.25배	1.6배
400[A] 초과	240분	1.25배	1.6배

【정답】②

56. 고압 가공인입선이 일반적인 도로 횡단 시 설치 높이는?

① 3[m] 이상   ② 3.5[m] 이상

③ 5[m] 이상   ④ 6[m] 이상

|문|제|풀|이|
[저·고압 가공전선의 높이]
1. **도로 횡단 : 지표상 6[m] 이상**
2. 철도 횡단 : 레일면 상 6.5[m] 이상
3. 횡단 보도교 위 : 노면상 3.5[m]
4. 기타 : 지표상 5[m] 이상   【정답】④

57. 전등 1개를 2개소에서 점멸하고자 할 때 필요한 3로 스위치는 최소 몇 개인가?

① 1개   ② 2개   ③ 3개   ④ 4개

|문|제|풀|이|
[배선도 및 전선 접속도]
1. 1등을 2개소에서 점멸하는 경우

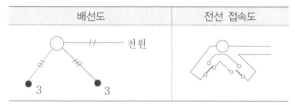

배선도	전선 접속도

2. 1등을 3개소에서 점멸하는 경우

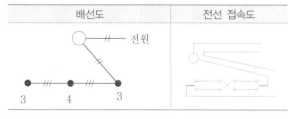

배선도	전선 접속도

※ ○ : 전등, ● : 점멸기(첨자가 없는 것은 단극, 2P는 2극, 3은 3로로, 4는 4로로), ●● : 콘센트   【정답】②

58. 실링 · 직접부착등을 시설하고자 한다. 배선도에 표기할 그림기호로 옳은 것은?

① ─●(N)   ② ⨂

③ (CL)   ④ (R)

|문|제|풀|이|
[실링라이트(Celling Light)] 천장에 부착하는 기구와 천장 속에 설치하는 기구를 말하며 배선용 기호는 (CL)를 사용한다.
    【정답】③

59. 점유 면적이 좁고 운전 보수에 안전하며 공장, 빌딩 등의 전기실에 많이 사용되는 배전반은 어떤 것인가?

① 데드프런트형   ② 수직형

③ 큐비클형   ④ 라이브프런트형

|문|제|풀|이|
[폐쇄식 배전반(Cubicle type)] 큐비클 또는 메탈 클래드라 하며, 조립형, 장갑형 등이 있다.
1. 조립형 : 차단기 등을 철재함에 조립하여 사용
2. 장갑형 : 회로별로 모선, 계기용변성기, 차단기 등을 하나의 함내에 장치. 점유 면적이 좁고, 운전 보수에 안전하므로 공장, 빌딩 등의 전기실에 많이 사용   【정답】③

60. 자연 공기 내에서 개방할 때 접촉자가 떨어지면서 자연 소호되는 방식을 가진 차단기로 저압의 교류 또는 직류차단기로 많이 사용되는 것은?

① 유입차단기   ② 자기차단기

③ 가스차단기   ④ 기중차단기

|문|제|풀|이|
[차단기의 종류 및 특징]
1. **기중차단기(ACB) : 대기 중**에서 아크를 길게 해서 소호실에서 냉각 차단
2. 유입차단기(OCB) : 소호실에서 아크에 의한 절연유 분해 가스의 열전도 및 압력에 의한 높은 압력과 가스를 만들어 차단
3. 자기차단기(MBB) : 대기중에서 전자력을 이용하여 아크를 소호실 내로 유도해서 냉각 차단
4. 가스차단기(GCB) : 고성능 절연 특성을 가진 특수 가스(SF_6)를 이용해서 차단
5. 진공차단기(VCB) : 진공 중에서 전자의 고속도 확산에 의해 차단
6. 공기차단기(ABB) : 압축된 공기를 아크에 불어 넣어서 차단
    【정답】④

01. 1[eV]는 몇 [J] 인가?

① $1.602 \times 10^{-19}[J]$ ② $1 \times 10^{-10}[J]$

③ $1[J]$ ④ $1.16 \times 10^{4}[J]$

|문|제|풀|이|

[1[eV] 전위차가 1[V]인 두 점 사이에서 하나의 기본 전하를 옮기는데 필요한 일이다.

전자 1개의 전하량 1.602×10^{-19}

$\therefore 1[eV] = 1[e] \times 1[V] = 1.6 \times 10^{-19}[C \cdot V] = 1.6 \times 10^{-19}[J]$

【정답】①

02. 일반적으로 절연체를 서로 마찰시키면 이들 물체는 전기를 띠게 된다. 이와 같은 현상은?

① 분극(polarization)

② 대전(electrification)

③ 정전(electrostatic)

④ 코로나(corona)

|문|제|풀|이|

[대전(electrification)] 어떤 물질이 정상 상태보다 전자의 수가 많거나 적어져서 전기를 띠는 현상

※① 분극(polarization) : 유전체를 전기장 내에 놓으면 양전하는 전기장의 방향으로 미세한 양만큼 이동하고 음전하는 전기장과 반대 방향으로 이동한다.
③ 정전(electrostatic) : 전하와 같이 정태(靜態)에 있는 전기
④ 코로나(corona) : 전선에 어느 한도 이상의 전압을 인가하면 전선 주위에 공기절연이 국부적으로 파괴되어 엷은 불꽃이 발생하거나 소리가 발생하는 현상 【정답】②

03. 2[Ω]의 저항과 3[Ω]의 저항을 직렬로 접속할 때 합성 컨덕턴스는 몇 [℧]인가?

① 5   ② 2.5

③ 1.5   ④ 0.2

|문|제|풀|이|

[직렬접속]

1. 합성저항 $R_0 = R_1 + R_2 = 2 + 3 = 5[\Omega]$

2. 합성컨덕턴스 $G_0 = \dfrac{1}{R_0} = \dfrac{1}{5} = 0.2[\text{℧}]$ 　　　【정답】④

04. 도체의 전기저항에 대한 설명으로 옳은 것은?

① 길이와 단면적에 비례한다.

② 길이와 단면적에 반비례한다.

③ 길이에 비례하고 단면적에 반비례한다.

④ 길이에 반비례하고 단면적에 비례한다.

|문|제|풀|이|

[전기저항] $R = \rho \dfrac{l}{A} = \dfrac{l}{\sigma A}[\Omega]$

여기서, ρ : 고유저항 $[\Omega \cdot m]$, σ : 도전율 $[\text{℧}/m][S/m]$

l : 도선의 길이 $[m]$, A : 도선의 단면적 $[m^2]$

$\therefore$도체의 전기저항(R)은 길이에 비례하고 단면적에 반비례한다.

【정답】③

05. 기전력 1.5[V], 용량이 20[Ah]인 축전지 5개를 직렬로 접속하여 사용할 때 기전력은 7.5[V]가 된다. 이때 용량은 어떻게 되는가?

① 20[Ah]   ② 25[Ah]

③ 30[Ah]   ④ 40[Ah]

|문|제|풀|이|

[용량] 직렬연결이므로 용량은 변화가 없다.

【정답】①

06. 그림에서 2[Ω]의 저항에 흐르는 전류는 몇 [A]인가?

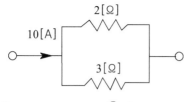

① 3 ② 4
③ 5 ④ 6

|문|제|풀|이|

[전류 분배법칙] $I_1 = \dfrac{R_2}{R_1 + R_2} I$

$\therefore I_1 = \dfrac{R_2}{R_1 + R_2} I = \dfrac{3}{2+3} \times 10 = 6[A]$ 　　　　【정답】④

07. 전원 100[V]의 가전제품에 50[W] 10개, 25[W] 10개, 30[W] 5개, 1[kW] 전열기 1대를 동시에 병렬로 접속하면 전체 전류[A]는 어떻게 되는가?

① 15 ② 17
③ 19 ④ 21

|문|제|풀|이|

[전류] $I = \dfrac{P}{V}[A]$ 　　　→ $(P = VI[W])$

여기서, P : 전력[W], V : 전압[V]
1. 전압 100[V]
2. 전력의 합 : $(50 \times 10) + (25 \times 10) + (30 \times 5) + (1000 \times 1) = 1900[W]$

$\therefore$ 전류 $I = \dfrac{P}{V} = \dfrac{1900}{100} = 19[A]$ 　　　　【정답】③

08. 1[W · sec]와 같은 것은?

① 1[J] ② 1[F]
③ 1[kcal] ④ 860[kWh]

|문|제|풀|이|

[일] $W = P \times t[W \cdot sec]$
여기서, W : 일[J], P : 전력[W], t : 시간[sec]
$W[J] = P[W] \times t[sec]$ 　　　$\therefore J = W \cdot sec$ 　　【정답】①

09. 니켈의 원자가는 2이고 원자량은 58.70이다. 이때 화학당량의 값은?

① 29.35 ② 58.70
③ 60.70 ④ 117.4

|문|제|풀|이|

[화학당량] 화학당량 $= \dfrac{원자량}{원자가}$

1. 니켈의 원자량 58.7
2. 니켈의 원자가 2

$\therefore$ 화학당량 $= \dfrac{원자량}{원자가} = \dfrac{58.7}{2} = 29.35$ 　　【정답】①

10. 4×10^{-5}[C]과 6×10^{-5}[C]의 두 전하가 자유공간에 2[m]의 거리에 있을 때 그 사이에 작용하는 힘은?

① 5.4[N], 흡인력이 작용한다.
② 5.4[N], 반발력이 작용한다.
③ 7/9[N], 흡인력이 작용한다.
④ 7/9[N], 반발력이 작용한다.

|문|제|풀|이|

[정전력(두 전하 사이에 작용하는 힘) → 쿨롱의 법칙]

1. 힘 $F = 9 \times 10^9 \times \dfrac{Q_1 Q_2}{r^2}$ [N]

여기서, Q_1, Q_2 : 전하, r : 두 전하 사이의 거리
Q_1 : 4×10^{-5}[C], Q_2 : 6×10^{-5}[C], r : 2[m]

$\therefore F = 9 \times 10^9 \dfrac{Q_1 Q_2}{r^2} = 9 \times 10^9 \times \dfrac{4 \times 10^{-5} \times 6 \times 10^{-5}}{2^2} = 5.4[N]$

2. Q_1과 Q_2의 극성이 같으므로(+) 두 전하는 **반발력**

　　→ (만약 Q_1과 Q_2의 극성이 다르다면(+, -) 두 전하는 흡인력)

【정답】②

11. 전기장의 세기에 대한 단위로 맞는 것은?

① [m/V]　　　　② [V/m²]

③ [V/m]　　　　④ [m²/V]

|문|제|풀|이|

[전기장의 세기의 단위] [V/m]

전기장(E)의 세기는 전기장 내의 전하에 작용하는 힘의 척도이다.

힘 $F = QE$ → 전기장의 세기 $E = \dfrac{F}{Q} = \dfrac{U}{l} = \dfrac{[V]}{[m]}$

즉, 전기장의 세기(E)는 두 평행판 사이의 거리(l)와 두 전하 사이에서 발생된 전압(U)으로 표시한다.　　　【정답】③

12. 비유전율이 큰 산화티탄 등을 유전체로 사용한 것으로 극성이 없으며 가격에 비해 성능이 우수하여 널리 사용되고 있는 콘덴서의 종류는?

① 마일러 콘덴서　　② 마이카 콘덴서

③ 전해 콘덴서　　　④ 세라믹 콘덴서

|문|제|풀|이|

[세라믹 콘덴서] 비유전율이 큰 산화티탄 등을 유전체로 사용한 것으로 **극성이 없으며 가격에 비해 성능이 우수**하여 널리 사용된다.

※콘덴서의 종류

구분	유전체 및 전극	용량	용도 및 특징
전해 콘덴서	산화피막	고용량	·평활회로, 저주파 바이패스 ·직류에만 사용
탄탈 콘덴서	탄탈륨	고용량	·온도 무관 ·주파수 특성이 좋다. ·고주파 회로에 사용 ·가격이 비쌈
마일러 콘덴서	폴리에스테르 필름	저용량	·극성이 없다. ·가격 저렴 ·정밀하지 못함
세라믹 콘덴서	티탄산바륨	저용량	·극성이 없다. ·아날로그 회로
바리콘	공기	조절 가능	·라디오의 방송을 선택하는 곳에 사용 ·주파수에 따라 용량 가변 가능
트리머	세라믹	조절 가능	주파수에 따라 용량 가변 가능

【정답】④

13. A-B 사이 콘덴서의 합성정전용량은 얼마인가?

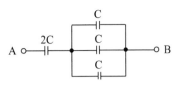

① 1C　　　　② 1.2C

③ 2C　　　　④ 2.4C

|문|제|풀|이|

[합성정전용량] 콘덴서 3개를 병렬 연결한 3C와 2C의 직렬연결의 정전합성용량

1. 3개가 병렬 : 1C+1C+1C=3C

2. 2C와 3C가 직렬연결

$\therefore C_{AB} = \dfrac{2C \times 3C}{2C + 3C} = \dfrac{6C^2}{5C} = 1.2C$　　　【정답】②

14. 그림과 같은 평형 3상 △회로를 등가 Y결선으로 환산하면 각 상의 임피던스는 몇 [Ω]이 되는가? (단, Z는 12[Ω]이다.)

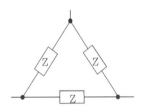

① 48[Ω]　　　　② 36[Ω]

③ 4[Ω]　　　　④ 3[Ω]

|문|제|풀|이|

[등가변환 △→Y 임피던스] $Z_Y = \dfrac{1}{3}Z_\triangle$ [Ω]

$\therefore Z_Y = \dfrac{1}{3}Z_\triangle = \dfrac{1}{3} \times 12 = 4[\Omega]$

즉, 3개의 임피던스 값이 동일한 경우

1. △ 결선을 Y결선으로 변경하면 1/3배 → $Z_Y = \dfrac{1}{3}Z_\triangle$ [Ω]

2. Y결선을 △ 결선으로 변경하면 3배 → $Z_\triangle = 3Z_Y$ [Ω]

【정답】③

15. 0.04$[\mu F]$의 콘덴서에 20$[\mu C]$의 전하를 공급하면 전위는 몇 [V]가 되는가?

① 200

② 300

③ 400

④ 500

|문|제|풀|이|

[전위] $V = \dfrac{Q}{C}[V]$ → (전기량 $Q = CV[C]$)

여기서, Q : 전기량[C], V : 전위차[V], C : 정전용량

∴전위차 $V = \dfrac{Q}{C} = \dfrac{20}{0.04} = 500[V]$ 【정답】④

16. 자기력선의 설명 중 맞는 것은?

① 자기력선은 자석의 N극에서 시작하여 S극에서 끝난다.

② 자기력선은 상호간에 교차한다.

③ 자기력선은 자석의 S극에서 시작하여 N극에서 끝난다.

④ 자기력선은 가시적으로 보인다.

|문|제|풀|이|

[자기력선의 성질]

1. 자기력선은 자석의 **N극에서 출발하여 S극에서 끝난다.**

2. 자기력선은 **상호 교차하지 않는다.**

3. 같은 방향의 자기력선까지는 서로 반발력이 작용한다.

【정답】①

17. 전류 $i = 30\sin\omega t + 40\sin(3\omega t + 45°)$의 실효값은 어떻게 되는가?

① 25

② $25\sqrt{2}$

③ 30

④ $30\sqrt{2}$

|문|제|풀|이|

[실효값] $I = \sqrt{\left(\dfrac{I_{1m}}{\sqrt{2}}\right)^2 + \left(\dfrac{I_{3m}}{\sqrt{2}}\right)^2}[A]$

→ $(i = I_{1m}\sin\omega t + I_{3m}\sin(3\omega t + \theta))$

여기서, I : 실효값, i : 순시값, I_m : 최대값

∴실효값 $I = \sqrt{\left(\dfrac{I_{1m}}{\sqrt{2}}\right)^2 + \left(\dfrac{I_{3m}}{\sqrt{2}}\right)^2}$

$= \sqrt{\left(\dfrac{30}{\sqrt{2}}\right)^2 + \left(\dfrac{40}{\sqrt{2}}\right)^2} = 25\sqrt{2}[A]$ 【정답】②

18. 자장 내에 있는 도체에 전류를 흘리면 힘(전자력)이 작용하는데, 이 힘의 방향은 어떤 법칙으로 정하는가?

① 플레밍의 오른손 법칙

② 플레밍의 왼손 법칙

③ 렌쯔의 법칙

④ 앙페르의 오른나사 법칙

|문|제|풀|이|

[플레밍의 왼손 법칙(전동기원리)] 자계 내에서 전류가 흐르는 도선에 사용하는 힘

① 플레밍 오른손 법칙(발전기 원리) : 자계 내에서 도선을 왕복 운동시키면 도선에 기전력이 유기된다.

③ 렌쯔의 법칙 : 자속의 변화에 따른 전자유도법칙으로 유도기전력과 유도전류는 자기장의 변화를 상쇄하려는 방향으로 발생한다는 전자기법칙이다.

④ 앙페르의 오른 나사 법칙 : 전류가 만드는 자계의 방향

【정답】②

19. 비오사바르의 법칙은 어느 관계를 나타내는가?

① 기자력과 자장

② 전위와 자장

③ 전류와 자장

④ 기자력과 자속밀도

|문|제|풀|이|

[비오사바르의 법칙] 자계 내 **전류** 도선이 만드는 **자장**의 세기

자장의 미세 세기 $dH = \dfrac{I\,dl\sin\theta}{4\pi r^2}[\text{AT/m}]$

여기서, θ : dl과 거리 r이 이루는 각, dl : 미소 길이, r : 거리

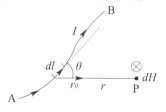

【정답】③

20. 1[kWh]는 몇 [J]인가?

① 3.6×10^6　　　　② 860

③ 10^3　　　　　　　　④ 10^6

|문|제|풀|이|

[일]　$W = P\,t\,[W \cdot \sec]$

여기서, W : 일$[J]$, t : 시간$[\sec]$, P : 전력$[W]$

$1[h] = 3600[\sec]$, $1[kWh] = 1000[Wh]$

$\therefore 1000[Wh] = 1000 \times 3600 = 3,600,000 = 3.6 \times 10^6\,[W \cdot \sec]$

【정답】①

21. 정류자와 접촉하여 전기자권선과 외부 회로를 연결
시켜주는 것은?

① 전기자　　　　② 계자

③ 브러시　　　　④ 공극

|문|제|풀|이|

[브러시(Brush)]

1. 내부 회로와 외부 회로를 전기적으로 연결하는 부분
2. 정류자에 접촉하여 정류자와 함께 정류작용
3. 탄소 브러시는 접촉 저항이 크게 때문에 양호한 정류를 얻기
위해 사용된다.
　㉮ 탄소질 브러시 : 소형기, 저속기 등에 많이 사용
　㉯ 흑연질 브러시 : 고속 또는 대전류기에 많이 사용
　㉰ 전기흑연질 브러시 : 정류 능력이 높아 브러시로서 가장 우
수하며, 각종 기계에 널리 사용
　㉱ 금속흑연질 브러시 : 저전압, 대전류 기기에 사용

※① 전기자 : 기전력 유도
　② 계자 : 자속생성
　④ 공극(Air gap) : 계자 철심과의 공간으로 돌극기는 불균형하고, 비돌극
　　기는 일정하다)

【정답】③

22. 전기기기의 효율 중 발전기의 규약효율 η_g 는? (단,
입력 P, 출력 Q, 손실 L로 표현한다.)

① $\eta_g = \dfrac{P-L}{P} \times 100[\%]$

② $\eta_g = \dfrac{P-L}{P+L} \times 100[\%]$

③ $\eta_g = \dfrac{PQ}{P} \times 100[\%]$

④ $\eta_g = \dfrac{Q}{Q+L} \times 100[\%]$

|문|제|풀|이|

[규약효율] 전기기기의 효율을 각종 손실을 따로따로 측정 또는
계산해서 구한 효율을 말한다.

1. 전동기(모터)는 입력 위주로 규약효율　$\eta_m = \dfrac{P-L}{P} \times 100$

　　　　　　　→ (전동기: 전기 입력이므로 입력 2번)

2. **발전기, 변압기**는 출력 위주로 규약효율　$\eta_g = \dfrac{Q}{Q+L} \times 100$

　　　　　　　→ (발전기: 전기 출력이므로 출력 2번)

※효율 $\eta = \dfrac{출력}{입력} \times 100[\%]$　　　　　　　【정답】④

23. 직류 직권전동기의 회전수와 토크는 어떻게 되는가?

① 토크는 회전수에 비례한다.

② 토크는 회전수에 반비례한다.

③ 토크는 회전수의 제곱에 비례한다.

④ 토크는 회전수의 제곱에 반비례한다.

|문|제|풀|이|

[직류 직권전동기] 직류 직권전동기 토크(T)와 속도(N)와의 관계

$T \propto \dfrac{1}{N^2}$

※직류 분권전동기 $T \propto \dfrac{1}{N}$　　　　　　　【정답】④

24. 출력 15[kW], 1500[rpm]으로 회전하는 전동기의
토크는 약 몇 [kg·m] 인가?

① 6.54　　　　② 9.75

③ 47.78　　　　④ 95.55

|문|제|풀|이|

[전동기의 토크] $T = 0.975 \dfrac{P}{N}[kg \cdot m]$

$P = 15[kW]$, $N = 1500[rpm]$

$\therefore$토크 $T = 0.975 \dfrac{P}{N} = 0.975 \dfrac{15 \times 10^3}{1500} = 9.75[kg \cdot m]$

※ $T = (0.975 \times 9.8) \times \dfrac{P}{N} = 9.55 \dfrac{P}{N}[N \cdot m]$　　【정답】②

25. 직류 복권전동기를 분권전동기로 사용하려면 어떻게 하여야 하는가?

① 분권계자를 단락시킨다.

② 부하단자를 단락시킨다.

③ 직권계자를 단락시킨다.

④ 전기자를 단락시킨다.

|문|제|풀|이|

[직류 전동기] 직류 복권전동기를 분권전동기로 사용하려면 직권계자를 제거해야 하는데. 그 방법으로는 직권계자를 단락시킨다.

【정답】③

26. 히스테리시스 곡선의 ㉠가로축(횡축)과 ㉡세로축(종축)은 무엇을 나타내는가?

① ㉠ 자속밀도, ㉡ 투자율

② ㉠ 자기장의 세기, ㉡ 자속밀도

③ ㉠ 자화의 세기, ㉡ 자기장의 세기

④ ㉠ 자기장의 세기, ㉡ 투자율

|문|제|풀|이|

[히스테리시스 곡선 (B-H 곡선)]

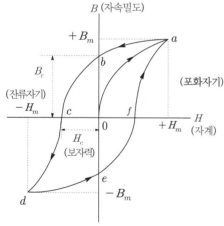

1. 히스테리시스 곡선이 **종축(자속밀도)**과 만나는 점은 **잔류자기**(잔류 자속밀도(B_r))

2. 히스테리시스 곡선이 **횡축(자계의 세기)**과 만나는 점은 **보자력(H_c)**를 표시한다. 　　　　　　　　　【정답】②

27. 1차전압 6300[V], 2차전압 210[V], 주파수 60[Hz]의 변압기가 있다. 이 변압기의 권수비는?

① 30　　　　　② 40

③ 50　　　　　④ 60

|문|제|풀|이|

[변압기의 권수비] $a = \dfrac{N_1}{N_2} = \dfrac{V_1}{V_2} = \dfrac{I_2}{I_1}$

$\therefore a = \dfrac{V_1}{V_2} = \dfrac{6300}{210} = 30$　　　　　【정답】①

28. 고장 시의 불평형 차전류가 평형 전류의 어떤 비율 이상으로 되었을 때 동작하는 계전기는?

① 과전압계전기　　　② 과전류계전기

③ 전압차동계전기　　④ 비율차동계전기

|문|제|풀|이|

[변압기 내부 고장 검출]

① 과전압계전기(OVR) : 일정 값 이상의 전압이 걸렸을 때 동작

② 과전류계전기(OCR) : 일정한 전류 이상이 흐르면 동작

③ 전압차동계전기 : 전기·전자 전압 불균형이 소정의 값에 이르렀을 때 작동을 하는 차동 계전기

④ 비율차동계전기(RDFR) : 발전기나 변압기 등의 내부 고장 발생 시 CT 2차 측의 억제 코일에 흐르는 **부하 전류와 동작 코일에 흐르는 1차 전류의 오차가 일정 비율 이상일 경우**에 동작하는 계전기

【정답】④

29. 변압기에서 V결선의 이용률은?

① 0.577　　　　② 0.707

③ 0.866　　　　④ 0.977

|문|제|풀|이|

[V결선 시 변압기 이용률] V 결선시 이용률

1. 이용률 = $\dfrac{\sqrt{3}\,P_1}{2P_1} = 0.866$　　→ (V 결선 출력 $P_V = \sqrt{3}\,P_1$)

2. 출력비 = $\dfrac{\sqrt{3}\,P_1}{3P_1} = 0.577$

여기서, P_1는 1대의 단상 변압기용량　　　【정답】③

30. 계기용변압기의 2차 측 단자에 접속하여야 할 것은?

① O.C.R   ② 전압계

③ 전류계   ④ 전열부하

|문|제|풀|이|

[계기용변압기(PT)] 계기용 변압기(PT)의 2차 측에는 **전압계**를, 계기용변류기(CT)의 2차 측에는 전류계를 연결한다.

【정답】②

---

31. 다음 중 농형유도전동기의 장점이 아닌 것은?

① 가격이 저렴하다.

② 구조가 간단하다.

③ 보수 및 점검이 용이하다.

④ 기동토크가 크다.

|문|제|풀|이|

[농형 유도전동기, 권선형 유도전동기의 비교]

농형 유도전동기	·중·소형에서 많이 사용 ·회전자 구조가 간단하고 보수가 용이 ·가격이 저렴하고 효율 좋음 ·기동전류가 매우 큼. ·속도 조정 곤란 ·**기동토크 작음**(대형운전 곤란)
권선형 유도전동기	·중·대형에서 많이 사용 ·농형에 비해 구조가 복잡하고 효율이 떨어짐 ·기동이 쉬움 ·속도 조정 용이하다. ·기동토크가 크고 비례추이 가능한 구조 ·고장이 잦아 유지관리가 어렵다.

【정답】④

---

32. 유도전동기에서 슬립이 0이란 것은 어느 것과 같은가?

① 유도전동기가 동기속도로 회전한다.

② 유도전동기가 정지 상태이다.

③ 유도전동기가 전부하 운전 상태이다.

④ 유도제동기의 역할을 한다.

[슬립] 전동기의 속도 N[rpm]과 동기속도 N_s[rpm]의 속도차를 N_s에 대한 비율을 슬립(slip)이라 한다.

슬립 $s = \dfrac{N_s - N}{N_s}$ → (s의 범위는 $0 \leq s \leq 1$ 이다.)

1. $s = 1$이면 N=0이어서 전동기가 정지 상태
2. $s = 0$이면 $N = N_s$가 되어 **전동기가 동기속도로 회전**하며, 이 경우는 이상적인 무부하 상태이다. 　【정답】①

---

33. 60[Hz]의 동기전동기가 2극일 때 동기속도는 몇 [rpm]인가?

① 7200   ② 4800

③ 3600   ④ 2400

|문|제|풀|이|

[동기전동기의 동기속도] $N_s = \dfrac{120f}{p}$

여기서, p : 극수, f : 주파수

∴동기속도 $N_s = \dfrac{120f}{p} = \dfrac{120 \times 60}{2} = 3600[rpm]$

【정답】③

---

34. 4극 60[Hz], 슬립 5[%]인 유도전동기의 회전수는 몇 [rpm]인가?

① 1836   ② 1710

③ 1540   ④ 1200

|문|제|풀|이|

[유도전동기 회전수] $N = \dfrac{120f}{p}(1-s)$

여기서, p : 극수, f : 주파수, s : 슬립

∴$N = \dfrac{120f}{P}(1-s) = \dfrac{120 \times 60}{4}(1-0.05) = 1710[rpm]$

【정답】②

35. 단상 유도전동기 중 ㉠ 반발기동형, ㉡ 콘덴서기동형, ㉢ 분상기동형, ㉣ 셰이딩코일형이라 할 때, 기동토크가 큰 것부터 옳게 나열한 것은?

① ㉠ 〉 ㉡ 〉 ㉢ 〉 ㉣

② ㉠ 〉 ㉣ 〉 ㉡ 〉 ㉢

③ ㉠ 〉 ㉢ 〉 ㉣ 〉 ㉡

④ ㉠ 〉 ㉡ 〉 ㉣ 〉 ㉢

|문|제|풀|이|

[단상 유도전동기] 기동 토크가 큰 것부터 배열하면 다음과 같다.

반발기동형 → 반발유도형 → 콘덴서기동형 → 분상기동형 → 셰이딩코일형(또는 모노 사이클릭 기동형)　　　　【정답】①

36. 3상 전파 정류회로에 저항부하의 전압이 100[V]이면 전원전압은 얼마인가?

① 55[V]　　　　② 65[V]

③ 70[V]　　　　④ 74[V]

|문|제|풀|이|

[3상 전파 정류회로] $E_d = 1.35E$

여기서, E_d : 출력전압, E : 전원전압

출력 $E_d = 1.35E$　→　$100 = 1.35 \times E$　∴전원전압 $E = 74[V]$

※[정류회로 방식의 비교]

종류	단상 반파	단상 전파	3상 반파	3상 전파
직류출력	$E_d = 0.45E$	$E_d = 0.9E$	$E_d = 1.17E$	$E_d = 1.35E$
맥동률[%]	121	48	17.7	4.04
정류효율	40.5	81.1	96.7	99.8
맥동주파수	f	$2f$	$3f$	$6f$

1. 단상 : 선 두 가닥, 3상 : 선 3가닥
2. 반파 : 다이오드오 1개, 전파 : 다이오드 2개 이상

　　　　【정답】④

37. 3상 동기발전기에 무부하전압 보다 90도 뒤진 전기자전류가 흐를 때 전기자반작용은?

① 감자작용을 한다.

② 증자작용을 한다.

③ 교차자화작용을 한다.

④ 자기여자작용을 한다.

|문|제|풀|이|

[3상 동기발전기의 전기자반작용]

역률	부하	전류와 전압과의 위상	작용
역률 1	저항	I_a가 E와 동상인 경우	교차자화작용 (횡축반작용)
뒤진(지상) 역률 0	유도성 부하	I_a가 E보다 $\pi/2$(90도) **뒤지는 경우**	**감자작용** (자화반작용)
앞선(진상) 역률 0	용량성 부하	I_a가 E보다 $\pi/2$(90도) 앞서는 경우	증자작용 (자화작용)

여기서, I_a : 전기자전류, E : 유기기전력

※[전기자반작용] 동기전동기의 전기자반작용은 동기발전기와 반대

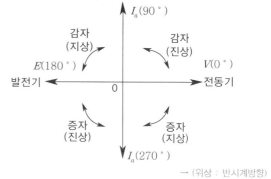

→ (위상 : 반시계방향)

　　　　【정답】①

38. 디지털 디스플레이 시계나 계산기와 같이 숫자나 문자를 표기하기 위해서 사용하는 전류를 흘려 빛을 발산하는 반도체 소자는 무엇인가?

① 제너다이오드　　② 바렉스다이오드
③ 터널다이오드　　④ 발광다이오드

|문|제|풀|이|
[발광다이오드(LED)] 디지털 디스플레이 시계나 계산기와 같이 숫자나 문자를 표기하기 위해서 사용하는 전류를 흘려 빛을 발산하는 반도체 소자

※① 제너다이오드 : 정전압 다이오드라고도 하며, 전압을 일정하게 유지하기 위한 전압 제어 소자로 널리 사용된다.
　② 바렉스다이오드 : 과도 전압, 이상 전압에 대한 회로 보호용으로 사용되는 소자
　③ 터널다이오드 : 불순물의 함량을 증가시켜 공간 전하 영역의 폭을 좁혀 터널 효과가 나타나도록 한 것이다.
【정답】④

39. 다음 중 정류소자가 아닌 것은?

① LED　　　　② TRIAC
③ SCR　　　　④ SCS

|문|제|풀|이|
[정류소자의 종류 및 특징]

방향성	명칭	단자	기호	응용 예
역저지 (단방향) 사이리스터	SCR	3단자		정류기 인버터
	LASCR			정지스위치 및 응용스위치
	GTO			쵸퍼 직류스위치
	SCS	4단자		
쌍방향성 사이리스터	SSS	2단자		초광장치, 교류스위치
	TRIAC	3단자		초광장치, 교류스위치
	역도통			직류효과

※LED : 발광다이오드
【정답】①

40. 마이크로프로세서와 연결된 수정이 하는 역할은 무엇인가?

① 전자유도작용　　② 상호유도작용
③ 발진작용　　　　④ 전기자반작용

|문|제|풀|이|
[발진작용] 진동 전류가 일단 흐르기 시작하면 그것을 지속시키도록 작용하는 회로. 진공관이나 트랜지스터로 만든다.

※① 전자유도작용 : 코일 중을 통과하는 자속이 변화하면 자속을 방해하려는 방향으로 기전력(유도기전력)이 생기는 현상
　② 상호유도작용 : 두 코일을 가까이 하면 한쪽 코일의 전력을 다른 쪽 코일에 전달할 수 있다(예, 변압기).
　④ 전기자반작용 : 발전기, 전동기에서, 전기자 전류에 의해서 발생하는 자속이 주계자 자속에 미치는 반작용. 반작용 계자는 주자계의 자기 분포를 일그러지게 하고, 그 결과 전동기 속도 및 발전기의 전압 변동률 등에 영향을 미친다.
【정답】③

41. 일반적인 연동선의 고유저항은 몇 $[\Omega mm^2/m]$인가?

① $\dfrac{1}{55}$　　　　② $\dfrac{1}{35}$

③ $\dfrac{1}{58}$　　　　④ $\dfrac{1}{60}$

|문|제|풀|이|
[연동선] 경동선에 비해 전기저항이 낮고 유연성 및 가공성이 뛰어나다. 주로 옥내배선에 쓰인다.

1. 인장강도 : 20~25$[kg/mm^2]$
2. 도전율 : 100[%]
3. 고유저항 : $\rho = \dfrac{1}{58}[\Omega mm^2/m]$

※1. 경동선의 고유저항 : $\rho = \dfrac{1}{55}[\Omega mm^2/m]$
　2.알루미늄선의 고유저항 : $\rho = \dfrac{1}{35}[\Omega mm^2/m]$
【정답】③

42. 다음 중 450/750[V] 일반용 단심비닐절연전선을 나타내는 약호는?

① FL ② NV

③ NF ④ NR

|문|제|풀|이|

[배선용 비닐절연전선 약호]

① FL : 형광방전등용 비닐전선

② NV : 비닐절연 네온전선

③ NF : 450/750[V] 일반용 유연성비닐절연전선

④ NR : 450/750[V] 일반용 단심비닐절연전선

【정답】④

43. 아웃렛박스 등의 녹아웃의 지름이 관의 지름보다 클 때에 관을 박스에 고정 시키기 위해 쓰는 재료의 명칭은?

① 터미널캡 ② 링리듀서

③ 엔트랜스캡 ④ 유니버셜 엘보

|문|제|풀|이|

[링리듀서] 녹아웃 구멍이 로크 너트보다 클 때 사용하여 접속하는 것이다.

※① 터미널캡 : 저압 가공 인입선에서 금속관공사로 옮겨지는 곳 또는 금속관으로부터 전선을 뽑아 전동기 단자 부분에 접속할 때 사용, A형, B형이 있다.

③ 엔트랜스캡 : 옥외의 빗물이나 벌레의 침입을 막는데 사용하며 금속관 공사의 입입구 관 끝에 사용하는 재료

④ 유니버셜 엘보 : 금속관 공사를 노출로 시공할 때 직각으로 구부러지는 곳에서 사용하는 기구

【정답】②

44. 다음 중 애자공사에 사용되는 애자의 구비조건과 거리가 먼 것은?

① 광택성 ② 절연성

③ 난연성 ④ 내수성

|문|제|풀|이|

[애자의 구비 조건]

·충분한 기계적 강도를 가질 것

·절연내력이 클 것

·누설전류가 적을 것

·**절연성, 난연성(연소하기 어려운 재료의 성질), 내수성**이 클 것

【정답】①

45. 다음 그림과 같이 금속관을 구부릴 때 일반적으로 A와 B의 관계식은?

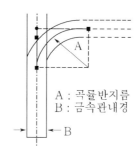

A : 곡률반지름
B : 금속관내경

① A=2B ② A≥B

③ A≥5B ④ A≥6B

|문|제|풀|이|

[금속관의 곡률반지름] 금속관을 구부릴 때 금속관의 단면이 변형되지 아니하도록 구부려야 하며 그 안측의 반지름은 **관안 지름의 6배 이상**이 되어야 한다.

【정답】④

46. 절연전선을 동일 금속 덕트 내에 넣을 경우 금속 덕트의 크기는 전선의 피복절연물을 포함한 단면적의 총합계가 금속덕트 내 단면적의 몇 [%] 이하로 하여야 하는가?

① 10 ② 20

③ 32 ④ 48

|문|제|풀|이|

[금속덕트공사]

1. 전선은 절연전선(옥외용 비닐절연전선을 제외)일 것

2. **금속덕트에 넣은 전선의 단면적**(절연피복의 단면적을 포함한다)**의 합계는 덕트의 내부 단면적의 20[%]**(전광표시 장치·출퇴표시등 기타 이와 유사한 장치 또는 제어회로 등의 배선만을 넣는 경우에는 50[%]) 이하일 것

3. 금속덕트 안에는 전선에 접속점이 없도록 할 것

4. 금속덕트는 폭이 40[mm]를 초과하고 또한 두께가 1.2[mm] 이상인 철판 또는 금속제로 제작

5. 지지점간 거리는 3[m] 이하(취급자 이외의 자가 출입할 수 없는 곳에서 수직으로 붙이는 경우 6[m] 이하)

6. 덕트의 끝부분은 막을 것

7. 덕트는 물이 고이는 낮은 부분을 만들지 않도록 시설할 것

【정답】②

47. 화약류의 가루가 전기설비 발화원이 되어 폭발할 우려가 있는 곳에 시설하는 저압 옥내배선의 공사 방법으로 가장 알맞은 것은?

① 금속관공사　　　② 애자공사

③ 버스덕트공사　　④ 합성수지몰드공사

|문|제|풀|이|

[먼지가 많은 장소에서의 저압의 시설] 폭연성 먼지나 화약류의 가루가 존재하는 곳의 배선은 **금속관 공사나 케이블 공사**(켑타이어 케이블 제외)에 의할 것　　【정답】①

48. 최대 사용전압이 70[kV]인 중성점 직접접지식 전로의 절연내력 시험전압은 몇 [V]인가?

① 35000[V]　　　② 42000[V]

③ 44800[V]　　　④ 50400[V]

|문|제|풀|이|

[전로의 절연저항 및 절연내력]　　(최대 사용전압의 배수)

권선의 종류		시험 전압	시험 최소 전압
7[kV] 이하	권선	1.5배	500[V]
7[kV] 넘고 25[kV] 이하	다중접지식	0.92배	
7[kV] 넘고 60[kV] 이하	비접지방식	1.25배	10,500[V]
60[kV]초과	비접지	1.25배	
	접지식	1.1배	75000[V]
60[kV] 넘고 170[kV] 이하	중성점 직접지식	0.72배	
170[kV] 초과	중성점 직접지식	0.64배	

60[kV] 초과 170[kV] 이하 중성점 직접 접지식의 시험전압은 0.72배

∴절연내력 시험저압 $= 70000 \times 0.72 = 50400[V]$　　【정답】④

49. 터널, 갱도 기타 이와 유사한 장소에서 사람이 상시 통행하는 터널 내의 배선방법으로 적절하지 않은 것은? (단, 사용전압은 저압이다.)

① 라이팅덕트 배선

② 금속제 가요전선관 배선

③ 합성수지관 배선

④ 애자사용 배선

|문|제|풀|이|

[사람이 통행하는 터널 내의 배선방법]

1. 합성수지관 공사, 금속관 공사, 가요전선관 공사, 케이블 공사에 의한다.
2. 전선은 지름 2.6[mm]의 연동선 또는 절연전선(단, OW, DV선 제외)을 사용한다.
3. 애자 사용 공사에 사용하는 애자는 절연성, 난연성 및 내수성의 것이며 노면상 2.5[m] 이상의 높이로 할 것
4. 전로에는 터널의 입구에 가까운 곳에 전용개폐기를 시설할 것
　　【정답】①

50. 화약고에 시설하는 전기설비에서 전로의 대지전압은 몇 [V] 이하로 하여야 하는가?

① 100[V]　　　② 150[V]

③ 300[V]　　　④ 400[V]

|문|제|풀|이|

[화약류 저장소에서 전기설비의 시설]

1. **전로에 대지 전압은 300[V] 이하일 것**
2. 전기기계기구는 전폐형의 것일 것
3. 케이블을 전기기계기구에 인입할 때에는 인입구에서 케이블이 손상될 우려가 없도록 시설할 것.
4. 전용 개폐기 및 과전류 차단기를 각 극에 취급자 이외의 자가 쉽게 조작할 수 없도록 시설하고 또한 전로에 지락이 생겼을 때에 자동적으로 전로를 차단하거나 경보하는 장치를 시설하여야 한다.　　【정답】③

51.
사람의 감전 전기감전을 방지하기 위해서 설치하는 주택용 누전차단기의 정격감도전류와 동작시간은 얼마인가?

① 15[mA], 0.03초   ② 30[mA], 0.03초

③ 15[mA], 0.3초   ④ 30[mA], 0.3초

|문|제|풀|이|

[인체감전보호용 누전차단기]

1. **정격감도전류가 30[mA] 이하, 동작시간이 0.03초 이하**의 전류 동작형이다.

2. 욕조나 샤워시설이 있는 욕실 또는 화장실 등 인체가 물에 젖어있는 상태에서 전기를 사용하는 장소에 콘센트를 시설하는 경우의 인체감전보호용 누전차단기는 정격감도전류 15[mA] 이하, 동작시간 0.03초 이하의 전류동작형 이어야 한다. 【정답】②

52.
접지전극의 매설 깊이는 몇 [m] 이상인가?

① 0.6   ② 0.65

③ 0.7   ④ 0.75

|문|제|풀|이|

[접지선의 시설] 사람이 접촉될 우려가 있는 곳에 시설하는 경우

·접지전극은 **지하 0.75[m] 이상**의 깊이에 매설할 것

·접지선을 철주 기타의 금속체를 따라 시설하는 경우에는 접지극을 철주의 밑면으로부터 0.3[m] 이상 깊이에 매설하는 경우 이외에는 접지극을 지중에서 금속체로부터 1[m] 이상 이격할 것 【정답】④

53.
고압 및 특고압 전로에 시설하는 피뢰기의 접지저항은 몇 [Ω]인가?

① 10   ② 20

③ 30   ④ 40

|문|제|풀|이|

[피뢰기의 접지] 고압 및 특고압의 전로에 시설하는 피뢰기 접지저항 값은 10[Ω] 이하로 하여야 한다.

다만, 고압가공전선로에 시설하는 피뢰기 접지공사의 접지선이 전용의 것인 경우에는 접지저항 값을 30[Ω]까지 허용한다. 【정답】①

54.
가공전선로의 지지물에 시설하는 지지선의 안전율은 얼마 이상 이어야 하는가?

① 3.5   ② 3.0

③ 2.5   ④ 1.0

|문|제|풀|이|

[지지선의 시설]

1. 가공전선로의 지지물로 사용하는 철탑은 지지선을 사용하여 강도를 분담시켜서는 아니 된다.

2. **지지선의 안전율은 2.5 이상**일 것(목주, A종 경우 1.5), 허용 인장 하중의 최저는 4.31[KN]

3. 소선은 3가닥 이상의 연선일 것

4. 소선의 지름이 2.6[mm] 이상의 금속선을 사용한 것일 것

5. 지지선의 설치 높이
   ㉠ 도로를 횡단하는 경우 지표상 5[m] 이상
   ㉡ 교통지장 없는 경우 4.5[m] 이상
   ㉢ 보도의 경우는 2.5[m] 이상

※[주요 안전율]

1.33 : 이상시 상정하중 철탑의 기초	1.5 : 케이블트레이, 안테나
2.0 : 기초 안전율	2.2 : 경동선/내열동 합금선
2.5 : 지선, ACSD, 기타 전선	【정답】③

55.
RL 직렬회로에서 임피던스[Z]의 크기를 나타내는 식은?

① $R^2 + X_L^2$ ② $R^2 - X_L^2$

③ $\sqrt{R^2 + X_L^2}$ ④ $\sqrt{R^2 - X_L^2}$

|문|제|풀|이|

[$R-L$ 직렬회로의 임피던스] $Z = R + jX_L$

여기서, R : 저항, X_L : 유도성 리액턴스

$\therefore |Z| = \sqrt{R^2 + X_L^2} \, [\Omega]$ 【정답】③

56.
피뢰기의 약호는?

① LA   ② PF

③ SA   ④ COS

|문|제|풀|이|

[피뢰기의 약호] LA

② PF : 전력퓨즈, ③ SA : 서지흡수기, ④ COS : 컷아웃 스위치 【정답】①

57. 저압 가공전선과 고압 가공전선을 동일 지지물에 시설하는 경우 상호 간격은 몇 [cm] 이상이어야 하는가?

① 20[cm]　　　② 30[cm]
③ 40[cm]　　　④ 50[cm]

|문|제|풀|이|

[저·고압 가공전선 등의 병행설치] 저압 가공 전선과 고압 가공 전선을 동일 지지물에 시설하는 경우

1. 저압 가공전선을 고압 가공전선의 아래로 하고 별개의 완금류에 시설한다.
2. 간격은 50[cm] 이상으로 한다. 단, 고압 가공전선이 케이블인 경우는 30[cm] 이상 이격하면 된다.

【정답】④

---

58. 설치 면적과 설치 비용이 많이 들지만 가장 이상적이고 효과적인 진상용 콘덴서 설치 방법은?

① 수전단 모선에 설치
② 수전단 모선과 부하 측에 분산하여 설치
③ 부하 측에 분산하여 설치
④ 가장 큰 부하 측에만 설치

|문|제|풀|이|

[진상용 콘덴서 설치 방법] 가장 이상적인 설치방법으로는 부하 측에 분산하여 설치방법이다.

1. 장점 : 전력손실의 저감, 전체의 역률을 일정하게 유지할 수 있다는 것이다.
2. 단점으로는 콘덴서 이용률이 저하하고 설치비용이 많이 든다는 것이다.

【정답】③

---

59. 조명기구를 일정한 높이 및 간격으로 배치하여 방 전체의 조도를 균일하게 조명하는 방식으로 공장, 사무실, 백화점 등에 널리 쓰이는 조명방식은 무엇인가?

① 국부조명　　　② 전반조명
③ 직접조명　　　④ 간접조명

|문|제|풀|이|

[전반조명 방식] 실내전체를 균일하게 조명하는 방식으로 광원을 일정한 간격으로 배치하며 공장, 학교, 사무실 등에서 채용되는 조명방식

① 국부조명 방식 : 실내에서 각 구역별 필요 조도에 따라 부분적 또는 국소적으로 설치하는 방법
③ 직접 조명 방식 : 조명률이 크다(경제적), 실내면 반사율의 영향이 적다. 공장조명에 특히 적합
④ 간접 조명 방식 : 광원에서 나온 빛을 일단 벽이나 천장 따위에 비추고 반사시켜 부드럽게 만든 후 그 반사광을 이용하는 방법

【정답】②

---

60. 작업면상에 필요한 장소로서 어떤 특별한 면을 부분 조명하는 방식은 무엇인가?

① 국부조명　　　② 전반조명
③ 직접조명　　　④ 간접조명

|문|제|풀|이|

[국부조명 방식] 실내에서 각 구역별 필요 조도에 따라 부분적 또는 국소적으로 설치하는 방법

② 전반조명 : 실내전체를 균일하게 조명하는 방식으로 광원을 일정한 간격으로 배치하며 공장, 학교, 사무실 등에서 채용되는 조명방식
③ 직접 조명 방식 : 조명률이 크다(경제적), 실내면 반사율의 영향이 적다. 공장조명에 특히 적합
④ 간접 조명 방식 : 광원에서 나온 빛을 일단 벽이나 천장 따위에 비추고 반사시켜 부드럽게 만든 후 그 반사광을 이용하는 방법

【정답】①

전기기능사 필기 기출문제

01. 인덕턴스 0.5[H]에 주파수가 60[Hz]이고 전압이 220[V]인 교류 전압이 가해질 때 흐르는 전류는 약 몇 [A]인가?

① 0.59
② 0.87
③ 0.97
④ 1.17

|문|제|풀|이|

[전류] $I = \dfrac{V}{Z} = \dfrac{V}{X_L} = \dfrac{V}{\omega L} = \dfrac{V}{2\pi f L} [A]$

→ (유도성 리액턴스 $X_L = \omega L = 2\pi f L [\Omega]$)

(X_L, ωL : 유도성 리액턴스, V : 전압(실효값), I : 전류(실효값)

f : 주파수, L : 인덕턴스)

인덕턴스(L) : 0.5[H], 주파수(f) : 60[Hz], 전압(V) : 220[V]

$\therefore I = \dfrac{V}{X_L} = \dfrac{V}{2\pi f L} = \dfrac{220}{2 \times 3.14 \times 60 \times 0.5} = 1.17[A]$

【정답】④

02. 쿨롱의 법칙에서 2개의 점전하 사이에 작용하는 정전력의 크기는?

① 두 전하의 곱에 비례하고 거리에 반비례한다.
② 두 전하의 곱에 반비례하고 거리에 비례한다.
③ 두 전하의 곱에 비례하고 거리의 제곱에 비례한다.
④ 두 전하의 곱에 비례하고 거리의 제곱에 반비례한다.

|문|제|풀|이|

[쿨롱의 법칙(전하)] 힘 $F = \dfrac{Q_1 Q_2}{4\pi\epsilon_o r^2} [N]$

여기서, F : 정전기력(힘), Q_1, Q_2 : 전하, ϵ_0 : 진공중의 유전율
r : 두 전하 사이의 거리

따라서, 정전력은 **전하에 곱에 비례**하고 **거리 제곱에 반비례**한다.

【정답】④

03. 권수가 150인 코일에서 2초간에 1[Wb]의 자속이 변화한다면, 코일에 발생 되는 유도기전력의 크기는 몇 [V]인가?

① 50
② 75
③ 100
④ 150

|문|제|풀|이|

[유도기전력(코일)] $e = \left| -N\dfrac{d\phi}{dt} \right| [V]$

→ (자속($\varnothing$)이 N회의 코일을 통과할 때)

여기서, N : 코일의 감은 횟수, $d\varnothing$: 자속의 변화량
dt : 시간의 변화량

권수(N) : 150, 시간변화량(dt) : 2초, 자속의 변화량($d\varnothing$) : 1[Wb]

$\therefore$ 유도기전력의 크기 $e = \left| -N\dfrac{d\varnothing}{dt} \right| = \left| -150 \times \dfrac{1}{2} \right| = 75[V]$

→ (크기는 절대값)

【정답】②

04. 물질에 따라서 자석에 자화되어 끌리는 물체는?

① 반자성체
② 강자성체
③ 비자성체
④ 가역성체

|문|제|풀|이|

[자성체]

1. 상자성체 : 인접 영구자기 쌍극자의 방향이 규칙성이 없는 재질, 알루미늄(Al), 망간(Mn), 백금(Pt), 주석(Sn), 산소(O_2), 질소(N_2) 등

자화되는 물체
| N | s n | S |

2. 강자성체 : 인접 영구자기 쌍극자의 방향이 동일 방향으로 배열하는 재질(상자성체 중 자화의 강도가 큰 금속), 철(Fe), 니켈(Ni), 코발트(Co)

3. 반(역)자성체 : 영구자기 쌍극자가 없는 재질, **비스무트(Bi), 탄소(C), 규소(Si), 납(Pb), 야연(Zn), 황(S), 구리(Cu), 물(H2O), 안티몬(Sb)** 등

자화되는 물체
| N | n s | S |

4. 비자성체 : 아무런 반응이 없는 것

【정답】②

05. △-△ 평형 회로에서 E=200[V], 임피던스 Z=3+j4[Ω] 일 때 상전류 I_p[A]는 얼마인가?

① 30[A]　　　　② 40[A]

③ 50[A]　　　　④ 66.7[A]

|문|제|풀|이|

[△결선의 상전류] $I_p = \dfrac{V_p}{Z_p} = \dfrac{V_p}{\sqrt{R^2 \times X^2}}[A]$

$\therefore I_p = \dfrac{V_p}{\sqrt{R^2+X^2}} = \dfrac{200}{\sqrt{3^3+4^2}} = 40[A]$　　　【정답】②

06. 교류회로에서 유효전력의 단위는?

① [W]　　　　② [VA]

③ [Var]　　　　④ [Wh]

|문|제|풀|이|

[각 전력의 공식 및 단위]

1. 유효전력 $P = VI\cos\theta = I^2 R = \dfrac{V^2}{R}[W]$

2. 무효전력 $P_r = VI\sin\theta = I^2 X = \dfrac{V^2}{X}[Var]$

3. 피상전력 $P_a = \sqrt{P^2+P_r^2}[VA]$

4. 전력량(일의 양) $W = Pt[W \cdot sec]$　　　【정답】①

07. 전장 중에 단위 정전하를 놓을 때 여기에 작용하는 힘과 같은 것은?

① 전하　　　　② 전장의 세기

③ 전위　　　　④ 전속

|문|제|풀|이|

[전장의 세기(E)] 전장내의 임의의 점에 "단위 정전하(+1[C])"를 놓았을 때 단위 정전하에 작용하는 힘(N/C=V/m)

※① 전하(Q) : 물체가 띠고 있는 정전기의 양으로 모든 전기현상의 근원이 되는 실체이다.

③ 전위(V) : 전계의 세기가 0인 무한 원점으로부터 임의의 점까지 단위 정전하(+1[C])을 이동시킬 때 필요한 일

④ 전속(∅) : 전계의 상태를 나타내기 위한 가상의 선

【정답】②

08. 같은 전지 n개를 직렬로 연결 했을 때 최대전력을 얻고자 한다면 부하저항이 전지 1개의 내부저항 보다 어떻게 하면 되는가?

① n^2배로 한다　　　② $\dfrac{1}{n^2}$로 한다

③ $\dfrac{1}{n}$로 한다　　　④ n배로 한다

|문|제|풀|이|

[최대전력(전지 n개를 직렬)] 최대전력은 내부저항과 외부저항이 같을 때, 즉 $nR = nr$

(n : 전지의 개수, R :내부저항, r : 외부저항)

【정답】④

09. 공기 중에서 자속밀도 10[Wb/m^2]의 평등 자계 내에서 5[A]의 전류가 흐르고 있는 길이 60[cm]의 직선 도체를 자계의 방향에 대하여 30[°]의 각을 이루도록 놓았을 때 이 도체에 작용하는 힘은?

① 15[N]　　　　② 15$\sqrt{3}$[N]

③ 30[N]　　　　④ 30$\sqrt{3}$[N]

|문|제|풀|이|

[도체에 작용하는 힘] $F = BIl\sin\theta[N]$

여기서, B : 자속밀도, I : 도체에 흐르는 전류, l : 길이

$B = 10[Wb/m^2]$, $I = 5[A]$, $l = 60[cm](0.6[m])$, $\theta = 30°$

$\therefore F = BIl\sin\theta = 10 \times 5 \times 0.6 \times 0.5 = 15[N]$　　→ $(\sin 30 = 0.5)$

【정답】①

10. 정현파 교류의 파고율을 나타낸 것은?

① $\dfrac{실효값}{평균값}$　　　② $\dfrac{평균값}{실효값}$

③ $\dfrac{실효값}{최댓값}$　　　④ $\dfrac{최댓값}{실효값}$

|문|제|풀|이|

[정현파 교류의 파형률 및 파고율]

· 파고율 $= \dfrac{최대치}{실효치}$

· 파형률 $= \dfrac{실효치}{평균치}$　　　【정답】④

11. 그림의 브리지 회로에서 평형이 되었을 때의 C_X는?

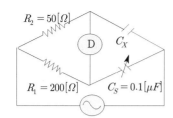

① $0.1[\mu F]$ ② $0.2[\mu F]$

③ $0.3[\mu F]$ ④ $0.4[\mu F]$

|문|제|풀|이|

[휘트스톤 브리지의 평형조건] $R_2 \cdot \dfrac{1}{j\omega C_S} = R_1 \cdot \dfrac{1}{j\omega C_X}$

대각으로의 곱이 같으면 회로가 평형

$R_1 = 200[\Omega]$, $R_2 = 50[\Omega]$, $C_S = 0.1[\mu F]$

$\rightarrow$ (C_X와 C_S가 임피던스값이므로 다음과 같이 환산해 적용한다.

$C_X \rightarrow \dfrac{1}{j\omega C_X}$, $C_S \rightarrow \dfrac{1}{j\omega C_S}$)

$R_2 \cdot \dfrac{1}{j\omega C_S} = R_1 \cdot \dfrac{1}{j\omega C_X}$ $\rightarrow$ $50 \times \dfrac{1}{0.1} = 200 \times \dfrac{1}{C_X}$

$\therefore C_X = 0.4[\mu F]$ 【정답】④

12. $i(t) = I_m \sin\omega t$[A]인 사인파 교류에서 ωt가 몇 도일 때 순시값과 실효값이 같게 되는가?

① $30°$ ② $45°$

③ $60°$ ④ $90°$

|문|제|풀|이|

[사인파 교류의 순시값, 실효값]

순시값 $i = I_m \sin\omega t [A]$

실효값 $I = \dfrac{I_m}{\sqrt{2}}[A]$ $\rightarrow$ (I_m : 최대값)

여기서, i : 순시값, I_m : 최대값, I : 실효값

실효값과 순시값이 같으려면 $\sin\omega t = \dfrac{1}{\sqrt{2}}$ 여야 한다.

따라서 $\omega t = 45°$, 즉 $\sin 45° = \dfrac{1}{\sqrt{2}}$ 【정답】②

13. 220[V], 60[W] 전등 10개를 20시간 사용했을 때 전력량은 몇 [kWh]인가?

① 10   ② 12   ③ 24   ④ 16

|문|제|풀|이|

[전력량] $W = Pt[Wh]$ $\rightarrow$ (P : 전력, t : 시간)

$\therefore$ 전력량 $W = 60 \times 10 \times 20 = 12000[Wh] = 12[kWh]$ 【정답】②

14. $30[\mu F]$과 $40[\mu F]$의 콘덴서를 병렬로 접속한 후 100[V]의 전압을 가했을 때 전 전하량은 몇 [C] 인가?

① 1.7×10^{-4} ② 17×10^{-4}

③ 7×10^{-4} ④ 70×10^{-4}

|문|제|풀|이|

[콘덴서 병렬접속 시의 전하량(Q)]

전하량 $Q = CV[C]$

정전용량(병렬접속) $C_p = C_1 + C_2$

여기서, Q : 전하량[C], V : 전압[V], C : 정전용량[F]

$30[\mu F]$과 $40[\mu F]$의 콘덴서 병렬접속

전압(V) : 100[V]

1. 정전용량 $C = C_1 + C_2 = 30 + 40 = 70[\mu F]$

2. 전하량 $Q = CV[C]$

$\therefore Q = CV = 70 \times 10^{-6} \times 100 = 70 \times 10^{-4}[C]$ $\rightarrow$ ($\mu = 10^{-6}$)

【정답】④

15. 2전력계법으로 3상 전력을 측정할 때 지시값이 P_1=200[W], P_2=200[W]이었다. 부하전력(W)은?

① 200   ② 400   ③ 600   ④ 800

|문|제|풀|이|

[2전력계법 부하전력(=유효전력)] $P = P_1 + P_2[W]$

여기서, P_1, P_2 : 지시값

지시값 : P_1=200[W], P_2=200[W]

$\therefore P = P_1 + P_2[W] = 200 + 200 = 400[W]$

※[2전력계법] 2전력계법은 2개의 전력계로 3상 전력 측정하는 방법이다

1. 유효전력 $P = P_1 + P_2[W]$

2. 무효전력 $P_r = \sqrt{3}(P_1 - P_2)[Var]$

3. 피상전력 $P_a = 2\sqrt{P_1^2 + P_2^2 - P_1 P_2}$

4. 역률 $\cos\theta = \dfrac{P_1 + P_2}{2\sqrt{P_1^2 + P_2^2 - P_1 P_2}}$ 【정답】②

16. 5[Ω], 10[Ω], 15[Ω]의 저항을 직렬로 접속하고 전압을 가하였더니 10[Ω]의 저항 양단에 30[V]의 전압이 측정 되었다. 이 회로에 공급되는 전전압은 몇 [V]인가?

① 30[V] ② 60[V]
③ 90[V] ④ 120[V]

|문|제|풀|이|

[전전압] $V = \dfrac{V_2 \times (R_1 + R_2 + R_3)}{R_2}$

$\rightarrow (R_2$의 전압 $V_2 = \dfrac{R_2}{R_1 + R_2 + R_3} V[V])$

$R_1 = 5[\Omega], \ R_2 = 10[\Omega], \ R_3 = 15[\Omega]$

$\therefore V = \dfrac{V_2 \times (R_1 + R_2 + R_3)}{R_2}$

$= \dfrac{30 \times (5 + 10 + 15)}{10} = \dfrac{900}{10} = 90[V]$

【정답】③

17. 전력량 1[Wh]와 그 의미가 같은 것은?

① 1[C] ② 1[J]
③ 3600[C] ④ 3600[J]

|문|제|풀|이|

[전력량] 전력량의 단위로는 [J], [W·sec]를 사용한다.
1[Wh]=3600[W·sec]=3600[J] 【정답】④

18. 서로 다른 종류의 안티몬과 비스무트의 두 금속을 접합하여 여기에 전류를 통하면, 줄열 외에 그 접점에서 열의 발생 또는 흡수가 일어난다. 이와 같은 현상은?

① 펠티에 효과 ② 제벡효과
③ 제3금속의 법칙 ④ 열전효과

|문|제|풀|이|

[펠티에효과] 두 종류 금속 접속면에 전류를 흘리면 <u>접속점에서 열의 흡수, 발생이 일어나는 효과</u>

【정답】①

※② 제벡 효과 : 서로 다른 두 종류의 금속선을 접합하여 폐회로를 만든 후 두 접합점의 온도를 달리하였을 때, 폐회로에 열기전력이 발생하여 열전류가 흐르게 된다.
③ 제3금속의 법칙 : 금속 A와 B로 만든 열전쌍과 접점 사이에 임의의 금속 C를 연결해도 C의 양 끝의 접점의 온도를 똑같이 유지하면 회로의 열기전력은 변화하지 않는다.
④ 열전효과 : 제벡효과, 펠티에 효과, 톰슨효과의 세 가지 열과 전기의 상관현상을 총칭하여 열전효과라 한다.

19. 자기회로의 길이 l[m], 단면적 A[m^2], 투자율 μ [H/m] 일 때 자기저항 R[AT/Wb]을 나타내는 것은?

① $R = \dfrac{\mu l}{A}[AT/Wb]$ ② $R = \dfrac{A}{\mu l}[AT/Wb]$

③ $R = \dfrac{\mu A}{l}[AT/Wb]$ ④ $R = \dfrac{l}{\mu A}[AT/Wb]$

|문|제|풀|이|

[자기저항] $R = \dfrac{l}{\mu A}[AT/Wb]$

저항은 길이 l에 비례하고 단면적 A와 투자율 μ에 반비례한다.
【정답】④

20. 동일한 크기의 저항 4개를 접속하여 얻어지는 경우 중에서 전체전류가 가장 많이 흐르는 것은?

① 모두 직렬로 접속
② 모두 병렬로 접속
③ 2개는 직렬, 2개는 병렬로 접속
④ 1개는 직렬, 3개는 병렬로 접속

|문|제|풀|이|

[전류] $I = \dfrac{V}{R}[\Omega] \quad \rightarrow (I \propto \dfrac{1}{R})$

직·병렬 합성저항 시

1. 최소값 : 병렬합성저항 $R_p = \dfrac{1}{\dfrac{1}{R} + \dfrac{1}{R} + \dfrac{1}{R} + \dfrac{1}{R}} = \dfrac{1}{4}R$

2. 최대값 : 직렬합성저항 $R_s = R + R + R + R = 4R$

∴**저항 4개를 모두 병렬**로 접속할 대 전류가 가장 많이 흐른다.
【정답】②

21. 전압변동률이 적고 자여자이므로 다른 전원이 필요 없으며, 계자저항기를 사용한 전압조정이 가능하므로 전기 화학용, 전지의 충전용 발전기로 가장 적합한 것은?

① 타여자 발전기　　② 직류 복권발전기

③ 직류 분권발전기　　④ 직류 직권발전기

|문|제|풀|이|

[직류 분권발전] 전압변동률이 적고 자여자이므로 다른 전원이 필요 없으며, 계자저항기를 사용한 전압조정이 가능한 발전기로 전기 화학용, 전지의 충전용 발전기로 가장 적합하다.

【정답】③

22. 발전기를 정격전압 220[V]로 전부하 운전하다가 무부하로 운전 하였더니 단자전압이 242[V]가 되었다. 이 발전기의 전압변동률[%]은?

① 10　　② 14

③ 20　　④ 25

|문|제|풀|이|

[발전기의 전압변동률(ϵ)] $\epsilon = \dfrac{V_0 - V_n}{V_n} \times 100[\%]$

여기서, V_0 : 무부하 단자전압, V_n : 정격전압

정격전압 : 220[V], 단자전압 : 242[V]

$\therefore \epsilon = \dfrac{V_0 - V_n}{V_n} \times 100 = \dfrac{242 - 220}{220} \times 100[\%] = 10[\%]$

【정답】①

23. 다음 그림에서 직류 분권전동기의 속도특성 곡선은?

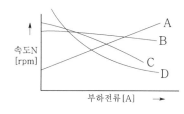

① A　　② B

③ C　　④ D

|문|제|풀|이|

[직류 분권전동기] 속도 특성이 가장 안정적이다.

A : 차동복권 전동기,　B : 분권 전동기

C : 가동복권 전동기,　D : 직권 전동기

※직류 분권전동기 : 속도가 일정하게 유지된다.　　　　【정답】②

24. 다음 제동 방법 중 급정지하는데 가장 좋은 제동방법은?

① 발전제동　　② 회생제동

③ 역상제동　　④ 단상제동

|문|제|풀|이|

[역상제동] 3상중 2상의 결선을 바꾸어 역회전시킴으로 제동시키는 방식, **전동기 급제동시 사용**, 강한 역토크 발생

※① 발전제동 : 발생전력을 내부에서 열로 소비하는 제동방식을 발전제동이라고 한다.

　② 회생제동 : 전동기의 전원을 접속한 상태에서 전동기에 유기되는 역기전력을 전원 전압보다 크게 하여 이때 발생하는 전력을 전원으로 반환하면서 제동하는 방식

　④ 단상제동 : 권선형 유도전동기의 고정자에 단상전압을 걸어주고 회전 자회로에 저항을 연결하여 제동시키는 방식

【정답】③

25. 200[V], 50[Hz], 4극, 15[KW]의 3상 유도전동기에서 전부하일 때의 회전수가 1320[rpm]이면 2차 효율은 몇 [%]인가?

① 78　　② 88

③ 96　　④ 98

|문|제|풀|이|

[전동기의 2차효율] $\eta_2 = (1 - s) \times 100[\%]$

$\rightarrow (\eta_2 = \dfrac{P}{P_2} = (1 - s) = \dfrac{N}{N_s})$

동기속도 $N_s = \dfrac{120f}{p} = \dfrac{120 \times 50}{4} = 1500[rpm]$

슬립 $s = \dfrac{N_s - N}{N_s} = \dfrac{1500 - 1320}{1500} = 0.12$

$\therefore \eta_2 = (1 - s) \times 100 = (1 - 0.12) \times 100 = 0.88 \times 100 = 88[\%]$

【정답】②

26. 전기기기의 철심 재료로 규소 강판을 많이 사용하는 이유로 가장 적당한 것은?

① 와류손을 줄이기 위해

② 구리손을 줄이기 위해

③ 맴돌이 전류를 없애기 위해

④ 히스테리시스손을 줄이기 위해

|문|제|풀|이|

[전기자 철심] 전기자 철심은 0.35~ 0.5[mm] 두께의 규소강판으로 성층하여 만든다. 성층이란 **맴돌이 전류와 히스테리시스손의 손실을 적게 하기 위하여** 규소가 함유(3~4[%])된 규소 강판을 겹쳐서 적층시킨 것이다. 【정답】④

27. 변압기의 자속에 관한 설명으로 옳은 것은?

① 전압과 주파수에 비례한다.

② 전압과 주파수에 반비례한다.

③ 전압에 반비례하고 주파수에 비례한다.

④ 전압에 비례하고 주파수에 반비례한다.

|문|제|풀|이|

[변압기의 유도기전력] $E = 4.44 f n \varnothing K_w [V]$

여기서, n : 한 상당 직렬권수, $\varnothing$: 자속, K_w : 권선계수

자속 $\varnothing = \dfrac{E}{4.44 f n K_w} [wb]$

∴자속은 전압에 비례하고 주파수에 반비례한다.

【정답】④

28. 15[kW], 60[Hz], 4극의 3상 유도전동기가 있다. 전부하가 걸렸을 때의 슬립이 4[%]라면 이때의 2차(회전자)측 동손은 약 몇 [kW]인가?

① 1.2 ② 1.0

③ 0.8 ④ 0.6

|문|제|풀|이|

[2차(회전자)측 동손] $P_{c2} = sP_2 = \dfrac{sP_0}{(1-s)}[kW]$

$\rightarrow (P_2 = \dfrac{P_0}{(1-s)})$

여기서, s : 슬립, P_2 : 1차출력(2차입력)

2차 출력(P_0) : 15[kW], 슬립(s) : 4[%]

$\therefore P_{c2} = \dfrac{sP_0}{(1-s)} = \dfrac{0.04}{1-0.04} \times 15 = 0.6[kW]$ 【정답】④

29. 직권발전기의 설명 중 틀린 것은?

① 계자권선과 전기자권선이 직렬로 접속되어 있다.

② 승압기로 사용되며 수전전압을 일정하게 유지하고자 할 때 사용된다.

③ 단자전압을 V, 유기기전력을 E, 부하전류를 I, 전기자저항 및 직권계자저항을 각각 r_a, r_s 라 할 때 $V = E + I(r_a + r_s)[V]$이다.

④ 부하전류에 의해 여자 되므로 무부하시 자기 여자에 의한 전압확립은 일어나지 않는다.

|문|제|풀|이|

[직권발전기 단자전압] $V = E - I_a(R_a + R_s)[V]$

$\rightarrow$ (유기기전력 $E = V + I_a(R_a + R_s)[V]$)

【정답】③

30. PN접합 다이오드의 대표적인 작용으로 옳은 것은?

① 정류작용 ② 변조작용

③ 증폭작용 ④ 발진작용

|문|제|풀|이|

[PN 접합 다이오드] 전압의 안전을 위해 사용한다. 즉, PN 접합은 **정류작용**을 한다.

※① 정류작용 : 한쪽 방향으로는 전류가 잘 흐르지만 반대 방향으로는 전류가 흐르지 않게 하는 성질을 말한다.

② 변조작용 : 일정한 형태의 반송파에 전달하려는 저주파 신호를 담기 위해 크기, 주파수, 위상 등에 변형을 주는 것

③ 증폭작용 : 진동의 진폭을 증가시키거나 진동 전파의 전류 또는 전압의 진폭을 증가시키는 작용

④ 발진작용 : 트랜지스터의 증폭 또는 제어장치에 의해 직류에너지를 교류에너지로 변환하는 일을 말한다.

【정답】①

31. 무효 전력 보상 장치의 계자를 부족여자로 하여 운전하면?

① 콘덴서로 작용　　② 뒤진 역률 보상

③ 리액터로 작용　　④ 저항손의 보상

|문|제|풀|이|
[무효 전력 보상 장치(동기 조상기)]
1. 무효 전력 보상 장치를 **부족여자(여자전류를 감소)로 운전하면 뒤진 전류가 흘러 리액터로 작용**
2. 무효 전력 보상 장치를 과여자로 운전하면 앞선 전류가 흘러서 콘덴서를 사용한 것처럼 위상이 앞서가고 전기자전류가 증가한다. 【정답】③

32. 수전단 발전소용 변압기 결선에 주로 사용하고 있으며 한쪽은 중성점을 접지할 수 있고 다른 한쪽은 제3고조파에 의한 영향을 없애주는 장점을 가지고 있는 3상 결선 방식은?

① Y-Y　　　　　　② △-△

③ Y-△　　　　　　④ V

|문|제|풀|이|
[3상 Y-△, △-Y 결선의 특징]
1. **중성점을 접지**할 수 있고 다른 한쪽은 **제3고조파에 의한 영향을 없애주는 장점**
2. $Y-\triangle$ 강압용, $\triangle-Y$ 승압용
3. Y결선의 중성점을 접지할 수 있으므로 이상 전압으로부터 변압기를 보호할 수 있다. 【정답】③

32. 전압제어에 의한 속도 제어가 아닌 것은?

① 워드 레오나드방식

② 일그너 방식

③ 직·병렬 제어

④ 계자저항 제어

|문|제|풀|이|
[직류 전동기 속도제어 (전압 제어법)] 전압제어는 전기자에 가하는 전압을 제어하는 것으로 다음과 같은 방식이 있다.
1. 워드 레너드 방식
2. 정지형 워드 레너드 방식
3. 일그너 방식
4. 쵸퍼 방식

5. 직병렬제어(주전동기의 단자전압을 변화시켜 차량의 속도 제어를 하는 방법) 【정답】④

34. 3상 유도전동기의 회전 방향을 바꾸려면?

① 전원의 극수를 바꾼다.

② 전원의 주파수를 바꾼다.

③ 계자전류나 전기자전류 둘 중 하나의 접속을 바꾼다.

④ 3상 전원 3선 중 두선의 접속을 바꾼다.

|문|제|풀|이|
[3상 유도전동기] 3상 유도전동기의 회전방향을 바꾸기 위해서는 상회전을 반대로 하면 된다. 상회전을 반대로 하기 위해서는 **3선중 2선의 위치를 서로 교환**하면 된다. 【정답】④

35. 3상 농형유도전동기의 Y-△ 기동시의 기동전류를 전전압 기동시와 비교하면?

① 전전압 기동전류의 1/3로 된다.

② 전전압 기동전류의 $\sqrt{3}$ 배로 된다.

③ 전전압 기동전류의 3배로 된다.

④ 전전압 기동전류의 9배로 된다.

|문|제|풀|이|
[$Y-\triangle$ 기동법] Y결선으로 일정시간 기동한 후 다시 △ 결선으로 전환하여 운전하는 방식으로 기동 전류와 기동토크가 전전압 기동법보다 $\frac{1}{3}$ 배로 감소 【정답】①

36. 동기기의 전기자 권선법이 아닌 것은?

① 2층권/단절권　　② 단절권/분포권

③ 2층권/분포권　　④ 단층권/전절권

|문|제|풀|이|
[동기기의 권선법] 동기기 전기자 권선법은 **2층권, 단절권, 분포권** 사용
1. 전절권이란 코일 간격이 극 간격과 같은 것이다.
2. 단절권이란 코일 간격이 극 간격보다 작은 것이다.
3. 동기기에는 **단층권과 전절권은 사용하지 않는다.** 【정답】④

37. 3상 동기발전기에서 전기자 전류와 무부하 유도 기전력보다 $\frac{\pi}{2}$[rad] 앞선 경우(X_c만의 부하)의 전기자 반작용은?

① 증자작용   ② 횡축반작용

③ 감자작용   ④ 편자작용

|문|제|풀|이|

[동기발전기 전기자 반작용]

역 률	부 하	전류와 전압과의 위상	작 용
역률 1	저항	I_a가 E와 동상인 경우	교차자화작용 (횡축반작용)
뒤진 역률 0	유도성 부하	I_a가 E보다 $\pi/2$ 뒤지는 경우	감자작용 (자화반작용)
앞선 역률 0	용량성 부하	I_a가 E보다 $\pi/2$ 앞서는 경우	증자작용 (자화작용)

여기서, I_a : 전기자전류, E : 유기기전력

※[전기자반작용] 동기전동기의 전기자반작용은 동기발전기와 반대

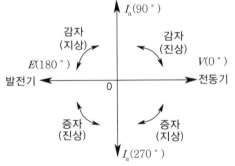

→ (위상 : 반시계방향)

【정답】①

38. 3상 유도전동기의 원선도를 그리려면 등가회로의 정수를 구할 때 몇 가지 시험이 필요하다. 이에 해당되지 않는 것은?

① 무부하 시험

② 고정자 권선의 저항측정

③ 회전수 측정

④ 구속시험

|문|제|풀|이|

[원선도 작성에 필요한 시험]

1. 무부하시험 : 무부하의 크기와 위상각 및 철손

2. 구속시험(단락시험) : 단락전류의 크기와 위상각

3. 저항 측정 시험 : 2차동손   【정답】③

|참|고|

[원선도에서 구할 수 있는 것과 없는 것]

구할 수 있는 것	구할 수 없는 것
·최대 출력 ·조상설비 용량 ·송수전 효율 ·수전단 역율	·기계적 출력 ·기계손(풍손+마찰손)

39. 교류회로에서 양방향 점호(ON)를 이용하며, 위상 제어를 할 수 있는 소자는?

① TRIAC   ② GTO

③ SCR   ④ IGBT

|문|제|풀|이|

[반도체 소자의 비교]

1. 방향성

· 양방향성(쌍방향) 소자 : DIAC, **TRIAC**, SSS

· 역저지(단방향성) 소자 : SCR, LASCR, GTO, SCS

2. 단자 수

· 2단자 소자 : DIAC, SSS, Diode

· 3단자 소자 : SCR, LASCR, GTO, TRIAC

· 4단자 소자 : SCS   【정답】①

40. 변압기유가 구비해야 할 조건으로 옳은 것은?

① 절연내력이 작고 산화하지 않을 것

② 비열이 작아서 냉각 효과가 클 것

③ 인화점이 높고 응고점이 낮을 것

④ 절연재료나 금속에 접촉할 때 화학작용이 반응할 것

|문|제|풀|이|

[변압기 절연유의 구비 조건]

1. 절연 저항 및 **절연 내력이 클 것**

2. 절연 재료 및 금속에 화학 작용을 일으키지 않을 것

3. 인화점이 높고(130도 이상) 응고점이 낮을(-30도) 것

4. 점도가 낮고(유동성이 풍부) **비열이 커서** 냉각 효과가 클 것

5. 고온에 있어 석출물이 생기거나 **산화하지 않을 것**

6. 열팽창 계수가 적고 증발로 인한 감소량이 적을 것

【정답】③

41. 접지극을 동봉으로 사용하는 경우 길이는 최소 몇 [m] 이상이어야 하는가?

① 0.6[m]　　　　② 1.2[m]

③ 0.9[m]　　　　④ 0.75[m]

|문|제|풀|이|⋯⋯⋯⋯⋯⋯⋯⋯⋯⋯⋯⋯⋯⋯⋯

[접지선의 접속]

1. 접지봉

　㉠ **동봉, 동피복강봉** : 지름 8[mm], **길이 0.9[m]** → (기본 동(구리))

　㉡ 철봉 : 지름 12[mm], 길이 0.9[m] 이상의 아연도금을 한 것

2. 접지판

　㉠ 동판 : 두께 0.7[mm], 넓이 900[cm^2]

　㉡ 동복강판: 두께 1.6[mm], 넓이 250[cm^2]

3. 접속

　㉠ 동판단자 : 동테르 및 용접을 사용

　㉡ 리드선 : 비닐 테이프　　　　　　　　　**【정답】③**

---

42. 쥐꼬리접속 시 심선의 각도는 몇 도인가?

① 30　　　　② 45

③ 60　　　　④ 90

|문|제|풀|이|⋯⋯⋯⋯⋯⋯⋯⋯⋯⋯⋯⋯⋯⋯⋯

[쥐꼬리접속]

1. 박스 내에서 가는 전선을 접속할 때 적합하다.

2. 쥐꼬리접속 시 심선의 각도는 90도이다.

※145페이지 [06 쥐꼬리 접속] 참조　　　　　　**【정답】④**

---

43. 전지에 관한 사항이다. 감극제는 어떤 작용을 막기 위해 사용하는가?

① 분극작용　　　　② 방전

③ 순환전류　　　　④ 전기분해

|문|제|풀|이|⋯⋯⋯⋯⋯⋯⋯⋯⋯⋯⋯⋯⋯⋯⋯

[감극제(depolarizer)] 분극현상에 의한 전압강하를 막기 위해 사용

※[분극현상] 유전체 표면에 나타나는 전하를 분극 전하라 하고, 분극 전하에 의해 전기쌍극자를 형성하는 현상을 전기분극이라 한다.

　　　　　　　　　　　　　　　　　　　　　【정답】①

---

44. 폭연성 먼지가 존재하는 곳의 저압 옥내배선 공사 시 공사 방법으로 짝지어진 것은?

① 금속관 공사, MI케이블 공사, 개장된 케이블 공사

② CD 케이블 공사, MI 케이블 공사, 금속관 공사

③ CD 케이블 공사, MI 케이블 공사, 제1종 캡타이어 케이블 공사

④ 개장된 케이블 공사, CD 케이블 공사, 제1종 캡타이어 케이블 공사

|문|제|풀|이|⋯⋯⋯⋯⋯⋯⋯⋯⋯⋯⋯⋯⋯⋯⋯

[먼지 위험장소]

1. 폭연성 먼지 : 설비를 **금속관 공사 또는 케이블 공사**(캡타이어 케이블 제외) → (케이블은 개장된 케이블 또는 미네럴인슈레이션(MI) 케이블)

2. 가연성 먼지 : 합성수지관공사, 금속관공사, 케이블공사

※1. 폭연성 먼지 : 마그네슘, 알루미늄, 티탄, 지르코늄 등의 먼지가 쌓여있는 상태에서 불이 붙었을 때에 폭발할 우려가 있는 것

　2. 가연성 먼지 : 소맥분, 전분, 유황 기타 가연성의 먼지로 공중에 떠다니는 상태에서 착화하였을 때에 폭발할 우려가 있는 것

　　　　　　　　　　　　　　　　　　　　　【정답】①

---

45. 폭발성 먼지가 존재하는 위험 장소에 금속관 공사에 있어서 관 상호 및 관과 박스의 접속은 몇 턱 이상의 나사 조임으로 시공하여야 하는가?

① 6턱　　　　② 3턱

③ 4턱　　　　④ 5턱

|문|제|풀|이|⋯⋯⋯⋯⋯⋯⋯⋯⋯⋯⋯⋯⋯⋯⋯

[폭연성 먼지 위험장소] 금속관배선에 의하는 때에는 다음에 의하여 시설할 것.

1. 금속관은 박강 전선관 또는 이와 동등 이상의 강도를 가지는 것일 것.

2. 박스 기타의 부속품 및 풀박스는 쉽게 마모 · 부식 기타의 손상을 일으킬 우려가 없는 패킹을 사용하여 먼지가 내부에 침입하지 아니하도록 시설할 것.

3. 관 상호 간 및 관과 박스 기타의 부속품 · 풀박스 또는 전기기계기구와는 **5턱 이상 나사조임**으로 접속하는 방법 기타 이와 동등 이상의 효력이 있는 방법에 의하여 견고하게 접속하고 또한 내부에 먼지가 침입하지 아니하도록 접속할 것.　　　　　**【정답】④**

46. 접지저항 측정방법으로 가장 적당한 것은?

① 절연저항계   ② 전력계

③ 콜라우시 브리지   ④ 메거

|문|제|풀|이|

[휘트스톤 브리지] 미지의 저항을 측정하는 장치로 브리지의 종류는 다음과 같다.

1. 휘트스톤 브리지 : 중저항 측정
2. 빈브리지 : 가청 주파수 측정
3. 맥스웰 브리지 : 자기 인덕턴스 측정
4. 켈빈 더블 브리지 : 저저항 측정, 권선저항 측정
5. 절연저항계 : 고저항 측정
6. **콜라우시 브리지 : 전해액 및 접지저항을 측정**한다.

※[메거] 절연저항 측정에 사용되는 계기   【정답】③

---

47. 가스 절연개폐기나 가스 차단기에 사용되는 가스인 SF₆의 성질이 아닌 것은?

① 같은 압력에서 공기의 2.5~3.5배의 절연 내력이 있다.

② 무색, 무취, 무해 가스이다.

③ 가스압력 3~4[kgf/㎠]에서는 절연내력은 절연유 이상이다.

④ 소호능력은 공기보다 2.5배 정도 낮다.

|문|제|풀|이|

[SF_6 가스]

·무색·무취·무독성 가스이다.

·아크를 제거하는 **소호능력이 공기의 100~200배**

·절연내력과 신뢰도가 높다(공기의 3~4배)

·밀폐형이므로 소음이 적고 유지보수가 용이하다.

[단점]

·저온(-60도 정도)에서 액화되는 현상이 일어난다.

·대기오염 지수가 매우 높다.   【정답】④

---

48. 다음 중 저압 배전선로를 전주에 수직 배열하기 위해 사용하는 것은?

① 지지기둥   ② 지지선

③ 래크   ④ 완철

|문|제|풀|이|

[래크] 저압 배전선로를 전주에 수직 배열하기 위해 사용하는 것

※① 지지기둥 : 버팀대

  ② 지지선 : 전봇대 따위가 전선의 장력이나 바람에 넘어가지 않도록 땅위로 비스듬히 버티어 세운 줄.

  ④ 완철 : 전봇대에 가로로 대어서 전선을 매는 쇠막대기

【정답】③

---

49. 금속몰드의 지지점 간의 거리는 몇 [m] 이하로 하는 것이 가장 바람직한가?

① 1[m]   ② 1.5[m]

③ 2[m]   ④ 3[m]

|문|제|풀|이|

[금속몰드 공사]

·전선은 절연전선(옥외용 비닐절연 전선 제외)일 것

·몰드 안에는 전선에 접속점이 없도록 시설하고 규격에 적합한 2종 금속제 몰드를 사용할 것

·금속몰드 황동제 또는 동제의 몰드는 폭이 5[cm] 이하, 두께 0.5[mm] 이상인 것을 사용할 것

·금속 몰드의 **지지점간의 거리는 1.5[m] 이하**   【정답】②

---

50. 전선의 굵기가 6[mm²] 이하인 전선을 직선 접속할 때 주로 사용하는 접속법은?

① 트위스트 접속   ② 브리타니아 접속

③ 쥐꼬리 접속   ④ T형 커넥터 접속

|문|제|풀|이|

[트위스트 직선 접속]

·단면적 $6[mm^2]$ 이하의 가는 단선

·트위스트 접속법은 알루미늄 전선의 접속법으로 적합하지 않다.

※② 브리타니아 접속 : 10[mm^2] 이상의 굵은 단선 직선 접속

  ③ 쥐꼬리 접속박스 내에서 가는 전선을 접속할 때 적합하다.
    (쥐꼬리접속 시 심선의 각도는 90도이다.)

※144페이지 [03 단선의 직선 접속] 참조 '   【정답】①

---

51. 저압으로 수전하는 3상4선식에서는 단상 접속 부하로 계산하여 설비 불평형률을 몇 % 이하로 하는 것을 원칙으로 하는가?

① 10   ② 20   ③ 30   ④ 40

|문|제|풀|이|

[설비 불평형률[%]] 단상 3선식 : 40 이하

                 3상 4선식 : 30 이하   【정답】③

52. 완전 확산면은 어느 방향에서 보아도 무엇이 동일한가?

① 광속　　　　　② 광도

③ 휘도　　　　　④ 조도

|문|제|풀|이|

[완전 확산면] 반사면이 거칠면 난반사하여 빛이 확산한다. 이 확산 반사 중 면의 **휘도**가 어느 방향에서 보더라도 같은 표면을 완전 확산면이라 한다.　　　　　【정답】③

53. 접지를 하는 목적이 아닌 것은?

① 감전방지

② 대지전압 상승 방지

③ 전기설비용량 감소

④ 화재와 폭발사고 방지

|문|제|풀|이|

[접지의 목적]
1. 감전방지
2. 전로의 대지전압의 저하
3. 보호계전기의 동작확보
4. 이상전압의 억제　　　　　【정답】③

54. 플라스틱 전력 케이블의 대표적으로, 저압에서 특고압에 이르기까지 널리 사용되며 약칭으로 CV케이블이라고 하는 것의 명칭은?

① 0.6/1[kV] 내열전선

② 0.6/1[kV] 가교폴리에틸렌 절연 비닐 외장 케이블

③ 0.6/1[kV] 폴리에틸렌 절연 비닐 외장 케이블

④ 0.6/1[kV] 비닐 절연 비닐 외장케이블

|문|제|풀|이|

[CV(CrossVinyl)케이블] 0.6/1[kV] 가교폴리에틸렌 절연 비닐 외장 케이블

※① 0.6/1[kV] 내열전선 : HP
　③ 0.6/1[kV] 폴리에틸렌 절연 비닐 외장 케이블 : CV
　④ 0.6/1[kV] 비닐 절연 비닐 외장케이블 : VV
　　　　　【정답】④

55. 한국전기설비규정에서 전동기에 공급하는 간선은 그 간선에 접속하는 전동기의 정격전류의 합계가 50[A] 이하일 경우 그 정격전류 합계의 몇 배 이상의 허용전류를 갖는 전선을 사용하여야 하는가?

① 2배　　　　　② 1.5배

③ 1.25배　　　　④ 1.1배

|문|제|풀|이|

[저압옥내 간선의 선정]
1. 전동기 등의 정격전류의 합계가 50[A] 이하인 경우에는 그 정격전류의 **합계의 1.25배**
2. 전동기 등의 정격전류의 합계가 50[A]를 초과하는 경우에는 그 정격전류의 합계의 1.1배　　　　　【정답】③

56. 가연성 먼지에 전기설비가 발화원이 되어 폭발의 우려가 있는 곳에 시공할 수 있는 저압 옥내배선 공사는?

① 버스 덕트 공사　　　② 라이팅 덕트 공사

③ 가요전선관 공사　　　④ 금속관 공사

|문|제|풀|이|

[먼지 위험장소]
1. 폭연성 먼지 : 설비를 금속관 공사 또는 케이블 공사(캡타이어 케이블 제외)
2. 가연성 먼지 : 합성수지관공사, 금속관공사, 케이블공사
　　　　　【정답】④

57. 수·변전 설비의 고압회로에 걸리는 전압을 표시하기 위해 전압계를 시설할 때 고압회로와 전압계 사이에 시설하는 것은?

① 수전용 변압기　　　② 계기용 변류기

③ 계기용 변압기　　　④ 권선형 변류기

|문|제|풀|이|

[계기용 변압기(PT : Potential Transformer)] 고전압을 저전압 (110[V])으로 변성하여 계기나 계전기에 전압원 공급
　　　　　【정답】③

58. 다음 그림의 접속법을 옳게 짝지은 것을 고르시오.

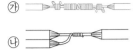

① ㉔ : 브리타니아 직선접속
　㉕ : 쥐꼬리 접속
② ㉔ : 브리타니아 직선접속
　㉕ : 브리타니아 분기접속
③ ㉔ : 트위스트 직선접속
　㉕ : 쥐꼬리 접속
④ ㉔ : 브리타니아 직선접속
　㉕ : 트위스트 분기접속

|문|제|풀|이|

[전선의 접속법]

1. 트위스트 직선 접속

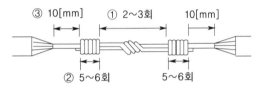

2. 트위스트 분기 접속

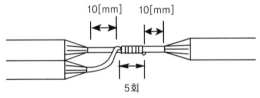

3. 브리타니아 직선 접속

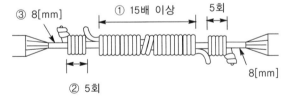

4. 브리타니아 분기 접속

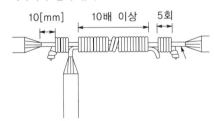

5. 두 단선의 쥐꼬리 접속

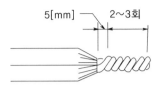

[커넥터를 끼울 경우]

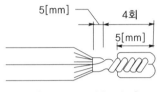

[테이프를 감을 경우]

※144페이지 [03 단선의 직선 접속] 참조　　　【정답】④

---

59. 한국전기설비규정에서 저압 가공인입선은 지름 몇 [mm] 이상의 인입용 비닐절연전선을 사용하는가? (단, 지지물 간 거리가 15[m] 초과인 경우다)

① 2.0　　② 2.6　　③ 3.0　　④ 1.6

|문|제|풀|이|

[저압 인입선의 시설]
1. 전선은 절연전선 또는 케이블일 것.
2. 전선이 케이블인 경우 이외에는 인장강도 2.30 kN 이상의 것 또는 **지름 2.6[mm] 이상의 인입용 비닐절연전선일 것**. 다만, 지지물 간 거리가 15[m] 이하인 경우는 인장강도 1.25[kN] 이상의 것 또는 지름 2[mm] 이상의 인입용 비닐절연전선일 것.
　　　　　　　　　　　　　　　　　　　【정답】②

---

60. 큰 건물의 공사에서 콘크리트에 구멍을 뚫어 드라이브 핀을 경제적으로 고정하는 공구는?

① 스패너　　　　　② 드라이브이트 툴
③ 오스터　　　　　④ 녹 아웃 펀치

|문|제|풀|이|

[드라이브이트 툴] 콘크리트에 구멍을 뚫어 드라이브 핀을 경제적으로 고정하는 공구

※① 스패너 : 볼트나 너트를 죄거나 푸는 데 사용하는 공구
　③ 오스터 : 금속관에 나사를 내기 위한 공구
　④ 록 아웃 펀치 : 배전반, 분전반, 풀박스 등의 전선관 인출을 위한 인출공을 뚫는 공구　　　　　【정답】②

01. 한국전기설비기술규정에 의하여 저압 전로에 사용하는 산업용 배선차단기의 정격전류가 30[A]이고 전로에 39[A]가 흐를 때 과전류 트립 동작시간은?

① 30분   ② 60분

③ 90분   ④ 120분

|문|제|풀|이|

[과전류트립 동작시간 및 특성(산업용·배선용 차단기)]

정격전류	시간	정격전류의 배수 (모든 극에 통전)	
		부동작 전류	동작 전류
63[A] 이하	60분	1.05배	1.3배
63[A] 초과	120분	1.05배	1.3배

【정답】②

02. 동기발전기의 병렬운전 조건이 아닌 것은?

① 기전력의 크기가 같을 것

② 기전력의 위상이 같을 것

③ 기전력의 주파수가 같을 것

④ 기전력의 용량이 같을 것

|문|제|풀|이|

[동기발전기의 병렬운전 조건 및 조건이 다를 경우]

1. 기전력이 같아야 한다. ≠ (효순환전류(무효횡류)가 흐른다)
2. 위상이 같아야 한다. ≠ (동기화전류(유효횡류)가 흐른다)
3. 파형이 같아야 한다. ≠ (고조파 무효순환 전류가 흐른다)
4. 주파수가 같아야 한다. ≠ (동기화전류가 교대로 주기적으로 흐른다)

※병렬운전에는 용량, 출력, 회전수 등은 같지 않아도 된다.

【정답】④

03. 직류 분권전동기의 계자전류를 약하게 하면 회전수는?

① 감소한다.   ② 정지한다.

③ 증가한다.   ④ 변화 없다.

|문|제|풀|이|

[직류 분권전동기 속도] $N = K\dfrac{V - I_f R_f}{\varnothing}[rpm]$

여기서, $\varnothing$: 자속, I_f : 계자전류, R_f : 계자저항

자속과 속도는 반비례한다. 이때 계자저항이 증가하면 **계자전류가 감소**하고 자속 $\varnothing$가 감소하므로 **속도는 증가**한다. **【정답】③**

04. 어떤 전압계의 측정 범위를 10배로 하자면 배율기의 저항을 전압계 내부저항의 몇 배로 하여야 하는가?

① 10   ② 1/10

③ 9   ④ 1/9

|문|제|풀|이|

[배율기] 배율기는 **전압계**의 측정범위를 넓히기 위한 목적으로 사용하는 것으로서, 회로에 전압계와 **직렬**로 저항(배율기)을 접속하고 측정

배율기 $m = \dfrac{V_2}{V_1} = \dfrac{R_m}{r} + 1 \qquad \rightarrow (V_2 = V_1\left(1 + \dfrac{R_m}{r}\right))$

여기서, V_2 : 측정할 전압[V], V_1 : 전압계의 눈금[V]

R_m : 배율기 저항, r : 전압계 내부저항

전압계의 측정 범위를 10배, 즉 배율기의 배율 m=10

$m = \dfrac{V_2}{V_1} = \left(1 + \dfrac{R_m}{r}\right) \rightarrow R_m = r(m-1)$

∴배율기 저항 $R_m = r(m-1) = r(10-1) = 9r$

즉, 내부저항의 9배 **【정답】③**

05. 일정 값 이상의 전류가 흘렀을 때 동작하는 계전기는?

① OCR

② OVR

③ UVR

④ GR

|문|제|풀|이|

[과전류계전기(OCR)] 정정치 이상의 전류에 의해 동작

※② 과전압계전기(OVR) : 전압이 일정한 값 이상으로 되었을 때 동작

③ 부족전압계전기(UVR) : 전압이 정정치 이하로 떨어졌을 경우 동작

④ 접지계전기(GR) : 영상전류에 의해 동작 **【정답】①**

06. 쿨롱의 법칙에서 2개의 점전하 사이에 작용하는 정전력의 크기는?

① 두 전하의 곱에 비례하고 거리에 반비례한다.

② 두 전하의 곱에 반비례하고 거리에 비례한다.

③ 두 전하의 곱에 비례하고 거리의 제곱에 비례한다.

④ 두 전하의 곱에 비례하고 거리의 제곱에 반비례한다.

|문|제|풀|이|

[쿨롱의 법칙] 힘 $F = \dfrac{Q_1 Q_2}{4\pi\epsilon_o r^2}$ [N]

여기서, F : 정전기력(힘), Q_1, Q_2 : 전하, ϵ_o : 진공중의 유전율

r : 두 전하 사이의 거리

따라서, 정전력은 **전하에 곱에 비례**하고 **거리 제곱에 반비례**한다. **【정답】④**

07. 진동이 심한 전기 기계·기구에 전선을 접속할 때 사용되는 것은?

① 커플링

② 눌러 붙임 단자

③ 링 슬리브

④ 스프링 와셔

|문|제|풀|이|

[스프링와셔] 진동이 있는 기계 기구의 단자에 전선을 접속할 때 진동을 완화하기 위해 스프링와셔를 사용한다. 스프링와셔를 사용함으로써 힘 조절 실패를 방지할 수 있다.

※① 커플링 : 옥외 등 온도 차가 큰 장소에 노출 배관을 할 때 사용

② 눌러 붙임 단자 : 전선끼리 또는 전선과 단자대를 전기적으로 접합할 때 사용되는 부품이다.

③ 링 슬리브 : 회전축 등을 둘러싸도록 축 바깥둘레에 끼워서 사용되는 비교적 긴 통형의 부품 **【정답】④**

08. 4[Ω], 6[Ω], 8[Ω]의 3개 저항을 병렬 접속할 때 합성저항은 약 몇 [Ω]인가?

① 1.8

② 2.5

③ 3.6

④ 4.5

|문|제|풀|이|

[병렬접속 회로의 합성저항(R_0)]

$$R_0 = \cfrac{1}{\dfrac{1}{R_1} + \dfrac{1}{R_2} + \dfrac{1}{R_3}} = \frac{R_1 \times R_2 \times R_3}{R_2 R_3 + R_1 R_3 + R_1 R_2} [\Omega]$$

4[Ω], 6[Ω], 8[Ω]의 3개 저항을 병렬접속

$$\therefore R_0 = \cfrac{1}{\dfrac{1}{R_1} + \dfrac{1}{R_2} + \dfrac{1}{R_3}} = \cfrac{1}{\dfrac{1}{4} + \dfrac{1}{6} + \dfrac{1}{8}} = 1.8 [\Omega]$$

【정답】①

09. 한국전기설비규정에 의하여 조명용 전등을 아파트 현관에 설치할 경우 최대 몇 분 이내 소등되는 타임 스위치를 시설하여야 하는가?

① 1분

② 3분

③ 0.5분

④ 5분

|문|제|풀|이|

[점멸기의 시설] 조명용 백열전등은 다음의 경우에 타임스위치를 시설하여야 한다.

설치장소	소등시간
여관, 호텔의 객실 입구 등	1분 이내 소등
주택, APT각 호실의 현관 등	3분 이내 소등

【정답】②

10. 다음 중 변압기의 온도 상승 시험법으로 가장 널리 사용되는 것은?

① 무부하 시험법   ② 절연내력 시험법

③ 단락 시험법   ④ 실부하법

|문|제|풀|이|

[변압기 온도 상승 시험] 실부하법, 반환 부하법, 단락 시험법 등이 있다.

1. 실부하법 : 실제 부하를 여결하여 온도 상승 측정
2. 반환 부하법 : 철손, 동손 측정
3. 단락 시험법 : 단락 전류, 정격 전류

※현재 변압기의 온도 상승 시험법으로 가장 널리 사용되는 것은 단락 시험법이다. 【정답】③

11. 영구자석의 재료로서 적당한 것은?

① 잔류자기가 적고 보자력이 큰 것

② 잔류자기와 보자력이 모두 큰 것

③ 잔류자기와 보자력이 모두 작은 것

④ 잔류자기가 크고 보자력이 작은 것

|문|제|풀|이|

[영구자석의 재료] 영구자석의 재료로는 잔류자기와 보자력이 모두 큰 것

1. 영구자석 재료의 조건 : 보자력(H_c), 잔류자기(B_r)가 클 것
2. 전자석 재료의 조건 : 보자력(H_c)은 작고 잔류자기(B_r)는 클 것

【정답】②

12. 전선의 굵기를 측정하는 공구는?

① 권척   ② 메거

③ 와이어 게이지   ④ 와이어 스트리퍼

|문|제|풀|이|

[와이어 게이지] 전선의 굵기를 측정

※① 권척 : 가늘고 얇은 천이나 쇠 따위에 눈금을 새겨 만든 띠 모양의 긴 자
② 메거 : 절연저항 측정에 사용된다.
④ 와이어 스트리퍼 : 절연전선의 피복 절연물을 벗기는 자동 공구

【정답】③

13. 한국전기설비규정에 의하여 저압 옥내용 배선공사 방법 중 점검 가능한 은폐 장소이며 건조한 장소인 곳에 시설할 수 없는 방법은?

① 금속관공사   ② 플로어덕트공사

③ 금속몰드공사   ④ 합성수지관공사

|문|제|풀|이|

[사용전압 및 시설 장소에 따른 공사 분류]

시설장소	사용전압	400[V] 미만	400[V] 이상
전개된 장소	건조한 장소	애자 사용 공사, 합성수지 몰드 공사, 금속 덕트 공사, 버스 덕트 공사, 라이팅 덕트 공사	애자 사용 공사, 금속 덕트 공사, 버스 덕트 공사
	기타의 장소	애자 사용 공사, 버스 덕트 공사	애자 사용 공사
점검할 수 있는 은폐장소	건조한 장소	애자사용공사, 합성수지몰드공사, 금속 몰드 공사, 금속 덕트 공사, 버스 덕트 공사, 셀룰러 덕트 공사, 평형 보호충 공사, 라이팅 덕트 공사	애자사용공사 금속덕트공사 버스덕트공사
	기타의 장소	애자 사용 공사	애자 사용 공사
점검할 수 없는 은폐장소	건조한 장소	플로어덕트 셀룰러 덕트 공사	

【정답】②

14. 2분 동안에 전류를 흘려 72,000[C]의 전하가 이동했을 때 이 도선의 전류는?

① 10[A]   ② 20[A]

③ 600[A]   ④ 1,200[A]

|문|제|풀|이|

[전류의 크기] 어떤 도체의 단면을 단위시간 1[sec]에 이동하는 전하(Q)의 양 $I = \dfrac{Q}{t}[A]$ $\rightarrow (Q = It)$

시간(t) : 2분(=2×60), 전하(Q) : 72,000[C]

∴전류 $I = \dfrac{Q}{t} = \dfrac{72,000}{60 \times 2} = 600[A]$ 【정답】③

15. 전동기의 정역운전을 제어하는 회로에서 2개의 전자개폐기의 작동이 동시에 일어나지 않도록 하는 회로는?

① Y−△ 회로　　② 자기유지 회로
③ 촌동 회로　　④ 인터록 회로

|문|제|풀|이|

[인터록회로(Interlock)] 한쪽이 동작하면 다른 한쪽은 동작시킬 수 없게 만든 회로

※② 자기유지회로] 스위치를 놓았을 때도 계속해서 동작할 수 있도록 하는 회로

③ 촌동회로 : 제품을 생산하는데 시간차를 두고서 동작하게 하는 설비에 사용되며 회전기계를 단계별로 검사할 때 사용하는 스위치(회로)

【정답】④

16. 전기기계의 철심을 성층하는 가장 적절한 이유는?

① 기계손을 적게 하기 위하여
② 표유부하손을 적게 하기 위하여
③ 히스테리시스손을 적게 하기 위하여
④ 와류손을 적게 하기 위하여

|문|제|풀|이|

[성층하는 이유] 히스테리시스손실을 감소시키기 위해서 철심 재료는 규소가 섞인(3~5[%]) 재료를 사용하고 와류(eddy current)에 의한 손실을 감소시키기 위해 철심을 얇게(0.35~0.5[mm]) 하여 성층시켜서 사용한다.　　【정답】④

17. 한국전기설비규정에 의하여 분기회로의 과부하보호장치 설치점과 분기점 사이에 다른 분기회로 또는 콘센트의 접속이 없고, 단락의 위험과 화재 및 인체에 대한 위험성이 최소화 되도록 시설된 경우 과부하보호장치는 분기점으로부터 몇 [m]까지 이동하여 설치할 수 있는가?

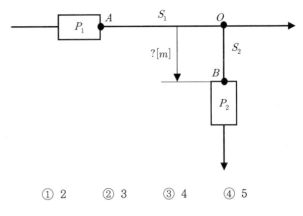

① 2　　② 3　　③ 4　　④ 5

|문|제|풀|이|

[과부하 보호장치의 설치 위치] 그림과 같이 분기회로(S_2)의 과부하장치(P_2)는 (P_2)의 전원측에서 분기점(O) 사이에 다른 분기회로 또는 콘센트의 접속이 없고, 단락의 위험과 화재 및 인체에 대한 위험성이 최소화 되도록 시설된 경우, 분기회로의 보호장치(P_2)는 분기회로의 분기점(O)으로부터 **3[m] 까지 이동**하여 설치할 수 있다.

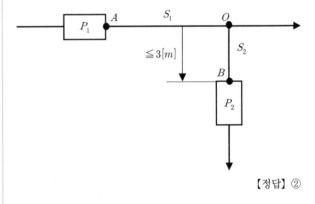

【정답】②

18. ON, OFF를 고속도로 변환할 수 있는 스위치이고 직류변압기 등에 사용되는 회로는 무엇인가?

① 초퍼 회로　　② 인버터 회로
③ 컨버터 회로　　④ 정류기 회로

|문|제|풀|이|

[초퍼] 초퍼는 일정 전압의 직류를 온(ON)·오프(OFF)하여 부하에 가하는 전압을 조정하는 장치이다.

※② 인버터 회로 : $DC \rightarrow AC$로 변환해 주는 장치

③ 컨버터 회로 : $AC \rightarrow DC$로 변환해 주는 장치

④ 정류기 : 회로에 한 방향으로 전류가 흐르게 하는 소자를 말한다.

【정답】①

19. 전력용 콘덴서를 회로로부터 개방하였을 때 전하가 잔류함으로써 일어나는 위험의 방지와 재투입 할 때 콘덴서에 걸리는 과전압의 방지를 위하여 무엇을 설치하는가?

① 직렬리액터　　　　② 전력용콘덴서
③ 방전코일　　　　　④ 피뢰기

|문|제|풀|이|
[방전코일] 콘덴서를 회로에서 개방하였을 때 전하가 잔류함으로써 일어나는 위험의 방지와 재투입할 때 콘덴서에 걸리는 **과전압의 방지를 위해**서 방전장치가 사용된다. 방전장치에는 방전코일과 방전저항의 2종류가 있으며 보통 대용량의 방전코일이 사용되며 소용량에는 방전저항이 많이 사용된다.

※① 직렬리액터 : 제5고조파의 제거, 파형개선
　② 전력용콘덴서 : 교류의 배전선로나 송전선로에 주로 병렬로 연결하여 선로의 역률을 개선하는 것
　④ 피뢰기(LA) : 피뢰기는 낙뢰나 혼촉 사고 등 이상전압에 대해서 선로와 기기를 보호할 목적　　　　　　　　　　**【정답】③**

20. 한국전기설비기술규정에서 교통신호등 회로의 사용전압이 몇 [V]를 초과하는 경우에는 지락 발생시 자동적으로 전로를 차단하는 누전차단기를 반드시 설치해야 하는가?

① 50　　　　　　　② 120
③ 150　　　　　　　④ 300

|문|제|풀|이|
[교통 신호등의 시설] 교통신호등 회로의 사용전압이 **150[V]를 넘는 경우**에 전로에 지기가 생겼을 때에 자동적으로 전로를 차단하는 장치를 시설할 것　　　　　　　　　**【정답】③**

21. 전류의 열작용과 관계가 있는 법칙은?

① 옴의 법칙
② 키르히호프의 법칙
③ 줄의 법칙
④ 플레밍의 오른손 법칙

|문|제|풀|이|
[줄의 법칙] 전선에 전류가 흐르면 열이 발생하는 현상이며, 이때 주울열은 $Q = I^2 R[J]$, $Q = 0.24 I^2 R\ t[kcal]$

※① 옴의 법칙 : 전류의 크기는 도체의 저항에 반비례한다.
　　·전류 $I = \dfrac{V}{R}[A]$ ·전압 $V = RI[V]$ ·저항 $R = \dfrac{V}{I}[\Omega]$

② 키르히호프의 법칙
　㉮ 키르히호프 제1법칙 : 접합점법칙 또는 전류법칙이라고 한다. 회로 내의 어느 점을 취해도 그곳에 흘러들어오거나는(+) 흘러나가는(-) 전류를 음양의 부호를 붙여 구별하면, 들어오고 나가는 전류의 총계는 0이 된다.
　㉯ 키르히호프 제2법칙 : 폐회로 법칙, 고리법칙 또는 전압법칙이라고 한다. 임의의 닫힌 회로(폐회로)에서 회로 내의 모든 전위차의 합은 0이다.

④ 플레밍의 오른손 법칙 : 자기장 속에서 도선이 움직일 때 자기장의 방향과 도선이 움직이는 방향으로 유도기전력의 방향을 결정하는 규칙

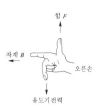

·엄지 : 운동의 방향
·검지 : 자속의 방향
·중지 : 기전력의 방향　　　　　　　　　　**【정답】③**

22. 3상 전원에서 2상 전원을 얻기 위한 변압기의 결선 방법은?

① 2차2중Y결선　　　② 대각결선
③ 포크결선　　　　　④ 스코트결선

|문|제|풀|이|
[변압기 결선의 종류]
1. 단상 변압기 3대로 3상 전압으로 변환시키는 방법 : $\triangle - \triangle$ 결선, Y-Y결선, $\triangle - Y$ 결선, $Y - \triangle$ 결선 방법 등이 있다.
2. 단상 변압기 2대로 3상 전압으로 변환시키는 방법 : V 또는 V-V결선 방법이 있다.
3. **3상에서 2상을 얻는 결선 : 스코트 결선(T결선)**, 메이어 결선, 우드 브리지 결선　　　　　　　　　　**【정답】④**

23. 금속관 배관공사에서 절연부싱을 사용하는 이유는?

① 박스 내에서 전선의 접속을 방지

② 관이 손상되는 것을 방지

③ 관 단에서 전선의 인입 및 교체 시 발생하는 전선의 손상방지

④ 관의 인입구에서 조영재의 접속을 방지

|문|제|풀|이|

[절연부싱] 금속관 배관공사에서 절연부싱을 사용하는 이유는 관 단에서 전선의 인입 및 교체 시 발생하는 **전선의 손상방지**이다.
【정답】③

24. 자기인덕턴스 L_1, L_2와 상호인덕턴스 M일 때, 일반적인 자기 결합 상태에서 결합계수 k는?

① $k < 0$

② $0 < k < 1$

③ $k > 1$

④ $k = 1$

|문|제|풀|이|

[결합계수] $k = \dfrac{M}{\sqrt{L_1 L_2}}$ $\rightarrow (M = k\sqrt{L_1 L_2}\,[H])$

1. 일반적인 결합 시 : $0 < k < 1$

2. 미결합 시(직교) : $k = 0$

3. 완전 결합 시(누설자속이 없다) : $k = 1$ 【정답】②

25. 비사인파 교류회로의 전력 성분과 거리가 먼 것은?

① 맥류성분과 사인파와의 곱

② 직류성분과 사인파와의 곱

③ 직류성분

④ 주파수가 같은 두 사인파의 곱

|문|제|풀|이|

[비정현파 교류]

·비정현파 교류란 정현파로부터 일그러진 파형을 총칭

·비정현파 교류=직류분+기본파+고조파

·푸리에 급수 표현식

$f(t) = a_0 + \displaystyle\sum_{n=1}^{\infty} a_m \cos nwt + \sum_{n=1}^{\infty} b_m \sin nwt$

a_0 : 직류분(평균값)

$n = 1 \rightarrow \cos wt,\ \sin wt$: 기본파

$n = 2,\ n = 3,\ n = 4,\ \cdots$: n고조파   【정답】①

26. 한국전기설비규정에 의하여 가연성 먼지에 전기설비가 발화원이 되어 폭발할 우려가 있는 곳에 합성수지관공사로 저압 옥내배선을 하는 경우 전동기에 접속하는 부분에서 가요성을 필요로 할 때 사용되는 방폭형 부속품은?

① 유연성 부속

② 먼지 방폭형 유연성 부속

③ 먼지 유연성 부속

④ 안전 증가 유연성 부속

|문|제|풀|이|

[먼지 방폭형 유연성 부속] 가연성 먼지에 전기설비가 발화원이 되어 폭발할 우려가 있는 곳에 합성수지관공사로 저압 옥내배선을 하는 경우 전동기에 접속하는 부분에서 가요성을 필요로 할 때 사용되는 방폭형 부속품   【정답】②

27. 직류전동기의 속도제어법이 아닌 것은?

① 전압제어법

② 계자제어법

③ 저항제어법

④ 주파수제어법

|문|제|풀|이|

[직류전동기의 속도 제어법 비교] 속도 $N = K \dfrac{V - I_a R_a}{\varnothing}$

구분	제어 특성	특징
계자제어법	계자 전류의 변화에 의한 자속의 변화로 속도 제어	속도 제어 범위가 좁다.
전압제어법	정토크 제어 -워드 레오나드 방식 -일그너 방식	·제어 범위가 넓다. ·손실이 적다. ·정역운전 가능 ·설비비 많이 듬
저항제어법	전기자 회로의 저항 변화에 의한 속도 제어법	효율이 나쁘다.

※④ 주파수제어법 : 3상 농형유도 전동기의 속도제어법
【정답】④

28. 전계의 세기 60[V/m], 전속밀도 100[C/m^2]인 유전체의 단위 체적에 축적되는 에너지는?

① 1000[J/m^3] 　　② 3000[J/m^3]

③ 6000[J/m^3] 　　④ 12000[J/m^3]

|문|제|풀|이|

[단위 체적당 저장되는 에너지] $W = \frac{1}{2}ED$[J/m^3]

전계의 세기(E) : 60[V/m], 전속밀도(D) : 100[C/m^2]

$\therefore W = \frac{1}{2}D \cdot E = \frac{1}{2} \times 100 \times 60 = 3000$[J/$m^3$] 　【정답】②

---

29. 금속전선관의 종류에서 후강전선관 규격[mm]이 아닌 것은?

① 16 　　② 19 　　③ 28 　　④ 36

|문|제|풀|이|

[금속전선관의 종류]

1. 후강전선관
 ·안지름의 크기에 가까운 **짝수**
 ·두께 2[mm] 이상
 ·길이 3.6[m]
 ·**16, 22, 28. 36, 42, 54, 72, 80, 92, 104[mm]**

2. 박강전선관
 ·바깥지름의 크기에 가까운 **홀수**
 ·두께 1.2[mm] 이상
 ·길이 3.6[m]
 ·15, 19, 25, 31, 39, 51, 63, 75[mm] 　【정답】②

---

30. 전하의 성질을 잘못 설명한 것은?

① 같은 종류의 전하끼리는 흡인하고 다른 종류의 전하끼리는 반발한다.

② 같은 종류의 전하끼리는 반발하고 다른 종류의 전하끼리는 흡인한다.

③ 대전체의 영향으로 비대전체에 전기가 유도된다.

④ 전하는 가장 안정한 상태를 유지하려는 성질이 있다.

|문|제|풀|이|

[전하의 성질] ① **같은 종류**의 전하끼리는 **반발**하고, **다른 종류의** 전하끼리는 **흡인**한다. 　【정답】①

---

31. 한국전기설비규정에 의하여 사람이 상시 통행하는 터널 안 배선의 사용전압이 저압일 때 시설할 수 없는 공사 방법은?

① 금속관공사 　　② 금속몰드공사

③ 케이블공사 　　④ 합성수지관공사

|문|제|풀|이|

[사람이 상시 통행하는 터널 안의 배선의 시설] 사용전압이 저압인 터널 안 배선은 습기 및 물기 등이 많으므로 **합성수지관공사, 금속관공사 및 케이블공사**에 의해 시설해야 한다. 　【정답】②

---

32. 동기기 손실 중 무부하손(no load loss)이 아닌 것은?

① 풍손 　　② 와류손

③ 전기자 동손 　　④ 베어링 마찰손

|문|제|풀|이|

[고정손(무부하손)] 손실 중 무부하손의 대부분을 차지하는 것은 철손이다.

1. 철손 : 히스테리시스손, 와류손
2. 기계손 : 마찰손(브러시 마찰손, 베어링 마찰손), 풍손

※부하손(가변손) : 부하손의 대부분은 동손이다.
 　1. 전기저항손(동손)
 　2. 계자저항손(동손)
 　3. 브러시손
 　4. 표유부하손(철손, 기계손, 동손 이외의 손실) 　【정답】③

---

33. 수·변전 설비의 고압회로에 걸리는 전압을 표시하기 위해 전압계를 시설할 때 고압회로와 전압계 사이에 시설하는 것은?

① 수전용 변압기 　　② 계기용 변류기

③ 계기용 변압기 　　④ 권선형 변류기

|문|제|풀|이|

[계기용 변압기(PT)] 고전압을 저전압(110[V])으로 변성하여 계기나 계전기에 전압원 공급

※② 계기용 변류기(CT) : 대전류를 소전류(5[A])로 변성, 계기나 계전기에 전류원 공급 　【정답】③

34. 누설자속이 발생되기 쉬운 경우는 어느 것인가?

① 자로에 공극이 없는 경우

② 자로의 자속밀도가 낮은 경우

③ 철심이 자기 포화되어 있는 경우

④ 자기회로의 자기저항이 작은 경우

|문|제|풀|이|

[누설자속] 자성체의 표면에서 누설되어 자로 이외의 곳을 통과하는 자속을 말한다.

[누설자속이 발생되기 쉬운 경우]

·자로에 공극이 **있는** 경우

·자로의 자속밀도가 **높은** 경우

·철심이 자기 포화되어 있는 경우

·자기회로의 자기저항이 **큰** 경우 　　　　【정답】③

35. 다음 중 지중전선로의 매설 방법이 아닌 것은?

① 관로식　　　　　② 암거식

③ 직접 매설식　　　④ 행거식

|문|제|풀|이|

[지중선로의 시설] 지중전선로는 전선에 케이블을 사용하고 또한 관로식, 암거식 또는 직접 매설식에 의하여 시설하여야 한다.
　　　　　　　　　　　　　　　　　　　　【정답】④

※① 관로식
　　1. 매설 깊이를 1.0 [m]이상
　　2. 중량물의 압력을 받을 우려가 없는 곳은 60 [cm] 이상으로 한다.
　② 암거식 : 견고하고 차량 기타 중량물의 압력에 견디는 것을 사용할 것
　③ 직접 매설식
　　1. 차량 기타 중량물의 압력을 받을 우려가 있는 장소 : 1.0[m] 이상
　　2. 기타 장소 : 60[cm] 이상
　　3. 지중 전선을 견고한 트라프 기타 방호물에 넣어 시설하여야 한다.
　　　단, 콤바인덕트 케이블, 파이프형 압력케이블, 최대 사용 전압이 60[kV]를 초과하는 연피케이블, 알루미늄피케이블, 금속 피복을 한 특고입 케이블 등은 견고한 트라프 기타 방호물에 넣지 않고도 부설할 수 있다.

36. 유도전동기에서 슬립이 0이란 것은 어느 것과 같은가?

① 유도전동기가 동기속도로 회전한다.

② 유도전동기가 정지 상태이다.

③ 유도전동기가 전부하 운전 상태이다.

④ 유도제동기의 역할을 한다.

|문|제|풀|이|

[슬립] 전동기의 속도 N[rpm]와 동기속도 N_s[rpm]의 속도차를 N_s에 대한 비율을 슬립(slip)이라 하며,

슬립 $s = \dfrac{N_s - N}{N_s}$ → ($0 \leq s \leq 1$)

여기서, N_s : 동기속도[rpm], N : 회전자속도[rpm]

1. s =1이면 N=0이어서 전동기가 정지 상태

2. s =0이면 $N = N_s$ 가 되어 전동기가 동기속도로 회전하며, 이 경우는 이상적인 무부하 상태이다. 　　　　【정답】①

37. 한국전기설비규정에 의하여 저압 전로의 중성점에 시설하는 접지동체의 연동선 단면적은 몇 [mm^2] 이상이어야 하는가?

① 1.5　　② 2.5　　③ 6　　④ 16

|문|제|풀|이|

[접지도체, 보호도체] 중성점 접지용 접지도체는 공칭단면적 16 [mm^2] 이상의 연동선 또는 동등 이상의 단면적 및 세기를 가져야 한다. 다만, 7[kV] 이하의 저압 전로의 경우에는 공칭단면적 6 [mm^2] 이상의 연동선 또는 동등 이상의 단면적 및 강도를 가져야 한다. 　　　　【정답】③

38. 직류기에서 교류를 직류로 변환하는 장치는?

① 정류자　　　　　② 계자

③ 전기자　　　　　④ 브러시

|문|제|풀|이|

[직류 발전기의 구조] 계자, 전기자, 정류자로 구성

1. 계자
　·계철, 자극철심, 계자권선으로 구성
　·자속을 만드는 부분
2. 전기자
　·전기자 권선과 철심으로 구성
　·계자에서 발생된 주자속을 끊어서 기전력을 유도
3. 정류자 : 전기자에 유도된 기전력 **교류를 직류로 변화**시켜주는 부분으로 브러시와 함께 정류작용을 한다.
4. 브러시 : 내부회로와 외부회로를 전기적으로 연결하는 부분
　　　　　　　　　　　　　　　　　　　　【정답】①

39. 권수 400회의 코일에 5[A]의 전류가 흘러서 0.04[Wb]의 자속이 코일을 지난다고 하면, 이 코일의 자체인덕턴스는 몇 [H]인가?

① 0.25
② 0.35
③ 2.5
④ 3.2

|문|제|풀|이|

[자기인덕턴스] $L = \dfrac{N\emptyset}{I}[H]$

권수(N) : 400회, 전류(I) : 5[A], 자속($\emptyset$) : 0.04[Wb]

$\therefore L = \dfrac{N\emptyset}{I} = \dfrac{400 \times 0.04}{5} = 3.2[H]$ 　　　【정답】④

40. 직류 직권전동기의 회선수(N)와 토크(τ)와의 관계는?

① $\tau \propto \dfrac{1}{N}$
② $\tau \propto \dfrac{1}{N^2}$
③ $\tau \propto N$
④ $\tau \propto N^{\frac{3}{2}}$

|문|제|풀|이|

[직류전동기의 토크 특성]

1. 직류 분권전동기 → $\tau \propto \dfrac{1}{N}$

2. 직류 직권전동기 → $\tau \propto \dfrac{1}{N^2}$ 　　　【정답】②

41. R_1=3[Ω], R_2=5[Ω], R_3=6[Ω]의 저항 3개를 그림과 같이 병렬로 접속한 회로에 30[V]의 전압을 가하였다면 이때 R_2 저항에 흐르는 전류[A]는 얼마인가?

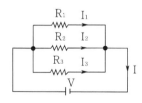

① 6
② 10
③ 15
④ 20

|문|제|풀|이|

[옴의 법칙] $I = \dfrac{V}{R}[A]$

저항 R_1=3[Ω], R_2=5[Ω], R_3=6[Ω], V=30[V]

→ (병렬이므로 전압은 일정하다.)

$\therefore I_2 = \dfrac{V}{R_2} = \dfrac{30}{5} = 6[A]$ 　　　【정답】①

42. $i = 200\sqrt{2}\sin\left(\omega t + \dfrac{\pi}{2}\right)[A]$를 복소수로 표시하면?

① 200
② $j200$
③ $200 \times j200$
④ $200\sqrt{2} \times j200\sqrt{2}$

|문|제|풀|이|

[순시값을 복소수로 표시하는 방법]

1. 전압인 경우

$V = V_s \angle \theta = V_s(\cos\theta + j\sin\theta)$ → (V_s : 전압 실효값, θ : 위상차)

2. 전류인 경우

$I = I_s \angle \theta = I_s(\cos\theta + j\sin\theta)$ → (I_s : 전류 실효값)

→ ($I_s = \dfrac{I_m}{\sqrt{2}} = \dfrac{200\sqrt{2}}{\sqrt{2}} = 200[A]$)

$\therefore I = 200\angle\dfrac{\pi}{2} = 200\left(\cos\dfrac{\pi}{2} + j\sin\dfrac{\pi}{2}\right) = j200[A]$

→ ($\cos90 = 0, \sin90 = 1$)

【정답】②

43. 접지를 하는 목적으로 설명이 틀린 것은?

① 감전 방지
② 대지전압 상승 방지
③ 전기설비 용량 감소
④ 화재와 폭발 사고 방지

|문|제|풀|이|

[접지의 목적]

1. 전선의 대지전압의 저하
2. 보호계전기의 동작 확보
3. 감전의 방지
4. 화재의 폭발사고 방지 　　　【정답】③

44. 동기기의 전기자 권선법이 아닌 것은?

① 전절권   ② 분포권

③ 2층권   ④ 중권

|문|제|풀|이|

[동기기의 권선법] 동기기 전기자 권선법은 2층권, 단절권, 분포권 사용

1. 전절권 : 코일 간격이 극 간격과 같은 것이다.
2. 단절권 : 코일 간격이 극 간격보다 작은 것이다.
3. 동기기에는 <u>단층권과 전절권은 사용하지 않는다.</u>

【정답】①

45. 반지름이 5[mm]인 구리선에 10[A]의 전류가 흐르고 있을 때 단위 시간 당 구리선의 단면을 통과하는 전자의 개수는?

(단, 전자의 전하량 $e = 1.602 \times 10^{-19}$[C] 이다.)

① 6.24×10^{17} ② 6.24×10^{19}

③ 1.28×10^{21} ④ 1.28×10^{23}

|문|제|풀|이|

[전자의 개수] $n = \dfrac{t}{e} \times I$[개]

전하 $Q = It = ne$ → ($e = 1.602 \times 10^{-19}$[C])

$\therefore n = \dfrac{t}{e} \times I = \dfrac{1}{1.602 \times 10^{-19}} \times 10 = 6.24 \times 10^{19}$[개]

【정답】②

46. 20[kVA]의 단상 변압기 2대를 사용하여 V–V결선으로 하고 3상 전원을 얻고자 한다. 이때 여기에 접속시킬 수 있는 3상 부하의 용량은 약 몇 [kVA]인가?

① 34.6   ② 44.6

③ 54.6   ④ 66.6

|문|제|풀|이|

[3상 변압기의 V–V결선 출력] $P_V = \sqrt{3}\,P_1$

여기서, P_V : V결선시 출력, P_1 : 단상 변압기 한 대의 용량
20[kVA] 용량의 단상 변압기 2대를 V–V결선

$\therefore P_v = \sqrt{3}\,P_1[\text{kVA}] = \sqrt{3} \times 20 = 34.6[\text{kVA}]$

※ $P_\triangle = 3P_1$

【정답】①

47. 3상 유도전동기의 2차입력에 대한 기계적 출력비는?

① $\dfrac{N_s}{N} \times 100$[%]   ② $\dfrac{N}{N_s} \times 100$[%]

③ $\dfrac{N_s - N}{N} \times 100$[%]   ④ $\dfrac{N_s - N}{N_s} \times 100$[%]

|문|제|풀|이|

[3상 유도전동기의 2차입력에 대한 기계적 출력비]

$P_2 : P_{c2} : P_o = 1 : s : (1-s)$

여기서, P_{c2} : 2차동손, P_2 : 2차입력, P_0 : 출력, s : 슬립

$\therefore \dfrac{P_o}{P_2} = 1 - s = 1 - \left(\dfrac{N_s - N}{N_s} \times 100\right) = \dfrac{N}{N_s} \times 100$[%]

→ (슬립 $s = \dfrac{N_s - N}{N_s} \times 100$[%])

【정답】②

48. 다음 중 LC 직렬회로의 공진조건으로 옳은 것은?

① $\dfrac{1}{\omega L} = \omega C + R$ ② 직류전원을 가할 때

③ $\omega L = \omega C$ ④ $\omega L = \dfrac{1}{\omega C}$

|문|제|풀|이|

[LC 직렬회로의 공진조건]

1. 직렬회로 : $wL = \dfrac{1}{wC}$

2. 병렬회로 : $wC = \dfrac{1}{wL}$

【정답】④

49. 변압기의 정격출력으로 맞는 것은?

① 정격1차전압 × 정격1차전류
② 정격1차전압 × 정격2차전류
③ 정격2차전압 × 정격1차전류
④ 정격2차전압 × 정격2차전류

|문|제|풀|이|

[변압기의 정격] 변압기정격은 <u>2차 측을 기준으로</u> 한다.

정격용량[VA]$= V_{2n}[V] \times I_{2n}[A]$

여기서, V_{2n} : 정격2차전압[V], I_{2n} : 정격2차전류[A]

【정답】④

50. 한국전기설비규정에 의하여 전로에 시설하는 기계 기구의 철대 및 외함에 반드시 접지공사를 해야 하는 경우는?

① 사용전압이 교류 대지전압 220[V]인 기계기 구를 건조한 곳에 시설하는 경우

② 사용전압이 직류 300[V]인 기계기구를 건조 한 곳에 시설하는 경우

③ 외함을 충전하여 사용하는 기계기구에 사람 이 접촉할 우려가 없도록 시설한 경우

④ 철대 또는 외함의 주위에 적당한 절연대를 설 치하는 경우

|문|제|풀|이|
[기계기구의 철대 및 외함의 접지] 전로에 시설하는 기계기구의 철대 및 금속제 외함에는 접지공사를 하여야 한다.
[접지공사의 생략 조건]
1. 사용 전압이 <u>직류 300[V]</u> 또는 <u>교류 대지 전압 150[V] 이하</u> 기계 기구를 건조 장소 시설
2. 철대 또는 외함 주위에 적당한 <u>절연대 설치한 경우</u>
3. <u>인체 감전 보호용 누전 차단기를 개별 기계 기구 또는 개별 전로</u> 에 시설한 경우　　　　　　　　　　　　**【정답】①**

51. 각 상의 임피던스가 $6 + j8[\Omega]$인 평형 Y 부하에 선간전압 220[V]인 대칭3상전압을 가하였을 때 선전류는?

① 10.7[A]　　　　② 11.7[A]
③ 12.7[A]　　　　④ 13.7[A]

|문|제|풀|이|

[Y 결선 시 선전류] $I_l = I_p = \dfrac{V_p}{|Z|}$[A]

　　→ (선전류 $I_l = I_p$(상전류), 선간전압 $V_l = \sqrt{3}\, V_p$(상전압))

∴ 선전류 $I_l = \dfrac{V_p}{|Z|} = \dfrac{\frac{220}{\sqrt{3}}}{\sqrt{6^2 + 8^2}} = 12.7[\mathrm{A}]$

　　　　　　　　　　　　　　　　　【정답】③

52. 상전압 300[V]의 3상 반파 정류회로의 직류전압은 약 몇 [V]인가?

① 520[V]　　　　② 350[V]
③ 260[V]　　　　④ 50[V]

|문|제|풀|이|
[정류회로 및 제어기기]

정류 종류	단상 반파	단상 전파	3상 반파	3상 전파
직류출력	$E_d = 0.45E$	$E_d = 0.9E$	$E_d = 1.17E$	$E_d = 1.35E$
맥동률[%]	121	48	17.7	4.04
정류효율	40.5	81.1	96.7	99.8
맥동주파수	f(60Hz)	$2f$	$3f$	$6f$

여기서, E_d : 직류전압, E : 전원전압(교류실효값)

　　　　　　　　　　　　　　→ (직류=정류분)

상전압(교류 실효값) : 300[V]
∴ $V_d = 1.17E = 1.17 \times 300 = 350.86[V]$　　**【정답】②**

53. 동일한 용량의 콘덴서 5개를 병렬로 접속하였을 때의 합성 용량을 C_p라고 하고, 5개를 직렬로 접속하였을 때의 합성 용량을 C_s라고 할 때 C_p와 C_s의 관계는?

① $C_p = 5C_s$　　　　② $C_p = 10C_s$
③ $C_p = 25C_s$　　　　④ $C_p = 50C_s$

|문|제|풀|이|
[동일 용량의 콘덴서 연결]

1. 직렬연결 $C_s = \dfrac{C_1 C_2}{C_1 + C_2} = \dfrac{C}{n}$　　→ (n : 콘덴서 개수)

　　→ $C_s = \dfrac{C_1}{5}$

2. 병렬연결 $C_p = C_1 + C_2 = nC$

　　→ $C_p = 5C_1$

1식과 2식에서 $C_1 = \dfrac{1}{5}C_p = 5C_s$

∴ $C_p = 25C_s$　　　　　　　　　　　**【정답】③**

54. 동기발전기를 회전계자형으로 하는 이유가 아닌 것은?

① 고전압에 견딜 수 있게 전기자권선을 절연하기가 쉽다.
② 전기자 단자에 발생한 고전압을 슬립링 없이 간단하게 외부 회로에 인가할 수 있다.
③ 기계적으로 튼튼하게 만드는데 용이하다.
④ 전기자가 고정되어 있지 않아 제작 비용이 저렴하다.

|문|제|풀|이|

[동기 발전기의 회전계자형의 특징] 전기자를 고정자로 하고, 계자극을 회전자로 한 것
· 전기자 권선은 전압이 높고 결선이 복잡(Y결선)
· 계자회로는 직류의 저압 회로이며 소요 전력도 적다.
· 전기자보다 계자가 철의 분포가 많기 때문에 회전시 기계적으로 더 튼튼하며, 구조가 간단하여 회전에 유리하다.
· 전기자는 권선을 많이 감아야 되므로 회전자 구조가 커지기 때문에 원동기 측에서 볼 때 출력이 더 증대하게 된다.
· 절연이 용이하다. 【정답】④

55. 직류 직권발전기가 정격전압 V=400[V], 출력 P=10[kW]로 운전되고 전기자저항 R_a와 직권계자저항 R_s가 모두 $0.1[\Omega]$일 경우, 유도기전력[V]은? (단, 정류자의 접촉저항은 무시한다.)

① 393   ② 405
③ 415   ④ 423

|문|제|풀|이|

[직류 직권발전기의 유기기전력] $E = V + I_a(R_a + R_s)[V]$

전기자전류 $I_a = \dfrac{P}{V} = \dfrac{10 \times 10^3}{400} = 25[A]$

전기자저항 $R_a = 0.1[\Omega]$, 직권 계자저항 $R_s = 0.1[\Omega]$

$\therefore E = V + I_a(R_a + R_s) = 400 + 25 \times (0.1 + 0.1) = 405[V]$

【정답】②

56. 수변전 설비에서 차단기의 종류 중 가스 차단기에 들어가는 가스의 종류는?

① CO_2 ② LPG
③ SF_6 ④ LNG

|문|제|풀|이|

[차단기별 소호 매질]

종류	소호매질
유입차단기(OCB)	절연류
진공차단(VCB)	고진공
자기차단(MBB)	전자기력
공기차단(ABB)	압축공기
가스차단(GCB)	SF_6

【정답】③

57. 자속밀도 $0.5[Wb/m^2]$의 자장 안에 자장과 직각으로 20[cm]의 도체를 놓고 이것에 10[A]의 전류를 흘릴 때 도체가 50[cm] 운동한 경우의 한 일은 몇 [J]인가?

① 0.5   ② 1
③ 1.5   ④ 5

|문|제|풀|이|

[일의 양(W)] $W = F \cdot d[J]$

도체가 자기장에서 받는 $F = BIl\sin\theta[N]$

여기서, B : 자속밀도, I : 도체에 흐르는 전류, l : 도체의 길이
$\qquad\quad d$: 도체가 이동한 거리

자속밀도(B) : $0.5[Wb/m^2]$, 도체의 길이(l) : 20[cm]=0.2[m]

전류(I) : 10[A], 도체가 이동한 거리(d) : 50[cm]=0.5[m]

$F = IBl\sin\theta[N] = 10 \times 0.5 \times 0.2 \times \sin 90 = 1[N] \rightarrow (\sin 90° = 1)$

$\therefore$ 일의양 $W = Fd = 1 \times 0.5 = 0.5[J]$ 【정답】①

58. 동기속도 30[rps]인 교류 발전기 기전력의 주파수가 60[Hz]가 되려면 극수는?

① 2   ② 4

③ 6   ④ 8

|문|제|풀|이|⋯⋯⋯⋯⋯⋯⋯⋯⋯⋯⋯⋯⋯

[동기기의 동기속도] $N_s = \dfrac{120f}{p}$[rpm]

여기서, N_s : 동기속도[rpm], p : 극수, f : 주파수

동기속도(N_s) : 30[rps], 주파수(f) : 60[Hz]

$N_s = \dfrac{120f}{p}[rpm] = \dfrac{2f}{p}[rps]$ → ([rpm]을 [rps]로 수정)

$\therefore p = \dfrac{2f}{N_s} = \dfrac{2 \times 60}{30} = 4[극]$

【정답】②

59. 저항 50[Ω]인 전구에 $e = 100\sqrt{2}\,\sin\omega t\,[V]$의 전압을 가할 때 순시전류 [A]의 값은?

① $\sqrt{2}\,\sin\omega t$ ② $2\sqrt{2}\,\sin\omega t$

③ $5\sqrt{2}\,\sin\omega t$ ④ $10\sqrt{2}\,\sin\omega t$

|문|제|풀|이|⋯⋯⋯⋯⋯⋯⋯⋯⋯⋯⋯⋯⋯

[정현파 교류의 순시값(순시전류)] $i(t) = \dfrac{e}{R}[A]$

여기서, R : 저항, e : 기전력[V]

저항(R) : 50[Ω], 기전력(e) : $e = 100\sqrt{2}\,\sin\omega t\,[V]$

$\therefore$ 순시전류 $i(t) = \dfrac{e}{R} = \dfrac{100\sqrt{2}}{50}\sin\omega t = 2\sqrt{2}\,\sin\omega t\,[A]$

【정답】②

60. 5[kW] 이하의 3상 농형유도전동기에 정격전압을 직접 인가하는 방법으로 가속 토크가 커서 기동시간이 짧은 특성을 갖는 기동 방법은?

① $Y-\triangle$ ② 리액터 기동

③ 전전압 기동   ④ 1차 저항기동

|문|제|풀|이|⋯⋯⋯⋯⋯⋯⋯⋯⋯⋯⋯⋯⋯

[유도전동기 기동법]

농형	1. 전전압 기동 : 5[kW] 이하의 소용량, 기동장치 없이 <u>직접 정격전압을 인가하여 기동하는 방법</u> 2. $Y-\triangle$ 기동 : 5~15[kW] 정도, 전류 1/3배, 전압 $1/\sqrt{3}$ 배, 3. 기동 보상기법 : 15[kW] 이상, 단권 변압기를 써서 공급 전압을 낮추어서 기동시키는 방법 4. 리액터 기동법 : 전원과 전동기 사이에 직렬리액터를 삽입하여 전동기 단자에 가해지는 전압을 떨어뜨리는 방법, 토크 효율이 나쁘다. 5. 콘도로퍼법
권선형	1. 2차 저항 기동법→비례 추이 이용 2. 게르게스법

【정답】③

01. 저항 2[Ω]과 3[Ω]을 직렬로 접속했을 때의 합성컨 덕턴스는?

① 0.2[℧]   ② 1.5[℧]

③ 5[℧]   ④ 6[℧]

|문|제|풀|이|

[직렬접속 합성컨덕턴스] $G = \dfrac{1}{R} = \dfrac{1}{\dfrac{1}{G_1} + \dfrac{1}{G_2}}$ [℧]

직렬시 합성저항 $R = R_1 + R_2 = 2 + 3 = 5[\Omega]$

∴ 합성컨덕턴스 $G = \dfrac{1}{R} = \dfrac{1}{5} = 0.2[\text{℧}]$ 【정답】①

02. 두 개의 자체인덕턴스를 직렬로 접속하여 합성인 덕턴스를 측정하였더니 95[mH] 이었다. 한쪽 인 덕턴스를 반대로 접속하여 측정하였더니 합성인 덕턴스가 15[mH]로 되었다. 두 코일의 상호인덕 턴스는?

① 20[mH]   ② 40[mH]

③ 80[mH]   ④ 160[mH]

|문|제|풀|이|

[코일의 합성인덕턴스] $L = L_2 + L_2 \pm 2M$

→ +(가동) : 같은 방향, -(차동) : 반대방향)

가동결합 $L_{01} = 95 = L_1 + L_2 + 2M$ ·····························①

차동결합 $L_{02} = 15 = L_1 + L_2 - 2M$ ·····························②

①-② → $M = \dfrac{1}{4}(95 - 15) = 20[mH]$ 【정답】①

03. 전기력선의 성질을 설명한 것으로 옳지 않은 것은?

① 전기력선의 방향은 전기장의 방향과 같으며, 전기력선의 밀도는 전기장의 크기와 같다.

② 전기력선은 도체 내부에 존재한다.

③ 전기력선은 등전위면에 수직으로 출입한다.

④ 전기력선은 양전하에서 음전하로 이동한다.

|문|제|풀|이|

[전기력선의 성질]

1. 단위전하(1[C])에서는 $\dfrac{1}{\epsilon_0} = 36\pi \times 10^9 = 1.13 \times 10^{11}$ 개의 전기력 선이 발생한다.

2. Q[C]의 전하에서(진공시) 전기력선의 수 $N = \dfrac{Q}{\epsilon_0}$ 개의 전기력선 이 발생한다(단위 전하시 $N = \dfrac{1}{\epsilon_0}$)

3. 정전하(+)에서 부전하(−) 방향으로 연결된다.

4. 전기력선은 등전위면과 직교한다.

5. 도체 내부에는 전기력선이 없다.

6. 전기력선은 도체의 표면에서 수직으로 출입한다.

7. 전기력선은 스스로 폐곡선을 만들지 않는다.

【정답】②

04. 1.5[V]의 전위차로 3[A]의 전류가 3분 동안 흘렀을 때 한 일은?

① 1.5[J]   ② 13.5[J]

③ 810[J]   ④ 2430[J]

|문|제|풀|이|

[일] $W = Pt[W \cdot \sec] = VIt[J]$ → $(P = VI[\text{J/s}])$

∴ $W = VIt = 1.5 \times 3 \times 3 \times 60 = 810[J]$ 【정답】③

05. 도체가 운동하는 경우 유도기전력의 방향을 알고자
할 때 유용한 법칙은?

① 렌츠의 법칙

② 플레밍의 오른손 법칙

③ 플레밍의 왼손법칙

④ 비오-사바르의 법칙

|문|제|풀|이|

[플레밍의 오른손법칙(발전기 원리)]
자기장 속에서 도선이 움직일 때 자기
장의 방향과 도선이 움직이는 방향으로
<u>유도기전력</u> 또는 유도전류의 방향을 결
정하는 규칙이다.
1. 엄지 : 운동의 방향
2. 검지 : 자속의 방향
3. 중지 : 기전력의 방향

힘 F
자계 B
오른손
유도기전력

※① 렌츠의 법칙 : 전자 유도에 의해 발생하는 기전력은 자속 변화를 방해하
는 방향으로 전류가 발생한다.

③ 플레밍의 왼손법칙 : 자계(H)가 놓인 공간
에 길이 l[m]인 도체에 전류(I)를 흘려주
면 도체에 왼손의 엄지 방향으로 전자력
(F)이 발생한다.
·엄지 : 힘의 방향
·인지 : 자계의 방향
·중지 : 전류의 방향

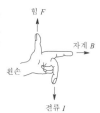

힘 F
자계 B
왼손
전류 I

④ 비오-사바르의 법칙비오 : 정상전류가 흐르고 있는 도선 주위의 자기
장의 세기를 구하는 법칙, 즉 자계 내 전류 도선이 만드는 자장의
세기   【정답】②

06. 어떤 도체에 1[A]의 전류가 1분간 흐를 때 도체를
통과하는 전기량은?

① 1[C]   ② 60[C]

③ 1000[C]   ④ 3600[C]

|문|제|풀|이|

[전기량] $Q = I \cdot t[C] = 1 \times 60 = 60[C]$ 【정답】②

07. 그림과 같은 회로에서 a, b 간에 E[V]의 전압을
가하여 일정하게 하고, 스위치 S를 닫았을 때의
전전류 I[A]가 닫기 전 전류의 3배가 되었다면
저항 Rx의 값은 약 몇 [Ω]인가?

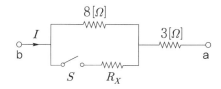

① 727   ② 27

③ 0.73   ④ 0.27

|문|제|풀|이|

[저항 Rx의 값] 스위치 S를 닫았을 때의 전전류 I_2[A]가 닫기 전

전류(I_1)의 3배, 즉 $\dfrac{I_2}{I_1} = 3$ → (I_1 : 스위치(S)를 닫기 전의 전류

I_2 : 스위치(S)를 닫은 후의 전류)

1. 스위치(S)를 닫기 전의 전류(I_1)

$I_1 = \dfrac{E}{8+3} = \dfrac{E}{11}[A]$

2. 스위치(S)를 닫은 후의 전류(I_2)

$I_2 = \dfrac{E}{\dfrac{8R_x}{8+R_x}+3}[A]$

3. $\dfrac{I_2}{I_1} = 3$ → $\dfrac{\dfrac{E}{\dfrac{8R_x}{8+R_x}+3}}{\dfrac{E}{11}} = 3$

$\therefore R_x = 0.73[\Omega]$ 【정답】③

08. 전장 중에 단위 정전하를 놓을 때 여기에 작용하는
힘과 같은 것은?

① 전하   ② 전장의 세기

③ 전위   ④ 전속

|문|제|풀|이|

[전계(전장)의 세기(E)] 전장 내의 임의의 점에 "단위 정전하
(+1[C])"를 놓았을 때 단위 정전하에 작용하는 힘[N/C]=[V/m]
           【정답】②

09. 교류 회로에서 전압과 전류의 위상차를 θ[rad]이라 할 때 $\cos\theta$는 회로의 무엇인가?

① 전압변동률   ② 파형률

③ 효율   ④ 역률

|문|제|풀|이|

[역률] $\cos\theta = \dfrac{R}{\sqrt{R^2 + X^2}}$

※[무효율=$\sin\theta$]　　　　　　　　【정답】④

10. 다음 설명의 (㉠), (㉡)에 들어갈 내용으로 옳은 것은?

> 히스테리시스 곡선에서 종축과 만나는 점은 (㉠)이고, 횡축과 만나는 점은 (㉡)이다.

① ㉠ 보자력, ㉡ 잔류자기

② ㉠ 잔류자기, ㉡ 보자력

③ ㉠ 자속밀도, ㉡ 자기저항

④ ㉠ 자기저항, ㉡ 자속밀도

|문|제|풀|이|

[히스테리시스 곡선 (B-H 곡선)]

· 히스테리시스 곡선이 **종축(자속밀도)**과 만나는 점은 **잔류자기**(잔류 자속밀도(B_r))

· 히스테리시스 곡선이 **횡축(자계의 세기)**과 만나는 점은 **보자력**(H_c)를 표시한다.

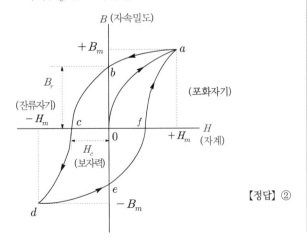

【정답】②

11. 저항 R=15[Ω], 자체인덕턴스 L=35[mH], 정전용량 C=300[μF]의 직렬회로에서 공진 주파수 f_r는 약 얼마[Hz] 인가?

① 40   ② 50   ③ 60   ④ 70

|문|제|풀|이|

[RLC 직렬회로의 공진주파수] $f_r = \dfrac{1}{2\pi\sqrt{LC}}$

$\therefore f_r = \dfrac{1}{2\pi\sqrt{LC}} = \dfrac{1}{2\pi\sqrt{35 \times 10^{-3} \times 300 \times 10^{-6}}} = 50[Hz]$

【정답】②

12. $+Q_1[C]$과 $-Q_2[C]$의 전하가 진공 중에서 r[m]의 거리에 있을 때 이들 둘 사이에 작용하는 정전기력 F[N]는?

① $F = 0.9 \times 10^{-9} \times \dfrac{Q_1 Q_2}{r^2}$

② $F = 9 \times 10^{-9} \times \dfrac{Q_1 Q_2}{r^2}$

③ $F = 9 \times 10^{9} \times \dfrac{Q_1 Q_2}{r^2}$

④ $F = 90 \times 10^{9} \times \dfrac{Q_1 Q_2}{r^2}$

|문|제|풀|이|

[쿨롱의 법칙] $F = \dfrac{Q_1 Q_2}{4\pi\varepsilon_0 r^2}[N] = 9 \times 10^9 \dfrac{Q_1 Q_2}{r^2}[N]$

$\rightarrow (\dfrac{1}{4\pi\varepsilon_0} = \dfrac{1}{4 \times 3.14 \times 8.855 \times 10^{-12}} = 9 \times 10^9)$

여기서, F : 쿨롱의 힘[N], Q_1, Q_2 : 전하량[C]

　　　　r : 양 전하간의 거리[m], ε : 유전율($\varepsilon_0\varepsilon_s$)

　　　　ε_0 : 진공중의 유전율($\varepsilon_0 = 8.855 \times 10^{-12}$[F/m])

　　　　ε_s : 비유전율(공기중, 진공시 ε_s ≒1)

두 점전하간 작용력으로 힘은 항상 일직선상에 존재, 거리 제곱에 반비례　　　　　　　　　　【정답】③

13. 0.2[H]인 자기인덕턴스에 5[A]의 전류가 흐를 때 축적 되는 에너지[J]는?

① 0.2   ② 2.5   ③ 5   ④ 10

|문|제|풀|이|

[축적 되는 에너지] $W = \frac{1}{2} L I^2 [J]$

여기서, W : 자기에너지, L : 자기인덕턴스, I : 전류

$\therefore W = \frac{1}{2} L I^2 = \frac{1}{2} \times 0.2 \times 5^2 = 2.5 [J]$ 【정답】②

14. 평형 3상 회로에서 1상의 소비전력이 P라면 3상 회로의 전체 소비전력은?

① P   ② 2P   ③ 3P   ④ $\sqrt{3}$ P

|문|제|풀|이|

[소비전력] 1상의 소비전력이 P라면
3상의 전체 소비전력 $W_3 = 3P$ 【정답】③

15. 접지저항이나 전해액저항 측정에 쓰이는 것은?

① 휘스톤 브리지   ② 전위차계
③ 콜라우슈 브리지   ④ 메거

|문|제|풀|이|

[측정장치]
① 휘트스톤 브리지 : 중저항 측정
② 전위차계 : 저저항 측정
·③ 콜라우슈 브리지 : 전해액의 저항 측정
④ 메거 : 옥내 전동선의 절연저항 측정

     【정답】③

16. 전압계의 측정 범위를 넓히는데 사용되는 기기는?

① 배율기   ② 분류기
③ 정압기   ④ 정류기

|문|제|풀|이|

[배율기]
1. **전압계**의 측정범위를 넓히기 위한 목적
2. 전압계에 **직렬**로 접속하는 저항기

※[분류기]
   1. **전류계**의 측정범위를 넓히기 위한 목적
   2. 전류계에 **병렬**로 접속하는 저항기   【정답】①

17. 그림과 같이 I[A]의 전류가 흐르고 있는 도체의 미소 부분 $\triangle l$의 전류에 의해 이 부분이 r[m] 떨어진 지점 P의 자기장 $\triangle$H[A/m]는?

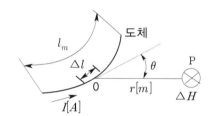

① $\triangle H = \dfrac{I^2 \triangle l \sin\theta}{4\pi r^2}$ ② $\triangle H = \dfrac{I \triangle l^2 \sin\theta}{4\pi r}$

③ $\triangle H = \dfrac{I^2 \triangle l \sin\theta}{4\pi r}$ ④ $\triangle H = \dfrac{I \triangle l \sin\theta}{4\pi r^2}$

|문|제|풀|이|

[비오사바르의 법칙(자계의 세기)] $dH = \dfrac{I \triangle l \sin\theta}{4\pi r^2} [AT/m]$

$\rightarrow$ (θ : $\triangle l$과 거리 r이 이루는 각))

1. 자계 내 전류 도선이 만드는 자장의 세기
2. 도선에 전류 I[A]가 흐를 때, 도선상의 미소길이 $\triangle l$부분에 흐르는 전류에 의하여 거리 r만큼 떨어진 점 P에서의 자계의 세기

$dH = \dfrac{I \triangle l \sin\theta}{4\pi r^2} [AT/m]$ 【정답】④

18. 다음 중 저항값이 클수록 좋은 것은?

① 접지저항   ② 절연저항

③ 도체저항   ④ 접촉저항

|문|제|풀|이|

[절연저항] 직류전압을 인가했을 때 발생하는 전류에 대하여, 그 절연물에 의해서 주어지는 저항값으로 <u>절연저항은 클수록 좋다.</u>

※접지저항 : 감전 및 전기사고 예방 목적으로 기기와 대지를 도선으로 연결하여 기기의 전위를 0으로 유지하는 것으로 접지저항값은 작을수록 좋다.

【정답】②

---

19. 1.5[kW]의 전열기를 정격 상태에서 30분간 사용할 때의 발열량은 몇 [Kcal]인가?

① 648   ② 1290

③ 1500   ④ 2700

|문|제|풀|이|

[줄의 법칙] 전선에 전류가 흐르면 열이 발생하는 현상이며, 이때 주울열 $Q = 0.24Pt = 0.24VI^2t = 0.24I^2Rt$ [kcal]

$\therefore Q = 0.24Pt = 0.24 \times 1.5 \times 30 \times 60 = 648[kcal]$

【정답】①

---

20. 공기 중 +1[Wb]의 자극에서 나오는 자력선의 수는 몇 개인가?

① 6.33×10^4 ② 7.958×10^5

③ 8.855×10^3 ④ 1.256×10^6

|문|제|풀|이|

[자력선의 수] 진공 중에서 $m[Wb]$의 자하로부터 나오는 자력선의 수는 $N = \dfrac{m}{\mu_0} = \dfrac{1}{\mu_0} = \dfrac{1}{4\pi \times 10^{-7}} = 7.958 \times 10^5$[개]

【정답】②

---

21. 변압기의 2차 저항이 0.1[Ω]일 때 1차로 환산하면 360[Ω]이 된다. 이 변압기의 권수비는?

① 30   ② 40

③ 50   ④ 60

|문|제|풀|이|

[변압기의 권수비] $a = \dfrac{N_1}{N_2} = \dfrac{V_1}{V_2} = \dfrac{I_2}{I_1} = \sqrt{\dfrac{R_1}{R_2}} = \sqrt{\dfrac{Z_1}{Z_2}}$

$\therefore a = \sqrt{\dfrac{R_1}{R_2}} = \sqrt{\dfrac{360}{0.1}} = 60$

【정답】④

---

22. 변압기의 손실에 해당되지 않는 것은?

① 동손   ② 와전류손

③ 히스테리시스손   ④ 기계손

|문|제|풀|이|

[변압기의 손실]

1. 무부하손(철손=히스테리시스손+와류손)

2. 부하손(동손)

※기계손 : 회전기의 손실

【정답】④

---

23. 권수비 2, 2차전압 100[V], 2차전류 5[A], 2차임피던스 20[Ω]인 변압기의 ㉠ 1차 환산 전압 및 ㉡ 1차 환산 임피던스는?

① ㉠ 200[V], ㉡ 80[Ω]

② ㉠ 200[V], ㉡ 40[Ω]

③ ㉠ 50[V], ㉡ 10[Ω]

④ ㉠ 50[V], ㉡ 5[Ω]

|문|제|풀|이|

권수비 $a = \dfrac{V_1}{V_2} = \dfrac{I_2}{I_1} = \sqrt{\dfrac{R_1}{R_2}} = \sqrt{\dfrac{Z_1}{Z_2}}$

권수비(a) : 2, 2차 전압(V_2) : 100[V], 2차 전류(I_2) : 5[A]
2차 임피던스(Z_2) : 20[Ω]

1. 1차전압 $V_1 = aV_2 = 2 \times 100 = 200[V]$

2. 1차전류 $I_1 = \dfrac{I_2}{a} = \dfrac{5}{2} = 2.5[A]$

3. 1차임피던스 $Z_1 = a^2 Z_2 = 2^2 \times 20 = 80[\Omega]$ **【정답】①**

24. 양 방향으로 전류를 흘릴 수 있는 양방향 소자는?

① SCR   ② GTO

③ TRIAC   ④ MOSFET

|문|제|풀|이|

[각종 반도체 소자의 비교]
1. 방향성
  ㉮ 양방향성(쌍방향) 소자 : DIAC, TRIAC, SSS
  ㉯ 역저지(단방향성) 소자 : SCR, LASCR, GTO, SCS
2. 극(단자)수
  ㉮ 2극(단자) 소자 : DIAC, SSS, Diode
  ㉯ 3극(단자) 소자 : SCR, LASCR, GTO, TRIAC
  ㉰ 4극(단자) 소자 : SCS   【정답】③

25. 보호구간에 유입하는 전류와 유출하는 전류의 차에 의해 동작하는 계전기는?

① 비율차동계전기   ② 거리계전기

③ 방향 계전기   ④ 부족전압 계전기

|문|제|풀|이|

[보호계전기의 기능상의 분류]

거리 계전기	전압과 전류의 크기 및 위상 차를 이용, 고정 점까지의 거리를 측정하는 계전기
비율차동계전기	·1차 전류와 2차 전류 차의 비율에 의해 동작 ·변압기 내부 고장 보호에 사용
방향 계전기	어느 일정한 방향으로 일정값 이상의 단락 전류가 흘렀을 경우 동작
부족전압계전기	전압이 정정치 이하로 떨어졌을 경우 동작

【정답】①

26. 직류발전기를 구성하는 부분 중 정류자란?

① 전기자와 쇄교하는 자속을 만들어 주는 부분

② 자속을 끊어서 기전력을 유기하는 부분

③ 전기자권선에서 생긴 교류를 직류로 바꾸어 주는 부분

④ 계자권선과 외부 회로를 연결시켜 주는 부분

|문|제|풀|이|

[직류기의 3요소]
1. 계자 : 자속을 만들어 주는 부분
2. 전기자 : 도체에 기전력을 유기하는 부분
3. 정류자 : 만들어진 기전력 교류를 직류로 반환하는 부분
【정답】③

27. 직류 직권전동기의 공급전압의 극성을 반대로 하면 회전방향은 어떻게 되는가?

① 변하지 않는다.   ② 반대로 된다.

③ 회전하지 않는다.   ④ 발전기로 된다.

|문|제|풀|이|

[직류 직권전동기] 직류 직권전동기의 공급전압의 극성을 반대로 하면 계자와 전기자 둘 다 극성이 바뀌므로 회전방향은 변하지 않는다.
※타여자전동기의 경우 계자가 따로 떨어져 있으므로 극성을 바꾸면 전기자 부분만 극성이 바뀌므로 회전방향이 변한다. 【정답】①

28. 직류기에서 전압변동률이 (−)값으로 표시되는 발전기는?

① 분권발전기   ② 과복권발전기

③ 타여자발전기   ④ 평복권발전기

|문|제|풀|이|

[직류기의 전압변동률] $\epsilon = \dfrac{V_0 - V_n}{V_n} \times 100 [\%]$

여기서, V_0 : 무부하 단자 전압, V_n : 정격전압
1. $\epsilon(+)$: 타여자, 분권, 부족, 차동복권
2. $\epsilon = 0$: 평복권
3. $\epsilon(-)$: 직권, 과복권   【정답】②

29. 전기자저항 0.1[Ω], 전기자전류 104[A], 유도기전력 110.4[V]인 직류 분권발전기의 단자전압 [V]은?

① 110 ② 106
③ 102 ④ 100

|문|제|풀|이|

[직류 분권발전기의 단자전압] $V = E - R_a I_a[V]$

→ (유도기전력 $E = V + R_a I_a[V]$)

$V = E - R_a I_a[V] = 110.4 - 104 \times 0.1 = 100[V]$

【정답】④

30. 전기자저항이 0.2[Ω], 전류 100[A], 전압 120[V]일 때 분권전동기의 발생 동력[kW]은?

① 5 ② 10
③ 14 ④ 20

|문|제|풀|이|

[분권전동기의 발생 동력] $P = EI$[W]

직류 분권전동기의 역기전력 $E = V - I_a R_a[V]$

여기서, E : 역기전력, V : 단자전압, I_a : 전기자전류

R_a : 전기자저항

전기자저항(R_a) : 0.2[Ω], 전류(I_a) : 100[A]

단자전압(V) : 120[V]

역기전력 $E = V - I_a R_a = 120 - 0.2 \times 100 = 100[V]$

∴발생동력 $P = EI = 100 \times 100 \times 10^{-3} = 10[kW]$ 【정답】②

31. 주파수 60[Hz] 회로에 접속되어 슬립 3[%], 회전수 1,164[rpm]으로 회전하고 있는 유도전동기의 극수는?

① 5극 ② 6극
③ 7극 ④ 10극

|문|제|풀|이|

[유도전동기의 극수] $p = \dfrac{120f}{N}(1-s)$

→ [유도전동기의 회전수 $N = \dfrac{120f}{p}(1-s)$]

$1164 = \dfrac{120}{p} \times 60(1-0.03)$ → ∴ $p = \dfrac{120 \times 60 \times 0.97}{1164} = 6$극

【정답】②

32. 3상 유도전동기의 최고 속도는 우리나라에서 몇 [rpm]인가?

① 3600 ② 3000
③ 1800 ④ 1500

|문|제|풀|이|

[유도전동기의 최고 속도] $N = \dfrac{120}{p}f[rpm]$

최소 극수는 2, 우리나라 상용 주파수는 60[Hz]

∴ $N = \dfrac{120f}{p} = \dfrac{120 \times 60}{2} = 3600[rpm]$ 【정답】①

33. 회전자 입력을 P_2 , 슬립을 s라 할 때 3상 유도전동기의 기계적 출력의 관계식은?

① sP_2 ② $(1-s)P_2$
③ $s^2 P_2$ ④ $\dfrac{P_2}{s}$

|문|제|풀|이|

[전동기의 기계적 출력의 관계식]

・입력 : 손실 : 출력 = 1 : s : 1-s → (손실은 대부분 동손)

・2차출력(기계적 출력) $P_0 = P_2 - P_{c2}$

$= P_2 - sP_2 = (1-s)P_2[W]$

→ (P_2 : 2차입력, s : 슬립)

・$P_2 : P_{c2} : P_0 = 1 : s : (1-s)$ 【정답】②

34. 권선형 유도전동기의 회전자에 저항을 삽입하였을 경우 틀린 사항은?

① 기동전류가 감소된다.
② 기동전압은 증가한다.
③ 역률이 개선된다.
④ 기동토크는 증가한다.

|문|제|풀|이|

[권선형 유도전동기] 권선형 유도전동기의 회전자에 저항을 삽입하면 기동토크 증가, 기동전류 감소, 역률개선 등의 효과가 있다.

【정답】②

35. 유도전동기에 기계적 부하를 걸었을 때 출력에 따라 속도, 토크, 효율, 슬립 등이 변화를 나타낸 출력 특성곡선에서 슬립을 나타내는 곡선은?

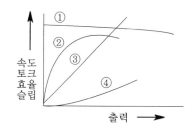

① 1   ② 2

③ 3   ④ 4

|문|제|풀|이|

[유도전동기의 출력특성곡선]
① : 속도, ② : 효율, ③ : 토크, ④ : 슬립 　　　【정답】④

36. 단락비가 1.2인 동기발전기의 %동기임피던스는 약 몇 [%]인가?

① 68   ② 83

③ 100   ④ 120

|문|제|풀|이|

[%동기임피던스] $\%Z_s = \dfrac{Z_s I_n}{E_n} \times 100 = \dfrac{1}{K_s} \times 100 [\%]$

E_n : 정격상전압[V], I_s : 3상단락전류[A], I_n : 정격전류[A]

K_s : 단락비

$\therefore \%Z_s = \dfrac{1}{K_s} \times 100[\%] = \dfrac{100}{1.2} = 83[\%]$ 　　　【정답】②

37. 단락비가 큰 동기기에 대한 설명으로 옳은 것은?

① 기계가 소형이다.

② 안정도가 높다.

③ 전압변동률이 크다.

④ 전기자 반작용이 크다.

|문|제|풀|이|

[단락비(K_s)] 단락비는 무부하 포화시험과 3상 단락시험으로부터 구할 수 있다.

단락비 $K_s = \dfrac{I_{f1}}{I_{f2}} = \dfrac{I_s}{I_n} = \dfrac{100}{\%Z_s}$

여기서, I_{f1} : 정격전압을 유지하는데 필요한 계자전류

         I_{f2} : 단락전류를 흐르는데 필요한 계자전류

         I_s : 3상단락전류[A], I_n : 정격전류[A]

         $\%Z_s$: 퍼센트동기임피던스

[단락비가 큰 기계(철기계)의 장·단]

장점	단점
·동기임피던스가 작다. ·**전압변동률이 작다.** ·공극이 크다. ·**전기자반작용이 작다.** ·계자의 기자력이 크다. ·전기자기자력은 작다. ·출력이 향상 ·안정도가 높다. ·자기여자 방지	·철손이 크다. ·효율이 나쁘다. ·설비가 고가이다. ·단락전류가 커진다.

※단락비가 크다는 것은 전기적으로 좋다는 의미
※97~98페이지 [10 단락비와 동기임피던스] 참조
　　　【정답】②

38. 동기전동기의 자기기동에서 계자권선을 단락하는 이유는?

① 기동이 쉽다.

② 기동권선으로 이용한다.

③ 고전압이 유도된다.

④ 전기자 반작용을 방지한다.

|문|제|풀|이|

[계자권선을 단락하는 이유] 기동시의 고전압을 방지하기 위해서 저항을 접속하고 단락 상태로 기동한다. 계자 권선을 단락하지 않으면 고전압이 유도된다. 　　　【정답】③

39. 동기발전기의 무부하포화곡선을 나타낸 것이다. 포화계수에 해당하는 것은?

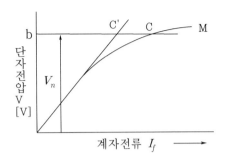

① $\dfrac{ob}{oc}$ ② $\dfrac{bc'}{bc}$

③ $\dfrac{cc'}{bc'}$ ④ $\dfrac{cc'}{bc}$

|문|제|풀|이|

[동기발전기의 무부하포화곡선] 계자전류(I_f)와 무부하 단자전압 (V_1)과의 관계 곡선

1. $I_f \uparrow \to \varnothing \uparrow \to E \uparrow$

2. 포화계수(포화율) $\delta = \dfrac{cc'}{bc'}$ 　　　【정답】③

40. 피뢰시스템에 접지도체가 접속된 경우 접지선의 굵기는 구리선의 경우 최소 몇 $[\text{mm}^2]$ 이상이어야 하는가?

① 6 ② 10

③ 16 ④ 22

|문|제|풀|이|

[접지도체의 선정]

1. 큰 고장전류가 접지도체를 통하여 흐르지 않을 경우 접지도체의 최소 단면적 : 구리 6$[\text{mm}^2]$ 이상, 철제 50$[\text{mm}^2]$ 이상

2. 접지도체에 피뢰시스템이 접속되는 경우 접지도체의 단면적 : 구리 16$[\text{mm}^2]$ 또는 철 50$[\text{mm}^2]$ 이상 　　　【정답】③

41. 동기전동기의 계자전류를 가로축에, 전기자 전류를 세로축으로 하여 나타낸 V곡선에 관한 설명으로 옳지 않은 것은?

① 위상특성곡선이라 한다.

② 부하가 클수록 V곡선은 아래쪽으로 이동한다.

③ 곡선의 최저점은 역률 1에 해당한다.

④ 계자전류를 조정하여 역률을 조정할 수 있다.

|문|제|풀|이|

[위상 특성 곡선(V곡선)] 공급 전압 V와 부하를 일정하게 유지하고 계자 전류 I_f 변화에 대한 전기자전류 I_a의 변화 관계를 그린 곡선

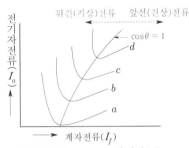

· 계자전류를 증가시키면 부하전류의 위상이 앞서고, 계자전류를 감소하면 전기자전류의 위상이 뒤진다.

· $\cos\theta = 1$일 때 전기자전류가 최소다. 즉, 부하가 클수록 V 곡선은 위쪽으로 이동한다.

· a번 곡선으로 운전 중 출력이 증가하면 곡선은 상향이 되어 부하가 가장 클 때가 d번 곡선이다. 　　　【정답】②

42. 사용전압이 35$[\text{kV}]$ 이하인 특고압 가공전선과 220$[\text{V}]$ 가공전선을 병행설치할 때, 가공선로 간의 간격은 몇 $[\text{m}]$ 이상이어야 하는가?

① 0.5 ② 0.75

③ 1.2 ④ 1.5

|문|제|풀|이|

[특고압 가공전선과 저고압 가공전선의 병행설치]

	35$[\text{kV}]$ 초과 100$[\text{kV}]$ 미만	35$[\text{kV}]$ 이하
간격	2$[\text{m}]$ 이상	1.2$[\text{m}]$ 이상
사용전선	인장강도 21.67$[\text{kN}]$ 이상의 연선 또는 단면적이 55$[\text{mm}]$ 이상인 경동연선	연선

【정답】③

43. 애자공사에 대한 설명 중 틀린 것은?

① 사용전압이 400[V] 이하이면 전선과 조영재의 간격은 2.5[cm] 이상일 것

② 사용전압이 400[V] 이하이면 전선 상호 간의 간격은 6[cm] 이상일 것

③ 사용전압이 220[V]이면 전선과 조영재의 간격은 2.5[cm] 이상일 것

④ 전선을 조영재의 옆면을 따라 붙일 경우 전선 지지점 간의 거리는 3[cm] 이하일 것

|문|제|풀|이|

[애자사용공사] 간격은 다음 표에 의한다.

전선 상호 간격		전선과 조영재 사이		전선과 지지점간의 거리	
400[V] 미만	400[V] 이상	400[V] 미만	400[V] 이상	400[V] 미만	400[V] 이상
6[cm] 이상		2.5[cm] 이상	4.5[cm] 이상 (건조한 장소 2.5[cm])	조영재의 윗면 옆면일 경우 2[m] 이하	6[m] 이하

【정답】④

44. 금속관공사에 대한 설명으로 잘못된 것은?

① 금속관 두께는 콘크리트에 매입하는 경우 1.2[mm] 이상일 것

② 교류회로에서 전선을 병렬로 사용하는 경우 관 내에 전자적 불평형이 생기지 않도록 시설할 것

③ 굵기가 다른 절연전선을 동일 관 내에 넣은 경우 피복 절연물을 포함한 단면적이 관 내 단면적의 48[%] 이하일 것

④ 관의 호칭에서 후강전선관은 짝수, 박강전선관은 홀수로 표시할 것

|문|제|풀|이|

[금속관공사]

1. 전선의 굵기가 다른 전선을 관에 넣은 경우는 전선의 피복절연물을 포함한 단면적의 총합계가 관 내 단면적의 32[%] 이하가 되도록 한다.

2. 전선의 굵기가 동일한 전선을 관에 넣는 경우는 관 내 단면적의 48[%] 이하가 되도록 한다. 　【정답】③

45. 교통신호등의 제어장치로부터 신호등의 전구까지의 전로에 사용하는 전압은 몇 [V] 이하인가?

① 60 　　　　② 100

③ 300 　　　　④ 440

|문|제|풀|이|

[교통신호등의 시설]

1. 2차측 배선의 최대사용전압은 300[V] 이하

2. 전선은 케이블을 제외하고 공칭면적 2.5[mm²]의 연동선

3. 전선의 지표상의 높이는 2.5[m] 이상 　【정답】③

46. 합성수지관공사의 특징 중 옳은 것은?

① 내열성 　　　　② 내한성

③ 내부식성 　　　　④ 내충격성

|문|제|풀|이|

[합성수지관공사]

1. 관이 절연물로 구성되어 누전의 우려가 없다.

2. 내부식성 커서 화학 공장 등의 부식성 가스나 용액이 있는 곳에 적당하다.

3. 접지할 필요가 없고 피뢰기, 피뢰침이 접지선 보호에 적당하다.

4. 무게가 가볍고 시공이 쉽다. 　【정답】③

47. 단면적 6[mm^2]의 가는 단선의 직선 접속 방법은?

① 트위스트 접속

② 종단 접속

③ 종단 겹침용 슬리브 접속

④ 꽂음형 커넥터 접속

|문|제|풀|이|

[전선의 접속 방법]

1. 트위스트 접속 : 6[mm²] 이하의 가는 단선 직선 접속

2. 브리타니아 접속 : 10[mm²] 이상의 굵은 단선 직선 접속 　【정답】①

48. 간선에서 분기하여 분기 과전류차단기를 거쳐서 부하에 이르는 사이의 배선을 무엇이라 하는가?

① 간선   ② 인입선

③ 중성선   ④ 분기회로

|문|제|풀|이|

[분기회로] 간선에서 분기하여 분기 과전류차단기를 거쳐서 부하에 이르는 사이의 배선

※① 간선 : 인입 개폐기 또는 변전실 배전반에서 분기 개폐기까지의 전선. 즉 근간으로 되어 있는 송배전선

② 인입선 : 수용장소의 인입구에 이르는 부분의 전선

③ 중성선 : 다상 교류의 전원 중성점에서 꺼낸 전선. 일반적으로 이끌어 낸 끝에 접지된다.

【정답】④

49. 한국전기설비규정에 따른 고압의 전압 범위는?

① 교류는 0.6[kV], 초과 7[kV] 이하

② 교류는 0.75[kV] 초과 7[kV] 이하

③ 직류는 1.2[kV] 초과 7[kV] 이하

④ 직류는 1.5[kV] 초과 7[kV] 이하

|문|제|풀|이|

[전압의 종별]

저압	·직류 : 1500[V] 이하 ·교류 : 1000[V] 이하
고압	·직류 : 1500[V] 초과 7000[V] 이하 ·교류 : 1000[V] 초과 7000[V] 이하
특고압	직류, 교류 모두 7000[V]를 초과

【정답】④

50. 금속관 공사를 노출로 시공할 때 직각으로 구부러지는 곳에는 어떤 배선기구를 사용하는가?

① 유니버셜 엘보   ② 아웃렛 박스

③ 픽스쳐 히키   ④ 유니온 커플링

|문|제|풀|이|

[유니버셜 엘보] 금속관 공사를 노출로 시공할 때 직각으로 구부러지는 곳에서 사용하는 기구

※② 아웃렛 박스 : 전선관 공사에 있어 전등 기구나 점멸기 또는 콘센트의 고정, 접속함으로 사용되며, 4각 및 8각이 있다.

③ 픽스쳐 히키 : 무거운 기구를 박스에 취부할 때 사용

④ 유니온 커플링 : 금속관 상호 접속용으로 관이 고정되어 있거나 관 자체를 돌릴 수 없을 때 금속관 상호 접속에 사용된다.

【정답】①

51. 전등 1개를 2개소에서 점멸하고자 할 때 필요한 3로 스위치는 최소 몇 개인가?

① 1개   ② 2개

③ 3개   ④ 4개

|문|제|풀|이|

[배선도 및 전선 접속도]

1. 1등을 2개소에서 점멸하는 경우

배선도	전선 접속도

2. 1등을 3개소에서 점멸하는 경우

배선도	전선 접속도

※○ : 전등, ● : 점멸기(첨자가 없는 것은 단극, 2P는 2극, 3은 3로, 4는 4로), •• : 콘센트

【정답】②

52. 단상 2선식 옥내배전반 회로에서 접지 측 전선의 색깔로 옳은 것은?

① 갈색   ② 빨간색

③ 회색   ④ 녹색-노란색

|문|제|풀|이|

[전선의 식별]

상(문자)	색상
L1	갈색
L2	검정색
L3	회색
N	파란색
보호도체(접지선)	녹색-노란색 혼용

【정답】④

53. 다음 [보기] 중 금속관, 애자, 합성수지 및 케이블공사가 모두 가능한 특수 장소를 옳게 나열한 것은?

> [보기]
> ㉠ 화약고 등의 위험 장소
> ㉡ 습기가 많은 장소
> ㉢ 위험물 등이 존재하는 장소
> ㉣ 불연성 먼지가 많은 장소

① ㉠, ㉡   ② ㉠, ㉢
③ ㉡, ㉣   ④ ㉢, ㉣

|문|제|풀|이|

[특수 장소의 공사]

종류	금속관 공사	케이블 공사	합성수지 관공사	애자공사
폭연성 먼지	○	○	×	×
가연성 먼지	○	○	○	×
가연성 가스	○	○	×	×
위험물	○	○	○	×
폭연성, 가연성 이외의 먼지	○	○	○	○

【정답】③

54. 코드 상호간 또는 캡타이어 케이블 상호간을 접속하는 경우 가장 많이 사용되는 기구는?

① T형 접속기   ② 코드 접속기
③ 와이어 커넥터   ④ 박스용 커넥터

|문|제|풀|이|

[전선접속 조건
·전선의 인장하중을 20[%] 이상 감소시키지 말아야 한다.
·전선 접속 시 절연내력은 접속전의 절연내력 이상으로 절연 하여야 한다. 전선의 전기저항을 증가시키지 않는다.
·접속 부분은 접속관, 슬리브, 와이어 커넥터 등의 접속기구를 사용한다.
·코드 상호, 캡타이어케이블 또는 케이블 상호 간에 접속하는 경우 코드 접속기, 접속함, 기타의 기구를 사용한다.   【정답】②

55. 아래 그림 기호가 나타내는 것은?

① 한시계전기 접점
② 전자접촉기 접점
③ 수동조작 접점
④ 조작개폐기 잔류 접점

|문|제|풀|이|

한시계전기 접점	전자접촉기접점 (보조접점, 순시접점)

【정답】①

56. 다음 중 배전반 및 분전반의 설치 장소로 적합하지 않은 곳은?

① 전기회로를 쉽게 조작할 수 있는 장소
② 개폐기를 쉽게 개폐할 수 있는 장소
③ 노출된 장소
④ 사람이 쉽게 조작할 수 없는 장소

|문|제|풀|이|

[배전반 및 분전반의 설치 장소] 배전반 및 분전반의 설치장소는 습기가 없고 조작 및 유지보수가 용이한 노출된 장소가 적당하다.
【정답】④

57. 접지사고 발생 시 다른 선로의 전압을 상전압 이상으로 되지 않으며, 이상전압의 위험도 없고 선로나 변압기의 절연 레벨을 저감시킬 수 있는 접지방식은?

① 저항접지   ② 비접지

③ 직접접지   ④ 소호리액터접지

|문|제|풀|이|

[직접접지방식의 장·단점]

장 점	단 점

· 전위 상승이 최소
· 단절연, 저감절연 가능
  (기기값의 저렴)
· 지락전류 검출이 쉽다.
  (지락보호기 작동 확실)
	· 1선지락 시 지락전류가 최대
	· 유도장해 크다.
	· 전류 차단하므로 차단기 용량
	  커짐 (안정도 저하)

【정답】③

58. 등기구 설치 시 가연성 재료로부터 최소거리를 두고 설치하여야 한다. 등기구의 정격용량이 400[W]일 때 최소거리는?

① 0.5[m]   ② 0.8[m]

③ 1.0[m]   ④ 1.5[m]

|문|제|풀|이|

[열 영향에 대한 주변의 보호]
가연성 재료로부터 다음의 최소거리를 두고 설치하여야 한다.

정격용량	최소거리
100[W] 이하	0.5[m]
100[W] 초과 300[W] 이하	0.8[m]
300[W] 초과 500[W] 이하	1[m]
500[W] 초과	1[m] 초과

【정답】③

59. 다음 중 가요전선관 공사로 적당하지 않은 것은?

① 옥내의 천장 은폐배선으로 8각 박스에서 형광등기구에 이르는 짧은 부분의 전선관공사

② 프레스 공작기계 등의 굴곡 개소가 많아 금속관공사가 어려운 부분의 전선관 공사

③ 금속관에서 전동기 부하에 이르는 짧은 부분의 전선관공사

④ 수변전실에서 배전반에 이르는 부분의 전선관공사

|문|제|풀|이|

[가요전선관 공사] 비교적 큰 전류의 저압 배전반 부근 및 간선에는 버스덕트공사를 이용한다. 　　　　【정답】④

60. 다음 심벌이 나타내는 것은?

① 저항   ② 진상용 콘덴서

③ 유입 개폐기   ④ 변압기

|문|제|풀|이|

[심벌]

① 저항 : --\/\/\--   ③ 유입개폐기 :

④ 변압기 :

※[주요 심벌]

명칭	심벌 (단선도)	용도(역할)
케이블 헤드(CH)		가공전선과 케이블 종단접속
피뢰기(LA)	LA	이상전압 내습시 대지로 방전하고 속류는 차단
단로기(DS)		무부하시 선로 개폐, 회로의 접속 변경
전력퓨즈(PF)		부하 전류 통전 및 과전류, 단락 전류 차단
전류계용 전환 개폐기(AS)		1대의 전류계로 3상 전류를 측정하기 위하여 사용하는 전환 개폐기
전압계용 전환 개폐기(VS)		1대의 전압계로 3상 전압을 측정하기 위하여 사용하는 전환 개폐기
컷아웃 스위치(COS)		기계 기구(변압기)를 과전류로부터 보호 ※ PF(전력퓨즈)와 심벌 동일 ·300[kVA] 이상 : PF ·300[kVA] 이하 : COS으로 표기

【정답】②

01. '코일에서 유도되는 기전력의 크기는 자속의 시간적인 변화율에 비례한다'는 유도 기전력의 크기를 정의한 법칙은?

① 렌츠의 법칙

② 플레밍의 법칙

③ 패러데이의 법칙

④ 줄의 법칙

|문|제|풀|이|

[패러데이의 법칙] 유도기전력의 크기를 정의한 법칙으로서 코일에서 유도되는 기전력의 크기는 자속의 시간적인 변화율에 비례한다. $e = -N\dfrac{d\varnothing}{dt}\,[V]$ 　　　　【정답】③

※① 렌츠의 법칙 : 자속의 변화에 의한 유도기전력의 방향 결정
　② 플레밍의 법칙
　　㉠ 플레밍의 오른손 법칙 : 자계 중에서 도체가 운동할 때 유기 기전력의 방향 결정
　　㉡ 플레밍의 왼손 법칙 : 자계 중에 있는 도체에 전류를 흘릴 때 도체의 운동 방향 결정
　④ 줄의 법칙 : 전류에 의해 생기는 열량은 전류의 세기의 제곱, 도체의 전기저항, 전류가 흐른 시간에 비례

02. 납축전지의 전해액으로 사용되는 것은?

① 묽은황산　　　② 이산화 납

③ 질산　　　　　④ 황산구리

|문|제|풀|이|

[납축전지] 화학 반응식

$$PbO_2 + 2H_2SO_4 + Pb \xrightarrow{\text{방전}} PbSO_4 + 2H_2O + PbSO_4$$

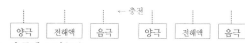

1. 음극제 : 납(Pb)
2. 양극제 : 이산화납(PbO_2)
3. 전해액 : 묽은황산(H_2SO_4)　　　　【정답】①

03. 수정을 이용하여 마이크로 폰은 다음 중 어떤 원리를 이용한 것인가?

① 핀치 효과　　　② 압전기 효과

③ 펠티에 효과　　④ 톰슨 효과

|문|제|풀|이|

[압전기 효과] 유전체 표면에 압력이나 인장력을 가하면 전기 분극이 발생하는 효과, 수정발전기, 마이크로 폰, 초음파 발생기
　　　　【정답】②

※① 핀치효과 : 반지름 a인 액체 상태의 원통상 도선 내부에 균일하게 전류가 흐를 때 도체 내부에 자장이 생겨 로렌츠의 힘으로 전류가 원통 중심 방향으로 수축하려는 효과
　③ 펠티에효과 : 두 종류 금속 접속면에 전류를 흘리면 접속점에서 열의 흡수. 발생이 일어나는 효과
　④ 톰슨효과 : 동일한 금속 도선의 두 지점간에 온도차를 주고, 고온 쪽에서 저온 쪽으로 전류를 흘리면 도선 속에서 열이 발생되거나 흡수가 일어나는 이러한 현상을 톰슨효과라 한다.

04. 키르히호프의 법칙을 이용하여 방정식을 세우는 방법으로 잘못된 것은?

① 키르히호프의 제1법칙을 회로망의 임의의 한 점에 적용한다.

② 각 폐회로에서 키르히호프의 제2법칙을 적용한다.

③ 각 회로의 전류를 문자로 나타내고 방향을 가정한다.

④ 계산결과 전류가 +로 표시된 것은 처음에 정한 방향과 반대 방향임을 나타낸다.

|문|제|풀|이|

[키르히호프의 법칙] ④ 계산결과 전류가 「+」로 표시된 것은 처음에 정한 방향과 **같은 방향**임을 나타낸다.

계산결과 처음에 정한 방향과 **반대 방향이면 전류가** 「−」로 표시된다.

※1. 키르히호프의 제1법칙(전류법칙) : 임의 절점(node)에서 유입·유출하는 전류의 총계는 0, 즉 $\sum\limits_{k=1}^{n} I_k = 0$

　2. 키르히호프의 제2법칙 (전압법칙) : 폐회로를 따라 한 바퀴 돌 때 그 회로의 기전력(E)의 총합은 각 저항에 의한 전압강하(IR)의 총합과 같다. 즉, $\sum\limits_{k=1}^{n} E_k = \sum\limits_{k=1}^{m} I_k R_k$　　　【정답】④

05. 두 코일이 있다. 한 코일에 매초 전류가 150[A]의 비율로 변할 때 다른 코일에 60[V]의 기전력이 발생하였다면, 두 코일의 상호인덕턴스는 몇[H]인가?

① 4.0[H] ② 2.5[H]

③ 0.4[H] ④ 25[H]

|문|제|풀|이|

[두 코일의 상호인덕턴스] $M = e\dfrac{dt}{di}$ [H] → $(e = M\dfrac{di}{dt})$

$\therefore M = e\dfrac{dt}{di} = 60 \times \dfrac{1}{150} = 0.4[H]$ 【정답】③

06. 다음 설명 중 잘못된 것은?

① 양전하를 많이 가진 물질은 전위가 낮다.

② 1초 동안에 1[C]의 전기량이 이동하면 전류는 1[A]이다.

③ 전위차가 높으면 높을수록 전류는 잘 흐른다.

④ 전류의 방향은 전자의 이동방향과는 반대방향으로 정한다.

|문|제|풀|이|

[전하] ① 양전하를 가진 물질은 **전위가 높다**.

※[전위] 전계의 세기가 0인 무한 원점으로부터 임의의 점까지 단위 정전하 (+1[C])를 이동시킬 때 필요한 일의 양 【정답】①

07. 공기 중 1[Wb]의 자하량으로부터 발생하는 자기력선의 총수는?

① 6.33×10^4개 ② 7.96×10^5개

③ 8.855×10^3개 ④ 1.256×10^6개

|문|제|풀|이|

[자기력선의 총수] $N = \dfrac{m}{\mu_0}$

$N = \dfrac{m}{\mu_0} = \dfrac{1}{4\pi \times 10^{-7}} = 7.96 \times 10^5$개

공기, 진공 중 1[Wb]에서 나오는 자기력선의 수는 7.96×10^5개

※자기력선의 수

전기량	매질의 종류	전기력선의 수
1[Wb] (단위 점자하)	진공(공기)	$N = \dfrac{1}{\mu_0}$
	투자율 μ인 매질	$N = \dfrac{1}{\mu} = \dfrac{1}{\mu_0 \mu_s}$
$m[Wb]$	진공(공기)	$N = \dfrac{m}{\mu_0}$
	투자율 μ인 매질	$N = \dfrac{m}{\mu} = \dfrac{m}{\mu_0 \mu_s}$

【정답】②

08. 정현파 교류의 평균값이 100[V]인 경우 실효값[V]은?

① 100 ② 111

③ 127 ④ 200

|문|제|풀|이|

[평균값] 평균값(I_{av}) = 실효값$(I) \times 0.9$

→ $(I = \dfrac{I_m}{\sqrt{2}}, \ I_{av} = \dfrac{2}{\pi} I_m)$

여기서, I : 실효값, I_m : 최대값, I_{av} : 평균값

$\therefore I(실효값) = \dfrac{I_{av}(평균값)}{0.9} = \dfrac{100}{0.9} = 111$ 【정답】②

09. 두 개의 평행한 도체가 진공 중(또는 공기 중)에 20[cm] 떨어져 있고, 100[A]의 같은 크기의 전류가 흐르고 있을 때 1[m] 당 발생하는 힘의 크기[N]는?

① 0.05 ② 0.01

③ 50 ④ 100

|문|제|풀|이|

[평행 도체 사이에 작용하는 힘] $F = \dfrac{2I_1 I_2}{r} \times 10^{-7}$

$\therefore F = \dfrac{2I_1 I_2}{r} \times 10^{-7} = \dfrac{2 \times 100 \times 100}{0.2} \times 10^{-7} = 10^{-2} = 0.01[N]$

【정답】②

10. $v = 100\sqrt{2}\sin\left(120\pi t + \dfrac{\pi}{4}\right)[V]$

$i = 100\sin\left(120\pi t + \dfrac{\pi}{2}\right)[A]$인 경우 전류는 전압보다 위상이 어떻게 되는가?

① 전류가 전압보다 $\dfrac{\pi}{2}$[rad] 만큼 앞선다.

② 전류가 전압보다 $\dfrac{\pi}{2}$[rad] 만큼 뒤진다.

③ 전류가 전압보다 $\dfrac{\pi}{4}$[rad] 만큼 앞선다.

④ 전류가 전압보다 $\dfrac{\pi}{4}$[rad] 만큼 뒤진다.

|문|제|풀|이|

[전류와 진입의 위상]

1. 전압 $V = 100 \angle \dfrac{\pi}{4}[rad]$ 　　2. 전류 $I = \dfrac{100}{\sqrt{2}} \angle \dfrac{\pi}{2}[rad]$

　　$\rightarrow$ (순시값 $v(t) = V_m\sin\theta = V_m\sin(\omega t + \theta)[V]$)

　　$\rightarrow$ (실효값 $V = \dfrac{V_m}{\sqrt{2}}[V]$)

3. $I = \dfrac{100}{\sqrt{2}} \angle \dfrac{\pi}{4} + \dfrac{\pi}{4}$

∴ 전류가 전압보다 $\dfrac{\pi}{4}[rad]$ 만큼 앞선다.　　【정답】③

11. 두개의 접지막대기와 눈금계와 계기와 도선을 연결하여 절환스위치를 이용하여 검류계의 지시값을 "0"으로 하여 접지저항을 측정하는 방법은?

① 콜라우슈 브리지법

② 켈빈더블 브리지법

③ 접지저항계

④ 휘트스톤 브리지법

|문|제|풀|이|

[접지저항계 접지저항 측정 방법]
1. 측정하고자 하는 접지극 근처에 보조접지봉을 설치한다.
2. 접지저항계의 적색 리드선을 측정 접지극에, 청색 리드선을 보조접지봉에 연결한다.
3. 전지 상태 확인: 접지저항계의 내장 전지 상태를 확인하여 정상 작동 여부를 확인한다.
4. 접지저항계의 절환스위치를 이용하여 검류계의 지시값이 "0"이 되도록 조정한다. 이때 지시값이 "0"이 되면 접지저항 값을 읽을 수 있다.

※ ① 콜라우슈 브리지법 : 전해액 및 접지저항을 측정한다.
　② 켈빈 더블 브리지 : 저저항 측정, 권선저항 측정
　④ 휘트스톤 브리지법 : 중저항 측정　　　　　【정답】③

12. 환상솔레노이드의 내부 자장과 전류의 세기에 대한 설명으로 맞는 것은?

① 전류의 세기에 반비례한다.

② 전류의 세기에 비례한다.

③ 전류의 세기 제곱에 비례한다.

④ 전혀 관계가 없다.

|문|제|풀|이|

[환상 솔레노이드]

1. 내부 자장의 세기 $H = \dfrac{NI}{2\pi r}[\text{AT/m}]$　　　　$\rightarrow (H \propto I)$

2. 외부자계 H=0　　　　　　　　　　　　　　【정답】②

13. 자기회로에서 자기저항이 2,000[AT/Wb]이고 기자력이 50,000[AT]이라면 자속 [Wb]은?

① 50　　　② 20　　　③ 25　　　④ 10

|문|제|풀|이|

[자속] $\phi = \dfrac{F}{R_m}[Wb]$　　　　　　$\rightarrow (F = NI = R\varnothing\,[A\,T])$

여기서, R_m : 철심에서 만들어지는 자기저항, F : 기자력

∴$\phi = \dfrac{F}{R_m} = \dfrac{50,000}{2,000} = 25[Wb]$　　　　【정답】③

14. 평형 3상 회로에서 1상의 소비전력이 P[W]라면, 3상회로 전체 소비전력[W]은?

① 2P　　　　　　　　② $\sqrt{2}$P

③ 3P　　　　　　　　④ $\sqrt{3}$P

|문|제|풀|이|

[3상 전체 소비전력] $P_t = 3V_p I_p[W]$

여기서, V_p : 상전압, I_p : 상전류

평형 3상회로의 Y결선이나 △결선 시의 1상의 소비전력은 $P = VI[W]$. 따라서 전체소비전력은 $P_t = 3P$이다.

※결선 방법이 제시되지 않을 경우에는 Y, △ 결선으로 해석

【정답】③

15. 그림의 정류회로에서 실효값 220[V], 위상 점호각이 60°일 때 정류전압은 약 몇 [V]인가? (단, 저항만의 부하이다.)

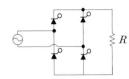

① 99　　　　　② 148

③ 110　　　　　④ 100

|문|제|풀|이|

[단상 전파 정류회로] 직류전압 $E_d = \dfrac{2\sqrt{2}}{\pi} E\left(\dfrac{1+\cos\alpha}{2}\right)$

→ (E : 전원전압)

$$E_d = \dfrac{2\sqrt{2}}{\pi} E\left(\dfrac{1+\cos\alpha}{2}\right) = \dfrac{2\sqrt{2}}{\pi} \times 220 \times \left(\dfrac{1+\cos 60}{2}\right) = 148[V]$$

※[정류회로]

1. 단상 : 선 두 가닥, 3상 : 선 3가닥
2. 반파 : 다이오드오 1개, 전파 : 다이오드 2개 이상

【정답】②

16. 코일에 흐르는 전류가 0.5[A], 축적되는 에너지가 0.2[J]이 되기 위한 자기인덕턴스는 몇 [H]인가?

① 0.8　　② 1.6　　③ 10　　④ 16

|문|제|풀|이|

[자기인덕턴스] $L = \dfrac{2W}{I^2}$[H]

→ (코일에 축적되는 자기에너지 $W = \dfrac{1}{2}LI^2$[J])

$$\therefore L = \dfrac{2W}{I^2} = \dfrac{2 \times 0.2}{0.5^2} = 1.6[H]$$

【정답】②

17. 그림의 회로에서 합성임피던스는 몇 $[\Omega]$인가?

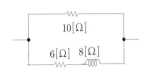

① 2 + j5.5　　　　　② 3 + j4.5

③ 5 + j2.5　　　　　④ 4 + j3.5

|문|제|풀|이|

[합성임피던스]

R–L 직렬 임피던스 : $Z = R + jwL = R + jX$

$$= 6 + j8$$

$\therefore$ 병렬 시의 합성임피던스 $Z = \dfrac{10(6+j8)}{10+(6+j8)} = \dfrac{10(6+j8)}{16+j8}$

$$= \dfrac{10(6+j8)(16-j8)}{(16+j8)(16-j8)} = 5 + j2.5[\Omega]$$

【정답】③

18. 도체의 길이가 l[m], 고유저항 $\rho[\Omega \cdot m]$, 반지름이 r[m]인 도체의 전기저항[Ω]은?

① $\rho\dfrac{l}{\pi r}$　　　　　② $\rho\dfrac{rl}{\pi}$

③ $\rho\dfrac{l}{\pi r^2}$　　　　　④ $\rho\dfrac{\pi l}{r}$

|문|제|풀|이|

[전기저항] $R = \rho\dfrac{l}{S} = \rho\dfrac{l}{\pi r^2}[\Omega]$　　→ (ρ : 저항률(고유저항))

여기서, S : 단면적

【정답】③

19. $R_1[\Omega], R_2[\Omega], R_3[\Omega]$의 저항 3개를 직렬 접속했을 때 R_2에 걸리는 전압 [V]은?

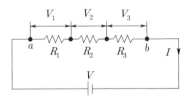

① $\dfrac{R_1 R_2}{R_1 + R_2 + R_3} V$　　　　② $\dfrac{R_2}{R_1 + R_2 + R_3} V$

③ $\dfrac{1}{R_1 + R_2 + R_3} V$　　　　④ $\dfrac{R_3 - R_1}{R_1 + R_2 + R_3} V$

|문|제|풀|이|

[전압] $V = IR[V]$

· 직렬 합성저항 $R_0 = R_1 + R_2 + R_3[\Omega]$

· 전류 $I = \dfrac{V}{R} = \dfrac{V}{R_1 + R_2 + R_3}[A]$

$\therefore R_2$에 걸리는 전압 $V_2 = IR_2 = \dfrac{VR_2}{R_1 + R_2 + R_3}[V]$

※병렬연결 시 합성저항

$R = \dfrac{1}{\dfrac{1}{R_1} + \dfrac{1}{R_2} + \dfrac{1}{R_3} + \cdots\cdots + \dfrac{1}{R_n}}[\Omega]$

【정답】②

---

20. 그림의 회로에서 교류전압 $v(t) = 100\sqrt{2}\,\sin\omega t\,[V]$ 를 인가했을 때 회로에 흐르는 전류는?

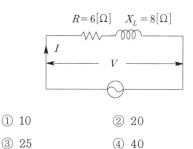

$R = 6[\Omega] \qquad X_L = 8[\Omega]$

① 10
② 20
③ 25
④ 40

|문|제|풀|이|

[R-L직렬회로] 전류 $I = \dfrac{V}{Z}[A]$

1. 임피던스 $Z = R + X_L = 6 + j8$

$\rightarrow Z = \sqrt{R^2 + X_L^2} = \sqrt{36 + 64} = 10$

2. 전류 $I = \dfrac{V}{Z} = \dfrac{100}{10} = 10[A]$

【정답】①

---

21. 권선형 유도전동기에서 토크를 일정하게 한 상태로 회전자 권선에 2차 저항을 2배로 하면 슬립은 몇 배가 되겠는가?

① $\sqrt{2}$ 배
② 2배
③ $\sqrt{3}$ 배
④ 4배

|문|제|풀|이|

[유도전동기] 토크 $T = P_2 = \dfrac{E_2^2 \dfrac{r_2}{s}}{\left(\dfrac{r_2}{s}\right)^2 + x_2^2}[W]$

권선형 유도전동기는 2차저항을 조정함으로써 최대 토크는 변하지 않는 상태에서 슬립으로 속도조절이 가능하며 슬립과 2차저항은 비례관계가 성립하므로 2배가 된다. 【정답】②

---

22. 전기자를 고정시키고 자극 N, S를 회전시키는 동기 발전기는?

① 회전계자법
② 직렬저항법
③ 회전전기자법
④ 회전정류자형

|문|제|풀|이|

[회전계자형] 자극을 발생하는 곳을 계자라 하고 계자가 회전하면 회전계자형이라 한다.

※동기발전기 회전자에 의한 분류

회전계자형	·전기자를 고정자로 하고, 계자극을 회전자로 한 것 ·전기자 권선은 전압이 높고 결선이 복잡 ·계자회로는 직류의 저압회로이며 소요 전력도 적다. ·계자극은 기계적으로 튼튼하게 만들기 쉽다. ·동기발전기에서 사용
회전전기사형	·계자극을 고정자로 하고, 전기자를 회전자로 한 것 ·특수용도 및 극히 저용량에 적용 ·직류발전기에서 사용
유도자형	·계자극과 전기자를 모두 고정자로 하고 권선이 없는 회전자, 즉 유도자를 회전자로 한 것 ·고주파(수백~수만[Hz]) 발전기로 쓰인다.

【정답】①

---

23. 동기발전기의 돌발 단락전류를 주로 제한하는 것은?

① 누설리액턴스
② 동기임피던스
③ 권선저항
④ 동기리액턴스

|문|제|풀|이|

[누설리액턴스] 전기적 반작용에 의한 순간적인 돌발 단락 시 전류를 제한하는 것은 누설리액턴스이다.

※② 동기임피던스 : 영구 단락전류 억제 【정답】①

---

24. 변압기의 권선법 중 형권은 주로 어디에 사용되는가?

① 중형 이상의 대용량 변압기
② 저전압 대용량 변압기
③ 중형 대전압 변압기
④ 소형 변압기

|문|제|풀|이|

[형권 코일)formed coil)] 권선을 일정한 틈에 감아 절연시킨 후 정형화된 틀에 만들어서 조리하는 방법으로, 용량이 작은 가정용 변압기에 사용하는 권선법이다. 【정답】④

25. 3상 동기기에 제동권선을 설치하는 주된 목적은?

① 출력을 증가시키기 위해

② 난조를 방지하기 위해

③ 역률을 개선하기 위해

④ 효율을 증가시키기 위해

|문|제|풀|이|⋯⋯⋯⋯⋯⋯⋯⋯⋯⋯⋯⋯⋯⋯

[제동권선의 역할]

1. 선로가 단락할 경우 이상전압 방지
2. 기동토크 발생
3. <u>난조 방지</u>
4. 불평형 부하시의 전류·전압을 개선 【정답】②

26. 양 방향으로 전류를 흘릴 수 있는 양방향 소자는?

① SCR   ② GTO

③ TRIAC   ④ MOSFET

|문|제|풀|이|⋯⋯⋯⋯⋯⋯⋯⋯⋯⋯⋯⋯⋯⋯

[각종 반도체 소자의 비교]

1. 방향성
   · 양방향성(쌍방향) 소자 : DIAC, <u>TRIAC</u>, SSS
   · 역저지(단방향성) 소자 : SCR, LASCR, GTO, SCS
2. 극(단자)수
   · 2극(단자) 소자 : DIAC, SSS, Diode
   · 3극(단자) 소자 : SCR, LASCR, GTO, TRIAC
   · 4극(단자) 소자 : SCS   【정답】③

27. 100[kVA]의 단상변압기 2대를 사용하여 V-V결선으로 하고 3상 전원을 얻고자 한다. 이때 여기에 접속시킬 수 있는 3상 부하의 용량은 약 몇 [kVA]인가?

① $100\sqrt{3}$ ② 100

③ 200   ④ $200\sqrt{3}$

|문|제|풀|이|⋯⋯⋯⋯⋯⋯⋯⋯⋯⋯⋯⋯⋯⋯

[변압기 V결선]

1. 단상 변압기 3대로 △-△결선 운전 중 1대의 변압기 고장 시 V-V결선으로 운전된다.

2. V결선 시 변압기용량(2대의 경우) $P_v = \sqrt{3}\,P_1$

→ (P_1는 변압기 한 대의 용량)

∴ $P_v = \sqrt{3}\,P_1 = 100\sqrt{3}\,[kVA]$

※ $P_\triangle = 3P_1$ 【정답】①

28. 직류전동기에서 무부하 회전속도가 1,200[rpm]이고 정격 회전속도가 1,150[rpm]인 경우 속도변동률은 몇 [%]인가?

① 4.25   ② 4.35

③ 4.5   ④ 5

|문|제|풀|이|⋯⋯⋯⋯⋯⋯⋯⋯⋯⋯⋯⋯⋯⋯

[속도변동률] $\epsilon = \dfrac{N_0 - N_n}{N_n} \times 100\,[\%]$

(N_0 : 무부하속도, N_n : 정격속도)

∴ $\epsilon = \dfrac{N_0 - N_n}{N_n} \times 100 = \dfrac{1,200 - 1,150}{1,150} \times 100 = 4.35\,[\%]$

【정답】②

29. 측정이나 계산으로 구할 수 없는 손실로 부하전류가 흐를 때 도체 또는 철심 내부에서 생기는 손실을 무엇이라 하는가?

① 표유부하손   ② 히스테리시스손

③ 구리손   ④ 맴돌이 전류손

|문|제|풀|이|⋯⋯⋯⋯⋯⋯⋯⋯⋯⋯⋯⋯⋯⋯

[표유부하손=표류부하손] 누설전류에 의해 발생하는 손실로 측정은 가능하나 계산에 의하여 구할 수 없는 손실

※[손실]

1. 무부하손 (고정손)
   ① 철손 : 동손 히스테리시스손 와류손
   ② 기계손 : 마찰손(브러시 마찰손, 베어링 마찰손), 풍손

2. 부하손 (가변손)
   ① 전기 저항손(동손)   ② 계자 저항손(동손)
   ③ 브러시손
   ④ 표유 부하손(철손, 기계손, 동손 이외의 손실)

【정답】①

30. 변압기를 △−Y 결선(delta−star connection)한 경우에 대한 설명으로 옳지 않은 것은?

① 1차 선간전압 및 2차 선간전압의 위상차는 60도이다.

② 제3고조파에 의한 장해가 적다.

③ 1차 변전소의 승압용으로 사용된다.

④ Y결선의 중성점을 접지할 수 있다.

|문|제|풀|이|

[변압기 △−Y 결선] △−Y 결선에서 1차 선간전압 및 2차 선간전압의 <u>위상차는 30˚</u>이다.　　　　【정답】①

31. 농형유도전동기의 기동법이 아닌 것은?

① Y−△기동법　　② 2차저항기법

③ 기동보상기법　　④ 전전압기동법

|문|제|풀|이|

[유도전동기의 기동법]
1. 권선형유도전동기
  ·<u>2차저항기동법(비례추이 이용)</u>
  ·게르게스법
2. 농형유도전동기
  ·전전압 기동 : 5[kW] 이하 소용량
  ·Y−△ 기동 : 5~15[kw]

　토크 $\frac{1}{3}$ 배 감소, 기동전류 $\frac{1}{3}$ 배 감소

  ·기동보상기법
  ·리액터기동법
  ·콘도르파법　　　　　　　　　【정답】②

32. 급전선의 전압강하를 목적으로 사용되는 발전기는?

① 분권발전기

② 가동 복권발전기

③ 타여자 발전기

④ 차동 복권발전기

|문|제|풀|이|

[과복권 발전기 계자] 급전선의 전압강하 보상용으로 사용

① 분권기 : 전기화학용 전원, 전지의 충전용 동기기의 여자용으로 사용

④ 차동복권기 : 직권계자의 자속과 분권계자의 자속이 서로 상쇄되는 발전기, 용접용 발전기가 이에 속한다.
　　　　　　　　　　　　　　　【정답】②

33. 복권발전기의 병렬운전을 안전하게 하기 위해서 두 발전기의 전기자와 직권 권선의 접촉점에 연결하여야 하는 것은?

① 집전환　　　　② 균압선

③ 안정저항　　　④ 브러시

|문|제|풀|이|

[직류 복권 발전기의 균압선] 균압모선은 <u>직류발전기의 병렬운전을 안정하기 위해서</u> 설치한다. 따라서 복권 발전기는 직권계자권선이 있으므로 균압선 없이는 안정된 병렬 운전을 할 수 없다.　　　　　　　　　　　　【정답】②

34. 단면적 $14.4[\text{cm}^2]$, 폭 $3.2[\text{cm}]$, 1장의 두께가 $0.35[\text{mm}]$인 철심의 점적률이 $90[\%]$가 되기 위한 철심은 몇 장이 필요한가?

① 162　　　　② 143

③ 46　　　　④ 92

|문|제|풀|이|

[점적률] 이용 할 수 있는 공간 중 실제로 쓰이고 있는 부분의 백분율

$\delta = \dfrac{14.4}{3.2 \times 0.35 \times 10^{-1} \times n}$ 　　→ (n : 철심의 장수)

철심이 n장일 경우 철심 단면적 $A = 3.2 \times 0.35 \times 10^{-1} \times n[\text{cm}^2]$

점적률 $\delta = \dfrac{14.4}{3.2 \times 0.35 \times 10^{-1} \times n}$ → $0.9 = \dfrac{14.4}{3.2 \times 0.35 \times 10^{-1} \times n}$

$\therefore n = \dfrac{14.4}{3.2 \times 0.35 \times 10^{-1} \times 0.9} = 142.8$ → 절상하면 143장

　　　　　　　　　　　　　　　【정답】②

35. 유도전동기에서 슬립이 커지면 증가하는 것은?

① 2차출력　　　　② 2차효율

③ 2차주파수　　　④ 회전속도

|문|제|풀|이|

[유도전동기] 슬립 s가 커지면

1. 2차주파수 $f_2 = sf_1[\text{Hz}] \rightarrow$ 증가

2. 2차효율 $\eta_2 = \dfrac{P_0}{P_2} = \dfrac{(1-s)P_2}{P_2} = 1-s = \dfrac{N}{N_s} \rightarrow$ 감소

3. 2차출력 $P_0 = (1-s)P_2[\text{W}] \rightarrow$ 감소

4. 회전속도 $N = (1-s)N_s[\text{rpm}] \rightarrow$ 감소　　【정답】③

36. 동기전동기의 특징으로 틀린 것은?

① 전 부하효율이 양호하다.

② 부하의 역률을 조정할 수가 있다.

③ 공극이 좁으므로 기계적으로 튼튼하다.

④ 부하가 변하여도 같은 속도로 운전할 수 있다.

|문|제|풀|이|

[동기 전동기의 특징]

· 언제나 역률 1로 운전할 수 있다.

· 속도(N_s)가 일정하다.

· 기동토크가 작다.

· 역률을 조정할 수 있다.

· 유도전동기에 비해 효율이 좋다.

· **공극이 크고 기계적으로 튼튼**하다.

· 별도의 기동장치가 필요하기 때문에 가격이 비싸다. (단점)

【정답】③

37. 3상 유도전동기의 원선도를 그리는데 필요하지 않은 것은?

① 무부하시험　　　② 구속시험

③ 2차저항 측정　　④ 회전수 측정

|문|제|풀|이|

[원선도 작성에 필요한 시험]

1. 무부하시험 : 무부하의 크기와 위상각 및 철손

2. 구속시험(단락시험) : 단락전류의 크기와 위상각

3. 저항 측정 시험 : 2차동손　　　　　　　【정답】④

|참|고|

[원선도에서 구할 수 있는 것과 없는 것]

구할 수 있는 것	구할 수 없는 것
· 최대 출력 · 조상설비 용량 · 송수전 효율 · 수전단 역률	· 기계적 출력 · 기계손(풍손+마찰손)

38. 분상기동형 단상 유도전동기의 기동전선은?

① 운전권선보다 굵고 권선이 많다.

② 운전권선보다 가늘고 권선이 많다.

③ 운전권선보다 굵고 권선이 적다.

④ 운전권선보다 가늘고 권선이 적다.

|문|제|풀|이|

[분상기동형 단상 유도전동기의 권선]

1. 운전권선(L만의 회로) : 굵은 권선으로 길게 하여, 권선을 많이 감아서 L성분을 크게 한다.

2. 기동권선(R만의 회로) : 운전권선보다 가늘고, 권선을 적게 하여 저항값을 크게 한다.　　　　【정답】④

39. 전력계통에 접속되어 있는 변압기나 장거리 송전 시 정전용량으로 인한 충전특성 등을 보상하기 위한 기기는?

① 유도전동기　　　② 동기발전기

③ 유도발전기　　　④ 무효 전력 보상 장치

|문|제|풀|이|

[무효 전력 보상 장치(동기 조상기)] 무부하 운전 중인 동기전동기를 과여자 운전 시는 콘덴서로 작용, 부족여자 운전 시는 리액터로 작용하여 무부하의 장거리 송전 선로에 흐르는 충전전류에 의하여 발전기의 자기여자 작용으로 일어나는 단자전압의 이상 상승을 방지한다.　　　　　　　　　　　　　　　　　　　【정답】④

40. 유도발전기의 장점이 아닌 것은?

① 동기발전기에 비해 가격이 저렴하다.
② 조작이 쉽다.
③ 동기발전기처럼 동기화할 필요가 없다.
④ 효율과 역률이 높다.

|문|제|풀|이|

[유도발전기] 유도전동기를 전원에 접속한 후 전동기로서의 회전 방향과 같은 방향으로 동기속도 이상의 속도로 회전시키면 유도전동기는 발전기가 되며 이것을 유도발전기 또는 비동기발전기라고 한다. 따라서 유도발전기는 여자기로서 단독으로 발전할 수 없으므로 반드시 동기발전기가 필요하며 유도발전기의 주파수는 전원의 주파수를 정하여지고 회전속도에는 관계가 없다.

[장점]
· 동기 발전기에 비해 가격이 싸다.
· 기동과 취급이 간단하며 고장이 적다.
· 동기발전기와 같이 동기화 할 필요가 없으며 난조 등의 이상 현상도 생기지 않는다.
· 선로에 단락이 생긴 경우에는 여자가 상실되므로 단락전류는 동기기에 비해 적으며 지속 시간도 짧다.

[단점]
· 병렬로 운전되는 동기기에서 여자전류를 취해야 한다.
· 공극의 치수가 작기 때문에 운전 시 주의해야 한다.
· <u>효율과 역률이 낮다.</u>   【정답】④

41. 전동기의 과전류, 결상 보호 등에 사용되며 단락 시간과 기동 시간을 정확히 구분하는 계전기는?

① 임피던스계전기
② 전자식과전류 계전기
③ 방향단락계전기
④ 부족전압계전기

|문|제|풀|이|

[전자식 과전류계전기(EOCR)] 설정된 전류값 이상의 전류가 흘렀을 때 EOCR 접점이 동작하여 회로를 차단시켜 보호하는 계전기로서 전동기의 과전류나 결상을 보호하는 계전기이다.

※① 임피던스 계전기 : 일종의 거리 계전기로 고장점까지의 회로의 임피던스에 따라 동작한다.
③ 방향단락계전기 : 환상선로의 단락사고 보호에 사용
④ 부족전압 계전기(UVR : undervoltage Relay)] 전압이 정정치 이하로 동작하는 계전기로 단락고장 검출 등에 사용된다.
                【정답】②

42. 한국전기설비규정에 의하면 정격전류가 30[A]인 저압 전로의 과전류차단기를 산업용 배선용 차단기로 사용하는 경우 39[A]의 전류가 통과하였을 때 몇 분 이내에 자동적으로 동작하여야 하는가?

① 60   ② 120   ③ 2   ④ 4

|문|제|풀|이|

[저압전로 중의 과전류차단기의 시설]
과전류차단기로 저압전로에 사용하는 퓨즈

정격전류의 구분	시간 [분]	정격전류의 배수	
		불용단 전류	용단 전류
4[A] 이하	60분	1.5배	2.1배
4[A] 초과 16[A] 미만	60분	1.5배	1.9배
16[A] 이상 63[A] 이하	60분	1.25배	1.6배
63[A] 초과 160[A] 이하	120분	1.25배	1.6배
160[A] 초과 400[A] 이하	180분	1.25배	1.6배
400[A] 초과	240분	1.25배	1.6배

                【정답】①

43. 수전 방식 중 3상 4선식은 부득이 한 경우 설비 불평형률은 몇 [%] 이내로 유지해야 하는가?

① 10   ② 20
③ 30   ④ 40

|문|제|풀|이|

[설비불평형률]
1. 제한하는 경우
· 저압 수전의 단상3선식으로 부득이한 경우 : 40[%] 이하
· 저압·고압·특별고압 수전의 3상3선식 또는 <u>3상4선식 : 30[%] 이하</u>
2. 제한하지 않는 경우
· 저압수전에서 전용변압기 등으로 수전하는 경우
· 고압 및 특별고압 수전에서는 100[kVA(kW)] 이하의 단상부하인 경우
· 특별고압 수전에서는 100[kVA(kW)] 이하의 단상변압기 2대로 역V결선하는 경우
· 단상부하 1개의 경우 : 300[kV]를 초과하지 아니하는 경우
 - 변압기 2차 역V접속 방법으로 공급
· 단상부하 2개의 경우 : 스코트결선방식 - 용량의 제한이 없다.
                【정답】③

44. 특고압·고압 전기 설비용 접지 도체는 단면적 몇 $[\text{mm}^2]$ 이상의 연동선 또는 동등 이상의 단면적 및 강도를 가져야 하는가?

① 0.75 ② 4
③ 6   ④ 10

|문|제|풀|이|

[접지도체, 보호도체] 특고압·고압 전기설비용 접지도체는 단면적 6[mm^2] 이상의 연동선 또는 동등 이상의 단면적 및 강도를 가져야 한다.   【정답】③

45. 옥내 배선에 시설하는 전등 1개를 3개소에서 점멸하고자 할 때 필요한 3로 스위치와 4로 스위치의 최소 개수는?

① 3로 스위치 2개, 4로 스위치 2개
② 3로 스위치 1개, 4로 스위치 1개
③ 3로 스위치 2개, 4로 스위치 1개
④ 3로 스위치 1개, 4로 스위치 2개

|문|제|풀|이|

[배선도 및 전선 접속도]

1. 1등을 2개소에서 점멸하는 경우

배선도	전선 접속도

2. 1등을 3개소에서 점멸하는 경우

배선도	전선 접속도

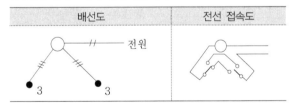

※ ◯ : 전등, ● : 점멸기(첨자가 없는 것은 단극, 2P는 2극, 3은 3로, 4는 4로)   【정답】③

46. 절연저항 측정 시 영향을 주거나 손상을 받을 수 있는 SPD 또는 기타 기기 등은 측정 전에 분리시켜야 하고, 부득이 하게 분리가 어려운 경우에는 시험 전압을 몇 [V] 이하로 낮추어서 측정하여야 하는가?

① 100 ② 200 ③ 250 ④ 300

|문|제|풀|이|

[분전반 SPD 절연저항 측정] 절연 측정 시 영향을 주거나 손상을 받을 수 있는 SPD(서지 보호기) 또는 기타 기기 등은 측정 전에 분리시켜야 하고, 부득이 하게 분리가 어려운 경우에는 시험 전압을 DC 250[V]로 낮추어 측정할 수 있지만, 값은 1[MΩ] 이상이어야 한다.   【정답】③

47. 금속관공사의 장점이라고 볼 수 없는 것은?

① 전선관 접속이나 관과 박스를 접속 시 견고하고 완전하게 접속할 수 있다.
② 전선의 배선 및 배관 변경 시 용이하다.
③ 기계적 강도가 좋다.
④ 합성수지관에 비해 내식성이 좋다.

|문|제|풀|이|

[금속관공사] 금속관은 합성수지관에 비해 부식이 잘 된다. (내식성이 나쁘다.)   【정답】④

48. 전기설비를 보호하는 계전기 중 전류 계전기의 설명으로 틀린 것은?

① 부족전류계전기는 항상 시설하여야 한다.
② 과전류계전기와 부족 전류 계전기가 있다.
③ 과전류계전기는 전류가 일정값 이상이 흐르면 동작한다.
④ 배선 전소 보호, 후비 보호 능력이 있어야 한다.

|문|제|풀|이|

[부족전류계전기(UCR)] 전류가 정해진 값 이하가 되었을 때 동작하는 계전기로서 전동기나 변압기의 여자회로에만 설치하는 계전기로서 항상 시설하는 계전기는 아니다. 보호 목적보다는 주로 제어용으로 사용된다.   【정답】①

49. 전시회나 쇼, 공연장 등의 전기 설비에서 이동 전선으로 사용할 수 있는 케이블은?

① 0.6/1[kV]EP 고무 절연 클로로프렌 캡타이어 케이블

② 0.8/1[kV]EP 고무 절연 클로로프렌 캡타이어 케이블

③ 0.6/1.5[kV]EP 고무 절연 클로로프렌 캡타이어 케이블

④ 0.8/1[kV] 비닐 절연 클로로프렌 캡타이어 케이블

|문|제|풀|이|

[전시회 쇼 및 공연장에 가능한 이동전선]

1. 0.6/1[kV] EP 고무 절연 클로로프렌 캡타이어 케이블 또는 0.6/1[kV] 비닐 절연 비닐캡타이어 케이블이어야 한다.

2. 보더라이트에 부속된 이동 전선은 0.6/1[kV] EP 고무 절연 클로로프렌 캡타이어 케이블이어야 한다. 【정답】①

50. 한국전기설비규정에 의하면 옥외 백열전등의 인하선으로서 지표상의 높이 2.5[m] 미만의 부분은 전선에 공칭단면적 몇 $[\text{mm}^2]$ 이상의 연동선과 동등 이상의 세기 및 굵기의 절연전선(옥외용 비닐 절연전선을 제외)을 사용하는가?

① 0.75 ② 2.0
③ 2.5 ④ 1.5

|문|제|풀|이|

[옥외 백열전등 인하선의 시설] 옥외 백열전등의 인하선으로서 지표상의 높이 2.5[m] 미만의 부분은 전선에 공칭단면적 2.5[mm²] 이상의 연동선과 동등 이상의 세기 및 굵기의 옥외용 비닐 절연 전선을 제외한 절연 전선을 사용한다. 【정답】③

51. 정격전류가 60[A]인 주택의 전로에 정격 전류의 1.45배의 전류가 흐를 때 주택에 사용하는 배선용 차단기는 몇 분 내에 자동적으로 동작하여야 하는가?

① 10분 이내 ② 30분 이내
③ 60분 이내 ④ 120분 이내

|문|제|풀|이|

[과전류트립 동작시간 및 특성(주택용 배선차단기)]

정격전류의 구분	시간	정격전류의 배수 (모든 극에 통전)	
		부동작 전류	동작 전류
63[A] 이하	60분	1.13배	1.45배
63[A] 초과	120분	1.13배	1.45배

【정답】③

52. 케이블덕트시스템에 시설하는 배선 방법이 아닌 것은?

① 플로어덕트배선 ② 셀룰러덕트배선
③ 버스덕트배선 ④ 금속덕트배선

|문|제|풀|이|

[설치방법에 해당하는 배선방법의 종류]

설치방법	배선방법
전선관시스템	합성수지관배선 금속관배선 가요전선관배선
케이블트렁킹시스템	합성수지몰드배선 금속몰드배선 금속덕트배선
케이블덕트시스템	플로어덕트배선 셀룰러덕트배선 금속덕트배선
애자사용방법	애자사용배선
케이블트레이시스템 (래더, 브래킷 포함)	케이블트레이배선
고정하지 않는 방법 직접 고정하는 방법 지지선 방법	케이블배선

【정답】③

53. 저압전로의 전선 상호 간 및 전로와 대지 사이의 절연저항의 값에 대한 설명으로 틀린 것은?

① 측정 시 SPD 또는 기타 기기 등은 측정 전 위험 사항이 아니므로 분리시키지 않아도 된다.

② 사용전압이 SELV 및 PELV는 DC 250[V] 시험 전압으로 0.5[MΩ] 이상이어야 한다.

③ 사용전압이 FELV 및 500[V] 이하는 DC 500[V] 시험 전압으로 1[MΩ] 이상이어야 한다.

④ 사용전압이 500[V] 초과하는 경우 DC 1,000[V] 시험 전압으로 1[MΩ] 이상이어야 한다.

|문|제|풀|이|.........

[전로의 사용전압에 따른 절연저항값 (기술기준 제52조)] 절연저항 측정 시 영향을 주거나 손상을 받을 수 있는 <u>SPD 또는 기타 기기 등은 측정 전에 분리시켜야</u> 하고, 부득이하게 분리가 어려운 경우에는 시험전압을 DC 250[V]로 낮추어 측정할 수 있지만, 절연저항 값은 1[MΩ] 이상이어야 한다.

전로의 사용전압의 구분	DC 시험전압	절연저항값
SELV 및 PELV	250	0.5[MΩ]
FELV, 500[V] 이하	500	1[MΩ]
500[V] 초과	1000	1[MΩ]

※특별저압(2차 전압이 AC 50[V], DC 120[V] 이하)으로 SELV(비접지 회로 구성) 및 PELV(접지회로 구성)은 1차와 2차가 전기적으로 절연 되지 않은 회로

【정답】①

---

54. 폭연성 먼지가 존재하는 곳의 금속관공사 시 전동기에 접속하는 부분에서 가요성을 필요로 하는 부분의 배선에 방폭형의 부속품 중 어떤 것을 사용하여야 하는가?

① 유연성 구조

② 먼지 방폭형 유연성 구조

③ 안정 증가형 유연성 구조

④ 안전 증가형 구조

|문|제|풀|이|.........

[폭연성 먼지 위험장소] 전동기에 접속하는 부분에서 가요성을 필요로 하는 부분의 배선에는 <u>방폭형의 부속품 중 먼지 방폭형 유연성 부속을 사용할 것.</u>

【정답】②

---

55. 송전 방식에서 선간전압, 선로전류, 역률이 일정할 때 단상 3선식/단상 2선식의 전선 1선 당의 전력비는 약 몇 [%]인가?

① 87.5 　　　② 115

③ 133 　　　④ 141.4

|문|제|풀|이|.........

[전력비] 1선당 전력비 $= \dfrac{단상3선식}{단상2선식} \times 100[\%]$

1. 단상2선식 1선당 전력 $P_2 = \dfrac{1}{2}VI\cos\theta$

2. 단상3선식 1선당 전력 $P_3 = \dfrac{2}{3}VI\cos\theta$

∴ 전력비 $= \dfrac{\dfrac{2VI\cos\theta}{3}}{\dfrac{VI\cos\theta}{2}} \times 100 = \dfrac{4}{3} \times 100 = 133$ 　　【정답】③

※배전방식의 전기적 특성(단상2선식 기준)

	단상 2선식	단상 3선식	3상 3선식	3상 4선식
공급전력 (P)	EI_1 100[%]	$2EI_2$ 133[%]	$\sqrt{3}EI_3$ 115[%]	$3EI_4$
1선당전력 (P_1)	$\dfrac{1}{2}EI_1$	$\dfrac{2}{3}EI_2$	$\dfrac{1}{\sqrt{3}}EI_3$	$\dfrac{3}{4}EI_4$
선전류	I_1 100[%]	$I_2 = \dfrac{1}{2}I_1$ 50[%]	$I_3 = \dfrac{1}{\sqrt{3}}I_1$ 57.7[%]	$I_4 = \dfrac{1}{3}I_1$ 33.3[%]
소요 전선비	W_1 100[%]	$\dfrac{W_2}{W_1} = \dfrac{3}{8}$ 37.5[%] (62.5[%] 절약)	$\dfrac{W_3}{W_1} = \dfrac{3}{4}$ 75[%] (25[%] 절약)	$\dfrac{W_4}{W_1} = \dfrac{1}{3}$ 33.3[%] (66[%] 절약)

【정답】③

56. 분기회로(S_2)의 보호장치(P_2)는 P_2의 전원 측에서 분기점(O) 사이에 다른 분기회로 또는 콘센트의 접속이 없고, 단락의 위험과 화재 및 인체에 대한 위험성이 최소화되도록 시설된 경우, 분기회로의 보호 장치(P_2)는 분기회로의 분기점(O)으로부터 몇 [m]까지 이동하여 설치할 수 있는가?

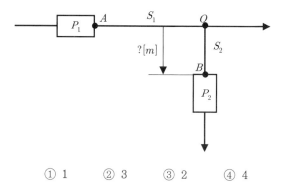

① 1 　　② 3 　　③ 2 　　④ 4

|문|제|풀|이|
[과부하 보호장치의 설치 위치] 그림과 같이 분기회로(S_2)의 과부하장치(P_2)는 (P_2)의 전원측에서 분기점(O) 사이에 다른 분기회로 또는 콘센트의 접속이 없고, 단락의 위험과 화재 및 인체에 대한 위험성이 최소화 되도록 시설된 경우, 분기회로의 보호장치(P_2)는 분기회로의 분기점(O)으로부터 <u>3[m] 까지</u> 이동하여 설치할 수 있다.
【정답】②

57. 한국전기설비규정에 의한 중성점 접지용 접지도체는 공칭단면적 몇 $[mm^2]$ 이상의 연동선을 사용하여야 하는가? (단, 25[kV] 이하인 중성선 다중접지식으로서 전로에 지락 발생 시 2초 이내에 자동적으로 이를 전로로부터 차단하는 장치가 되어 있는 경우이다.)

① 16 　　　　　② 6
③ 2.5 　　　　 ④ 10

|문|제|풀|이|
[접지도체, 보호도체] 중성점 접지용 접지도체는 공칭단면적 16 $[mm^2]$ 이상의 연동선 또는 동등 이상의 단면적 및 세기를 가져야 한다. 다만, 다음의 경우에는 <u>공칭단면적 6[mm^2] 이상</u>의 연동선 또는 동등 이상의 단면적 및 강도를 가져야 한다.

1. 7[kV] 이하의 전로
2. 사용전압이 <u>25[kV] 이하</u>인 특고압 가공전선로. 다만, 중성선 다중접지식의 것으로서 전로에 지락이 생겼을 때 2초 이내에 자동적으로 이를 전로로부터 차단하는 장치가 되어 있는 것
【정답】②

58. 전로에 시설하는 기계 기구의 철대 및 금속제 외함(외함이 없는 변압기 또는 계기용 변성기는 철심)에는 접지공사를 하여야 한다. 다음 사항 중 접지공사 생략이 불가능한 장소는?

① 전기용품 안전관리법에 의한 2종 절연 기계 기구
② 철대 또는 외함이 주위의 적당한 절연대를 이용하여 시설한 경우
③ 사용전압이 직류 300[V] 이하인 전기 기계 기구를 건조한 장소에 설치한 경우
④ 대지전압 교류 220[V] 이하인 전기 기계 기구를 건조한 장소에 설치한 경우

|문|제|풀|이|
[기계기구의 철대 및 외함의 접지]
1. 전로에 시설하는 기계기구의 철대 및 금속제 외함(외함이 없는 변압기 또는 계기용변성기는 철심)에는 kec140에 의한 접지공사를 하여야 한다.
2. 접지공사의 생략 조건
   ① 사용전압이 직류 300[V] 또는 <u>교류 대지전압 150[V] 이하</u> 기계 기구를 건조 장소 시설
   ② 저압용 기계 기구를 그 전로에 지기 발생 시 자동 차단하는 장치를 시설한 저압 전로에 접속하여 건조한 곳에 시설하는 경우
   ③ 저압용 기계 기구를 건조한 목재의 마루 등 이와 유사한 절연성 물건 위에서 취급 경우
   ④ 철대 또는 외함 주위에 적당한 절연대 설치한 경우
   ⑤ 외함 없는 계기용 변성기가 고무, 합성 수지 기타 절연물로 피복한 경우
   ⑥ 2중 절연되어 있는 구조의 기계 기구
   ⑦ 저압용 기계 기구에 전기 공급하는 전원 측에 절연 변압기(2차 300[V] 이하, 용량 3[kV] 이하를 시설하고 변압기 부하측의 전로를 접지하지 않는 경우)
   ⑧ 인체 감전 보호용 누전차단기(정격 감도전류 30[mA] 이하, 동작 시간 0.03[s] 이하의 전류 동작형)를 개별 기계 기구 또는 개별 전로에 시설한 경우
【정답】④

59. 한국전기설비규정에 의하면 정격전류가 30[A]인 저압전로의 과전류차단기를 산업용 배선용 차단기로 사용하는 경우 39[A]이 전류가 통과하였을 때 몇 분 이내에 자동적으로 동작하여야 하는가?

① 60　　　② 120　　　③ 2　　　④ 4

|문|제|풀|이|......................

[과전류트립 동작시간 및 특성(산업용 배선용 차단기)]

정격전류의 구분	시간	정격전류의 배수 (모든 극에 통전)	
		부동작 전류	동작 전류
63[A] 이하	60분	1.05배	1.3배
63[A] 초과	120분	1.05배	1.3배

【정답】①

60. 사람이 상시 통행하는 터널 내 배선의 사용 전압이 저압일 때 배선 방법으로 틀린 것은?

① 금속관
② 금속몰드
③ 합성수지관(두께 2[mm] 이상)
④ 제2종가요전선관 배선

|문|제|풀|이|......................

[터널 안 전선로의 시설]

전압	전선의 굵기	시공 방법	애자사용 공사 시 높이
고압	4[mm] 이상의 경동선의 절연전선	·케이블공사 ·애자사용공사	노면상, 레일면상 3[m] 이상
저압	인장강도 2.3[kN] 이상의 절연전선 또는 2.6[mm] 이상의 경동선의 절연전선	·합성수지관공사 ·금속관공사 ·가요전선관공사 ·케이블공사 ·애자사용공사	노면상, 레일면상 2.5[m] 이상

【정답】②

01. 그림과 같이 공기 중에 놓인 2×10^{-8}[C]의 전하에서 2[m] 떨어진 점 P와 1[m] 떨어진 점 Q와의 전위차는?

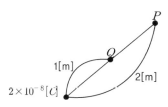

① 80[V] ② 90[V]
③ 100[V] ④ 110[V]

|문|제|풀|이|

[P, Q점의 전위차]

$$V_{PQ} = V_Q - V_P = \frac{Q}{4\pi\epsilon_0}\left(\frac{1}{r_Q} - \frac{1}{r_P}\right)$$
$$= 9 \times 10^9 \times 2 \times 10^{-8} \times \left(\frac{1}{1} - \frac{1}{2}\right) = 90[V]$$

【정답】②

02. 심벌 ⒠Q 는 무엇을 의미하는가

① 지진감지기 ② 전하량기
③ 변압기 ④ 누전경보기

|문|제|풀|이|

[심벌] ⒠Q : 지진 감지기(EarthQuake detector)는 영문 약자를 따서 EQ로 표기한다.
③ ≥≶≶ : 변압기
④ ⊘G : 누전 경보기

【정답】①

03. 똑같은 저항 5개를 가지고 얻을 수 있는 합성저항 최대값은 최소값의 몇 배 인가?

① 5배 ② 10배
③ 20배 ④ 25배

|문|제|풀|이|

[합성저항]

1. 직렬 시 합성저항(최대) : $R_s = R + R + R + R + R = 5R[\Omega]$
2. 병렬 시의 합성저항(최소) :

$$R_p = \frac{1}{\frac{1}{R} + \frac{1}{R} + \frac{1}{R} + \frac{1}{R} + \frac{1}{R}} = \frac{1}{5}R[\Omega]$$

$$\therefore \frac{R_s}{R_p} = \frac{5R}{\frac{1}{5}R} = 25 \text{ 배이다.}$$

【정답】④

04. 저압 옥내 배선에서 합성수지관 공사에 대한 설명 중 옳지 않은 것은?

① 습기가 많은 장소 또는 물기가 있는 장소에 시설하는 경우에는 방습 장치를 한다.
② 관 상호간 및 박스와는 관을 삽입하는 깊이를 관의 바깥지름의 1.2배 이상으로 한다.
③ 관의 지지점 간의 거리는 3[m] 이상으로 한다.
④ 합성수지관 안에는 전선에 접속점이 없도록 한다.

|문|제|풀|이|

[합성수지관 공사

1. 전선은 합성수지관 안에서 접속점이 없도록 할 것
2. 전선은 절연전선(옥외용 비닐 절연전선을 제외한다)일 것
3. 관의 지지점 간의 거리는 1.5[m] 이하로 하고, 또한 그 지지점은 관의 끝·관과 박스의 접속점 및 관 상호 간의 접속점 등에 가까운 곳에 시설할 것
4. 저압 옥내배선 중 각종 관공사의 경우 관에 넣을 수 있는 단선으로서의 최대 굵기는 단면적 10[mm^2](알루미늄선은 16[mm^2])이다.

【정답】③

05. 일반적으로 가공전선로의 지지물에 취급자가 오르고 내리는데 사용하는 발판 볼트 등은 지표상 몇 [m] 미만에 시설하여서는 아니 되는가?

① 0.75 ② 1.2 ③ 1.8 ④ 2.0

|문|제|풀|이|
[가공전선로 지지물의 승탑 및 승주방지]
발판 볼트 등은 1.8[m] 미만에 시설하여서는 안 된다. 다만 다음의 경우에는 그러하지 아니하다.
1. 발판 볼트를 내부에 넣을 수 있는 구조
2. 지지물에 승탑 및 승주 방지 장치를 시설한 경우
3. 취급자 이외의 자가 출입할 수 없도록 울타리 담 등을 시설할 경우
4. 산간 등에 있으며 사람이 쉽게 접근할 우려가 없는 곳

【정답】③

06. 다음 중 망간 건전지의 양극으로 무엇으로 사용하는가?

① 아연판 ② 구리판
③ 탄소막대 ④ 묽은황산

|문|제|풀|이|
[망간 건전지] 망간 전자의 양극으로 탄소막대, 음극으로는 아연판을 사용, 전해질은 염화 암모니아(NH_4Cl) 【정답】③

07. 가공전선로의 지지물에 시설하는 지지선에 연선을 사용할 경우 소선수는 몇 가닥 이상이어야 하는가?

① 3가닥 ② 5가닥
③ 7가닥 ④ 9가닥

|문|제|풀|이|
[지지선의 시설] 지지선 지지물의 강도 보강
1. 안전율 2.5 이상
2. 최저 인장 하중 4.31[kN]
3. 2.6[mm] 이상의 금속선을 3조 이상 꼬아서 사용
4. 지중부분 및 지표상 30[cm]까지의 부분은 아연도금 철봉 등을 사용 【정답】①

08. 도체가 운동하는 경우 유도기전력의 방향을 알고자 할 때 유용한 법칙은?

① 렌쯔의 법칙
② 플레밍의 오른손 법칙
③ 플레밍의 왼손법칙
④ 비오-사바르의 법칙

|문|제|풀|이|
[플레밍의 오른손법칙(발전기 원리)]
자기장 속에서 도선이 움직일 때 자기장의 방향과 도선이 움직이는 방향으로 유도 기전력 또는 유도 전류의 방향을 결정하는 규칙이다.

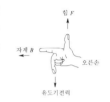

1. 엄지 : 운동의 방향
2. 검지 : 자속의 방향
3. 중지 : 기전력의 방향

※① 렌츠의 법칙 : 전자 유도에 의해 발생하는 기전력은 자속 변화를 방해하는 방향으로 전류가 발생한다.

③ 플레밍의 왼손법칙 : 자계(H)가 놓인 공간에 길이 l[m]인 도체에 전류(I)를 흘려주면 도체에 왼손의 엄지 방향으로 전자력(F)이 발생한다.
·엄지 : 힘의 방향
·인지 : 자계의 방향
·중지 : 전류의 방향

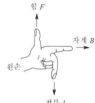

④ 비오-사바르의 법칙비오 : 정상전류가 흐르고 있는 도선 주위의 자기장의 세기를 구하는 법칙. 즉 자계 내 전류 도선이 만드는 자장의 세기 【정답】②

09. 고압 전로에 지락사고가 생겼을 때 지락전류를 검출하는데 사용하는 것은? [14/4 17/4]

① CT ② ZCT
③ MOF ④ PT

|문|제|풀|이|
[ZCT(영상 변류기)] 지락전류(영상전류) 검출하는데 사용된다.
[MOF] 계기용 변압 변류기 【정답】②

10. 접지선의 절연전선 색상은 특별한 경우를 제외하고는 어느 색으로 표시를 하여야 하는가?

① 빨간색　　　　② 노란색

③ 녹색-노란색　　④ 검정색

|문|제|풀|이|

[전선의 식별]

상(문자)	색상
L1	갈색
L2	검정색
L3	회색
N(중성선)	파란색
보호도체(접지선)	녹색-노란색 혼용

【정답】③

11. 다음 중 접지저항을 측정하는 방법은?

① 휘스톤 브리지법

② 캘빈더블 브리지법

③ 콜라우시 브리지법

④ 테스터법

|문|제|풀|이|

[저항 측정 기구]

1. 어스 테스터 : 접지저항을 측정한다.
2. 콜라우시브리지 : 접지저항을 측정한다.
3. 휘트스톤 브리지 : 중저항 측정
4. 켈빈 더블 브리지 : 저저항 측정
5. 메가 : 절연저항을 측정한다.　　　　【정답】③

12. 가요전선관과 금속관의 접속에 이용되는 것은?

① 앵글박스커넥터

② 플렉시블커플링

③ 컴비네이션커플링

④ 스틀렛박스커넥터

|문|제|풀|이|

[가요전선관 공사]

1. 콤비네이션커플링 : 금속관제 <u>가요전선관과 금속전선관의 접속하는 곳에 사용</u>
2. 스플릿커플링 : 가요전선관의 상호 결합하는데 사용

【정답】③

13. 4[Ω]의 저항에 200[V]의 전압을 인가할 때 소비되는 전력은?

① 20[W]　　　　② 400[W]

③ 2.5[kW]　　　④ 10[kW]

|문|제|풀|이|

[소비전력] $P = \dfrac{V^2}{R} = \dfrac{200^2}{4} = 10000\,[W] = 10[kW]$

【정답】④

14. 30[W] 전열기에 220[V], 주파수 60[Hz]인 전압을 인가한 경우 평균전압[V]은?

① 40[V]　　　　② 140[V]

③ 200[V]　　　④ 240[V]

|문|제|풀|이|

[전압의 평균값] $V_{av} = \dfrac{2}{\pi} V_m\,[V]$

최대값 $V_m = 220\sqrt{2}$ 　　→ $(V_m = \sqrt{2}\,V)$

$V_{av} = \dfrac{2}{\pi} V_m = \dfrac{2}{\pi} 220\sqrt{2} = 198 ≒ 200[V]$ 　　【정답】③

15. 전력용 변압기의 내부 고장 보호용 계전 방식은?

① 역상계전기　　　② 차동계전기

③ 접지계전기　　　④ 과전류계전기

|문|제|풀|이|

[변압기 내부 고장 보호용 계전기] 차동계전기, 비율차동계전기, 부흐홀츠계전기 등이다.　　　【정답】②

16. 변압기의 자속에 관한 설명으로 옳은 것은?

① 전압과 주파수에 반비례한다.

② 전압과 주파수에 비례한다.

③ 전압에 반비례하고 주파수에 비례한다.

④ 전압에 비례하고 주파수에 반비례한다.

|문|제|풀|이|

[변압기의 자속] 자속 $\varnothing = \dfrac{E}{4.44fnK_w}[wb]$

$\qquad\qquad\qquad$ → (유도기전력 $E = 4.44fn\varnothing K_w[V]$)

여기서, n : 한 상당 직렬권수, $\varnothing$: 자속, K_w : 권선 계수

자속 $\varnothing = \dfrac{E}{4.44fnK_w}[wb]$

즉, 자속은 전압에 비례하고 주파수에 반비례한다.

【정답】④

17. 유전율의 단위는?

① F/m $\qquad\qquad$ ② V/m

③ C/m^2 $\qquad\qquad$ ④ H/m

|문|제|풀|이|

[유전율] $\epsilon = \epsilon_0\epsilon_s[F/m]$

※② 전계(E[v/m]), ③ 전하밀도($D[c/m^2]$), ④ 투자율(μ[H/m])

【정답】①

18. 측정이나 계산으로 구할 수 없는 손실로 부하 전류가 흐를 때 도체 또는 철심내부에서 생기는 손실을 무엇이라 하는가?

① 구리손 $\qquad\qquad$ ② 히스테리시스손

③ 맴돌이 전류손 $\qquad$ ④ 표유부하손

|문|제|풀|이|

[표유 부하손(부하손)] 누설전류에 의해 발생하는 손실로 측정은 가능하나 계산에 의하여 구할 수 없는 손실

【정답】④

19. Y-Y 결선 회로에서 선간전압이 380[V]일 때 상전압은 약 몇[V]인가?

① 190[V] $\qquad\qquad$ ② 219[V]

③ 269[V] $\qquad\qquad$ ④ 380[V]

|문|제|풀|이|

[Y-Y 결선 회로의 선간전압(V_l), 상전압(V_p)]

$V_l = \sqrt{3}\,V_P[V], \qquad V_p = \dfrac{V_l}{\sqrt{3}}[V]$

[대칭 3상 교류의 전압과 전류의 관계]

항목	Y결선	△결선
전압	$V_l = \sqrt{3}\,V_P\angle 30$	$V_l = V_p$
전류	$I_l = I_p$	$I_l = \sqrt{3}\,I_P\angle -30$

여기서, V_l : 선간전압, V_p : 상전압, I_l : 선전류, I_p : 상전류

선간전압(V_l) : 380[V]

$V_p = \dfrac{V_l}{\sqrt{3}} = \dfrac{380}{\sqrt{3}} ≒ 219[V]$

【정답】②

20. 전기기기의 효율 중 발전기의 규약효율 η_G는 몇 [%]인가? (단, 입력 P, 출력 Q, 손실 L로 표현한다.)

① $\eta_G = \dfrac{P-L}{P}\times 100[\%]$

② $\eta_G = \dfrac{P-L}{P+L}\times 100[\%]$

③ $\eta_G = \dfrac{PQ}{P}\times 100[\%]$

④ $\eta_G = \dfrac{Q}{Q+L}\times 100[\%]$

|문|제|풀|이|

[규약효율]

1. 전동기는 입력위주로 규약효율 $\eta_M = \dfrac{P-L}{P}\times 100[\%]$

$\qquad\qquad\qquad$ → (전동기: 전기 입력이므로 입력 2번)

2. **발전기, 변압기**는 출력위주로 규약효율 $\eta_G = \dfrac{Q}{Q+L}\times 100[\%]$

$\qquad\qquad\qquad$ → (발전기: 전기 출력이므로 출력 2번)

【정답】④

21. 가공전선로의 지지물에 지지선을 사용해서는 안 되는 곳은?

① 목주   ② A종 철근콘크리트주

③ A종 철주   ④ 철탑

|문|제|풀|이|

[가공 전선로의 지지물] 가공전선로의 지지물로 사용하는 <u>철탑</u> <u>은 지지선을 사용하여 강도를 분담시켜서는 아니 된다.</u>

【정답】④

22. 200[V], 50[W] 전등 10개를 10시간 사용하였다면 사용 전력량은 몇 [kWh]인가?

① 5   ② 6   ③ 7   ④ 10

|문|제|풀|이|

[전력량] $W = Pt[Wh]$

$W = 50 \times 10 \times 10 = 5000[Wh] = 5[kWh]$

【정답】①

23. 대칭3상교류에서 기전력 및 주파수가 같을 경우 각 상 간의 위상차는 얼마인가?

① π ② $\frac{\pi}{2}$ ③ $\frac{2\pi}{3}$ ④ 2π

|문|제|풀|이|

[대칭 3상 교류 조건]

· 주파수가 같다.   · 기전력의 크기가 같다.

· 파형이 같다.   · 위상차가 120도$\left(\frac{2}{3}\pi[rad]\right)$이다.

【정답】③

24. 콘덴서 중 극성을 가지고 있는 콘덴서로서 교류 회로에 사용할 수 없는 것은?

① 마일러콘덴서   ② 마이카콘덴서

③ 세라믹콘덴서   ④ 전해콘덴서

|문|제|풀|이|

[전해 콘덴서] 전해 콘덴서는 극성이 있으므로 직류에만 사용한다.

※① 마일러 콘덴서 : 얇은 폴리에스테르 필름의 양면에 금박을 대고 원통형으로 감은 것으로 극성이 없다는 것이 특징이다. 가격은 저렴하나 정밀하지 못하다는 단점이 있다.

② 마이카 콘덴서 : 운모콘덴서라고도 한다. 알루미늄박 또는 주석박을 25~50m의 운모판과 교대로 포개서 죄어 수지로 굳힌 것과, 은을 운모판에 구어 붙여 직접 전극으로 하고 수지로 굳힌 것이 있는데, 특히 후자를 은도금 마이카콘덴서라고 한다.

③ 세라믹콘덴서 : 비유전율이 큰 산화티탄 등을 유전체로 사용한 것으로 극성이 없으며 가격에 비해 성능이 우수하여 널리 사용되고 있는 콘덴서

【정답】④

25. 동기 발전기의 병렬 운전에 필요한 조건이 아닌 것은?

① 기전력의 주파수가 같을 것

② 기전력의 크기가 같을 것

③ 기전력의 용량이 같을 것

④ 기전력의 위상이 같을 것

|문|제|풀|이|

[동기 발전기 병렬 운전 조건 및 조건이 다른 경우]

병렬 운전 조건	조건이 맞지 않는 경우
·기전력의 크기가 같을 것	·무효순환전류(무효횡류)
·기전력의 위상이 같을 것	·동기화전류(유효횡류)
·기전력의 주파수가 같을 것	·동기화전류
·기전력의 파형이 같을 것	·고주파 무효순환전류

【정답】③

26. 다음 중 배전반 및 분전반의 설치 장소로 적합하지 않은 곳은?

① 전기회로를 쉽게 조작할 수 있는 장소

② 개폐기를 쉽게 개폐할 수 있는 장소

③ 노출된 장소

④ 사람이 쉽게 조작할 수 없는 장소

|문|제|풀|이|

[배전반 및 분전반의 설치 장소] 배전반 및 분전반의 설치장소는 습기가 없고 <u>조작 및 유지보수가 용이한 노출된 장소</u>가 적당하다.

【정답】④

27. 전기설비기술규정에 의한 고압 가공전선로 철탑의 지지물 간 거리는 몇 [m] 이하로 제한하고 있는가?

① 150　　　　　② 250

③ 500　　　　　④ 600

|문|제|풀|이|
[고압 가공전선로 지지물 간 거리의 제한]

지지물의 종류	지지물 간 거리
목주, A종 철주 또는 A종 철근 콘크리트주	150[m]
B종 철주 또는 B종 철근 콘크리트주	250[m]
철탑	600[m]

【정답】④

28. 100[KVA] 단상변압기 2대를 V결선하여 3상전력을 공급할 때의 출력은?

① 17.3[KVA]　　　② 86.6[KVA]

③ 173.2[KVA]　　　④ 346.8[KVA]

|문|제|풀|이|
[변압기 V결선]
1. 단상 변압기 3대로 △-△결선 운전 중 1대의 변압기 고장 시 V-V결선으로 운전된다.
2. V결선 시 변압기용량(2대의 경우) $P_v = \sqrt{3}\,P_1$

→ (P_1는 변압기 한 대의 용량)

$\therefore P_v = \sqrt{3}\,P_1 = 100\sqrt{3} = 173.2[kVA]$

※ $P_\triangle = 3P_1$　　　　　　　　　【정답】③

29. 변압기 V결선의 특징으로 틀린 것은?

① 고장시 응급처치 방법으로 쓰인다.

② 단상변압기 2대로 3상전력을 공급한다.

③ 부하 증가 시 예상되는 지역에 시설한다.

④ V결선 시 출력은 △결선 시 출력과 그 크기가 같다.

|문|제|풀|이|
[변압기 V결선의 특징] 전압(기전력)] V결선은 △결선에 비해 출력이 57.74[%]로 저하된다.　　　　　　【정답】④

※V결선 : △결선된 3상 전원 중 1상을 제거한 상태, 즉 2개상의 전원만을 이용하여 3상 부하에 전력을 공급하여 운전하는 결선법으로 △결선에 비해 출력이 57.74[%]로 저하된다.

30. 보호계전기 시험을 하기 위한 유의 사항이 아닌 것은?

① 시험회로 결선 시 교류와 직류 확인

② 영점의 정확성 확인

③ 계전기 시험 장비의 오차 확인

④ 시험 회로 결선시 교류의 극성 확인

|문|제|풀|이|
[보호 계전기 시험시 유의 사항]
· 보호 계전기의 배치된 상태를 확인
· 임피던스 계전기는 미리 예열이 필요한지 확인
· 시험 회로 결선 시에 교류와 직류를 확인해야 하며 직류인 경우 극성을 확인
· 시험용 전원의 용량 계전기가 요구하는 정격 전압이 유지될 수 있도록 확인
· 계전기 시험 장비의 지시 범위의 적합성, 오차, 영점의 정확성 확인　　　　　　　　　　　【정답】④

31. 다음 중 유도전동기에서 비례추이를 할 수 있는 것은?

① 출력　　　　　② 2차 동손

③ 효율　　　　　④ 역률

|문|제|풀|이|
[비례추이의 특징]
· 최대토크는 불변
· 슬립이 증가하면 : 기동전류는 감소, 기동토크는 증가

$$\frac{r_2}{s_m} = \frac{r_2 + R}{s_t}$$

1. 비례추이 할 수 없는 것 : 출력, 2차동손, 효율
2. 비례추이 할 수 있는 것 : 1차 입력, 1차 전류, 2차 전류, 역률, 동기와트, 토크　　　　　　　　　　　【정답】④

32. 설계 하중 6.8[kN] 이하인 철근 콘크리트 전주의 길이가 7[m]인 지지물을 건주하는 경우 땅에 묻히는 깊이로 가장 옳은 것은?

① 1.2[m]   ② 1.0[m]

③ 0.8[m]   ④ 0.6[m]

|문|제|풀|이|⋯⋯⋯⋯⋯⋯⋯⋯⋯⋯⋯⋯⋯⋯⋯⋯

[건주 시 땅에 묻히는 깊이]

설계하중 전장	6.8[kN] 이하	6.8[kN] 초과 ~9.8[kN] 이하	9.8[kN] 초과 ~14.72[kN] 이하
15[m] 이하	전장 × 1/6[m] 이상	전장 × 1/6+0.3[m] 이상	–
15[m] 초과	2.5[m] 이상	2.8[m] 이상	–
16[m] 초과 20[m] 이하	2.8[m] 이상	–	–
15[m] 초과 18[m] 이하	–	–	3[m] 이상
18[m] 초과	–	–	3.2[m] 이상

[전체 길이 15[m] 이하인 경우] 전체 길이$\times\frac{1}{6}$ 이상 매설

$\therefore 7\text{m}\times\frac{1}{6}=1.17 = 1.2[\text{m}]$ 【정답】①

33. 자속밀도 1[Wb/m^2]은 몇 [gauss]인가?

① $4\pi\times10^{-7}$ ② 10^{-6}

③ 10^4 ④ $\dfrac{4\pi}{10}$

|문|제|풀|이|⋯⋯⋯⋯⋯⋯⋯⋯⋯⋯⋯⋯⋯⋯⋯⋯

[자속밀도] $1[\text{Wb}/m^2]=\dfrac{10^8[\text{max}]}{10^4[\text{cm}^2]}=10^4[\text{max/cm}^2=\text{gauss}]$

【정답】③

34. 자체인덕턴스가 40[mH]인 코일에 10[A]의 전류가 흐를 때 저장되는 에너지는 몇 [J]인가?

① 2   ② 3   ③ 4   ④ 8

|문|제|풀|이|⋯⋯⋯⋯⋯⋯⋯⋯⋯⋯⋯⋯⋯⋯⋯⋯

[코일에 축적되는 에너지(전자 에너지)] $W=\dfrac{1}{2}LI^2[\text{J}]$

여기서, W : 전자 에너지, L : 자체인덕턴스

I : 코일에 흐르는 전류

자체인덕턴스(L) : 40[mH], 코일에 흐르는 전류(A) : 10[A]

$W=\dfrac{1}{2}LI^2=\dfrac{1}{2}\times40\times10^{-3}\times10^2=2[J]$

$\rightarrow$ (단위가 [J]이므로 인덕턴스 단위도 [mH] $=10^{-3}$[H]로 고친다.)

【정답】①

35. 금속전선관의 종류에서 후강전선관 규격[mm]이 아닌 것은?

① 16   ② 19   ③ 28   ④ 36

|문|제|풀|이|⋯⋯⋯⋯⋯⋯⋯⋯⋯⋯⋯⋯⋯⋯⋯⋯

[금속 전선관의 종류]

1. 후강 전선관
   - 안지름의 크기에 가까운 <u>짝수</u>
   - 두께 2[mm] 이상
   - 길이 3.6[m]
   - 16, 22, 28. 36, 42, 54, 72, 80, 92, 104[mm]
2. 박강 전선관
   - 바깥지름의 크기에 가까운 <u>홀수</u>
   - 두께 1.2[mm] 이상
   - 길이 3.6[m]
   - 15, 19, 25, 31, 39, 51, 63, 75[mm]   【정답】②

36. 슬립이 0일 때 유도전동기의 속도는?

① 동기속도로 회전한다.

② 정지 상태가 된다.

③ 변화가 없다.

④ 동기 속도보다 빠르게 회전한다.

|문|제|풀|이|⋯⋯⋯⋯⋯⋯⋯⋯⋯⋯⋯⋯⋯⋯⋯⋯

[슬립] 슬립 s=0이면 회전속도 $N=(1-s)N_s=N_s[rpm]$이므로 동기속도로 회전한다.   【정답】①

37. 용량을 변화시킬 수 있는 콘덴서는?

① 바리콘   ② 마일러 콘덴서

③ 전해 콘덴서   ④ 세라믹 콘덴서

|문|제|풀|이|

[콘덴서의 종류]

① 바리콘
- 라디오의 방송을 선택하는 곳에 사용
- 주파수에 따라 용량 가변 가능

② 마일러 콘덴서 : 얇은 폴리에스테르 필름의 양면에 금박을 대고 원통형으로 감은 것으로 극성이 없다는 것이 특징이다.

③ 전해 콘덴서 : 전기 분해를 응용하여 양극 금속의 표면에 산화 피막을 만들고, 그것을 감싸듯이 음극을 붙인 것으로, 페이스트 모양의 전해액에 의한 습식과 증착반도체에 의한 건식이 있다.

④ 세라믹 콘덴서 : 유전율이 높은 산화타이타늄이나 타이타늄산바륨 등의 자기(세라믹스)를 유전체로 하는 콘덴서

※가변콘덴서에는 바리콘, 트리머 등이 있다.   【정답】①

38. 3상 유도전동기의 원선도를 그리는데 필요하지 않은 것은?

① 저항 측정   ② 무부하 시험

③ 구속 시험   ④ 슬립 측정

|문|제|풀|이|

[원선도 작성에 필요한 시험]

1. 무부 시험 : 무부하의 크기와 위상각 및 철손
2. 구속 시험(단락 시험) : 단락전류의 크기와 위상각
3. 저항 측정 시험 : 2차동손

|참|고|

[원선도에서 구할 수 있는 것과 없는 것]

구할 수 있는 것	구할 수 없는 것
・최대 출력	・기계적 출력
・조상설비 용량	・기계손(풍손+마찰손))
・송수전 효율	
・수전단 역율	

【정답】④

39. 동기발전기에서 단락비가 크면 다음 중 작아지는 것은?

① 동기임피던스와 전압변동률

② 단락전류

③ 공극

④ 기계의 크기

|문|제|풀|이|

[단락비(K_s)] 단락비는 무부하 포화시험과 3상 단락시험으로부터 구할 수 있다.

단락비 $K_s = \dfrac{I_{f1}}{I_{f2}} = \dfrac{I_s}{I_n} = \dfrac{100}{\%Z_s}$

여기서, I_{f1} : 정격전압을 유지하는데 필요한 계자전류

      I_{f2} : 단락전류를 흐르는데 필요한 계자전류

      I_s : 3상단락전류[A], I_n : 정격전류[A]

      $\%Z_s$: 퍼센트동기임피던스

[단락비가 큰 기계(철기계)의 장·단]

장점	단점
・**동기임피던스가 작다.**	・철손이 크다.
・**전압변동률이 작다.**	・효율이 나쁘다.
・공극이 크다.	・설비비가 고가이다.
・**전기자반작용이 작다.**	・단락전류가 커진다.
・계자의 기자력이 크다.	
・**전기자기자력은 작다.**	
・출력이 향상	
・안정도가 높다.	
・자기여자 방지	

※단락비가 크다는 것은 전기적으로 좋다는 의미
#97~98페이지 [10 단락비와 동기임피던스] 참조

【정답】①

40. 다음 ( ) 안의 말을 찾으시오.

> 두 자극 사이에 작용하는 자력의 크기는 양 자극의 세기의 곱에 (㉠)하며, 자극 간의 거리의 제곱에 (㉡)한다.

① ㉠ 반비례, ㉡ 비례

② ㉠ 비례, ㉡ 반비례

③ ㉠ 반비례, ㉡ 반비례

④ ㉠ 비례, ㉡ 비례

|문|제|풀|이|

[쿨롱의 법칙] 두 자극 사이에 작용하는 자력의 크기는 양 자극의 세기의 곱에 비례하며, 자극 간의 거리의 제곱에 반비례한다.

$F = \dfrac{Q_1 Q_2}{4\pi\varepsilon_0 r^2}[N]$ 【정답】②

41. 동기전동기의 자기기동에서 계자권선을 단락하는 이유는?

① 기동이 쉽다.

② 기동 권선으로 이용한다.

③ 고전압이 유도된다.

④ 전기자반작용을 방지한다.

|문|제|풀|이|

[동기전동기의 자기기동법] 기동시의 고전압을 방지하기 위해서 저항을 접속하고 단락 상태로 기동한다. 계자 권선을 단락하지 않으면 고전압이 유도된다. 【정답】③

42. 환상솔레노이드에 감겨진 코일에 권회수를 3배로 늘리면 자체인덕턴스는 몇 배로 되는가?

① 3 ② 9 ③ 1/3 ④ 1/9

|문|제|풀|이|

[환상솔레노이드 자체인덕턴스] $L = \dfrac{\mu S N^2}{l} [H]$

여기서, S : 단면적, l : 도체의 길이, N : 권수

$\mu(= \mu_0 \mu_s)$: 투자율(진공 시 $\mu_0 = 4\pi \times 10^{-7}$, $\mu_s = 1$)

권수 N을 3배로 늘리면 자체인덕턴스 L은 9배(N^2)가 된다. 【정답】②

43. 용량이 작은 변압기의 단락 보호용으로 주 보호 방식으로 사용되는 계전기는?

① 차동전류계전 방식

② 과전류계전 방식

③ 비율차동계전 방식

④ 기계적계전 방식

|문|제|풀|이|

[과전류 계전기] 용량이 작은 변압기의 단락 보호용으로 주 보호 방식으로 사용되는 계전기는 과전류계전 방식이다. 【정답】②

44. SCR에서 gate 단자의 반도체는 일반적으로 어떤 형을 사용하는가?

① N형 ② P형

③ NP형 ④ PN형

|문|제|풀|이|

[SCR(Silicon Controlled Rectifier)] SCR은 일반적으로 타입이 P-Gate 사이리스터이며 제어 전극인 게이트(G)가 캐소드(K)에 가까운 쪽의 P형 반도체 층에 부착되어 있는 3단자 단일 방향성 소자이다. 【정답】②

45. 긴 직선 도선에 i의 전류가 흐를 때 이 도선으로부터 r만큼 떨어진 곳의 자장의 세기는?

① 전류 i에 반비례하고 r에 비례한다.

② 전류 i에 비례하고 r에 반비례한다.

③ 전류 i의 제곱에 반비례하고 r에 반비례한다.

④ 전류 i에 반비례하고 r의 제곱에 반비례한다.

|문|제|풀|이|

[직선 도선 주위의 자장의 세기] 직선상 도체에 전류 i가 흐를 때 거리 r인 점의 자장의 세기 $H = \dfrac{I}{2\pi r} [AT/m]$

$\therefore H \propto i(전류), \ H \propto \dfrac{1}{r(거리)}$ 【정답】②

46. 전주외등을 전주에 부착하는 경우 전주외등은 하단으로부터 몇 [m] 이상 높이에 시설하여야 하는가? (단, 교통에 지장이 없는 경우이다.)

① 3.0 ② 3.5 ③ 4.0 ④ 4.5

|문|제|풀|이|

[전주외등] 대지전압 300[V] 이하 백열 전등이나 수은등을 배전 선로의 지지물 등에 시설하는 등

1. 기구 인출선 도체 단면적 : $0.7[mm^2]$ 이상

2. 중량 : 부속 금구류를 포함하여 100[kg] 이하

3. 기구 부착 높이 : 하단에서 지표상 4.5[m] 이상

 (단, **교통에 지장이 없을 경우 3.0[m] 이상**)

4. 돌출 수평 거리 : 1.0[m] 이상 【정답】①

47. 다음 중 자기 소호 기능이 가장 좋은 소자는?

① SCR   ② GTO

③ TRIAC   ④ LASCR

|문|제|풀|이|

[자기 소호 능력] 자기소호 능력이란 게이트 신호에 의해서 턴온, 턴오프가 가능한 것을 말한다. 그러한 소자의 종류로는 BJT, GTO, POWER MOSPET 등이 있다.

※GTO : 자기 소호 기능이 가장 좋다.   【정답】②

48. 진성 반도체의 4가의 실리콘에 N형 반도체를 만들기 위하여 첨가하는 것은?

① 게르마늄   ② 갈륨

③ 인듐   ④ 안티몬

|문|제|풀|이|

[N형 반도체] 진성 반도체에 5가 원소를 첨가하여 전기 전도성을 높여주는 반도체이다.
1. P형 반도체의 불순물은 3가의 원소이다.
   (3가원소 : 붕소(B), 갈륨(Ga), 인듐(In))
2. N형 반도체의 불순물은 5가의 원소이다.
   (5가원소 : 인(P), 비소(As), <u>안티몬(Sb)</u>)   【정답】④

49. 변압기유가 구비해야 할 조건 중 맞는 것은?

① 절연 내력이 작고 산화하지 않을 것

② 비열이 작아서 냉각 효과가 클 것

③ 인화점이 높고 응고점이 낮을 것

④ 절연재료나 금속에 접촉할 때 화학작용을 일으킬 것

|문|제|풀|이|

[변압기 절연유의 구비 조건]
1. 절연 저항 및 <u>절연 내력이 클 것</u>
2. 절연 재료 및 금속에 화학 작용을 일으키지 않을 것
3. <u>인화점이 높고(130도 이상) 응고점이 낮을(-30도) 것</u>
4. 점도가 낮고(유동성이 풍부) <u>비열이 커서</u> 냉각 효과가 클 것
5. 고온에 있어 석출물이 생기거나 <u>산화하지 않을</u> 것
6. <u>열팽창 계수가 적고</u> 증발로 인한 감소량이 적을 것
     【정답】③

50. 정격이 10000[V], 500[A], 역률 90[%]의 3상 동기 발전기의 단락전류 $I_s[A]$는? (단, 단락비는 1.3으로 하고, 전기자저항은 무시한다.)

① 450   ② 550   ③ 650   ④ 750

|문|제|풀|이|

[동기발전기의 단락비] $K_s = \dfrac{I_s(3상단락전류)}{I_n(정격전류)}$

정격전류(I_n) : 500[A], 단락비(K_s)=1.3

$K_s = \dfrac{I_s}{I_n}$ 에서

∴3상 단락전류 $I_s = I_n \times K_s = 500 \times 1.3 = 650[A]$
     【정답】③

51. 큰 건물의 공사에서 콘크리트에 구멍을 뚫어 드라이브 핀을 경제적으로 고정하는 공구는?

① 스패너   ② 드라이브이트 툴

③ 오스터   ④ 록 아웃 펀치

|문|제|풀|이|

[드라이브이트] 화약의 폭발력을 이용하여 콘크리트에 구멍을 뚫는 공구
① 스패너 : 볼트나 너트를 죄거나 푸는 데 사용하는 공구
③ 오스터 : 금속관에 나사를 내기 위한 공구
④ 록 아웃 펀치 : 배전반, 분전반, 풀박스 등의 전선관 인출을 위한 인출공을 뚫는 공구   【정답】②

52. 고압 배전반에는 부하의 합계 용량이 몇 [kVA]를 넘는 경우 배전반에는 전류계, 전압계를 부착하는가?

① 150   ② 250   ③ 200   ④ 300

|문|제|풀|이|

[고압 배전반 시설] 고압 및 특고압 배전반에는 부하의 합계 용량이 300[kVA]를 넘는 경우 전류계, 전압계를 부착한다.
     【정답】④

53. 전기울타리 시설의 사용 전압은 얼마 이하인가?

① 150 ② 250

③ 200 ④ 300

|문|제|풀|이|
[전기울타리의 시설]
1. 전기울타리는 사람이 쉽게 출입하지 아니하는 곳에 시설할 것
2. 전기울타리를 시설하는 곳에는 사람이 보기 쉽도록 적당한 간격으로 위험표시를 할 것
3. 전선은 인장강도 1.38[kN] 이상의 것 또는 지름 2[mm] 이상의 경동선일 것
4. 전선과 이를 지지하는 기둥 사이의 간격은 2.5[cm] 이상일 것
5. 전선과 다른 시설물(가공 전선을 제외한다) 또는 수목 사이의 간격은 30[cm] 이상일 것
6. 전기울타리에 전기를 공급하는 전로에는 쉽게 개폐할 수 있는 곳에 전용 개폐기를 시설하여야 한다.
7. 사용전압은 250V] 이하 【정답】②

54. 트라이액(TRIAC)의 기호는?

|문|제|풀|이|
[트라이액]
·쌍방향성 3단자 사이리스터
·SCR 2개를 역병렬로 접속
·순역 양방향으로 게이트 전류를 흐르게 하면 도통하는 성질
·On/Off 위상 제어, 교류회로의 전압, 전류를 제어할 수 있다
·냉장고, 전기담요의 온도 제어 및 조광장치 등에 쓰인다.
※127~129페이지 [04 사이리스터(SCR) 구조 및 동작] 참조 【정답】②

55. 다음 중 단상 유도전동기의 기동방법 중 기동 토크가 가장 큰 것은?

① 분상기동형 ② 반발유도형

③ 콘덴서기동형 ④ 반발기동형

|문|제|풀|이|
[단상 유도전동기 기동 토크의 크기] 기동 토크가 큰 것부터 배열하면 다음과 같다.
반발 기동형 → 반발 유도형 → 콘덴서 기동형 → 분상 기동형 → 세이딩 코일형(또는 모노 사이클릭 기동형)
【정답】④

56. 일반적으로 학교 건물이나 은행 건물 등의 간선의 수용률은 얼마인가?

① 50[%] ② 60[%]

③ 70[%] ④ 80[%]

|문|제|풀|이|
[주요 건물의 간선 수용률]

건물의 종류	수용률([%])
주택, 기숙사, 여관, 호텔, 병원, 창고	50
학교, 사무실, 은행	70

【정답】③

57. 코드 상호, 캡타이어 케이블 상호 접속시 사용하여야 하는 것은?

① 와이어커넥터 ② 코드접속기

③ 케이블타이 ④ 테이블탭

|문|제|풀|이|
[전선의 접속법] 코드 상호, 캡타이어케이블 상호, 케이블 상호 또는 이들 상호를 접속하는 경우에는 코드 접속기·접속함 기타의 기구를 사용할 것.
다만, 공칭단면적이 10[㎟] 이상인 캡타이어케이블 상호를 접속하는 경우에는 접속부분을 시설하고 또한 절연피복을 완전히 유화(硫化)하거나 접속부분의 위에 견고한 금속제의 방호장치를 할 때 또는 금속 피복이 아닌 케이블 상호를 접속하는 경우에는 그러하지 아니하다. 【정답】②

58. 전등 한 개를 2개소에서 점멸하고자 할 때 옳은 배선은?

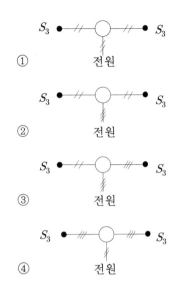

59. 도체계에서 임의의 도체를 일정 전위(일반적으로 영전위)의 도체로 완전 포위하면 내부와 외부의 전계를 완전히 차단할 수 있는데 이를 무엇이라 하는가?

① 핀치 효과   ② 톰슨 효과
③ 정전 차폐   ④ 자기 차폐

|문|제|풀|이|

[정전 차폐] 도체가 정전 유도가 되지 않도록 도체 바깥을 포위하여 접지함으로써 정전 유도를 완전 차폐하는 것

※① 핀치 효과 : 반지름 a인 액체 상태의 원통상 도선 내부에 균일하게 전류가 흐를 때 도체 내부에 자장이 생겨 로렌츠의 힘으로 전류가 원통 중심 방향으로 수축하려는 효과
② 톰슨효과 : 동일한 금속 도선의 두 점간에 온도차를 주고, 고온 쪽에서 저온 쪽으로 전류를 흘리면 도선 속에서 열이 발생되거나 흡수가 일어나는 이러한 현상을 톰슨효과라 한다.
④ 자기 차폐 : 투자율이 큰 강자성체로 내부를 감싸서 내부가 외부 자계의 영향을 받지 않도록 하는 것을 말한다.

【정답】③

|문|제|풀|이|

[배선도 및 전선 접속도]

1. 1등을 2개소에서 점멸하는 경우

배선도	전선 접속도
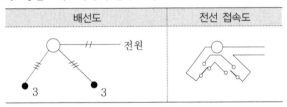	

2. 1등을 3개소에서 점멸하는 경우

배선도	전선 접속도
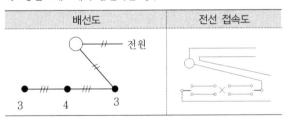	

※ ○ : 전등, ● : 점멸기(첨자가 없는 것은 단극, 2P는 2극, 3은 3로, 4는 4로), ●● : 콘센트

【정답】④

※한국전기설비규정(KEC) 적용으로 인해 더 이상 출제되지 않는 문제는 삭제했습니다.

전기기능사 필기 기출문제

01. 다음 중 유전체 1[m^3] 안에 저장되는 정전 에너지 $W[J/m^3]$를 구하는 식으로 옳지 않은 것은? (단, D는 전속밀도[C/m^2], E는 전기장의 세기[V/m] 이다.)

① $\frac{1}{2}DE$

② $\frac{1}{2}\epsilon E^2$

③ $\frac{1}{2}\epsilon D^2$

④ $\frac{1}{2}\frac{D^2}{\epsilon}$

|문|제|풀|이|

[유전체 내의 에너지] $W=\frac{1}{2}DE=\frac{1}{2}\epsilon E^2=\frac{1}{2}\frac{D^2}{\epsilon}[J/m^3]$ 이다.

【정답】③

02. 코일이 접속되어 있을 때, 누설자속이 없는 이상적인 코일간의 상호인덕턴스는?

① $M=\sqrt{L_1 L_2}$

② $M=\sqrt{L_1+L_2}$

③ $M=\sqrt{L_1-L_2}$

④ $M=\sqrt{\frac{L_1}{L_2}}$

|문|제|풀|이|

[코일의 상호 인덕턴스] $M=k\sqrt{L_1 L_2}[H]$
(k : 결합계수, L_1, L_2 : 자기인덕턴스)
누설 자속이 없으므로 $k=1$ → $\therefore M=\sqrt{L_1 L_2}$

※결합계수(k)
  1. 양 코일 간에 누설자속이 있으면 k값은 0 < k < 1의 범위
  2. 누설자속이 없으면 k=1
  3. 코일이 직교(교차)일 경우 k=0

【정답】①

03. 진공 중에서 같은 크기의 두 자극을 1[m] 거리에 놓았을 때, 그 작용하는 힘은? (단, 자극의 세기는 1[Wb]이다.)

① 6.33×10^4[N]

② 8.33×10^4[N]

③ 9.33×10^5[N]

④ 9.09×10^9[N]

|문|제|풀|이|

[두 자극(m_1, m_2) 사이에 작용하는 힘]

$F=\frac{1}{4\pi\mu}\cdot\frac{m_1 m_2}{r^2}=6.33\times 10^4\frac{m_1 m_2}{\mu_r r^2}[N]$ → $(\frac{1}{4\pi\mu_0}=6.33\times 10^4)$

(m_1, m_2 : 자극의 세기[Wb], r : 거리[m], $\mu(\mu_0\mu_s)$: 투자율)

→ 진공중의 투자율 $\mu_0=4\pi\times 10^{-7}$[H/m]

비투자율 μ_r(진공시 $\mu_r=1$))

두 자극간 거리 : 1[m], 자극의 세기 : 1[Wb]

$F=6.33\times 10^4\frac{m_1 m_2}{r^2}=6.33\times 10^4\frac{1\times 1}{1^2}=6.33\times 10^4[N]$

※[1[Wb]] 진공 중에서 동일한 자하를 1[m] 거리에 놓았을 때 작용하는 힘의 크기가 6.33×10^4[N]이 되었을 때 이때 자하의 크기를 1[Wb](웨버)라 한다. 【정답】①

04. 1[m]의 평행 도체에 1[A]의 같은 전류가 흐를 때 작용하는 힘의 크기는 몇 [N/m]인가?

① 2×10^{-7}

② 2×10^{-9}

③ 4×10^{-7}

④ 4×10^{-9}

|문|제|풀|이|

[평행 도선 단위 길이 당 작용하는 힘] $F=\frac{2I_1 I_2}{r}\times 10^{-7}[N/m]$

$F=\frac{2\times 1\times 1}{1}\times 10^{-7}=2\times 10^{-7}[N/m]$ 【정답】①

05. 평형 3상 교류 회로에서 Δ부하의 한 상의 임피던스가 $Z_\triangle$일 때, 등가변환한 Y부하의 한 상의 임피던스 Z_Y는 얼마인가?

① $Z_Y = \sqrt{3}\, Z_\triangle$ ② $Z_Y = 3Z_\triangle$

③ $Z_Y = \dfrac{1}{\sqrt{3}}\, Z_\triangle$ ④ $Z_Y = \dfrac{1}{3}\, Z_\triangle$

|문|제|풀|이|
[평형 회로에서의 결선 변환]

1. $Y \rightarrow \triangle$ 변환 : Y결선에 비하여 저항값이 3배로 증가한다.
   즉, $R_\triangle = 3R_Y$

2. $\triangle \rightarrow Y$ 변환 : $\triangle$ 결선에 비하여 저항값이 $\dfrac{1}{3}$ 배로 감소한다.
   즉, $R_Y = \dfrac{1}{3} R_\triangle$

그러므로 $\triangle - Y$ 변환시 Y결선의 임피던스 $Z_Y = \dfrac{1}{3} Z_\triangle$

【정답】④

06. 양단에 10[V]의 전압이 걸렸을 때 전자 1개가 하는 일의 양은?

① 1.6×10^{-20}[J] ② 1.6×10^{-19}[J]

③ 1.6×10^{-18}[J] ④ 1.6×10^{-17}[J]

|문|제|풀|이|
[전자의 에너지] $W = e\, V$[J]

→ (전자의 전하량 $e = 1.602 \times 10^{-19}$[C])

∴ $W = 1.602 \times 10^{-19} \times 10 = 1.602 \times 10^{-18}$[J]

【정답】③

07. 진공 중의 자기회로에서 길이가 1[m]이고, 면적이 $1[m^2]$일 때 자기저항은 약 몇 [AT/Wb]인가?

① 8×10^4 ② 8×10^5

③ 8×10^{-9} ④ 8×10^{-8}

|문|제|풀|이|
[자기저항] $R = \dfrac{l}{\mu A}$[Ω]

여기서, l : 길이, A : 단면적, μ : 투자율($\mu = \mu_0 \mu_r$)

∴ $R = \dfrac{l}{\mu A} = \dfrac{l}{\mu_0 \mu_r A} = \dfrac{1}{4\pi \times 10^{-7} \times 1 \times 1} = 8 \times 10^5$[AT/Wb]

→ (진공 시 $\mu_r = 1$, $\mu_0 = 4\pi \times 10^7$)

【정답】②

08. 거리가 각각 1[cm], 2[cm]인 A, B점이 있고, 이 점에 전하가 8×10^{-6}[C]일 때, 각각의 전속밀도는 몇 $[\mu C/m^2]$인가?

① A : 0.6, B : 0.15

② A : 6.37, B : 1.59

③ A : 6,369, B : 1,592

④ A : 12,738, B : 3,184

|문|제|풀|이|
[구 표면의 전속 밀도] $D = \dfrac{Q}{4\pi r^2}$[C/m^2]

1. A점에서의 전속밀도 $D = \dfrac{8 \times 10^{-6}}{4\pi \times (1 \times 10^{-2})^2} = 6,369\,[\mu C/m^2]$

2. B점에서의 전속밀도 $D = \dfrac{8 \times 10^{-6}}{4\pi \times (2 \times 10^{-2})^2} = 1,592\,[\mu C/m^2]$

→ ($\mu = 10^{-6}$)

【정답】③

09. 다음 중 어드미턴스의 허수부는?

① 임피던스 ② 컨덕턴스

③ 리액턴스 ④ 서셉턴스

|문|제|풀|이|
[어드미턴스] $Y = \dfrac{1}{Z} = G + jB$

1. 실수부 : 컨덕턴스 G
2. 허수부 : 서셉턴스 B

【정답】④

10. 회로망의 임의의 접속점에 유입되는 전류는 $\sum I = 0$라는 회로의 법칙은?

① 쿨롱의 법칙

② 패러데이의 법칙

③ 키르히호프의 제1법칙

④ 키르히호프의 제2법칙

|문|제|풀|이|

[키르히호프의 법칙]

1. 키르히호프 제1법칙 : 접합점법칙 또는 전류법칙이라고 한다. 회로 내의 어느 점을 취해도 그곳에 흘러들어오거나(+) 흘러나가는(−) 전류를 음양의 부호를 붙여 구별하면, 들어오고 나가는 전류의 총계는 0이 된다.

2. 키르히호프 제2법칙 : 폐회로 법칙, 고리법칙 또는 전압법칙이라고 한다. 임의의 닫힌 회로(폐회로)에서 회로 내의 모든 전위차의 합은 0이다. 【정답】③

11. 다음 설명의 (㉠), (㉡)에 들어갈 내용으로 옳은 것은?

> 히스테리시스 곡선에서 종축과 만나는 점은 (㉠)이고, 횡축과 만나는 점은 (㉡)이다.

① ㉠ 보자력, ㉡ 잔류자기

② ㉠ 잔류자기, ㉡ 보자력

③ ㉠ 자속밀도, ㉡ 자기저항

④ ㉠ 자기저항, ㉡ 자속밀도

|문|제|풀|이|

[히스테리시스 곡선]

· 히스테리시스 곡선이 종축(자속밀도)과 만나는 점은 잔류 자기 (잔류 자속밀도(B_r))

· 히스테리시스 곡선이 횡축(자계의 세기)과 만나는 점은 보자력 (H_c)를 표시한다.

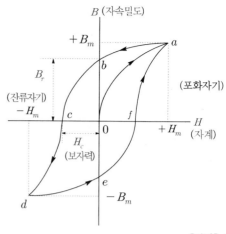

【정답】②

12. 초산은($AgNO_3$) 용액에 1[A]의 전류를 2시간 동안 흘렸다. 이때 은의 석출량[g]은? (단, 은의 전기화학당량은 1.1×10^{-3}[g/C]이다.)

① 5.44   ② 6.08

③ 7.92   ④ 9.84

|문|제|풀|이|

[전기분해에 의한 물질의 석출량(ω)] $w = kQ = kIt$[g]

(w : 석출량[g], k : 전기화학당량, I : 전류, t : 통전시간 [sec])

전류(I) : 1[A], 시간(t) : 2시간(=2×3600)

은의 전기화학당량 : 1.1×10^{-3}[g/C]

$\therefore w = kIt$[g] $= 1.1 \times 10^{-3} \times 1 \times (2 \times 3600) = 7.92$[g]

【정답】③

13. 2[F]의 콘덴서에 25[J]의 에너지가 저장되어 있다면, 콘덴서에 공급된 전압은 몇 [V]인가?

① 2   ② 3   ③ 4   ④ 5

|문|제|풀|이|

[콘덴서에 공급된 전압] $V = \sqrt{\dfrac{2W}{C}}$ → ($W = \dfrac{1}{2}CV^2$)

$\therefore V = \sqrt{\dfrac{2W}{C}} = \sqrt{\dfrac{2 \times 25}{2}} = 5[V]$

【정답】④

14. 두 개의 서로 다른 금속의 접속점에 온도차를 주면 열기전력이 생기는 현상은?

① 홀 효과　　　　　② 줄 효과

③ 압전기 효과　　　④ 제벡 효과

|문|제|풀|이|

[제벡 효과] 서로 다른 두 종류의 금속선을 접합하여 폐회로를 만든 후 <u>두 접합점의 온도</u>를 달리하였을 때, 폐회로에 열기전력이 발생하여 열전류가 흐르게 된다. 이러한 현상을 제벡 효과라 하며 이때 연결한 금속 루프를 열전대라 한다.

※① 홀 효과(Hall effect) : 도체나 반도체의 물질에 전류를 흘리고 이것과 직각 방향으로 자계를 가하면 플레밍의 오른손 법칙에 의하여 도체 내부의 전하가 횡방향으로 힘을 모아 도체 측면에 (+), (−)의 전하가 나타나는 현상

② 줄효과 : 저항체에 흐르는 전류의 크기와 이 저항체에서 단위 시간당 발생하는 열량과의 관계를 나타낸 법칙

③ 압전기 현상 : 결정에 가한 기계적 응력과 전기 분극이 동일 방향으로 발생하는 경우를 종효과, 수직 방향으로 발생하는 경우를 횡효과라고 한다.

【정답】④

15. R_1, R_2, R_3의 저항이 직렬연결된 회로의 전압 V를 가할 경우 저항 R_2에 걸리는 전압은?

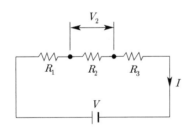

① $\dfrac{VR_1}{R_1+R_2+R_3}$　　② $\dfrac{VR_2}{R_1+R_2+R_3}$

③ $\dfrac{VR_3}{R_1+R_2+R_3}$　　④ $\dfrac{V(R_1+R_2+R_3)}{R_2}$

|문|제|풀|이|

[직렬연결 시의 합성저항] $R_0 = R_1 + R_2 + R_3 [\Omega]$

· 전전류 $I = \dfrac{V}{R_0} = \dfrac{V}{R_1+R_2+R_3}$

· R_2에 걸리는 전압 $V_2 = IR_2 = \dfrac{VR_2}{R_1+R_2+R_3}[V]$

【정답】②

16. 다음 중 중저항 측정에 사용되는 브리지는?

① 휘트스톤 브리지　　② 빈 브리지

③ 멕스웰 브리지　　　④ 캘빈 더블 브리지

|문|제|풀|이|

[휘트스톤 브리지] 미지의 저항을 측정하는 장치로 브리지의 종류는 다음과 같다.

1. 휘트스톤 브리지 : 중저항 측정
2. 빈브리지 : 가청 주파수 측정
3. 맥스웰 브리지 : 자기 인덕턴스 측정
4. 캘빈 더블 브리지 : 저저항 측정, 권선저항 측정
5. 절연저항계 : 고저항 측정
6. 콜라우시 브리지 : <u>전해액 및 접지저항을 측정</u>한다.

【정답】①

17. 다음 중 전기저항을 나타내는 식은?

① $R = \rho\dfrac{l}{2\pi r}$　　　② $R = \rho\dfrac{l}{2\pi}$

③ $R = \rho\dfrac{l}{\pi^2 r}$　　　④ $R = \rho\dfrac{l}{r^2}$

|문|제|풀|이|

[전기저항] $R = \rho\dfrac{l}{A} = \rho\dfrac{l}{\pi^2 r}[\Omega]$　　【정답】③

18. 다음 중 전류와 연관이 없는 법칙은?

① 앙페르의 오른 나사의 법칙

② 비오–사바르의 법칙

③ 앙페르의 주회 적분법칙

④ 렌츠의 법칙

|문|제|풀|이|

[렌츠의 법칙] 자속의 변화에 따른 전자유도법칙으로 유도기전력과 유도전류는 자기장의 변화를 상쇄하려는 방향으로 발생한다는 전자기법칙이다.

※① 앙페르의 오른나사 법칙 : <u>전류가 만드는 자계의 방향</u>을 찾아내기 위한 법칙. 전류가 흐르는 방향((+)→(−))으로 오른손 엄지손가락을 향하면, 나머지 손가락은 자기장의 방향이 된다.

② 비오사바르의 법칙 : 자계 내 <u>전류</u> 도선이 만드는 자계

③ 주회적분의 법칙 : <u>전류</u>와 자기장의 양적인 관계(전류의 자기작용)를 나타내는 법칙

【정답】④

19. 비정현파가 아닌 것은?

① 삼각파 　　　　② 사각파

③ 사인파 　　　　④ 펄스파

|문|제|풀|이|⋯⋯⋯⋯⋯⋯⋯⋯⋯⋯⋯⋯⋯⋯⋯

[비정현파] 정현파가 아닌 교류파를 통칭하여 비정현파라 하며, 구형파, 사각파, 삼각파, 또는 펄스 등을 말한다.

비정현파 = 직류분 + 기본파(사인파) + 고조파

【정답】③

20. $2[\mu F]$, $3[\mu F]$, $5[\mu F]$인 3개의 콘덴서가 병렬로 접속되었을 때의 합성정전용량$[\mu F]$은?

① 0.97 　　　　② 3

③ 5 　　　　④ 10

|문|제|풀|이|⋯⋯⋯⋯⋯⋯⋯⋯⋯⋯⋯⋯⋯⋯⋯

[콘덴서 병렬 연결 시 합성 정전용량] $C_p = C_1 + C_2 + C_3[F]$

$C_1 : 2[\mu F]$, $C_2 : 3[\mu F]$, $C_3 : 5[\mu F]$

$\therefore C_p = C_1 + C_2 + C_3 = 2 + 3 + 5 = 10[\mu F]$　　【정답】④

21. 변압기유가 구비해야 할 조건으로 틀린 것은?

① 응고점이 높을 것 　　② 절연내력이 클 것

③ 점도가 낮을 것 　　④ 인화점이 높을 것

|문|제|풀|이|⋯⋯⋯⋯⋯⋯⋯⋯⋯⋯⋯⋯⋯⋯⋯

[변압기 절연유의 구비 조건]

1. 절연 저항 및 절연 내력이 클 것
2. 절연 재료 및 금속에 화학 작용을 일으키지 않을 것
3. 인화점이 높고(130도 이상) 응고점이 낮을(-30도) 것
4. 점도가 낮고(유동성이 풍부) 비열이 커서 냉각 효과가 클 것
5. 고온에 있어 석출물이 생기거나 산화하지 않을 것
6. 열팽창 계수가 적고 증발로 인한 감소량이 적을 것

【정답】①

22. 계자권선이 전기자와 접속되어 있지 않은 직류기는?

① 직권기 　　　　② 분권기

③ 복권기 　　　　④ 타여자기

|문|제|풀|이|⋯⋯⋯⋯⋯⋯⋯⋯⋯⋯⋯⋯⋯⋯⋯

[직류기]

1. 자여자 발전기
   · 외부의 직류전원으로 여자전류를 공급한다.
   · 계자 철심에 잔류자기가 있다.
2. 타여자 발전기
   · 내부 발전기의 기전력을 이용하여 여자전류를 공급한다.
   · 잔류자기가 없다.
   · <u>계자권선과 전기자권선이 별개의 독립적으로 분리되어 있는 발전기</u>　【정답】④

23. 브리지 정류회로로 알맞은 것은?

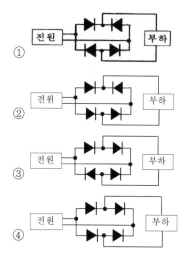

|문|제|풀|이|⋯⋯⋯⋯⋯⋯⋯⋯⋯⋯⋯⋯⋯⋯⋯

[브리지 정류회로] 다이오드 2개가 들어오거나 나가는 두 점을 부하에 연결하고, 나머지 두 점은 전원에 연결한다.

【정답】①

24. 1차전압 13200[V], 2차전압 220[V]인 단상 변압기의 1차에 6000[V]의 전압을 가하면 2차 전압은 몇 [V]인가?

① 100   ② 200   ③ 50   ④ 250

|문|제|풀|이|

[변압기의 권수비] $a = \dfrac{N_1}{N_2} = \dfrac{V_1}{V_2} = \dfrac{I_2}{I_1}$

여기서, a : 권수비, V_1 : 1차전압, V_2 : 2차전압, N_1 : 1차 권선
　　　 N_2 : 2차권선

1차전압(V_1) : 13200[V], 2차전압(V_2) : 220[V],

권수비 $a = \dfrac{V_1}{V_2} = \dfrac{13200}{220} = 60$

$a = \dfrac{V_1}{V_2} \rightarrow 60 = \dfrac{6000}{V_2} \rightarrow \therefore V_2 = \dfrac{6000}{60} = 100[V]$

【정답】①

25. 직류 직권 전동기의 회전수(N)와 토크(τ)와의 관계는?

① $\tau \propto \dfrac{1}{N}$ 　　　② $\tau \propto \dfrac{1}{N^2}$

③ $\tau \propto N$ 　　　④ $\tau \propto N^{\frac{3}{2}}$

|문|제|풀|이|

[직류 직권전동기]

1. 직류 분권전동기의 토크 특성 : $r \propto \dfrac{1}{N}$

2. 직류 직권전동기의 토크 특성 : $r \propto \dfrac{1}{N^2}$ 　　【정답】②

26. 부흐홀츠 계전기의 설치 위치로 가장 적당한 곳은?

① 변압기 주 탱크 내부
② 콘서베이터 내부
③ 변압기 고압측 부싱
④ 변압기 주 탱크와 콘서베이터 사이

|문|제|풀|이|

[브흐홀츠계전기] 유입형 변압기의 탱크 속에 발생한 가스의 양 및 유통에 의해서 작동되는 계전기로 변압기와 콘서베이터 연결관 도중에 설치하여 권선 단락, 철심 고정 볼트의 절연 열화, 탭 전환기의 고장 등을 검출하는데 쓰인다. 　　【정답】④

27. 주파수 60[Hz]를 내는 발전용 원동기인 터빈발전기의 최고 속도는 얼마인가?

① 1800[rpm] 　　② 2400[rpm]
③ 3600[rpm] 　　④ 4800[rpm]

|문|제|풀|이|

[터빈발전기] 원동기를 증기터빈으로 하는 발전기로서 극수는 2극~4극기로서 고속으로 회전하기 때문에 회전자는 원통형으로 지름이 작고 축방향으로 길이를 길게 하여 원심력을 작게 한다. 그러므로, 회전자는 횡축형 발전기이고, 냉각방식은 수소냉각방식이다.

회전속도는 $N_s = \dfrac{120f}{p}[rpm]$ 에서

동기발전기는 극수가 최소($p = 2$)일 때 속도가 최고 이므로

$\therefore N_s = \dfrac{120 \times 60}{2}[rpm] = 3600[rpm]$ 　　【정답】③

28. 전기기기의 철심 재료로 규소 강판을 많이 사용하는 이유로 가장 적당한 것은?

① 와류손을 줄이기 위해
② 맴돌이 전류를 없애기 위해
③ 히스테리시스손을 줄이기 위해
④ 구리손을 줄이기 위해

|문|제|풀|이|

[전기자 철심] 전기자 철심은 0.35~ 0.5[mm] 두께의 규소강판으로 성층하여 만든다. 성층이란 맴돌이 전류와 히스테리시스손의 손실을 적게 하기 위하여 규소가 함유(3~4[%])된 규소 강판을 겹쳐서 적층시킨 것이다. 　　【정답】③

29. 그림은 트랜지스터의 스위칭 작용에 의한 직류 전동기의 속도제어 회로이다. 전동기의 속도가 $N=K\dfrac{V-I_aR_a}{\emptyset}$[rpm]이라고 할 때, 이 회로에서 사용한 전동기의 속도 제어법은?

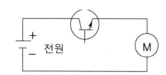

① 전압 제어법 　　② 계자 제어법

③ 저항 제어법 　　④ 주파수 제어법

|문|제|풀|이|
[전압 제어법] 전압 제어법은 <u>공급전압 V를 변화시키는 방법</u>
트랜지스터의 스위칭 작용에 의해 인가되는 전압이 제어되고 있으므로 전압 제어법에 해당된다.
※② 계자 제어법 : 자속 $\emptyset$[Wb]를 변화시키는 방법
　③ 저항 제어법 : 전압강하를 변화시키는 방법
　④ 주파수 제어법 : 유도전동기의 속도 제어법주
【정답】①

30. 직류 분권발전기가 있다. 전기자 총도체수 220, 매극의 자속수 0.01[Wb], 극수 6, 회전수 1500 [rpm] 일 때 유기기전력은 몇 [V]인가? (단, 전기자 권선은 파권이다.)

① 60　　② 120　　③ 165　　④ 240

|문|제|풀|이|
[유기기전력] $E=\dfrac{zp\emptyset N}{60a}[V]$
파권 $a=2$
$\therefore E=\dfrac{zp\emptyset N}{60a}=\dfrac{220\times6\times0.01\times1500}{2\times60}=165[V]$　　【정답】③

31. 220[V]/60[Hz], 4극의 3상 유도전동기가 있다. 슬립 5[%]로 회전할 때 출력 17[kW]를 낸다면, 이때의 토크는 약 몇 [N·m]인가?

① 56.2[N·m]　　　② 94.9[N·m]

③ 191[N·m]　　　④ 935.8[N·m]

|문|제|풀|이|
[토크] $T=9.55\times\dfrac{P_0}{N}[N\cdot m]$

전동기의 회전수 $N=(1-s)\dfrac{120f}{p}$
$\qquad\qquad=(1-0.05)\dfrac{120\times60}{4}=1710[rpm]$

$\therefore$토크 $T=9.55\times\dfrac{P_0}{N}=9.55\times\dfrac{17000}{1710}=94.9[N\cdot m]$

※ $T=0.975\times\dfrac{P_0}{N}[kg\cdot m]$　　　$\rightarrow$ $(1[N\cdot m]=\dfrac{1}{9.8}[kg\cdot m])$
【정답】②

32. 변압기의 결선에서 제3고조파를 발생시켜 통신선에 유도 장해를 일으키는 3상 결선은?

① Y－Y　　　　② $\mathit{\Delta}$－$\mathit{\Delta}$

③ Y－$\mathit{\Delta}$　　　　④ $\mathit{\Delta}$－Y

|문|제|풀|이|
[**변압기의 Y－Y결선**] Y－Y결선은 중성점을 접지하면 3배의 지락전류가 유입되어 이 전류가 <u>통신선로에 큰 유도 장해를 주므로 거의 사용되지 않는다.</u>　　【정답】①

33. 발전기를 정격전압 220[V]로 전부하 운전하다가 무부하로 운전 하였더니 단자전압이 242[V]가 되었다. 이 발전기의 전압변동률[%]은?

① 10　　② 14　　③ 20　　④ 25

|문|제|풀|이|
[발전기의 전압변동률(ϵ)] $\epsilon=\dfrac{V_0-V_n}{V_n}\times100[\%]$

여기서, V_0 : 무부하 단자 전압, V_n : 정격전압
정격전압 : 220[V], 단자전압 : 242[V]
$\therefore\epsilon=\dfrac{V_0-V_n}{V_n}\times100=\dfrac{242-220}{220}\times100[\%]=10[\%]$
【정답】①

34. 슬립이 4[%]인 유도전동기에서 동기속도가 1200 [rpm]일 때 전동기의 회전 속도(rpm)는?

① 697   ② 1051

③ 1152   ④ 1321

|문|제|풀|이|

[유도전동기의 회전속도] $N = (1-s)N_s$[rpm]

여기서, s : 슬립, N_s : 동기속도

슬립(s) : 4[%], 동기속도(N_s) : 1200[rpm]

유도전동기의 회전속도(N)

$\therefore N = (1-s)N_s = (1-0.04) \times 1200 = 1152$[rpm]

【정답】③

35. 3상 변압기의 병렬 운전 시 병렬 운전이 불가능한 결선 조합은?

① $\Delta - \Delta$ 와 Y-Y   ② Δ-Y 와 Δ-Y

③ Y-Y 와 Y-Y   ④ $\Delta - \Delta$ 와 Δ-Y

|문|제|풀|이|

[변압기의 병렬 운전 불가능]

$\Delta - \Delta$와 Δ-Y, $Y-Y$와 $\triangle - Y$는 변압기의 병렬운전 시 위상차가 발생하므로, 순환전류가 흘러서 과열 및 소손이 발생할 수 있다. 따라서 <u>병렬운전이 불가능</u>하다. 【정답】④

36. 병렬 운전 중인 동기 임피던스 5[Ω] 인 2대의 3상 동기발전기의 유도기전력에 200[V]의 전압차이가 있다면 무효 순환 전류[A]는?

① 5   ② 10   ③ 20   ④ 40

|문|제|풀|이|

[무효순환전류] 기전력의 크기가 서로 다를 때 발생

무효순환전류 $i = \dfrac{E_A - E_B}{2Z}$[A]

($E_A - E_B$: 유도기전력의 차, Z : 임피던스)

동기임피던스(Z) : 5[Ω], 유도기전력의 차 : 200[V]

$\therefore i = \dfrac{E_A - E_B}{2Z}[A] = \dfrac{200}{2 \times 5} = 20$[A] 【정답】③

37. 직류전동기의 속도 제어 방법 중 속도 제어가 원활하고 정토크 제어가 되며 운전 효율이 좋은 것은?

① 계자 제어   ② 병렬 저항 제어

③ 직렬 저항 제어   ④ 전압 제어

|문|제|풀|이|

[직류전동기의 속도 제어법 비교]

구분	제어 특성	특징
계자 제어법	계자 전류의 변화에 의한 자속의 변화로 속도 제어	속도 제어 범위가 좁다.
전압 제어법	정토크 제어 -워드 레오나드 방식 -일그너 방식	·제어 범위가 넓다. ·손실이 적다. ·정역운전 가능 ·설비비 많이 듦
저항 제어법	전기자 회로의 저항 변화에 의한 속도 제어법	효율이 나쁘다.

【정답】④

38. 직류 전동기의 규약효율을 표시하는 식은?

① $\dfrac{출력}{출력 + 손실} \times 100$[%]

② $\dfrac{출력}{입력} \times 100$[%]

③ $\dfrac{입력 - 손실}{입력} \times 100$[%]

④ $\dfrac{입력}{출력 + 손실} \times 100$[%]

|문|제|풀|이|

[규약 효율]

1. **전동기** : 입력 위주로 규약효율 $\eta_m = \dfrac{입력 - 손실}{입력} \times 100$[%]

→ (전동기 : 전기 입력이므로 입력 2번)

2. 발전기, 변압기 : 출력 위주로 규약효율 $\eta_g = \dfrac{출력}{출력 + 손실} \times 100$[%]

→ (발전기 : 전기 출력이므로 출력 2번)

【정답】③

39. 6극 36슬롯 3상 동기 발전기의 매극, 매상 당 슬롯수는?

① 2   ② 3

③ 4   ④ 5

|문|제|풀|이|

[매극 매상 당의 슬롯수(q)] $q = \dfrac{\text{총슬롯수}}{\text{극수} \times \text{상수}}$

$\therefore q = \dfrac{\text{총슬롯수}}{\text{극수} \times \text{상수}} = \dfrac{36}{6 \times 3} = 2$ 【정답】①

40. 다음 중 3상 분권정류자전동기는?

① 아트킨손전동기   ② 시라케전동기

③ 데리전동기   ④ 톰슨전동기

|문|제|풀|이|

[3상 분권정류자전동기]

1. 시라게전동기 : 권선형 유도 전동기의 일종으로 회전자에 1차 권선을 둔 3상 분권 정류자 전동기
2. 아트킨손전동기, 데리 전동기, 톰슨 전동기 : 단상 반발 전동기 의 종류   【정답】②

41. 접지저항 측정 방법으로 가장 적당한 것은?

① 절연저항계

② 전력계

③ 교류의 전압, 전류계

④ 콜라우시 브리지

|문|제|풀|이|

[휘트스톤 브리지] 미지의 저항을 측정하는 장치로 브리지의 종류는 다음과 같다.

1. 휘트스톤 브리지 : 중저항 측정
2. 빈브리지 : 가청 주파수 측정
3. 맥스웰 브리지 : 자기 인덕턴스 측정
4. 켈빈 더블 브리지 : 저저항 측정, 권선저항 측정
5. 절연저항계 : 고저항 측정
6. 콜라우시 브리지 : 전해액 및 접지저항을 측정한다.
                        【정답】④

42. 다음 중 금속 전선관의 호칭을 맞게 기술한 것은?

① 박강, 후강 모두 안지름으로 [mm]로 나타낸다.

② 박강은 안지름, 후강은 바깥지름으로 [mm]로 나타낸다.

③ 박강은 바깥지름, 후강은 안지름으로 [mm]로 나타낸다.

④ 박강, 후강 모두 바깥지름으로 [mm]로 나타낸다.

|문|제|풀|이|

[후강 전선관]
· 안지름의 크기에 가까운 짝수
· 두께 2[mm] 이상
· 길이 3.6[m]
· 16, 22, 28, 36, 42, 54, 72, 80, 92, 104(c)

[박강 전선관]
· 바깥지름의 크기에 가까운 홀수
· 두께 1.2[mm] 이상
· 길이 3.6[m]
· 15, 19, 25, 31, 39, 51, 63, 75(c)   【정답】③

43. 한국전기설비규정에 의하면 정격전류가 30[A]인 저압전로의 과전류차단기를 산업용 배선용 차단기로 사용하는 경우 39[A]이 전류가 통과하였을 때 몇 분 이내에 자동적으로 동작하여야 하는가?

① 60   ② 120

③ 2   ④ 4

|문|제|풀|이|

[과전류트립 동작시간 및 특성(산업용 배선용 차단기)]

정격전류의 구분	시간	정격전류의 배수 (모든 극에 통전)	
		부동작 전류	동작 전류
63[A] 이하	60분	1.05배	1.3배
63[A] 초과	120분	1.05배	1.3배

                      【정답】①

44. 점유 면적이 좁고 운전 보수에 안전하며 공장, 빌딩 등의 전기실에 많이 사용되는 배전반은 어떤 것인가?

① 데드 프런트형　　② 수직형

③ 큐비클형　　④ 라이브 프런트형

|문|제|풀|이|
[폐쇄식 배전반(Cubicle type)] 큐비클 또는 메탈 클래드라 하며, 조립형, 장갑형 등이 있다.
1. 조립형 : 차단기 등을 철재함에 조립하여 사용
2. 장갑형 : 회로별로 모선, 계기용변성기, 차단기 등을 하나의 함내에 장치. 점유 면적이 좁고, 운전 보수에 안전함으로 공장, 빌딩 등의 전기실에 많이 사용 【정답】③

45. 구광원의 광속($F[\text{lm}]$)을 구하는 계산식은? (여기서, 광도는 $I[\text{cd}]$이다.)

① $F=\pi I$　　② $F=\pi^2 I$

③ $F=4\pi I$　　④ $F=4\pi I^2$

|문|제|풀|이|
1. 구광원(백열전구)의 광속 $F=4\pi I$
2. 평면광원(면광원) 광속 $F=\pi I$
3. 원통광원(형광등) $F=4\pi^2 I$ 【정답】③

46. 변압기 중성점 접지공사를 하는 이유는?

① 전류 변동의 방지

② 전압 변동의 방지

③ 전력 변동의 방지

④ 고·저압 혼촉 방지

|문|제|풀|이|
[변압기 중성점 접지의 목적]
1. 보호장치의 확실한 동작확보
2. 이상전압의 억제
3. 대지전압 저하
4. 고·저압 혼촉 방지 【정답】④

47. 설계 하중 6.8[kN] 이하인 철근 콘크리트 전주의 길이가 7[m]인 지지물을 건주하는 경우 땅에 묻히는 깊이로 가장 옳은 것은?

① 1.2[m]　　② 1.0[m]

③ 0.8[m]　　④ 0.6[m]

|문|제|풀|이|
[건주 시 땅에 묻히는 깊이]

설계하중 전장	6.8[kN] 이하	6.8[kN] 초과 ~9.8[kN] 이하	9.8[kN] 초과 ~14.72[kN] 이하
15[m] 이하	전장 × 1/6[m] 이상	전장 × 1/6+0.3[m] 이상	–
15[m] 초과	2.5[m] 이상	2.8[m] 이상	–
16[m] 초과 ~20[m] 이하	2.8[m] 이상	–	–
15[m] 초과 ~18[m] 이하	–	–	3[m] 이상
18[m] 초과	–	–	3.2[m] 이상

전체 길이 15[m] 이하인 경우 : 전체 길이$\times\frac{1}{6}$ 이상 매설

∴$7[\text{m}]\times\frac{1}{6}=1.17=1.2[\text{m}]$ 【정답】①

48. 어느 가정집이 하루에 20시간 이용하는 60[W] 전동기가 10개 있다. 1개월(30일)간의 사용전력량[kWh]은?

① 380　　② 420

③ 360　　④ 400

|문|제|풀|이|
[사용전력량] $W=Pt[kWh]$
∴$W=Pt=0.06[\text{kW}]\times10개\times20시간\times30일=360[\text{kWh}]$
【정답】③

49. 어느 수용가의 설비용량이 각각 1[kW], 2[kW], 3[kW], 4[kW]인 부하설비가 있다. 그 수용률이 60[%]인 경우 그 최대 수용 전력은 몇[kW]인가?

① 3　　② 6　　③ 30　　④ 60

|문|제|풀|이|
[수용률] 수용률 $=\dfrac{\text{최대 수용 전력}}{\text{설비 용량}}\times100$

∴최대 수용 전력=설비용량×수용률
$=(1+2+3+4)\times0.6=6[kW]$ 【정답】②

50. 박스 내에서 가는 전선을 접속할 때에는 어떤 방법으로 접속하는가?

① 트위스트 접속 ② 쥐꼬리 접속
③ 브리타니어 접속 ④ 슬리브 접속

|문|제|풀|이|

[쥐꼬리 접속] 박스 내에서 가는 전선을 접속할 때 적합하다.

※① 트위스트 접속 : 6$[mm^2]$ 이하의 가는 단선 직선 접속
③ 브리타니아 접속 : 10$[mm^2]$ 이상의 굵은 단선 직선 접속
④ 슬리브 접속 : 매킨타이어 슬리브를 사용하여 상호 도선을 접속하는 방법. 관로 구간에서 케이블 접속점이 맨홀 등이 아닌 경우에 접속부를 보호하기 위하여 사용하는 접속관

※144~145 [03 단선의 직선 접속] 참조 【정답】②

51. 폭연성 먼지 또는 화약류의 가루가 전기설비 발화원이 되어 폭발할 우려가 있는 곳에 시설하는 저압 옥내 전기 설비의 저압 옥내 배선 공사는?

① 금속관 공사 ② 합성수지관 공사
③ 가요전선관 공사 ④ 애자 사용 공사

|문|제|풀|이|

[먼지 위험장소]

1. 폭연성 먼지 : 설비를 금속관 공사 또는 케이블 공사(캡타이어 케이블 제외)
   (케이블 공사에 의하는 때에는 케이블 또는 미네럴인슈레이션케이블을 사용하는 경우 이외에는 관 기타의 방호 장치에 넣어 사용할 것)
2. 가연성 먼지 : 합성수지관 공사, 금속관 공사, 케이블 공사
   (합성수지관과 전기기계기구는 관 상호간 및 박스와는 관을 삽입하는 깊이를 관의 바깥지름의 1.2배(접착제를 사용하는 경우에는 0.8배) 이상
3. 5턱 이상 나사 조임 【정답】①

52. 전선 약호가 VV인 케이블의 종류로 옳은 것은?

① 0.6/1[kV] 비닐절연 비닐시스 케이블
② 0.6/1[kV] EP 고무절연 클로로프렌시스 케이블
③ 0.6/1[kV] EP 고무절연 비닐시스 케이블
④ 0.6/1[kV] 비닐절연 비닐캡타이어 케이블

|문|제|풀|이|

[전선 약호]

② 0.6/1[kV] EP 고무절연 클로로프렌시스 케이블 : PNCT
③ 0.6/1[kV] EP 고무절연 비닐시스 케이블 : PV
④ 0.6/1[kV] 비닐절연 비닐캡타이어 케이블 : VCT

※I(Insulation) : 절연, V(Vinyl) : 비닐, R : 고무, E : 폴리에틸렌
　C : 클로로프렌 【정답】①

53. 가공전선로의 지지물에서 다른 지지물을 거치지 아니하고 수용 장소의 인입선 접속점에 이르는 가공 전선을 무엇이라 하는가?

① 옥외 전선 ② 이웃 연결 인입선
③ 가공 인입선 ④ 관등회로

|문|제|풀|이|

[가공인입선] 가공전선로의 지지물로부터 다른 지지물을 거치지 아니하고 수용 장소의 붙임점에 이르는 가공전선을 말한다.(가공전선로의 전선을 말한다.) 【정답】③

54. 한국전기설비규정에 의한 고압 가공전선로 철탑의 지지물 간 거리는 몇 [m] 이하로 제한하고 있는가?

① 150 ② 250
③ 500 ④ 600

|문|제|풀|이|

[고압 가공 전선로 지지물 간 거리의 제한]

지지물의 종류	지지물 간 거리
목주, A종 철주 또는 A종 철근 콘크리트주	150[m]
B종 철주 또는 B종 철근 콘크리트주	250[m]
철탑	600[m]

【정답】④

55 구리 전선과 전기 기계 기구 단자를 접속하는 경우에 진동 등으로 인하여 헐거워질 염려가 있는 곳에는 어떤 것을 사용하여 접속하여야 하는가?

① 평와셔 2개를 끼운다.

② 스프링와셔를 끼운다.

③ 코드패스너를 끼운다.

④ 링슬리브를 끼운다.

|문|제|풀|이|
[스프링와셔] 진동이 있는 기계 기구의 단자에 전선을 접속할 때 진동을 완화하기 위해 스프링와셔를 사용한다. 스프링와셔를 사용함으로써 힘조절 실패를 방지할 수 있다.   【정답】②

56. 저압 이웃 연결 인입선은 인입선에서 분기 하는 점으로부터 몇 [m]를 넘지 않는 지역에 시설하고, 폭 몇 [m]를 넘는 도로를 횡단하지 않아야 하는가?

① 50[m], 4[m]

② 100[m], 5[m]

③ 150[m], 6[m]

④ 200[m], 8[m]

|문|제|풀|이|
[저압 이웃 연결(연접) 인입선 시설]
한 수용 장소 인입구에서 분기하여 지지물을 거치지 아니하고 다른 수용장소 인입구에 이르는 전선이며 시설 기준은
1. 분기하는 점으로부터 100[m]를 초과하지 않을 것
2. 폭 5[m]를 넘는 도로를 횡단하지 않을 것
3. 옥내를 관통하지 않을 것
4. 전선은 지름 2.6[mm] 경동선 사용   【정답】②

57. 다선식 옥내 배선인 경우 중성선의 색별 표시는?

① 갈색

② 검정색

③ 파란색

④ 녹색-노란색

|문|제|풀|이|
[전선의 식별]

상(문자)	색상
L1	갈색
L2	검정색
L3	회색
N(중성선)	파란색
보호도체(접지선)	녹색-노란색 혼용

【정답】③

※한국전기설비규정(KEC) 적용으로 인해 더 이상 출제되지 않는 문제는 삭제했습니다.

01. 전기력선의 성질 중 옳지 않은 것은?

① 음전하에서 출발하여 양전하에서 끝나는 선을 전기력선이라 한다.

② 전기력선의 접선 방향은 그 접점에서의 전기장의 방향이다.

③ 전기력선의 밀도는 전기장의 크기를 나타낸다.

④ 전기력선은 서로 교차하지 않는다.

|문|제|풀|이|

[전기력선의 성질]

· 전기력선은 양(+)전하에서 나와 음(−)전하에서 끝난다.

· 전기력선은 전위가 높은 곳에서 낮은 곳으로 향한다.

· 전기력선은 그 자신만으로 폐곡선이 되지 않는다.

· 전기력선은 도체 표면에서 수직으로 출입한다.

· 서로 다른 두 전기력선은 교차하지 않는다.

· 전기력선밀도는 그 점의 전계의 세기와 같다.

· 전하가 없는 곳에서는 전기력선이 존재하지 않는다.

· 도체 내부에서의 전기력선은 존재하지 않는다.

· 단위 전하에서는 $\frac{1}{\epsilon_0}$ 개의 전기력선이 출입한다.

· 전기력선은 등전위면과 교차한다.　　　　【정답】①

02. 두 금속을 접속하여 여기에 전류를 통하면, 줄열 외에 그 접점에서 열의 발생 또는 흡수가 일어나는 현상은?

① 펠티에 효과　　　　② 지벡 효과

③ 홀 효과　　　　　　④ 줄 효과

|문|제|풀|이|

[펠티에 효과] 두 종류 금속 접속면에 전류를 흘리면 접속점에서 열의 흡수, 발생이 일어나는 효과

※② 제벡 효과 : 서로 다른 두 종류의 금속선을 접합하여 폐회로를 만든 후 두 접합점의 온도를 달리하였을 때, 폐회로에 열기전력이 발생하여 열전류가 흐르게 된다. 이러한 현상을 제벡 효과라 하며 이때 연결한 금속 루프를 열전대라 한다.

③ 홀 효과(Hall effect) : 도체나 반도체의 물질에 전류를 흘리고 이것과 직각 방향으로 자계를 가하면 플레밍의 오른손 법칙에 의하여 도체 내부의 전하가 횡방향으로 힘을 모아 도체 측면에 (+), (−)의 전하가 나타나는 현상

④ 줄 효과 : 저항체에 흐르는 전류의 크기와 이 저항체에서 단위 시간당 발생하는 열량과의 관계를 나타낸 법칙

【정답】①

03. 고유 저항 ρ, 길이 l, 반지름 r일 때, 전기 저항(R)을 나타낸 식은?

① $R = \dfrac{\rho}{\pi r^2 l}$　　　　② $R = \dfrac{\rho l}{\pi r^2}$

③ $R = \dfrac{\rho l}{2\pi r}$　　　　④ $R = \dfrac{\rho}{2\pi r l}$

|문|제|풀|이|

[전기저항] $R = \rho \dfrac{l}{A} [\Omega]$

여기서, l : 길이, ρ : 저항률 또는 고유저항, A : 단면적

단면적 $A = \pi r^2$ 이므로 $R = \dfrac{\rho l}{\pi r^2} [\Omega]$　　　【정답】②

04. 220[V]용 100[W] 전구 10개를 12시간 동안 동작시킬 때 전력량[kWh]은?

① 12　　　　　　② 26.4

③ 1000　　　　　④ 12000

|문|제|풀|이|

[전력량] $W = Pt = 100 \times 10 \times 12 = 12000 [\text{Wh}] = 12 [\text{kWh}]$

【정답】①

05. C_1과 C_2가 병렬연결 일 때 합성정전용량[C]은?

① $\dfrac{1}{C_1} + \dfrac{1}{C_2}$ ② $\dfrac{1}{C_1 + C_2}$

③ $C_1 + C_2$ ④ $\dfrac{C_1 C_2}{C_1 + C_2}$

|문|제|풀|이|

[콘덴서의 합성정전용량]

1. 병렬 연결 시 합성정전용량 $C_p = C_1 + C_2$

2. 직렬 연결 시 합성정전용량 $C_s = \dfrac{C_1 C_2}{C_1 + C_2}$

【정답】③

06. 비투자율이 1인 환상 철심 중의 자장의 세기가 H[AT/m]이었다. 이때 비투자율이 10인 물질로 바꾸면 철심의 자속밀도[Wb/m^2]는?

① $\dfrac{1}{10}$로 줄어든다.   ② 10배 커진다.

③ 50배 커진다.   ④ 100배 커진다.

|문|제|풀|이|

[환상 철심의 자속밀도(B)] $B = \mu H = \mu_0 \mu_r H [\text{Wb}/m^2]$

여기서, μ_0 : 진공중의 투자율, μ_s : 비투자율, H : 자장의 세기

1. 비투자율($\mu_r = 1$) → $B_1 = \mu_0 \times 1 \times H [Wb/m^2]$

2. 비투자율($\mu_r = 10$) → $B_2 = \mu_0 \times 10 \times H [Wb/m^2]$

$\therefore \dfrac{B_2}{B_1} = \dfrac{10}{1} = 10[\text{배}]$

【정답】②

07. 50[Hz]에서 60[Hz]로 증가시켰을 때 주기는?

① $\dfrac{6}{5}$로 증가   ② $\dfrac{5}{6}$로 감소

③ $\dfrac{36}{25}$로 증가   ④ $\dfrac{25}{36}$로 감소

|문|제|풀|이|

[주기] $T = \dfrac{1}{f}[\text{sec}]$ → f : 주파수

주파수와 주기는 반비례하므로 $\dfrac{5}{6}$만큼 감소한다.

· $T_{50} = \dfrac{1}{50} = 0.02[\text{sec}]$

· $T_{60} = \dfrac{1}{60} \fallingdotseq 0.0167[\text{sec}]$

【정답】②

08. 다음 회로에서 합성임피던스의 값을 구하면?

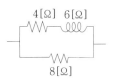

4[Ω] 6[Ω]

8[Ω]

① 3.0   ② 3.2

③ 3.8   ④ 4.2

|문|제|풀|이|

[교류 저항의 임피던스(Z)] $Z = \sqrt{R^2 + X^2}[\Omega]$

여기서, R : 저항[Ω], X : 리액턴스

1. 그림에서 저항 4[Ω]과 리액턴스 6[Ω]의 직렬연결

합성임피던스 $Z_t = \sqrt{R_4^2 + X^2} = \sqrt{4^2 + 6^2} = 2\sqrt{13}$

2. 임피던스 $2\sqrt{3}$[Ω]과 저항 8[Ω]의 병렬연결

$Z_{t//8} = \dfrac{Z_t \times R_8}{Z_t + R_8} = \dfrac{2\sqrt{13} \times 8}{2\sqrt{13} + 8} = 3.79[\Omega]$

【정답】③

09. 다음 회로에서 10[Ω]에 걸리는 전압은 몇[V]인가?

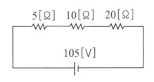

5[Ω] 10[Ω] 20[Ω]

105[V]

① 2   ② 10   ③ 20   ④ 30

|문|제|풀|이|

[전압] $V = IR[V]$

직렬연결 시 합성저항 $R = R_1 + R_2 + R_3 [\Omega]$이므로

$R = 5 + 10 + 20 = 35[\Omega]$

전류 $I = \dfrac{V}{R} = \dfrac{105}{35} = 3[A]$

따라서 10[Ω]에 걸리는 전압(V)

$\therefore V = IR = 3 \times 10 = 30[V]$

【정답】④

10. 다음 중 정현파를 나타내는 것은?

① 사인파   ② 왜형파

③ 펄스파   ④ 사각파

|문|제|풀|이|

[정현파] 사인파

[비정현파] 정현파가 아닌 교류파를 통칭하여 비정현파라 하며, 구형파, 삼각파, 사각파 또는 펄스 등을 말한다.

비정현파는 직류분, 기본파(사인파), 고조파로 구성된다.

【정답】①

11. 도체 운동에 의한 유도기전력의 방향을 나타내는 것은?

① 비오-사바르 법칙

② 플레밍의 왼손 법칙

③ 플레밍의 오른손 법칙

④ 렌츠의 법칙

|문|제|풀|이|

[플레밍의 오른손법칙(발전기 원리)]

자기장 속에서 도선이 움직일 때 자기장의 방향과 도선이 움직이는 방향으로 유도 기전력 또는 유도 전류의 방향을 결정하는 규칙이다.

1. 엄지 : 운동의 방향

2. 검지 : 자속의 방향

3. 중지 : 기전력의 방향

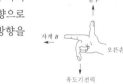

※① 비오-사바르의 법칙비오 : 정상전류가 흐르고 있는 도선 주위의 자기장의 세기를 구하는 법칙, 즉 자게 내 전류 도선이 만드는 자장의 세기

② 플레밍의 왼손법칙 : 자계(H)가 놓인 공간에 길이 l[m]인 도체에 전류(I)를 흘려주면 도체에 왼손의 엄지 방향으로 전자력(F)이 발생한다.

·엄지 : 힘의 방향

·인지 : 자계의 방향

·중지 : 전류의 방향

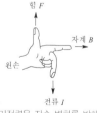

④ 렌츠의 법칙 : 전자 유도에 의해 발생하는 기전력은 자속 변화를 방해하는 방향으로 전류가 발생한다.

【정답】③

12. 공기 중에서 m[Wb]의 자극으로부터 나오는 자속수는?

① m   ② $\mu_0 m$

③ $\dfrac{1}{m}$ ④ $\dfrac{m}{\mu_0}$

|문|제|풀|이|

[자기력선의 자속수] $N = \dfrac{m}{\mu} = \dfrac{m}{\mu_r \mu_0}$[개]

여기서, m : 자극의 세기, $\mu(=\mu_0 \mu_r)$: 투자율 (진공시 $\mu_r = 1$)

그러므로 진공 시 자속수 $N = \dfrac{m}{\mu_0}$[개]

【정답】④

13. 3상 변압기의 병렬운전이 불가능한 결선 방식으로 짝지은 것은?

① $\Delta-\Delta$ 와 Y-Y   ② $\Delta-Y$ 와 $\Delta-Y$

③ Y-Y 와 Y-Y   ④ $\Delta-\Delta$ 와 $\Delta-Y$

|문|제|풀|이|

[변압기의 병렬 운전 불가능]

$\Delta-\Delta$와 $\Delta-Y$, $Y-Y$와 $\Delta-Y$는 변압기의 병렬운전 시 위상차가 발생하므로, 순환전류가 흘러서 과열 및 소손이 발생할 수 있다. 따라서 병렬운전이 불가능하다.

【정답】④

14. $e = 200 \sin(100\pi t)$[V]의 교류전압에서 t=1/600초일 때, 순시값은?

① 100[V]   ② 173[V]

③ 200[V]   ④ 346[V]

|문|제|풀|이|

[순시값]

교류전압 $e = 200 \sin(100\pi t)$에서 t대신 $\dfrac{1}{600}$을 대입하면

$\therefore e = 200 \sin\dfrac{\pi}{6} = 200 \sin 30° = 100$ → ($\sin 30 = 0.5$)

【정답】①

15. 전선에서 길이 1[m], 단면적 $1[mm^2]$의 고유저항이 $10^6[\Omega \cdot mm^2/m]$이다. 이와 같은 고유저항값은?

① $10[\Omega \cdot m]$ ② $100[\Omega \cdot m]$

③ $100[\Omega \cdot cm]$ ④ $1000[\Omega \cdot cm]$

|문|제|풀|이|

[고유저항값]

$1[\Omega \cdot m] = 100[\Omega \cdot cm] = 10^6[\Omega \cdot mm^2/m]$ 【정답】③

16. 2[kV]의 전압으로 충전하여 2[J]의 에너지를 축적하는 콘덴서의 정전용량은?

① $0.5[\mu F]$ ② $1[\mu F]$

③ $2[\mu F]$ ④ $4[\mu F]$

|문|제|풀|이|

[정전용량] $C = \dfrac{2W}{V^2}[F]$ → (정전에너지 $W = \dfrac{1}{2}CV^2$)

$\therefore C = \dfrac{2W}{V^2} = \dfrac{2 \times 2}{(2 \times 10^3)^2} = 1 \times 10^{-6}[F] = 1[\mu F]$ 【정답】②

17. 주기적인 구형파 신호의 성분은 어떻게 되는가?

① 성분 분석이 불가능 하다.

② 직류분 만으로 합성된다.

③ 무수히 많은 주파수의 합성이다.

④ 교류 합성을 갖지 않는다.

|문|제|풀|이|

[구형파] 주기적인 구형파는 기본파+직류분+고조파의 합성이다.

명칭	파형	평균값	실효값	파형률	파고율
구형파 (전파)		V_m	V_m	1	1
구형파 (반파)		$\dfrac{V_m}{2}$	$\dfrac{V_m}{\sqrt{2}}$	$\sqrt{2}$	$\sqrt{2}$

【정답】③

18. 10[Ω]과 15[Ω]의 병렬 회로에서 10[Ω]에 흐르는 전류가 3[A]이라면 전체 전류[A]는?

① 2   ② 3   ③ 4   ④ 5

|문|제|풀|이|

[전전류] $I = \dfrac{V}{R}[A]$

10[Ω], 3[A]의 전류가 흐르면 $V = 10 \times 3 = 30[V]$

병렬이므로 양단에 30[V]의 전압이 걸린다.

즉 합성저항 $R_0 = \dfrac{10 \times 15}{10 + 10} = 6[\Omega]$에 30[V]의 전압이 가해진 것과 같다.

$\therefore$ 전전류 $I = \dfrac{V}{R} = \dfrac{30}{6} = 5[A]$ 【정답】④

19. 질산은을 전기분해할 때 직류 전류를 10시간 흘렸더니 음극에 120.7[g]의 은이 부착하였다. 이때의 전류는 약 몇 [A]인가? (단, 은의 전기화학당량 0.001118[g/C]이다.)

① 1   ② 2   ③ 3   ④ 4

|문|제|풀|이|

[페러데이 법칙] $w = kIt[g]$

여기서, w : 석출량[g], k : 전기화학 당량

I : 전류, t : 통전시간 [sec]

$\therefore$ 전류 $I = \dfrac{w}{kt} = \dfrac{120.7}{0.001118 \times 10 \times 3600} = 3[A]$ 【정답】③

20. 길이 10[cm]의 도선이 자속밀도 $1[Wb/m^2]$의 평등 자장 안에서 자속과 수직방향으로 3[sec] 동안에 12[m] 이동

① 0.1[V]   ② 0.2[V]

③ 0.3[V]   ④ 0.4[V]

|문|제|풀|이|

[기전력] $e = Blv\sin\theta[V]$

$e = Blv\sin\theta[V] = 1 \times 0.1 \times \dfrac{12}{3} \times \sin90°$

$\qquad\qquad = 1 \times 0.1 \times \dfrac{12}{3} = 0.4[V]$

→ (3초 동안 12[m]를 이동했으므로 $\dfrac{12}{3}[m/sec]$)

【정답】④

21. 직류 전동기에서 무부하가 되면 속도가 대단히 높아 져서 위험하기 때문에 무부하 운전이나 벨트를 연결 한 운전을 해서는 안 되는 전동기는?

① 직권전동기   ② 복권전동기

③ 타여자전동기   ④ 분권전동기

|문|제|풀|이|

[직류 직권 전동기] 직류 직권전동기는 운전 중 **벨트가 벗겨지면 무부하 상태**가 되어 위험 속도가 된다.   【정답】①

22. 변압기 V결선의 특징으로 틀린 것은?

① 고장시 응급처치 방법으로 쓰인다.

② 단상변압기 2대로 3상 전력을 공급한다.

③ 부하증가시 예상되는 지역에 시설한다.

④ V결선시 출력은 △결선시 출력과 그 크기가 같다.

|문|제|풀|이|

[변압기 V결선의 특징]
④ V결선은 △결선에 비해 출력이 57.74[%]로 저하된다.
     【정답】④

23. 다음 그림의 직류전동기는 어떤 전동기 인가?

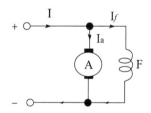

① 직권 전동기   ② 타여자 전동기

③ 분권 전동기   ④ 복권 전동기

|문|제|풀|이|

[직류전동기] 직류 전동기의 종류에는 발전기와 같이 여자 방식에 따라 타여자 전동기, 분권 전동기, 직권 전동기, 복권 전동기(가동 복권, 차동복권)로 분류된다.
그림에서 계자권선이 전기자와 병렬로 연결되어 있으므로 분권전 동기이다.

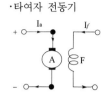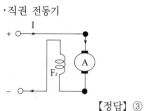

     【정답】③

24. 직류전동기의 전기자에 가해지는 단자전압을 변화 하여 속도를 조정하는 제어법이 아닌 것은?

① 워드레오나드 방식   ② 일그너방식

③ 직·병렬제어   ④ 계자제어

|문|제|풀|이|

[직류전동기의 속도 제어]

구분	제어 특성	특징
계자제어법	<u>계자전류의 변화</u>에 의한 자속의 변화로 속도 제어	속도 제어 범위가 좁다.
전압제어법	·공급전압 V를 변화 ·정토크 제어 -워드 레오나드 방식 -일그너 방식	·제어 범위가 넓다. ·손실이 적다. ·정역운전 가능 ·설비비 많이 듬
저항제어법	전기자 회로의 저항 변화에 의한 속도 제어법	효율이 나쁘다.

③ 직·병렬 제어 : 주전동기의 <u>단자전압을 변화시켜</u> 차량의 속도 제어를 하는 방법   【정답】④

25. 4극 60[Hz], 슬립 5[%]인 유도전동기의 회전수는 몇 [rpm]인가?

① 1836   ② 1710

③ 1540   ④ 1200

|문|제|풀|이|

[전동기의 회전수] $N = \frac{120f}{p}(1-s)[\text{rpm}]$

$\therefore N = \frac{120f}{p}(1-s) = \frac{120 \times 60}{4}(1-0.05) = 1710[rpm]$

     【정답】②

26. 보호를 요하는 회로의 전류가 어떤 일정한 값(정정 값) 이상으로 흘렀을 때 동작하는 계전기는?

① 비율차동계전기

② 과전압계전기

③ 차동계전기

④ 과전류계전기

|문|제|풀|이|⎯⎯⎯⎯⎯⎯⎯⎯⎯⎯

[과전류계전기] 보호를 요하는 회로의 전류가 어떤 일정한 값(정정 값) 이상으로 흘렀을 때 동작

① 비율 차동 계전기 : 1차 전류와 2차 전류차의 비율에 의해 동작

② 과전압 계전기 : 전압이 일정한 값 이상으로 되었을 때 동작

③ 차동 계전기 : 변압기 1차 전류와 2차 전류의 차에 의해 동작

【정답】④

27. 부흐홀츠 계전기의 설치 위치로 가장 적당한 곳은?

① 콘서베이터 내부

② 변압기 고압측 부싱

③ 변압기 주 탱크 내부

④ 변압기 주 탱크와 콘서베이터 사이

|문|제|풀|이|⎯⎯⎯⎯⎯⎯⎯⎯⎯⎯

[브흐홀츠계전기(변압기 보호)] 변압기와 콘서베이터 연결관 도중에 설치

【정답】④

28. 직류 전동기의 속도 제어에서 자속을 2배로 하면 회전수는?

① 1/2로 줄어든다. ② 변함이 없다.

③ 2배로 증가한다. ④ 4배로 증가한다.

|문|제|풀|이|⎯⎯⎯⎯⎯⎯⎯⎯⎯⎯

[직류 전동기의 속도] $N = \dfrac{E}{k_1 \varnothing} = \dfrac{V - R_a I_a}{k_1 \varnothing} [rpm]$

$$\rightarrow (N \propto \frac{1}{\varnothing}, \ k_1 = \frac{pz}{60a})$$

여기서, $\varnothing$: 자속, I_a : 전기자전류, R_a : 전기자저항

V : 단자전압, E : 역기전력 　　【정답】①

29. 변압기, 동기기 등의 층간 단락 등의 내부 고장 보호에 사용되는 계전기는?

① 차동 계전기　　② 접지 계전기

③ 과전압 계전기　④ 역상 계전기

|문|제|풀|이|⎯⎯⎯⎯⎯⎯⎯⎯⎯⎯

[차동계전기] 변압기 1차 전류와 2차 전류의 차에 의해 동작하는 계전기로 변압기 내부 고장 보호에 사용

※② 접지 계전기 : 선로의 접지 검출용

③ 과전압 계전기 : 일정 값 이상의 전압이 걸렸을 때 동작

④ 역상 계전기 : 3상 전기회로에서 단선사고 시 전압 불평형에 의한 사고방지를 목적으로 설치　　【정답】①

30. 수·변전 설비의 고압 회로에 걸리는 전압을 표시하기 위해 전압계를 시설할 때 고압 회로와 전압계 사이에 시설하는 것은?

① 관통형 변압기　　② 계기용 변류기

③ 계기용 변압기　　④ 권선형 변류기

|문|제|풀|이|⎯⎯⎯⎯⎯⎯⎯⎯⎯⎯

[계기용 변압기(PT)] 고전압을 저전압(110[V])으로 변성하여 계기나 계전기에 전압원 공급

※② 계기용 변류기(CT) : 대전류를 소전류(5[A])로 변성, 계기나 계전기에 전류원 공급　　【정답】③

31. 송배전계통에 거의 사용되지 않는 변압기 3상 결선 방식은?

① Y−△　　　　　② Y−Y

③ △−Y　　　　　④ △−△

|문|제|풀|이|⎯⎯⎯⎯⎯⎯⎯⎯⎯⎯

[변압기 3상 결선방식] Y−Y결선은 중성점을 접지하면 3배의 지락전류가 유입되어 이 전류가 통신선로에 큰 유도 장해를 주므로 거의 사용되지 않는다.　　【정답】②

32. 단락비가 큰 동기기에 대한 설명으로 옳은 것은?

① 기계가 소형이다.

② 안정도가 높다.

③ 전압변동률이 크다.

④ 전기자 반작용이 크다.

|문|제|풀|이|

[단락비(K_s)] 단락비는 무부하 포화시험과 3상 단락시험으로부터 구할 수 있다. 단락비 $K_s = \dfrac{I_{f1}}{I_{f2}} = \dfrac{I_s}{I_n} = \dfrac{100}{\%Z_s}$

여기서, I_{f1} : 정격전압을 유지하는데 필요한 계자전류

I_{f2} : 단락전류를 흐르는데 필요한 계자전류

I_s : 3상단락전류[A], I_n : 정격전류[A]

$\%Z_s$: 퍼센트동기임피던스

[단락비가 큰 기계(철기계)의 장·단]

장점	단점
·동기임피던스가 작다.	·철손이 크다.
·전압변동률이 작다.	·효율이 나쁘다.
·공극이 크다.	·설비가 고가이다.
·전기자반작용이 작다.	·단락전류가 커진다.
·계자의 기자력이 크다.	
·전기자기자력은 작다.	
·출력이 향상	
·안정도가 높다.	
·자기여자 방지	

※단락비가 크다는 것은 전기적으로 좋다는 의미

#97~98페이지 [10 단락비와 동기임피던스] 참조　　**【정답】②**

33. 50[Hz], 6극인 3상 유도전동기의 전부하에서 회전수가 955[rpm] 일 때 슬립[%]은?

① 4　　　　　② 4.5

③ 5　　　　　④ 5.5

|문|제|풀|이|

[유도 전동기의 동기속도 및 슬립]

·동기속도 $N_s = \dfrac{120f}{p}$[rpm]　　·슬립 $s = \dfrac{N_s - N}{N_s}$

여기서, N_s : 동기속도, N : 회전자속도, p : 극수, s : 슬립

f : 주파수

주파수 : 50[Hz], 극수 : 6극, 회전자 속도(N) : 955[rpm]

·동기속도 $N_s = \dfrac{120f}{p} = \dfrac{120 \times 50}{6} = 1000$[rpm]

·슬립 $s = \dfrac{N_s - N}{N_s} = \dfrac{1000 - 955}{1000} = 0.045 \times 100 = 4.5$[%]

【정답】②

34. 동기전동기 전기자반작용에 대한 설명이다. 공급 전압에 대한 앞선 전류의 전기자반작용은?

① 감자작용　　　　② 증자작용

③ 교차자화작용　　④ 편자작용

|문|제|풀|이|

[동기 전동기의 전기자 반작용]

① 감자작용(직축 반작용) : 진상(앞선)인 전류(전류가 전압보다 위상이 90°앞선다.)

② 증자작용(직축 반작용) : 지상(뒤진)인 전류(전류가 전압보다 위상이 90°뒤진다.)

③ 교차자화작용(편자작용) : 전압과 전류가 동상

※[전기자반작용] 동기전동기의 전기자반작용은 동기발전기와 반대

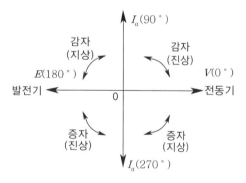

→ (위상 : 반시계방향)　　　　　　　　**【정답】①**

35. 6극 전기자 도체수 400, 매극 자속수 0.01[wb], 회전수 600[rpm]인 파권 직류기의 유기 기전력은 몇 [V]인가?

① 120　　② 140　　③ 160　　④ 180

|문|제|풀|이|

[유기기전력] $E = \dfrac{zp\varnothing N}{60a}$[V]

파권 $a = 2$

$E = \dfrac{zp\varnothing N}{60a}$[V] $= \dfrac{400 \times 6 \times 0.01 \times 600}{2 \times 60} = 120$[V]　　**【정답】①**

36. 다음 중 변압기의 온도 상승 시험법으로 가장 널리 사용되는 것은?

① 무부하 시험법
② 절연내력 시험법
③ 단락 시험법
④ 실부하법

|문|제|풀|이|

[변압기 온도 상승 시험] 실부하법, 반환 부하법, 단락 시험법 등이 있다.

1. 실부하법 : 실제 부하를 여결하여 온도 상승 측정
2. 반환 부하법 : 철손, 동손 측정
3. 단락 시험법 : 단락 전류, 정격 전류

※ 현재 변압기의 온도 상승 시험법으로 가장 널리 사용되는 것은 단락 시험법이다.　　　【정답】③

37. 6600/220[V]인 변압기의 1차에 2850[V]를 가하면 2차 전압[V]은?

① 90
② 95
③ 120
④ 105

|문|제|풀|이|

[변압기의 권수비] $a = \dfrac{E_1}{E_2} = \dfrac{V_1}{V_2} = \dfrac{N_1}{N_2} = \dfrac{I_2}{I_1}$

여기서, a : 권수비, V_1 : 1차전압, V_2 : 2차전압
　　　　N_1 : 1차권선, N_2 : 2차 권선

1차권선(N_1) : 6600[V], 2차권선(N_2) : 220[V]
1차전압(V_1) : 2850[V])

권수비 $a = \dfrac{N_1}{N_2} = \dfrac{6600}{220} = 30$

$a = \dfrac{V_1}{V_2}$에서　2차 전압 $V_2 = V_1 \times \dfrac{1}{a} = \dfrac{2850}{30} = 95[V]$

【정답】②

38. 변압기의 규약 효율은?

① $\dfrac{출력}{입력} \times 100[\%]$

② $\dfrac{출력}{출력 + 손실} \times 100[\%]$

③ $\dfrac{출력}{입력 - 손실} \times 100[\%]$

④ $\dfrac{입력 + 손실}{입력} \times 100[\%]$

|문|제|풀|이|

[변압기의 규약 효율]

1. 전동기(모터)는 입력위주로 규약효율　$\eta_m = \dfrac{입력 - 손실}{입력} \times 100$

→ (전동기: 전기 입력이므로 입력 2번)

2. **발전기, 변압기**는 출력위주로 규약효율 $\eta_g = \dfrac{출력}{출력 + 손실} \times 100$

→ (발전기: 전기 출력이므로 출력 2번)

【정답】②

39. 단상 전파 사이리스터 정류회로에서 부하가 큰 인덕턴스가 있는 경우, 점호각이 60° 일 때의 정류 전압은 약 몇 [V]인가? (단, 전원측 전압의 실효값은 100[V]이고 직류측 전류는 연속이다.)

① 141
② 100
③ 85
④ 45

|문|제|풀|이|

[단상 전파 사이리스터 정류회로]

1. 직류전압 $E_d = \dfrac{2\sqrt{2}}{\pi} E\left(\dfrac{1 + \cos\alpha}{2}\right)[V]$

2. 유도성 부하 $E_d = \dfrac{2\sqrt{2}}{\pi} E\cos\alpha = 0.9 E\cos\alpha[V]$

→ (E : 전원전압)

∴ $E_d = 0.9 E\cos\alpha = 0.9 \times 100 \times \cos 60° = 45[V]$

【정답】④

40. 다음 중 전력 제어용 반도체 소자가 아닌 것은?

① LED
② TRIAC
③ GTO
④ IGBT

|문|제|풀|이|

[LED] 발광 다이오드, 화합물에 전류를 흘려 빛을 발산하는 반도체이다.　　　【정답】①

41. S형 슬리브를 사용하여 전선을 접속하는 경우의 유의 사항이 아닌 것은?

① 전선은 연선만 사용이 가능하다.

② 전선의 끝은 슬리브의 끝에서 조금 나오는 것이 좋다.

③ 슬리브는 전선의 굵기에 적합한 것을 사용한다.

④ 도체는 샌드페이퍼 등으로 닦아서 사용한다.

|문|제|풀|이|

[S형 슬리브 접속]

1. S형 슬리브 접속은 2~3회 꼬아서 접속한다.

2. 전선의 끝은 슬리브 끝에서 조금 나오는 것이 좋다

3. S형 슬리브는 **단선, 연선 어느 것에도 사용**할 수 있다

4. S형 슬리브는 직선접속, 분기접속 모두 가능하다

※슬리브접속 : 단선과 연선의 교차 지점을 접속하는 제품으로 메쉬형 접지 등 다양한 부분에서 사용되고 있다. 슬리브 접속은 단선과 연선 접속 모두 가능하며, 종류로는 C형과 S형 슬리브가 있다. **【정답】①**

42. 폭발성 먼지가 있는 위험장소에 금속관 배선에 의할 경우 관 상호 및 관과 박스 기타의 부속품이나 풀박스 또는 전기기계기구는 몇 턱 이상의 나사 조임으로 접속하여야 하는가?

① 2턱　　　　② 3턱

③ 4턱　　　　④ 5턱

|문|제|풀|이|

[폭발성 먼지가 있는 위험장소의 금속관 공사] 폭연성 먼지가 존재하는 곳의 금속관 공사에 있어서 관 상호간 및 관과 박스 기타의 부속품, 풀박스 또는 전기기계기구와는 <u>5턱 이상</u> 나사 조임으로 접속한다. **【정답】④**

43. 절연 전선으로 가선된 배전 선로에서 활선 상태인 경우 전선의 피복을 벗기는 것은 매우 곤란한 작업이다. 이런 경우 활선 상태에서 전선의 피복을 벗기는 공구는?

① 전선 피박기　　　② 애자커버

③ 와이어 통　　　　④ 데드엔드 커버

|문|제|풀|이|

[전선 피박기] 활선 상태에서 <u>전선의 피복을 벗기는 기구</u>

※② 애자커버 : 애자를 보호

　③ 와이어통 : 활선을 움직이거나 작업권 밖으로 밀어 낼 때 또는 활선을 다른 장소로 옮길 때 사용하는 활선 공구

　④ 데드엔드커버 : 인류 또는 내장주의 선로에서 활선공법을 할 때 작업자가 현수애자 등에 접촉되어 생기는 안전사고를 예방하기 위해 사용 **【정답】①**

44. 한 수용장소의 인입선에서 분기하여 지지물을 거치지 아니히고 다른 수용장소의 인입구에 이르는 부분의 전선을 무엇이라 하는가?

① 이웃 연결 인입선　　② 본딩선

③ 이동 전선　　　　　④ 지중 인입선

|문|제|풀|이|

[저압 이웃 연결(연접) 인입선 시설] <u>한 수용 장소 인입구에서 분기하여 지지물을 거치지 아니하고 다른 수용장소 인입구에 이르는 전선</u>이며 시설 기준은 다음과 같다.

1. 분기하는 점으로부터 100[m]를 초과하지 않을 것

2. 폭 5[m]를 넘는 도로를 횡단하지 않을 것

3. 옥내를 관통하지 않을 것 **【정답】①**

45. 차단기에서 ELB의 용어는?

① 유입차단기　　　② 진공차단기

③ 배전용차단기　　④ 누전차단기

|문|제|풀|이|

[차단기의 종류]

·ELB(누전차단기)

·VCB(진공차단기) : 진공

·OCB(유입차단기) : 기름

·MBB(자기차단기) : 자기장

·ABB(공기차단기) : 가압 공기 **【정답】④**

46. 저압 개폐기를 생략하여도 무방한 개소는?

① 부하 전류를 끊거나 흐르게 할 필요가 있는 개소

② 인입구 기타 고장, 점검, 측정 수리 등에서 개로할 필요가 있는 개소

③ 퓨즈의 전원측으로 분기회로용 과전류차단기 이후의 퓨즈가 플러그퓨즈와 같이 퓨즈교환 시에 충전부에 접촉될 우려가 없을 경우

④ 퓨즈에 근접하여 설치한 개폐기인 경우의 퓨즈 전원측

|문|제|풀|이|

[저압 개폐기를 필요로 하는 개소]
· 부하전류를 단속할 필요가 있는 개소
· 인입구 기타 고장, 측정, 수리, 점검 등에 있어서 개로를 필요가 있는 개소
· 분기회로의 과전류 차단기에 플러그 퓨즈를 사용하는 등 절연저항의 측정 등을 할 때에 그 저압 전로를 개폐할 수 있도록 하는 경우에는 분기 개폐기의 시설을 하지 아니하여도 된다.
【정답】③

47. 배선에 대한 다음 그림 기호의 명칭은?

———————

① 바닥은폐선   ② 천장은폐선

③ 노출배선   ④ 지중매설배선

|문|제|풀|이|

——————— : 천장은폐선
——————— : 바닥은폐선
— — — — : 노출배선
- - - - - - - : 지중매설배선
【정답】②

48. 고압 가공 인입선이 일반적인 도로 횡단 시 설치 높이는?

① 3[m] 이상   ② 3.5[m] 이상

③ 5[m] 이상   ④ 6[m] 이상

|문|제|풀|이|

[저·고압 가공전선의 높이]
1. 도로 횡단 : 6[m] 이상
2. 철도 횡단 : 레일면 상 6.5[m] 이상
3. 횡단 보도교 위 : 3.5[m](고압 4[m])
4. 기타 : 5[m] 이상
【정답】④

49. 저압 옥내 배선을 애자 사용 공사로 나전선으로 시설하였을 때에 이 옥내 배선과 약전류 전선, 수도관, 가스관이 접근하거나 교차하는 경우 상호의 간격은 얼마인가?

① 10[cm] 이상   ② 20[cm] 이상

③ 30[cm] 이상   ④ 40[cm] 이상

|문|제|풀|이|

[배선설비와 다른 공급설비와의 접근]
1. 옥내 배선과 약전류 전선 등 또는 수관·가스관 등과의 간격
　㉠ 저압 : 10[cm] 이상 (나전선인 경우에 30[cm] 이상)
　㉡ 고압 : 15[cm] 이상
2. 다른 옥내 배선 또는 관등 회로의 배선과 접근하거나 교차
　㉠ 저압 : 10[cm] 이상 (나전선인 경우에 30[cm] 이상)
　㉡ 고압 : 15[cm] 이상
　㉢ 특고압 : 60[cm] 이상
　㉣ 애자 사용 공사에 의하여 시설하는 저압 옥내 배선이 나전선인 경우 30[cm] 이상
　㉤ 가스계량기 및 가스관의 이음부와 전력량계 및 개폐기의 간격은 60[cm] 이상
3. 고압 옥내 배선은 애자 사용 공사(건조한 장소로서 전개된 장소에 한함, 전선은 공칭단면적 6[mm^2]의 연동선) 및 케이블 공사, 케이블 트레이 공사에 의하여야 한다.
【정답】③

50. 지지선의 중간에 넣는 애자는?

① 저압 핀애자   ② 구형애자

③ 인류애자   ④ 내장애자

|문|제|풀|이|

[애자의 종류]
① 핀 애자 : 선로의 직선주에 사용
② 구형애자 : 지지선의 중간에 넣어 감전으로부터 보호한다.
③ 인류애자 : 선로의 끝부분에 인류하는 곳에 사용
④ 내장애자 : 내장 부위에 사용되는 애자로, 전선의 방향으로 설비되어 전선의 장력을 지지한다.
【정답】②

51. 다음 중 박강전선관의 규격이 아닌 것은?

① 16[mm]   ② 25[mm]

③ 31[mm]   ④ 51[mm]

|문|제|풀|이|
[후강, 박강 전선관의 규격]
1. 후강 전선관
 ·안지름의 크기에 가까운 짝수
 ·두께 2[mm] 이상   · 길이 3.6[m]
 ·16, 22, 28, 36, 42, 54, 72, 80, 92, 104(c)
2. 박강 전선관
 ·바깥지름의 크기에 가까운 홀수
 ·두께 1.2[mm] 이상
 ·길이 3.6[m]
 ·15, 19, 25, 31, 39, 51, 63, 75(c)   【정답】①

52. 한국전기설비규정에 의하면 정격전류가 30[A]인 저압전로의 과전류차단기를 산업용 배선용 차단기로 사용하는 경우 39[A]이 전류가 통과하였을 때 몇 분 이내에 자동적으로 동작하여야 하는가?

① 60   ② 120

③ 2   ④ 4

|문|제|풀|이|
[과전류트립 동작시간 및 특성(산업용 배선용 차단기)]

정격전류의 구분	시간	정격전류의 배수 (모든 극에 통전)	
		부동작 전류	동작 전류
63[A] 이하	60분	1.05배	1.3배
63[A] 초과	120분	1.05배	1.3배

【정답】①

53. 활선 작업 시 작업자에게 전선의 접근을 방지하는 것은?

① 전선 피박기   ② 애자커버

③ 와이어 통   ④ 데드앤드 커버

|문|제|풀|이|
[와이어통] 활선을 움직이거나 작업권 밖으로 밀어 낼 때 또는 활선을 다른 장소로 옮길 때 사용하는 활선 공구
※① 전선 피박기 : 활선 상태에서 전선의 피복을 벗기는 기구
② 애자 커버 : 애자를 보호
④ 데드엔드커버 : 인류 또는 내장주의 선로에서 활선공법을 할 때 작업자가 현수애자 등에 접촉되어 생기는 안전사고를 예방하기 위해 사용
【정답】③

54. 저압 이웃 연결 인입선의 시설과 관련된 설명으로 틀린 것은?

① 옥내를 통과하지 아니할 것

② 전선의 굵기는 1.5[㎟] 이하 일 것

③ 폭 5[m]를 넘는 도로를 횡단하지 아니할 것

④ 인입선에서 분기하는 점으로부터 100[m]를 넘는 지역에 미치지 아니할 것

|문|제|풀|이|
[저압 이웃 연결(연접) 인입선 시설] 한 수용 장소 인입구에서 분기하여 지지물을 거치지 아니하고 다른 수용장소 인입구에 이르는 전선이며 시설 기준은 다음과 같다.
1. 전선이 케이블인 경우 이외에는 인장강도 2.30[kN] 이상의 것 또는 지름 2.6[mm] 이상의 인입용 비닐절연전선일 것. 다만, 지지물 간 거리가 15[m] 이하인 경우는 인장강도 1.25[kN] 이상의 것 또는 지름 2[mm] 이상의 인입용 비닐절연전선일 것
2. 분기하는 점으로부터 100[m]를 초과하지 않을 것
3. 폭 5[m]를 넘는 도로를 횡단하지 않을 것
4. 옥내를 관통하지 않을 것   【정답】②

55. 전동기나 차단기 등의 전기 설비의 진동으로 연결 단자대가 헐거워졌을 때 현상으로 알맞지 않은 것은?

① 열이 발생한다.

② 아크가 발생한다.

③ 산화물이 발생한다.

④ 접촉 저항이 감소한다.

|문|제|풀|이|
단자대의 접촉이 불량하면 접촉 저항의 증가로 열과 아크가 발생하며 이로 인하여 산화물이 많이 발생한다.   【정답】④

56. 최대 사용전압이 70[kV]인 중성점 직접 접지식 전로의 절연내력 시험 전압은 몇 [V]인가?

① 35000[V]　　　② 42000[V]

③ 44800[V]　　　④ 50400[V]

|문|제|풀|이|

[전로의 절연저항 및 절연내력]

접지방식	최대 사용 전압	시험 전압 (최대 사용 전압 배수)	최저 시험 전압
비접지	7[kV] 이하	1.5배	
	7[kV] 초과	1.25배	10,500[V]
중성점접지	60[kV] 초과	1.1배	75[kV]
중성점직접 접지	60[kV] 초과 170[kV] 이하	0.72배	
	170[kV] 초과	0.64배	
중성점다중 접지	25[kV] 이하	0.92배	

60[kV] 초과 중성점 직접 접지식의 시험전압은 0.72배

∴ 절연내력 시험저압 $= 70000 \times 0.72 = 50400[V]$

【정답】④

57. 가연성 가스가 새거나 체류하여 전기설비가 발화원이 되어 폭발할 우려가 있는 곳에 있는 저압 옥내전기설비의 시설 방법으로 가장 적합한 것은?

① 애자사용공사　　　② 가요전선관공사

③ 셀룰러덕트공사　　　④ 금속관공사

|문|제|풀|이|

[가연성 가스 등이 있는 곳의 저압의 시설]

가연성 가스 또는 인화성 물질의 증기가 새거나 체류하여 전기 설비가 발화원이 되어 폭발할 우려가 있는 곳(프로판 가스 등의 가연성 액화가스, 에타놀, 메타놀 등의 인화성 액체를 다른 용기에 옮기거나 나누는 등의 작업을 하는 곳) 등은 <u>금속관 공사, 케이블 공사</u>(캡타이어 케이블 제외)에 의한다.　　　【정답】④

58. 서로 다른 굵기의 절연전선을 동일 관내에 넣는 경우 금속관의 굵기는 전선의 피복절연물을 포함한 단면적의 총합계가 관의 내 단면적의 몇 [%] 이하가 되도록 선정하여야 하는가?

① 32　　　② 38

③ 45　　　④ 48

|문|제|풀|이|

[금속관 공사의 관의 굵기 선정]

·굵기가 다른 절연전선을 동일 관내에 넣는 경우는 전선 <u>피복절연물을 포함한 단면적의 총합계가 관내 단면적의 32[%]가 되도록 선정하여야 한다.</u>

·관의 굴곡이 적어 쉽게 전선을 끌어낼 수 있는 경우는 동일 굵기로 8[mm²] 이하에서는 전선의 피복절연물을 포함한 단면적의 총합계가 관내 단면적의 48[%] 이하가 되도록 할 수 있다.

【정답】①

59. 2개의 입력 가운데 앞서 동작한 쪽이 우선하고, 다른 쪽은 동작을 금지 시키는 회로는?

① 자기유지회로　　　② 한시운전회로

③ 인터록회로　　　④ 비상운전회로

|문|제|풀|이|

[인터록회로(Interlock)] 한쪽이 동작하면 다른 한쪽은 동작시킬 수 없게 만든 회로

※① 자기유지회로 : 릴레이 코일에 전압을 인가하는 스위치를 온(on)했다가 오프(off)하여도 릴레이 접점이 스위치에 병렬로 연결되어 계속 코일에 전압을 유지하는 회로

　② 한시동작회로 : 타이머를 이용한 회로

【정답】③

※한국전기설비규정(KEC) 적용으로 인해 더 이상 출제되지 않는 문제는 삭제했습니다.

2020년 4회 전기기능사 필기 기출문제

01. 물질 중의 자유전자가 과잉된 상태란?

① (−) 대전상태   ② 발열상태

③ 중성상태   ④ (+) 대전상태

|문|제|풀|이|

[자유전자]

·일정 영역 내에서 움직임이 자유로운 전자
·외부의 자극에 의해 쉽게 궤도를 이탈한 것
① (−) 대전상태 : <u>자유전자가 과잉된 상태</u>
④ (+) 대전상태 : 자유전자를 제거한 상태
③ 중성상태 : 양자와 전자의 수가 동일한 상태

※ 대전 : 전자(−)를 얻어서 전자가 과잉된 상태   【정답】①

02. 컨덕턴스 G[℧], 저항 R[Ω], 전압 V[V], 전류를 I[A]라 할 때 G와의 관계가 옳은 것은?

① $G = \dfrac{R}{V}$ ② $G = \dfrac{I}{V}$

③ $G = \dfrac{V}{R}$ ④ $G = \dfrac{V}{I}$

|문|제|풀|이|

[옴의 법칙] $I = \dfrac{V}{R}[A]$

컨덕턴스 $G = \dfrac{1}{R} \rightarrow R = \dfrac{V}{I}, \ G = \dfrac{I}{V}$ 【정답】②

03. 공기 중에서 반지름 10[㎝]인 원형 도체에 1[A]의 전류가 흐르면 원의 중심에서 자기장의 크기는 몇 [AT/m]인가?

① 5[AT/m]   ② 10[AT/m]

③ 15[AT/m]   ④ 20[AT/m]

|문|제|풀|이|

[원형코일 중심의 자기장의 세기] $H = \dfrac{NI}{2r}[AT/m]$

여기서, N : 권수, I : 전류, r : 반지름

$\therefore H = \dfrac{NI}{2r}[AT/m] = \dfrac{1}{2 \times 0.1} = 5[AT/m]$ 【정답】①

04. 기전력 1.5[V], 내부 저항 0.2[Ω]인 전지 5개를 직렬로 접속하여 단락시켰을 때의 전류[A]는?

① 1.5[A]   ② 2.5[A]

③ 6.5[A]   ④ 7.5[A]

|문|제|풀|이|

[전지의 직렬 접속 시의 전류] $I = \dfrac{nE}{nr + R}[A]$

여기서, n : 전지의 직렬 개수, R : 부하저항

     r : 내부저항, E : 전지의 기전력

기전력(E) : 1.5[V], 내부저항(r) : 0.2[Ω], 전지개수(n) : 5개

$I = \dfrac{nE}{nr + R} = \dfrac{5 \times 1.5}{5 \times 0.2} = 7.5[A]$

→ (부하저항(R)에 대한 언급이 없으므로 $R = 0$으로 한다.)
     【정답】④

05. 1[Ah]는 몇 [C]인가?

① 7200   ② 3600

③ 120   ④ 60

|문|제|풀|이|

$Q = It[C]$는 1[A]의 전류가 1[sec]동안 흐른 것
1[Ah] = 1[A] 전류가 1시간 동안흐른 것
$\therefore Q = 1[A] \times 3600[sec] = 3600[C]$ 【정답】②

06. 키르히호프의 법칙을 맞게 설명한 것은?

① 제1법칙은 전압에 관한 법칙이다.

② 제1법칙은 전류에 관한 법칙이다.

③ 제1법칙은 회로망의 임의의 한 폐회로 중의 전압 강하의 대수합과 기전력의 대수 은 같다.

④ 제2법칙은 회로망에 유입하는 전력의 합은 유출하는 전류의 합과 같다.

|문|제|풀|이|

[키르히호프의 법칙]

1. 키르히호프 제1법칙 : 접합점법칙 또는 전류법칙이라고 한다. 회로 내의 어느 점을 취해도 그곳에 흘러들어오거나(+) 흘러나가는(-) 전류를 음양의 부호를 붙여 구별하면, 들어오고 나가는 전류의 총계는 0이 된다.

2. 키르히호프 제2법칙 : 폐회로 법칙, 고리법칙 또는 전압법칙이라고 한다. 임의의 닫힌 회로(폐회로)에서 회로 내의 모든 전위차의 합은 0이다. 【정답】②

---

07. 다음 회로에서 a, b 간의 합성저항은?

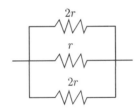

① $\dfrac{r}{2}[\Omega]$ ② $\dfrac{r}{3}[\Omega]$

③ $\dfrac{r}{4}[\Omega]$ ④ $\dfrac{r}{5}[\Omega]$

|문|제|풀|이|

[병렬 연결 시의 합성저항] $R = \dfrac{1}{\dfrac{1}{R_1} + \dfrac{1}{R_2} + \dfrac{1}{R_3}}[\Omega]$

∴합성저항 $R = \dfrac{1}{\dfrac{1}{R_1} + \dfrac{1}{R_2} + \dfrac{1}{R_3}} = \dfrac{1}{\dfrac{1}{2r} + \dfrac{1}{r} + \dfrac{1}{2r}} = \dfrac{r}{2}[\Omega]$

【정답】①

---

08. 기전력 120[V], 내부저항(r)이 15[Ω]인 전원이 있다. 여기에 부하저항(R)을 연결하여 얻을 수 있는 최대 전력(W)은? (단, 최대 전력 전달 조건은 $r = R$ 이다.)

① 100 ② 140

③ 200 ④ 240

|문|제|풀|이|

[교류 회로의 유효 전력(P) 및 전류(I)]

·전류 $I = \dfrac{V}{R}[A]$

여기서, I : 전류[A], V : 전압[V]

  R : 전체저항(내부저항+부하저항)

·유효전력 $P = I^2 R[W]$

여기서, I : 전류[A], R : 저항(실제저항, 즉 부하저항)

기전력(V) : 120[V], 내부저항(r) : 15[Ω]

최대전력은 내부저항과 부하저항이 같을 때이다($r = R$)

따라서 부하저항(R)도 15[Ω]이므로 저항합이 30[Ω]

전류 $I = \dfrac{V}{R} = \dfrac{120}{30} = 4[A]$

→ (R(전체저항)=내부저항 + 부하저항)

∴전력 $P = I^2 R = 4^2 \times 15 = 240[W]$

→ (R : 실제저항, 즉 부하저항)

【정답】④

---

09. 다음이 설명하는 것은?

금속 A와 B로 만든 열전쌍과 접점 사이에 임의의 금속 C를 연결해도 C의 양 끝의 접점의 온도를 똑같이 유지하면 회로의 열기전력은 변화하지 않는다.

① 제벡효과 ② 톰슨효과

③ 제3금속의 법칙 ④ 펠티에법칙

|문|제|풀|이|

① 제벡효과 : 서로 다른 두 종류의 금속선을 접합하여 폐회로를 만든 후 두 접합점의 온도를 달리하였을 때, 폐회로에 열기전력이 발생하여 열전류가 흐르게 된다. 이러한 현상을 제벡효과라 하며 이때 연결한 금속 루프를 열전대라 한다.

② 톰슨효과 : 동일 종류 금속 접속면에서의 열전 현상

④ 펠티에효과 : 두 종류 금속 접속면에 전류를 흘리면 접속점에서 열의 흡수, 발생이 일어나는 효과 【정답】③

10. 2차 전지의 대표적인 것으로 납축전지가 있다. 전해액으로 비중 약 (㉠) 정도의 (㉡)을 사용한다. ㉠와 ㉡에 들어갈 내용으로 알맞은 것은?

① 1.25~1.36, 질산

② 1.15~1.21, 묽은황산

③ 1.01~1.15, 질산

④ 1.23~1.26, 묽은황산

|문|제|풀|이|

[연축 전지 화학 반응식]

$$PbO_2 + 2H_2SO_4 + Pb \underset{\text{충전}}{\overset{\text{방전}}{\rightleftarrows}} PbSO_4 + 2H_2O + PbSO_4$$
양극　　전해액　　음극　　　양극　　전해액　　음극

1. 충전 시 전해액 : 농도 27~30[%], 비중 1.2~1.3의 묽은황산 (H_2SO_4)
2. 공칭전압 : 2.0[V/cell]
3. 공칭용량 : 10[Ah]
4. 방전 종료 전압 : 1.8[V]　　　　　　　【정답】④

11. 납축전지가 완전히 충전되면 양극은 무엇으로 변하는가?

① $PbSO_4$

② PbO_2

③ H_2SO_4

④ Pb

|문|제|풀|이|

[연축 전지]

1. 화학 반응식
$$PbO_2 + 2H_2SO_4 + Pb \underset{\text{충전}}{\overset{\text{방전}}{\rightleftarrows}} PbSO_4 + 2H_2O + PbSO_4$$
양극　　전해액　　음극　　　양극　　전해액　　음극

2. 충전 시 전해액 : 묽은 황산(H_2SO_4)
3. 공칭전압 : 2.0[V/cell]
4. 공칭용량 : 10[Ah]
5. 방전 종료 전압 : 1.8[V]　　　　　　　【정답】②

12. 도면과 같이 공기 중에 놓인 2×10^{-8} [C]의 전하에서 2[m] 떨어진 점 P와 1[m] 떨어진 점 Q 와의 전위차는 몇 [V] 인가?

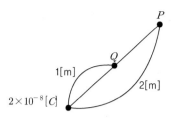

① 80[V]　　　　　　② 90[V]

③ 100[V]　　　　　④ 110[V]

|문|제|풀|이|

[두 지점 사이의 전위차] $V_d = \dfrac{Q}{4\pi\epsilon_0\epsilon_s}\left(\dfrac{1}{r_1} - \dfrac{1}{r_2}\right)[V]$

여기서, Q : 전기량[C], r : 두 전하 사이의 거리[m]
　　　　ϵ_0 : 진공중의 유전율($= 8.855 \times 10^{-12}$[F/m])
　　　　ϵ_s : 비유전율(진공중에서1)

Q(전하) : 2×10^{-8}[C]

$$V_d = \frac{Q}{4\pi\epsilon_0}\left(\frac{1}{r_Q} - \frac{1}{r_P}\right) = 9 \times 10^9 \times 2 \times 10^{-8} \times \left(\frac{1}{1} - \frac{1}{2}\right) = 90[V]$$

$$\rightarrow \left(\frac{1}{4\pi\epsilon_0} \fallingdotseq 9 \times 10^9\right)$$

【정답】②

13. 다음 설명 중에서 틀린 것은?

① 리액턴스는 주파수의 함수이다.

② 콘덴서는 직렬로 연결할수록 용량이 커진다.

③ 저항은 병렬로 연결할수록 저항치가 작아진다.

④ 코일은 직렬로 연결할수록 인덕턴스가 커진다.

|문|제|풀|이|

① 리액턴스는 주파수의 함수이다.
　　→ 유도성 리액턴스 : $X_L = \omega L = 2\pi f L[\Omega]$

② 콘덴서는 직렬로 연결할수록 용량이 작아신다.
$$\rightarrow C_0 = \frac{1}{\frac{1}{C_1} + \frac{1}{C_2}} = \frac{C_1 \times C_2}{C_1 + C_2}[\Omega]$$

③ 저항은 병렬로 연결할수록 저항치가 작아진다.
$$\rightarrow R_0 = \frac{1}{\frac{1}{R_1} + \frac{1}{R_2}} = \frac{R_1 \times R_2}{R_1 + R_2}[\Omega]$$

④ 코일은 직렬로 연결할수록 인덕턴스가 커진다.
　　→ $L = L_1 + L_2 \pm 2M$　　　　　　　【정답】②

14. 자기력선에 대한 설명으로 옳지 않은 것은?

① 자석의 N극에서 시작하여 S극에서 끝난다.
② 자기장의 방향은 그 점을 통과하는 자기력선의 방향으로 표시한다.
③ 자기력선은 상호간에 교차한다.
④ 자기장의 크기는 그 점에 있어서의 자기력선의 밀도를 나타낸다.

|문|제|풀|이|

[자기력선의 성질]

· 자기력선은 자석의 N극에서 출발하여 S극에서 끝난다.
· 자기력선은 상호 교차하지 않는다.
· 같은 방향의 자기력선까지는 서로 반발력이 작용한다.
· 자기력선의 총수 $N = \dfrac{m}{\mu}$[개]

$\rightarrow$ (m : 자극의 세기, μ : 투자율($\mu_0 \mu_r$)

【정답】③

15. 반지름 r[m], 권수 N회의 환상 솔레노이드에 $I[A]$의 전류가 흐를 때, 그 내부의 자장의 세기 H[AT/m]는 얼마인가?

① $\dfrac{NI}{r^2}$
② $\dfrac{NI}{2\pi}$
③ $\dfrac{NI}{4\pi r^2}$
④ $\dfrac{NI}{2\pi r}$

|문|제|풀|이|

[환상 솔레노이드의 내부 자기장의 세기] $H = \dfrac{NI}{l} = \dfrac{NI}{2\pi r}$[AT/m]

여기서, N : 코일의 권수, I : 전류[A]

l : 자로(자속의 통로)의 길이[m], r : 반지름

【정답】④

16. 공기 중에서 5[cm] 간격을 유지하고 있는 2개의 평행 도선에 각각 10[A]의 전류가 동일한 방향으로 흐를 때 도선 1[m]당 발생하는 힘의 크기[N]는?

① 4×10^{-4}
② 2×10^{-5}
③ 4×10^{-5}
④ 2×10^{-4}

|문|제|풀|이|

[평행 도선에 길이당 작용하는 힘] $F = \dfrac{\mu_0 I_1 I_2}{2\pi r}$[N/m]

여기서, μ_0 : 진공중의 투자율($4\pi \times 10^{-7}$[H/m]), I_1, I_2 : 전류
r : 도체 사이의 거리

도체 사이의 거리 : 5[cm](0.05[m]), 전류(I_1, I_2) : 각각 10[A]

평행도선 단위 길이당 작용하는 힘(F)

$F = \dfrac{\mu_0 I_1 I_2}{2\pi r} = 4\pi \times 10^{-7} \dfrac{I_1 I_2}{2\pi r} = \dfrac{2 I_1 I_2}{r} \times 10^{-7}$

$\rightarrow (\mu_0 = 4\pi \times 10^{-7})$

$= \dfrac{2 \times 10 \times 10}{0.05} \times 10^{-7} = 4 \times 10^{-4}$[N/m]

【정답】①

17. $i_1 = 8\sqrt{2} \sin\omega t[A]$, $i_2 = 4\sqrt{2} \sin(wt + 180°)[A]$과의 차에 상당한 전류의 실효값은?

① 4[A]
② 6[A]
③ 8[A]
④ 12[A]

|문|제|풀|이|

[정현파 교류의 순시값, 최대값, 실효값]

· 순시값 $i(t) = I_m \sin\theta = \sqrt{2} I \sin(\omega t)$
· 최대값 $I_m = \sqrt{2} I[A]$

여기서, I_m : 최대값, I : 실효값

$i_1 = 8\sqrt{2} \sin\omega t[A]$, $i_2 = 4\sqrt{2} \sin(wt + 180°)$

순시값 $i(t) = I_m \sin\theta = I\sqrt{2} \sin(\omega t)$이므로

i_1의 실효값 $I_1 = 8$, i_2의 실효값 $I_2 = -4$

$\therefore$ 실효값 $I = I_1 - I_2 = 8 - (-4) = 12[A]$

【정답】④

18. $\dot{I} = 8 + j6$[A]로 표시되는 전류의 크기 I[A]는 얼마인가?

① 6
② 8
③ 10
④ 12

|문|제|풀|이|

[정현파 교류의 복소수의 실효값]

$A = a + jb$에서 실효값(크기) $|A| = \sqrt{a^2 + b^2}$ 이므로

$\dot{I} = 8 + j6$[A]에서 전류의 크기(실효값)

$|\dot{I}| = \sqrt{8^2 + 6^2} = 10[A]$

【정답】③

19. 저항 4[Ω], 유도 리액턴스 8[Ω], 용량 리액턴스 5[Ω]이 직렬로 된 회로에서의 역률은 얼마인가?

① 0.8   ② 0.7   ③ 0.6   ④ 0.5

|문|제|풀|이|

[역률] $\cos\theta = \dfrac{R}{\sqrt{R^2+X^2}}$

임피던스 $Z = R + jX_L - jX_c = 4 + j8 - j5 = 4 + j3[\Omega]$

∴역률 $\cos\theta = \dfrac{R}{\sqrt{R^2+X^2}} = \dfrac{4}{\sqrt{4^2+3^2}} = 0.8$　　　【정답】①

20. 교류의 파형률이란?

① $\dfrac{최대값}{실효값}$　　　　② $\dfrac{평균값}{실효값}$

③ $\dfrac{실효값}{평균값}$　　　　④ $\dfrac{실효값}{최대값}$

|문|제|풀|이|

1. 파형률 = $\dfrac{실효치}{평균치}$

2. 파고율 = $\dfrac{최대치}{실효치}$　　　　　　　【정답】③

21. 직류 분권발전기가 있다. 전기자 총도체수 220, 극수 6, 회전수 1500[rpm] 일 때 유기기전력이 165[V]이면 매극의 자속수는 몇 [Wb]인가? (단, 전기자권선은 파권이다.)

① 0.01   ② 1.2   ③ 1.5   ④ 2

|문|제|풀|이|

[자속] $\varnothing = \dfrac{E60a}{zpN}$ → (유기기전력 $E = \dfrac{zp\varnothing N}{60a}[V]$)

여기서, p : 극수, z : 도체수, a : 병렬회로수, N : 회전수(rpm)
파권이므로 $a = 2$

∴자속 $\varnothing = \dfrac{E60a}{zpN} = \dfrac{165 \times 60 \times 2}{220 \times 6 \times 1500} = 0.01$

【정답】①

22. 속도를 광범위하게 조정할 수 있으므로 압연기나 엘리베이터 등에 사용되는 직류 전동기는?

① 직권 전동기　　　② 분권 전동기

③ 타여자 전동기　　④ 가동 복권 전동기

|문|제|풀|이|

[직류 전동기의 종류 및 용도]

종류	용도
타여자	압연기, 대형권상기, 크레인, 엘리베이터
분권	환기용 송풍기
직권	전차, 권상기, 크레인 등
가동복권	크레인, 엘리베이터, 공작기계, 공기압축기

※1. 광범위하다 : 타여자전동기
　2. 일정하다 : 분권전동기
　3. 힘이 세다 : 직권전동기　　　　　　　【정답】③

23. 직류 전동기를 기동할 때 전기자 전류를 제한하는 가감 저항기를 무엇이라 하는가?

① 단속기　　　　　② 제어기

③ 가속기　　　　　④ 기동기

|문|제|풀|이|

[기동기] 직류전동기의 기동 시동장치로서 기동할 때 전기기자에 직렬로 외부 저항을 넣어 전류를 제한하고 전동기가 회전할 때 역기전력이 발생되므로 전류가 감소하고 외부 저항이 감소된다.
【정답】④

24. 직류 전동기에 있어 무부하일 때의 회전수 n_0은 1200[rpm], 정격부하일 때의 회전수 n_n은 1150[rpm]이라 한다. 속도변동률은?

① 약 3.45[%]　　　② 약 4.16[%]

③ 약 4.35[%]　　　④ 약 5.0[%]

|문|제|풀|이|

[직류 전동기의 속도변동률(ϵ)] $\epsilon = \dfrac{N_0 - N_n}{N_n} \times 100[\%]$

여기서, N_0 : 무부하 시 회전수(속도)
　　　　N_n : 정격부하 시의 회전수(속도)
무부하일 때의 회전수(n_0) : 1200[rpm]
정격부하일 때의 회전수(n_n) : 1150[rpm]

∴$\epsilon = \dfrac{n_0 - n_n}{n_n} \times 100 = \dfrac{1200 - 1150}{1150} \times 100 = 4.35[\%]$

【정답】③

25. 직류전동기의 속도 제어 방법이 아닌 것은?

① 전압 제어 ② 계자 제어

③ 저항 제어 ④ 플러깅 제어

|문|제|풀|이|

[전동기의 속도 제어 방법] 직류 전동기의 속도 제어 방법은 <u>전압</u> <u>제어, 계자 제어, 저항 제어</u>의 방법이 있다.

정출력 제어법은 $P = T\omega$ 에서 P가 일정하므로 $E = K\phi N$에서 계자저항 R_f는 조정해서 ϕ를 조정 $\phi \propto \dfrac{1}{N}$을 이용해서 속도 조정하는 방법이다.

※1. 정출력 제어 : 계자 제어
 2. 정토크 제어 : 전압 제어

【정답】④

26. 동기기의 전기자 권선법이 아닌 것은?

① 전절권 ② 분포권

③ 2층권 ④ 중권

|문|제|풀|이|

[동기의 권선법] 동기기 전기자 권선법은 **2층권, 단절권, 분포권** 사용
1. 전절권이란 코일 간격이 극 간격과 같은 것이다.
2. 단절권이란 코일 간격이 극 간격보다 작은 것이다.
3. 동기기에는 **단층권과 전절권은 사용하지 않는다.**

【정답】①

27. 변압기의 권수비가 60일 때 2차측 저항이 0.1[Ω]이다. 이것을 1차로 환산하면 몇 [Ω]인가?

① 310 ② 360

③ 390 ④ 410

|문|제|풀|이|

[변압기의 권수비(a)] $a = \dfrac{N_1}{N_2} = \dfrac{V_1}{V_2} = \dfrac{I_2}{I_1} = \sqrt{\dfrac{R_1}{R_2}} = \sqrt{\dfrac{Z_1}{Z_2}}$

권수비(a) : 60, 2차 저항(R_2) : 0.1[Ω]

$a = \sqrt{\dfrac{R_1}{R_2}} \rightarrow 60 = \sqrt{\dfrac{R_1}{0.1}} \rightarrow 3600 = \dfrac{R_1}{0.1} \quad \therefore R_1 = 360$

【정답】②

28. 50[Hz]의 변압기에 60[Hz]의 같은 전압을 가했을 때 자속밀도는 50[Hz] 때의 몇 배인가?

① $\dfrac{6}{5}$ ② $\dfrac{5}{6}$

③ $\left(\dfrac{6}{5}\right)^2$ ④ $\left(\dfrac{6}{5}\right)^{1.6}$

|문|제|풀|이|

[변압기에서의 유기기전력] $e = 4.44 f N \varnothing_m k_m$

e가 일정할 경우

주파수가 50[Hz]에서 60[Hz]로 높아질 경우 자속밀도는 작아진다.

$\therefore \dfrac{f_{60}}{f_{50}} = \dfrac{B_{50}}{B_{60}} = \dfrac{50}{60} = \dfrac{5}{6}$

【정답】②

29. 변압기의 퍼센트 저항강하가 3[%], 퍼센트 리액턴스 강하가 4[%] 이고, 역률이 80[%] 지상이다. 이 변압기의 전압변동률[%]은?

① 3.2 ② 4.8

③ 5.0 ④ 5.6

|문|제|풀|이|

[전압변동률] $\epsilon = p\cos\theta \pm q\sin\theta [\%]$

 → (지상(뒤짐)부하시 : +, 진상(앞섬)부하시 : −, 언급이 없으면 +)

여기서, p : %저항강하, q : %리액턴스강하, θ : 부하 Z의 위상각

퍼센트 저항강하(p) : 3[%], 퍼센트 리액턴스 강하(q) : 4[%]

역률($\cos\theta$) : 80[%] 지상

$\therefore \epsilon = p\cos\theta + q\sin\theta = 3 \times 0.8 + 4 \times 0.6 = 4.8[\%]$

 → $(\sin\theta = \sqrt{1 - \cos^2\theta} = \sqrt{1 - 0.8^2} = 0.6)$

【정답】②

30. 4극 60[Hz], 슬립 3[%]인 3상 유도전동기의 회전수는 몇 [rpm]인가?

① 1200 ② 1526

③ 1746 ④ 1800

|문|제|풀|이|

[전동기의 회전수] $N = \dfrac{120f}{P}(1-s)$

$N = \dfrac{120f}{P}(1-s) = \dfrac{120 \times 60}{4}(1 - 0.03) = 1746[rpm]$ 【정답】③

31. 변압기유의 구비 조건으로 옳은 것은?

① 절연 내력이 클 것

② 인화점이 낮을 것

③ 응고점이 높을 것

④ 비열이 작을 것

|문|제|풀|이|

[변압기 절연유의 구비 조건]

1. 절연 저항 및 절연 내력이 클 것
2. 절연 재료 및 금속에 화학 작용을 일으키지 않을 것
3. 인화점이 높고(130도 이상) 응고점이 낮을(-30도) 것
4. 점도가 낮고(유동성이 풍부) 비열이 커서 냉각 효과가 클 것
5. 고온에 있어 석출물이 생기거나 산화하지 않을 것
6. 열팽창 계수가 적고 증발로 인한 감소량이 적을 것

【정답】①

32. 수전단 발전소용 변압기 결선에 주로 사용하고 있으며 한쪽은 중성점을 접지할 수 있고 다른 한쪽은 제3고조파에 의한 영향을 없애주는 장점을 가지고 있는 3상 결선 방식은?

① Y-Y ② △-△

③ Y-△ ④ V

|문|제|풀|이|

[3상 Y-△, △-Y 결선의 특징]

1. 중성점을 접지할 수 있고 다른 한쪽은 제3고조파에 의한 영향을 없애주는 장점
2. Y-△ 강압용, △-Y 승압용
3. Y결선의 중성점을 접지할 수 있으므로 이상 전압으로부터 변압기를 보호할 수 있다.

【정답】③

33. 변압기 절연내력 시험 중 권선의 층간 절연시험은?

① 충격전압 시험 ② 무부하 시험

③ 가압 시험 ④ 유도 시험

|문|제|풀|이|

[변압기 절연내력 시험] 절연 내력 시험에는 가압시험, 충격전압시험, 유도시험, 오일의 절연파괴전압시험 등이 있다. 이중 권선의 층간 절연시험은 유도시험이다.

【정답】④

※① 충격전압 시험 : 충격 전압에 의한 내전압, 불꽃방전전압, 절연파괴 시험의 총칭이다.

② 무부하 시험 : 무부하 운전에 의한 시험을 말하며, 무부하손을 측정할 수 있다.

34. 3상 유도전동기의 회전 원리를 설명한 것 중 틀린 것은?

① 회전자의 회전속도가 증가할수록 도체를 관통하는 자속수가 감소한다.

② 회전자의 회전속도가 증가할수록 슬립은 증가한다.

③ 부하를 회진시키기 위해서는 회선자의 속도는 동기속도 이하로 운전 되어야 한다.

④ 3상 교류전압을 고정자에 공급하면 고정자 내부에서 회전 자기장이 발생된다.

|문|제|풀|이|

[3상 유도전동기의 슬립] $s = \dfrac{N_s - N}{N_s}$

(N_s : 동기속도, N : 회전속도)

따라서, 회전자의 회전속도가 증가할수록 슬립은 작아진다.

【정답】②

35. 유도전동기의 동기속도 n_s, 회전속도 n일 때 슬립은?

① $s = \dfrac{n_s - n}{n}$ ② $s = \dfrac{n - n_s}{n}$

③ $s = \dfrac{n_s - n}{n_s}$ ④ $s = \dfrac{n_s + n}{n_s}$

|문|제|풀|이|

[유도전동기의 슬립] $s = \dfrac{N_s - N}{N_s}$

·동기속도 $N_s = \dfrac{120f}{p}$[rpm] ·상대속도 $N_s - N = sN_s$

∴슬립 $s = \dfrac{N_s - N}{N_s}$

여기서, N_s : 동기속도, N : 회전자속도, f : 주파수

p : 극수, s : 슬립 【정답】③

36. 역률과 효율이 좋아서 가정용 선풍기, 전기세탁기, 냉장고 등에 주로 사용되는 것은?

① 분상 기동형 전동기

② 반발 기동형 전동기

③ 콘덴서 기동형 전동기

④ 세이딩 코일형 전동기

|문|제|풀|이|
[콘덴서기동형 전동기] 역률과 효율이 좋아서 가정용 선풍기, 전기세탁기, 냉장고 등에 주로 사용

※① 분상기동형 : 팬, 송풍기 등에 사용
　② 반발기동형 : 기동 토크가 가장 크다.
　④ 세이딩코일형 : 수십 와트 이하의 소형 전동기에 사용

【정답】③

37. 일정한 주파수의 전원에서 운전하는 3상 유도전동기의 전원 전압이 80[%]가 되었다면 토크는 약 몇 [%]가 되는가? (단, 회전수는 변하지 않는 상태로 한다.)

① 55　　　　② 64

③ 76　　　　④ 82

|문|제|풀|이|
[3상 유도전동기의 토크] 3상 유도 전동기의 토크(τ)는 전압(V_2)의 제곱에 비례한다.
따라서 $\tau \propto (0.8V_2)^2 = 0.64V_2^2$
기동토크는 64[%]가 된다.

【정답】②

38. 전선 접속 시 사용되는 슬리브(Sleeve)의 종류가 아닌 것은?

① D형　　　　② S형

③ E형　　　　④ P형

|문|제|풀|이|
[슬리브의 종류] 슬리브(Sleeve)의 종류로는 S형, E형, P형, 매킹타이어 슬리브 등이 있다.

【정답】①

39. 교류 전동기를 기동할 때 그림과 같은 기동 특성을 가지는 전동기는? (단, 곡선 (1)~(5)는 기동 단계에 대한 토크 특성 곡선이다.)

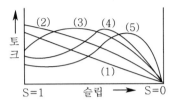

① 반발 유도 전동기

② 2중 농형 유도 전동기

③ 3상 분권 정류자 전동기

④ 3상 권선형 유도 전동기

|문|제|풀|이|
[권선형 유도전동기의 비례추이] 2차 회로 저항(외부 저항)의 크기를 조정함으로써 슬립을 바꾸어 속도와 토크를 조정하는 것이다. 최대 토크는 불변

【정답】④

40. 6극 1200[rpm]의 교류 발전기와 병렬 운전하는 극수 8의 동기 발전기의 회전수[rpm]는?

① 1200　　　　② 1000

③ 900　　　　④ 750

|문|제|풀|이|
[동기발전기의 회전수] $N = \dfrac{120f}{p}[rpm]$

병렬 운전이므로 주파수가 같아야 한다.

주파수 $f = \dfrac{Np}{120} = \dfrac{1200 \times 6}{120} = 60[Hz]$

8극 동기발전기의 회전수 $N = \dfrac{120f}{p} = \dfrac{120 \times 60}{8} = 900[rpm]$

【정답】③

41. 자가용 전기 설비의 보호 계전기의 종류가 아닌 것은?

① 과전류 계전기　　② 과전압 계전기

③ 부족 전압 계전기　④ 부족 전류 계전기

|문|제|풀|이|
[부족 전류 계전기] 부족 전류 계전기는 보호 목적보다는 주로 제어용으로 사용된다.

【정답】④

42. 전압을 일정하게 유지하기 위해서 이용되는 다이오드는?

① 발광 다이오드　　② 포토 다이오드

③ 제너 다이오드　　④ 바리스터 다이오드

|문|제|풀|이|

[제너 다이오드] 제너 다이오드는 정전압 소자로 만든 PN 접합 다이오드로서 정전압 다이오드라고 하며 전압의 범위는 약 3[V]~150[V] 정도까지 다양한 종류가 있다. <u>일정한 전압을 얻을</u> 목적으로 사용한다.

※① 발광 다이오드 : 빛 발산 스위치, Pilot Lamp
　② 포토 다이오드 : 빛에너지를 전기에너지로 변환한다.
　④ 바리스터 다이오드 : 제너 다이오드와 기본적인 동작은 같다. 단, 제너 다이오드 보다 전압이 높고, 쌍방향으로 동작한다.

【정답】③

43. 인입용 비닐절연전선을 나타내는 약호는?

① OW　　② EV

③ DV　　④ NV

|문|제|풀|이|

1. OW : 옥외용 비닐절연전선
2. <u>DV : 인입용 비닐절연전선</u>
3. IV : 옥내용 비닐절연전선
4. VV : 비닐절연 비닐외장케이블
5. NV : 클로로프렌 절연 비닐 외장 케이블　　【정답】③

44. 조명용 백열전등을 호텔 또는 여관 객실의 입구에 설치 할 때나 일반 주택 및 아파트 각 실의 현관에 설치할 때 사용되는 스위치는?

① 타임스위치　　② 누름버튼스위치

③ 토글스위치　　④ 로터리스위치

|문|제|풀|이|

[점멸기의 시설] 조명용 백열전등은 다음의 경우에 <u>타임스위치</u>를 시설하여야 한다.

설치장소	소등시간
여관, 호텔의 객실 입구 등	1분 이내 소등
주택, APT각 호실의 현관 등	3분 이내 소등

【정답】①

45. 전선로의 직선 부분을 지지하는 애자는?

① 핀애자　　② 지지애자

③ 가지애자　　④ 구형애자

|문|제|풀|이|

[핀애자] 선로의 <u>직선주에 사용</u>

※③ 고압 가지애자 : 전선을 다른 방향으로 돌리는 부분에 사용
　④ 구형애자 : 지지선의 중간에 넣어 감전으로부터 보호한다.

【정답】①

46. 합성수지관을 새들 등으로 지지하는 경우 지지점간이 거리는 몇 [m] 이하 인가?

① 1.5　　② 2.0

③ 2.5　　④ 3.0

|문|제|풀|이|

[합성수지관 공사]
1. 전선은 절연전선(OW제외)일 것
2. 전선은 연선일 것
　(단선은 지름 1.6[mm] 이상으로 하고 지름 3.2[mm] 이상은 연선으로 한다(AL선은 4[mm] 이상)).
3. 관 안에는 전선 접속점이 없을 것
4. 관의 두께는 2.0[mm] 이상일 것
5. 관 상호간 및 박스와는 삽입하는 깊이를 관 바깥지름의 1.2배(접착제 사용하는 경우 0.8배) 이상으로 견고하게 접속할 것
6. <u>관의 지지점간의 거리는 1.5[m] 이하로 할 것</u>(단 내규사항 그 지지점은 관단, 관과 박스와의 접속점 및 관상호 접속점에서 0.3[m] 정도가 바람직하다.)　　【정답】①

47. 무대, 오케스트라박스 등 흥행장의 저압 옥내배선 공사의 사용전압은 몇 [V] 미만인가?

① 200　　② 300

③ 400　　④ 600

|문|제|풀|이|

[전시회, 쇼 및 공연장의 전기설비]
·무대, 무대마루 밑, 오케스트라 박스 및 영사실 기타 <u>사람이나 무대 도구가 접촉할 우려가 있는 곳에 시설하는 저압 옥내배선,</u> 전구선 또는 이동전선은 <u>사용전압이 400[V] 미만일 것</u>
·배선용 케이블은 최소 단면적 $1.5[mm^2]$의 구리 도체

【정답】③

48. 다음 중 금속덕트 공사 방법과 거리가 가장 먼 것은?

① 덕트의 끝부분은 열어 놓을 것
② 금속덕트는 3[m] 이하의 간격으로 견고하게 지지할 것
③ 금속덕트의 뚜껑은 쉽게 열리지 않도록 시설할 것
④ 금속덕트 상호는 견고하고 또한 전기적으로 완전하게 접속할 것

|문|제|풀|이|

[금속 덕트 공사]
1. 금속덕트는 폭이 40[mm] 이상, 두께 1.2[mm] 이상인 철판으로 제작할 것
2. 덕트를 조영재에 붙이는 경우에는 덕트의 지지점간 거리를 3[m] 이하로 하여야 한다.
3. 덕트의 끝부분은 막을 것
4. 금속덕트의 뚜껑은 쉽게 열리지 않도록 시설할 것
5. 금속덕트 상호는 견고하고 또한 전기적으로 완전하게 접속할 것
　　　　　　　　　　　　　　　　　　　　【정답】①

49. 목장의 전기울타리에 사용하는 경동선의 지름은 최소 몇 [mm] 이상 이어야 하는가?

① 1.6　　　　　② 2.0
③ 2.6　　　　　④ 3.2

|문|제|풀|이|

[전기울타리의 시설]
1. 전기울타리는 사람이 쉽게 출입하지 아니하는 곳에 시설할 것
2. 전기울타리를 시설하는 곳에는 사람이 보기 쉽도록 적당한 간격으로 위험표시를 할 것
3. 전선은 인장강도 1.38[kN] 이상의 것 또는 지름 2[mm] 이상의 경동선일 것
4. 전선과 이를 지지하는 기둥 사이의 간격은 2.5[cm] 이상일 것
5. 전선과 다른 시설물(가공 전선을 제외한다) 또는 수목 사이의 간격은 30[cm] 이상일 것
6. 전기울타리에 전기를 공급하는 전로에는 쉽게 개폐할 수 있는 곳에 전용 개폐기를 시설하여야 한다.
7. 전기울타리용 전원 장치에 전기를 공급하는 전로의 사용전압은 250[V] 이하
　　　　　　　　　　　　　　　　　　　　【정답】②

50. 접지 전극의 매설 깊이는 몇 [m] 이상인가?

① 0.6　　　　　② 0.65
③ 0.7　　　　　④ 0.75

|문|제|풀|이|

[접지선의 시설] 사람이 접촉될 우려가 있는 곳에 시설하는 경우
·접지 전극은 지하 75[cm] 이상의 깊이에 매설할 것
·접지선을 철주 기타의 금속체를 따라 시설하는 경우에는 접지극을 철주의 밑면으로부터 30[cm] 이상 깊이에 매설하는 경우 이외에는 접지극을 지중에서 금속체로부터 1[m] 이상 이격할 것
　　　　　　　　　　　　　　　　　　　　【정답】④

51. 다음 중 접지의 목적으로 알맞지 않은 것은?

① 감전의 방지
② 전로의 대지 전압 상승
③ 보호 계전기의 동작확보
④ 이상 전압의 억제

|문|제|풀|이|

[접지의 목적]
· 지락고장 시 건전상의 대지 전위상승을 억제
· 지락고장 시 접지계전기의 확실한 동작
· 혼촉, 누전, 접촉에 의한 위험 방지
· 고장전류를 대지로 방전하기 위함
　　　　　　　　　　　　　　　　　　　　【정답】②

52. 사람이 쉽게 접촉 하는 장소에 설치하는 누전차단기의 사용전압 기준은 몇 [V] 초과인가?

① 50　　　　　② 110
③ 150　　　　　④ 220

|문|제|풀|이|

[누전 차단기 시설] 금속제 외함을 가지는 사용전압이 50[V]를 초과하는 저압의 기계 기구로서 사람이 쉽게 접촉할 우려가 있는 곳에 시설하는 데에 전기를 공급하는 전로에는 보호대책으로 누전차단기를 시설해야 한다.
　　　　　　　　　　　　　　　　　　　　【정답】①

53. 가공전선로의 지지물에 시설하는 지지선에서 맞지 않는 것은?

① 지지선의 안전율은 2.5 이상일 것
② 지지선의 안전율이 2.5 이상일 경우에 허용 인장하중의 최저는 4.31kN으로 한다.
③ 소선의 지름이 1.6[mm] 이상의 구리선을 사용한 것일 것
④ 지지선에 연선을 사용할 경우에는 소선 3가닥 이상의 연선일 것

|문|제|풀|이|

[가공전선로의 지지물에 시설하는 지지선]
· 지지선의 안전율은 2.5 이상일 것(목주, A종 경우 1.5), 허용인장하중의 최저는 4.31[KN]으로 한다.
· 지지선에 연선을 사용할 경우에는
    – 소선은 3가닥 이상의 연선일 것
    – 소선의 지름이 2.6[mm] 이상의 금속선을 사용한 것이거나 소선의 지름이 2[mm] 이상인 아연도강연선으로서 소선의 인장강도 6.8[KN/mm^2] 이상인 것을 사용한다.
· 지중부분 및 지표상 30[cm]까지의 부분에는 내식성이 있는 것 또는 아연 도금한 철봉을 사용한다.
· 지지선의 근가는 지지선의 인장 하중에 충분히 견디도록 시설할 것
【정답】③

54. 저압 가공전선과 고압 가공전선을 동일 지지물에 시설하는 경우 상호 간격은 몇 [cm] 이상 이어야 하는가?

① 20[cm]　　② 30[cm]
③ 40[cm]　　④ 50[cm]

|문|제|풀|이|

[저고압 가공전선 등의 병행설치]
1. 저압 가공전선을 고압 가공전선의 아래로 하고 별개의 완금류에 시설할 것
2. 저압 가공전선과 고압 가공전선 사이의 간격은 50[cm] 이상일 것
【정답】④

55. 철근 콘크리트 건물에 노출 금속관 공사를 할 때 직각으로 굽히는 곳에 사용되는 금속관 재료는?

① 엔트런스 캡　　② 유니버셜 엘보
③ 4각 박스　　④ 터미널 캡

|문|제|풀|이|

[금속관 공사]
① 엔트랜스 캡 : 저압 가공 인입선의 인입구에서 빗물 침입 방지용으로 사용된다.
② 유니버셜 엘보 : 노출배관공사에서 관을 직각으로 굽히는 곳에 사용
④ 터미널캡 : 저압 가공 인입선에서 금속관공사로 옮겨지는 곳 또는 금속관으로부터 전선을 뽑아 전동기 단자 부분에 접속할 때 사용, A형, B형이 있다.
【정답】②

56. 옥내 분전반의 설치에 관한 내용 중 틀린 것은?

① 분전반에서 분기회로를 위한 배관의 상승 또는 하강이 용이한 곳에 설치한다.
② 분전반에 넣는 금속제의 함 및 이를 지지하는 구조물은 접지를 하여야 한다.
③ 각 층마다 하나 이상을 설치하나, 회로수가 6이하인 경우 2개 층을 담당할 수 있다.
④ 분전반에서 최종 부하까지의 거리는 40[m] 이내로 하는 것이 좋다.

|문|제|풀|이|

[분전반 공사]
④ 분전반에서 최종 부하까지의 거리는 20[m] 이내로 하는 것이 좋다.
【정답】④

57. 1[m] 높이의 작업 면에서 천장까지의 높이가 3[m]일 때 직접 조명인 경우의 광원의 높이는 몇 [m]인가?

① 1　　② 2　　③ 3　　④ 4

|문|제|풀|이|

[광원의 높이] 광원까지의 높이=천장까지의 높이-작업높이
=3-1=2[m]
【정답】②

58. 다음 중 형광램프를 나타내는 기호는 어떻게 되는가?

① 🌓   ② ⚫

③ ◯   ④ ⬯⬯

|문|제|풀|이|..

[형광램프] ⬯⬯

① 🌓 : 콘센트

② ⚫ : 점멸기

③ ◯ : 백열등

【정답】④

59. 실내 전체를 균일하게 조명하는 방식으로 광원을 일정한 간격으로 배치하며 공장, 학교, 사무실 등에서 채용되는 조명방식은?

① 국부 조명   ② 전반 조명

③ 직접 조명   ④ 간접 조명

|문|제|풀|이|..

① 국부조명 방식 : 실내에서 각 구역별 필요 조도에 따라 부분적 또는 국소적으로 설치하는 방법

③ 직접 조명 방식 : 조명률이 크다(경제적), 실내면 반사율의 영향이 적다. 공장조명에 특히 적합

④ 반간접 조명 방식 : 방 전체가 밝다. 글레어가 비교적 적다. 사무실, 학교 등에 적합

【정답】②

※한국전기설비규정(KEC) 적용으로 인해 더 이상 출제되지 않는 문제는 삭제했습니다.

01. 1[Ah]는 몇 [C] 인가?

① 1200 ② 2400

③ 3600 ④ 4800

|문|제|풀|이|

[전기량] $Q = It[C]$ → (1[A]의 전류가 1[sec]동안 흐른 것)

∴ $Q = 1[A] \times 3600[sec] = 3600[C]$ 【정답】③

02. 2[Ω]의 저항과 3[Ω]의 저항을 직렬로 접속할 때 합성컨덕턴스는 몇 [℧]인가?

① 5 ② 2.5 ③ 1.5 ④ 0.2

|문|제|풀|이|

[합성컨덕턴스] $G_0 = \dfrac{1}{R_0}[℧]$

직렬접속 시의 합성저항 $R_0 = 2 + 3 = 5[\Omega]$

∴ 합성컨덕턴스 $G_0 = \dfrac{1}{R_0} = \dfrac{1}{5} = 0.2[℧]$ 【정답】④

03. 도체의 전기저항에 대한 설명으로 옳은 것은?

① 길이와 단면적에 비례한다.

② 길이와 단면적에 반비례한다.

③ 길이에 비례하고 단면적에 반비례한다.

④ 길이에 반비례하고 단면적에 비례한다.

|문|제|풀|이|

[전기저항] $R = \dfrac{l}{\sigma A} = \rho\dfrac{l}{A}[\Omega]$

→ (σ : 저항률, ρ : 도전율($\rho = \dfrac{1}{\sigma}$))

∴전기저항(R)은 길이(l)에 비례하고 단면적(A)에 반비례한다.

【정답】③

04. 히스테리시스 곡선의 횡축과 종축은 어느 것을 나타내는가?

① 자기장의 크기와 자속밀도

② 투자율과 자속밀도

③ 투자율과 잔류자기

④ 자기장의 크기와 보자력

|문|제|풀|이|

[히스테리시스 곡선]

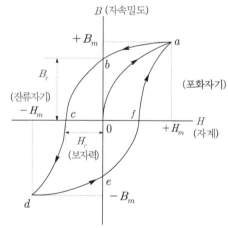

· 히스테리시스 곡선이 **종축(자속밀도)**과 만나는 점은 **잔류 자기** (잔류 자속밀도(B_r))

· 히스테리시스 곡선이 **횡축(자계의 세기)**과 만나는 점은 **보자력** (H_c)를 표시한다.   【정답】①

05. 1[Ω · m]와 같은 것은?

① $1[\mu\Omega \cdot cm]$ ② $10^6[\Omega \cdot mm^2/m]$

③ $10^2[\Omega \cdot mm]$ ④ $10^4[\Omega \cdot cm]$

|문|제|풀|이|

$1[\Omega \cdot m] = 10^8[\mu\Omega \cdot cm] = 10^6[\Omega \cdot mm^2/m]$

$= 10^3[\Omega \cdot mm] = 10^2[\Omega \cdot cm]$ 【정답】②

06. 1차전압 6300[V], 2차전압 210[V], 주파수 60[Hz]의 변압기가 있다. 이 변압기의 권수비는?

① 30 ② 40
③ 50 ④ 60

|문|제|풀|이|

[권수비] $a = \dfrac{N_1}{N_2} = \dfrac{V_1}{V_2} = \dfrac{I_2}{I_1}$

∴ 권수비 $a = \dfrac{V_1}{V_2} = \dfrac{6300}{210} = 30$　　【정답】①

07. 농형유도전동기의 기동법이 아닌 것은?

① 기동보상기에 의한 기동법
② 2차저항기법
③ 리액터기동법
④ Y-Δ기동법

|문|제|풀|이|

[유도전동기의 기동법]
1. 권선형유도전동기
 ·**2차저항기동법**(비례추이 이용)
 ·게르게스법
2. 농형유도전동기
 ·전전압 기동 : 5[kW] 이하 소용량
 ·Y-△ 기동 : 5~15[kw]

　토크 $\dfrac{1}{3}$ 배 감소, 기동전류 $\dfrac{1}{3}$ 배 감소

 ·기동보상기법
 ·리액터기동법
 ·콘도르파법　　　　　　　　　　　　【정답】②

08. 지지선의 중간에 넣는 애자는?

① 저압핀애자 ② 구형애자
③ 인류애자   ④ 내장애자

|문|제|풀|이|

[구형애자] 지지선의 중간에 넣어 **감전으로부터 보호**한다.
① 핀애자 : 선로의 직선주에 사용
③ 인류애자 : 선로의 끝부분에 인류하는 곳에 사용
④ 내장애자 : 내장 부위에 사용되는 애자로, 전선의 방향으로 설비되어 전선의 장력을 지지한다.　　　　　【정답】②

09. 사람의 접촉 우려가 있는 합성수지제몰드는 홈의 폭 및 깊이가 (㉠)[cm] 이하로 두께는 (㉡)[mm] 이상의 것이어야 한다. ( )안에 들어갈 내용으로 알맞은 것은?

① ㉠ 3.5, ㉡ 1 ② ㉠ 5, ㉡ 1
③ ㉠ 3.5, ㉡ 2 ④ ㉠ 5, ㉡ 2

|문|제|풀|이|

[합성수지몰드공사]
·합성수지 몰드는 홈의 폭 및 **깊이가 3.5[cm] 이하**
·합성수지 몰드 공사에 사용되는 합성수지는 **두께가 2[mm] 이상**으로 쉽게 파손되지 않아야 한다.
·사람이 쉽게 접촉할 우려가 없도록 시설하는 경우에는 폭이 5[cm] 이하
·합성수지 몰드 안에서는 전선에 접속점이 없도록 시설한다.
　　　　　　　　　　　　　　　　　【정답】③

10. 1.5[Kw]의 전열기를 정격 상태에서 30분간 사용할 때의 발열량은 몇 [kcal]인가?

① 648 ② 1290
③ 1500 ④ 2700

|문|제|풀|이|

[줄의 법칙] 전선에 전류가 흐르면 열이 발생하는 현상이며, 이때 주울열 $Q = 0.24Pt = 0.24VI^2t = 0.24I^2Rt$ [kcal]

∴ $Q = 0.24Pt$ [kcal]
　$= 0.24 \times 1.5 \times 30 \times 60 = 648$ [kcal]　　【정답】①

11. 금속전선관공사에서 사용되는 후강전선관의 규격이 아닌 것은?

① 16 ② 28 ③ 36 ④ 50

|문|제|풀|이|

[전선관의 굵기 및 호칭]
1. 후강전선관
 ·안지름의 크기에 가까운 짝수　·두께 2[mm] 이상
 ·길이 3.6[m]
 ·**16, 22, 28, 36, 42, 54, 72, 80, 92, 104[mm]**
2. 박강전선관
 ·바깥지름의 크기에 가까운 홀수　·두께 1.2[mm] 이상
 ·길이 3.6[m]
 ·15, 19, 25, 31, 39, 51, 63, 75[mm]　　【정답】④

12. 2전력계법에 의해 평형3상전력을 측정하였더니 전력계가 각각 800[W], 400[W]를 지시하였다면, 이 부하의 전력은 몇 [W]인가?

① 600[W] ② 800[W]
③ 1200[W] ④ 1600[W]

|문|제|풀|이|

[2전력계법] 2개의 전력계로 3상전력 측정
1. 유효전력 $P = P_1 + P_2 [W]$
2. 무효전력 $P_r = \sqrt{3}(P_1 - P_2)[Var]$
3. 피상전력 $P_a = 2\sqrt{P_1^2 + P_1^2 - P_1 P_2}$
∴전력 $P = P_1 + P_2 = 800 + 400 = 1200[W]$ 【정답】③

13. 공기 중에서 $3\times 10^{-5}[C]$과 $8\times 10^{-5}[C]$의 두 전하를 2[m]의 거리에 놓을 때 그 사이에 작용하는 힘은?

① 2.7[N] ② 5.4[N]
③ 10.8[N] ④ 24[N]

|문|제|풀|이|

[두 전하 사이에 작용하는 힘] $F = 9\times 10^9 \times \dfrac{Q_1 \cdot Q_2}{r^2}[N]$

∴$F = 9\times 10^9 \times \dfrac{3\times 10^{-5} \times 8\times 10^{-5}}{2^2} = 5.4[N]$ 【정답】②

14. 정전흡인력에 대한 설명 중 옳은 것은?

① 정전흡인력은 전압의 제곱에 비례한다.
② 정전흡인력은 극판 간격에 비례한다.
③ 정전흡인력은 극판 면적의 제곱에 비례한다.
④ 정전흡인력은 쿨롱의 법칙으로 직접 계산된다.

|문|제|풀|이|

[정전흡인력(F)] $F = \dfrac{1}{2}\epsilon_0 E^2 = \dfrac{1}{2}\epsilon_0 \left(\dfrac{V}{d}\right)^2 = \dfrac{\epsilon_0 V^2}{2d^2}[N/m^2]$

→ (전계의 세기 $E = \dfrac{V}{l} = \dfrac{V}{d}[V/m]$)

∴$F \propto V^2$, 정전흡입력은 전압의 제곱에 비례한다. 【정답】①

15. 비유전율이 큰 산화티탄 등을 유전체로 사용한 것으로 극성이 없으며 가격에 비해 성능이 우수하여 널리 사용되고 있는 콘덴서의 종류는?

① 전해콘덴서 ② 세라믹 콘덴서
③ 마일러 콘덴서 ④ 마이카 콘덴서

|문|제|풀|이|

[세라믹 콘덴서] 비유전율이 큰 산화티탄 등을 유전체로 사용한 것으로 극성이 없으며 가격에 비해 성능이 우수하여 널리 사용되고 있는 콘덴서

※① 전해 콘덴서 : 전기 분해를 응용하여 양극 금속의 표면에 산화 피막을 만들고, 그것을 감싸듯이 음극을 붙인 것으로, 페이스트 모양의 전해액에 의한 습식과 증착 반도체에 의한 건식이 있다.
③ 마일러 콘덴서 : 얇은 폴리에스테르 필름의 양면에 금박을 대고 원통형으로 감은 것으로 극성이 없다는 것이 특징이다. 가격은 저렴하나 정밀하지 못하다는 단점이 있다.
④ 마이카 콘덴서 : 운모콘덴서라고도 한다. 알루미늄박 또는 주석박을 25~50μm의 운모판과 교대로 포개서 죄어 수지로 굳힌 것과, 은을 운모판에 구어 붙여 직접 전극으로 하고 수지로 굳힌 것이 있는데, 특히 후자를 은도금 마이카콘덴서라고 한다. 【정답】②

16. 비오사바르의 법칙은 어느 관계를 나타내는가?

① 기자력과 자장 ② 전위와 자장
③ 전류와 자장 ④ 기자력과 자속밀도

|문|제|풀|이|

[비오사바르의 법칙] 자계 내 **전류** 도선이 만드는 **자장의 세기**

※전류와 자기장의 방향 : 앙페르의 법칙

$dH = \dfrac{Idl\sin\theta}{4\pi r^2}[AT/m]$ 【정답】③

17. 다음 중 변압기의 온도 상승 시험법으로 가장 널리 사용되는 것은?

① 무부하시험법 ② 절연내력시험법
③ 단락시험법 ④ 실부하법

|문|제|풀|이|

[변압기 온도 상승 시험] 현재 변압기의 온도 상승 시험법으로 가장 널리 사용되는 것은 **단락시험법**이다. 【정답】③

18. 다음 중 반자성체는?

① 안티몬 ② 알루미늄

③ 코발트 ④ 니켈

|문|제|풀|이|
[자성체]
1. 상자성체 : 인접 영구자기 쌍극자의 방향이 규칙성이 없는 재질, **알루미늄(Al)**, 망간(Mn), 백금(Pt), 주석(Sn), 산소(O_2), 질소(N_2) 등

자화되는 물체

2. 강자성체 : 인접 영구자기 쌍극자의 방향이 동일 방향으로 배열하는 재질, 철(Fe), **니켈(Ni)**, **코발트(Co)**

3. 반자성체 : 영구자기 쌍극자가 없는 재질, 비스무트(Bi), 탄소(C), 규소(Si), 납(Pb), 아연(Zn), 황(S), 구리(Cu), 물(H_2O), **안티몬(Sb)** 등

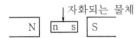
자화되는 물체

【정답】①

19. 유도기전력은 자신이 발생 원인이 되는 자속의 변화를 방해하려는 방향으로 발생한다. 이것을 나타내는 법칙은?

① 렌쯔의 법칙 ② 플레밍의 오른손법칙

③ 패러데이의 법칙 ④ 줄의 법칙

|문|제|풀|이|
[렌쯔의 법칙] 유도기전력의 방향을 결정한다.

유도기전력 $e = -N\dfrac{d\varnothing}{dt}[V]$

※② 플레밍의 오른손법칙(발전기 원리)]
자기장 속에서 도선이 움직일 때 자기장의 방향과 도선이 움직이는 방향으로 유도 기전력 또는 유도 전류의 방향을 결정하는 규칙이다.
1. 엄지 : 운동의 방향
2. 검지 : 자속의 방향
3. 중지 : 기전력의 방향

③ 패러데이의 법칙 : 기전력의 크기

【정답】①

20. 자체인덕턴스가 L_1, L_2인 두 코일을 직렬로 접속하였을 때 합성인덕턴스를 나타내는 식은? (단, 두 코일간의 상호인덕턴스는 M이라고 한다.)

① $L_1 + L_2 \pm M$ ② $L_1 - L_2 \pm M$

③ $L_1 + L_2 \pm 2M$ ④ $L_1 - L_2 \pm 2M$

|문|제|풀|이|
[합성인덕턴스] $L_0 = L_1 + L_2 \pm 2M$
→ (부호는 가동결합이면 +. 차동결합이면 −)
【정답】③

21. 주위 온도 0[℃]에서의 저항이 20[Ω]인 연동선이 있다. 주위 온도가 50[℃]로 되는 경우 저항은? (단, 0℃에서 연동선의 온도계수는 $a_0 = 4.3 \times 10^{-3}$이다.)

① 약 22.3[Ω] ② 약 23.3[Ω]

③ 약 24.3[Ω] ④ 약 25.3[Ω]

|문|제|풀|이|
[저항의 온도계수] $R_T = R_t[1 + \alpha_t(T-t)][\Omega]$
→ (α_t : t[℃]에서 온도계수)
$\therefore R_{20} = R_0[1 + a_0 \times (t_{20} - t_0)]$
$= 20[1 + (4.3 \times 10^{-3}) \times (50-0)] = 24.3[\Omega]$
【정답】③

22. 직류전동기의 제어에 널리 응용되는 직류 – 직류 전압제어장치는?

① 인버터 ② 컨버터

③ 초퍼 ④ 전파정류

|문|제|풀|이|
[초퍼] DC → DC, 일정 전압의 직류를 온(ON)・오프(OFF)하여 부하에 가하는 전압을 조정하는 장치이다.
① 인버터(DC → AC, 역변환장치) : 교류전동기의 속도 제어
② 컨버터(AC → DC, 위상제어정류기) : 직류전동기의 속도 제어
④ 정류기 : AC를 DC로 변환
【정답】③

23. 다음 중 금속전선관의 호칭을 맞게 기술한 것은?

① 박강, 후강 모두 안지름으로 [mm]로 나타낸다.

② 박강은 안지름, 후강은 바깥지름으로 [mm]로 나타낸다.

③ 박강은 바깥지름, 후강은 안지름으로 [mm]로 나타낸다.

④ 박강, 후강 모두 바깥지름으로 [mm]로 나타낸다.

|문|제|풀|이|
[금속전선관]
1. 후강 전선관
   · **안지름**의 크기에 가까운 짝수
   · 두께 2[mm] 이상
   · 길이 3.6[m]
   · 16, 22, 28. 36, 42, 54, 72, 80, 92, 104[mm]
2. 박강 전선관
   · **바깥지름**의 크기에 가까운 홀수
   · 두께 1.2[mm] 이상
   · 길이 3.6[m]
   · 15, 19, 25, 31, 39, 51, 63, 75[mm]　　　　【정답】③

24. 슬립 4[%]인 유도전동기의 등가부하저항은 2차 저항의 몇 배인가?

① 5　　　　② 19　　　　③ 20　　　　④ 24

|문|제|풀|이|

[유도전동기의 등가부하저항] $R = \dfrac{1-s}{s} r_2 [\Omega]$

(r_2 : 회전자 2차저항,　s : 전부하 시의 슬립)
슬립 4[%]

$\therefore R = \dfrac{1-s}{s} r_2 = \dfrac{1-0.04}{0.04} r_2 = 24 r_2$　　【정답】④

25. 자체인덕턴스가 1[H]인 코일에 200[V], 60[Hz]의 사인파 교류전압을 가했을 때 전류와 전압의 위상차는? (단, 저항성분은 무시한다.)

① 전류는 전압보다 위상이 $\dfrac{\pi}{2}$ [rad]만큼 뒤진다.

② 전류는 전압보다 위상이 π [rad]만큼 뒤진다.

③ 전류는 전압보다 위상이 $\dfrac{\pi}{2}$ [rad]만큼 앞선다.

④ 전류는 전압보다 위상이 π [rad]만큼 앞선다.

|문|제|풀|이|
[인덕턴스만(L)의 회로] 전류가 인가 전압보다 $\dfrac{\pi}{2}$ (90도) 만큼 늦게 되는 지상회로이다. 즉, $\pi/2$ 만큼 전류는 전압보다 위상이 뒤진다.　　　　　　　　　　　　　　【정답】①

26. 다음 그림은 직류 발전기의 분류 중 어느 것에 해당되는가?

① 분권발전기
② 직권발전기
③ 자석발전기
④ 복권발전기

|문|제|풀|이|
[복권발전기] 전기자와 계자권선의 직·병렬접속하며, 직권계자 자속과 분권계자자속이 더해지는 가동복권과 상쇄되는 차동복권으로 나누어진다.　　　　　　　　　　　【정답】④

27. $+Q_1$[C]과 $-Q_2$[C]의 전하가 진공 중에서 r[m]의 거리에 있을 때 이들 사이에 작용하는 정전기력 F[N]는?

① $F = 9 \times 10^{-7} \times \dfrac{Q_1 Q_2}{r^2}$

② $F = 9 \times 10^{-9} \times \dfrac{Q_1 Q_2}{r^2}$

③ $F = 9 \times 10^{9} \times \dfrac{Q_1 Q_2}{r^2}$

④ $F = 9 \times 10^{10} \times \dfrac{Q_1 Q_2}{r^2}$

|문|제|풀|이|
[쿨롱의 법칙] 두 점전하간 작용력으로 힘은 항상 일직선상에 존재, 거리 제곱에 반비례

$F = \dfrac{Q_1 Q_2}{4\pi\varepsilon r^2} = \dfrac{Q_1 Q_2}{4\pi\epsilon_0\epsilon_s r^2} = 9 \times 10^9 \dfrac{Q_1 Q_2}{r^2} [N]$
　　　　→ (진공중 $\epsilon_s = 1, \epsilon_0 = 8.855 \times 10^{-12} [F/m]$)
여기서, Q_1, Q_2 : 전하, r : 두 전하 사이의 거리[m]
　　$\epsilon (= \epsilon_0 \epsilon_s)$: 유전율　　　　　　　　【정답】③

28. 정현파 교류의 왜형률(distortion factor)은?

① 0　　　　　　　② 0.1212

③ 0.2273　　　　④ 0.4834

|문|제|풀|이|

[왜형률] $D = \dfrac{\text{전고조파의 실효값}}{\text{기본파의 실효값}} = \dfrac{\sqrt{I_2^2 + I_3^2 + \cdots + I_n^2}}{I_1}$

※ 정현파 교류는 기본파만 존재하므로 왜형률은 0이다.

【정답】①

29. 어떤 콘덴서에 V[V]의 전압을 가해서 Q[C]의 전하를 충전할 때 저장되는 에너지[J]는?

① $2QV$　　　　　② $2QV^2$

③ $\dfrac{1}{2}QV$　　　　④ $\dfrac{1}{2}QV^2$

|문|제|풀|이|

[콘덴서에 축적되는 에너지(정전에너지)] $W = \dfrac{1}{2}CV^2$[J]

전기량 $Q = CV \quad \rightarrow \quad C = \dfrac{Q}{V}$

∴정전에너지 $W = \dfrac{1}{2}CV^2 = \dfrac{1}{2}\dfrac{Q}{V}V^2 = \dfrac{1}{2}QV$[J]

【정답】③

30. 변압기유의 열화방지와 관계가 가장 먼 것은?

① 브리더　　　　② 컨서베이터
③ 불활성 질소　④ 부싱

|문|제|풀|이|

[컨서베이터] **컨서베이터**는 변압기의 기름이 공기와 접촉되면 불용성 침전물이 생기는 것을 방지하기 위해서 변압기 상부에 설치된 원통형의 유조(기름통)로서, 그 속에는 1/2 정도 **기름(불활성 질소)**이 들어 있고 주변압기 외함 내의 기름과는 가는 **파이프(브리더)**로 연결되어 있다. 높은 온도의 기름이 직접 공기와 접촉하는 것을 방지하여 기름의 열화를 방지하는 것이다.

※ 부싱은 전선의 손상을 막기 위해 접속하는 곳마다 넣는 캡이므로 기구를 연결하는 전선마다 양 단에 넣는다.

【정답】④

31. 해안지방의 송전용 나전선에 가장 적당한 것은?

① 철선　　　　　　② 강심알루미늄선
③ 구리선　　　　　④ 알루미늄합금선

|문|제|풀|이|

[나전선]
·절연피복을 하지 않은 전선
·**철선과 알루미늄선**은 염해에 약하므로 **해안지방에서는 사용하지 않는다.**
·이동 기중기, 놀이용 전차 등에 전기를 공급하기 위한 접촉 전선

【정답】③

32. 다음 그림기호의 배선 명칭은?

─────────────

① 천장 은폐배선

② 바닥 은폐배선

③ 노출 배선

④ 바닥면 노출배선

|문|제|풀|이|
[배선의 종류]

───── : 천장은폐선
∙∙∙∙∙∙∙∙∙ : 바닥은폐선
── ── ── : 노출배선
------------ : 지중매설배선

【정답】①

33. 고압 이상에서 기기의 점검, 수리 시 무전압, 무전류 상태로 전로에서 단독으로 전로의 접속 또는 분리 하는 것을 주목적으로 사용되는 수·변전기기는?

① 기중부하 개폐기　　② 단로기
③ 전력퓨즈　　　　　④ 컷아웃 스위치

|문|제|풀|이|
[단로기(DS : Disconnecting Switch)]
1. 무부하(차단기로 차단됨) 상태의 전로를 개폐
2. 단로기는 기기의 점검 및 유지보수를 할 때 회로를 개폐하는 장치로서 부하전류를 차단하는 능력이 없기 때문에 전류가 흐르는 상태에서 차단하면 매우 위험하다.

【정답】②

34. 그림과 같은 회로에서 합성저항은 몇 [Ω] 인가?

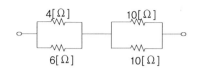

① 6.6 ② 7.4
③ 8.7 ④ 9.4

|문|제|풀|이|

[직·병렬 저항의 접속]

· 직렬연결 시 합성저항 $R=R_1+R_2+\cdots\cdots+R_n[\Omega]$

· 병렬연결 시 합성저항 $R=\dfrac{1}{\dfrac{1}{R_1}+\dfrac{1}{R_2}+\cdots+\dfrac{1}{R_n}}[\Omega]$

각 구간의 저항을 구한다음 종합한다.

1. 4[Ω]과 6[Ω] 병렬연결 → $R_1=\dfrac{1}{\dfrac{1}{4}+\dfrac{1}{6}}=\dfrac{4\times6}{4+6}=2.4[\Omega]$

2. 10[Ω]과 10[Ω] 병렬연결 → $R_2=\dfrac{1}{\dfrac{1}{10}+\dfrac{1}{10}}=\dfrac{10\times10}{10+10}=5[\Omega]$

3. 전체 저항은 R_1과 R_2가 직렬연결

∴ $R=2.4+5=7.4[\Omega]$ 【정답】②

35. 변압기의 규약효율은?

① $\dfrac{출력}{입력}\times100[\%]$

② $\dfrac{출력}{출력+손실}\times100[\%]$

③ $\dfrac{출력}{입력-손실}\times100[\%]$

④ $\dfrac{입력+손실}{입력}\times100[\%]$

|문|제|풀|이|

[변압기의 규약효율(η)]

1. 전동기(모터)는 입력위주로 규약효율 $\eta_m=\dfrac{입력-손실}{입력}\times100$

→ (전동기: 전기 입력이므로 입력 2번)

2. **발전기, 변압기**는 출력위주로 규약효율 $\eta_g=\dfrac{출력}{출력+손실}\times100$

→ (발전기: 전기 출력이므로 출력 2번)

【정답】②

36. 전등 한 개를 2개소에서 점멸하고자 할 때 옳은 배선은?

① $S_3 \bullet$ —//— ◯ —//— $\bullet S_3$
전원

② $S_3 \bullet$ —//— ◯ //— $\bullet S_3$
전원

③ $S_3 \bullet$ —//— ◯ —//— $\bullet S_3$
전원

④ $S_3 \bullet$ //— ◯ —// $\bullet S_3$
전원

|문|제|풀|이|

[배선도 및 전선 접속도]

1. 1등을 2개소에서 점멸하는 경우

배선도	전선 접속도
◯ —///— 전원 ●3 ●3	

2. 1등을 3개소에서 점멸하는 경우

배선도	전선 접속도
◯ —///— 전원 ●3 ●4 ●3	

※ ◯ : 전등, ● : 점멸기(첨자가 없는 것은 단극, 2P는 2극, 3은 3로, 4는 4로), ●● : 콘센트   【정답】④

37. 단중 중권의 극수 p인 직류기에서 전기자 병렬 회로수 a는 어떻게 되는가?

① $a = p$ ② $a = 2$
③ $a = 2p$ ④ $a = 3p$

|문|제|풀|이|

[전기자권선법의 중권과 파권의 비교]

	단중중권	단중파권
병렬 회로수(a)	p	2
브러시 수(b)	p	2 또는 p
균 압 선	필요	필요 없음
용 도	대전류, 저전압	소전류, 고전압

【정답】①

38. 3상4극 60[MVA], 역률 0.8, 60[Hz], 22.9[kV] 수차발전기의 전부하 손실이 1600[kW]이면 전부하 효율[%]은?

① 90 ② 95
③ 97 ④ 99

|문|제|풀|이|

[변압기의 전부하 효율 및 수차발전기의 출력]

변압기의 전부하 효율 $\eta = \dfrac{출력}{출력 + 전체손실} \times 100$

수차 발전기의 출력 $P = P_a\cos\theta [MW]$

여기서, P_a : 출력, $\cos\theta$: 역률

출력(P_a) : 60[MVA], 역률($\cos\theta$) : 0.8, 전부하손실 : 1600[kW]

1. 수차 발전기의 출력 $P = P_a\cos\theta = 60 \times 0.8 = 48[MW]$

2. 손실 1600[kW]=1.6[MW]

3. 효율 $\eta = \dfrac{출력}{출력 + 전체손실} \times 100 = \dfrac{48}{48+1.6} \times 100 ≒ 97[\%]$

【정답】③

39. 동기발전기의 전기자 반작용 현상이 아닌 것은?

① 포화작용 ② 증자작용
③ 감자작용 ④ 교차자화작용

|문|제|풀|이|

[동기 발전기 전기자 반작용] 3상 부하 전류(전기자 전류)에 의한 회전자속이 계자자속에 영향을 미치는 현상

1. 교차자화작용(횡측반작용) : 전기자전류와 유기기전력이 동상, $\cos\theta = 1$, 편자작용

2. 감자작용(직축 반작용) : 전기자전류가 유기기전력보다 90[°] 뒤질 때(지상)

3. 증자작용(직축 반작용) : 전기자전류가 유기기전력보다 90[°] 앞설 때(진상) 증자작용(자화작용)이 일어난다.

※[전기자반작용] 동기전동기의 전기자반작용은 동기발전기와 반대

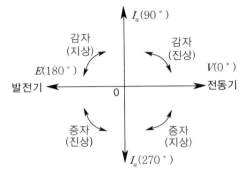

→ (위상 : 반시계방향) 【정답】①

40. 소맥분, 전분, 기타 가연성의 먼지가 존재하는 곳의 저압 옥내배선공사 방법에 해당하는 것으로 짝지어진 것은?

① 케이블공사, 애자사용공사
② 금속관공사, 콤바인덕트관
③ 케이블공사, 금속관공사, 애자사용공사
④ 케이블공사, 금속관공사, 합성수지관공사

|문|제|풀|이|

[먼지 위험장소]

1. 폭연성 먼지 : 설비를 금속관 공사 또는 케이블 공사(캡타이어 케이블 제외)
(케이블 공사에 의하는 때에는 케이블 또는 미네럴인슈레이션 케이블을 사용하는 경우 이외에는 관 기타의 방호 장치에 넣어 사용할 것)

2. 가연성 먼지 : **합성수지관 공사, 금속관 공사, 케이블 공사**
(합성수지관과 전기기계기구는 관 상호간 및 박스와는 관을 삽입하는 깊이를 관의 바깥지름의 1.2배(접착제를 사용하는 경우에는 0.8배) 이상 【정답】④

41. 권선형 유도전동기의 회전자에 저항을 삽입하였을 경우 틀린 사항은?

① 기동전류가 감소된다.
② 기동전압은 증가한다.
③ 역률이 개선된다.
④ 기동 토크는 증가한다.

|문|제|풀|이|

[권선형유도전동기] 권선형 유도전동기의 회전자에 저항을 삽입하면 **기동토크 증가, 기동전류 감소, 역률개선** 등의 효과가 있다.

【정답】②

42. 유도전동기의 슬립을 측정하는 방법으로 옳은 것은?

① 전압계법
② 전류계법
③ 평형브리지법
④ 스트로보스코프법

|문|제|풀|이|

[유도전동기의 슬립 측정법] 슬립의 측정법에는 **회전계법, 직류밀리볼트계법, 수화기법, 스트로보스코프법** 등이 있다.

【정답】④

43. 전력케이블로 많이 사용되는 CV 케이블의 정확한 명칭은?

① 비닐절연비닐시스케이블
② 가교폴리에틸렌절연비닐시스케이블
③ 폴리에틸렌절연비닐시스케이블
④ 고무절연클로로프렌시스케이블

|문|제|풀|이|

[CV] 가교폴리에틸렌절연비닐시스케이블

※① 비닐절연비닐시스케이블 : VV
③ 폴리에틸렌절연비닐시스케이블 : EV
④ 고무절연클로로프렌시스케이블 : RN

【정답】②

44. 실내 면적 100[㎡]인 교실에 전광속이 2500[lm]인 40[W] 형광등을 설치하여 평균조도를 150[lx]로 하려면 몇 개의 등을 설치하면 되겠는가? (단, 조명률은 50[%], 감광보상률은 1.25로 한다.)

① 15개
② 20개
③ 25개
④ 30개

|문|제|풀|이|

[등수] $N = \dfrac{EAD}{FU}$ → ($FUN = EAD$)

(F : 광속[lm], U : 조명률[%], N : 조명기구 개수, E : 조도[lx]
A : 면적[m^2], D : 감광보상률)

$\therefore N = \dfrac{EAD}{FU} = \dfrac{150 \times 100 \times 1.25}{2500 \times 0.5} = 15$개

【정답】①

45. 다음 그림에서 직류 분권전동기의 속도특성 곡선은?

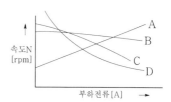

① A
② B
③ C
④ D

|문|제|풀|이|

[직류 전동기의 속도 특성 곡선]

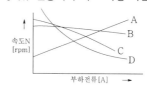

A : 차동복권전동기   B : 분권전동기
C : 가동복권전동기   D : 직권전동기

※직류 분권전동기 : 속도가 일정하게 유지된다.

【정답】②

46. 수·변전 설비의 고압회로에 걸리는 전압을 표시하기 위해 전압계를 시설할 때 고압회로와 전압계 사이에 시설하는 것은?

① 관통형 변압기　　② 계기용 변류기

③ 계기용 변압기　　④ 권선형 변류기

|문|제|풀|이|

[계기용 변압기(PT)] 고전압을 저전압(110[V])으로 변성하여 계기나 계전기에 전압원 공급

※② 계기용 변류기(CT) : 대전류를 소전류(5[A])로 변성. 계기나 계전기에 전류원 공급　　　　　　　　　　　**【정답】③**

47. 변압기를 △−Y 결선(delta−star connection)한 경우에 대한 설명으로 옳지 않은 것은?

① 1차 선간전압 및 2차 선간전압의 위상차는 60도이다.

② 제3고조파에 의한 장해가 적다.

③ 1차변전소의 승압용으로 사용된다.

④ Y결선의 중성점을 접지할 수 있다.

|문|제|풀|이|

[변압기 △−Y 결선] △−Y 결선에서 1차 선간전압 및 2차 선간전압의 **위상차는 30**˚이다.　　　　　　　**【정답】①**

48. 200[V], 50[Hz], 8극, 15[KW]의 3상 유도전동기에서 전부하 회전수가 720[rpm]이면 이 전동기의 2차효율은 몇 [%]인가?

① 86　　　　　　② 96

③ 98　　　　　　④ 100

|문|제|풀|이|

[전동기의 2차효율] $\eta_2 = \dfrac{P}{P_2} = \dfrac{(1-s)P_2}{P_2} = \dfrac{N}{N_s}$

1. 동기속도 $N_s = \dfrac{120f}{p} = \dfrac{120 \times 50}{8} = 750[rpm]$

2. 슬립 $s = \dfrac{N_s - N}{N_s} = \dfrac{750 - 720}{750} = 0.04$

여기서, N_s : 동기속도, N : 회전수, p : 극수, s : 슬립

∴$\eta_2 = 1 - s = 1 - 0.04 = 0.96 = 96[\%]$　　　　　**【정답】②**

49. 단락비가 큰 동기 발전기에 대한 설명으로 틀린 것은?

① 단락전류가 크다.

② 동기임피던스가 작다.

③ 전기자반작용이 크다.

④ 공극이 크고 전압변동률이 작다.

|문|제|풀|이|

[단락비(K_s)] 단락비는 무부하 포화시험과 3상 단락시험으로부터 구할 수 있다.

단락비 $K_s = \dfrac{I_{f1}}{I_{f2}} = \dfrac{I_s}{I_n} = \dfrac{100}{\%Z_s}$

여기서, I_{f1} : 정격전압을 유지하는데 필요한 계자전류

I_{f2} : 단락전류를 흐르는데 필요한 계자전류

I_s : 3상단락전류[A], I_n : 정격전류[A]

$\%Z_s$: 퍼센트동기임피던스

[단락비가 큰 기계(철기계)의 장·단]

장점	단점
·동기임피던스가 작다.	·철손이 크다.
·전압변동률이 작다.	·효율이 나쁘다.
·공극이 크다.	·설비비가 고가이다.
·**전기자반작용이 작다.**	·단락전류가 커진다.
·계자의 기자력이 크다.	
·전기자기자력은 작다.	
·출력이 향상	
·안정도가 높다.	
·자기여자 방지	

※단락비가 크다는 것은 전기적으로 좋다는 의미
※97~98페이지 [10 단락비와 동기임피던스] 참조

【정답】③

50. 고압 가공전선로의 지지물 중 지지선을 사용해서는 안 되는 것은?

① 목주

② 철탑

③ A종 철주

④ A종 철근콘크리트주

|문|제|풀|이|

[가공전선로의 지지물] 가공전선로의 지지물로 사용하는 **철탑은 지지선을 사용하여 강도를 분담시켜서는 아니 된다.**

【정답】②

51. 가로 20[m], 세로 18[m], 천장의 높이 3.85[m], 작업면의 높이 0.85[m], 간접조명방식인 호텔 연회장의 실지수는 약 얼마인가?

① 1.16 ② 2.16

③ 3.16 ④ 4.16

|문|제|풀|이|

[옥내 조명설계시의 실지수] 실지수 $K = \dfrac{XY}{H(X+Y)}$

여기서, K : 실지수, X : 방의 폭[m], Y : 방의 길이[m], H : 작업면에서 조명기구 중심까지 높이[m]

$\therefore$ 실시수 $= \dfrac{XY}{H(X+Y)} = \dfrac{20 \times 18}{(3.85-0.85) \times (20+18)} = 3.16$

→ (H : 조명 기구의 높이(H)=천장의 높이-작업면의 높이)

【정답】③

52. 구리 전선과 전기 기계기구 단자를 접속하는 경우에 진동 등으로 인하여 헐거워질 염려가 있는 곳에는 어떤 것을 사용하여 접속하여야 하는가?

① 링슬리브를 끼운다.

② 평와셔 2개를 끼운다.

③ 코드패스너를 끼운다.

④ 스프링와셔를 끼운다.

|문|제|풀|이|

[스프링와셔] 진동이 있는 기계 기구의 단자에 전선을 접속할 때 진동을 완화하기 위해 스프링와셔를 사용한다. 스프링와셔를 사용함으로써 힘조절 실패를 방지할 수 있다. 【정답】④

53. 캡타이어케이블을 조영재에 시설하는 경우로써 새들 스테이플 등으로 지지하는 경우 그 지지점의 거리는 얼마로 하여야 하는가?

① 1[m] 이하 ② 1.5[m] 이하

③ 2.0[m] 이하 ④ 2.5[m] 이하

|문|제|풀|이|

[케이블공사] 전선을 조영재의 아랫면 또는 옆면에 따라 붙이는 경우에는 전선의 지지점 간의 거리를 케이블은 2[m](사람이 접촉할 우려가 없는 곳에서 수직으로 붙이는 경우에는 6[m]) 이하 **캡타이어 케이블은 1[m] 이하**로 하고 또한 그 피복을 손상하지 아니하도록 붙일 것

※전선과 조영재 사이 지지점의 거리

1. 애자공사 2[m] 2. 합성수지관공사 1.5[m]
3. 금속관공사 2[m] 4. 금속덕트공사 3[m]
5. 라이팅덕트공사 2[m] 6. 케이블공사 2[m]

【정답】①

54. A종 철근콘크리트주의 길이가 9[m]이고, 설계하중이 6.8[kN]인 경우 땅에 묻히는 깊이는 최소 몇 [m] 이상이어야 하는가?

① 1.2 ② 1.5 ③ 1.8 ④ 2.0

|문|제|풀|이|

[건주 시 땅에 묻히는 깊이]

설계하중 전장	6.8[kN] 이하	6.8[kN] 초과 ~9.8[kN] 이하	9.8[kN] 초과 ~14.72[kN] 이하
15[m] 이하	**전장 × 1/6[m] 이상**	전장 × 1/6+0.3[m] 이상	–
15[m] 초과	2.5[m] 이상	2.8[m] 이상	–
16[m] 초과 ~20[m] 이하	2.8[m] 이상	–	–
15[m] 초과 ~18[m] 이하	–	–	3[m] 이상
18[m] 초과	–	–	3.2[m] 이상

$\therefore$ 땅에 묻히는 표준 깊이는 $= \left(9 \times \dfrac{1}{6}\right) = 1.5[m]$ 이상

【정답】②

55. 전기와 자기의 요소를 서로 대칭되게 나타내지 않은 것은?

① 전계-자계
② 전속-자속
③ 유전율-투자율
④ 전속밀도-자기량

|문|제|풀|이|

[전계와 자계의 특성 비교]

	전계(전기)	
전 하	$Q[C]$	
유전율	$\epsilon = \epsilon_0 \epsilon_s [F/m]$	
	진공중의 유전율 : $\epsilon_0 = 8.855 \times 10^{-12} [F/m]$	
	비유전율 : ϵ_s(공기중, 진공시 $\epsilon_s \fallingdotseq 1$)	
쿨롱의 법칙	$F = \dfrac{Q_1 Q_2}{4\pi\epsilon r^2} = 9 \times 10^9 \dfrac{Q_1 Q_2}{\epsilon_s r^2} [N]$	
전계의 세기	$E = \dfrac{F}{Q} = \dfrac{Q}{4\pi\epsilon_0 r^2} = 9 \times 10^9 \dfrac{Q}{r^2} [V/m]$	
전위	$V = \dfrac{Q}{4\pi\epsilon_0 r} = 9 \times 10^9 \dfrac{Q}{r} [V]$	
전속밀도	$D = \epsilon_0 E [C/m^2]$	

	자계(자기)	
자극	$m[wb]$	
투자율	$\mu = \mu_0 \mu_s [H/m]$	
	진공중의 투자율 : $\mu_0 = 4\pi \times 10^{-7} [H/m]$	
	비투자율 : μ_s(진공, 공기중 $\mu_s = 1$)	
쿨롱의 법칙	$F = \dfrac{m_1 m_2}{4\pi\mu_0 r^2} = 6.33 \times 10^4 \times \dfrac{m_1 m_2}{\mu_s r^2} [N]$	
자계의 세기	$H = \dfrac{F}{m} = \dfrac{m}{4\pi\mu_0 r^2} = 6.33 \times 10^4 \times \dfrac{m}{r^2} [A]$	
자위	$U = \dfrac{m}{4\pi\mu_0 r} = 6.33 \times 10^4 \times \dfrac{m}{r} [A]$	
자속밀도	$B = \mu_0 H [wb/m^2]$	

※④ 전속밀도는 자속밀도에 해당한다. 【정답】④

56. 옥내배선공사에서 절연전선의 피복을 벗길 때 사용하면 편리한 공구는?

① 드라이버
② 플라이어
③ 눌러 붙임 펜치
④ 와이어스트리퍼

|문|제|풀|이|

[와이어스트리퍼] 절연전선의 피복을 벗길 때 사용, 자동으로 피복물을 벗긴다. 【정답】④

※① 드라이버 : 나사못, 작은 나사를 돌려 박기 위해 사용
② 플라이어 : 나사 너트를 쥘 때 사용
③ 눌러 붙임 펜치 : 절단용 공구

57. 24[V]의 전원전압에 의하여 6[A]의 전류가 흐르는 전기회로의 컨덕턴스[℧]는?

① 0.25[℧]
② 0.4[℧]
③ 2.5[℧]
④ 4[℧]

|문|제|풀|이|

[컨덕턴스] $G = \dfrac{1}{R} = \dfrac{S}{\rho l} = k \dfrac{S}{l} [℧]$

$$\rightarrow \left(R = \rho \dfrac{l}{S} [\Omega], \ k = \dfrac{1}{\rho}\right)$$

여기서, l : 길이, S : 단면적, ρ : 저항률(고유저항), k : 도전율

$I = \dfrac{V}{R} \rightarrow \therefore$ 콘덕턴스 $G = \dfrac{I}{V} = \dfrac{6}{24} = 0.25[℧]$ 【정답】①

58. 고압 가공전선로의 전선의 조수가 3조일 때 완금의 길이는?

① 1200[mm]
② 1400[mm]
③ 1800[mm]
④ 2400[mm]

|문|제|풀|이|

[가공 전선로의 장주에 사용되는 완금의 표준 길이(mm)]

전선의 개수	특고압	고압	저압
2	1800	1400	900
3	2400	1800	1400

【정답】③

※한국전기설비규정(KEC) 적용으로 인해 더 이상 출제되지 않는 문제는 삭제했습니다.

전기기능사 필기 기출문제

01. 2[Ω]의 저항과 8[Ω]의 저항을 직렬로 접속할 때 합성컨덕턴스는 몇 [℧]인가?

① 5   ② 2.5   ③ 1.5   ④ 0.1

|문|제|풀|이|

[합성컨덕턴스] $G_0 = \dfrac{1}{R_0}[\mho]$

직렬 시의 합성저항 $R_0 = R_1 + R_2 = 2 + 8 = 10[\Omega]$

$\therefore G_0 = \dfrac{1}{R_0} = \dfrac{1}{10} = 0.1[\mho]$ 【정답】④

02. 자력선의 성질을 설명한 것이다. 옳지 않은 것은?

① 자력선은 서로 교차하지 않는다.

② 자력선은 N극에서 나와 S극으로 향한다.

③ 진공 중에서 나오는 자력선의 수는 m개이다.

④ 한 점의 자력선 밀도는 그 점의 자장의 세기를 나타낸다.

|문|제|풀|이|

[자력선(자기력선)의 성질]

· 자기력선은 N극에서 시작하여 S극에서 끝난다.

· 자장 안에서 임의의 점에서의 자기력선의 접선방향은 그 접점에서의 자기장의 방향을 나타낸다.

· 자장 안에서 임의의 점에서의 자기력선 밀도는 그 점에서의 자장의 세기를 나타낸다.

· 두 개의 자기력선은 서로 반발하며 교차하지 않는다.

· 단위 점자하(1[Wb])에서의 전기력선의 수 $N = \dfrac{1}{\mu} = \dfrac{1}{\mu_0 \mu_r}$

  자하 m[Wb]에서의 전기력선의 수 $N = \dfrac{m}{\mu} = \dfrac{m}{\mu_0 \mu_r}$

※진공 중에서 나오는 자력선의 수는 $\dfrac{m}{\mu_0}$개다.

→ (진공중 $\mu_r = 1$)

【정답】③

03. 제벡효과에 대한 설명으로 틀린 것은?

① 두 종류의 금속을 접속하여 폐회로를 만들고, 두 접속점에 온도의 차이를 주면 기전력이 발생하여 전류가 흐른다.

② 열기전력의 크기와 방향은 두 금속 점의 온도차에 따라서 정해진다.

③ 열전쌍(열전대)은 두 종류의 금속을 조합한 장치이다.

④ 전자 냉동기, 전자 온풍기에 응용된다.

|문|제|풀|이|

[제벡 효과] 서로 다른 두 종류의 금속선을 접합하여 폐회로를 만든 후 두 접합점의 온도를 달리하였을 때, 폐회로에 열기전력이 발생하여 열전류가 흐르게 된다. 이러한 현상을 제벡 효과라 하며 이때 연결한 금속 루프를 열전대라 한다.

※펠티에효과 : 두 종류 금속 접속면에 전류를 흘리면 접속점에서 열의 흡수, 발생이 일어나는 효과로 전자냉동, 열전냉동에 이용된다.

【정답】④

04. 저항이 500[Ω]인 도체에 1[A]의 전류를 1분간 흘렸다면 발생하는 열량은 몇 [kcal] 인가?

① 0.62   ② 1.44

③ 4.46   ④ 7.2

|문|제|풀|이|

[줄의 법칙에 의해 저항에 발생하는 열량] $Q = 0.24 I^2 Rt$[cal]

저항(R) : 500[Ω], 전류(I) : 1[A], 시간(t) : 1[분]=1×60[sec]

$\therefore$ 열량 $Q = 0.24 I^2 Rt = 0.24 \times 1^2 \times 500 \times 1 \times 60$

           $= 7200$[cal] $= 7.2$[kcal]   【정답】④

05. 전압계 및 전류계의 측정 범위를 넓히기 위하여 사용하는 배율기와 분류기의 접속 방법은?

① 배율기는 전압계와 병렬접속, 분류기는 전류계와 직렬접속

② 배율기는 전압계와 직렬접속, 분류기는 전류계와 병렬접속

③ 배율기 및 분류기 모두 전압계와 전류계에 직렬접속

④ 배율기 및 분류기 모두 전압계와 전류계에 병렬접속

|문|제|풀|이|

[배율기] 배율기는 **전압계**의 측정범위를 넓히기 위한 목적으로 사용하는 것으로서, 회로에 전압계와 **직렬**로 저항(배율기)을 접속하고 측정

[분류기] 분류기는 **전류계**의 측정범위를 넓히기 위하여 전류계에 **병렬**로 접속하는 저항기를 말한다. 【정답】②

06. 납축전지의 전해액으로 사용되는 것은?

① H_2SO_4 ② H_2O

③ pbO_2 ④ $pbSO_4$

|문|제|풀|이|

[연축전지의 화학반응식]

$$PbO_2 + 2H_2SO_4 + Pb \xrightleftharpoons[\text{충전}]{\text{방전}} PbSO_4 + 2H_2O + PbSO_4$$

양극   전해액   음극   양극   전해액   음극

1. 충전 시 전해액 : 묽은황산(H_2SO_4)
2. 공칭전압 : 2.0[V/cell]
3. 공칭용량 : 10[Ah]
4. 방전종료전압 : 1.8[V] 【정답】①

07. 다음 설명 중 틀린 것은?

① 같은 부호의 전하끼리는 반발력이 생긴다.
② 정전유도에 의하여 작용하는 힘은 반발력이다.
③ 정전용량이란 콘덴서가 전하를 축적하는 능력을 말한다.
④ 콘덴서는 전압을 가하는 순간은 콘덴서는 단락상태가 된다.

|문|제|풀|이|

[정전유도] 대전하고 있지 않은 절연된 물체 A에 대전한 물체 B를 접근시키면 B에 가까운 쪽에 B와 다른 부호, 먼 쪽에 같은 부호의 전하가 A에 나타난다.

※② 정전유도에 의하여 작용하는 힘은 흡인력이다.

【정답】②

08. 전하의 성질을 잘못 설명한 것은?

① 같은 종류의 전하는 흡인하고 다른 종류의 전하끼리는 반발한다.
② 대전체에 들어 있는 전하를 없애려면 접지시킨다.
③ 대전체의 영향으로 비대전체에 전기가 유도된다.
④ 전하는 가장 안정한 상태를 유지하려는 성질이 있다.

|문|제|풀|이|

[전하의 성질]

1. 전하는 도체 표면에만 존재한다.
2. 도체 표면에서 전하는 곡률이 큰 부분, 곡선 반지름이 작은 부분에 집중한다.
3. 같은 종류의 전하끼리는 반발하고, 다른 종류의 전하끼리는 흡인한다. 【정답】①

09. V=200[V], C_1=10[μF], C_2=5[μF]인 2개의 콘덴서가 병렬로 접속되어 있다. 콘덴서 C_1에 축적되는 전하[μF]는?

① 100[μC] ② 200[μC]

③ 1000[μC] ④ 2000[μC]

|문|제|풀|이|

[콘덴서에 축적되는 전하] $Q = CV[C]$

병렬접속이므로 전압은 일정

∴C_1에 축적되는 전하 $Q_1 = C_1 V = 10 \times 200 = 2000[\mu C]$

【정답】④

10. 다음 회로의 합성정전용량은 $[\mu F]$는?

① 5
② 4
③ 3
④ 2

|문|제|풀|이|

[직·병렬 합성정전용량]

· 직렬 합성정전용량 $C_s = \dfrac{1}{\dfrac{1}{C_1}+\dfrac{1}{C_2}} = \dfrac{C_1 \times C_2}{C_1 + C_2}[F]$

· 병렬 합성정전용량 $C_p = C_1 + C_2 [F]$

여기서, C : 콘덴서

1. $2[\mu F]$와 $4[\mu F]$는 병렬연결 → 합성정전용량 $C_p = 2+4 = 6[\mu F]$

2. $6[\mu F]$기 다시 $3[\mu F]$와 직렬연결

∴합성정전용량은 $C_0 = \dfrac{3 \times 6}{3 + 6} = 2[\mu F]$ 【정답】④

11. 진공 중에 두 자극 m_1, m_2를 r[m]의 거리에 놓았을 때 작용하는 힘 F의 식으로 옳은 것은?

① $F = \dfrac{1}{4\pi\mu_0} \times \dfrac{m_1 m_2}{r}[N]$

② $F = \dfrac{1}{4\pi\mu_0} \times \dfrac{m_1 m_2}{r^2}[N]$

③ $F = 4\pi\mu_0 \times \dfrac{m_1 m_2}{r}[N]$

④ $F = 4\pi\mu_0 \times \dfrac{m_1 m_2}{r^2}[N]$

|문|제|풀|이|

[자기에 관한 쿨롱의 법칙] 두 자극 사이에 작용하는 힘(F)은 두 자극의 세기(m_1, m_2)의 곱에 비례하고 두 자극 사이의 거리(r)의 제곱에 반비례한다.

$F = \dfrac{1}{4\pi\mu} \cdot \dfrac{m_1 m_2}{r^2} = \dfrac{1}{4\pi\mu_0\mu_r} \cdot \dfrac{m_1 m_2}{r^2}$ → (진공중의 μ_r=1이다.)

여기서, 투자율 $\mu = \mu_0\mu_r$[H/m]

　　　　진공중의 투자율 $\mu_0 = 4\pi \times 10^{-7}$[H/m]

　　　　물질의 비투자율 μ_r(진공시, 공기중 $\mu_r = 1$)

　　　　m_1, m_2[Wb] : 각각의 자극의 세기

　　　　r[m] : 자극간의 거리

　　　　$F[N]$: 상호간에 작용하는 자기력 　【정답】②

12. 50회 감은 코일과 쇄교하는 자속이 0.5[sec] 동안 0.1[Wb]에서 0.2[Wb]로 변화하였다면 기전력의 크기는?

① 5[V]
② 10[V]
③ 12[V]
④ 15[V]

|문|제|풀|이|

[Faraday 법칙] 유도기전력 $e = N\dfrac{d\varnothing}{dt}$ → (권수가 N일 때)

∴$e = 50 \times \dfrac{0.2 - 0.1}{0.5} = 10[V]$ 　【정답】②

13. 저항과 코일이 직렬 연결된 회로에서 직류 220[V]를 인가하면 20[A]의 전류가 흐르고, 교류 220[V]를 인가하면 10[A]의 전류가 흐른다. 이 코일의 리액턴스[Ω]는?

① 약 $19.05[\Omega]$
② 약 $16.06[\Omega]$
③ 약 $13.06[\Omega]$
④ 약 $11.04[\Omega]$

|문|제|풀|이|

[리액턴스] $X_L = \sqrt{Z^2 - R^2}[\Omega]$ → ($Z = \sqrt{R^2 + X_L^2}$)

1. $R - L$직렬회로에서 직류를 인가한 경우, 코일(L)은 무시

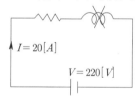

→ 저항 $R = \dfrac{V}{I} = \dfrac{220}{20} = 11[\Omega]$

2. $R - L$직렬회로에서 교류를 인가한 경우 저항(R)과 코일(L)이 직렬접속

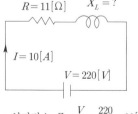

→ 임피던스 $Z = \dfrac{V}{I} = \dfrac{220}{10} = 22[\Omega]$

3. 위의 두 식에 의해 리액턴스를 구하면

$X_L = \sqrt{Z^2 - R^2} = \sqrt{22^2 - 11^2} = 19.05[\Omega]$

【정답】①

14. 자체인덕턴스 2[H]의 코일에서 0.1[s] 동안에 1[A]의 전류가 변화하였다. 코일에 유도되는 기전력은?

① 6[V] ② 20[V] ③ 60[V] ④ 150[V]

|문|제|풀|이|

[코일의 유도기전력의 크기] $\left| e = -L\dfrac{di}{dt} \right|$ [V]

(L : 자기인덕턴스, dt : 시간 변화량, di : 전류 변화량)

자기인덕턴스(L) : 2[H], 시간 변화량(dt) : 0.1[sec]

전류변화량(di) : 1[A]

$\therefore e = \left| -L\dfrac{di}{dt} \right|[V] = 2 \times \dfrac{1}{0.1} = 20[V]$ 【정답】②

15. 가정용 전등 전압이 200[V]이다. 이 교류의 최대값은 몇 [V]인가?

① 70.7 ② 86.7
③ 141.4 ④ 282.8

|문|제|풀|이|

[교류의 최대값] $V_m = \sqrt{2}\,V[V]$

여기서, V_m : 최대값, V : 전압(실효값)

가정용 전등 전압(V) : 200[V] → 실효값

최대값 $V_m = \sqrt{2}\,V = \sqrt{2} \times 200 = 282.8[V]$ → ($\sqrt{2}=1.414$)

【정답】④

16. 평등자장 내에 있는 도선에 전류가 흐를 때 자장의 방향과 어떤 각도로 되어있으면 작용하는 힘이 최대가 되는가?

① 30° ② 45°
③ 60° ④ 90°

|문|제|풀|이|

[전자력의 세기 $F = IBl\sin\theta[N]$

따라서 힘이 최대가 되는 각은 <u>90도</u> 일 때이다.

【정답】④

17. 저항 9[Ω], 용량리액턴스 12[Ω]의 직렬회로의 임피던스는 몇[Ω]인가?

① 2 ② 15 ③ 21 ④ 32

|문|제|풀|이|

[$R-L$ 직·병렬회로에서 임피던스]

1. $R-L$ 직렬회로에서 임피던스의 크기 $|Z| = \sqrt{R^2 + X_L^2}$

2. $R-L$ 병렬회로에서 임피던스의 크기 $|Z| = \dfrac{R \cdot X_L}{\sqrt{R^2 + X_L^2}}$

$\therefore$ 직렬회로의 임피던스 $Z_s = \sqrt{R^2 + X_L^2} = \sqrt{9^2 + 12^2} = 15[\Omega]$

【정답】②

18. R-L-C 직렬 공진회로에서 최대가 되는 것은?

① 저항값 ② 임피던스값
③ 전류값 ④ 전압값

|문|제|풀|이|

[RLC 직렬 공진회로]

임피던스의 크기 $|Z| = \sqrt{R^2 + \left(wL - \dfrac{1}{wC}\right)^2}$

직렬공진 시 $wL = \dfrac{1}{wC}$ 이므로 Z가 최소

$I = \dfrac{V}{Z}$ 에 의해 Z가 최소가 되면 I가 최대가 된다.

그러므로 전류가 최대가 된다.

	직렬공진	병렬공진
조건	$wL = \dfrac{1}{wC}$	$wC = \dfrac{1}{wL}$
공진의 의미	·허수부 0 ·전압과 전류 동상 ·역률 1 ·<u>임피던스 최소</u> ·흐르는 <u>전류 최대</u>	·허수부 0 ·전압과 전류 동상 ·역률이 1 ·임피던스 최대 ·흐르는 전류 최소

【정답】③

19. 교류에서 파고율은?

① 파고율 = $\dfrac{\text{최대값}}{\text{실효값}}$ ② 파고율 = $\dfrac{\text{실효값}}{\text{평균값}}$

③ 파고율 = $\dfrac{\text{평균값}}{\text{실효값}}$ ④ 파고율 = $\dfrac{\text{최대값}}{\text{평균값}}$

|문|제|풀|이|

[정현파 교류의 파형률 및 파고율]

1. 파고율 = $\dfrac{\text{최대치}}{\text{실효치}}$ 2. 파형률 = $\dfrac{\text{실효치}}{\text{평균치}}$

【정답】①

20. 그림의 회로에서 전압 100[V]의 교류 전압을 가했을 때 전력은?

① 10[W] ② 60[W]
③ 100[W] ④ 600[W]

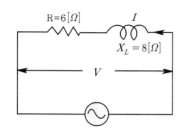

|문|제|풀|이|

[전력] $P = I^2 R[W]$

1. 임피던스 $Z = \sqrt{R^2 + X_L^2} = \sqrt{6^2 + 8^2} = 10[\Omega]$

2. 전류 $I = \dfrac{V}{Z} = \dfrac{100}{10} = 10[A]$

∴ 전력 $P = I^2 R[W] = 10^2 \times 6 = 600[W]$ 【정답】④

21. 직류기에 있어서 불꽃 없는 정류를 얻기 위한 방법이 아닌 것은?

① 보상권선을 설치한다.
② 보극을 설치한다.
③ 브러시의 접촉저항을 크게 한다.
④ 리액턴스 전압을 크게 한다.

|문|제|풀|이|

[불꽃없는 정류를 하려면]

·**리액턴스 전압이 낮아야 한다.**
·정류주기가 길어야 한다.
·브러시의 접촉저항이 커야한다 : 탄소브러시 사용
·보극, 보상권선을 설치한다. 【정답】④

22. 보극이 없는 직류기 운전 중 중성점의 위치가 변하지 않는 경우는?

① 과부하 ② 전부하
③ 중부하 ④ 무부하

|문|제|풀|이|

[직류기] 직류기에서 전기자반작용을 줄이기 위해 보극을 설치한다. 따라서 보극이 없으면 중성점의 위치가 변하게 된다. 그러나 직류기의 운전 중 중성점의 위치가 변하지 않는다는 것은 <u>무부하 일 때이다.</u> 【정답】④

23. 60[Hz] 3상 반파 정류회로의 맥동주파수는?

① 60[Hz] ② 120[Hz]
③ 180[Hz] ④ 360[Hz]

|문|제|풀|이|

[정류회로 방식의 비교]

종류	단상 반파	단상 전파	3상 반파	3상 전파
직류출력	$E_d = 0.45E$	$E_d = 0.9E$	$E_d = 1.17E$	$E_d = 1.35E$
맥동률[%]	121	48	17.7	4.04
정류효율	40.5	81.1	96.7	99.8
맥동주파수	f	$2f$	$3f$	$6f$

3상 반파 정류의 맥동 주파수 $3f$

∴ $f_0 = 3f = 3 \times 60 = 180[Hz]$ 【정답】③

24. 직류전동기의 속도제어법이 아닌 것은?

① 전압제어법 ② 계자제어법
③ 저항제어법 ④ 주파수제어법

|문|제|풀|이|

[직류 전동기의 속도제어법 비교]

구분	제어 특성	특징
계자제어법	계자 전류의 변화에 의한 자속의 변화로 속도 제어	속도 제어 범위가 좁다.
전압제어법	정토크 제어 -워드 레오나드 방식 -일그너 방식	·제어 범위가 넓다. ·손실이 적다. ·정역운전 가능 ·설비비 많이 듬
저항제어법	전기자 회로의 저항 변화에 의한 속도 제어법	효율이 나쁘다.

※④ 주파수제어법 : 3상 농형유도전동기의 속도제어법

【정답】④

25. 직류 직권전동기의 특징에 대한 설명으로 틀린 것은?

① 부하전류가 증가하면 속도가 크게 감소된다.

② 기동토크가 작다.

③ 무부하 운전이나 벨트를 연결한 운전은 위험하다.

④ 계자권선과 전기자권선이 직렬로 접속되어 있다.

|문|제|풀|이|
[직류 직권전동기의 특성]

· 토크 $\tau \propto I^2 \propto \dfrac{1}{N^2}$

· 기동토크가 부하전류의 제곱에 비례하고 속도의 제곱에 반비례

· 전동기 기동 시 속도를 감소시키면 큰 기동 토크를 얻을 수 있다.

· 무부하 운전을 할 수 없다.

· 부하와 벨트 구동을 하지 않는다.　　　　【정답】②

26. 단상 유도전동기의 정회전 슬립이 s이면 역회전 슬립은 어떻게 되는가?

① 1-s　　　　② 2-s

③ 1+s　　　　④ 2+s

|문|제|풀|이|
[유도전동기의 상대속도 및 역회전 시 슬립] $s' = 2 - s$

1. 상대속도 $N_s - N = sN_s$

2. 역회전시 슬립 $s' = \dfrac{N_s - (-N)}{N_s}$

여기서, N_s : 동기속도, N : 회전속도, s : 슬립

$\therefore s' = \dfrac{N_s - (-N)}{N_s} = \dfrac{N_s + N}{N_s} = \dfrac{N_s + (N_s - sN_s)}{N_s}$

$= \dfrac{2N_s - sN_s}{N_s} = \dfrac{N_s(2 - s)}{N_s} = (2 - s)$　　【정답】②

27. 코일 주위에 전기적 특성이 큰 에폭시 수지를 고진공으로 침투시키고, 다시 그 주위를 기계적 강도가 큰 에폭시 수지로 몰딩한 변압기는?

① 건식변압기　　　② 유입변압기

③ 몰드변압기　　　④ 타이변압기

|문|제|풀|이|
[몰드변압기] 몰드 변압기는 권선 전체를 에폭시수지에 의하여 함침 또는 주형된 고체절연 방식을 채택하고 있고, 에폭시수지에 실리카 등의 무기질 충전제를 배합하든가 유리섬유의 기본재를 함침하고 있어 유입변압기 수준의 우수한 절연 특성과 H종 건식 변압기의 방재성을 겸비한 것이라 할 수 있다.

　　　　【정답】③

28. 변압기의 2차 저항이 0.1[Ω]일 때 1차로 환산하면 360[Ω]이 된다. 이 변압기의 권수비는?

① 30　　　　② 40

③ 50　　　　④ 60

|문|제|풀|이|
[권수비] $a = \dfrac{N_1}{N_2} = \dfrac{V_1}{V_2} = \dfrac{I_2}{I_1} = \sqrt{\dfrac{R_1}{R_2}} = \sqrt{\dfrac{Z_1}{Z_2}}$

$\therefore a = \sqrt{\dfrac{R_1}{R_2}} = \sqrt{\dfrac{360}{0.1}} = 60$　　【정답】④

29. 전압변동률 ϵ 의 식은? (단, 정격전압 $V_n[V]$, 무부하 전압 $V_0[V]$ 이다.)

① $\epsilon = \dfrac{V_0 - V_n}{V_n} \times 100\%$

② $\epsilon = \dfrac{V_n - V_0}{V_n} \times 100\%$

③ $\epsilon = \dfrac{V_n - V_0}{V_0} \times 100\%$

④ $\epsilon = \dfrac{V_0 - V_n}{V_0} \times 100\%$

|문|제|풀|이|
[직류기의 전압변동률] $\epsilon = \dfrac{V_0 - V_n}{V_n} \times 100[\%]$

여기서, V_0 : 무부하 단자 전압, V_n : 정격전압

1. $\epsilon(+)$: 타여자, 분권, 부족, 차동복권

2. $\epsilon = 0$: 평복권

3. $\epsilon(-)$: 직권, 과복권　　　　【정답】①

30. 변압기 철심에는 철손을 적게 하기 위하여 철이 몇 [%]인 강판을 사용하는가?

① 약 50~55[%] ② 약 60~70[%]

③ 약 76~86[%] ④ 약 96~97[%]

|문|제|풀|이|

[변압기의 철심] 전기자 철심은 철손을 적게 하기 위하여 규소가 함유(4~5[%])된 규소강판을 사용하여 히스테리시스손을 작게 하며, 0.35~0.5[mm] 두께로 여러 장 겹쳐서 성층하여 와류손을 감소시킨다.　　　　　　　　　　　　　【정답】④

31. 고장 시의 불평형 1차전류가 평형 전류의 어떤 비율 이상으로 되었을 때 동작하는 계전기는?

① 과전압계전기 ② 과전류계전기

③ 전압차동계전기 ④ 비율차동계전기

|문|제|풀|이|

[변압기 내부 고장 검출]

1. 전류차동계전기 : 변압기 고압측과 저압측에 설치한 CT 2차 전류의 차를 검출하여 변압기 내부 고장을 검출하는 방식의 계전기

2. 비율차동계전기 : 발전기나 변압기 등의 내부 고장 발생 시 CT 2차측의 억제 코일에 흐르는 부하 전류와 동작 코일에 흐르는 1차전류의 오차가 일정 비율 이상일 경우에 동작하는 계전기

3. 부흐홀츠계전기 : 변압기 내부 고장으로 인한 절연유의 온도 상승 시 발생하는 유증기를 검출하여 경보 및 차단을 하기 위한 계전기
　　　　　　　　　　　　　【정답】④

32. △결선 변압기의 한 대가 고장으로 제거되어 V결선 으로 공급할 때 공급할 수 있는 전력은 고장 전 전력에 대하여 약 몇 [%]인가?

① 57.7[%] ② 66.7[%]

③ 70.5[%] ④ 86.6[%]

|문|제|풀|이|

[출력비] 출력비 $=\dfrac{V\text{결선의 출력}}{\triangle\text{결선의 출력}}$

1대의 단상 변압기 용량을 K라 하면 그 출력비는

∴출력비 $=\dfrac{V\text{결선의 출력}}{\triangle\text{결선의 출력}}=\dfrac{\sqrt{3}\,K}{3K}=\dfrac{\sqrt{3}}{3}=0.577=57.7[\%]$

　→ (V결선 시의 출력 $P_V=\sqrt{3}\,P[kVA]$, △결선시 출력 $P_\triangle=3P$)
　　　　　　　　　　　　　【정답】①

33. 가스 차단기에 사용되는 가스인 SF_6의 성질이 아닌 것은?

① 같은 압력에서 공기의 2.5~3.5배의 절연내 력이 있다.

② 가스 압력 3~4[kgf/㎠]에서 절연내력은 절 연유 이상이다.

③ 소호능력은 공기보다 2.5배 정도 낮다.

④ 무색, 무취, 무해 가스이다.

|문|제|풀|이|

[SF_6 가스의 특징]

1. 물리적, 화학적 성질
　·무색, 무취, 불연성의 가스이므로 폭발의 위험이 없다.
　·열 전달성이 뛰어나다(공기의 약 1.6배).
　·열적 안전성이 뛰어나다(용매가 없는 상태에서는 약 500[℃]까지 분해되지 않는다).
　·SF6 가스를 봉입한 안전 밀폐 구조이므로 열화가 거의 없다.
　·변압기 내부의 보수, 점검이 필요 없다.
　·유입변압기보다 10% 정도 가볍다.
　·저소음이다.

2. 전기적 성질
　·소호 능력이 우수하다(공기의 100~200배 정도).
　·절연 회복이 빠르다.
　·절연 내력이 높다(평등 전계 중에서 1기압에서 공기의 2.5 배~3.5배, 3기압에서는 기름과 같은 레벨의 절연 내력을 갖고 있음).　　　　　　　　　　　　【정답】③

34. E종 절연물의 최고 허용 온도는 몇 [℃]인가?

① 40 ② 60

③ 120 ④ 125

|문|제|풀|이|

[전기 기기에 사용되는 절연물의 최고 허용 온도]

절연의 종류	Y	A	E	B	F	H	C
허용 최고 온도(℃)	90	105	120	130	155	180	180 초과

1. Y종 : 무명, 명주, 종이 등의 재료로 구성된 바니시류를 합침하지 않고 또는 기름을 먹이지 않는 것

2. A종 : 무명, 명주, 종이 등의 재료로 구성되며 바니시류를 합침시키거나 기름 속에 합침시킨 것

3. E종 : 허용 최고 온도 120℃에 충분히 견딜 수 있는 재료로 구성된 절연

4. B종 : 석면, 유리 섬유 같은 재료를 접착재료와 함께 써서 구성한 것
　　　　　　　　　　　　　【정답】③

35. 동기기 운전 시 안정도 증진법이 아닌 것은?

① 단락비를 크게 한다.

② 회전부의 관성을 크게 한다.

③ 속응여자방식을 채용한다.

④ 역상 및 영상임피던스를 작게 한다.

|문|제|풀|이|

[안정도 증진법]

1. 동기임피던스를 작게 한다.
2. 속응여자 방식을 채택한다.
3. 회전자에 플라이휠을 설치하여 관성모멘트를 크게 한다.
4. 정상임피던스는 작고, 영상·역상임피던스를 크게 한다.
5. 단락비를 크게 한다.　　　　　　　　【정답】④

36. 동기전동기의 직류 여자전류가 증가될 때의 현상으로 옳은 것은?

① 진상 역률을 만든다.

② 지상 역률을 만든다.

③ 동상 역률을 만든다.

④ 진상 · 지상 역률을 만든다.

|문|제|풀|이|

[무효 전력 보상 장치(동기 조상기)] 송전선로의 전압을 일정하게 할 목적으로 수전단에 병렬로 접속하여 무부하 운전하는 동기전동기

1. 여자전류(계자전류)를 증가시키면 부하전류의 위상이 앞선다.
　진상 전류 → 콘덴서 작용
2. 여자전류(계자전류)를 감소하면 전기자전류의 위상은 뒤진다.
　지상 전류 → 리액터 작용　　　　　　　【정답】①

37. 동기속도 1800[rpm], 주파수 60[Hz]의 동기발전기의 극수는?

① 2극　　　　　② 4극

③ 6극　　　　　④ 8극

|문|제|풀|이|

[동기 발전기의 동기속도(N_s)] $N_s = \dfrac{120f}{p}$

여기서, f : 주파수, p : 극수

동기속도(N_s) : 1800[rpm], 주파수(f) : 60[Hz]

$N_s = \dfrac{120f}{p}$　→　$\therefore p = \dfrac{120f}{N_s} = \dfrac{120 \times 60}{1800} = 4[극]$

※4극, 60[Hz] → 1800[rpm] : 가장 많이 사용하는 전동기

　　　　　　　　　　　　　　　　　【정답】②

38. 4극의 3상 유도전동기가 60[Hz]의 전원에 접속되어 4[%]의 슬립으로 회전할 때 회전수[rpm]는?

① 1900　　　　　② 1828

③ 1800　　　　　④ 1728

|문|제|풀|이|

[3상 유도전동기 동기속도 및 회전속도]

1. 동기속도 $N_s = \dfrac{120f}{p}$[rpm]

2. 회전속도 $N = (1-s)N_s$[rpm]

극수(p) : 4극, 주파수(f) : 60[Hz], 슬립(s) : 4[%]

동기속도 $N_s = \dfrac{120f}{p} = \dfrac{120 \times 60}{4} = 1800$[rpm]

$\therefore$회전속도 $N = (1-s)N_s = (1-0.04) \times 1800 = 1728$[rpm]

　　　　　　　　　　　　　　　　　【정답】④

39. 동기전동기를 자기기동법으로 기동시킬 때 계자회로는 어떻게 하여야 하는가?

① 단락시킨다.

② 개방시킨다.

③ 직류를 공급한다.

④ 단상교류를 공급한다.

|문|제|풀|이|

[자기기동법] 동기전동기를 자기기동시킬 때 계자회로를 단락시켜 사용하는데, 이것을 제동권선이라 한다.

·제동권선을 계자 극면에 설치하여 기동토크를 발생시켜 기동하는 방식
·정격전압의 30~50[%] 정도로 저압을 가해 기동
·계자권선을 단락시켜서 기동　　　　　【정답】①

40. 반도체 내에서 정공은 어떻게 생성되는가?

① 결합전자의 이탈   ② 자유전자의 이동

③ 접합 불량   ④ 확산용량

|문|제|풀|이|

[정공] 정공이란 결합전자의 이탈로 생긴 전자의 빈공간을 말한다. 이탈한 전자를 자유전자라 한다.

P형 반도체의 주반송자는 정공이다.   【정답】①

41. 전선을 접속하는 경우 전선의 강도는 몇 [%] 이상 감소시키지 않아야 하는가?

① 10   ② 20   ③ 40   ④ 80

|문|제|풀|이|

[전선의 접속] 전선을 접속하는 경우 전선의 강도는 80[%] 이상 유지(즉, 20[%] 이상 감소시키지 말 것)   【정답】②

42. 배전용 기구인 COS(컷아웃스위치)의 용도로 알맞은 것은?

① 배전용 변압기의 1차측에 시설하여 변압기의 단락 보호용으로 쓰인다.

② 배전용 변압기의 2차측에 시설하여 변압기의 단락 보호용으로 쓰인다.

③ 배전용 변압기의 1차측에 시설하여 배전 구역 전환용으로 쓰인다.

④ 배전용 변압기의 2차측에 시설하여 배전 구역 전환용으로 쓰인다.

|문|제|풀|이|

[컷아웃스위치(COS)] 주상변압기 1차측에 설치하여 변압기의 보호와 개폐에 사용하는 스위치로 변압기 설치 시 필수로 설치하야 한다. (특고압 COS 용량 : 300[kVA] 이하)

※변압기 2차측 단락보호 : 캣치홀더(저압퓨즈)   【정답】①

43. 셀룰러덕트의 최대 폭이 180[mm]일 때 덕트의 판 두께는?

① 1.0[mm] 이상   ② 1.2[mm] 이상

③ 1.4[mm] 이상   ④ 1.6[mm] 이상

|문|제|풀|이|

[셀룰러덕트의 판 두께]

덕트의 최대 폭[mm]	덕트의 판 두께[mm]
150이하	1.2
150초과 200이하	1.4
200초과	1.6

【정답】③

44. 전선의 재료로서 구비해야 할 조건이 아닌 것은?

① 기계적 강도가 클 것

② 가요성이 풍부할 것

③ 고유저항이 클 것

④ 비중이 작을 것

|문|제|풀|이|

[전선의 재료로서 구비해야 할 조건]

·도전율이 크고(고유저항이 작고), 비중이 작을 것(가벼울 것)

·기계적 강도가 크고 내구성이 있을 것

·저렴하고 쉽게 구할 수 있을 것   【정답】③

45. 합성수지관 공사에서 옥외 등 온도 차가 큰 장소에 노출 배관을 할 때 사용하는 커플링은?

① 신축커플링(0C)   ② 신축커플링(1C)

③ 신축커플링(2C)   ④ 신축커플링(3C)

|문|제|풀|이|

[커플링]

1. 신축커플링(3C) : 합성수지관 공사에서 옥외 등 온도 차가 큰 장소에 노출 배관을 할 때 사용

2. 신축커플링(4C) : 접착제를 사용할 때   【정답】④

46. 전등 1개를 3개소에서 점멸하고자 할 때 필요한 3로 스위치와 4로 스위치는 각각 몇 개가 필요한가?

① 1개   ② 2개

③ 3개   ④ 4개

|문|제|풀|이|
[배선도 및 전선 접속도]

1. 1등을 2개소에서 점멸하는 경우

배선도	전선 접속도

2. 1등을 3개소에서 점멸하는 경우

배선도	전선 접속도

※ ○ : 전등, ● : 점멸기(첨자가 없는 것은 단극, 2P는 2극, 3은 3로, 4는 4로), ●● : 콘센트 **【정답】②**

47. 애자사용공사를 건조한 장소에 시설하고자 한다. 사용 전압이 400[V] 미만인 경우 전선과 조영재 사이의 간격은 최소 몇 [cm] 이상 이어야 하는가?

① 2.5   ② 4.5   ③ 6.0   ④ 12

|문|제|풀|이|
[애자사용공사]
· 옥외용 비닐절연전선(OW) 및 인입용 비닐절연전선(DV)을 제외한 절연전선을 사용할 것
· 전선 상호 간의 간격은 6[cm] 이상일 것
· 전선과 조영재의 간격
   − 400[V] 미만은 2.5[cm] 이상
   − 400[V] 이상의 저압은 4.5[cm] 이상

※ 조영재 : 건축을 이루는 모든 재료. 천장, 기둥, 벽면 등 **【정답】①**

48. 금속 전선관을 직각 구부리기 할 때 굽힘 반지름 r은? (단, d는 금속 전선관의 안지름, D는 금속 전선관의 바깥지름이다.)

① $r = 6d + \left(\dfrac{D}{2}\right)$ ② $r = 6d + \left(\dfrac{D}{4}\right)$

③ $r = 6d + \left(\dfrac{D}{6}\right)$ ④ $r = 4d + \left(\dfrac{D}{6}\right)$

|문|제|풀|이|
[금속 전선관을 직각 구부리기 할 때 굽힘 반지름] $r = 6d + \left(\dfrac{D}{2}\right)$

(d : 금속 전선관의 안지름, D : 금속 전선관의 바깥지름)
【정답】①

49. 다음 중 금속전선관의 호칭을 맞게 기술한 것은?

① 박강, 후강 모두 안지름으로 [mm]로 나타낸다.
② 박강은 안지름, 후강은 바깥지름으로 [mm]로 나타낸다.
③ 박강은 바깥지름, 후강은 안지름으로 [mm]로 나타낸다.
④ 박강, 후강 모두 바깥지름으로 [mm]로 나타낸다.

|문|제|풀|이|
[금속전선관]

1. 후강 전선관
   · 안지름의 크기에 가까운 짝수
   · 두께 2[mm] 이상
   · 길이 3.6[m]
   · 16, 22, 28. 36, 42, 54, 72, 80, 92, 104(c)
2. 박강 전선관
   · 바깥지름의 크기에 가까운 홀수
   · 두께 1.2[mm] 이상
   · 길이 3.6[m]
   · 15, 19, 25, 31, 39, 51, 63, 75(c) **【정답】③**

50. 폭연성 먼지가 존재하는 곳의 저압 옥내배선 공사 시 공사 방법으로 짝지어진 것은?

① 금속관 공사, MI 케이블 공사, 개장된 케이블 공사

② CD 케이블 공사, MI 케이블 공사, 금속관 공사

③ CD 케이블 공사, MI 케이블 공사, 제1종 캡타이어 케이블 공사

④ 개장된 케이블 공사, CD 케이블 공사, 제1종 캡타이어 케이블 공사

|문|제|풀|이|
[폭연성 먼지가 많은 장소에서의 시설]
폭연성 먼지나 화약류의 가루가 존재하는 곳의 배선은 <u>금속관 공사나 케이블 공사</u>(MI케이블, 개장 케이블)에 의할 것(셉타이어 케이블 제외)　　　　　　　　　　　【정답】①

51. 옥내 배선을 합성수지관 공사에 의하여 실시 할 때 사용할 수 있는 단선의 최대 굵기[mm^2]는?

① 4　　　　　　　　② 6

③ 10　　　　　　　④ 16

|문|제|풀|이|
[합성수지관 공사]
1. 전선은 절연전선(옥외용 비닐 절연전선을 제외)일 것
2. 전선은 연선일 것. 다만, 다음의 것은 적용하지 않는다.
　·짧고 가는 합성수지관에 넣은 것
　·<u>단면적 10[mm^2]</u>(알루미늄선은 단면적 16[mm^2]) 이하의 것
3. 전선은 합성수지관 안에서 접속점이 없도록 할 것　　　　　　　　　　　【정답】③

52. 사람의 접촉 우려가 있는 합성수지제 몰드는 홈의 폭 및 깊이가 (㉠)[cm] 이하로 두께는 (㉡)[mm] 이상의 것이어야 한다. ( )안에 들어갈 내용으로 알맞은 것은?

① ㉠ 3.5, ㉡ 1　　　　② ㉠ 5, ㉡ 1

③ ㉠ 3.5, ㉡ 2　　　　④ ㉠ 5, ㉡ 2

|문|제|풀|이|
[합성수지 몰드 공사]
·합성수지 몰드는 홈의 폭 및 <u>깊이가 3.5[cm]</u> 이하
·합성수지 몰드 공사에 사용되는 합성수지는 <u>두께가 2[mm] 이상</u>으로 쉽게 파손되지 않아야 한다.
·사람이 쉽게 접촉할 우려가 없도록 시설하는 경우에는 폭이 5[cm] 이하
·합성수지 몰드 안에서는 전선에 접속점이 없도록 시설한다.　　　　　　　　　　　【정답】③

53. 가연성 먼지에 전기설비가 발화원이 되어 폭발의 우려가 있는 곳에 시설하는 저압 옥내배선 공사방법이 아닌 것은?

① 금속관공사　　　　② 케이블공사

③ 애자사용공사　　　④ 합성수지관공사

|문|제|풀|이|
[가연성 먼지가 많은 장소에서의 시설]
가연성 먼지에 전기설비가 발화원이 되어 폭발할 우려가 있는 곳에 시설하는 저압 옥내 전기설비는 <u>합성수지관 공사</u>(두께 2[mm] 미만의 합성수지전선관 및 콤바인덕트관을 사용하는 것을 제외한다.) <u>금속관 공사</u> 또는 <u>케이블 공사</u>에 의할 것
　　　　　　　　　　　【정답】③

54. 다음 중 과전류 차단기를 설치하는 곳은?

① 간선의 전원측 전선

② 접지공사의 접지선

③ 다선식 전로의 중성선

④ 접지공사를 한 저압 가공 전선로의 접지측 전선

|문|제|풀|이|
[과전류 차단기 설치 제한]
② 접지공사의 <u>접지선</u>
③ 다선식 전로의 <u>중성선</u>
④ 접지공사를 한 저압 가공 전선로의 <u>접지측 전선</u>
　　　　　　　　　　　【정답】①

55. 화약고에 시설하는 전기설비에서 전로의 대지전압은 몇 [V] 이하로 하여야 하는가?

① 100[V]　　　　② 150[V]

③ 300[V]　　　　④ 400[V]

|문|제|풀|이|

[화약류 저장소에서 전기설비의 시설]

화약류 저장소 안에는 백열전등이나 형광등 또는 이에 전기를 공급하기 위한 공작물에 한하여 다음과 같이 시설할 수 있다.

1. 전로의 대지전압은 300[V] 이하일 것
2. 전기기계기구는 전폐형의 것일 것
3. 케이블을 전기기계기구에 인입할 때에는 인입구에서 케이블이 손상될 우려가 없도록 시설할 것　　　　【정답】③

---

56. 일반적으로 학교 건물이나 은행 건물 등의 간선의 수용률은 얼마인가?

① 50[%]　　　　② 60[%]

③ 70[%]　　　　④ 80[%]

|문|제|풀|이|

[주요 건물의 간선 수용률]

건물의 종류	수용률([%])
주택, 기숙사, 여관, 호텔, 병원, 창고	50
학교, 사무실, 은행	70

【정답】③

---

57. 배선설계를 위한 전등 및 소형 전기기계기구의 부하용량 산정시 건축물의 종류에 대응한 표준부하에서 원칙적으로 표준부하를 20[VA/m^2]으로 적용하여야 하는 건축물은?

① 교회, 극장　　　　② 학교, 음식점

③ 은행, 상점　　　　④ 아파트, 미용원

|문|제|풀|이|

[건물의 종류에 대응한 표준 부하]

사원, 교회, 극장, 영화관, 연회장, 공장	10[VA/m^2]
여관, 호텔, 병원, 학교, 음식점, 기숙사	20[VA/m^2]
사무실, 은행, 상점, 아파트, 미장원	30[VA/m^2]
주택, 아파트	40[VA/m^2]

【정답】②

---

58. 화재 시 소방대가 조명 기구나 파괴용 기구, 배연기 등 소화 활동 및 인명 구조 활동에 필요한 전원으로 사용하기 위해 설치하는 것은?

① 상용전원장치　　　　② 유도등

③ 비상용 콘센트　　　　④ 비상등

|문|제|풀|이|

[비상용 콘센트] 화재 시 소방대가 조명 기구나 파괴용 기구, 배연기 등 소화 활동 및 인명 구조 활동에 필요한 전원으로 사용하기 위해 설치

※② 유도등 : 출입구 표지(exit sign)는 화재나 기타 위기 상황 시에 가장 가까운 비상구의 위치를 알려주는 공공 시설(건물, 항공기, 선박 등)의 장치이다.

④ 비상등 : 정전이 발생하면 자동으로 켜지는 배터리 지원 조명장치이다.

【정답】③

※한국전기설비규정(KEC) 적용으로 인해 더 이상 출제되지 않는 문제는 삭제했습니다.

01. 1[eV]는 몇 [J] 인가?

① 1.602×10^{-19}[J]　　② 1×10^{-10}[J]

③ 1[J]　　④ 1.16×10^4[J]

|문|제|풀|이|
[1[eV] 전위차가 1[V]인 두 점 사이에서 하나의 기본 전하를 옮기
는데 필요한 일이다. 즉, 전자 1개의 전하량 1.602×10^{-19}이므로
$1[eV] = 1[e] \times 1[V] = 1.6 \times 10^{-19}[C \cdot V]$
$\quad\quad = 1.6 \times 10^{-19}[J]$　　【정답】①

02. 다음 회로에서 10[Ω]에 걸리는 전압은 몇[V]인가?

① 2
② 10
③ 20
④ 30

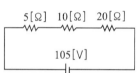

|문|제|풀|이|
[전압] $V = IR[V]$
1. 직렬연결 시 합성저항 $R = R_1 + R_2 + R_3 [\Omega]$
　　$R = 5 + 10 + 20 = 35[\Omega]$
2. 전류 $I = \dfrac{V}{R} = \dfrac{105}{35} = 3[A]$
∴저항 10[Ω]에 걸리는 전압(V) $V = IR = 3 \times 10 = 30[V]$
　　【정답】④

03. 1[W · sec]와 같은 것은?

① 1[J]　　② 1[F]

③ 1[kcal]　　④ 860[kWh]

|문|제|풀|이|
[일[W]] $W = P \times t$
(W : 일[J], P : 전력[W], t : 시간[sec])
$W[J] = P[W] \times t[sec] \quad \rightarrow \quad \therefore J = W \cdot sec$　　【정답】①

04. 그림의 휘트스톤브리지의 평형조건은?

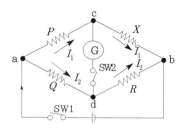

① $X - \dfrac{Q}{P}R$　　② $X = \dfrac{P}{Q}R$

③ $X = \dfrac{Q}{R}P$　　④ $X = \dfrac{P^2}{R}Q$

|문|제|풀|이|
[휘트스톤 브리지의 평형조건] 브리지회로에서 대각으로의 곱이
같으면 회로가 평형이므로 검류계(G)에는 전류가 흐르지 않는
다. 이러한 상태를 평형상태라고 한다.

평형조건은 $PR = QX \quad \rightarrow \quad X = \dfrac{P}{Q}R$　　【정답】②

05. 기전력이 1.5[V], 내부저항 0.2[Ω]인 전지 10개를
직렬로 연결하고 4.5[Ω]의 저항을 가진 전구에
연결할 때 전구에 흐르는 전류는 몇 [A]인가?

① 2　　② 2.3　　③ 4　　④ 5

|문|제|풀|이|
[전지의 직렬접속] 전류 $I = \dfrac{nE}{nr + R}[A]$

(r : 내부저항, R : 외부저항, n : 전지개수)

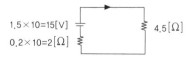

$\therefore I = \dfrac{nE}{nr + R} = \dfrac{15}{2 + 4.5} = 2.3[A]$　　【정답】②

06. 전기분해에 의해서 석출되는 물질의 양은 전해액을 통과한 총 전기량과 같으며, 그 물질의 화학당량에 비례한다. 이것을 무슨 법칙이라 하는가?

① 줄의 법칙 ② 플레밍의 법칙

③ 키르히호프의 법칙 ④ 패러데이의 법칙

|문|제|풀|이|

[전기분해의 패러데이 법칙] $w = kIt [g]$

여기서, w : 석출량$[g]$, k : 전기화학당량

$\quad\quad I$: 전류, t : 통전시간 [sec]

※ 패러데이의 전자유도 법칙 $e = -N\dfrac{d\varnothing}{dt}[V]$ 【정답】④

07. 두 전하 사이의 작용하는 힘의 크기를 결정하는 법칙은?

① 쿨롱의 법칙

② 앙페르의 오른 나사 법칙

③ 렌츠의 법칙

④ 패러데이의 전자 유도 법칙

|문|제|풀|이|

[쿨롱의 법칙] 두 전하간 작용력으로 힘은 항상 일직선상에 존재, 거리 제곱에 반비례

$$F = \frac{Q_1 Q_2}{4\pi\epsilon r^2} = \frac{Q_1 Q_2}{4\pi\epsilon_0 \epsilon_s r^2} = 9 \times 10^9 \frac{Q_1 Q_2}{r^2}[N]$$
$$\rightarrow \text{(진공중 } \epsilon_s = 1, \epsilon_0 = 8.855 \times 10^{-12}[F/m])$$

※② 앙페르의 오른 나사 법칙 : 전류의 방향을 오른나사가 진행하는 방향으로 하면, 이때 발생되는 자기장의 방향은 오른나사의 회전 방향이 된다.
　③ 렌츠의 법칙 : 유도 기전력은 자신의 발생 원인이 되는 자속의 변화를 방해하려는 방향으로 발생한다.
　④ 패러데이의 전자 유도 법칙 : 유도 기전력의 크기는 코일을 지나는 자속의 매초 변화량과 코일의 권수에 비례한다. 【정답】①

08. 전하의 성질에 대한 설명 중 옳지 않은 것은?

① 같은 종류의 전하는 흡인하고 다른 종류의 전하를 반발한다.

② 대전체에 들어 있는 전하를 없애려면 접지시킨다.

③ 대전체의 영향으로 비대전체에 전기가 유도 된다.

④ 전하의 가장 안정한 상태를 유지하려는 성질이 있다.

|문|제|풀|이|

[전하의 성질]

1. 전하는 "도체 표면에만" 존재한다.

2. 도체 표면에서 전하는 곡률이 큰 부분, 곡선 반지름이 작은 부분에 집중한다.

3. 같은 종류의 전하끼리는 반발하고, 다른 종류의 전하끼리는 흡인한다. 【정답】①

09. $5[\mu F]$의 콘덴서를 1000[V]로 충전하면 축적되는 에너지는 몇 [J] 인가?

① 2.5 ② 4

③ 5 ④ 10

|문|제|풀|이|

[콘덴서에 축적되는 에너지(정전에너지)] $W = \dfrac{1}{2}CV^2[J]$

$$\therefore W = \frac{1}{2}CV^2 = \frac{1}{2} \times 5 \times 10^{-6} \times 1000^2 = 2.5[J]$$

※코일에서 축적되는 에너지 $W = \dfrac{1}{2}LI^2[J]$ 【정답】①

10. C_1, C_2를 직렬로 접속한 회로에 C_3를 병렬로 접속하였다. 이 회로의 합성정전용량[F]은?

① $C_3 + \dfrac{1}{\dfrac{1}{C_1}+\dfrac{1}{C_2}}$ ② $C_1 + \dfrac{1}{\dfrac{1}{C_2}+\dfrac{1}{C_3}}$

③ $\dfrac{C_1+C_2}{C_3}$ ④ $C_1 + C_2 + \dfrac{1}{C_3}$

|문|제|풀|이|

[콘덴서의 직·병렬 합성정전용량]

C_1, C_2를 직렬로 접속한 회로에 C_3를 병렬접속한다.

합성정전용량 $C = \dfrac{1}{\dfrac{1}{C_1}+\dfrac{1}{C_2}} + C_3$

【정답】①

11. 극판의 면적이 4[cm²], 정전용량이 10[pF] 인 종이콘덴서를 만들려고 한다. 비유전율 2.5, 두께 0.01[mm] 의 종이를 사용하면 종이는 약 몇 장을 겹쳐야 되겠는가?

① 89장　　　　② 100장

③ 885장　　　　④ 8850장

|문|제|풀|이|

[콘덴서의 정전용량] $C = \epsilon \dfrac{S}{d} = \epsilon_0 \epsilon_s \dfrac{S}{d}$　　　→ ($d =$ 극판의 간격)

두께 $d = \dfrac{\epsilon_0 \epsilon_s S}{C} = \dfrac{8.855 \times 10^{-12} \times 2.5 \times 4 \times 10^{-4}}{10^{-12}}$　→ ($p = 10^{-12}$)

$\qquad = 8.85 \times 10^{-3}[m] = 8.85[mm]$

∴ 장수 $N = \dfrac{8.85}{0.01} = 885$[장]　　　【정답】③

12. 다음 중 복소수의 값이 다른 것은?

① $-1+j$　　　　② $-j(1+j)$

③ $(-1-j)/j$　　　　④ $j(1+j)$

|문|제|풀|이|

[복소수] $j = \sqrt{-1}$　→ $j^2 = -1$

② $-j(1+j) = -j+1 = 1-j$

③ $\dfrac{-1-j}{j} = \dfrac{(-1-j) \times j}{j \times j} = \dfrac{-j+1}{-1} = j-1$

④ $j(1+j) = j-1$　　　　【정답】②

13. 전류에 의한 자기장의 세기를 구하는 비오-사바르의 법칙을 옳게 나타낸 것은?

① $\Delta H = \dfrac{I\Delta l \sin\theta}{4\pi r^2}$ (AT/m)

② $\Delta H = \dfrac{I\Delta l \sin\theta}{4\pi r}$ (AT/m)

③ $\Delta H = \dfrac{I\Delta l \cos\theta}{4\pi r}$ (AT/m)

④ $\Delta H = \dfrac{I\Delta l \cos\theta}{4\pi r^2}$ (AT/m)

|문|제|풀|이|

[비오사바르의 법칙] 자계 내 전류 도선이 만드는 자장의 세기

$dH = \dfrac{Idl \sin\theta}{4\pi r^2}[AT/m]$　　　【정답】①

14. 평균 반지름 r[m]의 환상 솔레노이드에 I[A]의 전류가 흐를 때, 내부 자계가 H[AT/m]이었다. 권수 N은?

① $\dfrac{HI}{2\pi r}$　　　　② $\dfrac{2\pi r}{HI}$

③ $\dfrac{2\pi r H}{I}$　　　　④ $\dfrac{I}{2\pi r H}$

|문|제|풀|이|

[환상 솔레노이드의 자장의 세기] $H = \dfrac{NI}{2\pi r}[At/m]$

(N : 권수, I : 전류, r : 반지름)

∴ 권수 $N = \dfrac{2\pi r H}{I}$　　　　【정답】③

15. 다음 (　) 안에 들어갈 알맞은 내용은?

> 코일의 인덕턴스는 전류에는 (　㉮　)하고 권수와 자속에는 (　㉯　)한다.

① ㉮ : 반비례, ㉯ : 비례

② ㉮ : 반비례, ㉯ : 반비례

③ ㉮ : 비례, ㉯ : 비례

④ ㉮ : 비례, ㉯ : 반비례

|문|제|풀|이|

[코일의 인덕턴스] $L = \dfrac{N\varnothing}{I}$　　　→ ($LI = N\varnothing$)

인덕턴스(L)는 전류 I에는 반비례하고, 권수 N과 자속 $\varnothing$ 에는 비례한다.

【정답】①

16. 저항과 코일이 직렬 연결된 회로에서 직류 220[V]를 인가하면 20[A]의 전류가 흐르고, 교류 220[V]를 인가하면 10[A]의 전류가 흐른다. 이 코일의 리액턴스[Ω]는?

① 약 19.05[Ω] ② 약 16.06[Ω]

③ 약 13.06[Ω] ④ 약 11.04[Ω]

|문|제|풀|이|

[리액턴스] $X_L = \sqrt{Z^2 - R^2}\,[\Omega]$ →$(Z = \sqrt{R^2 + X_L^2})$

1. $R-L$직렬회로에서 직류를 인가한 경우, 코일(L)은 무시

→ 저항 $R = \dfrac{V}{I} = \dfrac{220}{20} = 11[\Omega]$

2. $R-L$직렬회로에서 교류를 인가한 경우 저항(R)과 코일(L)이 직렬접속

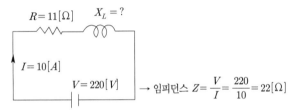

→ 임피던스 $Z = \dfrac{V}{I} = \dfrac{220}{10} = 22[\Omega]$

3. 위의 두 식에 의해 리액턴스를 구하면

$X_L = \sqrt{Z^2 - R^2} = \sqrt{22^2 - 11^2} = 19.05[\Omega]$ 【정답】①

17. 저항 3[Ω], 유도리액턴스 4[Ω]의 직렬회로에 교류 100[V]를 가할 때 흐르는 전류와 위상각은 얼마 인가?

① 14.3[A], 37° ② 14.3[A], 53°

③ 20[A], 37° ④ 20[A], 53°

|문|제|풀|이|

[위상각] $\tan\theta = \dfrac{X_L}{R}$

1. 임피던스 $Z = R + jX_L = 3 + j4$
   $Z = \sqrt{R^2 + X_L^2} = \sqrt{3^2 + 4^2} = 5[\Omega]$

2. 전류 $I = \dfrac{V}{Z} = \dfrac{100}{5} = 20[A]$

3. 위상각 $\tan\theta = \dfrac{X_L}{R} = \dfrac{4}{3}$이므로, $\theta = \tan^{-1}\dfrac{4}{3} = 53°$

【정답】④

18. 그림의 회로에서 모든 저항값은 2[Ω]이고, 전체 전류 I는 6[A]이다. I_1에 흐르는 전류는?

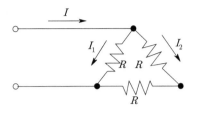

① 1[A] ② 2[A]

③ 3[A] ④ 4[A]

|문|제|풀|이|

[전류 분류의 법칙] $I_1 = \dfrac{R_2}{R_1 + R_2}I[A]$, $I_2 = \dfrac{R_1}{R_1 + R_2}I[A]$

문제의 회로를 등가회로로 변환하면

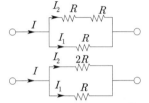

전류 분류의 법칙 $I_1 = \dfrac{R_2}{R_1 + R_2}I[A]$이므로

$\therefore I_1 = \dfrac{2R}{R + 2R}I = \dfrac{2 \times 2}{2 + 2 \times 2} \times 6 = 4[A]$ 【정답】④

19. L[H], C[F]를 병렬로 결선하고 전압[V]을 가할 때 전류가 0이 되려면 주파수 f는 몇 [Hz] 이어야 하는가?

① $f = 2\pi\sqrt{LC}$ ② $f = \dfrac{1}{2\pi\sqrt{LC}}$

③ $f = \dfrac{\sqrt{LC}}{2\pi}$ ④ $f = \dfrac{2\pi}{\sqrt{LC}}$

|문|제|풀|이|

[공진주파수] $f_0 = \dfrac{1}{2\pi\sqrt{LC}}$

L-C 병렬 회로에서 전류(I)가 0이 되려면 임피던스(Z)가 무한대가 되어야 한다.

$Z = \dfrac{1}{\dfrac{1}{X_L} - \dfrac{1}{X_C}}[\Omega]$에서

Z가 무한대가 되려면 $X_L = X_C$가 되어야 한다.

이때를 병렬공진 상태라고 하며 공진 주파수는 $f_0 = \dfrac{1}{2\pi\sqrt{LC}}$ [Hz]가 된다. 【정답】②

20. 직류 분권전동기의 회전방향을 바꾸기 위해 일반적으로 무엇의 방향을 바꾸어야 하는가?

① 전원 　　　　　② 주파수

③ 계자저항 　　　④ 전기자전류

|문|제|풀|이|

[회전방향을 바꾸는 방법] 직류전동기의 회전방향을 바꾸기 위해서는 <u>전류의 방향</u>이나 <u>계자의 극성</u>중 하나만 바꿔주면 된다.

【정답】④

21. 설치 면적과 설치 비용이 많이 들지만 가장 이상적이고 효과적인 진상용 콘덴서 설치 방법은?

① 수전난 모선에 설치

② 수전단 모선과 부하 측에 분산하여 설치

③ 부하 측에 분산하여 설치

④ 가장 큰 부하 측에만 설치

|문|제|풀|이|

[진상용 콘덴서 설치 방법] 각각의 부하 측에 분산하여 설치방법의 장점으로는 전력손실의 저감, 전체의 역률을 일정하게 유지할 수 있다는 것이다. 반면, 단점으로는 콘덴서 이용률이 저하하고 설치비용이 많이 든다는 것이다.

【정답】③

22. 전압변동률이 적고 자여자이므로 다른 전원이 필요 없으며, 계자저항기를 사용한 전압조정이 가능하므로 전기 화학용, 전지의 충전용 발전기로 가장 적합한 것은?

① 타여자 발전기 　　② 직류 복권발전기

③ 직류 분권발전기 　④ 직류 직권발전기

|문|제|풀|이|

[직류 분권발전기] 전압변동률이 적고 자여자이므로 다른 전원이 필요 없으며, 계자저항기를 사용한 전압조정이 가능하므로 전기 화학용, 전지의 충전용 발전기로 가장 적합하다.

【정답】③

23. 직류기에서 보극을 두는 가장 주된 목적은?

① 기동 특성을 좋게 한다.

② 전기자 반작용을 크게 한다.

③ 정류 작용을 돕고 전기자 반작용을 약화시킨다.

④ 전기자 자속을 증가시킨다.

|문|제|풀|이|

[보극] 중성축 부근의 전기자 반작용 상쇄 　【정답】③

24. 속도를 광범위하게 조정할 수 있으므로 압연기나 엘리베이터 등에 사용되는 직류 전동기는?

① 직권전동기 　　② 분권전동기

③ 타여자전동기 　④ 가동복권전동기

|문|제|풀|이|

[직류 전동기의 종류 및 용도]

종류	용도
타여자	압연기, 대형권상기, 크레인, 엘리베이터
분권	환기용 송풍기
직권	전차, 권상기, 크레인 등
가동복권	크레인, 엘리베이터, 공작기계, 공기압축기

※1. 광범위하다 : 타여자전동기
　2. 일정하다 : 분권전동기
　3. 힘이 세다 : 직권전동기 　　　　　　　【정답】③

25. 출력 15[kW], 1500[rpm]으로 회전하는 전동기의 토크는 약 몇 [kg · m] 인가?

① 6.54 　　　　② 9.75

③ 47.78 　　　④ 95.55

|문|제|풀|이|

[전동기의 토크] $T = 0.975 \frac{P}{N}[kg \cdot m]$

$P = 15[kW], \quad N = 1500[rpm]$

$\therefore T = 0.975 \frac{P}{N} = 0.975 \times \frac{15000}{1500} = 9.75[kg \cdot m]$

※ $T = (0.975 \times 9.8) \times \frac{P}{N} = 9.55 \times \frac{P}{N}[N \cdot m]$ 　　【정답】②

26. 병렬 운전 중인 두 동기발전기의 유도기전력이 2000[V], 위상차 60[°], 동기리액턴스 100[Ω]이다. 유효순환전류[A]는?

① 5 ② 10 ③ 15 ④ 20

|문|제|풀|이|
[유효순환전류(동기화전류)] 기전력의 위상이 다를 때 발생

$$I_s = \frac{2E}{2X}\sin\frac{\theta}{2}[A] = \frac{2000}{100}\sin\frac{60}{2} = 20 \times 0.5 = 10[A]$$

【정답】②

27. 변압기의 2차저항이 0.1[Ω]일 때 1차로 환산하면 360[Ω]이 된다. 이 변압기의 권수비는?

① 30 ② 40 ③ 50 ④ 60

|문|제|풀|이|
[권수비] $a = \dfrac{N_1}{N_2} = \dfrac{V_1}{V_2} = \dfrac{I_2}{I_1} = \sqrt{\dfrac{R_1}{R_2}} = \sqrt{\dfrac{Z_1}{Z_2}}$

$$\therefore a = \sqrt{\frac{R_1}{R_2}} = \sqrt{\frac{360}{0.1}} = 60$$

【정답】④

28. 변압기에 철심의 두께를 2배로 하면 와류손은 약 몇 배가 되는가?

① 2배로 증가한다. ② 1/2배로 증가한다.
③ 1/4배로 증가한다. ④ 4배로 증가한다.

|문|제|풀|이|
[와류손] $P_e = \sigma_e (tfk_f B_m)^2$

(σ_e : 재료에 따라 정해지는 상수, t : 철심의 두께[m])
철심의 단위 두께를 적게 하여 와류손을 감소시킨다.
$P_e \propto f^2 t^2$ 에서 철심(t) 두께의 **자승에 비례**하므로 4배 증가한다.

【정답】④

29. 유입변압기에 기름을 사용하는 목적이 아닌 것은?

① 열 방산을 좋게 하기 위하여
② 냉각을 좋게 하기 위하여

③ 절연을 좋게 하기 위하여
④ 효율을 좋게 하기 위하여

|문|제|풀|이|
[변압기의 절연유] 변압기에 사용하는 기름(절연유)는 변압기의 냉각과 절연을 좋게 하기 위하여 사용한다. 【정답】④

30. 절연유를 충만시킨 외함 내에 변압기를 수용하고 오일의 대류작용으로 냉각시키는 방식은?

① 건식풍냉식 ② 유입자냉식
③ 유입풍냉식 ④ 유입송유식

|문|제|풀|이|
[유입 자냉식] 변압기의 본체를 절연유로 채워진 외함 내에 넣어 대류작용에 의해 발생된 열을 외기중으로 방산시키는 방식

※① 건식 풍냉식 : 건식 변압기에 송풍기를 사용하여 강제로 통풍을 시켜 냉각효과를 크게 하는 방식
③ 유입 풍냉식 : 유입 변압기에 방열기를 부착시키고 송풍기에 의해 강제 통풍시켜 냉각 효과를 증대시킨 방식
④ 유입 송유식 : 외함 내에 있는 가열된 기름을 순환 펌프에 의해 외부의 수냉식 냉각기 및 풍냉식 냉각기에 의해 냉각시켜 다시 외함 내에 유입시키는 방식 【정답】②

31. 다음 그림에 대한 설명으로 틀린 것은?

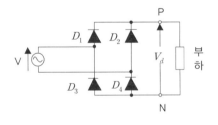

① 브리지(bridge) 회로라고도 한다.
② 실제의 정류기로 널리 사용된다.
③ 반파 정류회로라고도 한다.
④ 전파 정류회로라고도 한다.

|문|제|풀|이|
[단상 전파 정류회로(브릿지 정류회로] 다이오드 2개, 4개를 이용해서 정류

※ 다이오드 1개 : 반파
다이오드 2개 이상 : 전파 【정답】③

32. 전력계통에 접속되어 있는 변압기나 장거리 송전시 정전용량으로 인한 충전 특성 등을 보상하기 위한 기기는?

① 유도전동기　　　② 동기발전기

③ 유도발전기　　　④ 무효 전력 보상 장치

|문|제|풀|이|

[무효 전력 보상 장치(동기 조상기)] 무부하 운전중인 동기전동기를 과여자 운전 시는 콘덴서로 작용, 부족여자 운전 시는 리액터로 작용하여 무부하의 장거리 송전선로에 흐르는 충전전류에 의하여 발전기의 자기여자 작용으로 일어나는 단자전압의 이상 상승을 방지한다.

【정답】④

33. 6극 60[Hz] 3상 유도전동기의 동기속도는 몇 [rpm]인가?

① 200　　　　　② 750

③ 1200　　　　　④ 1800

|문|제|풀|이|

[유도전동기 동기속도] $N_s = \dfrac{120}{p}f[rpm]$

$\therefore N_s = \dfrac{120 \times 60}{6} = 1200[rpm]$

【정답】③

34. 슬립이 0.05이고 전원주파수가 60[Hz]인 유도전동기의 회전자회로의 주파수[Hz]는?

① 1　　　② 2　　　③ 3　　　④ 4

|문|제|풀|이|

[유도전동기의 회전자회로의 주파수] 유도전동기의 회전자 주파수는 2차 주파수이므로 $f_2 = sf_1$

$\therefore f_2 = sf_1 = 0.05 \times 60 = 3[Hz]$

【정답】③

35. 그림과 같은 분상기동형 단상 유도전동기를 역회전시키기 위한 방법이 아닌 것은?

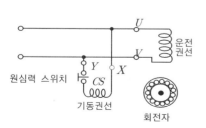

① 원심력 스위치를 개로 또는 폐로 한다.

② 기동권선이나 운전권선의 어느 한 권선의 단자 접속을 반대로 한다.

③ 기동권선의 단자접속을 반대로 한다.

④ 운전권선의 단자접속을 반대로 한다.

|문|제|풀|이|

[단상 유도전동기 역회전] 기동권선의 전류방향이 반대가 되게 주권선이나 기동권선중 1개만을 전원에 대하여 반대로 연결한다.

※원심력스위치는 단상 전동기를 기동하기 위한 역할을 한다.

【정답】①

36. 전기자저항 0.1[Ω], 전기자전류 104[A], 유도기전력 110.4[V]인 직류 분권발전기의 단자전압 [V]은?

① 110　　② 106　　③ 102　　④ 100

|문|제|풀|이|

[직류 분권발전기의 단자전압] $V = E - R_a I_a[V]$

→ (분권발전기 유기기전력 $E = V + I_a R_a[V]$)

$\therefore V = E - R_a I_a[V] = 110.4 - 104 \times 0.1 = 100[V]$

【정답】④

37. 교류 전동기를 기동할 때 그림과 같은 기동 특성을 가지는 전동기는? (단, 곡선 (1)~(5)는 기동 단계에 대한 토크 특성 곡선이다.)

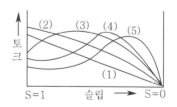

① 반발유도전동기

② 2중 농형유도전동기

③ 3상 분권정류자전동기

④ 3상 권선형유도전동기

|문|제|풀|이|

[3상 권선형유도전동기] 기동 시에 토크가 증대되는 그래프는 권선형 유도전동기의 비례추이 특성이다.　【정답】④

38. 동기기의 전기자권선법이 아닌 것은?

① 전절권   ② 분포권

③ 2층권   ④ 중권

|문|제|풀|이|

[동기기의 권선법] 동기기 전기자 권선법은 2층권, 단절권, 분포권 사용

1. 전절권이란 코일 간격이 극 간격과 같은 것이다.
2. 단절권이란 코일 간격이 극 간격보다 작은 것이다.
3. 동기기에는 단층권과 전절권은 사용하지 않는다.

【정답】①

39. 정격이 10000[V], 500[A], 역률 90[%]의 3상 동기 발전기의 단락전류 I_s[A]는? (단, 단락비는 1.3으로 하고, 전기자저항은 무시한다.)

① 450   ② 550   ③ 650   ④ 750

|문|제|풀|이|

[단락비] $K = \dfrac{100}{\%Z} = \dfrac{I_s}{I_n}$ → (I_n : 정격전류, I_s : 단락전류)

∴단락전류 $I_s = I_n \times K = 500 \times 1.3 = 650$[A]   【정답】③

40. 단상 반파정류회로의 전원전압 200[V], 부하저항이 10[Ω]이면 부하전류는 약 몇 [A]인가?

① 4   ② 9   ③ 13   ④ 18

|문|제|풀|이|

[단상 반파정류회로의 부하전류] $I_d = \dfrac{E_d}{R_L} = \dfrac{0.45E}{R_L}$[A]

$E = 200[V], \quad R_L = 10[\Omega]$

$E_d = 0.45E[V] \quad \rightarrow$ (단상 반파이므로)

∴$I_d = \dfrac{0.45E}{R_L} = \dfrac{0.45 \times 200}{10} = 9$[A]   【정답】②

*[정류회로 방식의 비교]

종류	단상 반파	단상 전파	3상 반파	3상 전파
직류출력	$E_d = 0.45E$	$E_d = 0.9E$	$E_d = 1.17E$	$E_d = 1.35E$
맥동률[%]	121	48	17.7	4.04
정류효율	40.5	81.1	96.7	99.8
맥동주파수	f	$2f$	$3f$	$6f$

1. 단상 : 선 두 가닥, 3상 : 선 3가닥
2. 반파 : 다이오드 1개, 전파 : 다이오드 2개 이상

41. 옥내에 시설하는 저압의 이동전선에서 사용하는 캡타이어케이블의 최소 단면적으로 옳은 것은?

① 0.75$[mm^2]$ ② 1$[mm^2]$

③ 1.5$[mm^2]$ ④ 2.5$[mm^2]$

|문|제|풀|이|

[옥내 저압용 이동전선의 시설] 옥내에 시설하는 사용전압이 400[V] 미만인 이동전선은 고무코트 또는 0.6/1[kV] EP 고무절연 클로로프렌 캡타이어케이블로서 단면적이 0.75$[mm^2]$ 이상인 것일 것   【정답】①

42. 다음 중 450/750[V] 일반용 단심비닐절연전선을 나타내는 약호는?

① FL   ② NV

③ NF   ④ NR

|문|제|풀|이|

[배선용 비닐절연전선 약호]

1. 450/750[V] **일반용 단심비닐절연전선 : NR**
2. 450/750[V] 일반용 유연성비닐절연전선 : NF
3. 300/500[V] 기기 배선용 단심비닐절연전선(70°) : NRI(70)
4. 300/500[V] 기기 배선용 유연성단심비닐절연전선(70°) : NFI(70)
5. 300/500[V] 기기 배선용 단심비닐절연전선(90°) : NRI(90)
6. 300/500[V] 기기 배선용 유연성단심비닐절연전선(90°) : NFI(90)
7. 형광방전등용 비닐전선 : FL
8. 비닐절연 네온전선 : NV   【정답】④

43. 단선의 굵기가 6$[mm^2]$ 이하인 전선을 직선 접속할 때 주로 사용하는 접속법은?

① 트위스트 접속   ② 브리타니아 접속

③ 쥐꼬리 접속   ④ T형 커넥터 접속

|문|제|풀|이|

[전선의 접속]

① 트위스트 접속 : 6$[mm^2]$ 이하의 가는 단선 직선 접속

② 브리타니아 접속 : 10$[mm^2]$ 이상의 굵은 단선 직선 접속

*144~145 [03 단선의 직선 접속] 참조   【정답】①

44. 배전반 및 분전반과 연결된 배관을 변경하거나 이미 설치되어 있는 캐비닛에 구멍을 뚫을 때 필요한 공구는?

① 오스터   ② 클리퍼

③ 토치램프   ④ 녹아웃펀치

|문|제|풀|이|
[녹아웃펀치] 스위치박스에 전선관용 구멍을 뚫기 위해 녹아웃펀치를 사용한다.

※① 오스터 : 금속관 끝에 나사를 내는 공구로 래칫과 다이스로 구성

② 클리퍼 : 굵은 전선을 절단할 때 사용하는 공구

③ 토치램프 : 합성수지관을 구부릴 때 사용한다.   【정답】④

45. 교류 전등 공사에서 금속관 내에 전선을 넣어 연결한 방법 중 옳은 것은?

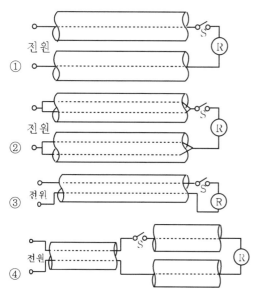

|문|제|풀|이|
[전자석 평형(자기장의 상쇄)] 금속관은 도체이기 때문에 전자적 평형(자기장의 상쇄)을 위하여 왕복 전선(가는 전선과 오는 전선)을 동일 금속관에 넣어서 시설해야 한다.   【정답】③

46. 2종 금속제 가요전선관의 굵기(관의 호칭)가 아닌 것은?

① 10[mm]   ② 12[mm]

③ 16[mm]   ④ 24[mm]

|문|제|풀|이|
[제2종 금속제 가요전선관의 호칭] 10, 12, 15, 17, 24, 30, 38, 50, 63, 76, 83, 101[mm]   【정답】③

47. PVC 전선관의 표준 규격품의 길이는?

① 3[m]   ② 3.6[m]

③ 4[m]   ④ 4.5[m]

|문|제|풀|이|
[PVC 전선관의 표준 규격] 비닐전선관 1본의 길이는 4[m] 표준이며, 굵기는 관안반지름의 크기에 가까운 짝수[mm]로 나타낸다.

※금속전선관의 1본의 길이는 3.6[m]   【정답】③

48. 금속 전선관을 직각 구부리기 할 때 굽힘 반지름 r은 몇 [mm]인가? (단, 금속 전선관의 안지름은 18[mm], 금속 전선관의 바깥지름 22[mm]이다.)

① 119   ② 132

③ 187   ④ 220

|문|제|풀|이|
[금속 전선관을 직각 구부리기 할 때 굽힘 반지름]

반지름 $r = 6d + \left(\dfrac{D}{2}\right)$

(d : 금속 전선관의 안지름, D : 금속 전선관의 바깥지름)

$r = 6d + \left(\dfrac{D}{2}\right) = 6 \times 18 + \left(\dfrac{22}{2}\right) = 119[mm]$ 【정답】①

49. 금속덕트 배선에 사용하는 금속덕트의 철판 두께는 몇 [mm] 이상 이어야 하는가?

① 0.8   ② 1.2   ③ 1.5   ④ 1.8

|문|제|풀|이|
[금속덕트공사]

1. 금속덕트는 폭이 40[mm]를 초과하고 또한 두께가 1.2[mm] 이상인 철판 또는 금속제로 제작

2. 지지점간 거리는 3[m] 이하(취급자 이외의 자가 출입할 수 없는 곳에서 수직으로 붙이는 경우 6[m] 이하)   【정답】②

50. 캡타이어케이블을 조영재의 옆면에 따라 시설하는 경우 지지점 간의 거리는 얼마 이하로 하는가?

① 2[m]　　　　　② 3[m]

③ 1[m]　　　　　④ 1.5[m]

|문|제|풀|이|

[케이블공사] 전선을 조영재의 아랫면 또는 옆면에 따라 붙이는 경우에는 전선의 지지점 간의 거리를 <u>케이블은 2[m]</u>(사람이 접촉할 우려가 없는 곳에서 수직으로 붙이는 경우에는 6[m]) 이하 <u>캡타이어케이블은 1[m]</u> 이하로 하고 또한 그 피복을 손상하지 아니하도록 붙일 것

※전선과 조영재 사이 지지점의 거리

1. 애자공사 2[m]　　　2. 합성수지관공사 1.5[m]
3. 금속관공사 2[m]　　4. 금속덕트공사 3[m]
5. 라이팅덕트공사 2[m]　6. 케이블공사 2[m]

【정답】③

51. 폭연성 먼지가 존재하는 곳의 금속관 공사 시 전동기에 접속하는 부분에서 가요성을 필요로 하는 부분의 배선에는 방폭형의 부속품 중 어떤 것을 사용하여야 하는가?

① 플렉시블 피팅

② 먼지 플렉시블 피팅

③ 먼지 방폭형 플렉시블 피팅

④ 안전 증가 플렉시블 피팅

|문|제|풀|이|

[폭연성 먼지 위험장소]

·폭연성 먼지가 존재하는 곳의 금속관 공사에 있어서 관 상호간 및 관과 박스 기타의 부속품, 풀박스 또는 전기기계기구와는 <u>5턱 이상</u> 나사 조임으로 접속한다.

·전동기에 접속하는 부분에서 가요성을 필요로 하는 부분의 배선에는 방폭형의 부속품 중 <u>먼지 방폭형 플렉시블 피팅</u>을 사용할 것

【정답】③

52. 사람이 접촉될 우려가 있는 곳에 시설하는 경우 접지극은 지하 몇 [cm] 이상의 깊이에 매설하여야 하는가?

① 30　　　　　② 45

③ 50　　　　　④ 75

|문|제|풀|이|

[접지극의 매설방법] 접지선을 사람이 접촉할 우려가 있는 장소에 시설할 경우에는 다음과 같이 한다.

1. <u>접지극은 지하 75[cm] 이상</u> 깊이에 매설한다.
2. 접지선은 철주 기타 금속체에 따라 시설할 경우에는 접지극을 지중에서 그 금속체로부터 1[m] 이상 떼어 매설한다.
3. 접지선은 지하 75[cm]에서 지표상 2[m]까지 부분을 합성수지관 또는 이와 동등 이상의 절연효력 및 강도가 있는 것으로 덮을 것
4. 접지선에는 절연전선(옥외용 비닐절연전선을 제외), 캡타이어 케이블 또는 케이블(통신용 케이블 제외)을 사용할 것

【정답】④

53. 중성점 접지공사의 저항값을 결정하는 가장 큰 요인은?

① 변압기의 용량

② 고압 가공 전선로의 전선 연장

③ 변압기 1차 측에 넣는 퓨즈 용량

④ 변압기 고압 또는 특고압 측 전로의 1선지락 전류의 암페어 수

|문|제|풀|이|

[변압기 중성점 접지의 접지저항 계산]

1. $R = \dfrac{150}{I}[\Omega]$: 특별한 보호 장치가 없는 경우

2. $R = \dfrac{300}{I}[\Omega]$: 보호 장치의 동작이 1~2초 이내

3. $R = \dfrac{600}{I}[\Omega]$: 보호 장치의 동작이 1초 이내

　여기서, I : 1선지락전류　　　　　【정답】④

54. 가공전선의 지지물에 승탑 또는 승강용으로 사용하는 발판 볼트 등은 지표상 몇 [m] 미만에 설치하여서는 안 되는가?

① 1.2[m]　　　　② 1.5[m]

③ 1.6[m]　　　　④ 1.8[m]

|문|제|풀|이|

[가공전선로 지지물의 철탑오름 및 전주오름 방지] 발판 볼트 등은 <u>1.8[m] 미만에 시설하여서는 안 된다.</u> 다만 다음의 경우에는 그러하지 아니하다.

·발판 볼트를 내부에 넣을 수 있는 구조
·지지물에 승탑 및 승주 방지 장치를 시설한 경우
·취급자 이외의 자가 출입할 수 없도록 울타리 담 등을 시설할 경우
·산간 등에 있으며 사람이 쉽게 접근할 우려가 없는 곳

【정답】④

55. 한 수용장소의 인입선에서 분기하여 지지물을 거치지 아니하고 다른 수용장소의 인입구에 이르는 부분의 전선을 무엇이라 하는가?

① 이웃 연결 인입선   ② 본딩선

③ 이동전선   ④ 지중 인입선

|문|제|풀|이|

[저압 이웃 연결(연접) 인입선 시설] 한 수용 장소 인입구에서 분기하여 지지물을 거치지 아니하고 다른 수용장소 인입구에 이르는 전선이며 시설 기준은 다음과 같다.

·분기하는 점으로부터 100[m]를 초과하지 않을 것
·폭 5[m]를 넘는 도로를 횡단하지 않을 것
·옥내를 관통하지 않을 것   【정답】①

56. 다음 중 전선의 구비조건으로 틀린 것은?

① 도전율이 클 것

② 기계적인 강도가 강할 것

③ 비중이 클 것

④ 내구성이 있을 것

|문|제|풀|이|

[전선의 구비 조건]

·도전율이 크고 고유 저항은 작아야 한다.
·기계적 강도 및 가요성(유연성)이 풍부해야 한다.
·내구성이 커야 한다.
·비중이 작아야 한다.
·시공 및 보수가 용이해야 한다.
·경제적일 것   【정답】③

57. 다음 중 거리계전기의 설명으로 틀린 것은?

① 전압과 전류의 크기 및 위상차를 이용한다.

② 154[kV] 계통 이상의 송전선로 후비 보호를 한다.

③ 345[kV] 변압기의 후비 보호를 한다.

④ 154[kV] 및 345[kV] 모선 보호에 주로 사용한다.

|문|제|풀|이|

[거리계전기] 선로의 단락보호 및 사고의 검출용으로 사용

·기억작용(고장 후에도 고장전 전압을 잠시 유지)

·전압과 전류의 크기 및 위상차를 이용, 고정점까지의 거리를 측정하는 계전기   【정답】④

58. 한국전기설비규정에 의하면 정격전류가 30[A]인 저압전로의 과전류차단기를 산업용 배선용 차단기로 사용하는 경우 39[A]이 전류가 통과하였을 때 몇 분 이내에 자동적으로 동작하여야 하는가?

① 60   ② 120   ③ 2   ④ 4

|문|제|풀|이|

[과전류트립 동작시간 및 특성(산업용 배선용 차단기)]

정격전류의 구분	시간	정격전류의 배수 (모든 극에 통전)	
		부동작 전류	동작 전류
63[A] 이하	60분	1.05배	1.3배
63[A] 초과	120분	1.05배	1.3배

【정답】①

59. 실내 전반 조명을 하고자 한다. 작업대로부터 광원의 높이가 2.4[m]인 위치에 조명기구를 배치할 때 벽에서 한 기구 이상 떨어진 기구에서 기구간의 거리는 일반적인 경우 최대 몇 [m]로 배치하여 설치하는가? (단, S≦1.5[H]를 사용하여 구하도록 한다.)

① 1.8   ② 2.4

③ 3.2   ④ 3.6

|문|제|풀|이|

[등기구의 간격 (등기구~등기구)]

등기구~등기구 : $S \le 1.5H$ → (직접, 전반조명의 경우)
광원의 높이(H) : 2.4[m]
기구에서 기구간의 거리 $S \le 1.5H = 1.5 \times 2.4 = 3.6$[m]

【정답】④

※한국전기설비규정(KEC) 적용으로 인해 더 이상 출제되지 않는 문제는 삭제했습니다.

01. 직류 250[V]의 전압에 두 개의 150[V]용 전압계를 직렬로 접속하여 측정하면 각 계기의 지시값 V_1, V_2는 각각 몇 [V]인가? (단, 전압계의 내부저항은 R_1=6[kΩ], R_2=4[kΩ]이다.)

① V_1=250, V_2=150

② V_1=150, V_2=100

③ V_1=100, V_2=150

④ V_1=150, V_2=250

|문|제|풀|이|

[전압 분배 법칙]

1. $V_1 = \dfrac{R_1}{R_1 + R_2} \times V = \dfrac{6}{6+4} \times 250 = 150[V]$

2. $V_2 = \dfrac{R_2}{R_2 + R_1} \times V = \dfrac{4}{4+6} \times 250 = 100[V]$　　　【정답】②

02. 플레밍의 왼손법칙에서 전류의 방향을 나타내는 손가락은?

① 약지　　　　　② 중지

③ 검지　　　　　④ 엄지

|문|제|풀|이|

[플레밍의 왼손법칙]

자계(H)가 놓인 공간에 길이 l[m]인 도체에 전류(I)를 흘려주면 도체에 왼손의 엄지 방향으로 전자력(F)이 발생한다.

1. 엄지 : 힘의 방향
2. 인지 : 자계의 방향
3. 중지 : 전류의 방향

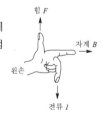

【정답】②

03. 자기력선에 대한 설명으로 옳지 않은 것은?

① 자석의 N극에서 시작하여 S극에서 끝난다.

② 자기장의 방향은 그 점을 통과하는 자기력선의 방향으로 표시한다.

③ 자기력선은 상호간에 교차한다.

④ 자기장의 크기는 그 점에 있어서의 자기력선의 밀도를 나타낸다.

|문|제|풀|이|

[자기력선의 성질]

·자기력선은 자석의 N극에서 출발하여 S극에서 끝난다.
·자기력선은 상호 교차하지 않는다.
·같은 방향의 자기력선까지는 서로 반발력이 작용한다.
·자기력선의 총수 $N = \dfrac{m}{\mu}$[개]

　　　→ (m : 자극의 세기, μ : 투자율($\mu_0 \mu_s$)

【정답】③

04. 자기인덕턴스 200[mH], 450[mH]인 두 코일의 상호인덕턴스는 60[mH]이다. 두 코일의 결합계수는?

① 0.1　　　　　② 0.2

③ 0.3　　　　　④ 0.4

|문|제|풀|이|

[상호인덕턴스] $M = k\sqrt{L_1 L_2}$　→ (k : 결합계수]

결합계수 $k = \dfrac{M}{\sqrt{L_1 L_2}} = \dfrac{60}{\sqrt{200 \times 450}} = 0.2$

※결합계수(k)

1. 일반적인 결합 시 : $0 < k < 1$

2. 미결합 시(직교) : $k = 0$

3. 완전 결합 시(누설자속이 없다) : $k = 1$

【정답】②

05. △결선인 3상 유도전동기의 상전압(V_p)과 상전류(I_p)를 측정하였더니 각각 200[V], 30[A]이었다. 이 3상 유도전동기의 선간전압(V_l)과 선전류(I_l)의 크기는 각각 얼마인가?

① $V_l=200[V]$, $I_l=30[A]$

② $V_l=200\sqrt{3}[V]$, $I_l=30[A]$

③ $V_l=200\sqrt{3}[V]$, $I_l=30\sqrt{3}[A]$

④ $V_l=200[V]$, $I_l=30\sqrt{3}[A]$

|문|제|풀|이|
[Y, △결선 시의 전류]

항목	Y결선	△결선
전압	$V_l = \sqrt{3}\,V_P \angle 30$	$V_l = V_p$
전류	$I_l = I_p$	$I_l = \sqrt{3}\,I_P \angle -30$

(V_l : 선간전압, V_p : 상전압, I_l : 선전류, I_p : 상전류)

상전압 $V_p = 200[V]$, 상전류 $I_p = 30[A]$이므로

1. $V_l = V_p \rightarrow V_l = 200[V]$

2. $I_l = \sqrt{3}\,I_P \rightarrow I_l = 30\sqrt{3}[A]$　　　　【정답】④

06. 그림의 브리지 회로에서 평형이 되었을 때의 C_X는?

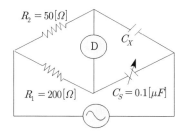

① $0.1[\mu F]$　　　② $0.2[\mu F]$

③ $0.3[\mu F]$　　　④ $0.4[\mu F]$

|문|제|풀|이|

[브리지 회로의 평형] $R_2 \cdot \dfrac{1}{wCs} = R_1 \cdot \dfrac{1}{wC_X}$

→ (C_X와 C_S가 임피던스값이므로 다음과 같이 환산해 적용한다.
$C_X \rightarrow \dfrac{1}{j\omega C_X}$, $C_S \rightarrow \dfrac{1}{j\omega C_S}$)

$R_2 \cdot \dfrac{1}{wCs} = R_1 \cdot \dfrac{1}{wC_X}$

$50 \times \dfrac{1}{w \times 0.1} = 200 \cdot \dfrac{1}{wC_X}$　　→　$\therefore C_X = 0.4[\mu F]$

【정답】④

07. "물질 중의 자유전자가 과잉된 상태"란?

① (−) 대전상태　　　② 발열상태

③ 중성상태　　　④ (+) 대전상태

|문|제|풀|이|
[자유전자]
1. 일정 영역 내에서 움직임이 자유로운 전자
2. 외부의 자극에 의해 쉽게 궤도를 이탈한 것
3. (−) 대전상태 : 자유전자가 과잉된 상태
4. (+) 대전상태 : 자유전자를 제거한 상태
5. 중성상태 : 양자와 전자의 수가 동일한 상태

※대전 : 전재(−)를 얻어서 전자가 과잉된 상태　　　【정답】①

08. 2개의 코일을 서로 근접시켰을 때 한 쪽 코일의 전류가 변화하면 다른 쪽 코일에 유도기전력이 발생하는 현상을 무엇이라고 하는가?

① 상호결합　　　② 자체유도

③ 상호유도　　　④ 자체결합

|문|제|풀|이|
[상호유도작용] 떨어져 있는 코일 상호간의 작용으로 기전력이 유도되는 현상　　　【정답】③

09. 비정현파의 실효값을 나타낸 것은?

① 최대파의 실효값

② 각 고조파의 실효값의 합

③ 각 고조파의 실효값의 합의 제곱근

④ 각 고조파의 실효값의 제곱의 합의 제곱근

|문|제|풀|이|
[비정현파의 실효값] 각 고조파의 제곱의 합의 제곱근
1. 실효전류 $I = \sqrt{\text{각파의 실효값 제곱의 합}}$

$= \sqrt{I_0^2 + I_1^2 + I_2^2 + \cdots\cdots + I_n^2}$

2. 실효전압 $V = \sqrt{\text{각파의 실효값 제곱의 합}}$

$= \sqrt{V_0^2 + V_1^2 + V_2^2 + \cdots\cdots + V_n^2}$　　　【정답】④

10. 진공 중에 두 자극 m_1, m_2를 r[m]의 거리에 놓았을 때 작용하는 힘 F의 식으로 옳은 것은?

① $F = \dfrac{1}{4\pi\mu_0} \times \dfrac{m_1 m_2}{r}$[N]

② $F = \dfrac{1}{4\pi\mu_0} \times \dfrac{m_1 m_2}{r^2}$[N]

③ $F = 4\pi\mu_0 \times \dfrac{m_1 m_2}{r}$[N]

④ $F = 4\pi\mu_0 \times \dfrac{m_1 m_2}{r^2}$[N]

|문|제|풀|이|

[자기에 관한 쿨롱의 법칙] 두 자극 사이에 작용하는 힘(F)은 두 자극의 세기(m_1, m_2)의 곱에 비례하고 두 자극 사이의 거리(r)의 제곱에 반비례한다.

$$F = \frac{1}{4\pi\mu} \cdot \frac{m_1 m_2}{r^2} = \frac{1}{4\pi\mu_0\mu_r} \cdot \frac{m_1 m_2}{r^2} \quad \rightarrow (진공중의 \ \mu_r = 1이다.)$$

여기서, 투자율 $\mu = \mu_0\mu_r$[H/m] ($\mu_0 = 4\pi \times 10^{-7}$[H/m])

　　　비투자율 μ_r(진공=1, 공기=1)

　　　m_1, m_2[Wb] : 각각의 자극의 세기, r[m] : 자극간의 거리

　　　F[N] : 상호간에 작용하는 자기력　　【정답】②

11. 어떤 정현파 교류의 최대값이 $V_m = 220$[V]이면 평균값 V_a는?

① 약 120.4[V]　　② 약 125.4[V]

③ 약 127.3[V]　　④ 약 140.1[V]

|문|제|풀|이|

[정현파 교류의 평균값] $V_{av} = \dfrac{2V_m}{\pi} \rightarrow$ (V_m : 최대값)

$$V_{av} = \frac{2V_m}{\pi} = \frac{2 \times 220}{\pi} = 140.1[V]$$

파형	실효값	평균값	파형률	파고율
정현파	$\dfrac{V_m}{\sqrt{2}}$	$\dfrac{2V_m}{\pi}$	1.11	1.414
정현반파	$\dfrac{V_m}{2}$	$\dfrac{V_m}{\pi}$	1.57	2
삼각파	$\dfrac{V_m}{\sqrt{3}}$	$\dfrac{V_m}{2}$	1.15	1.73
구형반파	$\dfrac{V_m}{\sqrt{2}}$	$\dfrac{V_m}{2}$	1.41	1.41
구형파	V_m	V_m	1	1

【정답】④

12. C_1, C_2를 직렬로 접속한 회로에 C_3를 병렬로 접속하였다. 이 회로의 합성정전용량[F]은?

① $C_3 + \dfrac{1}{\dfrac{1}{C_1} + \dfrac{1}{C_2}}$

② $C_1 + \dfrac{1}{\dfrac{1}{C_2} + \dfrac{1}{C_3}}$

③ $\dfrac{C_1 + C_2}{C_3}$

④ $C_1 + C_2 + \dfrac{1}{C_3}$

|문|제|풀|이|

[콘덴서의 직·병렬 합성정전용량]

C_1, C_2를 직렬로 접속한 회로에 C_3를 병렬접속한다.

정전용량 $C = \dfrac{1}{\dfrac{1}{C_1} + \dfrac{1}{C_2}} + C_3$　　　　【정답】①

13. 2[C]의 전기량이 이동을 하여 10[J]의 일을 하였다면 두 점 사이의 전위차는 몇 [V]인가?

① 0.2[V]　　② 0.5[V]

③ 5[V]　　④ 20[V]

|문|제|풀|이|

[전위차] $V = \dfrac{W}{Q}$[V]　　$\rightarrow$ (전기량 $W = Q \cdot V$[J])

$$\therefore V = \frac{W}{Q} = \frac{10}{2} = 5[V]$$　　　　【정답】③

14. 기전력 1.5[V], 내부저항이 0.2[Ω]인 전지 5개를 직렬로 연결하고 이를 단락하였을 때의 단락전류[A]는?

① 1.5　　② 4.5　　③ 7.5　　④ 15

|문|제|풀|이|

[전지의 직렬 접속 시의 전류] 전류 $I = \dfrac{nE}{nr + R}$[A]

　여기서, n : 전지의 직렬 개수, R : 부하저항

　　　r : 내부저항, E : 전지의 기전력

기전력(E) : 1.5[V], 내부저항(r) : 0.2[Ω], 전지개수(n) : 5[개]

$$\therefore 전류 \ I = \frac{nE}{nr + R} = \frac{5 \times 1.5}{5 \times 0.2} = 7.5[A]$$

　　$\rightarrow$ (부하저항(R)에 대한 언급이 없으므로 $R = 0$으로 한다.)

【정답】③

15. 자극 가까이에 물체를 두었을 때 자화되는 물체와 자석이 그림과 같은 방향으로 자화되는 자성체는?

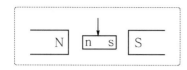

① 상자성체 　　② 반자성체

③ 강자성체 　　④ 비자성체

|문|제|풀|이|

[역자성체(반자성체)] 자석을 접근시킬 때 같은 극이 생겨 서로 반발하는 금속 (구리(Cu), 은(Ag), 납(Pb), 비스무스(Bi))

※① 상자성체 : 인접 영구자기 쌍극자의 방향이 규칙성이 없는 재질, 알루미늄(Al), 망간(Mn), 백금(Pt), 주석(Sn), 산소(O_2), 질소(N_2), 텅스텐(W) 등

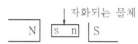

③ 강자성체 : 상자성체 중 자화의 강도가 큰 금속, 철(Fe), 니켈(Ni), 코발트(Co)

【정답】②

16. 다음 중 파형률을 나타낸 것은?

① $\dfrac{\text{실효값}}{\text{평균값}}$ 　　② $\dfrac{\text{최대값}}{\text{실효값}}$

③ $\dfrac{\text{평균값}}{\text{실효값}}$ 　　④ $\dfrac{\text{실효값}}{\text{최대값}}$

|문|제|풀|이|

[파형률 및 파고율] ·파형률 $= \dfrac{\text{실효치}}{\text{평균치}}$ 　·파고율 $= \dfrac{\text{최대치}}{\text{실효치}}$

【정답】①

17. 자체인덕턴스 2[H]의 코일에 25[J]의 에너지가 저장되어있다면 코일에 흐르는 전류는?

① 2[A] 　② 3[A] 　③ 4[A] 　④ 5[A]

|문|제|풀|이|

[전류] $I = \sqrt{\dfrac{2W}{L}}$ 　→ (코일에 축적되는 에너지 $W = \dfrac{1}{2}LI^2$)

$\therefore I = \sqrt{\dfrac{25 \times 2}{2}} = 5[A]$ 　　【정답】④

18. 브리지 회로에서 미지의 인덕턴스 L_x를 구하면?

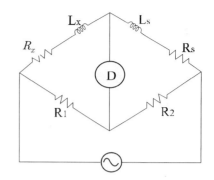

① $L_x = \dfrac{R_2}{R_1}L_s$ 　　② $L_x = \dfrac{R_1}{R_2}L_s$

③ $L_x = \dfrac{R_s}{R_1}L_S$ 　　④ $L_x = \dfrac{R_1}{R_s}L_s$

|문|제|풀|이|

[브리지 회로의 평형] $(R_x + jwL_x) \cdot R_2 = (R_s + jwL_s) \cdot R_1$

1. 실수 측 : $R_2 R_x = R_1 R_s$ 　→ $R_x = \dfrac{R_1}{R_2} R_s$

2. 허수 측 : $R_2 w L_x = R_1 w L_s$ 　→ $L_x = \dfrac{L_s \cdot R_1}{R_2}$

【정답】②

19. 감은 횟수 200회의 코일 P와 300회의 코일 S를 가까이 놓고 P에 1[A]의 전류를 흘릴 때 S와 쇄교하는 자속이 4×10^{-4} [Wb]이었다면 이들 코일 사이의 상호인덕턴스는?

① 0.12[H] 　　② 0.12[mH]

③ 0.08[H] 　　④ 0.08[mH]

|문|제|풀|이|

[두 코일의 상호인덕턴스] $M = L_1 \times \dfrac{N_2}{N_1}[H]$

인덕턴스 $L_1 = \dfrac{N_1 \emptyset}{I} = \dfrac{200 \times 4 \times 10^{-4}}{1} = 0.08[H]$

→ (L_1 : P의 인덕턴스, N_1 : 감은 횟수)

$\therefore M = L_1 \times \dfrac{N_2}{N_1} = 0.08 \times \dfrac{300}{200} = 0.12[H]$

【정답】①

20. 단위 길이당 권수 1000회인 무한장 솔레노이드에 10[A]의 전류가 흐를 때 솔레노이드 외부의 자장 (AT/m)은?

① 0
② 100
③ 1000
④ 10000

|문|제|풀|이|

[무한장 솔레노이드] 외부의 자기장의 세기 $H = 0$이다.

※무한장솔레노이드 내부의 자기장의 세기 $H = nI$[AT/m]
  여기서, H : 자기장의 세기, n : 단위 길이당 권수, I : 전력
  단위 길이 당($l = 1$) 권수(N) : 1000, 전류(I) : 10[A]
  $H = nI = 1000 \times 10 = 10000$[AT/m] 【정답】①

21. 직류발전기의 무부하특성곡선은?

① 부하전류와 무부하 단자전압과의 관계이다.
② 계자전류와 부하전류와의 관계이다.
③ 계자전류와 무부하 단자전압과의 관계이다.
④ 계자전류와 회전력과의 관계이다.

|문|제|풀|이|

[무부하특성곡선(=무부하포화곡선)]
정격속도에서 무부하 상태의 계자전류(I_f)와 유기지전력(E)과의 관계를 나타내는 곡선을 무부하특성곡선 또는 무부하포화곡선이라고 한다. 【정답】③

22. 어떤 변압기에서 임피던스강하가 5[%]인 변압기가 운전 중 단락되었을 때 그 단락전류는 정격전류의 몇 배인가?

① 5
② 20
③ 50
④ 200

|문|제|풀|이|

[변압기의 단락비(K_s)] $K_s = \dfrac{I_{f1}}{I_{f2}} = \dfrac{I_s}{I_n} = \dfrac{100}{\%Z_s}$

여기서, I_s : 단락전류, I_n : 정격전류, $\%Z$: %임피던스
%임피던스 강하 : 5[%]이므로

∴단락전류 $I_s = \dfrac{100}{\%Z}I_n = \dfrac{100}{5}I_n = 20I_n$[A] 【정답】②

23. 동기전동기의 여자전류를 변화시켜도 변하지 않는 것은? (단, 공급전압과 부하는 일정하다.)

① 동기속도
② 역기전력
③ 역률
④ 전기자전류

|문|제|풀|이|

[여자(계자)전류] 여자전류를 크게 하면 과여자되어 역률이 높아지고 전기자전류가 증가, 자속의 감소로 역기전력이 감소하며, 여자전류를 작게 하면 역률이 감소하고 전기자전류는 다시 증가하게 된다. 전기자전류가 최소인 경우가 역률이 1일 때이다. 【정답】①

24. PN 접합의 순방향 저항은(㉠), 역방향 저항은 매우 (㉡), 따라서 (㉢) 작용을 한다. ( )안에 들어갈 말로 옳은 것은?

① ㉠ 크고, ㉡ 크다, ㉢ 정류
② ㉠ 작고, ㉡ 크다, ㉢ 정류
③ ㉠ 작고, ㉡ 작다, ㉢ 검파
④ ㉠ 작고, ㉡ 크다, ㉢ 검파

|문|제|풀|이|

[PN 접합 다이오드] 순방향 저항은 작고, 역방향 저항은 매우 크다. 따라서 정류작용을 한다. 【정답】②

25. 다음 중 제동권선에 의한 기동토크를 이용하여 동기전동기를 기동시키는 방법은?

① 저주파기동법
② 고주파기동법
③ 기동전동기법
④ 자기기동법

|문|제|풀|이|

[동기전동기의 기동법] 동기전동기의 기동법으로는 자기기동법, 유도전동기법 등이 있다.

1. 자기기동법 : 기동토크를 적당한 값으로 유지하기 위하여 변압기 탭에 의해 정격전압의 30~50[%] 정도로 저압을 가해 기동을 한다.
2. 유도전동기법 : 유도전동기 또는 직류 전동기를 사용하여 기동시킨다. 【정답】④

26. 직류 분권전동기에서 운전 중 계자권선의 저항을 증가하면 회전속도의 값은?

① 감소한다.　　② 증가한다.

③ 일정하다.　　④ 관계없다.

|문|제|풀|이|

[분권전동기] 분권전동기는 계자저항이 증가하면 자속이 감소하므로 회전속도는 증가($N \propto \frac{1}{\varnothing}$)한다.　　【정답】②

27. 교류 전동기를 기동할 때 그림과 같은 기동 특성을 가지는 전동기는? (단, 곡선 (1)~(5)는 기동 단계에 대한 토크 특성 곡선이다.)

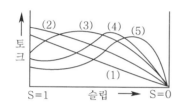

① 반발유도전동기

② 2중농형유도전동기

③ 3상분권정류자전동기

④ 3상권선형유도전동기

|문|제|풀|이|

[권선형 유도전동기의 비례추이] 2차 회로 저항(외부 저항)의 크기를 조정함으로써 슬립을 바꾸어 속도와 토크를 조정하는 것이다. 최대 토크는 불변　　【정답】④

28. 다음 그림의 직류 전동기는 어떤 전동기 인가?

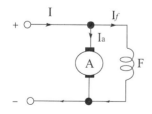

① 직권전동기　　② 타여자전동기

③ 분권전동기　　④ 복권전동기

|문|제|풀|이|

[직류전동기] 직류전동기의 종류에는 발전기와 같이 여자 방식에 따라 타여자전동기, 분권전동기, 직권전동기, 복권전동기(가동복권, 차동복권)로 분류된다. 그림에서 계자권선이 전기자와 병렬로 연결되어 있으므로 분권전동기이다.

· 타여자전동기　　　　　· 직권전동기

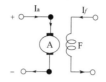　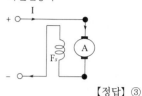

【정답】③

29. 동기검정기로 알 수 있는 것은?

① 전압의 크기　　② 전압의 위상

③ 전류의 크기　　④ 주파수

|문|제|풀|이|

[동기검정기] 두 계통의 <u>전압의 위상</u>을 측정 또는 표시하는 계기　　【정답】②

30. 회전자 입력을 P, 슬립을 s 라 할 때 3상 유도전동기의 기계적 출력의 관계식은?

① sP_2　　　　　② $(1-s)P_2$

③ $s^2 P_2$　　　　④ $\dfrac{P_2}{s}$

|문|제|풀|이|

[기계적 2차 출력] $P_0 = P_2 - P_{c2} = (1-s)P_2$

$\qquad\qquad\qquad = (1-s)(1차입력-1차손실)$

【정답】②

31. 슬립이 0.05이고 전원주파수가 60[Hz]인 유도전동기의 회전자회로의 주파수[Hz]는?

① 1　　② 2　　③ 3　　④ 4

|문|제|풀|이|

[유도전동기 회전 시 2차 주파수] 유도전동기 회전 시의 2차주파수 f_2는 슬립에 비례, 즉 $f_2 = s f_1$

$\therefore f_2 = s f_1 = 0.05 \times 60 = 3 [Hz]$　　【정답】③

32. 전기자도체의 총수 500, 10극, 단중 파권으로 매극의 자속수가 0.02[Wb]인 직류발전기가 600[rpm]으로 회전할 때의 유도기전력은 몇 [V]인가?

① 250 ② 500
③ 1,000 ④ 1,500

|문|제|풀|이|

[직류발전기의 유도기전력] $E = p\varnothing \dfrac{N}{60} \dfrac{z}{a}$ [V]

병렬회로수(a)(단중 파권, $a = 2$)

$\therefore E = p\varnothing \dfrac{N}{60} \dfrac{z}{a} = 10 \times 0.02 \times \dfrac{600}{60} \times \dfrac{500}{2} = 500[V]$ 【정답】②

33. 변압기의 결선에서 제3고조파를 발생시켜 통신선에 유도장해를 일으키는 3상 결선은?

① Y-Y ② $\varDelta - \varDelta$
③ Y-$\varDelta$ ④ $\varDelta$-Y

|문|제|풀|이|

[변압기의 Y-Y결선] Y-Y결선은 중성점은 접지하면 3배의 지락전류가 유입되어 이 전류가 <u>통신선로에 큰 유도장해</u>를 주므로 거의 사용되지 않는다. 【정답】①

34. 유도전동기의 슬립을 측정하는 방법으로 옳은 것은?

① 전압계법 ② 전류계법
③ 평형 브리지법 ④ 스트로보스코프법

|문|제|풀|이|

[유도전동기의 슬립 측정법] 슬립의 측정법에는 **회전계법, 직류밀리볼트계법, 수화기법, 스트로보스코프법** 등이 있다. 【정답】④

35. 전력 변환 기기가 아닌 것은?

① 변압기 ② 정류기
③ 유도전동기 ④ 인버터

|문|제|풀|이|

[전력변환장치]
1. 컨버터(정류기 : 순변환 장치) : $AC \rightarrow DC$로 변환해 주는 장치
2. 인버터(역변환장치) : $DC \rightarrow AC$로 변환해 주는 장치
3. 사이클로컨버터 : 고정 $AC \rightarrow$ 가변 AC로 바꿔주는 전력변환 장치

4. 초퍼 : 고정 $DC \rightarrow$ 가변 DC로 바꿔주는 전력변환장치
【정답】③

36. 출력 10[kW], 효율 80[%]인 기기의 손실은 약 몇 [kW]인가?

① 0.6[kW] ② 1.1[kW]
③ 2.0[kW] ④ 2.5[kW]

|문|제|풀|이|

[발전기 규약효율] $\eta_g = \dfrac{출력}{출력 + 손실} \times 100[\%]$

출력 : 10[kW], 효율(η) : 80[%]

$\eta_g = \dfrac{출력}{출력 + 손실} \times 100[\%]$ 에서

$\therefore 손실 = \dfrac{출력}{\eta} - 출력 = \dfrac{10}{0.8} - 10 = 2.5[kW]$ 【정답】④

37. 직류 분권전동기의 기동방법 중 가장 적당한 것은?

① 기동토크를 작게 한다.
② 계자저항기의 저항값을 크게 한다.
③ 계자저항기의 저항값을 0으로 한다.
④ 기동저항기를 전기자와 병렬접속 한다.

|문|제|풀|이|

[직류 분권전동기의 기동법] <u>계자저항기의 저항값을 최소</u>로 하여 계자전류를 크게 한다. 계자전류를 크게 하면 계자 자속이 증가하며, 기동 토크가 증가하여 기동하게 된다.
【정답】③

38. 권선형 유도전동기 기동시 회전자 측에 저항을 넣는 이유는?

① 기동전류 증가
② 기동전류 억제와 토크 증대
③ 기동토크 감소
④ 회전수 감소

|문|제|풀|이|

[권선형 유도전동기] 권선형 유도전동기의 회전자에 저항을 삽입하면 <u>기동토크 증가, 기동전류 감소, 역률개선</u> 등의 효과가 있다.
【정답】②

39. 전원이 일정한 도선에 접속되어 역률 1로 운전하고 있는 동기전동기의 여자전류를 증가시키면 역률과 전기자전류는 어떻게 되는가?

① 역률은 앞서고 전기자전류는 증가한다.

② 역률은 앞서고 전기자전류는 감소한다.

③ 역률은 뒤지고 전기자전류는 증가한다.

④ 역률은 뒤지고 전기자전류는 감소한다.

|문|제|풀|이|

[동기전동기의 위상특성곡선]

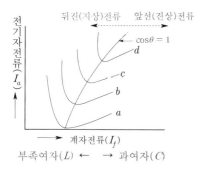

뒤진(지상)전류　앞선(진상)전류

$\cos\theta = 1$

부족여자(L) ← → 과여자(C)

1. 여자전류(I_f)를 감소시키면 역률은 뒤지고 전기자전류는 증가한다.

→ (부족여자 : 리액터(L)로 작용)

2. 여자전류(I_f)를 증가시키면 역률은 앞서고 전기자전류는 증가한다.

→ (과여자 : 콘덴서(C)로 작용)

3. $\cos\theta = 1$일 때 전기자전류가 최소다. 　　【정답】①

40. 저압 이웃 연결 인입선의 시설과 관련된 설명으로 잘못된 것은?

① 옥내를 통과하지 아니할 것

② 전선의 굵기는 1.5[㎟] 이하 일 것

③ 폭 5[m]를 넘는 도로를 횡단하지 아니할 것

④ 인입선에서 분기하는 점으로부터 100[m]를 넘는 지역에 미치지 아니할 것

|문|제|풀|이|

[저압 이웃 연결 인입선 시설] 한 수용 장소 인입구에서 분기하여 지지물을 거치지 아니하고 다른 수용장소 인입구에 이르는 전선이며 시설 기준은 다음과 같다.

1. 전선이 케이블인 경우 이외에는 인장강도 2.30[kN] 이상의 것 또는 지름 2.6[mm] 이상의 인입용 비닐절연전선일 것. 다만, 지지물 간 거리가 15[m] 이하인 경우는 인장강도 1.25[kN]

이상의 것 또는 지름 2[mm] 이상의 인입용 비닐절연전선일 것

2. 분기하는 점으로부터 100[m]를 초과하지 않을 것

3. 폭 5[m]를 넘는 도로를 횡단하지 않을 것

4. 옥내를 관통하지 않을 것 　　【정답】②

41. 전선의 접속에 대한 설명으로 틀린 것은?

① 접속 부분의 전기저항을 20[%] 이상 증가되도록 한다.

② 접속 부분의 인장강도를 80[%] 이상 유지되도록 한다.

③ 접속 부분에 전선 접속 기구를 사용한다.

④ 알루미늄전선과 구리선의 접속 시 전기적인 부식이 생기지 않도록 한다.

|문|제|풀|이|

[전선 접속 시 주의 사항]
· 전선의 전기저항을 증가시키지 않는다.
· 전선의 인장하중을 20[%] 이상 감소시키지 말아야 한다.
· 전선 접속 시 절연내력은 접속전의 절연내력 이상으로 절연 하여야 한다.
· 전선 접속 부분의 테이프 감기는 나선형으로 반폭씩 겹쳐서 2회 이상(합 4겹) 감아 준다.
· 전선과 기구 단자 접속 시 나사를 덜 죄었을 경우 발생할 수 있는 위험으로는 누전, 화재, 저항 증가, 과열 등을 들 수 있다.

【정답】①

42. 100[V], 10[A], 전기자저항 1[Ω], 회전수 1800[rpm]인 전동기의 역기전력은 몇 [V]인가?

① 90　　　　　② 100

③ 110　　　　　④ 186

|문|제|풀|이|

[직류전동기의 역기전력] $E = V - I_a R_a [V]$

여기서, E : 역기전력, R_a : 전기자저항, I_a : 전기자전류

　　　　V : 단자전압(인가전압)

단자전압(인가전압)(V) : 100[V], 전기자전류(I_a) : 10[A]

전기자저항(R_a) : 1[Ω], 회전수)N) : 1800[rpm]

$\therefore E = V - I_a R_a = 100 - 10 \times 1 = 90[V]$ 　　【정답】①

43. 동전선의 직선접속(트위스트조인트)은 몇 $[\text{mm}^2]$ 이하의 전선이어야 하는가?

① 2.5   ② 6
③ 10   ④ 16

|문|제|풀|이|

[트위스트조인트 접속] 단면적 6[㎟] 이하의 가는 단선(동전선)의 트위스트조인트에 해당되는 전선접속법은 직선접속이다.

【정답】②

44. 접지공사를 시설하는 주된 목적은?

① 기기의 효율을 좋게 한다.
② 기기의 절연을 좋게 한다.
③ 기기의 누전에 의한 감전을 방지한다.
④ 기기의 누전에 의한 역률을 좋게 한다.

|문|제|풀|이|

[접지의 목적]
1. 고장전류나 뇌격전류의 유입에 대해 기기를 보호할 목적
2. 지표면의 국부적인 전위경도에서 감전 사고에 대한 인체를 보호할 목적
3. 계통회로 전압과 보호계전기의 동작의 안정과 정전차폐효과를 유지할 목적
4. 이상 전압의 억제

【정답】③

45. 연피케이블을 직접 매설식에 의하여 차량 기타 중량물의 압력을 받을 우려가 있는 장소에 시설하는 경우 매설 깊이는 몇 [m] 이상이어야 하는가?

① 0.6   ② 1.0
③ 1.2   ④ 1.6

|문|제|풀|이|

[지중전선로(직접 매설식)]
1. 차량 기타 중량물의 압력을 받는 곳 : 1.0[m] 이상
2. 기타장소 : 0.6[m] 이상

【정답】②

46. 전주의 길이가 16[m]인 지지물을 건주하는 경우에 땅에 묻히는 최소 깊이는 몇 [m]인가? (단, 설계하중이 6.8[kN] 이하이다.)

① 1.5   ② 2.0   ③ 2.5   ④ 3.5

|문|제|풀|이|

[건주 시 땅에 묻히는 깊이]

전장＼설계하중	6.8[kN] 이하	6.8[kN] 초과 ~9.8[kN] 이하	9.8[kN] 초과 ~14.72[kN] 이하
15[m] 이하	전장 × 1/6[m] 이상	전장 × 1/6+0.3[m] 이상	–
15[m] 초과	**2.5[m] 이상**	2.8[m] 이상	–
16[m] 초과 ~20[m] 이하	2.8[m] 이상	–	–
15[m] 초과 ~18[m] 이하	–	–	3[m] 이상
18[m] 초과	–	–	3.2[m] 이상

【정답】③

47. 저압 옥내배선에서 애자사용 공사를 할 때 올바른 것은?

① 전선 상호간의 간격은 6[cm] 이상
② 440[V] 초과하는 경우 전선과 조영재 사이의 간격은 2.5[cm] 미만
③ 전선의 지지점간의 거리는 조영재의 위면 또는 옆면에 따라 붙일 경우에는 3[m] 이상
④ 애자사용공사에 사용되는 애자는 절연성·난연성 및 내수성과 무관

|문|제|풀|이|

[애자사용공사]
·절연성, 난연성, 내수성이 있는 애자
·옥외용 비닐 절연 전선(OW) 및 인입용 비닐 절연 전선(DV)을 제외한 절연 전선을 사용할 것
·전선 상호간의 간격은 6[cm] 이상일 것
·전선과 조영재의 간격
 – 400[V] 미만은 2.5[cm] 이상
 – 400[V] 이상의 저압은 4.5[cm] 이상
·전선과 지지점 사이의 간격

지지 방식	400[V] 미만	400[V] 이상
윗면 또는 옆면에 따라 붙일 경우	2[m]	2[m]
기타	제한없음	`6[m]

【정답】①

48. 가공 전선 지지물의 기초 강도는 주체(主體)에 가하여지는 곡하중(曲荷重)에 대하여 안전율은 얼마 이상으로 하여야 하는가?

① 1.0
② 1.5
③ 1.8
④ 2.0

|문|제|풀|이|

[가공전선로(Overthead Line)] 지지물에 하중이 가하여지는 경우에 그 하중을 받는 지지물의 기초의 안전율은 2 이상이어야 한다.

※[주요 안전율]

1.33 : 이상시 상정하중 철탑의 기초
1.5 : 케이블트레이, 안테나
2.0 : 기초 안전율
2.2 : 경동선/내열동 합금선
2.5 : 지선, ACSD, 기타 전선
【정답】④

49. 합성수지관 상호 접속 시에 관을 삽입하는 깊이는 관 바깥지름의 몇 배 이상으로 하여야 하는가? (단, 접착제를 사용하지 않은 경우이다.)

① 0.6
② 0.8
③ 1.0
④ 1.2

|문|제|풀|이|

[합성수지관 공사]
·전선은 절연전선(OW(옥외용 비닐 절연전선)제외)일 것
·관 안에는 전선 접속점이 없을 것
·관의 두께는 2.0[mm] 이상일 것
·관의 지지점간의 거리는 1.5[m] 이하로 할 것
·관 상호간 및 박스와는 삽입하는 깊이를 관 바깥지름의 1.2배(접착제 사용하는 경우 0.8배) 이상으로 견고하게 접속할 것
【정답】④

50. 폭발성 먼지가 있는 위험장소의 금속관공사에 있어서 관상호 및 관과 박스 기타의 부속품이나 풀박스 또는 전기기계기구는 몇 턱 이상의 나사 조임으로 시공하여야 하는가?

① 2턱
② 3턱
③ 4턱
④ 5턱

|문|제|풀|이|

[폭발성 먼지가 있는 위험장소의 금속관 공사] 폭연성 먼지가 존재하는 곳의 금속관 공사에 있어서 관 상호간 및 관과 박스 기타의 부속품, 풀박스 또는 전기기계기구와는 5턱 이상 나사 조임으로 접속한다.
【정답】④

51. 금속 전선관 작업에서 나사를 낼 때 필요한 공구는 어느 것인가?

① 파이프 벤더
② 볼트클리퍼
③ 오스터
④ 파이프 렌치

|문|제|풀|이|

[오스터] 금속관 끝에 나사를 내는 공구, 래칫과 다이스로 구성

※① 파이프 벤더 : 파이프를 원호상으로 굽히는 기계
② 볼트클리퍼 : 어닐링 철선 등의 절단 공구의 일종으로, 절단 전용의 대형 펜치와 같은 기능을 갖는다.
④ 파이프 렌치 : 배관의 이음에서 소켓·유니언 등을 끼울 때 그 외 배관의 접속작업시에 배관을 고정 또는 돌려서 나사 이음하는 데 사용
【정답】③

52. 굵은 전선을 절단할 때 사용하는 전기공사용 공구는?

① 프레셔툴
② 녹아웃펀치
③ 파이프커터
④ 클리퍼

|문|제|풀|이|

[클리퍼] 굵은 전선을 절단할 때 사용하는 공구

※① 프레셔툴 : 솔더리스 터미널 눌러 붙임 공구
② 노크아웃펀치 : 분전반, 풀박스 등의 전선관 인출을 위한 인출공을 뚫는 공구
③ 파이프커터 : 금속관을 절단하는 공구
【정답】④

53. 화약류 저장 장소의 배선공사에서 전용 개폐기에서 화약류 저장소의 인입구까지는 어떤 공사를 하여야 하는가?

① 케이블을 사용한 옥측 전선로
② 금속관을 사용한 지중 전선로
③ 케이블을 사용한 지중 전선로
④ 금속관을 사용한 옥측 전선로

|문|제|풀|이|

[화약류 저장소 등의 위험장소]
·전로의 대지전압은 300[V] 이하일 것
·전기 기계기구는 전폐형일 것
·금속관 공사, 케이블 공사에 의할 것
·개폐기 및 과전류 차단기에서 화약류 저장소까지는 케이블을 사용하여 지중에 시설한다.
【정답】③

54. 무대, 무대밑, 오케스트라 박스, 영사실 기타 사람이나 무대 도구가 접촉될 우려가 있는 장소에 시설하는 저압옥내배선, 전구선 또는 이동전선은 사용전압이 몇 [V] 미만 이어야 하는가?

① 400　　② 500　　③ 600　　④ 700

|문|제|풀|이|
[전시회, 쇼 및 공연장의 전기설비] 무대, 무대마루 밑, 오케스트라 박스 및 영사실 기타 사람이나 무대 도구가 접촉할 우려가 있는 곳에 시설하는 저압옥내에선, 전구선 또는 이동전선은 <u>사용전압이 400[V] 미만일 것</u>　　　　【정답】①

55. 옥외용 비닐절연전선의 약호는?

① OW　　② DV　　③ NR　　④ FTC

|문|제|풀|이|
[OW] 옥외용 비닐절연전선

※② DV : 인입용 비닐절연전선
　③ NR : 450/750[V] 일반용 단심 비닐 절연전선
　④ NTC : 300/300[V] 평형 금사 코드　　　【정답】①

56. 저압 옥내전로에서 전동기의 정격전류가 60[A]인 경우 전선의 허용전류[A]는 얼마 이상이 되어야 하는가?

① 66　　② 75　　③ 78　　④ 90

|문|제|풀|이|
[저압옥내 간선의 선정]
1. 전동기 등의 정격전류의 합계가 50[A] 이하인 경우에는 그 정격전류의 합계의 1.25배
2. 전동기 등의 정격전류의 합계가 <u>50[A]를 초과하는 경우에는 그 정격전류의 합계의 1.1배,</u>
∴ $I_a = 60 \times 1.1 = 66[A]$　　　　　　　【정답】①

57. 금속전선관공사에서 사용되는 후강전선관의 규격이 아닌 것은?

① 16　　② 28　　③ 36　　④ 50

|문|제|풀|이|
[후강, 박강 전선관의 규격]
1. 후강 전선관
　·안지름의 크기에 가까운 짝수
　·두께 2[mm] 이상
　·길이 3.6[m]
　·<u>16, 22, 28, 36, 42, 54, 72, 80, 92, 104[mm]</u>
2. 박강 전선관
　·바깥지름의 크기에 가까운 홀수
　·두께 1.2[mm] 이상
　·길이 3.6[m]
　·15, 19, 25, 31, 39, 51, 63, 75[mm]　【정답】④

58. 금속관을 구부릴 때 그 안쪽의 반지름은 관안지름의 최소 몇 배 이상이 되어야 하는가?

① 4　　② 6　　③ 8　　④ 10

|문|제|풀|이|
[금속관 공사] 금속관을 구부릴 때 금속관의 단면이 변형되지 아니하도록 구부려야 하며 그 안측의 반지름은 관안 지름의 6배 이상이 되어야 한다.　　　　　　　　【정답】②

59. 구리 전선과 전기 기계기구 단자를 접속하는 경우에 진동 등으로 인하여 헐거워질 염려가 있는 곳에는 어떤 것을 사용하여 접속하여야 하는가?

① 링슬리브를 끼운다.
② 평와셔 2개를 끼운다.
③ 코드패스너를 끼운다.
④ 스프링와셔를 끼운다.

|문|제|풀|이|
[스프링와셔] 진동이 있는 기계 기구의 단자에 전선을 접속할 때 진동을 완화하기 위해 스프링와셔를 사용한다. 스프링와셔를 사용함으로써 힘조절 실패를 방지할 수 있다.　　　　【정답】④

※한국전기설비규정(KEC) 적용으로 인해 더 이상 출제되지 않는 문제는 삭제했습니다.

01. 자기회로의 길이 l[m], 단면적 A[m^2], 투자율 μ [H/m] 일 때 자기저항 R[AT/Wb]을 나타내는 것은?

① $R = \dfrac{\mu l}{A}[AT/Wb]$ ② $R = \dfrac{A}{\mu l}[AT/Wb]$

③ $R = \dfrac{\mu A}{l}[AT/Wb]$ ④ $R = \dfrac{l}{\mu A}[AT/Wb]$

|문|제|풀|이|

[자기회로에서의 자기저항] $R_m = \dfrac{l}{\mu A}[AT/Wb]$

여기서, l : 평균자로, μ : 투자율, A : 단면적
자기저항은 자기회로의 <u>길이에 비례</u>, <u>자로의 단면적과 투자율의 곱에 반비례</u> 【정답】④

02. 그림과 같은 회로를 고주파 브리지로 인덕턴스를 측정하였더니 그림 (a)는 60[mH], 그림 (b)는 40[mH]이었다. 이 회로상의 상호인덕턴스 M은?

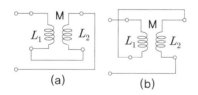

(a)   (b)

① 2[mH] ② 3[mH]

③ 4[mH] ④ 5[mH]

|문|제|풀|이|

[직렬접속의 합성인덕턴스] $L_0 = L_1 + L_2 \pm 2M$
여기서, L_1, L_2 : 자기인덕턴스, M : 상호인덕턴스
주어진 그림에서 (a) 가동접속, (b) 차동접속
1. 그림 (a)에서 $60 = L_1 + L_2 + 2M$
2. 그림 (b)에서 $40 = L_1 + L_2 - 2M$
3. 1식-2식에 의해 $4M = 20 \rightarrow M = 5[mH]$
【정답】④

03. 저항의 병렬접속에서 합성저항을 구하는 설명으로 옳은 것은?

① 각 저항값을 모두 합하고 저항 숫자로 나누면 된다.
② 저항값의 역수에 대한 합을 구하고 다시 그 역수를 취하면 된다.
③ 연결된 저항을 모두 합하면 된다.
④ 각 서항값의 역수에 대한 합을 구하면 된다.

|문|제|풀|이|

[병렬접속 시 합성저항] $R = \dfrac{1}{\dfrac{1}{R_1} + \dfrac{1}{R_2}} = \dfrac{R_1 \times R_2}{R_1 + R_2}[\Omega]$

【정답】②

04. 저항 5[Ω], 유도리액턴스 30[Ω], 용량리액턴스 18[Ω]인 RLC 직렬회로에 130[V]의 교류를 가할 때 흐르는 전류[A]는?

① 10[A], 유도성 ② 10[A], 용량성

③ 5.9[A], 유도성 ④ 5.9[A], 용량성

|문|제|풀|이|

[임피던스 크기] $Z = R + j(X_L - X_C) \qquad \rightarrow |Z| = \sqrt{R^2 + X^2}$
저항(R) : 5[Ω], 유도리액턴스(X_L) : 30[Ω]
용량리액턴스(X_C) : 18[Ω], 전압(V) : 130[V]
$Z = 5 + j(30-18) = 5 + j12[\Omega] \rightarrow |Z| = \sqrt{5^2 + 12^2} = 13[\Omega]$
이때 흐르는 전류 $I = \dfrac{V}{Z}$ 이므로 $I = \dfrac{130}{13} = 10[A]$
RLC 직렬회로에서 $X_L > X_C$이면 유도성이다.
【정답】①

05. 전기력선의 성질 중 맞지 않는 것은?

① 전기력선은 등전위면과 교차하지 않는다.
② 전기력선의 접선방향이 전장의 방향이다.
③ 전기력선은 도중에 만나거나 끊어지지 않는다.
④ 전기력선은 양(+)전하에서 나와 음(−)전하에서 끝난다.

|문|제|풀|이|⸱⸱⸱⸱⸱⸱⸱⸱⸱⸱⸱⸱⸱⸱⸱⸱⸱⸱⸱⸱⸱⸱⸱⸱⸱⸱⸱⸱⸱⸱⸱⸱

[전기력선의 성질]
⸱ 전기력선은 정전하에서 시작하여 부전하에서 끝난다.
⸱ 전기력선은 전위가 높은 곳에서 낮은 곳으로 향한다.
⸱ 전기력선은 그 자신만으로 폐곡선이 되지 않는다.
⸱ 전기력선은 도체 표면에서 수직으로 출입한다.
⸱ 서로 다른 두 전기력선은 교차하지 않는다.
⸱ 전기력선밀도는 그 점의 전계의 세기와 같다.
⸱ 전하가 없는 곳에서는 전기력선이 존재하지 않는다.
⸱ 도체 내부에서의 전기력선은 존재하지 않는다.
⸱ 단위 전하에서는 $\frac{1}{\epsilon_0}$ 개의 전기력선이 출입한다.
⸱ <u>전기력선은 등전위면과 교차한다.</u>　　　　【정답】①

---

06. 무한히 긴 평행 2직선이 있다. 이들 도선에 같은 방향으로 일정한 전류가 흐를 때 상호간에 작용하는 힘은? (단, r은 두 도선 간의 거리이다.)

① 흡인력이며 r이 클수록 작아진다.
② 반발력이며 r이 클수록 작아진다.
③ 흡인력이며 r이 클수록 커진다.
④ 반발력이며 r이 클수록 커진다.

|문|제|풀|이|⸱⸱⸱⸱⸱⸱⸱⸱⸱⸱⸱⸱⸱⸱⸱⸱⸱⸱⸱⸱⸱⸱⸱⸱⸱⸱⸱⸱⸱⸱⸱⸱

[힘의 방향] 무한 평행 두 직선에 <u>같은 방향</u>으로 일정한 전류 $(I_1,\ I_2)$가 흐르는 도체 간에 작용하는 힘(F)는 <u>흡인력</u>이다.

$$F=\frac{\mu_0 I_1 I_2}{2\pi r}[N \cdot m] \quad \rightarrow \quad F\propto\frac{1}{r}$$

즉, 흡인력은 두 도체간의 거리에 반비례한다.　　　【정답】①

---

07. RL 직렬회로에서 임피던스[Z]의 크기를 나타내는 식은?

① $R^2+X_L^2$　　　② $R^2-X_L^2$
③ $\sqrt{R^2+X_L^2}$　　④ $\sqrt{R^2-X_L^2}$

|문|제|풀|이|⸱⸱⸱⸱⸱⸱⸱⸱⸱⸱⸱⸱⸱⸱⸱⸱⸱⸱⸱⸱⸱⸱⸱⸱⸱⸱⸱⸱⸱⸱⸱⸱

[RL직렬회로의 임피던스] $Z=\sqrt{R^2+X_L^2}$

여기서, R : 저항, X_L : 리액턴스　　　【정답】③

---

08. 최대값이 V_m[V]인 사인파 교류에서 평균값 V_{av}[V]의 값은?

① $0.577\,V_m$　　② $0.637\,V_m$
③ $0.707\,V_m$　　④ $0.866\,V_m$

|문|제|풀|이|⸱⸱⸱⸱⸱⸱⸱⸱⸱⸱⸱⸱⸱⸱⸱⸱⸱⸱⸱⸱⸱⸱⸱⸱⸱⸱⸱⸱⸱⸱⸱⸱

[정현파 교류의 평균값] $V_{av}=\frac{2V_m}{\pi}[V]$　　→ (V_m : 최대값)

$$\therefore V_{av}=\frac{2V_m}{\pi}[V]=0.637V_m \quad \rightarrow\ (\pi=3.14) \quad 【정답】②$$

---

09. 전기저항 25[$\varOmega$]에 50[V]의 사인파 전압을 가할 때 전류의 순시값은?

(단, 각속도 ω =377 [rad/sec]임)

① $2\sin 377t$[A]　　② $2\sqrt{2}\cdot\sin 377t$[A]
③ $4\sin 377t$[A]　　④ $4\sqrt{2}\cdot\sin 377t$[A]

|문|제|풀|이|⸱⸱⸱⸱⸱⸱⸱⸱⸱⸱⸱⸱⸱⸱⸱⸱⸱⸱⸱⸱⸱⸱⸱⸱⸱⸱⸱⸱⸱⸱⸱⸱

[정현파 교류의 순시값]
$v=V_m\sin\omega t=\sqrt{2}\,V\sin\omega t$　　→ ($V_m=\sqrt{2}\,V[V]$)
(V_m : 최대값, V : 실효값)

전류 순시값 $i=\frac{v}{R}$ 에서 $i=\frac{\sqrt{2}\,V\sin\omega t}{R}$ [A]

전압(V) : 50[V], 저항(R) : 25[$\varOmega$], 각속도(ω) : 377 [rad/sec]

$$\therefore i=\frac{\sqrt{2}\,50\sin 377t}{25}=2\sqrt{2}\,\sin 377t\,[A] \quad 【정답】②$$

10. 공기 중에서 자속밀도 3[Wb/㎡]의 평등 자장 속에 길이 10[cm]의 직선 도선을 자장의 방향과 직각으로 놓고 여기에 4[A]의 전류를 흐르게 하면 이 도선이 받는 힘은 몇 [N]인가?

① 0.5 ② 1.2 ③ 2.8 ④ 4.2

|문|제|풀|이|

[도체에 작용하는 힘] $F = BIl\sin\theta[N]$

자속밀도(B) : 3[Wb/㎡], 도선의 길이(l) : 10[cm]=0.1[m]

도선과 자장의 방향과의 각(θ) : 직각(90), 전류(I) : 4[A]

$\therefore F = BIl\sin\theta = 3 \times 4 \times 0.1 \times 1 = 1.2[N]$
  → ($\sin 90 = 1$)

【정답】②

11. 다음 회로에서 10[Ω]에 걸리는 전압은 몇[V]인가?

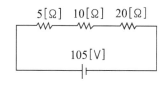

① 2 ② 10
③ 20 ④ 30

|문|제|풀|이|

[전압] $V = IR[V]$

1. 직렬연결 시 합성저항 $R = R_1 + R_2 + R_3[\Omega]$

   $R = 5 + 10 + 20 = 35[\Omega]$

2. 전류 $I = \dfrac{V}{R} = \dfrac{105}{35} = 3[A]$

$\therefore$ 저항 10[Ω]에 걸리는 전압(V) $V = IR = 3 \times 10 = 30[V]$

【정답】④

12. A-B 사이 콘덴서의 합성정전용량은 얼마인가?

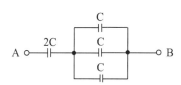

① 1[C] ② 1.2[C]
③ 2[C] ④ 2.4[C]

|문|제|풀|이|

[콘덴서 직·병렬 연결시 합성정전용량]

직렬 $C_s = \dfrac{1}{\dfrac{1}{C_1} + \dfrac{1}{C_2} + \dfrac{1}{C_3}}$, 병렬 $C_p = C_1 + C_2 + C_3$

그림은 콘덴서 3개를 병렬 연결한 3C와 2C의 직렬

병렬연결시 합성정전용량 $C_p = C + C + C = 3C$

2C와 3C의 직렬연결 시 합성정전용량

$\therefore C_{AB} = \dfrac{1}{\dfrac{1}{2C} + \dfrac{1}{3C}} = \dfrac{2C \times 3C}{2C + 3C} = 1.2[C]$
  【정답】②

13. $e = 100\sqrt{2} \cdot \sin\left(100\pi t - \dfrac{\pi}{3}\right)[V]$인 정현파 교류전압의 주파수는 얼마인가?

① 50[Hz] ② 60[Hz]
③ 100[Hz] ④ 314[Hz]

|문|제|풀|이|

[정현파 교류의 순시값] $v(t) = V_m \sin(\omega t)$, $\omega = 2\pi f[rad/s]$

여기서, V_m : 최대값, ω : 각속도, f : 주파수, t : 시간

$e = 100\sqrt{2} \cdot \sin\left(100\pi t - \dfrac{\pi}{3}\right)[V]$에서 $\omega = 100\pi$이다.

$\therefore \omega = 2\pi f = 100\pi \rightarrow f = \dfrac{100\pi}{2\pi} = 50[Hz]$ 【정답】①

14. 종류가 다른 두 금속을 접합하여 폐회로를 만들고 두 접합점의 온도를 다르게 하면 이 폐회로에 기전력이 발생하여 전류가 흐르게 되는 현상을 지칭하는 것은?

① 줄의 법칙(Jpule's law)

② 톰슨 효과(Thomson effect)

③ 펠티어 효과(Peltier effect)

④ 제벡 효과(seebeck effect)

|문|제|풀|이|

[제벡 효과] 서로 다른 두 종류의 금속선을 접합하여 폐회로를 만든 후 두 접합점의 온도를 달리하였을 때, 폐회로에 열기전력이 발생하여 열전류가 흐르게 된다. 이러한 현상을 제벡 효과라 하며 이때 연결한 금속 루프를 열전대라 한다.

※① 줄의 법칙 : 전선에 전류가 흐르면 열이 발생하는 현상
② 톰슨 효과 : 동일 종류 금속 접속면에서의 열전 현상
③ 펠티에효과 : 두 종류 금속 접속면에 전류를 흘리면 접속점에서 열의 흡수, 발생이 일어나는 효과 【정답】④

15. 절연체 중에서 플라스틱, 고무, 종이, 운모 등과 같이 전기적으로 분극 현상이 일어나는 물체를 특히 무엇이라 하는가?

① 도체   ② 유전체

③ 도전체   ④ 반도체

|문|제|풀|이|⋯⋯⋯⋯⋯⋯⋯⋯⋯⋯⋯⋯⋯⋯⋯

[분극현상] 볼타전지에서 수소 기체가 발생하여 환원 반응을 막아 전압이 떨어지는 현상으로 <u>유전체</u>가 이 현상을 나타낸다.

【정답】②

16. 200[V], 2[kW]의 전열선 2개를 같은 전압에서 직렬로 접속한 경우의 전력은 병렬로 접속한 경우의 전력보다 어떻게 되는가?

① $\frac{1}{2}$로 줄어든다.   ② $\frac{1}{4}$로 줄어든다.

③ 2배로 증가된다.   ④ 4배로 증가된다.

|문|제|풀|이|⋯⋯⋯⋯⋯⋯⋯⋯⋯⋯⋯⋯⋯⋯⋯

[전력 및 직·병렬 합성저항]

· 전력 $P = I^2 R = \frac{V^2}{R}[W]$

· 직렬 합성저항 $R_s = R_1 + R_2[\Omega]$

· 병렬 합성저항 $R_p = \frac{R_1 \times R_2}{R_1 + R_2}[\Omega]$

여기서, P : 전력[W], I : 전류[A], R : 저항[Ω], V : 전체전압
전압 : 200[V], 전력 : 2[kW]=2000[W]

1. 저항 구하기

$P = \frac{V^2}{R}[W] \rightarrow 2000 = \frac{200^2}{R} \quad \therefore R = 20[\Omega]$

2. 저항 직렬연결 시의 전력(P)

직렬 합성저항 $R_s = R_1 + R_2 = 20 + 20 = 40[\Omega]$

그러므로 전력 $P_s = \frac{V^2}{R_s} = \frac{200^2}{40} = 1000[W]$

3. 저항 병렬연결 시의 전력(P)

합성저항 $R_p = \frac{R_1 \times R_2}{R_1 + R_2} = \frac{20 \times 20}{20 + 20} = 10[\Omega]$

그러므로 전력 $P_p = \frac{V^2}{R_p} = \frac{200^2}{10} = 4000[W]$

따라서 직렬로 접속할 경우 전력은 1/4로 줄어든다.

즉, $\frac{P_s}{P_p} = \frac{1000}{4000} = \frac{1}{4}$

【정답】②

17. 비정현파를 여러 개의 정현파의 합으로 표시하는 방법은?

① 키르히호프의 법칙

② 노튼의 법칙

③ 푸리에 분석

④ 테일러의 분석

|문|제|풀|이|⋯⋯⋯⋯⋯⋯⋯⋯⋯⋯⋯⋯⋯⋯⋯

[푸리에 분석] 비정현파를 여러 개의 <u>정현파의 합으로 표현</u>

※1. 키르히호프 제1법칙 : 회로 내의 어느 점을 취해도 그곳에 흘러들어오거나(+) 흘러나가는(−) 전류를 음양의 부호를 붙여 구별하면, 들어오고 나가는 전류의 총계는 0이 된다.

   2. 키르히호프 제2법칙 : 임의의 단힌회로(폐회로)에서 회로 내의 모든 전위차의 합은 0이다.   【정답】③

18. 자체 인덕턴스 5[H]의 코일에 40[J]의 에너지가 저장되어 있다. 이때 코일에 흐르는 전류는 몇 [A]인가?

① 2   ② 3

③ 4   ④ 5

|문|제|풀|이|⋯⋯⋯⋯⋯⋯⋯⋯⋯⋯⋯⋯⋯⋯⋯

[코일에 흐르는 전류] $I = \sqrt{\frac{2W}{L}}[A]$

$\rightarrow$ (전자에너지) $W = \frac{1}{2}LI^2[J]$

자체인덕턴스(L) : 5[H], 에너지(W) : 40[J]

$\therefore I = \sqrt{\frac{2W}{L}} = \sqrt{\frac{2 \times 40}{5}} = \sqrt{16} = 4[A]$ 【정답】③

19. 다음 중 자기장 내에서 같은 크기 m[Wb]의 자극이 존재할 때 자기장의 세기가 가장 큰 물질은?

① 초합금   ② 라이트

③ 구리   ④ 니켈

|문|제|풀|이|⋯⋯⋯⋯⋯⋯⋯⋯⋯⋯⋯⋯⋯⋯⋯

[자기장의 세기] 자기장의 세기가 가장 큰 물질은 반자성체인 비스무트(Bi), 탄소(C), 규소(Si), 납(Pb), 아연(Zn), 황(S), 안티몬(sb), 구리(Cu) 등   【정답】③

20. 환상솔레노이드에 감겨진 코일에 권회수를 3배로 늘리면 자체인덕턴스는 몇 배로 되는가?

① 3   ② 9   ③ 1/3   ④ 1/9

|문|제|풀|이|

[환상솔레노이드 자체인덕턴스] $L = \dfrac{\mu S N^2}{l}$ [H]

여기서, S : 단면적, l : 도체의 길이, N : 권수

μ : 투자율(진공시 투자율 $\mu_0 = 4\pi \times 10^{-7}$)

∴ 권수 N을 3배로 늘리면 자체인덕턴스 L은 9배(N^2)가 된다. 【정답】②

21. 직류 발전기의 극수가 10극이고, 전기자 도체수가 500, 단중 파권일 때 극의 자속수가 0.01[Wb]이면 600[rpm]의 속도로 회전할 때의 기전력은 몇 [V]인가?

① 200   ② 250
③ 300   ④ 350

|문|제|풀|이|

[직류 발전기의 유도기전력] $E = p\varnothing \dfrac{N}{60} \dfrac{z}{a}$ [V]

전기자 도체의 총수(z) : 500, 극수(p) : 10극
병렬회로수(a)(단중 파권, $a=2$), 자속수($\varnothing$) : 0.01[Wb]
회전수(N) : 600[rpm]

∴ $E = p\varnothing \dfrac{N}{60} \dfrac{z}{a} = 10 \times 0.01 \times \dfrac{600}{60} \times \dfrac{500}{2} = 250[V]$　【정답】②

22. 직류발전기 전기자의 주된 역할은?

① 기전력을 유도한다.
② 자속을 만든다.
③ 정류작용을 한다.
④ 회전자와 외부회로를 접속한다.

|문|제|풀|이|

[직류 발전기의 구조] 전기자는 전기자 권선, 전기자 철심으로 구성되어 있으며, 계자에서 만들어지는 자속을 쇄교하여 기전력을 만든다.
② 자속을 만든다. → 계자
③ 정류작용을 한다. → 정류자
④ 회전자와 외부회로를 접속한다. → 브러시
　　　　　　　　　　　　　　　　　　　【정답】①

23. 직류 발전기에서 전기자 반작용을 없애는 방법으로 옳은 것은?

① 브러시 위치를 전기적 중성점이 아닌 곳으로 이동시킨다.
② 보극과 보상권선을 설치한다.
③ 브러시의 압력을 조정한다.
④ 보극은 설치하되 보상 권선은 설치하지 않는다.

|문|제|풀|이|

[전기자 반작용을 없애는 방법]
·보상권선 설치
·보극 설치
·브러시 위치를 전기적 중성점으로 이동　【정답】②

24. 정격전압이 200[V], 정격출력 50[kW]인 직류 분권 발전기의 계자저항이 20[Ω]일 때 전기자전류는 몇 [A]인가?

① 10   ② 20
③ 130   ④ 260

|문|제|풀|이|

[직류 분권 발전기의 전기자전류] $I_a = I + I_f = \dfrac{P}{V} + \dfrac{V}{R_f}$

정격전압(V) : 200[V], 정격출력(P) : 50[kW]
계자저항(R_f) : 20[Ω]

∴ 전기자전류 $I_a = \dfrac{P}{V} + \dfrac{V}{R_f} = \dfrac{50000}{200} + \dfrac{200}{20} = 260[A]$

　　　　　　　　　　　　　　　　　　　【정답】④

25. 직류 전동기에서 무부하가 되면 속도가 대단히 높아져서 위험하기 때문에 무부하운전이나 벨트를 연결한 운전을 해서는 안 되는 전동기는?

① 직권전동기   ② 복권전동기
③ 타여자전동기   ④ 분권전동기

|문|제|풀|이|

[직류 직권전동기] 직류 직권 전동기는 운전 중 **벨트가 벗겨지면 무부하 상태**가 되어 위험 속도가 된다.　【정답】①

26. 극수가 10, 주파수가 50[Hz]인 동기기의 매분 회전수는 몇 [rpm]인가?

① 300 ② 400 ③ 500 ④ 600

|문|제|풀|이|

[동기속도] $N_s = \dfrac{120f}{p}$[rpm] → (p : 극수, f : 주파수)

$\therefore N_s = \dfrac{120f}{p} = \dfrac{120 \times 50}{10} = 600$[rpm] 【정답】④

27. 동기발전기의 전기자 반작용에 대한 설명으로 틀린 사항은?

① 전기자 반작용은 부하 역률에 따라 크게 변화된다.
② 전기자 전류에 의한 자속의 영향으로 감자 및 자화현상과 편자현상이 발생된다.
③ 전기자 반작용의 결과 감자현상이 발생될 때 반작용 리액턴스의 값은 감소된다.
④ 계자 자극의 중심축과 전기자 전류에 의한 자속이 전기적으로 90°을 이룰 때 편자현상이 발생된다.

|문|제|풀|이|

[동기 발전기 전기자 반작용] 3상 부하 전류(전기자 전류)에 의한 회전자속이 계자자속에 영향을 미치는 현상
1. 교차자화작용(횡측반작용) : 전기자전류와 유기기전력이 동상, $\cos\theta = 1$, 편자작용
2. 감자작용(직축 반작용) : 전기자전류가 유기기전력보다 90[°] 뒤질 때(지상) → (리액턴스의 값 증가)
3. 증자작용(직축 반작용) : 전기자전류가 유기기전력보다 90[°] 앞설 때(진상) 증자작용(자화작용)이 일어난다.

※[전기자반작용] 동기전동기의 전기자반작용은 동기발전기와 반대

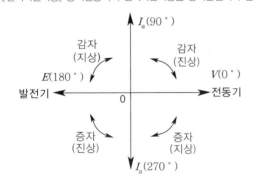

→ (위상 : 반시계방향) 【정답】③

28. 비돌극형 동기발전기의 단자전압을 V, 유기기전력을 E, 동기리액턴스를 X_s, 부하각을 δ 라 하면 1상의 출력은?

① $\dfrac{E^2 V}{X_s} \sin\delta$ ② $\dfrac{E^2 V}{X_s} \cos\delta$

③ $\dfrac{EV}{X_s} \sin\delta$ ④ $\dfrac{E^2 V}{X_s} \cos\delta$

|문|제|풀|이|

[동기발전기 1상의 출력] $P_s = \dfrac{EV}{X_s} \sin\delta$

여기서, E : 1상의 유기기전력, V : 단자전압, δ : 부하각
X_s : 동기 리액턴스

※비돌극형은 $\dfrac{\pi}{2}$에서 최대, 돌극형은 $\dfrac{\pi}{3}$에서 최대값을 갖는다.

【정답】③

29. 무효 전력 보상 장치를 부족여자로 운전하면?

① 콘덴서로 작용   ② 뒤진 역률 보상
③ 리액터로 작용   ④ 저항손의 보상

|문|제|풀|이|

[무효 전력 보상 장치(동기 조상기)]
1. 무효 전력 보상 장치를 부족여자(여자전류를 감소)로 운전하면 뒤진 전류가 흘러 리액터로 작용
2. 무효 전력 보상 장치를 과여자로 운전하면 앞선 전류가 흘러서 콘덴서를 사용한 것처럼 위상이 앞서가고 전기자전류가 증가한다.

【정답】③

30. 다음 중 변압기의 원리와 관계있는 것은?

① 전기자반작용
② 전자유도 작용
③ 플레밍의 오른손 법칙
④ 플레밍의 왼손 법칙

|문|제|풀|이|

[변압기의 원리] 변압기는 페러데이 전자유도작용을 이용하여 교류 전압과 전류의 크기를 변성하는 장치

【정답】②

31. 권수비 2, 2차전압 100[V], 2차전류 5[A], 2차임피던스 20[Ω]인 변압기의 ㉠ 1차환산전압 및 ㉡ 1차환산임피던스는?

① ㉠ 200[V], ㉡ 80[Ω]

② ㉠ 200[V], ㉡ 40[Ω]

③ ㉠ 50[V], ㉡ 10[Ω]

④ ㉠ 50[V], ㉡ 5[Ω]

|문|제|풀|이|

[권수비] $a = \dfrac{V_1}{V_2} = \dfrac{I_2}{I_1} = \sqrt{\dfrac{R_1}{R_2}} = \sqrt{\dfrac{Z_1}{Z_2}}$

권수비(a) : 2, 2차전압(V_2) : 100[V], 2차전류(I_2) : 5[A]
2차임피던스(Z_2) : 20[Ω]

1. $V_1 = aV_2 = 2 \times 100 = 200[V]$ 2. $I_1 = \dfrac{I_2}{a} = \dfrac{5}{2} = 2.5[A]$

3. $Z_1 = a^2 Z_2 = 2^2 \times 20 = 80[\Omega]$ 【정답】①

32. 변압기의 무부하시험, 단락시험에서 구할 수 없는 것은?

① 동손 ② 철손

③ 절연내력 ④ 전압변동률

|문|제|풀|이|

[변압기의 시험]

1. 무부하시험 : 철손, 여자전류 측정

2. 단락시험(구속 시험) : 동손(임피던스 와트), 임피던스 전압 측정, 전압변동률 계산 【정답】③

33. 변압기의 백분율 저항강하가 2[%], 백분율 리액턴스 강하가 3[%]일 때 부하역률이 80[%]인 변압기의 전압변동률[%]은?

① 1.2 ② 2.4 ③ 3.4 ④ 3.6

|문|제|풀|이|

[변압기의 전압변동률(ϵ)] $\epsilon = p\cos\theta \pm q\sin\theta$[%]

→ (지상이면 +, 진상이면 -, 언급이 없으면 +)
저항강하(p) : 2[%], 리액턴스강하(q) : 3[%], 역률($\cos\theta$) : 80[%]

∴ $\epsilon = p\cos\theta + q\sin\theta$ → ($\sin\theta = \sqrt{1-\cos^2\theta} = \sqrt{1-0.8^2} = 0.6$)

$= 2 \times 0.8 + 3 \times 0.6 = 3.4$[%] 【정답】③

34. 3상 변압기의 병렬운전이 불가능한 결선 방식으로 짝지은 것은?

① Δ-Δ 와 Y-Y ② Δ-Y 와 Δ-Y

③ Y-Y 와 Y-Y ④ Δ-Δ 와 Δ-Y

|문|제|풀|이|

[변압기의 병렬 운전 불가능]

Δ-Δ와 Δ-Y, Y-Y와 Δ-Y는 변압기의 병렬운전 시 위상차가 발생하므로, 순환전류가 흘러서 과열 및 소손이 발생할 수 있다. 따라서 병렬운전이 불가능하다. 【정답】④

35. 유도전동기의 회전자장의 속도가 1200[rpm]이고, 전동기의 회전수가 1176[rpm]일 때 슬립[%]은 얼마인가?

① 2 ② 4 ③ 4.5 ④ 5

|문|제|풀|이|

[유도전동기의 슬립] $s = \dfrac{N_s - N}{N_s}$

회전자장의 속도(N_s) : 1200[rpm], 전동기 회전수(N) : 1176[rpm]

∴슬립 $s = \dfrac{N_s - N}{N_s} = \dfrac{1200 - 1176}{1200} = 0.02 = 2$[%] 【정답】①

36. 3상 유도 전동기가 입력 50[kW], 고정자 철손 2[kW]일 때 슬립 5[%]로 회전하고 있다면 기계적 출력은 몇 [kW]인가?

① 45.6 ② 47.8

③ 49.2 ④ 51.4

|문|제|풀|이|

[유도전동기의 기계적 출력(P_0)] $P_0 = (1-s)P_2 = I_2^2 R[W]$

여기서, P_0 : 기계적출력, s : 슬립, P_2 : 2차 입력, P_{c2} : 동손
2차입력 : 50[kW], 고정자 철손 : 2[kW], 슬립(s) : 5[%]

$P_0 = I_2^2 \cdot R = (1-s)P_2 = (1-0.05) \times (50-2)$

→ (2차입력(P_2)=1차입력-1차손실)

$= 0.95 \times 48 = 45.6$[kW] 【정답】①

37. 2차전압 200[V], 2차권선저항 0.03[Ω], 2차리액턴스 0.04[Ω]인 유도전동기가 3[%]의 슬립으로 운전 중이라면 2차전류[A]는?

① 20
② 100
③ 200
④ 254

|문|제|풀|이|

[유도전동기의 전력 변환]

2차전류(회전시) $I_2 = \dfrac{sE_2}{\sqrt{r_2^2 + (sx_2)^2}}[A]$

슬립(s) : 3[%], 2차전압(E_2) : 200[V]
2차권선저항(r_2) : 0.03[Ω], 2차리액턴스(x_2) : 0.04[Ω]

$\therefore I_2 = \dfrac{sE_2}{\sqrt{r_2^2 + (sx_2)^2}} = \dfrac{0.03 \times 200}{\sqrt{0.03^2 + (0.03 \times 0.04)^2}} = 200[A]$

【정답】③

---

38. 유도전동기에 대한 설명 중 옳은 것은?

① 유도발전기일 때의 슬립은 1보다 크다.
② 유도전동기의 회전자 회로의 주파수는 슬립에 반비례 한다.
③ 전동기 슬립은 2차 동손을 2차 입력으로 나눈 것과 같다.
④ 슬립은 크면 클수록 2차 효율은 커진다.

|문|제|풀|이|

[3상 유도전동기 슬립]
① 유도발전기일 때의 슬립은 1보다 <u>작다</u>.
② 유도전동기의 회전자 회로의 주파수는 슬립에 <u>비례</u>한다.
  → 회전자 회전속도
  $N = (1-s)N_s = (1-s)\dfrac{120f}{p}[\text{rpm}]$
  $f = \dfrac{pN}{120(1-s)}$
④ 슬립은 크면 클수록 2차 효율은 <u>작아진다</u>.
  → $\eta_2 = \dfrac{P_0}{P_2} = 1-s = \dfrac{N}{N_s} \times 100[\%]$

【정답】③

---

39. 그림과 같이 3상 유도전동기를 접속하고 3상 대칭 전압을 공급할 때 각 계기의 지시가 $W_1 = 2.6[\text{kW}]$, $W_2 = 6.4[\text{kW}]$, $V = 200[V]$, $A = 32.19[A]$이었다면 부하의 역률은?

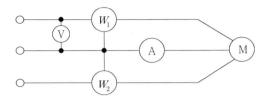

① 0.577
② 0.807
③ 0.867
④ 0.926

|문|제|풀|이|

[3상 전력 측정 (2전력계법)]
1. 유효전력 $P = |W_1| + |W_2|[\text{W}]$
2. 무효전력 $P_r = \sqrt{3}(|W_1 - W_2|)[\text{Var}]$
3. 피상전력 $P_a = \sqrt{P^2 + P_r^2} = 2\sqrt{W_1^2 + W_2^2 - W_1 W_2}[\text{VA}]$
4. 역률 $\cos\theta = \dfrac{P}{P_a} = \dfrac{W_1 + W_2}{2\sqrt{W_1^2 + W_2^2 - W_1 W_2}}$

$W_1 = 2.6[\text{kW}]$, $W_2 = 6.4[\text{kW}]$, $V = 200[V]$, $A = 32.19[A]$

$\therefore$ 역률 $\cos\theta = \dfrac{W_1 + W_2}{2\sqrt{W_1^2 + W_2^2 - W_1 W_2}}$

$= \dfrac{2.6 + 6.4}{2\sqrt{2.6^2 + 6.4^2 - 2.6 \times 6.4}} = 0.807$

【정답】②

---

40. 변압기 내부고장에 대한 보호용으로 가장 많이 사용되는 것은?

① 과전류 계전기
② 차동 임피던스
③ 비율차동 계전기
④ 임피던스 계전기

|문|제|풀|이|

[비율 차동계전기] 변압기의 양쪽 전류 차이에 의해 동작 하는 계전기로 <u>변압기 내부 고장 보호</u>에 사용

※① 과전류 계전기 : 용량이 작은 변압기의 단락 보호용으로 주 보호방식으로 사용
　④ 임피던스 계전기 : 거리 계전기로, 동작 임계 전압은 임피던스의 절댓값에만 관계하고 임피던스의 위상각에는 본질적으로 관계가 없는 것

【정답】③

41. 전압의 구분에서 고압에 대한 설명으로 가장 옳은 것은?

① 직류는 1500[V]를, 교류는 1000[V] 이하인 것

② 직류는 1500[V]를, 교류는 1000[V] 이상인 것

③ 직류는 1500[V]를, 교류는 1000[V]를 초과하고, 7[kV] 이하인 것

④ 7[kV]를 초과하는 것

|문|제|풀|이|

[전압의 종별] 저압, 고압 및 특고압의 범위

분류	전압의 범위
저압	· 직류 : 1500[V] 이하 · 교류 : 1000[V] 이하
고압	· 직류 : 1500[V]를 초과하고 7[kV] 이하 · 교류 : 1000[V]를 초과하고 7[kV] 이하
특고압	· 7[kV]를 초과

【정답】③

42. 전선을 접속하는 경우 전선의 강도는 몇 % 이상 감소시키지 않아야 하는가?

① 10　　　　　② 20

③ 40　　　　　④ 80

|문|제|풀|이|

[전선의 접속] 전선을 접속하는 경우 전선의 강도는 80[%] 이상 유지(20[%] 이상 감소시키지 말 것)　　　【정답】②

43. 옥외용 비닐절연전선의 약호는?

① OW　　　　　② DV

③ NR　　　　　④ FTC

|문|제|풀|이|

[OW] 옥외용 비닐절연전선

※② DV : 인입용 비닐절연전선
　③ NR : 450/750[V] 일반용 단심 비닐 절연전선
　④ NTC : 300/300[V] 평형 금사 코드　　【정답】①

44. 440[V]를 사용하는 전로의 절연저항은 몇 [$M\Omega$] 이상인가?

① 0.1　　　　　② 0.2

③ 0.3　　　　　④ 1.0

|정|답|및|해|설|

[전로의 사용전압에 따른 절연저항값]

전로의 사용전압의 구분	DC 시험전압	절연저항값
SELV 및 PELV	250	0.5[MΩ]
FELV, 500[V] 이하	500	1[MΩ]
500[V] 초과	1000	1[MΩ]

【정답】④

45. 전선의 공칭단면적에 대한 설명으로 옳지 않은 것은?

① 소선 수와 소선의 지름으로 나타낸다.

② 단위는 [mm²]로 표시한다.

③ 전선의 실제단면적과 같다.

④ 연선의 굵기를 나타내는 것이다.

|문|제|풀|이|

[전선의 공칭단면적] 연소선의 각 단면적의 합계치에 가까운 정수치나 소수치로 나타내는 단면적으로, 전선의 연선의 굵기를 나타낸다. 전선의 실제 단면적과 반드시 같지 않다.

【정답】③

46. 굵은 전선을 절단할 때 사용하는 전기공사용 공구는?

① 프레셔 툴　　　② 녹 아웃 펀치

③ 파이프 커터　　④ 클리퍼

|문|제|풀|이|

[클리퍼] 굵은 전선을 절단할 때 사용하는 공구

※① 프레셔 툴 : 솔더리스 터미널 눌러 붙임 공구
　② 노크아웃펀치 : 분전반, 풀박스 등의 전선관 인출을 위한 인출공을 뚫는 공구
　③ 파이프 커터 : 금속관을 절단하는 공구

【정답】④

47. 사용전압 400[V] 이상, 건조한 장소로 점검할 수 있는 은폐된 곳에 저압 옥내배선 시 공사할 수 있는 방법은?

① 합성수지몰드공사   ② 금속몰드공사

③ 버스덕트공사   ④ 라이팅덕트공사

|문|제|풀|이|

[사용전압 및 시설 장소에 따른 공사 분류]

시설장소 / 사용전압		400[V] 미만	400[V] 이상
전개된 장소	건조한 장소	애자공사, 합성수지몰드공사, 금속덕트공사 버스덕트공사 라이팅덕트공사	애자공사 금속덕트공사 버스덕트공사
	기타의 장소	애자공사 버스덕트공사	애자공사
점검할 수 있는 은폐장소	건조한 장소	애자공사 합성수지몰드공사 금속몰드공사 금속덕트공사 버스덕트공사 셀룰라덕트공사 평형보호층공사 라이팅덕트공사	애자공사 금속덕트공사 버스덕트공사
	기타의 장소	애자공사	애자공사
점검할 수 없는 은폐장소	건조한 장소	플로어덕트공사 셀룰라덕트공사	

【정답】③

48. 옥내 배선에서 주로 사용하는 직선접속 및 분기 접속 방법은 어떤 것을 사용하여 접속하는가?

① 구리선 눌러 붙임 단자

② 슬리브

③ 와이어커넥터

④ 꽂음형 커넥터

|문|제|풀|이|

[슬리브 접속] 전선 상호를 접속할 때 슬리브를 압축하여 직선 접촉과 분기접속을 한다.   【정답】②

49. 저압 옥내배선에서 애자사용 공사를 할 때 올바른 것은?

① 전선 상호간의 간격은 6[cm] 이상

② 440[V] 초과하는 경우 전선과 조영재 사이의 간격은 2.5[cm] 미만

③ 전선의 지지점간의 거리는 조영재의 위면 또는 옆면에 따라 붙일 경우에는 3[m] 이상

④ 애자사용공사에 사용되는 애자는 절연성·난 연성 및 내수성과 무관

|문|제|풀|이|

[애자사용공사]

·절연성, 난연성, 내수성이 있는 애자

·옥외용 비닐 절연 전선(OW) 및 인입용 비닐 절연 전선(DV)을 제외한 절연 전선을 사용할 것

·전선 상호간의 간격은 6[cm] 이상일 것

·전선과 조명재의 간격

 -400[V] 미만은 2.5[cm] 이상

 -400[V] 이상의 저압은 4.5[cm] 이상

·전선과 지지점 사이의 간격

지지 방식	400[V] 미만	400[V] 이상
윗면 또는 옆면에 따라 붙일 경우	2[m]	2[m]
기타	제한없음	6[m]

【정답】①

50. 합성수지몰드공사에서 틀린 것은?

① 전선은 절연 전선일 것

② 합성수지 몰드 안에는 접속점이 없도록 할 것

③ 합성수지 몰드는 홈의 폭 및 깊이가 6.5[cm] 이하일 것

④ 합성수지 몰드와 박스 기타의 부속품과는 전 선이 노출되지 않도록 할 것

|문|제|풀|이|

[합성수지몰드공사]

1. 전선은 절연전선(OW선 제외)일 것

2. 합성수지 몰드 안에는 전선에 접속점 없을 것

3. 합성수지 몰드의 홈의 폭, 깊이는 3.5[cm] 이하일 것, 두께는 2[mm] 이상의 것(단, 사람이 쉽게 접촉할 우려가 없도록 시설 시 폭 5[cm] 이하의 것을 사용할 수 있다.)   【정답】③

51. 다음 중 금속덕트 공사의 시설방법 중 틀린 것은?

① 덕트 상호간은 견고하고 또한 전기적으로 완전하게 접속할 것

② 덕트 지지점 간의 거리는 3[m] 이하로 할 것

③ 덕트의 끝부분은 열어 둘 것

④ 덕트에는 접지공사를 할 것

|문|제|풀|이|
[금속 덕트 공사]
1. 금속 덕트는 폭이 40[mm] 이상, 두께 1.2[mm] 이상인 철판으로 제작할 것
2. 덕트를 조영재에 붙이는 경우에는 덕트의 지지점간 거리를 3[m] 이하로 하여야 한다.
3. 덕트의 끝부분은 막을 것
4. 금속덕트의 뚜껑은 쉽게 열리지 않도록 시설할 것
5. 금속덕트 상호는 견고하고 또한 전기적으로 완전하게 접속할 것
【정답】③

52. 가요전선관의 상호 접속은 무엇을 사용하는가?

① 컴비네이션커플링   ② 스플릿커플링

③ 더블커넥터   ④ 앵글커넥터

|문|제|풀|이|
[스플릿커플링] 가요전선관의 상호접속
[컴비네이션커플링] 가요전선관과 금속관 접속
【정답】②

53. 일반적으로 분기회로의 개폐기 및 과전류 차단기는 저압옥내간선과의 분기시점에 전선의 길이가 몇 [m] 이하의 곳에 시설하여야 하는가?

① 3[m]   ② 4[m]

③ 5[m]   ④ 8[m]

|문|제|풀|이|
[과전류 차단기의 설치] 저압 옥내 간선과의 분기점에서 전선의 길이가 3[m] 이하인 곳에 개폐기 및 과전류 차단기를 시설하여야 한다. 【정답】①

54. 전동기에 공급하는 간선의 굵기는 그 간선에 접속하는 전동기의 정격전류의 합계가 50[A]를 초과하는 경우 그 정격전류 합계의 몇 배 이상의 허용전류를 갖는 전선을 사용하여야 하는가?

① 1.1배   ② 1.25배

③ 1.3배   ④ 2배

|문|제|풀|이|
[저압옥내 간선의 선정]
1. 전동기 등의 정격전류의 합계가 50[A] 이하인 경우에는 그 정격전류의 합계의 1.25배
2. 전동기 등의 정격전류의 합계가 50[A]를 초과하는 경우에는 그 정격전류의 합계의 1.1배 【정답】①

55. 피뢰기의 특성이 아닌 것은?

① 이상 전압의 침입에 대하여 신속하게 방전 특성을 가질 것

② 방전 후 이상 전류 통전 시의 단자전압을 일정 전압 이하로 억제할 것

③ 이상 전압 처리 후 속류를 차단하여 자동화 회복하는 능력을 가질 것

④ 반복 동작에 대하여 특성이 변화하여야 할 것

|문|제|풀|이|
[피뢰기의 구비조건]
·이상 전압이 내습하여 신속히 방전
·제한 전압이 낮을 것
·속류차단 능력이 우수할 것
·경력변화가 없을 것
·반복동작 특성이 변화하지 말아야 할 것
·가격이 싸고 경제적일 것 【정답】④

56. 저압 이웃 연결 인입선의 시설과 관련된 설명으로 잘못된 것은?

① 옥내를 통과하지 아니할 것

② 전선의 굵기는 1.5[㎟] 이하 일 것

③ 폭 5[m]를 넘는 도로를 횡단하지 아니할 것

④ 인입선에서 분기하는 점으로부터 100[m]를 넘는 지역에 미치지 아니할 것

|문|제|풀|이|

[저압 이웃 연결 인입선 시설] 한 수용 장소 인입구에서 분기하여 지지물을 거치지 아니하고 다른 수용장소 인입구에 이르는 전선이며 시설 기준은 다음과 같다.

1. 분기하는 점으로부터 100[m]를 초과하지 않을 것
2. 폭 5[m]를 넘는 도로를 횡단하지 않을 것
3. 옥내를 관통하지 않을 것
4. 전선은 절연전선, 다심형 전선 또는 케이블일 것
5. 전선은 <u>지름 2.6[mm] 이상</u>의 인입용 비닐절연전선

.　　　　　　　　　　　　　　　　　【정답】②

57. 폭연성 먼지 또는 화약류의 가루가 전기설비 발화원이 되어 폭발할 우려가 있는 곳에 시설하는 저압 옥내 전기 설비의 저압 옥내배선 공사는?

① 금속관 공사　　　② 합성수지관 공사

③ 가요전선관 공사　④ 애자 사용 공사

|문|제|풀|이|

[먼지 위험장소]
1. 폭연성 먼지 : 설비를 금속관 공사 또는 케이블 공사(캡타이어 케이블 제외)
2. 가연성 먼지 : 합성수지관 공사, <u>금속관 공사</u>, 케이블 공사
　　　　　　　　　　　　　　　　　【정답】①

58. 전주의 길이가 16[m]인 지지물을 건주하는 경우에 땅에 묻히는 최소 깊이는 몇 [m]인가? (단, 설계하중이 6.8[kN] 이하이다.)

① 1.5　　② 2.0　　③ 2.5　　④ 3.5

|문|제|풀|이|

[가공전선로 지지물의 기초 안전율] 가공전선로의 지지물에 하중이 가하여지는 경우에 그 하중을 받는 지지물의 기초의 안전율은 2 이상(단, 이상시 상정하중에 대한 철탑의 기초에 대하여는 1.33)이어야 한다. 다만, 땅에 묻히는 깊이를 다음의 표에서 정한 값 이상의 깊이로 시설하는 경우에는 그러하지 아니하다.

설계하중 전장	6.8[kN] 이하	6.8[kN] 초과 ~9.8[kN] 이하	9.8[kN] 초과 ~14.72[kN] 이하
15[m] 이하	전장 × 1/6[m] 이상	전장 × 1/6+0.3[m] 이상	–
15[m] 초과	2.5[m] 이상	2.8[m] 이상	–
16[m] 초과 ~20[m] 이하	2.8[m] 이상	–	–
15[m] 초과 ~18[m] 이하	–	–	3[m] 이상
18[m] 초과	–	–	3.2[m] 이상

【정답】③

59. 수변전설비 구성기기의 계기용변압기(PT)설명으로 틀린 것은?

① 높은 전압을 낮은 전압으로 변성하는 기기이다.

② 높은 전류를 낮은 전류로 변성하는 기기이다.

③ 회로에 병렬로 접속하여 사용하는 기기이다.

④ 부족전압 트립코일의 전원으로 사용된다.

|문|제|풀|이|

[계기용변압기(PT)]
· <u>고전압을 저전압(110[V])</u>으로 변성하여 계기나 계전기에 전압원 공급
· 계기용 변압기의 2차측에는 전압계, 전력계, 주파수계, 역률계, 표시등, 부족 전압 트립 코일 등이 접속 된다.
· <u>배전반의 전압계, 전력계, 주파수계 등 각종 계기 및 표시등의 전원으로 사용</u>
· 계기용 변압기 정격 : 정격1차 전압(3,300[V], 6,600[V] 22,000[V])
· 정격2차 전압(110[V])
· 선로와 병렬접속(감극성)　　　　　【정답】②

60. 무대, 무대밑, 오케스트라 박스, 영사실, 기타 사람이나 무대 도구가 접촉할 우려가 있는 장소에 시설하는 저압 옥내배선, 전구선 또는 이동전선은 사용 전압이 몇[V] 미만이어야 하는가?

① 60[V]　　　　　② 110[V]

③ 220[V]　　　　　④ 400[V]

|문|제|풀|이|

[전시회, 쇼 및 공연장] 무대, 무대마루 밑, 오케스트라 박스 및 영사실 기타 사람이나 무대 도구가 접촉할 우려가 있는 곳에 시설하는 저압옥내에선, 전구선 또는 이동전선은 <u>사용전압이 400[V]</u> <u>미만일 것</u>　　　　　　　　　　　【정답】④

01. 출력 P[KVA]의 단상변압기 전원 2대를 V결선한 때의 3상 출력[KVA]은?

① P ② $\sqrt{3} \cdot P$

③ $2 \cdot P$ ④ $3 \cdot P$

|문|제|풀|이|_____

[V결선 시의 출력] $P_V = \sqrt{3}\,P_1\,[VA] \rightarrow (P_1 = VI)$

여기서, P_V : V결선시 출력

       P_1 : 단상 변압기 한 대의 용량   【정답】②

02. 어떤 정현파 교류의 평균값이 242[V]인 전압의 최대값은 몇 [V]인가?

① 220[V]   ② 276[V]

③ 342[V]   ④ 380[V]

|문|제|풀|이|_____

[정현파 교류의 평균값] $V_{av} = \dfrac{2\,V_m}{\pi}\,[V]$

여기서, V_{av} : 평균값, V_m : 최대값, $\pi = 3.14$

평균값(V_{av}) : 242[V]

$V_{av} = \dfrac{2\,V_m}{\pi} \rightarrow 242 = \dfrac{2 \times V_m}{\pi} \rightarrow \therefore V_m = 379.9[V]$

【정답】④

03. 200[μF]의 콘덴서를 충전하는데 9[J]의 일이 필요하였다. 충전 전압은 몇 [V]인가?

① 200   ② 300   ③ 450   ④ 900

|문|제|풀|이|_____

[정전 에너지(축적 에너지)] $W = \dfrac{1}{2}CV^2$

정전용량(C) : 200[μF], 정전 에너지(W) : 9[J]

$W = \dfrac{1}{2}CV^2$ 에서

$\therefore$ 충전전압 $V = \sqrt{\dfrac{2W}{C}} = \sqrt{\dfrac{2 \times 9}{200 \times 10^{-6}}} = 300[V] \rightarrow (\mu = 10^{-6})$

【정답】②

04. 공기 중 자장의 세기가 40[AT/m]인 곳에 $8 \times 10^{-3}[Wb]$의 자극을 놓으면 작용하는 힘[N]은?

① 0.16   ② 0.20

③ 0.32   ④ 0.40

|문|제|풀|이|_____

[자기장의 세기와 자극 사이에 작용하는 힘(F)] $F = Hm[N]$,

자장의 세기(H) : 40[AT/m], 자극(m) : $8 \times 10^{-3}[Wb]$

$\therefore$ 작용하는 힘 $F = mH = 8 \times 10^{-3} \times 40 = 0.32[N]$

【정답】③

05. 두 콘덴서 C_1, C_2를 직렬접속하고 그 양 끝에 전압을 가한 경우 C_1에 걸리는 전압은?

① $\dfrac{C_1}{C_1 + C_2}V$ ② $\dfrac{C_2}{C_1 + C_2}V$

③ $\dfrac{C_1 + C_2}{C_1}V$ ④ $\dfrac{C_1 + C_2}{C_2}V$

|문|제|풀|이|_____

[리액턴스] $X_C = \dfrac{1}{\omega C}[\Omega]$

콘덴서의 리액턴스 값은 콘덴서의 크기에 반비례한다.

$V_{C1} = \dfrac{C_2}{C_1 + C_2}V$가 된다.   【정답】②

06. 그림에서 1차 코일의 자기인덕턴스 L_1, 2차 코일의 자기인덕턴스 L_2, 상호인덕턴스를 M이라 할 때 L_A의 값으로 옳은 것은? (단, L_1, L_2 코일은 같은 방향으로 감겨있다)

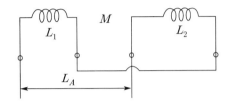

① $L_1 + L_2 + 2M$ ② $L_1 - L_2 + 2M$

③ $L_1 + L_2 - 2M$ ④ $L_1 - L_2 - 2M$

|문|제|풀|이|

[앙페르의 오른나사 법칙] 전류가 흐르는 방향(+) → (−)으로 오른손 엄지손가락을 향하면, 나머지 손가락은 자기장의 방향이 된다.

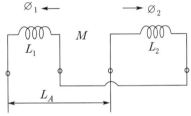

자속 $\varnothing_1$과 $\varnothing_2$이 반대 방향으로 발생하므로 차동접속이다.
[코일의 합성 인덕턴스] $L = L_1 + L_2 \pm 2M$

→ (+ : 가동접속, − : 차동접속)

【정답】③

07. 0.2[μ F]콘덴서와 0.1[μF]콘덴서를 병렬 연결하여 40[V]의 전압을 가할 때 0.2[μF]에 축적되는 전하 [μ C]의 값은?

① 2   ② 4

③ 8   ④ 12

|문|제|풀|이|

[콘덴서의 전기량] $Q = CV[\text{C}]$
전압(V) : 40[V] (병렬이므로 전압은 일정)
정전용량(C) : $C_1 = 0.2[\mu F]$, $C_2 = 0.1[\mu F]$
C_1에 축적되는 전하 $Q_1 = C_1 V = 0.2 \times 40 = 8[\mu C]$

【정답】③

08. 2[C]의 전기량이 두 점 사이를 이동하여 48[J]의 일을 하였다면 이 두 점 사이의 전위차는 몇[V]인가?

① 12[V]   ② 24[V]

③ 48[V]   ④ 64[V]

|문|제|풀|이|

[일의양] $W = Q \cdot V[J]$
전기량(Q) : 2[C], 일의양(W) : 48[J]

일의양 $W = Q \cdot V[J]$에서

전위차 $V = \dfrac{W}{Q} = \dfrac{48}{2} = 24[V]$

【정답】②

09. 전하의 성질을 잘못 설명한 것은?

① 같은 종류의 전하는 흡인하고 다른 종류의 전하끼리는 반발한다.
② 대전체에 들어 있는 전하를 없애려면 접지시킨다.
③ 대전체의 영향으로 비대전체에 전기가 유도된다.
④ 전하는 가장 안정한 상태를 유지하려는 성질이 있다.

|문|제|풀|이|

[전하의 성질]
· 전하는 도체 표면에만 존재한다.
· 도체 표면에서 전하는 곡률이 큰 부분, 곡선 반지름이 작은 부분에 집중한다.
· 같은 종류의 전하끼리는 반발하고, 다른 종류의 전하끼리는 흡인한다.

【정답】①

10. 전지(battery)에 관한 사항이다. 감극제는 어떤 작용을 막기 위해 사용하는가?

① 분극작용   ② 방전

③ 순환전류   ④ 전기분해

|문|제|풀|이|

[감극제] 분극현상에 의한 전압강하를 막기 위해 사용된다.

【정답】①

11. $R=4[\Omega]$, $L=3[\Omega]$의 $V=100\sqrt{2}\sin\omega t[V]$의 전압을 가할 때 전력은 약 몇 [W]인가?

① 1200[W]　　　　② 1600[W]

③ 2000[W]　　　　④ 2400[W]

|문|제|풀|이|

[전력] $P=I^2R$, [전류] $I=\dfrac{V}{Z}[A]$

여기서, P : 유효전력, I : 전류, R : 저항, V : 전압, Z : 임피던스

저항(R) : 4[Ω], 리엑턴스(L) : 3[Ω]

비정현파전압(V) : $V=100\sqrt{2}\sin\omega t[V]$

1. 전류 : $I=\dfrac{V}{Z}=\dfrac{100}{\sqrt{4^2+3^2}}=20[A]$ 　　 → ($|Z|=\sqrt{R^2+X^2}$)

2. 전력 $P=I^2R=20^2\times4=1600[W]$

【정답】②

12. 그림의 휘트스톤브리지의 평형조건은?

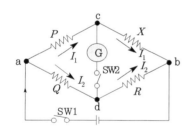

① $X=\dfrac{Q}{P}R$　　　　② $X=\dfrac{P}{Q}R$

③ $X=\dfrac{Q}{R}P$　　　　④ $X=\dfrac{P^2}{R}Q$

|문|제|풀|이|

[휘트스톤 브리지의 평형조건] 브리지회로에서 대각으로의 곱이 같으면 회로가 평형이므로 검류계(G)에는 전류가 흐르지 않는다. 이러한 상태를 평형상태라고 한다.

평형조건은 $PR=QX$ → $X=\dfrac{P}{Q}R$

【정답】②

13. △결선인 3상 유도전동기의 상전압(V_p)과 상전류(I_p)를 측정하였더니 각각 200[V], 30[A]이었다. 이 3상 유도전동기의 선간전압(V_l)과 선전류(I_l)의 크기는 각각 얼마인가?

① $V_l=200[V]$, $I_l=30[A]$

② $V_l=200\sqrt{3}[V]$, $I_l=30[A]$

③ $V_l=200\sqrt{3}[V]$, $I_l=30\sqrt{3}[A]$

④ $V_l=200[V]$, $I_l=30\sqrt{3}[A]$

|문|제|풀|이|

[△ 결선의 선간전압과 선전류]

선간전압 $V_l=V_p$, 선전류 $I_l=\sqrt{3}I_P$

상전압(V_p) : 200[V], 상전류(I_p) : 30[A]

선간전압 $V_l=V_p=200[V]$

선전류 $I_l=\sqrt{3}I_p=30\sqrt{3}[A]$

※△, Y 결선 시의 전압과 전류

항목	Y결선	△결선
전압	$V_l=\sqrt{3}V_p\angle 30$	$V_l=V_p$
전류	$I_l=I_p$	$I_l=\sqrt{3}I_p\angle-30$

【정답】④

14. 자체인덕턴스가 각각 $L_1[H]$, $L_2[H]$인 두 원통 코일이 서로 직교하고 있다. 두 코일 사이의 상호인덕턴스[H]는?

① L_1+L_2　　　　② L_1L_2

③ 0　　　　④ $\sqrt{L_1L_2}$

|문|제|풀|이|

[코일의 상호인덕턴스] $M=k\sqrt{L_1L_2}[H]$

여기서, L_1, L_2 : 자기인덕턴스, k : 결합계수

코일이 직교(= 교차 $=90°$)일 경우 $k=0$

$\therefore M=0\times\sqrt{L_1L_2}=0$

※결합계수(k)

　1. 일반적인 결합 시 : $0<k<1$

　2. 미결합 시(직교) : $k=0$

　3. 완전 결합 시(누설자속이 없다) : $k=1$

【정답】③

15. 그림과 같은 회로에 흐르는 유효분 전류[A]는?

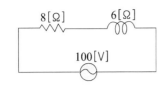

① 4[A] ② 6[A]

③ 8[A] ④ 10[A]

|문|제|풀|이|

[유효전류] $I = \dfrac{V}{Z}\cos\theta\,[A]$

역률 $\cos\theta = \dfrac{R}{\sqrt{R^2 + X^2}}$, 임피던스 크기 $|Z| = \sqrt{R^2 + X^2}\,[\Omega]$

여기서, Z : 임피던스, X : 리액턴스

그림에서 저항(R) : 8[Ω], 리액턴스 : 6[Ω]

1. 임피던스 크기 $|Z| = \sqrt{(8^2 + 6^2)} = 10\,[\Omega]$

2. 역률 $\cos\theta = \dfrac{R}{\sqrt{R^2 + X^2}} = \dfrac{8}{10} = 0.8$

$\therefore$ 유효전류 $I = \dfrac{V}{Z}\cos\theta = \dfrac{100}{10} \times 0.8 = 8\,[A]$ 【정답】③

16. R-L 병렬회로에서의 합성임피던스 값은?

① $\dfrac{R \cdot X_L}{R + X_L}$ ② $\sqrt{R^2 + X_L^2}$

③ $\dfrac{R \cdot X_L}{\sqrt{R^2 + X_L^2}}$ ④ $\dfrac{\sqrt{R^2 + X_L^2}}{R \cdot X_L}$

|문|제|풀|이|

1. RL 직렬회로의 합성임피던스 $Z_0 = \sqrt{R^2 + X_L^2}$

2. RL 병렬회로의 합성임피던스 $Z_0 = \dfrac{R \cdot X_L}{\sqrt{R^2 + X_L^2}}$

3. RC 병렬회로의 합성임피던스 $Z_0 = \dfrac{R}{\sqrt{1 + (\omega CR)^2}}$

【정답】③

17. R-L-C 직렬 공진회로에서 최소가 되는 것은?

① 저항 값   ② 임피던스 값

③ 전류 값   ④ 전압 값

|문|제|풀|이|

[RLC 직렬 회로]

	직렬공진	병렬공진
조건	$wL = \dfrac{1}{wC}$	$wC = \dfrac{1}{wL}$
공진의 의미	·허수부가 0 ·전압과 전류가 동상 ·역률 1 ·<u>임피던스가 최소</u> ·흐르는 전류가 최대	·허수부가 0이다. ·전압과 전류가 동상 ·역률이 1 ·임피던스가 최대 ·흐르는 전류가 최소

【정답】②

18. 200[V], 500[W]의 전열기를 100[V] 전원에 사용하였다면 이때의 전력은?

① 125[W]   ② 250[W]

③ 375[W]   ④ 500[W]

|문|제|풀|이|

[전열기의 소비전력] $\left(\dfrac{P'}{P}\right) = \left(\dfrac{V'}{V}\right)^2$

같은 전열기이므로 내부 저항은 일정하고 전압만 바뀌므로 전열기의 소비전력은 전열기에 가해지는 <u>전압의 제곱에 비례</u>한다.

$\left(\dfrac{P'}{P}\right) = \left(\dfrac{V'}{V}\right)^2$ 에서 $P' = \left(\dfrac{V'}{V}\right)^2 \times P = \left(\dfrac{100}{200}\right)^2 \times 500 = 125\,[W]$

【정답】①

19. 3상 기전력을 2개의 전력계 W_1, W_2로 측정해서 W_1의 지시값이 P_1, W_2의 지시값이 P_2라고 하면 3상전력은 어떻게 표현되는가?

① $P_1 - P_2$ ② $3(P_1 - P_2)$

③ $P_1 + P_2$ ④ $3(P_1 + P_2)$

|문|제|풀|이|

[3상 교류전력의 측정 (2전력계법)] 단상 전력계 2대로 3상 전력을 측정

1. <u>유효전력</u> $P = P_1 + P_2\,[W]$

2. 무효전력 $P_r = \sqrt{3}\,(P_1 - P_2)\,[Var]$

3. 피상전력 $P_a = 2\sqrt{P_1^2 + P_2^2 - P_1 P_2}$

4. 역률 $\cos\theta = \dfrac{P_1 + P_2}{2\sqrt{P_1^2 + P_2^2 - P_1 P_2}}$ 【정답】③

20. 직류발전기의 철심을 규소 강판으로 성층하여 사용하는 주된 이유는?

    ① 브러시에서의 불꽃방지 및 정류개선

    ② 맴돌이 전류손과 히스테리시스손의 감소

    ③ 전기자 반작용의 감소

    ④ 기계적 강도 개선

|문|제|풀|이|

[성층] 직류 발전기의 철심은 맴돌이 전류와 히스테리시스손 현상에 의한 철손을 적게 하기 위하여 0.35~0.5[mm] 규소 강판을 성층하여 만든다.
1. 규소강판 : 와류손 ↓, 히스테리시스손 ↓, 투자율 ↓, 기계적 강도↓
2. 성층 : 와류손(맴돌이전류)↓　　　　　　　　**【정답】②**

21. 유도기전력은 자신의 발생 원인이 되는 자속의 변화를 방해하려는 방향으로 발생한다. 이것을 유도기전력에 관한 무슨 법칙이라 하는가?

    ① 옴(Ohm)의 법칙

    ② 렌츠(Lenz)의 법칙

    ③ 쿨롱(Coulomb)의 법칙

    ④ 앙페르(Ampere)의 법칙

|문|제|풀|이|

[렌츠(Lenz)의 법칙] 유도기전력은 자신의 발생 원인이 되는 자속의 변화를 방해하려는 방향으로 발생

※① [옴의 법칙] 전류(I)는 전압(V)에 직접 비례하고 저항(R)에 반비례한다.
　③ [쿨롱의 법칙] 두 점전하(Q_1, Q_2)간 작용력으로 힘(F)은 두 전하 (Q_1, Q_2)의 곱에 비례하고 거리의 제곱에 반비례한다.

$$F = \frac{1}{4\pi\varepsilon_0} \times \frac{Q_1 Q_2}{r^2}[N] = 6.33 \times 10^4 \frac{Q_1 Q_2}{r^2}[N]$$

　④ [앙페르의 법칙] 전류에 의해 형성된 자기장에 단위 자극이 움직일 때 필요한 일의 양은 단위 자극의 경로를 통과하는 전류의 총합에 비례한다. 이때 자기장의 방향은 오른손 나사 법칙을 통해 쉽게 구할 수 있다.　　　　　　　　**【정답】②**

22. 다음 중 전기 용접기용 발전기로 가장 적당한 것은?

    ① 직류분권형발전기

    ② 차동복권형발전기

    ③ 가동복권형발전기

    ④ 직류타여자식발전기

|문|제|풀|이|

[차동복권형발전기] 차동복권기는 수하특성이 필요한 아크용접 등에 사용되고 있다.　　　　　　　　**【정답】②**

23. 직류분권발전기의 병렬운전의 조건에 해당되지 않는 것은?

    ① 균압모선을 접속할 것

    ② 단자전압이 같을 것

    ③ 극성이 같을 것

    ④ 외부특성곡선이 수하특성일 것

|문|제|풀|이|

[직류발전기의 병렬운전 조건]
1. 극성이 같을 것
2. 정격전압이 같을 것
3. 외부특성곡선이 약간의 수하특성을 가질 것

※ 1. 용량은 같지 않아도 됨
　2. 저항이 같으면 유기기전력이 큰 쪽이 부하분담을 많이 갖는다.
　3. 균압선이 필요한 발전기 : 직류 직권·복권발전기

【정답】①

24. 직류분권전동기가 있다. 단자전압이 215[V], 전기자전류가 60[A], 전기자저항이 0.1[Ω], 회전속도 1500[rpm]일 때 발생하는 토크는 약 몇 [kg·m]인가?

    ① 6.58　　② 7.92　　③ 8.15　　④ 8.64

|문|제|풀|이|

[직류분권전동기] 토크 $T = \frac{EI}{2\pi n}[N \cdot m]$, 역기전력 $E = V - I_a R_a[V]$

단자전압(V) : 215[V], 전기자전류(I_a) : 60[A]

전기자저항(R_a) : 0.1[Ω], 회전속도(N) : 1600[rpm]

1. 역기전력 $E = V - I_a R_a = 215 - 60 \times 0.1 = 209[V]$

2. 토크 $\tau = \frac{EI}{2\pi n} = \frac{EI}{2\pi \frac{N}{60}}$

$$= \frac{209 \times 60}{2 \times 3.14 \times 1500 \times \frac{1}{60}} = \frac{12540}{157} = 79.87[N \cdot m]$$

$1[kg \cdot m] = 9.8[N \cdot m]$이므로 $79.87 \times \frac{1}{9.8} = 8.15[kg \cdot m]$

【정답】③

25. 무부하에서 119[V]되는 분권 발전기의 전압 변동률이 6[%]이다. 정격전부하전압은 약 몇[V]인가?

① 110.2
② 112.3
③ 122.5
④ 125.3

|문|제|풀|이|

[전압변동률] $\epsilon = \dfrac{V - V_n}{V_n} \times 100[\%]$

여기서, V : 무부하단자전압, V_n : 정격단자전압
무부하단자전압(V) : 119[V], 전압변동률(ϵ) : 6[%]

전압변동률 $\epsilon = \dfrac{V - V_n}{V_n} \times 100[\%]$ 에서

$V_n = \dfrac{V}{1 + \dfrac{\epsilon}{100}} = \dfrac{119}{1 + 0.06} = \dfrac{119}{1.06} = 112.3[V]$ 　【정답】②

26. 3상교류발전기의 기전력에 대하여 90° 늦은 전류가 통할 때의 반작용 기자력은?

① 자극축과 일치하고 감자작용
② 자극축보다 90° 빠른 증자작용
③ 자극축보다 90° 늦은 감자작용
④ 자극축과 직교하는 교차자화작용

|문|제|풀|이|

[교류발전기의 전기자 반작용]

역 률	부 하	전류와 전압과의 위상	작 용
역률 1	저항	I_a가 E와 동상인 경우	교차자화작용 (횡축반작용)
뒤진 역률 0	유도성 부하	I_a가 E보다 $\pi/2$(90도) 뒤지는 경우	감자작용 (자화반작용)
앞선 역률 0	용량성 부하	I_a가 E보다 $\pi/2$(90도) 앞서는 경우	증자작용 (자화작용)

【정답】③

27. 단락비가 1.2인 동기발전기의 % 동기임피던스는 약 몇 [%]인가?

① 68
② 83
③ 100
④ 120

|문|제|풀|이|

[동기 발전기의 %동기 임피던스]

$\%Z_s = \dfrac{Z_s I_n}{E_n} \times 100 = \dfrac{1}{K_s} \times 100[\%]$

여기서, E_n : 정격상전압[V], I_s : 3상단락전류[A]
　　　　I_n : 정격전류[A], K_s : 단락비

단락비(K_s)=1.2

$\therefore \%Z_s = \dfrac{1}{K_s} \times 100[\%] = \dfrac{100}{1.2} = 83[\%]$ 　【정답】②

28. 부하를 일정하게 유지하고 역률 1로 운전 중인 동기 전동기의 계자전류를 감소시키면?

① 아무 변동이 없다.
② 콘덴서로 작용한다.
③ 뒤진 역류의 전기자전류가 증가한다.
④ 앞선 역률의 전기자전류가 증가한다.

|문|제|풀|이|

[위상 특성 곡선]

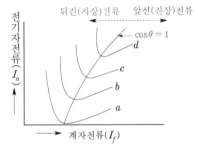

부족여자	성질	과여자
L	작용	C
뒤진(지상) 전류	작용	앞선(진상) 전류
감소	I_f	증가
증가	I_a	증가
지상(뒤짐)	역률	진상(앞섬)
(−)	전압변동률	(+)

$d > c > b > a$
따라서 부하를 일정하게 유지하고 역률1로 운전 중일 때 계자전류(I_f)를 감소시키면 뒤진 역률의 전기자전류(I_a)가 증가한다.

【정답】③

29. 8극 900[rpm]의 교류발전기로 병렬 운전하는 극수 6의 동기발전기의 회전수는?

① 675[rpm] ② 900[rpm]
③ 1200[rpm] ④ 1800[rpm]

|문|제|풀|이|

[동기발전기의 속도(회전수)] $N_s = \dfrac{120f}{p}$[rpm]

극수(p) : 8, 속도(N_s) : 900[rpm]

1. 위 공식과 주어진 조건을 대입해 주파수를 구한다.

$$주파수\ f = \frac{N_s p}{120} = \frac{900 \times 8}{120} = 60[\text{Hz}]$$

2. 주어진 조건을 대입해 동기 발전기의 회전수를 구한다.

극수(p) : 6, 주파수(f) : 60[Hz]

$$\therefore N_s = \frac{120f}{p} = \frac{120 \times 60}{6} = 1200[\text{rpm}]$$ 【정답】③

30. 변압기의 무부하인 경우 1차권선에 흐르는 전류는?

① 정격전류 ② 단락전류
③ 부하전류 ④ 여자전류

|문|제|풀|이|

[여자전류(무부하전류)] 변압기의 무부하인 경우 2차를 개방하고 1차에 정격전압을 가할 경우 1차 권선에 미소한 전류가 흐르는데 이를 여자전류라고 한다. 【정답】④

31. 정격출력 20[kVA], 정격전압에서 철손 150[W], 정격전류에서 동손 200[W]의 단상변압기에 뒤진 역률 0.8인 어느 부하를 걸었을 경우 효율이 최대라 한다. 이때 부하율은 약 몇 [%]인가?

① 75 ② 87 ③ 90 ④ 97

|문|제|풀|이|

[변압기 효율] $\eta = \dfrac{V_2 I_2 \cos\theta}{V_2 I_2 \cos\theta + P_i + P_c} \times 100[\%]$

전부하시 최대 효율 조건 : $P_i = P_c$

$[\dfrac{1}{m}$ 부하시 효율] $\eta_{\frac{1}{m}} = \dfrac{\dfrac{1}{m}P}{\dfrac{1}{m}P + P_i + \left(\dfrac{1}{m}\right)^2 \times P_c} \times 100[\%]$

$\dfrac{1}{m}$ 부하시 최대 효율 조건 : $P_i = \left(\dfrac{1}{m}\right)^2 P_c$

여기서, P_i : 철손, P_c : 동손

철손(P_i) : 150[W], 동손(P_c) : 200[W], 역률($\cos\theta$) : 0.8

$\dfrac{1}{m} = \sqrt{\dfrac{P_i}{P_c}} = \sqrt{\dfrac{150}{200}} = \sqrt{0.75} = 0.866 = 87[\%]$ 【정답】②

32. 변압기에 콘서베이터(conservator)를 설치하는 목적은?

① 열화 방지 ② 코로나 방지
③ 강제 순환 ④ 통풍 장치

|문|제|풀|이|

[컨서베이터] 컨서베이터는 변압기 상부에 설치된 원통형의 유조(기름통)로서 높은 온도의 기름이 직접 공기와 접촉하는 것을 방지하여 기름의 열화를 방지하는 것이다.

[변압기의 열화 방지]
·변압기 상부에 콘서베이터 설치
·질소 봉입 장치 설치
·흡착제(실리카 겔)–브리더 설치 【정답】①

33. 변압기유가 구비해야 할 조건 중 맞는 것은?

① 절연내력이 작고 산화하지 않을 것
② 비열이 작아서 냉각 효과가 클 것
③ 인화점이 높고 응고점이 낮을 것
④ 절연재료나 금속에 접촉할 때 화학작용을 일으킬 것

|문|제|풀|이|

[변압기 절연유의 구비 조건]
· 절연 저항 및 절연 내력이 클 것
· 절연 재료 및 금속에 화학 작용을 일으키지 않을 것
· 인화점이 높고(130도 이상) 응고점이 낮을(−30도) 것
· 점도가 낮고(유동성이 풍부) 비열이 커서 냉각 효과가 클 것
· 고온에 있어 석출물이 생기거나 산화하지 않을 것
· 열팽창 계수가 적고 증발로 인한 감소량이 적을 것 【정답】③

34. 변압기 내부고장 시 급격한 유류 또는 가스의 이동이 생기면 동작하는 부흐홀츠 계전기의 설치 위치는?

① 변압기 본체

② 변압기의 고압측 부싱

③ 컨서베이터 내부

④ 변압기 본체와 컨서베이터를 연결하는 파이프

|문|제|풀|이|

[부흐홀츠계전기(변압기 보호)] 유입형 변압기의 탱크 속에 발생한 가스의 양 및 유통에 의해서 작동되는 계전기로 변압기와 콘서베이터 연결관 도중에 설치하여 권선 단락, 철심 고정 볼트의 절연 열화, 탭 전환기의 고장 등을 검출하는데 쓰인다.

【정답】④

35. 50[Hz], 슬립 0.2인 경우의 회전자속도 600[rpm]이 되는 유도전동기의 극수는?

① 16극　　　　② 12극

③ 8극　　　　④ 4극

|문|제|풀|이|

[회전자속도(회전속도)] $N = (1-s)N_s$

[동기속도] $N_s = \dfrac{120f}{p}$

주파수(f) : 50[Hz], 슬립(s) : 0.2, 회전자 속도(N) : 600[rpm]

동기속도 $N_s = \dfrac{N}{1-s} = \dfrac{600}{1-0.2} = 750[\text{rpm}]$

∴극수 $p = \dfrac{120f}{N_s} = \dfrac{120 \times 50}{750} = 8$　　【정답】③

36. 10[kW]의 농형유도전동기의 기동방법으로 가장 적당한 것은?

① 전전압기동법　　② Y-△기동법

③ 기동보상기법　　④ 2차저항기동법

|문|제|풀|이|

[유도전동기의 기동법]
1. 권선형유도전동기
　•2차저항기동법(비례추이 이용)
　•게르게스법

2. 농형유도전동기
　① 전전압 기동 : 5[kW] 이하 소용량
　② Y-△ 기동 : 5~15[kW]

　　토크 $\dfrac{1}{3}$ 배 감소, 기동전류 $\dfrac{1}{3}$ 배 감소

　③ 기동보상기법 : 공급전압을 낮추어 기동시키는 방법
　　(15[kW]~50[kW])
　④ 리액터기동법 : 팬, 송풍기, 펌프
　⑤ 1차저항 기동법 : 소용량(7.5[kW] 이하)

【정답】②

37. 3상 농형유도전동기의 Y-△ 기동시의 기동전류를 전전압 기동시와 비교하면?

① 전전압기동 전류의 1/3로 된다.

② 전전압기동 전류의 $\sqrt{3}$ 배로 된다.

③ 전전압기동 전류의 3배로 된다.

④ 전전압기동 전류의 9배로 된다.

|문|제|풀|이|

[Y-△ 기동법] Y결선으로 일정시간 기동한 후 다시 △ 결선으로 전환하여 운전하는 방식으로 기동 전류와 기동 토크가 전전압 기동법보다 $\dfrac{1}{3}$ 배로 감소

[전전압기동법] 정격전압을 직접 가하여 기동하는 방법(5[kW] 정도까지의 소형 전동기)　　【정답】①

38. 역률과 효율이 좋아서 가정용 선풍기, 전기세탁기, 냉장고 등에 주로 사용되는 것은?

① 분상기동형 전동기

② 반발기동형 전동기

③ 콘덴서기동형 전동기

④ 세이딩코일형 전동기

|문|제|풀|이|

[콘덴서기동형 전동기] 역률과 효율이 좋아서 가정용 선풍기, 전기세탁기, 냉장고 등에 주로 사용

※① 분상기동형 : 팬, 송풍기 등에 사용
　② 반발기동형 : 기동토크가 가장 크다.
　④ 세이딩코일형 : 수십 와트 이하의 소형 전동기에 사용

【정답】③

39. 단상유도전동기의 정회전 슬립이 s이면 역회전 슬립은?

① 1-s   ② 2-s

③ 1+s   ④ 2+s

|문|제|풀|이|

[유도전동기의 상대속도 및 역회전 시 슬립]

1. 상대속도 $N_s - N = sN_s$

2. 역회전시 슬립 $s' = \dfrac{N_s - (-N)}{N_s}$

여기서, N_s : 동기속도, N : 회전속도, s : 슬립

$$\therefore s' = \dfrac{N_s - (-N)}{N_s} = \dfrac{N_s + N}{N_s} = \dfrac{N_s + (N_s - sN_s)}{N_s}$$

$$= \dfrac{2N_s - sN_s}{N_s} = \dfrac{N_s(2-s)}{N_s} = (2-s)$$

$\rightarrow$ ($N_s - N = sN_s$에서 $N = N_s - sN_s$)

【정답】②

40. 사용 중인 변류기의 2차를 개방하면?

① 1차전류가 감소한다.

② 2차권선에 110[V]가 걸린다.

③ 개방단의 전압은 불변하고 안전하다.

④ 2차권선에 고압이 유도된다.

|문|제|풀|이|

[변류기] 사용중인 변류기 2차 측을 개방하면 변류기 1차측에 흐르는 부하전류가 모두 여자전류로 변화하여 변류기 2차 측에 고전압이 유도되어 절연파괴가 우려되므로 반드시 변류기 2차 측을 단락시킨다. 【정답】④

41. 다음 중 전선이 구비해야 될 조건으로 틀린 것은?

① 도전율이 클 것

② 기계적인 강도가 강할 것

③ 비중이 클 것

④ 내구성이 있을 것

|문|제|풀|이|

[전선의 재료로서 구비해야 할 조건]

·도전율이 크고(고유저항이 작고), 비중이 작을 것(가벼울 것)

·기계적 강도가 크고 내구성이 있을 것

·저렴하고 쉽게 구할 수 있을 것 【정답】③

42. 사용 전압이 415[V]의 3상 3선식 전선로의 1선과 대지 간에 필요한 저항값의 최소값은? (단, 최대공급 전류는 500[A]이다)

① 2560[Ω]   ② 1660[Ω]

③ 3210[Ω]   ④ 4512[Ω]

|문|제|풀|이|

[전선로와 대지 사이의 절연저항] 전선로와 대지 사이의 절연저항은 사용전압에 대한 누설전류가 최대 공급전류 1/2000을 넘지 않도록 유지해야 한다.

$$절연저항의\ 최소값 = \dfrac{사용전압 \times 2000}{최대공급전류} = \dfrac{415 \times 2000}{500} = 1660[\Omega]$$

【정답】②

43. 옥내배선공사 중 금속관공사에 사용되는 공구의 설명 중 잘못된 것은?

① 전선관의 굽힘 작업에 사용하는 공구는 토치 램프나 스프링 벤더를 사용한다.

② 전선관의 나사를 내는 작업에 오스터를 사용한다.

③ 전선관을 절단하는 공구에는 쇠톱 또는 파이프 커터를 사용한다.

④ 아우트렛 박스의 천공작업에 사용되는 공구는 녹아웃 펀치를 사용한다.

|문|제|풀|이|

[금속관공사용 공구]

1. 토치램프 : 합성수지관을 구부릴 때 사용한다.

2. 벤더 : 금속관을 구부리는 공구 【정답】①

44. 전선의 약호가 CN-CV-W인 케이블의 품명은?

① 동심중성선 수밀형 전력케이블
② 동심중성선 차수형 전력케이블
③ 동심중성선 수밀형 저독성 난연 전력케이블
④ 동심중성선 차수형 저독성 난연 전력케이블

|문|제|풀|이|
[CN-CV-W] 동심중성선 수밀형 전력케이블

※② 동심 중성선 차수형 전력케이블 : CN-CV
③ 동심 중성형 수밀형 저독성 난연 전력케이블 : FR-CNCO-W
④ 동심중성선 차수형 저독성 난연 전력케이블 : FR-CNCO

【정답】①

45. 접지저항 측정방법으로 가장 적당한 것은?

① 절연저항계
② 전력계
③ 교류의 전압·전류계
④ 코올라우시 브리지

|문|제|풀|이|
[브리지 회로의 종류]
1. 휘트스톤 브리지 : 중저항 측정
2. 빈브리지 : 가청 주파수 측정
3. 맥스웰 브리지 : 자기인덕턴스 측정
4. 켈빈 더블 브리지 : 저저항 측정, 권선저항 측정
5. 절연저항계 : 고저항 측정
6. 콜라우시 브리지 : 전해액 및 접지저항을 측정한다.

【정답】④

46. 금속 전선관을 구부릴 때 금속관의 단면이 심하게 변형되지 않도록 구부려야 하며, 일반적으로 그 안측의 반지름은 관 안지름의 몇 배 이상이 되어야 하는가?

① 2배
② 4배
③ 6배
④ 8배

|문|제|풀|이|
[금속관공사] 금속관을 구부릴 때 금속관의 단면이 변형되지 아니 하도록 구부려야 하며 그 안측의 반지름은 관안 지름의 6배 이상 이 되어야 한다.

【정답】③

47. 정션 박스내에서 절연전선을 쥐꼬리 접속한 후 접속 과 절연을 위해 사용되는 재료는?

① 링형 슬리브
② S형 슬리브
③ 와이어 커넥터
④ 터미널 러그

|문|제|풀|이|
[와이어 커넥터] 정션 박스내에서 전선을 접속할 경우에는 와이어 커넥터를 사용하여 접속하여야 한다.

※① 링 슬리브 : 회전축 등을 둘러싸도록 축 바깥둘레에 끼워서 사용되는 비교적 긴 통형의 부품
④ 터미널 러그 : 전선 끝에 납땜, 기타 방법으로 붙이는 쇠붙이

【정답】③

48. 옥내배선공사를 할 때 연동선을 사용할 경우 전선의 최소 굵기[mm^2]는?

① 1.5
② 2.5
③ 4
④ 6

|문|제|풀|이|
[저압 옥내배선의 사용전선] 저압 옥내배선의 사용전선은 2.5 [mm^2] 연동선이나 1[mm^2] 이상의 MI 케이블이어야 한다.

【정답】②

49. 금속몰드 배선의 사용전압은 몇 [V] 미만이어야 하는가?

① 150
② 220
③ 400
④ 600

|문|제|풀|이|
[금속몰드 공사] 금속몰드공사는 400[V] 미만의 건조하고 전개된 장소에서만 시설할 수 있다. 【정답】③

50. 합성수지제 가요전선관(PF관 및 CD관)의 호칭에 포함되지 않는 것은?

① 16
② 28
③ 38
④ 42

|문|제|풀|이|
[합성수지제 가요전선관의 규격] 14, 16, 22, 28, 36, 42[mm]

【정답】③

51. 애자사용공사에서 전선의 지지점 간의 거리는 전선을 조영재의 위면 또는 옆면에 따라 붙이는 경우에는 몇 [m] 이하인가?

① 1   ② 2   ③ 2.5   ④ 3

|문|제|풀|이|

[애자사용 공사 시 전선과 조영재 사이의 간격]

전압		전선과 조영재와의 간격	전선 상호 간격	전선 지지점간의 거리	
				조영재의 상면 또는 측면	조영재에 따라 시설하지 않는 경우
저압	400[V] 미만	2.5[cm] 이상	6[cm] 이상	2[m] 이하	–
	400[V] 이상	건조한 장소 2.5[cm] 이상			6[m] 이하
		기타의 장소 4.5[cm] 이상			

【정답】②

52. 한국전기설비규정에 의하면 정격전류가 30[A]인 저압전로의 과전류차단기를 산업용 배선용 차단기로 사용하는 경우 39[A]이 전류가 통과하였을 때 몇 분 이내에 자동적으로 동작하여야 하는가?

① 60   ② 120   ③ 2   ④ 4

|문|제|풀|이|

[과전류트립 동작시간 및 특성(산업용 배선용 차단기)]

정격전류의 구분	시간	정격전류의 배수 (모든 극에 통전)	
		부동작 전류	동작 전류
63[A] 이하	60분	1.05배	1.3배
63[A] 초과	120분	1.05배	1.3배

【정답】①

53. 연피 케이블이 구부러지는 곳은 케이블 바깥지름의 최소 몇 배 이상의 반지름으로 구부려야 하는가?

① 8   ② 12   ③ 15   ④ 20

|문|제|풀|이|

[연피케이블] 연피케이블이 구부려지는 곳은 케이블 <u>바깥 지름의 12배 이상</u>의 반지름으로 구부리고, 금속관에 넣는 경우에는 15배 이상으로 해야 한다.   【정답】②

54. 금속전선관 공사에서 금속관과 접속함을 접속하는 경우 녹아웃 구멍이 금속관보다 클 때 사용하는 부품은?

① 록너트(로크너트)   ② 부싱
③ 새들   ④ 링 리듀서

|문|제|풀|이|

[금속관 공사 시 주요 사용 공구]

[링 리듀서] <u>녹아웃 구멍이 로크너트보다 클 때</u> 사용하여 접속하는 것이다.

※① 록너트 : 금속 전선관을 박스에 고정 시킬 때 사용한다.
② 부싱 : 전선의 손상을 막기 위해 접속하는 곳마다 넣는 캡이므로 기구를 연결하는 전선마다 양 단에 넣는다.
③ 새들 : 전선관을 조영재에 고정시킬 때 사용

【정답】④

55. 접지저항 저감 대책이 아닌 것은?

① 접지봉의 연결 개수를 증가시킨다.
② 접지판의 면적을 감소시킨다.
③ 접지극을 깊게 매설한다.
④ 토양의 고유저항을 화학적으로 저감시킨다.

|문|제|풀|이|

[접지저항 저감법]
1. 물리적 저감법
 ·<u>접지극의 치수 확대</u>
  －매설지선   －평판접지극   －다중접지 시이트
 ·접지극의 병렬 접속
2. 화학적 저감법
 ·접지극 주변의 토양개량
 ·접지저항 저감제의 개발
 ·접지저항 저감제의 종류
  －화이트아스론   －티코겔(규산화이트)
 ·주입공법   【정답】②

56. 옥내에 시설하는 저압의 이동전선에서 사용하는 캡타이어케이블의 최소 단면적으로 옳은 것은?

① 0.75[mm²] ② 1[mm²]

③ 1.5[mm²] ④ 2.5[mm²]

|문|제|풀|이|

[옥내 저압용 이동 전선의 시설]
옥내에 시설하는 사용전압이 400[V] 미만인 이동전선은 고무코드 또는 0.6/1[kV] EP 고무 절연 클로로프렌 캡타이어케이블로서 단면적이 0.75[mm²] 이상인 것　　　【정답】①

57. 일반적으로 가공전선로의 지지물에 취급자가 오르고 내리는데 사용하는 발판 볼트 등은 지표상 몇 [m] 미만에 시설하여서는 아니 되는가?

① 0.75 ② 1.2

③ 1.8 ④ 2.0

|문|제|풀|이|

[가공전선로 지지물의 철탑오름 및 전주오름 방지]
발판 볼트 등은 1.8[m] 미만에 시설하여서는 안 된다. 다만 다음의 경우에는 그러하지 아니하다.
·발판 볼트를 내부에 넣을 수 있는 구조
·지지물에 승탑 및 승주 방지 장치를 시설한 경우
·취급자 이외의 자가 출입할 수 없도록 울타리 담 등을 시설할 경우
·산간 등에 있으며 사람이 쉽게 접근할 우려가 없는 곳
　　　【정답】③

58. 배전용 기구인 COS(컷아웃스위치)의 용도로 알맞은 것은?

① 배전용 변압기의 1차측에 시설하여 변압기의 단락 보호용으로 쓰인다.

② 배전용 변압기의 2차측에 시설하여 변압기의 단락 보호용으로 쓰인다.

③ 배전용 변압기의 1차측에 시설하여 배전 구역 전환용으로 쓰인다.

④ 배전용 변압기의 2차측에 시설하여 배전 구역 전환용으로 쓰인다.

|문|제|풀|이|

[컷아웃스위치(COS)] 주상변압기 1차측에 설치하여 변압기의 보호와 개폐에 사용하는 스위치로 변압기 설치시 필수로 설치하야 한다.　　　【정답】①

59. 부식성 가스 등이 있는 장소에 전기설비를 시설하는 방법으로 적합하지 않은 것은?

① 애자사용 배선시 부식성 가스의 종류에 따라 절연전선인 DV전선을 사용한다.

② 애자사용 배선에 의한 경우에는 사람이 쉽게 접촉될 우려가 없는 노출장소에 한 한다.

③ 애자사용 배선시 부득이 나전선을 사용하는 경우에는 전선과 조영재와의 거리를 4.5[cm] 이상으로 한다.

④ 애자사용 배선시 전선의 절연물이 상해를 받는 장소는 나전선을 사용할 수 있으며, 이 경우는 바닥 위 2.5[m]이상 높이에 시설한다.

|문|제|풀|이|

[애자사용공사]
·절연 전선을 사용할 것 (옥외용 비닐 절연 전선(OW) 및 인입용 비닐 절연 전선(DV)을 제외)
· 전선 상호간의 간격은 6[cm] 이상일 것
· 전선과 조명재의 간격
　-400[V] 미만은 2.5[cm] 이상
　-400[V] 이상의 저압은 4.5[cm] 이상　　　【정답】①

60. 각 수용가의 최대 수용전력이 각각 5[kW], 10[kW], 15[kW], 22[kW]이고, 합성 최대 수용전력이 50[Kw]이다. 수용가 상호간의 부등률은 얼마인가?

① 1.04 ② 2.34

③ 4.25 ④ 6.94

|문|제|풀|이|

[부하설비의 부등률]

$$부등률 = \frac{각개수용전력의 합}{합성최대전력} = \frac{\sum(설비용량 \times 수용률)}{합성최대용량}$$

각 수용가의 최대 수용 전력 : 5[kW], 10[kW], 15[kW], 22[kW]
최대수용전력 : 50[kW]

$$\therefore 부등률 = \frac{각개수용전력의 합}{합성최대전력} = \frac{5+10+15+22}{50} = 1.04$$

　　　【정답】①

01. 전압이 9[V], 내부저항 0.5[Ω]인 전지 4개를 직렬로 연결하고 이를 단락했을 때의 단락전류[A]는?

① 6 　　　　　　② 9

③ 15 　　　　　④ 18

|문|제|풀|이|

[전지의 직렬 접속 시의 전류] $I = \dfrac{nE}{nr+R}[A]$

여기서, n : 전지수, r : 내부저항, R : 부하저항

전류 $I = \dfrac{nE}{nr} = \dfrac{4 \times 9}{4 \times 0.5} = 18[A]$

※부하저항(R)에 대한 언급이 없으므로 R=0으로 한다.

【정답】④

02. 고유저항 ρ의 단위로 맞는 것은?

① [Ω] 　　　　　② [Ω·m]

③ [AT/Wb] 　　　④ [Ω^{-1}]

|문|제|풀|이|

[전기저항] $R = \rho \dfrac{l}{A}[\Omega]$

여기서, l : 길이, A : 단면적, ρ : 저항률(고유저항)

고유저항 $\rho = \dfrac{R \cdot S}{l} \left[\dfrac{[\Omega][m^2]}{[m]} \right] \rightarrow \therefore \rho$의 단위는 $[\Omega \cdot m]$

【정답】②

03. 저항 R=30[Ω], 자체인덕턴스 L=50[mH], 정전용량 C=102[μF]의 직렬회로에서 공진주파수 f_0는 약 얼마[Hz] 인가?

① 40 　　　　　　② 50

③ 60 　　　　　④ 70

|문|제|풀|이|

[$R-L-C$ 직렬 회로의 공진주파수] $f_0 = \dfrac{1}{2\pi\sqrt{LC}}$

여기서, L : 인덕턴스, C : 정전용량

$R = 30[\Omega],\ L = 50[mH],\ C = 102[\mu F]$

　　　　$\rightarrow ([mH] = 10^{-3}[H]\ [\mu F] = 10^{-6}[F])$

$\therefore$ 공진주파수 $f_0 = \dfrac{1}{2\pi\sqrt{LC}}$

　　　$= \dfrac{1}{2\pi\sqrt{50 \times 10^{-3} \times 102 \times 10^{-6}}} = 70.5[\text{Hz}]$

【정답】④

04. 환상솔레노이드 내부의 자기장의 세기에 관한 설명으로 틀린 것은?

① 자기장의 세기는 권수에 비례한다.

② 자기장의 세기는 전류에 비례한다.

③ 자기장의 세기는 자료의 길이에 비례한다.

④ 자기장의 세기는 권수, 전류, 평균 반지름과는 관계가 있다.

|문|제|풀|이|

[환상 솔레노이드 내부의 자기장의 세기] $H = \dfrac{NI}{l} = \dfrac{NI}{2\pi r}[AT/m]$

여기서, N : 권수, I : 전력[A], l : 길이[m], r : 반지름

자기장의 세기 H는 권수(N), 전력(I)에 비례하고 길이(l)에 반비례한다.

※1. 무한장 직선 자기장의 세기 $H = \dfrac{I}{2\pi r}[AT/m]$

2. 원형코일 중심의 자장의 세기 $H = \dfrac{NI}{2a}[AT/m]$

　　　　　　　　$\rightarrow (a : 원형코일의\ 반지름)$

3. 무한장 솔레노이드 자기장의 세기 $H = \dfrac{NI}{l} = nI[AT/m]$

　　　　$\rightarrow (n : 단위\ 길이당\ 권수[회/m][T/m])$

【정답】③

05. C_1, C_2를 병렬로 접속한 회로에 C_3를 직렬로 접속하였다. 이 회로의 합성정전용량[F]은?

① $\dfrac{1}{\dfrac{1}{C_1}+\dfrac{1}{C_2}}\times C_3$ ② $\dfrac{C_1\times C_2}{C_1+C_2}+C_3$

③ $C_1+C_2+\dfrac{1}{C_3}$ ④ $\dfrac{(C_1+C_2)\times C_3}{C_1+C_2+C_3}$

|문|제|풀|이|

[콘덴서 합성정전용량]

1. 직렬접속 시 $C=\dfrac{1}{\dfrac{1}{C_1}+\dfrac{1}{C_2}}=\dfrac{C_1\times C_2}{C_1+C_2}[F]$

2. 병렬접속 시 $C=C_1+C_2[F]$

C_1, C_2를 병렬로 접속한 회로(C_1+C_2)에 C_3를 직렬 접속한다.

$\therefore$ 콘덴서 정전용량 $C=\dfrac{(C_1+C_2)\times C_3}{C_1+C_2+C_3}$ 【정답】④

06. R=8[Ω], X=6[Ω]인 RLC 직렬회로에 10[A]의 전류가 흘렀다면 이때의 전압은?

① 60[V]   ② 80[V]

③ 100[V]   ④ 140[V]

|문|제|풀|이|

[RLC 직렬회로의 임피던스의 크기, 전압]

$|Z|=\sqrt{R^2+X^2}\,[\Omega]$, $V=IZ=I\times\sqrt{(R^2+X^2)}\,[V]$

여기서, R : 저항, X : 리액턴스(X_L : 유도성, X_C : 용량성)

     I : 전류, V : 전압

R : 8[Ω], X : 6[Ω], I : 10[A]

$\therefore V=I\times\sqrt{(R^2+X^2)}=10\times\sqrt{(8^2+6^2)}=100\,[V]$

                                                【정답】③

07. 구리선의 길이를 2배로의 표시 이상 늘리면 저항은 처음의 몇 배가 되는가? (단, 구리선의 체적은 일정함)

① 2배   ② 4배

③ 8배   ④ 16배

|문|제|풀|이|

[전선의 전기저항] $R=\rho\dfrac{l}{S}\,[\Omega]$

여기서, l : 길이, S : 단면적, ρ : 저항률(고유저항)

저항은 길이에 비례하고 단면적에 반비례, 즉 길이를 2배로 하면

단면적은 $\dfrac{1}{2}$배가 되므로

$R=\sigma\dfrac{2\times l}{\left(\dfrac{1}{2}\right)S}=4\sigma\dfrac{l}{S}$ → 저항은 4배가 된다.   【정답】②

08. 누설자속이 발생되기 쉬운 경우는 어느 것인가?

① 자로에 공극이 없는 경우

② 자로의 자속밀도가 낮은 경우

③ 철심이 자기포화되어 있는 경우

④ 자기회로의 자기저항이 작은 경우

|문|제|풀|이|

[누설자속] 자성체의 표면에서 누설되어 자로 이외의 곳을 통과하는 자속을 말한다.

[누설자속이 발생되기 쉬운 경우]

·자로에 공극이 있는 경우

·자로의 자속밀도가 높은 경우

·철심이 자기포화되어 있는 경우

·자기회로의 자기저항이 큰 경우   【정답】③

09. 표면 전하밀도 $\sigma\,[C/m^2]$로 대전된 도체 내부의 전속밀도는 몇 [C/m^2]인가?

① $\epsilon_0 E$ ② 0   ③ σ ④ $\dfrac{E}{\epsilon_0}$

|문|제|풀|이|

[전속밀도] $D=\epsilon E[C/m^2]$

여기서, D : 전속밀도, E : 전계의 세기[V/m], ϵ : 유전율

전기력선의 성질 중 도체 내부에서는 전기력선이 없으므로

($E=0$)

도체 내부의 전속밀도 $D=\epsilon E[C/m^2]$에서

E=0이므로 $D=\epsilon E=0$ 【정답】②

10. 패러데이의 전자 유도 법칙에서 유도 기전력의 크기는 코일을 지나는 (㉠)의 매초 변화량과 코일의 (㉡)에 비례한다. ㉠과 ㉡에 해당하는 것은?

① ㉠ 자속 ㉡ 굵기　　② ㉠ 자속 ㉡ 권수
③ ㉠ 전류 ㉡ 권수　　④ ㉠ 전류 ㉡ 굵기

|문|제|풀|이|
[페러데이의 전자유도법칙] 유도기전력의 크기는 코일을 관통하는 자속(자기력선속)의 시간적 변화율과 코일의 감은 횟수에 비례한다.

$e = \left| -N\dfrac{d\varnothing}{dt} \right| [V]$
　　　　　　　　　　　　　　　【정답】②

11. 전기장 중에 단위 전하를 놓았을 때 그것이 작용하는 힘은 어느 값과 같은가?

① [H/m]　　② [F/m]
③ [AT/m]　　④ [V/m]

|문|제|풀|이|
[전장의 세기(E)] 전장 내의 임의의 점에 단위 정전하(+1[C])를 놓았을 때 단위 정전하에 작용하는 힘 [N/C]=[V/m]
① [H/m] : 투자율 단위
② [F/m] : 유전율 단위
③ [AT/m] : 자기장의 단위
④ [V/m] : 전기장의 세기 단위
　　　　　　　　　　　　　　　【정답】④

12. 대칭 3상 Y결선에서 선전압과 상전압과의 위상 관계는?

① 선전압이 $\dfrac{\pi}{3}$[rad] 앞선다.

② 선전압이 $\dfrac{\pi}{3}$[rad] 뒤진다.

③ 선전압이 $\dfrac{\pi}{6}$[rad] 앞선다.

④ 선전압이 $\dfrac{\pi}{6}$[rad] 뒤진다.

|문|제|풀|이|
[Y결선(성형 결선)]

1. 선전압(V_l)이 상전압(V_p)보다 $\sqrt{3}$ 배 크고 $\dfrac{\pi}{6}$[rad]만큼 위상이 앞선다. $V_l = \sqrt{3}\,V_P < \dfrac{\pi}{6}$

2. 상전류(I_P)는 선전류(I_l)과 동상이다.　　【정답】③

13. 200[V], 50[W]의 LED등에 정격전압이 가해졌을 때 LED등 회로에 흐르는 전류는 0.3[A]이다. 이 LED등의 역률[%]은?

① 79.8　　② 83.3
③ 89.6　　④ 93.6

|문|제|풀|이|
[역률] $\cos\theta = \dfrac{소비전력}{피상전력} = \dfrac{W}{VI}$[%]

전압(V) : 200[V], 전력(W) : 50[W], 전류(I) : 0.3[A]

$\therefore$ 역률 $\cos\theta = \dfrac{W}{VI} = \dfrac{50}{200 \times 0.3} \times 100 = 83.3\%$　　【정답】②

14. 공기 중에서 10[cm] 간격을 유지하고 있는 2개의 평행 도선에 각각 5[A]의 전류가 동일한 방향으로 흐를 때 도선 1[m]당 발생하는 힘의 크기[N]는?

① 2×10^{-4}　　② 2×10^{-5}
③ 5×10^{-4}　　④ 5×10^{-5}

|문|제|풀|이|
[평행도선 단위 길이당 작용하는 힘]
$$F = \frac{\mu_0 I_1 I_2}{2\pi r} = 4\pi \times 10^{-7} \frac{I_1 I_2}{2\pi r} = \frac{2I_1 I_2}{r} \times 10^{-7} [N/m]$$
여기서, F : 도체가 받는 힘, I_1, I_2 : 동일한 방향의 전류
　　　　r : 도체간 거리, μ_0 : 진공시 투자율($\mu_0 = 4\pi \times 10^{-7}$)
도체간 거리(r) : 10[cm](=0.1[m]), 두 전류(I_1, I_2) : 각각 5[A]

$\therefore F = \dfrac{2I_1 I_2}{r} \times 10^{-7} = \dfrac{2 \times 5 \times 5}{0.1} \times 10^{-7} = 5 \times 10^{-5} [N/m]$
　　　　　　　　　　　　　　　【정답】④

15. 부하의 결선방식에서 △결선에서 Y결선으로 변환하였을 때의 임피던스는?

① $Z_Y = \sqrt{3}\, Z_\triangle$ ② $Z_Y = \dfrac{1}{\sqrt{3}} Z_\triangle$

③ $Z_Y = 3 Z_\triangle$ ④ $Z_Y = \dfrac{1}{3} Z_\triangle$

|문|제|풀|이|

[부하의 결선방식]

1. △결선에서 Y결선으로 변환하면 각 상의 임피던스는 1/3배가 된다. $Z_Y = \dfrac{1}{3} Z_\triangle$

2. Y결선에서 △결선으로 변환하면 각 상의 임피던스는 3배가 된다. $Z_\triangle = 3 Z_Y$ 【정답】④

16. 비사인파 교류회로의 전력성분과 거리가 먼 것은?

① 맥류성분과 사인파와의 곱

② 직류성분과 사인파와의 곱

③ 직류성분

④ 주파수가 같은 두 사인파의 곱

|문|제|풀|이|

[비정현파 교류] 비정현파는 직류분, 기본파, 고조파로 구성된다.

1. $f(t) = a_0 + \displaystyle\sum_{n=1}^{\infty} a_n \cos nwt + \sum_{n=1}^{\infty} b_n \sin nwt$

2. 비정현파 교류=직류분+기본파+고조파

【정답】①

17. 다음 중 자기장 내에서 같은 크기 M[Wb]의 자극이 존재할 때 자기장의 세기가 가장 큰 물질은?

① 텅스텐 ② 알루미늄

③ 철 ④ 구리

|문|제|풀|이|

[자기장의 세기] 자기장의 세기가 가장 큰 물질은 반자성체인 비스무트(Bi), 탄소(C), 규소(Si), 납(Pb), 아연(Zn), 황(S), 안티몬(sb), 구리(Cu) 등 【정답】④

18. 자석에 대한 성질을 설명한 것으로 옳지 못한 것은?

① 자석은 임계온도 이상으로 가열하면 자석의 성질이 없어진다.

② 발생되는 자기력선은 아무리 사용하도 기본적으로 감소하지 않는다.

③ 자석은 고온이 되면 자력이 감소되고 저온이 되면 자력이 증가된다.

④ 같은 극성의 자석은 서로 흡인하고, 다른 극성은 서로 반발한다.

|문|제|풀|이|

[자석의 성질]

·자석에는 N극과 S극이 있다.

·자극으로부터 자력선이 나온다.

·자력선은 N극에서 나와 S극으로 향한다.

·자력이 강할수록 자기력선의 수가 많다.

·발생되는 자기력선은 아무리 사용해도 기본적으로 감소하지 않는다.

·자기력선은 비자성체를 투과한다.

·자기력선에는 고무줄과 같은 장력이 존재한다.

·자석은 고온이 되면 자력이 감소되고 저온이 되면 자력이 증가된다.

·자석은 임계온도 이상으로 가열하면 자석의 성질이 없어진다.

·<u>같은 극성의 자석은 서로 반발하고, 다른 극성은 서로 흡인한다.</u>

【정답】④

19. 임피던스 $Z_1 = 12 + j16[\Omega]$과 $Z_2 = 18 + j24[\Omega]$이 직렬로 접속된 회로에 전압 V=200[V]를 가할 때 이 회로에 흐르는 전류[A]는?

① 2[A] ② 4[A]

③ 5[A] ④ 8[A]

|문|제|풀|이|

[직렬회로의 합성 임피던스 및 크기, 전류]

1. 임피던스 $Z = R + jX$

2. 임피던스 크기 $|Z| = \sqrt{R^2 + X^2}$

3. 전류 $I = \dfrac{V}{Z}$

여기서, R : 저항, X : 리액턴스, V : 전압

$Z_1 = 12 + j16[\Omega]$, $Z_2 = 18 + j24[\Omega]$, 전압(V) : 200[V]

직렬회로의 합성임피던스 $Z = Z_1 + Z_2$에서

$Z = (12 + j16) + (18 + j24) = 30 + j40$

$\therefore I = \dfrac{V}{|Z|} = \dfrac{V}{\sqrt{R^2 + X^2}} = \dfrac{200}{\sqrt{30^2 + 40^2}} = 4[A]$

【정답】②

20. 어떤 회로의 소자에 일정한 크기의 전압으로 주파수를 2배로 증가시켰더니 흐르는 전류의 크기가 2배로 되었다. 이 소자의 종류는?

① 저항
② 코일
③ 콘덴서
④ 다이오드

|문|제|풀|이|
[정전용량(C)만의 회로] 용량성 리액턴스 $X_C = \dfrac{1}{\omega C} = \dfrac{1}{2\pi f C}[\Omega]$
주파수를 2배로 하면 리액턴스(X_C)값이 1/2로 작아지므로 회로에 흐르는 전류는 2배가 된다.　　　　　【정답】③

21. 자속밀도 1[Wb/m²]인 평등 자계의 방향과 수직으로 놓인 50[cm]의 도선을 자계와 30[°]방향으로 40[m/s]의 속도로 움직일 때 도선에 유기되는 기전력은 몇 [V]인가?

① 5
② 10
③ 20
④ 40

|문|제|풀|이|
[유기기전력] $e = vBl\sin\theta[V]$
자속밀도(B) : 1[Wb/m²], 도선의 길이(l) : 50[cm](=0.5[m])
도선과 자계방향과의 사이각(θ) : 30[°], 속도(v) : 40[m/s]
$\therefore e = vBl\sin\theta = 40 \times 1 \times 0.5 \times \sin 30° = 10[V]$　$\rightarrow (\sin 30 = \dfrac{1}{2})$
　　　　　【정답】②

22. 직류발전기의 전기자 반작용의 영향에 대한 설명으로 틀린 것은?

① 절연내력의 저하
② 유도기전력의 저하
③ 중성축의 이동
④ 자속의 감소

|문|제|풀|이|
[직류 발전기의 전기자반작용]
1. 감자작용 : <u>주자속의 감소</u>
　(발전기 : <u>유기기전력 감소</u>, 전동기 : 토크 감소, 속도 증가)

2. 편자작용(자속 왜곡) : 전기적 <u>중성축 이동</u>
　(발전기 : 회전방향, 전동기 : 회전 반대 방향)
3. 방지대책 : 보상권선　　　　　【정답】①

23. 직류 발전기 중 무부하 전압과 전부하 전압이 같도록 설계된 직류 발전기는?

① 분권 발전기
② 직권 발전기
③ 평복권 발전기
④ 차동복권 발전기

|문|제|풀|이|
[직류발전기의 전압변동률] $\epsilon = \dfrac{V_0 - V_n}{V_n} \times 100[\%]$

여기서, V_0 : 무부하전압, V_n : 전부하전압
1. $\epsilon(+)$: 타여자, 분권, 부족복권, 차동복권 발전기
2. $\epsilon(0)$: 평복권 발전기 ($V_0 = V_n$)
3. $\epsilon(-)$: 직권, 과복권 발전기
여기서, V_0 : 무부하 단자 전압, V_n : 정격전압(전부하 전압)
　　　　　【정답】③

24. 다음 그림에서 직류 분권전동기의 속도특성 곡선은?

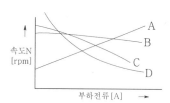

① A
② B
③ C
④ D

|문|제|풀|이|
[직류 전동기의 속도 특성 곡선]

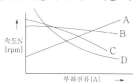

A : 차동복권 전동기　　　B : 분권 전동기
C : 가동복권 전동기　　　D : 직권 전동기

※직류 분권전동기 : 속도가 일정하게 유지된다.
　　　　　【정답】②

25. 직류전동기의 규약효율을 표시하는 식은?

① $\dfrac{출력}{출력+손실} \times 100[\%]$

② $\dfrac{출력}{입력} \times 100[\%]$

③ $\dfrac{입력-손실}{입력} \times 100[\%]$

④ $\dfrac{입력}{출력+손실} \times 100[\%]$

|문|제|풀|이|

[규약효율]

1. **전동기(모터)**는 입력위주로 규약효율 $\eta_m = \dfrac{입력-손실}{입력} \times 100$

→ (전동기: 전기 입력이므로 입력 2번)

2. 발전기, 변압기는 출력위주로 규약효율 $\eta_g = \dfrac{출력}{출력+손실} \times 100$

→ (발전기: 전기 출력이므로 출력 2번)

【정답】③

26. 4극 직류 분권전동기의 전기자에 단중 파권 권선으로 된 420개의 도체가 있다. 1극당 0.025 [Wb]의 자속을 가지고 1400[rpm]으로 회전시킬 때 발생되는 역기전력과 단자전압은?(단, 전기자 저항 0.2[Ω], 전기자전류는 50[A]이다)

① 역기전력 : 490[V], 단자전압 : 500[V]

② 역기전력 : 490[V], 단자전압 : 480[V]

③ 역기전력 : 245[V], 단자전압 : 500[V]

④ 역기전력 : 245[V], 단자전압 : 480[V]

|문|제|풀|이|

[분권전동기의 역기전력] $E = V - R_a I_a = \dfrac{pz}{a} \varnothing \dfrac{N}{60}[V]$

극수(p) : 4극, 총도체수(z) : 420개, 자속($\varnothing$) : 0.025[Wb]

회전수(N) : 1400[rpm], 전기자저항(R_a) : 0.2[Ω], 전기자전류(I_a) : 50[A]

중권이므로 병렬 회로수 $a = 2$

1. 역기전력 $E = \dfrac{pz}{a} \varnothing \dfrac{N}{60} = \dfrac{4 \times 420}{2 \times 60} \times 0.025 \times 1400 = 490[V]$

2. $E = V - R_a I_a[V]$에서

단자전압 $V = E + R_a I_a = 490 + (0.2 \times 50) = 500[V]$

【정답】①

27. 동기발전기에서 전기자전류가 기전력보다 $\dfrac{\pi}{2}$[rad] 앞서 있는 경우에 나타나는 전기자반작용은?

① 증자 작용   ② 감자 작용

③ 교차 자화 작용   ④ 직축 반작용

|문|제|풀|이|

[동기 발전기의 전기자 반작용]

1. 감자작용(직축 반작용) : 지상(뒤진)인 전류(전류가 전압보다 위상이 90° 뒤진다.

2. 교차자화작용(횡축반작용) : 전압과 전류가 동상

역 률	부 하	전류와 전압과의 위상	작 용
역률 1	저항	I_a가 E와 동상인 경우	교차자화작용 (횡축반작용)
뒤진 역률 0	유도성 부하	I_a가 E보다 $\pi/2$(90도) 뒤지는 경우	감자작용 (자화반작용)
앞선 역률 0	용량성 부하	I_a가 E보다 $\pi/2$(90도) 앞서는 경우	증자작용 (자화작용)

※[전기자반작용] 동기전동기의 전기자반작용은 동기발전기와 반대

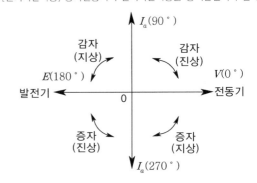

→ (위상 : 반시계방향)

【정답】①

28. 동기발전기의 공극이 넓을 때의 설명으로 잘못된 것은?

① 안정도 증대   ② 단락비가 크다.

③ 여자전류가 크다. ④ 전압변동이 크다.

|문|제|풀|이|

[공극(Air gap)] 계자 철심과의 공간으로 돌극기는 불균형하고, 비돌극기는 일정하다. 공극이 넓다는 것은 단락비가 큰 기계를 의미한다. 단락비가 큰 동기발전기는 동기 임피던스가 작기 때문에 전기자 반작용이 작고, 단락 전류가 크며, 전압 변동률이 작다.

【정답】④

29. 3상 동기발전기 병렬운전 조건이 아닌 것은?

① 전압의 크기가 같을 것

② 회전수가 같을 것

③ 주파수가 같을 것

④ 전압 위상이 같을 것

|문|제|풀|이|

[동기 발전기 병렬 운전 조건 및 조건이 다른 경우]

병렬 운전 조건	조건이 맞지 않는 경우
· 기전력의 크기가 같을 것	· 무효순환전류(무효횡류)
· 기전력의 위상이 같을 것	· 동기화전류(유효횡류)
· 기전력의 주파수가 같을 것	· 동기화전류
· 기전력의 파형이 같을 것	· 고주파 무효순환전류

【정답】②

30. 변압기의 자속에 관한 설명으로 옳은 것은?

① 전압과 주파수에 반비례한다.

② 전압과 주파수에 비례한다.

③ 전압에 반비례하고 주파수에 비례한다.

④ 전압에 비례하고 주파수에 반비례한다.

|문|제|풀|이|

[변압기의 유도기전력] $E = 4.44 f n \emptyset K_w [V]$

여기서, n : 한 상당 직렬권수, $\emptyset$: 자속, K_w : 권선 계수

자속 $\emptyset = \dfrac{E}{4.44 f n K_w} [wb]$, 즉 자속은 전압에 비례하고 주파수에

반비례한다.　　　　　　　　　　　　　　　　　【정답】④

31. 1차전압 13200[V], 무부하전류 0.2[A], 철손 100[W]일 때 여자어드미턴스는 약 몇 [℧] 인가?

① $1.5 \times 10^{-5}[℧]$　　　② $3 \times 10^{-5}[℧]$

③ $1.5 \times 10^{-3}[℧]$　　　④ $3 \times 10^{-3}[℧]$

|문|제|풀|이|

[여자어드미턴스] $Y_0 = \sqrt{g_0^2 + b_0^2} = \dfrac{I_0}{V_1}[℧]$

1차전압(V_1) : 13200[V], 무부하전류(I_0) : 0.2[A]

$\therefore Y_0 = \dfrac{I_0}{V_1} = \dfrac{0.2}{13200} = 1.5 \times 10^{-5}[℧]$　　【정답】①

32. 변압기에서 철손은 부하전류와 어떤 관계인가?

① 부하전류에 비례한다.

② 부하전류에 반비례한다.

③ 부하전류의 자승에 비례한다.

④ 부하전류와 관계없다.

|문|제|풀|이|

[고정손(무부하손)] 손실 중 무부하손의 대부분을 차지하는 것은 철손이다.

1. 철손(P_i) = 히스테리시스손(P_h) + 와류손(P_e)

2. 히스테리시스손 $P_h = \delta_h f V B_m^{1.6} [W/kg]$

3. 와류손 $P_e = \delta_e (f k_f B_m t)^2 [W/kg]$

따라서 부하전류와는 관계가 없다.

※부하손(가변손) : 부하손의 대부분은 동손이다.

　　1. 전기저항손(동손)

　　2. 계자저항손(동손)

　　3. 브러시손

　　4. 표유부하손(철손, 기계손, 동손 이외의 손실)

【정답】④

33. 세이딩코일형 유도전동기의 특징을 나타낸 것으로 틀린 것은?

① 역률과 효율이 좋고 구조가 간단하여 세탁기 등 가정용 기기에 많이 쓰인다.

② 회전자는 농형이고 고정자의 성층철심은 몇 개의 돌극으로 되어있다.

③ 기동토크가 작고 출력이 수 십[W] 이하의 소형 전동기에 주로 사용된다.

④ 운전 중에서도 세이딩코일에 전류가 흐르고 속도변동률이 크다.

|문|제|풀|이|

[세이딩코일형 유도전동기의 특징]

·수 [W]의 소형에 많이 사용되는 방식

·고정측에 주권선 외에 세이딩 코일을 놓고, 이것으로 시동 토크를 얻는 것이다.

·운전 중에서도 세이딩코일에 전류가 흐르기 때문에 효율과 역률이 떨어지고, 속도변동률이 크며, 회전방향을 바꿀 수 없다.

·회전자는 농형이고 고정자의 성층철심은 몇 개의 돌극으로 되어 있다.　　　　　　　　　　　　　　　　　【정답】①

34. 변압기의 퍼센트 저항강하가 3[%], 퍼센트리액턴스 강하가 4[%] 이고, 역률이 80[%] 지상이다. 이 변압기의 전압변동률[%]은?

① 3.2 　　　　　 ② 4.8

③ 5.0 　　　　　 ④ 5.6

|문|제|풀|이|

[변압기의 전압변동률] $\epsilon = p\cos\theta \pm q\sin\theta$[%]

→ (지상(뒤짐)부하시 : +, 진상(앞섬)부하시 : −, 언급이 없으면 +)

여기서, p : 퍼센트저항강하, q : 퍼센트리액턴스 강하

퍼센트 저항강하(p) : 3[%], 퍼센트 리액턴스 강하(q) : 4[%]

역률($\cos\theta$) : 80[%] 　　→ ($\sin\theta = \sqrt{1 - \cos^2\theta} = \sqrt{1 - 0.8^2} = 0.6$)

$\therefore \epsilon = p\cos\theta + q\sin\theta = 3 \times 0.8 + 4 \times 0.6 = 4.8$[%] 　　【정답】②

35. 출력 10[kW], 슬립 4[%]로 운전되고 있는 3상유도전동기의 2차동손은 약 몇 [W]인가?

① 250 　　　　　 ② 315

③ 417 　　　　　 ④ 620

|문|제|풀|이|

[3상유도전동기의 2차출력] $P_0 = (1-s)P_2$[W]

2차 동손 $P_{c2} = sP_2$[W] 　→ 　$P_{c2} = sP_2 = \dfrac{sP_0}{(1-s)}$

여기서, P_0 : 2차출력, P_{c2} : 2차동손, s : 슬립

　　　P_2 : 2차입력(1차출력)

$\therefore P_{c2} = sP_2 = \dfrac{sP_0}{(1-s)} = \dfrac{0.04}{1-0.04}(10 \times 10^3) = 417$[W]

→ ([kW]를 [W]로 변경)

【정답】③

36. 변압기의 V결선의 특징으로 틀린 것은?

① 고장시 응급처치 방법으로도 쓰인다.

② 단상변압기 2대로 3상전력을 공급한다.

③ 부하증가가 예상되는 지역에 시설한다.

④ V결선 시 출력은 △결선 시 출력과 그 크기가 같다.

|문|제|풀|이|

[변압기 V결선의 특징]

④ V결선은 △결선에 비해 출력이 57.74[%]로 저하된다.

【정답】④

37. 슬립이 일정한 경우 유도전동기의 공급 전압이 $\dfrac{1}{2}$로 감소되면 토크는 처음에 비해 어떻게 되는가?

① 2배가 된다. 　　　 ② 1배가 된다.

③ $\dfrac{1}{2}$로 줄어든다. 　 ④ $\dfrac{1}{4}$로 줄어든다.

|문|제|풀|이|

[유도 전동기의 슬립과 토크와의 관계]

유도전동기의 토크 $\tau = K_0 \dfrac{sE_2^2 r_2}{r_2 + (sx_2)^2}$[N·m]

여기서, K_0 : 권선계수, r_2 : 2차저항, s : 슬립

　　　E_2 : 2차권선 1상의 유도기전력

　　　x_2 : 2차권선 1상의 누설리액턴스

따라서 공급전압이 1/2로 감소하면 토크는 1/4로 줄어든다.

【정답】④

38. 3상유도전동기의 정격전압을 V_n[V], 출력을 P[kW], 1차전류를 I[A], 역률을 $\cos\theta$ 라 하면 효율을 나타내는 식은?

① $\dfrac{P \times 10^3}{3 V_n I_1 \cos\theta} \times 100$[%]

② $\dfrac{3 V_n I_1 \cos\theta}{P \times 10^3} \times 100$[%]

③ $\dfrac{P \times 10^3}{\sqrt{3} V_n I_1 \cos\theta} \times 100$[%]

④ $\dfrac{\sqrt{3} V_n I_1 \cos\theta}{P \times 10^3} \times 100$[%]

|문|제|풀|이|

[3상유도전동기의 효율] $\eta = \dfrac{P \times 10^3}{\sqrt{3} V I \cos\theta} \times 100$[%]

출력 $P = \sqrt{3} V I \cos\theta \cdot \eta$

여기서, V : 전압[V], I : 전류[A], $\cos\theta$: 역률, η : 효율

$\therefore$ 효율 $\eta = \dfrac{P \times 10^3}{\sqrt{3} V I \cos\theta} \times 100$[%] 　　【정답】③

39. 60[Hz], 4극, 3상 유도전동기의 슬립이 4[%]라면 회전수는 몇 [rpm]인가?

① 1690   ② 1728

③ 1764   ④ 1800

|문|제|풀|이|

[유도전동기 동기속도] $N_s = \dfrac{N}{(1-s)} = \dfrac{120f}{p}$[rpm]

주파수(f) : 60[Hz], 극수(p) : 4극, 슬립(s) : 4[%]

동기속도 $N_s = \dfrac{120f}{p} = \dfrac{120 \times 60}{4} = 1800$[rpm]

∴ 회전속도 $N = (1-s)N_s = (1-0.04) \times 1800 = 1728$[rpm]

【정답】②

40. 3상유도전동기의 속도제어 방법 중 인버터 (inverter)를 이용한 속도 제어법은?

① 극수변환법   ② 전압제어법

③ 초퍼제어법   ④ 주파수제어법

|문|제|풀|이|

[인버터제어] 인버터를 이용하여 가변 전압 가변주파수로 속도 제어 및 기동을 하는 방법이다.

※① 극수변환법 : 극수를 조절
   ② 전압제어법 : 직류 전동기의 제어법
   ③ 초퍼제어법 : 직류 전동기의 제어법   【정답】④

41. 전기공사에 사용하는 공구와 작업내용이 잘못된 것은?

① 토오치램프 – 합성수지관 가공하기

② 홀소 – 분전반 구멍 뚫기

③ 와이어스트리퍼 – 전선 피복 벗기기

④ 피시테이프 – 전선관 보호

|문|제|풀|이|

[전기공사 공구]
④ 피시테이프 : 전선관 공사 시 전선을 여러 가닥 넣을 때 쉽게 넣을 수 있는 공구이다.   【정답】④

42. 금속관을 가공할 때 절단된 내부를 매끈하게 하기 위하여 사용하는 공구의 명칭은?

① 리머   ② 프레셔 툴

③ 오스터   ④ 녹아웃 펀치

|문|제|풀|이|

[리머] 금속관을 가공할 때 절단된 내부를 매끈하게 하기 위하여 사용하는 공구이다. 매끈하게 다듬질 된 구멍에 사용하는 볼트를 리머 볼트라고 한다.

※② 프레셔 툴 : 솔더리스 터미널 눌러 붙임 공구
   ③ 오스터 : 금속관 끝에 나사를 내는 공구. 래칫과 다이스로 구성
   ④ 녹아웃 펀치 : 스위치박스에 전선관용 구멍을 뚫기 위해 녹아웃 펀치를 사용한다.

※153페이지 [04 배선재료] 참조   【정답】①

43. 한국전기설비규정에 의하면 정격전류가 30[A]인 저압전로의 과전류차단기를 산업용 배선용 차단기로 사용하는 경우 39[A]이 전류가 통과하였을 때 몇 분 이내에 자동적으로 동작하여야 하는가?

① 60   ② 120   ③ 2   ④ 4

|문|제|풀|이|

[과전류트립 동작시간 및 특성(산업용 배선용 차단기)]

정격전류의 구분	시간	정격전류의 배수 (모든 극에 통전)	
		부동작 전류	동작 전류
63[A] 이하	60분	1.05배	1.3배
63[A] 초과	120분	1.05배	1.3배

【정답】①

44. 옥내 배선에서 주로 사용하는 직선 접속 및 분기 접속 방법은 어떤 것을 사용하여 접속하는가?

① 구리선 눌러 붙임 단자   ② 슬리브

③ 와이어커넥터   ④ 꽂음형 커넥터

|문|제|풀|이|

[슬리브 접속] 전선 상호를 접속할 때 슬리브를 압축하여 직선 접속과 분기접속을 할 수 있다.

[와이어커넥터] 심선 가닥을 모아 소형 와이어커넥터를 끼워 조인다.

【정답】②

45. 합성수지관배선에 대한 설명으로 틀린 것은?

① 합성수지관배선은 절연전선을 사용하여야 한다.

② 합성수지관 내에서 전선의 접속점을 만들어서는 안 된다.

③ 합성수지관배선은 중량물의 압력 또는 심한 기계적 충격을 받는 장소에 시설하여서는 안 된다.

④ 합성수지관의 배선에 사용되는 관 및 박스, 기타 부속품은 온도 변화에 의한 신축을 고려할 필요가 없다.

|문|제|풀|이|

[합성수지관 공사]

· 합성수지관 공사는 중량물의 압력 또는 현저한 기계적 충격을 받을 우려가 없도록 시설하여야 한다.

· 전선은 합성수지관 안에서 접속점이 없도록 할 것

· 전선은 절연전선(옥외용 비닐 절연전선을 제외한다)일 것

· 관의 지지점 간의 거리는 1.5[m] 이하로 하고, 또한 그 지지점은 관의 끝·관과 박스의 접속점 및 관 상호 간의 접속점 등에 가까운 곳에 시설할 것　　　　　　　**【정답】④**

46. 한 분전반에 사용전압이 각각 다른 분기회로가 있을 때 분기회로를 쉽게 식별하기 위한 방법으로 가장 적합한 것은?

① 차단기별로 분리해 놓는다.

② 차단기나 차단기 가까운 곳에 각각 전압을 표시하는 명판을 붙여놓는다.

③ 왼쪽은 고압 측 오른쪽은 저압 측으로 분류해 놓고 전압표시는 하지 않는다.

④ 분전반을 철거하고 다른 분전반을 새로 설치한다.

|문|제|풀|이|

[분전반의 시설 원칙]

· 분전반의 이면에는 배선 및 기구를 배치하지 말 것

· 강판제인 경우 함의 두께는 1.2[mm] 이상일 것

· 한 분전반에 사용전압이 각각 다른 분기회로가 있을 때, 분기회로를 쉽게 식별하기 위해 차단기나 차단기 가까운 곳에 각각의 전압을 표시하는 명판을 붙여 놓을 것　　　　　**【정답】②**

47. 다음 중 굵은 Al 선을 박스 안에서 접속하는 방법으로 적합한 것은?

① 링 슬리브에 의한 접속

② 비틀어 꽂는 형의 전선 접속기에 의한 방법

③ C형 접속기에 의한 접속

④ 맞대기용 슬리브에 의한 눌러 붙임 접속

|문|제|풀|이|

[Al(알루미늄) 전선의 접속] 직선·분기접속은 C, E, H형인 접속기를 사용해야 한다.　　　　　　　　　　**【정답】③**

48. 사용전압 400[V] 이상, 건조한 장소로 점검할 수 있는 은폐된 곳에 저압 옥내배선 시 공사할 수 없는 방법은?

① 금속몰드공사　　　　② 금속덕트공사

③ 버스덕트공사　　　　④ 애자사용공사

|문|제|풀|이|

[사용전압 및 시설 장소에 따른 공사 분류]

시설장소 \ 사용전압		400[V] 미만	400[V] 이상
전개된 장소	건조한 장소	애자 사용 공사, 합성수지 몰드 공사, 금속 덕트 공사, 버스 덕트 공사, 라이팅 덕트 공사	애자 사용 공사, 금속 덕트 공사, 버스 덕트 공사
	기타의 장소	애자 사용 공사, 버스 덕트 공사	애자 사용 공사
점검할 수 있는 은폐장소	건조한 장소	애자 사용 공사, 합성수지 몰드 공사, 금속 몰드 공사, 금속 덕트 공사, 버스 덕트 공사, 셀룰러 덕트 공사, 평형 보호층 공사, 라이팅 덕트 공사	애자사용공사 금속덕트공사 버스덕트 공사
	기타의 장소	애자 사용 공사	애자 사용 공사
점검할 수 없는 은폐장소	건조한 장소	플로어 덕트, 셀룰러 덕트 공사	

【정답】①

49. 합성수지관 상호 접속 시에 관을 삽입하는 깊이는 관 바깥지름의 몇 배 이상으로 하여야 하는가? (단, 접착제를 사용한 경우)

① 0.6   ② 0.8   ③ 1.0   ④ 1.2

|문|제|풀|이|

[합성수지관 공사] 관 상호간 및 박스와는 삽입하는 깊이를 관 바깥지름의 1.2배(접착제 사용하는 경우 0.8배) 이상으로 견고하게 접속할 것　　　　　　　　　　　　**【정답】②**

50. 저압 이웃 연결 인입선의 시설규정으로 적합한 것은?

① 분기점으로부터 110[m] 지점에 시설
② 5[m] 도로를 횡단하여 시설
③ 수용가 옥내를 관통하여 시설
④ 지름 1.0[mm] 인입용 비닐절연전선을 사용

|문|제|풀|이|

[저압 이웃 연결(연접) 인입선의 시설]
1. 인입선에서 분기하는 점으로부터 100[m]를 넘는 지역에 미치지 않을 것
2. 폭 5[m]를 넘는 도로를 횡단하지 않을 것
3. 다른 수용가의 옥내를 통과하지 않을 것
4. 전선은 지름 2.6[mm] 경동선 사용(단, 지지물 간 거리가 15[m] 이하인 경우 2.0[mm] 경동선을 사용한다.)　　**【정답】②**

51. 애자사용공사를 건조한 장소에 시설하고자 한다. 사용 전압이 400[V] 미만인 경우 전선과 조영재 사이의 간격은 최소 몇 [cm] 이상 이어야 하는가?

① 2.5   ② 4.5   ③ 6.0   ④ 12

|문|제|풀|이|

[애자사용공사]
·옥외용 비닐 절연 전선(OW) 및 인입용 비닐 절연 전선(DV)을 제외한 절연 전선을 사용할 것
·전선 상호간의 간격은 6[cm] 이상일 것
·전선과 조영재의 간격
　-400[V] 미만은 2.5[cm] 이상
　-400[V] 이상의 저압은 4.5[cm] 이상　　**【정답】①**

52. 화약고 등의 위험장소에서 전기설비 시설에 관한 내용으로 틀린 것은?

① 전로의 대지전압을 300[V] 이하 일 것
② 전기기계기구는 전폐형을 사용할 것
③ 화약류 저장소 안의 전기설비에 전기를 공급하는 전로에는 화약류 저장소 안에 전용 개폐기 및 과전류 차단기를 설치할 것
④ 케이블을 전기기계기구에 인입할 때에는 인입구에서 케이블이 손상될 우려가 없도록 시설할 것

|문|제|풀|이|

[화약류 저장소에서 전기설비의 시설]
화약류 저장소 안에는 전기설비를 시설하여서는 아니 된다. 다만, 백열전등이나 형광등 또는 이들에 전기를 공급하기 위한 전기설비는 다음 각 호에 따라 시설하는 경우에는 그러하지 아니하다.
1. 전로의 대지 전압은 300[V] 이하일 것
2. 전기기계기구는 전폐형의 것일 것
3. 케이블을 전기기계기구에 인입할 때에는 인입구에서 케이블이 손상될 우려가 없도록 시설할 것
4. 전용의 과전류 개폐기 및 과전류 차단기는 화약류 저장소 이외의 곳에 시설하고 누전차단기, 누전경보기를 시설
5. 각 개폐기 및 차단기에서 지정 장소까지는 케이블로 시설
　　　　　　　　　　　　　　　　　　【정답】③

53. 수·변전 설비의 고압회로에 걸리는 전압을 표시하기 위해 전압계를 시설할 때 고압회로와 전압계 사이에 시설하는 것은?

① 관통형 변압기   ② 계기용 변류기
③ 계기용 변압기   ④ 권선형 변류기

|문|제|풀|이|

[계기용 변압기(PT)] 고전압을 저전압(110[V])으로 변성하여 계기나 계전기에 전압원 공급
※② 계기용 변류기(CT) : 대전류를 소전류(5[A])로 변성, 계기나 계전기에 전류원 공급　　　　　　　　　　　　　　**【정답】③**

54. 연선 결정에 있어서 중심 소선을 뺀 층수가 3층이다. 전체 소선수는?

① 91 ② 61 ③ 37 ④ 19

|문|제|풀|이|
[소선의 총수] $N = 1 + 3n(n+1) \rightarrow (n :$ 소선의 층수$)$
소선의 층수(n) : 3층
$\therefore$ 소선의 총수 $N = 1 + 3n(n+1) = 1 + 9 \times 4 = 37$

【정답】③

55. 수전전력 500[kW] 이상인 고압 수전 설비의 인입구에 낙뢰나 혼촉 사고에 의한 이상 전압으로부터 선로와 기기를 보호할 목적으로 시설하는 것은?

① 단로기(DS)
② 배선용차단기(MCCB)
③ 피뢰기(LA)
④ 누전차단기(ELB)

|문|제|풀|이|
[피뢰기(LA)] 피뢰기는 낙뢰나 혼촉 사고 등 이상 전압에 대해서 선로와 기기를 보호할 목적으로 설치하며 피뢰기의 제한 전압은 절연 협조의 기본이 된다.

【정답】③

56. 다음 중 과전류차단기를 설치하는 곳은?

① 간선의 전원측 전선
② 접지공사의 접지선
③ 다선식 전로의 중성선
④ 접지공사를 한 저압 가공 전선로의 접지측 전선

|문|제|풀|이|
[과전류 차단기 설치 제한]
② 접지공사의 접지선
③ 다선식 전로의 중성선
④ 접지공사를 한 저압 가공 전선로의 접지측 전선

【정답】①

57. 마그네슘, 알루미늄, 티탄 등의 먼지가 많거나 또는 화약류의 가루가 전기설비 발화원이 되어 폭발할 우려가 있는 곳에 시설하는 저압 옥내 전기설비의 시설방법으로 틀린 것은?

① 사용전압이 400[V] 이상인 방전등을 제외한다.
② 출퇴표시등 회로의 전선은 금속관 공사 또는 케이블 공사에 의한다.
③ 금속관 상호 간 및 관과 박스, 관과 전기기계 기구와는 5턱 이상 나사조임으로 접속한다.
④ 캡타이어 케이블을 사용할 수 있다.

|문|제|풀|이|
[폭연성 먼지 위험장소]
1. 사용전압이 400[V] 이상인 방전 등을 제외한다.
2. 출퇴 표시등 회로의 전선은 금속관 공사 또는 케이블 공사(캡타이어 케이블을 사용하는 것을 제외한다)에 의할 것.
3. 관 상호 간 및 관과 박스 기타의 부속품·풀박스 또는 전기기계기구와는 5턱 이상 나사 조임으로 접속할 것.

【정답】④

58. 가요전선관 공사에 대한 설명으로 틀린 것은?

① 가요전선관 상호의 접속은 커플링으로 하여야 한다.
② 1종 금속제 가요전선관은 두께 1.8[mm] 이상인 것을 사용하여야 한다.
③ 가요전선관 및 그 부속품은 기계적, 전기적으로 완전하게 연결하고 적당한 방법으로 조영재 등에 확실하게 지지하여야 한다.
④ 가요전선관 및 부속품은 접지공사를 하여야 한다.

|문|제|풀|이|
[가요 전선관 공사]
가요 전선관 공사에 의한 저압 옥내 배선의 시설
1. 전선은 절연전선(옥외용 비닐 절연전선을 제외한다)일 것
2. 전선은 연선일 것. 다만, 단면적 10[mm²](알루미늄선은 단면적 16[mm²]) 이하인 것은 그러하지 아니한다.
3. 가요전선관 안에는 전선에 접속점이 없도록 할 것
4. 1종 금속제 가요 전선관은 두께 0.8[mm] 이상인 것일 것
5. 가요전선관공사는 접지공사를 할 것

【정답】②

59. 옥내 저압 이동전선으로 사용하는 캡타이어케이블에는 단심, 2심, 3심, 4~5심이 있다. 이때 도체 공칭 단면적의 최소값은 몇 $[mm^2]$인가?

① 0.75　　② 2　　③ 5.5　　④ 8

|문|제|풀|이|

[캡타이어케이블] 캡타이어 케이블의 공칭단면적은 최소 0.75~ 최대 1000$[\text{mm}^2]$　　　　【정답】①

※한국전기설비규정(KEC) 적용으로 인해 더 이상 출제되지 않는 문제는 삭제했습니다.

01. 기전력 220[V], 내부저항(r)이 25[Ω]인 전원이 있다. 여기에 부하저항(R)을 연결하여 얻을 수 있는 최대 전력(W)은? (단, 최대 전력 전달 조건은 $r = R$이다.)

① 242　　　　　② 484

③ 968　　　　　④ 1936

|문|제|풀|이|

[교류회로의 유효전력(P) 및 전류(A)]

1. 전류 $I = \dfrac{V}{R}[A]$

　여기서, I : 전류[A], V : 전압[V], R : 전체저항(내부저항+부하저항)

2. 유효전력 $P = I^2 R[W]$

　여기서, I : 전류[A], R : 저항(실제저항, 즉 부하저항)

기전력(V) : 220[V], 내부저항(r) : 25[Ω]

최대전력은 내부저항과 부하저항이 같을 때이다($r = R$)

따라서 부하저항(R)도 25[Ω]이므로 저항합이 50[Ω]

전류 $I = \dfrac{V}{R} = \dfrac{220}{50} = 4.4[A]$

　⌐―――――――(전체저항=내부저항+부하저항)

전력 $P = I^2 R = 4.4^2 \times 25 = 484[W]$

　　　　　　　　　　　　　　　　【정답】②

　⌐―― (실제 저항, 즉 부하저항)

02. 전계의 세기 60[V/m], 전속밀도 100[C/m^2]인 유전체의 단위 체적에 축적되는 에너지는?

① 1000[J/m^3]　　　② 3000[J/m^3]

③ 6000[J/m^3]　　　④ 12000[J/m^3]

|문|제|풀|이|

[단위 체적당 저장되는 에너지] $W = \dfrac{1}{2}ED[J/m^3]$

전계의 세기(E) : 60[V/m], 전속밀도(D) : 100[C/m^2]

∴ $W = \dfrac{1}{2}D \cdot E[J/m^3] = \dfrac{1}{2} \times 100 \times 60 = 3000[J/m^3]$

　　　　　　　　　　　　　　　　【정답】②

03. 권수 400회의 코일에 5[A]의 전류가 흘러서 0.04[Wb]의 자속이 코일을 지난다고 하면, 이 코일의 자체인덕턴스는 몇 [H]인가?

① 0.25　　　　　② 0.35

③ 2.5　　　　　④ 3.2

|문|제|풀|이|

[자기인덕턴스] $L = \dfrac{N\varnothing}{I}[H]$　　　　　→ $(LI = N\varnothing)$

권수(N) : 400회, 전류(I) : 5[A], 자속($\varnothing$) : 0.04[Wb]

∴자기인덕턴스 $L = \dfrac{N\varnothing}{I} = \dfrac{400 \times 0.04}{5} = 3.2[H]$

　　　　　　　　　　　　　　　　【정답】④

04. 다음 설명 중에서 틀린 것은?

① 코일은 직렬로 연결할수록 인덕턴스가 커진다.

② 콘덴서는 직렬로 연결할수록 용량이 커진다.

③ 저항은 병렬로 연결할수록 저항치가 작아진다.

④ 리액턴스는 주파수의 함수이다.

|문|제|풀|이|

① 코일은 직렬로 연결할수록 인덕턴스가 커진다.

　→ $L = L_1 + L_2 \pm 2M$

② 콘덴서는 직렬로 연결할수록 용량이 작아진다.

　→ $C_0 = \dfrac{1}{\dfrac{1}{C_1} + \dfrac{1}{C_2}} = \dfrac{C_1 \times C_2}{C_1 + C_2}[\Omega]$

③ 저항은 병렬로 연결할수록 저항치가 작아진다.

　→ $R_0 = \dfrac{1}{\dfrac{1}{R_1} + \dfrac{1}{R_2}} = \dfrac{R_1 \times R_2}{R_1 + R_2}[\Omega]$

④ 리액턴스는 주파수의 함수이다.

　→ 유도성리액턴스 : $X_L = \omega L = 2\pi f L[\Omega]$

　　　　　　　　　　　　　　　　【정답】②

05. *RL* 직렬 회로에서 컨덕턴스는?

① $\dfrac{R}{R^2+X_L^2}$　　② $\dfrac{X_L}{R^2+X_L^2}$

③ $\dfrac{-R}{R^2+X_L^2}$　　④ $\dfrac{-X_L}{R^2+X_L^2}$

|문|제|풀|이|

[*RL* 직렬 회로의 어드미턴스] $Y=G+jB$

여기서, G : 컨덕턴스, B : 서셉턴스

RL 직렬회로의 서셉턴스는 어드미턴스(Y)의 허수부를 말한다.

$G=\dfrac{R}{R^2+X_L^2},\ B=\dfrac{-X}{R^2+X_L^2}$ 로 나타낸다.

【정답】①

06. 어느 자기장에 의하여 생기는 자기장의 세기를 2배로 하려면 자극으로부터의 거리를 몇 배로 하여야 하는가?

① $\sqrt{2}$ 배　　② $\dfrac{1}{\sqrt{2}}$ 배

③ 2배　　④ $\dfrac{1}{2}$ 배

|문|제|풀|이|

[자기장의 세기] $H=\dfrac{1}{4\pi\mu}\cdot\dfrac{m}{r^2}[AT/m]$

여기서, μ : 투자율, m : 자극의 세기, r : 거리

$H\propto\dfrac{1}{r^2}$ 에서 $r\propto\dfrac{1}{\sqrt{H}}$

자기장의 세기를 2배로 하면 $r=\dfrac{1}{\sqrt{H}}=\dfrac{1}{\sqrt{2}}$

【정답】②

07. 같은 저항 4개를 그림과 같이 연결하여 a-b간에 일정 전압을 가했을 때 소비전력이 가장 큰 것은 어느 것인가?

① a ○─⌇⌇⌇R─⌇⌇⌇R─⌇⌇⌇R─⌇⌇⌇R─○ b

② a ○─⌇⌇R─⌇⌇R─⌇⌇R / R─○ b

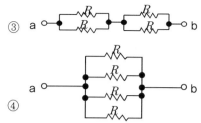

|문|제|풀|이|

[소비전력(P)] $P=VI=I^2R=\dfrac{V^2}{R}[W]$

여기서, V : 전압, I : 전류, R : 저항

$P=VI=I^2R=\dfrac{V^2}{R}[W]$ 에서

전압이 일정하므로 저항(R)값에 따라 소비전력이 변한다. 즉, <u>소비전력은 저항에 반비례</u>한다.

각 회로의 저항을 구하면

① $R_{ab}=R+R+R+R=4R$

② $R_{ab}=R+R+\dfrac{1}{\frac{1}{R}+\frac{1}{R}}=\dfrac{5R}{2}$

③ $R_{ab}=\dfrac{1}{\frac{1}{R}+\frac{1}{R}}+\dfrac{1}{\frac{1}{R}+\frac{1}{R}}=R$

④ $R_{ab}=\dfrac{1}{\frac{1}{R}+\frac{1}{R}+\frac{1}{R}+\frac{1}{R}}=\dfrac{R}{4}$

【정답】④

08. 파고율, 파형률이 가장 큰 파형은?

① 사인파　　② 고조파

③ 구형파　　④ 삼각파

|문|제|풀|이|

[파고율, 파형률]

	구형파	삼각파	정현파 (사인파)	정류파 (전파)	정류파 (반파)
파형률		1.15	1.11		1.57
파고율	1.0	$\sqrt{3}=1.732$	$\sqrt{2}=1.414$		2.0

【정답】④

09. 다음에서 나타내는 법칙은?

> 같은 전기량에 의해서 여러 가지 화합물이 전해될 때 석출되는 물질의 양은 그 물질의 화학당량에 비례한다.

① 줄의 법칙　　　　② 렌츠의 법칙

③ 앙페르의 법칙　　④ 패러데이의 법칙

|문|제|풀|이|

[패러데이의 법칙] 같은 전기량에 의해서 여러 가지 화합물이 전해될 때 석출되는 물질의 양은 그 물질의 화학당량에 비례한다.

※① 줄의 법칙 : 전류에 의해 생기는 열량은 전류의 세기의 제곱, 도체의 전기저항, 전류가 흐른 시간에 비례

② 렌츠의 법칙 : 유도 기전력은 자신이 발생 원인이 되는 자속의 변화를 방해하려는 방향으로 발생한다.

③ 앙페르의 법칙 : 전류가 흐르는 방향(+) → (−)으로 오른손 엄지손가락을 향하면, 나머지 손가락은 자기장의 방향이 된다.

【정답】④

10. 유전율 ϵ의 유전체 내에 있는 전하 Q[C]에서 나오는 전기력선 수는?

① Q　　　　　　② $\dfrac{Q}{\epsilon_0}$

③ $\dfrac{Q}{\epsilon}$　　　　　　④ $\dfrac{Q}{\epsilon_s}$

|문|제|풀|이|

[전기력선 총 수] $N = \dfrac{Q}{\epsilon} = \dfrac{Q}{\epsilon_0 \epsilon_s}$

여기서, Q : 전하, ϵ : 유전율($\epsilon = \epsilon_0 \epsilon_s$)

1. 진공시 $N = \dfrac{Q}{\epsilon_0}$　　　　　→ (진공시 비유전율 $\epsilon_s = 1$)

2. 유전체 내 $N = \dfrac{Q}{\epsilon} = \dfrac{Q}{\epsilon_0 \epsilon_s}$　　　　【정답】③

11. 단상 전압 220[V]에 소형 전동기를 접속 하였더니 3.5[A]의 전류가 흘렀다. 이때의 역률이 80[%]이었다. 이 전동기의 소비전력[W]은?

① 336[W]　　　　② 425[W]

③ 616[W]　　　　④ 715[W]

|문|제|풀|이|

[소비전력] $P = VI\cos\theta[W]$

여기서, V : 전압, : 전류, $\cos\theta$: 역률

전압(V) : 220[V], 전류(I) : 3.5[A], 역률($\cos\theta$) : 80[%]

$\therefore P = VI\cos\theta = 220 \times 3.5 \times 0.8 = 616[W]$　　【정답】③

12. 알칼리 축전지의 대표적인 축전지로 널리 사용되고 있는 2차전지는?

① 망간전지　　　　② 산화은 전지

③ 페이퍼 전지　　④ 니켈 카드뮴 전지

|문|제|풀|이|

[축전지]

1. 1차 전지(재생이 불가능한 전지) : 전기학 및 전기화학분야에서 화학 에너지를 직접 전기 에너지로 바꾸는 장치로 불타전지, 망간 건전지, 수은 건전지, 표준전지, 연료전지 등이 있다.

2. 2차 전지 : 외부의 전기 에너지를 화학 에너지의 형태로 바꾸어 저장해 두었다가 필요할 때에 전기를 만들어 내는 장치로 납축전지, 니켈 카드뮴 전지, 리튬이온전지 등이 있다.

【정답】④

13. 다음이 설명하는 것은?

> 금속 A와 B로 만든 열전쌍과 접점 사이에 임의의 금속 C를 연결해도 C의 양 끝의 접점의 온도를 똑같이 유지하면 회로의 열기전력은 변화하지 않는다.

① 제벡효과　　　　② 톰슨효과

③ 제3금속의 법칙　④ 펠티에법칙

|문|제|풀|이|

① 제벡효과 : 서로 다른 두 종류의 금속선을 접합하여 폐회로를 만든 후 두 접합점의 온도를 달리하였을 때, 폐회로에 열기전력이 발생하여 열전류가 흐르게 된다. 이러한 현상을 제벡 효과라 하며 이때 연결한 금속 루프를 열전대라 한다.

② 톰슨효과 : 동일 종류 금속 접속면에서의 열전 현상

④ 펠티에효과 : 두 종류 금속 접속면에 전류를 흘리면 접속점에서 열의 흡수, 발생이 일어나는 효과　　【정답】③

14. 황산구리($CuSO_4$)의 전해액에 2개의 동일한 구리판을 넣고 전원을 연결하였을 때 양극에서 나타나는 변화를 옳게 설명한 것은?

① 변화가 없다.
② 구리판이 두꺼워진다.
③ 구리판이 얇아진다.
④ 수소 가스가 발생한다.

|문|제|풀|이|
[양극] 산화반응에 의해 구리가 사용되므로 얇아진다.
[음극] 환원반응에 의해 구리 이온이 부착 되므로 두터워진다.
【정답】③

15. 자극 가까이에 물체를 두었을 때 자화되는 물체와 자석이 그림과 같은 방향으로 자화되는 자성체는?

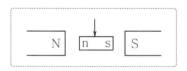

① 구리   ② 철
③ 알루미늄   ④ 백금

|문|제|풀|이|
[반자성체] 자석을 접근시킬 때 같은 극이 생겨 서로 반발하는 금속, 영구자기 쌍극자가 없는 재질, 비스무트(Bi), 탄소(C), 규소(Si), 납(Pb), 아연(Zn), 황(S), 구리(Cu) 등

※① 상자성체 : 인접 영구자기 쌍극자의 방향이 규칙성이 없는 재질, 알루미늄(Al), 망간(Mn), 백금(Pt), 주석(Sn), 산소(O_2), 질소(N_2), 텅스텐(W) 등

자화되는 물체

② 강자성체 : 상자성체 중 자화의 강도가 큰 금속, 철(Fe), 니켈(Ni), 코발트(Co)
【정답】①

16. 진공 중의 두 점전하 $Q_1[C], Q_2[C]$가 거리 $r[m]$ 사이에서 작용하는 정전력[N]의 크기를 옳게 나타낸 것은?

① $9 \times 10^9 \times \dfrac{Q_1 Q_2}{r^2}$ ② $6.33 \times 10^4 \times \dfrac{Q_1 Q_2}{r^2}$

③ $9 \times 10^9 \times \dfrac{Q_1 Q_2}{r}$ ④ $6.33 \times 10^4 \times \dfrac{Q_1 Q_2}{r}$

|문|제|풀|이|
[진공 중의 두 전하 사이에 작용하는 힘]
$$F = \frac{1}{4\pi\epsilon_0} \cdot \frac{Q_1 Q_2}{r^2} = 9 \times 10^9 \times \frac{Q_1 Q_2}{r^2}[N] \quad \rightarrow \quad (\frac{1}{4\pi\epsilon_0} = 9 \times 10^9)$$
여기서, F : 정전기력[N], Q_1, Q_2 : 전하(전기량)[C]
r : 두 전하 사이의 거리[m], $\epsilon : \epsilon_0 \epsilon_s$
ϵ_0 : 진공중의 유전율($= 8.855 \times 10^{-12}$[F/m])
ϵ_s : 비유전율(진공중에서 $\epsilon_s = 1$)
【정답】①

17. "임의의 폐회로에서의 기전력 총합은 회로소자에서 발생하는 전압강하의 총합과 같다"라고 정의되는 법칙은?

① 키르히호프의 제1법칙
② 키르히호프의 제2법칙
③ 플레밍의 오른손 법칙
④ 앙페르의 오른나사 법칙

|문|제|풀|이|
① 키르히호프의 제1법칙 (전류)] 회로의 한 점에서 볼 때
$$\sum 유입전류 = \sum 유출전류$$
② 키르히호프의 제2법칙(전압)] 임의의 폐회로에서의 기전력 총합은 회로소자에서 발생하는 전압강하의 총합과 같다.
($\sum$기전력 $= \sum$전압강하).
③ 플레밍의 오른손법칙 : 자기장 속에서 도선을 움직일 때 유도 기전력에 유도되는 전류의 방향(발전기의 원리)
④ 앙페르(Ampere)의 오른나사법칙 : 전류가 흐르는 방향(+ → -)으로 오른손 엄지손가락을 향하면, 나머지 손가락은 자기장의 방향이 된다.
【정답】②

18. R_1=3[Ω], R_2=5[Ω], R_3=6[Ω]의 저항 3개를 그림과 같이 병렬로 접속한 회로에 30[V]의 전압을 가하였다면 이때 R_2 저항에 흐르는 전류[A]는 얼마인가?

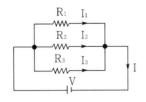

① 6   ② 10   ③ 15   ④ 20

|문|제|풀|이|

[옴의 법칙] $I = \dfrac{V}{R}[A]$

저항 R_1=3[Ω], R_2=5[Ω], R_3=6[Ω], V=30[V]
병렬이므로 전압은 일정하다.

$\therefore I_2 = \dfrac{V}{R_2} = \dfrac{30}{5} = 6[A]$　　　　【정답】①

19. 단위 길이당 권수 1000회인 무한장 솔레노이드에 10[A]의 전류가 흐를 때 솔레노이드 외부의 자장 (AT/m)은?

① 0   ② 100
③ 1000   ④ 10000

|문|제|풀|이|

[무한장 솔레노이드 외부의 자기장의 세기] $H = 0$이다.

※무한장솔레노이드 내부의 자기장의 세기 $H = nI[\text{AT/m}]$
　여기서, H : 자기장의 세기, n : 단위 길이당 권수, I : 전류
단위 길이 당($l = 1$) 권수(N) : 1000, 전류(I) : 10[A]
　$H = nI = 1000 \times 10 = 10,000[\text{AT/m}]$　【정답】①

20. 도체가 자기장에서 받는 힘의 관계 중 틀린 것은?

① 자기력선속 밀도에 비례
② 도체의 길이에 반비례
③ 흐르는 전류에 비례
④ 도체가 자기장과 이루는 각도에 비례 (0°~90°)

|문|제|풀|이|

[도체가 자기장에서 받는 힘]
전자력 크기 $F = BIl\sin\theta[N]$

여기서, B : 자속밀도[Wb/m^2], I : 도체에 흐르는 전류[A]
　　　　l : 도체의 길이[m], θ : 자장과 도체가 이루는 각

※② 도체의 길이에 비례　　　　　　　　　　【정답】②

21. 직류발전기의 무부하특성곡선은?

① 부하전류와 무부하 단자전압과의 관계이다.
② 계자전류와 부하전류와의 관계이다.
③ 계자전류와 무부하 단자전압과의 관계이다.
④ 계자전류와 회전력과의 관계이다.

|문|제|풀|이|

[무부하특성곡선] 정격 속도에서 무부하 상태의 계자전류(I_f)와 유기지전력(E)와의 관계를 나타내는 곡선을 무부하 특성 곡선 또는 무부하 포화 곡선이라고 한다. (I_f : 계자전류 [A], E : 유기기전력)
　　　　　　　　　　　　　　　　　　　　　【정답】③

22. 전기자도체의 총수 500, 10극, 단중 파권으로 매극의 자속수가 0.2[Wb]인 직류발전기가 600[rpm]으로 회전할 때의 유도기전력은 몇 [V]인가?

① 2,500   ② 5,000
③ 10,000   ④ 15,000

|문|제|풀|이|

[직류발전기의 유도기전력] $E = p\varnothing\dfrac{N}{60}\dfrac{z}{a}[V]$

전기자도체의 총수(z) : 500, 극수(p) : 10극
병렬회로수(a)(단중 파권, a=2), 자속수($\varnothing$) : 0.2[Wb]
회전수(N) : 600[rpm]

$\therefore E = p\varnothing\dfrac{N}{60}\dfrac{z}{a} = 10 \times 0.2 \times \dfrac{600}{60} \times \dfrac{500}{2} = 5000[V]$

　　　　　　　　　　　　　　　　　　　　　【정답】②

23. 직류 직권전동기의 회전수(N)와 토크(τ)와의 관계는?

① $\tau \propto \dfrac{1}{N}$ ② $\tau \propto \dfrac{1}{N^2}$

③ $\tau \propto N$ ④ $\tau \propto N^{\frac{3}{2}}$

|문|제|풀|이|⎯⎯⎯⎯⎯⎯⎯⎯

[직류 전동기의 토크 특성]

1. 직류 분권전동기의 토크 $\tau = \dfrac{P}{2\pi\dfrac{N}{60}} = 9.55\dfrac{P}{N}[\text{N}\cdot\text{m}]$ 이므로

    $\rightarrow r \propto \dfrac{1}{N}$

2. 직류 직권 전동기는 $I_a = I_s = I$ 가 되고 $I_s \propto \varnothing$ 로써 정비례하게
되므로 $\tau \propto \varnothing I_a$ 에서 $\tau \propto I_s I_a \propto I_a^2 \propto I^2$

   $\tau \propto \dfrac{1}{N}$ 을 $\tau \propto I^2$ 에 대입하면 $\rightarrow \therefore \tau \propto \dfrac{1}{N^2}$ 【정답】②

24. 직류 직권전동기의 벨트 운전을 금지하는 이유는?

① 벨트가 벗겨지면 위험 속도에 도달한다.
② 손실이 많아진다.
③ 벨트가 마모하여 보수가 곤란하다.
④ 직결하지 않으면 속도제어가 곤란하다.

|문|제|풀|이|⎯⎯⎯⎯⎯⎯⎯⎯

[직류 직권전동기] 직류직권 전동기는 운전 중 벨트가 벗겨지면
무부하 상태가 되어 위험 속도가 된다. 【정답】①

25. 직류전동기에서 전기자에 가해 주는 전원전압을
낮추어서 전동기의 유도기전력을 전원전압보다
높게 하여 제동하는 방법은?

① 맴돌이 전류제동   ② 발전제동
③ 역전제동   ④ 회생제동

|문|제|풀|이|⎯⎯⎯⎯⎯⎯⎯⎯

[직류 전동기의 제동법 (회생제동)] 전동기의 전원을 접속한 상태
에서 전동기에 유기되는 역기전력을 전원 전압보다 크게 하여 이때
발생하는 전력을 전원으로 반환하면서 제동하는 방식

※① 맴돌이전류제동 : 자기장과 맴돌이전류의 상호작용 때문에 생기는 힘
   을 이용한 제동장치
 ② 발전제동 : 발생 전력을 내부에서 열로 소비하는 제동방식

③ 역전제동 : 역전제동은 3상중 2상의 결선을 바꾸어 역회전시킴으로
제동시키는 방식이다. 급정지 시 가장 좋다.
【정답】④

26. 동기 발전기의 병렬운전 중에 기전력의 위상차가
생기면?

① 위상이 일치하는 경우보다 출력이 감소한다.
② 부하 분담이 변한다.
③ 무효 순환전류가 흘러 전기자 권선이 과열
된다.
④ 동기화력이 생겨 두 기전력의 위상이 동상이
되도록 작용한다.

|문|제|풀|이|⎯⎯⎯⎯⎯⎯⎯⎯

[동기 발전기 병렬운전 조건 및 조건이 다른 경우]

병렬 운전 조건	조건이 맞지 않는 경우
·기전력의 크기가 같을 것	·무효순환전류(무효횡류)
·기전력의 위상이 같을 것	·동기화전류(유효횡류)
·기전력의 주파수가 같을 것	·동기화전류
·기전력의 파형이 같을 것	·고주파 무효순환전류

#기전력의 위상이 같지 않을 때는 동기화 전류(유효순환전류)가 흐르고
동기화력작용(서로 같아지려고 하는 작용), 출력 변동이 일어난다.
【정답】④

27. 변압기의 정격출력으로 맞는 것은?

① 정격1차전압 × 정격1차전류
② 정격1차전압 × 정격2차전류
③ 정격2차전압 × 정격1차전류
④ 정격2차전압 × 정격2차전류

|문|제|풀|이|⎯⎯⎯⎯⎯⎯⎯⎯

[변압기의 정격] 변압기정격은 2차 측을 기준으로 한다.
정격용량$[\text{VA}] = V_{2n}[V] \times I_{2n}[A]$

여기서, V_{2n} : 정격2차전압[V], I_{2n} : 정격2차전류[A]
【정답】④

28. 동기전동기에서 난조를 방지하기 위하여 자극면에 설치하는 권선을 무엇이라 하는가?

① 제동권선　　　　② 계자권선
③ 전기자권선　　　④ 보상권선

|문|제|풀|이|

[난조(Hunting)] 부하가 급변하는 경우 회전속도가 동기속도를 중심으로 빨라지고 늦어지고 하는 감쇠 주기적인 진동을 난조라고 하고, 난조가 심하면 동기를 이탈하게 된다.

[원인]
· 속도조절기의 감도가 예민한 경우
· 전기자저항 등 계통저항이 커서 동기화력을 줄이거나 고주파가 계통에 포함될 때
· 각속도가 일정하지 않는 경우

[대책]
· 제동권선을 설치한다.
· 관성효과를 증대시킨다.
· 리액턴스 성분을 증가시킨다.　　　　【정답】①

29. 동기전동기에 대한 설명으로 옳지 않은 것은?

① 정속도 전동기로 비교적 회전수가 낮고 큰 출력이 요구되는 부하에 이용된다.
② 난조가 발생하기 쉽고 속도제어가 간단하다.
③ 전력계통의 전류 세기, 역률 등을 조정할 수 있는 무효 전력 보상 장치로 사용된다.
④ 가변주파수에 의해 정밀속도 제어 전동기로 사용된다.

|문|제|풀|이|

[동기전동기]
1. 동기전동기의 장점
· 속도가 일정하다.　　· 언제나 역률 1로 운전할 수 있다.
· 효율이 좋다.　　　· 공극이 크고 기계적으로 튼튼하다.
2. 동기전동기의 단점
· 기동시 토크를 얻기가 어렵다.
· 속도 제어가 어렵다.
· 구조가 복잡하다.
· 난조가 일어나기 쉽다.
· 가격이 고가이다.
· 직류 전원 설비가 필요하다.(직류 여자 방식)
　　　　　　　　　　　　　　　　　　【정답】②

30. 3상동기전동기의 출력[P]을 부하각으로 나타낸 것은? (단, V는 1상 단자전압, E는 역기전력, X_S는 동기리액턴스, δ 는 부하각이다.)

① $P = 3VE\sin\delta[W]$　　② $P = \dfrac{3VE\sin\delta}{X_S}[W]$

③ $P = \dfrac{3VE\cos\delta}{X_S}[W]$　　④ $P = 3VE\cos\delta[W]$

|문|제|풀|이|

[동기전동기의 계자권선]

· 1상 동기전동기의 출력 $P_{\varnothing 1} = \dfrac{EV}{X_s}\sin\delta[W]$

· 3상 동기전동기의 출력 $P_{\varnothing 3} = \dfrac{3EV}{X_s}\sin\delta[W]$

여기서, V : 단자전압, E : 기전력, X_s : 동기리액턴스
　　　　δ : 부하각　　　　　　　　　　【정답】②

31. 1차전압이 380[V], 2차전압이 220[V]인 단상변압기에서 2차권선수가 44회 일 때 1차 권선수는 몇 회인가?

① 26　　　　　　② 76
③ 86　　　　　　④ 146

|문|제|풀|이|

[변압기의 권수비(전압비)(a)]

$a = \dfrac{E_1}{E_2} = \dfrac{V_1}{V_2} = \dfrac{N_1}{N_2} = \dfrac{I_2}{I_1} = \sqrt{\dfrac{R_1}{R_2}} = \sqrt{\dfrac{Z_1}{Z_2}} = \sqrt{\dfrac{L_1}{L_2}}$

여기서, a : 권수비(=전압비)
　　　　E_1 : 1차기전력, E_2 : 2차기전력
　　　　N_1 : 1차권선, N_2 : 2차권선
　　　　R_1 : 1차저항, R_2 : 2차저항
　　　　I_1 : 1차부하전류, I_2 : 2차 부하전류
　　　　Z_1 : 1차임피던스, Z_2 : 2차임피던스

1차전압(V_1) : 380[V], 2차전압(V_2) : 220[V]
2차권선수(N_2) : 44회

$a = \dfrac{V_1}{V_2} = \dfrac{N_1}{N_2}$ 이므로

$\dfrac{N_1}{44} = \dfrac{380}{220} \rightarrow N_1 = \dfrac{380}{220} \times 44 = 76$　　　　【정답】②

32. 변압기유가 구비해야 할 조건으로 틀린 것은?

① 점도가 낮을 것

② 인화점이 높을 것

③ 응고점이 높을 것

④ 절연내력이 클 것

|문|제|풀|이|

[변압기 절연유의 구비 조건]

· 절연 저항 및 절연 내력이 클 것

· 절연 재료 및 금속에 화학 작용을 일으키지 않을 것

· 인화점이 높고(130도 이상) 응고점이 낮을(-30도) 것

· 점도가 낮고(유동성이 풍부) 비열이 커서 냉각 효과가 클 것

· 고온에 있어 석출물이 생기거나 산화하지 않을 것

· 열팽창 계수가 적고 증발로 인한 감소량이 적을 것

【정답】③

33. 500[kVA]의 단상변압기 4대를 사용하여 과부하가 되지 않게 사용할 수 있는 3상 전력의 최대값은 약 몇 [kVA]인가?

① $500\sqrt{3}$　　　② 1500

③ $1000\sqrt{3}$　　　④ 2000

|문|제|풀|이|

[변압기 V결선 시 출력] $P_V = \sqrt{3}\,P_1\,[VA] \rightarrow (P_1 = VI)$

여기서, P_V : V결선시 출력, P_1 : 단상변압기 한 대의 용량

단상변압기 한 대의 용량(P_1) : 500[kVA]

단상변압기 4대를 조합하여 3상 전력을 출력할 때, 단상변압기 2대로 3상 전력을 출력하는 V결선 2세트를 조합할 수 있다.

$P_V = \sqrt{3}\,P_1 = \sqrt{3}\,V_1 I_1\,[VA]$

구하고자 하는 최대전력(P)

$P = 2P_V = 2\sqrt{3}\,P_1 = 2\times\sqrt{3}\times 500 = 1000\sqrt{3}\,[kVA]$

【정답】③

34. 부흐홀츠계전기의 설치 위치는?

① 변압기 주 탱크 내부

② 콘서베이터 내부

③ 변압기의 고압측 부싱

④ 변압기 본체와 콘서베이터 사이

|문|제|풀|이|

[부흐홀츠계전기] 변압기 고장 보호를 위해 변압기와 콘서베이터 연결관 도중에 설치　　　　　　　　　　　　　　　　【정답】④

35. 3상 유도전동기의 회전원리를 설명한 것 중 틀린 것은?

① 회전자의 회전속도가 증가하면 도체를 관통하는 자속수는 감소한다.

② 회전자의 회전속도가 증가하면 슬립도 증가한다.

③ 부하를 회전시키기 위해서는 회전자의 속도는 동기속도 이하로 운전되어야 한다.

④ 3상 교류전압을 고정자에 공급하면 고정자 내부에서 회전 자기장이 발생된다.

|문|제|풀|이|

[3상 유도전동기 슬립] $s = \dfrac{N_s - N}{N_s}$

여기서, N_s : 동기속도, N : 회전속도

따라서, 회전자의 회전속도가 증가할수록 슬립은 작아진다.

【정답】②

36. 4극의 3상 유도전동기가 60[Hz]의 전원에 접속되어 4[%]의 슬립으로 회전할 때 회전수[rpm]는?

① 1900　　　② 1828

③ 1800　　　④ 1728

|문|제|풀|이|

[3상 유도전동기 동기속도 및 회전속도]

· 동기속도 $N_s = \dfrac{120f}{p}\,[\text{rpm}]$

· 회전속도 $N = (1-s)N_s\,[\text{rpm}]$

극수(p) : 4극, 주파수(f) : 60[Hz], 슬립(s) : 4[%]

동기속도 $N_s = \dfrac{120f}{p} = \dfrac{120\times 60}{4} = 1800\,[\text{rpm}]$

∴회전속도 $N = (1-s)N_s = (1-0.04)\times 1800 = 1728\,[\text{rpm}]$

【정답】④

37. 3상 유도전동기의 2차입력이 P_2, 슬립이 s라면 2차저항손은 어떻게 표현되는가?

① sP_2

② $\dfrac{P_2}{s}$

③ $\dfrac{1-s}{P_2}$

④ $\dfrac{P_2}{1-s}$

|문|제|풀|이|

[유도전동기 전력변환식(등가변환)] $P_{c2} = sP_2 = \dfrac{s}{1-s}P_0$

여기서, P_{c2} : 2차저항손, P_2 : 2차입력, P_0 : 2차출력, s : 슬립

【정답】①

38. 유도전동기에 기계적 부하를 걸었을 때 출력에 따라 속도, 토크, 효율, 슬립 등이 변화를 나타낸 출력특성곡선에서 슬립을 나타내는 곡선은?

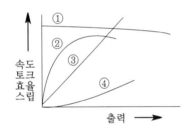

① 1　　　② 2　　　③ 3　　　④ 4

|문|제|풀|이|

[유도전동기의 출력특성곡선]
① : 속도, ② : 효율, ③ : 토크, ④ : 슬립　　　【정답】④

39. 다음 단상 유도전동기 중 기동토크가 큰 것부터 옳게 나열한 것은?

| ㉠ 반발기동형 | ㉡ 콘덴서기동형 |
| ㉢ 분상기동형 | ㉣ 셰이딩코일형 |

① ㉠ 〉 ㉡ 〉 ㉢ 〉 ㉣

② ㉠ 〉 ㉣ 〉 ㉡ 〉 ㉢

③ ㉠ 〉 ㉢ 〉 ㉣ 〉 ㉡

④ ㉠ 〉 ㉡ 〉 ㉣ 〉 ㉢

|문|제|풀|이|

[단상 유도전동기]
기동토크가 큰 것부터 배열하면 다음과 같다.
반발기동형 → 반발유도형 → 콘덴서기동형 → 분상기동형 → 셰이딩코일형(또는 모노사이클릭기동형)

【정답】①

40. 상전압 300[V]의 3상 반파 정류회로의 직류 전압은 약 몇 [V]인가?

① 520[V]

② 350[V]

③ 260[V]

④ 50[V]

|문|제|풀|이|

[정류회로 및 제어기기]

정류 종류	단상 반파	단상 전파	3상 반파	3상 전파
직류출력	$E_d = 0.45E$	$E_d = 0.9E$	$E_d = 1.17E$	$E_d = 1.35E$
맥동률[%]	121	48	17.7	4.04
정류효율	40.5	81.1	96.7	99.8
맥동주파수	f(60Hz)	$2f$	$3f$	$6f$

여기서, E_d : 직류전압, E : 전원전압(교류실효값)

→ (직류=정류분)

상전압(교류 실효값) : 300[V]
$\therefore V_d = 1.17E = 1.17 \times 300 = 350.86[V]$　　　【정답】②

41. 수전설비의 특별 고압 배전반은 배전반 앞에서 계측기를 판독하기 위하여 앞면과 최소 몇 [m] 이상 유지하는 것을 원칙으로 하고 있는가?

① 0.6[m]

② 1.2[m]

③ 1.5[m]

④ 1.7[m]

|문|제|풀|이|

[수전설비의 배전반 등의 최소 보유거리]　　　(단위 : m)

부위별 기기별	앞면 또는 조작 계측면	뒷면 또는 점검면	열 상호 간 (점검하는 면)	기타의 면
특별 고압반	1.7	0.8	1.4	–
고압 배전반	1.5	0.6	1.2	–
저압 배전반	1.5	0.6	1.2	–
변압기 등	0.6	0.6	1.2	0.3

【정답】④

42. 플로어덕트공사의 설명 중 옳지 않은 것은?

① 덕트 상호간 접속은 견고하고 전기적으로 완전하게 접속 하여야 한다.

② 덕트의 끝 부분은 막는다.

③ 덕트 및 박스 기타 부속품은 물이 고이는 부분이 없도록 시설하여야 한다.

④ 플로어덕트는 접지공사를 하지 않는다.

|문|제|풀|이|

[플로어덕트공사]

1. 전선은 절연전선(옥외용 비닐 절연전선을 제외한다)일 것.

2. 전선은 연선일 것. 다만, 단면적 10[mm^2](알루미늄선은 단면적 16[mm^2]) 이하인 것은 그러하지 아니하다.

3. 덕트 상호 간 및 덕트와 박스 및 인출구와는 견고하고 또한 전기적으로 완전하게 접속할 것

4. 덕트의 끝부분은 막을 것

5. 덕트는 kec140에 의한 접지 공사를 할 것

【정답】④

43. 비교적 장력이 적고 다른 종류의 지지선을 시설할 수 없는 경우에 적용하며 지지선용 근가를 지지물 근원 가까이 매설하여 시설하는 지지선은?

① 수평지선   ② 공동지선

③ 궁지선   ④ Y지선

|문|제|풀|이|

[궁지선] 장력이 적고 다른 종류의 지지선을 시설할 수 없는 경우에 적용

※① 수평지선 : 토지의 상황이나 기타 사유로 인하여 보통 지지선을 시설할 수 없는 경우 시설

② 공동지선 : 지지물 상호간의 거리가 비교적 접근하여 있을 경우 시설

④ Y지선 : 다단의 완금이 설치되거나 또한 장력이 큰 경우에 시설

【정답】③

44. 교통에 지장이 없는 도로를 횡단하는 지지선의 높이는 지표상 몇 [m] 이상이어야 하는가?

① 4[m]   ② 4.5[m]

③ 5[m]   ④ 6[m]

|문|제|풀|이|

[지지선의 설치 높이]

1. 도로횡단 : 5[m] 이상

2. 교통에 지장이 없는 도로 : 4.5[m] 이상

3. 보도 : 2.5[m] 이상

【정답】②

45. 금속덕트에 전선을 넣을 경우 전선의 피복절연물을 포함한 단면적의 총합계가 금속덕트 내 단면적의 몇 [%] 이하가 되도록 선정하여야 하는가?

① 20[%]   ② 30[%]

③ 40[%]   ④ 50[%]

|문|제|풀|이|

[금속덕트 공사] 금속덕트에 넣은 전선의 단면적(절연피복의 단면적을 포함한다)의 합계는 덕트의 내부 단면적의 20[%](전광표시 장치·출퇴 표시등 기타 이와 유사한 장치 또는 제어회로 등의 배선만을 넣는 경우에는 50[%]) 이하일 것

【정답】①

46. 터널, 갱도 기타 이와 유사한 장소에서 사람이 상시 통행하는 터널 내의 공사방법으로 적절하지 않은 것은? (단, 사용전압은 저압이다.)

① 애자사용 공사   ② 금속관 공사

③ 합성수지관 공사   ④ 금속덕트 공사

|문|제|풀|이|

[터널 안 전선로의 시설] 철도, 궤도 또는 자동차도 전용 터널 안의 전선로 시설 기준

저압	1. 전선 : 인장강도 2.30[kN] 이상의 절연전선 또는 지름 2.6[mm] 이상의 경동선의 절연전선 2. 설치 높이 : 레일면상 또는 노면상 2.5[m] 이상 3. 합성수지관공사, 금속관공사, 가요전선관공사, 케이블공사, 애자사용공사
고압	1. 전선 : 인장강도 5.26[kN] 이상의 지름 4[mm] 이상의 경동선, 고압 절연전선 사용 또는 특고압 절연전선 사용 2. 설치 높이 : 레일면상 또는 노면상 3[m] 이상 3. 케이블공사, 애자사용공사

【정답】④

47. 다음 그림과 같이 금속관을 구부릴 때 일반적으로 A와 B의 관계식은?

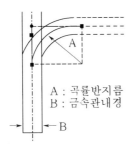

A : 곡률반지름
B : 금속관내경

① A=2B   ② A≥B

③ A=5B   ④ A≥6B

|문|제|풀|이|

[금속관 공사] 금속관을 구부릴 때 금속관의 단면이 변형되지 아니하도록 구부려야 하며 그 안측의 반지름은 관 안 지름의 6배 이상이 되어야 한다. 【정답】④

48. 고압 가공인입선이 도로를 횡단하는 경우 노면상 설치 높이는 몇 [m] 이상이어야 하는가?

① 3[m] 이상   ② 5[m] 이상

③ 6[m] 이상   ④ 6.5[m] 이상

|문|제|풀|이|

[고압 가공인입선의 높이]

도로횡단	6[m]
철도횡단	6.5[m]
횡단보도교위	3.5[m]
기타	5[m] (단, 위험표시를 하면 3.5[m])

【정답】③

49. 진동이 심한 전기 기계·기구의 단자에 전선을 접속할 때 사용되는 것은?

① 스프링 와셔   ② 커플링

③ 눌러 붙임 단자   ④ 링 슬리브

|문|제|풀|이|

[스프링와셔] 진동이 있는 기계 기구의 단자에 전선을 접속할 때 진동을 완화하기 위해 스프링와셔를 사용한다. 스프링와셔를 사용함으로써 힘조절 실패를 방지할 수 있다.

※② 커플링 : 합성수지관 공사에서 옥외 등 온도 차가 큰 장소에 노출 배관을 할 때 사용한다.
　③ 눌러 붙임 단자 : 전선끼리 또는 전선과 단자대를 전기적으로 접합할 때 사용되는 부품이다
　④ 링 슬리브 : 회전축 등을 둘러싸도록 축 바깥둘레에 끼워서 사용되는 비교적 긴 통형의 부품 【정답】①

50. 물체가 외력으로 변형될 때 그 변형을 측정하는 기구로 물체에 부착시켜 측정한다. 이 기구는?

① 버니어캘리퍼스   ② 채널지그

③ 스트레인게이지   ④ 스테핑머신

|문|제|풀|이|

[스트레인 게이지] 물체가 외력으로 변형될 때 그 변형을 측정하는 기구

※① 버니어캘리퍼스 : 어미자와 아들자의 눈금을 이용하여 두께, 깊이, 안지름 및 바깥지름 측정
　② 채널지그 : 가공물의 두 면에 지그를 설치하여 단순한 가공을 할 때 사용된다. 【정답】③

51. 금속제 가요전선관 상호 및 금속제 가요전선관과 박스기구와 접속한 곳을 새들 등으로 지지하는 경우 지지점간의 거리는 얼마 이하이어야 하는가?

① 0.3[m] 이하   ② 0.5[m] 이하

③ 1[m] 이하   ④ 1.5[m] 이하

|문|제|풀|이|

[가요전선관의 지지점 간 거리]

시설의 종류	지지점 간 거리
조영재의 측면, 하면은 수평방향으로 시설	1[m] 이하
사람 접촉 우려되는 곳	1[m] 이하
금속제 가요전선관 상호 및 금속제 가요전선관과 박스기구와 접속한 곳	접속한 곳에서 0.3[m] 이하
기타	2[m] 이하

【정답】①

52. 주상변압기의 1차 측 보호 장치로 사용하는 것은?

① 컷아웃스위치　　② 유입개폐기

③ 캐치홀더　　　　④ 리클로저

|문|제|풀|이|

[주상변압기의 보호장치]

1. 1차측 : COS(컷아웃스위치)

2. 2차측 : 캐치홀더(퓨즈홀더)

3. 피로기 : 낙뢰 방지　　　　　　　　　　【정답】①

53. 건물의 모서리(직각)에서 가요전선관을 박스에 연결할 때 필요한 접속기는?

① 스트레이트 박스 커넥터

② 앵글 박스 커넥터

③ 플렉시블 커플링

④ 콤비네이션 커플링

|문|제|풀|이|

1. 금속제 가요전선관-금속제 가요전선관 : 스플릿 커플링

2. 금속제 가요전선관-금속전선관 : 콤비네이션 커플링

3. 박스와 접속 시 : 스트레이트 커넥터, 앵글 커넥터(직각), 더블 커넥터

【정답】②

54. 경질비닐전선관의 설명으로 틀린 것은?

① 1본의 길이는 4[m]가 표준이다.

② 굵기는 관 바깥지름에 가까운 홀수 [mm]로 나타낸다.

③ 금속관에 비해 절연성이 우수하다.

④ 금속관에 비해 내식성이 우수하다.

|문|제|풀|이|

[경질비닐전선관]

1. 경질비닐전선관 1본의 길이 : 4[m], 굵기는 관 안지름에 가까운 짝수[mm]로 표기

2. 금속관 1본 길이 : 3.6[m]　　　　　　　【정답】②

55. 학교, 음식점, 다방, 대중목욕탕, 기숙사, 여관 등 숙박시설에서 사용하는 표준부하[VA/m²]는?

① 5　　　　　　② 10

③ 20　　　　　④ 30

|문|제|풀|이|

[건물의 종류에 대응한 표준 부하]

건축물의 종류	표준부하 [VA/m²]
복도, 계단, 세면장, 창고, 다락	5
공장, 공회당, 사원, 교회, 극장, 영화관, 연회장 등	10
기숙사, 여관, 호텔, 병원, 학교, 음식점, 다방, 대중목욕탕	20
사무실, 은행, 상점, 이발소, 미장원	30
주택, 아파트	40

【정답】③

56. 접착력은 떨어지나 절연성, 내온성, 내유성이 좋아 연피케이블의 접속에 사용되는 테이프는?

① 고무 테이프　　② 리노테이프

③ 비닐테이프　　　④ 자기융착테이프

|문|제|풀|이|

[리노테이프] 절연성, 내온성, 내유성이 있으므로 연피 케이블의 접속에 사용된다.　　　　　　　　　　　　　【정답】②

57. 선행 동작 우선 회로 또는 상대 동작 금지 회로로 불리는 동력 배선의 제어 회로는?

① 자기유지회로　　② 인터록회로

③ 동작지연회로　　④ 타이머회로

|문|제|풀|이|

① 자기유지회로 : 푸시버튼 등의 순간동작으로 만들어진 입력신호가 계전기에 가해지면 입력신호가 제거되어도 계전기의 동작을 계속적으로 지켜주는 회로

② 인터록회로 : 2개 이상의 회로에서 한 개 호로만 동작을 시키고 나머지 회로는 동작이 될 수 없도록 해주는 회로

③ 동작지연회로 : 타이머에 의해 설정된 시간만큼 늦게 동작하는 회로　　　　　　　　　　　　　　　　　【정답】②

58. 수변전 설비에서 차단기의 종류 중 가스 차단기에 들어가는 가스의 종류는?

① CO_2
② LPG
③ SF_6
④ LNG

|문|제|풀|이|..................................

[차단기별 소호 매질]

종류	소호매질
유입차단기(OCB)	절연류
진공차단(VCB)	고진공
자기차단(MBB)	전자기력
공기차단(ABB)	압축공기
가스차단(GCB)	SF_6

【정답】 ③

※한국전기설비규정(KEC) 적용으로 인해 더 이상 출제되지 않는 문제는 삭제했습니다.

01. 다음 중 자기작용에 관한 설명으로 올바른 것은?

① 기자력의 단위는 [AT]를 사용한다.

② 자기회로에서 자속을 발생시키기 위한 힘을 기전력이라고 한다.

③ 자기회로의 자기저항이 작은 경우는 누설 자속이 매우 크다.

④ 평행한 두 도체 사이에 전류가 반대 방향으로 흐르면 흡인력이 작용한다.

|문|제|풀|이|

[자기작용]

② 자기회로에서 자속을 발생시키기 위한 힘을 기자력이라고 한다.

③ 자기회로의 자기저항이 작은 경우는 누설 자속이 거의 발생하지 않는다.

④ 평행한 두 도체 사이에 전류가 같은 방향으로 흐르면 흡인력이 작용한다.　　　　　　　　【정답】①

02. $0.02[\mu F]$, $0.03[\mu F]$ 2개의 콘덴서를 직렬로 접속할 때의 합성용량은 몇 $[\mu F]$인가?

① $0.05[\mu F]$　　　　② $0.012[\mu F]$

③ $0.06[\mu F]$　　　　④ $0.016[\mu F]$

|문|제|풀|이|

[직렬콘덴서의 합성정전용량] $C = \dfrac{C_1 \times C_2}{C_1 + C_2}[F]$

$0.02[\mu F]$, $0.03[\mu F]$: 2개의 콘덴서 직렬 연결

$\therefore C = \dfrac{C_1 \times C_2}{C_1 + C_2} = \dfrac{0.02 \times 0.03}{0.02 + 0.03} = \dfrac{0.0006}{0.05} = 0.012[\mu F]$

【정답】②

03. Y-Y 결선 회로에서 선간 전압이 380[V]일 때 상전압은 약 몇[V]인가?

① 190[V]　　　　② 219[V]

③ 269[V]　　　　④ 380[V]

|문|제|풀|이|

[Y-Y 결선 회로의 선간전압(V_l), 상전압(V_p)]

$V_l = \sqrt{3}\,V_P[V], \qquad V_p = \dfrac{V_l}{\sqrt{3}}[V]$

[대칭 3상 교류의 전압과 전류의 관계]

항목	Y결선	△ 결선
전압	$V_l = \sqrt{3}\,V_P \angle 30$	$V_l = V_p$
전류	$I_l = I_p$	$I_l = \sqrt{3}\,I_p \angle -30$

여기서, V_l : 선간전압, V_p : 상전압, I_l : 선전류, I_p : 상전류

$\therefore V_p = \dfrac{V_l}{\sqrt{3}} = \dfrac{380}{\sqrt{3}} = 219[V]$　　　　【정답】②

04. 3[Ω]의 저항과, 4[Ω]의 유도성 리액턴스의 병렬회로가 있다. 이 병렬회로의 임피던스는 몇 [Ω] 인가?

① 1.7　　　　② 2.4

③ 3.2　　　　④ 5

|문|제|풀|이|

[RC 병렬회로 어드미턴스(Y), 임피던스(Z)]

$Y = \sqrt{\left(\dfrac{1}{R}\right)^2 + \left(\dfrac{1}{X_L}\right)^2},\ Z = \dfrac{1}{Y}$

여기서, Y : 어드미턴스, R : 저항, X_L : 유도성리액턴스

　　　　Z : 임피던스

$Y = \sqrt{\left(\dfrac{1}{R}\right)^2 + \left(\dfrac{1}{X_L}\right)^2} = \sqrt{\dfrac{1}{9} + \dfrac{1}{16}} = \dfrac{5}{12}[\mho]$

$Z = \dfrac{1}{Y}$이므로 $Z = \dfrac{12}{5} = 2.4[\Omega]$　　　　【정답】②

05. 전류에 의해 만들어지는 자기장의 자기력선 방향을 간단하게 알아내는 방법은?

① 플레밍의 왼손 법칙

② 렌츠의 자기유도 법칙

③ 앙페르의 오른나사 법칙

④ 패러데이의 전자유도 법칙

|문|제|풀|이|

[앙페르의 오른나사 법칙] 전류가 만드는 자계의 방향을 찾아내기 위한 법칙

전류가 흐르는 방향(+ → −)으로 오른손 엄지손가락을 향하면, 나머지 손가락은 자기장의 방향이 된다.

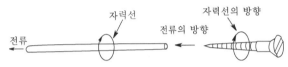

※① 플레밍의 왼손 법칙 : 자계 내에서 전류가 흐르는 도선에 작용하는 힘
  ② 렌츠의 자기유도 법칙 : 유도기전력과 유도전류는 자기장의 변화를 상쇄하려는 방향으로 발생한다.
  ④ 패러데이의 전자유도법칙 : 유도기전력의 크기는 코일을 관통하는 자속(자기력선속)의 시간적 변화율과 코일의 감은 횟수에 비례한다.
【정답】③

06. △−△ 평형 회로에서 E=200[V], 임피던스 Z=3+j4[Ω] 일 때 상전류 I_p[A]는 얼마인가?

① 30[A]

② 40[A]

③ 50[A]

④ 66.7[A]

|문|제|풀|이|

[△−△회로의 선간전압, 상전압, 상전류]

$$V_l = V_p, \quad I_p = \frac{V_p}{R} = \frac{V_p}{Z}[A]$$

$$Z = \frac{V}{I} = \sqrt{R^2 + X^2} \rightarrow (Z = R + jX[\Omega])$$

여기서, V_l : 선간전압, V_p : 상전압, I_p : 상전류

전압(E) : 200[V], 임피던스 : Z=3+j4[Ω]

1. △−△회로에서 $V_l = V_p = 200[V]$

2. 상전류 $I_p = \frac{V_p}{Z} = \frac{200}{\sqrt{3^3 + 4^2}} = 40[A]$
【정답】②

07. 다음 중 코일이 가지는 특성 및 기능으로 옳지 못한 것은?

① 전류의 변화를 안정시키려고 하는 특성

② 상호유도작용의 특성

③ 직류 전류를 차단하고 교류 전류를 통과시키려는 특성

④ 공진하는 특성

|문|제|풀|이|

[코일의 특성 및 기능]

·전류의 변화를 안정시키려고 하는 특성이 있다.

·상호유도작용(변압기)

·전자석의 성질(릴레이, 스피커)

·공진하는 특성

·전원 노이즈 차단 기능

※콘덴서 : 직류 전류를 차단하고 교류 전류를 통과시키려는 특성
【정답】③

08. 진공 속에서 1[m]의 거리를 두고 10^{-3}[Wb]와 10^{-5}[Wb]의 자극이 놓여 있다면 그 사이에 작용하는 힘[N]은?

① $4\pi \times 10^{-5}$[N]

② $4\pi \times 10^{-4}$[N]

③ 6.33×10^{-5}[N]

④ 6.33×10^{-4}[N]

|문|제|풀|이|

[두 자극 사이에 작용하는 힘(F)]

$$F = \frac{m_1 m_2}{4\pi \mu_0 r^2}[N] = 6.33 \times 10^4 \times \frac{m_1 m_2}{r^2}[N]$$

여기서, m_1, m_2 : 각각의 자극의 세기[Wb]

r[m] : 자극간의 거리

μ_0 : 진공의 투자율($= 4\pi \times 10^{-7}$[H/m])

※ μ_s = 비투자율(진공시 $\mu_s = 1$, $\mu = \mu_0 \mu_s$)

거리 : 1[m], 두 자극 : 10^{-3}[Wb]와 10^{-5}[Wb]

$$\therefore F = 6.33 \times 10^4 \times \frac{m_1 m_2}{r^2}$$

$$= 6.33 \times 10^4 \times \frac{10^{-3} \times 10^{-5}}{1} = 6.33 \times 10^{-4}[N]$$
【정답】④

09. 환상솔레노이드 내부의 자기장의 세기에 관한 설명으로 옳은 것은?

① 자기장의 세기는 권수에 반비례한다.

② 자기장의 세기는 권수, 전류, 평균 반지름과는 관계가 없다.

③ 자기장의 세기는 평균 반지름에 비례한다.

④ 자기장의 세기는 전류에 비례한다.

|문|제|풀|이|

[환상솔레노이드 내부의 자기장의 세기]

$$H = \frac{NI}{l} = \frac{NI}{2\pi r}[AT/m]$$

여기서, N : 권수, I : 전력[A], l : 길이[m], r : 반지름

자기장의 세기 H는 권수(N), 전력(I)에 비례하고 길이(l)에 반비례

※1. 무한장 직선 자기장의 세기 $H = \frac{I}{2\pi r}[AT/m]$

2. 원형코일 중심의 자장의 세기 $H = \frac{NI}{2a}[AT/m]$
　　　　　　　　 → (a : 원형코일의 반지름)

3. 무한장 솔레노이드 자기장의 세기 $H = \frac{NI}{l} = nI[AT/m]$
　　　　　　　　 → (n : 단위 길이당 권수[회/m][T/m])

【정답】④

10. 공기 중에서 자속밀도 10[Wb/m^2]의 평등자계 내에서 5[A]의 전류가 흐르고 있는 길이 60[cm]의 직선 도체를 자계의 방향에 대하여 30[°]의 각을 이루도록 놓았을 때 이 도체에 작용하는 힘은?

① 15[N]

② $15\sqrt{3}$[N]

③ 30[N]

④ $30\sqrt{3}$[N]

|문|제|풀|이|

[도체에 작용하는 힘] $F = BIl\sin\theta[N]$

여기서, B : 자속밀도, I : 도체에 흐르는 전류
　　　　　l : 도체의 길이

$B = 10[Wb/m^2]$, $I = 5[A]$, $l = 60[cm](0.6[m])$, $\theta = 30°$

$\therefore F = BIl\sin\theta = 10 \times 5 \times 0.6 \times 0.5 = 15[N]$ 　→ ($\sin 30 = 0.5$)

【정답】①

11. 비투자율이 1인 환상철심 중의 자장의 세기가 H[AT/m]이었다. 이때 비투자율이 10인 물질로 바꾸면 철심의 자속밀도[Wb/m^2]는?

① $\frac{1}{10}$로 줄어든다.

② 10배 커진다.

③ 50배 커진다.

④ 100배 커진다.

|문|제|풀|이|

[환상 철심의 자속밀도(B)] $B = \mu H = \mu_0 \mu_s H[Wb/m^2]$

여기서, μ_0 : 진공중의 투자율, μ_s : 비투자율, H : 자장의 세기

1. 비투자율($\mu_s = 1$) → $B_1 = \mu_0 \times 1 \times H[Wb/m^2]$

2. 비투자율($\mu_s = 10$) → $B_2 = \mu_0 \times 10 \times H[Wb/m^2]$

$\therefore \frac{B_2}{B_1} = \frac{10}{1} = 10[배]$

【정답】②

12. 선간전압이 24000[V], 선전류가 900[A], 역률 90[%] 부하의 소비전력은?

① 약 13746[kW]

② 약 19440[kW]

③ 약 27492[kW]

④ 약 33671[kW]

|문|제|풀|이|

[3상 교류의 소비전력(P)] $P = \sqrt{3}\, V_l I_l \cos\theta[W]$

여기서, V_l : 선간전압, I_l : 선전류, $\cos\theta$: 역률

※ 주어진 값을 대입해 구한 후 단위를 수정한다.

선간전압(V_l) : 24000[V], 선전류(I_l) : 900[A]

역률($\cos\theta$) : 90[%]=0.9

$\therefore P = \sqrt{3}\, V_l I_l \cos\theta$

$= \sqrt{3} \times 24000 \times 900 \times 0.9 = 33671000[W] = 33671[kW]$

【정답】④

13. 금속 내부를 지나는 자속의 변화로 금속 내부에 생기는 맴돌이 전류를 작게 하려면 어떻게 하여야 하는가?

① 두꺼운 철판을 사용한다.

② 높은 전류를 가한다.

③ 얇은 철판을 성층하여 사용한다.

④ 철판 양면에 절연지를 부착한다.

|문|제|풀|이|

[전기자 철심] 전기자 철심은 0.35~ 0.5[mm] 두께의 규소강판으로 성층하여 만든다. 성층이란 맴돌이 전류와 히스테리시스손의 손실을 적게 하기 위하여 규소가 함유(3~4[%])된 규소 강판을 겹쳐서 적층시킨 것이다.

【정답】③

14. 다음 중 저항값이 클수록 좋은 것은?

① 접지저항 ② 절연저항

③ 도체저항 ④ 접촉저항

|문|제|풀|이|
[절연저항] 직류 전압을 인가했을 때 발생하는 전류에 대하여, 그 절연물에 의해서 주어지는 저항값으로 절연저항은 클수록 좋다.
【정답】②

15. 전장 중에 단위 정전하를 놓을 때 여기에 작용하는 힘과 같은 것은?

① 전하 ② 전장의 세기

③ 전위 ④ 전속

|문|제|풀|이|
[전장의 세기(E)] 전장내의 임의의 점에 "단위 정전하(+1[C])"를 놓았을 때 단위 정전하에 작용하는 힘[N/C]=[V/m]

※① 전하 : 전하란 물체가 띠고 있는 정전기의 양으로 모든 전기현상의 근원이 되는 실체이다.
　③ 전위 : 전계의 세기가 0인 무한 원점으로부터 임의의 점까지 단위 점전하(+1[C])을 이동시킬 때 필요한 일
　④ 전속(∅) : 전계의 상태를 나타내기 위한 가상의 선. 단위는 쿨롱(C)
【정답】②

16. 220[V]용 24[W] 2개의 전구를 직렬과 병렬로 전원 220[V]에 연결하면?

① 직렬로 연결한 전등이 더 밝다.
② 병렬로 연결한 전등이 더 밝다.
③ 직렬로 연결한 경우와 병렬로 연결한 경우의 밝기가 같다.
④ 전구가 모두 안 켜진다.

|문|제|풀|이|
[전지의 연결]

1. 직렬연결에서는 각 전구에 저항은 일정하고 전압은 $\frac{1}{2}$만 걸리므로 소비전력은 $P = \frac{(0.5\,V)^2}{R} = 0.25 \times \frac{V^2}{R}$　→　$(P = \frac{V^2}{R}\,[W])$

원래 전구의 소비전력의 $\frac{1}{4}$로 줄어들어 6[W]가 소비되고 전구가 2개 직렬로 총 12[W]가 소비된다.

2. 병렬연결에서는 각 전구에 전압이 일정하게 걸리므로 각 24[W] 2개 총 48[W]의 전력을 소비된다.
【정답】②

17. 1차전지로 가장 많이 사용되는 것은?

① 니켈-카드뮴전지 ② 연료전지

③ 망간건전지 ④ 납축전지

|문|제|풀|이|
[1차전지(재생이 불가능한 전지)] 전기학 및 전기화학분야에서 화학 에너지를 직접 전기 에너지로 바꾸는 장치로 볼타전지, 망간 건전지, 수은 건전지, 표준전지, 연료전지 등이 있다.

[2차전지] 외부의 전기 에너지를 화학 에너지의 형태로 바꾸어 저장해 두었다가 필요할 때에 전기를 만들어 내는 장치로 납축전지, 니켈·카드뮴 전지, 리튬이온전지 등이 있다.
【정답】③

18. 그림과 같은 비사인파의 제3고조파 주파수는? (단, V=20[V], T=10[ms] 이다.)

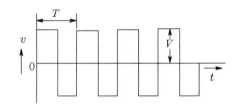

① 100[Hz] ② 200[Hz]

③ 300[Hz] ④ 400[Hz]

|문|제|풀|이|
[주기 및 주파수] $f = \frac{1}{T}$

여기서, f : 주파수[Hz], T : 주기
전압(V) : 20[V], 주기(T) : 10[ms]

·기본파 주파수 $f = \frac{1}{T} = \frac{1}{10 \times 10^{-3}} = 100[Hz]$

·제3고조파 주파수는 기본파 주파수의 3배이므로 300[Hz]이다.
【정답】③

19. 묽은황산(H_2SO_4) 용액에 구리(Cu)와 아연(Zn)판을 넣었을 때 아연판은?

① 음극이 된다.　　② 수소기체를 발생한다.

③ 양극이 된다.　　④ 황산아연으로 변한다.

|문|제|풀|이|

[1차전지] 음극에서는 전자를 내어 놓는 산화반응, 양극은 전자를 얻어 환원반응

1. 양극(+) : 구리판 $2H^+ + 2e^- \rightarrow H_2$

2. 음극(-) : 아연판 $Zn \rightarrow Zn^{2+} + 2e^-$　　　【정답】①

20. 교류회로에서 유효전력의 단위는?

① [W]　　　　　　② [VA]

③ [Var]　　　　　④ [Wh]

|문|제|풀|이|

[전력의 단위]

·피상전력 : [VA],　　·유효전력 : [W]

·무효전력 : [Var]　　·전력량 : [Wh]　　【정답】①

21. 3상 유도전동기의 2차저항을 2배로 하면 그 값이 2배로 되는 것은?

① 슬립　　　　　　② 토크

③ 전류　　　　　　④ 역률

|문|제|풀|이|

[3상 유도전동기] 2차저항과 슬립과의 관계

3상 유도전동기에서 슬립과 2차저항은 비례 관계인 반면, 슬립과 토크는 관계가 없다.　　　　　　　　　【정답】①

22. 보호계전기 시험을 하기 위한 유의사항이 아닌 것은?

① 시험회로 결선 시 교류와 직류 확인

② 시험회로 결선 시 교류의 극성 확인

③ 계전기 시험 장비의 오차 확인

④ 영점의 정확성 확인

|문|제|풀|이|

[보호계전기 시험시 유의 사항]

· 보호 계전기의 배치된 상태를 확인

· 임피던스 계전기는 미리 예열이 필요한지 확인

· 시험 회로 결선 시에 교류와 직류를 확인해야 하며 직류인 경우 극성을 확인

· 시험용 전원의 용량 계전기가 요구하는 정격 전압이 유지될 수 있도록 확인

· 계전기 시험 장비의 지시 범위의 적합성, 오차, 영점의 정확성 확인　　　　　　　　　　　　　　　【정답】②

23. 단중 중권의 극수 p인 직류기에서 전기자 병렬 회로수 a는 어떻게 되는가?

① $a = p$　　　　　② $a = 2$

③ $a = 2p$　　　　　④ $a = 3p$

|문|제|풀|이|

[전기자권선법의 중권과 파권의 비교]

	단중 중권	단중 파권
병렬 회로수(a)	p	2
브러시 수(b)	p	2 또는 p
균 압 선	필요	필요 없음
용　　도	대전류 저전압	소전류 고전압

【정답】①

24. 직류 발전기에서 브러시와 접촉하여 전기자권선에 유도되는 교류기전력을 정류해서 직류로 만드는 부분은?

① 계자　　　　　　② 정류자

③ 슬립링　　　　　④ 전기자

|문|제|풀|이|

[직류기의 3요소]

1. 계자 : 자속을 만들어 주는 부분

2. 전기자 : 도체에 기전력을 유기하는 부분

3. 정류자 : 만들어진 기전력 교류를 직류로 반환하는 부분

【정답】②

25. 동기전동기에서 난조를 방지하기 위하여 자극면에 설치하는 권선을 무엇이라 하는가?

① 제동권선   ② 계자권선

③ 전기자권선   ④ 보상권선

|문|제|풀|이|

[난조(Hunting)] 부하가 급변하는 경우 회전속도가 동기속도를 중심으로 빨라지고 늦어지고 하는 감쇠 주기적인 진동을 난조라고 하고, 난조가 심하면 동기를 이탈하게 된다.

[원인]

·속도조절기의 감도가 예민한 경우

·전기자 저항 등 계통 저항이 커서 동기화력을 줄이거나 고주파가 계통에 포함될 때

·각속도가 일정하지 않은 경우

[대책]

·제동권선을 설치한다.

·관성효과를 증대시킨다.

·리액턴스 성분을 증가시킨다.   【정답】①

26. 전기기기의 철심 재료로 규소 강판을 많이 사용하는 이유로 가장 적당한 것은?

① 와류손을 줄이기 위해

② 맴돌이 전류를 없애기 위해

③ 히스테리시스손을 줄이기 위해

④ 구리손을 줄이기 위해

|문|제|풀|이|

[전기자 철심] 전기자 철심은 0.35~ 0.5[mm] 두께의 규소강판으로 성층하여 만든다. 성층이란 맴돌이 전류와 히스테리시스손의 손실을 적게 하기 위하여 규소가 함유(3~4[%])된 규소 강판을 겹쳐서 적층시킨 것이다.   【정답】③

27. 동기발전기를 회전계자형으로 하는 이유가 아닌 것은?

① 고전압에 견딜 수 있게 전기자 권선을 절연하기가 쉽다.

② 전기자 단자에 발생한 고전압을 슬립링 없이 간단하게 외부회로에 인가할 수 있다.

③ 기계적으로 튼튼하게 만드는데 용이하다.

④ 전기자가 고정되어 있지 않아 제작비용이 저렴하다.

|문|제|풀|이|

[회전계자형 발전기] 회전계자방식은 동기발전기의 회전자에 의한 분류로 전기자를 고정자로 하고 계자극을 회전자로 한 방식이다.

【정답】④

28. 직류 발전기가 있다. 자극수는 6, 전기자 총 도체수 400, 매극 당 자속 0.01[Wb], 회전수는 600[rpm]일 때 전기자에 유기되는 기전력은 몇[V]인가? (단, 전기자 권선은 파권이다.)

① 40[V]   ② 120[V]

③ 160[V]   ④ 180[V]

|문|제|풀|이|

[직류 발전기의 유기기전력(E)] $E = \dfrac{pZ\emptyset N}{60a}[V]$

여기서, p : 극수, Z ; 도체수, $\emptyset$: 자속, N : 회전자 회전수 a : 병렬회로수

극수(p) : 6, 전기자 총 도체수(Z) : 400, 자속($\emptyset$) : 0.01[Wb]

회전수(N) : 600[rpm]

$$\therefore E = \frac{pZ\emptyset N}{60a}[V] = \frac{6 \times 400}{2} \times 0.01 \times \frac{600}{60} = 120[V]$$

→ (파권의 병렬 회로수는 항상 2이다.)

【정답】②

29. 브흐홀츠 계전기로 보호되는 기기는?

① 발전기   ② 변압기

③ 전동기   ④ 회전 변류기

|문|제|풀|이|

[변압기 내부고장 검출용 보호 계전기]

·차동계전기(비율차동 계전기)

·압력계전기

·부흐홀츠 계전기

·가스 검출 계전기

【정답】②

30. 일종의 전류계전기로 보호 대상 설비에 유입되는 전류와 유출되는 전류의 차에 의해 동작하는 계전기는?

① 차동계전기 ② 과전류계전기
③ 주파수 계전기 ④ 재폐로 계전기

|문|제|풀|이|

[차동계전기] 변압기 <u>1차전류와 2차전류의 차</u>에 의해 동작하는 계전기로 변압기 내부 고장 보호에 사용

※② 과전류 계전기 : 용량이 작은 변압기의 단락 보호용

③ 주파수 계전기 : 주파수가 미리 정해진 값에 도달했을 때 동작하는 계전기

④ 재폐로 계전기 : 낙뢰, 수목 접촉, 불꽃방전 등 순간적인 사고로 계통에서 분리된 구간을 신속히 계통에 투입시킴으로써 계통의 안정도를 향상

【정답】①

31. 60[Hz], 20극, 11400[W]의 3상 유도전동기가 슬립 5[%]로 운전될 때 2차 동손이 600[W]이다. 이 전동기의 전부하 시 토크는 약 몇 [kg·m]인가?

① 32.5 ② 28.5
③ 24.5 ④ 20.5

|문|제|풀|이|

[3상 유도전동기의 토크(T), 2차동손출력(P_{c2}), 동기속도(N_s)]

$$T = \frac{P}{\omega} = 9.55 \frac{P_2}{N_s}[N \cdot m] = 0.975 \frac{P_2}{N_s}[kg \cdot m]$$

$$P_{c2} = sP_2 = \frac{s}{1-s} P_0[W], \qquad N_s = \frac{120f}{p}[rpm]$$

여기서, N_s : 동기속도, P_{c2} : 2차동손, P_2 : 2차입력[W]

　　　P_0 : 2차출력, s : 슬립, f : 주파수, p : 극수

주파수(f) : 60[Hz], 극수(p) : 20, 전력(P) : 11400[W]

슬립(s) : 5[%], 2차 동손(P_{c2}) : 600[W]

1. $N_s = \frac{120f}{p} = \frac{120 \times 60}{20} = 360[rpm]$

2. $P_{c2} = sP_2 \rightarrow P_2 = \frac{P_{c2}}{s} = \frac{600}{0.05} = 12000[W]$

그러므로 전 부하 시 토크

$$T = 0.975 \frac{P_2}{N_s} = 0.975 \times \frac{12000}{360} = 32.5[kg \cdot m]$$

【정답】①

32. 동기발전기의 무부하포화곡선을 나타낸 것이다. 포화계수에 해당하는 것은?

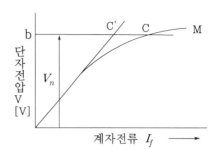

① $\dfrac{ob}{oc}$ ② $\dfrac{bc'}{bc}$

③ $\dfrac{cc'}{bc'}$ ④ $\dfrac{cc'}{bc}$

|문|제|풀|이|

[동기발전기의 무부하포화곡선] 계자전류(I_f)와 무부하 단자전압(V)과의 관계곡선

포화율(포화계수) $\sigma = \dfrac{cc'}{bc'}$　　　【정답】③

33. 60[Hz] 3상 반파 정류회로의 맥동주파수는?

① 60[Hz] ② 120[Hz]
③ 180[Hz] ④ 360[Hz]

|문|제|풀|이|

[3상 반파 정류 회로의 맥동 주파수] 3상 반파 정류 회로의 맥동 주파수 $3f$이므로 $f_0 = 3f = 3 \times 60 = 180[Hz]$

정류 종류	단상반파	단상전파	3상반파	3상전파
맥동률[%]	121	48	17.7	4.04
정류 효율	40.5	81.1	96.7	99.8
맥동 주파수	f	$2f$	<u>$3f$</u>	$6f$

【정답】③

34. 3상 유도전동기의 슬립의 범위는?

① 0<S<1 ② −1<S<0
③ 1<S<2 ④ 0<S<2

|문|제|풀|이|

유도전동기에서 <u>슬립의 범위 $0 \leq S \leq$</u>

·$s=1$: 정지　　·$s=0$: 동기속도($N_s = N$)　　【정답】①

35. 직류 전동기의 출력이 50[kW], 회전수가 1800[rpm]일 때 토크는 약 몇 [kg · m]인가?

① 12 ② 23 ③ 27 ④ 31

|문|제|풀|이|

[직류전동기의 토크(T)] $T = \dfrac{P}{2\pi n} = \dfrac{P}{2\pi \times \dfrac{N}{60}}[N \cdot m]$

여기서, P : 출력[W], n : 회전수(rps), N : 회전수[rpm]

$T = \dfrac{P}{2\pi \times \dfrac{N}{60}} = \dfrac{50 \times 10^3}{2\pi \times \dfrac{1800}{60}} = 265.4[N \cdot m]$

$\rightarrow (1[\mathrm{kg \cdot m}] = 9.8[\mathrm{N \cdot m}])$

$\therefore T = \dfrac{1}{9.8} \times 265.4 = 27[\mathrm{kg \cdot m}]$ 【정답】③

36. 3상 동기발전기 병렬운전 조건이 아닌 것은?

① 전압의 크기가 같을 것
② 회전수가 같을 것
③ 주파수가 같을 것
④ 전압 위상이 같을 것

|문|제|풀|이|

[동기발전기 병렬 운전 조건 및 조건이 다른 경우]

병렬 운전 조건	조건이 맞지 않는 경우
·기전력의 크기가 같을 것	·무효순환전류(무효횡류)
·기전력의 위상이 같을 것	·동기화전류(유효횡류)
·기전력의 주파수가 같을 것	·동기화전류
·기전력의 파형이 같을 것	·고주파 무효순환전류

【정답】②

37. 3상 동기전동기의 단자전압과 부하를 일정하게 유지하고, 회전자 여자전류의 크기를 변화시킬 때 옳은 것은?

① 전기자 전류의 크기와 위상이 바뀐다.
② 전기자 권선의 역기전력은 변하지 않는다.
③ 동기전동기의 기계적 출력은 일정하다.
④ 회전속도가 바뀐다.

|문|제|풀|이|

[위상특성곡선(브이곡선)]
·공급전압 V와 부하를 일정하게 유지하고 계자전류 I_f 변화에 대한 전기자전류 I_a의 변화관계를 그린 곡선
·계자전류를 증가시키면 부하전류의 위상이 앞서고, 계자전류를 감소하면 전기자전류의 위상은 뒤진다.   【정답】①

38. 전부하에서 2차 전압이 120[V]이고 전압변동률이 2[%]인 단상변압기가 있다. 1차전압은 몇 [V]인가? (단, 1차권선과 2차권선의 권수비는 20:10다.)

① 1,224 ② 2,448
③ 2,888 ④ 3,142

|문|제|풀|이|

[변압기의 전압변동률(ϵ), 권수비(a)]

$\epsilon = \dfrac{V_{20} - V_{2n}}{V_{2n}} \times 100[\%]$, $a = \dfrac{V_{1n}}{V_{2n}}$

여기서, V_{2n} : 2차측 정격전압, V_{20} : 2차측 무부하전압
V_{1n} : 1차측 전압
2차 전압 : 120[V], 전압변동률 : 2[%]
1차권선과 2차권선의 권수비 20:1

$\epsilon = \dfrac{V_{20} - V_{2n}}{V_{2n}} \times 100[\%] \rightarrow 0.02 = \dfrac{V_{20} - 120}{120} \rightarrow V_{20} = 122.4[V]$

권수비 $a = \dfrac{N_1}{N_2} = \dfrac{20}{1}$, $a = 20$

권수비(전압비) $= \dfrac{2차 \, 단자전압 (V_{20})}{1차 \, 단자전압 (V_{10})}$ 에서

1차측 단자전압 $V_{10} = 20 \times 122.4 = 2,448[V]$

※1. 단자전압 : 변압기의 양 단자에 걸리는 전압
  2. 무부하전압 : 부하가 없을 때의 전압
  3. 정격전압 : 기기의 수명 효율 등을 고려했을 때 가장 이상적인 전압
   【정답】②

39. 5.5[kW], 200[V] 유도전동기의 전전압 기동시의 기동 전류가 150[A]이었다. 여기에 Y–△ 기동시 기동전류는 몇 [A]가 되는가?

① 50 ② 70 ③ 87 ④ 95

|문|제|풀|이|

[Y-△ 기동시 기동전류] Y기동 시는 △ 기동 시에 비해 기동전류가 1/3 감소한다. 따라서 $I_Y = \dfrac{1}{3} I_\triangle = \dfrac{1}{3} \times 150 = 50[A]$ 【정답】①

40. 동기기 운전 시 안정도 증진법이 아닌 것은?

① 단락비를 크게 한다.

② 회전부의 관성을 크게 한다.

③ 속응여자방식을 채용한다.

④ 역상 및 영상임피던스를 작게 한다.

|문|제|풀|이|

[동기기의 안정도 증진법]

· 동기 임피던스를 작게 한다.

· 속응 여자 방식을 채택한다.

· 회전자에 플라이 휘일을 설치하여 관성 모멘트를 크게 한다.

· 정상 임피던스는 작고, 영상, 역상 임피던스를 크게 한다.

· 단락비를 크게 한다. 【정답】④

---

41. 주로 저압 가공전선로 또는 인입선에서 사용되는 애자로서 주로 앵글베이스 스트랩과 스트랩볼트 인류바인드선(비닐절연 바인드선)과 함께 사용하는 애자는?

① 저압 핀애자   ② 라인포스트 애자

③ 고압 핀애자   ④ 저압 인류애자

|문|제|풀|이|

[애자의 종류]

1. 핀애자 : 가공 전선의 직선 부분을 지지하기 위한 애자로 전주, 가옥의 옆면 및 옥내 대들보 위의 배선 등에 사용

2. 라인포스트 애자 : 특고압 가공배전선에서 수평각도 15도 미만 개소와 내장 및 인류 개소의 절연전선을 지지하는데 사용

3. 인류애자 : 전기 · 전자 전선로에서 당기는 개소에 사용하는 애자. 저압인류 애자, 고압인류애자, 정자형애자(고저압 전차선로 및 지지선), 구형애자 등이 있다. 【정답】④

---

42. 저압 이웃 연결 인입선의 시설과 관련된 설명으로 잘못된 것은?

① 옥내를 통과하지 아니할 것

② 전선의 굵기는 $1.5[mm^2]$ 이하 일 것

③ 폭 5[m]를 넘는 도로를 횡단하지 아니할 것

④ 인입선에서 분기하는 점으로부터 100[m]를 넘는 지역에 미치지 아니할 것

|문|제|풀|이|

[저압 이웃 연결(연접) 인입선 시설] 한 수용 장소 인입구에서 분기하여 지지물을 거치지 아니하고 다른 수용장소 인입구에 이르는 전선이며 시설 기준은 다음과 같다.

1. 분기하는 점으로부터 100[m]를 초과하지 않을 것

2. 폭 5[m]를 넘는 도로를 횡단하지 않을 것

3. 옥내를 관통하지 않을 것

4. 전선은 지름 2.6[mm] 경동선 사용 【정답】②

---

43. 셀룰로이드, 성냥, 석유류 등 기타 가연성 위험물질을 제조 또는 저장하는 장소의 배선 방법이 아닌 것은?

① 배선을 금속관배선, 합성수지관배선 또는 케이블배선에 의할 것

② 금속관은 박강 전선관 또는 이와 동등이상의 강도가 있는 것을 사용할 것

③ 두께가 2[mm] 미만의 합성수지제 전선관을 사용할 것

④ 합성수지관배선에 사용하는 합성수지관 및 박스 기타 부속품은 손상될 우려가 없도록 시설할 것

|문|제|풀|이|

[위험물 등이 있는 곳에서의 저압의 시설] 셀룰로이드·성냥·석유, 기타 위험물이 있는 곳의 배선은 합성수지관공사(두께 2[mm] 미만의 합성수지 전선관 및 난연성이 없는 콤바인 덕트관을 사용하는 것을 제외한다), 금속관 공사, 케이블 공사, 경질 비닐관 공사에 의하여야 한다. 【정답】③

---

44. 접지를 하는 목적이 아닌 것은?

① 이상 전압의 발생

② 전로의 대지전압의 저하

③ 보호 계전기의 동작 확보

④ 감전의 방지

|문|제|풀|이|

[접지의 목적] 감전방지, 전로의 대지전압의 저하, 보호계전기의 동작확보, 이상전압의 억제 【정답】①

45. 실링 · 직접부착등을 시설하고자 한다. 배선도에 표기할 그림기호로 옳은 것은?

① ├─(N)   ② ⊠

③ (CL)   ④ (R)

|문|제|풀|이|

[실링라이트(Celling Light)] 천장에 부착하는 기구와 천장 속에 설치하는 기구를 말하며 배선용 기호는 (CL)를 사용한다.

※① ├─(N) : 일반벽부등, ② ⊠ : 외부등, ④ (R) : 벽영등

【정답】③

46. 합성수지관 공사에서 지지점 간의 거리는 몇[m] 이하로 하여야 하는가?

① 0.6   ② 1.0   ③ 1.2   ④ 1.5

|문|제|풀|이|

[합성수지관 공사]

·전선은 합성수지관 안에서 접속점이 없도록 할 것

·전선은 절연전선(옥외용 비닐 절연전선을 제외한다)일 것

·관의 지지점 간의 거리는 1.5[m] 이하로 하고, 또한 그 지지점은 관의 끝·관과 박스의 접속점 및 관 상호 간의 접속점 등에 가까운 곳에 시설할 것

【정답】④

47. 전력케이블로 많이 사용되는 CV 케이블의 정확한 명칭은?

① 비닐절연비닐시스케이블

② 가교폴리에틸렌절연비닐시스케이블

③ 폴리에틸렌절연비닐시스케이블

④ 고무절연클로로프렌시스케이블

|문|제|풀|이|

[케이블의 약호]

① 비닐절연비닐시스케이블 : VV

③ 폴리에틸렌절연비닐시스케이블 : EV

④ 고무절연클로로프렌시스케이블 : RN

【정답】②

48. 다음 중 전선의 굵기를 측정 하는 것은?

① 프레셔 투울   ② 스패너

③ 파이어 포트   ④ 와이어 게이지

|문|제|풀|이|

[와이어 게이지] 철사의 지름이나 전선의 굵기를 호칭지름 또는 게이지 번호로 검사하는 데 사용

① 프레셔 툴 : 솔더리스 터미널 눌러 붙임 공구

② 스패너 : 너트를 죄고 푸는데 사용

③ 파이어 포트 : 운반이 가능한 가열기로, 가솔린을 연료로 사용하는 버너 형식이 많고 납이나 땜납을 용해할 때 사용한다.

【정답】④

49. 전선을 접속할 때 전기저항은 증가되지 않아야 하고 전선의 세기를 몇 [%] 이상 감소시키지 않아야 하는가?

① 10[%]   ② 15[%]

③ 20[%]   ④ 25[%]

|문|제|풀|이|

[전선의 접속법]

1. 전선의 세기(인장강도)를 20[%] 이상 감소시키지 아니할 것

2. 접속부분은 접속관 기타의 기구를 사용할 것

【정답】③

50. 저압 가공전선과 건조물의 조영재가 접근상태로 시설되는 경우 조영재 위쪽과의 간격은 얼마인가?

① 0.6[m]   ② 0.8[m]

③ 1.2[m]   ④ 2[m]

|문|제|풀|이|

[저고압 가공 전선과 건조물의 접근]

저압 가공전선과 건조물의 조영재 사이의 간격

건조물의 조영재	접근 형태	간격
상부 조영재	위쪽	2[m](케이블인 경우 1[m])
	옆쪽 아래쪽	1.2[m](전선에 사람이 쉽게 접촉할 우려가 없도록 시설한 경우 80[cm], 케이블인 경우 40[cm])
기타의 조영재	–	1.2[m](전선에 사람이 쉽게 접촉할 우려가 없도록 시설한 경우 80[cm], 케이블인 경우 40[cm])

【정답】④

51. 합성수지관의 표준 규격품 1본의 길이는 몇 [m]인가?

① 3.0[m] ② 3.6[m]
③ 4.0[m] ④ 4.5[m]

|문|제|풀|이|

1. 합성수지관 1본 길이 : 4[m]
2. 금속관 1본 길이 : 3.6[m] **【정답】③**

52. 셀룰러덕트의 최대 폭이 180[mm]일 때 덕트의 판 두께는?

① 1.0[mm] 이상 ② 1.2[mm] 이상
③ 1.4[mm] 이상 ④ 1.6[mm] 이상

|문|제|풀|이|

[셀룰러덕트의 판 두께]

덕트의 최대 폭[mm]	덕트의 판 두께[mm]
150이하	1.2
150초과 200이하	1.4
200초과	1.6

【정답】③

53. 후강전선관의 관 호칭은 (㉠) 크기로 정하여 (㉡)로 표시하는데 ㉠, ㉡에 들어갈 내용으로 옳은 것은?

① ㉠ 안지름 ㉡ 홀수
② ㉠ 안지름 ㉡ 짝수
③ ㉠ 바깥지름 ㉡ 홀수
④ ㉠ 바깥지름 ㉡ 짝수

|문|제|풀|이|

[후강 전선관] 후강전선관은 두께가 두꺼운 전선관으로 관호칭은 안지름의 짝수로 표시한다. **【정답】②**

54. 화약고에 시설하는 전기설비에서 전로의 대지전압은 몇 [V] 이하로 하여야 하는가?

① 100[V] ② 150[V]
③ 300[V] ④ 400[V]

|문|제|풀|이|

[화약류 저장소 등의 위험장소] 화약류 저장소 안에는 백열전등이나 형광등 또는 이에 전기를 공급하기 위한 공작물에 한하여 다음과 같이 시설할 수 있다.
1. 전로의 대지 전압은 300[V] 이하일 것
2. 전기기계기구는 전폐형의 것일 것
3. 케이블을 전기기계기구에 인입할 때에는 인입구에서 케이블이 손상될 우려가 없도록 시설할 것 **【정답】③**

55. 셀룰로이드, 성냥, 석유류 등 기타 가연성 위험물질을 제조 또는 저장하는 장소의 배선 방법이 아닌 것은?

① 배선을 금속관배선, 합성수지관배선 또는 케이블배선에 의할 것
② 금속관은 박강 전선관 또는 이와 동등이상의 강도가 있는 것을 사용할 것
③ 두께가 1.6[mm] 미만의 합성수지제 전선관을 사용할 것
④ 합성수지관배선에 사용하는 합성수지관 및 박스 기타 부속품은 손상될 우려가 없도록 시설할 것

|문|제|풀|이|

[위험물 등이 존재하는 장소]
셀룰로이드·성냥·석유, 기타 위험물이 있는 곳의 배선은 합성수지관공사(두께 2[mm] 미만의 합성수지 전선관 및 난연성이 없는 콤바인 덕트관을 사용하는 것을 제외한다), 금속관 공사, 케이블 공사, 경질 비닐관 공사에 의하여야 한다. **【정답】③**

56. 일반적으로 저압가공 인입선이 도로를 횡단(기술상 부득이한 경우로 교통에 지장 없을 때)하는 경우 노면상 시설하여야 할 높이는?

① 3[m]   ② 4[m]

③ 5[m]   ④ 6[m]

|문|제|풀|이|_____

[저압 인입선의 시설] 전선의 높이

1. 도로(차도와 보도의 구별이 있는 도로인 경우에는 차도)를 횡단하는 경우에는 노면상 5[m](기술상 부득이한 경우에 교통에 지장이 없을 때에는 3[m]) 이상
2. 철도 또는 궤도를 횡단하는 경우에는 레일면상 6.5[m] 이상
3. 횡단보도교의 위에 시설하는 경우에는 노면상 3[m] 이상

【정답】①

57. 한국전기설비규정에 의하면 정격전류가 30[A]인 저압전로의 과전류차단기를 산업용 배선용 차단기로 사용하는 경우 39[A]이 전류가 통과하였을 때 몇 분 이내에 자동적으로 동작하여야 하는가?

① 60   ② 120   ③ 2   ④ 4

|문|제|풀|이|_____

[과전류트립 동작시간 및 특성(산업용 배선용 차단기)]

정격전류의 구분	시간	정격전류의 배수 (모든 극에 통전)	
		부동작 전류	동작 전류
63[A] 이하	60분	1.05배	1.3배
63[A] 초과	120분	1.05배	1.3배

【정답】①

58. 라이팅덕트공사에 의한 저압 옥내배선 시 덕트의 지지점간의 거리는 몇 [m] 이하로 해야 하는가?

① 1.0   ② 1.2   ③ 2.0   ④ 3.0

|문|제|풀|이|_____

[지지점 간의 거리]

1. 캡타이어 케이블, 쇼케이스 : 1[m]
2. 합성수지관 : 1.5[m]
3. 라이팅덕트 및 애자 : 2[m]
4. 버스, 금속덕트 : 3[m]

【정답】③

59. 기구 단자에 전선 접속시 진동 등으로 헐거워지는 염려가 있는 곳에 사용되는 것은?

① 스프링 와셔   ② 2중 볼트

③ 삼각볼트   ④ 접속기

|문|제|풀|이|_____

[스프링와셔] 진동이 있는 기계 기구의 단자에 전선을 접속할 때 진동을 완화하기 위해 스프링와셔를 사용한다. 스프링와셔를 사용함으로써 힘조절 실패를 방지할 수 있다.

※② 2중 볼트 : 2중으로 결합
  ③ 삼각볼트 : 삼각모양으로 되어 있는 볼트(大, 中, 小)
  ④ 코드접속기 : 코드와 코드를 서로 접속할 때 사용

【정답】①

※한국전기설비규정(KEC) 적용으로 인해 더 이상 출제되지 않는 문제는 삭제했습니다.

01. 100[μF]의 콘덴서에 1000[V]의 전압을 가하여 충전한 뒤 저항을 통하여 방전시키면 저항에 발생하는 열량은 몇 [cal]인가?

① 3 　　　　② 5

③ 12 　　　　④ 43

|문|제|풀|이|

[유전체 내에 축적되는 에너지)] $W = \frac{1}{2}CV^2 = \frac{1}{2}\frac{Q^2}{C} = \frac{1}{2}QV[J]$

여기서, C : 정전용량[F],　Q : 전기량[C],　V : 전위차[V]

콘덴서 : 100[μF], 전압(전위차) : 1000[V]

$W = \frac{1}{2}CV^2[J] = \frac{1}{2} \times 100 \times 10^{-6} \times 1000^2 = 50[J]$　$\rightarrow (\mu = 10^{-6})$

$= 50 \times 0.24 = 12[cal]$　$\rightarrow (1[J] = 0.24[cal])$　【정답】③

02. 납축전지의 전해액은?

① 염화암모늄 용액　② 묽은황산

③ 수산화칼륨　　　④ 염화나트륨

|문|제|풀|이|

[납축전지]

1. 화학 반응식

$PbO_2 + 2H_2SO_4 + Pb \underset{\overleftarrow{충전}}{\overrightarrow{방전}} PbSO_4 + 2H_2O + PbSO_4$
　양극　전해액　음극　　　양극　전해액　음극

2. 충전 시 전해액 : 묽은황산(H_2SO_4)

3. 공칭전압 : 2.0[V/cell]

4. 공칭용량 : 10[Ah]

5. 방전종료전압 : 1.8[V]　　　【정답】②

03. 다음 중 반자성체는?

① 안티몬　　　② 알루미늄

③ 코발트　　　④ 니켈

|문|제|풀|이|

[자성체의 종류]

1. 상자성체 : 인접 영구자기 쌍극자의 방향이 규칙성이 없는 재질, 알루미늄(Al), 망간(Mn), 백금(Pt), 주석(Sn), 산소(O_2), 질소(N_2) 등

　　　　　　　↓자화되는 물체

　　N　| s　n |　S

2. 강자성체 : 인접 영구자기 쌍극자의 방향이 동일 방향으로 배열하는 재질(상자성체 중 자화의 강도가 큰 금속), 철(Fe), 니켈(Ni), 코빌드(Co)

3. 반자성체 : 영구자기 쌍극자가 없는 재질, 비스무트(Bi), 탄소(C), 규소(Si), 납(Pb), 야연(Zn), 황(S), 구리(Cu), 물(H_2O), 안티몬(Sb) 등

　　　　　　　↓자화되는 물체

　　N　| n　s |　S　　　　【정답】①

04. 서로 가까이 나란히 있는 두 도체에 전류가 반대 방향으로 흐를 때 각 도체 간에 작용하는 힘은?

① 흡인한다.

② 반발한다.

③ 흡인과 반발을 되풀이 한다.

④ 처음에는 흡인하다가 나중에는 반발한다.

|문|제|풀|이|

[평행전류 사이에 작용하는 힘] $F = \frac{\mu_0 I_1 I_2}{2\pi r}[N/m]$

1. 2개의 도체에 동일한 방향의 전류(I_1, I_2)가 흐르면 흡인력이 작용한다.

2. 2개의 도체에 반대 방향의 전류가 흐르면 반발력이 작용한다.

【정답】②

05. 다음은 전기력선의 성질이다. 틀린 것은?

① 전기력선은 서로 교차하지 않는다.

② 전기력선은 도체의 표면에 수직이다.

③ 전기력선의 밀도는 전기장의 크기를 나타낸다.

④ 같은 전기력선은 서로 끌어당긴다.

|문|제|풀|이|
[전기력선의 성질]
· 전기력선은 정전하에서 시작하여 부전하에서 끝난다.
· 전기력선은 전위가 높은 곳에서 낮은 곳으로 향한다.
· 전기력선은 그 자신만으로 폐곡선이 되지 않는다.
· 전기력선은 도체 표면에서 수직으로 출입한다.
· 서로 다른 두 전기력선은 교차하지 않는다.
· 전기력선의 밀도는 그 점의 전계의 세기와 같다.
· 전하가 없는 곳에서는 전기력선이 존재하지 않는다.
· 도체 내부에서의 전기력선은 존재하지 않는다.
· 단위 전하에서는 $1/\epsilon_0$개의 전기력선이 출입한다.
· 같은 전기력선은 서로 <u>반발</u>한다.　　　　　【정답】④

06. 파형률은 어느 것인가?

①　$\dfrac{평균값}{실효값}$　　　　　②　$\dfrac{실효값}{최대값}$

③　$\dfrac{실효값}{평균값}$　　　　　④　$\dfrac{최대값}{실효값}$

|문|제|풀|이|
· 파형률 $= \dfrac{실효치}{평균치}$

· 파고율 $= \dfrac{최대치}{실효치}$　　　　　　　　　　　【정답】③

07. 2[A], 500[V]의 회로에서 역률 80[%]일 때 유효전력은 몇 [W]인가?

①　600　　　　　　②　800

③　1,000　　　　　　④　1,200

|문|제|풀|이|
[교류전력의 유효전력(P)] $P = I^2 R = VI\cos\theta\,[W]$
여기서, V : 전압[V], I : 전류[A], R : 저항[Ω], $\cos\theta$: 역률
전류(A) : 2[A], 전압(V) : 500[V], 역률($\cos\theta$) : 80[%]
$\therefore P = VI\cos\theta\,[W] = 500 \times 2 \times 0.8 = 800\,[W]$　　【정답】②

08. 1[J]은 약 몇 [cal]인가?

①　0.24　　　　　　②　0.35

③　0.46　　　　　　④　0.57

|문|제|풀|이|
1[J]은 0.24[cal]　　　　　　　　　　　　　　【정답】①

09. 다음은 어떤 법칙을 설명한 것인가?

> 전류가 흐르려고 하면 코일은 전류의 흐름을 방해한다. 또, 전류가 감소하면 이를 계속 유지하려고 하는 성질이 있다.

① 쿨롱의 법칙　　　　　② 렌츠의 법칙

③ 패러데이의 법칙　　　　④ 플레밍의 왼손 법칙

|문|제|풀|이|
[렌츠의 법칙] 전류가 흐르려고 하면 코일은 전류의 흐름을 방해한다. 또, 전류가 감소하면 이를 계속 유지하려고 하는 성질

※① 쿨롱의 법칙 : 두 개의 전하 사이에 작용하는 작용력은 전하의 크기를 각각 곱한 것에 비례하고 전하간 거리의 제곱에 반비례
　③ 패러데이의 법칙 : 전기분해에 의해 석출되는 물질의 석출량($\omega[g]$)은 전해액 속을 통과한 전기량 $Q[C]$에 비례한다.
　④ 플레밍의 왼손 법칙 : 자계 내에서 전류가 흐르는 도선에 작용하는 힘
　　　　　　　　　　　　　　　　　　　　　　【정답】②

10. 교류전류는 시간이 변함에 따라 크기와 방향이 주기적으로 변한다. 일반적으로 교류전류의 크기를 표시하는 값은 무엇인가?

① 실효값　　　　　　② 순시값

③ 최대값　　　　　　④ 평균값

|문|제|풀|이|
[실효값] 직류와 동일한 일을 하는 크기의 교류값, 일반적으로 교류의 전압·전류는 실효값으로 표시

※② 순시값 : 전류, 전압 파형에서 어떤 임의의 순간에서의 전류, 전압의 크기
　③ 최대값 : 순시값 중에서 가장 큰 값
　④ 평균값 : 한 주기 동안의 면적의 산술적인 평균값
　　　　　　　　　　　　　　　　　　　　　　【정답】①

11. 10[Ω] 저항 5개를 가지고 얻을 수 있는 가장 작은 합성저항 값은?

① 1[Ω]　　　　② 2[Ω]

③ 3[Ω]　　　　④ 4[Ω]

|문|제|풀|이|

[합성저항]

1. 최소값 : 병렬 합성저항 $R_p = \dfrac{1}{\dfrac{1}{R} + \dfrac{1}{R} + \dfrac{1}{R} + \dfrac{1}{R} + \dfrac{1}{R}} = \dfrac{1}{5}R$

2. 최대값 : 직렬접속 : $R_s = R + R + R + R + R = 5R$

10[Ω] 저항 5개를 모두 병렬로 접속할 때 가장 작은 합성저항을 얻을 수 있다.

∴병렬시 합성저항 $R = \dfrac{1}{5}R = \dfrac{10}{5} = 2[\Omega]$　　　【정답】②

12. 다음 중 자체인덕턴스의 크기를 변화시킬 수 있는 것은?

① 투자율　　　　② 유전율

③ 전도율　　　　④ 파고율

|문|제|풀|이|

[자체 인덕턴스] $L = \dfrac{N^2 \cdot S \cdot \mu}{l}$

여기서 l : 길이, S : 단면적, μ : 투자율, N : 감은 횟수

【정답】①

13. 다음 회로에서 합성임피던스의 값을 구하면?

① 3.0
② 3.2
③ 3.8
④ 4.2

|문|제|풀|이|

[교류저항의 임피던스(Z)] $|Z| = \sqrt{R^2 + X^2}[\Omega]$

여기서, R : 저항[Ω], X : 리액턴스

1. 그림에서 저항 4[Ω]과 리액턴스 6[Ω]의 직렬연결

　합성임피던스 $Z_t = \sqrt{R_4^2 + X^2} = \sqrt{4^2 + 6^2} = 2\sqrt{13}$

2. 임피던스 $2\sqrt{3}[\Omega]$과 저항 8[Ω]의 병렬연결

∴$Z_{t//8} = \dfrac{Z_t \times R_8}{Z_t + R_8} = \dfrac{2\sqrt{13} \times 8}{2\sqrt{13} + 8} = 3.79[\Omega]$　　　【정답】③

14. 2[Ω], 4[Ω], 6[Ω]의 저항 3개가 있다. 이 저항들을 병렬연결 했을 때 회로의 전 전류가 10[A]였다면 2[Ω]에 흐르는 전류값은 몇 [A]인가?

① $\dfrac{60}{11}$　　　　② $\dfrac{70}{11}$

③ $\dfrac{80}{11}$　　　　④ $\dfrac{90}{11}$

|문|제|풀|이|

[병렬 합성저항] $R_p = \dfrac{1}{\dfrac{1}{R_1} + \dfrac{1}{R_2} + \dfrac{1}{R_3}}[\Omega]$

R_1, R_2, R_3 : 2[Ω], 4[Ω], 6[Ω], 전전류(I) : 10[A]

저항의 병렬연결 $R_p = \dfrac{1}{\dfrac{1}{2} + \dfrac{1}{4} + \dfrac{1}{6}} = \dfrac{12}{11}[\Omega]$

이때 전류가 10[A]이므로

$V = IR_p = 10 \times \dfrac{12}{11} = \dfrac{120}{11}[V]$

저항 2[Ω]에서의 전류 $I_2 = \dfrac{V}{R_2} = \dfrac{\dfrac{120}{11}}{2} = \dfrac{120}{22} = \dfrac{60}{11}[A]$

【정답】①

15. 공기 중의 평등자계 내에 5[A]의 전류가 흐르고 있는 길이 60[cm]의 직선 도체를 자계의 방향에 대하여 60°의 각을 이루도록 놓았을 때 이 도체에 작용하는 힘이 5.2[N]이라면 자속밀도의 값은 얼마인가?

① 약 1[Wb/m²]　　　② 약 2[Wb/m²]

③ 약 3[Wb/m²]　　　④ 약 4[Wb/m²]

|문|제|풀|이|

[자기장과 코일이 직각이 아닌 경우] 전자력(힘) $F = BIl\sin\theta[N]$

여기서, B : 자속밀도[Wb/m²], I : 도체에 흐르는 전류[A]

　　　　l : 도체의 길이[m], θ : 자장과 도체가 이르는각

전류(I) : 5[A], 길이(l) : 60[cm](=0.6[m]), θ : 60°

도체에 작용하는 힘(F) : 5.2[N]

$F = BIl\sin\theta$에서

∴$B = \dfrac{F}{Il\sin\theta} = \dfrac{5.2}{5 \times 0.6 \times \sin 60°} = 2[Wb/m²]$　→ (sin60 = 0.87)

【정답】②

16. 반지름 25[cm], 권수 10의 원형 코일에 10[A]의 전류를 흘릴 때 코일 중심의 자장의 세기는 몇 [AT/m]인가?

① 32　　② 65　　③ 100　　④ 200

|문|제|풀|이|

[전류에 의한 자장의 세기(H)] $H = \dfrac{NI}{2a}[AT/m]$

여기서, N : 코일의 횟수, I : 전류, a : 반지름

반지름 : 25[cm](=0.25[m]), 권수 : 10, 전류 : 10[A]

$\therefore H = \dfrac{NI}{2a} = \dfrac{10 \times 10}{2 \times 0.25} = 200[AT/m]$ 　　【정답】④

17. 다음 회로에서 전류 I의 값은?

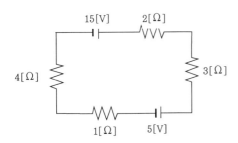

① 0.5　　② 1　　③ 1.5　　④ 2

|문|제|풀|이|

[전류] $I = \dfrac{V}{R} = \dfrac{15 - 5}{1 + 2 + 3 + 4} = \dfrac{10}{10} = 1[A]$

　　　→ (전압(전위차, −) : 서로 마주보고 있으므로)

【정답】②

18. $30[\mu F]$과 $40[\mu F]$의 콘덴서를 병렬로 접속한 후 100[V]의 전압을 가했을 때 전 전하량은 몇 [C]인가?

① 17×10^{-4}　　② 34×10^{-4}

③ 56×10^{-4}　　④ 70×10^{-4}

|문|제|풀|이|

[콘덴서 병렬접속의 합성정전용량(C) 및 전하량(Q)]

전하량 $Q = CV[C]$, 정전용량(병렬) $C_p = C_1 + C_2$

여기서, Q : 전하량[C], 전압(V) : 전압[V], C : 정전용량[F]

$30[\mu F]$과 $40[\mu F]$의 콘덴서 병렬 접속, 전압(V) : 100[V]

1. 정전용량 $C = C_1 + C_2 = 30 + 40 = 70[\mu F]$

2. 전하량 $Q = CV[C]$

$\therefore Q = CV = 70 \times 10^{-6} \times 100 = 70 \times 10^{-4}[C]$ 　→ $(\mu = 10^{-6})$

【정답】④

19. $i = 3\sin\omega t + 4\sin(3\omega t - \theta)[A]$로 표시되는 전류의 등가사인파 최대값은?

① 2[A]　　② 3[A]

③ 4[A]　　④ 5[A]

|문|제|풀|이|

[등가사인파(비사인파) 최대값(I_m)]

$i(t) = I_0 + \sqrt{2}\,I_1 \sin(\omega t - \theta_1) + \sqrt{2}\,I_3 \sin(3\omega t - \theta_3)$

전체 전류 $I = \sqrt{I_0^2 + I_1^2 + I_3^2}[A]$

최대 전류 $I_m = \sqrt{I_{m0}^2 + I_{m1}^2 + I_{m3}^2}[A]$ 　　→ $(I_m = \sqrt{2}\,I)$

$i = 3\sin\omega t + 4\sin(3\omega t - \theta)[A]$이므로

$\therefore I_m = \sqrt{I_{m1}^2 + I_{m3}^2} = \sqrt{3^2 + 4^2} = 5$ 　　【정답】④

20. 유도전동기에서 슬립이 0이란 것은 어느 것과 같은가?

① 유도전동기가 동기속도로 회전한다.
② 유도전동기가 정지 상태이다.
③ 유도전동기가 전부하 운전 상태이다.
④ 유도제동기의 역할을 한다.

|문|제|풀|이|

[슬립] 전동기의 속도 N[rpm]와 동기속도 N_s[rpm]의 속도차를 N_s에 대한 비율을 슬립(slip)이라 하며,

슬립 $s = \dfrac{N_s - N}{N_s}$ 　　　→ $(0 \leq s \leq 1)$

여기서, N_s : 동기속도[rpm], N : 회전속도[rpm]

1. $s = 1$이면 N=0이어서 전동기가 정지 상태

2. $s = 0$이면 $N = N_s$가 되어 전동기가 동기속도로 회전하며, 이 경우는 이상적인 무부하 상태이다. 　　【정답】①

21. 정전기 발생 방지책으로 틀린 것은?

① 배관 내 액체의 흐름 속도 제한

② 대기의 습도를 30[%] 이하로 하여 건조함을 유지

③ 대전 방지제의 사용

④ 접지 및 보호구의 착용

|문|제|풀|이|

[정전기 방지법] 대기의 습도를 60~70[%] 이상으로 유지하면 정전기의 축적을 막을 수 있다. 【정답】②

22. 동기발전기의 돌발단락전류를 주로 제한하는 것은?

① 누설리액턴스   ② 동기임피던스

③ 권선저항   ④ 동기리액턴스

|문|제|풀|이|

[누설리액턴스] 전기적 반작용에 의한 순간적인 돌발단락 시 전류를 제한하는 것은 누설리액턴스이다. 【정답】①

23. 일정 전압 및 일정 파형에서 주파수가 상승하면 변압기 철손은 어떻게 변하는가?

① 증가한다.

② 감소한다.

③ 불변이다.

④ 어떤 기간 동안 증가한다.

|문|제|풀|이|

[철손] $P_i = k \dfrac{V^2}{f}$ → (V : 전압, f : 주파수)

철손은 주파수에 **반비례**한다. 【정답】②

24. 변압기에서 퍼센트저항강하 3[%], 리액턴스강하 4[%]일 때 역률 0.8(지상)에서의 전압변동률은?

① 2.4[%]   ② 3.6[%]

③ 4.8[%]   ④ 6.0[%]

|문|제|풀|이|

[변압기 전압변동률(ϵ)] $\epsilon = p\cos\theta \pm q\sin\theta$[%]

→ (지상(뒤짐)부하시 : +, 진상(앞섬)부하시 : −, 언급이 없으면 +)

여기서, p : 퍼센트 저항 강하, q : 퍼센트 리액턴스 강하
$\cos\theta$: 역률

퍼센트 저항강하 : 3[%], 리액턴스 강하 : 4[%], 역률 : 0.8(지상)

$\therefore \epsilon = p\cos\theta + q\sin\theta$ → ($\sin\theta = \sqrt{1-\cos^2\theta} = \sqrt{1-0.8^2} = 0.6$)

$= 3 \times 0.8 + 4 \times 0.6 = 4.8$[%]   【정답】③

25. 동기전동기의 자기기동에서 계자권선을 단락하는 이유는?

① 기동이 쉽다.

② 기동권서으로 이용

③ 고전압 유도에 의한 절연파괴 위험 방지

④ 전기자 반작용을 방지한다.

|문|제|풀|이|

[동기전동기의 자기기동법] 기동시의 고전압을 방지하기 위해서 저항을 접속하고 단락 상태로 기동한다. 계자권선을 단락하지 않으면 고전압이 유도된다. 【정답】③

26. 2대의 동기발전기의 병렬운전 조건으로 같지 않아도 되는 것은?

① 기전력의 위상

② 기전력의 주파수

③ 기전력의 임피던스

④ 기전력의 크기

|문|제|풀|이|

[동기 발전기 병렬운전 조건 및 조건이 다른 경우]

병렬 운전 조건	조건이 맞지 않는 경우
·기전력의 크기가 같을 것	·무효순환전류(무효횡류)
·기전력의 위상이 같을 것	·동기화전류(유효횡류)
·기전력의 주파수가 같을 것	·동기화전류
·기전력의 파형이 같을 것	·고주파 무효순환전류

【정답】③

27. 전기 용접기용 발전기로 가장 적합한 것은?

① 직류분권형 발전기

② 차동복권형 발전기

③ 가동복권형 발전기

④ 직류타여자식 발전기

|문|제|풀|이|

[차동복권형 발전기] 전기 용접기용 발전기로 가장 적당한 것은 차동복권형 발전기로, <u>차동복권형 발전기의 수하특성을 이용한다.</u>

※① 직류분권형 발전기 : 전기화학용 전원, 전지의 충전용 동기기의 여자용으로 사용

③ 가동복권형 발전기 : 정속도 전동기로 펌프, 환기용 송풍기, 공작기계

④ 직류타여자식 발전기 : 발전기 외부의 다른 전원에서 여자전류를 공급하여 계자를 여자시키는 발전기 【정답】②

28. 직류 전동기의 전기적 제동법이 아닌 것은?

① 발전제동 ② 회생제동

③ 역전제동 ④ 저항제동

|문|제|풀|이|

[직류 전동기의 제동법]

① 발전제동 : 발생전력을 내부에서 열로 소비하는 제동방식

② 회생제동 : 전동기의 전원을 접속한 상태에서 전동기에 유기되는 역기전력을 전원 전압보다 크게 하여 이때 발생하는 전력을 전원으로 반환하면서 제동하는 방식

③ 역전제동 : 역전제동은 3상중 2상의 결선을 바꾸어 역회전시킴으로 제동시키는 방식이다. 급정지 시 가장 좋다.

※④ 저항제동 : 전동기가 갖는 운동 에너지에 의해서 발생한 전기 에너지가 가변 저항기에 의해서 제어되고, 소비되는 일종의 다이내믹 제동작용 【정답】④

29. 직류발전기에서 전압 정류의 역할을 하는 것은?

① 보극 ② 탄소브러시

③ 전기자 ④ 리액턴스 코일

|문|제|풀|이|

[직류발전기에서 양호한 정류를 얻는 조건]

1. 저항정류 : 접촉저항이 큰 탄소브러시 사용

2. 전압정류 : <u>보극을 설치</u>(평균 리액턴스 전압을 줄임)

3. 정류 주기를 길게 한다.

4. 코일의 자기 인덕턴스를 줄인다(단절권 채용). 【정답】①

30. 3상 변압기의 병렬운전이 불가능한 결선 방식으로 짝지은 것은?

① $\Delta-\Delta$ 와 Y-Y

② Δ-Y 와 Δ-Y

③ Y-Y 와 Y-Y

④ $\Delta-\Delta$ 와 Δ-Y

|문|제|풀|이|

[병렬운전이 불가능한 결선] <u>$\Delta-\Delta$와 Δ-Y</u>는 변압기의 병렬운전 시 위상차가 발생하므로, 순환전류가 흘러서 과열 및 소손이 발생할 수 있다. 따라서 <u>병렬운전이 불가능</u>하다. 【정답】④

31. 슬립이 4[%]인 유도전동기에서 동기속도가 1200[rpm]일 때 전동기의 회전속도(rpm)는?

① 697 ② 1051

③ 1152 ④ 1321

|문|제|풀|이|

[유도전동기의 회전속도(N)] $N = (1-s)N_s$[rpm]

여기서, s : 슬립, N_s : 동기속도, N : 회전속도

슬립(s) : 4[%], 동기속도(N_s) : 1200[rpm]

$\therefore N = (1-s)N_s = (1-0.04) \times 1200 = 1152$[rpm] 【정답】③

32. 그림은 전력제어 소자를 이용한 위상제어 회로이다. 전동기의 속도를 제어하기 위해서 '가' 부분에 사용되는 소자는?

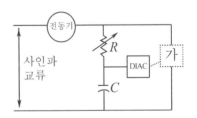

① 전력용 트랜지스터

② 제너다이오드

③ 트라이액

④ 레귤레이터 78XX 시리즈

|문|제|풀|이|

[TRIAC] 전원이 사인파 교류 입력이므로 쌍방향성 3단자 사이리스터인 TRIAC를 사용한다. 【정답】③

33. 농형 유도전동기를 많이 사용하는 이유가 아닌 것은?

① 구조가 간단하다.　② 보수가 용이하다.

③ 효율이 좋다.　④ 속도 조정이 쉽다.

|문|제|풀|이|

[농형 유도전동기의 특징]
· 구조가 간단하다.
· 보수가 용이하다.
· 효율이 좋다.
· <u>속도조정이 곤란하다.</u>
· 기동토크가 작다(대형운전이 곤란).

【정답】④

34. 전력용 변압기의 내부 고장 보호용 계전 방식은?

① 역상계전기　② 차동계전기

③ 접지계전기　④ 과전류계전기

|문|제|풀|이|

[변압기 내부 고장 검출]
1. 전류차동계전기 : 변압기 고압측과 저압측에 설치한 CT 2차 전류의 차를 검출하여 변압기 내부 고장을 검출하는 방식의 계전기
2. 비율차동계전기 : 발전기나 변압기 등의 내부 고장 발생 시 CT 2차측의 억제 코일에 흐르는 부하 전류와 동작 코일에 흐르는 1차전류의 오차가 일정 비율 이상일 경우에 동작하는 계전기
3. 부흐홀츠계전기 : 변압기 내부 고장으로 인한 절연유의 온도 상승 시 발생하는 유증기를 검출하여 경보 및 차단을 하기 위한 계전기

【정답】②

35. 평형 3상 회로에 대한 설명으로 옳지 않은 것은?

① 전압의 크기와 주파수가 같고 서로 $120°$ 씩 위상차가 있는 3상 교류를 말한다.

② 성형결선에서 선간전압이 상전압보다 $\sqrt{3}$ 배 크고, 위상은 $30°$ 앞선다.

③ 부하에 공급되는 유효전력
$P = \sqrt{3} \times$ 선간전압 $\times$ 선전류 $\times$ 역률이다.

④ 델타결선의 경우 상전류는 선전류보다 $\sqrt{3}$ 배 크고, 위상은 $30°$ 앞선다.

|문|제|풀|이|

[선전류 선간전압]
1. 성형(Y)결선 $V_l = \sqrt{3} V_p \angle 30°$, $I_l = I_p$
2. 델타($\triangle$)결선 $V_l = V_p$, $I_l = \sqrt{3} I_p \angle -30°$

【정답】④

36. 직류 발전기에서 전기자 반작용을 없애는 방법으로 옳은 것은?

① 브러시 위치를 전기적 중성점이 아닌 곳으로 이동시킨다.

② 보극과 보상권선을 설치한다.

③ 브러시의 압력을 조정한다.

④ 보극은 설치하되 보상 권신은 실치하지 않는나.

|문|제|풀|이|

[전기자 반작용을 없애는 방법]
· 보상권선 설치
· 보극 설치
· 브러시 위치를 전기적 중성점으로 이동

【정답】②

37. 3상 동기전동기 자기기동법에 관한 사항 중 틀린 것은?

① 기동토크를 적당한 값으로 유지하기 위하여 변압기 탭에 의해 정격전압의 80[%] 정도로 저압을 가해 기동을 한다.

② 기동토크는 일반적으로 적고 전부하 토크의 40~60[%] 정도이다.

③ 제동권선에 의한 기동토크를 이용하는 것으로 제동권선은 2차 권선으로서 기동토크를 발생한다.

④ 기동할 때에는 회전자속에 의하여 계자권선 안에는 고압이 유도되어 절연을 파괴할 우려가 있다.

|문|제|풀|이|

[3상 동기전동기 자기기동법] 기동토크를 적당한 값으로 유지하고, 전류를 억제하기 위해 변압기 탭에 의하여 <u>정격전압의 30~50[%] 정도의 저압을 가해 기동</u>을 한다.

【정답】①

38. 다음 중 전선의 굵기를 측정 하는 것은?

① 프레셔툴   ② 스패너

③ 파이어포트   ④ 와이어게이지

|문|제|풀|이|

[와이어 게이지] 전선의 굵기를 측정한다.

※① 프레셔 툴 : 솔더리스 터미널 눌러 붙임 공구

② 스패너 : 볼트나 너트를 죄거나 푸는 데 사용하는 공구

③ 파이어 포트 : 운반이 가능한 가열기로, 가솔린을 연료로 사용하는 버너 형식이 많고 납이나 땜납을 용해할 때 사용한다.

【정답】④

39. 직류전동기에 있어 무부하일 때의 회전수 n_0은 1200[rpm], 정격부하일 때의 회전수 n_n은 1150[rpm]이라 한다. 속도변동률은?

① 약 3.45[%]   ② 약 4.16[%]

③ 약 4.35[%]   ④ 약 5.0[%]

|문|제|풀|이|

[직류전동기의 속도변동률(ϵ)] $\epsilon = \dfrac{N_0 - N_n}{N_n} \times 100[\%]$

여기서, N_0 : 무부하 시 회전수(속도)

N_n : 정격부하 시의 회전수(속도)

무부하일 때의 회전수(N_0) : 1200[rpm]

정격부하일 때의 회전수(N_n) : 1150[rpm]

$\epsilon = \dfrac{N_0 - N_n}{N_n} \times 100 = \dfrac{1200 - 1150}{1150} \times 100 = 4.35[\%]$

【정답】③

40. 2극 3600[rpm]인 동기발전기와 병렬 운전하려는 12극 발전기의 회전수는 몇 [rpm]인가?

① 600   ② 1200

③ 1800   ④ 3600

|문|제|풀|이|

[동기발전기의 동기속도(N_s)] $N_s = \dfrac{120f}{p}$[rpm]

여기서, N_s : 동기속도[rpm], f : 주파수[Hz], p : 극수

극수 : 2극, 동기속도(N_s) : 3600[rpm]

1. 병렬운전이므로 주파수가 같아야 한다.

$N_s = \dfrac{120f}{p}$ 에서 $f = \dfrac{N_s p}{120} = \dfrac{3600 \times 2}{120} = 60[Hz]$

2. 12극에서의 동기속도 $N_s = \dfrac{120f}{p} = \dfrac{120 \times 60}{12} = 600$[rpm]

【정답】①

41. 주상변압기에 일반적으로 쓰이는 냉각방식은 무엇인가?

① 건식풍냉식   ② 유입자냉식

③ 유입풍냉식   ④ 유입송유식

|문|제|풀|이|

[변압기 냉각방식]

1. 건식자냉식(AN) : 소용량의 변압기

2. 건식풍냉식(AF) : 500[kVA] 이상에 채용

3. 유입자냉식(ONAN) : 보수가 간단하여 <u>가장 널리</u> 쓰인다.

4. 유입풍냉식(ONAF) : 20[%] 정도의 단시간 과부하 운전이 가능하다

5. 송유자냉식(OFAN) : 기름을 강제적으로 순환시키는 방법

6. 송유풍냉식(OFAF) : 300[MVA] 이상의 대용량기에는 거의 송유풍냉식이 채용되고 있다.

7. 송유수냉식(ONWF) : 송유수냉식, 유닛쿨러를 탱크주위에 설치하는 방식이 많다. 【정답】②

42. 접지공사의 접지선은 특별한 경우를 제외하고는 어떤 색으로 표시를 하여야 하는가?

① 빨간색   ② 노란색

③ 녹색-노란색   ④ 검정색

|문|제|풀|이|

[전선의 식별]

상(문자)	색상
L1	갈색
L2	검정색
L3	회색
N(중성선)	파란색
보호도체(접지선)	녹색-노란색 혼용

【정답】③

43. 금속덕트 공사에 관한 사항이다. 다음 중 금속덕트의 시설로서 옳지 않은 것은?

① 덕트의 끝부분은 열어 놓을 것
② 덕트를 조영재에 붙이는 경우에는 덕트의 지지점 간의 거리를 3[m] 이하로 하고 견고하게 붙일 것
③ 덕트의 뚜껑은 쉽게 열리지 않도록 시설할 것
④ 덕트 상호간은 견고하고 또한 전기적으로 완전하게 접속할 것

|문|제|풀|이|

[금속 덕트 공사]
·금속 덕트는 폭이 40[mm] 이상, 두께 1.2[mm] 이상인 철판으로 제작할 것
·덕트를 조영재에 붙이는 경우에는 덕트의 지지점간 거리를 3[m] 이하로 하여야 한다.
·덕트의 끝부분은 막을 것
·금속덕트의 뚜껑은 쉽게 열리지 않도록 시설할 것
·금속덕트 상호는 견고하고 또한 전기적으로 완전하게 접속할 것

【정답】①

44. 화약고에 시설하는 전기설비에서 전로의 대지전압은 몇 [V] 이하로 하여야 하는가?

① 100[V]   ② 150[V]
③ 300[V]   ④ 400[V]

|문|제|풀|이|

[화약류 저장소 등의 위험장소]
화약류 저장소 안에는 백열전등이나 형광등 또는 이에 전기를 공급하기 위한 공작물에 한하여 다음과 같이 시설할 수 있다.
1. 전로의 대지 전압은 300[V] 이하일 것
2. 전기기계기구는 전폐형의 것일 것
3. 케이블을 전기기계기구에 인입할 때에는 인입구에서 케이블이 손상될 우려가 없도록 시설할 것

【정답】③

45. 전등 한 개를 2개소에서 점멸하고자 할 때 옳은 배선은?

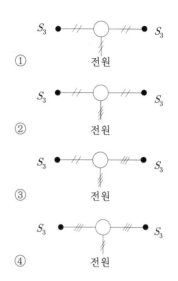

|문|제|풀|이|

[배선도 및 전선 접속도]
1. 1등을 2개소에서 점멸하는 경우

배선도	전선 접속도
○ —//— 전원, 3, 3	

2. 1등을 3개소에서 점멸하는 경우

배선도	전선 접속도
○ —//— 전원, 3, 4, 3	

※ ○ : 전등, ● : 점멸기(첨자가 없는 것은 단극, 2P는 2극, 3은 3로, 4는 4로), ●● : 콘센트

【정답】④

46. 한국전기설비규정에 의하면 정격전류가 30[A]인 저압전로의 과전류차단기를 산업용 배선용 차단기로 사용하는 경우 39[A]이 전류가 통과하였을 때 몇 분 이내에 자동적으로 동작하여야 하는가?

① 60 ② 120 ③ 2 ④ 4

|문|제|풀|이|

[과전류트립 동작시간 및 특성(산업용 배선용 차단기)]

정격전류의 구분	시간	정격전류의 배수 (모든 극에 통전)	
		부동작 전류	동작 전류
63[A] 이하	60분	1.05배	1.3배
63[A] 초과	120분	1.05배	1.3배

【정답】①

47. 다음 중 금속관공사의 설명으로 잘못된 것은?

① 교류회로는 1회로의 전선 전부를 동일 관 내에 넣는 것을 원칙으로 한다.
② 교류회로에서 전선을 병렬로 사용하는 경우에는 관 내에 전자적 불평형이 생기지 않도록 시설한다.
③ 금속관 내에서는 절대로 전선접속점을 만들지 않아야 한다.
④ 관의 두께는 콘크리트에 매입하는 경우 1[mm]이상이어야 한다.

|문|제|풀|이|

[금속관 공사] 금속관 공사에서 관의 두께는 다음에 의하여 시설할 것
·콘크리트 매설시 1.2[mm] 이상
·기타 1[mm] 이상 　　　　　　　　　【정답】④

48. 하나의 수용장소의 인입선 접속점에서 분기하여 지지물을 거치지 아니하고 다른 수용장소의 인입선 접속점에 이르는 전선은?

① 가공인입선 ② 구내 인입선
③ 이웃 연결 인입선 ④ 옥측 배선

|문|제|풀|이|

[이웃 연결 인입선] 하나의 수용장소의 인입선 접속점에서 분기하여 지지물을 거치지 아니하고 다른 수용장소의 인입선 접속점에 이르는 전선

※① 가공인입선 : 가공전선로의 지지물로부터 다른 지지물을 거치지 아니하고 수용장소의 붙임점에 이르는 가공전선을 말한다.
  ② 구내 인입선 : 구내의 전선으로부터 그 구내의 전기사용 장소로 인입하는 가공전선으로, 지지물을 거치지 않고 시설하는 것이다.
  ④ 옥측배선 : 옥외의 전기 사용 장소에서 그 전기 사용 장소에서의 전기사용을 목적으로 조영물에 고정시켜 시설하는 전선을 말한다.
　　　　　　　　　　　　　　　　　　【정답】③

49. 합성수지몰드공사의 시공에서 잘못된 것은?

① 사용전압이 400[V] 미만에 사용
② 점검할 수 있고 전개된 장소에 사용
③ 베이스를 조영재에 부착하는 경우 1[m] 간격마다 나사 등으로 견고하게 부착한다.
④ 베이스와 캡이 완전하게 결합하여 충격으로 이탈되지 않을 것

|문|제|풀|이|

[합성수지몰드 공사] 베이스를 조영재에 부착하는 경우 40~50 [cm] 간격마다 나사 등으로 견고하게 부착한다. 　【정답】③

50. 단선의 굵기가 $6[mm^2]$ 이하인 전선을 직선접속할 때 주로 사용하는 접속법은?

① 트위스트 접속 ② 브리타니아 접속
③ 쥐꼬리 접속 ④ T형 커넥터 접속

|문|제|풀|이|

[전선의 접속]
1. 트위스트 접속 : $6[mm^2]$ 이하의 가는 단선 직선 접속
2. 브리타니아 접속 : $10[mm^2]$ 이상의 굵은 단선 직선 접속

※144~145 [03 단선의 직선 접속] 참조　　　【정답】①

51. 폭연성 먼지가 존재하는 곳의 저압 옥내배선 공사 시 공사 방법으로 짝지어진 것은?

① 금속관공사, MI 케이블공사, 개장된케이블 공사
② CD 케이블 공사, MI 케이블 공사, 금속관 공사
③ CD 케이블 공사, MI 케이블 공사, 제1종 캡타이어 케이블 공사
④ 개장된 케이블 공사, CD 케이블 공사, 제1종 캡타이어 케이블 공사

|문|제|풀|이|
[먼지 위험장소(폭연성 먼지)] 폭연성 먼지나 화약류의 가루가 존재하는 곳의 배선은 <u>금속관 공사나 케이블 공사</u>(MI케이블, 개장 케이블)에 의할 것(캡타이어케이블 제외) 【정답】①

52. 가공전선로 지지물의 승탑 및 승주방지에서 가공전선로의 지지물에 취급자가 오르고 내리는데 사용하는 발판 볼트 등은 지표상 몇 [m] 미만에 시설하여서는 아니 되는가?

① 1.2　　② 1.8　　③ 2.4　　④ 3.0

|문|제|풀|이|
[가공전선로 지지물의 철탑오름 및 전주오름 방지] 발판 볼트 등은 <u>1.8[m] 미만에 시설하여서는 안 된다.</u> 다만 다음의 경우 제외
·발판 볼트를 내부에 넣을 수 있는 구조
·지지물에 승탑 및 승주 방지 장치를 시설한 경우
·취급자 이외의 자가 출입할 수 없도록 울타리 담 등을 시설할 경우
·산간 등에 있으며 사람이 쉽게 접근할 우려가 없는 곳
【정답】②

53. 직류전압의 구분 중 고압은 어느 것을 말하는가?

① 1000[V] 초과 6[kV] 이하
② 1500[V] 초과 7[kV] 이하
③ 2500[V] 초과 8[kV] 이하
④ 3500[V] 초과 9[kV] 이하

|문|제|풀|이|
[전압의 종별]

분류	전압의 범위
저압	· 직류 : 1500[V] 이하 · 교류 : 1000[V] 이하
고압	· 직류 : 1500[V]를 초과하고 7[kV] 이하 · 교류 : 1000[V]를 초과하고 7[kV] 이하
특고압	· 7[kV]를 초과

【정답】②

54. 금속제 가요전선관 공사 방법의 설명으로 옳은 것은?

① 가요전선관과 박스와의 직각부분에 연결하는 부속품은 앵글박스 커넥터이다.
② 가요전선관과 금속관의 접속에 사용하는 부속품은 스트레이트박스 커넥터이다.
③ 가요전선관 상호접속에 사용하는 부속품은 콤비네이션 커플링이다.
④ 스위치박스에는 콤비네이션 커플링을 사용하여 가요전선관과 접속한다.

|문|제|풀|이|
[가요전선관 공사]
② 가요전선관과 금속관의 접속에 사용하는 부속품은 <u>콤비네이션 커플링</u>이다.
③ 가요전선관 상호접속에 사용하는 부속품 은 <u>플레시블 커플링</u>이다.
④ 스위치박스에는 <u>스트레이트박스 커넥터, 앵글박스 커넥터</u> 등을 사용하여 가요전선관과 접속한다. 【정답】①

55. 저압 가공전선과 고압 가공전선을 동일 지지물에 시설하는 경우 상호 간격은 몇 [cm] 이상 이어야 하는가?

① 20[cm]　　　② 30[cm]
③ 40[cm]　　　④ 50[cm]

|문|제|풀|이|
[저·고압 가공전선 등의 병행설치]
1. 저압 가공전선을 고압 가공전선의 아래로 하고 별개의 완금류에 시설할 것
2. 저압 가공전선과 고압 가공전선 사이의 <u>간격은 50[cm] 이상일 것</u>
【정답】④

56. 절연전선이나 케이블을 사용하여 저압 가공전선을 도로 이외의 곳에 옥외 조명에 전원을 공급할 때, 최소 시설 높이로 옳은 것은?

① 3[m]　　　　　② 4[m]
③ 5[m]　　　　　④ 6[m]

|문|제|풀|이|
[저·고압 가공전선의 높이]

설치장소	저압 가공전선의 높이	
도로횡단	지표상 6[m] 이상	
철도 또는 궤도 횡단	레일면상 6.5[m] 이상	
횡단보도교 위	저압	노면상 3.5[m] 이상 (단, 전선이 저압 절연전선·다심형 전선 또는 케이블인 경우에는 3[m])
일반장소 (도로를 따라 시설)	지표상 5[m] 이상 (다만, 절연전선이나 케이블을 사용한 저압 가공전선으로서 옥외 조명용에 공급하는 것으로 교통에 지장이 없도록 시설하는 경우에는 지표상 4[m] 까지로 감할 수 있다.	

【정답】②

57. 옥내에 시설하는 저압의 이동전선에서 사용하는 캡타이어케이블의 최소 단면적으로 옳은 것은?

① 0.75[mm²]　　　② 1[mm²]
③ 1.5[mm²]　　　　④ 2.5[mm²]

|문|제|풀|이|
[옥내 저압용 이동전선의 시설] 옥내에 시설하는 사용전압이 400[V] 미만인 이동전선은 고무코트 또는 0.6/1[kV] EP 고무 절연 클로로프렌 캡타이어케이블로서 단면적이 $0.75[mm^2]$ 이상인 것일 것
【정답】①

58. 합성수지관 공사에 대한 설명 중 옳지 않은 것은?

① 습기가 많은 장소 또는 물기가 있는 장소에 시설하는 경우에는 방습 장치를 한다.
② 관 상호간 및 박스와는 관을 삽입하는 깊이를 관의 바깥지름의 1.2배 이상으로 한다.
③ 관의 지지점간의 거리는 3[m] 이상으로 한다.
④ 합성수지관 안에는 전선에 접속점이 없도록 한다.

|문|제|풀|이|
[합성수지관 공사]
· 전선은 절연전선일 것 (옥외용 비닐 절연전선을 제외한다)
· 전선은 합성수지관 안에서 접속점이 없도록 할 것
· 관의 지지점 간의 거리는 1.5[m] 이하로 하고, 또한 그 지지점은 관의 끝·관과 박스의 접속점 및 관 상호 간의 접속점 등에 가까운 곳에 시설할 것
· 저압 옥내배선 중 각종 관공사의 경우 관에 넣을 수 있는 단선으로서의 최대 굵기는 단면적 10[mm²](알루미늄선은 16[mm²])이다.
【정답】③

59. 분전반 및 배전반은 어떤 장소에 설치하는 것이 바람직한가?

① 전기회로를 쉽게 조작할 수 있는 장소
② 개폐기를 쉽게 개폐할 수 없는 장소
③ 은폐된 장소
④ 이동이 심한 장소

|문|제|풀|이|
[배전반 및 분전반의 설치 장소]
·전기회로를 쉽게 조작할 수 있는 장소
·개폐기를 쉽게 조작할 수 있는 장소
·안정된 장소
·조작 및 점검, 관리가 용이한 장소
【정답】①

60. 다음 중 애자사용공사에 사용되는 애자의 구비조건과 거리가 먼 것은?

① 광택성　　　　　② 절연성
③ 난연성　　　　　④ 내수성

|문|제|풀|이|
[애자 구비조건] ·충분한 기계적 강도를 가질 것
· 절연내력이 클 것
· 누설전류가 적을 것
· **절연성, 난연성(연소하기 어려운 재료의 성질), 내수성이 클 것**
【정답】①

01. 기전력 4[V], 내부저항 0.2[Ω]의 전지 10개를 직렬로 접속하고 두 극 사이에 부하저항을 접속하였더니 4[A]의 전류가 흘렀다. 이때 외부저항은 몇[Ω]이 되겠는가?

① 6　　　　② 7　　　　③ 8　　　　④ 9

|문|제|풀|이|

[직렬연결 시 전류(I)] $I = \dfrac{V \times n}{R + rn}[A]$

여기서, R : 외부저항[Ω], r : 내부저항[Ω]
　　　　n : 전지 개수

$$\therefore I = \dfrac{Vn}{R+r}[A] \rightarrow \dfrac{4 \times 10}{R + 0.2 \times 10} = 4[A] \rightarrow \text{외부저항 } R = 8[Ω]$$

※1. 내부저항 : 회로에 연결된 건전지에 흐르는 저항(r)
　2. 외부저항 : 회로에 흐르는 저항(R)　　　　　【정답】③

02. 5[Ah]는 몇 [C]인가?

① 300　　　　　　　② 3,600
③ 18,000　　　　　④ 36,000

|문|제|풀|이|

[전기량(전하량)] $Q = I \times t[C]$
여기서, I : 전류[A], t : 시간[sec]
5[Ah] : (전류 5[A], 시간 : 1시간(=3600초))
$\therefore Q = I \times t = 5[A] \times 3,600[sec] = 18,000[C]$　　【정답】③

03. 30[μF]과 40[μF]의 콘덴서를 병렬로 접속한 다음 100[V] 전압을 가했을 때 전 전하량은 몇 [C]인가?

① $17 \times 10^{-4}[C]$　　　② $34 \times 10^{-4}[C]$
③ $56 \times 10^{-4}[C]$　　　④ $70 \times 10^{-4}[C]$

|문|제|풀|이|

[콘덴서 전기량(Q) 및 병렬연결 시 합성정전용량(C_p)]
전하량 $Q = CV[C]$
정전용량(병렬접속) $C_p = C_1 + C_2$
여기서, Q : 전하량[C], 전압(V) : 전압[V], C : 정전용량[F]
30[μF]과 40[μF]의 콘덴서 병렬접속
전압(V) : 100[V]
1. 정전용량 $C = C_1 + C_2 = 30 + 40 = 70[\mu F]$
2. 전하량 $Q = CV[C]$
$\therefore Q = CV = 70 \times 10^{-6} \times 100 = 70 \times 10^{-4}[C]$　　→ ($\mu = 10^{-6}$)
　　　　　　　　　　　　　　　　　　　　　　　　【정답】④

04. 자석에 접근시킬 때 반대 극이 생겨 서로 당기는 물체를 무엇이라 하는가?

① 비자성체　　　　② 상자성체
③ 반자성체　　　　④ 가역성체

|문|제|풀|이|
[자성체]
1. 상자성체 : 인접 영구자기 쌍극자의 방향이 규칙성이 없는 재질로 자석에 접근시킬 때 반대의 극이 생겨 서로 당기는 금속, 알루미늄(Al), 망간(Mn), 백금(Pt), 주석(Sn), 산소(O_2), 질소(N_2) 등

2. 강자성체 : 인접 영구자기 쌍극자의 방향이 동일 방향으로 배열하는 재질, 철(Fe), 니켈(Ni), 코발트(Co)

3. 반자성체 : 영구자기 쌍극자가 없는 재질, 비스무트(Bi), 탄소(C), 규소(Si), 납(Pb), 아연(Zn), 황(S), 구리(Cu), 물(H_2O), 안티몬(Sb) 등

【정답】②

05. 반지름 50[cm], 권수 30의 원형코일에 10[A]의 전류를 흘릴 때 코일 중심의 자장의 세기는 몇 [AT/m]인가?

① 30

② 150

③ 300

④ 600

|문|제|풀|이|

[원형코일 중심의 자장의 세기(H)] $H = \dfrac{NI}{2r}[At/m]$

여기서, N : 권수, I : 전류, r : 반지름

반지름 : 50[cm](=0.5[m]), 권수 : 30, 전류 : 10[A]

$\therefore H = \dfrac{NI}{2r}[At/m] = \dfrac{30 \times 10}{2 \times 0.5} = 300[AT/m]$

【정답】 ③

06. 4[Ω], 6[Ω], 8[Ω]의 3개 저항을 병렬 접속할 때 합성저항은 약 몇 [Ω]인가?

① 1.8

② 2.5

③ 3.6

④ 4.5

|문|제|풀|이|

[병렬접속 회로의 합성저항(R_0)]

$R_0 = \dfrac{1}{\dfrac{1}{R_1} + \dfrac{1}{R_2} + \dfrac{1}{R_3}} = \dfrac{R_1 \times R_2 \times R_3}{R_2 R_3 + R_1 R_3 + R_1 R_2}[\Omega]$

4[Ω], 6[Ω], 8[Ω]의 3개 저항을 병렬접속

$\therefore R_0 = \dfrac{1}{\dfrac{1}{4} + \dfrac{1}{6} + \dfrac{1}{8}} = 1.8[\Omega]$

【정답】 ①

07. 비사인파의 일반적인 구성은?

① 직류분+기본파+고조파

② 직류분+고조파+삼각파

③ 직류분+기본파+삼각파

④ 직류분+고조파+구형파

|문|제|풀|이|

[비사인파 교류의 구성] 직류분+기본파+고조파

【정답】 ①

08. "2차 전지의 대표적인 것으로 납축전지가 있다. 전해액으로 비중 약 (㉠) 정도의 (㉡)을 사용한다." ㉠와 ㉡에 들어갈 내용으로 알맞은 것은?

① ㉠ 1.25~1.36, ㉡ 질산

② ㉠ 1.15~1.21, ㉡ 묽은황산

③ ㉠ 1.01~1.15, ㉡ 질산

④ ㉠ 1.23~1.26, ㉡ 묽은황산

|문|제|풀|이|

[연축전지 화학 반응식]

$PbO_2 + 2H_2SO_4 + Pb \underset{충전}{\overset{\leftarrow 방전}{\rightleftarrows}} PbSO_4 + 2H_2O + PbSO_4$

양극　전해액　음극　　　양극　　전해액　음극

1. 충전 시 전해액 : 농도 27~30[%], 비중 1.2~1.3의 묽은황산 (H_2SO_4)

2. 공칭전압 : 2.0[V/cell]

3. 공칭용량 : 10[Ah]

4. 방전 종료 전압 : 1.8[V]　　　　　　　　【정답】 ④

09. 자석의 성질로 옳은 것은?

① 자석은 고온이 되면 자력이 증가한다.

② 자기력선에는 고무줄과 같은 장력이 존재한다.

③ 자력선은 자석 내부에서도 N극에서 S극으로 이동한다.

④ 자력선은 자성체는 투과하고, 비자성체는 투과하지 못한다.

|문|제|풀|이|

[자석의 주요 성질]

· 금속을 끌어당기는 힘을 자기라 하고, 자기를 가지고 있는 물체를 자석이라 한다.

· 자석은 상자성체, 즉 철, 니켈, 코발트 등을 흡인한다.

· 1개의 자석에는 N극과 S극이 동시에 존재하며 N극은 북쪽, S극은 남쪽을 가리킨다.

· 같은 극끼리는 서로 반발하고 다른 극끼리는 서로 흡인한다. 또 양 자극의 세기는 서로 같다.

· 자력은 비자성체, 즉 유리나 종이 등을 투과한다.

· 자기유도작용에 의해 자석이 아닌 금속을 자석으로 만들 수 있다.

· 임계온도 이상으로 가열하면 자석으로서의 성질이 없어진다.

· 자력선은 N극에서 나와 S극으로 향한다.

【정답】 ②

10. "회로의 접속점에서 볼 때, 접속점에 흘러 들어오는 전류의 합은 흘러 나가는 전류의 합과 같다."라고 정의되는 법칙은?

① 키르히호프의 제1법칙
② 키르히호프의 제2법칙
③ 플레밍의 오른손 법칙
④ 앙페르의 오른나사 법칙

|문|제|풀|이|

[키르히호프 제1법칙] 접합점법칙 또는 <u>전류법칙</u>이라고 한다. 회로 내의 어느 점을 취해도 그곳에 흘러들어오거나(+) 흘러나가는 (-) 전류를 음양의 부호를 붙여 구별하면, <u>들어오고 나가는 전류</u> <u>의 총계는 0이 된다.</u>

※② 키르히호프 제2법칙 : 폐회로 법칙. 고리법칙 또는 전압법칙이라고 한다. 임의의 닫힌 회로(폐회로)에서 회로 내의 모든 전위차의 합은 0이다.

③ [플레밍의 오른손법칙(발전기 원리)]
자기장 속에서 도선이 움직일 때 자기장의 방향과 도선이 움직이는 방향으로 유도 기전력 또는 유도 전류의 방향을 결정하는 규칙이다.
1. 엄지 : 운동의 방향
2. 검지 : 자속의 방향
3. 중지 : 기전력의 방향

④ 앙페르(Amper)의 오른손(오른나사) 법칙
전류가 만드는 자계의 방향을 찾아내기 위한 법칙
전류가 흐르는 방향(+ → -)으로 오른손 엄지손가락을 향하면, 나머지 손가락은 자기장의 방향이 된다.

【정답】①

11. 어떤 전압계의 측정 범위를 10배로 하자면 배율기의 저항을 전압계 내부저항의 몇 배로 하여야 하는가?

① 10
② 1/10
③ 9
④ 1/9

|문|제|풀|이|

[배율기] 배율기는 **전압계**의 측정범위를 넓히기 위한 목적으로 사용하는 것으로서, 회로에 전압계와 **직렬**로 저항(배율기)을 접속하고 측정

$$V_2 = V_1\left(1 + \frac{R_m}{r}\right) \text{에서} \quad m = \frac{V_2}{V_1} = \frac{R_m}{r} + 1$$

여기서, V_2 : 측정할 전압[V], V_1 : 전압계의 눈금[V]
R_m : 배율기 저항, r : 전압계 내부저항
→ (배율기의 배율을 m으로 가정하고 계산한다.)

전압계의 측정 범위를 10배, 즉 배율기의 배율 m=10

$$m = \frac{V_2}{V_1} = \left(1 + \frac{R_m}{r}\right) \text{에서}$$

배율기 저항 $R_m = r(m-1) = r(10-1) = 9r$, 즉 내부저항의 9배

【정답】③

12. 기전력 E, 내부저항 r인 전지 n개를 직렬로 연결하여 이것에 외부저항 R을 직렬 연결하였을 때 흐르는 전류 I[A]는?

① $I = \frac{E}{nr+R}[A]$
② $I = \frac{nE}{r+R}[A]$
③ $I = \frac{nE}{r+Rn}[A]$
④ $I = \frac{nE}{nr+R}[A]$

|문|제|풀|이|

[전류] $I = \frac{E}{R}[A]$

1. 기전력 E인 건전지 n개 직렬연결 시 합성기전력 $E_0 = nE$
2. 내부 저항 r인 건전기 n개 직렬여결 시 합성저항 $r_0 = nr$
3. 전저항 $R_0 = nr + R$

그러므로 전류 $I = \frac{E}{R} = \frac{nE}{nr+R}[A]$

【정답】④

13. 길이 10[m]인 도선의 저항값이 100[Ω]이었다. 이 도선을 고르게 20[m]로 늘렸을 때 저항값은?

① 50[Ω]
② 100[Ω]
③ 200[Ω]
④ 400[Ω]

|문|제|풀|이|

[전선의 전기저항(R)] $R = \rho\frac{l}{A} = \rho\frac{l}{2\pi r}$

여기서, ρ : 저항률, l : 길이, A : 단면적, r : 반지름

길이 : 10[m], 저항 : 100[Ω], 이 도선을 고르게 20[m]로 늘린다.
위의 공식에서 저항은 길이에 비례하고 반지름에 반비례하므로
도체의 길이를 2배로 하면 반지름은 $\frac{1}{2}$배가 된다.

즉, $R \propto \frac{l}{r} = \frac{2}{\frac{1}{2}} = 4$배, 즉 $100[Ω] \times 4 = 400[Ω]$

【정답】④

14. 일반적으로 절연체를 서로 마찰시키면 이들 물체는 전기를 띠게 된다. 이와 같은 현상은?

① 분극   ② 정전

③ 대전   ④ 코로나

|문|제|풀|이|

[대전(electrification)] 어떤 물질이 정상 상태보다 전자의 수가 많거나 적어져서 전기를 띠는 현상   【정답】③

15. 대칭 3상 교류의 조건에 해당하지 않는 것은?

① 기전력의 크기가 같다.

② 주파수가 같다.

③ 위상차는 각각 60°씩 생긴다.

④ 파형이 같다.

|문|제|풀|이|

[대칭 3상 교류 조건]

·주파수가 같다.

·기전력의 크기가 같다.

·파형이 같다.

·위상차가 120도 $\left(\dfrac{2}{3}\pi[rad]\right)$ 이다.   【정답】③

16. $R=6[\Omega]$, $X_L=8[\Omega]$, $X_C=16[\Omega]$가 직렬로 연결된 회로에 100[V]의 교류를 가했을 때 흐르는 전류와 임피던스는?

① 7.14[A], 용량성   ② 7.14[A], 유도성

③ 10[A], 용량성   ④ 10[A], 유도성

|문|제|풀|이|

[RLC 직렬회로의 임피던스(Z) 및 전류]

$$Z=\sqrt{R^2+(X_L-X_C)^2}\,[\Omega], \quad I=\frac{V}{Z}[A]$$

여기서, R : 저항, X_L : 유도성리액턴스, X_C : 용량성리액턴스

$R=6[\Omega]$, $X_L=8[\Omega]$, $X_C=16[\Omega]$, 전압 : 100[V]

$$I=\frac{V}{Z}=\frac{V}{\sqrt{R^2+(X_L-X_C)^2}}=\frac{100}{\sqrt{6^2+(8-16)^2}}=10[A]$$

·$X_L=X_C$: 직렬공진(전류와 전압은 동상)

·$X_L>X_C$: 유도성

·$X_L<X_C$: 용량성   【정답】③

17. 비유전율 5의 유전체 내부의 전속밀도가 $5\times10^{-6}[C/m^2]$되는 점의 전기장의 세기는?

① $0.79\times10^5[V/m]$ ② $1.11\times10^5[V/m]$

③ $1.13\times10^5[V/m]$ ④ $1.58\times10^5[V/m]$

|문|제|풀|이|

[전기력선의 전속밀도(D)] $D=\epsilon E=\epsilon_0\epsilon_s E[C/m^2]$

여기서, D : 전속밀도, E : 전계의 세기[V/m]

ϵ_0 : 진공중의 유전율($8.855\times10^{-12}[F/m]$)

ϵ_s : 물질의 비유전율(진공시 $\epsilon_s=1$)

비유전율(ϵ_s) : 5, 전속밀도(D) : $5\times10^{-6}[C/m^2]$

$D=\epsilon_0\epsilon_s E$ 에서

$$\therefore E=\frac{D}{\epsilon_0\epsilon_s}=\frac{5\times10^{-6}}{8.855\times10^{-12}\times5}=1.13\times10^5[V/m]$$

【정답】③

18. 전위차계로 전위를 측정하였다. B점의 전위가 100[V]이고 D점의 전위가 60[V]일 때 $4[\Omega]$에 흐르는 전류는?

① 5[A]   ② $\dfrac{15}{7}[A]$

③ $\dfrac{20}{7}[A]$ ④ 20[A]

|문|제|풀|이|

[전류 분배의 법칙(저항 병렬 연결)]

R_1, R_2가 병렬 연결 시

·$I_1=\dfrac{R_2}{R_1+R_2}I$ → 저항 R_1에 흐르는 전류

·$I_2=\dfrac{R_1}{R_1+R_2}I$ → 저항 R_2에 흐르는 전류

1. B점과 D점 사이의 전위차가 40[V]이므로 점 B와 D에 사이에 흐르는 전류는 $I=\dfrac{V}{R}=\dfrac{40}{5+3}=5[A]$이다.

2. 전류 분배의 법칙에 의하여 ($R_1=3[\Omega]$, $R_2=4[\Omega]$) 저항 $4[\Omega]$에 흐르는 전류는 5[A]이므로

$$I_2=\frac{R_1}{R_1+R_2}\times I=\frac{3}{3+4}\times5=\frac{15}{7}[A]$$

【정답】②

19. 전류의 발열작용에 관한 법칙으로 가장 알맞은 것은?

① 옴의 법칙   ② 패러데이의 법칙

③ 줄의 법칙   ④ 키르히호프의 법칙

|문|제|풀|이|

[줄의 법칙] 전선에 전류가 흐르면 열이 발생하는 현상이며 단위 시간당 줄열 $Q = I^2 R[J]$, 줄열 $Q = 0.24 I^2 R\,t\,[cal]$

※① 옴의 법칙 : 전류의 크기는 도체의 저항에 반비례한다.

전류 $I = \dfrac{V}{R}[A]$, 전압 $V = RI[V]$, 저항 $R = \dfrac{V}{I}[\Omega]$

② 패러데이의 법칙 : 전기분해에 의해 석출되는 물질의 석출량 $w[g]$은 전해액 속을 통과한 전기량 $Q[C]$에 비례한다.

④ [키르히호프 제1법칙] 접합점법칙 또는 전류법칙이라고 한다. 회로 내의 어느 점을 취해도 그곳에 흘러들어오거나(+) 흘러나가는(-) 전류를 음양의 부호를 붙여 구별하면, 들어오고 나가는 전류의 총계는 0이 된다.

[키르히호프 제2법칙] 폐회로 법칙, 고리법칙 또는 전압법칙이라고 한다. 임의의 닫힌 회로(폐회로)에서 회로 내의 모든 전위차의 합은 0이다. 【정답】③

20. 임피던스 Z=6+j8[Ω]에서 컨덕턴스는?

① 0.06[℧]   ② 0.08[℧]

③ 0.1[℧]   ④ 1.0[℧]

|문|제|풀|이|

[어드미턴스] $Y = \dfrac{1}{Z}[℧]$

$Y = G - jB[℧]$, $Z = R + jX$

여기서, G : 컨덕턴스[℧], B : 서셉턴스

$\qquad R$: 저항, X : 리액턴스(X_L : 유도성, X_C : 용량성)

임피던스 Z=6+j8[Ω]

$Y = \dfrac{1}{Z} = \dfrac{1}{6+j8} = \dfrac{1 \times (6-j8)}{(6+j8)(6-j8)} = \dfrac{6-j8}{100} = 0.06 - j0.08[℧]$

따라서 컨덕턴스는 어드미턴스(Y) 식의 G값이므로 0.06[℧]이다. 【정답】①

21. 동기전동기를 송전선의 전압 조정 및 역률 개선에 사용한 것을 무엇이라 하는가?

① 동기 이탈   ② 무효 전력 보상 장치

③ 댐퍼   ④ 제동권선

|문|제|풀|이|

[무효 전력 보상 장치(동기 조상기)] 무부하 운전중인 동기전동기를 과여자 운전 시는 콘덴서로 작용, 부족여자 운전 시는 리액터로

작용하여 무부하의 장거리 송전 선로에 흐르는 충전전류에 의하여 발전기의 자기여자 작용으로 일어나는 단자전압의 이상 상승을 방지한다. 【정답】②

22. 다음 중 기동토크가 가장 큰 전동기는?

① 분상기동형   ② 콘덴서모터형

③ 세이딩코일형   ④ 반발기동형

|문|제|풀|이|

[단상 유도전동기] 기동토크가 큰 것부터 배열하면 다음과 같다. 반발기동형 > 반발유도형 > 콘덴서기동형 > 분상기동형 > 세이딩코일형(또는 모노 사이클릭 기동형) 【정답】④

23. 직류발전기에서 급전선의 전압강하 보상용으로 사용되는 것은?

① 분권기   ② 직권기

③ 과복권기   ④ 차동복권기

|문|제|풀|이|

[과복권 발전기 계자] 급전선의 전압강하 보상용으로 사용

① 분권기 : 전기화학용 전원, 전지의 충전용 동기기의 여자용으로 사용

② 직권기 : 주자극에 계자전류를 흘리는 발전기

③ 과복권기 : 직류발전기에서 급전선의 전압강하 보상용으로 사용

④ 차동복권기 : 직권계자의 자속과 분권계자의 자속이 서로 상쇄되는 발전기, 용접용 발전기가 이에 속한다. 【정답】③

24. 병렬운전 중인 동기임피던스 5[Ω]인 2대의 3상 동기발전기의 유도기전력에 200[V]의 전압차이가 있다면 무효순환전류[A]는?

① 5   ② 10   ③ 20   ④ 40

|문|제|풀|이|

[무효순환전류(기전력의 크기가 같지 않을 때)]

무효순환전류 $i = \dfrac{E_A - E_B}{2Z_s}[A]$

여기서, $E_A - E_B$: 유도기전력의 차[V], Z_s : 동기임피던스

동기 임피던스(Z_s) : 5[Ω], 전압차 : 200[V]

$i = \dfrac{E_A - E_B}{2Z_s}[A] = \dfrac{200}{2 \times 5} = 20[A]$ 【정답】③

25. 무부하전압과 전부하전압이 같은 값을 가지는 특성의 발전기는?

① 직권발전기   ② 차동복권발전기

③ 평복권발전기   ④ 과복권발전기

|문|제|풀|이|

[직류기에서 전압변동률] $\epsilon = \dfrac{V_0 - V_n}{V_n} \times 100[\%]$

여기서, V_0 : 무부하단자전압, V_n : 정격전압

$\epsilon = \dfrac{V_0 - V_0}{V_n} \times 100 = 0$ → (무부하전압과 전부하전압이 같은 값)

1. $\epsilon(+)$: 타여자, 분권, 부족복권, 차동복권 발전기
2. $\epsilon(0)$: 평복권발전기,
3. $\epsilon(-)$: 직권, 과복권 발전기   【정답】③

26. 3상 유도전동기의 1차입력 60[kW], 1차손실 1[kW], 슬립 3[%]일 때 기계적출력[kW]은?

① 62   ② 60   ③ 59   ④ 57

|문|제|풀|이|

[3상 유도전동기의 기계적출력(2차출력)]
기계적출력(2차 출력) $P_0 = (1-s)P_2[W]$
여기서, P_0 : 기계적출력, s : 슬립, P_2 : 2차입력
                  → (2차입력=1차입력−1차손실)

1차입력 : 60[kW], 1차손실 : 1[kW], 슬립(s) : 3[%]
기계적 출력 $P_0 = (1-s)P_2 = (1-s)(1차입력 - 1차손실)$
              $= (1-0.03) \times (60-1) = 57.23[kW]$

                               【정답】④

27. 다음 회로도에 대한 설명으로 옳지 않은 것은?

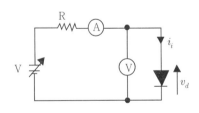

① 다이오드의 양극의 전압이 음극에 비하며 높을 때를 순방향 도통 상태라 한다.

② 다이오드의 양극의 전압이 음극에 비하여 낮을 때를 역방향 저지 상태라 한다.

③ 실제의 다이오드는 순방향 도통 시 양 단자 간의 전압 강하가 발생하지 않는다.

④ 역방향 저지 상태에서는 역방향으로(음극에서 양극으로) 약간의 전휴가 흐르는데 이를 누설 전류라고 한다.

|문|제|풀|이|

실제의 다이오드는 순방향 도통 시 양 단자 간에 약 0.7[V]의 전압강하가 발생한다.   【정답】③

28. 다음 중 턴오프(소호)가 가능한 소자는?

① GTO   ② TRIAC

③ SCR   ④ LASCR

|문|제|풀|이|

[자기 소호 능력] 게이트 신호에 의해서 턴온, 턴오프가 가능한 것을 말한다. 그러한 소자의 종류로는 BJT, GTO, POWER MOSPET 등이 있다.   【정답】①

29. 동기발전기의 병렬운전 중에 기전력의 위상차가 생기면?

① 위상이 일치하는 경우보다 출력이 감소한다.

② 부하 분담이 변한다.

③ 무효 순환전류가 흘러 전기자 권선이 과열된다.

④ 동기화력이 생겨 두 기전력의 위상이 동상이 되도록 작용한다.

|문|제|풀|이|

[동기 발전기의 병렬 운전 조건 및 다른 경우]

병렬 운전 조건	불일치 시 흐르는 전류
기전력의 크기가 같을 것	무효순환 전류 (무효횡류)
기전력의 위상이 같을 것	동기화 전류 (유효횡류)
기전력의 주파수가 같을 것	동기화 전류
기전력의 파형이 같을 것	고주파 무효순환전류

                               【정답】④

30. 변압기 절연물의 열화 정도를 파악하는 방법으로서 적절하지 않은 것은?

① 유전정접
② 유중가스분석
③ 접지저항측정
④ 흡수전류나 잔류전류측정

|문|제|풀|이|

※③ 접지저항측정 : 접지저항측정은 접지선 및 접지극 등의 저항을 파악하기 위한 방법이다. 【정답】③

31. 변압기 내부 고장 보호에 쓰이는 계전기로써 가장 알맞은 것은?

① 차동계전기
② 접지계전기
③ 과전류계전기
④ 역상계전기

|문|제|풀|이|

[변압기 내부 고장 검출 계전기]
1. 전류 차동 계전기 : 변압기 고압측과 저압측에 설치한 CT 2차 전류의 차를 검출하여 변압기 내부 고장을 검출하는 방식의 계전기
2. 비율 차동 계전기 : 발전기나 변압기 등의 내부 고장 발생 시 CT 2차측의 억제 코일에 흐르는 부하 전류와 동작 코일에 흐르는 1차전류의 오차가 일정 비율 이상일 경우에 동작하는 계전기
3. 부흐홀츠 계전기 : 변압기 내부 고장으로 인한 절연유의 온도 상승 시 발생하는 유증기를 검출하여 경보 및 차단을 하기 위한 계전기 【정답】①

32. 변압기의 퍼센트 저항강하가 3[%], 퍼센트 리액턴스 강하가 4[%] 이고, 역률이 80[%] 지상이다. 이 변압기의 전압변동률[%]은?

① 3.2
② 4.8
③ 5.0
④ 5.6

|문|제|풀|이|

[변압기의 전압변동률] $\epsilon = p\cos\theta \pm q\sin\theta [\%]$
→ (지상(뒤짐)부하시 : +, 진상(앞섬)부하시 : -, 언급이 없으면 +)
→ ($\sin\theta = \sqrt{1-\cos^2\theta}$)
퍼센트 저항강하(p) : 3[%], 퍼센트 리액턴스 강하(q) : 4[%]
역률($\cos\theta$) : 80[%]
$\sin\theta = \sqrt{1-\cos^2\theta} = \sqrt{1-0.8^2} = 0.6$
$\therefore \epsilon = p\cos\theta + q\sin\theta = 3\times0.8 + 4\times0.6 = 4.8[\%]$
【정답】②

33. 입력이 12.5[kW], 출력 10[kW] 일 때 기기의 손실은 몇[kW]인가?

① 2.5
② 3
③ 4
④ 5.5

|문|제|풀|이|

[기기의 손실] 기기의 손실 = 입력 - 출력 = 12.5 - 10 = 2.5[kW]
【정답】①

34. 회전자 입력 10[kW], 슬립 4[%]인 3상 유도전동기의 2차 동손은 몇 [kW]인가?

① 9.6
② 4
③ 0.4
④ 0.2

|문|제|풀|이|

[3상 유도전동기의 2차동손] $P_{c2} = sP_2[W]$
여기서, s : 슬립, P_2 : 2차 입력(회전자 입력)
회전자입력(2차입력) : 10[kW], 슬립 : 4[%]
$\therefore P_{c2} = sP_2 = 0.04\times10 = 0.4[kW]$ 【정답】③

35. 보호계전기 시험을 하기 위한 유의사항이 아닌 것은?

① 시험회로 결선 시 교류와 직류 확인
② 시험회로 결선 시 교류의 극성 확인
③ 계전기 시험 장비의 오차 확인
④ 영점의 정확성 확인

|문|제|풀|이|

[보호 계전기 시험시 유의 사항]
・보호 계전기의 배치된 상태를 확인
・임피던스 계전기는 미리 예열이 필요한지 확인
・시험 회로 결선 시에 교류와 직류를 확인해야 하며 직류인 경우 극성을 확인
・시험용 전원의 용량 계전기가 요구하는 정격 전압이 유지될 수 있도록 확인
・계전기 시험 장비의 지시 범위의 적합성, 오차, 영점의 정확성 확인
【정답】②

36. 복권 발전기의 병렬 운전을 안전하게 하기 위해서 두 발전기의 전기자와 직권 권선의 접촉점에 연결하여야 하는 것은?

① 집전환   ② 균압선

③ 안정저항   ④ 브러시

|문|제|풀|이|

[균압선] 직류 발전기의 병렬 운전을 안정하기 위해서 설치한다. 따라서 복권 발전기는 직권 계자권선이 있으므로 균압선 없이는 안정된 병렬 운전을 할 수 없다. 【정답】②

37. 전기자저항 0.1[Ω], 전기자전류 104[A], 유도 기전력 110.4[V]인 직류 분권 발전기의 단자전압은 몇 [V]인가?

① 98   ② 100

③ 102   ④ 105

|문|제|풀|이|

[직류 분권발전기의 단자전압] $V = E - R_a I_a [V]$

여기서, E : 유도기전력, R_a : 전기자저항, I_a : 전기자전류

전기자 저항 : 0.1[Ω], 전기자 전류 : 104[A]

유도 기전력 110.4[V]

$\therefore V = E - R_a I_a [V] = 110.4 - 0.1 \times 104 = 100 [V]$ 【정답】②

38. 2극 3600[rpm]인 동기발전기와 병렬운전하려는 12극 발전기의 회전수는?

① 600[rpm]   ② 3600[rpm]

③ 7200[rpm]   ④ 21600[rpm]

|문|제|풀|이|

[동기발전기의 동기속도] $N_s = \dfrac{120f}{p}$

여기서, N_s : 동기속도[rpm], p : 극수, f : 주파수[Hz]

병렬 발전기는 주파수가 같아야 하므로 우선 주파수를 구한다.

$N_s = \dfrac{120f}{p}$ 에서 $f = \dfrac{N_s \cdot p}{120} = \dfrac{3600 \times 2}{120} = 60 [Hz]$

12극에서의 회전수 $N_s = \dfrac{120f}{p} = \dfrac{120 \times 60}{12} = 600 [rpm]$

【정답】①

39. 단락비가 큰 동기기에 대한 설명으로 옳은 것은?

① 기계가 소형이다.

② 안정도가 높다.

③ 전압변동률이 크다.

④ 전기자반작용이 크다.

|문|제|풀|이|

[단락비(K_s)] 단락비는 무부하 포화시험과 3상 단락시험으로부터 구할 수 있다.

단락비 $K_s = \dfrac{I_{f1}}{I_{f2}} = \dfrac{I_s}{I_n} = \dfrac{100}{\%Z_s}$

여기서, I_{f1} : 정격전압을 유지하는데 필요한 계자전류

       I_{f2} : 단락전류를 흐르는데 필요한 계자전류

       I_s : 3상단락전류[A], I_n : 정격전류[A]

       $\%Z_s$: 퍼센트동기임피던스

[단락비가 큰 기계(철기계(대형))의 장·단]

장점	단점
·동기임피던스가 작다.	·철손이 크다.
·**전압변동률이 작다.**	·효율이 나쁘다.
·공극이 크다.	·설비가 고가이다.
·**전기자반작용이 작다.**	·단락전류가 커진다.
·계자의 기자력이 크다.	
·전기자기력은 작다.	
·출력이 향상	
·안정도가 높다.	
·자기여자 방지	

※단락비가 크다는 것은 전기적으로 좋다는 의미

※97~98페이지 [10 단락비와 동기임피던스] 참조

【정답】②

40. 다음 중 유도전동기의 속도 제어에 사용되는 인버터 장치의 약호는?

① CVCF   ② VVVF

③ CVVF   ④ VVCF

|문|제|풀|이|

[인버터 장치의 약호] 유도전동기 속도 제어법에는 극수 변환, 전원 주파수를 변화하는 방법(VVVF에 의한 속도 제어), 2차 여자법, 1차 전압 제어, 2차 저항 제어법 등이 있다.

※① CVCF : 정전압 정주파수 제어

  ③ CVVF : 정전압 가변주파수 제어

  ④ VVCF : 가변전압 정주파수 제어 【정답】②

41. 정션박스 내에서 절연전선을 쥐꼬리 접속한 후 접속과 절연을 위해 사용되는 재료는?

① 링형슬리브   ② S형슬리브
③ 와이어커넥터   ④ 터미널러그

|문|제|풀|이|
[와이어커넥터] 정션 박스 내에서 전선을 접속할 경우에는 <u>와이어커넥터</u>를 사용하여 접속하여야 한다.
※① 링슬리브 : 회전축 등을 둘러싸도록 축 바깥둘레에 끼워서 사용되는 비교적 긴 통형의 부품
  ④ 터미널러그 : 전선 끝에 납땜, 기타 방법으로 붙이는 쇠붙이
【정답】③

42. 가공전선로의 지지선에 사용되는 애자는?

① 노브애자   ② 인류애자
③ 현수애자   ④ 구형애자

|문|제|풀|이|
[애자의 종류]
① 노브 애자 : 옥내배선에 사용
② 인류애자 : 선로의 끝부분에 인류하는 곳에 사용
③ 현수애자 : 가공전선을 지지하기 위한 것이며, 자기부의 안쪽에 주름을 설치하여 절연부의 누설 거리를 길게 하고 있으며, 조가선ㆍ궤전선 등의 지지, 전선의 절연구분 등에 사용
④ 구형애자 : <u>지지선의 중간에 넣어 감전으로부터 보호</u>한다.
【정답】④

43. 폭발성 먼지가 있는 위험장소의 금속관 공사에 있어서 관상호 및 관과 박스 기타의 부속품이나 풀박스 또는 전기기계기구는 몇 턱 이상의 나사 조임으로 시공하여야 하는가?

① 2턱   ② 3턱
③ 4턱   ④ 5턱

|문|제|풀|이|
[폭발성 먼지가 있는 위험장소의 금속관 공사] 폭연성 먼지가 존재하는 곳의 금속관 공사에 있어서 관 상호간 및 관과 박스 기타의 부속품, 풀박스 또는 전기기계기구와는 <u>5턱 이상</u> 나사 조임으로 접속한다.
【정답】④

44. 셀룰로이드, 성냥, 석유류 등 기타 가연성 위험물질을 제조 또는 저장하는 장소의 배선으로 잘못된 배선은?

① 금속관 배선   ② 합성수지관 배선
③ 플로어덕트 배선   ④ 케이블 배선

|문|제|풀|이|
[위험물 등이 있는 곳에서의 저압의 시설] 셀룰로이드ㆍ성냥ㆍ석유, 기타 위험물이 있는 곳의 저압 옥내 배선은 <u>금속관 공사, 케이블 공사, 합성수지관공사</u>에 의하여야 한다.
【정답】③

45. 가공전선로의 지지물이 아닌 것은?

① 목주   ② 지지선
③ 철근 콘크리트주   ④ 철탑

|문|제|풀|이|
[가공전선로의 지지물] 목주, 철주, 철근 콘크리트주, 철탑 등이 있다.
【정답】②

46. 동전선의 접속방법에서 종단접속 방법이 아닌 것은?

① 비틀어 꽂는 형의 전선접속기에 의한 접속
② 종단겹침용 슬리브(E형)에 의한 접속
③ 직선 맞대기용 슬리브(B)형에 의한 눌러 붙임 접속
④ 직선 겹침용 슬리브(P형)에 의한 접속

|문|제|풀|이|
[동전선의 종단접속] 가는 단선 (단면적 $4mm^2$ 이하)의 종단 접속
ㆍ구리선 눌러 붙임 단자에 의한 접속
ㆍ종단겹침용 슬리브(E형)에 의한 접속
ㆍ직선겹침용 슬리브(P형)에 의한 접속
ㆍ비틀어서 꽂는 형의 전선 접속기에 의한 접속
ㆍ꽂음형 커넥터에 의한 접속
ㆍ천장 조명 등기구용 배관, 배선 일체형에 의한 접속
【정답】③

47. 가공 전선 지지물의 기초 강도는 주체(主體)에 가하여지는 곡하중(曲荷重)에 대하여 안전율은 얼마 이상으로 하여야 하는가?

① 1.0 ② 1.5
③ 1.8 ④ 2.0

|문|제|풀|이|

[가공전선로(Overhead Line)] 지지물에 하중이 가하여지는 경우에 그 하중을 받는 지지물의 기초의 <u>안전율은 2 이상</u>이어야 한다.

【정답】④

48. 굵은 전선을 절단할 때 사용하는 전기공사용 공구는?

① 프레셔 툴 ② 녹 아웃 펀치
③ 파이프 커터 ④ 클리퍼

|문|제|풀|이|

[클리퍼] 굵은 전선을 절단할 때 사용하는 공구

※① 프레셔 툴 : 솔더리스 터미널 눌러 붙임 공구
　② 노크아웃펀치 : 분전반, 풀박스 등의 전선관 인출을 위한 인출공을 뚫는 공구
　③ 파이프커터 : 금속관을 절단하는 공구

【정답】④

49. 저압 가공전선과 고압 가공전선을 동일 지지물에 시설하는 경우 상호 간격은 몇 [cm] 이상이어야 하는가?

① 20[cm] ② 30[cm]
③ 40[cm] ④ 50[cm]

|문|제|풀|이|

[저고압 가공전선 등의 병행설치]
저압 가공 전선과 고압 가공 전선을 동일 지지물에 시설하는 경우
·저압 가공전선을 고압 가공전선의 아래로 하고 별개의 완금류에 시설한다.
·간격은 50[cm] 이상으로 한다. 단, 고압 가공 전선이 케이블인 경우는 30[cm] 이상 이격하면 된다.

【정답】④

50. 다음 중 옥내에 시설하는 저압 전로와 대지 사이의 절연저항 측정에 사용되는 계기는?

① 멀티테스터 ② 메거
③ 어스테스터 ④ 훅온미터

|문|제|풀|이|

[메거] 절연저항 측정에 사용되는 계기

※① 멀티테스터(Multimeter)는 전압, 전류, 저항, 주파수, capacitance, 온도 등을 측정할 수 있는 계측기입니다.
　③ 어스테스터 : 접지저항을 측정한다.
　④ 훅온미터(Clamp Meter)는 전선이나 케이블의 전류를 측정하기 위한 계측기입니다.

【정답】②

51. 변압기의 보호 및 개폐를 위해 사용되는 특고압 컷아웃 스위치는 변압기용량의 몇 [kVA] 이하에 사용되는가?

① 100[kVA] ② 200[kVA]
③ 300[kVA] ④ 400[kVA]

|문|제|풀|이|

[컷아웃스위치(COS)] 주상 변압기 1차측에 설치하여 변압기의 보호와 개폐에 사용하는 스위치로 변압기 설치시 필수로 설치해야 하며, <u>300[kVA] 이하인 경우 PF대신 COS를 사용</u>할 수 있다.

【정답】③

52. 가연성 가스가 존재하는 저압 옥내전기설비 공사 방법으로 옳은 것은?

① 가요전선관 공사 ② 애자사용 공사
③ 금속관 공사 ④ 금속몰드 공사

|문|제|풀|이|

[가연성 가스 등이 있는 곳의 저압의 시설]
가연성 가스 또는 인화성 물질의 증기가 새거나 체류하여 전기 설비가 발화원이 되어 폭발할 우려가 있는 곳(프로판 가스 등의 가연성 액화가스, 에타놀, 메타놀 등의 인화성 액체를 다른 용기에 옮기거나 나누는 등의 작업을 하는 곳) 등은 <u>금속관 공사, 케이블 공사</u>(캡타이어 케이블 제외)에 의한다.

【정답】③

53. 전선 약호가 VV인 케이블의 종류로 옳은 것은?

① 0.6/1[kV] 비닐절연 비닐시스 케이블

② 0.6/1[kV] EP 고무절연 클로로프렌시스 케이블

③ 0.6/1[kV] EP 고무절연 비닐시스 케이블

④ 0.6/1[kV] 비닐절연 비닐캡타이어 케이블

|문|제|풀|이|

[VV] 비닐절연 비닐 외장(시스) 케이블

※[전선 약호]

I(Insulation) : 절연, V(Vinyl) : 비닐, R : 고무, E : 폴리에틸렌

C : 클로로프렌 【정답】①

54. 가요전선관 공사에 다음의 전선을 사용 하였다. 맞게 사용 한 것은?

① 알루미늄 35[mm²]의 단선

② 절연전선 16mm²의 단선

③ 절연전선 10[mm²]의 연선

④ 알루미늄 25[mm²]의 단선

|문|제|풀|이|

[가요 전선관 공사]

가요 전선관 공사에 의한 저압 옥내 배선의 시설

1. 전선은 절연전선(옥외용 비닐 절연전선을 제외한다)일 것

2. 전선은 연선일 것. 다만, 단면적 10[mm²](알루미늄선은 단면적 16[mm²]) 이하인 것은 그러하지 아니한다.

3. 가요전선관 안에는 전선에 접속점이 없도록 할 것

4. 1종 금속제 가요 전선관은 두께 0.8[mm] 이상인 것일 것

【정답】③

55. 저압 가공전선 또는 고압 가공전선이 도로를 횡단하는 경우 전선의 지표상 최소 높이는?

① 2[m] ② 3[m]

③ 5[m] ④ 6[m]

|문|제|풀|이|

[저·고압 가공전선의 높이]

1. 도로 횡단 : 6[m] 이상

2. 철도 횡단 : 레일면 상 6.5[m] 이상

3. 횡단보도교 위 : 3.5[m](고압 4[m])

4. 기타 : 5[m] 이상 【정답】④

56. 한 수용장소의 인입선에서 분기하여 지지물을 거치지 아니하고 다른 수용장소의 인입구에 이르는 부분의 전선을 무엇이라 하는가?

① 이웃 연결 인입선 ② 본딩선

③ 이동전선 ④ 지중 인입선

|문|제|풀|이|

[저압 이웃 이웃 연결 인입선 시설] 한 수용 장소 인입구에서 분기하여 지지물을 거치지 아니하고 다른 수용장소 인입구에 이르는 전선이며 시설 기준은 다음과 같다.

1. 분기하는 점으로부터 100[m]를 초과하지 않을 것

2. 폭 5[m]를 넘는 도로를 횡단하지 않을 것

3. 옥내를 관통하지 않을 것 【정답】①

57. 배전반 및 분전반을 넣은 강판제로 만든 함의 최소 두께는?

① 1.2[mm] 이상 ② 1.5[mm] 이상

③ 2.0[mm] 이상 ④ 2.5[mm] 이상

|문|제|풀|이|

[배전반 및 분기반을 넣은 함의 규격]

1. 난연성 합성수지로 된 것 : 두께 1.5[mm] 이상으로 내아크성인 것이어야 한다.

2. 강판제 : 두께 1.2[mm] 이상이어야 한다. 다만, 가로 또는 세로 길이가 30[cm] 이하인 것은 두께 1.0[mm] 이상으로 할 수 있다.

3. 목재함 : 두께 1.2[cm] 이상으로 불연성 물질을 안에 바른 것

【정답】①

58. 화약류 저장장소의 배선공사에서 전용 개폐기에서 화약류 저장소의 인입구까지는 어떤 공사를 하여야 하는가?

① 케이블을 사용한 옥측 전선로

② 금속관을 사용한 지중 전선로

③ 케이블을 사용한 지중 전선로

④ 금속관을 사용한 옥측 전선로

|문|제|풀|이|

[화약류 저장소에서 전기설비의 시설]

화약류 저장소 안에는 백열전등이나 형광등 또는 이에 전기를 공급하기 위한 공작물에 한하여 다음과 같이 시설할 수 있다.

1. 전로의 대지 전압은 300[V] 이하일 것

2. 전기기계기구는 전폐형의 것일 것

3. 케이블을 전기기계기구에 인입할 때에는 인입구에서 케이블이 손상될 우려가 없도록 시설할 것

4. 반드시 지중에 시설할 것 　　　　　　　【정답】③

※한국전기설비규정(KEC) 적용으로 인해 더 이상 출제되지 않는 문제는 삭제했습니다.

01. 비사인파의 일반적인 구성이 아닌 것은?

① 삼각파　　　　② 고조파

③ 기본파　　　　④ 직류분

|문|제|풀|이|

[비사인파 교류] 비사인파 교류 = 직류분+기본파+고조파

【정답】①

02. 다음 중 저저항 측정에 사용되는 브리지는?

① 휘이트스토운 브리지

② 비인 브리지

③ 멕스웰 브리지

④ 캘빈더블 브리지

|문|제|풀|이|

[휘트스톤 브리지] 미지의 저항을 측정하는 장치로 브리지의 종류는 다음과 같다.

1. 휘트스톤 브리지 : 중저항 측정
2. 빈브리지 : 가청 주파수 측정
3. 맥스웰 브리지 : 자기 인덕턴스 측정
4. 켈빈더블 브리지 : 저저항 측정, 권선저항 측정
5. 절연저항계 : 고저항 측정
6. 콜라우시 브리지 : 전해액 및 접지저항을 측정한다.

【정답】④

03. 일반적으로 절연체를 서로 마찰시키면 이들 물체는 전기를 띠게 된다. 이와 같은 현상은?

① 분극　　　　② 정전

③ 대전　　　　④ 코로나

|문|제|풀|이|

[대전(electrification)] 어떤 물질이 정상 상태보다 전자의 수가 많거나 적어져서 전기를 띠는 현상

※[분극] 전지 방전 혹은 전해에서 실측되는 전극 전위는 평형 전위와는 일치하지 않는다. 이렇게 평형 전위에서 어긋나 일어나는 현상을 분극이라 한다.

【정답】③

04. 기전력 50[V], 내부저항 5[Ω]인 전원이 있다. 이 전원에 부하를 연결하여 얻을 수 있는 최대전력은?

① 125[W]　　　　② 250[W]

③ 500[W]　　　　④ 1000[W]

|문|제|풀|이|

[최대전력] $P = I^2 R[W]$, 전류 $I = \dfrac{V}{R+r}[A]$

여기서, I : 전류[A], V : 전압[V], R : 저항[Ω], r : 내부저항[Ω]

기전력 : 50[V], 내부저항 5[Ω]

최대전력은 내부저항과 외부저항이 같을 때이다.

그러므로 내부저항 5[Ω]이므로 외부저항도 5[Ω]

$I = \dfrac{V}{R+r} = \dfrac{50}{5+5} = 5[A]$

최대전력 $P = I^2 R = 5^2 \times 5 = 125[W]$

【정답】①

05. Z=2+j11[Ω], Z=4-j3[Ω]의 직렬회로에 교류전압 100[V]를 가할 때 합성임피던스는?

① 6[Ω]　　　　② 8[Ω]

③ 10[Ω]　　　　④ 14[Ω]

|문|제|풀|이|

[직렬회로의 임피던스 및 합성 임피던스]

직렬 합성임피던스 $Z = Z_1 + Z_2$

임피던스 크기 $Z = \sqrt{R^2 + X^2}[Ω]$

여기서, Z : 임피던스[Ω], R : 저항[Ω], X : 리액턴스[Ω]

Z=2+j11[Ω], Z=4-j3[Ω]의 직렬

직렬회로의 합성 임피던스 $Z = Z_1 + Z_2$에서

$Z = (2+j11) + (4-j3) = 6+j8$

$\therefore |Z| = \sqrt{R^2 + X^2} = \sqrt{6^2 + 8^2} = 10[Ω]$

【정답】③

06. 100[V]의 전위차로 가속된 전자의 운동에너지는 몇 [J]인가?

① $1.6 \times 10^{-20}[J]$ ② $1.6 \times 10^{-19}[J]$

③ $1.6 \times 10^{-18}[J]$ ④ $1.6 \times 10^{-17}[J]$

|문|제|풀|이|
[일의양(W)] 일의양(전자의 운동에너지) $W = eV[J]$
여기서, e : 전하량, V : 전위차[V]
기본전하량(e) : $1.6 \times 10^{-19}[C]$, 전위차 : 100[V]
$W = eV[J] = 1.6 \times 10^{-19} \times 100 = 1.6 \times 10^{-17}[J]$ 【정답】④

07. 그림과 같은 평형 3상 △회로를 등가 Y결선으로 환산하면 각상의 임피던스는 몇[Ω]이 되는가? (단, Z는 12[Ω]이다.)

① 48[Ω]
② 36[Ω]
③ 4[Ω]
④ 3[Ω]

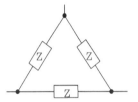

|문|제|풀|이|
[△회로를 등가 Y결선으로 환산]
$Z_Y = \frac{1}{3} Z_\triangle = \frac{1}{3} \times 12 = 4[\Omega]$

즉, 3개의 임피던스 값이 동일한 경우 △ 결선을 Y결선으로 변경하면 1/3배가 되고, Y결선을 △ 결선으로 변경하면 3배가 된다.
   【정답】③

08. 변압기 2대를 V결선 했을 때의 이용률은 몇 [%]인가?

① 57.7[%]   ② 70.7[%]

③ 86.6[%]   ④ 100[%]

|문|제|풀|이|
[변압기의 2대의 V결선 시 이용률]
변압기 2대 V결선 시의 이용률은 $\frac{\sqrt{3}}{2} = 0.866$, 즉 86.6[%]
   【정답】③

09. 평형 3상 성형 결선에 있어서 선간전압(V_l)과 상전압(V_p)의 관계는?

① $V_l = V_p$ ② $V_l = \frac{1}{\sqrt{3}} V_p$

③ $V_l = \sqrt{2} V_p$ ④ $V_l = \sqrt{3} V_p$

|문|제|풀|이|
[성형 결선(Y결선) 시]
·선간전압 $V_l = \sqrt{3} V_p \angle \frac{\pi}{6}$
·선전류 $I_l = I_p$가 된다
   【정답】④

10. 자체인덕턴스 20[mH]의 코일에 30[A]의 전류를 흘릴 때 저축되는 에너지는?

① 1.5[J]   ② 3[J]

③ 9[J]   ④ 18[J]

|문|제|풀|이|
[코일에 축적되는 에너지] $W = \frac{1}{2} L I^2$
자체 인덕턴스(L) : 20[mH], 전류(I) : 30[A]
$W = \frac{1}{2} L I^2 = \frac{1}{2} \times 20 \times 10^{-3} \times 30^2 = 9[J]$
→ (단위가 [J]이므로 인덕턴스의 단위도 [H]로 고친다. $[mH] = 10^{-3}[H]$)
   【정답】③

11. 2분 동안에 전류를 흘려 72,000[C]의 전하가 이동했을 때 이 도선의 전류는?

① 10[A]   ② 20[A]

③ 600[A]   ④ 1,200[A]

|문|제|풀|이|
[전류의 크기] 어떤 도체의 단면을 단위시간 1[sec]에 이동하는 전하(Q)의 양 $I = \frac{Q}{t}[A]$
시간(t) : 2분(=2×60), 전하(Q) : 72,000[C]
전류 $I = \frac{Q}{t} = \frac{72,000}{60 \times 2} = 600[A]$ 【정답】③

12. 주파수 100[Hz]의 주기는?

① 0.01[sec] ② 0.6[sec]

③ 1.7[sec] ④ 6000[sec]

|문|제|풀|이|

[주기] $T = \dfrac{1}{f}$[sec] → f : 주파수

$T = \dfrac{1}{100} = 0.01$[sec] 【정답】①

13. "회로에 흐르는 전류의 크기는 저항에 (㉠) 하고, 가해진 전압에 (㉡)한다." ( )에 알맞은 내용을 바르게 나열한 것은?

① ㉠ 비례, ㉡ 비례

② ㉠ 비례, ㉡ 반비례

③ ㉠ 반비례, ㉡ 비례

④ ㉠ 반비례, ㉡ 반비례

|문|제|풀|이|

[옴의 법칙] 전류의 크기는 도체의 저항에 반비례하고 전압에 비례한다. 전류 $I = \dfrac{V}{R}$[A] → (V : 전압[V], R : 저항[Ω])

【정답】③

14. RL 직렬회로에서 교류전압 $v = V_m \sin\theta\,[V]$를 가했을 때 회로의 위상각 θ를 나타낸 것은?

① $\theta = \tan^{-1}\dfrac{R}{\omega L}$ ② $\theta = \tan^{-1}\dfrac{\omega L}{R}$

③ $\theta = \tan^{-1}\dfrac{1}{R\omega L}$ ④ $\theta = \tan^{-1}\dfrac{R}{\sqrt{R^2+(\omega L)^2}}$

|문|제|풀|이|

[$R-L$ 직렬회로 전압과 전류의 위상(θ)]

$\tan\theta = \dfrac{\omega L}{R}$, $\theta = \tan^{-1}\dfrac{\omega L}{R} = \tan^{-1}\dfrac{X_L}{R}$ (유도성, 지상 전류)

【정답】②

15. 단위 길이 당 권수 100회인 무한장솔레노이드에 10[A]의 전류가 흐를 때 솔레노이드 외부의 자장의 세기[AT/m]는?

① 0 ② 10

③ 100 ④ 1,000

|문|제|풀|이|

[무한장 솔레노이드 외부 자기장의 세기] $H = 0$

※무한장솔레노이드 내부의 자기장의 세기 $H = nI$[AT/m]

여기서, H : 자기장의 세기, n : 단위 길이당 권수, I : 전력

단위 길이 당($l=1$) 권수(N) : 100, 전류(I) : 10[A]

$H = nI = 100 \times 10 = 1000$[AT/m] 【정답】①

16. 자속밀도가 B인 평등한 자기장에 길이가 l인 도선이 있다. 도선이 자속과 수직방향으로 v속도로 이동했다면 이 때 유도되는 기전력은?

① Blv ② $\dfrac{Bl}{v}$

③ $\dfrac{Bv}{l}$ ④ $\dfrac{lv}{B}$

|문|제|풀|이|

[플레밍의 오른손 법칙의 유도기전력] $e = Blv\sin\theta\,[V]$

여기서, B : 자속밀도[Wb/m²], l : 길이[m], v : 속도[m/sec]

θ : 자속의 방향에 대한 각도

문제에서 도선이 자속과 수직(90)이므로, $\sin 90° = 1$

따라서 $e = Blv\,[V]$ 【정답】①

17. 전류 50[A]로 2시간동안 흘렸다면 전기량[Ah]은?

① 25 ② 50

③ 100 ④ 200

|문|제|풀|이|

[전기량(전하량)] $Q = I \times t\,[C]$ → (I : 전류[A], t : 시간[sec])

$Q = It = 50 \times 2 = 100[Ah] = 100 \times 3600 = 360,000$[C]

【정답】③

18. RC 직렬회로에서의 시정수 RC와 과도현상과의 관계로 옳은 것은?

① 시정수 RC의 값이 클수록 과도현상은 빨리 사라진다.

② 시정수 RC의 값이 클수록 과도현상은 오랫동안 지속된다.

③ 시정수 RC의 값이 작을수록 과도현상은 천천히 사라진다.

④ 시정수 RC의 값은 과도현상의 지속시간과 관계가 없다.

|문|제|풀|이|......

[시정수] 과도상태에서 정상상태로 되는데 걸리는 시간, <u>시정수가 크면 과도현상이 오래 지속되고, 작으면 짧아진다.</u>

【정답】②

19. 비유전율이 큰 산화티탄 등을 유전체로 사용한 것으로 극성이 없으며 가격에 비해 성능이 우수하여 널리 사용되고 있는 콘덴서의 종류는?

① 전해콘덴서　　② 세라믹 콘덴서

③ 마일러 콘덴서　④ 마이카 콘덴서

|문|제|풀|이|......

[콘덴서의 종류]

① 전해 콘덴서 : 전기 분해를 응용하여 양극 금속의 표면에 산화피막을 만들고, 그것을 감싸듯이 음극을 붙인 것으로, 페이스트 모양의 전해액에 의한 습식과 증착 반도체에 의한 건식이 있다.

② 세라믹 콘덴서 : 산화티탄 등을 유전체로 사용한 것으로 <u>극성이 없으며 가격에 비해 성능이 우수함</u>

③ 마일러 콘덴서 : 얇은 폴리에스테르 필름의 양면에 금박을 대고 원통형으로 감은 것으로 극성이 없다는 것이 특징이다. 가격은 저렴하나 정밀하지 못하다는 단점이 있다.

④ 마이카 콘덴서 : 운모콘덴서라고도 한다. 알루미늄박 또는 주석박을 25~50m의 운모판과 교대로 포개서 죄어 수지로 굳힌 것과, 은을 운모판에 구어 붙여 직접 전극으로 하고 수지로 굳힌 것이 있는데, 특히 후자를 은도금 마이카콘덴서라고 한다.

【정답】②

20. 영구자석의 재료로서 적당한 것은?

① 잔류자기가 적고 보자력이 큰 것

② 잔류자기와 보자력이 모두 큰 것

③ 잔류자기와 보자력이 모두 작은 것

④ 잔류자기가 크고 보자력이 작은 것

|문|제|풀|이|......

[영구 자석의 재료] 영구자석의 재료로는 잔류자기와 보자력이 모두 큰 것

1. 영구자석 재료의 조건 : 보자력(H_c), 잔류자기(B_r)가 클 것

2. 전자석 재료의 조건 : 보자력(H_c)은 작고 잔류자기(B_r)는 클 것

【정답】②

21. 유도전동기에서 슬립이 0이란 것은 어느 것과 같은가?

① 유도전동기가 동기속도로 회전한다.

② 유도전동기가 정지 상태이다.

③ 유도전동기가 전부하 운전 상태이다.

④ 유도제동기의 역할을 한다.

|문|제|풀|이|......

[유도전동기의 슬립]

① 유도전동기가 <u>동기속도로 회전한다.</u>

　→ $s = 0$이면 $N = N_s$

② 유도전동기가 <u>정지 상태</u>이다.

　→ $s = 1$이면 유도 전동기 정지 상태

③ 유도전동기가 <u>전부하</u> 운전 상태이다.

　→ ·소용량 : 10~5[%]　·중용량 및 대용량 : 5~2.5[%]

④ 유도<u>제동기의 역할</u>을 한다. → $s > 1$

【정답】①

22. 전기자저항 0.1[Ω], 전기자전류 104[A], 유도기전력 110.4[V]인 직류 분권 발전기의 단자전압 [V]은?

① 110　　　　　② 106

③ 102　　　　　④ 100

|문|제|풀|이|......

[직류 분권발전기의 단자전압] $V = E - R_a I_a [V]$

전기자전력(I_a) : 104[A], 전기자저항(R_a) : 0.1[Ω]

유도기전력(E) : 110.4[V]

단자전압 $V = E - R_a I_a [V] = 110.4 - 0.1 \times 104 = 100[V]$

【정답】④

23. 직류 발전기가 있다. 자극수는 6, 전기자 총 도체수 400, 매극 당 자속 0.01[Wb], 회전수는 600[rpm]일 때 전기자에 유기되는 기전력은 몇[V]인가? (단, 전기자 권선은 파권이다.)

① 40[V] ② 120[V]

③ 160[V] ④ 180[V]

|문|제|풀|이|

[직류발전기의 유기기전력(E)] $E = \dfrac{pZ\varnothing N}{60a}[V]$

극수(p) : 6, 전기자 총 도체수(Z) : 400, 자속($\varnothing$) : 0.01[Wb]

회전수(N) : 600[rpm]

기전력 $E = \dfrac{pZ\varnothing N}{60a}[V] = \dfrac{6 \times 400}{2} \times 0.01 \times \dfrac{600}{60} = 120[V]$

→ (파권이 병렬 회로수는 항상 2이다.)

【정답】②

24. SCR 2개를 역병렬로 접속한 그림과 같은 기호의 명칭은?

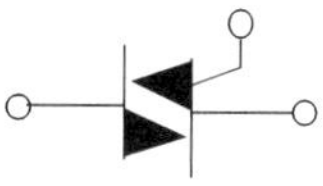

① SCR ② TRIAC

③ GTO ④ UJT

|문|제|풀|이|

[각종 반도체 소자의 비료]

방향성	명칭	단자	기호	응용 예
역저지 (단방향) 사이리스터	SCR	3단자	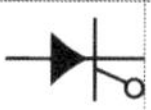	정류기 인버터
	LASCR		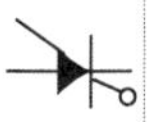	정지스위치 및 응용스위치
	GTO		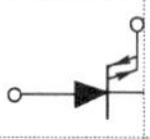	쵸퍼 직류스위치
	SCS	4단자	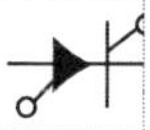	
쌍방향성 사이리스터	SSS	2단자	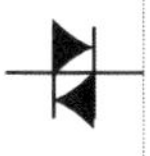	초광장치, 교류스위치
	TRIAC	3단자	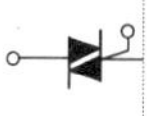	초광장치, 교류스위치
	역도통		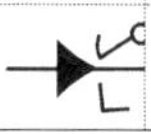	직류효과

【정답】②

25. 변압기 내부 고장 보호에 쓰이는 계전기로써 가장 알맞은 것은?

① 차동계전기 ② 접지계전기

③ 과전류계전기 ④ 역상계전기

|문|제|풀|이|

[차동계전기] 변압기 1차 전류와 2차 전류의 차에 의해 동작하는 계전기로 변압기 내부 고장 보호에 사용

※② 접지계전기 : 1선 지락, 2선 지락 등의 지락 고장이 발생했을 때 동작하는 계전기
　③ 과전류계전기 : 정정치 이상의 전류에 의해 동작
　④ 역상계전기 : 전동기의 과열을 예방하기 위한 보호용 계전기

【정답】①

26. 출력 10[kW], 효율 80[%]인 기기의 손실은 약 몇 [kW]인가?

① 0.6[kW] ② 1.1[kW]

③ 2.0[kW] ④ 2.5[kW]

|문|제|풀|이|

[발전기 규약효율] $\eta_g = \dfrac{출력}{출력 + 손실} \times 100[\%]$

출력 : 10[kW], 효율(η) : 80[%]

$\eta_g = \dfrac{출력}{출력 + 손실} \times 100[\%]$

$\therefore 손실 = \dfrac{출력}{\eta_g} - 출력 = \dfrac{10}{0.8} - 10 = 2.5[kW]$

【정답】④

27. 단상 유도전동기의 기동 방법 중 기동토크가 가장 큰 것은?

① 분상기동형 ② 반발유도형

③ 콘덴서기동형 ④ 반발기동형

|문|제|풀|이|

[단상 유도전동기 기동 토크의 크기]

반발 기동형 → 반발 유도형 → 콘덴서 기동형 → 분상 기동형 → 세이딩 코일형(또는 모노 사이클릭 기동형) 순

【정답】④

28. 유도전동기에서 원선도 작성시 필요하지 않은 시험은?

① 무부하 시험　　② 구속 시험
③ 저항 측정　　④ 슬립 측정

|문|제|풀|이|
[원선도 작성에 필요한 시험]
1. 무부하시험 : 무부하의 크기와 위상각 및 철손
2. 구속시험(단락 시험) : 단락전류의 크기와 위상각
3. 저항 측정 시험 : 2차동손　　　　　　【정답】④

29. 전기기기의 효율 중 발전기의 규약효율 η_G는 몇 [%]인가? (단, P는 입력, Q는 출력, L은 손실이다.)

① $\eta_G = \dfrac{P-L}{P} \times 100$　　② $\eta_G = \dfrac{P-L}{P+L} \times 100$

③ $\eta_G = \dfrac{Q}{P} \times 100$　　④ $\eta_G = \dfrac{Q}{Q+L} \times 100$

|문|제|풀|이|
[규약효율] 실제로 측정하여 구한 효율, 즉 실측 효율에 대하여 정해진 규약에 따라서 구한 손실을 바탕으로 하여 산출하는 효율
1. 전동기는 입력위주로 규약효율　$\eta_M = \dfrac{P-L}{P} \times 100$

2. 발전기는 출력위주로 규약효율　$\eta_G = \dfrac{Q}{Q+L} \times 100$

여기서, P : 입력, Q : 출력, L : 손실　　【정답】④

30. 동기발전기의 병렬운전 조건이 아닌 것은?

① 유도기전력의 크기가 같을 것
② 기전력의 용량이 같을 것
③ 유도기전력의 위상이 같을 것
④ 유도기전력의 주파수가 같을 것

|문|제|풀|이|
[동기 발전기 병렬운전 조건 및 조건이 다른 경우]

병렬 운전 조건	조건이 맞지 않는 경우
·기전력의 크기가 같을 것	·무효순환전류(무효횡류)
·기전력의 위상이 같을 것	·동기화전류(유효횡류)
·기전력의 주파수가 같을 것	·동기화전류
·기전력의 파형이 같을 것	·고주파 무효순환전류

【정답】②

31. 무부하에서 119[V]되는 분권 발전기의 전압 변동률이 6[%]이다. 정격 전부하 전압은 약 몇 [V]인가?

① 110.2　　② 112.3
③ 122.5　　④ 125.3

|문|제|풀|이|
[전압변동률(ϵ)] $\epsilon = \dfrac{V-V_n}{V_n} \times 100[\%]$

여기서, V : 무부하 단자 전압, V_n : 정격 단자 전압
무부하 단자전압(V) : 119[V], 전압변동률(ϵ) : 6[%]

· 전압변동률 $\epsilon = \dfrac{V-V_n}{V_n} \times 100[\%]$에서

$V_n = \dfrac{V}{1+\dfrac{\epsilon}{100}} = \dfrac{119}{1+0.06} = \dfrac{119}{1.06} = 112.3[V]$　　【정답】②

32. 병렬운전 중인 동기발전기의 난조를 방지하기 위하여 자극면에 유도전동기의 농형권선과 같은 권선을 설치하는데 이 권선의 명칭은?

① 계자권선　　② 제동권선
③ 전기자권선　　④ 보상권선

|문|제|풀|이|
[동기전동기 제동권선의 역할]
· 선로가 단락할 경우 이상전압 방지
· 기동토크 발생
· 난조 방지
· 불평형 부하시의 전류 · 전압을 개선　　【정답】②

33. 변압기의 자속에 관한 설명으로 옳은 것은?

① 전압과 주파수에 반비례한다.
② 전압과 주파수에 비례한다.
③ 전압에 반비례하고 주파수에 비례한다.
④ 전압에 비례하고 주파수에 반비례한다.

|문|제|풀|이|
[변압기의 유도기전력] $E = 4.44fn\varnothing K_w[V]$
여기서, n : 한 상당 직렬권수, $\varnothing$: 자속, K_w : 권선 계수

자속 $\varnothing = \dfrac{E}{4.44fnK_w}[wb]$ 즉, 자속은 전압에 비례하고 주파수에 반비례한다.　　【정답】④

34. 변압기유가 구비해야 할 조건으로 틀린 것은?

① 응고점이 높을 것　② 절연내력이 클 것

③ 점도가 낮을 것　　④ 인화점이 높을 것

|문|제|풀|이|..

[변압기 절연유의 구비 조건]
· 절연 저항 및 절연 내력이 클 것
· 절연 재료 및 금속에 화학 작용을 일으키지 않을 것
· 인화점이 높고(130도 이상) 응고점이 낮을(-30도) 것
· 점도가 낮고(유동성이 풍부) 비열이 커서 냉각 효과가 클 것
· 고온에 있어 석출물이 생기거나 산화하지 않을 것
· 열팽창 계수가 적고 증발로 인한 감소량이 적을 것

【정답】①

---

35. 다음 중 유도전동기에서 비례추이를 할 수 있는 것은?

① 출력　　　　② 2차 동손

③ 효율　　　　④ 역률

|문|제|풀|이|..

[비례추이] 2차 회로 저항(외부 저항)의 크기를 조정함으로써 슬립을 바꾸어 속도와 토크를 조정하는 것
1. 비례추이의 특징
　· 최대토크는 불변
　· 슬립이 증가하면 : 기동전류는 감소, 기동토크는 증가

$$\frac{r_2}{s_m} = \frac{r_2 + R}{s_t}$$

2. 비례추이 할 수 있는 것 : 1차 입력, 1차 전류, 2차 전류, **역률**, 동기 와트, 토크
3. 비례추이 할 수 없는 것 : 출력, 2차동손, 효율

【정답】④

---

36. 전기기기의 철심 재료로 규소 강판을 많이 사용하는 이유로 가장 적당한 것은?

① 와류손을 줄이기 위해

② 구리손을 줄이기 위해

③ 맴돌이 전류를 없애기 위해

④ 히스테리시스손을 줄이기 위해

|문|제|풀|이|..

[전기자 철심] 전기자 철심은 0.35~ 0.5[mm] 두께의 규소강판으로 성층하여 만든다. 성층이란 맴돌이 전류와 히스테리시스손의 손실을 적게 하기 위하여 규소가 함유(3~4[%])된 규소 강판을 겹쳐서 적층시킨 것이다.

【정답】④

---

37. 동기기 손실 중 무부하손(no load loss)이 아닌 것은?

① 풍손　　　　② 와류손

③ 전기자 동손　　④ 베어링 마찰손

|문|제|풀|이|..

[고정손(무부하손)] 손실 중 무부하손의 대부분을 차지하는 것은 철손
1. 철손 : 히스테리시스손, 와류손
2. 기계손 : 마찰손, 풍손

※부하손(가변손) : 부하손의 대부분은 동손이다.
　1. 전기저항손(동손)　2. 계자저항손(동손)
　3. 브러시손　　　　4. 표유부하손(철손, 기계손, 동손 이외의 손실)

【정답】③

---

38. 직류 발전기 전기자의 구성으로 옳은 것은?

① 전기자철심, 정류자

② 전기자권선, 전기자철심

③ 전기자권선, 계자

④ 전기자철심, 브러시

|문|제|풀|이|..

[직류 발전기의 구조] 계자, 전기자, 정류자로 구성
1. 계자 : 자속을 만드는 부분(계자권선, 계자철심, 자극 및 계철로 구성)
2. 전기자 : 기전력을 유도하는 부분(전기자권선, 전기자철심, 정류자 및 회전축으로 구성)
3. 정류자 : 유도된 기전력 교류를 직류로 변화시켜주는 부분

【정답】②

---

39. 길이 10[cm], 넓이 10[cm^2]인 도선으로 감싼 변압기에서 1차 측에 감은 횟수가 100회일 때 전압이 120[V], 2차측 전압이 12[V]였다면 2차 측의 감은 횟수는 얼마인가?

① 10　　　　　② 100

③ 1,000　　　④ 10,000

|문|제|풀|이|..

[변압기의 권수비(a)] $a = \dfrac{V_1}{V_2} = \dfrac{N_1}{N_2} = \dfrac{I_1}{I_2}$

여기서, V_1, V_2 : 1차, 2차 전압, N_1, N_2 : 1차, 2차 권수, I_1, I_2 : 전류
　　　1차측에 감은 횟수(N_1) : 100회, 전압(V_1) : 120[V]
　　　2차측 전압(V_2) : 12[V]

$a = \dfrac{V_1}{V_2} = \dfrac{N_1}{N_2} \rightarrow \dfrac{120}{12} = \dfrac{100}{N_2} \rightarrow N_2 = 10$회　　【정답】①

40. PN 접합 정류소자의 설명 중 틀린 것은? (단, 실리콘 정류소자인 경우이다.)

① 온도가 높아지면 순방향 및 역방향 전류가 모두 감소한다.

② 순방향 전압은 P형에 (+), N형에 (−) 전압을 가함을 말한다.

③ 정류비가 클수록 정류특성은 좋다.

④ 역방향 전압에서는 극히 작은 전류만이 흐른다.

|문|제|풀|이|⋯⋯⋯⋯⋯⋯⋯⋯⋯⋯⋯⋯⋯⋯⋯⋯

[PN 접합 정류소자]
· N형과 P형 반도체를 접합하여 한 방향으로 전류를 흐르게 한다.
· 온도가 높아지면 순방향 전류가 증가한다.
· 정류비가 클수록 정류특성은 좋다.
· 순방향 저항은 작고, 역방향 저항은 매우 크다.
· 순방향 전압은 P형에 (+), N형에 (−) 전압을 가함을 말한다.
· 역방향 전압에서는 극히 작은 전류만이 흐른다.
· 대표적 응용 작용은 정류작용을 한다. 　【정답】①

41. 박스 내에서 가는 전선을 접속할 때의 접속방법으로 가장 적합한 것은?

① 트위스트 접속　　② 쥐꼬리 접속

③ 브리타니어 접속　④ 슬리브 접속

|문|제|풀|이|⋯⋯⋯⋯⋯⋯⋯⋯⋯⋯⋯⋯⋯⋯⋯⋯

[전선의 접속 (쥐꼬리 접속)] 박스 내에서 가는 전선을 접속할 때 적합하다.

※① 트위스트 접속 : $6[mm^2]$ 이하의 가는 단선 직선 접속
　③ 브리타니아 접속 : $10[mm^2]$ 이상의 굵은 단선 직선 접속
　④ 슬리브 접속 : 매킨타이어 슬리브를 사용하여 상호 도선을 접속하는 방법. 관로 구간에서 케이블 접속점이 맨홀 등이 아닌 경우에 접속부를 보호하기 위하여 사용하는 접속관

※144페이지 [03 단선의 직선 접속] 참조 　【정답】②

42. 기구 단자에 전선 접속시 진동 등으로 헐거워지는 염려가 있는 곳에 사용되는 것은?

① 스프링 와셔　　② 2중 볼트

③ 삼각볼트　　　④ 접속기

|문|제|풀|이|⋯⋯⋯⋯⋯⋯⋯⋯⋯⋯⋯⋯⋯⋯⋯⋯

[스프링와셔] 진동이 있는 기계 기구의 단자에 전선을 접속할 때 진동을 완화하기 위해 스프링와셔를 사용한다. 스프링와셔를 사용함으로써 힘조절 실패를 방지할 수 있다. 　【정답】①

43. 일반적으로 가공전선로의 지지물에 취급자가 오르고 내리는데 사용하는 발판 볼트 등은 지표상 몇 [m] 미만에 시설하여서는 아니 되는가?

① 0.75　　② 1.2　　③ 1.8　　④ 2.0

|문|제|풀|이|⋯⋯⋯⋯⋯⋯⋯⋯⋯⋯⋯⋯⋯⋯⋯⋯

[가공전선로 지지물의 승탑 및 승주방지] 발판 볼트 등은 1.8[m] 미만에 시설하여서는 안 된다. 다만 다음의 경우에는 그러하지 아니하다.
· 발판 볼트를 내부에 넣을 수 있는 구조
· 지지물에 승탑 및 승주 방지 장치를 시설한 경우
· 취급자 이외의 자가 출입할 수 없도록 울타리 담 등을 시설할 경우
· 산간 등에 있으며 사람이 쉽게 접근할 우려가 없는 곳
　【정답】③

44. 설계하중 6.8[kN] 이하인 철근 콘크리트 전주의 길이가 7[m]인 지지물을 건주하는 경우 땅에 묻히는 깊이로 가장 옳은 것은?

① 1.2[m]　　　　② 1.0[m]

③ 0.8[m]　　　　④ 0.6[m]

|문|제|풀|이|⋯⋯⋯⋯⋯⋯⋯⋯⋯⋯⋯⋯⋯⋯⋯⋯

[가공전선로 지지물의 기초 안전율] 가공전선로의 지지물에 하중이 가하여지는 경우에 그 하중을 받는 지지물의 기초의 안전율은 2 이상(단, 이상시 상정하중에 대한 철탑의 기초에 대하여는 1.33)이어야 한다. 다만, 땅에 묻히는 깊이를 다음의 표에서 정한 값 이상의 깊이로 시설하는 경우에는 그러하지 아니하다.

설계하중 전장	6.8[kN] 이하	6.8[kN] 초과 ~ 9.8[kN] 이하	9.8[kN] 초과 ~ 14.72[kN] 이하
15[m] 이하	전장 × 1/6[m] 이상	전장 × 1/6+0.3[m] 이상	−
15[m] 초과	2.5[m] 이상	2.8[m] 이상	−
16[m] 초과~20[m] 이하	2.8[m] 이상	−	−
15[m] 초과~18[m] 이하	−	−	3[m] 이상
18[m] 초과	−	−	3.2[m] 이상

∴$7[m] \times \dfrac{1}{6} = 1.17 = 1.2[m]$ 　【정답】①

45. 화약류 저장소에서 백열전등이나 형광등 또는 이들에 전기를 공급하기 위한 전기설비를 시설하는 경우 전로의 대지전압은?

① 100[V] 이하   ② 150[V] 이하
③ 220[V] 이하   ④ 300[V] 이하

|문|제|풀|이|

[화약류 저장소 등의 위험장소]
1. 전로의 대지 전압은 300[V] 이하일 것
2. 전기기계기구는 전폐형의 것일 것
3. 케이블을 전기기계기구에 인입할 때에는 인입구에서 케이블이 손상될 우려가 없도록 시설할 것 【정답】④

46. 금속 전선관 공사에서 사용되는 후강 전선관의 규격이 아닌 것은?

① 16   ② 28
③ 36   ④ 50

|문|제|풀|이|

[금속 전선관 공사]
1. 후강 전선관
 ·안지름의 크기에 가까운 짝수
 ·두께 2[mm] 이상   ·길이 3.6[m]
 ·16, 22, 28, 36, 42, 54, 72, 80, 92, 104(c)
2. 박강 전선관
 ·바깥지름의 크기에 가까운 홀수
 ·두께 1.2[mm] 이상   ·길이 3.6[m]
 ·15, 19, 25, 31, 39, 51, 63, 75(c)   【정답】④

47. 옥내배선 공사에서 절연전선의 피복을 벗길 때 사용하면 편리한 공구는?

① 드라이버   ② 플라이어
③ 눌러 붙임 펜치   ④ 와이어스트리퍼

|문|제|풀|이|

① 드라이버 : 나사못, 작은 나사를 돌려 박기 위해 사용
② 플라이어 : 나사 너트를 죌 때 사용
③ 눌러 붙임 펜치 : 눌러 붙임 단자나 커넥터 단자 등을 전선에 접합하는 경우에 사용하는 공구 【정답】④

48. 한 개의 전등을 두 곳에서 점멸할 수 있는 배선으로 옳은 것은?

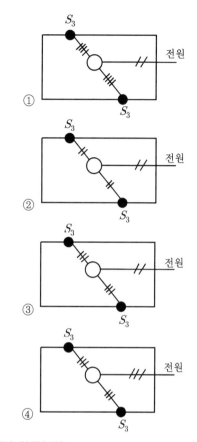

|문|제|풀|이|

[배선도 및 전선 접속도]
1. 1등을 2개소에서 점멸하는 경우

배선도	전선 접속도

2. 1등을 3개소에서 점멸하는 경우

배선도	전선 접속도

※ ○ : 전등, ● : 점멸기(첨자가 없는 것은 단극, 2P는 2극, 3은 3로, 4는 4로), ●● : 콘센트   【정답】③

49. 코드 상호간 또는 캡타이어 케이블 상호간을 접속하는 경우 가장 많이 사용되는 기구는?

① 코드 접속기   ② T형 접속기

③ 와이어 커넥터   ④ 박스용 커넥터

|문|제|풀|이|

[전선 접속 조건]
전선의 세기를 20[%] 이상 감소시키지 않아야 한다.
전기저항이 증가되지 않아야 한다.
접속부분은 접속관, 슬리브, 와이어커넥터 등의 접속기구를 사용하거나 납땜해야 한다.
코드 상호, 캡타이어케이블 또는 케이블 상호 간에 접속하는 경우 코드접속기, 접속함, 기타의 기구를 사용한다.

【정답】①

50. 일반적으로 학교 건물이나 은행 건물 등의 간선의 수용률은 얼마인가?

① 50[%]   ② 60[%]

③ 70[%]   ④ 80[%]

|문|제|풀|이|

[주요 건물의 간선 수용률]

건물의 종류	수용률([%])
주택, 기숙사, 여관, 호텔, 병원, 창고	50
학교, 사무실, 은행	70

【정답】③

51. 다음 중 금속덕트 공사의 시설방법 중 틀린 것은?

① 덕트 상호간은 견고하고 또한 전기적으로 완전하게 접속할 것

② 덕트 지지점 간의 거리는 3[m] 이하로 할 것

③ 덕트의 끝부분은 열어 둘 것

④ 덕트는 kec140에 준하는 접지공사를 할 것

|문|제|풀|이|

[금속 덕트 공사]
·금속 덕트는 폭이 40[mm] 이상, 두께 1.2[mm] 이상인 철판으로 제작할 것
·덕트를 조영재에 붙이는 경우에는 덕트의 지지점간 거리를 3[m] 이하로 하여야 한다.

·덕트의 끝부분은 막을 것
·금속덕트의 뚜껑은 쉽게 열리지 않도록 시설할 것
·금속덕트 상호는 견고하고 또한 전기적으로 완전하게 접속할 것

【정답】③

52. 고압 전로에 지락사고가 생겼을 때 지락전류를 검출하는데 사용하는 것은?

① CT   ② ZCT

③ MOF   ④ PT

|문|제|풀|이|

[ZCT(영상변류기)] 지락전류(영상전류) 검출하는데 사용된다.
① CT(계기용 변류기) : 대전류를 소전류(5[A])로 변성, 계기나 계전기에 전류원공급
③ MOF(계기용 변압 변류기) : 전력량을 적산하기 위하여 고전압과 대전류를 저전압, 소전류로 변성
④ PT(계기용 변압기) : 고전압을 저전압(110[V])으로 변성, 계기나 계전기에 전압원 공급

【정답】②

53. 박스에 금속관을 고정할 때 사용하는 것은?

① 유니언커플링   ② 로크너트

③ 부싱   ④ C형엘보

|문|제|풀|이|

[로크너트] 금속 전선관을 박스에 고정 시킬 때 사용한다.
① 유니언 커플링 : 관의 양측을 돌려서 접촉할 수 없는 경우 사용
③ 부싱 : 전선의 손상을 막기 위해 접속하는 곳마다 넣는 캡이므로 기구를 연결하는 전선마다 양 단에 넣는다.
④ C형 엘보(곡관) : 노말벤드(전선관 직경 32[mm] 이상) 보다 곡률이 작으며 곡부에 Cover가 있는 경우도 있다.

【정답】②

54. 다음 Ⓔ⒬ 기호가 뜻하는 것은?

① 접지단자   ② 누전차단기

③ 누전경보기   ④ 지진감지기

|문|제|풀|이|

① 접지단자기호 : ⏚   ② 누전차단기 : E

③ 누전경보기 : ⊘

【정답】④

55. 저압옥내 배선에서 합성수지관 공사에 대한 설명 중 잘못 된 것은?

① 합성수지관 안에는 전선에 접속점이 없도록 한다.

② 합성수지관을 새들 등으로 지지하는 경우는 그 지지점 간의 거리를 3[m] 이상으로 한다.

③ 합성수지관 상호 및 관과 박스는 접속 시에 삽입하는 깊이를 관 바깥지름의 1.2배 이상으로 한다.

④ 관 상호의 접속은 박스 또는 커플링(Coupling) 등을 사용하고 직접 접속하지 않는다.

|문|제|풀|이|

[합성수지관 공사]

·전선은 합성수지관 안에서 접속점이 없도록 할 것

·전선은 절연전선(옥외용 비닐 절연전선을 제외한다)일 것

·관의 지지점 간의 거리는 1.5[m] 이하로 하고, 또한 그 지지점은 관의 끝·관과 박스의 접속점 및 관 상호 간의 접속점 등에 가까운 곳에 시설할 것

·저압 옥내배선 중 각종 관공사의 경우 관에 넣을 수 있는 단선으로서의 최대 굵기는 단면적 10[mm²](알루미늄선은 16[mm²])이다.

【정답】②

56. 가요전선관과 금속관의 상호 접속에 쓰이는 것은?

① 스플릿 커플링

② 콤비네이션 커플링

③ 스트레이트 복스커넥터

④ 앵클 복스커넥터

|문|제|풀|이|

[가요전선관 공사]

1. 콤비네이션커플링 : 금속관제 가요전선관과 금속전선관의 접속하는 곳에 사용

2. 스플릿커플링 : 가요전선관의 상호 결합하는데 사용

【정답】②

57. 전류차단과 개폐기 두 가지 기능을 하는 기구는?

① 단로기 　　　② 피뢰기

③ 차단기 　　　④ 전력퓨즈

|문|제|풀|이|

[차단기] 전류차단과 개폐기 두 가지 기능

·평상시에는 부하전류, 선로의 충전전류, 변압기의 여자전류 등을 개폐

·고장시에는 보호계전기의 동작에서 발생하는 신호를 받아 단락전류, 지락전류, 고장전류 등을 차단

※① 단로기(DS) : 무부하(차단기로 차단됨) 상태의 전로를 개폐, 기기의 점검 및 유지보수를 할 때 회로를 개폐하는 장치로서 부하전류를 차단하는 능력이 없기 때문에 전류가 흐르는 상태에서 차단하면 매우 위험하다.

② 피뢰기(LA) : 이상전압 침입 시 전기를 대지로 방전시키고 속류를 차단

④ 전력퓨즈(PF) : 고장 전류를 차단하여 계통으로 파급되는 것을 방지

【정답】③

58. 조명공학에서 사용되는 칸델라(cd)는 무엇의 단위인가?

① 광도 　　　② 조도

③ 광속 　　　④ 휘도

|문|제|풀|이|

[단위]

① 광도 : 칸델라(cd) 　　② 조도 : 럭스(lx),

③ 광속 : 루맨(lm) 　　④ 휘도 : 니트(nt)

【정답】①

59. 사람이 상시 통행하는 터널 내 배선의 사용전압이 저압일 때 배선 방법으로 틀린 것은?

① 금속관 배선

② 금속덕트 배선

③ 합성수지관 배선

④ 금속제 가요전선관 배선

|문|제|풀|이|

[사람이 상시 통행하는 터널 안 배선의 시설] 터널내의 배선방법으로 애자사용배선, 금속관배선, 합성수지관배선, 금속제 가요전선관배선, 케이블배선 등이 있다. 　【정답】②

60. 다음 중 450/750[V] 일반용 단심 비닐 절연전선을 나타내는 약호는?

① FL
② NV
③ NF
④ NR

|문|제|풀|이|

[배선용 비닐절연전선 약호]

NR	**450/750[V] 일반용 단심 비닐절연전선**
NF	450/750[V] 일반용 유연성 단심 비닐절연전선
NFI	300/500[V] 기기 배선용 유연성 단심 비닐절연전선
NRI	300/500[V] 기기 배선용 단심 비닐절연전선
OW	옥외용 비닐절연전선
DV	인입용 비닐절연전선
FL	형광방전등용 비닐절연전선
GV	접지용 비닐절연전선
NV	비닐절연 네온절연전선

【정답】④

Memo

Memo